U0359195

建设项目竣工环境保护验收监测
实 用 手 册

上 册

环境保护部环境影响评价司
中 国 环 境 监 测 总 站
编

中国环境科学出版社・北京

图书在版编目（CIP）数据

建设项目竣工环境保护验收监测实用手册/环境保护部环境影响评价司，中国环境监测总站编．—北京：中国环境科学出版社，2010.9
ISBN 978-7-5111-0088-7

Ⅰ．建…　Ⅱ．环…　Ⅲ．建筑工程—环境保护—工程验收—手册　Ⅳ．TU712-62　X799.1-62

中国版本图书馆 CIP 数据核字（2009）第 172819 号

责任编辑　印　光
责任校对　扣志红
封面设计　玄石至上

出版发行　中国环境科学出版社
（100062　北京东城区广渠门内大街 16 号）
网　　址：http://www.cesp.com.cn
联系电话：010-67112765（总编室）
010-67112736（图书中心）
发行热线：010-67125803
印　　刷　北京市联华印刷厂
经　　销　各地新华书店
版　　次　2010 年 9 月第 1 版
印　　次　2010 年 9 月第 1 次印刷
开　　本　787×1092　1/16
印　　张　143.5
字　　数　3 310 千字
定　　价　480.00 元（上、中、下三册）

编 委 会

前　言

建设项目竣工环境保护验收监测是建设项目环境保护管理的重要技术支撑，也是建设项目环境管理的最后技术把关环节。我国进入经济高速发展阶段以来，环保事业也不断得到加强，与建设项目环境管理相关的法律、法规、规章、产业政策、环境标准、技术规范以及相关程序等不断完善，许多新的监测技术和标准也在验收监测过程中得到应用。

随着国家经济发展，建设项目环境管理工作不断增加，验收监测管理和技术队伍不断扩大，同时也存在人员新老交替、各地技术及理论水平不均衡等问题。为适应建设项目环境管理的需要，帮助广大从事建设项目竣工环境保护验收监测工作的管理和技术人员及时掌握相关法律法规、政府规章、产业政策、环境标准、技术规范以及相关程序，巩固理论基础和提高工作水平，环境保护部环境影响评价司、中国环境监测总站根据建设项目竣工环境保护验收监测的需要，共同组织编写了《建设项目竣工环境保护验收监测实用手册》一书，分上、中、下三册出版。书中比较全面地收集了已经制定的与建设项目竣工环境保护验收监测工作联系紧密的国家法律、法规、规范性文件，相关产业政策、环境标准、技术规范、名录以及建设项目竣工验收相关程序等内容。

本书是建设项目竣工环境保护验收监测系列工具书，也可作为广大从事建设项目竣工环境保护验收工作人员的常备用书。

本书在编写、出版过程中，环境保护部环境影响评价司、中国环境监测总站的各级领导、专家以及相关管理、技术人员，中国环境科学出版社的领导和图书编校人员付出了辛勤的劳动，在此表示衷心的感谢！

由于时间紧迫，书中难免会有各种缺漏、遗憾，敬请专家和广大读者批评指正，使本书不断完善，更好地为广大读者服务！

编　者

2010 年 8 月 15 日

目 录

第一章 相关法律、行政法规

第二章 行政规章与规范性文件

第三章　产业政策

第四章 相关环境标准

第五章 建设项目竣工环境保护验收技术规范

第六章　名　录

第一章

相关法律、行政法规

中华人民共和国环境保护法

（1989年12月26日中华人民共和国第七届全国人民代表大会常务委员会第十一次会议通过，同日中华人民共和国主席令第二十二号公布，自公布之日起施行）

第一章　总　则

第一条　为保护和改善生活环境与生态环境，防治污染和其他公害，保障人体健康，促进社会主义现代化建设的发展，制定本法。

第二条　本法所称环境，是指影响人类生存和发展的各种天然的和经过人工改造的自然因素的总体，包括大气、水、海洋、土地、矿藏、森林、草原、野生生物、自然遗迹、人文遗迹、自然保护区、风景名胜区、城市和乡村等。

第三条　本法适用于中华人民共和国领域和中华人民共和国管辖的其他海域。

第四条　国家制定的环境保护规划必须纳入国民经济和社会发展计划，国家采取有利于环境保护的经济、技术政策和措施，使环境保护工作同经济建设和社会发展相协调。

第五条　国家鼓励环境保护科学教育事业的发展，加强环境保护科学技术的研究和开发，提高环境保护科学技术水平，普及环境保护的科学知识。

第六条　一切单位和个人都有保护环境的义务，并有权对污染和破坏环境的单位和个人进行检举和控告。

第七条　国务院环境保护行政主管部门，对全国环境保护工作实施统一监督管理。

县级以上地方人民政府环境保护行政主管部门，对本辖区的环境保护工作实施统一监督管理。

国家海洋行政主管部门、港务监督、渔政渔港监督、军队环境保护部门和各级公安、交通、铁道、民航管理部门，依照有关法律的规定对环境污染防治实施监督管理。

县级以上人民政府的土地、矿产、林业、农业、水利行政主管部门，依照有关法律的规定对资源的保护实施监督管理。

第八条　对保护和改善环境有显著成绩的单位和个人，由人民政府给予奖励。

第二章　环境监督管理

第九条　国务院环境保护行政主管部门制定国家环境质量标准。

省、自治区、直辖市人民政府对国家环境质量标准中未作规定的项目，可以制定地方环境质量标准，并报国务院环境保护行政主管部门备案。

第十条　国务院环境保护行政主管部门根据国家环境质量标准和国家经济、技术条件，制定国家污染物排放标准。

省、自治区、直辖市人民政府对国家污染物排放标准中未作规定的项目，可以制定地方污染物排放标准；对国家污染物排放标准中已作规定的项目，可以制定严于国家污染物排放标准的地方污染物排放标准。地方污染物排放标准须报国务院环境保护行政主管部门备案。

凡是向已有地方污染物排放标准的区域排放污染物的，应当执行地方污染物排放标准。

第十一条 国务院环境保护行政主管部门建立监测制度，制定监测规范，会同有关部门组织监测网络，加强对环境监测的管理。

国务院和省、自治区、直辖市人民政府的环境保护行政主管部门，应当定期发布环境状况公报。

第十二条 县级以上人民政府环境保护行政主管部门，应当会同有关部门对管辖范围内的环境状况进行调查和评价，拟订环境保护规划，经计划部门综合平衡后，报同级人民政府批准实施。

第十三条 建设污染环境的项目，必须遵守国家有关建设项目环境保护管理的规定。

建设项目的环境影响报告书，必须对建设项目产生的污染和对环境的影响作出评价，规定防治措施，经项目主管部门预审并依照规定的程序报环境保护行政主管部门批准。环境影响报告书经批准后，计划部门方可批准建设项目设计任务书。

第十四条 县级以上人民政府环境保护行政主管部门或者其他依照法律规定行使环境监督管理权的部门，有权对管辖范围内的排污单位进行现场检查。被检查的单位应当如实反映情况，提供必要的资料。检查机关应当为被检查的单位保守技术秘密和业务秘密。

第十五条 跨行政区的环境污染和环境破坏的防治工作，由有关地方人民政府协商解决，或者由上级人民政府协调解决，作出决定。

第三章　保护和改善环境

第十六条 地方各级人民政府，应当对本辖区的环境质量负责，采取措施改善环境质量。

第十七条 各级人民政府对具有代表性的各种类型的自然生态系统区域，珍稀、濒危的野生动植物自然分布区域，重要的水源涵养区域，具有重大科学文化价值的地质构造、著名溶洞和化石分布区、冰川、火山、温泉等自然遗迹，以及人文遗迹、古树名木，应当采取措施加以保护，严禁破坏。

第十八条 在国务院、国务院有关主管部门和省、自治区、直辖市人民政府划定的风景名胜区、自然保护区和其他需要特别保护的区域内，不得建设污染环境的工业生产设施；建设其他设施，其污染物排放不得超过规定的排放标准。已经建成的设施，其污染物排放超过规定的排放标准的，限期治理。

第十九条 开发利用自然资源，必须采取措施保护生态环境。

第二十条 各级人民政府应当加强对农业环境的保护，防治土壤污染、土地沙化、盐渍化、贫瘠化、沼泽化、地面沉降和防治植被破坏、水土流失、水源枯竭、种源灭绝以及其他生态失调现象的发生和发展，推广植物病虫害的综合防治，合理使用化肥、农药及植物生产激素。

第二十一条 国务院和沿海地方各级人民政府应当加强对海洋环境的保护。向海洋排放污染物、倾倒废弃物，进行海岸工程建设和海洋石油勘探开发，必须依照法律的规定，防止对海洋环境的污染损害。

第二十二条　制定城市规划，应当确定保护和改善环境的目标和任务。

第二十三条　城乡建设应当结合当地自然环境的特点，保护植被、水域和自然景观，加强城市园林、绿地和风景名胜区的建设。

第四章　防治环境污染和其他公害

第二十四条　产生环境污染和其他公害的单位，必须把环境保护工作纳入计划，建立环境保护责任制度；采取有效措施，防治在生产建设或者其他活动中产生的废气、废水、废渣、粉尘、恶臭气体、放射性物质以及噪声、振动、电磁波辐射等对环境的污染和危害。

第二十五条　新建工业企业和现有工业企业的技术改造，应当采用资源利用率高、污染物排放量少的设备和工艺，采用经济合理的废弃物综合利用技术和污染物处理技术。

第二十六条　建设项目中防治污染的设施，必须与主体工程同时设计、同时施工、同时投产使用。防治污染的设施必须经原审批环境影响报告书的环境保护行政主管部门验收合格后，该建设项目方可投入生产或者使用。

防治污染的设施不得擅自拆除或者闲置，确有必要拆除或者闲置的，必须征得所在地的环境保护行政主管部门同意。

第二十七条　排放污染物的企业事业单位，必须依照国务院环境保护行政主管部门的规定申报登记。

第二十八条　排放污染物超过国家或者地方规定的污染物排放标准的企业事业单位，依照国家规定缴纳超标准排污费，并负责治理。水污染防治法另有规定的，依照水污染防治法的规定执行。

征收的超标准排污费必须用于污染的防治，不得挪作他用，具体使用办法由国务院规定。

第二十九条　对造成环境严重污染的企业事业单位，限期治理。

中央或者省、自治区、直辖市人民政府直接管辖的企业事业单位的限期治理，由省、自治区、直辖市人民政府决定。市、县或者市、县以下人民政府管辖的企业事业单位的限期治理，由市、县人民政府决定。被限期治理的企业事业单位必须如期完成治理任务。

第三十条　禁止引进不符合我国环境保护规定要求的技术和设备。

第三十一条　因发生事故或者其他突然性事件，造成或者可能造成污染事故的单位，必须立即采取措施处理，及时通报可能受到污染危害的单位和居民，并向当地环境保护行政主管部门和有关部门报告，接受调查处理。

可能发生重大污染事故的企业事业单位，应当采取措施，加强防范。

第三十二条　县级以上地方人民政府环境保护行政主管部门，在环境受到严重污染威胁居民生命财产安全时，必须立即向当地人民政府报告，由人民政府采取有效措施，解除或者减轻危害。

第三十三条　生产、储存、运输、销售、使用有毒化学物品和含有放射性物质的物品，必须遵守国家有关规定，防止污染环境。

第三十四条 任何单位不得将产生严重污染的生产设备转移给没有污染防治能力的单位使用。

第五章 法律责任

第三十五条 违反本法规定，有下列行为之一的，环境保护行政主管部门或者其他依照法律规定行使环境监督管理权的部门可以根据不同情节，给予警告或者处以罚款：

（一）拒绝环境保护行政主管部门或者其他依照法律规定行使环境监督管理权的部门现场检查或者在被检查时弄虚作假的。

（二）拒报或者谎报国务院环境保护行政主管部门规定的有关污染物排放申报事项的。

（三）不按国家规定缴纳超标准排污费的。

（四）引进不符合我国环境保护规定要求的技术和设备的。

（五）将产生严重污染的生产设备转移给没有污染防治能力的单位使用的。

第三十六条 建设项目的防治污染设施没有建成或者没有达到国家规定的要求，投入生产或者使用的，由批准该建设项目的环境影响报告书的环境保护行政主管部门责令停止生产或者使用，可以并处罚款。

第三十七条 未经环境保护行政主管部门同意，擅自拆除或者闲置防治污染的设施，污染物排放超过规定的排放标准的，由环境保护行政主管部门责令重新安装使用，并处罚款。

第三十八条 对违反本法规定，造成环境污染事故的企业事业单位，由环境保护行政主管部门或者其他依照法律规定行使环境监督管理权的部门根据所造成的危害后果处以罚款；情节较重的，对有关责任人员由其所在单位或者政府主管机关给予行政处分。

第三十九条 对经限期治理逾期未完成治理任务的企业事业单位，除依照国家规定加收超标准排污费外，可以根据所造成的危害后果处以罚款，或者责令停业、关闭。

前款规定的罚款由环境保护行政主管部门决定。责令停业、关闭，由作出限期治理决定的人民政府决定；责令中央直接管辖的企业事业单位停业、关闭，须报国务院批准。

第四十条 当事人对行政处罚决定不服的，可以在接到处罚通知之日起十五日内，向作出处罚决定的机关的上一级机关申请复议；对复议决定不服的，可以在接到复议决定之日起十五日内，向人民法院起诉。当事人也可以在接到处罚通知之日起十五日内，直接向人民法院起诉。当事人逾期不申请复议、也不向人民法院起诉、又不履行处罚决定的，由作出处罚决定的机关申请人民法院强制执行。

第四十一条 造成环境污染危害的，有责任排除危害，并对直接受到损害的单位或者个人赔偿损失。

赔偿责任和赔偿金额的纠纷，可以根据当事人的请求，由环境保护行政主管部门或者其他依照法律规定行使环境监督管理权的部门处理；当事人对处理决定不服的，可以向人民法院起诉。当事人也可以直接向人民法院起诉。

完全由于不可抗拒的自然灾害，并经及时采取合理措施，仍然不能避免造成环境污染损害的，免予承担责任。

第四十二条 因环境污染损害赔偿提起诉讼的时效期间为三年，从当事人知道或者应当知道受到污染损害时起计算。

第四十三条　违反本法规的，造成重大环境污染事故，导致公私财产重大损失或者人身伤亡的严重后果的，对直接责任人员依法追究刑事责任。

第四十四条　违反本法规定，造成土地、森林、草原、水、矿产、渔业、野生动植物等资源的破坏的，依照有关法律的规定承担法律责任。

第四十五条　环境保护监督管理人员滥用职权、玩忽职守、徇私舞弊的，由其所在单位或者上级主管机关给予行政处分；构成犯罪的，依法追究刑事责任。

第六章　附　则

第四十六条　中华人民共和国缔结或者参加的与环境保护有关的国际条约，同中华人民共和国的法律有不同规定的，适用国际条约的规定，但中华人民共和国声明保留的条款除外。

第四十七条　本法自公布之日起施行。《中华人民共和国环境保护法（试行）》同时废止。

中华人民共和国环境影响评价法

（2002年10月28日第九届全国人民代表大会常务委员会第三十次会议通过，同日中华人民共和国主席令第七十七号公布，自2003年9月1日起施行）

目 录

第一章 总 则

第一条 为了实施可持续发展战略，预防因规划和建设项目实施后对环境造成不良影响，促进经济、社会和环境的协调发展，制定本法。

第二条 本法所称环境影响评价，是指对规划和建设项目实施后可能造成的环境影响进行分析、预测和评估，提出预防或者减轻不良环境影响的对策和措施，进行跟踪监测的方法与制度。

第三条 编制本法第九条所规定的范围内的规划，在中华人民共和国领域和中华人民共和国管辖的其他海域内建设对环境有影响的项目，应当依照本法进行环境影响评价。

第四条 环境影响评价必须客观、公开、公正，综合考虑规划或者建设项目实施后对各种环境因素及其所构成的生态系统可能造成的影响，为决策提供科学依据。

第五条 国家鼓励有关单位、专家和公众以适当方式参与环境影响评价。

第六条 国家加强环境影响评价的基础数据库和评价指标体系建设，鼓励和支持对环境影响评价的方法、技术规范进行科学研究，建立必要的环境影响评价信息共享制度，提高环境影响评价的科学性。

国务院环境保护行政主管部门应当会同国务院有关部门，组织建立和完善环境影响评价的基础数据库和评价指标体系。

第二章 规划的环境影响评价

第七条 国务院有关部门、设区的市级以上地方人民政府及其有关部门，对其组织编制的土地利用的有关规划，区域、流域、海域的建设、开发利用规划，应当在规划编制过程中组织进行环境影响评价，编写该规划有关环境影响的篇章或者说明。

规划有关环境影响的篇章或者说明，应当对规划实施后可能造成的环境影响作出分析、预测和评估，提出预防或者减轻不良环境影响的对策和措施，作为规划草案的组成部分一并报送规划审批机关。

未编写有关环境影响的篇章或者说明的规划草案，审批机关不予审批。

第八条　国务院有关部门、设区的市级以上地方人民政府及其有关部门，对其组织编制的工业、农业、畜牧业、林业、能源、水利、交通、城市建设、旅游、自然资源开发的有关专项规划（以下简称专项规划），应当在该专项规划草案上报审批前，组织进行环境影响评价，并向审批该专项规划的机关提出环境影响报告书。

前款所列专项规划中的指导性规划，按照本法第七条的规定进行环境影响评价。

第九条　依照本法第七条、第八条的规定进行环境影响评价的规划的具体范围，由国务院环境保护行政主管部门会同国务院有关部门规定，报国务院批准。

第十条　专项规划的环境影响报告书应当包括下列内容：

（一）实施该规划对环境可能造成影响的分析、预测和评估；

（二）预防或者减轻不良环境影响的对策和措施；

（三）环境影响评价的结论。

第十一条　专项规划的编制机关对可能造成不良环境影响并直接涉及公众环境权益的规划，应当在该规划草案报送审批前，举行论证会、听证会，或者采取其他形式，征求有关单位、专家和公众对环境影响报告书草案的意见。但是，国家规定需要保密的情形除外。

编制机关应当认真考虑有关单位、专家和公众对环境影响报告书草案的意见，并应当在报送审查的环境影响报告书中附具对意见采纳或者不采纳的说明。

第十二条　专项规划的编制机关在报批规划草案时，应当将环境影响报告书一并附送审批机关审查；未附送环境影响报告书的，审批机关不予审批。

第十三条　设区的市级以上人民政府在审批专项规划草案，作出决策前，应当先由人民政府指定的环境保护行政主管部门或者其他部门召集有关部门代表和专家组成审查小组，对环境影响报告书进行审查。审查小组应当提出书面审查意见。

参加前款规定的审查小组的专家，应当从按照国务院环境保护行政主管部门的规定设立的专家库内的相关专业的专家名单中，以随机抽取的方式确定。

由省级以上人民政府有关部门负责审批的专项规划，其环境影响报告书的审查办法，由国务院环境保护行政主管部门会同国务院有关部门制定。

第十四条　设区的市级以上人民政府或者省级以上人民政府有关部门在审批专项规划草案时，应当将环境影响报告书结论以及审查意见作为决策的重要依据。

在审批中未采纳环境影响报告书结论以及审查意见的，应当作出说明，并存档备查。

第十五条　对环境有重大影响的规划实施后，编制机关应当及时组织环境影响的跟踪评价，并将评价结果报告审批机关；发现有明显不良环境影响的，应当及时提出改进措施。

第三章　建设项目的环境影响评价

第十六条　国家根据建设项目对环境的影响程度，对建设项目的环境影响评价实行分类管理。

建设单位应当按照下列规定组织编制环境影响报告书、环境影响报告表或者填报环境影响登记表（以下统称环境影响评价文件）：

（一）可能造成重大环境影响的，应当编制环境影响报告书，对产生的环境影响进行全面评价；

（二）可能造成轻度环境影响的，应当编制环境影响报告表，对产生的环境影响进行分析或者专项评价；

（三）对环境影响很小、不需要进行环境影响评价的，应当填报环境影响登记表。

建设项目的环境影响评价分类管理名录，由国务院环境保护行政主管部门制定并公布。

第十七条 建设项目的环境影响报告书应当包括下列内容：

（一）建设项目概况；

（二）建设项目周围环境现状；

（三）建设项目对环境可能造成影响的分析、预测和评估；

（四）建设项目环境保护措施及其技术、经济论证；

（五）建设项目对环境影响的经济损益分析；

（六）对建设项目实施环境监测的建议；

（七）环境影响评价的结论。

涉及水土保持的建设项目，还必须有经水行政主管部门审查同意的水土保持方案。

环境影响报告表和环境影响登记表的内容和格式，由国务院环境保护行政主管部门制定。

第十八条 建设项目的环境影响评价，应当避免与规划的环境影响评价相重复。

作为一项整体建设项目的规划，按照建设项目进行环境影响评价，不进行规划的环境影响评价。

已经进行了环境影响评价的规划所包含的具体建设项目，其环境影响评价内容建设单位可以简化。

第十九条 接受委托为建设项目环境影响评价提供技术服务的机构，应当经国务院环境保护行政主管部门考核审查合格后，颁发资质证书，按照资质证书规定的等级和评价范围，从事环境影响评价服务，并对评价结论负责。为建设项目环境影响评价提供技术服务的机构的资质条件和管理办法，由国务院环境保护行政主管部门制定。

国务院环境保护行政主管部门对已取得资质证书的为建设项目环境影响评价提供技术服务的机构的名单，应当予以公布。

为建设项目环境影响评价提供技术服务的机构，不得与负责审批建设项目环境影响评价文件的环境保护行政主管部门或者其他有关审批部门存在任何利益关系。

第二十条 环境影响评价文件中的环境影响报告书或者环境影响报告表，应当由具有相应环境影响评价资质的机构编制。

任何单位和个人不得为建设单位指定对其建设项目进行环境影响评价的机构。

第二十一条 除国家规定需要保密的情形外，对环境可能造成重大影响、应当编制环境影响报告书的建设项目，建设单位应当在报批建设项目环境影响报告书前，举行论证会、听证会，或者采取其他形式，征求有关单位、专家和公众的意见。

建设单位报批的环境影响报告书应当附具对有关单位、专家和公众的意见采纳或者不采纳的说明。

第二十二条 建设项目的环境影响评价文件，由建设单位按照国务院的规定报有审批权的环境保护行政主管部门审批；建设项目有行业主管部门的，其环境影响报告书或者环境影响报告表应当经行业主管部门预审后，报有审批权的环境保护行政主管部门审批。

海洋工程建设项目的海洋环境影响报告书的审批，依照《中华人民共和国海洋环境保护法》的规定办理。

审批部门应当自收到环境影响报告书之日起六十日内，收到环境影响报告表之日起三十日内，收到环境影响登记表之日起十五日内，分别作出审批决定并书面通知建设单位。

预审、审核、审批建设项目环境影响评价文件，不得收取任何费用。

第二十三条　国务院环境保护行政主管部门负责审批下列建设项目的环境影响评价文件：

（一）核设施、绝密工程等特殊性质的建设项目；

（二）跨省、自治区、直辖市行政区域的建设项目；

（三）由国务院审批的或者由国务院授权有关部门审批的建设项目。

前款规定以外的建设项目的环境影响评价文件的审批权限，由省、自治区、直辖市人民政府规定。

建设项目可能造成跨行政区域的不良环境影响，有关环境保护行政主管部门对该项目的环境影响评价结论有争议的，其环境影响评价文件由共同的上一级环境保护行政主管部门审批。

第二十四条　建设项目的环境影响评价文件经批准后，建设项目的性质、规模、地点、采用的生产工艺或者防治污染、防止生态破坏的措施发生重大变动的，建设单位应当重新报批建设项目的环境影响评价文件。

建设项目的环境影响评价文件自批准之日起超过五年，方决定该项目开工建设的，其环境影响评价文件应当报原审批部门重新审核；原审批部门应当自收到建设项目环境影响评价文件之日起十日内，将审核意见书面通知建设单位。

第二十五条　建设项目的环境影响评价文件未经法律规定的审批部门审查或者审查后未予批准的，该项目审批部门不得批准其建设，建设单位不得开工建设。

第二十六条　建设项目建设过程中，建设单位应当同时实施环境影响报告书、环境影响报告表以及环境影响评价文件审批部门审批意见中提出的环境保护对策措施。

第二十七条　在项目建设、运行过程中产生不符合经审批的环境影响评价文件的情形的，建设单位应当组织环境影响的后评价，采取改进措施，并报原环境影响评价文件审批部门和建设项目审批部门备案；原环境影响评价文件审批部门也可以责成建设单位进行环境影响的后评价，采取改进措施。

第二十八条　环境保护行政主管部门应当对建设项目投入生产或者使用后所产生的环境影响进行跟踪检查，对造成严重环境污染或者生态破坏的，应当查清原因、查明责任。对属于为建设项目环境影响评价提供技术服务的机构编制不实的环境影响评价文件的，依照本法第三十三条的规定追究其法律责任；属于审批部门工作人员失职、渎职，对依法不应批准的建设项目环境影响评价文件予以批准的，依照本法第三十五条的规定追究其法律责任。

第四章　法律责任

第二十九条　规划编制机关违反本法规定，组织环境影响评价时弄虚作假或者有失职行为，造成环境影响评价严重失实的，对直接负责的主管人员和其他直接责任人员，由上级机关或者监察机关依法给予行政处分。

第三十条 规划审批机关对依法应当编写有关环境影响的篇章或者说明而未编写的规划草案，依法应当附送环境影响报告书而未附送的专项规划草案，违法予以批准的，对直接负责的主管人员和其他直接责任人员，由上级机关或者监察机关依法给予行政处分。

第三十一条 建设单位未依法报批建设项目环境影响评价文件，或者未依照本法第二十四条的规定重新报批或者报请重新审核环境影响评价文件，擅自开工建设的，由有权审批该项目环境影响评价文件的环境保护行政主管部门责令停止建设，限期补办手续；逾期不补办手续的，可以处五万元以上二十万元以下的罚款，对建设单位直接负责的主管人员和其他直接责任人员，依法给予行政处分。

建设项目环境影响评价文件未经批准或者未经原审批部门重新审核同意，建设单位擅自开工建设的，由有权审批该项目环境影响评价文件的环境保护行政主管部门责令停止建设，可以处五万元以上二十万元以下的罚款，对建设单位直接负责的主管人员和其他直接责任人员，依法给予行政处分。

海洋工程建设项目的建设单位有前两款所列违法行为的，依照《中华人民共和国海洋环境保护法》的规定处罚。

第三十二条 建设项目依法应当进行环境影响评价而未评价，或者环境影响评价文件未经依法批准，审批部门擅自批准该项目建设的，对直接负责的主管人员和其他直接责任人员，由上级机关或者监察机关依法给予行政处分；构成犯罪的，依法追究刑事责任。

第三十三条 接受委托为建设项目环境影响评价提供技术服务的机构在环境影响评价工作中不负责任或者弄虚作假，致使环境影响评价文件失实的，由授予环境影响评价资质的环境保护行政主管部门降低其资质等级或者吊销其资质证书，并处所收费用一倍以上三倍以下的罚款；构成犯罪的，依法追究刑事责任。

第三十四条 负责预审、审核、审批建设项目环境影响评价文件的部门在审批中收取费用的，由其上级机关或者监察机关责令退还；情节严重的，对直接负责的主管人员和其他直接责任人员依法给予行政处分。

第三十五条 环境保护行政主管部门或者其他部门的工作人员徇私舞弊，滥用职权，玩忽职守，违法批准建设项目环境影响评价文件的，依法给予行政处分；构成犯罪的，依法追究刑事责任。

第五章 附 则

第三十六条 省、自治区、直辖市人民政府可以根据本地的实际情况，要求对本辖区的县级人民政府编制的规划进行环境影响评价。具体办法由省、自治区、直辖市参照本法第二章的规定制定。

第三十七条 军事设施建设项目的环境影响评价办法，由中央军事委员会依照本法的原则制定。

第三十八条 本法自 2003 年 9 月 1 日起施行。

中华人民共和国大气污染防治法

（2000年4月29日中华人民共和国第九届全国人民代表大会常务委员会第十五次会议修订通过，同日中华人民共和国主席令第三十二号公布，自2000年9月1日起施行）

目　录

第一章　总　则

第一条　为防治大气污染，保护和改善生活环境和生态环境，保障人体健康，促进经济和社会的可持续发展，制定本法。

第二条　国务院和地方各级人民政府，必须将大气环境保护工作纳入国民经济和社会发展计划，合理规划工业布局，加强防治大气污染的科学研究，采取防治大气污染的措施，保护和改善大气环境。

第三条　国家采取措施，有计划地控制或者逐步削减各地方主要大气污染物的排放总量。

地方各级人民政府对本辖区的大气环境质量负责，制定规划，采取措施，使本辖区的大气环境质量达到规定的标准。

第四条　县级以上人民政府环境保护行政主管部门对大气污染防治实施统一监督管理。

各级公安、交通、铁道、渔业管理部门根据各自的职责，对机动车船污染大气实施监督管理。

县级以上人民政府其他有关主管部门在各自职责范围内对大气污染防治实施监督管理。

第五条　任何单位和个人都有保护大气环境的义务，并有权对污染大气环境的单位和个人进行检举和控告。

第六条　国务院环境保护行政主管部门制定国家大气环境质量标准。省、自治区、直辖市人民政府对国家大气环境质量标准中未作规定的项目，可以制定地方标准，并报国务院环境保护行政主管部门备案。

第七条 国务院环境保护行政主管部门根据国家大气环境质量标准和国家经济、技术条件制定国家大气污染物排放标准。

省、自治区、直辖市人民政府对国家大气污染物排放标准中未作规定的项目，可以制定地方排放标准；对国家大气污染物排放标准中已作规定的项目，可以制定严于国家排放标准的地方排放标准。地方排放标准须报国务院环境保护行政主管部门备案。

省、自治区、直辖市人民政府制定机动车船大气污染物地方排放标准严于国家排放标准的，须报经国务院批准。

凡是向已有地方排放标准的区域排放大气污染物的，应当执行地方排放标准。

第八条 国家采取有利于大气污染防治以及相关的综合利用活动的经济、技术政策和措施。

在防治大气污染、保护和改善大气环境方面成绩显著的单位和个人，由各级人民政府给予奖励。

第九条 国家鼓励和支持大气污染防治的科学技术研究，推广先进适用的大气污染防治技术；鼓励和支持开发、利用太阳能、风能、水能等清洁能源。

国家鼓励和支持环境保护产业的发展。

第十条 各级人民政府应当加强植树种草、城乡绿化工作，因地制宜地采取有效措施做好防沙治沙工作，改善大气环境质量。

第二章 大气污染防治的监督管理

第十一条 新建、扩建、改建向大气排放污染物的项目，必须遵守国家有关建设项目环境保护管理的规定。

建设项目的环境影响报告书，必须对建设项目可能产生的大气污染和对生态环境的影响作出评价，规定防治措施，并按照规定的程序报环境保护行政主管部门审查批准。

建设项目投入生产或者使用之前，其大气污染防治设施必须经过环境保护行政主管部门验收，达不到国家有关建设项目环境保护管理规定的要求的建设项目，不得投入生产或者使用。

第十二条 向大气排放污染物的单位，必须按照国务院环境保护行政主管部门的规定向所在地的环境保护行政主管部门申报拥有的污染物排放设施、处理设施和在正常作业条件下排放污染物的种类、数量、浓度，并提供防治大气污染方面的有关技术资料。

前款规定的排污单位排放大气污染物的种类、数量、浓度有重大改变的，应当及时申报；其大气污染物处理设施必须保持正常使用，拆除或者闲置大气污染物处理设施的，必须事先报经所在地的县级以上地方人民政府环境保护行政主管部门批准。

第十三条 向大气排放污染物的，其污染物排放浓度不得超过国家和地方规定的排放标准。

第十四条 国家实行按照向大气排放污染物的种类和数量征收排污费的制度，根据加强大气污染防治的要求和国家的经济、技术条件合理制定排污费的征收标准。

征收排污费必须遵守国家规定的标准，具体办法和实施步骤由国务院规定。

征收的排污费一律上缴财政，按照国务院的规定用于大气污染防治，不得挪作他用，并由审计机关依法实施审计监督。

第十五条　国务院和省、自治区、直辖市人民政府对尚未达到规定的大气环境质量标准的区域和国务院批准划定的酸雨控制区、二氧化硫污染控制区，可以划定为主要大气污染物排放总量控制区。主要大气污染物排放总量控制的具体办法由国务院规定。

大气污染物总量控制区内有关地方人民政府依照国务院规定的条件和程序，按照公开、公平、公正的原则，核定企业事业单位的主要大气污染物排放总量，核发主要大气污染物排放许可证。

有大气污染物总量控制任务的企业事业单位，必须按照核定的主要大气污染物排放总量和许可证规定的排放条件排放污染物。

第十六条　在国务院和省、自治区、直辖市人民政府划定的风景名胜区、自然保护区、文物保护单位附近地区和其他需要特别保护的区域内，不得建设污染环境的工业生产设施；建设其他设施，其污染物排放不得超过规定的排放标准。在本法施行前企业事业单位已经建成的设施，其污染物排放超过规定的排放标准的，依照本法第四十八条的规定限期治理。

第十七条　国务院按照城市总体规划、环境保护规划目标和城市大气环境质量状况，划定大气污染防治重点城市。

直辖市、省会城市、沿海开放城市和重点旅游城市应当列入大气污染防治重点城市。

未达到大气环境质量标准的大气污染防治重点城市，应当按照国务院或者国务院环境保护行政主管部门规定的期限，达到大气环境质量标准。该城市人民政府应当制定限期达标规划，并可以根据国务院的授权或者规定，采取更加严格的措施，按期实现达标规划。

第十八条　国务院环境保护行政主管部门会同国务院有关部门，根据气象、地形、土壤等自然条件，可以对已经产生、可能产生酸雨的地区或者其他二氧化硫污染严重的地区，经国务院批准后，划定为酸雨控制区或者二氧化硫污染控制区。

第十九条　企业应当优先采用能源利用效率高、污染物排放量少的清洁生产工艺，减少大气污染物的产生。

国家对严重污染大气环境的落后生产工艺和严重污染大气环境的落后设备实行淘汰制度。

国务院经济综合主管部门会同国务院有关部门公布限期禁止采用的严重污染大气环境的工艺名录和限期禁止生产、禁止销售、禁止进口、禁止使用的严重污染大气环境的设备名录。

生产者、销售者、进口者或者使用者必须在国务院经济综合主管部门会同国务院有关部门规定的期限内分别停止生产、销售、进口或者使用列入前款规定的名录中的设备。生产工艺的采用者必须在国务院经济综合主管部门会同国务院有关部门规定的期限内停止采用列入前款规定的名录中的工艺。

依照前两款规定被淘汰的设备，不得转让给他人使用。

第二十条　单位因发生事故或者其他突然性事件，排放和泄漏有毒有害气体和放射性物质，造成或者可能造成大气污染事故、危害人体健康的，必须立即采取防治大气污染危害的应急措施，通报可能受到大气污染危害的单位和居民，并报告当地环境保护行政主管部门，接受调查处理。

在大气受到严重污染，危害人体健康和安全的紧急情况下，当地人民政府应当及时向当地居民公告，采取强制性应急措施，包括责令有关排污单位停止排放污染物。

第二十一条 环境保护行政主管部门和其他监督管理部门有权对管辖范围内的排污单位进行现场检查，被检查单位必须如实反映情况，提供必要的资料。检查部门有义务为被检查单位保守技术秘密和业务秘密。

第二十二条 国务院环境保护行政主管部门建立大气污染监测制度，组织监测网络，制定统一的监测方法。

第二十三条 大、中城市人民政府环境保护行政主管部门应当定期发布大气环境质量状况公报，并逐步开展大气环境质量预报工作。

大气环境质量状况公报应当包括城市大气环境污染特征、主要污染物的种类及污染危害程度等内容。

第三章 防治燃煤产生的大气污染

第二十四条 国家推行煤炭洗选加工，降低煤的硫分和灰分，限制高硫分、高灰分煤炭的开采。新建的所采煤炭属于高硫分、高灰分的煤矿，必须建设配套的煤炭洗选设施，使煤炭中的含硫分、含灰分达到规定的标准。

对已建成的所采煤炭属于高硫分、高灰分的煤矿，应当按照国务院批准的规划，限期建成配套的煤炭洗选设施。

禁止开采含放射性和砷等有毒有害物质超过规定标准的煤炭。

第二十五条 国务院有关部门和地方各级人民政府应当采取措施，改进城市能源结构，推广清洁能源的生产和使用。

大气污染防治重点城市人民政府可以在本辖区内划定禁止销售、使用国务院环境保护行政主管部门规定的高污染燃料的区域。该区域内的单位和个人应当在当地人民政府规定的期限内停止燃用高污染燃料，改用天然气、液化石油气、电或者其他清洁能源。

第二十六条 国家采取有利于煤炭清洁利用的经济、技术政策和措施，鼓励和支持使用低硫分、低灰分的优质煤炭，鼓励和支持洁净煤技术的开发和推广。

第二十七条 国务院有关主管部门应当根据国家规定的锅炉大气污染物排放标准，在锅炉产品质量标准中规定相应的要求；达不到规定要求的锅炉，不得制造、销售或者进口。

第二十八条 城市建设应当统筹规划，在燃煤供热地区，统一解决热源，发展集中供热。在集中供热管网覆盖的地区，不得新建燃煤供热锅炉。

第二十九条 大、中城市人民政府应当制定规划，对饮食服务企业限期使用天然气、液化石油气、电或者其他清洁能源。

对未划定为禁止使用高污染燃料区域的大、中城市市区内的其他民用炉灶，限期改用固硫型煤或者使用其他清洁能源。

第三十条 新建、扩建排放二氧化硫的火电厂和其他大中型企业，超过规定的污染物排放标准或者总量控制指标的，必须建设配套脱硫、除尘装置或者采取其他控制二氧化硫排放、除尘的措施。

在酸雨控制区和二氧化硫污染控制区内，属于已建企业超过规定的污染物排放标准排放大气污染物的，依照本法第四十八条的规定限期治理。

国家鼓励企业采用先进的脱硫、除尘技术。

企业应当对燃料燃烧过程中产生的氮氧化物采取控制措施。

第三十一条 在人口集中地区存放煤炭、煤矸石、煤渣、煤灰、砂石、灰土等物料，必须采取防燃、防尘措施，防止污染大气。

第四章 防治机动车船排放污染

第三十二条 机动车船向大气排放污染物不得超过规定的排放标准。

任何单位和个人不得制造、销售或者进口污染物排放超过规定排放标准的机动车船。

第三十三条 在用机动车不符合制造当时的在用机动车污染物排放标准的，不得上路行驶。

省、自治区、直辖市人民政府规定对在用机动车实行新的污染物排放标准并对其进行改造的，须报经国务院批准。

机动车维修单位，应当按照防治大气污染的要求和国家有关技术规范进行维修，使在用机动车达到规定的污染物排放标准。

第三十四条 国家鼓励生产和消费使用清洁能源的机动车船。

国家鼓励和支持生产、使用优质燃料油，采取措施减少燃料油中有害物质对大气环境的污染。单位和个人应当按照国务院规定的期限，停止生产、进口、销售含铅汽油。

第三十五条 省、自治区、直辖市人民政府环境保护行政主管部门可以委托已取得公安机关资质认定的承担机动车年检的单位，按照规范对机动车排气污染进行年度检测。

交通、渔政等有监督管理权的部门可以委托已取得有关主管部门资质认定的承担机动船舶年检的单位，按照规范对机动船舶排气污染进行年度检测。

县级以上地方人民政府环境保护行政主管部门可以在机动车停放地对在用机动车的污染物排放状况进行监督抽测。

第五章 防治废气、尘和恶臭污染

第三十六条 向大气排放粉尘的排污单位，必须采取除尘措施。

严格限制向大气排放含有毒物质的废气和粉尘；确需排放的，必须经过净化处理，不超过规定的排放标准。

第三十七条 工业生产中产生的可燃性气体应当回收利用，不具备回收利用条件而向大气排放的，应当进行防治污染处理。

向大气排放转炉气、电石气、电炉法黄磷尾气、有机烃类尾气的，须报经当地环境保护行政主管部门批准。

可燃性气体回收利用装置不能正常作业的，应当及时修复或者更新。在回收利用装置不能正常作业期间确需排放可燃性气体的，应当将排放的可燃性气体充分燃烧或者采取其他减轻大气污染的措施。

第三十八条 炼制石油、生产合成氨、煤气和燃煤焦化、有色金属冶炼过程中排放含有硫化物气体的，应当配备脱硫装置或者采取其他脱硫措施。

第三十九条 向大气排放含放射性物质的气体和气溶胶，必须符合国家有关放射性防护的规定，不得超过规定的排放标准。

第四十条 向大气排放恶臭气体的排污单位，必须采取措施防止周围居民区受到污染。

第四十一条 在人口集中地区和其他依法需要特殊保护的区域内，禁止焚烧沥青、油毡、橡胶、塑料、皮革、垃圾以及其他产生有毒有害烟尘和恶臭气体的物质。

禁止在人口集中地区、机场周围、交通干线附近以及当地人民政府划定的区域露天焚烧秸秆、落叶等产生烟尘污染的物质。

除前两款外，城市人民政府还可以根据实际情况，采取防治烟尘污染的其他措施。

第四十二条 运输、装卸、贮存能够散发有毒有害气体或者粉尘物质的，必须采取密闭措施或者其他防护措施。

第四十三条 城市人民政府应当采取绿化责任制、加强建设施工管理、扩大地面铺装面积、控制渣土堆放和清洁运输等措施，提高人均占有绿地面积，减少市区裸露地面和地面尘土，防治城市扬尘污染。

在城市市区进行建设施工或者从事其他产生扬尘污染活动的单位，必须按照当地环境保护的规定，采取防治扬尘污染的措施。

国务院有关行政主管部门应当将城市扬尘污染的控制状况作为城市环境综合整治考核的依据之一。

第四十四条 城市饮食服务业的经营者，必须采取措施，防治油烟对附近居民的居住环境造成污染。

第四十五条 国家鼓励、支持消耗臭氧层物质替代品的生产和使用，逐步减少消耗臭氧层物质的产量，直至停止消耗臭氧层物质的生产和使用。

在国家规定的期限内，生产、进口消耗臭氧层物质的单位必须按照国务院有关行政主管部门核定的配额进行生产、进口。

第六章 法律责任

第四十六条 违反本法规定，有下列行为之一的，环境保护行政主管部门或者本法第四条第二款规定的监督管理部门可以根据不同情节，责令停止违法行为，限期改正，给予警告或者处以五万元以下罚款：

（一）拒报或者谎报国务院环境保护行政主管部门规定的有关污染物排放申报事项的；

（二）拒绝环境保护行政主管部门或者其他监督管理部门现场检查或者在被检查时弄虚作假的；

（三）排污单位不正常使用大气污染物处理设施，或者未经环境保护行政主管部门批准，擅自拆除、闲置大气污染物处理设施的；

（四）未采取防燃、防尘措施，在人口集中地区存放煤炭、煤矸石、煤渣、煤灰、砂石、灰土等物料的。

第四十七条 违反本法第十一条规定，建设项目的大气污染防治设施没有建成或者没有达到国家有关建设项目环境保护管理的规定的要求，投入生产或者使用的，由审批该建设项目的环境影响报告书的环境保护行政主管部门责令停止生产或者使用，可以并处一万元以上十万元以下罚款。

第四十八条　违反本法规定，向大气排放污染物超过国家和地方规定排放标准的，应当限期治理，并由所在地县级以上地方人民政府环境保护行政主管部门处一万元以上十万元以下罚款。限期治理的决定权限和违反限期治理要求的行政处罚由国务院规定。

第四十九条　违反本法第十九条规定，生产、销售、进口或者使用禁止生产、销售、进口、使用的设备，或者采用禁止采用的工艺的，由县级以上人民政府经济综合主管部门责令改正；情节严重的，由县级以上人民政府经济综合主管部门提出意见，报请同级人民政府按照国务院规定的权限责令停业、关闭。

将淘汰的设备转让给他人使用的，由转让者所在地县级以上地方人民政府环境保护行政主管部门或者其他依法行使监督管理权的部门没收转让者的违法所得，并处违法所得两倍以下罚款。

第五十条　违反本法第二十四条第三款规定，开采含放射性和砷等有毒有害物质超过规定标准的煤炭的，由县级以上人民政府按照国务院规定的权限责令关闭。

第五十一条　违反本法第二十五条第二款或者第二十九条第一款的规定，在当地人民政府规定的期限届满后继续燃用高污染燃料的，由所在地县级以上地方人民政府环境保护行政主管部门责令拆除或者没收燃用高污染燃料的设施。

第五十二条　违反本法第二十八条规定，在城市集中供热管网覆盖地区新建燃煤供热锅炉的，由县级以上地方人民政府环境保护行政主管部门责令停止违法行为或者限期改正，可以处五万元以下罚款。

第五十三条　违反本法第三十二条规定，制造、销售或者进口超过污染物排放标准的机动车船的，由依法行使监督管理权的部门责令停止违法行为，没收违法所得，可以并处违法所得一倍以下的罚款；对无法达到规定的污染物排放标准的机动车船，没收销毁。

第五十四条　违反本法第三十四条第二款规定，未按照国务院规定的期限停止生产、进口或者销售含铅汽油的，由所在地县级以上地方人民政府环境保护行政主管部门或者其他依法行使监督管理权的部门责令停止违法行为，没收所生产、进口、销售的含铅汽油和违法所得。

第五十五条　违反本法第三十五条第一款或者第二款规定，未取得所在地省、自治区、直辖市人民政府环境保护行政主管部门或者交通、渔政等依法行使监督管理权的部门的委托进行机动车船排气污染检测的，或者在检测中弄虚作假的，由县级以上人民政府环境保护行政主管部门或者交通、渔政等依法行使监督管理权的部门责令停止违法行为，限期改正，可以处五万元以下罚款；情节严重的，由负责资质认定的部门取消承担机动车船年检的资格。

第五十六条　违反本法规定，有下列行为之一的，由县级以上地方人民政府环境保护行政主管部门或者其他依法行使监督管理权的部门责令停止违法行为，限期改正，可以处五万元以下罚款：

（一）未采取有效污染防治措施，向大气排放粉尘、恶臭气体或者其他含有有毒物质气体的；

（二）未经当地环境保护行政主管部门批准，向大气排放转炉气、电石气、电炉法黄磷尾气、有机烃类尾气的；

（三）未采取密闭措施或者其他防护措施，运输、装卸或者贮存能够散发有毒有害气体或者粉尘物质的；

（四）城市饮食服务业的经营者未采取有效污染防治措施，致使排放的油烟对附近居民的居住环境造成污染的。

第五十七条 违反本法第四十一条第一款规定，在人口集中地区和其他依法需要特殊保护的区域内，焚烧沥青、油毡、橡胶、塑料、皮革、垃圾以及其他产生有毒有害烟尘和恶臭气体的物质的，由所在地县级以上地方人民政府环境保护行政主管部门责令停止违法行为，处二万元以下罚款。

违反本法第四十一条第二款规定，在人口集中地区、机场周围、交通干线附近以及当地人民政府划定的区域内露天焚烧秸秆、落叶等产生烟尘污染的物质的，由所在地县级以上地方人民政府环境保护行政主管部门责令停止违法行为；情节严重的，可以处二百元以下罚款。

第五十八条 违反本法第四十三条第二款规定，在城市市区进行建设施工或者从事其他产生扬尘污染的活动，未采取有效扬尘防治措施，致使大气环境受到污染的，限期改正，处二万元以下罚款；对逾期仍未达到当地环境保护规定要求的，可以责令其停工整顿。

前款规定的对因建设施工造成扬尘污染的处罚，由县级以上地方人民政府建设行政主管部门决定；对其他造成扬尘污染的处罚，由县级以上地方人民政府指定的有关主管部门决定。

第五十九条 违反本法第四十五条第二款规定，在国家规定的期限内，生产或者进口消耗臭氧层物质超过国务院有关行政主管部门核定配额的，由所在地省、自治区、直辖市人民政府有关行政主管部门处二万元以上二十万元以下罚款；情节严重的，由国务院有关行政主管部门取消生产、进口配额。

第六十条 违反本法规定，有下列行为之一的，由县级以上人民政府环境保护行政主管部门责令限期建设配套设施，可以处二万元以上二十万元以下罚款：

（一）新建的所采煤炭属于高硫分、高灰分的煤矿，不按照国家有关规定建设配套的煤炭洗选设施的；

（二）排放含有硫化物气体的石油炼制、合成氨生产、煤气和燃煤焦化以及有色金属冶炼的企业，不按照国家有关规定建设配套脱硫装置或者未采取其他脱硫措施的。

第六十一条 对违反本法规定，造成大气污染事故的企业事业单位，由所在地县级以上地方人民政府环境保护行政主管部门根据所造成的危害后果处直接经济损失百分之五十以下罚款，但最高不超过五十万元；情节较重的，对直接负责的主管人员和其他直接责任人员，由所在单位或者上级主管机关依法给予行政处分或者纪律处分；造成重大大气污染事故，导致公私财产重大损失或者人身伤亡的严重后果，构成犯罪的，依法追究刑事责任。

第六十二条 造成大气污染危害的单位，有责任排除危害，并对直接遭受损失的单位或者个人赔偿损失。

赔偿责任和赔偿金额的纠纷，可以根据当事人的请求，由环境保护行政主管部门调解处理；调解不成的，当事人可以向人民法院起诉。当事人也可以直接向人民法院起诉。

第六十三条 完全由于不可抗拒的自然灾害，并经及时采取合理措施，仍然不能避免造成大气污染损失的，免于承担责任。

第六十四条 环境保护行政主管部门或者其他有关部门违反本法第十四条第三款的规定，将征收的排污费挪作他用的，由审计机关或者监察机关责令退回挪用款项或者采取其他措施予以追回，对直接负责的主管人员和其他直接责任人员依法给予行政处分。

第六十五条 环境保护监督管理人员滥用职权、玩忽职守的，给予行政处分；构成犯罪的，依法追究刑事责任。

第七章 附 则

第六十六条 本法自2000年9月1日起施行。

中华人民共和国水污染防治法

（1984年5月11日中华人民共和国第六届全国人民代表大会常务委员会第五次会议通过，1996年5月15日第八届全国人民代表大会常务委员会第十九次会议《关于修改〈中华人民共和国水污染防治法〉的决定》修正，2008年2月28日中华人民共和国第十届全国人民代表大会常务委员会第三十二次会议修订，同日中华人民共和国主席令第八十七号公布，自2008年6月1日起施行）

目　录

第一章　总　则

第一条　为了防治水污染，保护和改善环境，保障饮用水安全，促进经济社会全面协调可持续发展，制定本法。

第二条　本法适用于中华人民共和国领域内的江河、湖泊、运河、渠道、水库等地表水体以及地下水体的污染防治。

海洋污染防治适用《中华人民共和国海洋环境保护法》。

第三条　水污染防治应当坚持预防为主、防治结合、综合治理的原则，优先保护饮用水水源，严格控制工业污染、城镇生活污染，防治农业面源污染，积极推进生态治理工程建设，预防、控制和减少水环境污染和生态破坏。

第四条　县级以上人民政府应当将水环境保护工作纳入国民经济和社会发展规划。

县级以上地方人民政府应当采取防治水污染的对策和措施，对本行政区域的水环境质量负责。

第五条 国家实行水环境保护目标责任制和考核评价制度，将水环境保护目标完成情况作为对地方人民政府及其负责人考核评价的内容。

第六条 国家鼓励、支持水污染防治的科学技术研究和先进适用技术的推广应用，加强水环境保护的宣传教育。

第七条 国家通过财政转移支付等方式，建立健全对位于饮用水水源保护区区域和江河、湖泊、水库上游地区的水环境生态保护补偿机制。

第八条 县级以上人民政府环境保护主管部门对水污染防治实施统一监督管理。

交通主管部门的海事管理机构对船舶污染水域的防治实施监督管理。

县级以上人民政府水行政、国土资源、卫生、建设、农业、渔业等部门以及重要江河、湖泊的流域水资源保护机构，在各自的职责范围内，对有关水污染防治实施监督管理。

第九条 排放水污染物，不得超过国家或者地方规定的水污染物排放标准和重点水污染物排放总量控制指标。

第十条 任何单位和个人都有义务保护水环境，并有权对污染损害水环境的行为进行检举。

县级以上人民政府及其有关主管部门对在水污染防治工作中做出显著成绩的单位和个人给予表彰和奖励。

第二章 水污染防治的标准和规划

第十一条 国务院环境保护主管部门制定国家水环境质量标准。

省、自治区、直辖市人民政府可以对国家水环境质量标准中未作规定的项目，制定地方标准，并报国务院环境保护主管部门备案。

第十二条 国务院环境保护主管部门会同国务院水行政主管部门和有关省、自治区、直辖市人民政府，可以根据国家确定的重要江河、湖泊流域水体的使用功能以及有关地区的经济、技术条件，确定该重要江河、湖泊流域的省界水体适用的水环境质量标准，报国务院批准后施行。

第十三条 国务院环境保护主管部门根据国家水环境质量标准和国家经济、技术条件，制定国家水污染物排放标准。

省、自治区、直辖市人民政府对国家水污染物排放标准中未作规定的项目，可以制定地方水污染物排放标准；对国家水污染物排放标准中已作规定的项目，可以制定严于国家水污染物排放标准的地方水污染物排放标准。地方水污染物排放标准须报国务院环境保护主管部门备案。

向已有地方水污染物排放标准的水体排放污染物的，应当执行地方水污染物排放标准。

第十四条 国务院环境保护主管部门和省、自治区、直辖市人民政府，应当根据水污染防治的要求和国家或者地方的经济、技术条件，适时修订水环境质量标准和水污染物排放标准。

第十五条 防治水污染应当按流域或者按区域进行统一规划。国家确定的重要江河、湖泊的流域水污染防治规划，由国务院环境保护主管部门会同国务院经济综合宏观调控、水行政等部门和有关省、自治区、直辖市人民政府编制，报国务院批准。

前款规定外的其他跨省、自治区、直辖市江河、湖泊的流域水污染防治规划，根据国家确定的重要江河、湖泊的流域水污染防治规划和本地实际情况，由有关省、自治区、直辖市人民政府环境保护主管部门会同同级水行政等部门和有关市、县人民政府编制，经有关省、自治区、直辖市人民政府审核，报国务院批准。

省、自治区、直辖市内跨县江河、湖泊的流域水污染防治规划，根据国家确定的重要江河、湖泊的流域水污染防治规划和本地实际情况，由省、自治区、直辖市人民政府环境保护主管部门会同同级水行政等部门编制，报省、自治区、直辖市人民政府批准，并报国务院备案。

经批准的水污染防治规划是防治水污染的基本依据，规划的修订须经原批准机关批准。

县级以上地方人民政府应当根据依法批准的江河、湖泊的流域水污染防治规划，组织制定本行政区域的水污染防治规划。

第十六条 国务院有关部门和县级以上地方人民政府开发、利用和调节、调度水资源时，应当统筹兼顾，维持江河的合理流量和湖泊、水库以及地下水体的合理水位，维护水体的生态功能。

第三章 水污染防治的监督管理

第十七条 新建、改建、扩建直接或者间接向水体排放污染物的建设项目和其他水上设施，应当依法进行环境影响评价。

建设单位在江河、湖泊新建、改建、扩建排污口的，应当取得水行政主管部门或者流域管理机构同意；涉及通航、渔业水域的，环境保护主管部门在审批环境影响评价文件时，应当征求交通、渔业主管部门的意见。

建设项目的水污染防治设施，应当与主体工程同时设计、同时施工、同时投入使用。水污染防治设施应当经过环境保护主管部门验收，验收不合格的，该建设项目不得投入生产或者使用。

第十八条 国家对重点水污染物排放实施总量控制制度。

省、自治区、直辖市人民政府应当按照国务院的规定削减和控制本行政区域的重点水污染物排放总量，并将重点水污染物排放总量控制指标分解落实到市、县人民政府。市、县人民政府根据本行政区域重点水污染物排放总量控制指标的要求，将重点水污染物排放总量控制指标分解落实到排污单位。具体办法和实施步骤由国务院规定。

省、自治区、直辖市人民政府可以根据本行政区域水环境质量状况和水污染防治工作的需要，确定本行政区域实施总量削减和控制的重点水污染物。

对超过重点水污染物排放总量控制指标的地区，有关人民政府环境保护主管部门应当暂停审批新增重点水污染物排放总量的建设项目的环境影响评价文件。

第十九条 国务院环境保护主管部门对未按照要求完成重点水污染物排放总量控制指标的省、自治区、直辖市予以公布。省、自治区、直辖市人民政府环境保护主管部门对未按照要求完成重点水污染物排放总量控制指标的市、县予以公布。

县级以上人民政府环境保护主管部门对违反本法规定、严重污染水环境的企业予以公布。

第二十条 国家实行排污许可制度。

直接或者间接向水体排放工业废水和医疗污水以及其他按照规定应当取得排污许可证方可排放的废水、污水的企业事业单位，应当取得排污许可证；城镇污水集中处理设施的运营单位，也应当取得排污许可证。排污许可的具体办法和实施步骤由国务院规定。

禁止企业事业单位无排污许可证或者违反排污许可证的规定向水体排放前款规定的废水、污水。

第二十一条 直接或者间接向水体排放污染物的企业事业单位和个体工商户，应当按照国务院环境保护主管部门的规定，向县级以上地方人民政府环境保护主管部门申报登记拥有的水污染物排放设施、处理设施和在正常作业条件下排放水污染物的种类、数量和浓度，并提供防治水污染方面的有关技术资料。

企业事业单位和个体工商户排放水污染物的种类、数量和浓度有重大改变的，应当及时申报登记；其水污染物处理设施应当保持正常使用；拆除或者闲置水污染物处理设施的，应当事先报县级以上地方人民政府环境保护主管部门批准。

第二十二条 向水体排放污染物的企业事业单位和个体工商户，应当按照法律、行政法规和国务院环境保护主管部门的规定设置排污口；在江河、湖泊设置排污口的，还应当遵守国务院水行政主管部门的规定。

禁止私设暗管或者采取其他规避监管的方式排放水污染物。

第二十三条 重点排污单位应当安装水污染物排放自动监测设备，与环境保护主管部门的监控设备联网，并保证监测设备正常运行。排放工业废水的企业，应当对其所排放的工业废水进行监测，并保存原始监测记录。具体办法由国务院环境保护主管部门规定。

应当安装水污染物排放自动监测设备的重点排污单位名录，由设区的市级以上地方人民政府环境保护主管部门根据本行政区域的环境容量、重点水污染物排放总量控制指标的要求以及排污单位排放水污染物的种类、数量和浓度等因素，商同级有关部门确定。

第二十四条 直接向水体排放污染物的企业事业单位和个体工商户，应当按照排放水污染物的种类、数量和排污费征收标准缴纳排污费。

排污费应当用于污染的防治，不得挪作他用。

第二十五条 国家建立水环境质量监测和水污染物排放监测制度。国务院环境保护主管部门负责制定水环境监测规范，统一发布国家水环境状况信息，会同国务院水行政等部门组织监测网络。

第二十六条 国家确定的重要江河、湖泊流域的水资源保护工作机构负责监测其所在流域的省界水体的水环境质量状况，并将监测结果及时报国务院环境保护主管部门和国务院水行政主管部门；有经国务院批准成立的流域水资源保护领导机构的，应当将监测结果及时报告流域水资源保护领导机构。

第二十七条 环境保护主管部门和其他依照本法规定行使监督管理权的部门，有权对管辖范围内的排污单位进行现场检查，被检查的单位应当如实反映情况，提供必要的资料。检查机关有义务为被检查的单位保守在检查中获取的商业秘密。

第二十八条 跨行政区域的水污染纠纷，由有关地方人民政府协商解决，或者由其共同的上级人民政府协调解决。

第四章 水污染防治措施

第一节 一般规定

第二十九条 禁止向水体排放油类、酸液、碱液或者剧毒废液。

禁止在水体清洗装贮过油类或者有毒污染物的车辆和容器。

第三十条 禁止向水体排放、倾倒放射性固体废物或者含有高放射性和中放射性物质的废水。

向水体排放含低放射性物质的废水，应当符合国家有关放射性污染防治的规定和标准。

第三十一条 向水体排放含热废水，应当采取措施，保证水体的水温符合水环境质量标准。

第三十二条 含病原体的污水应当经过消毒处理；符合国家有关标准后，方可排放。

第三十三条 禁止向水体排放、倾倒工业废渣、城镇垃圾和其他废弃物。

禁止将含有汞、镉、砷、铬、铅、氰化物、黄磷等的可溶性剧毒废渣向水体排放、倾倒或者直接埋入地下。

存放可溶性剧毒废渣的场所，应当采取防水、防渗漏、防流失的措施。

第三十四条 禁止在江河、湖泊、运河、渠道、水库最高水位线以下的滩地和岸坡堆放、存贮固体废弃物和其他污染物。

第三十五条 禁止利用渗井、渗坑、裂隙和溶洞排放、倾倒含有毒污染物的废水、含病原体的污水和其他废弃物。

第三十六条 禁止利用无防渗漏措施的沟渠、坑塘等输送或者存贮含有毒污染物的废水、含病原体的污水和其他废弃物。

第三十七条 多层地下水的含水层水质差异大的，应当分层开采；对已受污染的潜水和承压水，不得混合开采。

第三十八条 兴建地下工程设施或者进行地下勘探、采矿等活动，应当采取防护性措施，防止地下水污染。

第三十九条 人工回灌补给地下水，不得恶化地下水质。

第二节 工业水污染防治

第四十条 国务院有关部门和县级以上地方人民政府应当合理规划工业布局，要求造成水污染的企业进行技术改造，采取综合防治措施，提高水的重复利用率，减少废水和污染物排放量。

第四十一条 国家对严重污染水环境的落后工艺和设备实行淘汰制度。

国务院经济综合宏观调控部门会同国务院有关部门，公布限期禁止采用的严重污染水环境的工艺名录和限期禁止生产、销售、进口、使用的严重污染水环境的设备名录。

生产者、销售者、进口者或者使用者应当在规定的期限内停止生产、销售、进口或者使用列入前款规定的设备名录中的设备。工艺的采用者应当在规定的期限内停止采用列入前款规定的工艺名录中的工艺。

依照本条第二款、第三款规定被淘汰的设备，不得转让给他人使用。

第四十二条　国家禁止新建不符合国家产业政策的小型造纸、制革、印染、染料、炼焦、炼硫、炼砷、炼汞、炼油、电镀、农药、石棉、水泥、玻璃、钢铁、火电以及其他严重污染水环境的生产项目。

第四十三条　企业应当采用原材料利用效率高、污染物排放量少的清洁工艺，并加强管理，减少水污染物的产生。

第三节　城镇水污染防治

第四十四条　城镇污水应当集中处理。

县级以上地方人民政府应当通过财政预算和其他渠道筹集资金，统筹安排建设城镇污水集中处理设施及配套管网，提高本行政区域城镇污水的收集率和处理率。

国务院建设主管部门应当会同国务院经济综合宏观调控、环境保护主管部门，根据城乡规划和水污染防治规划，组织编制全国城镇污水处理设施建设规划。县级以上地方人民政府组织建设、经济综合宏观调控、环境保护、水行政等部门编制本行政区域的城镇污水处理设施建设规划。县级以上地方人民政府建设主管部门应当按照城镇污水处理设施建设规划，组织建设城镇污水集中处理设施及配套管网，并加强对城镇污水集中处理设施运营的监督管理。

城镇污水集中处理设施的运营单位按照国家规定向排污者提供污水处理的有偿服务，收取污水处理费用，保证污水集中处理设施的正常运行。向城镇污水集中处理设施排放污水、缴纳污水处理费用的，不再缴纳排污费。收取的污水处理费用应当用于城镇污水集中处理设施的建设和运行，不得挪作他用。

城镇污水集中处理设施的污水处理收费、管理以及使用的具体办法，由国务院规定。

第四十五条　向城镇污水集中处理设施排放水污染物，应当符合国家或者地方规定的水污染物排放标准。

城镇污水集中处理设施的出水水质达到国家或者地方规定的水污染物排放标准的，可以按照国家有关规定免缴排污费。

城镇污水集中处理设施的运营单位，应当对城镇污水集中处理设施的出水水质负责。

环境保护主管部门应当对城镇污水集中处理设施的出水水质和水量进行监督检查。

第四十六条　建设生活垃圾填埋场，应当采取防渗漏等措施，防止造成水污染。

第四节　农业和农村水污染防治

第四十七条　使用农药，应当符合国家有关农药安全使用的规定和标准。

运输、存贮农药和处置过期失效农药，应当加强管理，防止造成水污染。

第四十八条　县级以上地方人民政府农业主管部门和其他有关部门，应当采取措施，指导农业生产者科学、合理地施用化肥和农药，控制化肥和农药的过量使用，防止造成水污染。

第四十九条　国家支持畜禽养殖场、养殖小区建设畜禽粪便、废水的综合利用或者无害化处理设施。

畜禽养殖场、养殖小区应当保证其畜禽粪便、废水的综合利用或者无害化处理设施正常运转，保证污水达标排放，防止污染水环境。

第五十条 从事水产养殖应当保护水域生态环境，科学确定养殖密度，合理投饵和使用药物，防止污染水环境。

第五十一条 向农田灌溉渠道排放工业废水和城镇污水，应当保证其下游最近的灌溉取水点的水质符合农田灌溉水质标准。

利用工业废水和城镇污水进行灌溉，应当防止污染土壤、地下水和农产品。

第五节 船舶水污染防治

第五十二条 船舶排放含油污水、生活污水，应当符合船舶污染物排放标准。从事海洋航运的船舶进入内河和港口的，应当遵守内河的船舶污染物排放标准。

船舶的残油、废油应当回收，禁止排入水体。

禁止向水体倾倒船舶垃圾。

船舶装载运输油类或者有毒货物，应当采取防止溢流和渗漏的措施，防止货物落水造成水污染。

第五十三条 船舶应当按照国家有关规定配置相应的防污设备和器材，并持有合法有效的防止水域环境污染的证书与文书。

船舶进行涉及污染物排放的作业，应当严格遵守操作规程，并在相应的记录簿上如实记载。

第五十四条 港口、码头、装卸站和船舶修造厂应当备有足够的船舶污染物、废弃物的接收设施。从事船舶污染物、废弃物接收作业，或者从事装载油类、污染危害性货物船舱清洗作业的单位，应当具备与其运营规模相适应的接收处理能力。

第五十五条 船舶进行下列活动，应当编制作业方案，采取有效的安全和防污染措施，并报作业地海事管理机构批准：

（一）进行残油、含油污水、污染危害性货物残留物的接收作业，或者进行装载油类、污染危害性货物船舱的清洗作业；

（二）进行散装液体污染危害性货物的过驳作业；

（三）进行船舶水上拆解、打捞或者其他水上、水下船舶施工作业。

在渔港水域进行渔业船舶水上拆解活动，应当报作业地渔业主管部门批准。

第五章 饮用水水源和其他特殊水体保护

第五十六条 国家建立饮用水水源保护区制度。饮用水水源保护区分为一级保护区和二级保护区；必要时，可以在饮用水水源保护区外围划定一定的区域作为准保护区。

饮用水水源保护区的划定，由有关市、县人民政府提出划定方案，报省、自治区、直辖市人民政府批准；跨市、县饮用水水源保护区的划定，由有关市、县人民政府协商提出划定方案，报省、自治区、直辖市人民政府批准；协商不成的，由省、自治区、直辖市人民政府环境保护主管部门会同同级水行政、国土资源、卫生、建设等部门提出划定方案，征求同级有关部门的意见后，报省、自治区、直辖市人民政府批准。

跨省、自治区、直辖市的饮用水水源保护区，由有关省、自治区、直辖市人民政府商有关流域管理机构划定；协商不成的，由国务院环境保护主管部门会同同级水行政、国土资源、卫生、建设等部门提出划定方案，征求国务院有关部门的意见后，报国务院批准。

国务院和省、自治区、直辖市人民政府可以根据保护饮用水水源的实际需要，调整饮用水水源保护区的范围，确保饮用水安全。有关地方人民政府应当在饮用水水源保护区的边界设立明确的地理界标和明显的警示标志。

第五十七条 在饮用水水源保护区内，禁止设置排污口。

第五十八条 禁止在饮用水水源一级保护区内新建、改建、扩建与供水设施和保护水源无关的建设项目；已建成的与供水设施和保护水源无关的建设项目，由县级以上人民政府责令拆除或者关闭。

禁止在饮用水水源一级保护区内从事网箱养殖、旅游、游泳、垂钓或者其他可能污染饮用水水体的活动。

第五十九条 禁止在饮用水水源二级保护区内新建、改建、扩建排放污染物的建设项目；已建成的排放污染物的建设项目，由县级以上人民政府责令拆除或者关闭。

在饮用水水源二级保护区内从事网箱养殖、旅游等活动的，应当按照规定采取措施，防止污染饮用水水体。

第六十条 禁止在饮用水水源准保护区内新建、扩建对水体污染严重的建设项目；改建建设项目，不得增加排污量。

第六十一条 县级以上地方人民政府应当根据保护饮用水水源的实际需要，在准保护区内采取工程措施或者建造湿地、水源涵养林等生态保护措施，防止水污染物直接排入饮用水水体，确保饮用水安全。

第六十二条 饮用水水源受到污染可能威胁供水安全的，环境保护主管部门应当责令有关企业事业单位采取停止或者减少排放水污染物等措施。

第六十三条 国务院和省、自治区、直辖市人民政府根据水环境保护的需要，可以规定在饮用水水源保护区内，采取禁止或者限制使用含磷洗涤剂、化肥、农药以及限制种植养殖等措施。

第六十四条 县级以上人民政府可以对风景名胜区水体、重要渔业水体和其他具有特殊经济文化价值的水体划定保护区，并采取措施，保证保护区的水质符合规定用途的水环境质量标准。

第六十五条 在风景名胜区水体、重要渔业水体和其他具有特殊经济文化价值的水体的保护区内，不得新建排污口。在保护区附近新建排污口，应当保证保护区水体不受污染。

第六章 水污染事故处置

第六十六条 各级人民政府及其有关部门，可能发生水污染事故的企业事业单位，应当依照《中华人民共和国突发事件应对法》的规定，做好突发水污染事故的应急准备、应急处置和事后恢复等工作。

第六十七条 可能发生水污染事故的企业事业单位，应当制定有关水污染事故的应急方案，做好应急准备，并定期进行演练。

生产、储存危险化学品的企业事业单位，应当采取措施，防止在处理安全生产事故过程中产生的可能严重污染水体的消防废水、废液直接排入水体。

第六十八条 企业事业单位发生事故或者其他突发性事件，造成或者可能造成水污染事故的，应当立即启动本单位的应急方案，采取应急措施，并向事故发生地的县级以上地方人民政府或者环境保护主管部门报告。环境保护主管部门接到报告后，应当及时向本级人民政府报告，并抄送有关部门。

造成渔业污染事故或者渔业船舶造成水污染事故的，应当向事故发生地的渔业主管部门报告，接受调查处理。其他船舶造成水污染事故的，应当向事故发生地的海事管理机构报告，接受调查处理；给渔业造成损害的，海事管理机构应当通知渔业主管部门参与调查处理。

第七章 法律责任

第六十九条 环境保护主管部门或者其他依照本法规定行使监督管理权的部门，不依法作出行政许可或者办理批准文件的，发现违法行为或者接到对违法行为的举报后不予查处的，或者有其他未依照本法规定履行职责的行为的，对直接负责的主管人员和其他直接责任人员依法给予处分。

第七十条 拒绝环境保护主管部门或者其他依照本法规定行使监督管理权的部门的监督检查，或者在接受监督检查时弄虚作假的，由县级以上人民政府环境保护主管部门或者其他依照本法规定行使监督管理权的部门责令改正，处一万元以上十万元以下的罚款。

第七十一条 违反本法规定，建设项目的水污染防治设施未建成、未经验收或者验收不合格，主体工程即投入生产或者使用的，由县级以上人民政府环境保护主管部门责令停止生产或者使用，直至验收合格，处五万元以上五十万元以下的罚款。

第七十二条 违反本法规定，有下列行为之一的，由县级以上人民政府环境保护主管部门责令限期改正；逾期不改正的，处一万元以上十万元以下的罚款：

（一）拒报或者谎报国务院环境保护主管部门规定的有关水污染物排放申报登记事项的；

（二）未按照规定安装水污染物排放自动监测设备或者未按照规定与环境保护主管部门的监控设备联网，并保证监测设备正常运行的；

（三）未按照规定对所排放的工业废水进行监测并保存原始监测记录的。

第七十三条 违反本法规定，不正常使用水污染物处理设施，或者未经环境保护主管部门批准拆除、闲置水污染物处理设施的，由县级以上人民政府环境保护主管部门责令限期改正，处应缴纳排污费数额一倍以上三倍以下的罚款。

第七十四条 违反本法规定，排放水污染物超过国家或者地方规定的水污染物排放标准，或者超过重点水污染物排放总量控制指标的，由县级以上人民政府环境保护主管部门按照权限责令限期治理，处应缴纳排污费数额二倍以上五倍以下的罚款。

限期治理期间，由环境保护主管部门责令限制生产、限制排放或者停产整治。限期治理的期限最长不超过一年；逾期未完成治理任务的，报经有批准权的人民政府批准，责令关闭。

第七十五条 在饮用水水源保护区内设置排污口的，由县级以上地方人民政府责令限期拆除，处十万元以上五十万元以下的罚款；逾期不拆除的，强制拆除，所需费用由违法者承担，处五十万元以上一百万元以下的罚款，并可以责令停产整顿。

除前款规定外，违反法律、行政法规和国务院环境保护主管部门的规定设置排污口或者私设暗管的，由县级以上地方人民政府环境保护主管部门责令限期拆除，处二万元以上十万元以下的罚款；逾期不拆除的，强制拆除，所需费用由违法者承担，处十万元以上五十万元以下的罚款；私设暗管或者有其他严重情节的，县级以上地方人民政府环境保护主管部门可以提请县级以上地方人民政府责令停产整顿。

未经水行政主管部门或者流域管理机构同意，在江河、湖泊新建、改建、扩建排污口的，由县级以上人民政府水行政主管部门或者流域管理机构依据职权，依照前款规定采取措施、给予处罚。

第七十六条 有下列行为之一的，由县级以上地方人民政府环境保护主管部门责令停止违法行为，限期采取治理措施，消除污染，处以罚款；逾期不采取治理措施的，环境保护主管部门可以指定有治理能力的单位代为治理，所需费用由违法者承担：

（一）向水体排放油类、酸液、碱液的；

（二）向水体排放剧毒废液，或者将含有汞、镉、砷、铬、铅、氰化物、黄磷等的可溶性剧毒废渣向水体排放、倾倒或者直接埋入地下的；

（三）在水体清洗装贮过油类、有毒污染物的车辆或者容器的；

（四）向水体排放、倾倒工业废渣、城镇垃圾或者其他废弃物，或者在江河、湖泊、运河、渠道、水库最高水位线以下的滩地、岸坡堆放、存贮固体废弃物或者其他污染物的；

（五）向水体排放、倾倒放射性固体废物或者含有高放射性、中放射性物质的废水的；

（六）违反国家有关规定或者标准，向水体排放含低放射性物质的废水、热废水或者含病原体的污水的；

（七）利用渗井、渗坑、裂隙或者溶洞排放、倾倒含有毒污染物的废水、含病原体的污水或者其他废弃物的；

（八）利用无防渗漏措施的沟渠、坑塘等输送或者存贮含有毒污染物的废水、含病原体的污水或者其他废弃物的。

有前款第三项、第六项行为之一的，处一万元以上十万元以下的罚款；有前款第一项、第四项、第八项行为之一的，处二万元以上二十万元以下的罚款；有前款第二项、第五项、第七项行为之一的，处五万元以上五十万元以下的罚款。

第七十七条 违反本法规定，生产、销售、进口或者使用列入禁止生产、销售、进口、使用的严重污染水环境的设备名录中的设备，或者采用列入禁止采用的严重污染水环境的工艺名录中的工艺的，由县级以上人民政府经济综合宏观调控部门责令改正，处五万元以上二十万元以下的罚款；情节严重的，由县级以上人民政府经济综合宏观调控部门提出意见，报请本级人民政府责令停业、关闭。

第七十八条 违反本法规定，建设不符合国家产业政策的小型造纸、制革、印染、染料、炼焦、炼硫、炼砷、炼汞、炼油、电镀、农药、石棉、水泥、玻璃、钢铁、火电以及其他严重污染水环境的生产项目的，由所在地的市、县人民政府责令关闭。

第七十九条 船舶未配置相应的防污染设备和器材，或者未持有合法有效的防止水域环境污染的证书与文书的，由海事管理机构、渔业主管部门按照职责分工责令限期改正，处二千元以上二万元以下的罚款；逾期不改正的，责令船舶临时停航。

船舶进行涉及污染物排放的作业，未遵守操作规程或者未在相应的记录簿上如实记载的，由海事管理机构、渔业主管部门按照职责分工责令改正，处二千元以上二万元以下的罚款。

第八十条 违反本法规定，有下列行为之一的，由海事管理机构、渔业主管部门按照职责分工责令停止违法行为，处以罚款；造成水污染的，责令限期采取治理措施，消除污染；逾期不采取治理措施的，海事管理机构、渔业主管部门按照职责分工可以指定有治理能力的单位代为治理，所需费用由船舶承担：

（一）向水体倾倒船舶垃圾或者排放船舶的残油、废油的；

（二）未经作业地海事管理机构批准，船舶进行残油、含油污水、污染危害性货物残留物的接收作业，或者进行装载油类、污染危害性货物船舱的清洗作业，或者进行散装液体污染危害性货物的过驳作业的；

（三）未经作业地海事管理机构批准，进行船舶水上拆解、打捞或者其他水上、水下船舶施工作业的；

（四）未经作业地渔业主管部门批准，在渔港水域进行渔业船舶水上拆解的。

有前款第一项、第二项、第四项行为之一的，处五千元以上五万元以下的罚款；有前款第三项行为的，处一万元以上十万元以下的罚款。

第八十一条 有下列行为之一的，由县级以上地方人民政府环境保护主管部门责令停止违法行为，处十万元以上五十万元以下的罚款；并报经有批准权的人民政府批准，责令拆除或者关闭：

（一）在饮用水水源一级保护区内新建、改建、扩建与供水设施和保护水源无关的建设项目的；

（二）在饮用水水源二级保护区内新建、改建、扩建排放污染物的建设项目的；

（三）在饮用水水源准保护区内新建、扩建对水体污染严重的建设项目，或者改建建设项目增加排污量的。

在饮用水水源一级保护区内从事网箱养殖或者组织进行旅游、垂钓或者其他可能污染饮用水水体的活动的，由县级以上地方人民政府环境保护主管部门责令停止违法行为，处二万元以上十万元以下的罚款。个人在饮用水水源一级保护区内游泳、垂钓或者从事其他可能污染饮用水水体的活动的，由县级以上地方人民政府环境保护主管部门责令停止违法行为，可以处五百元以下的罚款。

第八十二条 企业事业单位有下列行为之一的，由县级以上人民政府环境保护主管部门责令改正；情节严重的，处二万元以上十万元以下的罚款：

（一）不按照规定制定水污染事故的应急方案的；

（二）水污染事故发生后，未及时启动水污染事故的应急方案，采取有关应急措施的。

第八十三条 企业事业单位违反本法规定，造成水污染事故的，由县级以上人民政府环境保护主管部门依照本条第二款的规定处以罚款，责令限期采取治理措施，消除污染；不按要求采取治理措施或者不具备治理能力的，由环境保护主管部门指定有治理能力的单位代为治理，所需费用由违法者承担；对造成重大或者特大水污染事故的，可以报经有批准权的人民政府批准，责令关闭；对直接负责的主管人员和其他直接责任人员可以处上一年度从本单位取得的收入百分之五十以下的罚款。

对造成一般或者较大水污染事故的，按照水污染事故造成的直接损失的百分之二十计算罚款；对造成重大或者特大水污染事故的，按照水污染事故造成的直接损失的百分之三十计算罚款。

造成渔业污染事故或者渔业船舶造成水污染事故的，由渔业主管部门进行处罚；其他船舶造成水污染事故的，由海事管理机构进行处罚。

第八十四条　当事人对行政处罚决定不服的，可以申请行政复议，也可以在收到通知之日起十五日内向人民法院起诉；期满不申请行政复议或者起诉，又不履行行政处罚决定的，由作出行政处罚决定的机关申请人民法院强制执行。

第八十五条　因水污染受到损害的当事人，有权要求排污方排除危害和赔偿损失。

由于不可抗力造成水污染损害的，排污方不承担赔偿责任；法律另有规定的除外。

水污染损害是由受害人故意造成的，排污方不承担赔偿责任。水污染损害是由受害人重大过失造成的，可以减轻排污方的赔偿责任。

水污染损害是由第三人造成的，排污方承担赔偿责任后，有权向第三人追偿。

第八十六条　因水污染引起的损害赔偿责任和赔偿金额的纠纷，可以根据当事人的请求，由环境保护主管部门或者海事管理机构、渔业主管部门按照职责分工调解处理；调解不成的，当事人可以向人民法院提起诉讼。当事人也可以直接向人民法院提起诉讼。

第八十七条　因水污染引起的损害赔偿诉讼，由排污方就法律规定的免责事由及其行为与损害结果之间不存在因果关系承担举证责任。

第八十八条　因水污染受到损害的当事人人数众多的，可以依法由当事人推选代表人进行共同诉讼。

环境保护主管部门和有关社会团体可以依法支持因水污染受到损害的当事人向人民法院提起诉讼。

国家鼓励法律服务机构和律师为水污染损害诉讼中的受害人提供法律援助。

第八十九条　因水污染引起的损害赔偿责任和赔偿金额的纠纷，当事人可以委托环境监测机构提供监测数据。环境监测机构应当接受委托，如实提供有关监测数据。

第九十条　违反本法规定，构成违反治安管理行为的，依法给予治安管理处罚；构成犯罪的，依法追究刑事责任。

第八章　附　则

第九十一条　本法中下列用语的含义：

（一）水污染，是指水体因某种物质的介入，而导致其化学、物理、生物或者放射性等方面特性的改变，从而影响水的有效利用，危害人体健康或者破坏生态环境，造成水质恶化的现象。

（二）水污染物，是指直接或者间接向水体排放的，能导致水体污染的物质。

（三）有毒污染物，是指那些直接或者间接被生物摄入体内后，可能导致该生物或者其后代发病、行为反常、遗传异变、生理机能失常、机体变形或者死亡的污染物。

（四）渔业水体，是指划定的鱼虾类的产卵场、索饵场、越冬场、洄游通道和鱼虾贝藻类的养殖场的水体。

第九十二条　本法自2008年6月1日起施行。

中华人民共和国环境噪声污染防治法

（1996年10月29日中华人民共和国第八届全国人民代表大会常务委员会第二十二次会议通过，同日中华人民共和国主席令第七十七号公布，自1997年3月1日起施行）

第一章　总　则

第一条　为防治环境噪声污染，保护和改善生活环境，保障人体健康，促进经济和社会发展，制定本法。

第二条　本法所称环境噪声，是指在工业生产、建筑施工、交通运输和社会生活中所产生的干扰周围生活环境的声音。

本法所称环境噪声污染，是指所产生的环境噪声超过国家规定的环境噪声排放标准，并干扰他人正常生活、工作和学习的现象。

第三条　本法适用于中华人民共和国领域内环境噪声污染的防治。

因从事本职生产、经营工作受到噪声危害的防治，不适用本法。

第四条　国务院和地方各级人民政府应当将环境噪声污染防治工作纳入环境保护规则，并采取有利于声环境保护的经济、技术政策和措施。

第五条　地方各级人民政府在制定城乡建设规划时，应当充分考虑建设项目和区域开发、改造所产生的噪声对周围生活环境的影响，统筹规划，合理安排功能区和建设布局，防止或者减轻环境噪声污染。

第六条　国务院环境保护行政主管部门对全国环境噪声污染防治实施统一监督管理。

县级以上地方人民政府环境保护行政主管部门对本行政区域内的环境噪声污染防治实施统一监督管理。

各级公安、交通、铁路、民航等主管部门和港务监督机构，根据各自的职责，对交通运输和社会生活噪声污染防治实施监督管理。

第七条　任何单位和个人都有保护声环境的义务，并有权对造成环境噪声污染的单位和个人进行检举和控告。

第八条　国家鼓励、支持环境噪声污染防治的科学研究、技术开发、推广先进的防治技术和普及防治环境噪声污染的科学知识。

第九条　对在环境噪声污染防治方面成绩显著的单位和个人，由人民政府给予奖励。

第二章　环境噪声污染防治的监督管理

第十条　国务院环境保护行政主管部门分别不同的功能区制定国家声环境质量标准。

县级以上地方人民政府根据国家声环境质量标准，划定本行政区域内各类声环境质量标准的适用区域，并进行管理。

第十一条　国务院环境保护行政主管部门根据国家声环境质量标准和国家经济、技术条件，制定国家环境噪声排放标准。

第十二条　城市规划部门在确定建设布局时，应当依据国家声环境质量标准和民用建筑隔声设计规范，合理划定建筑物与交通干线的防噪声距离，并提出相应的规划设计要求。

第十三条　新建、改建、扩建的建设项目，必须遵守国家有关建设项目环境保护管理的规定。

建设项目可能产生环境噪声污染的，建设单位必须提出环境影响报告书，规定环境噪声污染的防治措施，并按照国家规定的程序报环境保护行政主管部门批准。

环境影响报告书中，应当有该建设项目所在地单位和居民的意见。

第十四条　建设项目的环境噪声污染防治设施必须与主体工程同时设计、同时施工、同时投产使用。

建设项目在投入生产或者使用之前，其环境噪声污染防治设施必须经原审批环境影响报告书的环境保护行政主管部门验收；达不到国家规定要求的，该建设项目不得投入生产或者使用。

第十五条　产生环境噪声污染的企业事业单位，必须保持防治环境噪声污染的设施的正常使用；拆除或者闲置环境噪声污染防治设施的，必须事先报经所在地的县级以上地方人民政府环境保护行政主管部门批准。

第十六条　产生环境噪声污染的单位，应当采取措施进行治理，并按照国家规定缴纳超标准排污费。

征收的超标准排污费必须用于污染的防治，不得挪作他用。

第十七条　对于在噪声敏感建筑物集中区域内造成严重环境噪声污染的企业事业单位，限期治理。

被限期治理的单位必须按期完成治理任务。限期治理由县级以上人民政府按照国务院规定的权限决定。

对小型企业事业单位的限期治理，可以由县级以上人民政府在国务院规定的权限内授权其环境保护行政主管部门决定。

第十八条　国家对环境噪声污染严重的落后设备实行淘汰制度。

国务院经济综合主管部门应当会同国务院有关部门公布限期禁止生产、禁止销售、禁止进口的环境噪声污染严重的设备名录。

生产者、销售者或者进口者必须在国务院经济综合主管部门会同国务院有关部门规定的限期内分别停止生产、销售或者进口列入前款规定的名录中的设备。

第十九条　在城市范围内从事生产活动确需排放偶发性强烈噪声的，必须事先向当地公安机关提出申请，经批准后方可进行。当地公安机关应当向社会公告。

第二十条　国务院环境保护行政主管部门应当建立环境噪声监测制度，制定监测规范，并会同有关部门组织监测网络。

环境噪声监测机构应当按照国务院环境保护行政主管部门的规定报送环境噪声监测结果。

第二十一条　县级以上人民政府环境保护行政主管部门和其他环境噪声污染防治工作的监督管理部门、机构，有权依据各自的职责对管辖范围内排放环境噪声的单位进行现场检查。被检查的单位必须如实反映情况，并提供必要的资料。检查部门、机构应当为被检查的单位保守技术秘密和业务秘密。

检查人员进行现场检查，应当出示证件。

第三章 工业噪声污染防治

第二十二条 本法所称工业噪声，是指在工业生产活动中使用固定的设备时产生的干扰周围生活环境的声音。

第二十三条 在城市范围内向周围生活环境排放工业噪声的，应当符合国家规定的工业企业厂界环境噪声排放标准。

第二十四条 在工业生产中因使用固定的设备造成环境噪声污染的工业企业，必须按照国务院环境保护行政主管部门的规定，向所在地的县级以上地方人民政府环境保护行政主管部门申报拥有的造成环境噪声污染的设备的种类、数量以及在正常作业条件下所发出的噪声值和防治环境噪声污染的设施情况，并提供防治噪声污染的技术资料。

造成环境噪声污染的设备的种类、数量、噪声值和防治设施有重大改变的，必须及时申报，并采取应有的防治措施。

第二十五条 产生环境噪声污染的工业企业，应当采取有效措施，减轻噪声对周围生活环境的影响。

第二十六条 国务院有关主管部门对可能产生环境噪声污染的工业设备，应当根据声环境保护的要求和国家的经济、技术条件，逐步在依法制定的产品的国家标准、行业标准中规定噪声限值。

前款规定的工业设备运行时发出的噪声值，应当在有关技术文件中予以注明。

第四章 建筑施工噪声污染防治

第二十七条 本法所称建筑施工噪声，是指在建筑施工过程中产生的干扰周围生活环境的声音。

第二十八条 在城市市区范围内向周围生活环境排放建筑施工噪声的，应当符合国家规定的建筑施工场界环境噪声排放标准。

第二十九条 在城市市区范围内，建筑施工过程中使用机械设备，可能产生环境噪声污染的，施工单位必须在工程开工十五日以前向工程所在地县级以上地方人民政府环境保护行政主管部门申报该工程的项目名称、施工场所和期限、可能产生的环境噪声值以及所采取的环境噪声污染防治措施的情况。

第三十条 在城市市区噪声敏感建筑物集中区域内，禁止夜间进行产生环境噪声污染的建筑施工作业，但抢修、抢险作业和因生产工艺上要求或者其他特殊需要必须连续作业的除外。

因特殊需要必须连续作业的，必须有县级以上人民政府或者其有关主管部门的证明。

前款规定的夜间作业，必须公告附近居民。

第五章 交通运输噪声污染防治

第三十一条 本法所称交通运输噪声，是指机动车辆、铁路机车、机动船舶、航空器等交通运输工具在运行时所产生的干扰周围生活环境的声音。

第三十二条 禁止制造、销售或者进口超过规定的噪声限值的汽车。

第三十三条 在城市市区范围内行驶的机动车辆的消声器和喇叭必须符合国家规定的要求。机动车辆必须加强维修和保养，保持技术性能良好，防治环境噪声污染。

第三十四条 机动车辆在城市市区范围内行驶，机动船舶在城市市区的内河航道航行，铁路机车驶经或者进入城市市区、疗养区时，必须按照规定使用声响装置。

警车、消防车、工程抢险车、救护车等机动车辆安装、使用警报器，必须符合国务院公安部门的规定；在执行非紧急任务时，禁止使用警报器。

第三十五条 城市人民政府公安机关可以根据本地城市市区区域声环境保护的需要，划定禁止机动车辆行驶和禁止其使用声响装置的路段和时间，并向社会公告。

第三十六条 建设经过已有的噪声敏感建筑物集中区域的高速公路和城市高架、轻轨道路，有可能造成环境噪声污染的，应当设置声屏障或者采取其他有效的控制环境噪声污染的措施。

第三十七条 在已有的城市交通干线的两侧建设噪声敏感建筑物的，建设单位应当按照国家规定间隔一定距离，并采取减轻、避免交通噪声影响的措施。

第三十八条 在车站、铁路编组站、港口、码头、航空港等地指挥作业时使用广播喇叭的，应当控制音量，减轻噪声对周围生活环境的影响。

第三十九条 穿越城市居民区、文教区的铁路，因铁路机车运行造成环境噪声污染的，当地城市人民政府应当组织铁路部门和其他有关部门，制定减轻环境噪声污染的规划。铁路部门和其他有关部门应当按照规定的要求，采取有效措施，减轻环境噪声污染。

第四十条 除起飞、降落或者依法规定的情形以外，民用航空器不得飞越城市市区上空。城市人民政府应当在航空器起飞、降落的净空周围划定限制建设噪声敏感建筑物的区域；在该区域内建设噪声敏感建筑物的，建设单位应当采取减轻、避免航空器运行时产生的噪声影响的措施。民航部门应当采取有效措施，减轻环境噪声污染。

第六章 社会生活噪声污染防治

第四十一条 本法所称社会生活噪声，是指人为活动所产生的除工业噪声、建筑施工噪声和交通运输噪声之外的干扰周围生活环境的声音。

第四十二条 在城市市区噪声敏感建筑物集中区域内，因商业经营活动中使用固定设备造成环境噪声污染的商业企业，必须按照国务院环境保护行政主管部门的规定，向所在地的县级以上地方人民政府环境保护行政主管部门申报拥有的造成环境噪声污染的设备的状况和防治环境噪声污染的设施的情况。

第四十三条 新建营业性文化娱乐场所的边界噪声必须符合国家规定的环境噪声排放标准；不符合国家规定的环境噪声排放标准的，文化行政主管部门不得核发文化经营许可证，工商行政管理部门不得核发营业执照。

经营中的文化娱乐场所，其经营管理者必须采取有效措施，使其边界噪声不超过国家规定的环境噪声排放标准。

第四十四条 禁止在商业经营活动中使用高声广播喇叭或者采用其他发出高噪声的方法招揽顾客。

在商业经营活动中使用空调器、冷却塔等可能产生环境噪声污染的设备、设施的，其经营管理者应当采取措施，使其边界噪声不超过国家规定的环境噪声排放标准。

第四十五条 禁止任何单位、个人在城市市区噪声敏感建筑物集中区域内使用高音广播喇叭。

在城市市区街道、广场、公园等公共场所组织娱乐、集会等活动，使用音响器材可能产生干扰周围生活环境的过大音量的，必须遵守当地公安机关的规定。

第四十六条 使用家用电器、乐器或者进行其他家庭室内娱乐活动时，应当控制音量或者采取其他有效措施，避免对周围居民造成环境噪声污染。

第四十七条 在已竣工交付使用的住宅楼进行室内装修活动，应当限制作业时间，并采取其他有效措施，以减轻、避免对周围居民造成环境噪声污染。

第七章　法律责任

第四十八条 违反本法第十四条的规定，建设项目中需要配套建设的环境噪声污染防治设施没有建成或者没有达到国家规定的要求，擅自投入生产或者使用的，由批准该建设项目的环境影响报告书的环境保护行政主管部门责令停止生产或者使用，可以并处罚款。

第四十九条 违反本法规定，拒报或者谎报规定的环境噪声排放申报事项的，县级以上地方人民政府环境保护行政主管部门可以根据不同情节，给予警告或者处以罚款。

第五十条 违反本法第十五条的规定，未经环境保护行政主管部门批准，擅自拆除或者闲置环境噪声污染防治设施，致使环境噪声排放超过规定标准的，由县级以上地方人民政府环境保护行政主管部门责令改正，并处罚款。

第五十一条 违反本法第十六条的规定，不按照国家规定缴纳超标准排污费的，县级以上地方人民政府环境保护行政主管部门可以根据不同情节，给予警告或者处以罚款。

第五十二条 违反本法第十七条的规定，对经限期治理逾期未完成治理任务的企业事业单位，除依照国家规定加收超标准排污费外，可以根据所造成的危害后果处以罚款，或者责令停业、搬迁、关闭。

前款规定的罚款由环境保护行政主管部门决定。责令停业、搬迁、关闭由县级以上人民政府按照国务院规定的权限决定。

第五十三条 违反本法第十八条的规定，生产、销售、进口禁止生产、销售、进口的设备的，由县级以上人民政府经济综合主管部门责令改正；情节严重的，由县级以上人民政府经济综合主管部门提出意见，报请同级人民政府按照国务院规定的权限责令停业、关闭。

第五十四条 违反本法第十九条的规定，未经当地公安机关批准，进行产生偶发性强烈噪声活动的，由公安机关根据不同情节给予警告或者处以罚款。

第五十五条 排放环境噪声的单位违反本法第二十一条的规定，拒绝环境保护行政主管部门或者其他依照本法规定行使环境噪声监督管理权的部门、机构现场检查或者在被检查时弄虚作假的，环境保护行政主管部门或者其他依照本法规定行使环境噪声监督管理权的监督管理部门、机构可以根据不同情节，给予警告或者处以罚款。

第五十六条 建筑施工单位违反本法第三十条第一款的规定，在城市市区噪声敏感建筑物集中区域内，夜间进行禁止进行的产生环境噪声污染的建筑施工作业的，由工程所在地县级以上地方人民政府环境保护行政主管部门责令改正，可以并处罚款。

第五十七条 违反本法第三十四条的规定，机动车辆不按照规定使用声响装置的，由当地公安机关根据不同情节给予警告或者处以罚款。

机动船舶有前款违法行为的，由港务监督机构根据不同情节给予警告或者处以罚款。

铁路机车有第一款违法行为的，由铁路主管部门对有关责任人员给予行政处分。

第五十八条 违反本法规定，有下列行为之一的，由公安机关给予警告，可以并处罚款：

（一）在城市市区噪声敏感建筑物集中区域内使用高音广播喇叭；

（二）违反当地公安机关的规定，在城市市区街道、广场、公园等公共场所组织娱乐、集会等活动，使用音响器材，产生干扰周围生活环境的过大音量的；

（三）未按本法第四十六条和第四十七条规定采取措施，从家庭室内发出严重干扰周围居民生活的环境噪声。

第五十九条 违反本法第四十三条第二款、第四十四条第二款的规定，造成环境噪声污染的，由县级以上地方人民政府环境保护行政主管部门责令改正，可以并处罚款。

第六十条 违反本法第四十四条第一款的规定，造成环境噪声污染的，由公安机关责令改正，可以并处罚款。

省级以上人民政府依法决定由县级以上地方人民政府环境保护行政主管部门行使前款规定的行政处罚权的，从其决定。

第六十一条 受到环境噪声污染危害的单位和个人，有权要求加害人排除危害；造成损失的，依法赔偿损失。

赔偿责任和赔偿金额的纠纷，可以根据当事人的请求，由环境保护行政主管部门或者其他环境噪声污染防治工作的监督管理部门、机构调解处理；调解不成的，当事人可以向人民法院起诉。当事人也可以直接向人民法院起诉。

第六十二条 环境噪声污染防治监督管理人员滥用职权、玩忽职守、徇私舞弊的，由其所在单位或者上级主管机关给予行政处分；构成犯罪的，依法追究刑事责任。

第八章 附 则

第六十三条 本法中下列用语的含义是：

（一）“噪声排放”是指噪声源向周围生活环境辐射噪声。

（二）“噪声敏感建筑物”是指医院、学校、机关、科研单位、住宅等需要保持安静的建筑物。

（三）“噪声敏感建筑物集中区域”是指医疗区、文教科研区和以机关或者居民住宅为主的区域。

（四）“夜间”是指晚二十二点至晨六点之间的期间。

（五）“机动车辆”是指汽车和摩托车。

第六十四条 本法自 1997 年 3 月 1 日起施行。1989 年 9 月 26 日国务院发布的《中华人民共和国环境噪声污染防治条例》同时废止。

中华人民共和国固体废物污染环境防治法（修订）

（1995年10月30日第八届全国人民代表大会常务委员会第十六次会议通过，2004年12月29日第十届全国人民代表大会常务委员会第十三次会议修订，2004年12月29日中华人民共和国主席令第三十一号公布，自2005年4月1日起施行）

第一章　总　则

第一条　为了防治固体废物污染环境，保障人体健康，维护生态安全，促进经济社会可持续发展，制定本法。

第二条　本法适用于中华人民共和国境内固体废物污染环境的防治。

固体废物污染海洋环境的防治和放射性固体废物污染环境的防治不适用本法。

第三条　国家对固体废物污染环境的防治，实行减少固体废物的产生量和危害性、充分合理利用固体废物和无害化处置固体废物的原则，促进清洁生产和循环经济发展。

国家采取有利于固体废物综合利用活动的经济、技术政策和措施，对固体废物实行充分回收和合理利用。

国家鼓励、支持采取有利于保护环境的集中处置固体废物的措施，促进固体废物污染环境防治产业发展。

第四条　县级以上人民政府应当将固体废物污染环境防治工作纳入国民经济和社会发展计划，并采取有利于固体废物污染环境防治的经济、技术政策和措施。

国务院有关部门、县级以上地方人民政府及其有关部门组织编制城乡建设、土地利用、区域开发、产业发展等规划，应当统筹考虑减少固体废物的产生量和危害性、促进固体废物的综合利用和无害化处置。

第五条　国家对固体废物污染环境防治实行污染者依法负责的原则。产品的生产者、销售者、进口者、使用者对其产生的固体废物依法承担污染防治责任。

第六条　国家鼓励、支持固体废物污染环境防治的科学研究、技术开发、推广先进的防治技术和普及固体废物污染环境防治的科学知识。各级人民政府应当加强防治固体废物污染环境的宣传教育，倡导有利于环境保护的生产方式和生活方式。

第七条　国家鼓励单位和个人购买、使用再生产品和可重复利用产品。

第八条　各级人民政府对在固体废物污染环境防治工作以及相关的综合利用活动中作出显著成绩的单位和个人给予奖励。

第九条　任何单位和个人都有保护环境的义务，并有权对造成固体废物污染环境的单位和个人进行检举和控告。

第十条　国务院环境保护行政主管部门对全国固体废物污染环境的防治工作实施统一监督管理。国务院有关部门在各自的职责范围内负责固体废物污染环境防治的监督管理工作。

县级以上地方人民政府环境保护行政主管部门对本行政区域内固体废物污染环境的防治工作实施统一监督管理。县级以上地方人民政府有关部门在各自的职责范围内负责固体废物污染环境防治的监督管理工作。国务院建设行政主管部门和县级以上地方人民政府环境卫生行政主管部门负责生活垃圾清扫、收集、贮存、运输和处置的监督管理工作。

第二章　固体废物污染环境防治的监督管理

第十一条　国务院环境保护行政主管部门会同国务院有关行政主管部门根据国家环境质量标准和国家经济、技术条件，制定国家固体废物污染环境防治技术标准。

第十二条　国务院环境保护行政主管部门建立固体废物污染环境监测制度，制定统一的监测规范，并会同有关部门组织监测网络。大、中城市人民政府环境保护行政主管部门应当定期发布固体废物的种类、产生量、处置状况等信息。

第十三条　建设产生固体废物的项目以及建设贮存、利用、处置固体废物的项目，必须依法进行环境影响评价，并遵守国家有关建设项目环境保护管理的规定。

第十四条　建设项目的环境影响评价文件确定需要配套建设的固体废物污染环境防治设施，必须与主体工程同时设计、同时施工、同时投入使用。固体废物污染环境防治设施必须经原审批环境影响评价文件的环境保护行政主管部门验收合格后，该建设项目方可投入生产或者使用。对固体废物污染环境防治设施的验收应当与对主体工程的验收同时进行。

第十五条　县级以上人民政府环境保护行政主管部门和其他固体废物污染环境防治工作的监督管理部门，有权依据各自的职责对管辖范围内与固体废物污染环境防治有关的单位进行现场检查。被检查的单位应当如实反映情况，提供必要的资料。检查机关应当为被检查的单位保守技术秘密和业务秘密。

检查机关进行现场检查时，可以采取现场监测、采集样品、查阅或者复制与固体废物污染环境防治相关的资料等措施。检查人员进行现场检查，应当出示证件。

第三章　固体废物污染环境的防治

第一节　一般规定

第十六条　产生固体废物的单位和个人，应当采取措施，防止或者减少固体废物对环境的污染。

第十七条　收集、贮存、运输、利用、处置固体废物的单位和个人，必须采取防扬散、防流失、防渗漏或者其他防止污染环境的措施；不得擅自倾倒、堆放、丢弃、遗撒固体废物。

禁止任何单位或者个人向江河、湖泊、运河、渠道、水库及其最高水位线以下的滩地和岸坡等法律、法规规定禁止倾倒、堆放废弃物的地点倾倒、堆放固体废物。

第十八条　产品和包装物的设计、制造，应当遵守国家有关清洁生产的规定。国务院标准化行政主管部门应当根据国家经济和技术条件、固体废物污染环境防治状况以及产品的技术要求，组织制定有关标准，防止过度包装造成环境污染。生产、销售、进口依法被列入强制回收目录的产品和包装物的企业，必须按照国家有关规定对该产品和包装物进行回收。

第十九条 国家鼓励科研、生产单位研究、生产易回收利用、易处置或者在环境中可降解的薄膜覆盖物和商品包装物。使用农用薄膜的单位和个人，应当采取回收利用等措施，防止或者减少农用薄膜对环境的污染。

第二十条 从事畜禽规模养殖应当按照国家有关规定收集、贮存、利用或者处置养殖过程中产生的畜禽粪便，防止污染环境。禁止在人口集中地区、机场周围、交通干线附近以及当地人民政府划定的区域露天焚烧秸秆。

第二十一条 对收集、贮存、运输、处置固体废物的设施、设备和场所，应当加强管理和维护，保证其正常运行和使用。

第二十二条 在国务院和国务院有关主管部门及省、自治区、直辖市人民政府划定的自然保护区、风景名胜区、饮用水水源保护区、基本农田保护区和其他需要特别保护的区域内，禁止建设工业固体废物集中贮存、处置的设施、场所和生活垃圾填埋场。

第二十三条 转移固体废物出省、自治区、直辖市行政区域贮存、处置的，应当向固体废物移出地的省、自治区、直辖市人民政府环境保护行政主管部门提出申请。移出地的省、自治区、直辖市人民政府环境保护行政主管部门应当商经接受地的省、自治区、直辖市人民政府环境保护行政主管部门同意后，方可批准转移该固体废物出省、自治区、直辖市行政区域。未经批准的，不得转移。

第二十四条 禁止中华人民共和国境外的固体废物进境倾倒、堆放、处置。

第二十五条 禁止进口不能用作原料或者不能以无害化方式利用的固体废物；对可以用作原料的固体废物实行限制进口和自动许可进口分类管理。

国务院环境保护行政主管部门会同国务院对外贸易主管部门、国务院经济综合宏观调控部门、海关总署、国务院质量监督检验检疫部门制定、调整并公布禁止进口、限制进口和自动许可进口的固体废物目录。禁止进口列入禁止进口目录的固体废物。进口列入限制进口目录的固体废物，应当经国务院环境保护行政主管部门会同国务院对外贸易主管部门审查许可。进口列入自动许可进口目录的固体废物，应当依法办理自动许可手续。进口的固体废物必须符合国家环境保护标准，并经质量监督检验检疫部门检验合格。

进口固体废物的具体管理办法，由国务院环境保护行政主管部门会同国务院对外贸易主管部门、国务院经济综合宏观调控部门、海关总署、国务院质量监督检验检疫部门制定。

第二十六条 进口者对海关将其所进口的货物纳入固体废物管理范围不服的，可以依法申请行政复议，也可以向人民法院提起行政诉讼。

第二节 工业固体废物污染环境的防治

第二十七条 国务院环境保护行政主管部门应当会同国务院经济综合宏观调控部门和其他有关部门对工业固体废物对环境的污染作出界定，制定防治工业固体废物污染环境的技术政策，组织推广先进的防治工业固体废物污染环境的生产工艺和设备。

第二十八条 国务院经济综合宏观调控部门应当会同国务院有关部门组织研究、开发和推广减少工业固体废物产生量和危害性的生产工艺和设备，公布限期淘汰产生严重污染环境的工业固体废物的落后生产工艺、落后设备的名录。

生产者、销售者、进口者、使用者必须在国务院经济综合宏观调控部门会同国务院有关部门规定的期限内分别停止生产、销售、进口或者使用列入前款规定的名录中的设备。生产工艺的采用者必须在国务院经济综合宏观调控部门会同国务院有关部门规定的期限内停止采用列入前款规定的名录中的工艺。

列入限期淘汰名录被淘汰的设备，不得转让给他人使用。

第二十九条 县级以上人民政府有关部门应当制定工业固体废物污染环境防治工作规划，推广能够减少工业固体废物产生量和危害性的先进生产工艺和设备，推动工业固体废物污染环境防治工作。

第三十条 产生工业固体废物的单位应当建立、健全污染环境防治责任制度，采取防治工业固体废物污染环境的措施。

第三十一条 企业事业单位应当合理选择和利用原材料、能源和其他资源，采用先进的生产工艺和设备，减少工业固体废物产生量，降低工业固体废物的危害性。

第三十二条 国家实行工业固体废物申报登记制度。产生工业固体废物的单位必须按照国务院环境保护行政主管部门的规定，向所在地县级以上地方人民政府环境保护行政主管部门提供工业固体废物的种类、产生量、流向、贮存、处置等有关资料。

前款规定的申报事项有重大改变的，应当及时申报。

第三十三条 企业事业单位应当根据经济、技术条件对其产生的工业固体废物加以利用；对暂时不利用或者不能利用的，必须按照国务院环境保护行政主管部门的规定建设贮存设施、场所，安全分类存放，或者采取无害化处置措施。

建设工业固体废物贮存、处置的设施、场所，必须符合国家环境保护标准。

第三十四条 禁止擅自关闭、闲置或者拆除工业固体废物污染环境防治设施、场所；确有必要关闭、闲置或者拆除的，必须经所在地县级以上地方人民政府环境保护行政主管部门核准，并采取措施，防止污染环境。

第三十五条 产生工业固体废物的单位需要终止的，应当事先对工业固体废物的贮存、处置的设施、场所采取污染防治措施，并对未处置的工业固体废物作出妥善处置，防止污染环境。

产生工业固体废物的单位发生变更的，变更后的单位应当按照国家有关环境保护的规定对未处置的工业固体废物及其贮存、处置的设施、场所进行安全处置或者采取措施保证该设施、场所安全运行。变更前当事人对工业固体废物及其贮存、处置的设施、场所的污染防治责任另有约定的，从其约定；但是，不得免除当事人的污染防治义务。对本法施行前已经终止的单位未处置的工业固体废物及其贮存、处置的设施、场所进行安全处置的费用，由有关人民政府承担；但是，该单位享有的土地使用权依法转让的，应当由土地使用权受让人承担处置费用。当事人另有约定的，从其约定；但是，不得免除当事人的污染防治义务。

第三十六条 矿山企业应当采取科学的开采方法和选矿工艺，减少尾矿、矸石、废石等矿业固体废物的产生量和贮存量。

尾矿、矸石、废石等矿业固体废物贮存设施停止使用后，矿山企业应当按照国家有关环境保护规定进行封场，防止造成环境污染和生态破坏。

第三十七条 拆解、利用、处置废弃电器产品和废弃机动车船，应当遵守有关法律、法规的规定，采取措施，防止污染环境。

第三节 生活垃圾污染环境的防治

第三十八条 县级以上人民政府应当统筹安排建设城乡生活垃圾收集、运输、处置设施，提高生活垃圾的利用率和无害化处置率，促进生活垃圾收集、处置的产业化发展，逐步建立和完善生活垃圾污染环境防治的社会服务体系。

第三十九条 县级以上地方人民政府环境卫生行政主管部门应当组织对城市生活垃圾进行清扫、收集、运输和处置，可以通过招标等方式选择具备条件的单位从事生活垃圾的清扫、收集、运输和处置。

第四十条 对城市生活垃圾应当按照环境卫生行政主管部门的规定，在指定的地点放置，不得随意倾倒、抛撒或者堆放。

第四十一条 清扫、收集、运输、处置城市生活垃圾，应当遵守国家有关环境保护和环境卫生管理的规定，防止污染环境。

第四十二条 对城市生活垃圾应当及时清运，逐步做到分类收集和运输，并积极开展合理利用和实施无害化处置。

第四十三条 城市人民政府应当有计划地改进燃料结构，发展城市煤气、天然气、液化气和其他清洁能源。城市人民政府有关部门应当组织净菜进城，减少城市生活垃圾。

城市人民政府有关部门应当统筹规划，合理安排收购网点，促进生活垃圾的回收利用工作。

第四十四条 建设生活垃圾处置的设施、场所，必须符合国务院环境保护行政主管部门和国务院建设行政主管部门规定的环境保护和环境卫生标准。禁止擅自关闭、闲置或者拆除生活垃圾处置的设施、场所；确有必要关闭、闲置或者拆除的，必须经所在地县级以上地方人民政府环境卫生行政主管部门和环境保护行政主管部门核准，并采取措施，防止污染环境。

第四十五条 从生活垃圾中回收的物质必须按照国家规定的用途或者标准使用，不得用于生产可能危害人体健康的产品。

第四十六条 工程施工单位应当及时清运工程施工过程中产生的固体废物，并按照环境卫生行政主管部门的规定进行利用或者处置。

第四十七条 从事公共交通运输的经营单位，应当按照国家有关规定，清扫、收集运输过程中产生的生活垃圾。

第四十八条 从事城市新区开发、旧区改建和住宅小区开发建设的单位，以及机场、码头、车站、公园、商店等公共设施、场所的经营管理单位，应当按照国家有关环境卫生的规定，配套建设生活垃圾收集设施。

第四十九条 农村生活垃圾污染环境防治的具体办法，由地方性法规规定。

第四章 危险废物污染环境防治的特别规定

第五十条 危险废物污染环境的防治，适用本章规定；本章未作规定的，适用本法其他有关规定。

第五十一条　国务院环境保护行政主管部门应当会同国务院有关部门制定国家危险废物名录，规定统一的危险废物鉴别标准、鉴别方法和识别标志。

第五十二条　对危险废物的容器和包装物以及收集、贮存、运输、处置危险废物的设施、场所，必须设置危险废物识别标志。

第五十三条　产生危险废物的单位，必须按照国家有关规定制定危险废物管理计划，并向所在地县级以上地方人民政府环境保护行政主管部门申报危险废物的种类、产生量、流向、贮存、处置等有关资料。前款所称危险废物管理计划应当包括减少危险废物产生量和危害性的措施以及危险废物贮存、利用、处置措施。危险废物管理计划应当报产生危险废物的单位所在地县级以上地方人民政府环境保护行政主管部门备案。本条规定的申报事项或者危险废物管理计划内容有重大改变的，应当及时申报。

第五十四条　国务院环境保护行政主管部门会同国务院经济综合宏观调控部门组织编制危险废物集中处置设施、场所的建设规划，报国务院批准后实施。县级以上地方人民政府应当依据危险废物集中处置设施、场所的建设规划组织建设危险废物集中处置设施、场所。

第五十五条　产生危险废物的单位，必须按照国家有关规定处置危险废物，不得擅自倾倒、堆放；不处置的，由所在地县级以上地方人民政府环境保护行政主管部门责令限期改正；逾期不处置或者处置不符合国家有关规定的，由所在地县级以上地方人民政府环境保护行政主管部门指定单位按照国家有关规定代为处置，处置费用由产生危险废物的单位承担。

第五十六条　以填埋方式处置危险废物不符合国务院环境保护行政主管部门规定的，应当缴纳危险废物排污费。危险废物排污费征收的具体办法由国务院规定。危险废物排污费用于污染环境的防治，不得挪作他用。

第五十七条　从事收集、贮存、处置危险废物经营活动的单位，必须向县级以上人民政府环境保护行政主管部门申请领取经营许可证；从事利用危险废物经营活动的单位，必须向国务院环境保护行政主管部门或者省、自治区、直辖市人民政府环境保护行政主管部门申请领取经营许可证。具体管理办法由国务院规定。

禁止无经营许可证或者不按照经营许可证规定从事危险废物收集、贮存、利用、处置的经营活动。禁止将危险废物提供或者委托给无经营许可证的单位从事收集、贮存、利用、处置的经营活动。

第五十八条　收集、贮存危险废物，必须按照危险废物特性分类进行。禁止混合收集、贮存、运输、处置性质不相容而未经安全性处置的危险废物。

贮存危险废物必须采取符合国家环境保护标准的防护措施，并不得超过一年；确需延长期限的，必须报经原批准经营许可证的环境保护行政主管部门批准；法律、行政法规另有规定的除外。

禁止将危险废物混入非危险废物中贮存。

第五十九条　转移危险废物的，必须按照国家有关规定填写危险废物转移联单，并向危险废物移出地设区的市级以上地方人民政府环境保护行政主管部门提出申请。移出地设区的市级以上地方人民政府环境保护行政主管部门应当商经接受地设区的市级以上地方人民政府环境保护行政主管部门同意后，方可批准转移该危险废物。未经批准的，不得转移。

转移危险废物途经移出地、接受地以外行政区域的，危险废物移出地设区的市级以上地方人民政府环境保护行政主管部门应当及时通知沿途经过的设区的市级以上地方人民政府环境保护行政主管部门。

第六十条 运输危险废物，必须采取防止污染环境的措施，并遵守国家有关危险货物运输管理的规定。禁止将危险废物与旅客在同一运输工具上载运。

第六十一条 收集、贮存、运输、处置危险废物的场所、设施、设备和容器、包装物及其他物品转作他用时，必须经过消除污染的处理，方可使用。

第六十二条 产生、收集、贮存、运输、利用、处置危险废物的单位，应当制定意外事故的防范措施和应急预案，并向所在地县级以上地方人民政府环境保护行政主管部门备案；环境保护行政主管部门应当进行检查。

第六十三条 因发生事故或者其他突发性事件，造成危险废物严重污染环境的单位，必须立即采取措施消除或者减轻对环境的污染危害，及时通报可能受到污染危害的单位和居民，并向所在地县级以上地方人民政府环境保护行政主管部门和有关部门报告，接受调查处理。

第六十四条 在发生或者有证据证明可能发生危险废物严重污染环境、威胁居民生命财产安全时，县级以上地方人民政府环境保护行政主管部门或者其他固体废物污染环境防治工作的监督管理部门必须立即向本级人民政府和上一级人民政府有关行政主管部门报告，由人民政府采取防止或者减轻危害的有效措施。有关人民政府可以根据需要责令停止导致或者可能导致环境污染事故的作业。

第六十五条 重点危险废物集中处置设施、场所的退役费用应当预提，列入投资概算或者经营成本。具体提取和管理办法，由国务院财政部门、价格主管部门会同国务院环境保护行政主管部门规定。

第六十六条 禁止经中华人民共和国过境转移危险废物。

第五章　法律责任

第六十七条 县级以上人民政府环境保护行政主管部门或者其他固体废物污染环境防治工作的监督管理部门违反本法规定，有下列行为之一的，由本级人民政府或者上级人民政府有关行政主管部门责令改正，对负有责任的主管人员和其他直接责任人员依法给予行政处分；构成犯罪的，依法追究刑事责任：

（一）不依法作出行政许可或者办理批准文件的；

（二）发现违法行为或者接到对违法行为的举报后不予查处的；

（三）有不依法履行监督管理职责的其他行为的。

第六十八条 违反本法规定，有下列行为之一的，由县级以上人民政府环境保护行政主管部门责令停止违法行为，限期改正，处以罚款：

（一）不按照国家规定申报登记工业固体废物，或者在申报登记时弄虚作假的；

（二）对暂时不利用或者不能利用的工业固体废物未建设贮存的设施、场所安全分类存放，或者未采取无害化处置措施的；

（三）将列入限期淘汰名录被淘汰的设备转让给他人使用的；

（四）擅自关闭、闲置或者拆除工业固体废物污染环境防治设施、场所的；

（五）在自然保护区、风景名胜区、饮用水水源保护区、基本农田保护区和其他需要特别保护的区域内，建设工业固体废物集中贮存、处置的设施、场所和生活垃圾填埋场的；

（六）擅自转移固体废物出省、自治区、直辖市行政区域贮存、处置的；

（七）未采取相应防范措施，造成工业固体废物扬散、流失、渗漏或者造成其他环境污染的；

（八）在运输过程中沿途丢弃、遗撒工业固体废物的。有前款第一项、第八项行为之一的，处五千元以上五万元以下的罚款；有前款第二项、第三项、第四项、第五项、第六项、第七项行为之一的，处一万元以上十万元以下的罚款。

第六十九条　违反本法规定，建设项目需要配套建设的固体废物污染环境防治设施未建成、未经验收或者验收不合格，主体工程即投入生产或者使用的，由审批该建设项目环境影响评价文件的环境保护行政主管部门责令停止生产或者使用，可以并处十万元以下的罚款。

第七十条　违反本法规定，拒绝县级以上人民政府环境保护行政主管部门或者其他固体废物污染环境防治工作的监督管理部门现场检查的，由执行现场检查的部门责令限期改正；拒不改正或者在检查时弄虚作假的，处二千元以上二万元以下的罚款。

第七十一条　从事畜禽规模养殖未按照国家有关规定收集、贮存、处置畜禽粪便，造成环境污染的，由县级以上地方人民政府环境保护行政主管部门责令限期改正，可以处五万元以下的罚款。

第七十二条　违反本法规定，生产、销售、进口或者使用淘汰的设备，或者采用淘汰的生产工艺的，由县级以上人民政府经济综合宏观调控部门责令改正；情节严重的，由县级以上人民政府经济综合宏观调控部门提出意见，报请同级人民政府按照国务院规定的权限决定停业或者关闭。

第七十三条　尾矿、矸石、废石等矿业固体废物贮存设施停止使用后，未按照国家有关环境保护规定进行封场的，由县级以上地方人民政府环境保护行政主管部门责令限期改正，可以处五万元以上二十万元以下的罚款。

第七十四条　违反本法有关城市生活垃圾污染环境防治的规定，有下列行为之一的，由县级以上地方人民政府环境卫生行政主管部门责令停止违法行为，限期改正，处以罚款：

（一）随意倾倒、抛撒或者堆放生活垃圾的；

（二）擅自关闭、闲置或者拆除生活垃圾处置设施、场所的；

（三）工程施工单位不及时清运施工过程中产生的固体废物，造成环境污染的；

（四）工程施工单位不按照环境卫生行政主管部门的规定对施工过程中产生的固体废物进行利用或者处置的；

（五）在运输过程中沿途丢弃、遗撒生活垃圾的。单位有前款第一项、第三项、第五项行为之一的，处五千元以上五万元以下的罚款；有前款第二项、第四项行为之一的，处一万元以上十万元以下的罚款。个人有前款第一项、第五项行为之一的，处二百元以下的罚款。

第七十五条 违反本法有关危险废物污染环境防治的规定，有下列行为之一的，由县级以上人民政府环境保护行政主管部门责令停止违法行为，限期改正，处以罚款：

（一）不设置危险废物识别标志的；

（二）不按照国家规定申报登记危险废物，或者在申报登记时弄虚作假的；

（三）擅自关闭、闲置或者拆除危险废物集中处置设施、场所的；

（四）不按照国家规定缴纳危险废物排污费的；

（五）将危险废物提供或者委托给无经营许可证的单位从事经营活动的；

（六）不按照国家规定填写危险废物转移联单或者未经批准擅自转移危险废物的；

（七）将危险废物混入非危险废物中贮存的；

（八）未经安全性处置，混合收集、贮存、运输、处置具有不相容性质的危险废物的；

（九）将危险废物与旅客在同一运输工具上载运的；

（十）未经消除污染的处理将收集、贮存、运输、处置危险废物的场所、设施、设备和容器、包装物及其他物品转作他用的；

（十一）未采取相应防范措施，造成危险废物扬散、流失、渗漏或者造成其他环境污染的；

（十二）在运输过程中沿途丢弃、遗撒危险废物的；

（十三）未制定危险废物意外事故防范措施和应急预案的。

有前款第一项、第二项、第七项、第八项、第九项、第十项、第十一项、第十二项、第十三项行为之一的，处一万元以上十万元以下的罚款；有前款第三项、第五项、第六项行为之一的，处二万元以上二十万元以下的罚款；有前款第四项行为的，限期缴纳，逾期不缴纳的，处应缴纳危险废物排污费金额一倍以上三倍以下的罚款。

第七十六条 违反本法规定，危险废物产生者不处置其产生的危险废物又不承担依法应当承担的处置费用的，由县级以上地方人民政府环境保护行政主管部门责令限期改正，处代为处置费用一倍以上三倍以下的罚款。

第七十七条 无经营许可证或者不按照经营许可证规定从事收集、贮存、利用、处置危险废物经营活动的，由县级以上人民政府环境保护行政主管部门责令停止违法行为，没收违法所得，可以并处违法所得三倍以下的罚款。不按照经营许可证规定从事前款活动的，还可以由发证机关吊销经营许可证。

第七十八条 违反本法规定，将中华人民共和国境外的固体废物进境倾倒、堆放、处置的，进口属于禁止进口的固体废物或者未经许可擅自进口属于限制进口的固体废物用作原料的，由海关责令退运该固体废物，可以并处十万元以上一百万元以下的罚款；构成犯罪的，依法追究刑事责任。进口者不明的，由承运人承担退运该固体废物的责任，或者承担该固体废物的处置费用。逃避海关监管将中华人民共和国境外的固体废物运输进境，构成犯罪的，依法追究刑事责任。

第七十九条 违反本法规定，经中华人民共和国过境转移危险废物的，由海关责令退运该危险废物，可以并处五万元以上五十万元以下的罚款。

第八十条 对已经非法入境的固体废物，由省级以上人民政府环境保护行政主管部门依法向海关提出处理意见，海关应当依照本法第七十八条的规定作出处罚决定；已经造成环境污染的，由省级以上人民政府环境保护行政主管部门责令进口者消除污染。

第八十一条　违反本法规定，造成固体废物严重污染环境的，由县级以上人民政府环境保护行政主管部门按照国务院规定的权限决定限期治理；逾期未完成治理任务的，由本级人民政府决定停业或者关闭。

第八十二条　违反本法规定，造成固体废物污染环境事故的，由县级以上人民政府环境保护行政主管部门处二万元以上二十万元以下的罚款；造成重大损失的，按照直接损失的百分之三十计算罚款，但是最高不超过一百万元，对负有责任的主管人员和其他直接责任人员，依法给予行政处分；造成固体废物污染环境重大事故的，并由县级以上人民政府按照国务院规定的权限决定停业或者关闭。

第八十三条　违反本法规定，收集、贮存、利用、处置危险废物，造成重大环境污染事故，构成犯罪的，依法追究刑事责任。

第八十四条　受到固体废物污染损害的单位和个人，有权要求依法赔偿损失。

赔偿责任和赔偿金额的纠纷，可以根据当事人的请求，由环境保护行政主管部门或者其他固体废物污染环境防治工作的监督管理部门调解处理；调解不成的，当事人可以向人民法院提起诉讼。当事人也可以直接向人民法院提起诉讼。

国家鼓励法律服务机构对固体废物污染环境诉讼中的受害人提供法律援助。

第八十五条　造成固体废物污染环境的，应当排除危害，依法赔偿损失，并采取措施恢复环境原状。

第八十六条　因固体废物污染环境引起的损害赔偿诉讼，由加害人就法律规定的免责事由及其行为与损害结果之间不存在因果关系承担举证责任。

第八十七条　固体废物污染环境的损害赔偿责任和赔偿金额的纠纷，当事人可以委托环境监测机构提供监测数据。环境监测机构应当接受委托，如实提供有关监测数据。

第六章　附　则

第八十八条　本法下列用语的含义：

（一）固体废物，是指在生产、生活和其他活动中产生的丧失原有利用价值或者虽未丧失利用价值但被抛弃或者放弃的固态、半固态和置于容器中的气态的物品、物质以及法律、行政法规规定纳入固体废物管理的物品、物质。

（二）工业固体废物，是指在工业生产活动中产生的固体废物。

（三）生活垃圾，是指在日常生活中或者为日常生活提供服务的活动中产生的固体废物以及法律、行政法规规定视为生活垃圾的固体废物。

（四）危险废物，是指列入国家危险废物名录或者根据国家规定的危险废物鉴别标准和鉴别方法认定的具有危险特性的固体废物。

（五）贮存，是指将固体废物临时置于特定设施或者场所中的活动。

（六）处置，是指将固体废物焚烧和用其他改变固体废物的物理、化学、生物特性的方法，达到减少已产生的固体废物数量、缩小固体废物体积、减少或者消除其危险成分的活动，或者将固体废物最终置于符合环境保护规定要求的填埋场的活动。

（七）利用，是指从固体废物中提取物质作为原材料或者燃料的活动。

第八十九条　液态废物的污染防治，适用本法；但是，排入水体的废水的污染防治适用有关法律，不适用本法。

第九十条 中华人民共和国缔结或者参加的与固体废物污染环境防治有关的国际条约与本法有不同规定的，适用国际条约的规定；但是，中华人民共和国声明保留的条款除外。

第九十一条 本法自2005年4月1日起施行。

中华人民共和国海洋环境保护法

（1982年8月23日中华人民共和国第五届全国人大常委会第二十四次会议通过，1999年12月25日中华人民共和国第九届全国人大常委会第十三次会议修订，同日中华人民共和国主席令第二十六号公布，自2000年4月1日起施行）

第一章 总 则

第一条 为了保护和改善海洋环境，保护海洋资源，防治污染损害，维护生态平衡，保障人体健康，促进经济和社会的可持续发展，制定本法。

第二条 本法适用于中华人民共和国内水、领海、毗连区、专属经济区、大陆架以及中华人民共和国管辖的其他海域。

在中华人民共和国管辖海域内从事航行、勘探、开发、生产、旅游、科学研究及其他活动，或者在沿海陆域内从事影响海洋环境活动的任何单位和个人，都必须遵守本法。

在中华人民共和国管辖海域以外，造成中华人民共和国管辖海域污染的，也适用本法。

第三条 国家建立并实施重点海域排污总量控制制度，确定主要污染物排海总量控制指标，并对主要污染源分配排放控制数量。具体办法由国务院制定。

第四条 一切单位和个人都有保护海洋环境的义务，并有权对污染损害海洋环境的单位和个人，以及海洋环境监督管理人员的违法失职行为进行监督和检举。

第五条 国务院环境保护行政主管部门作为对全国环境保护工作统一监督管理的部门，对全国海洋环境保护工作实施指导、协调和监督，并负责全国防治陆源污染物和海岸工程建设项目对海洋污染损害的环境保护工作。

国家海洋行政主管部门负责海洋环境的监督管理，组织海洋环境的调查、监测、监视、评价和科学研究，负责全国防治海洋工程建设项目和海洋倾倒废弃物对海洋污染损害的环境保护工作。

国家海事行政主管部门负责所辖港区水域内非军事船舶和港区水域外非渔业、非军事船舶污染海洋环境的监督管理，并负责污染事故的调查处理；对在中华人民共和国管辖海域航行、停泊和作业的外国籍船舶造成的污染事故登轮检查处理。船舶污染事故给渔业造成损害的，应当吸收渔业行政主管部门参与调查处理。

国家渔业行政主管部门负责渔港水域内非军事船舶和渔港水域外渔业船舶污染海洋环境的监督管理，负责保护渔业水域生态环境工作，并调查处理前款规定的污染事故以外的渔业污染事故。

军队环境保护部门负责军事船舶污染海洋环境的监督管理及污染事故的调查处理。

沿海县级以上地方人民政府行使海洋环境监督管理权的部门的职责，由省、自治区、直辖市人民政府根据本法及国务院有关规定确定。

第二章　海洋环境监督管理

第六条　国家海洋行政主管部门会同国务院有关部门和沿海省、自治区、直辖市人民政府拟定全国海洋功能区划，报国务院批准。

沿海地方各级人民政府应当根据全国和地方海洋功能区划，科学合理地使用海域。

第七条　国家根据海洋功能区划制定全国海洋环境保护规划和重点海域区域性海洋环境保护规划。

毗邻重点海域的有关沿海省、自治区、直辖市人民政府及行使海洋环境监督管理权的部门，可以建立海洋环境保护区域合作组织，负责实施重点海域区域性海洋环境保护规划、海洋环境污染的防治和海洋生态保护工作。

第八条　跨区域的海洋环境保护工作，由有关沿海地方人民政府协商解决，或者由上级人民政府协调解决。

跨部门的重大海洋环境保护工作，由国务院环境保护行政主管部门协调；协调未能解决的，由国务院作出决定。

第九条　国家根据海洋环境质量状况和国家经济、技术条件，制定国家海洋环境质量标准。

沿海省、自治区、直辖市人民政府对国家海洋环境质量标准中未作规定的项目，可以制定地方海洋环境质量标准。

沿海地方各级人民政府根据国家和地方海洋环境质量标准的规定和本行政区近岸海域环境质量状况，确定海洋环境保护的目标和任务，并纳入人民政府工作计划，按相应的海洋环境质量标准实施管理。

第十条　国家和地方水污染物排放标准的制定，应当将国家和地方海洋环境质量标准作为重要依据之一。在国家建立并实施排污总量控制制度的重点海域，水污染物排放标准的制定，还应当将主要污染物排海总量控制指标作为重要依据。

第十一条　直接向海洋排放污染物的单位和个人，必须按照国家规定缴纳排污费。

向海洋倾倒废弃物，必须按照国家规定缴纳倾倒费。

根据本法规定征收的排污费、倾倒费，必须用于海洋环境污染的整治，不得挪作他用。具体办法由国务院规定。

第十二条　对超过污染物排放标准的，或者在规定的期限内未完成污染物排放削减任务的，或者造成海洋环境严重污染损害的，应当限期治理。

限期治理按照国务院规定的权限决定。

第十三条　国家加强防治海洋环境污染损害的科学技术的研究和开发，对严重污染海洋环境的落后生产工艺和落后设备，实行淘汰制度。

企业应当优先使用清洁能源，采用资源利用率高、污染物排放量少的清洁生产工艺，防止对海洋环境的污染。

第十四条　国家海洋行政主管部门按照国家环境监测、监视规范和标准，管理全国海洋环境的调查、监测、监视，制定具体的实施办法，会同有关部门组织全国海洋环境监测、监视网络，定期评价海洋环境质量，发布海洋巡航监视通报。

依照本法规定行使海洋环境监督管理权的部门分别负责各自所辖水域的监测、监视。

其他有关部门根据全国海洋环境监测网的分工，分别负责对入海河口、主要排污口的监测。

第十五条　国务院有关部门应当向国务院环境保护行政主管部门提供编制全国环境质量公报所必需的海洋环境监测资料。

环境保护行政主管部门应当向有关部门提供与海洋环境监督管理有关的资料。

第十六条　国家海洋行政主管部门按照国家制定的环境监测、监视信息管理制度，负责管理海洋综合信息系统，为海洋环境保护监督管理提供服务。

第十七条　因发生事故或者其他突发性事件，造成或者可能造成海洋环境污染事故的单位和个人，必须立即采取有效措施，及时向可能受到危害者通报，并向依照本法规定行使海洋环境监督管理权的部门报告，接受调查处理。

沿海县级以上地方人民政府在本行政区域近岸海域的环境受到严重污染时，必须采取有效措施，解除或者减轻危害。

第十八条　国家根据防止海洋环境污染的需要，制定国家重大海上污染事故应急计划。

国家海洋行政主管部门负责制定全国海洋石油勘探开发重大海上溢油应急计划，报国务院环境保护行政主管部门备案。

国家海事行政主管部门负责制定全国船舶重大海上溢油污染事故应急计划，报国务院环境保护行政主管部门备案。

沿海可能发生重大海洋环境污染事故的单位，应当依照国家的规定，制定污染事故应急计划，并向当地环境保护行政主管部门、海洋行政主管部门备案。

沿海县级以上地方人民政府及其有关部门在发生重大海上污染事故时，必须按照应急计划解除或者减轻危害。

第十九条　依照本法规定行使海洋环境监督管理权的部门可以在海上实行联合执法，在巡航监视中发现海上污染事故或者违反本法规定的行为时，应当予以制止并调查取证，必要时有权采取有效措施，防止污染事态的扩大，并报告有关主管部门处理。

依照本法规定行使海洋环境监督管理权的部门，有权对管辖范围内排放污染物的单位和个人进行现场检查。被检查者应当如实反映情况，提供必要的资料。

检查机关应当为被检查者保守技术秘密和业务秘密。

第三章　海洋生态保护

第二十条　国务院和沿海地方各级人民政府应当采取有效措施，保护红树林、珊瑚礁、滨海湿地、海岛、海湾、入海河口、重要渔业水域等具有典型性、代表性的海洋生态系统，珍稀、濒危海洋生物的天然集中分布区，具有重要经济价值的海洋生物生存区域及有重大科学文化价值的海洋自然历史遗迹和自然景观。

对具有重要经济、社会价值的已遭到破坏的海洋生态，应当进行整治和恢复。

第二十一条　国务院有关部门和沿海省级人民政府应当根据保护海洋生态的需要，选划、建立海洋自然保护区。

国家级海洋自然保护区的建立，须经国务院批准。

第二十二条　凡具有下列条件之一的，应当建立海洋自然保护区：

（一）典型的海洋自然地理区域、有代表性的自然生态区域，以及遭受破坏但经保护能恢复的海洋自然生态区域；

（二）海洋生物物种高度丰富的区域，或者珍稀、濒危海洋生物物种的天然集中分布区域；

（三）具有特殊保护价值的海域、海岸、岛屿、滨海湿地、入海河口和海湾等；

（四）具有重大科学文化价值的海洋自然遗迹所在区域；

（五）其他需要予以特殊保护的区域。

第二十三条 凡具有特殊地理条件、生态系统、生物与非生物资源及海洋开发利用特殊需要的区域，可以建立海洋特别保护区，采取有效的保护措施和科学的开发方式进行特殊管理。

第二十四条 开发利用海洋资源，应当根据海洋功能区划合理布局，不得造成海洋生态环境破坏。

第二十五条 引进海洋动植物物种，应当进行科学论证，避免对海洋生态系统造成危害。

第二十六条 开发海岛及周围海域的资源，应当采取严格的生态保护措施，不得造成海岛地形、岸滩、植被以及海岛周围海域生态环境的破坏。

第二十七条 沿海地方各级人民政府应当结合当地自然环境的特点，建设海岸防护设施、沿海防护林、沿海城镇园林和绿地，对海岸侵蚀和海水入侵地区进行综合治理。

禁止毁坏海岸防护设施、沿海防护林、沿海城镇园林和绿地。

第二十八条 国家鼓励发展生态渔业建设，推广多种生态渔业生产方式，改善海洋生态状况。

新建、改建、扩建海水养殖场，应当进行环境影响评价。

海水养殖应当科学确定养殖密度，并应当合理投饵、施肥，正确使用药物，防止造成海洋环境的污染。

第四章　防治陆源污染物对海洋环境的污染损害

第二十九条 向海域排放陆源污染物，必须严格执行国家或者地方规定的标准和有关规定。

第三十条 入海排污口位置的选择，应当根据海洋功能区划、海水动力条件和有关规定，经科学论证后，报设区的市级以上人民政府环境保护行政主管部门审查批准。

环境保护行政主管部门在批准设置入海排污口之前，必须征求海洋、海事、渔业行政主管部门和军队环境保护部门的意见。

在海洋自然保护区、重要渔业水域、海滨风景名胜区和其他需要特别保护的区域，不得新建排污口。

在有条件的地区，应当将排污口深海设置，实行离岸排放。设置陆源污染物深海离岸排放排污口，应当根据海洋功能区划、海水动力条件和海底工程设施的有关情况确定，具体办法由国务院规定。

第三十一条 省、自治区、直辖市人民政府环境保护行政主管部门和水行政主管部门应当按照水污染防治有关法律的规定，加强入海河流管理，防治污染，使入海河口的水质处于良好状态。

第三十二条 排放陆源污染物的单位，必须向环境保护行政主管部门申报拥有的陆源污染物排放设施、处理设施和正常作业条件下排放陆源污染物的种类、数量和浓度，并提供防治海洋环境污染方面的有关技术和资料。

排放陆源污染物的种类、数量和浓度有重大改变的，必须及时申报。

拆除或者闲置陆源污染物处理设施的，必须事先征得环境保护行政主管部门的同意。

第三十三条 禁止向海域排放油类、酸液、碱液、剧毒废液和高、中水平放射性废水。

严格限制向海域排放低水平放射性废水；确需排放的，必须严格执行国家辐射防护规定。

严格控制向海域排放含有不易降解的有机物和重金属的废水。

第三十四条 含病原体的医疗污水、生活污水和工业废水必须经过处理，符合国家有关排放标准后，方能排入海域。

第三十五条 含有机物和营养物质的工业废水、生活污水，应当严格控制向海湾、半封闭海及其他自净能力较差的海域排放。

第三十六条 向海域排放含热废水，必须采取有效措施，保证邻近渔业水域的水温符合国家海洋环境质量标准，避免热污染对水产资源的危害。

第三十七条 沿海农田、林场施用化学农药，必须执行国家农药安全使用的规定和标准。

沿海农田、林场应当合理使用化肥和植物生长调节剂。

第三十八条 在岸滩弃置、堆放和处理尾矿、矿渣、煤灰渣、垃圾和其他固体废物的，依照《中华人民共和国固体废物污染环境防治法》的有关规定执行。

第三十九条 禁止经中华人民共和国内水、领海转移危险废物。

经中华人民共和国管辖的其他海域转移危险废物的，必须事先取得国务院环境保护行政主管部门的书面同意。

第四十条 沿海城市人民政府应当建设和完善城市排水管网，有计划地建设城市污水处理厂或者其他污水集中处理设施，加强城市污水的综合整治。

建设污水海洋处置工程，必须符合国家有关规定。

第四十一条 国家采取必要措施，防止、减少和控制来自大气层或者通过大气层造成的海洋环境污染损害。

第五章 防治海岸工程建设项目对海洋环境的污染损害

第四十二条 新建、改建、扩建海岸工程建设项目，必须遵守国家有关建设项目环境保护管理的规定，并把防治污染所需资金纳入建设项目投资计划。

在依法划定的海洋自然保护区、海滨风景名胜区、重要渔业水域及其他需要特别保护的区域，不得从事污染环境、破坏景观的海岸工程项目建设或者其他活动。

第四十三条 海岸工程建设项目的单位，必须在建设项目可行性研究阶段，对海洋环境进行科学调查，根据自然条件和社会条件，合理选址，编报环境影响报告书。环境影响报告书经海洋行政主管部门提出审核意见后，报环境保护行政主管部门审查批准。

环境保护行政主管部门在批准环境影响报告书之前，必须征求海事、渔业行政主管部门和军队环境保护部门的意见。

第四十四条 海岸工程建设项目的环境保护设施，必须与主体工程同时设计、同时施工、同时投产使用。环境保护设施未经环境保护行政主管部门检查批准，建设项目不得试运行；环境保护设施未经环境保护行政主管部门验收，或者经验收不合格的，建设项目不得投入生产或者使用。

第四十五条 禁止在沿海陆域内新建不具备有效治理措施的化学制浆造纸、化工、印染、制革、电镀、酿造、炼油、岸边冲滩拆船以及其他严重污染海洋环境的工业生产项目。

第四十六条 兴建海岸工程建设项目，必须采取有效措施，保护国家和地方重点保护的野生动植物及其生存环境和海洋水产资源。

严格限制在海岸采挖砂石。露天开采海滨砂矿和从岸上打井开采海底矿产资源，必须采取有效措施，防止污染海洋环境。

第六章　防治海洋工程建设项目对海洋环境的污染损害

第四十七条 海洋工程建设项目必须符合海洋功能区划、海洋环境保护规划和国家有关环境保护标准，在可行性研究阶段，编报海洋环境影响报告书，由海洋行政主管部门核准，并报环境保护行政主管部门备案，接受环境保护行政主管部门监督。

海洋行政主管部门在核准海洋环境影响报告书之前，必须征求海事、渔业行政主管部门和军队环境保护部门的意见。

第四十八条 海洋工程建设项目的环境保护设施，必须与主体工程同时设计、同时施工、同时投产使用。环境保护设施未经海洋行政主管部门检查批准，建设项目不得试运行；环境保护设施未经海洋行政主管部门验收，或者经验收不合格的，建设项目不得投入生产或者使用。

拆除或者闲置环境保护设施，必须事先征得海洋行政主管部门的同意。

第四十九条 海洋工程建设项目，不得使用含超标准放射性物质或者易溶出有毒有害物质的材料。

第五十条 海洋工程建设项目需要爆破作业时，必须采取有效措施，保护海洋资源。

海洋石油勘探开发及输油过程中，必须采取有效措施，避免溢油事故的发生。

第五十一条 海洋石油钻井船、钻井平台和采油平台的含油污水和油性混合物，必须经过处理达标后排放；残油、废油必须予以回收，不得排放入海。经回收处理后排放的，其含油量不得超过国家规定的标准。

钻井所使用的油基泥浆和其他有毒复合泥浆不得排放入海。水基泥浆和无毒复合泥浆及钻屑的排放，必须符合国家有关规定。

第五十二条 海洋石油钻井船、钻井平台和采油平台及其有关海上设施，不得向海域处置含油的工业垃圾。处置其他工业垃圾，不得造成海洋环境污染。

第五十三条 海上试油时，应当确保油气充分燃烧，油和油性混合物不得排放入海。

第五十四条 勘探开发海洋石油，必须按有关规定编制溢油应急计划，报国家海洋行政主管部门审查批准。

第七章 防治倾倒废弃物对海洋环境的污染损害

第五十五条 任何单位未经国家海洋行政主管部门批准，不得向中华人民共和国管辖海域倾倒任何废弃物。

需要倾倒废弃物的单位，必须向国家海洋行政主管部门提出书面申请，经国家海洋行政主管部门审查批准，发给许可证后，方可倾倒。

禁止中华人民共和国境外的废弃物在中华人民共和国管辖海域倾倒。

第五十六条 国家海洋行政主管部门根据废弃物的毒性、有毒物质含量和对海洋环境影响程度，制定海洋倾倒废弃物评价程序和标准。

向海洋倾倒废弃物，应当按照废弃物的类别和数量实行分级管理。

可以向海洋倾倒的废弃物名录，由国家海洋行政主管部门拟定，经国务院环境保护行政主管部门提出审核意见后，报国务院批准。

第五十七条 国家海洋行政主管部门按照科学、合理、经济、安全的原则选划海洋倾倒区，经国务院环境保护行政主管部门提出审核意见后，报国务院批准。

临时性海洋倾倒区由国家海洋行政主管部门批准，并报国务院环境保护行政主管部门备案。

国家海洋行政主管部门在选划海洋倾倒区和批准临时性海洋倾倒区之前，必须征求国家海事、渔业行政主管部门的意见。

第五十八条 国家海洋行政主管部门监督管理倾倒区的使用，组织倾倒区的环境监测。对经确认不宜继续使用的倾倒区，国家海洋行政主管部门应当予以封闭，终止在该倾倒区的一切倾倒活动，并报国务院备案。

第五十九条 获准倾倒废弃物的单位，必须按照许可证注明的期限及条件，到指定的区域进行倾倒。废弃物装载之后，批准部门应当予以核实。

第六十条 获准倾倒废弃物的单位，应当详细记录倾倒的情况，并在倾倒后向批准部门作出书面报告。倾倒废弃物的船舶必须向驶出港的海事行政主管部门作出书面报告。

第六十一条 禁止在海上焚烧废弃物。

禁止在海上处置放射性废弃物或者其他放射性物质。废弃物中的放射性物质的豁免浓度由国务院制定。

第八章 防治船舶及有关作业活动对海洋环境的污染损害

第六十二条 在中华人民共和国管辖海域，任何船舶及相关作业不得违反本法规定向海洋排放污染物、废弃物和压载水、船舶垃圾及其他有害物质。

从事船舶污染物、废弃物、船舶垃圾接收、船舶清舱、洗舱作业活动的，必须具备相应的接收处理能力。

第六十三条 船舶必须按照有关规定持有防止海洋环境污染的证书与文书，在进行涉及污染物排放及操作时，应当如实记录。

第六十四条 船舶必须配置相应的防污设备和器材。

载运具有污染危害性货物的船舶，其结构与设备应当能够防止或者减轻所载货物对海洋环境的污染。

第六十五条 船舶应当遵守海上交通安全法律、法规的规定，防止因碰撞、触礁、搁浅、火灾或者爆炸等引起的海难事故，造成海洋环境的污染。

第六十六条 国家完善并实施船舶油污损害民事赔偿责任制度；按照船舶油污损害赔偿责任由船东和货主共同承担风险的原则，建立船舶油污保险、油污损害赔偿基金制度。

实施船舶油污保险、油污损害赔偿基金制度的具体办法由国务院规定。

第六十七条 载运具有污染危害性货物进出港口的船舶，其承运人、货物所有人或者代理人，必须事先向海事行政主管部门申报。经批准后，方可进出港口、过境停留或者装卸作业。

第六十八条 交付船舶装运污染危害性货物的单证、包装、标志、数量限制等，必须符合对所装货物的有关规定。

需要船舶装运污染危害性不明的货物，应当按照有关规定事先进行评估。

装卸油类及有毒有害货物的作业，船岸双方必须遵守安全防污操作规程。

第六十九条 港口、码头、装卸站和船舶修造厂必须按照有关规定备有足够的用于处理船舶污染物、废弃物的接收设施，并使该设施处于良好状态。

装卸油类的港口、码头、装卸站和船舶必须编制溢油污染应急计划，并配备相应的溢油污染应急设备和器材。

第七十条 进行下列活动，应当事先按照有关规定报经有关部门批准或者核准：

（一）船舶在港区水域内使用焚烧炉；

（二）船舶在港区水域内进行洗船、清舱、驱气、排放压载水、残油、含油污水接收、舷外拷铲及油漆等作业；

（三）船舶、码头、设施使用化学消油剂；

（四）船舶冲洗沾有污染物、有毒有害物质的甲板；

（五）船舶进行散装液体污染危害性货物的过驳作业；

（六）从事船舶水上拆解、打捞、修造和其他水上、水下船舶施工作业。

第七十一条 船舶发生海难事故，造成或者可能造成海洋环境重大污染损害的，国家海事行政主管部门有权强制采取避免或者减少污染损害的措施。

对在公海上因发生海难事故，造成中华人民共和国管辖海域重大污染损害后果或者具有污染威胁的船舶、海上设施，国家海事行政主管部门有权采取与实际的或者可能发生的损害相称的必要措施。

第七十二条 所有船舶均有监视海上污染的义务，在发现海上污染事故或者违反本法规定的行为时，必须立即向就近的依照本法规定行使海洋环境监督管理权的部门报告。

民用航空器发现海上排污或者污染事件，必须及时向就近的民用航空空中交通管制单位报告。接到报告的单位，应当立即向依照本法规定行使海洋环境监督管理权的部门通报。

第九章 法律责任

第七十三条 违反本法有关规定，有下列行为之一的，由依照本法规定行使海洋环境监督管理权的部门责令限期改正，并处以罚款：

（一）向海域排放本法禁止排放的污染物或者其他物质的；

（二）不按照本法规定向海洋排放污染物，或者超过标准排放污染物的；

（三）未取得海洋倾倒许可证，向海洋倾倒废弃物的；

（四）因发生事故或者其他突发性事件，造成海洋环境污染事故，不立即采取处理措施的。

有前款第（一）、（三）项行为之一的，处三万元以上二十万元以下的罚款；有前款第（二）、（四）项行为之一的，处二万元以上十万元以下的罚款。

第七十四条 违反本法有关规定，有下列行为之一的，由依照本法规定行使海洋环境监督管理权的部门予以警告，或者处以罚款：

（一）不按照规定申报，甚至拒报污染物排放有关事项，或者在申报时弄虚作假的；

（二）发生事故或者其他突发性事件不按照规定报告的；

（三）不按照规定记录倾倒情况，或者不按照规定提交倾倒报告的；

（四）拒报或者谎报船舶载运污染危害性货物申报事项的。

有前款第（一）、（三）项行为之一的，处二万元以下的罚款；有前款第（二）、（四）项行为之一的，处五万元以下的罚款。

第七十五条 违反本法第十九条第二款的规定，拒绝现场检查，或者在被检查时弄虚作假的，由依照本法规定行使海洋环境监督管理权的部门予以警告，并处二万元以下的罚款。

第七十六条 违反本法规定，造成珊瑚礁、红树林等海洋生态系统及海洋水产资源、海洋保护区破坏的，由依照本法规定行使海洋环境监督管理权的部门责令限期改正和采取补救措施，并处一万元以上十万元以下的罚款；有违法所得的，没收其违法所得。

第七十七条 违反本法第三十条第一款、第三款规定设置入海排污口的，由县级以上地方人民政府环境保护行政主管部门责令其关闭，并处二万元以上十万元以下的罚款。

第七十八条 违反本法第三十二条第三款的规定，擅自拆除、闲置环境保护设施的，由县级以上人民政府环境保护行政主管部门责令重新安装使用，并处一万元以上十万元以下的罚款。

第七十九条 违反本法第三十九条第二款的规定，经中华人民共和国管辖海域，转移危险废物的，由国家海事行政主管部门责令非法运输该危险废物的船舶退出中华人民共和国管辖海域，并处五万元以上五十万元以下的罚款。

第八十条 违反本法第四十三条第一款的规定，未持有经审核和批准的环境影响报告书，兴建海岸工程建设项目的，由县级以上地方人民政府环境保护行政主管部门责令其停止违法行为和采取补救措施，并处五万元以上二十万元以下的罚款；或者按照管理权限，由县级以上地方人民政府责令其限期拆除。

第八十一条 违反本法第四十四条的规定，海岸工程建设项目未建成环境保护设施，或者环境保护设施未达到规定要求即投入生产、使用的，由环境保护行政主管部门责令其停止生产或者使用，并处二万元以上十万元以下的罚款。

第八十二条 违反本法第四十五条的规定，新建严重污染海洋环境的工业生产建设项目的，按照管理权限，由县级以上人民政府责令关闭。

第八十三条 违反本法第四十七条第一款、第四十八条的规定，进行海洋工程建设项目，或者海洋工程建设项目未建成环境保护设施、环境保护设施未达到规定要求即投入生产、使用的，由海洋行政主管部门责令其停止施工或者生产、使用，并处二万元以上二十万元以下的罚款。

第八十四条 违反本法第四十九条的规定，使用含超标准放射性物质或者易溶出有毒有害物质材料的，由海洋行政主管部门处五万元以下的罚款，并责令其停止该建设项目的运行，直到消除污染危害。

第八十五条 违反本法规定进行海洋石油勘探开发活动，造成海洋环境污染的，由国家海洋行政主管部门予以警告，并处二万元以上二十万元以下的罚款。

第八十六条 违反本法规定，不按照许可证的规定倾倒，或者向已经封闭的倾倒区倾倒废弃物的，由海洋行政主管部门予以警告，并处三万元以上二十万元以下的罚款；对情节严重的，可以暂扣或者吊销许可证。

第八十七条 违反本法第五十五条第三款的规定，将中华人民共和国境外废弃物运进中华人民共和国管辖海域倾倒的，由国家海洋行政主管部门予以警告，并根据造成或者可能造成的危害后果，处十万元以上一百万元以下的罚款。

第八十八条 违反本法规定，有下列行为之一的，由依照本法规定行使海洋环境监督管理权的部门予以警告，或者处以罚款：

（一）港口、码头、装卸站及船舶未配备防污设施、器材的；

（二）船舶未持有防污证书、防污文书，或者不按照规定记载排污记录的；

（三）从事水上和港区水域拆船、旧船改装、打捞和其他水上、水下施工作业，造成海洋环境污染损害的；

（四）船舶载运的货物不具备防污适运条件的。

有前款第（一）、（四）项行为之一的，处二万元以上十万元以下的罚款；有前款第（二）项行为的，处二万元以下的罚款；有前款第（三）项行为的，处五万元以上二十万元以下的罚款。

第八十九条 违反本法规定，船舶、石油平台和装卸油类的港口、码头、装卸站不编制溢油应急计划的，由依照本法规定行使海洋环境监督管理权的部门予以警告，或者责令限期改正。

第九十条 造成海洋环境污染损害的责任者，应当排除危害，并赔偿损失；完全由于第三者的故意或者过失，造成海洋环境污染损害的，由第三者排除危害，并承担赔偿责任。

对破坏海洋生态、海洋水产资源、海洋保护区，给国家造成重大损失的，由依照本法规定行使海洋环境监督管理权的部门代表国家对责任者提出损害赔偿要求。

第九十一条 对违反本法规定，造成海洋环境污染事故的单位，由依照本法规定行使海洋环境监督管理权的部门根据所造成的危害和损失处以罚款；负有直接责任的主管人员和其他直接责任人员属于国家工作人员的，依法给予行政处分。

前款规定的罚款数额按照直接损失的百分之三十计算，但最高不得超过三十万元。

对造成重大海洋环境污染事故，致使公私财产遭受重大损失或者人身伤亡严重后果的，依法追究刑事责任。

第九十二条 完全属于下列情形之一，经过及时采取合理措施，仍然不能避免对海洋环境造成污染损害的，造成污染损害的有关责任者免于承担责任：

（一）战争；

（二）不可抗拒的自然灾害；

（三）负责灯塔或者其他助航设备的主管部门，在执行职责时的疏忽，或者其他过失行为。

第九十三条　对违反本法第十一条、第十二条有关缴纳排污费、倾倒费和限期治理规定的行政处罚，由国务院规定。

第九十四条　海洋环境监督管理人员滥用职权、玩忽职守、徇私舞弊，造成海洋环境污染损害的，依法给予行政处分；构成犯罪的，依法追究刑事责任。

第十章　附　则

第九十五条　本法中下列用语的含义是：

（一）海洋环境污染损害，是指直接或者间接地把物质或者能量引入海洋环境，产生损害海洋生物资源、危害人体健康、妨害渔业和海上其他合法活动、损害海水使用素质和减损环境质量等有害影响。

（二）内水，是指我国领海基线向内陆一侧的所有海域。

（三）滨海湿地，是指低潮时水深浅于六米的水域及其沿岸浸湿地带，包括水深不超过六米的永久性水域、潮间带（或洪泛地带）和沿海低地等。

（四）海洋功能区划，是指依据海洋自然属性和社会属性，以及自然资源和环境特定条件，界定海洋利用的主导功能和使用范畴。

（五）渔业水域，是指鱼虾类的产卵场、索饵场、越冬场、洄游通道和鱼虾贝藻类的养殖场。

（六）油类，是指任何类型的油及其炼制品。

（七）油性混合物，是指任何含有油分的混合物。

（八）排放，是指把污染物排入海洋的行为，包括泵出、溢出、泄出、喷出和倒出。

（九）陆地污染源（简称陆源），是指从陆地向海域排放污染物，造成或者可能造成海洋环境污染的场所、设施等。

（十）陆源污染物，是指由陆地污染源排放的污染物。

（十一）倾倒，是指通过船舶、航空器、平台或者其他载运工具，向海洋处置废弃物和其他有害物质的行为，包括弃置船舶、航空器、平台及其辅助设施和其他浮动工具的行为。

（十二）沿海陆域，是指与海岸相连，或者通过管道、沟渠、设施，直接或者间接向海洋排放污染物及其相关活动的一带区域。

（十三）海上焚烧，是指以热摧毁为目的，在海上焚烧设施上，故意焚烧废弃物或者其他物质的行为，但船舶、平台或者其他人工构造物正常操作中，所附带发生的行为除外。

第九十六条　涉及海洋环境监督管理的有关部门的具体职权划分，本法未作规定的，由国务院规定。

第九十七条　中华人民共和国缔结或者参加的与海洋环境保护有关的国际条约与本法有不同规定的，适用国际条约的规定；但是，中华人民共和国声明保留的条款除外。

第九十八条　本法自 2000 年 4 月 1 日起施行。

中华人民共和国清洁生产促进法

（2002年6月29日中华人民共和国第九届全国人民代表大会常务委员会第二十八次会议通过，同日中华人民共和国主席令第七十二号公布，自2003年1月1日起施行）

目　录

第一章　总　则

第一条　为了促进清洁生产，提高资源利用效率，减少和避免污染物的产生，保护和改善环境，保障人体健康，促进经济与社会可持续发展，制定本法。

第二条　本法所称清洁生产，是指不断采取改进设计、使用清洁的能源和原料、采用先进的工艺技术与设备、改善管理、综合利用等措施，从源头削减污染，提高资源利用效率，减少或者避免生产、服务和产品使用过程中污染物的产生和排放，以减轻或者消除对人类健康和环境的危害。

第三条　在中华人民共和国领域内，从事生产和服务活动的单位以及从事相关管理活动的部门依照本法规定，组织、实施清洁生产。

第四条　国家鼓励和促进清洁生产。国务院和县级以上地方人民政府，应当将清洁生产纳入国民经济和社会发展计划以及环境保护、资源利用、产业发展、区域开发等规划。

第五条　国务院经济贸易行政主管部门负责组织、协调全国的清洁生产促进工作。国务院环境保护、计划、科学技术、农业、建设、水利和质量技术监督等行政主管部门，按照各自的职责，负责有关的清洁生产促进工作。

县级以上地方人民政府负责领导本行政区域内的清洁生产促进工作。县级以上地方人民政府经济贸易行政主管部门负责组织、协调本行政区域内的清洁生产促进工作。县级以上地方人民政府环境保护、计划、科学技术、农业、建设、水利和质量技术监督等行政主管部门，按照各自的职责，负责有关的清洁生产促进工作。

第六条　国家鼓励开展有关清洁生产的科学研究、技术开发和国际合作，组织宣传、普及清洁生产知识，推广清洁生产技术。

国家鼓励社会团体和公众参与清洁生产的宣传、教育、推广、实施及监督。

第二章　清洁生产的推行

第七条　国务院应当制定有利于实施清洁生产的财政税收政策。

国务院及其有关行政主管部门和省、自治区、直辖市人民政府，应当制定有利于实施清洁生产的产业政策、技术开发和推广政策。

第八条　县级以上人民政府经济贸易行政主管部门，应当会同环境保护、计划、科学技术、农业、建设、水利等有关行政主管部门制定清洁生产的推行规划。

第九条　县级以上地方人民政府应当合理规划本行政区域的经济布局，调整产业结构，发展循环经济，促进企业在资源和废物综合利用等领域进行合作，实现资源的高效利用和循环使用。

第十条　国务院和省、自治区、直辖市人民政府的经济贸易、环境保护、计划、科学技术、农业等有关行政主管部门，应当组织和支持建立清洁生产信息系统和技术咨询服务体系，向社会提供有关清洁生产方法和技术、可再生利用的废物供求以及清洁生产政策等方面的信息和服务。

第十一条　国务院经济贸易行政主管部门会同国务院有关行政主管部门定期发布清洁生产技术、工艺、设备和产品导向目录。

国务院和省、自治区、直辖市人民政府的经济贸易行政主管部门和环境保护、农业、建设等有关行政主管部门组织编制有关行业或者地区的清洁生产指南和技术手册，指导实施清洁生产。

第十二条　国家对浪费资源和严重污染环境的落后生产技术、工艺、设备和产品实行限期淘汰制度。国务院经济贸易行政主管部门会同国务院有关行政主管部门制定并发布限期淘汰的生产技术、工艺、设备以及产品的名录。

第十三条　国务院有关行政主管部门可以根据需要批准设立节能、节水、废物再生利用等环境与资源保护方面的产品标志，并按照国家规定制定相应标准。

第十四条　县级以上人民政府科学技术行政主管部门和其他有关行政主管部门，应当指导和支持清洁生产技术和有利于环境与资源保护的产品的研究、开发以及清洁生产技术的示范和推广工作。

第十五条　国务院教育行政主管部门，应当将清洁生产技术和管理课程纳入有关高等教育、职业教育和技术培训体系。

县级以上人民政府有关行政主管部门组织开展清洁生产的宣传和培训，提高国家工作人员、企业经营管理者和公众的清洁生产意识，培养清洁生产管理和技术人员。

新闻出版、广播影视、文化等单位和有关社会团体，应当发挥各自优势做好清洁生产宣传工作。

第十六条　各级人民政府应当优先采购节能、节水、废物再生利用等有利于环境与资源保护的产品。

各级人民政府应当通过宣传、教育等措施，鼓励公众购买和使用节能、节水、废物再生利用等有利于环境与资源保护的产品。

第十七条　省、自治区、直辖市人民政府环境保护行政主管部门，应当加强对清洁生产实施的监督；可以按照促进清洁生产的需要，根据企业污染物的排放情况，在当地主要媒体上定期公布污染物超标排放或者污染物排放总量超过规定限额的污染严重企业的名单，为公众监督企业实施清洁生产提供依据。

第三章　清洁生产的实施

第十八条　新建、改建和扩建项目应当进行环境影响评价，对原料使用、资源消耗、资源综合利用以及污染物产生与处置等进行分析论证，优先采用资源利用率高以及污染物产生量少的清洁生产技术、工艺和设备。

第十九条　企业在进行技术改造过程中，应当采取以下清洁生产措施：

（一）采用无毒、无害或者低毒、低害的原料，替代毒性大、危害严重的原料；

（二）采用资源利用率高、污染物产生量少的工艺和设备，替代资源利用率低、污染物产生量多的工艺和设备；

（三）对生产过程中产生的废物、废水和余热等进行综合利用或者循环使用；

（四）采用能够达到国家或者地方规定的污染物排放标准和污染物排放总量控制指标的污染防治技术。

第二十条　产品和包装物的设计，应当考虑其在生命周期中对人类健康和环境的影响，优先选择无毒、无害、易于降解或者便于回收利用的方案。

企业应当对产品进行合理包装，减少包装材料的过度使用和包装性废物的产生。

第二十一条　生产大型机电设备、机动运输工具以及国务院经济贸易行政主管部门指定的其他产品的企业，应当按照国务院标准化行政主管部门或者其授权机构制定的技术规范，在产品的主体构件上注明材料成分的标准牌号。

第二十二条　农业生产者应当科学地使用化肥、农药、农用薄膜和饲料添加剂，改进种植和养殖技术，实现农产品的优质、无害和农业生产废物的资源化，防止农业环境污染。

禁止将有毒、有害废物用作肥料或者用于造田。

第二十三条　餐饮、娱乐、宾馆等服务性企业，应当采用节能、节水和其他有利于环境保护的技术和设备，减少使用或者不使用浪费资源、污染环境的消费品。

第二十四条　建筑工程应当采用节能、节水等有利于环境与资源保护的建筑设计方案、建筑和装修材料、建筑构配件及设备。

建筑和装修材料必须符合国家标准。禁止生产、销售和使用有毒、有害物质超过国家标准的建筑和装修材料。

第二十五条　矿产资源的勘查、开采，应当采用有利于合理利用资源、保护环境和防止污染的勘查、开采方法和工艺技术，提高资源利用水平。

第二十六条　企业应当在经济技术可行的条件下对生产和服务过程中产生的废物、余热等自行回收利用或者转让给有条件的其他企业和个人利用。

第二十七条　生产、销售被列入强制回收目录的产品和包装物的企业，必须在产品报废和包装物使用后对该产品和包装物进行回收。强制回收的产品和包装物的目录和具体回收办法，由国务院经济贸易行政主管部门制定。

国家对列入强制回收目录的产品和包装物，实行有利于回收利用的经济措施；县级以上地方人民政府经济贸易行政主管部门应当定期检查强制回收产品和包装物的实施情况，并及时向社会公布检查结果。具体办法由国务院经济贸易行政主管部门制定。

第二十八条　企业应当对生产和服务过程中的资源消耗以及废物的产生情况进行监测，并根据需要对生产和服务实施清洁生产审核。

污染物排放超过国家和地方规定的排放标准或者超过经有关地方人民政府核定的污染物排放总量控制指标的企业，应当实施清洁生产审核。

使用有毒、有害原料进行生产或者在生产中排放有毒、有害物质的企业，应当定期实施清洁生产审核，并将审核结果报告所在地的县级以上地方人民政府环境保护行政主管部门和经济贸易行政主管部门。

清洁生产审核办法，由国务院经济贸易行政主管部门会同国务院环境保护行政主管部门制定。

第二十九条　企业在污染物排放达到国家和地方规定的排放标准的基础上，可以自愿与有管辖权的经济贸易行政主管部门和环境保护行政主管部门签订进一步节约资源、削减污染物排放量的协议。该经济贸易行政主管部门和环境保护行政主管部门应当在当地主要媒体上公布该企业的名称以及节约资源、防治污染的成果。

第三十条　企业可以根据自愿原则，按照国家有关环境管理体系认证的规定，向国家认证认可监督管理部门授权的认证机构提出认证申请，通过环境管理体系认证，提高清洁生产水平。

第三十一条　根据本法第十七条规定，列入污染严重企业名单的企业，应当按照国务院环境保护行政主管部门的规定公布主要污染物的排放情况，接受公众监督。

第四章　鼓励措施

第三十二条　国家建立清洁生产表彰奖励制度。对在清洁生产工作中做出显著成绩的单位和个人，由人民政府给予表彰和奖励。

第三十三条　对从事清洁生产研究、示范和培训，实施国家清洁生产重点技术改造项目和本法第二十九条规定的自愿削减污染物排放协议中载明的技术改造项目，列入国务院和县级以上地方人民政府同级财政安排的有关技术进步专项资金的扶持范围。

第三十四条　在依照国家规定设立的中小企业发展基金中，应当根据需要安排适当数额用于支持中小企业实施清洁生产。

第三十五条　对利用废物生产产品的和从废物中回收原料的，税务机关按照国家有关规定，减征或者免征增值税。

第三十六条　企业用于清洁生产审核和培训的费用，可以列入企业经营成本。

第五章　法律责任

第三十七条　违反本法第二十一条规定，未标注产品材料的成分或者不如实标注的，由县级以上地方人民政府质量技术监督行政主管部门责令限期改正；拒不改正的，处以五万元以下的罚款。

第三十八条　违反本法第二十四条第二款规定，生产、销售有毒、有害物质超过国家标准的建筑和装修材料的，依照产品质量法和有关民事、刑事法律的规定，追究行政、民事、刑事法律责任。

第三十九条 违反本法第二十七条第一款规定，不履行产品或者包装物回收义务的，由县级以上地方人民政府经济贸易行政主管部门责令限期改正；拒不改正的，处以十万元以下的罚款。

第四十条 违反本法第二十八条第三款规定，不实施清洁生产审核或者虽经审核但不如实报告审核结果的，由县级以上地方人民政府环境保护行政主管部门责令限期改正；拒不改正的，处以十万元以下的罚款。

第四十一条 违反本法第三十一条规定，不公布或者未按规定要求公布污染物排放情况的，由县级以上地方人民政府环境保护行政主管部门公布，可以并处十万元以下的罚款。

第六章 附 则

第四十二条 本法自 2003 年 1 月 1 日起施行。

建设项目环境保护管理条例

（1998年11月18日国务院第10次常务会议通过，1998年11月29日
中华人民共和国国务院令第253号发布，自发布之日起施行）

第一章　总　则

第一条　为了防止建设项目产生新的污染、破坏生态环境，制定本条例。

第二条　在中华人民共和国领域和中华人民共和国管辖的其他海域内建设对环境有影响的建设项目，适用本条例。

第三条　建设产生污染的建设项目，必须遵守污染物排放的国家标准和地方标准；在实施重点污染物排放总量控制的区域内，还必须符合重点污染物排放总量控制的要求。

第四条　工业建设项目应当采用能耗物耗小、污染物产生量少的清洁生产工艺，合理利用自然资源，防止环境污染和生态破坏。

第五条　改建、扩建项目和技术改造项目必须采取措施，治理与该项目有关的原有环境污染和生态破坏。

第二章　环境影响评价

第六条　国家实行建设项目环境影响评价制度。

建设项目的环境影响评价工作，由取得相应资格证书的单位承担。

第七条　国家根据建设项目对环境的影响程度，按照下列规定对建设项目的环境保护实行分类管理：

（一）建设项目对环境可能造成重大影响的，应当编制环境影响报告书，对建设项目产生的污染和对环境的影响进行全面、详细的评价；

（二）建设项目对环境可能造成轻度影响的，应当编制环境影响报告表，对建设项目产生的污染和对环境的影响进行分析或者专项评价；

（三）建设项目对环境影响很小，不需要进行环境影响评价的，应当填报环境影响登记表。

建设项目环境保护分类管理名录，由国务院环境保护行政主管部门制订并公布。

第八条　建设项目环境影响报告书，应当包括下列内容：

（一）建设项目概况；

（二）建设项目周围环境现状；

（三）建设项目对环境可能造成影响的分析和预测；

（四）环境保护措施及其经济、技术论证；

（五）环境影响经济损益分析；

（六）对建设项目实施环境监测的建议；

（七）环境影响评价结论。

涉及水土保持的建设项目，还必须有经水行政主管部门审查同意的水土保持方案。

建设项目环境影响报告表、环境影响登记表的内容和格式，由国务院环境保护行政主管部门规定。

第九条 建设单位应当在建设项目可行性研究阶段报批建设项目环境影响报告书、环境影响报告表或者环境影响登记表；但是，铁路、交通等建设项目，经有审批权的环境保护行政主管部门同意，可以在初步设计完成前报批环境影响报告书或者环境影响报告表。

按照国家有关规定，不需要进行可行性研究的建设项目，建设单位应当在建设项目开工前报批建设项目环境影响报告书、环境影响报告表或者环境影响登记表；其中，需要办理营业执照的，建设单位应当在办理营业执照前报批建设项目环境影响报告书、环境影响报告表或者环境影响登记表。

第十条 建设项目环境影响报告书、环境影响报告表或者环境影响登记表，由建设单位报有审批权的环境保护行政主管部门审批；建设项目有行业主管部门的，其环境影响报告书或者环境影响报告表应当经行业主管部门预审后，报有审批权的环境保护行政主管部门审批。

海岸工程建设项目环境影响报告书或者环境影响报告表，经海洋行政主管部门审核并签署意见后，报环境保护行政主管部门审批。

环境保护行政主管部门应当自收到建设项目环境影响报告书之日起日内、收到环境影响报告表之日起 30 日内、收到环境影响登记表之日起 15 日内，分别作出审批决定并书面通知建设单位。

预审、审核、审批建设项目环境影响报告书、环境影响报告表或者环境影响登记表，不得收取任何费用。

第十一条 国务院环境保护行政主管部门负责审批下列建设项目环境影响报告书、环境影响报告表或者环境影响登记表：

（一）核设施、绝密工程等特殊性质的建设项目；

（二）跨省、自治区、直辖市行政区域的建设项目；

（三）国务院审批的或者国务院授权有关部门审批的建设项目。

前款规定以外的建设项目环境影响报告书、环境影响报告表或者环境影响登记表的审批权限，由省、自治区、直辖市人民政府规定。

建设项目造成跨行政区域环境影响，有关环境保护行政主管部门对环境影响评价结论有争议的，其环境影响报告书或者环境影响报告表由共同上一级环境保护行政主管部门审批。

第十二条 建设项目环境影响报告书、环境影响报告表或者环境影响登记表经批准后，建设项目的性质、规模、地点或者采用的生产工艺发生重大变化的，建设单位应当重新报批建设项目环境影响报告书、环境影响报告表或者环境影响登记表。

建设项目环境影响报告书、环境影响报告表或者环境影响登记表自批准之日起满 5 年，建设项目方开工建设的，其环境影响报告书、环境影响报告表或者环境影响登记表应当报原审批机关重新审核。原审批机关应当自收到建设项目环境影响报告书、环境影响报告表或者环境影响登记表之日起 10 日内，将审核意见书面通知建设单位；逾期未通知的，视为审核同意。

第十三条　国家对从事建设项目环境影响评价工作的单位实行资格审查制度。

从事建设项目环境影响评价工作的单位，必须取得国务院环境保护行政主管部门颁发的资格证书，按照资格证书规定的等级和范围，从事建设项目环境影响评价工作，并对评价结论负责。

国务院环境保护行政主管部门对已经颁发资格证书的从事建设项目环境影响评价工作的单位名单，应当定期予以公布。具体办法由国务院环境保护行政主管部门制定。

从事建设项目环境影响评价工作的单位，必须严格执行国家规定的收费标准。

第十四条　建设单位可以采取公开招标的方式，选择从事环境影响评价工作的单位，对建设项目进行环境影响评价。

任何行政机关不得为建设单位指定从事环境影响评价工作的单位，进行环境影响评价。

第十五条　建设单位编制环境影响报告书，应当依照有关法律规定，征求建设项目所在地有关单位和居民的意见。

第三章　环境保护设施建设

第十六条　建设项目需要配套建设的环境保护设施，必须与主体工程同时设计、同时施工、同时投产使用。

第十七条　建设项目的初步设计，应当按照环境保护设计规范的要求，编制环境保护篇章，并依据经批准的建设项目环境影响报告书或者环境影响报告表，在环境保护篇章中落实防治环境污染和生态破坏的措施以及环境保护设施投资概算。

第十八条　建设项目的主体工程完工后，需要进行试生产的，其配套建设的环境保护设施必须与主体工程同时投入试运行。

第十九条　建设项目试生产期间，建设单位应当对环境保护设施运行情况和建设项目对环境的影响进行监测。

第二十条　建设项目竣工后，建设单位应当向审批该建设项目环境影响报告书、环境影响报告表或者环境影响登记表的环境保护行政主管部门，申请该建设项目需要配套建设的环境保护设施竣工验收。

环境保护设施竣工验收，应当与主体工程竣工验收同时进行。需要进行试生产的建设项目，建设单位应当自建设项目投入试生产之日起 3 个月内，向审批该建设项目环境影响报告书、环境影响报告表或者环境影响登记表的环境保护行政主管部门，申请该建设项目需要配套建设的环境保护设施竣工验收。

第二十一条　分期建设、分期投入生产或者使用的建设项目，其相应的环境保护设施应当分期验收。

第二十二条　环境保护行政主管部门应当自收到环境保护设施竣工验收申请之日起30日内，完成验收。

第二十三条　建设项目需要配套建设的环境保护设施经验收合格，该建设项目方可正式投入生产或者使用。

第四章　法律责任

第二十四条　违反本条例规定，有下列行为之一的，由负责审批建设项目环境影响报告书、环境影响报告表或者环境影响登记表的环境保护行政主管部门责令限期补办手续；逾期不补办手续，擅自开工建设的，责令停止建设，可以处10万元以下的罚款：

（一）未报批建设项目环境影响报告书、环境影响报告表或者环境影响登记表的；

（二）建设项目的性质、规模、地点或者采用的生产工艺发生重大变化，未重新报批建设项目环境影响报告书、环境影响报告表或者环境影响登记表的；

（三）建设项目环境影响报告书、环境影响报告表或者环境影响登记表自批准之日起满 5 年，建设项目方开工建设，其环境影响报告书、环境影响报告表或者环境影响登记表未报原审批机关重新审核的。

第二十五条　建设项目环境影响报告书、环境影响报告表或者环境影响登记表未经批准或者未经原审批机关重新审核同意，擅自开工建设的，由负责审批该建设项目环境影响报告书、环境影响报告表或者环境影响登记表的环境保护行政主管部门责令停止建设，限期恢复原状，可以处10万元以下的罚款。

第二十六条　违反本条例规定，试生产建设项目配套建设的环境保护设施未与主体工程同时投入试运行的，由审批该建设项目环境影响报告书、环境影响报告表或者环境影响登记表的环境保护行政主管部门责令限期改正；逾期不改正的，责令停止试生产，可以处5万元以下的罚款。

第二十七条　违反本条例规定，建设项目投入试生产超过 3 个月，建设单位未申请环境保护设施竣工验收的，由审批该建设项目环境影响报告书、环境影响报告表或者环境影响登记表的环境保护行政主管部门责令限期办理环境保护设施竣工验收手续；逾期未办理的，责令停止试生产，可以处5万元以下的罚款。

第二十八条　违反本条例规定，建设项目需要配套建设的环境保护设施未建成、未经验收或者经验收不合格，主体工程正式投入生产或者使用的，由审批该建设项目环境影响报告书、环境影响报告表或者环境影响登记表的环境保护行政主管部门责令停止生产或者使用，可以处10万元以下的罚款。

第二十九条　从事建设项目环境影响评价工作的单位，在环境影响评价工作中弄虚作假的，由国务院环境保护行政主管部门吊销资格证书，并处所收费用 1 倍以上 3 倍以下的罚款。

第三十条　环境保护行政主管部门的工作人员徇私舞弊、滥用职权、玩忽职守，构成犯罪的，依法追究刑事责任；尚不构成犯罪的，依法给予行政处分。

第五章　附　则

第三十一条　流域开发、开发区建设、城市新区建设和旧区改建等区域性开发，编制建设规划时，应当进行环境影响评价。具体办法由国务院环境保护行政主管部门会同国务院有关部门另行规定。

第三十二条　海洋石油勘探开发建设项目的环境保护管理，按照国务院关于海洋石油勘探开发环境保护管理的规定执行。

第三十三条 军事设施建设项目的环境保护管理，按照中央军事委员会的有关规定执行。

第三十四条 本条例自发布之日起施行。

危险化学品安全管理条例

（2002年1月9日国务院第52次常务会议通过，2002年1月26日中华人民共和国国务院令第344号公布，自2002年3月15日起施行）

第一章　总　则

第一条　为了加强对危险化学品的安全管理，保障人民生命、财产安全，保护环境，制定本条例。

第二条　在中华人民共和国境内生产、经营、储存、运输、使用危险化学品和处置废弃危险化学品，必须遵守本条例和国家有关安全生产的法律、其他行政法规的规定。

第三条　本条例所称危险化学品，包括爆炸品、压缩气体和液化气体、易燃液体、易燃固体、自燃物品和遇湿易燃物品、氧化剂和有机过氧化物、有毒品和腐蚀品等。

危险化学品列入以国家标准公布的《危险货物品名表》（GB 12268）；剧毒化学品目录和未列入《危险货物品名表》的其他危险化学品，由国务院经济贸易综合管理部门会同国务院公安、环境保护、卫生、质检、交通部门确定并公布。

第四条　生产、经营、储存、运输、使用危险化学品和处置废弃危险化学品的单位（以下统称危险化学品单位），其主要负责人必须保证本单位危险化学品的安全管理符合有关法律、法规、规章的规定和国家标准的要求，并对本单位危险化学品的安全负责。

危险化学品单位从事生产、经营、储存、运输、使用危险化学品或者处置废弃危险化学品活动的人员，必须接受有关法律、法规、规章和安全知识、专业技术、职业卫生防护和应急救援知识的培训，并经考核合格，方可上岗作业。

第五条　对危险化学品的生产、经营、储存、运输、使用和对废弃危险化学品处置实施监督管理的有关部门，依照下列规定履行职责：

（一）国务院经济贸易综合管理部门和省、自治区、直辖市人民政府经济贸易管理部门，依照本条例的规定，负责危险化学品安全监督管理综合工作，负责危险化学品生产、储存企业设立及其改建、扩建的审查，负责危险化学品包装物、容器（包括用于运输工具的槽罐，下同）专业生产企业的审查和定点，负责危险化学品经营许可证的发放，负责国内危险化学品的登记，负责危险化学品事故应急救援的组织和协调，并负责前述事项的监督检查；设区的市级人民政府和县级人民政府的负责危险化学品安全监督管理综合工作的部门，由各该级人民政府确定，依照本条例的规定履行职责。

（二）公安部门负责危险化学品的公共安全管理，负责发放剧毒化学品购买凭证和准购证，负责审查核发剧毒化学品公路运输通行证，对危险化学品道路运输安全实施监督，并负责前述事项的监督检查。

（三）质检部门负责发放危险化学品及其包装物、容器的生产许可证，负责对危险化学品包装物、容器的产品质量实施监督，并负责前述事项的监督检查。

（四）环境保护部门负责废弃危险化学品处置的监督管理，负责调查重大危险化学品污染事故和生态破坏事件，负责有毒化学品事故现场的应急监测和进口危险化学品的登记，并负责前述事项的监督检查。

（五）铁路、民航部门负责危险化学品铁路、航空运输和危险化学品铁路、民航运输单位及其运输工具的安全管理及监督检查。交通部门负责危险化学品公路、水路运输单位及其运输工具的安全管理，对危险化学品水路运输安全实施监督，负责危险化学品公路、水路运输单位、驾驶人员、船员、装卸人员和押运人员的资质认定，并负责前述事项的监督检查。

（六）卫生行政部门负责危险化学品的毒性鉴定和危险化学品事故伤亡人员的医疗救护工作。

（七）工商行政管理部门依据有关部门的批准、许可文件，核发危险化学品生产、经营、储存、运输单位营业执照，并监督管理危险化学品市场经营活动。

（八）邮政部门负责邮寄危险化学品的监督检查。

第六条 依照本条例对危险化学品单位实施监督管理的有关部门，依法进行监督检查，可以行使下列职权：

（一）进入危险化学品作业场所进行现场检查，调取有关资料，向有关人员了解情况，向危险化学品单位提出整改措施和建议；

（二）发现危险化学品事故隐患时，责令立即排除或者限期排除；

（三）对有根据认为不符合有关法律、法规、规章规定和国家标准要求的设施、设备、器材和运输工具，责令立即停止使用；

（四）发现违法行为，当场予以纠正或者责令限期改正。

危险化学品单位应当接受有关部门依法实施的监督检查，不得拒绝、阻挠。

有关部门派出的工作人员依法进行监督检查时，应当出示证件。

第二章 危险化学品的生产、储存和使用

第七条 国家对危险化学品的生产和储存实行统一规划、合理布局和严格控制，并对危险化学品生产、储存实行审批制度；未经审批，任何单位和个人都不得生产、储存危险化学品。

设区的市级人民政府根据当地经济发展的实际需要，在编制总体规划时，应当按照确保安全的原则规划适当区域专门用于危险化学品的生产、储存。

第八条 危险化学品生产、储存企业，必须具备下列条件：

（一）有符合国家标准的生产工艺、设备或者储存方式、设施；

（二）工厂、仓库的周边防护距离符合国家标准或者国家有关规定；

（三）有符合生产或者储存需要的管理人员和技术人员；

（四）有健全的安全管理制度；

（五）符合法律、法规规定和国家标准要求的其他条件。

第九条 设立剧毒化学品生产、储存企业和其他危险化学品生产、储存企业，应当分别向省、自治区、直辖市人民政府经济贸易管理部门和设区的市级人民政府负责危险化学品安全监督管理综合工作的部门提出申请，并提交下列文件：

（一）可行性研究报告；

（二）原料、中间产品、最终产品或者储存的危险化学品的燃点、自燃点、闪点、爆炸极限、毒性等理化性能指标；

（三）包装、储存、运输的技术要求；

（四）安全评价报告；

（五）事故应急救援措施；

（六）符合本条例第八条规定条件的证明文件。

省、自治区、直辖市人民政府经济贸易管理部门或者设区的市级人民政府负责危险化学品安全监督管理综合工作的部门收到申请和提交的文件后，应当组织有关专家进行审查，提出审查意见后，报本级人民政府作出批准或者不予批准的决定。依据本级人民政府的决定，予以批准的，由省、自治区、直辖市人民政府经济贸易管理部门或者设区的市级人民政府负责危险化学品安全监督管理综合工作的部门颁发批准书；不予批准的，书面通知申请人。

申请人凭批准书向工商行政管理部门办理登记注册手续。

第十条 除运输工具加油站、加气站外，危险化学品的生产装置和储存数量构成重大危险源的储存设施，与下列场所、区域的距离必须符合国家标准或者国家有关规定：

（一）居民区、商业中心、公园等人口密集区域；

（二）学校、医院、影剧院、体育场（馆）等公共设施；

（三）供水水源、水厂及水源保护区；

（四）车站、码头（按照国家规定，经批准，专门从事危险化学品装卸作业的除外）、机场以及公路、铁路、水路交通干线、地铁风亭及出入口；

（五）基本农田保护区、畜牧区、渔业水域和种子、种畜、水产苗种生产基地；

（六）河流、湖泊、风景名胜区和自然保护区；

（七）军事禁区、军事管理区；

（八）法律、行政法规规定予以保护的其他区域。

已建危险化学品的生产装置和储存数量构成重大危险源的储存设施不符合前款规定的，由所在地设区的市级人民政府负责危险化学品安全监督管理综合工作的部门监督其在规定期限内进行整顿；需要转产、停产、搬迁、关闭的，报本级人民政府批准后实施。

本条例所称重大危险源，是指生产、运输、使用、储存危险化学品或者处置废弃危险化学品，且危险化学品的数量等于或者超过临界量的单元（包括场所和设施）。

第十一条 危险化学品生产、储存企业改建、扩建的，必须依照本条例第九条的规定经审查批准。

第十二条 依法设立的危险化学品生产企业，必须向国务院质检部门申请领取危险化学品生产许可证；未取得危险化学品生产许可证的，不得开工生产。

国务院质检部门应当将颁发危险化学品生产许可证的情况通报国务院经济贸易综合管理部门、环境保护部门和公安部门。

第十三条 任何单位和个人不得生产、经营、使用国家明令禁止的危险化学品。

禁止用剧毒化学品生产灭鼠药以及其他可能进入人民日常生活的化学产品和日用化学品。

第十四条 生产危险化学品的，应当在危险化学品的包装内附有与危险化学品完全一致的化学品安全技术说明书，并在包装（包括外包装件）上加贴或者拴挂与包装内危险化学品完全一致的化学品安全标签。

危险化学品生产企业发现其生产的危险化学品有新的危害特性时，应当立即公告，并及时修订安全技术说明书和安全标签。

第十五条 使用危险化学品从事生产的单位，其生产条件必须符合国家标准和国家有关规定，并依照国家有关法律、法规的规定取得相应的许可，必须建立、健全危险化学品使用的安全管理规章制度，保证危险化学品的安全使用和管理。

第十六条 生产、储存、使用危险化学品的，应当根据危险化学品的种类、特性，在车间、库房等作业场所设置相应的监测、通风、防晒、调温、防火、灭火、防爆、泄压、防毒、消毒、中和、防潮、防雷、防静电、防腐、防渗漏、防护围堤或者隔离操作等安全设施、设备，并按照国家标准和国家有关规定进行维护、保养，保证符合安全运行要求。

第十七条 生产、储存、使用剧毒化学品的单位，应当对本单位的生产、储存装置每年进行一次安全评价；生产、储存、使用其他危险化学品的单位，应当对本单位的生产、储存装置每两年进行一次安全评价。

安全评价报告应当对生产、储存装置存在的安全问题提出整改方案。安全评价中发现生产、储存装置存在现实危险的，应当立即停止使用，予以更换或者修复，并采取相应的安全措施。

安全评价报告应当报所在地设区的市级人民政府负责危险化学品安全监督管理综合工作的部门备案。

第十八条 危险化学品的生产、储存、使用单位，应当在生产、储存和使用场所设置通讯、报警装置，并保证在任何情况下处于正常适用状态。

第十九条 剧毒化学品的生产、储存、使用单位，应当对剧毒化学品的产量、流向、储存量和用途如实记录，并采取必要的保安措施，防止剧毒化学品被盗、丢失或者误售、误用；发现剧毒化学品被盗、丢失或者误售、误用时，必须立即向当地公安部门报告。

第二十条 危险化学品的包装必须符合国家法律、法规、规章的规定和国家标准的要求。

危险化学品包装的材质、型式、规格、方法和单件质量（重量），应当与所包装的危险化学品的性质和用途相适应，便于装卸、运输和储存。

第二十一条 危险化学品的包装物、容器，必须由省、自治区、直辖市人民政府经济贸易管理部门审查合格的专业生产企业定点生产，并经国务院质检部门认可的专业检测、检验机构检测、检验合格，方可使用。

重复使用的危险化学品包装物、容器在使用前，应当进行检查，并作出记录；检查记录应当至少保存 2 年。

质检部门应当对危险化学品的包装物、容器的产品质量进行定期的或者不定期的检查。

第二十二条 危险化学品必须储存在专用仓库、专用场地或者专用储存室（以下统称专用仓库）内，储存方式、方法与储存数量必须符合国家标准，并由专人管理。

危险化学品出入库，必须进行核查登记。库存危险化学品应当定期检查。

剧毒化学品以及储存数量构成重大危险源的其他危险化学品必须在专用仓库内单独存放，实行双人收发、双人保管制度。储存单位应当将储存剧毒化学品以及构成重大危险源的其他危险化学品的数量、地点以及管理人员的情况，报当地公安部门和负责危险化学品安全监督管理综合工作的部门备案。

第二十三条 危险化学品专用仓库，应当符合国家标准对安全、消防的要求，设置明显标志。危险化学品专用仓库的储存设备和安全设施应当定期检测。

第二十四条 处置废弃危险化学品，依照固体废物污染环境防治法和国家有关规定执行。

第二十五条 危险化学品的生产、储存、使用单位转产、停产、停业或者解散的，应当采取有效措施，处置危险化学品的生产或者储存设备、库存产品及生产原料，不得留有事故隐患。处置方案应当报所在地设区的市级人民政府负责危险化学品安全监督管理综合工作的部门和同级环境保护部门、公安部门备案。负责危险化学品安全监督管理综合工作的部门应当对处置情况进行监督检查。

第二十六条 公众上交的危险化学品，由公安部门接收。公安部门接收的危险化学品和其他有关部门收缴的危险化学品，交由环境保护部门认定的专业单位处理。

第三章 危险化学品的经营

第二十七条 国家对危险化学品经营销售实行许可制度。未经许可，任何单位和个人都不得经营销售危险化学品。

第二十八条 危险化学品经营企业，必须具备下列条件：

（一）经营场所和储存设施符合国家标准；

（二）主管人员和业务人员经过专业培训，并取得上岗资格；

（三）有健全的安全管理制度；

（四）符合法律、法规规定和国家标准要求的其他条件。

第二十九条 经营剧毒化学品和其他危险化学品的，应当分别向省、自治区、直辖市人民政府经济贸易管理部门或者设区的市级人民政府负责危险化学品安全监督管理综合工作的部门提出申请，并附送本条例第二十八条规定条件的相关证明材料。省、自治区、直辖市人民政府经济贸易管理部门或者设区的市级人民政府负责危险化学品安全监督管理综合工作的部门接到申请后，应当依照本条例的规定对申请人提交的证明材料和经营场所进行审查。经审查，符合条件的，颁发危险化学品经营许可证，并将颁发危险化学品经营许可证的情况通报同级公安部门和环境保护部门；不符合条件的，书面通知申请人并说明理由。

申请人凭危险化学品经营许可证向工商行政管理部门办理登记注册手续。

第三十条 经营危险化学品，不得有下列行为：

（一）从未取得危险化学品生产许可证或者危险化学品经营许可证的企业采购危险化学品；

（二）经营国家明令禁止的危险化学品和用剧毒化学品生产的灭鼠药以及其他可能进入人民日常生活的化学产品和日用化学品；

（三）销售没有化学品安全技术说明书和化学品安全标签的危险化学品。

第三十一条　危险化学品生产企业不得向未取得危险化学品经营许可证的单位或者个人销售危险化学品。

第三十二条　危险化学品经营企业储存危险化学品，应当遵守本条例第二章的有关规定。危险化学品商店内只能存放民用小包装的危险化学品，其总量不得超过国家规定的限量。

第三十三条　剧毒化学品经营企业销售剧毒化学品，应当记录购买单位的名称、地址和购买人员的姓名、身份证号码及所购剧毒化学品的品名、数量、用途。记录应当至少保存1年。

剧毒化学品经营企业应当每天核对剧毒化学品的销售情况；发现被盗、丢失、误售等情况时，必须立即向当地公安部门报告。

第三十四条　购买剧毒化学品，应当遵守下列规定：

（一）生产、科研、医疗等单位经常使用剧毒化学品的，应当向设区的市级人民政府公安部门申请领取购买凭证，凭购买凭证购买；

（二）单位临时需要购买剧毒化学品的，应当凭本单位出具的证明（注明品名、数量、用途）向设区的市级人民政府公安部门申请领取准购证，凭准购证购买；

（三）个人不得购买农药、灭鼠药、灭虫药以外的剧毒化学品。

剧毒化学品生产企业、经营企业不得向个人或者无购买凭证、准购证的单位销售剧毒化学品。剧毒化学品购买凭证、准购证不得伪造、变造、买卖、出借或者以其他方式转让，不得使用作废的剧毒化学品购买凭证、准购证。

剧毒化学品购买凭证和准购证的式样和具体申领办法由国务院公安部门制定。

第四章　危险化学品的运输

第三十五条　国家对危险化学品的运输实行资质认定制度；未经资质认定，不得运输危险化学品。

危险化学品运输企业必须具备的条件由国务院交通部门规定。

第三十六条　用于危险化学品运输工具的槽罐以及其他容器，必须依照本条例第二十一条的规定，由专业生产企业定点生产，并经检测、检验合格，方可使用。

质检部门应当对前款规定的专业生产企业定点生产的槽罐以及其他容器的产品质量进行定期或者不定期的检查。

第三十七条　危险化学品运输企业，应当对其驾驶员、船员、装卸管理人员、押运人员进行有关安全知识培训；驾驶员、船员、装卸管理人员、押运人员必须掌握危险化学品运输的安全知识，并经所在地设区的市级人民政府交通部门考核合格（船员经海事管理机构考核合格），取得上岗资格证，方可上岗作业。危险化学品的装卸作业必须在装卸管理人员的现场指挥下进行。

运输危险化学品的驾驶员、船员、装卸人员和押运人员必须了解所运载的危险化学品的性质、危害特性、包装容器的使用特性和发生意外时的应急措施。运输危险化学品，必须配备必要的应急处理器材和防护用品。

第三十八条　通过公路运输危险化学品的，托运人只能委托有危险化学品运输资质的运输企业承运。

第三十九条 通过公路运输剧毒化学品的，托运人应当向目的地的县级人民政府公安部门申请办理剧毒化学品公路运输通行证。

办理剧毒化学品公路运输通行证，托运人应当向公安部门提交有关危险化学品的品名、数量、运输始发地和目的地、运输路线、运输单位、驾驶人员、押运人员、经营单位和购买单位资质情况的材料。

剧毒化学品公路运输通行证的式样和具体申领办法由国务院公安部门制定。

第四十条 禁止利用内河以及其他封闭水域等航运渠道运输剧毒化学品以及国务院交通部门规定禁止运输的其他危险化学品。

利用内河以及其他封闭水域等航运渠道运输前款规定以外的危险化学品的，只能委托有危险化学品运输资质的水运企业承运，并按照国务院交通部门的规定办理手续，接受有关交通部门（港口部门、海事管理机构，下同）的监督管理。

运输危险化学品的船舶及其配载的容器必须按照国家关于船舶检验的规范进行生产，并经海事管理机构认可的船舶检验机构检验合格，方可投入使用。

第四十一条 托运人托运危险化学品，应当向承运人说明运输的危险化学品的品名、数量、危害、应急措施等情况。

运输危险化学品需要添加抑制剂或者稳定剂的，托运人交付托运时应当添加抑制剂或者稳定剂，并告知承运人。

托运人不得在托运的普通货物中夹带危险化学品，不得将危险化学品匿报或者谎报为普通货物托运。

第四十二条 运输、装卸危险化学品，应当依照有关法律、法规、规章的规定和国家标准的要求并按照危险化学品的危险特性，采取必要的安全防护措施。

运输危险化学品的槽罐以及其他容器必须封口严密，能够承受正常运输条件下产生的内部压力和外部压力，保证危险化学品在运输中不因温度、湿度或者压力的变化而发生任何渗（洒）漏。

第四十三条 通过公路运输危险化学品，必须配备押运人员，并随时处于押运人员的监管之下，不得超装、超载，不得进入危险化学品运输车辆禁止通行的区域；确需进入禁止通行区域的，应当事先向当地公安部门报告，由公安部门为其指定行车时间和路线，运输车辆必须遵守公安部门规定的行车时间和路线。

危险化学品运输车辆禁止通行区域，由设区的市级人民政府公安部门划定，并设置明显的标志。

运输危险化学品途中需要停车住宿或者遇有无法正常运输的情况时，应当向当地公安部门报告。

第四十四条 剧毒化学品在公路运输途中发生被盗、丢失、流散、泄漏等情况时，承运人及押运人员必须立即向当地公安部门报告，并采取一切可能的警示措施。公安部门接到报告后，应当立即向其他有关部门通报情况；有关部门应当采取必要的安全措施。

第四十五条 任何单位和个人不得邮寄或者在邮件内夹带危险化学品，不得将危险化学品匿报或者谎报为普通物品邮寄。

第四十六条 通过铁路、航空运输危险化学品的，按照国务院铁路、民航部门的有关规定执行。

第五章 危险化学品的登记与事故应急救援

第四十七条 国家实行危险化学品登记制度，并为危险化学品安全管理、事故预防和应急救援提供技术、信息支持。

第四十八条 危险化学品生产、储存企业以及使用剧毒化学品和数量构成重大危险源的其他危险化学品的单位，应当向国务院经济贸易综合管理部门负责危险化学品登记的机构办理危险化学品登记。危险化学品登记的具体办法由国务院经济贸易综合管理部门制定。

负责危险化学品登记的机构应当向环境保护、公安、质检、卫生等有关部门提供危险化学品登记的资料。

第四十九条 县级以上地方各级人民政府负责危险化学品安全监督管理综合工作的部门应当会同同级其他有关部门制定危险化学品事故应急救援预案，报经本级人民政府批准后实施。

第五十条 危险化学品单位应当制定本单位事故应急救援预案，配备应急救援人员和必要的应急救援器材、设备，并定期组织演练。

危险化学品事故应急救援预案应当报设区的市级人民政府负责危险化学品安全监督管理综合工作的部门备案。

第五十一条 发生危险化学品事故，单位主要负责人应当按照本单位制定的应急救援预案，立即组织救援，并立即报告当地负责危险化学品安全监督管理综合工作的部门和公安、环境保护、质检部门。

第五十二条 发生危险化学品事故，有关地方人民政府应当做好指挥、领导工作。

负责危险化学品安全监督管理综合工作的部门和环境保护、公安、卫生等有关部门，应当按照当地应急救援预案组织实施救援，不得拖延、推诿。有关地方人民政府及其有关部门并应当按照下列规定，采取必要措施，减少事故损失，防止事故蔓延、扩大：

（一）立即组织营救受害人员，组织撤离或者采取其他措施保护危害区域内的其他人员；

（二）迅速控制危害源，并对危险化学品造成的危害进行检验、监测，测定事故的危害区域、危险化学品性质及危害程度；

（三）针对事故对人体、动植物、土壤、水源、空气造成的现实危害和可能产生的危害，迅速采取封闭、隔离、洗消等措施；

（四）对危险化学品事故造成的危害进行监测、处置，直至符合国家环境保护标准。

第五十三条 危险化学品生产企业必须为危险化学品事故应急救援提供技术指导和必要的协助。

第五十四条 危险化学品事故造成环境污染的信息，由环境保护部门统一公布。

第六章 法律责任

第五十五条 对生产、经营、储存、运输、使用危险化学品和处置废弃危险化学品依法实施监督管理的有关部门工作人员，有下列行为之一的，依法给予降级或者撤职的行政处分；触犯刑律的，依照刑法关于受贿罪、滥用职权罪、玩忽职守罪或者其他罪的规定，依法追究刑事责任：

（一）利用职务上的便利收受他人财物或者其他好处，对不符合本条例规定条件的涉及生产、经营、储存、运输、使用危险化学品和处置废弃危险化学品的事项予以批准或者许可的；

（二）发现未依法取得批准或者许可的单位和个人擅自从事有关活动或者接到举报后不予取缔或者不依法予以处理的；

（三）对已经依法取得批准或者许可的单位和个人不履行监督管理职责，发现其不再具备本条例规定的条件而不撤销原批准、许可或者发现违反本条例的行为不予查处的。

第五十六条 发生危险化学品事故，有关部门未依照本条例的规定履行职责，组织实施救援或者采取必要措施，减少事故损失，防止事故蔓延、扩大，或者拖延、推诿的，对负有责任的主管人员和其他直接责任人员依法给予降级或者撤职的行政处分；触犯刑律的，依照刑法关于滥用职权罪、玩忽职守罪或者其他罪的规定，依法追究刑事责任。

第五十七条 违反本条例的规定，有下列行为之一的，分别由工商行政管理部门、质检部门、负责危险化学品安全监督管理综合工作的部门依据各自的职权予以关闭或者责令停产停业整顿，责令无害化销毁国家明令禁止生产、经营、使用的危险化学品或者用剧毒化学品生产的灭鼠药以及其他可能进入人民日常生活的化学产品和日用化学品。

有违法所得的，没收违法所得；违法所得 10 万元以上的，并处违法所得 1 倍以上 5 倍以下的罚款；没有违法所得或者违法所得不足 10 万元的，并处 5 万元以上 50 万元以下的罚款。

触犯刑律的，对负有责任的主管人员和其他直接责任人员依照刑法关于危险物品肇事罪、非法经营罪或者其他罪的规定，依法追究刑事责任：

（一）未经批准或者未经工商登记注册，擅自从事危险化学品生产、储存的；

（二）未取得危险化学品生产许可证，擅自开工生产危险化学品的；

（三）未经审查批准，危险化学品生产、储存企业擅自改建、扩建的；

（四）未取得危险化学品经营许可证或者未经工商登记注册，擅自从事危险化学品经营的；

（五）生产、经营、使用国家明令禁止的危险化学品，或者用剧毒化学品生产灭鼠药以及其他可能进入人民日常生活的化学产品和日用化学品的。

第五十八条 危险化学品单位违反本条例的规定，未根据危险化学品的种类、特性，在车间、库房等作业场所设置相应的监测、通风、防晒、调温、防火、灭火、防爆、泄压、防毒、消毒、中和、防潮、防雷、防静电、防腐、防渗漏、防护围堤或者隔离操作等安全设施、设备的，由负责危险化学品安全监督管理综合工作的部门或者公安部门依据各自的职权责令立即或者限期改正，处 2 万元以上 10 万元以下的罚款；触犯刑律的，对负有责任的主管人员和其他直接责任人员依照刑法关于危险物品肇事罪、重大责任事故罪或者其他罪的规定，依法追究刑事责任。

第五十九条 违反本条例的规定，有下列行为之一的，由负责危险化学品安全监督管理综合工作的部门、质检部门或者交通部门依据各自的职权责令立即或者限期改正，处 2 万元以上 20 万元以下的罚款；逾期未改正的，责令停产停业整顿；触犯刑律的，对负有责任的主管人员和其他直接责任人员依照刑法关于危险物品肇事罪、生产销售伪劣商品罪或者其他罪的规定，依法追究刑事责任：

（一）未经定点，擅自生产危险化学品包装物、容器的；

（二）运输危险化学品的船舶及其配载的容器未按照国家关于船舶检验的规范进行生产，并经检验合格的；

（三）危险化学品包装的材质、型式、规格、方法和单件质量（重量）与所包装的危险化学品的性质和用途不相适应的；

（四）对重复使用的危险化学品的包装物、容器在使用前，不进行检查的；

（五）使用非定点企业生产的或者未经检测、检验合格的包装物、容器包装、盛装、运输危险化学品的。

第六十条　危险化学品单位违反本条例的规定，有下列行为之一的，由负责危险化学品安全监督管理综合工作的部门责令立即或者限期改正，处 1 万元以上 5 万元以下的罚款；逾期不改正的，责令停产停业整顿：

（一）危险化学品生产企业未在危险化学品包装内附有与危险化学品完全一致的化学品安全技术说明书，或者未在包装（包括外包装件）上加贴、拴挂与包装内危险化学品完全一致的化学品安全标签的；

（二）危险化学品生产企业发现危险化学品有新的危害特性时，不立即公告并及时修订其安全技术说明书和安全标签的；

（三）危险化学品经营企业销售没有化学品安全技术说明书和安全标签的危险化学品的。

第六十一条　危险化学品单位违反本条例的规定，有下列行为之一的，由负责危险化学品安全监督管理综合工作的部门或者公安部门依据各自的职权责令立即或者限期改正，处 1 万元以上 5 万元以下的罚款；逾期不改正的，由原发证机关吊销危险化学品生产许可证、经营许可证和营业执照；触犯刑律的，对负有责任的主管人员和其他直接责任人员依照刑法关于危险物品肇事罪、重大责任事故罪或者其他罪的规定，依法追究刑事责任：

（一）未对其生产、储存装置进行定期安全评价，并报所在地设区的市级人民政府负责危险化学品安全监督管理综合工作的部门备案，或者对安全评价中发现的存在现实危险的生产、储存装置不立即停止使用，予以更换或者修复，并采取相应的安全措施的；

（二）未在生产、储存和使用危险化学品场所设置通讯、报警装置，并保持正常使用状态的；

（三）危险化学品未储存在专用仓库内或者未设专人管理的；

（四）危险化学品出入库未进行核查登记或者入库后未定期检查的；

（五）危险化学品专用仓库不符合国家标准对安全、消防的要求，未设置明显标志，或者未对专用仓库的储存设备和安全设施定期检测的；

（六）危险化学品经销商店存放非民用小包装的危险化学品或者危险化学品民用小包装的存放量超过国家规定限量的；

（七）剧毒化学品以及构成重大危险源的其他危险化学品未在专用仓库内单独存放，或者未实行双人收发、双人保管，或者未将储存剧毒化学品以及构成重大危险源的其他危险化学品的数量、地点以及管理人员的情况，报当地公安部门和负责危险化学品安全监督管理综合工作的部门备案的；

（八）危险化学品生产单位不如实记录剧毒化学品的产量、流向、储存量和用途，或者未采取必要的保安措施防止剧毒化学品被盗、丢失、误售、误用，或者发生剧毒化学品被盗、丢失、误售、误用后不立即向当地公安部门报告的；

（九）危险化学品经营企业不记录剧毒化学品购买单位的名称、地址，购买人员的姓名、身份证号码及所购剧毒化学品的品名、数量、用途，或者不每天核对剧毒化学品的销售情况，或者发现被盗、丢失、误售不立即向当地公安部门报告的。

第六十二条 危险化学品单位违反本条例的规定，在转产、停产、停业或者解散时未采取有效措施，处置危险化学品生产、储存设备、库存产品及生产原料的，由负责危险化学品安全监督管理综合工作的部门责令改正，处 2 万元以上 10 万元以下的罚款；触犯刑律的，对负有责任的主管人员和其他直接责任人员依照刑法关于重大环境污染事故罪、危险物品肇事罪或者其他罪的规定，依法追究刑事责任。

第六十三条 违反本条例的规定，有下列行为之一的，由工商行政管理部门责令改正，有违法所得的，没收违法所得；违法所得 5 万元以上的，并处违法所得 1 倍以上 5 倍以下的罚款；没有违法所得或者违法所得不足 5 万元的，并处 2 万元以上 20 万元以下的罚款；不改正的，由原发证机关吊销生产许可证、经营许可证和营业执照；触犯刑律的，对负有责任的主管人员和其他直接责任人员依照刑法关于非法经营罪、危险物品肇事罪或者其他罪的规定，依法追究刑事责任：

（一）危险化学品经营企业从未取得危险化学品生产许可证或者危险化学品经营许可证的企业采购危险化学品的；

（二）危险化学品生产企业向未取得危险化学品经营许可证的经营单位销售其产品的；

（三）剧毒化学品经营企业向个人或者无购买凭证、准购证的单位销售剧毒化学品的。

第六十四条 违反本条例的规定，伪造、变造、买卖、出借或者以其他方式转让剧毒化学品购买凭证、准购证以及其他有关证件，或者使用作废的上述有关证件的，由公安部门责令改正，处 1 万元以上 5 万元以下的罚款；触犯刑律的，对负有责任的主管人员和其他直接责任人员依照刑法关于伪造、变造、买卖国家机关公文、证件、印章罪或者其他罪的规定，依法追究刑事责任。

第六十五条 违反本条例的规定，未取得危险化学品运输企业资质，擅自从事危险化学品公路、水路运输，有违法所得的，由交通部门没收违法所得；违法所得 5 万元以上的，并处违法所得 1 倍以上 5 倍以下的罚款；没有违法所得或者违法所得不足 5 万元的，处 2 万元以上 20 万元以下的罚款；触犯刑律的，对负有责任的主管人员和其他直接责任人员依照刑法关于危险物品肇事罪或者其他罪的规定，依法追究刑事责任。

第六十六条 违反本条例的规定，有下列行为之一的，由交通部门处 2 万元以上 10 万元以下的罚款；触犯刑律的，依照刑法关于危险物品肇事罪或者其他罪的规定，依法追究刑事责任：

（一）从事危险化学品公路、水路运输的驾驶员、船员、装卸管理人员、押运人员未经考核合格，取得上岗资格证的；

（二）利用内河以及其他封闭水域等航运渠道运输剧毒化学品和国家禁止运输的其他危险化学品的；

（三）托运人未按照规定向交通部门办理水路运输手续，擅自通过水路运输剧毒化学品和国家禁止运输的其他危险化学品以外的危险化学品的；

（四）托运人托运危险化学品，不向承运人说明运输的危险化学品的品名、数量、危害、应急措施等情况，或者需要添加抑制剂或者稳定剂，交付托运时未添加的；

（五）运输、装卸危险化学品不符合国家有关法律、法规、规章的规定和国家标准，并按照危险化学品的特性采取必要安全防护措施的。

第六十七条 违反本条例的规定，有下列行为之一的，由公安部门责令改正，处 2 万元以上 10 万元以下的罚款；触犯刑律的，依照刑法关于危险物品肇事罪、重大环境污染事故罪或者其他罪的规定，依法追究刑事责任：

（一）托运人未向公安部门申请领取剧毒化学品公路运输通行证，擅自通过公路运输剧毒化学品的；

（二）危险化学品运输企业运输危险化学品，不配备押运人员或者脱离押运人员监管，超装、超载，中途停车住宿或者遇有无法正常运输的情况，不向当地公安部门报告的；

（三）危险化学品运输企业运输危险化学品，未向公安部门报告，擅自进入危险化学品运输车辆禁止通行区域，或者进入禁止通行区域不遵守公安部门规定的行车时间和路线的；

（四）危险化学品运输企业运输剧毒化学品，在公路运输途中发生被盗、丢失、流散、泄漏等情况，不立即向当地公安部门报告，并采取一切可能的警示措施的；

（五）托运人在托运的普通货物中夹带危险化学品或者将危险化学品匿报、谎报为普通货物托运的。

第六十八条 违反本条例的规定，邮寄或者在邮件内夹带危险化学品，或者将危险化学品匿报、谎报为普通物品邮寄的，由公安部门处 2 000 元以上 2 万元以下的罚款；触犯刑律的，依照刑法关于危险物品肇事罪或者其他罪的规定，依法追究刑事责任。

第六十九条 危险化学品单位发生危险化学品事故，未按照本条例的规定立即组织救援，或者不立即向负责危险化学品安全监督管理综合工作的部门和公安、环境保护、质检部门报告，造成严重后果的，对负有责任的主管人员和其他直接责任人员依照刑法关于国有公司、企业工作人员失职罪或者其他罪的规定，依法追究刑事责任。

第七十条 危险化学品单位发生危险化学品事故造成人员伤亡、财产损失的，应当依法承担赔偿责任；拒不承担赔偿责任或者其负责人逃匿的，依法拍卖其财产，用于赔偿。

第七章 附 则

第七十一条 监控化学品、属于药品的危险化学品和农药的安全管理，依照本条例的规定执行；国家另有规定的，依照其规定。

民用爆炸品、放射性物品、核能物质和城镇燃气的安全管理，不适用本条例。

第七十二条 危险化学品的进出口管理依照国家有关规定执行；进口危险化学品的经营、储存、运输、使用和处置进口废弃危险化学品，依照本条例的规定执行。

第七十三条 依照本条例的规定，对生产、经营、储存、运输、使用危险化学品和处置废弃危险化学品进行审批、许可并实施监督管理的国务院有关部门，应当根据本条例的规定制定并公布审批、许可的期限和程序。

本条例规定的国家标准和涉及危险化学品安全管理的国家有关规定，由国务院质检部门或者国务院有关部门分别依照国家标准化法律和其他有关法律、行政法规以及本条例的规定制定、调整并公布。

第七十四条 本条例自 2002 年 3 月 15 日起施行。1987 年 2 月 17 日国务院发布的《化学危险物品安全管理条例》同时废止。

中华人民共和国自然保护区条例

（1994年9月2日国务院第24次常务会议讨论通过，1994年10月9日中华人民共和国国务院令第167号发布，自1994年12月1日起施行）

第一条 为了加强自然保护区的建设和管理，保护自然环境和自然资源，制定本条例。

第二条 本条例所称自然保护区，是指对有代表性的自然生态系统、珍稀濒危野生动植物物种的天然集中分布区、有特殊意义的自然遗迹等保护对象所在的陆地、陆地水体或者海域，依法划出一定面积予以特殊保护和管理的区域。

第三条 凡在中华人民共和国领域和中华人民共和国管辖的其他海域内建设和管理自然保护区，必须遵守本条例。

第四条 国家采取有利于发展自然保护区的经济、技术政策和措施，将自然保护区的发展规划纳入国民经济和社会发展计划。

第五条 建设和管理自然保护区，应当妥善处理与当地经济建设和居民生产、生活的关系。

第六条 自然保护区管理机构或者其行政主管部门可以接受国内外组织和个人的捐赠，用于自然保护区的建设和管理。

第七条 县级以上人民政府应当加强对自然保护区工作的领导。

一切单位和个人都有保护自然保护区内自然环境和自然资源的义务，并有权对破坏、侵占自然保护区的单位和个人进行检举、控告。

第八条 国家对自然保护区实行综合管理与分部门管理相结合的管理体制。

国务院环境保护行政主管部门负责全国自然保护区的综合管理。

国务院林业、农业、地质矿产、水利、海洋等有关行政主管部门在各自的职责范围内，主管有关的自然保护区。

县级以上地方人民政府负责自然保护区管理的部门的设置和职责，由省、自治区、直辖市人民政府根据当地具体情况确定。

第九条 对建设、管理自然保护区以及在有关的科学研究中做出显著成绩的单位和个人，由人民政府给予奖励。

第十条 凡具有下列条件之一的，应当建立自然保护区：

（一）典型的自然地理区域、有代表性的自然生态系统区域以及已经遭受破坏但经保护能够恢复的同类自然生态系统区域；

（二）珍稀、濒危野生动植物物种的天然集中分布区域；

（三）具有特殊保护价值的海域、海岸、岛屿、湿地、内陆水域、森林、草原和荒漠；

（四）具有重大科学文化价值的地质构造、著名溶洞、化石分布区、冰川、火山、温泉等自然遗迹；

（五）经国务院或者省、自治区、直辖市人民政府批准，需要予以特殊保护的其他自然区域。

第十一条 自然保护区分为国家级自然保护区和地方级自然保护区。

在国内外有典型意义、在科学上有重大国际影响或者有特殊科学研究价值的自然保护区，列为国家级自然保护区。

除列为国家级自然保护区的外，其他具有典型意义或者重要科学研究价值的自然保护区列为地方级自然保护区。地方级自然保护区可以分级管理，具体办法由国务院有关自然保护区行政主管部门或者省、自治区、直辖市人民政府根据实际情况规定，报国务院环境保护行政主管部门备案。

第十二条 国家级自然保护区的建立，由自然保护区所在的省、自治区、直辖市人民政府或者国务院有关自然保护区行政主管部门提出申请，经国家级自然保护区评审委员会评审后，由国务院环境保护行政主管部门进行协调并提出审批建议，报国务院批准。

地方级自然保护区的建立，由自然保护区所在的县、自治县、市、自治州人民政府或者省、自治区、直辖市人民政府有关自然保护区行政主管部门提出申请，经地方级自然保护区评审委员会评审后，由省、自治区、直辖市人民政府环境保护行政主管部门进行协调并提出审批建议，报省、自治区、直辖市人民政府批准，并报国务院环境保护行政主管部门和国务院有关自然保护区行政主管部门备案。

跨两个以上行政区域的自然保护区的建立，由有关行政区域的人民政府协商一致后提出申请，并按照前两款规定的程序审批。

建立海上自然保护区，须经国务院批准。

第十三条 申请建立自然保护区，应当按照国家有关规定填报建立自然保护区申报书。

第十四条 自然保护区的范围和界线由批准建立自然保护区的人民政府确定，并标明区界，予以公告。

确定自然保护区的范围和界线，应当兼顾保护对象的完整性和适度性，以及当地经济建设和居民生产、生活的需要。

第十五条 自然保护区的撤销及其性质、范围、界线的调整或者改变，应当经原批准建立自然保护区的人民政府批准。

任何单位和个人，不得擅自移动自然保护区的界标。

第十六条 自然保护区按照下列方法命名：

国家级自然保护区：自然保护区所在地地名加“国家级自然保护区”。

地方级自然保护区：自然保护区所在地地名加“地方级自然保护区”。

有特殊保护对象的自然保护区，可以在自然保护区所在地地名后加特殊保护对象的名称。

第十七条 国务院环境保护行政主管部门应当会同国务院有关自然保护区行政主管部门，在对全国自然环境和自然资源状况进行调查和评价的基础上，拟订国家自然保护区发展规划，经国务院计划部门综合平衡后，报国务院批准实施。

自然保护区管理机构或者该自然保护区行政主管部门应当组织编制自然保护区的建

设规划，按照规定的程序纳入国家的、地方的或者部门的投资计划，并组织实施。

第十八条　自然保护区可以分为核心区、缓冲区和实验区。

自然保护区内保存完好的天然状态的生态系统以及珍稀、濒危动植物的集中分布地，应当划为核心区，禁止任何单位和个人进入；除依照本条例第一十七条的规定经批准外，也不允许进入从事科学研究活动。

核心区外围可以划定一定面积的缓冲区，只准进入从事科学研究观测活动。

缓冲区外围划为实验区，可以进入从事科学试验、教学实习、参观考察、旅游以及驯化、繁殖珍稀、濒危野生动植物等活动。

原批准建立自然保护区的人民政府认为必要时，可以在自然保护区的外围划定一定面积的外围保护地带。

第十九条　全国自然保护区管理的技术规范和标准，由国务院环境保护行政主管部门组织国务院有关自然保护区行政主管部门制定。

国务院有关自然保护区行政主管部门可以按照职责分工，制定有关类型自然保护区管理的技术规范，报国务院环境保护行政主管部门备案。

第二十条　县级以上人民政府环境保护行政主管部门有权对本行政区域内各类自然保护区的管理进行监督检查；县级以上人民政府有关自然保护区行政主管部门有权对其主管的自然保护区的管理进行监督检查。被检查的单位应当如实反映情况，提供必要的资料。检查者应当为被检查的单位保守技术秘密和业务秘密。

第二十一条　国家级自然保护区，由其所在地的省、自治区、直辖市人民政府有关自然保护区行政主管部门或者国务院有关自然保护区行政主管部门管理。地方级自然保护区，由其所在地的县级以上地方人民政府有关自然保护区行政主管部门管理。

有关自然保护区行政主管部门应当在自然保护区内设立专门的管理机构，配备专业技术人员，负责自然保护区的具体管理工作。

第二十二条　自然保护区管理机构的主要职责是：

（一）贯彻执行国家有关自然保护的法律、法规和方针、政策；

（二）制定自然保护区的各项管理制度，统一管理自然保护区；

（三）调查自然资源并建立档案，组织环境监测，保护自然保护区内的自然环境和自然资源；

（四）组织或者协助有关部门开展自然保护区的科学研究工作；

（五）进行自然保护的宣传教育；

（六）在不影响保护自然保护区的自然环境和自然资源的前提下，组织开展参观、旅游等活动。

第二十三条　管理自然保护区所需经费，由自然保护区所在地的县级以上地方人民政府安排。国家对国家级自然保护区的管理，给予适当的资金补助。

第二十四条　自然保护区所在地的公安机关，可以根据需要在自然保护区设置公安派出机构，维护自然保护区内的治安秩序。

第二十五条　在自然保护区内的单位、居民和经批准进入自然保护区的人员，必须遵守自然保护区的各项管理制度，接受自然保护区管理机构的管理。

第二十六条　禁止在自然保护区内进行砍伐、放牧、狩猎、捕捞、采药、开垦、烧荒、开矿、采石、捞沙等活动；但是，法律、行政法规另有规定的除外。

第二十七条 禁止任何人进入自然保护区的核心区。因科学研究的需要，必须进入核心区从事科学研究观测、调查活动的。应当事先向自然保护区管理机构提交申请和活动计划，并经省级以上人民政府有关自然保护区行政主管部门批准；其中，进入国家级自然保护区核心的，必须经国务院有关自然保护区行政主管部门批准。

自然保护区核心区内原有居民确有必要迁出的，由自然保护区所在地的地方人民政府予以妥善安置。

第二十八条 禁止在自然保护区的缓冲区开展旅游和生产经营活动。因教学科研的目的，需要进入自然保护区的缓冲区从事非破坏性的科学研究、教学实习和标本采集活动的，应当事先向自然保护区管理机构提交申请和活动计划，经自然保护区管理机构批准。

从事前款活动的单位和个人，应当将其活动成果的副本提交自然保护区管理机构。

第二十九条 在国家级自然保护区的实验区开展参观、旅游活动的，由自然保护区管理机构提出方案，经省、自治区、直辖市人民政府有关自然保护区行政主管部门审核后，报国务院有关自然保护区行政主管部门批准；在地方级自然保护区的实验区开展参观、旅游活动的，由自然保护区管理机构提出方案，经省、自治区、直辖市人民政府有关自然保护区行政主管部门批准。

在自然保护区组织参观、旅游活动的，必须按照批准的方案进行，并加强管理；进入自然保护区参观、旅游的单位和个人，应当服从自然保护区管理机构的管理。

严禁开设与自然保护区保护方向不一致的参观、旅游项目。

第三十条 自然保护区的内部未分区的，依照本条例有关核心区和缓冲区的规定管理。

第三十一条 外国人进入地方级自然保护区的，接待单位应当事先报经省、自治区、直辖市人民政府有关自然保护区行政主管部门批准；进入国家级自然保护区的，接待单位应当报经国务院有关自然保护区行政主管部门批准。

进入自然保护区的外国人，应当遵守有关自然保护区的法律、法规和规定。

第三十二条 在自然保护区的核心区和缓冲区内，不得建设任何生产设施。在自然保护区的实验区内，不得建设污染环境、破坏资源或者景观的生产设施；建设其他项目，其污染物排放不得超过国家和地方规定的污染物排放标准。在自然保护区的实验区内已经建成的设施，其污染物排放超过国家和地方规定的排放标准的，应当限期治理；造成损害的，必须采取补救措施。

在自然保护区的外围保护地带建设的项目，不得损害自然保护区内的环境质量；已造成损害的，应当限期治理。

限期治理决定由法律、法规规定的机关作出，被限期治理的企业事业单位必须按期完成治理任务。

第三十三条 因发生事故或者其他突然性事件，造成或者可能造成自然保护区污染或者破坏的单位和个人，必须立即采取措施处理，及时通报可能受到危害的单位和居民，并向自然保护区管理机构、当地环境保护行政主管部门和自然保护区行政主管部门报告，接受调查处理。

第三十四条　违反本条例规定，有下列行为之一的单位和个人，由自然保护区管理机构责令其改正，并可以根据不同情节处以 100 元以上 5 000 元以下的罚款：

（一）擅自移动或者破坏自然保护区界标的；

（二）未经批准进入自然保护区或者在自然保护区内不服从管理机构管理的；

（三）经批准在自然保护区的缓冲区内从事科学研究、教学实习和标本采集的单位和个人，不向自然保护区管理机构提交活动成果副本的。

第三十五条　违反本条例规定，在自然保护区进行砍伐、放牧、狩猎、捕捞、采药、开垦、烧荒、开矿、采石、挖沙等活动的单位和个人，除可以依照有关法律、行政法规规定给予处罚的以外，由县级以上人民政府有关自然保护区行政主管部门或者其授权的自然保护区管理机构没收违法所得，责令停止违法行为，限期恢复原状或者采取其他补救措施；对自然保护区造成破坏的，可以处以 300 元以上 10 000 元以下的罚款。

第三十六条　自然保护区管理机构违反本条例规定，拒绝环境保护行政主管部门或者有关自然保护区行政主管部门监督检查，或者在被检查时弄虚作假的，由县级以上人民政府环境保护行政主管部门或者有关自然保护区行政主管部门给予 300 元以上 3 000 元以下的罚款。

第三十七条　自然保护区管理机构违反本条例规定，有下列行为之一的，由县级以上人民政府有关自然保护区行政主管部门责令限期改正；对直接责任人员，由其所在单位或者上级机关给予行政处分：

（一）未经批准在自然保护区开展参观、旅游活动的；

（二）开设与自然保护区保护方向不一致的参观、旅游项目的；

（三）不按照批准的方案开展参观、旅游活动的。

第三十八条　违反本条例规定，给自然保护区造成损失的，由县级以上人民政府有关自然保护区行政主管部门责令赔偿损失。

第三十九条　妨碍自然保护区管理人员执行公务的，由公安机关依照《中华人民共和国治安管理处罚条例》的规定给予处罚；情节严重的，对直接负责的主管人员和其他直接责任人员和其他直接责任人员依法追究刑事责任。

第四十条　违反本条例规定，造成自然保护区重大污染或者破坏事故，导致公私财产重大损失或者人身伤亡的严重后果，构成犯罪的，对直接负责的主管人员和其他直接责任人员依法追究刑事责任。

第四十一条　自然保护区管理人员滥用职权、玩忽职守、徇私舞弊，构成犯罪的，依法追究刑事责任；情节轻微，尚不构成犯罪的，由其所在单位或者上级机关给予行政处分。

第四十二条　国务院有关自然保护区行政主管部门可以根据本条例，制定有关类型自然保护区的管理办法。

第四十三条　各省、自治区、直辖市人民政府可以根据本条例，制定实施办法。

第四十四条　本条例自 1994 年 12 月 1 日起施行。

第二章

行政规章与规范性文件

建设项目竣工环境保护验收管理办法

（2001年12月11日国家环境保护总局第十二次局务会议通过，2001年12月27日国家环境保护总局令第13号发布，自2002年2月1日起施行）

第一条　为加强建设项目竣工环境保护验收管理，监督落实环境保护设施与建设项目主体工程同时投产或者使用，以及落实其他需配套采取的环境保护措施，防治环境污染和生态破坏，根据《建设项目环境保护管理条例》和其他有关法律、法规规定，制定本办法。

第二条　本办法适用于环境保护行政主管部门负责审批环境影响报告书（表）或者环境影响登记表的建设项目竣工环境保护验收管理。

第三条　建设项目竣工环境保护验收是指建设项目竣工后，环境保护行政主管部门根据本办法规定，依据环境保护验收监测或调查结果，并通过现场检查等手段，考核该建设项目是否达到环境保护要求的活动。

第四条　建设项目竣工环境保护验收范围包括：

（一）与建设项目有关的各项环境保护设施，包括为防治污染和保护环境所建成或配备的工程、设备、装置和监测手段，各项生态保护设施；

（二）环境影响报告书（表）或者环境影响登记表和有关项目设计文件规定应采取的其他各项环境保护措施。

第五条　国务院环境保护行政主管部门负责制定建设项目竣工环境保护验收管理规范，指导并监督地方人民政府环境保护行政主管部门的建设项目竣工环境保护验收工作，并负责对其审批的环境影响报告书（表）或者环境影响登记表的建设项目竣工环境保护验收工作。

县级以上地方人民政府环境保护行政主管部门按照环境影响报告书（表）或环境影响登记表的审批权限负责建设项目竣工环境保护验收。

第六条　建设项目的主体工程完工后，其配套建设的环境保护设施必须与主体工程同时投入生产或者运行。需要进行试生产的，其配套建设的环境保护设施必须与主体工程同时投入试运行。

第七条　建设项目试生产前，建设单位应向有审批权的环境保护行政主管部门提出试生产申请。

对国务院环境保护行政主管部门审批环境影响报告书（表）或环境影响登记表的非核设施建设项目，由建设项目所在地省、自治区、直辖市人民政府环境保护行政主管部门负责受理其试生产申请，并将其审查决定报送国务院环境保护行政主管部门备案。

核设施建设项目试运行前，建设单位应向国务院环境保护行政主管部门报批首次装料阶段的环境影响报告书，经批准后，方可进行试运行。

第八条　环境保护行政主管部门应自接到试生产申请之日起30日内，组织或委托下一级环境保护行政主管部门对申请试生产的建设项目环境保护设施及其他环境保护措施的落实情况进行现场检查，并做出审查决定。

对环境保护设施已建成及其他环境保护措施已按规定要求落实的，同意试生产申请；对环境保护设施或其他环境保护措施未按规定建成或落实的，不予同意，并说明理由。逾期未做出决定的，视为同意。

试生产申请经环境保护行政主管部门同意后，建设单位方可进行试生产。

第九条 建设项目竣工后，建设单位应当向有审批权的环境保护行政主管部门，申请该建设项目竣工环境保护验收。

第十条 进行试生产的建设项目，建设单位应当自试生产之日起 3 个月内，向有审批权的环境保护行政主管部门申请该建设项目竣工环境保护验收。

对试生产 3 个月确不具备环境保护验收条件的建设项目，建设单位应当在试生产的 3 个月内，向有审批权的环境保护行政主管部门提出该建设项目环境保护延期验收申请，说明延期验收的理由及拟进行验收的时间。经批准后建设单位方可继续进行试生产。试生产的期限最长不超过一年。核设施建设项目试生产的期限最长不超过二年。

第十一条 根据国家建设项目环境保护分类管理的规定，对建设项目竣工环境保护验收实施分类管理。

建设单位申请建设项目竣工环境保护验收，应当向有审批权的环境保护行政主管部门提交以下验收材料：

（一）对编制环境影响报告书的建设项目，为建设项目竣工环境保护验收申请报告，并附环境保护验收监测报告或调查报告；

（二）对编制环境影响报告表的建设项目，为建设项目竣工环境保护验收申请表，并附环境保护验收监测表或调查表；

（三）对填报环境影响登记表的建设项目，为建设项目竣工环境保护验收登记卡。

第十二条 对主要因排放污染物对环境产生污染和危害的建设项目，建设单位应提交环境保护验收监测报告（表）。

对主要对生态环境产生影响的建设项目，建设单位应提交环境保护验收调查报告（表）。

第十三条 环境保护验收监测报告（表），由建设单位委托经环境保护行政主管部门批准有相应资质的环境监测站或环境放射性监测站编制。

环境保护验收调查报告（表），由建设单位委托经环境保护行政主管部门批准有相应资质的环境监测站或环境放射性监测站，或者具有相应资质的环境影响评价单位编制。承担该建设项目环境影响评价工作的单位不得同时承担该建设项目环境保护验收调查报告（表）的编制工作。

承担环境保护验收监测或者验收调查工作的单位，对验收监测或验收调查结论负责。

第十四条 环境保护行政主管部门应自收到建设项目竣工环境保护验收申请之日起 30 日内，完成验收。

第十五条 环境保护行政主管部门在进行建设项目竣工环境保护验收时，应组织建设项目所在地的环境保护行政主管部门和行业主管部门等成立验收组（或验收委员会）。

验收组（或验收委员会）应对建设项目的环境保护设施及其他环境保护措施进行现

场检查和审议，提出验收意见。

建设项目的建设单位、设计单位、施工单位、环境影响报告书（表）编制单位、环境保护验收监测（调查）报告（表）的编制单位应当参与验收。

第十六条　建设项目竣工环境保护验收条件是：

（一）建设前期环境保护审查、审批手续完备，技术资料与环境保护档案资料齐全；

（二）环境保护设施及其他措施等已按批准的环境影响报告书（表）或者环境影响登记表和设计文件的要求建成或者落实，环境保护设施经负荷试车检测合格，其防治污染能力适应主体工程的需要；

（三）环境保护设施安装质量符合国家和有关部门颁发的专业工程验收规范、规程和检验评定标准；

（四）具备环境保护设施正常运转的条件，包括：经培训合格的操作人员、健全的岗位操作规程及相应的规章制度，原料、动力供应落实，符合交付使用的其他要求；

（五）污染物排放符合环境影响报告书（表）或者环境影响登记表和设计文件中提出的标准及核定的污染物排放总量控制指标的要求；

（六）各项生态保护措施按环境影响报告书（表）规定的要求落实，建设项目建设过程中受到破坏并可恢复的环境已按规定采取了恢复措施；

（七）环境监测项目、点位、机构设置及人员配备，符合环境影响报告书（表）和有关规定的要求；

（八）环境影响报告书（表）提出需对环境保护敏感点进行环境影响验证，对清洁生产进行指标考核，对施工期环境保护措施落实情况进行工程环境监理的，已按规定要求完成；

（九）环境影响报告书（表）要求建设单位采取措施削减其他设施污染物排放，或要求建设项目所在地地方政府或者有关部门采取“区域削减”措施满足污染物排放总量控制要求的，其相应措施得到落实。

第十七条　对符合第十六条规定的验收条件的建设项目，环境保护行政主管部门批准建设项目竣工环境保护验收申请报告、建设项目竣工环境保护验收申请表或建设项目竣工环境保护验收登记卡。

对填报建设项目竣工环境保护验收登记卡的建设项目，环境保护行政主管部门经过核查后，可直接在环境保护验收登记卡上签署验收意见，作出批准决定。

建设项目竣工环境保护验收申请报告、建设项目竣工环境保护验收申请表或者建设项目竣工环境保护验收登记卡未经批准的建设项目，不得正式投入生产或者使用。

第十八条　分期建设、分期投入生产或者使用的建设项目，按照本办法规定的程序分期进行环境保护验收。

第十九条　国家对建设项目竣工环境保护验收实行公告制度。环境保护行政主管部门应当定期向社会公告建设项目竣工环境保护验收结果。

第二十条　县级以上人民政府环境保护行政主管部门应当于每年 6 月底前和 12 月底前，将其前半年完成的建设项目竣工环境保护验收的有关材料报上一级环境保护行政主管部门备案。

第二十一条　违反本办法第六条规定，试生产建设项目配套建设的环境保护设施未与主体工程同时投入试运行的，由有审批权的环境保护行政主管部门依照《建设项目环境保护管理条例》第二十六条的规定，责令限期改正；逾期不改正的，责令停止试生产，可以处5万元以下罚款。

第二十二条 违反本办法第十条规定，建设项目投入试生产超过3个月，建设单位未申请建设项目竣工环境保护验收或者延期验收的，由有审批权的环境保护行政主管部门依照《建设项目环境保护管理条例》第二十七条的规定责令限期办理环境保护验收手续；逾期未办理的，责令停止试生产，可以处5万元以下罚款。

第二十三条 违反本办法规定，建设项目需要配套建设的环境保护设施未建成，未经建设项目竣工环境保护验收或者验收不合格，主体工程正式投入生产或者使用的，由有审批权的环境保护行政主管部门依照《建设项目环境保护管理条例》第二十八条的规定责令停止生产或者使用，可以处10万元以下的罚款。

第二十四条 从事建设项目竣工环境保护验收监测或验收调查工作的单位，在验收监测或验收调查工作中弄虚作假的，按照国务院环境保护行政主管部门的有关规定给予处罚。

第二十五条 环境保护行政主管部门的工作人员在建设项目竣工环境保护验收工作中徇私舞弊，滥用职权，玩忽职守，构成犯罪的，依法追究刑事责任；尚不构成犯罪的，依法给予行政处分。

第二十六条 建设项目竣工环境保护申请报告、申请表、登记卡以及环境保护验收监测报告（表）、环境保护验收调查报告（表）的内容和格式，由国务院环境保护行政主管部门统一规定。

第二十七条 本办法自2002年2月1日起施行。原国家环境保护局第十四号令《建设项目环境保护设施竣工验收规定》同时废止。

国家危险废物名录

（2008 年 6 月 6 日中华人民共和国环境保护部、中华人民共和国国家发展和改革委员会令 2008 年第 1 号公布，自 2008 年 8 月 1 日起施行）

第一条 根据《中华人民共和国固体废物污染环境防治法》的有关规定，制定本名录。

第二条 具有下列情形之一的固体废物和液态废物，列入本名录：

（一）具有腐蚀性、毒性、易燃性、反应性或者感染性等一种或者几种危险特性的；

（二）不排除具有危险特性，可能对环境或者人体健康造成有害影响，需要按照危险废物进行管理的。

第三条 医疗废物属于危险废物。《医疗废物分类目录》根据《医疗废物管理条例》另行制定和公布。

第四条 未列入本名录和《医疗废物分类目录》的固体废物和液态废物，由国务院环境保护行政主管部门组织专家，根据国家危险废物鉴别标准和鉴别方法认定具有危险特性的，属于危险废物，适时增补进本名录。

第五条 危险废物和非危险废物混合物的性质判定，按照国家危险废物鉴别标准执行。

第六条 家庭日常生活中产生的废药品及其包装物、废杀虫剂和消毒剂及其包装物、废油漆和溶剂及其包装物、废矿物油及其包装物、废胶片及废像纸、废荧光灯管、废温度计、废血压计、废镍镉电池和氧化汞电池以及电子类危险废物等，可以不按照危险废物进行管理。

将前款所列废弃物从生活垃圾中分类收集后，其运输、贮存、利用或者处置，按照危险废物进行管理。

第七条 国务院环境保护行政主管部门将根据危险废物环境管理的需要，对本名录进行适时调整并公布。

第八条 本名录中有关术语的含义如下：

（一）“废物类别”是按照《控制危险废物越境转移及其处置巴塞尔公约》划定的类别进行的归类。

（二）“行业来源”是某种危险废物的产生源。

（三）“废物代码”是危险废物的唯一代码，为 8 位数字。其中，第 1～3 位为危险废物产生行业代码，第 4～6 位为废物顺序代码，第 7～8 位为废物类别代码。

（四）“危险特性”是指腐蚀性（Corrosivity，C）、毒性（Toxicity，T）、易燃性（Ignitability，I）、反应性（Reactivity，R）和感染性（Infectivity，In）。

第九条 本名录自 2008 年 8 月 1 日起施行。1998 年 1 月 4 日原国家环境保护局、国家经济贸易委员会、对外贸易经济合作部、公安部发布的《国家危险废物名录》（环发[1998]89 号）同时废止。

附件

国家危险废物名录

废物类别	行业来源	废物代码	危险废物	危险特性
HW01 医疗废物	卫生	851-001-01	医疗废物	In
	非特定行业	900-001-01	为防治动物传染病而需要收集和处置的废物	In
HW02 医药废物	化学药品原药制造	271-001-02	化学药品原料药生产过程中的蒸馏及反应残渣	T
		271-002-02	化学药品原料药生产过程中的母液及反应基或培养基废物	T
		271-003-02	化学药品原料药生产过程中的脱色过滤（包括载体）物	T
		271-004-02	化学药品原料药生产过程中废弃的吸附剂、催化剂和溶剂	T
		271-005-02	化学药品原料药生产过程中的报废药品及过期原料	T
	化学药品制剂制造	272-001-02	化学药品制剂生产过程中的蒸馏及反应残渣	T
		272-002-02	化学药品制剂生产过程中的母液及反应基或培养基废物	T
		272-003-02	化学药品制剂生产过程中的脱色过滤（包括载体）物	T
		272-004-02	化学药品制剂生产过程中废弃的吸附剂、催化剂和溶剂	T
		272-005-02	化学药品制剂生产过程中的报废药品及过期原料	T
	兽用药品制造	275-001-02	使用砷或有机砷化合物生产兽药过程中产生的废水处理污泥	T
		275-002-02	使用砷或有机砷化合物生产兽药过程中苯胺化合物蒸馏工艺产生的蒸馏残渣	T
		275-003-02	使用砷或有机砷化合物生产兽药过程中使用活性炭脱色产生的残渣	T
		275-004-02	其他兽药生产过程中的蒸馏及反应残渣	T
		275-005-02	其他兽药生产过程中的脱色过滤（包括载体）物	T
		275-006-02	兽药生产过程中的母液、反应基和培养基废物	T
		275-007-02	兽药生产过程中废弃的吸附剂、催化剂和溶剂	T
		275-008-02	兽药生产过程中的报废药品及过期原料	T
	生物、生化制品的制造	276-001-02	利用生物技术生产生物化学药品、基因工程药物过程中的蒸馏及反应残渣	T
		276-002-02	利用生物技术生产生物化学药品、基因工程药物过程中的母液、反应基和培养基废物	T
		276-003-02	利用生物技术生产生物化学药品、基因工程药物过程中的脱色过滤（包括载体）物与滤饼	T
		276-004-02	利用生物技术生产生物化学药品、基因工程药物过程中废弃的吸附剂、催化剂和溶剂	T
		276-005-02	利用生物技术生产生物化学药品、基因工程药物过程中的报废药品及过期原料	T

废物类别	行业来源	废物代码	危险废物	危险特性
HW03 废药物、药品	非特定行业	900-002-03	生产、销售及使用过程中产生的失效、变质、不合格、淘汰、伪劣的药物和药品（不包括 HW01、HW02、900-999-49 类）	T
HW04 农药废物	农药制造	263-001-04	氯丹生产过程中六氯环戊二烯过滤产生的残渣；氯丹氯化反应器的真空汽提器排放的废物	T
		263-002-04	乙拌磷生产过程中甲苯回收工艺产生的蒸馏残渣	T
		263-003-04	甲拌磷生产过程中二乙基二硫代磷酸过滤产生的滤饼	T
		263-004-04	2,4,5-三氯苯氧乙酸（2,4,5-T）生产过程中四氯苯蒸馏产生的重馏分及蒸馏残渣	T
		263-005-04	2,4-二氯苯氧乙酸（2,4-D）生产过程中产生的含 2,6-二氯苯酚残渣	T
		263-006-04	乙烯基双二硫代氨基甲酸及其盐类生产过程中产生的过滤、蒸发和离心分离残渣及废水处理污泥；产品研磨和包装工序产生的布袋除尘器粉尘和地面清扫废渣	T
		263-007-04	溴甲烷生产过程中反应器产生的废水和酸干燥器产生的废硫酸；生产过程中产生的废吸附剂和废水分离器产生的固体废物	T
		263-008-04	其他农药生产过程中产生的蒸馏及反应残渣	T
		263-009-04	农药生产过程中产生的母液及（反应罐及容器）清洗液	T
		263-010-04	农药生产过程中产生的吸附过滤物（包括载体、吸附剂、催化剂）	T
		263-011-04	农药生产过程中的废水处理污泥	T
		263-012-04	农药生产、配制过程中产生的过期原料及报废药品	T
	非特定行业	900-003-04	销售及使用过程中产生的失效、变质、不合格、淘汰、伪劣的农药产品	T
HW05 木材防腐剂废物	锯材、木片加工	201-001-05	使用五氯酚进行木材防腐过程中产生的废水处理污泥，以及木材保存过程中产生的沾染防腐剂的废弃木材残片	T
		201-002-05	使用杂芬油进行木材防腐过程中产生的废水处理污泥，以及木材保存过程中产生的沾染防腐剂的废弃木材残片	T
		201-003-05	使用含砷、铬等无机防腐剂进行木材防腐过程中产生的废水处理污泥，以及木材保存过程中产生的沾染防腐剂的废弃木材残片	T
	专用化学产品制造	266-001-05	木材防腐化学品生产过程中产生的反应残余物、吸附过滤物及载体	T
		266-002-05*	木材防腐化学品生产过程中产生的废水处理污泥	T
		266-003-05	木材防腐化学品生产、配制过程中产生的报废产品及过期原料	T
	非特定行业	900-004-05	销售及使用过程中产生的失效、变质、不合格、淘汰、伪劣的木材防腐剂产品	T

废物类别	行业来源	废物代码	危险废物	危险特性
HW06 有机溶剂废物	基础化学原料制造	261-001-06	硝基苯-苯胺生产过程中产生的废液	T
		261-002-06	羧酸肼法生产 1,1-二甲基肼过程中产品分离和冷凝反应器排气产生的塔顶流出物	T
		261-003-06	羧酸肼法生产 1,1-二甲基肼过程中产品精制产生的废过滤器滤芯	T
		261-004-06	甲苯硝化法生产二硝基甲苯过程中产生的洗涤废液	T
		261-005-06	有机溶剂的合成、裂解、分离、脱色、催化、沉淀、精馏等过程中产生的反应残余物、废催化剂、吸附过滤物及载体	I，T
		261-006-06	有机溶剂的生产、配制、使用过程中产生的含有有机溶剂的清洗杂物	I，T
HW07 热处理含氰废物	金属表面处理及热处理加工	346-001-07	使用氰化物进行金属热处理产生的淬火池残渣	T
		346-002-07	使用氰化物进行金属热处理产生的淬火废水处理污泥	T
		346-003-07	含氰热处理炉维修过程中产生的废内衬	T
		346-004-07	热处理渗碳炉产生的热处理渗碳氰渣	T
		346-005-07	金属热处理过程中的盐浴槽釜清洗工艺产生的废氰化物残渣	R，T
		346-049-07	其他热处理和退火作业中产生的含氰废物	T
HW08 废矿物油	天然原油和天然气开采	071-001-08	石油开采和炼制产生的油泥和油脚	T，I
		071-002-08	废弃钻井液处理产生的污泥	T
	精炼石油产品制造	251-001-08	清洗油罐（池）或油件过程中产生的油/ 水和烃/水混合物	T
		251-002-08	石油初炼过程中产生的废水处理污泥，以及储存设施、油-水-固态物质分离器、积水槽、沟渠及其他输送管道、污水池、雨水收集管道产生的污泥	T
		251-003-08	石油炼制过程中 API 分离器产生的污泥，以及汽油提炼工艺废水和冷却废水处理污泥	T
		251-004-08	石油炼制过程中溶气浮选法产生的浮渣	T，I
		251-005-08	石油炼制过程中的溢出废油或乳剂	T，I
		251-006-08	石油炼制过程中的换热器管束清洗污泥	T
		251-007-08	石油炼制过程中隔油设施的污泥	T
		251-008-08	石油炼制过程中储存设施底部的沉渣	T，I
		251-009-08	石油炼制过程中原油储存设施的沉积物	T，I
		251-010-08	石油炼制过程中澄清油浆槽底的沉积物	T，I
		251-011-08	石油炼制过程中进油管路过滤或分离装置产生的残渣	T，I
		251-012-08	石油炼制过程中产生的废弃过滤黏土	T
	涂料、油墨、颜料及相关产品制造	264-001-08	油墨的生产、配制产生的废分散油	T
	专用化学产品制造	266-004-08	黏合剂和密封剂生产、配制过程产生的废弃松香油	T

废物类别	行业来源	废物代码	危险废物	危险特性
HW08 废矿物油	船舶及浮动装置制造	375-001-08	拆船过程中产生的废油和油泥	T，I
	非特定行业	900-200-08	珩磨、研磨、打磨过程产生的废矿物油及其含油污泥	T
		900-201-08	使用煤油、柴油清洗金属零件或引擎产生的废矿物油	T，I
		900-202-08	使用切削油和切削液进行机械加工过程中产生的废矿物油	T
		900-203-08	使用淬火油进行表面硬化产生的废矿物油	T
		900-204-08	使用轧制油、冷却剂及酸进行金属轧制产生的废矿物油	T
		900-205-08	使用镀锡油进行焊锡产生的废矿物油	T
		900-206-08	锡及焊锡回收过程中产生的废矿物油	T
		900-207-08	使用镀锡油进行蒸汽除油产生的废矿物油	T
		900-208-08	使用镀锡油（防氧化）进行热风整平（喷锡）产生的废矿物油	T
		900-209-08	废弃的石蜡和油脂	T，I
		900-210-08	油/水分离设施产生的废油、污泥	T，I
		900-249-08	其他生产、销售、使用过程中产生的废矿物油	T，I
HW09 油/水、烃/水混合物或乳化液	非特定行业	900-005-09	来自于水压机定期更换的油/水、烃/水混合物或乳化液	T
		900-006-09	使用切削油和切削液进行机械加工过程中产生的油/水、烃/水混合物或乳化液	T
		900-007-09	其他工艺过程中产生的废弃的油/水、烃/水混合物或乳化液	T
HW10 多氯（溴）联苯类废物	非特定行业	900-008-10	含多氯联苯（PCBs）、多氯三联苯（PCTs）、多溴联苯（PBBs）的废线路板、电容、变压器	T
		900-009-10	含有 PCBs、PCTs 和 PBBs 的电力设备的清洗液	T
		900-010-10	含有 PCBs、PCTs 和 PBBs 的电力设备中倾倒出的介质油、绝缘油、冷却油及传热油	T
		900-011-10	含有或直接沾染 PCBs、PCTs 和 PBBs 的废弃包装物及容器	T
		900-012-10	含有或沾染 PCBs、PCTs、PBBs 和多氯（溴）萘，且含量≥50 mg/kg 的废物、物质和物品	T
HW11 精（蒸）馏残渣	精炼石油产品的制造	251-013-11	石油精炼过程中产生的酸焦油和其他焦油	T
	炼焦制造	252-001-11	炼焦过程中蒸氨塔产生的压滤污泥	T
		252-002-11	炼焦过程中澄清设施底部的焦油状污泥	T
		252-003-11	炼焦副产品回收过程中萘回收及再生产产生的残渣	T
		252-004-11	炼焦和炼焦副产品回收过程中焦油储存设施中的残渣	T
		252-005-11	煤焦油精炼过程中焦油储存设施中的残渣	T
		252-006-11	煤焦油蒸馏残渣，包括蒸馏釜底物	T
		252-007-11	煤焦油回收过程中产生的残渣，包括炼焦副产品回收过程中的污水池残渣	T
		252-008-11	轻油回收过程中产生的残渣，包括炼焦副产品回收过程中的蒸馏器、澄清设施、洗涤油回收单元产生的残渣	T
		252-009-11	轻油精炼过程中的污水池残渣	T
		252-010-11	煤气及煤化工生产行业分离煤油过程中产生的煤焦油渣	T
		252-011-11	焦炭生产过程中产生的其他酸焦油和焦油	T

废物类别	行业来源	废物代码	危险废物	危险特性
HW11 精（蒸）馏残渣	基础化学原料制造	261-007-11	乙烯法制乙醛生产过程中产生的蒸馏底渣	T
		261-008-11	乙烯法制乙醛生产过程中产生的蒸馏次要馏分	T
		261-009-11	苄基氯生产过程中苄基氯蒸馏产生的蒸馏釜底物	T
		261-010-11	四氯化碳生产过程中产生的蒸馏残渣	T
		261-011-11	表氯醇生产过程中精制塔产生的蒸馏釜底物	T
		261-012-11	异丙苯法生产苯酚和丙酮过程中蒸馏塔底焦油	T
		261-013-11	萘法生产邻苯二甲酸酐过程中蒸馏塔底残渣和轻馏分	T
		261-014-11	邻二甲苯法生产邻苯二甲酸酐过程中蒸馏塔底残渣和轻馏分	T
		261-015-11	苯硝化法生产硝基苯过程中产生的蒸馏釜底物	T
		261-016-11	甲苯二异氰酸酯生产过程中产生的蒸馏残渣和离心分离残渣	T
		261-017-11	1,1,1-三氯乙烷生产过程中产生的蒸馏底渣	T
		261-018-11	三氯乙烯和全氯乙烯联合生产过程中产生的蒸馏塔底渣	T
		261-019-11	苯胺生产过程中产生的蒸馏底渣	T
		261-020-11	苯胺生产过程中苯胺萃取工序产生的工艺残渣	T
		261-021-11	二硝基甲苯加氢法生产甲苯二胺过程中干燥塔产生的反应废液	T
		261-022-11	二硝基甲苯加氢法生产甲苯二胺过程中产品精制产生的冷凝液体轻馏分	T
		261-023-11	二硝基甲苯加氢法生产甲苯二胺过程中产品精制产生的废液	T
		261-024-11	二硝基甲苯加氢法生产甲苯二胺过程中产品精制产生的重馏分	T
		261-025-11	甲苯二胺光气化法生产甲苯二异氰酸酯过程中溶剂回收塔产生的有机冷凝物	T
		261-026-11	氯苯生产过程中的蒸馏及分馏塔底物	T
		261-027-11	使用羧酸肼生产 1,1-二甲基肼过程中产品分离产生的塔底渣	T
		261-028-11	乙烯溴化法生产二溴化乙烯过程中产品精制产生的蒸馏釜底物	T
		261-029-11	α-氯甲苯、苯甲酰氯和含此类官能团的化学品生产过程中产生的蒸馏底渣	T
		261-030-11	四氯化碳生产过程中的重馏分	T
		261-031-11	二氯化乙烯生产过程中二氯化乙烯蒸馏产生的重馏分	T
		261-032-11	氯乙烯单体生产过程中氯乙烯蒸馏产生的重馏分	T
		261-033-11	1,1,1-三氯乙烷生产过程中产品蒸汽汽提塔产生的废物	T
		261-034-11	1,1,1-三氯乙烷生产过程中重馏分塔产生的重馏分	T
		261-035-11	三氯乙烯和全氯乙烯联合生产过程中产生的重馏分	T
	常用有色金属冶炼	331-001-11	有色金属火法冶炼产生的焦油状废物	T
	环境管理业	802-001-11	废油再生过程中产生的酸焦油	T
	非特定行业	900-013-11	其他精炼、蒸馏和任何热解处理中产生的废焦油状残留物	T

废物类别	行业来源	废物代码	危险废物	危险特性
HW12 染料、涂料废物	涂料、油墨、颜料及相关产品制造	264-002-12	铬黄和铬橙颜料生产过程中产生的废水处理污泥	T
		264-003-12	钼酸橙颜料生产过程中产生的废水处理污泥	T
		264-004-12	锌黄颜料生产过程中产生的废水处理污泥	T
		264-005-12	铬绿颜料生产过程中产生的废水处理污泥	T
		264-006-12	氧化铬绿颜料生产过程中产生的废水处理污泥	T
		264-007-12	氧化铬绿颜料生产过程中产生的烘干炉残渣	T
		264-008-12	铁蓝颜料生产过程中产生的废水处理污泥	T
		264-009-12	使用色素、干燥剂、肥皂以及含铬和铅的稳定剂配制油墨过程中，清洗池槽和设备产生的洗涤废液和污泥	T
		264-010-12	油墨的生产、配制过程中产生的废蚀刻液	T
		264-011-12	其他油墨、染料、颜料、油漆、真漆、罩光漆生产过程中产生的废母液、残渣、中间体废物	T
		264-012-12	其他油墨、染料、颜料、油漆、真漆、罩光漆生产过程中产生的废水处理污泥，废吸附剂	T
		264-013-12	油漆、油墨生产、配制和使用过程中产生的含颜料、油墨的有机溶剂废物	T
	纸浆制造	221-001-12	废纸回收利用处理过程中产生的脱墨渣	T
	非特定行业	900-250-12	使用溶剂、光漆进行光漆涂布、喷漆工艺过程中产生的染料和涂料废物	T，I
		900-251-12	使用油漆、有机溶剂进行阻挡层涂敷过程中产生的染料和涂料废物	T，I
		900-252-12	使用油漆、有机溶剂进行喷漆、上漆过程中产生的染料和涂料废物	T，I
		900-253-12	使用油墨和有机溶剂进行丝网印刷过程中产生的染料和涂料废物	T，I
		900-254-12	使用遮盖油、有机溶剂进行遮盖油的涂敷过程中产生的染料和涂料废物	T，I
		900-255-12	使用各种颜料进行着色过程中产生的染料和涂料废物	T
		900-256-12	使用酸、碱或有机溶剂清洗容器设备的油漆、染料、涂料等过程中产生的剥离物	T
		900-299-12	生产、销售及使用过程中产生的失效、变质、不合格、淘汰、伪劣的油墨、染料、颜料、油漆、真漆、罩光漆产品	T，I
HW13 有机树脂类废物	基础化学原料制造	261-036-13	树脂、乳胶、增塑剂、胶水/胶合剂生产过程中产生的不合格产品、废副产物	T
		261-037-13	树脂、乳胶、增塑剂、胶水/胶合剂生产过程中合成、酯化、缩合等工序产生的废催化剂、母液	T
		261-038-13	树脂、乳胶、增塑剂、胶水/胶合剂生产过程中精馏、分离、精制等工序产生的釜残液、过滤介质和残渣	T
		261-039-13	树脂、乳胶、增塑剂、胶水/胶合剂生产过程中产生的废水处理污泥	T
	非特定行业	900-014-13	废弃黏合剂和密封剂	T
		900-015-13	饱和或者废弃的离子交换树脂	T
		900-016-13	使用酸、碱或溶剂清洗容器设备剥离下的树脂状、黏稠杂物	T

废物类别	行业来源	废物代码	危险废物	危险特性
HW14 新化学药品废物	非特定行业	900-017-14	研究、开发和教学活动中产生的对人类或环境影响不明的化学废物	T/C/In/I/R
HW15 爆炸性废物	炸药及火工产品制造	266-005-15	炸药生产和加工过程中产生的废水处理污泥	R
		266-006-15	含爆炸品废水处理过程中产生的废炭	R
		266-007-15	生产、配制和装填铅基起爆药剂过程中产生的废水处理污泥	T，R
		266-008-15	三硝基甲苯（TNT）生产过程中产生的粉红水、红水，以及废水处理污泥	R
	非特定行业	900-018-15	拆解后收集的尚未引爆的安全气囊	R
HW16 感光材料废物	专用化学产品制造	266-009-16	显、定影液、正负胶片、像纸、感光原料及药品生产过程中产生的不合格产品和过期产品	T
		266-010-16	显、定影液、正负胶片、像纸、感光原料及药品生产过程中产生的残渣及废水处理污泥	T
	印刷	231-001-16	使用显影剂进行胶卷显影，定影剂进行胶卷定影，以及使用铁氰化钾、硫代硫酸盐进行影像减薄（漂白）产生的废显（定）影液、胶片及废像纸	T
		231-002-16	使用显影剂进行印刷显影、抗蚀图形显影，以及凸版印刷产生的废显（定）影液、胶片及废像纸	T
	电子元件制造	406-001-16	使用显影剂、氢氧化物、偏亚硫酸氢盐、醋酸进行胶卷显影产生的废显（定）影液、胶片及废像纸	T
	电影	893-001-16	电影厂在使用和经营活动中产生的废显（定）影液、胶片及废像纸	T
	摄影扩印服务	828-001-16	摄影扩印服务行业在使用和经营活动中产生的废显（定）影液、胶片及废像纸	T
	非特定行业	900-019-16	其他行业在使用和经营活动中产生的废显（定）影液、胶片及废像纸等感光材料废物	T
HW17 表面处理废物	金属表面处理及热处理加工	346-050-17	使用氯化亚锡进行敏化产生的废渣和废水处理污泥	T
		346-051-17	使用氯化锌、氯化铵进行敏化产生的废渣和废水处理污泥	T
		346-052-17*	使用锌和电镀化学品进行镀锌产生的槽液、槽渣和废水处理污泥	T
		346-053-17	使用镉和电镀化学品进行镀镉产生的槽液、槽渣和废水处理污泥	T
		346-054-17*	使用镍和电镀化学品进行镀镍产生的槽液、槽渣和废水处理污泥	T
		346-055-17*	使用镀镍液进行镀镍产生的槽液、槽渣和废水处理污泥	T
		346-056-17	硝酸银、碱、甲醛进行敷金属法镀银产生的槽液、槽渣和废水处理污泥	T
		346-057-17	使用金和电镀化学品进行镀金产生的槽液、槽渣和废水处理污泥	T
		346-058-17*	使用镀铜液进行化学镀铜产生的槽液、槽渣和废水处理污泥	T
		346-059-17	使用钯和锡盐进行活化处理产生的废渣和废水处理污泥	T
		346-060-17	使用铬和电镀化学品进行镀黑铬产生的槽液、槽渣和废水处理污泥	T
		346-061-17	使用高锰酸钾进行钻孔除胶处理产生的废渣和废水处理污泥	T

废物类别	行业来源	废物代码	危险废物	危险特性
HW17 表面处理废物	金属表面处理及热处理加工	346-062-17*	使用铜和电镀化学品进行镀铜产生的槽液、槽渣和废水处理污泥	T
		346-063-17*	其他电镀工艺产生的槽液、槽渣和废水处理污泥	T
		346-064-17	金属和塑料表面酸（碱）洗、除油、除锈、洗涤工艺产生的废腐蚀液、洗涤液和污泥	T
		346-065-17	金属和塑料表面磷化、出光、化抛过程中产生的残渣（液）及污泥	T
		346-066-17	镀层剥除过程中产生的废液及残渣	T
		346-099-17	其他工艺过程中产生的表面处理废物	T
HW18 焚烧处置残渣	环境治理	802-002-18	生活垃圾焚烧飞灰	T
		802-003-18	危险废物焚烧、热解等处置过程产生的底渣和飞灰（医疗废物焚烧处置产生的底渣除外）	T
		802-004-18	危险废物等离子体、高温熔融等处置后产生的非玻璃态物质及飞灰	T
		802-005-18	固体废物及液态废物焚烧过程中废气处理产生的废活性炭、滤饼	T
HW19 含金属羰基化合物废物	非特定行业	900-020-19	在金属羰基化合物生产以及使用过程中产生的含有羰基化合物成分的废物	T
HW20 含铍废物	基础化学原料制造	261-040-20	铍及其化合物生产过程中产生的熔渣、集（除）尘装置收集的粉尘和废水处理污泥	T
HW21 含铬废物	毛皮鞣制及制品加工	193-001-21*	使用铬鞣剂进行铬鞣、再鞣工艺产生的废水处理污泥	T
		193-002-21*	皮革切削工艺产生的含铬皮革碎料	T
	印刷	231-003-21*	使用含重铬酸盐的胶体有机溶剂、黏合剂进行旋流式抗蚀涂布（抗蚀及光敏抗蚀层等）产生的废渣及废水处理污泥	T
		231-004-21*	使用铬化合物进行抗蚀层化学硬化产生的废渣及废水处理污泥	T
		231-005-21*	使用铬酸镀铬产生的槽渣、槽液和废水处理污泥	T
	基础化学原料制造	261-041-21	有钙焙烧法生产铬盐产生的铬浸出渣（铬渣）	T
		261-042-21	有钙焙烧法生产铬盐过程中，中和去铝工艺产生的含铬氢氧化铝湿渣（铝泥）	T
		261-043-21	有钙焙烧法生产铬盐过程中，铬酐生产中产生的副产废渣（含铬硫酸氢钠）	T
		261-044-21*	有钙焙烧法生产铬盐过程中产生的废水处理污泥	T
	铁合金冶炼	324-001-21	铬铁硅合金生产过程中尾气控制设施产生的飞灰与污泥	T
		324-002-21	铁铬合金生产过程中尾气控制设施产生的飞灰与污泥	T
		324-003-21	铁铬合金生产过程中金属铬冶炼产生的铬浸出渣	T
	金属表面处理及热处理加工	346-100-21*	使用铬酸进行阳极氧化产生的槽渣、槽液及废水处理污泥	T
		346-101-21	使用铬酸进行塑料表面粗化产生的废物	T
	电子元件制造	406-002-21	使用铬酸进行钻孔除胶处理产生的废物	T

废物类别	行业来源	废物代码	危险废物	危险特性
HW22 含铜废物	常用有色金属矿采选	091-001-22	硫化铜矿、氧化铜矿等铜矿物采选过程中集（除）尘装置收集的粉尘	T
	印刷	231-006-22*	使用酸或三氯化铁进行铜板蚀刻产生的废蚀刻液及废水处理污泥	T
	玻璃及玻璃制品制造	314-001-22*	使用硫酸铜还原剂进行敷金属法镀铜产生的槽渣、槽液及废水处理污泥	T
	电子元件制造	406-003-22	使用蚀铜剂进行蚀铜产生的废蚀铜液	T
		406-004-22*	使用酸进行铜氧化处理产生的废液及废水处理污泥	T
HW23 含锌废物	金属表面处理及热处理加工	346-102-23	热镀锌工艺尾气处理产生的固体废物	T
		346-103-23	热镀锌工艺过程产生的废弃熔剂、助熔剂、焊剂	T
	电池制造	394-001-23	碱性锌锰电池生产过程中产生的废锌浆	T
	非特定行业	900-021-23*	使用氢氧化钠、锌粉进行贵金属沉淀过程中产生的废液及废水处理污泥	T
HW24 含砷废物	常用有色金属矿采选	091-002-24	硫砷化合物（雌黄、雄黄及砷硫铁矿）或其他含砷化合物的金属矿石采选过程中集（除）尘装置收集的粉尘	T
HW25 含硒废物	基础化学原料制造	261-045-25	硒化合物生产过程中产生的熔渣、集（除）尘装置收集的粉尘和废水处理污泥	T
HW26 含镉废物	电池制造	394-002-26	镍镉电池生产过程中产生的废渣和废水处理污泥	T
HW27 含锑废物	基础化学原料制造	261-046-27	氧化锑生产过程中除尘器收集的灰尘	T
		261-047-27	锑金属及粗氧化锑生产过程中除尘器收集的灰尘	T
		261-048-27	氧化锑生产过程中产生的熔渣	T
		261-049-27	锑金属及粗氧化锑生产过程中产生的熔渣	T
HW28 含碲废物	基础化学原料制造	261-050-28	碲化合物生产过程中产生的熔渣、集（除）尘装置收集的粉尘和废水处理污泥	T
HW29 含汞废物	天然原油和天然气开采	071-003-29	天然气净化过程中产生的含汞废物	T
	贵金属矿采选	092-001-29	“全泥氰化-炭浆提金”黄金选矿生产工艺产生的含汞粉尘、残渣	T
		092-002-29	汞矿采选过程中产生的废渣和集（ 除）尘装置收集的粉尘	T
	印刷	231-007-29	使用显影剂、汞化合物进行影像加厚（物理沉淀）以及使用显影剂、氨氯化汞进行影像加厚（氧化）产生的废液及残渣	T
	基础化学原料制造	261-051-29	水银电解槽法生产氯气过程中盐水精制产生的盐水提纯污泥	T
		261-052-29	水银电解槽法生产氯气过程中产生的废水处理污泥	T
		261-053-29	氯气生产过程中产生的废活性炭	T
	合成材料制造	265-001-29	氯乙烯精制过程中使用活性炭吸附法处理含汞废水过程中产生的废活性炭	T，C
		265-002-29	氯乙烯精制过程中产生的吸附微量氯化汞的废活性炭	T，C
	电池制造	394-003-29	含汞电池生产过程中产生的废渣和废水处理污泥	T

废物类别	行业来源	废物代码	危险废物	危险特性
HW29 含汞废物	照明器具制造	397-001-29	含汞光源生产过程中产生的荧光粉、废活性炭吸收剂	T
	通用仪器仪表制造	411-001-29	含汞温度计生产过程中产生的废渣	T
	基础化学原料制造	261-054-29	卤素和卤素化学品生产过程产生中的含汞硫酸钡污泥	T
	多种来源	900-022-29	废弃的含汞催化剂	T
		900-023-29	生产、销售及使用过程中产生的废含汞荧光灯管	T
		900-024-29	生产、销售及使用过程中产生的废汞温度计、含汞废血压计	T
HW30 含铊废物	基础化学原料制造	261-055-30	金属铊及铊化合物生产过程中产生的熔渣、集（除）尘装置收集的粉尘和废水处理污泥	T
HW31 含铅废物	玻璃及玻璃制品制造	314-002-31	使用铅盐和铅氧化物进行显像管玻璃熔炼产生的废渣	T
	印刷	231-008-31	印刷线路板制造过程中镀铅锡合金产生的废液	T
	炼钢	322-001-31	电炉粗炼钢过程中尾气控制设施产生的飞灰与污泥	T
	电池制造	394-004-31	铅酸蓄电池生产过程中产生的废渣和废水处理污泥	T
	工艺美术品制造	421-001-31	使用铅箔进行烤钵试金法工艺产生的废烤钵	T
	废弃资源和废旧材料回收加工业	431-001-31	铅酸蓄电池回收工业产生的废渣、铅酸污泥	T
	非特定行业	900-025-31	使用硬脂酸铅进行抗黏涂层产生的废物	T
HW32 无机氟化物废物	非特定行业	900-026-32*	使用氢氟酸进行玻璃蚀刻产生的废蚀刻液、废渣和废水处理污泥	T
HW33 无机氰化物废物	贵金属矿采选	092-003-33*	“全泥氰化-炭浆提金”黄金选矿生产工艺中含氰废水的处理污泥	T
	金属表面处理及热处理加工	346-104-33	使用氰化物进行浸洗产生的废液	R，T
	非特定行业	900-027-33	使用氰化物进行表面硬化、碱性除油、电解除油产生的废物	R，T
		900-028-33	使用氰化物剥落金属镀层产生的废物	R，T
		900-029-33	使用氰化物和双氧水进行化学抛光产生的废物	R，T

废物类别	行业来源	废物代码	危险废物	危险特性
HW34 废酸	精炼石油产品的制造	251-014-34	石油炼制过程产生的废酸及酸泥	C，T
	基础化学原料制造	261-056-34	硫酸法生产钛白粉（二氧化钛）过程中产生的废酸和酸泥	C，T
		261-057-34	硫酸和亚硫酸、盐酸、氢氟酸、磷酸和亚磷酸、硝酸和亚硝酸等的生产、配制过程中产生的废酸液、固态酸及酸渣	C
		261-058-34	卤素和卤素化学品生产过程产生的废液和废酸	C
	钢压延加工	323-001-34	钢的精加工过程中产生的废酸性洗液	C，T
	金属表面处理及热处理加工	346-105-34	青铜生产过程中浸酸工序产生的废酸液	C
	电子元件制造	406-005-34	使用酸溶液进行电解除油、酸蚀、活化前表面敏化、催化、锡浸亮产生的废酸液	C
		406-006-34	使用硝酸进行钻孔蚀胶处理产生的废酸液	C
		406-007-34	液晶显示板或集成电路板的生产过程中使用酸浸蚀剂进行氧化物浸蚀产生的废酸液	C
	非特定行业	900-300-34	使用酸清洗产生的废酸液	C
		900-301-34	使用硫酸进行酸性碳化产生的废酸液	C
		900-302-34	使用硫酸进行酸蚀产生的废酸液	C
		900-303-34	使用磷酸进行磷化产生的废酸液	C
		900-304-34	使用酸进行电解除油、金属表面敏化产生的废酸液	C
		900-305-34	使用硝酸剥落不合格镀层及挂架金属镀层产生的废酸液	C
		900-306-34	使用硝酸进行钝化产生的废酸液	C
		900-307-34	使用酸进行电解抛光处理产生的废酸液	C
		900-308-34	使用酸进行催化（化学镀）产生的废酸液	C
		900-349-34*	其他生产、销售及使用过程中产生的失效、变质、不合格、淘汰、伪劣的强酸性擦洗粉、清洁剂、污迹去除剂以及其他废酸液、固态酸及酸渣	C
HW35 废碱	精炼石油产品的制造	251-015-35	石油炼制过程产生的碱渣	C，T
	基础化学原料制造	261-059-35	氢氧化钙、氨水、氢氧化钠、氢氧化钾等的生产、配制中产生的废碱液、固态碱及碱渣	C
	毛皮鞣制及制品加工	193-003-35	使用氢氧化钙、硫化钙进行灰浸产生的废碱液	C

废物类别	行业来源	废物代码	危险废物	危险特性
HW35 废碱	纸浆制造	221-002-35	碱法制浆过程中蒸煮制浆产生的废液、废渣	C
	非特定行业	900-350-35	使用氢氧化钠进行煮炼过程中产生的废碱液	C
		900-351-35	使用氢氧化钠进行丝光处理过程中产生的废碱液	C
		900-352-35	使用碱清洗产生的废碱液	C
		900-353-35	使用碱进行清洗除蜡、碱性除油、电解除油产生的废碱液	C
		900-354-35	使用碱进行电镀阻挡层或抗蚀层的脱除产生的废碱液	C
		900-355-35	使用碱进行氧化膜浸蚀产生的废碱液	C
		900-356-35	使用碱溶液进行碱性清洗、图形显影产生的废碱液	C
		900-399-35*	其他生产、销售及使用过程中产生的失效、变质、不合格、淘汰、伪劣的强碱性擦洗粉、清洁剂、污迹去除剂以及其他废碱液、固态碱及碱渣	C
HW36 石棉废物	石棉采选	109-001-36	石棉矿采选过程产生的石棉渣	T
	基础化学原料制造	261-060-36	卤素和卤素化学品生产过程中电解装置拆换产生的含石棉废物	T
	水泥及石膏制品制造	312-001-36	石棉建材生产过程中产生的石棉尘、废纤维、废石棉绒	T
	耐火材料制品制造	316-001-36	石棉制品生产过程中产生的石棉尘、废纤维、废石棉绒	T
	汽车制造	372-001-36	车辆制动器衬片生产过程中产生的石棉废物	T
	船舶及浮动装置制造	375-002-36	拆船过程中产生的废石棉	T
	非特定行业	900-030-36	其他生产工艺过程中产生的石棉废物	T
		900-031-36	含有石棉的废弃电子电器设备、绝缘材料、建筑材料等	T
		900-032-36	石棉隔膜、热绝缘体等含石棉设施的保养拆换、车辆制动器衬片的更换产生的石棉废物	T
HW37 有机磷化合物废物	基础化学原料制造	261-061-37	除农药以外其他有机磷化合物生产、配制过程中产生的反应残余物	T
		261-062-37	除农药以外其他有机磷化合物生产、配制过程中产生的过滤物、催化剂（包括载体）及废弃的吸附剂	T
		261-063-37*	除农药以外其他有机磷化合物生产、配制过程中产生的废水处理污泥	T
	非特定行业	900-033-37	生产、销售及使用过程中产生的废弃磷酸酯抗燃油	T
HW38 有机氰化物废物	基础化学原料制造	261-064-38	丙烯腈生产过程中废水汽提器塔底的流出物	R，T
		261-065-38	丙烯腈生产过程中乙腈蒸馏塔底的流出物	R，T
		261-066-38	丙烯腈生产过程中乙腈精制塔底的残渣	T
		261-067-38	有机氰化物生产过程中，合成、缩合等反应中产生的母液及反应残余物	T
		261-068-38	有机氰化物生产过程中，催化、精馏和过滤过程中产生的废催化剂、釜底残渣和过滤介质	T
		261-069-38	有机氰化物生产过程中的废水处理污泥	T
HW39 含酚废物	炼焦	252-012-39	炼焦行业酚氰生产过程中的废水处理污泥	T
		252-013-39	煤气生产过程中的废水处理污泥	T
	基础化学原料制造	261-070-39	酚及酚化合物生产过程中产生的反应残渣、母液	T
		261-071-39	酚及酚化合物生产过程中产生的吸附过滤物、废催化剂、精馏釜残液	T

废物类别	行业来源	废物代码	危险废物	危险特性
HW40 含醚废物	基础化学原料制造	261-072-40	生产、配制过程中产生的醚类残液、反应残余物、废水处理污泥及过滤渣	T
HW41 废卤化有机溶剂	印刷	231-009-41	使用有机溶剂进行橡皮版印刷，以及清洗印刷工具产生的废卤化有机溶剂	I，T
	基础化学原料制造	261-073-41	氯苯生产过程中产品洗涤工序从反应器分离出的废液	T
		261-074-41	卤化有机溶剂生产、配制过程中产生的残液、吸附过滤物、反应残渣、废水处理污泥及废载体	T
		261-075-41	卤化有机溶剂生产、配制过程中产生的报废产品	T
	电子元件制造	406-008-41	使用聚酰亚胺有机溶剂进行液晶显示板的涂敷、液晶体的填充产生的废卤化有机溶剂	I，T
	非特定行业	900-400-41	塑料板管棒生产中织品应用工艺使用有机溶剂黏合剂产生的废卤化有机溶剂	I，T
		900-401-41	使用有机溶剂进行干洗、清洗、油漆剥落、溶剂除油和光漆涂布产生的废卤化有机溶剂	I，T
		900-402-41	使用有机溶剂进行火漆剥落产生的废卤化有机溶剂	I，T
		900-403-41	使用有机溶剂进行图形显影、电镀阻挡层或抗蚀层的脱除、阻焊层涂敷、上助焊剂（松香）、蒸汽除油及光敏物料涂敷产生的废卤化有机溶剂	I，T
		900-449-41	其他生产、销售及使用过程中产生的废卤化有机溶剂、水洗液、母液、污泥	T
HW42 废有机溶剂	印刷	231-010-42	使用有机溶剂进行橡皮版印刷，以及清洗印刷工具产生的废有机溶剂	I，T
	基础化学原料制造	261-076-42	有机溶剂生产、配制过程中产生的残液、吸附过滤物、反应残渣、水处理污泥及废载体	T
		261-077-42	有机溶剂生产、配制过程中产生的报废产品	T
	电子元件制造	406-009-42	使用聚酰亚胺有机溶剂进行液晶显示板的涂敷、液晶体的填充产生的废有机溶剂	I，T
	皮革鞣制加工	191-001-42	皮革工业中含有有机溶剂的除油废物	T
	毛纺织和染整精加工	172-001-42	纺织工业染整过程中含有有机溶剂的废物	T
	非特定行业	900-450-42	塑料板管棒生产中织品应用工艺使用有机溶剂黏合剂产生的废有机溶剂	I，T
		900-451-42	使用有机溶剂进行脱碳、干洗、清洗、油漆剥落、溶剂除油和光漆涂布产生的废有机溶剂	I，T
		900-452-42	使用有机溶剂进行图形显影、电镀阻挡层或抗蚀层的脱除、阻焊层涂敷、上助焊剂（松香）、蒸汽除油及光敏物料涂敷产生的废有机溶剂	I，T
		900-499-42	其他生产、销售及使用过程中产生的废有机溶剂、水洗液、母液、废水处理污泥	T
HW43 含多氯苯并呋喃类废物	非特定行业	900-034-43*	含任何多氯苯并呋喃同系物的废物	T
HW44 含多氯苯并二噁英废物	非特定行业	900-035-44*	含任何多氯苯并二噁英同系物的废物	T

废物类别	行业来源	废物代码	危险废物	危险特性
HW45 含有机卤化物废物	基础化学原料制造	261-078-45	乙烯溴化法生产二溴化乙烯过程中反应器排气洗涤器产生的洗涤废液	T
		261-079-45	乙烯溴化法生产二溴化乙烯过程中产品精制过程产生的废吸附剂	T
		261-080-45	α-氯甲苯、苯甲酰氯和含此类官能团的化学品生产过程中氯气和盐酸回收工艺产生的废有机溶剂和吸附剂	T
		261-081-45	α-氯甲苯、苯甲酰氯和含此类官能团的化学品生产过程中产生的废水处理污泥	T
		261-082-45	氯乙烷生产过程中的分馏塔重馏分	T
		261-083-45	电石乙炔生产氯乙烯单体过程中产生的废水处理污泥	T
		261-084-45	其他有机卤化物的生产、配制过程中产生的高浓度残液、吸附过滤物、反应残渣、废水处理污泥、废催化剂（不包括上述 HW39，HW41，HW42 类别的废物）	T
		261-085-45	其他有机卤化物的生产、配制过程中产生的报废产品（不包括上述 HW39，HW41，HW42 类别的废物）	T
		261-086-45	石墨作阳极隔膜法生产氯气和烧碱过程中产生的污泥	T
	非特定行业	900-036-45	其他生产、销售及使用过程中产生的含有机卤化物废物（不包括 HW41 类）	T
HW46 含镍废物	基础化学原料制造	261-087-46	镍化合物生产过程中产生的反应残余物及废品	T
	电池制造	394-005-46*	镍镉电池和镍氢电池生产过程中产生的废渣和废水处理污泥	T
	非特定行业	900-037-46	报废的镍催化剂	T
HW47 含钡废物	基础化学原料制造	261-088-47	钡化合物（不包括硫酸钡）生产过程中产生的熔渣、集（除）尘装置收集的粉尘、反应残余物、废水处理污泥	T
	金属表面处理及热处理加工	346-106-47	热处理工艺中的盐浴渣	T
HW48 有色金属冶炼废物	常用有色金属冶炼	331-002-48*	铜火法冶炼过程中尾气控制设施产生的飞灰和污泥	T
		331-003-48*	粗锌精炼加工过程中产生的废水处理污泥	T
		331-004-48	铅锌冶炼过程中，锌焙烧矿常规浸出法产生的浸出渣	T
		331-005-48	铅锌冶炼过程中，锌焙烧矿热酸浸出黄钾铁矾法产生的铁矾渣	T
		331-006-48	铅锌冶炼过程中，锌焙烧矿热酸浸出针铁矿法产生的硫渣	T
		331-007-48	铅锌冶炼过程中，锌焙烧矿热酸浸出针铁矿法产生的针铁矿渣	T
		331-008-48	铅锌冶炼过程中，锌浸出液净化产生的净化渣，包括锌粉-黄药法、砷盐法、反向锑盐法、铅锑合金锌粉法等工艺除铜、锑、镉、钴、镍等杂质产生的废渣	T
		331-009-48	铅锌冶炼过程中，阴极锌熔铸产生的熔铸浮渣	T
		331-010-48	铅锌冶炼过程中，氧化锌浸出处理产生的氧化锌浸出渣	T
		331-011-48	铅锌冶炼过程中，鼓风炉炼锌锌蒸气冷凝分离系统产生的鼓风炉浮渣	T
		331-012-48	铅锌冶炼过程中，锌精馏炉产生的锌渣	T
		331-013-48	铅锌冶炼过程中，铅冶炼、湿法炼锌和火法炼锌时，金、银、铋、镉、钴、铟、锗、铊、碲等有价金属的综合回收产生的回收渣	T

废物类别	行业来源	废物代码	危险废物	危险特性
HW48 有色金属冶炼废物	常用有色金属冶炼	331-014-48*	铅锌冶炼过程中，各干式除尘器收集的各类烟尘	T
		331-015-48	铜锌冶炼过程中烟气制酸产生的废甘汞	T
		331-016-48	粗铅熔炼过程中产生的浮渣和底泥	T
		331-017-48	铅锌冶炼过程中，炼铅鼓风炉产生的黄渣	T
		331-018-48	铅锌冶炼过程中，粗铅火法精炼产生的精炼渣	T
		331-019-48	铅锌冶炼过程中，铅电解产生的阳极泥	T
		331-020-48	铅锌冶炼过程中，阴极铅精炼产生的氧化铅渣及碱渣	T
		331-021-48	铅锌冶炼过程中，锌焙烧矿热酸浸出黄钾铁矾法、热酸浸出针铁矿法产生的铅银渣	T
		331-022-48	铅锌冶炼过程中产生的废水处理污泥	T
		331-023-48	粗铝精炼加工过程中产生的废弃电解电池列	T
		331-024-48	铝火法冶炼过程中产生的初炼炉渣	T
		331-025-48	粗铝精炼加工过程中产生的盐渣、浮渣	T
		331-026-48	铝火法冶炼过程中产生的易燃性撇渣	R
		331-027-48*	铜再生过程中产生的飞灰和废水处理污泥	T
		331-028-48*	锌再生过程中产生的飞灰和废水处理污泥	T
		331-029-48	铅再生过程中产生的飞灰和残渣	T
	贵金属冶炼	332-001-48	汞金属回收工业产生的废渣及废水处理污泥	T
HW49 其他废物	环境治理	802-006-49	危险废物物化处理过程中产生的废水处理污泥和残渣	T
	非特定行业	900-038-49	液态废催化剂	T
		900-039-49	其他无机化工行业生产过程产生的废活性炭	T
		900-040-49*	其他无机化工行业生产过程收集的烟尘	T
		900-041-49	含有或直接沾染危险废物的废弃包装物、容器、清洗杂物	T/C/In/I/R
		900-042-49	突发性污染事故产生的废弃危险化学品及清理产生的废物	T/C/In/I/R
		900-043-49*	突发性污染事故产生的危险废物污染土壤	T/C/In/I/R
		900-044-49	在工业生产、生活和其他活动中产生的废电子电器产品、电子电气设备，经拆散、破碎、砸碎后分类收集的铅酸电池、镉镍电池、氧化汞电池、汞开关、阴极射线管和多氯联苯电容器等部件	T
		900-045-49	废弃的印刷电路板	T
		900-046-49	离子交换装置再生过程产生的废液和污泥	T
		900-047-49	研究、开发和教学活动中，化学和生物实验室产生的废物（不包括 HW03、900-999-49）	T/C/In/I/R
		900-999-49	未经使用而被所有人抛弃或者放弃的；淘汰、伪劣、过期、失效的；有关部门依法收缴以及接收的公众上交的危险化学品（优先管理类废弃危险化学品见附录 A）	T

注：*对来源复杂，其危险特性存在例外的可能性，且国家具有明确鉴别标准的危险废物，本《名录》标注以“□”。所列此类危险废物的产生单位确有充分证据证明，所产生的废物不具有危险特性的，该特定废物可不按照危险废物进行管理。

附录 A

本目录各栏目说明：

1. “序号”是指本目录录入危险化学品的顺序。

2. “中文名称”和“英文名称”是指危险化学品的中文和英文名称。其中：“化学名”是按照化学品命名方法给予的名称；“别名”是指除“化学品”以外的习惯称谓或俗名。本目录中的化学品按照中文名称的化学名拼音排序。

3. “CAS 号”是指美国化学文摘社为一种化学物质指定的唯一索引编号。

4. “UN 号”是指联合国危险货物运输专家委员会在《关于危险货物运输的建议书》（橘皮书）中对危险货物指定的编号。在目录中标注 2 个 UN 号是指该化学品 2 种不同形态危险货物指定的编号。

序号	中文名称		英文名称	CAS 号	UN 号
	化学名	别名			
1	2-氨基苯胂酸	—	2-Aminophenylarsonic acid	2045-00-3	
2	3-氨基苯胂酸	—	3-Aminophenylarsonic acid	—	
3	4-氨基苯胂酸	对氨基苯胂酸	4-Aminophenylarsonic acid; p-Aminobenzenearsonic acid	98-50-0	
4	4-氨基苯胂酸氢钠	对氨基苯胂酸钠	Sodium hydrogen; 4-aminophenylarsonate; Sodium p-aminobenzenearsonate	127-85-5	2473
5	4-氨基吡啶	对氨基吡啶；4-吡啶胺；γ-氨基吡啶	4-Aminopyridine; p-Aminopyridine; 4-Pyridinamine; gamma-Aminopyridine	504-24-5	2671
6	3-氨基丙烯	烯丙胺	3-Aminopropene; Allylamine	107-11-9	2334
7	5-（氨基甲基）-3-异噁唑醇	3-羟基-5-氨基甲基异噁唑	5-Aminomethyl-3-isoxazolol; 3-Hydroxy-5-aminomethyli soxazole	2763-96-4	1544
8	（2-氨基甲酰氧乙基）三甲基氯化铵	氯化氨甲酰胆碱；碳酰胆碱；卡巴考	（2-Carbamoyloxyethyl）Trimethylammonium chloride; Carbachol	51-83-2	2811
9	4-氨基联苯	[1,1-联苯基]-4-胺	4-Aminobiphenyl; [1,1’-Biphenyl]-4-amine	92-67-1	
10	八氟异丁烯	全氟异丁烯	Octafluoroisobutylene; Perfluoroisobutylene	382-21-8	3162
11	八甲基焦磷酰胺	八甲磷；希拉登	Octamethyl diphosphoramide; Schradan	152-16-9	3018
12	1,3,4,5,6,7,8,8-八氯-1,3,3a,4,7,7a -六氢-4,7-甲撑异苯并呋喃（含量＞1%）	碳氯灵；八氯六氢亚甲基异苯并呋喃；碳氯特灵	1,3,4,5,6,8,8-Octachloro-1,3,3a,4,7,7a-hexahydro-4,7-methanoisobenzofuran; Isobenzan	297-78-9	2761
13	八氯莰烯（含量＞3%）	毒杀芬；氯化莰烯	Octachlorocamphene; Toxaphene	8001-35-2	2761

序号	中文名称		英文名称	CAS 号	UN 号
	化学名	别名			
14	苯（基）硫醇	苯硫酚；巯基苯；硫代苯酚	Phenyl mercaptan; Thiophenol; Mercaptobenzene	108-98-5	2337
15	苯胺	氨基苯	Benzenamine; Aminobenzene	62-53-3	1547
16	苯并呋喃	多氯二苯并呋喃	PCDF; Polychlorinated dibenzofurans	—	
17	苯基二氯砷	二氯苯胂	Phenylarsin dichloride; Dichlorophenylarsine	696-28-6	1556
18	苯基胂酸	一苯基胂酸	Arsonic acid， phenyl-; Monophenylarsonic acid	98-05-5	
19	苯甲酸汞	安息香酸汞	Mercury dibenzoate; Mercury benzoate	583-15-3	1631
20	N-（苯乙基-4-哌啶基）丙酰胺柠檬酸盐	枸橼酸芬太尼	N-（phenylethyl-4-piperid inyl）propanamide citrate; Fentanyl citrate	990-73-8	1544
21	1-（3-吡啶基甲基）-3-（4-硝基苯基）脲	灭鼠优；抗鼠灵；抗鼠灭	1-（3-Pyridinylmethyl）-3-（4-nitrophenyl）urea; Pyrinuron; Pyriminil	53558-25-1	2588
22	3-吡啶甲基-N-（对硝基苯基）-氨基甲酸酯	灭鼠安	3-Pyridylmethyl-N-（p-nitrophenyl）carbamate; RH945	51594-83-3	2757
23	2-吡咯烷酮	4-氨基丁酸内酰胺	2-pyrrolidone; 4-Aminobutyric acid lactam	616-45-5	2810
24	丙二酸铊	丙二酸亚铊	Thallous malonate; Thallium malonate	2757-18-8	1707
25	丙基胂酸	1-丙胂酸	Propylarsonic acid; 1-Propanearsonic acid	107-34-6	
26	丙腈	乙基氰	Propionitrile; Ethyl cyanide	107-12-0	2404
27	3-丙炔醇	2-丙炔-1-醇；炔丙醇	3-Propynol; 2-Propyn-1-ol; Propargyl alcohol	107-19-7	2929
28	3-（1-丙酮基苄基）-4羟基香豆素（含量＞2%）	杀鼠灵；华法灵；灭鼠灵	3-（1-Acetonylbenzyl）-4-hydroxy coumarin; Warfarin	81-81-2	3027
29	丙酮氰醇	2-羟基异丁腈；2-羟基-2-甲基丙腈	Acetone cyanohydrin; 2-Hydroxuisobutyronitrile; 2-Hydroxy-2-methylpropio nitrile	75-86-5	1541
30	2-丙烯-1-醇	烯丙醇；蒜醇；乙烯甲醇	2-propen-l-ol;Allyl alcohol; Vinyl carbinol	107-18-6	1098
31	丙烯腈	2-丙烯腈	Acrylonitrile; 2-Propenenitrile	107-13-1	1093
32	丙烯醛	烯丙醛；2-丙烯醛	Acrolein; Allyl aldehyde; 2-Propenal	107-02-8	1092
33	丙烯酰胺	2-丙烯酰胺	Acrylamide; 2-Propenamide	79-06-1	2074
34	丙烯亚胺	2-甲基氮丙啶；2-甲基乙撑亚胺	Propyene imine; 2-Methylaziridine; 2-Methylethylenimine	75-55-8	1921

序号	中文名称		英文名称	CAS 号	UN 号
	化学名	别名			
35	草酸汞	草酸汞（Ⅱ）	Mercury（Ⅱ）oxalate	3444-13-1	
36	醋酸三苯基锡	（乙酰氧）三苯基锡	Triphenyltin acetate;（acetyloxy）triphenyl-Stannane，	900-95-8	
37	醋酸三丁基锡	乙酸三丁基锡	Tributyltin acetate	56-36-0	
38	滴滴涕	1,1,1-三氯-2,2-双（对氯苯基）乙烷	DDT;1,1,1-Trichloro-2,2-bis（p-chlorophenyl）ethane	50-29-3	
39	地高辛	地戈辛；毛地黄叶毒苷	Digoxin	20830-75-5	
40	碲化镉	—	Cadmium telluride	1306-25-8	2570
41	碘化汞	二碘化汞	Mercuric iodide; Mercury diiodide	7774-29-0	1638
42	碘化钾汞	四碘汞化二钾	Mercuric potassium iodide; Dipotassium tetraiodomercurate	7783-33-7	1643
43	碘化亚汞	一碘化汞	Mercurous iodide; Dimercury diiodide	15385-57-6	
44	碘甲烷	甲基碘	Iodomethane; Methyl odide	74-88-4	2644
45	碘乙酸乙酯	—	Ethyl iodoacetate; Acetic acid，iodo-，　ethyl ester	623-48-3	2927
46	迭氮（化）钠	迭氮酸钠盐	Sodium azide; Hydrazoic acid，sodium salt	26628-22-8	1687
47	丁腈	丙基氰；正丁腈	Butyronitrile; Propyl cyanide; n-Butanenitrile	109-74-0	2411
48	3-丁烯-2-酮	甲基乙烯基（甲）酮；丁烯酮	3-Buten-2-one; Methyl vinyl ketone; Butenone	78-94-4	1251
49	2-丁烯醛	巴豆醛；β-甲基丙烯醛	2-Butenal; Crotonaldehyde; beta-Methylacrolein	4170-30-3	1143
50	杜廷	马桑毒苷；羟基马桑毒内酯	Tutin; Toot poison	2571-22-4	3249
51	对（5-氨基-3-苯基-1H-1,2,4-三唑-1-基）-N,N,N', N'-四甲基膦二酰胺（含量＞20%）	威菌磷；三唑磷胺	p（5-Amino-3-phenyl-1H-1,2,4-triazol -1-yl）-N. N，N', N'-tetra-methyl phosphonicdiamide; Triamiphos; Wepsin	1031-47-6	3018 2783
52	3-（3-对二苯基-1,2,3,4-四氢萘基-1-基）-4-羟基-2H-1-苯并吡喃-2-酮	敌拿鼠；鼠得克；联苯杀鼠萘	3-（3-p-Diphenyl-1,2,3,4-tetrahydronaphthalene-1-yl）-4-hydroxy-2H-1-benzo pyran-2-one;Difenacoum	56073-07-5	3027
53	多氯联苯	—	PCB; Polychlorinated biphenyls	1336-36-3	2315
54	多氯三联苯	—	Terphenyl，　chlorinated; Polychlorinated terphenyls	61788-33-8	
55	多溴联苯（PBBs）	六溴联苯	1,1'Biphenyl，2,2',4,4',5,5'-hexabromo-; Biphenyl，hexabromo-	59080-40-9	
		八溴联苯	1,1'Biphenyl，ar，ar，ar，ar，ar'，ar'，ra'，ra'-octabr omo-; Biphenyl，octabromo-	27858-07-7	
	多溴联苯（PBBs）	十溴联苯	1,1'Biphenyl,2,2'3,3,'4,4'5,5'6,6'-decabrom o-; Biphenyl，cabromo-	13654-09-6	

序号	中文名称		英文名称	CAS 号	UN 号
	化学名	别名			
56	蒽醌-1-胂酸	—	Anthraquinone-1-arsonic acid	—	
57	二（2-氯乙基）硫醚	二氯二乙硫醚；芥子气；双氯乙基硫	Di（2-chloroethyl）thioether; Mustard gas; Dichloroethyl sulfide	505-60-2	2927
58	二（氰）金酸钾（含金 68.3%）	二氰金酸钾	Aurate（1-），bis（cyano-kC）-，potassium; Potassium dicyanoaurate	13967-50-5	
59	O,O-二-4-氯苯基-N-亚氨逐乙酰基硫逐磷酰胺酯	毒鼠磷	O,O-Di-4-Chlorophenyl-N-acetimidoylphosphoramido thioate; Phosazetim	4104-14-7	2783
60	4,4'-二氨基二苯基甲烷	4,4'-亚甲基二苯胺	4,4'-Diaminodiphenylmeth ane; Benzenamine，4,4'-methylenebis-	101-77-9	2651
61	2,4-二氨基甲苯	4-甲基-1,3-苯二胺	2,4-Diaminotoluene; 1,3-Benzenediamine，4-methyl-	95-80-7	1709
62	二苯（基）汞	—	Mercury，diphenyl-	587-85-9	
63	二苯（基）氯胂	氯二苯胂	Diphenylchloroarsine; Chlorodiphenylarsine	712-48-1	1699
64	二苯胺氯胂	吩吡嗪化氯；亚当氏毒气	Diphenylamine chloroarsine; Phenarsazine chloride	578-94-9	1698
65	2-（2,2-二苯基乙酰基）-1,3-茚满二酮（含量>2%）	敌鼠；野鼠净	2-（2,2-Diphenylacetyl）-1,3-indandione; Diphacinone	82-66-6	2588
66	二碘苯胂	苯基二碘胂	Phenyldiiodoarsine; Phenylarsine diiodide	6380-34-3	
67	二丁基氧化锡	氧化二丁基锡	Dibutyloxotin; Dibutyltin oxide	818-08-6	3146
68	1,4-二噁烷	对二噁烷	1,4-Dioxane; p-Dioxane	123-91-1	1165
69	1,4-二噁烷-2,3-二基-S,S'-双（O，O-二乙基二硫代磷酸酯）（含量>40%）	敌杀磷；敌噁磷；二噁硫磷	1,4-Dioxan-2,3-diyl-S，S'-bis（O，O-diaethyl-dith iophosphat）; Dioxathion	78-34-2	3018
70	二噁英	多氯二苯并对二噁英	PCDD; Polychlorinated dibenzo-p-dioxins	—	
71	二氟化氧	一氧化二氟	Oxygen difluoride; Difluorine monoxide	7783-41-7	2190
72	4-二甲氨基-3，5-二甲苯基-N-甲基氨基甲酸酯（含量>25%）	自克威；兹克威	4-Dimethylamino-3,5-xyly l-N-methylcarbamate; Mexacarbate; Zectran	315-18-4	2757
73	4-二甲氨基偶氮苯-4'-胂酸	4-（4-二甲基氨基苯基偶氮）苯胂酸	4-（Dimethylamino）azobenz ene-4'-arsonic acid;4-（4-Dimethylaminophe-nylazo）phenylarsonic acid	622-68-4	

序号	中文名称		英文名称	CAS 号	UN 号
	化学名	别名			
74	4-（二甲胺基）苯重氮磺酸钠	敌磺钠；敌克松；对二甲基氨基苯重氮磺酸钠；地爽；地可松	Sodium[4-dimethylamino] phenyl diazenesulfonate; Fenaminosulf;Dexon; p-Dimethylaminobenzenedi- azo sodium sulfonate	140-56-7	2588
75	3-二甲胺基甲撑亚氨基苯基-N-甲氨基甲酸酯（或盐酸盐）（含量＞40%）	伐虫脒；抗螨脒	3-Dimethylaminomethylene iminophenyl-N-methylcarb amate，orhydrochloride; Formetanate;Dicarzol	23422-53-9	2757
76	二甲胺氰磷酸乙酯	塔崩	Ethyl dimethylamidocyanopho-sphate;Tabun	77-81-6	2810
77	3,3-二甲基-1-（甲硫基）-2-丁酮-O-（甲基氨基）碳酰肟	己酮肟威；敌克威；庚硫威； 特氨叉威；久效威；肟吸威	3,3-Dimethyl-1-（methylth io）-2-butanone-O-（methyl amino） carbonyl oxime; Thiofanox	39196-18-4	2771
78	二甲基-1，3-二（甲氧甲酰基）-1-丙烯-2-基磷酸酯	保米磷	Dimethyl-1，3-bis（carbome thoxy）-1-propen-2-yl phosphate; Bomyl	122-10-1	3018
79	二甲基-1，3-亚二硫戊环-2-基磷酰胺酸	甲基硫环磷	Dimethyl-1，3-dithiolan-2-ylidene phosphoramidate; AC 47271; ENT 27168	5120-23-0	
80	β-[2-（3,5-二甲基-2-氧代环己基）-2-羟基乙基]-戊二酰亚胺	放线菌酮；放线酮；农抗 101	β-[2-（3,5-Dimethyl-2-oxocyclohexyl）-2-hydroxyet hyl]glutarimide;Cycloheximide	66-81-9	2588
81	二甲基-4-（甲基硫代）苯基磷酸酯	甲硫磷； GC6505	Dimethyl-4-（methylthio） phenyl phosphate; GC6506	3254-63-5	3018
82	4,4-二甲基-5-（甲基氨基甲酰氧亚氨基）戊腈	腈叉威；戊氰威	4,4-dimethyl-5-[（((methy lamino）carbonyl）oxy）imin o]pentanenitrile; Ethienocarb	58270-08-9	
83	O,O-二甲基-O-（1-甲基-2-N-甲基氨基甲酰）乙烯基磷酸酯（含量＞25%）	久效磷；纽瓦克；永伏虫	O,O-Dimethyl-O-1-methyl-2-N-methylcar bamoyl） vinyl phosphate; Monocrotophos;Nuvacron	6923-22-4	2783
84	O,O-二甲基-O-（2，2-二氯）-乙烯基磷酸酯（含量＞80%）*	敌敌畏	O,O-Dimethyl-O-（2,2-dich loro）vinyl phosphate; Dichlorvos; DDVP	62-73-7	3018
85	O,O-二甲基-O-（3-甲基-4 -硝基苯基）硫代磷酸酯（含量＞10%）	杀螟硫磷；杀螟松；杀螟磷；速灭虫；速灭松；苏米松；苏米硫磷	O,O-DimethylO-（3-methyl-4-nitrophenyl）thiophosphate; Fenitrothion	122-14-5	3018
86	O,O-二甲基-O-（4-硝基苯基）硫逐磷酸酯（含量＞15%）	甲基对硫磷；甲基1605	O,O-Dimethyl-O-（4-nitrop henyl） phosphorothioate; Parathion methyl	298-00-0	3018，2783

序号	中文名称		英文名称	CAS 号	UN 号
	化学名	别名			
87	O,O-二甲基-O -或 S-[2-（甲硫基）乙]硫代磷酸酯	田乐磷	O,O-Dimethyl-O-orS-[2-（methylthio）ethyl] phosphorothioate; Demephion	2587-90-8	3018
88	O,O-二甲基-S-[（4-氧代-1,2,3-苯并三氮苯-3[4H]-基）甲基二硫代磷酸酯（含量＞20%）	保棉磷；谷硫磷；谷赛昂；甲基谷硫磷	O,O-Dimethyl-S-[（4-oxo-1,2,3-benzotriazin-3[4H]-yl）methyl] phosphorodithioate; Azinphos methyl; Gusathion	86-50-0	3018，2783
89	O,O-二甲基-S-[1,2-二（乙氧基羰基）乙基]二硫代磷酸酯	马拉硫磷；马拉松；马拉赛昂	O,O-Dimethyl-S-[1,2-di（ethoxyl-carbonyl）ethyl] phosphorodithioate; Malathion	121-75-5	3018
90	O,O-二甲基-S-[2-（甲氨基）-2-氧代乙基]硫代磷酸酯（含量＞40%）	氧乐果；氧化乐果；华果	O,O-Dimethyl-S-[2-（methy lamino）-2 -oxoethyl] phosphorothioate;Omethoate	1113-02-6	3018
91	N,N-二甲基-α-甲基氨基甲酰基氧代亚氨-α-甲硫基乙酰胺	杀线威；草肟威；甲氨叉威	N,N-Dimethyl-α-methylca rbamoyloxyimino-α-（methylthio）acetamide; Oxamyl	23135-22-0	2757
92	8-（二甲基氨基甲基）-7-甲氧基氨基-3-甲基黄酮	回苏灵；二甲弗林	8-（Dimethylamino-methyl）-7-methoxy-3-methyifiavone; Dimefline	1165-48-6	3249
93	2-二甲基氨基甲酰基-3-甲基-5-吡唑基 N，N-二甲基氨基甲酸酯（含量＞50%）	敌蝇威	2-Dimethylcar-bamoyl-3-methyl-5–pyrazolyl-N，N-dimethylc arbamate;Dimetilan	644-64-4	2757
94	4-二甲基氨基间甲苯基甲基氨基甲基酸酯	灭害威	4-Dimethyl amino-m-tolyl-methylcarbamate; Aminocarb	2032-59-9	2757
95	N,N-二甲基氨基乙腈	二甲氨基乙腈	Glycinonitrile， N，N-dimethyl-; Dimethylaminoacetonitrile	926-64-7	2378
96	3,4-二甲基吡啶	3,4-卢剔啶	3,4-Dimethylpyridine; 3,4-Lutidine	583-58-4	2929
97	O,O-二甲基-对硝基苯基磷酸酯	甲基对氧磷	O,O-Dimetyl-O-p-nitrphen ylphosphate; Methyl paraoxon	950-35-6	3018
98	1, 1-二甲基肼	二甲基肼[不对称]	1,1-Dimethylhydrazine; uns-Dimethylhydrazine	57-14-7	1163
99	1,2-二甲基肼	对称二甲基肼；1,2 -亚肼基甲烷	1,2-Dimethylhydrazine; sym-Dimethylhydrazine	540-73-8	2382
100	O,S-二甲基硫代磷酰胺	甲胺磷；杀螨隆；多灭磷；多灭灵；克螨隆；脱麦隆	O,S-Dimethyl phosphoramidothioate; Methamidophos	10265-92-6	2783
101	O,O'-二甲基硫代磷酰氯	二甲基硫代磷酰氯	O,O'-Dimethylthiophosph oryl Chloride; Dimethylthiophosphoryl chloride	2524-03-0	2267

序号	中文名称		英文名称	CAS 号	UN 号
	化学名	别名			
102	2-（1,1-二甲基乙基）-4,6-二硝酚（含量>50%）	特乐酚；2,4-二硝-6-叔丁酚；异地乐酚；地乐消酚	2-（1,1-Dimethylethyl）-4, 6-dinitrophenol; Dinoterb; 2,4-Dinitro-6-tert-butyl phenol	1420-07-1	2779
103	S-{[（1,1-二甲基乙基）硫化] 甲基}-O,O-二乙基二硫代磷酸酯	特丁磷；特丁硫磷	S-{[（1,1-Dimethylethyl）thio]methyl}-O,O-diethyl phosphorodithioate; AC 92100	13071-79-9	3018
104	3-二甲氧基磷氧基-N,N-二甲基异丁烯酰胺（含量>25%）	百治磷；百特磷	3-Dimethoxy hosphinyloxy-N，N-dimethylisocrotonamide; Dicrotophos; Carbicron	141-66-2	3018
105	二硫代焦磷酸四乙酯	治螟磷；硫特普；触杀灵；苏化 203；治螟灵	Tetraethyl dithiopyrophosphate; Sulftep	3689-24-5	1704
106	二硫化二甲基	二甲二硫；甲基化二硫	Dimethyl disulfide; Methyl disulfide	624-92-0	2381
107	二硫化碳	—	Carbon disulfide; Carbon disulphide	75-15-0	1131
108	2,3-二氯-3-甲酰基丙烯酸	黏氯酸；二氯代丁烯醛酸；糠氯酸	2,3-Dichloro-3-formyl-acrylic acid; Mucochloric acid; Dichloromalealdehydic acid	87-56-9	2923
109	O-[2,5-二氯-4-（甲硫基）苯基]-O,O-二乙基硫代磷酸酯	氯甲硫磷；西拉硫磷	O-（2,5-dichloro-4-（methylthio）phenyl）-O,O-diethyl phosphorothioate;CMS2957	21923-23-9	3018
110	3,3’-二氯-4,4’-二氨基二苯基甲烷	4,4’-亚甲基双[2-氯苯胺]	3,3’-Dichloro-4,4’-diami nodiphenyl methane; Benzenamine，4,4’-methyle nebis[2-chloroaniline]	101-14-4	
111	1,4-二氯苯	对二氯苯	Benzene 1,4-dichloro-; p-Dichlorobenzene	106-46-7	1592
112	3,4-二氯苯偶氮硫代氨基甲酰胺	普罗米特；灭鼠丹；扑灭鼠	3,4-Dichlorobenzene diazothiocarbamid; Promurit; Muritan	5836-73-7	2757
113	1,3-二氯丙酮	1,3-二氯-2-丙酮	1,3-Dichloroacetone; 1,3-Dichloro-2-acetone	534-07-6	2649
114	二氯二甲醚	对称二氯二甲醚	Dichlordimethylether; sym-Dichloromethyl ether	542-88-1	2249
115	二氯化苄	（二氯甲基）苯；亚苄基二氯；α，α-二氯甲苯	Benzyl dichloride;Benzal chloride;（Dichloromethyl）benzene; α，α-Dichlorotoluene	98-87-3	1886
116	二氯甲烷	亚甲基氯	Methane dichloro-; Methylene chloride	75-09-2	1593

序号	中文名称		英文名称	CAS 号	UN 号
	化学名	别名			
117	3,3'-二氯联苯胺	3,3'-二氯[1,1'-联苯]-4,4'-二胺	3,3'-Dichlorobenzidine; [1,1'-Biphenyl]-4,4'-diamine，3,3'-dichloro-	91-94-1	
118	二氯四氟丙酮	敌锈酮；1,3-二氯-1,1,3,3,-四氟-2-丙酮	Dichlorotetrafluoroacetone; Drazolon; 1,3-Dichloro-1,1,3,3-tetrafluoro-2-propanone	127-21-9	2810
119	1,2-二氯乙烷	二氯化乙烯	Ethane 1,2-dichloro-; Ethylene dichloride	107-06-2	1184
120	1,1-二氯乙烯	亚乙烯基氯	Ethene 1,1-dichloro-; Vinylidene chloride	75-35-4	1303
121	3,4-二羟基-α-((甲氨基）甲基）苄醇	肾上腺素；付肾碱；付肾素	3,4-Dihydroxy-alpha-((methylamino）methyl）benzyl alcohol;Epinephrine	51-43-4	3249
122	2,3-二氢-2,2-二甲基-7-苯并呋喃基-N-甲基氨基甲酸酯（含量＞10%）	克百威；呋喃丹；卡巴呋喃；虫螨威	2,3-Dihydro-2,2-dimethyl -7-benzofuranyl-N-methyl carbamate;Carbofuran; Furadan	1563-66-2	2757
123	二氰铜酸钾	氰化亚铜钾	Potassium dicyanocuprate; Cuprous potassium cyanide	13682-73-0	1679
124	2,6-二噻-1,3,5,7-四氮三环-[3,3,1,1,3,7] 癸烷-2,2,6,6-四氧化物	没鼠命；毒鼠强；四二四	2,6-Dithia-1,3,5,7-tetra zatricyclo-[3,3,1,1,3,7]de-cane-2,2,6,6-tetraoxide; Tetramine	80-12-6	2588
125	2,4-二硝基（苯）酚	二硝酚；1-羟基 2,4-二硝基苯	2,4-Dinitrophenol; 1-Hydroxy-2,4-dinitroben zene	51-28-5	1320
126	2,4-二硝基-3-甲基-6-叔丁基苯基乙酸酯（含量＞80%）	地乐施；甲基特乐酯	2,4-Dinitro-3-methyl-6-tert-butylphenylacetate; Medinoterb acetate	2487-01-6	2779
127	二硝基甲酚及其铵盐、钾盐和钠盐	4,6-二硝基邻甲酚及其铵盐、钾盐和钠盐	DNOC and its salts（ammonium salt，potassium salt and sodium salt）	534-52-1 2980-64-5 5787-96-2 2312-76-7	
128	4,6-二硝基邻甲酚	2,4-二硝基邻甲酚	4,6-Dinitro-o-cresol; 2,4-Dinitro-o-cresol	534-52-1	1598
129	4,6-二硝基邻甲酚钠盐	二硝基邻甲酚钠	4,6-Dinitro-o-cresol sodium salt; Dinitro-o-cresol sodium	2312-76-7	1348
130	二溴氯丙烷	1,2-二溴-3-氯丙烷	Dibromochloropropane; Propane，1,2-dibromo-3-chloro-	96-12-8	2872
131	1,2-二溴乙烷	二溴化乙烯	Ethane 1,2-dibromo-; Ethylene dibromide	106-93-4	
132	二氧化丁二烯	1,2,3,4-二环氧丁烷；2,2'-双环氧乙烷	Butadiene Dioxide; 1,2,3,4-Diepoxybutane; 2,2'-Bioxirane	298-18-0	2929
133	S-[2-（二乙氨基）乙基]O,O-二乙基硫赶磷酸酯	胺吸磷；阿米吨	S-[2-（diethylamino）ethyl]O,O-diethylphosphorothioate; Amiton	78-53-5	3018

序号	中文名称		英文名称	CAS 号	UN 号
	化学名	别名			
134	N-二乙氨基乙基氯	2-氯乙基二乙胺	N-Diethylaminoethyl chloride; 2-Chloroethyldiethylamine	100-35-6	2810
135	二乙基（4-甲基-1,3-二硫戊环-2-叉氨基）磷酸酯（含量＞5%）	地安磷；二噻磷	Diethyl（4-methyl-1,3-dithiolan-2-ylidene）phospho roamidate; Mephosfolan; Cytrolane	950-10-7	3018
136	二乙基-1,3-亚二硫戊环-2-基磷酰胺酯（含量＞15%）	硫环磷；棉安磷；棉环磷	Diethyl-1,3-dithiolan-2-ylidene phosphoroamidate; Phosfolan; Cyolane	947-02-4	3018，2783
137	O,O-二乙基-N-（1,3-二噻丁环-2-亚基磷酰胺）	伐线丹；丁硫环磷	O,O-diethyl 1,3-dithietan-2-ylidene phosphoramidate; Fosthietan	21548-32-3	3018
138	O,O-二乙基-O-（2,2-二氯-1-β-氯乙氧基乙烯基）磷酸酯	福太农； 彼氧磷	O,O-Diethyl-O-（2,2-dichloro-1-beta -chloroethoxyvinyl）phosphate;Forstenon	67329-01-5	2784
139	O,O-二乙基-O-（2-氯乙烯基）磷酸酯	敌敌磷； 棉花宁	O,O-Diethyl-O-（2-chlorovinyl）-phosphate; Compound 1836	311-47-7	2784
140	O,O-二乙基-O-（4-甲基香豆素基-7）硫代磷酸酯	扑打杀； 扑打散	O,O-Diethyl-O-（4-methylum belliferone）phosphorothioate; Potasan	299-45-6	2811
141	O,O-二乙基-O-（4-硝基苯基）磷酸酯	对氧磷	O,O-Diethyl-O-（4-nitrophenyl）phosphate; Paraoxon	311-45-5	3018，2783
142	O,O-二乙基-O-（4-硝基苯基）硫代磷酸酯（含量＞4%）	对硫磷；1605；乙基对硫磷；一扫光	O,O-Diethyl-O-（4-nitrophenyl）phosphorothioate; Parathion; Ethyl parathion	56-38-2	3018
143	O,O-二乙基-O-（6-二乙胺次甲基-2,4-二氯）苯基硫代磷酸酯盐酸盐	除鼠磷 206	O,O-Diethyl-O-（6-diethylaminomethylene-2，4-dichloro）phenylphosphorathioatehydrochloric acid salt	—	2588
144	O,O-二乙基-O-[（4-甲基亚磺酰）苯基]硫代磷酸酯（含量＞4%）	丰索磷；丰索硫磷；线虫磷	O,O-Diethyl-O-[4-（methyl sulfinyl）phenyl]phosphor othioate;Fensulfothion	115-90-2	3018
145	O,O-二乙基-O-[2-（乙硫基）乙基]硫代磷酸酯和 O,O-二乙基-S-[2-（乙硫基）乙基]硫代磷酸酯混剂（含量＞3%）	内吸磷；杀虱多；1059	O,O-Diethyl-O（andS）-2-（ethylthio）ethyl phosphorothioate mixture; Demeton	8065-48-3	3018
146	O,O-二乙基-O-1-苯基-1,2,4-三唑-3-基硫代磷酸酯	三唑磷；三唑硫磷	O,O-Diethyl-O-1-phenyl-1,2,4-triazol-3-yl-phospho rothioate; Phentriazophos	24017-47-8	3018
147	O,O-二乙基-O-吡嗪基硫代磷酸酯（含量＞5%）	治线磷；治线灵；硫磷嗪；嗪线磷	O,O-Diethyl-O-pyrazinyl phosphorothioate; Thionazin; Nemaphos	297-97-2	3018

序号	中文名称		英文名称	CAS 号	UN 号
	化学名	别名			
148	O,O-二乙基-S-（N-异丙基氨基甲酰甲基）二硫代磷酸酯（含量＞15%）	发果；亚果；乙基乐果	O,O-DiethylS-（N-isopropy lcarbamoylmethyl）dithiop hosphate;Prothoate	2275-18-5	3018
149	O,O-二乙基-S-（对硝基苯基）硫代磷酸酯	O,O-二乙基-S-（4-硝基苯基）硫代磷酸酯；S-苯基对硫磷	O,O-Diethyl-S-（p-nitroph enyl）Phosphate;O,O-Diethyl-S-（4-nitrophenyl）thiopho sphate; S-Phenyl parathion	3270-86-8	3018
150	O,O-二乙基-S-（乙基亚砜基甲基）二硫代磷酸酯	保棉丰；甲拌磷亚砜；异亚砜；3911 亚砜	O,O-Diethyl-s-（ethylsulfinylmethyl）phosphorodithioate; Phorate sulfoxide	2588-03-6	3018
151	O,O-二乙基-S-[（乙硫基）甲基]二硫代磷酸酯（含量＞2%）	甲拌磷；3911；西梅脱	O,O-Diethyl-S-[（ethylthio）methyl]-phosphorodithioate; Phorate	298-02-2	3018
152	O,O-二乙基-S-[2-（乙基亚硫酰基）乙基]二硫代磷酸酯（含量＞5%）	砜拌磷；乙拌磷亚砜	O,O-Diethyl-S-[2-（ethylsulfinyl）ethyl]phosphorodithioate; Oxydisulfoton	2497-07-6	3018
153	O,O-二乙基-S-[2-（乙硫基）乙基]二硫代磷酸酯（含量＞15%）	乙拌磷；敌死通	O,O-Diethyl-S-[（2-（ethylthio）ethyl）] dithiophosphate; Disulfoton	298-04-4	3018
154	O,O-二乙基-S-[4-氧代-1,2,3,-苯并三氮（杂）苯-3[4H]-基）甲基]二硫代磷酸酯（含量＞25%）	益棉磷；乙基保棉磷；乙基谷硫磷	O,O-Diethyl-S-[（4-oxo-1,2,3-benzotriazin-3[4H]-y l）methyl] phosphorodithio ate; Azinphos ethyl; Ethyl guthion	2642-71-9	3018，2783
155	二乙基汞	乙基汞	Diethyl mercury; Ethylmercury	627-44-1	2929
156	O,O'-二乙基硫代磷酰氯	二乙基硫代磷酰氯	O,O'-diethyl hosphorochloridithioate	2524-04-1	2751
157	番木鳖碱	2,3-二甲氧基马钱子碱；布鲁生	Brucine ; 2,3-Dimethoxystrychnine	357-57-3	1570
158	放线菌素	制瘤素	Actinomycin; Oncostatin	1402-38-6	
159	放线菌素 D	更生霉素	Actinomycin D; Dactinomycin	50-76-0	3249
160	氟	—	Fluorine	7782-41-4	1045
161	1-氟-2,4-二硝基苯	2,4-二硝基-1 -氟苯	1-Fluoro-2,4-dinitrobenzene; 2,4-Dinitro-1-fluorobenzene	70-34-8	2811
162	氟化镉	二氟化镉	Cadmium fluoride; Cadmium difluoride	7790-79-6	
163	氟化汞	二氟化汞	Mercury fluoride; Mercury difluoride	7783-39-3	
164	氟化铅	二氟化铅	Lead fluoride; Lead difluoride	7783-46-2	

序号	中文名称		英文名称	CAS 号	UN 号
	化学名	别名			
165	氟硼酸镉	四氟硼酸（1-）镉（2∶1）	Cadmium fluoborate;Borate（1-），tetrafluoro-， cadmium（2∶1）	14486-19-2	
166	氟硼酸铅	四氟硼酸（1-）铅（2+）（2∶1）	Lead fluoroborate;Borate（1-），tetrafluoro-， lead（2+）（2∶1）	13814-96-5	
167	氟乙酸	氟醋酸	Fluoroacetic acid	144-49-0	2642
168	氟乙酸-2-苯肼	法尼林	Fluoroacetic acid-2-phenylhydrazide; Faniline	2343-36-4	2588
169	氟乙酸钠	氟乙酸钠盐	Sodium fluoroacetate;Acetic acid，fluoro-， sodium salt	62-74-8	2629
170	氟乙酰胺	敌蚜胺；氟素儿	Fluoroacetamide	640-19-7	2811
171	2-氟乙酰苯胺	灭蚜胺	2-Fluoroacetanilide	330-68-7	2588
172	汞	水银	Mercury	7439-97-6	
173	挂-3-氯桥-6-氰基-2-降冰片酮-O-（甲基氨基甲酰基）肟	肟杀威；棉果威	Exo-3-Chloro-endo-6-cyan o-2-norbornanone-O-（methylcarbamoyl）oxime; Tranid	15271-41-7	2757
174	硅酸铅	硅酸铅（2+）盐（1∶1）	Lead silicate; Silicic acid， lead（2+）salt （1∶1）	10099-76-0	
175	癸硼烷	十硼烷；十硼十四氢	Decaborane; Decaboron tetradecahydride	17702-41-9	1868
176	海葱糖甙	红海葱甙；红海葱	Scilliroside; Red Squill	507-60-8	2810
177	含有苯菌灵、百克威和福美双的可粉化的粉剂制剂	—	Dustable power formulations containing a combination of Benomyl at or above 7%，Carbofuran at or above 10% and Thiam at or above 15%	17804-35-2 1563-66-2 137-26-8	
178	核酸汞	—	Mercurol; Mercury nucleate	12002-19-6	1639
179	花青	硫堇	Cyanine; Thionine	581-64-6	
180	2-环己烯-1-酮	2-环己烯酮	2-Cyclohexen-1-one; 2-Cyclohexenone	930-68-7	2929
181	4,9-环氧，3-（2-羟基-2-甲基丁酸酯）15-（S）2-甲基丁酸酯，[3β（S），4α，7α，15α（R），16β]-瑟文-3,4,7,14,15,16,20-庚醇	胚芽儿碱	Cevane-3,4,7,14,15,16,20 –heptol，4,9,-epoxy,3-（2-hydroxy-2-methylbutanoat e）15-（S）-2-methylbutanoa te，[3β（S），4α,7α,15α（R），16β]-;Germerine	63951-45-1	1544
182	环氧乙烷	氧化乙烯	Oxirane; Ethylene oxide	75-21-8	1040
183	3-己烯-1-炔-3 -醇	—	4-Hexen-1-yn-3-ol	10138-60-0	2810
184	S-[（5-甲氨基-2-氧代-1,3,4-噻二唑-3（2H）-基）甲基]-O,O-二甲基二硫代磷酸酯（含量＞40%）	杀扑磷；麦达西磷，甲塞硫磷	S-[（5-Methoxy-2-oxo-1,3,4-thiadiazol-3（2H）-yl）methyl]-O,O-dimethyl phosphorodithioate; Methidathion; Supracide	950-37-8	3018，2783

序号	中文名称		英文名称	CAS 号	UN 号
	化学名	别名			
185	甲苯-2,4-二异氰酸酯	2,4-二异酸-1-甲苯酯	Toluene-2,4-diisocyanate; 2,4-Diisocyanato-1-methylbenzene	584-84-9	2078
186	甲氟膦酸叔己酯	索曼；甲氟磷酸-1，2,2-三甲基丙酯	Pinacolyl methylphosphonofluoridate; Soman; Phosphonofluoridic acid，methyl-，1,2,2-trimethylpropyl ester	96-64-0	2810
187	3-（1-甲基-2-四氢吡咯基）吡啶	烟碱；尼古丁；1-甲基-2-（3-吡啶基）吡咯烷	3-（1-Methyl-2-pyrrolidyl） pyridine;Nicotine; Pyrrolidine，1-methyl-2-（3-pyridal）	54-11-5	1654
188	3-（1-甲基-2-四氢吡咯基）吡啶硫酸盐	硫酸化烟碱	3-（1-Methyl-2-pyrrolidyl）pyridine sulfate; Nicotine sulfate	65-30-5	1658
189	甲基 3-[（二甲氧基磷酰基）氧代]-2-丁烯酸酯（含量＞5%）	速灭磷；磷君	Methyl-3-[（dimethoxyphos phinyl） oxy]-2-crotonate; Mevinphos; Phosdrin	7786-34-7	3018
190	O-甲基-O-（2-异丙氧基羰基）苯基-N-异丙基硫代磷酰胺	甲基异柳磷；异柳磷 1 号	O-Methyl-O-（2-isopropoxy -carbonyl）-phenyl-N-isop ropylphosphoramidothioate; Methyl-isp	99675-03-3	3018
191	O-甲基-O-（邻异丙氧基羰基苯基）硫代磷酰胺酯	水胺硫磷；羧胺磷	O-Methyl-O-（o-isopropoxy carbonylphenyl） phosphoramidothioate; Isocarbophos	24353-61-5	2783
192	O-（甲基氨基甲酰基）-2-甲基-2-甲硫基丙醛肟	涕灭威；丁醛肟威；涕灭克； 铁灭克	O-（Methylcarbamonyl）2-me thyl-2-（methylthio） propi-onald ehydeoxime; Aldicarb; Ambush	116-06-3	2771
193	甲基苄基亚硝胺	N-甲基-N-亚硝基苯甲胺	Methylbenzylnitrosamine; N-Methyl-N-nitroso-benze nemethanamine	937-40-6	2810
194	2-（1-甲基丙基）-4，6-二硝酚（含量＞5%）	地乐酚；二硝（另）丁酚；二仲丁基-4，6-二硝基苯酚	2-（1-Methylpropyl）-4，6-d initrophenol; Dinoseb	88-85-7	2779
195	甲基丙烯腈	2-甲基-2-丙烯腈	Methacrylonitrile; 2-Propenenitrile， 2-methyl-	126-98-7	3079
196	甲基狄戈辛	甲基地高辛	Methyldigoxin; Medigoxin	30685-43-9	—
197	甲基氟膦酸异丙酯	沙林	Isopropyl methyl Phosphonofluoridate; Sarin	107-44-8	2810
198	甲基磺酰氯	甲烷磺酰氯	Methylsulfonyl chloride; Methanesulfonyl chloride	124-63-0	3246
199	甲基肼	一甲基肼；甲基联胺	Methylhydrazine; Monomethylhydrazine	60-34-4	1244
200	甲基胂酸	一甲基胂酸	Methylarsonic acid; Monomethylarsonic acid	124-58-3	2759

序号	中文名称		英文名称	CAS 号	UN 号
	化学名	别名			
201	1-（甲硫基）亚乙基氨甲基氨基甲酸酯（含量＞30%）	灭多威；灭多虫；灭索威；乙肟威	1-（Methylthio）ethylidene aminomethylcarbamate; Methomyl	16752-77-5	2771
202	甲烷磺酰氟	甲硫酰氟；甲基磺酰氟	Methanesulfonyl fluoride; Fluoro methyl sulfone	558-25-8	2927
203	S-（5-甲氧基-4-氧代-4H-吡喃-2-基甲基）-O，O-二甲基硫赶磷酸酯（含量＞45%）	因毒磷；因毒硫磷	S-（5-Methoxy-4-oxo-4H-pyran-2-ylmethyl）-O，O-dime thylphosphorothioate; Endothion	2778-04-3	3018，2783
204	甲氧基乙基氯化汞	2-甲氧基乙基氯化汞	Methoxyethyl mercury chloride; 2-Methoxyethylmercury chloride	123-88-6	2025
205	甲氧基乙基乙酸汞	甲氧基乙基醋酸汞	Methoxyethyl mercury acetate	151-38-2	2025
206	甲藻毒素（二盐酸盐）	石房蛤毒素	Saxidomus giganteus poison; Saxitoxin	35523-89-8	
207	焦硫酸汞	—	Mercury pyrosulfate	—	
208	焦砷酸	二砷酸	Pyroarsenic acid; Diarsenic acid	13453-15-1	
209	抗霉素 A	抗稻瘟霉素	Antimycin A; Antipiricullin	1397-94-0	3172
210	乐杀螨	2-仲丁基-4，6-二硝基苯基-3-甲基丁烯酸酯	Binapacryl; 2-sec-Butyl-4，6-dinitrop henyl-3-methylcrotonate	485-31-4	2779
211	藜芦碱	沙巴达；藜芦生物碱	Veratrine; Sabadilla;Sabadilla alkaloids	8051-02-3	1544
212	联苯胺	4，4'-二氨基联苯	Benzidine; 4，4'-Diaminobiphenyl	92-87-5	1885
213	镰刀菌酮 X	瓜萎镰菌醇单乙酸酯	Fusarenon-x; Nivalenol monoacetate	23255-69-8	
214	磷化锌	二磷化三锌	Zinc phosphide; Trizinc diphosphide	1314-84-7	1714
215	磷酸二乙基汞	谷乐生；谷仁乐生；乌斯普龙汞制剂	Di（ethyl mercuric）phosphate; EMP; Lignasan	2235-25-8	2025
216	硫代磷酰氯	硫代三氯化磷酰；三氯化硫磷；三氯硫磷	Thiophosphoryl chloride; Thiophosphoryl trichloride; Phosphorus trichloride sulfide	3982-91-0	1837
217	硫化汞	朱砂、辰砂	Mercury sulfide	1344-48-5	
218	硫氰酸汞	二硫氰酸汞	Mercuric thiocyanate; Mercury dithiocyanate	592-85-8	1646
219	硫氰酸汞铵	—	Mercuric ammonium thiocyanate	—	
220	硫氰酸汞钾	—	Mercuric potassium thiocyanate	14099-12-8	
221	硫酸二甲酯	二甲基硫酸酯	Sulfuric acid， dimethyl ester; Dimethyl sulphate	77-78-1	1595
222	硫酸汞	硫酸汞（2+）盐（1∶1）	Mercuric sulfate; Sulfuric acid，mercury（2+）salt （1∶1）	7783-35-9	1645
223	硫酸三乙基锡	三乙基硫酸锡	Triethyltin sulphate; Triethyltin sulfate	57-52-3	3146

序号	中文名称		英文名称	CAS 号	UN 号
	化学名	别名			
224	硫酸亚汞	硫酸二汞（1+）盐；硫酸二汞	Mercurous sulfate;Sulfuric acid，dimercury（1+）salt; Dimercury sulfate	7783-36-0	1628
225	硫酸亚铊	—	Thallous sulfate	7446-18-6	1707
226	六氟-2,3-二氯-2-丁烯	2,3-二氯六氟-2 -丁烯	Hexafluoro-2,3-dichloro-2-butylene; 2-Butene, 2,3-dichlorohexafluoro-	303-04-8	2927
227	六氟丙酮	全氟丙酮	Hexafluoroacetone; Perfluoroacetone	684-16-2	2420
228	六六六混合异构体	1,2,3,4,5,6-六氯环己烷	BHC; HCH; 1,2,3,4,5,6-Hexachlorocy clohexane	—	
229	1,2,3,4,10,10 -六氯-1,4,4a,5,8, 8a -六氢-1,4：5,8-桥，挂-二甲撑萘（含量＞75%）	艾氏剂；化合物-118	1,2,3,4,10,10-Hexachloro –1,4,4a,5,8,8a-hexahydro -exo-1,4-endo-5,8-dimeth anonaphthalene;Aldrin; Compound 118	309-00-2	2761
230	1,2,3,4,10,10-六氯-1,4,4a,5,8, 8a -六氢-1,4-挂-5,8-挂二亚甲基萘（含量＞10%）*	异艾氏剂	1,2,3,4,10,10-Hexachloro –1,4,4a,5,8,8a-hexahydro-endo-1,4-endo-5,8-dimet hanonaphthalene;Isodrin	465-73-6	2761
231	6,7,8,9,10,10-六氯-1,5,5a,6,9, 9a -六氢-6,9-甲撑-2,4,3-苯并二氧硫庚-3 -氧化物（含量＞80%）	硫丹	6,7,8,9,10,10-Hexachloro –1,5,5a,6,9,9a-hexahydro -6,9-methano-2,4,3-benzo dioxathiepin-3-oxide; Endosulfan	115-29-7	2761
232	1,2,3,4,10,10-六氯-6,7-环氧-1,4,4a,5,6,7,8,8a-八氢-1,4-挂-5,8-二亚甲基萘（含量＞5%）*	异狄氏剂	1,2,3,4,10,10-Hexachloro -6,7-expoxy -1,4,4a,5,6,7,8,8a-octah ydroendo-1,4-exo-5,8-dimethanona-phthalene; Endrin	72-20-8	2761
233	1,2,3,4,10,10-六氯-6,7-环氧-1,4,4a,5,6,7,8,8a-八氢-1,4-桥-5,8-挂二亚甲基萘	狄氏剂；化合物-497	1,2,3,4,10,10-Hexachloro -6,7-epoxy -1,4,4a,5,6,7,8,8a-octah ydro-endo-1,4-exo-5,8-di methanonaphthalene; Dieldrin; Compound 497	60-57-1	2761
234	六氯苯	六氯代苯	Benzene，hexachloro-	118-74-1	
235	六氯环戊二烯	全氯环戊二烯	Hexachlorocyclopentadiene; Perchlorocyclopentadiene	77-47-4	2646
236	六亚甲基亚胺	六氢-1H-吖庚因	Hexamethyleneimine; 1H-Azepine，hexahydro-	111-49-9	2493
237	氯	液氯、氯气	Chlorine; Chlorine，liquefied	7782-50-5	1017
238	S-[2 -氯-1-（1,3-二氢-1,3-二氧代-2H-异吲哚-2-基）乙基]-O,O-二乙基二硫代磷酸酯	氯亚磷；氯甲亚胺硫磷	S-[2-chloro-1-（1,3-dihyd ro-1,3-dioxo-2H-isoindol -2-yl）ethyl]-O，O-diethyl phosphorodithioate; Dialifor; Torak	10311-84-9	2783

序号	中文名称		英文名称	CAS 号	UN 号
	化学名	别名			
239	2-氯-1-（2,4-二氯苯基）乙烯基二乙基磷酸酯（含量＞20%）	杀螟畏；毒虫畏	2-Chloro-1-（2,4-dichloro phenyl）vinyl diethyl phosphate; Chlorfenvinphos; Vinyphate	470-90-6	3018
240	3-氯-1，2-丙二醇	α -氯乙醇；3-氯-1，2-二羟基丙烷；3-氯丙二醇	3-Chloro-1,2-propanediol; alpha-Chlorohydrin;3-Chloro-1,2-dihydroxypr opane;3-Chloropropanediol	96-24-2	2810
241	1-氯-2，4-二硝基苯	2,4-二硝基氯苯；4-氯-1,3-二硝基苯	1-Chloro-2，4-dinitrobenzene; 2,4-Dinitrochlorobenzene; 4-Chloro-1,3-dinitrobenzene	97-00-7	1577
242	2-氯-3-（二乙氨基）-1-甲基-3-氧代-1-丙烯二甲基磷酸酯（含量＞30%）	磷胺；大灭虫	2-Chloro-3-（diethylamino）-1-methyl-3-oxo-1-propenyl dimethyl phosphate; Phosphamidon	13171-21-6	3018
243	1-氯-3-氟-2-丙醇与1,3-二氟-2-丙醇的混合物	鼠甘伏；鼠甘氟；甘氟；甘伏；伏鼠醇	Chloro-3-fluoro-2-propan ol mixt.with 1,3-dirfluoro-2-propanol;Gliftor	8065-71-2	2588
244	2-氯-4-二甲氨基-6-甲基嘧啶（含量＞2%）	鼠立死；杀鼠嘧啶	2-Chloro-4-dimethylamino -6-methylpyrimidine; Crimidine; Castrix	535-89-7	2588
245	O-（3-氯-4-甲基-2-氧代-2H-1-苯并吡喃-7-基）-O,O-二乙基硫代磷酸酯（含量＞30%）	蝇毒磷；蝇毒；蝇毒硫磷	O-（3-chloro-4-methyl-2-oxo-2H-1-benzopyran-7-yl）-O,O-di ethyl phosphorothioate; Coumaphos	56-72-4	3018，2783
246	2-[2-（4-氯苯基）-2-苯基乙酰基]茚满-1,3-二酮（含量＞4%）	氯鼠酮；氯敌鼠	2-[2-（4-Chlorophenyl）-2-phenyl-acetyl]indane-1,3 -dione; Chlorophacinone	3691-35-8	2761
247	S-{[（4-氯苯基）硫代]甲基}-O,O-二乙基二硫代磷酸酯（含量＞20%）	三硫磷；三赛昂	S-{[（4-Chlorophenyl）thio]methyl}-O,O-diethyl phosphorodithioate; Carbophenothion; Trithion	786-19-6	3018
248	3-氯丙腈	β -氯丙腈；1-氯-2-氰乙烷	3-Chloropropionitrile; beta-Chloropropionitrile; 1-Chloro-2-cyanoethane	542-76-7	2810
249	氯丹	1,2,4,5,6,7, 8,8-八氯-2,3,3a,4,7, 7a-六氢-4,7-亚甲基-1H-茚	Chlordane; 4,7-Methano-1H-indene, 1,2,4,5,6,7,8,8-octachloro-2,3,3a,4,7,7a-hexahyd ro-	57-74-9	
250	2-氯汞苯酚	氯（2-羟基苯基）汞	2-Chloromercuriophenol; Mercury，chloro（2-hydroxyphenyl）	90-03-9	

序号	中文名称		英文名称	CAS 号	UN 号
	化学名	别名			
251	4-氯汞苯甲酸	对氯化汞苯甲酸	4-Chloromercuriobenzoic acid; p-Chloromercuriobenzoic acid	59-85-8	
252	氯化铵汞	氨基氯化汞；白降汞	Mercury amide chloride; Aminomercury chloride; White mercuric precipitate	10124-48-8	
253	氯化二烯丙托锡弗林	箭毒类药	Alcuronium chloride; Alloferin	15180-03-7	3249
254	氯化汞	二氯化汞；升汞	Mercuric chloride; Mercury dichloride	7487-94-7	1624
255	氯化管箭毒碱	氯化管箭毒碱盐酸盐；d-二氯化管箭毒碱	Tubocurarine chloride; Tubocurarine hydrochloride; d-Tubocurarine dichloride	57-94-3	1544
256	氯化甲基汞	甲基氯化汞	Chloromethylmercury; Methylmercuric chloride	115-09-3	
257	氯化乙基汞	乙基氯化汞；西力生	Ethylmercury chloride; Ethylmercuric chloride	107-27-7	2025
258	氯磺酸	氯硫酸	Chlorosulfonic acid; Chlorosulfuric acid	7790-94-5	1754
259	S-氯甲基-O,O-二乙基二硫代磷酸酯（含量＞15%）	氯甲磷；灭尔磷	S-Chloromethyl-O,O-dieth ylphosphorodithioate; Chlormephos	24934-91-6	3018
260	氯甲基甲醚	甲基氯甲醚；氯二甲醚	Chloromethyl methylether; Methylchloromethyl ether; Chlorodimethyl ether	107-30-2	1239
261	氯甲酸甲酯	氯碳酸甲酯	Methyl chloroformate; Methyl chlorocarbonate	79-22-1	1238
262	氯甲酸氯甲酯	氯碳酸氯甲酯	Chloromethyl chloroformate; Carbonochloridic acid, Chloromethyl ester	22128-62-7	2745
263	氯甲酸乙酯	氯碳酸乙酯	Ethyl chloroformate;Ethyl chlorocarbonate	541-41-3	1182
264	2-氯乙醇	乙撑氯醇；氯乙醇	2-Chloroethanol;Ethylene chlorohydrin;Chloroethanol	107-07-3	1135
265	氯乙酸	一氯醋酸	Chloroacetic acid; Monochloroacetic acid	79-11-8	1751
266	2-氯乙烯基二氯胂	路易氏剂	2-Chlorovinyldichloroars ine; Lewisite	541-25-3	2927
267	2-氯乙酰苯	苯基氯甲基甲酮；2-氯-1-苯乙酮；α-氯乙酰苯	2-Chloroacetophenone; Phenylchloromethylketone; 2-Chloro-1-phenylethanone; alpha-Chloroacetophenone	532-27-4	1697
268	马钱子碱	士的宁；马钱子碱及其盐	Strychnine; Strychnine and salts	57-24-9	1692

序号	中文名称		英文名称	CAS 号	UN 号
	化学名	别名			
269	灭蚁灵	十二氯五环癸烷	Mirex;Pentacyclodecane，dodecachloro-	2385-85-5	
270	木防己苦毒素	木防己属；印防己毒素	Picrotoxin; Cocculus	124-87-8	1584
271	2-萘胺	β-萘胺	2-Naphthalenamine; beta-Naphthylamine	91-59-8	1650
272	萘磺汞	双萘磺酸苯汞	Hydrargaphen	14235-86-0	
273	1-萘基硫脲	安妥；α-萘基硫脲	1-Naphthalenylthiorea; Antu; α-Naphthalenylthiorea	86-88-4	1651
274	哌嗪	氮丙啶；吖丙啶	Ethyleneimine; Aziridine	151-56-4	1185
275	硼乙烷	二硼烷	Boroethane; Diborane;	19287-45-7	1911
276	偏砷酸	砷酸	Meta-arsenic acid; Arsenenic acid	10102-53-1	
277	偏砷酸钠	砷酸一氢钠	Sodium metaarsenate; Sodium monohydrogen arsenate	15120-17-9	
278	葡萄糖酸汞	葡萄糖酸汞（Ⅰ）	Gluconate，mercury; Mercury（Ⅰ）gluconate	63937-14-4	1637
279	1，4，5，6，7，8，8-七氯-3a，4，7，7a-四氢-4，7-甲撑-H-茚（含量＞8%）	七氯；七氯化茚	1，4，5，6，7，8，8-Heptachlor o-3a，4，7，7a-tetrahydro-4，7-Methano-1H-indene; Heptachlor	76-44-8	2761
280	铅汞齐	—	Lead amalgam	—	
281	1-羟环丁-1-烯-3，4-二酮	半方形酸	1-Hydroxy-cyclobut-1-ene -3，4-dione; Semisquaric acid	31876-38-7	2927
282	N-3-[1-羟基-2-（甲氨基）乙基]苯基甲烷磺酰胺甲磺酸盐	酰胺福林一甲烷磺酸盐	N-3-[1-hydroxy-2-（methyl amino）ethyl]phenyl，methanesulfonamide mesylate; Amidephrine mesylate	1421-68-7	3249
283	4-羟基-3-（1，2，3，4-四氢-1-萘基）香豆素	杀鼠迷；立克命	4-Hydroxy-3-（1，2，3，4-tet rahydro-1-naphthyl）-cumarin; Counmatetralyl; Endox	5836-29-3	3027
284	4-羟基-3-{1，2，3，4-四氢-3-[4-〔<4-（三氟甲基）苯基甲氧基>苯基〕-1-萘基]}-2H-1-苯并吡喃-2-酮	氟鼠酮；杀它仗	2H-1-Benzopyran-2-one，4-hydroxy-3-(1，2，3，4-tetra hydro-3-（4-（(4-（trifluoromethyl）phenyl）meth-oxy）phenyl）-1-naphthalenyl）-; Flocoumafen; Stratgem	90035-08-8	3027
285	（4-羟基-3-硝基苯基）胂酸	2-硝基-1-羟基苯-4-胂酸	（4-hydroxy-3-nitrophenyl）-Arsonic acid; 2-Nitro-1-hydroxybenzene-4-arsonic acid	121-19-7	
286	5-（α-羟基-α-2-吡啶基苯基）-5-降冰片烯-2，3-二甲酰亚胺	鼠特灵；鼠克星；灭鼠宁	5-（α-Hydroxy-α-2-pyrid ylbenzyl）-7-（α-2-pyridy l-benzylidene）-5-norborn ene-2，3-dicarboximide;Norbormide	911-42-4	2588

序号	中文名称		英文名称	CAS 号	UN 号
	化学名	别名			
287	羟基苯汞	氢氧化汞苯	Mercury， hydroxyphenyl-; Phenylmercury hydroxide	100-57-2	1894
288	2-羟基丙腈	乳腈	2-Hydroxypropionitrile; Lactonitrile	78-97-7	2810
289	羟基甲基汞	甲基氢氧化汞	Mercury， hydroxymethyl-; Methylmercury hydroxide	1184-57-2	
290	羟基乙腈	乙醇腈	Hydroxyacetonitrile; Glycollonitrile	107-16-4	2810
291	羟间唑啉（盐酸盐）	—	Oxymetazoline hydrochloride	2315-02-8	3249
292	青石棉	蓝石棉	Asbestos， crocidolite	12001-28-4	
293	氰	乙烷二腈；氰气	Cyanogen; Ethanedinitrile	460-19-5	1026
294	O-（4-氰苯基）-O-乙基苯基硫代膦酸酯	苯腈磷；苯腈硫磷	O-（4-Cyanophenyl）O-ethyl -phenylphosphonothioate; Cyanofenphos	13067-93-1	2783
295	氰胍甲汞	甲汞氰胍	Panogen; Methylmercuric Cyanoguanidine	502-39-6	2025
296	氰化钡	—	Barium cyanide	542-62-1	1565
297	氰化碘	碘化氰	Iodine cyanide; Cyanogeniodide	506-78-5	3290
298	氰化钙	—	Calcium cyanide; Calcyanide	592-01-8	1575
299	氰化镉	二氰化镉	Cadium cyanide; Cadmium dicyanide	542-83-6	2570
300	氰化汞	二氰化汞；氰化高汞	Mercuric cyanide; Mercury dicyanide	592-04-1	1636
301	氰化汞钾	四氰汞化二钾	Mercuric potassium cyanide; Dipotassium tetracyanomercurate	591-89-9	1626
302	氰化钴	氰化钴（Ⅱ）	Cobalt cyanide [$Co(CN)_2$]	542-84-7	
		氰化高钴（Ⅲ）	Cobalt cyanide [$Co(CN)_3$]	14965-99-2	
303	氰化钾	氢氰酸钾盐；山奈钾	Potassium cyanide; Hydrocyanic acid， Potassium salt	151-50-8	1680
304	氰化金	—	Gold cyanide	506-65-0	
305	氰化金钾	二氰金酸钾	Gold potassium cyanide; Potassium dicyanoaurate	13967-50-5	1588
306	氰化钠	氢氰酸钠盐；山奈	Sodium cyanide; Hydrocyanic acid， sodium salt	143-33-9	1689
307	氰化钠铜锌	氰化钠铜锌盐	Sodium copper-zinc cyanide salt	—	
308	氰化镍	二氰化镍	Nickel cyanide; Nickel dicyanide	557-19-7	1653
309	氰化镍钾	四氰化二钾镍	Nickel potassium cyanide; Dipotassium nickel tetracyanide	14220-17-8	
310	氰化铅	二氰化铅	Lead cyanide ; Lead dicyanide	592-05-2	1620
311	氰化氢	氢氰酸	Hydrogen cyanide; Hydrocyanic acid	74-90-8	1051
312	氰化铈	—	Cerium cyanide	—	—

序号	中文名称		英文名称	CAS 号	UN 号
	化学名	别名			
313	氰化铜	二氰化铜	Copper（Ⅱ）cyanide; Copper dicyanide	14763-77-0	1587
314	氰化锌	—	Zinc cyanide	557-21-1	1713
315	氰化亚铜	—	Cuprous cyanide	544-92-3	
316	氰化银	—	Silver cyanide	506-64-9	1684
317	氰化银钾	二氰化银钾	Potassium silver cyanide; Potassium dicyanoargentate	506-61-6	1588
318	S-{2-[（1-氰基-1-甲基乙基）氨基]-2-氧代乙 基}-O，O-二乙基硫代磷酸酯	果虫磷；腈果	S-{2-[（1-Cyano-1-methyle thyl）amino]-2-oxoethyl}-O，O-diethyl phosphorothioate; Cyanthoate; Tartan	3734-95-0	3018
319	α-氰基-3-苯氧苄基-2，2，3，3 四甲基环丙烷羧酸酯（含量＞20%）	甲氰菊酯；农螨丹、灭扫利	α-Cyano-3-phenoxybenzyl–2，2，3，3-tetramethylcycl opropanecarboxylate; Fenpropathrin	39515-41-8	2588
320	α-氰基苯氧基苄基（1R，3R）-3-（2，2-二溴乙烯基）-2，2-二甲基环丙烷羧酸酯	溴氰菊酯；敌杀死；凯素灵、凯安宝、天马、骑士、金鹿、保棉丹、康素灵、增效百虫灵	α-Cyano-phenoxybenzyl（1R，3R）-3-（2，2-dibromoethe nyl）-2，2-dimethyl cylcopropane carboxylate; Deltamethrin	52918-63-5	2588
321	2-氰乙基-N-{[（甲氨基）羰基]氧基}硫代乙烷亚氨	抗虫威；多防威	2-Cyanoethyl-N-{[（methyl amino）carbonyl]oxy} ethanimidothioate;Thiocarboxime	25171-63-5	2771
322	2-巯基乙醇	硫代乙二醇；2-羟基-1-乙硫醇	2-mercapto ethanol; Thioethylene glycol; 2-Hydroxy-1-ethanethiol	60-24-2	2966
323	全氯甲硫醇	三氯亚磺酰氯甲烷	Perchloromethyl mercaptan; Trichloromethanesulfenyl chloride	594-42-3	1670
324	乳酸苯汞三乙醇铵	—	Phenylmercuric triethanolammonium lactate	23319-66-6	2026
325	三-（1-吖丙啶基）氧化膦	涕巴；绝育磷	Tri-（1-aziridinyl）phosphine oxide; Tepa; Aphoxide	545-55-1	2501 2811
326	三-（2,3-二溴丙基）磷酸酯	2,2-二溴-1-丙基磷酸酯（3：1）	Tris-（2,3-dibromopropyl）phosphate; 1-propanol， 2,2-dibromo-，phosphate（3：1）	126-72-7	
327	三吖丙啶基氧化磷	三（氮丙啶-1-基）氧化磷	Tri-（aziridin-1-yl）phosp hine oxide	545-55-1	2501 2811
328	三苯基氯化锡	氯三苯基锡	Triphenyltin chloride;Stannane，chlorotriphenyl-	639-58-7	
329	三苯基氢氧化锡（含量＞20%）	羟基三苯基锡；毒菌锡	Triphenyltin hydroxide;Stannane，hydroxytriphenyl-; Fentin hydroxide	76-87-9	2786

序号	中文名称		英文名称	CAS 号	UN 号
	化学名	别名			
330	三碘化砷	三碘化亚胂	Arsenic triiodide; Arsenous triiodide	7784-45-4	
331	三丁基氯化锡	三正丁基氯化锡	Stannane， tributylchloro-; Tri-n-butyltin chloride	1461-22-9	
332	三丁基氧化锡	双（三丁基锡）氧化物	Tributyltin oxide; Bis（tributyltin）oxide	56-35-9	
333	三氟化氯	氟化氯	Chlorine trifluoride; Chlorine fluoride	7790-91-2	1749
334	三氟化硼	氟化硼	Boron trifluoride; Boron fluoride	7637-07-2	1008
335	三氟化砷	三氟化亚胂	Arsenic trifluoride; Arsenous trifluoride	7784-35-2	
336	三环锡	普特丹	Cyhexatin; Plictran	13121-70-5	2786
337	三甲基乙酸锡	醋酸三甲基锡	Acetoxytrimethylstannane; Trimethyltin acetate	1118-14-5	2788
338	三氯化磷	氯化磷；氯化亚磷	Phosphorus trichloride; Phosphorous chloride	7719-12-2	1809
339	三氯化砷	氯化亚砷	Arsenic trichloride; Arsenious chloride	7784-34-1	1560
340	三氯甲烷	氯仿	Methane， trichloro-; Chloroform	67-66-3	1888
341	三氯三乙胺	氮芥气；氮芥-A	2,2',2''-Trichlorotri ethylamine; Tris-（β-chloroethyl）amine	555-77-1	2810
342	三氯硝基甲烷	氯化苦；硝基三氯甲烷	Nitrochloroform; Chloropicrin; Nitrotrichloromethane	76-06-2	1580
343	三氯乙烯	1,1,2-三氯乙烯	Ethene， trichloro-; 1,1,2-Trichloroethylene	79-01-6	1710
344	三氰铜酸二钠	氰化铜钠；紫铜盐	Disodium tri（cyano-C）cuprate（2-）;Sodium copper cyanide	14264-31-4	2316
345	三溴化砷	三溴化亚胂	Arsenic tribromide; Arsenous tribromide	7784-33-0	1555
346	2,4,6-三亚乙基氨基-1,3,5-三嗪	三亚乙基密胺；不育津	2,4,6-Tri（ethyleneimino）-1,3,5-triazine; Triethylenemelamine	51-18-3	3249
347	三氧化（二）砷	白砒；砒霜；亚砷酸酐	Arsenic trioxide; White arsenic; Arsenous acid anhydride	1327-53-3	1561
348	杀虫脒	N'-（2-甲基-4-氯苯基）-N,N-二甲基甲脒	Chlordimeform;N'-（2-Methyl-4-chlorophenyl）-N,N-dimethylformamidine	6164-98-3	
349	砷	—	Arsenic	7440-38-2	1558
350	砷化汞	—	Mercury arsenide	—	
351	砷化氢	砷化三氢；胂	Arsenic hydride; Arsenic trihydride; Arsine	7784-42-1	2188
352	砷酸	原砷酸	Arsenic acid; Orthoarsenic acid	7778-39-4	1553 1554

序号	中文名称		英文名称	CAS 号	UN 号
	化学名	别名			
353	砷酸钡	砷酸钡盐（2∶3）	Barium arsenate; Arsenic acid, barium salt（2∶3）	13477-04-8	
354	砷酸二氢钾	砷酸一钾盐	Potassium dihydrogen arsenate; Arsenic acid, monopotassium salt	7784-41-0	
355	砷酸二氢钠	砷酸一钠盐	Sodium dihydrogen arsenate; Arsenic acid, monosodium salt	10103-60-3	
356	砷酸钙	砷酸钙盐（2∶3）	Calcium arsenate; Arsenic acid, calcium salt（2∶3）	7778-44-1	1573
357	砷酸汞	砷酸氢汞；砷酸汞（2+）盐（1∶1）	Mercuric arsenate;Mercury ydrogenarsenate;arsenic acid, mercury（2+）salt（1∶1）	7784-37-4	1623
358	砷酸钾	砷酸二钾盐	Potassium arsenate; Arsenic acid, dipotassium salt	21093-83-4	1677
359	砷酸镁	砷酸镁盐	Magnesium arsenate; Arsenic acid, magnesium salt	10103-50-1	1622
360	砷酸钠	砷酸钠盐	Sodium arsenate; Arsenic acid, sodium salt	7631-89-2	1685
361	砷酸铅	二砷酸三铅	Lead arsenate; Trilead diarsenate	3687-31-8	1617
362	砷酸氢二铵	砷酸二铵盐	Diammonium hydrogen arsenate; Arsenic acid, diammonium salt	7784-44-3	
363	砷酸氢二钠	砷酸二钠盐	Disodium hydrogen arsenate; Arsenic acid, disodium salt	7778-43-0	
364	砷酸锑	—	Antimony arsenate	28980-47-4	
365	砷酸铁	砷酸铁盐（1∶1）	Ferric arsenate; Arsenic acid, iron（3+）salt （1∶1）	10102-49-5	1606
366	砷酸铜	砷酸铜盐（H_3AsO_4）	Arsenic acid, copper（H_3AsO_4）, salt	10103-61-4	
		砷酸铜（2+）盐	Copper arsenate; Arsenic acid, copper（2+）salt	29871-13-4	
		砷酸铜（2+）盐（2∶3）	Arsenic acid, copper（2+）salt （2∶3）	7778-41-8	
		四水合砷酸铜（2+）盐（2∶3）	Arsenic acid, copper（2+）salt（2∶3）, tetrahydrate	13478-34-7	
367	砷酸锌	砷酸锌盐	Zinc arsenate; Arsenic acid, zinc salt	1303-39-5	1712
368	砷酸亚铁	砷酸亚铁盐（2∶3）	Ferrous arsenate; Arsenic acid, iron（2+）salt （2∶3）	10102-50-8	1608
369	砷酸银	砷酸三银（1+）盐	Silver arsenate; Arsenic acid, trisilver（1+）salt	13510-44-6	
370	2，5-双（1-吖丙啶基）-3-（2-氨甲酰氧-1-甲氧乙基）-6-甲基-1，4-苯醌	卡巴醌；卡波醌	2,5-Bis（1-aziridinyl）-3-（2- carbamoyloxy-1-methox yethyl）-6-methyl-1，4-ben zoquinone;Carbazilquinone; Carboquone	24279-91-2	3249

序号	中文名称		英文名称	CAS 号	UN 号
	化学名	别名			
371	双（1-甲基乙基）氟磷酸酯	丙氟磷；异丙氟；二异丙基氟磷酸酯	Bis（1-methylethyl）phosph orofluoridate; DFP	55-91-4	3018
372	5-[双（2-氯乙基）氨基]-2，4（1H，3H）嘧啶二酮	尿嘧啶芥；嘧啶苯芥	5-（Bis（2-chloroethyl）ami no）-2,4（1H，3H）pyrimidine dione; Uracil mustard	66-75-1	3249
373	双（2-氯乙基）甲胺	氮芥；双（氯乙基）甲胺	Bis-（2-chloroethyl）methylamine;Nitrogen mustard	51-75-2	2810
374	双（二甲氨基）氟代磷酰（含量>2%）	甲氟磷；四甲氟	Bis（dimethylamino）fluorophosphine oxide; Dimefox	115-26-4	3018
375	水杨酸汞	水杨酸亚汞	Mercury salicylate; Mercurous salicylate; [Salicylato（2-）-01，02]me rcury	5970-32-1	1644
376	丝裂霉素 C	自力霉素	Mitomycin C; Mitomycin	50-07-7	3249
377	四氟化铅	—	Lead（Ⅳ）fluoride; Plumbane， tetrafluoro	7783-59-7	
378	四甲基铅	—	Plumbane， tetramethyl-; Tetramethyllead	75-74-1	
379	四磷酸六乙酯	乙基四磷酸酯	Hexaethyl tetraphosphate; Ethyl tetraphosphate	757-58-4	1611
380	1，1，3，3-四氯丙酮	1，1，3，3-四氯-2-丙酮	1，1，3，3-Tetrachloroacetone; 1，1，3，3-Tetrachloro-2-ac etone	632-21-3	2929
381	2，3，7，8-四氯二苯并对二噁英	二噁英	2，3，7，8-Tetrachlorodiben zo-p-dioxin	1746-01-6	2811
382	四氯化汞化钾	四氯汞化二钾	Potassium tetrachloromercurate;Mercurate（2-），tetrachloro-，dipotassium，（T-4）	20582-71-2	
383	四氯乙烯	全氯乙烯	Ethene， tetrachloro-; Perchlorethylene	127-18-4	1897
384	四氰金酸钾（含金57%）	氰化金（Ⅲ）钾	Aurate， tetracyano-， potassium; Potassium gold（Ⅲ）cyanide	14263-59-3	
385	四硝基甲烷	—	Tetranitromethane	509-14-8	1510
386	四氧化（三）铅	红丹；铅丹	Trilead tetraoxide; Orange lead	1314-41-6	
387	四氧化锇	锇酸酐	Osmium tetroxide; Osmic acid anhydride	20816-12-0	2471
388	四氧化二氮	二氧化氮；过氧化氮	Dinitrogen tetroxide; Nitrogen dioxide; Nitrogen peroxide	10102-44-0	1067
389	O,O,O,O-四乙基-S,S'-亚甲基双（二硫代磷酸酯）（含量>25%）	乙硫磷；1240 蚜螨立死；益赛昂；乙赛昂；蚜螨	O,O,O,O-Tetraethyl-S,S'-methylenedi（phosphorodithioate）; Ethion; Tenathion	563-12-2	3018
390	四乙基焦磷酸酯	特普	Tetraethyl pyrophosphate; TEPP	107-49-3	3018

序号	中文名称		英文名称	CAS 号	UN 号
	化学名	别名			
391	四乙基铅	发动机燃料抗爆混合物	Tetraethyl lead; Plumbane，tetraethyl-	78-00-2	1649
392	四乙基锡	四乙锡	Tetra ethyltin; Tetraethylstannane	597-64-8	2929
393	铊	金属铊	Thallium; Thallium，metallic	7440-28-0	3288
394	碳酸亚铊	—	Thallous carbonate	6533-73-9	1707
395	碳酰氯	光气	Carbonyl chloride; Phosgene	75-44-5	1076
396	羰基氟	氟光气；氟氧化碳	Carbonyl fluoride; Fluophosgene;Carbon oxyfluoride	353-50-4	2417
397	羰基镍	四羰基镍	Nickel carbonyl; Nickel tetracarbonyl	13463-39-3	1259
398	2,4, 5-涕	2,4,5-三氯苯氧乙酸	2,4,5-T; Acetic acid，（2,4,5-trichlorophenoxy）-	93-76-5	
399	铁石棉	—	Amosite	12172-73-5	2212
400	透闪石石棉	—	Tremolite	77536-68-6	2590
401	乌头碱	附子精	Aconitine	302-27-2	1544
402	无水肼	无水联胺	Hydrazine anhydrous	302-01-2	2029
403	五（氰）金酸四钾（含金 40%）	三（氰化钾）氰金酸（Ⅰ）钾	Tetrapotassium pentakis（cyano-C）aurate; Potassium cyanoaurate（Ⅰ），tri（potassium cyanide）	68133-87-9	
404	五氟化氯	氟化氯（ClF_5）	Chlorine pentafluoride; Chlorine fluoride（ClF_5）	13637-63-3	2548
405	五氯（苯）酚汞	—	Mercury pentachlorophenol	—	
406	五氯苯酚（含量＞5%）	五氯酚	Pentachlorophenol	87-86-5	3155
407	五氯苯酚苯基汞	—	Mercury phenyl pentachlorophenol	—	
408	五氯酚钠	五氯酚钠盐	Sodium pentachlorophenol; Phenol，pentachloro-，sodium salt	131-52-2	2567
409	五氯化锑	过氯化锑；氯化锑	Antimony pentachloride; Antimony perchloride	7647-18-9	1730
410	五羰基铁	羰基铁	Iron pentacarbonyl; Iron carbonyl	13463-40-6	1994
411	五氧化（二）砷	砷（酸）酐	Arsenic pentoxide; Arsenic acid anhydride	1303-28-2	1559
412	五氧化二钒	钒（酸）酐	Vanadium pentoxide; Vanadic anhydride	1314-62-1	2862
413	戊硼烷	五硼烷	Pentaborane	19624-22-7	1380
414	硒化镉	—	Cadmium selenide	1306-24-7	
415	硒化铅	—	Lead selenide	12069-00-0	
416	硒酸钠	硒酸二钠盐	Sodium selenate; Selenic acid，disodium salt	13410-01-0	2630
417	4-硝基苯酚	对硝基苯酚	Phenol，4-nitro-; p-Nitrophenol	100-02-7	

序号	中文名称		英文名称	CAS 号	UN 号
	化学名	别名			
418	（2-硝基苯基）胂酸	（邻硝基苯基）胂酸	Arsonic acid，（2-nitrophenyl）-;（o-Nitrophenyl）arsonic acid	5410-29-7	
419	（3-硝基苯基）胂酸	间硝基苯基胂酸	Arsonic acid，（3-nitrophenyl）-; Benzenearsonic acid， m-nitro-	618-07-5	
420	（4-硝基苯基）胂酸	对硝基苯胂酸	Arsonic acid，（4-nitrophenyl）-; p-Nitrobenzenearsonic acid	98-72-6	
421	4-硝基联苯	4-硝基-1,1'-联苯	4-Nitrobiphenyl; 1,1'-Biphenyl, 4-nitro-	92-93-3	
422	硝酸汞	二硝酸汞；硝酸高汞	Mercuric nitrate; Mercury dinitrate	10045-94-0	1625
423	硝酸汞苯	—	Mercury，（nitrato-O）phenyl-; Phenylmercury nitrate	55-68-5	
424	硝酸亚汞	一水合硝酸汞（1+）盐	Mercurous nitrate; Nitric acid, mercury（1+）salt， monohydrate	7782-86-7	1627
425	3-[3,4'-溴（1,1'-联苯）-4-基]-3-羟基-1-苯丙基-4-羟基-2H-1-苯并吡喃-2-酮	溴敌隆；乐万福	3-[3,4'-Bromo（1,1'-bip henyl）-4-yl]-3-hydroxy-1 -phenylpropyl-4-hydroxy-2H-1-benzopyran-2-one; Bromadiolone	28772-56-7	3027
426	O-（4-溴-2,5-二氯苯基）-O-甲基苯基硫代膦酸酯	对溴磷；溴苯磷	O-（4-bromo-2,5-dichlorop henyl）-O-methyl phenylphosphorothionate; Leptophos	21609-90-5	2873
427	溴化汞	二溴化汞；溴化高汞	Mercury bromide; Mercury dibromide	7789-47-1	1634
428	溴化氰	氰化溴	Cyanogen bromide; Bromine cyanide	506-68-3	1889
429	溴化亚汞	一溴化汞	Mercurous bromide; Mercury（Ⅰ）bromide	10031-18-2	1634
430	溴甲烷	甲基溴	Methane，bromo-; Methyl bromide	74-83-9	1062
431	3-[3-（4'-溴联苯-4-基）-1,2,3,4-四氢-1-萘基]-4 羟基香豆素	溴联苯杀鼠迷；大隆杀鼠剂；大隆；溴敌拿鼠；溴鼠隆	3-[3-（4'-Bromobiphenyl-4-yl）-1，2,3,4-tetrahydro -1-naphthalenyl]-4-hydro xycoumarin; Brodifacoum	56073-10-0	3027
432	亚砷酸钡	亚砷酸钡盐	Barium arsenite;Arsenious acid，barium salt	—	
433	亚砷酸钙	二亚砷酸三钙	Monocalcium arsenite; Tricalcium diarsenite	27152-57-4	
434	亚砷酸钾	偏亚砷酸钾	Potassium arsenite; Potassium metaarsenite	10124-50-2	1678
435	亚砷酸钠	偏亚砷酸钠	Sodium arsenite; Sodium metaarsenite	7784-46-5	2027
436	亚砷酸铅	亚砷酸铅盐	Lead arsenite; Arsenenous acid，lead salt	10031-13-7	1618
437	亚砷酸锶	亚砷酸锶盐	Strontium arsenite; Arsenious acid， strontium salt	91724-16-2	1691
438	亚砷酸锑	—	Antimony arsenite ; Stibium arsenite	—	—

序号	中文名称		英文名称	CAS 号	UN 号
	化学名	别名			
439	亚砷酸铁	亚砷酸铁（3+）盐（1∶1）	Ferric arsenite ; Arsenous acid，iron（3+）salt （1∶1）	60168-33-4	1607
440	亚砷酸铜	砷酸铜	Copper arsenite; Copper arsonate	10290-12-7	1586
441	亚砷酸锌	亚砷酸锌盐	Zinc arsenite; Arsenenous acid，zinc salt	10326-24-6	1712
442	亚砷酸银	亚砷酸三银	Silver arsenite; Trisilver arsenite	7784-08-9	1683
443	亚硒酸	—	Selenious acid	7783-00-8	2630
444	亚硒酸镁	亚硒酸镁盐（1∶1）	Magnesium selenite; Selenious acid，magnesium salt （1∶1）	15593-61-0	2630
445	亚硒酸钠	亚硒酸二钠	Sodium selenite; Disodium selenite	10102-18-8	2630
446	亚硒酸氢钠	重亚硒酸钠	Sodium hydrogen selenite; Sodium biselenite	7782-82-3	2630
447	N-亚硝基二甲胺	二甲基亚硝胺	N-Nitrosodimethylamine; Dimethylnitrosamine	62-75-9	2810
448	亚硝酸乙酯	亚硝酰乙氧	Ethyl nitrite; Nitrosyl ethoxide	109-95-5	1194
449	（盐酸）吐根碱	吐根碱二盐酸盐	Emetine hydrochloride; Emetine，dihydrochloride	316-42-7	1544
450	阳起石石棉	—	Actinolite	77526-66-4	2590
451	氧化汞	一氧化汞；黄降汞；红降汞	Mercury oxide; Mercury monoxide; Yellow mercuric oxide	21908-53-2	1641
452	氧化铊	三氧化二铊	Thallium oxide; Dithallium trioxide	1314-32-5	1707
453	氧化亚汞	氧化汞黑	Mercury oxide; Mercury oxide black	15829-53-5	
454	氧化亚铊	一氧化二铊	Thallous oxide; Dithallium oxide	1314-12-1	1707
455	氧氯化磷	氯化磷酰；三氯氧化磷；三氯化磷酰；三氯氧磷；磷酰三氯	Phosphorus oxychloride; Phosphoryl chloride; Trichlorophosphorus oxide	10025-87-3	1810
456	氧氰化汞（钝化的）	氰氧化汞	Mercury cyanide oxide	1335-31-5	
457	一氯丙酮	氯丙酮；氯化丙酮	Monochloroacetone; Chloroacetone; Acetonyl chloride	78-95-5	1695
458	一氯乙醛	氯乙醛；2-氯乙醛	Monochloroacetaldehyde; Chloroacetaldehyde; 2-Chloroethanal	107-20-0	2232
459	一氧化铅	氧化铅；黄丹	Lead monoxide; Lead oxide; Lead Oxide Yellow	1317-36-8	
460	O-乙基-O-（2-异丙氧羰基）-苯基-N-异丙基硫逐磷酰胺	丙胺磷；异丙胺磷；乙基异柳磷；异柳磷 2 号	O-Ethyl-O-（2-isopropoxy -carbonyl）-phenyl-N-isoprop ylphosphoramidothioate; Isofenphos	25311-71-1	3018
461	O-乙基-O-（3-甲基-4-甲硫基）苯基-N-异丙氨基磷酸酯	苯线磷；灭线磷；力满库；苯胺磷；克线磷	O-Ethyl-O-（3-methyl-4-me thylthio）phenyl-N-isopro pylamino-phosphate; Phenamiphos; Nemacur	22224-92-6	3018

序号	中文名称		英文名称	CAS 号	UN 号
	化学名	别名			
462	O-乙基-O-（4-硝基苯基）苯基硫代膦酸酯（含量＞15%）	苯硫磷；伊皮恩	O-Ethyl-O-（4-nitrophenyl） phenylphosphonothioate; EPN	2104-64-5	3018，2783
463	O-乙基-O-2，4，5-三氯苯基乙基硫代磷酸酯（含量＞30%）	毒壤磷；壤虫磷	O-Ethyl-O-2，4，5-trichlor ophenyl ethylphosphonothioate; Trichloronate	327-98-0	3018
464	O-乙基-S-[2-（二异丙氨基）乙基]甲基硫代磷酸酯	维埃克斯	O-Ethyl S-2-diisopropylaminoethyl Methylphosphonothioate; VX	50782-69-9	2810
465	O-乙基-S-苯基乙基二硫代膦酸酯（含量＞6%）	地虫磷；地虫硫磷	O-Ethyl S-phenyl ethyldithiophosphonate; Fonofos;Dyfonate	944-22-9	3018
466	乙基二氯胂	二氯化乙基亚胂	Ethyldichloroarsine;Ethylarsono-us dichloride	598-14-1	1892
467	S-[2-（乙基磺酰基）乙基]-O，O-二甲基硫代磷酸酯	磺吸磷；二氧吸磷	S-[2-（ethylsulfonyl）ethy l]-O,O-Dimethyl phosphorothioate; Dioxydementon-s-methyl	17040-19-6	2783
468	S-2-乙基硫代乙基-O，O-二甲基二硫代磷酸酯	甲基乙拌磷；二甲硫吸磷；M-81，蚜克丁	S-2-Ethylthioethyl-O，O-d imethyl phosphorodithioate; Thiometon; Dithiomethon	640-15-3	3018
469	S-[2-（ 乙基亚磺酰基）乙基]-O，O-二甲基硫代磷酸酯	砜吸磷；甲基内吸磷亚砜	S-（2-（Ethylsulfinyl）ethyl）O，O-dimethylphosphorot hioate; Oxydemeton methyl	301-12-2	3018
470	乙醛	醋醛	Acetaldehyde; Acetyl aldehyde	75-07-0	1089
471	乙酸苯汞	赛力散；裕米农；龙汞	Phenylmercury acetate; PMA; Phenylmercuric acetate	62-38-4	1674
472	乙酸汞	醋酸汞	Mercuric acetate	1600-27-7	1629
473	乙酸铅	三水合醋酸铅（2＋）盐	Lead acetate; Acetic acid， lead（2+）salt， trihydrate	6080-56-4	1616
474	乙酸三乙基锡	三乙基乙酸锡	Acetoxytriethyl Stannane; Triethyltin acetate	1907-13-7	2788
475	乙酸亚汞	二（乙酸）二汞；醋酸汞（1＋）盐	Mercurous acetate; Dimercury di（acetate）; Acetic acid，mercury（1+）salt	631-60-7	
476	乙酸亚铊	醋酸亚铊	Thallous acetate	563-68-8	1707
477	乙烯砜	二乙烯砜	Vinyl Sulfone; Divinyl sulfone	77-77-0	2927
478	N-乙烯基吖丙啶	1-乙烯基氮丙啶	N-Vinylethyleneimine; 1-Vinyl aziridine	5628-99-9	2810
479	3-（α-乙酰甲基糠基)-4-羟基香豆素(含量＞80%)	克灭鼠；呋杀鼠灵；克杀鼠	3-（α-Acetonylfurfuryl）-4-hydroxycoumarin; Coumafuryl; Fumasol	117-52-2	3027
480	乙酰硫脲	1-乙酰-2-硫脲	Acetyl thiourea; 1-Acetyl-2-thiourea	591-08-2	2811
481	乙酰亚砷酸铜	巴黎绿；帝绿；祖母绿；翡翠绿	Copper acetoarsenite; Paris green; Imperial Green	12002-03-8	1585

序号	中文名称		英文名称	CAS 号	UN 号
	化学名	别名			
482	S-α-乙氧基羰基苄基-O，O-二甲基二硫代磷酸酯	稻丰散；甲基乙酸磷；益尔散；S-2940；爱乐散；益尔散	S-α-Ethoxycarbonylbenzyl-O，O-dimethyl phosphorodithioate; Phenthoate; Elsan	2597-03-7	2783，3018
483	S-（N-乙氧羰基-N-甲基-氨基甲酰甲基）O，O-二乙基二硫代磷酸酯（含量＞30%）	灭蚜磷；灭蚜硫磷	S-（N-Ethoxycarbony-N-methylcar-bamoylmethyl）O，O-diethylphosphorodithioate; Mecarbam	2595-54-2	3018
484	2，3-（异丙撑二氧）苯基-N-甲基氨基甲酸酯（含量＞65%）	恶虫威；苯恶威	2，3-（Isopropylidenedioxy）phenyl-N -methylcarbamate; Bendiocarb	22781-23-3	2757
485	1-异丙基-3-甲基-5-吡唑基-N，N-二甲基氨基甲酸酯（含量＞20%）	异索威；异兰；异索兰	1-Isopropyl-3-methyl-5-p yrazoly-N，N-dimethylcarb amate; Isolan	119-38-0	2992
486	3-异丙基苯基-N-氨基甲酸甲酯	间异丙威；虫草灵；间位叶蝉散	3-Isopropylphenyl N-methy lcarbamate; Compound 10854; UC 10854	64-00-6	2757
487	异丁腈	异丙基氰；2-甲基丙腈	Isobutyronitrile; Isopropyl cyanide; 2-Methylpropionitrile	78-82-0	2284
488	异硫氰酸烯丙酯	烯丙基异硫氰酸酯；人造芥子油；烯丙基芥子油	Isothiocyanic acid， allyl ester; Allyl isothiocyanate; Oil of mustard，artificial	57-06-7	1545
489	异氰酸苯酯	苯基异氰酸酯	Isocyanic acid phenyl ester; Phenyl isocyanate	103-71-9	2487
490	异氰酸甲酯	甲基异氰酸酯	Isocyanic acid， methyl ester; Methyl isocyanate	624-83-9	2480
491	油酸汞	9-十八（碳）烯酸（9Z）汞（2+）盐	Mercury oleate; 9-Octadecenoic acid （9Z）-， mercury（2+）salt	1911-80-6	1640
492	原藜芦碱 A	—	ProtoveratrineA	143-57-7	1544
493	月桂酸三丁基锡	三丁基（（1-氧十二烷基）氧）锡	Tributyl（lauroyloxy）stan nane; Tributyl（（1-oxododecyl）oxy）stannane	3090-36-6	
494	赭曲毒素	棕曲霉毒素	Ochratoxin	37203-43-3	
495	赭曲毒素 A	棕曲霉毒素 A	Ochratoxin A	303-47-9	
496	直闪石石棉	—	Anthophyllite	77536-67-5	2590
497	重铬酸钠	红矾钠	Sodium dichromate; Sodium bichromate	10588-01-9	3086
498	左旋溶肉瘤素	左旋苯丙氨酸氮芥；米尔法兰	L-Sarcolysine; Melphalan	148-82-3	

建设项目环境影响评价分类管理名录

（2008年8月15日修订通过，2008年9月2日中华人民共和国环境保护部令第2号公布，自2008年10月1日起施行）

第一条 为了实施建设项目环境影响评价分类管理，根据《环境影响评价法》第十六条的规定，制定本名录。

第二条 国家根据建设项目对环境的影响程度，对建设项目的环境影响评价实行分类管理。

建设单位应当按照本名录的规定，分别组织编制环境影响报告书、环境影响报告表或者填报环境影响登记表。

第三条 本名录所称环境敏感区，是指依法设立的各级各类自然、文化保护地，以及对建设项目的某类污染因子或者生态影响因子特别敏感的区域，主要包括：

（一）自然保护区、风景名胜区、世界文化和自然遗产地、饮用水水源保护区；

（二）基本农田保护区、基本草原、森林公园、地质公园、重要湿地、天然林、珍稀濒危野生动植物天然集中分布区、重要水生生物的自然产卵场及索饵场、越冬场和洄游通道、天然渔场、资源性缺水地区、水土流失重点防治区、沙化土地封禁保护区、封闭及半封闭海域、富营养化水域；

（三）以居住、医疗卫生、文化教育、科研、行政办公等为主要功能的区域，文物保护单位，具有特殊历史、文化、科学、民族意义的保护地。

第四条 建设项目所处环境的敏感性质和敏感程度，是确定建设项目环境影响评价类别的重要依据。

建设涉及环境敏感区的项目，应当严格按照本名录确定其环境影响评价类别，不得擅自提高或者降低环境影响评价类别。环境影响评价文件应当就该项目对环境敏感区的影响作重点分析。

第五条 跨行业、复合型建设项目，其环境影响评价类别按其中单项等级最高的确定。

第六条 本名录未作规定的建设项目，其环境影响评价类别由省级环境保护行政主管部门根据建设项目的污染因子、生态影响因子特征及其所处环境的敏感性质和敏感程度提出建议，报国务院环境保护行政主管部门认定。

第七条 本名录由国务院环境保护行政主管部门负责解释，并适时修订公布。

第八条 本名录自2008年10月1日起施行。《建设项目环境保护分类管理名录》（国家环境保护总局令第14号）同时废止。

项目类别 \ 环评类别	报　告　书	报告表	登记表	本栏目环境敏感区含义
A　水利				
1.水库	库容 1 000 万立方米以上；涉及环境敏感区的	其他	—	（一）和（二）中的重要水生生物的自然产卵场及索饵场、越冬场和洄游通道
2.灌区	新建 5 万亩以上；改造 30 万亩以上	其他	—	
3.引水工程	跨流域调水；大中型河流引水；小型河流年总引水量超过天然年径流量 1/4 以上的；涉及环境敏感区的	其他	—	（一），（三）和（二）中的资源性缺水地区、重要水生生物的自然产卵场及索饵场、越冬场和洄游通道
4.防洪工程	新建大中型	其他	—	
5.地下水开采	日取水量 1 万立方米以上；涉及环境敏感区的	其他	—	（一）和（二）中的资源性缺水地区、重要湿地
B 农、林、牧、渔				
1.农业垦殖	5 000 亩以上；涉及环境敏感区的	其他	—	（一）和（二）中的基本草原、重要湿地、资源性缺水地区、水土流失重点防治区、富营养化水域
2.农田改造项目	—	涉及环境敏感区的	不涉及环境敏感区的	
3.农产品基地项目	涉及环境敏感区的	不涉及环境敏感区的	—	
4.经济林基地	原料林基地	其他	—	
5.森林采伐	皆伐	间伐	—	
6.防沙治沙工程	—	全部	—	
7.养殖场（区）	猪常年存栏量 3 000 头以上；肉牛常年存栏量 600 头以上；奶牛常年存栏量 500 头以上；家禽常年存栏量 10 万只以上；涉及环境敏感区的	其他	—	（一），（三）和（二）中的富营养化水域
8.围栏养殖	年存栏量折合 5 000 羊单位以上	年存栏量折合 5 000～500 羊单位	年存栏量折合 500 羊单位以下	
9.水产养殖项目	网箱、围网等投饵养殖，涉及环境敏感区的	其他	—	（一）和（二）中的封闭及半封闭海域、富营养化水域
10.农业转基因项目，物种引进项目	全部	—	—	
C　地质勘查				
1.基础地质勘查	—	全部	—	

项目类别 \ 环评类别	报告书	报告表	登记表	本栏目环境敏感区含义
2.水利、水电工程地质勘查	—	全部	—	
3.矿产地质勘查	—	全部	—	
D 煤炭				
1.煤层气开采	年生产能力1亿立方米以上；涉及环境敏感区的	其他	—	（一），（三）和（二）中的基本草原、水土流失重点防治区、沙化土地封禁保护区
2.煤炭开采	全部	—	—	
3.焦化	全部	—	—	
4.煤炭液化、气化	全部	—	—	
5.选煤、配煤	新建	改、扩建	—	
6.煤炭储存、集运	—	全部	—	
7.型煤、水煤浆生产	—	全部	—	
E 电力				
1.火力发电（包括热电）	全部	—	—	
2.水力发电	总装机1 000千瓦以上；抽水蓄能电站；涉及环境敏感区的	其他	—	（一）和（二）中的重要水生生物的自然产卵场及索饵场、越冬场和洄游通道
3.生物质发电	农林生物质直接燃烧或气化发电，生活垃圾焚烧发电	沼气发电，垃圾填埋气发电	—	
4.综合利用发电	利用矸石、油页岩、石油焦、污泥、蔗渣等发电	单纯利用余热、余压、余气（含瓦斯、煤层气）发电	—	
5.其他能源发电	潮汐发电；总装机容量50 000千瓦以上的风力发电，涉及环境敏感区的	利用地热、太阳能等发电；其他风力发电	—	（一）和（三）
6.送（输）变电工程	500千伏以上；330千伏以上，涉及环境敏感区的	其他	—	（一）和（三）
7.脱硫、脱硝等环保工程	海水脱硫	其他	—	
F 石油、天然气				
1.石油开采	全部	—	—	
2.天然气开采（含净化）	全部	—	—	
3.油库	总容量20万立方米以上；地下洞库	其他	—	
4.气库	地下气库	其他	—	
5.石油、天然气管线	200公里以上；涉及环境敏感区的	其他	—	（一），（三）和（二）中的基本农田保护区、地质公园、重要湿地、天然林

项目类别 \ 环评类别	报　告　书	报告表	登记表	本栏目环境敏感区含义
G　黑色金属				
1.采选	全部	—	—	
2.炼铁（含熔融还原）、球团及烧结	全部	—	—	
3.炼钢	全部	—	—	
4.铁合金制造和其他金属冶炼	全部	—	—	
5.压延加工	年产50万吨以上冷轧	其他	—	
H　有色金属				
1.采选	全部	—	—	
2.冶炼（含废金属冶炼）	全部	—	—	
3.合金制造	全部	—	—	
4.压延加工	—	全部	—	
I　金属制品				
1.表面处理及热处理加工	电镀；使用有机涂层、有钝化工艺的热镀锌	其他	—	
2.铸铁金属件制造	年产10万吨以上	年产10万～1万吨	年产1万吨以下	
3.金属制品加工制造	—	全部	—	
J　非金属矿采选及制品制造				
1.土砂石开采	年采10万立方米以上；涉及环境敏感区的	其他	—	（一）和（二）中的基本草原、沙化土地封禁保护区、水土流失重点防治区、重要水生生物的自然产卵场及索饵场、越冬场和洄游通道
2.化学矿采选	全部	—	—	
3.采盐	井盐	湖盐，海盐	—	
4.石棉及其他非金属矿采选	全部	—	—	
5.水泥制造	全部	—	—	
6.水泥粉磨站	年产100万吨以上	其他	—	
7.砼结构构件制造	—	年产50万立方米以上	其他	
8.石灰和石膏制造	—	全部	—	
9.石材加工	—	年加工1万立方米以上	其他	
10.人造石制造	—	全部	—	
11.砖瓦制造	—	全部	—	
12.玻璃及玻璃制品	日产玻璃500吨以上	其他	—	
13.玻璃纤维及玻璃纤维增强塑料制品	年产3万吨以上玻璃纤维	其他	—	

环评类别 项目类别	报　告　书	报告表	登记表	本栏目环境敏感区含义
14.陶瓷制品	年产 100 万平方米以上建筑陶瓷；年产 150 万件以上卫生陶瓷；年产 250 万件以上日用陶瓷	其他	—	
15.耐火材料及其制品	石棉制品；年产 5 000 吨以上岩棉	其他	—	
16.石墨及其他非金属矿物制品	石墨、碳素	其他	—	
K　机械、电子				
1.通用、专用设备制造	有电镀、喷漆工艺的	其他	—	
2.铁路运输设备制造	机车，车辆及动车组制造，发动机，零部件生产（含电镀、喷漆）	其他	—	
3.汽车、摩托车制造	整车制造、发动机；零部件生产（含电镀、喷漆）	其他	—	
4.自行车制造	有电镀、喷漆工艺的	其他	—	
5.船舶及浮动装置制造	金属船舶制造；拆船、修船	其他	—	
6.航空航天器制造	全部	—	—	
7.交通器材及其他交通运输设备制造	含电镀、喷漆工艺的	其他	—	
8.电气机械及器材制造	输配电及控制设备制造（含电镀、喷漆）；电池制造（无汞干电池除外）	其他	—	
9.仪器仪表及文化、办公用机械制造	有电镀、喷漆工艺的	其他	—	
10.彩管、玻壳，新型显示器件，光纤预制棒制造	全部	—	—	
11.集成电路生产，半导体器件生产	前工序生产	其他	—	
12.印刷电路板，电真空器件	印刷电路板	其他	—	
13.半导体材料，电子陶瓷，有机薄膜，荧光粉，贵金属粉	全部	—	—	
14.电子配件组装	—	有分割、焊接、有机溶剂清洗工艺的	其他	

项目类别＼环评类别	报　告　书	报告表	登记表	本栏目环境敏感区含义
L　石化、化工				
1.原油加工、天然气加工、油母页岩提炼原油、煤制原油、生物制油及其他石油制品	全部	—	—	
2.基本化学原料制造，肥料制造，涂料、染料、颜料、油墨及其类似产品制造，合成材料制造，专用化学品制造，饲料、食品添加剂、水处理剂等	全部	—	—	
3.农药制造	全部	—	—	
4.农药制剂分装、复配	—	全部	—	
5.日用化学品制造	全部	—	—	
6.单纯化学品混合、分装	—	全部	—	
M　医药				
1.化学药品制造，生物、生化制品制造	全部	—	—	
2.单纯药品分装、复配	—	全部	—	
3.中成药制造、中药饮片加工	含提炼工艺的	其他	—	
N　轻工				
1.粮食及饲料加工	年加工25万吨以上；含发酵工艺的	其他	—	
2.植物油加工	年加工油料30万吨以上的制油加工；年加工植物油10万吨以上的精炼加工	其他	—	
3.制糖	全部	—	—	
4.屠宰	年屠宰10万头畜类（或100万只禽类）以上	其他	—	
5.肉禽类加工	—	年加工2万吨以上	其他	
6.蛋品加工	—	新建	其他	

环评类别 项目类别	报　告　书	报告表	登记表	本栏目环境敏感区含义
7.水产品加工	年加工10万吨以上	年加工10万～2万吨；年加工2万吨以下，涉及环境敏感区的	其他	（一）和（三）
8.食盐加工	—	全部	—	
9.乳制品加工	年加工20万吨以上	其他	—	
10.调味品、发酵制品制造	味精、柠檬酸，赖氨酸、淀粉、淀粉糖等制品	其他	—	
11.酒精饮料及酒类制造	单纯勾兑除外的	单纯勾兑的	—	
12.果菜汁类及其他软饮料制造	原汁生产	其他	—	
13.其他食品制造	采用化学方法去皮的水果类罐头制造	其他	—	
14.卷烟	年产30万箱以上	其他	—	
15.锯材、木片加工，家具制造	有酸洗、磷化、电镀工艺的	其他	—	
16.人造板制造	年产20万立方米以上	其他	—	
17.竹、藤、棕、草制品制造	—	有化学处理工艺的	其他	
18.纸浆制造、造纸（含废纸造纸）	全部	—	—	
19.纸制品	—	有化学处理工艺的	其他	
20.印刷，文教、体育用品制造，磁材料制品	—	全部	—	
21.轮胎制造、再生橡胶制造、橡胶加工、橡胶制品翻新	全部	—	—	
22.塑料制品制造	人造革、发泡胶等涉及有毒原材料的	其他	—	
23.工艺品制造	有电镀工艺的	有喷漆工艺和机加工的	其他	
24.皮革、毛皮、羽毛（绒）制品	制革，毛皮鞣制	其他	—	
O　纺织化纤				
1.化学纤维制造	全部	—	—	
2.纺织品制造	有洗毛、染整、脱胶工段的；产生缫丝废水、精炼废水的	其他	—	
3.服装制造	有湿法印花、染色、水洗工艺的	年加工100万件以上的	其他	

项目类别 \ 环评类别	报告书	报告表	登记表	本栏目环境敏感区含义
4.鞋业制造	—	使用有机溶剂的	其他	
P 公路				
公路	三级以上等级公路；1 000 米以上的独立隧道；主桥长度 1 000 米以上的独立桥梁	三级以下等级公路，涉及环境敏感区的	其他	（一），（二）和（三）
Q 铁路				
1.新建（含增建）	新建；增建 100 公里以上；涉及环境敏感区的	其他	—	（一），（二）和（三）
2.既有铁路改扩建	200 公里以上电气化改造；涉及环境敏感区的	既有铁路提速扩能；其他	—	（一），（二）和（三）
3.枢纽	新、改、扩建大型枢纽	其他	—	
R 民航机场				
1.机场	新建；迁建；飞行区扩建，涉及环境敏感区的	航站区改扩建；其他	—	（三）
2.导航台站、供油工程、维修保障等配套工程	—	全部	—	
S 水运				
1.油气、液体化工码头	全部	—	—	（一）和（二）中的重要水生生物的自然产卵场及索饵场、越冬场和洄游通道、天然渔场
2.干散货、件杂、多用途码头	内河港口：单个泊位 1 000 吨级以上；沿海港口：单个泊位 1 万吨级以上；涉及环境敏感区的	其他	—	
3.集装箱专用码头	内河港口：单个泊位 3 000 吨级以上；海港：单个泊位 3 万吨级以上；涉及环境敏感区的	其他	—	
4.客运滚装码头	年客流量 20 万人次以上；年通过能力 10 万台（辆）以上；涉及环境敏感区的	其他	—	
5.铁路轮渡码头	全部	—	—	
6.航道工程、水运辅助工程	航道工程；防波堤、船闸、通航建筑物，涉及环境敏感区的	其他	—	（一）和（二）中的重要水生生物的自然产卵场及索饵场、越冬场和洄游通道、天然渔场
7.航电枢纽工程	全部	—	—	
8.中心渔港码头	涉及环境敏感区的	不涉及环境敏感区的	—	（一）和（二）中的重要水生生物的产卵场及索饵场、越冬场和洄游通道、天然渔场
T 城市交通设施				
1.轨道交通	全部	—	—	

环评类别 项目类别	报　告　书	报告表	登记表	本栏目环境敏感区含义
2.道路	新建、扩建	改建；绿化工程	其他	
3.桥梁、隧道	高架路；立交桥；隧道；跨越大江大河（通航段）、海湾的桥梁	其他	—	
U　城市基础设施及房地产				
1.煤气生产和供应	煤气生产	煤气供应	—	
2.城市天然气供应	—	全部	—	
3.热力生产和供应	燃煤、燃油锅炉总容量 65 吨/小时以上	其他	—	
4.自来水生产和供应	有引水工程的；日供水 20 万吨以上	其他	—	
5.生活污水集中处理	日处理 5 万吨以上	其他	—	
6.工业废水集中处理	全部	—	—	
7.海水淡化、其他水处理、利用	—	全部	—	
8.管网建设	—	全部	—	
9.生活垃圾集中转运站	—	全部	—	
10.生活垃圾集中处置	全部	—	—	
11.城镇粪便处理	—	日处理 30 吨以上	其他	
12.危险废物（含医疗废物）集中处置	全部	—	—	
13.仓储	涉及有毒、有害及危险品的仓储、物流配送	其他	—	
14.城镇河道、湖泊整治	涉及环境敏感区的	不涉及环境敏感区的	—	（一），（三）和（二）中的重要湿地、富营养化水域
15.废旧资源回收加工再生	废电子、电器产品、汽车拆解；废塑料	其他	—	
16.房地产开发、宾馆、酒店、办公用房	建筑面积 10 万平方米以上；别墅区	建筑面积 10 万～2 万平方米	建筑面积 2 万平方米以下	
V　社会事业与服务业				
1.学校、幼儿园、托儿所	在校师生 1 万人以上	在校师生 1 万～2 500 人	在校师生 2 500 人以下	
2.医院	全部	—	—	
3.专科防治所（站）	涉及环境敏感区的	不涉及环境敏感区的	—	（三）

环评类别 项目类别	报　告　书	报告表	登记表	本栏目环境敏感区含义
4.疾病控制中心	涉及环境敏感区的	不涉及环境敏感区的	—	（三）
5.卫生站（所）、血站、急救中心等	—	全部	—	
6.疗养院、福利院	—	全部	—	
7.专业实验室	P3、P4 生物安全实验室；转基因实验室	其他	—	
8.研发基地	新建	其他	—	
9.动物医院	—	全部	—	
10.体育场	容纳 5 万人以上	容纳 5 万人以下	—	
11.体育馆	容纳 1 万人以上	容纳 1 万人以下	—	
12.高尔夫球场、滑雪场、狩猎场、赛车场、跑马场、射击场、水上运动中心	高尔夫球场	其他	—	
13.展览馆、博物馆、美术馆、影剧院、音乐厅、文化馆、图书馆、档案馆、纪念馆	—	占地面积 3 万平方米以上	其他	
14.公园（含动物园、植物园、主题公园）	占地面积 10 万平方米以上	其他	—	
15.旅游开发	缆车、索道建设； 涉及环境敏感区的	其他	—	（一），（三）和（二）中的基本草原、重要湿地、天然林
16.影视基地建设	涉及环境敏感区的	不涉及环境敏感区的	—	（一），（三）和（二）中基本草原、森林公园、地质公园、重要湿地、天然林、珍稀濒危野生动植物天然集中分布区
17.影视拍摄、大型实景演出	—	涉及环境敏感区的	不涉及环境敏感区的	
18.胶片洗印厂	—	全部	—	
19.批发市场	占地面积 1 万平方米以上的农畜产品、矿产品、化工产品、建材及汽车市场；占地面积 5 万平方米以上的其他批发市场	其他	—	

环评类别 项目类别	报　告　书	报告表	登记表	本栏目环境敏感区含义
20.零售市场	营业面积5万平方米以上	营业面积5万～5 000平方米	营业面积5 000平方米以下	
21.餐饮场所	—	6个基准灶头以上，涉及环境敏感区的	其他	（三）
22.娱乐场所	—	营业面积1 000平方米以上	其他	
23.洗浴场所	—	营业面积1 000平方米以上	其他	
24.一般社区服务设施	—	—	全部	
25.驾驶员训练基地	—	全部	—	
26.公交枢纽、大型停车场	—	车位2 000个以上；涉及环境敏感区的	其他	（一）和（三）
27.长途客运站	—	新建	其他	
28.加油、加气站	—	涉及环境敏感区的	不涉及环境敏感区的	（一）和（三）
29.洗车场	—	营业面积1 000平方米以上；涉及环境敏感区的	其他	（一），（三）和（二）中基本农田保护区
30.汽车、摩托车维修场所	—	营业面积5 000平方米以上；涉及环境敏感区的	其他	
31.殡仪馆	涉及环境敏感区的	不涉及环境敏感区的	—	（一），（三）和（二）中基本农田保护区
32.陵园、公墓	—	涉及环境敏感区的	不涉及环境敏感区的	
W　核与辐射				
1.广播电台、差转台	中波50千瓦以上；短波100千瓦以上；涉及环境敏感区的	其他	—	（三）
2.电视塔台	100千瓦以上	其他	—	
3.卫星地球上行站	一站多台	一站单台	—	

项目类别＼环评类别	报　告　书	报告表	登记表	本栏目环境敏感区含义
4.雷达	多台雷达探测系统	单台雷达探测系统	—	
5.无线通讯	一址多台；多址发射系统	一址单台	—	
6.核动力厂（核电厂、核热电厂、核供气供热厂等），反应堆（研究堆、实验堆、临界装置等），铀矿开采、冶炼，核燃料生产、加工、贮存、后处理，高能加速器，放射性废物贮存、处理或处置，上述项目的退役	新建、扩建	改建（不增加源项），其他	不带放射性的实验室、试验装置	
7.铀矿地质勘探、退役治理	涉及环境敏感区的	不涉及环境敏感区的	—	（一），（三）和（二）中的基本农田保护区、基本草原、森林公园、地质公园、重要湿地、珍稀濒危野生动植物天然集中分布区、天然林
8.伴生放射性矿物资源的采选	年采1万吨以上；涉及环境敏感区的	其他	—	（一），（三）和（二）中的基本草原、水土流失重点防治区、沙化土地封禁保护区
9.伴生放射性矿物资源的冶炼加工	1 000吨/年以上；涉及环境敏感区的	其他	—	（一）和（三）
10.伴生放射性矿物资源的废渣处理、贮存和处置	涉及环境敏感区的	不涉及环境敏感区的	—	（一）和（三）
11.伴生放射性矿物资源的废渣再利用	1 000吨以上；涉及环境敏感区的	其他	—	（一）和（三）
12.放射性物质运输	C型、B（U）型、B（M）型及含有易裂变材料或六氟化铀的货包运输；特殊安排下的运输	A型货包运输	其他	

环评类别 项目类别	报告书	报告表	登记表	本栏目环境敏感区含义
13.核技术应用	生产放射性同位素的（制备PET用放射性药物的除外）；使用Ⅰ类放射源的（医疗使用的除外）；销售（含建造）、使用Ⅰ类射线装置的；甲级非密封放射性物质工作场所	制备PET用放射性药物的；销售Ⅰ类、Ⅱ类、Ⅲ类放射源的；销售非密封放射性物质；医疗使用Ⅰ类放射源的；使用Ⅱ类、Ⅲ类放射源的；生产、销售、使用Ⅱ类射线装置的；乙、丙级非密封放射性物质工作场所	销售、使用Ⅳ类、Ⅴ类放射源的；生产、销售、使用Ⅲ类射线装置的	
14.核技术应用项目退役	生产放射性同位素的（制备PET用放射性药物的除外）；甲级非密封放射性物质工作场所	制备PET用放射性药物的；乙、丙级非密封放射性物质工作场所；使用Ⅰ类、Ⅱ类、Ⅲ类放射源；使用Ⅰ类、Ⅱ类射线装置存在污染的	—	

废弃危险化学品污染环境防治办法

（2005年8月18日国家环境保护总局第十四次局务会议通过，
2005年8月30日国家环境保护总局令第27号公布，自2005年10月1日起施行）

第一条 为了防治废弃危险化学品污染环境，根据《固体废物污染环境防治法》、《危险化学品安全管理条例》和有关法律、法规，制定本办法。

第二条 本办法所称废弃危险化学品，是指未经使用而被所有人抛弃或者放弃的危险化学品，淘汰、伪劣、过期、失效的危险化学品，由公安、海关、质检、工商、农业、安全监管、环保等主管部门在行政管理活动中依法收缴的危险化学品以及接收的公众上交的危险化学品。

废弃危险化学品属于危险废物，列入国家危险废物名录。

第三条 本办法适用于中华人民共和国境内废弃危险化学品的产生、收集、运输、贮存、利用、处置活动污染环境的防治。

实验室产生的废弃试剂、药品污染环境的防治，也适用本办法。

盛装废弃危险化学品的容器和受废弃危险化学品污染的包装物，按照危险废物进行管理。

本办法未作规定的，适用有关法律、行政法规的规定。

第四条 废弃危险化学品污染环境的防治，实行减少废弃危险化学品的产生量、安全合理利用废弃危险化学品和无害化处置废弃危险化学品的原则。

第五条 国家鼓励、支持采取有利于废弃危险化学品回收利用活动的经济、技术政策和措施，对废弃危险化学品实行充分回收和安全合理利用。

国家鼓励、支持集中处置废弃危险化学品，促进废弃危险化学品污染防治产业化发展。

第六条 国务院环境保护部门对全国废弃危险化学品污染环境的防治工作实施统一监督管理。

县级以上地方环境保护部门对本行政区域内废弃危险化学品污染环境的防治工作实施监督管理。

第七条 禁止任何单位或者个人随意弃置废弃危险化学品。

第八条 危险化学品生产者、进口者、销售者、使用者对废弃危险化学品承担污染防治责任。

危险化学品生产者应当合理安排生产项目和规模，遵守国家有关产业政策和环境政策，尽量减少废弃危险化学品的产生量。

危险化学品生产者负责自行或者委托有相应经营类别和经营规模的持有危险废物经营许可证的单位，对废弃危险化学品进行回收、利用、处置。

危险化学品进口者、销售者、使用者负责委托有相应经营类别和经营规模的持有危险废物经营许可证的单位，对废弃危险化学品进行回收、利用、处置。

危险化学品生产者、进口者、销售者负责向使用者和公众提供废弃危险化学品回收、利用、处置单位和回收、利用、处置方法的信息。

第九条 产生废弃危险化学品的单位，应当建立危险化学品报废管理制度，制定废弃危险化学品管理计划并依法报环境保护部门备案，建立废弃危险化学品的信息登记档案。

产生废弃危险化学品的单位应当依法向所在地县级以上地方环境保护部门申报废弃危险化学品的种类、品名、成分或组成、特性、产生量、流向、贮存、利用、处置情况、化学品安全技术说明书等信息。

前款事项发生重大改变的，应当及时进行变更申报。

第十条 省级环境保护部门应当建立废弃危险化学品信息交换平台，促进废弃危险化学品的回收和安全合理利用。

第十一条 从事收集、贮存、利用、处置废弃危险化学品经营活动的单位，应当按照国家有关规定向所在地省级以上环境保护部门申领危险废物经营许可证。

危险化学品生产单位回收利用、处置与其产品同种的废弃危险化学品的，应当向所在地省级以上环境保护部门申领危险废物经营许可证，并提供符合下列条件的证明材料：

（一）具备相应的生产能力和完善的管理制度；

（二）具备回收利用、处置该种危险化学品的设施、技术和工艺；

（三）具备国家或者地方环境保护标准和安全要求的配套污染防治设施和事故应急救援措施。

禁止无危险废物经营许可证或者不按照经营许可证规定从事废弃危险化学品收集、贮存、利用、处置的经营活动。

第十二条 回收、利用废弃危险化学品的单位，必须保证回收、利用废弃危险化学品的设施、设备和场所符合国家环境保护有关法律法规及标准的要求，防止产生二次污染；对不能利用的废弃危险化学品，应当按照国家有关规定进行无害化处置或者承担处置费用。

第十三条 产生废弃危险化学品的单位委托持有危险废物经营许可证的单位收集、贮存、利用、处置废弃危险化学品的，应当向其提供废弃危险化学品的品名、数量、成分或组成、特性、化学品安全技术说明书等技术资料。

接收单位应当对接收的废弃危险化学品进行核实；未经核实的，不得处置；经核实不符的，应当在确定其品种、成分、特性后再进行处置。

禁止将废弃危险化学品提供或者委托给无危险废物经营许可证的单位从事收集、贮存、利用、处置等经营活动。

第十四条 危险化学品的生产、储存、使用单位转产、停产、停业或者解散的，应当按照《危险化学品安全管理条例》有关规定对危险化学品的生产或者储存设备、库存产品及生产原料进行妥善处置，并按照国家有关环境保护标准和规范，对厂区的土壤和地下水进行检测，编制环境风险评估报告，报县级以上环境保护部门备案。

对场地造成污染的，应当将环境恢复方案报经县级以上环境保护部门同意后，在环境保护部门规定的期限内对污染场地进行环境恢复。对污染场地完成环境恢复后，应当委托环境保护检测机构对恢复后的场地进行检测，并将检测报告报县级以上环境保护部门备案。

第十五条　对废弃危险化学品的容器和包装物以及收集、贮存、运输、处置废弃危险化学品的设施、场所，必须设置危险废物识别标志。

第十六条　转移废弃危险化学品的，应当按照国家有关规定填报危险废物转移联单；跨设区的市级以上行政区域转移的，并应当依法报经移出地设区的市级以上环境保护部门批准后方可转移。

第十七条　公安、海关、质检、工商、农业、安全监管、环保等主管部门在行政管理活动中依法收缴或者接收的废弃危险化学品，应当委托有相应经营类别和经营规模的持有危险废物经营许可证的单位进行回收、利用、处置。

对收缴的废弃危险化学品有明确责任人的，处置费用由责任人承担，由收缴的行政管理部门负责追缴；对收缴的废弃危险化学品无明确责任人或者责任人无能力承担处置费用的，以及接收的公众上交的废弃危险化学品，由收缴的行政管理部门负责向本级财政申请处置费用。

第十八条　产生、收集、贮存、运输、利用、处置废弃危险化学品的单位，其主要负责人必须保证本单位废弃危险化学品的管理符合有关法律、法规、规章的规定和国家标准的要求，并对本单位废弃危险化学品的环境安全负责。

从事废弃危险化学品收集、贮存、运输、利用、处置活动的人员，必须接受有关环境保护法律法规、专业技术和应急救援等方面的培训，方可从事该项工作。

第十九条　产生、收集、贮存、运输、利用、处置废弃危险化学品的单位，应当制定废弃危险化学品突发环境事件应急预案报县级以上环境保护部门备案，建设或配备必要的环境应急设施和设备，并定期进行演练。

发生废弃危险化学品事故时，事故责任单位应当立即采取措施消除或者减轻对环境的污染危害，及时通报可能受到污染危害的单位和居民，并按照国家有关事故报告程序的规定，向所在地县级以上环境保护部门和有关部门报告，接受调查处理。

第二十条　县级以上环境保护部门有权对本行政区域内产生、收集、贮存、运输、利用、处置废弃危险化学品的单位进行监督检查，发现有违反本办法行为的，应当责令其限期整改。检查情况和处理结果应当予以记录，并由检查人员签字后归档。

被检查单位应当接受检查机关依法实施的监督检查，如实反映情况，提供必要的资料，不得拒绝、阻挠。

第二十一条　县级以上环境保护部门违反本办法规定，不依法履行监督管理职责的，由本级人民政府或者上一级环境保护部门依据《固体废物污染环境防治法》第六十七条规定，责令改正，对负有责任的主管人员和其他直接责任人员依法给予行政处分；构成犯罪的，依法追究刑事责任。

第二十二条　违反本办法规定，有下列行为之一的，由县级以上环境保护部门依据《固体废物污染环境防治法》第七十五条规定予以处罚：

（一）随意弃置废弃危险化学品的；

（二）不按规定申报登记废弃危险化学品，或者在申报登记时弄虚作假的；

（三）将废弃危险化学品提供或者委托给无危险废物经营许可证的单位从事收集、

贮存、利用、处置经营活动的；

（四）不按照国家有关规定填写危险废物转移联单或未经批准擅自转移废弃危险化学品的；

（五）未设置危险废物识别标志的；

（六）未制定废弃危险化学品突发环境事件应急预案的。

第二十三条 违反本办法规定的，不处置其产生的废弃危险化学品或者不承担处置费用的，由县级以上环境保护部门依据《固体废物污染环境防治法》第七十六条规定予以处罚。

第二十四条 违反本办法规定，无危险废物经营许可证或者不按危险废物经营许可证从事废弃危险化学品收集、贮存、利用和处置经营活动的，由县级以上环境保护部门依据《固体废物污染环境防治法》第七十七条规定予以处罚。

第二十五条 危险化学品的生产、储存、使用单位在转产、停产、停业或者解散时，违反本办法规定，有下列行为之一的，由县级以上环境保护部门责令限期改正，处以一万元以上三万元以下罚款：

（一）未按照国家有关环境保护标准和规范对厂区的土壤和地下水进行检测的；

（二）未编制环境风险评估报告并报县级以上环境保护部门备案的；

（三）未将环境恢复方案报经县级以上环境保护部门同意进行环境恢复的；

（四）未将环境恢复后的检测报告报县级以上环境保护部门备案的。

第二十六条 违反本办法规定，造成废弃危险化学品严重污染环境的，由县级以上环境保护部门依据《固体废物污染环境防治法》第八十一条规定决定限期治理，逾期未完成治理任务的，由本级人民政府决定停业或者关闭。

造成环境污染事故的，依据《固体废物污染环境防治法》第八十二条规定予以处罚；构成犯罪的，依法追究刑事责任。

第二十七条 违反本办法规定，拒绝、阻挠环境保护部门现场检查的，由执行现场检查的部门责令限期改正；拒不改正或者在检查时弄虚作假的，由县级以上环境保护部门依据《固体废物污染环境防治法》第七十条规定予以处罚。

第二十八条 当事人逾期不履行行政处罚决定的，作出行政处罚决定的环境保护部门可以采取下列措施：

（一）到期不缴纳罚款的，每日按罚款数额的百分之三加处罚款；

（二）申请人民法院强制执行。

第二十九条 本办法自 2005 年 10 月 1 日起施行。

污染源自动监控管理办法

（2005年7月7日国家环境保护总局第十次局务会议通过，2005年9月19日国家环境保护总局令第28号公布，自2005年11月1日起施行）

第一章 总 则

第一条 为加强污染源监管，实施污染物排放总量控制与排污许可证制度和排污收费制度，预防污染事故，提高环境管理科学化、信息化水平，根据《水污染防治法》、《大气污染防治法》、《环境噪声污染防治法》、《水污染防治法实施细则》、《建设项目环境保护管理条例》和《排污费征收使用管理条例》等有关环境保护法律法规，制定本办法。

第二条 本办法适用于重点污染源自动监控系统的监督管理。

重点污染源水污染物、大气污染物和噪声排放自动监控系统的建设、管理和运行维护，必须遵守本办法。

第三条 本办法所称自动监控系统，由自动监控设备和监控中心组成。

自动监控设备是指在污染源现场安装的用于监控、监测污染物排放的仪器、流量（速）计、污染治理设施运行记录仪和数据采集传输仪等仪器、仪表，是污染防治设施的组成部分。

监控中心是指环境保护部门通过通信传输线路与自动监控设备连接用于对重点污染源实施自动监控的计算机软件和设备等。

第四条 自动监控系统经环境保护部门检查合格并正常运行的，其数据作为环境保护部门进行排污申报核定、排污许可证发放、总量控制、环境统计、排污费征收和现场环境执法等环境监督管理的依据，并按照有关规定向社会公开。

第五条 国家环境保护总局负责指导全国重点污染源自动监控工作，制定有关工作制度和技术规范。

地方环境保护部门根据国家环境保护总局的要求按照统筹规划、保证重点、兼顾一般、量力而行的原则，确定需要自动监控的重点污染源，制订工作计划。

第六条 环境监察机构负责以下工作：

（一）参与制定工作计划，并组织实施；

（二）核实自动监控设备的选用、安装、使用是否符合要求；

（三）对自动监控系统的建设、运行和维护等进行监督检查；

（四）本行政区域内重点污染源自动监控系统联网监控管理；

（五）核定自动监控数据，并向同级环境保护部门和上级环境监察机构等联网报送；

（六）对不按照规定建立或者擅自拆除、闲置、关闭及不正常使用自动监控系统的排污单位提出依法处罚的意见。

第七条 环境监测机构负责以下工作：

（一）指导自动监控设备的选用、安装和使用；

（二）对自动监控设备进行定期比对监测，提出自动监控数据有效性的意见。

第八条 环境信息机构负责以下工作：

（一）指导自动监控系统的软件开发；

（二）指导自动监控系统的联网，核实自动监控系统的联网是否符合国家环境保护总局制定的技术规范；

（三）协助环境监察机构对自动监控系统的联网运行进行维护管理。

第九条 任何单位和个人都有保护自动监控系统的义务，并有权对闲置、拆除、破坏以及擅自改动自动监控系统参数和数据等不正常使用自动监控系统的行为进行举报。

第二章 自动监控系统的建设

第十条 列入污染源自动监控计划的排污单位，应当按照规定的时限建设、安装自动监控设备及其配套设施，配合自动监控系统的联网。

第十一条 新建、改建、扩建和技术改造项目应当根据经批准的环境影响评价文件的要求建设、安装自动监控设备及其配套设施，作为环境保护设施的组成部分，与主体工程同时设计、同时施工、同时投入使用。

第十二条 建设自动监控系统必须符合下列要求：

（一）自动监控设备中的相关仪器应当选用经国家环境保护总局指定的环境监测仪器检测机构适用性检测合格的产品；

（二）数据采集和传输符合国家有关污染源在线自动监控（监测）系统数据传输和接口标准的技术规范；

（三）自动监控设备应安装在符合环境保护规范要求的排污口；

（四）按照国家有关环境监测技术规范，环境监测仪器的比对监测应当合格；

（五）自动监控设备与监控中心能够稳定联网；

（六）建立自动监控系统运行、使用、管理制度。

第十三条 自动监控设备的建设、运行和维护经费由排污单位自筹，环境保护部门可以给予补助；监控中心的建设和运行、维护经费由环境保护部门编报预算申请经费。

第三章 自动监控系统的运行、维护和管理

第十四条 自动监控系统的运行和维护，应当遵守以下规定：

（一）自动监控设备的操作人员应当按国家相关规定，经培训考核合格，持证上岗；

（二）自动监控设备的使用、运行、维护符合有关技术规范；

（三）定期进行比对监测；

（四）建立自动监控系统运行记录；

（五）自动监控设备因故障不能正常采集、传输数据时，应当及时检修并向环境监察机构报告，必要时应当采用人工监测方法报送数据。

自动监控系统由第三方运行和维护的，接受委托的第三方应当依据《环境污染治理设施运营资质许可管理办法》的规定，申请取得环境污染治理设施运营资质证书。

第十五条 自动监控设备需要维修、停用、拆除或者更换的，应当事先报经环境监

察机构批准同意。

环境监察机构应当自收到排污单位的报告之日起 7 日内予以批复；逾期不批复的，视为同意。

第四章 罚 则

第十六条 违反本办法规定，现有排污单位未按规定的期限完成安装自动监控设备及其配套设施的，由县级以上环境保护部门责令限期改正，并可处 1 万元以下的罚款。

第十七条 违反本办法规定，新建、改建、扩建和技术改造的项目未安装自动监控设备及其配套设施，或者未经验收或者验收不合格的，主体工程即正式投入生产或者使用的，由审批该建设项目环境影响评价文件的环境保护部门依据《建设项目环境保护管理条例》责令停止主体工程生产或者使用，可以处 10 万元以下的罚款。

第十八条 违反本办法规定，有下列行为之一的，由县级以上地方环境保护部门按以下规定处理：

（一）故意不正常使用水污染物排放自动监控系统，或者未经环境保护部门批准，擅自拆除、闲置、破坏水污染物排放自动监控系统，排放污染物超过规定标准的；

（二）不正常使用大气污染物排放自动监控系统，或者未经环境保护部门批准，擅自拆除、闲置、破坏大气污染物排放自动监控系统的；

（三）未经环境保护部门批准，擅自拆除、闲置、破坏环境噪声排放自动监控系统，致使环境噪声排放超过规定标准的。

有前款第（一）项行为的，依据《水污染防治法》第四十八条和《水污染防治法实施细则》第四十一条的规定，责令恢复正常使用或者限期重新安装使用，并处 10 万元以下的罚款；有前款第（二）项行为的，依据《大气污染防治法》第四十六条的规定，责令停止违法行为，限期改正，给予警告或者处 5 万元以下罚款；有前款第（三）项行为的，依据《环境噪声污染防治法》第五十条的规定，责令改正，处 3 万元以下罚款。

第五章 附 则

第十九条 本办法自 2005 年 11 月 1 日起施行。

建设项目环境影响评价行为准则与廉政规定

（2005年11月2日国家环境保护总局第二十一次局务会议通过，2005年11月23日国家环境保护总局令第30号公布，自2006年1月1日起施行）

第一章 总 则

第一条 为规范建设项目环境影响评价行为，加强建设项目环境影响评价管理和廉政建设，保证建设项目环境保护管理工作廉洁高效依法进行，制定本规定。

第二条 本规定适用于建设项目环境影响评价、技术评估、竣工环境保护验收监测或验收调查（以下简称“验收监测或调查”）工作，以及建设项目环境影响评价文件审批和建设项目竣工环境保护验收的行为。

第三条 承担建设项目环境影响评价、技术评估、验收监测或调查工作的单位和个人，以及环境保护行政主管部门及其工作人员，应当遵守国家有关法律、法规、规章、政策和本规定的要求，坚持廉洁、独立、客观、公正的原则，并自觉接受有关方面的监督。

第二章 行为准则

第四条 承担建设项目环境影响评价工作的机构（以下简称“评价机构”）或者其环境影响评价技术人员，应当遵守下列规定：

（一）评价机构及评价项目负责人应当对环境影响评价结论负责；

（二）建立严格的环境影响评价文件质量审核制度和质量保证体系，明确责任，落实环境影响评价质量保证措施，并接受环境保护行政主管部门的日常监督检查；

（三）不得为违反国家产业政策以及国家明令禁止建设的建设项目进行环境影响评价；

（四）必须依照有关的技术规范要求编制环境影响评价文件；

（五）应当严格执行国家和地方规定的收费标准，不得随意抬高或压低评价费用或者采取其他不正当竞争手段；

（六）评价机构应当按照相应环境影响评价资质等级、评价范围承担环境影响评价工作，不得无任何正当理由拒绝承担环境影响评价工作；

（七）不得转包或者变相转包环境影响评价业务，不得转让环境影响评价资质证书；

（八）应当为建设单位保守技术秘密和业务秘密；

（九）在环境影响评价工作中不得隐瞒真实情况、提供虚假材料、编造数据或者实施其他弄虚作假行为；

（十）应当按照环境保护行政主管部门的要求，参加其所承担环境影响评价工作的建设项目竣工环境保护验收工作，并如实回答验收委员会（组）提出的问题；

（十一）不得进行其他妨碍环境影响评价工作廉洁、独立、客观、公正的活动。

第五条 承担环境影响评价技术评估工作的单位（以下简称“技术评估机构”）或者其技术评估人员、评审专家等，应当遵守下列规定：

（一）技术评估机构及其主要负责人应当对环境影响评价文件的技术评估结论负责；

（二）应当以科学态度和方法，严格依照技术评估工作的有关规定和程序，实事求是，独立、客观、公正地对项目做出技术评估或者提出意见，并接受环境保护行政主管部门的日常监督检查；

（三）禁止索取或收受建设单位、评价机构或个人馈赠的财物或给予的其他不当利益，不得让建设单位、评价机构或个人报销应由评估机构或者其技术评估人员、评审专家个人负担的费用（按有关规定收取的咨询费等除外）；

（四）禁止向建设单位、评价机构或个人提出与技术评估工作无关的要求或暗示，不得接受邀请，参加旅游、社会营业性娱乐场所的活动以及任何赌博性质的活动；

（五）技术评估人员、评审专家不得以个人名义参加环境影响报告书编制工作或者对环境影响评价大纲和环境影响报告书提供咨询；承担技术评估工作时，与建设单位、评价机构或个人有直接利害关系的，应当回避；

（六）技术评估人员、评审专家不得泄露建设单位、评价机构或个人的技术秘密和业务秘密以及评估工作内情，不得擅自对建设单位、评价机构或个人作出与评估工作有关的承诺；

（七）技术评估人员在技术评估工作中，不得接受咨询费、评审费、专家费等相关费用；

（八）不得进行其他妨碍技术评估工作廉洁、独立、客观、公正的活动。

第六条 承担验收监测或调查工作的单位及其验收监测或调查人员，应当遵守下列规定：

（一）验收监测或调查单位及其主要负责人应当对建设项目竣工环境保护验收监测报告或验收调查报告结论负责；

（二）建立严格的质量审核制度和质量保证体系，严格按照国家有关法律法规规章、技术规范和技术要求，开展验收监测或调查工作和编制验收监测或验收调查报告，并接受环境保护行政主管部门的日常监督检查；

（三）验收监测报告或验收调查报告应当如实反映建设项目环境影响评价文件的落实情况及其效果；

（四）禁止泄露建设项目技术秘密和业务秘密；

（五）在验收监测或调查过程中不得隐瞒真实情况、提供虚假材料、编造数据或者实施其他弄虚作假行为；

（六）验收监测或调查收费应当严格执行国家和地方有关规定；

（七）不得在验收监测或调查工作中为个人谋取私利；

（八）不得进行其他妨碍验收监测或调查工作廉洁、独立、客观、公正的行为。

第七条 建设单位应当依法开展环境影响评价，办理建设项目环境影响评价文件的审批手续，接受并配合技术评估机构的评估、验收监测或调查单位的监测或调查，按要求提供与项目有关的全部资料和信息。

建设单位应当遵守下列规定：

（一）不得在建设项目环境影响评价、技术评估、验收监测或调查和环境影响评价文件审批及环境保护验收过程中隐瞒真实情况、提供虚假材料、编造数据或者实施其他弄虚作假行为；

（二）不得向组织或承担建设项目环境影响评价、技术评估、验收监测或调查和环境影响评价文件审批及环境保护验收工作的单位或个人馈赠或者许诺馈赠财物或给予其他不当利益；

（三）不得进行其他妨碍建设项目环境影响评价、技术评估、验收监测或调查和环境影响评价文件审批及环境保护验收工作廉洁、独立、客观、公正开展的活动。

第三章　廉政规定

第八条　环境保护行政主管部门应当坚持标本兼治、综合治理、惩防并举、注重预防的方针，建立健全教育、制度、监督并重的惩治和预防腐败体系。

环境保护行政主管部门的工作人员在环境影响评价文件审批和环境保护验收工作中应当遵循政治严肃、纪律严明、作风严谨、管理严格和形象严整的原则，在思想上、政治上、言论上、行动上与党中央保持一致，立党为公、执政为民，坚决执行廉政建设规定，开展反腐倡廉活动，严格依法行政，严格遵守组织纪律，密切联系群众，自觉维护公务员形象。

第九条　在建设项目环境影响评价文件审批及环境保护验收工作中，环境保护行政主管部门及其工作人员应当遵守下列规定：

（一）不得利用工作之便向任何单位指定评价机构，推销环保产品，引荐环保设计、环保设施运营单位，参与有偿中介活动；

（二）不得接受咨询费、评审费、专家费等一切相关费用；

（三）不得参加一切与建设项目环境影响评价文件审批及环境保护验收工作有关的，或由公款支付的宴请；

（四）不得利用工作之便吃、拿、卡、要，收取礼品、礼金、有价证券或物品，或以权谋私搞交易；

（五）不得参与用公款支付的一切娱乐消费活动，严禁参加不健康的娱乐活动；

（六）不得在接待来访或电话咨询中出现冷漠、生硬、蛮横、推诿等态度；

（七）不得有越权、渎职、徇私舞弊，或违反办事公平、公正、公开要求的行为；

（八）不得进行其他妨碍建设项目环境影响评价文件审批及环境保护验收工作廉洁、独立、客观、公正的活动。

第四章　监督检查与责任追究

第十条　环境保护行政主管部门按照建设项目环境影响评价文件的审批权限，对建设项目环境影响评价、技术评估、验收监测或调查工作进行监督检查。

驻环境保护行政主管部门的纪检监察部门对建设项目环境影响评价文件审批和环境保护验收工作，进行监督检查。

上一级环境保护行政主管部门应对下一级环境保护行政主管部门的建设项目环境影

响评价文件审批和环境保护验收工作，进行监督检查。

第十一条 对建设项目环境影响评价、技术评估、验收监测或调查和建设项目环境影响评价文件审批、环境保护验收工作的监督检查工作，可以采取经常性监督检查和专项性监督检查的形式。

经常性监督检查是指对建设项目环境影响评价、技术评估、验收监测或调查和建设项目环境影响评价文件审批、环境保护验收工作进行全过程的监督检查。

专项性监督检查是指对建设项目环境影响评价、技术评估、验收监测或调查和建设项目环境影响评价文件审批、环境保护验收工作的某个环节或某类项目进行监督检查。

对于重大项目的环境影响评价、技术评估、验收监测或调查和建设项目环境影响评价文件审批、环境保护验收工作，应当采取专项性监督检查方式。

第十二条 任何单位和个人发现建设项目环境影响评价、技术评估、验收监测或调查和建设项目环境影响评价文件审批、环境保护验收工作中存在问题的，可以向环境保护行政主管部门或者纪检监察部门举报和投诉。

对举报或投诉，应当按照下列规定处理：

（一）对署名举报的，应当为举报人保密。在对反映的问题调查核实、依法做出处理后，应当将核实、处理结果告知举报人并听取意见。对捏造事实，进行诬告陷害的，应依据有关规定处理。

（二）对匿名举报的材料，有具体事实的，应当进行初步核实，并确定处理办法，对重要问题的处理结果，应当在适当范围内通报；没有具体事实的，可登记留存。

（三）对投诉人的投诉，应当严格按照信访工作的有关规定及时办理。

第十三条 环境保护行政主管部门对建设项目环境影响评价、技术评估、验收监测或调查和建设项目环境影响评价文件审批、环境保护验收工作进行监督检查时，可以采取下列方式：

（一）听取各方当事人的汇报或意见；

（二）查阅与活动有关的文件、合同和其他有关材料；

（三）向有关单位和个人调查核实；

（四）其他适当方式。

第十四条 评价机构违反本规定的，依照《环境影响评价法》、《建设项目环境保护管理条例》和《建设项目环境影响评价资质管理办法》以及其他有关法律法规的规定，视情节轻重，分别给予警告、通报批评、责令限期整改、缩减评价范围、降低资质等级或者取消评价资质，并采取适当方式向社会公布。

第十五条 技术评估机构违反本规定的，由环境保护行政主管部门责令改正，并根据情节轻重，给予警告、通报批评、宣布评估意见无效或者取消该技术评估机构承担评估任务的资格。

第十六条 验收监测或调查单位违反本规定的，按照《建设项目竣工环境保护验收管理办法》的有关规定予以处罚。

第十七条 从事环境影响评价、技术评估、验收监测或调查工作的人员违反本规定，依照国家法律法规规章或者其他有关规定给予行政处分或者纪律处分；非法收受财物的，按照国家有关规定没收、追缴或责令退还所收受财物；构成犯罪的，依法移送司法机关追究刑事责任。

其中，对取得环境影响评价工程师职业资格证书的人员，可以按照环境影响评价工程师职业资格管理的有关规定，予以通报批评、暂停业务或注销登记；对技术评估机构的评估人员或评估专家，可以取消其承担或参加技术评估工作的资格。

第十八条 建设单位违反本规定的，环境保护行政主管部门应当责令改正，并根据情节轻重，给予记录不良信用、给予警告、通报批评，并采取适当方式向社会公布。

第十九条 环境保护行政主管部门违反本规定的，按照《环境影响评价法》、《建设项目环境保护管理条例》和有关环境保护违法违纪行为处分办法以及其他有关法律法规规章的规定给予处理。

环境保护行政主管部门的工作人员违反本规定的，按照《环境影响评价法》、《建设项目环境保护管理条例》和有关环境保护违法违纪行为处分办法以及其他有关法律法规规章的规定给予行政处分；构成犯罪的，依法移送司法机关追究刑事责任。

第五章　附　则

第二十条 规划环境影响评价行为准则与廉政规定可参照本规定执行。

第二十一条 本规定自 2006 年 1 月 1 日起施行。

建设项目环境影响评价文件分级审批规定

（2008年12月11日修订通过，2009年1月6日中华人民共和国环境保护部令第5号公布，自2009年3月1日起施行）

第一条 为进一步加强和规范建设项目环境影响评价文件审批，提高审批效率，明确审批权责，根据《环境影响评价法》等有关规定，制定本规定。

第二条 建设对环境有影响的项目，不论投资主体、资金来源、项目性质和投资规模，其环境影响评价文件均应按照本规定确定分级审批权限。

有关海洋工程和军事设施建设项目的环境影响评价文件的分级审批，依据有关法律和行政法规执行。

第三条 各级环境保护部门负责建设项目环境影响评价文件的审批工作。

第四条 建设项目环境影响评价文件的分级审批权限，原则上按照建设项目的审批、核准和备案权限及建设项目对环境的影响性质和程度确定。

第五条 环境保护部负责审批下列类型的建设项目环境影响评价文件：

（一）核设施、绝密工程等特殊性质的建设项目；

（二）跨省、自治区、直辖市行政区域的建设项目；

（三）由国务院审批或核准的建设项目，由国务院授权有关部门审批或核准的建设项目，由国务院有关部门备案的对环境可能造成重大影响的特殊性质的建设项目。

第六条 环境保护部可以将法定由其负责审批的部分建设项目环境影响评价文件的审批权限，委托给该项目所在地的省级环境保护部门，并应当向社会公告。

受委托的省级环境保护部门，应当在委托范围内，以环境保护部的名义审批环境影响评价文件。

受委托的省级环境保护部门不得再委托其他组织或者个人。

环境保护部应当对省级环境保护部门根据委托审批环境影响评价文件的行为负责监督，并对该审批行为的后果承担法律责任。

第七条 环境保护部直接审批环境影响评价文件的建设项目的目录、环境保护部委托省级环境保护部门审批环境影响评价文件的建设项目的目录，由环境保护部制定、调整并发布。

第八条 第五条规定以外的建设项目环境影响评价文件的审批权限，由省级环境保护部门参照第四条及下述原则提出分级审批建议，报省级人民政府批准后实施，并抄报环境保护部。

（一）有色金属冶炼及矿山开发、钢铁加工、电石、铁合金、焦炭、垃圾焚烧及发电、制浆等对环境可能造成重大影响的建设项目环境影响评价文件由省级环境保护部门负责审批。

（二）化工、造纸、电镀、印染、酿造、味精、柠檬酸、酶制剂、酵母等污染较重的建设项目环境影响评价文件由省级或地级市环境保护部门负责审批。

（三）法律和法规关于建设项目环境影响评价文件分级审批管理另有规定的，按照有关规定执行。

第九条 建设项目可能造成跨行政区域的不良环境影响，有关环境保护部门对该项目的环境影响评价结论有争议的，其环境影响评价文件由共同的上一级环境保护部门审批。

第十条 下级环境保护部门超越法定职权、违反法定程序或者条件做出环境影响评价文件审批决定的，上级环境保护部门可以按照下列规定处理：

（一）依法撤销或者责令其撤销超越法定职权、违反法定程序或者条件做出的环境影响评价文件审批决定。

（二）对超越法定职权、违反法定程序或者条件做出环境影响评价文件审批决定的直接责任人员，建议由任免机关或者监察机关依照《环境保护违法违纪行为处分暂行规定》的规定，对直接责任人员，给予警告、记过或者记大过处分；情节较重的，给予降级处分；情节严重的，给予撤职处分。

第十一条 本规定自 2009 年 3 月 1 日起施行。2002 年 11 月 1 日原国家环境保护总局发布的《建设项目环境影响评价文件分级审批规定》（原国家环境保护总局令第 15 号）同时废止。

环境影响评价公众参与暂行办法

（2006年2月14日国家环境保护总局文件环发[2006]28号发布，
2006年3月18日起施行）

第一章　总　则

第一条　为推进和规范环境影响评价活动中的公众参与，根据《环境影响评价法》、《行政许可法》、《全面推进依法行政实施纲要》和《国务院关于落实科学发展观　加强环境保护的决定》等法律和法规性文件有关公开环境信息和强化社会监督的规定，制定本办法。

第二条　本办法适用于下列建设项目环境影响评价的公众参与：

（一）对环境可能造成重大影响、应当编制环境影响报告书的建设项目；

（二）环境影响报告书经批准后，项目的性质、规模、地点、采用的生产工艺或者防治污染、防止生态破坏的措施发生重大变动，建设单位应当重新报批环境影响报告书的建设项目；

（三）环境影响报告书自批准之日起超过五年方决定开工建设，其环境影响报告书应当报原审批机关重新审核的建设项目。

第三条　环境保护行政主管部门在审批或者重新审核建设项目环境影响报告书过程中征求公众意见的活动，适用本办法。

第四条　国家鼓励公众参与环境影响评价活动。

公众参与实行公开、平等、广泛和便利的原则。

第五条　建设单位或者其委托的环境影响评价机构在编制环境影响报告书的过程中，环境保护行政主管部门在审批或者重新审核环境影响报告书的过程中，应当依照本办法的规定，公开有关环境影响评价的信息，征求公众意见。但国家规定需要保密的情形除外。

建设单位可以委托承担环境影响评价工作的环境影响评价机构进行征求公众意见的活动。

第六条　按照国家规定应当征求公众意见的建设项目，建设单位或者其委托的环境影响评价机构应当按照环境影响评价技术导则的有关规定，在建设项目环境影响报告书中，编制公众参与篇章。

按照国家规定应当征求公众意见的建设项目，其环境影响报告书中没有公众参与篇章的，环境保护行政主管部门不得受理。

第二章　公众参与的一般要求

第一节　公开环境信息

第七条　建设单位或者其委托的环境影响评价机构、环境保护行政主管部门应当按照本办法的规定，采用便于公众知悉的方式，向公众公开有关环境影响评价的信息。

第八条　在《建设项目环境分类管理名录》规定的环境敏感区建设的需要编制环境影响报告书的项目，建设单位应当在确定了承担环境影响评价工作的环境影响评价机构后7日内，向公众公告下列信息：

（一）建设项目的名称及概要；

（二）建设项目的建设单位的名称和联系方式；

（三）承担评价工作的环境影响评价机构的名称和联系方式；

（四）环境影响评价的工作程序和主要工作内容；

（五）征求公众意见的主要事项；

（六）公众提出意见的主要方式。

第九条　建设单位或者其委托的环境影响评价机构在编制环境影响报告书的过程中，应当在报送环境保护行政主管部门审批或者重新审核前，向公众公告如下内容：

（一）建设项目情况简述；

（二）建设项目对环境可能造成影响的概述；

（三）预防或者减轻不良环境影响的对策和措施的要点；

（四）环境影响报告书提出的环境影响评价结论的要点；

（五）公众查阅环境影响报告书简本的方式和期限，以及公众认为必要时向建设单位或者其委托的环境影响评价机构索取补充信息的方式和期限；

（六）征求公众意见的范围和主要事项；

（七）征求公众意见的具体形式；

（八）公众提出意见的起止时间。

第十条　建设单位或者其委托的环境影响评价机构，可以采取以下一种或者多种方式发布信息公告：

（一）在建设项目所在地的公共媒体上发布公告；

（二）公开免费发放包含有关公告信息的印刷品；

（三）其他便利公众知情的信息公告方式。

第十一条　建设单位或其委托的环境影响评价机构，可以采取以下一种或者多种方式，公开便于公众理解的环境影响评价报告书的简本：

（一）在特定场所提供环境影响报告书的简本；

（二）制作包含环境影响报告书的简本的专题网页；

（三）在公共网站或者专题网站上设置环境影响报告书的简本的链接；

（四）其他便于公众获取环境影响报告书的简本的方式。

第二节　征求公众意见

第十二条　建设单位或者其委托的环境影响评价机构应当在发布信息公告、公开环境影响报告书的简本后，采取调查公众意见、咨询专家意见、座谈会、论证会、听证会等形式，公开征求公众意见。

建设单位或者其委托的环境影响评价机构征求公众意见的期限不得少于10日，并确保其公开的有关信息在整个征求公众意见的期限之内均处于公开状态。

环境影响报告书报送环境保护行政主管部门审批或者重新审核前，建设单位或者其委托的环境影响评价机构可以通过适当方式，向提出意见的公众反馈意见处理情况。

第十三条　环境保护行政主管部门应当在受理建设项目环境影响报告书后，在其政府网站或者采用其他便利公众知悉的方式，公告环境影响报告书受理的有关信息。

环境保护行政主管部门公告的期限不得少于10日，并确保其公开的有关信息在整个审批期限之内均处于公开状态。

环境保护行政主管部门根据本条第一款规定的方式公开征求意见后，对公众意见较大的建设项目，可以采取调查公众意见、咨询专家意见、座谈会、论证会、听证会等形式再次公开征求公众意见。

环境保护行政主管部门在作出审批或者重新审核决定后，应当在政府网站公告审批或者审核结果。

第十四条　公众可以在有关信息公开后，以信函、传真、电子邮件或者按照有关公告要求的其他方式，向建设单位或者其委托的环境影响评价机构、负责审批或者重新审核环境影响报告书的环境保护行政主管部门，提交书面意见。

第十五条　建设单位或者其委托的环境影响评价机构、环境保护行政主管部门，应当综合考虑地域、职业、专业知识背景、表达能力、受影响程度等因素，合理选择被征求意见的公民、法人或者其他组织。

被征求意见的公众必须包括受建设项目影响的公民、法人或者其他组织的代表。

第十六条　建设单位或者其委托的环境影响评价机构、环境保护行政主管部门应当将所回收的反馈意见的原始资料存档备查。

第十七条　建设单位或者其委托的环境影响评价机构，应当认真考虑公众意见，并在环境影响报告书中附具对公众意见采纳或者不采纳的说明。

环境保护行政主管部门可以组织专家咨询委员会，由其对环境影响报告书中有关公众意见采纳情况的说明进行审议，判断其合理性并提出处理建议。

环境保护行政主管部门在作出审批决定时，应当认真考虑专家咨询委员会的处理建议。

第十八条　公众认为建设单位或者其委托的环境影响评价机构对公众意见未采纳且未附具说明的，或者对公众意见未采纳的理由说明不成立的，可以向负责审批或者重新审核的环境保护行政主管部门反映，并附具明确具体的书面意见。

负责审批或者重新审核的环境保护行政主管部门认为必要时，可以对公众意见进行核实。

第三章 公众参与的组织形式

第一节 调查公众意见和咨询专家意见

第十九条 建设单位或者其委托的环境影响评价机构调查公众意见可以采取问卷调查等方式，并应当在环境影响报告书的编制过程中完成。

采取问卷调查方式征求公众意见的，调查内容的设计应当简单、通俗、明确、易懂，避免设计可能对公众产生明显诱导的问题。

问卷的发放范围应当与建设项目的影响范围相一致。

问卷的发放数量应当根据建设项目的具体情况，综合考虑环境影响的范围和程度、社会关注程度、组织公众参与所需要的人力和物力资源以及其他相关因素确定。

第二十条 建设单位或者其委托的环境影响评价机构咨询专家意见可以采用书面或者其他形式。

咨询专家意见包括向有关专家进行个人咨询或者向有关单位的专家进行集体咨询。

接受咨询的专家个人和单位应当对咨询事项提出明确意见，并以书面形式回复。对书面回复意见，个人应当签署姓名，单位应当加盖公章。

集体咨询专家时，有不同意见的，接受咨询的单位应当在咨询回复中载明。

第二节 座谈会和论证会

第二十一条 建设单位或者其委托的环境影响评价机构决定以座谈会或者论证会的方式征求公众意见的，应当根据环境影响的范围和程度、环境因素和评价因子等相关情况，合理确定座谈会或者论证会的主要议题。

第二十二条 建设单位或者其委托的环境影响评价机构应当在座谈会或者论证会召开 7 日前，将座谈会或者论证会的时间、地点、主要议题等事项，书面通知有关单位和个人。

第二十三条 建设单位或者其委托的环境影响评价机构应当在座谈会或者论证会结束后 5 日内，根据现场会议记录整理制作座谈会议纪要或者论证结论，并存档备查。

会议纪要或者论证结论应当如实记载不同意见。

第三节 听证会

第二十四条 建设单位或者其委托的环境影响评价机构（以下简称“听证会组织者”）决定举行听证会征求公众意见的，应当在举行听证会的 10 日前，在该建设项目可能影响范围内的公共媒体或者采用其他公众可知悉的方式，公告听证会的时间、地点、听证事项和报名办法。

第二十五条 希望参加听证会的公民、法人或者其他组织，应当按照听证会公告的要求和方式提出申请，并同时提出自己所持意见的要点。

听证会组织者应当按本办法第十五条的规定，在申请人中遴选参会代表，并在举行听证会的 5 日前通知已选定的参会代表。

听证会组织者选定的参加听证会的代表人数一般不得少于 15 人。

第二十六条 听证会组织者举行听证会，设听证主持人1名、记录员1名。

被选定参加听证会的组织的代表参加听证会时，应当出具该组织的证明，个人代表应当出具身份证明。

被选定参加听证会的代表因故不能如期参加听证会的，可以向听证会组织者提交经本人签名的书面意见。

第二十七条 参加听证会的人员应当如实反映对建设项目环境影响的意见，遵守听证会纪律，并保守有关技术秘密和业务秘密。

第二十八条 听证会必须公开举行。

个人或者组织可以凭有效证件按第二十四条所指公告的规定，向听证会组织者申请旁听公开举行的听证会。

准予旁听听证会的人数及人选由听证会组织者根据报名人数和报名顺序确定。准予旁听听证会的人数一般不得少于15人。

旁听人应当遵守听证会纪律。旁听者不享有听证会发言权，但可以在听证会结束后，向听证会主持人或者有关单位提交书面意见。

第二十九条 新闻单位采访听证会，应当事先向听证会组织者申请。

第三十条 听证会按下列程序进行：

（一）听证会主持人宣布听证事项和听证会纪律，介绍听证会参加人；

（二）建设单位的代表对建设项目概况作介绍和说明；

（三）环境影响评价机构的代表对建设项目环境影响报告书做说明；

（四）听证会公众代表对建设项目环境影响报告书提出问题和意见；

（五）建设单位或者其委托的环境影响评价机构的代表对公众代表提出的问题和意见进行解释和说明；

（六）听证会公众代表和建设单位或者其委托的环境影响评价机构的代表进行辩论；

（七）听证会公众代表做最后陈述；

（八）主持人宣布听证结束。

第三十一条 听证会组织者对听证会应当制作笔录。

听证笔录应当载明下列事项：

（一）听证会主要议题；

（二）听证主持人和记录人员的姓名、职务；

（三）听证参加人的基本情况；

（四）听证时间、地点；

（五）建设单位或者其委托的环境影响评价机构的代表对环境影响报告书所作的概要说明；

（六）听证会公众代表对建设项目环境影响报告书提出的问题和意见；

（七）建设单位或者其委托的环境影响评价机构代表对听证会公众代表就环境影响报告书提出问题和意见所作的解释和说明；

（八）听证主持人对听证活动中有关事项的处理情况；

（九）听证主持人认为应笔录的其他事项。

听证结束后，听证笔录应当交参加听证会的代表审核并签字。无正当理由拒绝签字的，应当记入听证笔录。

第三十二条 审批或者重新审核环境影响报告书的环境保护行政主管部门决定举行听证会的，适用《环境保护行政许可听证暂行办法》的规定。《环境保护行政许可听证暂行办法》未作规定的，适用本办法有关听证会的规定。

第四章 公众参与规划环境影响评价的规定

第三十三条 根据《环境影响评价法》第八条和第十一条的规定，工业、农业、畜牧业、林业、能源、水利、交通、城市建设、旅游、自然资源开发的有关专项规划（以下简称“专项规划”）的编制机关，对可能造成不良环境影响并直接涉及公众环境权益的规划，应当在该规划草案报送审批前，举行论证会、听证会，或者采取其他形式，征求有关单位、专家和公众对环境影响报告书草案的意见。

第三十四条 专项规划的编制机关应当认真考虑有关单位、专家和公众对环境影响报告书草案的意见，并应当在报送审查的环境影响报告书中附具对意见采纳或者不采纳的说明。

第三十五条 环境保护行政主管部门根据《环境影响评价法》第十一条和《国务院关于落实科学发展观 加强环境保护的决定》的规定，在召集有关部门专家和代表对开发建设规划的环境影响报告书中有关公众参与的内容进行审查时，应当重点审查以下内容：

（一）专项规划的编制机关在该规划草案报送审批前，是否依法举行了论证会、听证会，或者采取其他形式，征求了有关单位、专家和公众对环境影响报告书草案的意见；

（二）专项规划的编制机关是否认真考虑了有关单位、专家和公众对环境影响报告书草案的意见，并在报送审查的环境影响报告书中附具了对意见采纳或者不采纳的说明。

第三十六条 环境保护行政主管部门组织对开发建设规划的环境影响报告书提出审查意见时，应当就公众参与内容的审查结果提出处理建议，报送审批机关。

审批机关在审批中应当充分考虑公众意见以及前款所指审查意见中关于公众参与内容审查结果的处理建议；未采纳审查意见中关于公众参与内容的处理建议的，应当作出说明，并存档备查。

第三十七条 土地利用的有关规划、区域、流域、海域的建设、开发利用规划的编制机关，应当根据《环境影响评价法》第七条和《国务院关于落实科学发展观 加强环境保护的决定》的有关规定，在规划编制过程中组织进行环境影响评价，编写该规划有关环境影响的篇章或者说明。

土地利用的有关规划、区域、流域、海域的建设、开发利用规划的编制机关，在组织进行规划环境影响评价的过程中，可以参照本办法征求公众意见。

第五章 附 则

第三十八条 公众参与环境影响评价的技术性规范，由《环境影响评价技术导则——公众参与》规定。

第三十九条 本办法关于期限的规定是指工作日，不含节假日。

第四十条 本办法自2006年3月18日起施行。

防治尾矿污染环境管理规定

（1992年8月17日国家环境保护局令第11号颁布，1992年10月1日实施，1999年7月12日经国家环境保护总局令第6号修订）

第一条 为保护环境，防治尾矿污染，根据《中华人民共和国环境保护法》及有关法律、法规制定本规定。

第二条 本规定中所称尾矿是指选矿和湿法冶炼过程中产生的废物。

第三条 本规定适用于中华人民共和国领域内企业所产生尾矿的污染防治及监督管理。氧化铝厂的赤泥和燃煤电厂水力清除的粉煤灰渣的污染防治也适用本规定。放射性尾矿、伴有放射性尾矿的非放射性尾矿的污染防治，依照国家有关放射性废物的防护规定执行。

第四条 县级以上人民政府环境保护行政主管部门对本辖区内的尾矿污染防治实施统一监督管理。

第五条 县级以上人民政府环境保护行政主管部门对在尾矿污染防治工作中有显著成绩的单位和个人给予表彰。对综合利用尾矿的，按国家有关规定给予优惠。

第六条 县级以上人民政府环境保护行政主管部门有权对管辖范围内产生尾矿的企业进行现场检查。被检查的企业应当如实反映情况，提供必要的资料。检查机关应为被检查的单位保守技术秘密和业务秘密。

第七条 产生尾矿的企业必须制定尾矿污染防治计划，建立污染防治责任制度，并采取有效措施，防治尾矿对环境的污染和危害。

第八条 产生尾矿的企业必须按规定向当地环境保护行政主管部门进行排污申报登记。

第九条 产生尾矿的新建、改建或扩建项目，必须遵守国家有关建设项目环境保护管理的规定。

第十条 企业产生的尾矿必须排入尾矿设施，不得随意排放。无尾矿设施，或尾矿设施不完善并严重污染环境的企业，由环境保护行政主管部门依照法律规定报同级人民政府批准，限期建成或完善。

第十一条 贮存含属于有害废物的尾矿，其尾矿库必须采取防渗漏措施。

第十二条 在国务院、国务院有关主管部门和省、自治区、直辖市人民政府划定的风景名胜区、自然保护区和其他需要特殊保护的区域内不得建设产生尾矿的企业；已建的企业所排放的尾矿水必须符合国家或地方规定的污染排放标准。向上述区域内排放尾矿水超过国家或地方规定的污染物排放标准的，限期治理。

第十三条 尾矿贮存设施必须有防止尾矿流失和尾矿尘土飞扬的措施。

第十四条 产生尾矿的企业应加强尾矿设施的管理和检查，采取预防措施，消除事故隐患。

第十五条 因发生事故或其他突然事件，造成或者可能造成尾矿污染事故的企业，必须立即采取应急措施处理，及时通报可能受到危害的单位和居民，并向当地环境保护行政主管部门和企业主管部门报告，接受调查处理。当地环境保护行政主管部门接到尾矿污染事故报告后，应立即向当地人民政府和上一级环境保护行政主管部门报告。对于特大的尾矿污染事故，由地、市环境保护行政主管部门报告国家环境保护局。任何单位和个人不得干扰对事故的抢救和处理工作。可能发生重大污染事故的企业，应当采取措施，加强防范。

第十六条 禁止任何单位和个人在尾矿设施上任意挖掘、垦殖、放牧、建筑及其他妨碍尾矿设施正常使用和可能造成污染危害的行为。

第十七条 尾矿贮存设施停止使用后必须进行处置，保证坝体安全，不污染环境，消除污染事故隐患。关闭尾矿设施必须经企业主管部门报当地省环境保护行政主管部门验收，批准。经验收移交后的尾矿设施其污染防治由接收单位负责。利用处置过的尾矿或其设施，需经地、市环境保护行政主管部门批准，并报省环境保护行政主管部门备案。

第十八条 对违反本规定，有下列行为之一的，由环境保护行政主管部门依法给予行政处罚：

（一）产生尾矿的企业未向当地人民政府环境保护行政主管部门申报登记的，可处以300元以上3 000元以下罚款，并限期补办排污申报登记手续；

（二）违反本规定第十条规定，经限期治理，逾期未建成或完善尾矿设施，或者违反本规定第十二条规定，经限期治理未完成治理任务的，由环境保护行政主管部门依照《中华人民共和国固体废物污染环境防治法》第六十二条的规定，根据所造成的危害处以10 000元以上100 000元以下罚款，或提请人民政府责令停产；

（三）拒绝环境保护行政主管部门现场检查或在被检查时弄虚作假的，给予警告，或处以300元以上3 000元以下的罚款。

第十九条 本规定所称尾矿设施是指尾矿的贮存设施（尾矿库、赤泥库、灰渣库等）、浆体输送系统、澄清水回收系统、渗透水截流及回收系统、排洪工程、尾矿综合利用及其他污染防治设施。

第二十条 本规定自1992年10月1日起施行。

电磁辐射环境保护管理办法

（1997年1月27日经国家环境保护局局务会议通过，1997年3月25日国家环境保护局令第18号发布，自发布之日起施行）

第一章 总 则

第一条 为加强电磁辐射环境保护工作的管理，有效地保护环境，保障公众健康，根据《中华人民共和国环境保护法》及有关规定，制定本办法。

第二条 本办法所称电磁辐射是指以电磁波形式通过空间传播的能量流，且限于非电离辐射，包括信息传递中的电磁波发射，工业、科学、医疗应用中的电磁辐射，高压送变电中产生的电磁辐射。

任何从事前款所列电磁辐射的活动，或进行伴有该电磁辐射的活动的单位和个人，都必须遵守本办法的规定。

第三条 县级以上人民政府环境保护行政主管部门对本辖区电磁辐射环境保护工作实施统一监督管理。

第四条 从事电磁辐射活动的单位主管部门负责本系统、本行业电磁辐射环境保护工作的监督管理工作。

第五条 任何单位和个人对违反本管理办法的行为有权检举和控告。

第二章 监督管理

第六条 国务院环境保护行政主管部门负责下列建设项目环境保护申报登记和环境影响报告书的审批，负责对该类项目执行环境保护设施与主体工程同时设计、同时施工、同时投产使用（以下简称“三同时”制度）的情况进行检查并负责该类项目的竣工验收：

（一）总功率在200千瓦以上的电视发射塔；

（二）总功率在1 000千瓦以上的广播台、站；

（三）跨省级行政区电磁辐射建设项目；

（四）国家规定的限额以上电磁辐射建设项目。

第七条 省、自治区、直辖市（以下简称“省级”）环境保护行政主管部门负责除第六条规定所列项目以外、豁免水平以上的电磁辐射建设项目和设备的环境保护申报登记和环境影响报告书的审批；负责对该类项目和设备执行环境保护设施“三同时”制度的情况进行检查并负责竣工验收；参与辖区内由国务院环境保护行政主管部门负责的环境影响报告书的审批、环境保护设施“三同时”制度执行情况的检查和项目竣工验收以及项目建成后对环境影响的监督检查；负责辖区内电磁辐射环境保护管理队伍的建设；负责对辖区内因电磁辐射活动造成的环境影响实施监督管理和监督性监测。

第八条 市级环境保护行政主管部门根据省级环境保护行政主管部门的委托，可承担第七条所列全部或部分任务及本辖区内电磁辐射项目和设备的监督性监测和日常监督管理。

第九条 从事电磁辐射活动的单位主管部门应督促其下属单位遵守国家环境保护规定和标准，加强对所属各单位的电磁辐射环境保护工作的领导，负责电磁辐射建设项目和设备环境影响报告书（表）的预审。

第十条 任何单位和个人在从事电磁辐射的活动时，都应当遵守并执行国家环境保护的方针政策、法规、制度和标准，接受环境保护部门对其电磁辐射环境保护工作的监督管理和检查；做好电磁辐射活动污染环境的防治工作。

第十一条 从事电磁辐射活动的单位和个人建设或者使用《电磁辐射建设项目和设备名录》（见附件）中所列的电磁辐射建设项目或者设备，必须在建设项目申请立项前或者在购置设备前，按本办法的规定，向有环境影响报告书（表）审批权的环境保护行政主管部门办理环境保护申报登记手续。

有审批权的环境保护行政主管部门受理环境保护申报登记后，应当将受理的书面意见在 30 日内通知从事电磁辐射活动的单位和个人，并将受理意见抄送有关主管部门和项目所在地环境保护行政主管部门。

第十二条 有审批权的环境保护行政主管部门应根据申报的电磁辐射建设项目所在地城市发展规划、电磁辐射建设项目和设备的规模及所在区域环境保护要求，对环境保护申报登记作出以下处理意见：

（一）对污染严重、工艺设备落后、资源浪费和生态破坏严重的电磁辐射建设项目与设备，禁止建设或者购置；

（二）对符合城市发展规划要求、豁免水平以上的电磁辐射建设项目，要求从事电磁辐射活动的单位或个人履行环境影响报告书审批手续；

（三）对有关工业、科学、医疗应用中的电磁辐射设备，要求从事电磁辐射活动的单位或个人履行环境影响报告表审批手续。

第十三条 省级环境保护行政主管部门根据国家有关电磁辐射防护标准的规定，负责确认电磁辐射建设项目和设备豁免水平。

第十四条 本办法施行前，已建成或在建的尚未履行环境保护申报登记手续的电磁辐射建设项目，或者已购置但尚未履行环境保护申报登记手续的电磁辐射设备，凡列入《电磁辐射建设项目和设备名录》中的，都必须补办环境保护申报登记手续。对不符合环境保护标准，污染严重的，要采取补救措施，难以补救的要依法关闭或搬迁。

第十五条 按规定必须编制环境影响报告书（表）的，从事电磁辐射活动的单位或个人，必须对电磁辐射活动可能造成的环境影响进行评价，编制环境影响报告书（表），并按规定的程序报相应环境保护行政主管部门审批。

电磁辐射环境影响报告书分两个阶段编制。第一阶段编制《可行性阶段环境影响报告书》，必须在建设项目立项前完成。第二阶段编制《实际运行阶段环境影响报告书》，必须在环境保护设施竣工验收前完成。

工业、科学、医疗应用中的电磁辐射设备，必须在使用前完成环境影响报告表的编写。

第十六条 从事电磁辐射活动的单位主管部门应当对环境影响报告书（表）提出预

审意见；有审批权的环境保护行政主管部门在收到环境影响报告书（表）和主管部门的预审意见之日起 180 日内，对环境影响报告书（表）提出审批意见或要求，逾期不提出审批意见或要求的，视该环境影响报告书（表）已被批准。

凡是已通过环境影响报告书（表）审批的电磁辐射设备，不得擅自改变经批准的功率。确需改变经批准的功率的，应重新编制电磁辐射环境影响报告书（表），并按规定程序报原审批部门重新审批。

第十七条　从事电磁辐射环境影响评价的单位，必须持有相应的专业评价资格证书。

第十八条　电磁辐射建设项目和设备环境影响报告书（表）确定需要配套建设的防治电磁辐射污染环境的保护设施，必须严格执行环境保护设施“三同时”制度。

第十九条　从事电磁辐射活动的单位和个人必须遵守国家有关环境保护设施竣工验收管理的规定，在电磁辐射建设项目和设备正式投入生产和使用前，向原审批环境影响报告书（表）的环境保护行政主管部门提出环境保护设施竣工验收申请，并按规定提交验收申请报告及第十五条要求的两个阶段的环境影响报告书等有关资料。验收合格的，由环境保护行政主管部门批准验收申请报告，并颁发《电磁辐射环境验收合格证》。

第二十条　从事电磁辐射活动的单位和个人必须定期检查电磁辐射设备及其环境保护设施的性能，及时发现隐患并及时采取补救措施。

在集中使用大型电磁辐射发射设施或高频设备的周围，按环境保护和城市规划要求划定的规划限制区内，不得修建居民住房和幼儿园等敏感建筑。

第二十一条　电磁辐射环境监测的主要任务是：

（一）对环境中电磁辐射水平进行监测；

（二）对污染源进行监督性监测；

（三）对环境保护设施竣工验收的各环境保护设施进行监测；

（四）为编制电磁辐射环境影响报告书（表）和编写环境质量报告书提供有关监测资料；

（五）为征收排污费或处理电磁辐射污染环境案件提供监测数据，进行其他有关电磁辐射环境保护的监测。

第二十二条　电磁辐射建设项目的发射设备必须严格按照国家无线电管理委员会批准的频率范围和额定功率运行。

工业、科学和医疗中应用的电磁辐射设备，必须满足国家及有关部门颁布的“无线电干扰限值”的要求。

第三章　污染事件处理

第二十三条　因发生事故或其他突然性事件，造成或者可能造成电磁辐射污染事故的单位，必须立即采取措施，及时通报可能受到电磁辐射污染危害的单位和居民，并向当地环境保护行政主管部门和有关部门报告，接受调查处理。

环保部门收到电磁辐射污染环境的报告后，应当进行调查，依法责令产生电磁辐射的单位采取措施，消除影响。

第二十四条　发生电磁辐射污染事件，影响公众的生产或生活质量或对公众健康造成不利影响时，环境保护部门应会同有关部门调查处理。

第四章 奖励与惩罚

第二十五条 对有下列情况之一的单位和个人，由环境保护行政主管部门给予表扬和奖励：

（一）在电磁辐射环境保护管理工作中有突出贡献的；

（二）对严格遵守本管理办法，减少电磁辐射对环境污染有突出贡献的；

（三）对研究、开发和推广电磁辐射污染防治技术有突出贡献的。

对举报严重违反本管理办法的，经查属实，给予举报者奖励。

第二十六条 对违反本办法，有下列行为之一的，由环境保护行政主管部门依照国家有关建设项目环境保护管理的规定，责令其限期改正，并处罚款：

（一）不按规定办理环境保护申报登记手续，或在申报登记时弄虚作假的；

（二）不按规定进行环境影响评价、编制环境影响报告书（表）的；

（三）拒绝环保部门现场检查或在被检查时弄虚作假的。

第二十七条 违反本办法规定擅自改变环境影响报告书（表）中所批准的电磁辐射设备的功率的，由审批环境影响报告书（表）的环境保护行政主管部门依法处以 1 万元以下的罚款，有违法所得的，处违法所得 3 倍以下的罚款，但最高不超过 3 万元。

第二十八条 违反本办法的规定，电磁辐射建设项目和设备的环境保护设施未建成，或者未经验收合格即投入生产使用的，由批准该建设项目环境影响报告书（表）的环境保护行政主管部门依法责令停止生产或者使用，并处罚款。

第二十九条 承担环境影响评价工作的单位，违反国家有关环境影响评价的规定或在评价工作中弄虚作假的，由核发环境影响评价证书的环境保护行政主管部门依照国家有关建设项目环境保护管理的规定，对评价单位没收评价费用或取消其评价资格，并处罚款。

第三十条 违反本办法规定，造成电磁辐射污染环境事故的，由省级环境保护行政主管部门处以罚款。有违法所得的，处违法所得 3 倍以下的罚款，但最高不超过 3 万元；没有违法所得的，处 1 万元以下的罚款。

造成环境污染危害的，必须依法对直接受到损害的单位或个人赔偿损失。

第三十一条 环境保护监督管理人员滥用职权、玩忽职守、徇私舞弊或泄露从事电磁辐射活动的单位和个人的技术和业务秘密的，由其所在单位或上级机关给予行政处分；构成犯罪的，依法追究刑事责任。

第五章 附 则

第三十二条 电磁辐射环境影响报告书（表）的编制、审评，污染源监测和项目的环保设施竣工验收的费用，按国家有关规定执行。

第三十三条 本管理办法中豁免水平是指，国务院环境保护行政主管部门对伴有电磁辐射活动规定的免于管理的限值。

第三十四条 本管理办法自颁布之日起施行。

附件：

电磁辐射建设项目和设备名录

一、发射系统

1．电视（调频）发射台及豁免水平以上的差转台

2．广播（调频）发射台及豁免水平以上的干扰台

3．豁免水平以上的无线电台

4．雷达系统

5．豁免水平以上的移动通信系统

二、工频强辐射系统

1．电压在100千伏以上送、变电系统

2．电流在100安培以上的工频设备

3．轻轨和干线电气化铁道

三、工业、科学、医疗设备的电磁能应用

1．介质加热设备

2．感应加热设备

3．豁免水平以上的电疗设备

4．工业微波加热设备

5．射频溅射设备

建设上列电磁辐射建设项目应在建设项目立项前办理环境保护申报登记手续，使用上列电磁辐射设备应在购置设备前办理环境保护申报登记手续。

豁免水平的确认由省级环境保护行政主管部门依据《电磁辐射防护规定》（GB 8702—88）有关标准执行。

近岸海域环境功能区管理办法

（1999 年 11 月 10 日经国家环境保护总局局务会议原则通过，1999 年 12 月 10 日国家环境保护总局令第 8 号公布，自公布之日起施行）

第一章　总　则

第一条　为保护和改善近岸海域生态环境，执行《中华人民共和国海水水质标准》，规范近岸海域环境功能区的划定工作，加强对近岸海域环境功能区的管理，制定本办法。

第二条　近岸海域环境功能区，是指为适应近岸海域环境保护工作的需要，依据近岸海域的自然属性和社会属性以及海洋自然资源开发利用现状，结合本行政区国民经济、社会发展计划与规划，按照本办法规定的程序，对近岸海域按照不同的使用功能和保护目标而划定的海洋区域。

近岸海域环境功能区分为四类：

一类近岸海域环境功能区包括海洋渔业水域、海上自然保护区、珍稀濒危海洋生物保护区等；

二类近岸海域环境功能区包括水产养殖区、海水浴场、人体直接接触海水的海上运动或娱乐区、与人类食用直接有关的工业用水区等；

三类近岸海域环境功能区包括一般工业用水区、海滨风景旅游区等；

四类近岸海域环境功能区包括海洋港口水域、海洋开发作业区等。

各类近岸海域环境功能区执行相应类别的海水水质标准。

本办法所称近岸海域是指与沿海省、自治区、直辖市行政区域内的大陆海岸、岛屿、群岛相毗连，《中华人民共和国领海及毗连区法》规定的领海外部界限向陆一侧的海域。渤海的近岸海域，为自沿岸低潮线向海一侧 12 海里以内的海域。

第三条　沿海县级以上地方人民政府环境保护行政主管部门对本行政区近岸海域环境功能区的环境保护工作实施统一监督管理。

第二章　近岸海域环境功能区的划定

第四条　划定近岸海域环境功能区，应当遵循统一规划，合理布局，因地制宜，陆海兼顾，局部利益服从全局利益，近期计划与长远规划相协调，经济效益、社会效益和环境效益相统一，促进经济、社会可持续发展的原则。

第五条　近岸海域环境功能区划方案应当包括以下主要内容：

（一）本行政区近岸海域自然环境现状；

（二）本行政区沿海经济、社会发展现状和发展规划；

（三）本行政区近岸海域海洋资源开发利用现状、开发规划和存在的主要问题；

（四）本行政区近岸海域环境状况变化预测；

（五）近岸海域环境功能区的海水水质现状和保护目标；

（六）近岸海域环境功能区的功能、位置和面积；

（七）近岸海域环境功能区海水水质保护目标可达性分析；

（八）近岸海域环境功能区的管理措施。

第六条　任何单位和个人不得擅自改变近岸海域环境功能区划方案。确因需要必须进行调整的，由本行政区省辖市级环境保护行政主管部门按本办法第四条和第五条的规定提出调整方案，报原审批机关批准。

第三章　近岸海域环境功能区的管理

第七条　各类近岸海域环境功能区应当执行国家《海水水质标准》（GB 3097—1997）规定的相应类别的海水水质标准。

（一）一类近岸海域环境功能区应当执行一类海水水质标准。

（二）二类近岸海域环境功能区应当执行不低于二类的海水水质标准。

（三）三类近岸海域环境功能区应当执行不低于三类的海水水质标准。

（四）四类近岸海域环境功能区应当执行不低于四类的海水水质标准。

第八条　沿海省、自治区、直辖市人民政府环境保护行政主管部门根据本行政区近岸海域环境功能区环境保护的需要，对国家海水水质标准中未作规定的项目，可以组织拟订地方海水水质补充标准，报同级人民政府批准发布。

沿海省、自治区、直辖市人民政府环境保护行政主管部门对国家污染物排放标准中未作规定的项目，可以组织拟订地方污染物排放标准；对国家污染物排放标准中已作规定的项目，可以组织拟订严于国家污染物排放标准的地方污染物排放标准，报同级人民政府批准发布。

地方海水水质补充标准和地方污染物排放标准应报国务院环境保护行政主管部门备案。

凡是向已有地方污染物排放标准的近岸海域环境功能区排放污染物的，应当执行地方污染物排放标准。

第九条　对入海河流河口、陆源直排口和污水排海工程排放口附近的近岸海域，可确定为混合区。

确定混合区的范围，应当根据该区域的水动力条件，邻近近岸海域环境功能区的水质要求，接纳污染物的种类、数量等因素，进行科学论证。

混合区不得影响邻近近岸海域环境功能区的水质和鱼类洄游通道。

第十条　在一类、二类近岸海域环境功能区内，禁止兴建污染环境、破坏景观的海岸工程建设项目。

第十一条　禁止破坏红树林和珊瑚礁。

在红树林自然保护区和珊瑚礁自然保护区开展活动，应严格执行《中华人民共和国自然保护区条例》，禁止危害保护区环境的项目建设和其他经济开发活动。

禁止在红树林自然保护区和珊瑚礁自然保护区内设置新的排污口。本办法发布前已经设置的排污口，依法限期治理。

第十二条　向近岸海域环境功能区排放陆源污染物，必须遵守海洋环境保护有关法律、法规的规定和有关污染物排放标准。

对现有排放陆源污染物超过国家或者地方污染物排放标准的，限期治理。

第十三条 在近岸海域环境功能区内可能发生重大海洋环境污染事故的单位和个人，应当依照国家规定制定污染事故应急计划。

第十四条 沿海县级以上地方人民政府环境保护行政主管部门，有权对在本行政区近岸海域环境功能区内兴建海岸工程建设项目和排放陆源污染物的单位进行现场检查。被检查者应当如实反映情况，提供必要的资料。环境保护行政主管部门应当为被检查者保守技术秘密和业务秘密。

第十五条 沿海县级以上地方人民政府环境保护行政主管部门，应当按照国务院环境保护行政主管部门的有关规定进行近岸海域环境状况统计，在发布本行政区的环境状况公报中列出近岸海域环境状况。

第十六条 国务院环境保护行政主管部门对近岸海域环境质量状况定期组织检查和考核，并公布检查和考核结果。

第十七条 在近岸海域环境功能区内，防治船舶、海洋石油勘探开发、向海洋倾倒废弃物污染的环境保护工作，由《中华人民共和国海洋环境保护法》规定的有关主管部门实施监督管理。

第十八条 违反本办法规定的，由环境保护行政主管部门依照有关法律、法规的规定进行处罚。

第四章　附　则

第十九条 本办法用语含义

（一）海洋渔业水域是指鱼虾类的产卵场、索饵场、越冬场、洄游通道。

（二）珍稀濒危海洋生物保护区是指对珍贵、稀少、濒临灭绝的和有益的、有重要经济、科学研究价值的海洋动植物，依法划出一定范围予以特殊保护和管理的区域。

（三）水产养殖区是指鱼虾贝藻类及其他海洋水生动植物的养殖区域。

（四）海水浴场是指在一定的海域内，有专门机构管理，供人进行露天游泳的场所。

（五）人体直接接触海水的海上运动或娱乐区是指在海上开展游泳、冲浪、划水等活动的区域。

（六）与人类食用直接有关的工业用水区是指从事取卤、晒盐、食品加工、海水淡化和从海水中提取供人食用的其他化学元素等的区域。

（七）一般工业用水区是指利用海水做冷却水、冲刷库场等的区域。

（八）滨海风景旅游区是指风景秀丽、气候宜人，供人观赏、旅游的沿岸或海洋区域。

（九）海洋港口水域是指沿海港口以及河流入海处附近，以靠泊海船为主的港口，包括港区水域、通海航道、库场和装卸作业区。

（十）海洋开发作业区是指勘探、开发、管线输送海洋资源的海洋作业区以及海洋倾废区。

第二十条 本办法自公布之日起施行。

防止船舶垃圾和沿岸固体废物污染长江水域管理规定

（1997年12月24日交通部、建设部、国家环保局发布，交通部令第17号公布，自1998年3月1日起执行）

第一章　总　则

第一条　为防止船舶垃圾和沿岸固体废物污染，保护长江水域环境，根据《中华人民共和国水污染防治法》、《中华人民共和国固体废物污染环境防治法》、《城市市容和环境卫生管理条例》等法律、法规及有关国际公约，制定本规定。

第二条　本规定适用于长江水域内航行、停泊、作业的船舶和船舶所有人（经营人）以及码头装卸设施所有人（经营人）；长江沿岸城市的一切单位和个人以及从事垃圾接收处理的单位和作业人员。

第三条　国务院环境保护行政主管部门负责长江水污染防治和固体废物污染防治的监督管理工作；国务院交通行政主管部门负责防治船舶垃圾污染长江水域的监督管理工作；国务院建设行政主管部门负责沿岸城市生活垃圾清扫、收集、贮存、运输和处置的监督管理工作。

第四条　国务院有关部门和长江沿岸各级人民政府，应将长江环境保护工作纳入计划，结合各自的职责，制定防止船舶垃圾和沿岸固体废物污染长江水域的对策、措施和治理规划，并组织实施。

第二章　防止船舶垃圾污染

第五条　总长度为12米及以上的船舶应设置统一监制的告示牌，告知船员和旅客关于垃圾管理的要求及处罚的规定。

第六条　凡400总吨及以上的船舶和经核定可载客15人及以上的船舶，均须备有港航监督部门批准的《船舶垃圾管理计划》和签发的《船舶垃圾记录簿》。船舶垃圾处理作业应符合《船舶垃圾管理计划》中所规定的操作程序，有关作业情况如实记录，《船舶垃圾记录簿》应在船上保存二年。

第七条　不足400总吨的船舶和经核定载客不足15人的船舶，有关垃圾处理情况应如实记录于《航行日志》中，以备港航监督部门检查。

第八条　禁止将船舶垃圾排放入江。

船舶应配备有盖、不渗漏、不外溢的垃圾储存容器，或实行袋装，及时运往垃圾接收设施。

第九条　船长和船员应熟悉船上《船舶垃圾管理计划》，并接受港航监督部门的检查。对不符合规定要求的船舶，港航监督部门按有关规定处理，船舶达到规定要求后，方可准其离港。

第十条 船公司应为客船（含旅游船）、客货船和渡船配备专（兼）职环保监督管理员，负责船上环境卫生的管理工作，禁止船员和乘客向江中抛弃垃圾。

第十一条 未经港航监督部门批准，船舶不得在港内擅自使用焚烧炉处理船舶垃圾。在港内使用的焚烧炉必须符合环境保护要求。

第三章 防止沿岸固体废物污染

第十二条 禁止在长江沿岸江坡设置垃圾和工业固体废物堆放场点。现有的垃圾和工业固体废物堆放场点应限期关闭。在关闭前，地方政府应重新安排垃圾处理场所。

第十三条 长江沿岸城市各单位和居民应严格执行《城市市容和环境卫生管理条例》，将生活垃圾投入垃圾容器或者指定的场所，禁止任何单位和个人在沿江岸坡堆放或向水域倾倒垃圾。

第十四条 长江沿岸的建设或施工单位，应严格执行《城市建筑垃圾管理规定》，对建筑垃圾的收集、运输、消纳和处理必须服从当地城市市容环境卫生行政主管部门统一管理。严禁建设和施工单位将建筑施工活动中产生的工程废弃物料等垃圾堆放在长江沿岸江坡或倾倒入江。

第十五条 长江沿岸企事业单位不得将工业固体废物堆放在长江沿岸江坡或倾倒入江，也不得排入下水道流入长江。

第四章 垃圾接收设施与管理

第十六条 港方、船舶垃圾接收单位和城市环卫单位必须保证到港船舶的垃圾及时接收、运输和处理。城市环卫单位与船舶垃圾接收单位应按照有偿使用的原则就船舶垃圾的运输和处理达成协议，以满足到港船舶垃圾接收的需要，如果不能达成上述协议，双方首先要保证船舶垃圾的接收、运输和处理，应服从城市市容环境卫生行政主管部门的协调和仲裁。

第十七条 凡需从事船舶垃圾接收作业的单位，须分别向城市市容环境卫生行政主管部门和港航监督部门提交书面申请，经审核批准，并取得城市市容环境卫生行政主管部门和港航监督部门共同签发的《船舶垃圾接收作业许可证》（见附表 1），方能进行船舶垃圾接收作业。

船舶垃圾接收单位在作业前须向船方出示《船舶垃圾接收作业许可证》，作业完毕向船方开具《船舶垃圾接收证明》（见附表 2）。

第十八条 凡从事船舶垃圾收集、运输、处理服务的单位和个人，必须将船舶垃圾运往当地城市市容环境卫生行政主管部门指定的垃圾转运站或处理场，不得任意倾倒。

第十九条 存放船舶垃圾和固体废物的设施或容器，必须保持完好，外观和周围环境应当清洁。不得任意搬动、拆除、封闭。

第五章 特别规定

第二十条 长江沿岸各港航监督部门和城市市容环境卫生行政主管部门应督促港口船舶垃圾接收单位与城市环卫单位在收集、运输、处理垃圾各系统之间相互衔接、相互协调，及时妥善处置船舶垃圾。

第二十一条　船舶在冲洗甲板或舱室时，应当事先进行清扫，不得将货物残余物排入水域。

装载有毒有害货物的船舶不得冲洗甲板或舱室。

船舶垃圾中含有毒有害或其他危险成份的，必须严格与其他垃圾分开收集。在接收前，船方应向接收单位说明这些物质的品名、数量、性质和处理注意事项。接收单位应按照环境保护行政主管部门有关危险废物管理规定，并将船舶垃圾运往指定的处理场进行处置。

第二十二条　来自疫情港口的船舶，应申请卫生检疫部门进行卫生处理。

第二十三条　船舶垃圾接收单位，应按有关规定计收费用，不得任意乱收费。

第六章　法律责任

第二十四条　发生垃圾污染事故时，船舶所有人（经营人）、单位和个人应立即采取措施，控制和消除污染，同时向港航监督部门和当地环境保护行政主管部门报告，接受调查处理。造成或可能造成水域严重污染的，港航监督部门和当地环境保护行政主管部门有权采取强制清除措施，由此产生的一切费用由肇事方承担。

第二十五条　造成水域污染损害的单位和个人，应承担损害赔偿责任。

第二十六条　港口码头、装卸站、船舶修造厂、拆船厂所有人（经营人）和船舶垃圾接收单位因接收设施问题或人为因素造成船舶不当延误和经济损失的，应承担赔偿责任。

第二十七条　违反本规定，有下列行为之一的，由港航监督部门、城市市容环境卫生行政主管部门、环境保护行政主管部门按照各自职责视情节对违法的单位给予书面警告或处以 1 000 元以上 30 000 元以下罚款，并责令其限期改正；对违法的个人给予警告或处以 100 元以上 300 元以下罚款。

（一）未经城市市容环境卫生行政主管部门和港航监督部门批准，擅自在港口码头和水上从事船舶垃圾接收的，处以 5 000 元以上 15 000 元以下罚款；

（二）未按有关部门规定的方式收集、运输和处理垃圾的，处以警告或 1 000 元以上 3 000 元以下罚款；

（三）在沿岸江坡任意设置垃圾或工业固体废物堆放场点的，处以 10 000 元以上 30 000 元以下罚款；

（四）未按规定及时关闭沿岸垃圾或工业固体废物堆放场点的，处以 5 000 元以上 10 000 元以下罚款；

（五）在沿岸江坡任意堆放或向水域倾倒垃圾工业固体废物的，处以警告或处以 10 000 元以上 30 000 元以下罚款；

（六）将有毒害废物混入生活垃圾中的，处以 10 000 元以上 30 000 元以下罚款；

（七）未按规定配备《船舶垃圾记录簿》和《船舶垃圾管理计划》的，处以 3 000 元以下罚款；

（八）将船舶垃圾投入江中的，处以警告或 5 000 元以上 30 000 元以下罚款；

（九）违反本规定的其他行为并造成环境污染事故的，处以 5 000 元以下罚款。

第二十八条　违反本规定，同时违反治安管理处罚规定的，由公安机关依照《中华人民共和国治安管理处罚条例》的规定处罚；构成犯罪的，由司法机关依法追究刑事责任。

第二十九条 当事人对行政处罚决定不服的，可以依照《中华人民共和国行政诉讼法》和《中华人民共和国行政复议条例》的有关规定，申请行政复议或者提起诉讼。当事人逾期不申请复议也不向人民法院起诉，又不履行处罚决定的，由作出处罚决定的机关申请人民法院强制执行。

第七章 附 则

第三十条 本规定所称船舶垃圾是指船舶在日常活动中产生的生活废弃物、垫舱和扫舱物料，以及船上其他固体废物等。沿岸固体废物是指沿岸城市的单位和居民在日常生活及生活服务中产生的废物，建筑施工活动中产生的工程废弃物料以及生产过程中产生的固体废物等。

第三十一条 《船舶垃圾接收作业许可证》是指从事港口码头及水上接收船舶垃圾的单位必须持有的证件。

第三十二条 《船舶垃圾接收证明》是指船方供港航监督部门监督检查垃圾去向的证明。接收单位接收垃圾完毕后必须向船方开具的证明。

第三十三条 收缴的罚款以人民币计收。

第三十四条 本规定由交通部、建设部、国家环境保护局负责解释。

第三十五条 本规定自一九九八年三月一日起执行。

附表一

编号：________

船舶垃圾接收作业许可证

准予__________________________单位在____________________港进行船舶垃圾接收作业。（自 年 月 日至 年 月 日有效）

签发机关：______________城市市容环境卫生行政主管部门签发日期：______________________签发机关：_________________港务监督签发日期：____

注：1. 第 1 联由船舶垃圾接收单位留存备查；第 2 联由城市市容环境卫生行政主管部门留存；第 3 联由港务监督留存。

2. 本许可证不得转借。

附表二

船舶垃圾接收证明

_________________轮于________年_____月_____日，在________________港，由本接收单位接收船舶垃圾___________________吨，类别为____。

特此证明。

接收单位__________________________________

年 月 日

注：1. 船舶垃圾的类别：

（1）塑料；

（2）漂浮的垫舱物料、衬料或包装材料；

（3）被磨碎的纸制品、破布、玻璃、金属、瓶子、陶器等；

（4）纸制品、破布、玻璃、金属、瓶子、陶器等；

（5）食品废弃物；

（6）焚烧炉灰渣。

2．第 1 联由船舶存查；第 2 联由接收单位存查；第 3 联由接收单位交港监。

专项规划环境影响报告书审查办法

（2003 年 10 月 8 日国家环境保护总局令第 18 号公布，自公布之日起施行）

第一条 为规范对专项规划环境影响报告书的审查，保障审查的客观性和公正性，根据《中华人民共和国环境影响评价法》，制定本办法。

第二条 符合下列条件的专项规划的环境影响报告书应当按照本办法规定进行审查：

（一）列入国务院规定应进行环境影响评价范围的；

（二）依法由省级以上人民政府有关部门负责审批的。

第三条 专项规划环境影响报告书的审查必须客观、公开、公正，从经济、社会和环境可持续发展的角度，综合考虑专项规划实施后对各种环境因素及其所构成的生态系统可能造成的影响。

第四条 专项规划编制机关在报批专项规划草案时，应依法将环境影响报告书一并附送审批机关；专项规划的审批机关在作出审批专项规划草案的决定前，应当将专项规划环境影响报告书送同级环境保护行政主管部门，由同级环境保护行政主管部门会同专项规划的审批机关对环境影响报告书进行审查。

第五条 环境保护行政主管部门应当自收到专项规划环境影响报告书之日起 30 日内，会同专项规划审批机关召集有关部门代表和专家组成审查小组，对专项规划环境影响报告书进行审查；审查小组应当提出书面审查意见。

第六条 参加审查小组的专家，应当从国务院环境保护行政主管部门规定设立的环境影响评价审查专家库内的相关专业、行业专家名单中，以随机抽取的方式确定。专家人数应当不少于审查小组总人数的二分之一。

第七条 审查意见应当包括下列内容：

（一）实施该专项规划对环境可能造成影响的分析、预测的合理性和准确性；

（二）预防或者减轻不良环境影响的对策和措施的可行性、有效性及调整建议；

（三）对专项规划环境影响评价报告书和评价结论的基本评价；

（四）从经济、社会和环境可持续发展的角度对专项规划的合理性、可行性的总体评价及改进建议。

审查意见应当如实、客观地记录专家意见，并由专家签字。

第八条 环境保护行政主管部门应在审查小组提出书面审查意见之日起 10 日内将审查意见提交专项规划审批机关。

专项规划审批机关应当将环境影响报告书结论及审查意见作为决策的重要依据。专项规划环境影响报告书未经审查，专项规划审批机关不得审批专项规划。在审批中未采纳审查意见的，应当作出说明，并存档备查。

第九条 专项规划环境影响报告书审查所需费用，从专项规划环境影响报告书编制费用中列支。

第十条　国家规定需要保密的专项规划环境影响报告书的审查，按有关规定执行。

第十一条　本办法自发布之日起施行。

电子废物污染环境防治管理办法

（2007年9月7日经国家环境保护总局第三次局务会议通过，2007年9月27日国家环境保护总局令第40号公布，自2008年2月1日起施行）

第一章 总 则

第一条 为了防治电子废物污染环境，加强对电子废物的环境管理，根据《固体废物污染环境防治法》，制定本办法。

第二条 本办法适用于中华人民共和国境内拆解、利用、处置电子废物污染环境的防治。

产生、贮存电子废物污染环境的防治，也适用本办法；有关法律、行政法规另有规定的，从其规定。

电子类危险废物相关活动污染环境的防治，适用《固体废物污染环境防治法》有关危险废物管理的规定。

第三条 国家环境保护总局对全国电子废物污染环境防治工作实施监督管理。

县级以上地方人民政府环境保护行政主管部门对本行政区域内电子废物污染环境防治工作实施监督管理。

第四条 任何单位和个人都有保护环境的义务，并有权对造成电子废物污染环境的单位和个人进行控告和检举。

第二章 拆解利用处置的监督管理

第五条 新建、改建、扩建拆解、利用、处置电子废物的项目，建设单位（包括个体工商户）应当依据国家有关规定，向所在地设区的市级以上地方人民政府环境保护行政主管部门报批环境影响报告书或者环境影响报告表（以下统称环境影响评价文件）。

前款规定的环境影响评价文件，应当包括下列内容：

（一）建设项目概况；

（二）建设项目是否纳入地方电子废物拆解利用处置设施建设规划；

（三）选择的技术和工艺路线是否符合国家产业政策和电子废物拆解利用处置环境保护技术规范和管理要求，是否与所拆解利用处置的电子废物类别相适应；

（四）建设项目对环境可能造成影响的分析和预测；

（五）环境保护措施及其经济、技术论证；

（六）对建设项目实施环境监测的方案；

（七）对本项目不能完全拆解、利用或者处置的电子废物以及其他固体废物或者液态废物的妥善利用或者处置方案；

（八）环境影响评价结论。

第六条　建设项目竣工后，建设单位（包括个体工商户）应当向审批该建设项目环境影响评价文件的环境保护行政主管部门申请该建设项目需要采取的环境保护措施验收。

前款规定的环境保护措施验收，应当包括下列内容：

（一）配套建设的环境保护设施是否竣工；

（二）是否配备具有相关专业资质的技术人员，建立管理人员和操作人员培训制度和计划；

（三）是否建立电子废物经营情况记录簿制度；

（四）是否建立日常环境监测制度；

（五）是否落实不能完全拆解、利用或者处置的电子废物以及其他固体废物或者液态废物的妥善利用或者处置方案；

（六）是否具有与所处理的电子废物相适应的分类、包装、车辆以及其他收集设备；

（七）是否建立防范因火灾、爆炸、化学品泄漏等引发的突发环境污染事件的应急机制。

第七条　负责审批环境影响评价文件的县级以上人民政府环境保护行政主管部门应当及时将具备下列条件的单位（包括个体工商户），列入电子废物拆解利用处置单位（包括个体工商户）临时名录，并予以公布：

（一）已依法办理工商登记手续，取得营业执照；

（二）建设项目的环境保护措施经环境保护行政主管部门验收合格。

负责审批环境影响评价文件的县级以上人民政府环境保护行政主管部门，对近三年内没有两次以上（含两次）违反环境保护法律、法规和没有本办法规定的下列违法行为的列入临时名录的单位（包括个体工商户），列入电子废物拆解利用处置单位（包括个体工商户）名录，予以公布并定期调整：

（一）超过国家或者地方规定的污染物排放标准排放污染物的；

（二）随意倾倒、堆放所产生的固体废物或液态废物的；

（三）将未完全拆解、利用或者处置的电子废物提供或者委托给列入名录且具有相应经营范围的拆解利用处置单位（包括个体工商户）以外的单位或者个人从事拆解、利用、处置活动的；

（四）环境监测数据、经营情况记录弄虚作假的。

近三年内有两次以上（含两次）违反环境保护法律、法规和本办法规定的本条第二款所列违法行为记录的，其单位法定代表人或者个体工商户经营者新设拆解、利用、处置电子废物的经营企业或者个体工商户的，不得列入名录。

名录（包括临时名录）应当载明单位（包括个体工商户）名称、单位法定代表人或者个体工商户经营者、住所、经营范围。

禁止任何个人和未列入名录（包括临时名录）的单位（包括个体工商户）从事拆解、利用、处置电子废物的活动。

第八条　建设电子废物集中拆解利用处置区的，应当严格规划，符合国家环境保护总局制定的有关技术规范的要求。

第九条　从事拆解、利用、处置电子废物活动的单位（包括个体工商户）应当按照环境保护措施验收的要求对污染物排放进行日常定期监测。

从事拆解、利用、处置电子废物活动的单位（包括个体工商户）应当按照电子废物经营情况记录簿制度的规定，如实记载每批电子废物的来源、类型、重量或者数量、收集（接收）、拆解、利用、贮存、处置的时间；运输者的名称和地址；未完全拆解、利用或者处置的电子废物以及固体废物或液态废物的种类、重量或者数量及去向等。

监测报告及经营情况记录簿应当保存三年。

第十条 从事拆解、利用、处置电子废物活动的单位（包括个体工商户），应当按照经验收合格的培训制度和计划进行培训。

第十一条 拆解、利用和处置电子废物，应当符合国家环境保护总局制定的有关电子废物污染防治的相关标准、技术规范和技术政策的要求。

禁止使用落后的技术、工艺和设备拆解、利用和处置电子废物。

禁止露天焚烧电子废物。

禁止使用冲天炉、简易反射炉等设备和简易酸浸工艺利用、处置电子废物。

禁止以直接填埋的方式处置电子废物。

拆解、利用、处置电子废物应当在专门作业场所进行。作业场所应当采取防雨、防地面渗漏的措施，并有收集泄漏液体的设施。拆解电子废物，应当首先将铅酸电池、镉镍电池、汞开关、阴极射线管、多氯联苯电容器、制冷剂等去除并分类收集、贮存、利用、处置。

贮存电子废物，应当采取防止因破碎或者其他原因导致电子废物中有毒有害物质泄漏的措施。破碎的阴极射线管应当贮存在有盖的容器内。电子废物贮存期限不得超过一年。

第十二条 县级以上人民政府环境保护行政主管部门有权要求拆解、利用、处置电子废物的单位定期报告电子废物经营活动情况。

县级以上人民政府环境保护行政主管部门应当通过书面核查和实地检查等方式进行监督检查，并将监督检查情况和处理结果予以记录，由监督检查人员签字后归档。监督抽查和监测一年不得少于一次。

县级以上人民政府环境保护行政主管部门发现有不符合环境保护措施验收合格时条件、情节轻微的，可以责令限期整改；经及时整改并未造成危害后果的，可以不予处罚。

第十三条 本办法施行前已经从事拆解、利用、处置电子废物活动的单位（包括个体工商户），具备下列条件的，可以自本办法施行之日起 120 日内，按照本办法的规定，向所在地设区的市级以上地方人民政府环境保护行政主管部门申请核准列入临时名录，并提供下列相关证明文件：

（一）已依法办理工商登记手续，取得营业执照；

（二）环境保护设施已经环境保护行政主管部门竣工验收合格；

（三）已经符合或者经过整改符合本办法规定的环境保护措施验收条件，能够达到电子废物拆解利用处置环境保护技术规范和管理要求；

（四）污染物排放及所产生固体废物或者液态废物的利用或者处置符合环境保护设施竣工验收时的要求。

设区的市级以上地方人民政府环境保护行政主管部门应当自受理申请之日起 20 个工作

日内，对申请单位提交的证明材料进行审查，并对申请单位的经营设施进行现场核查，符合条件的，列入临时名录，并予以公告；不符合条件的，书面通知申请单位并说明理由。

列入临时名录经营期限满三年，并符合本办法第七条第二款所列条件的，列入名录。

第三章　相关方责任

第十四条　电子电器产品、电子电气设备的生产者应当依据国家有关法律、行政法规或者规章的规定，限制或者淘汰有毒有害物质在产品或者设备中的使用。

电子电器产品、电子电气设备的生产者、进口者和销售者，应当依据国家有关规定公开产品或者设备所含铅、汞、镉、六价铬、多溴联苯（PBB）、多溴二苯醚（PBDE）等有毒有害物质，以及不当利用或者处置可能对环境和人类健康影响的信息，产品或者设备废弃后以环境无害化方式利用或者处置的方法提示。

电子电器产品、电子电气设备的生产者、进口者和销售者，应当依据国家有关规定建立回收系统，回收废弃产品或者设备，并负责以环境无害化方式贮存、利用或者处置。

第十五条　有下列情形之一的，应当将电子废物提供或者委托给列入名录（包括临时名录）的具有相应经营范围的拆解利用处置单位（包括个体工商户）进行拆解、利用或者处置：

（一）产生工业电子废物的单位，未自行以环境无害化方式拆解、利用或者处置的；

（二）电子电器产品、电子电气设备生产者、销售者、进口者、使用者、翻新或者维修者、再制造者，废弃电子电器产品、电子电气设备的；

（三）拆解利用处置单位（包括个体工商户），不能完全拆解、利用或者处置电子废物的；

（四）有关行政主管部门在行政管理活动中，依法收缴的非法生产或者进口的电子电器产品、电子电气设备需要拆解、利用或者处置的。

第十六条　产生工业电子废物的单位，应当记录所产生工业电子废物的种类、重量或者数量、自行或者委托第三方贮存、拆解、利用、处置情况等；并依法向所在地县级以上地方人民政府环境保护行政主管部门提供电子废物的种类、产生量、流向、拆解、利用、贮存、处置等有关资料。

记录资料应当保存三年。

第十七条　以整机形式转移含铅酸电池、镉镍电池、汞开关、阴极射线管和多氯联苯电容器的废弃电子电器产品或者电子电气设备等电子类危险废物的，适用《固体废物污染环境防治法》第二十三条的规定。

转移过程中应当采取防止废弃电子电器产品或者电子电气设备破碎的措施。

第四章　罚　则

第十八条　县级以上人民政府环境保护行政主管部门违反本办法规定，不依法履行监督管理职责的，由本级人民政府或者上级环境保护行政主管部门依法责令改正；对负有责任的主管人员和其他直接责任人员，依据国家有关规定给予行政处分；构成犯罪的，依法追究刑事责任。

第十九条　违反本办法规定，拒绝现场检查的，由县级以上人民政府环境保护行政主管部门依据《固体废物污染环境防治法》责令限期改正；拒不改正或者在检查时弄虚作假的，处2 000元以上2万元以下的罚款；情节严重，但尚构不成刑事处罚的，并由公安机关依据《治安管理处罚法》处5日以上10日以下拘留；构成犯罪的，依法追究刑事责任。

第二十条 违反本办法规定，任何个人或者未列入名录（包括临时名录）的单位（包括个体工商户）从事拆解、利用、处置电子废物活动的，按照下列规定予以处罚：

（一）未获得环境保护措施验收合格的，由审批该建设项目环境影响评价文件的人民政府环境保护行政主管部门依据《建设项目环境保护管理条例》责令停止拆解、利用、处置电子废物活动，可以处10万元以下罚款；

（二）未取得营业执照的，由工商行政管理部门依据《无照经营查处取缔办法》依法予以取缔，没收专门用于从事无照经营的工具、设备、原材料、产品等财物，并处5万元以上50万元以下的罚款。

第二十一条 违反本办法规定，有下列行为之一的，由所在地县级以上人民政府环境保护行政主管部门责令限期整改，并处3万元以下罚款：

（一）将未完全拆解、利用或者处置的电子废物提供或者委托给列入名录（包括临时名录）且具有相应经营范围的拆解利用处置单位（包括个体工商户）以外的单位或者个人从事拆解、利用、处置活动的；

（二）拆解、利用和处置电子废物不符合有关电子废物污染防治的相关标准、技术规范和技术政策的要求，或者违反本办法规定的禁止性技术、工艺、设备要求的；

（三）贮存、拆解、利用、处置电子废物的作业场所不符合要求的；

（四）未按规定记录经营情况、日常环境监测数据、所产生工业电子废物的有关情况等，或者环境监测数据、经营情况记录弄虚作假的；

（五）未按培训制度和计划进行培训的；

（六）贮存电子废物超过一年的。

第二十二条 列入名录（包括临时名录）的单位（包括个体工商户）违反《固体废物污染环境防治法》等有关法律、行政法规规定，有下列行为之一的，依据有关法律、行政法规予以处罚：

（一）擅自关闭、闲置或者拆除污染防治设施、场所的；

（二）未采取无害化处置措施，随意倾倒、堆放所产生的固体废物或液态废物的；

（三）造成固体废物或液态废物扬散、流失、渗漏或者其他环境污染等环境违法行为的；

（四）不正常使用污染防治设施的。

有前款第一项、第二项、第三项行为的，分别依据《固体废物污染环境防治法》第六十八条规定，处以1万元以上10万元以下罚款；有前款第四项行为的，依据《水污染防治法》、《大气污染防治法》有关规定予以处罚。

第二十三条 列入名录（包括临时名录）的单位（包括个体工商户）违反《固体废物污染环境防治法》等有关法律、行政法规规定，有造成固体废物或液态废物严重污染环境的下列情形之一的，由所在地县级以上人民政府环境保护行政主管部门依据《固体废物污染环境防治法》和《国务院关于落实科学发展观 加强环境保护的决定》的规定，责令限其在三个月内进行治理，限产限排，并不得建设增加污染物排放总量的项目；逾期未完成治理任务的，责令其在三个月内停产整治；逾期仍未完成治理任务的，报经本级人民政府批准关闭：

（一）危害生活饮用水水源的；

（二）造成地下水或者土壤重金属环境污染的；

（三）因危险废物扬散、流失、渗漏造成环境污染的；

（四）造成环境功能丧失无法恢复环境原状的；

（五）其他造成固体废物或者液态废物严重污染环境的情形。

第二十四条　县级以上人民政府环境保护行政主管部门发现有违反本办法的行为，依据有关法律、法规和本办法的规定应当由工商行政管理部门或者公安机关行使行政处罚权的，应当及时移送有关主管部门依法予以处罚。

第五章　附　则

第二十五条　本办法中下列用语的含义：

（一）电子废物，是指废弃的电子电器产品、电子电气设备（以下简称产品或者设备）及其废弃零部件、元器件和国家环境保护总局会同有关部门规定纳入电子废物管理的物品、物质。包括工业生产活动中产生的报废产品或者设备、报废的半成品和下脚料，产品或者设备维修、翻新、再制造过程产生的报废品，日常生活或者为日常生活提供服务的活动中废弃的产品或者设备，以及法律法规禁止生产或者进口的产品或者设备。

（二）工业电子废物，是指在工业生产活动中产生的电子废物，包括维修、翻新和再制造工业单位以及拆解利用处置电子废物的单位（包括个体工商户），在生产活动及相关活动中产生的电子废物。

（三）电子类危险废物，是指列入国家危险废物名录或者根据国家规定的危险废物鉴别标准和鉴别方法认定的具有危险特性的电子废物。包括含铅酸电池、镉镍电池、汞开关、阴极射线管和多氯联苯电容器等的产品或者设备等。

（四）拆解，是指以利用、贮存或者处置为目的，通过人工或者机械的方式将电子废物进行拆卸、解体活动；不包括产品或者设备维修、翻新、再制造过程中的拆卸活动。

（五）利用，是指从电子废物中提取物质作为原材料或者燃料的活动，不包括对产品或者设备的维修、翻新和再制造。

第二十六条　本办法自2008年2月1日起施行。

环境监测管理办法

（2007年7月25日国家环境保护总局令第39号公布，自2007年9月1日起施行）

第一条 为加强环境监测管理，根据《环境保护法》等有关法律法规，制定本办法。

第二条 本办法适用于县级以上环境保护部门下列环境监测活动的管理：

（一）环境质量监测；

（二）污染源监督性监测；

（三）突发环境污染事件应急监测；

（四）为环境状况调查和评价等环境管理活动提供监测数据的其他环境监测活动。

第三条 环境监测工作是县级以上环境保护部门的法定职责。

县级以上环境保护部门应当按照数据准确、代表性强、方法科学、传输及时的要求，建设先进的环境监测体系，为全面反映环境质量状况和变化趋势，及时跟踪污染源变化情况，准确预警各类环境突发事件等环境管理工作提供决策依据。

第四条 县级以上环境保护部门对本行政区域环境监测工作实施统一监督管理，履行下列主要职责：

（一）制定并组织实施环境监测发展规划和年度工作计划；

（二）组建直属环境监测机构，并按照国家环境监测机构建设标准组织实施环境监测能力建设；

（三）建立环境监测工作质量审核和检查制度；

（四）组织编制环境监测报告，发布环境监测信息；

（五）依法组建环境监测网络，建立网络管理制度，组织网络运行管理；

（六）组织开展环境监测科学技术研究、国际合作与技术交流。

国家环境保护总局适时组建直属跨界环境监测机构。

第五条 县级以上环境保护部门所属环境监测机构具体承担下列主要环境监测技术支持工作：

（一）开展环境质量监测、污染源监督性监测和突发环境污染事件应急监测；

（二）承担环境监测网建设和运行，收集、管理环境监测数据，开展环境状况调查和评价，编制环境监测报告；

（三）负责环境监测人员的技术培训；

（四）开展环境监测领域科学研究，承担环境监测技术规范、方法研究以及国际合作和交流；

（五）承担环境保护部门委托的其他环境监测技术支持工作。

第六条 国家环境保护总局负责依法制定统一的国家环境监测技术规范。

省级环境保护部门对国家环境监测技术规范未作规定的项目，可以制定地方环境监测技术规范，并报国家环境保护总局备案。

第七条　县级以上环境保护部门负责统一发布本行政区域的环境污染事故、环境质量状况等环境监测信息。

有关部门间环境监测结果不一致的，由县级以上环境保护部门报经同级人民政府协调后统一发布。

环境监测信息未经依法发布，任何单位和个人不得对外公布或者透露。

属于保密范围的环境监测数据、资料、成果，应当按照国家有关保密的规定进行管理。

第八条　县级以上环境保护部门所属环境监测机构依据本办法取得的环境监测数据，应当作为环境统计、排污申报核定、排污费征收、环境执法、目标责任考核等环境管理的依据。

第九条　县级以上环境保护部门按照环境监测的代表性分别负责组织建设国家级、省级、市级、县级环境监测网，并分别委托所属环境监测机构负责运行。

第十条　环境监测网由各环境监测要素的点位（断面）组成。

环境监测点位（断面）的设置、变更、运行，应当按照国家环境保护总局有关规定执行。

各大水系或者区域的点位（断面），属于国家级环境监测网。

第十一条　环境保护部门所属环境监测机构按照其所属的环境保护部门级别，分为国家级、省级、市级、县级四级。

上级环境监测机构应当加强对下级环境监测机构的业务指导和技术培训。

第十二条　环境保护部门所属环境监测机构应当具备与所从事的环境监测业务相适应的能力和条件，并按照经批准的环境保护规划规定的要求和时限，逐步达到国家环境监测能力建设标准。

环境保护部门所属环境监测机构从事环境监测的专业技术人员，应当进行专业技术培训，并经国家环境保护总局统一组织的环境监测岗位考试考核合格，方可上岗。

第十三条　县级以上环境保护部门应当对本行政区域内的环境监测质量进行审核和检查。

各级环境监测机构应当按照国家环境监测技术规范进行环境监测，并建立环境监测质量管理体系，对环境监测实施全过程质量管理，并对监测信息的准确性和真实性负责。

第十四条　县级以上环境保护部门应当建立环境监测数据库，对环境监测数据实行信息化管理，加强环境监测数据收集、整理、分析、储存，并按照国家环境保护总局的要求定期将监测数据逐级报上一级环境保护部门。

各级环境保护部门应当逐步建立环境监测数据信息共享制度。

第十五条　环境监测工作，应当使用统一标志。

环境监测人员佩戴环境监测标志，环境监测站点设立环境监测标志，环境监测车辆印制环境监测标志，环境监测报告附具环境监测标志。

环境监测统一标志由国家环境保护总局制定。

第十六条　任何单位和个人不得损毁、盗窃环境监测设施。

第十七条　县级以上环境保护部门应当协调有关部门，将环境监测网建设投资、运行经费等环境监测工作所需经费全额纳入同级财政年度经费预算。

第十八条 县级以上环境保护部门及其工作人员、环境监测机构及环境监测人员有下列行为之一的，由任免机关或者监察机关按照管理权限依法给予行政处分；涉嫌犯罪的，移送司法机关依法处理：

（一）未按照国家环境监测技术规范从事环境监测活动的；

（二）拒报或者两次以上不按照规定的时限报送环境监测数据的；

（三）伪造、篡改环境监测数据的；

（四）擅自对外公布环境监测信息的。

第十九条 排污者拒绝、阻挠环境监测工作人员进行环境监测活动或者弄虚作假的，由县级以上环境保护部门依法给予行政处罚；构成违反治安管理行为的，由公安机关依法给予治安处罚；构成犯罪的，依法追究刑事责任。

第二十条 损毁、盗窃环境监测设施的，县级以上环境保护部门移送公安机关，由公安机关依照《治安管理处罚法》的规定处 10 日以上 15 日以下拘留；构成犯罪的，依法追究刑事责任。

第二十一条 排污者必须按照县级以上环境保护部门的要求和国家环境监测技术规范，开展排污状况自我监测。

排污者按照国家环境监测技术规范，并经县级以上环境保护部门所属环境监测机构检查符合国家规定的能力要求和技术条件的，其监测数据作为核定污染物排放种类、数量的依据。

不具备环境监测能力的排污者，应当委托环境保护部门所属环境监测机构或者经省级环境保护部门认定的环境监测机构进行监测；接受委托的环境监测机构所从事的监测活动，所需经费由委托方承担，收费标准按照国家有关规定执行。

经省级环境保护部门认定的环境监测机构，是指非环境保护部门所属的、从事环境监测业务的机构，可以自愿向所在地省级环境保护部门申请证明其具备相适应的环境监测业务能力认定，经认定合格者，即为经省级环境保护部门认定的环境监测机构。

经省级环境保护部门认定的环境监测机构应当接受所在地环境保护部门所属环境监测机构的监督检查。

第二十二条 辐射环境监测的管理，参照本办法执行。

第二十三条 本办法自 2007 年 9 月 1 日起施行。

洗染业管理办法

（2006年12月20日商务部第10次部务会议审议通过，并经工商总局、环保总局同意，2007年5月11日中华人民共和国商务部、国家工商行政管理总局、国家环境保护总局令2007年第5号公布，自2007年7月1日起施行）

第一条 为规范洗染服务行为，维护经营者和消费者的合法权益，防止环境污染，促进洗染行业健康发展，根据国家有关法律、行政法规，制定本办法。

第二条 在中华人民共和国境内从事洗染经营活动，适用本办法。

本办法所称洗染，是指从事衣物洗涤、熨烫、染色、织补以及皮革制品和裘皮服装的清洗、保养等服务的经营行为。

第三条 商务部对全国洗染行业进行指导、协调、监督和管理，地方各级商务主管部门负责本行政区域内洗染行业指导、协调、监督和管理工作。

工商行政管理部门负责洗染企业的登记注册，依法监管服务产品质量和经营行为，依法查处侵害消费者合法权益的违法行为。

环保部门负责对洗染企业开设和经营过程中影响环境的行为进行监督管理，依法查处其环境违法行为。

第四条 开设洗染店、水洗厂应在安全、卫生、环保、节水、节能等方面符合国家相关法律规定和标准要求。

新建或改建、扩建洗染店应当使用具有净化回收干洗溶剂功能的全封闭式干洗机。

逐步淘汰开启式干洗机。现有洗染店使用开启式干洗机的，必须进行改装，增加压缩机制冷回收系统，强制回收干洗溶剂；使用开启式石油衍生溶剂干洗机和烘干机的，还须配备防火、防爆的安全装置。

第五条 新建或改、扩建洗染店、水洗厂应依法进行环境影响评价，并经环保部门验收合格后，方可投入使用。

从事洗染经营活动的经营者，应当依法进行工商登记，领取营业执照。

经营者应当在取得营业执照后60日内，向登记注册地工商行政管理部门的同级商务主管部门办理备案。

第六条 经营者应当具有固定的营业场所，配备与经营规模相适应并符合国家有关规定的专用洗染、保管、污染防治等设施设备。

第七条 洗染店不得使用不符合国家有关规定的干洗溶剂。干洗溶剂储存、使用、回收场所应具备防渗漏条件，属于危险化学品的，应符合危险化学品管理的有关规定。

鼓励水洗厂使用无磷、低磷洗涤用品。

第八条 洗染业污染物的排放应当达到国家或地方规定的污染物排放标准的要求。新的行业污染物排放标准出台后，应执行新的行业排放标准。

干洗中产生的含有干洗溶剂的残渣、废水应进行妥善收集、处理，属于危险废物的，应依法委托持有危险废物经营许可证的单位进行处理、处置。

外排废水排入城市污水管网进行集中处理的，应当符合相应污水处理厂对进水水质的要求。有废水处理设施的，应对产生的污泥进行无害化处理。

不得将不符合排放标准的废水直接排放到河流、湖泊、雨水管线、渗坑、渗井等。

洗染店、水洗厂的厂界噪声应当符合《工业企业厂界噪声标准》（GB 12348—90）相应区域的规定标准。

第九条 经营者应当制定符合有关法律法规要求的安全生产、环境保护和卫生管理制度，为员工提供有效的防护用品，定期对员工进行安全、环保和卫生教育、培训。

第十条 从业人员应当信守职业道德，遵守国家法律法规；洗染技术人员应当具备相应的专业技能，鼓励洗染技术人员取得国家有关部门颁发的资格证书或有关组织及机构颁发的培训合格证书，持证上岗。

第十一条 经营者应当在营业场所醒目位置上悬挂营业执照，明示服务项目、服务价格以及投诉电话等。

第十二条 经营者在经营过程中应遵循诚实信用原则，对消费者提出或询问的有关问题，做出真实明确的答复，不得欺骗和误导消费者，不得从事下列欺诈行为：

（一）虚假宣传；

（二）利用储值卡进行消费欺诈；

（三）以“水洗”、“单烫”冒充干洗等欺骗行为；

（四）故意掩饰在加工过程中使衣物损伤的事实；

（五）其他违反法律、行政法规的欺诈行为。

第十三条 经营者在接收衣物时应当对衣物状况进行认真检验，履行下列责任：

（一）提示消费者检查衣袋内是否有遗留物品，确认衣物附件、饰物是否齐全；

（二）提示消费者易损、易腐蚀及贵重饰物或附件，明确服务责任；

（三）将衣物的新旧、脏净、破损程度和织物面料质地、性能变化程度的洗染效果向消费者说明；

（四）对确实不易洗染或有不能除净的牢固性污渍，应当告知消费者，确认洗染效果。

第十四条 经营者可以根据消费者意愿实行保值清洗，即由经营者和消费者协商一致做出书面清洗约定，约定清洗费用、保值额和服务内容。

对实行保值清洗的衣物，因经营者责任造成损坏、丢失的，或者清洗后直接影响衣物原有质量而无法恢复的，经营者应当根据与消费者约定的保值额予以赔偿。

第十五条 经营者在提供服务时应当向消费者开具服务单据。服务单据应包括：衣物名称、数量、颜色、破损或缺件状况，服务内容，价格，送取日期，保管期，双方约定事宜，争议解决方式等内容。

第十六条 经营者应当执行洗染行业服务规范、操作规程和质量标准，并指定专人负责洗染质量检验工作。

第十七条 经营者应当规范各工序衣物交接手续，防止丢失或损坏；对于脏、净衣物的存放和收付应当分离。

第十八条 医疗卫生单位的纺织品洗涤应在专门洗涤厂区、专用洗涤设备进行加工，并严格进行消毒处理。

经消毒、洗涤后的纺织品应符合国家有关卫生要求。

第十九条 因经营者责任，洗染后的衣物未能达到洗染质量要求或不符合与消费者事先约定要求的，或者造成衣物损坏、丢失的，经营者应当根据不同情况给予重新加工、退还洗染费或者赔偿损失。

非经营者过错，由于洗涤标识误导或衣物制作及质量不符合国家和行业标准要求，造成未能达到洗染质量标准的，经营者不承担责任。

第二十条 商务主管部门应当通过制定行业发展规划、促进政策、标准和综合协调、指导行业协会工作等方式，规范洗染市场秩序，促进行业发展。

商务主管部门引导和支持成立洗染质量鉴定委员会，开展洗染质量鉴定工作；引导相关行业组织制定洗染行业消费纠纷争议的解决办法，维护经营者和消费者合法权益。

第二十一条 洗染行业协会应当接受商务主管部门的业务指导，加强行业自律；开展倡导诚信经营、组织实施标准、提供信息咨询、开展技术培训、调解服务纠纷、反映经营者建议和要求等促进行业发展工作。

第二十二条 经营者违反本办法规定，法律法规有规定的，从其规定；没有规定的，由商务、工商、环保部门依据本办法第三条规定的职能责令改正，有违法所得的，可处违法所得 3 倍以下罚款，但最高不超过 3 万元；没有违法所得的，可处 1 万元以下罚款；并可予以公告。

第二十三条 各省、自治区、直辖市商务主管部门可以依据本办法，结合本行政区域内的洗染行业实际情况，会同有关部门制定相关的实施办法。

第二十四条 本办法下列用语的定义

全封闭式干洗机：是指以四氯乙烯或石油衍生溶剂作为干洗溶剂，配置溶剂回收制冷系统，在除臭过程中，机器内气体和工作场所气体不进行交换，不直接外排废气的干洗机。

开启式干洗机：是指以四氯乙烯或石油衍生溶剂作为干洗溶剂，采用水冷回收系统，在打开装卸门之前，通过吸入新鲜空气排出机器内干洗溶剂气体混合物进行除臭过程的干洗机。

染色：仅指洗染店对服装的复染或改染服务。

第二十五条 本办法自 2007 年 7 月 1 日起实施。

环境信息公开办法（试行）

（2007年2月8日经国家环境保护总局第一次局务会议通过，2007年4月11日国家环境保护总局令第35号公布，自2008年5月1日起施行）

第一章　总　则

第一条　为了推进和规范环境保护行政主管部门（以下简称环保部门）以及企业公开环境信息，维护公民、法人和其他组织获取环境信息的权益，推动公众参与环境保护，依据《中华人民共和国政府信息公开条例》、《中华人民共和国清洁生产促进法》和《国务院关于落实科学发展观　加强环境保护的决定》以及其他有关规定，制定本办法。

第二条　本办法所称环境信息，包括政府环境信息和企业环境信息。

政府环境信息，是指环保部门在履行环境保护职责中制作或者获取的，以一定形式记录、保存的信息。

企业环境信息，是指企业以一定形式记录、保存的，与企业经营活动产生的环境影响和企业环境行为有关的信息。

第三条　国家环境保护总局负责推进、指导、协调、监督全国的环境信息公开工作。

县级以上地方人民政府环保部门负责组织、协调、监督本行政区域内的环境信息公开工作。

第四条　环保部门应当遵循公正、公平、便民、客观的原则，及时、准确地公开政府环境信息。

企业应当按照自愿公开与强制性公开相结合的原则，及时、准确地公开企业环境信息。

第五条　公民、法人和其他组织可以向环保部门申请获取政府环境信息。

第六条　环保部门应当建立、健全环境信息公开制度。

国家环境保护总局由办公厅作为本部门政府环境信息公开工作的组织机构，各业务机构按职责分工做好本领域政府环境信息公开工作。

县级以上地方人民政府环保部门根据实际情况自行确定本部门政府环境信息公开工作的组织机构，负责组织实施本部门的政府环境信息公开工作。

环保部门负责政府环境信息公开工作的组织机构的具体职责是：

（一）组织制定本部门政府环境信息公开的规章制度、工作规则；

（二）组织协调本部门各业务机构的政府环境信息公开工作；

（三）组织维护和更新本部门公开的政府环境信息；

（四）监督考核本部门各业务机构政府环境信息公开工作；

（五）组织编制本部门政府环境信息公开指南、政府环境信息公开目录和政府环境信息公开工作年度报告；

（六）监督指导下级环保部门政府环境信息公开工作；

（七）监督本辖区企业环境信息公开工作；

（八）负责政府环境信息公开前的保密审查；

（九）本部门有关环境信息公开的其他职责。

第七条　公民、法人和其他组织使用公开的环境信息，不得损害国家利益、公共利益和他人的合法权益。

第八条　环保部门应当从人员、经费方面为本部门环境信息公开工作提供保障。

第九条　环保部门发布政府环境信息依照国家有关规定需要批准的，未经批准不得发布。

第十条　环保部门公开政府环境信息，不得危及国家安全、公共安全、经济安全和社会稳定。

第二章　政府环境信息公开

第一节　公开的范围

第十一条　环保部门应当在职责权限范围内向社会主动公开以下政府环境信息：

（一）环境保护法律、法规、规章、标准和其他规范性文件；

（二）环境保护规划；

（三）环境质量状况；

（四）环境统计和环境调查信息；

（五）突发环境事件的应急预案、预报、发生和处置等情况；

（六）主要污染物排放总量指标分配及落实情况，排污许可证发放情况，城市环境综合整治定量考核结果；

（七）大、中城市固体废物的种类、产生量、处置状况等信息；

（八）建设项目环境影响评价文件受理情况，受理的环境影响评价文件的审批结果和建设项目竣工环境保护验收结果，其他环境保护行政许可的项目、依据、条件、程序和结果；

（九）排污费征收的项目、依据、标准和程序，排污者应当缴纳的排污费数额、实际征收数额以及减免缓情况；

（十）环保行政事业性收费的项目、依据、标准和程序；

（十一）经调查核实的公众对环境问题或者对企业污染环境的信访、投诉案件及其处理结果；

（十二）环境行政处罚、行政复议、行政诉讼和实施行政强制措施的情况；

（十三）污染物排放超过国家或者地方排放标准，或者污染物排放总量超过地方人民政府核定的排放总量控制指标的污染严重的企业名单；

（十四）发生重大、特大环境污染事故或者事件的企业名单，拒不执行已生效的环境行政处罚决定的企业名单；

（十五）环境保护创建审批结果；

（十六）环保部门的机构设置、工作职责及其联系方式等情况；

（十七）法律、法规、规章规定应当公开的其他环境信息。

环保部门应当根据前款规定的范围编制本部门的政府环境信息公开目录。

第十二条 环保部门应当建立健全政府环境信息发布保密审查机制，明确审查的程序和责任。

环保部门在公开政府环境信息前，应当依照《中华人民共和国保守国家秘密法》以及其他法律、法规和国家有关规定进行审查。

环保部门不得公开涉及国家秘密、商业秘密、个人隐私的政府环境信息。但是，经权利人同意或者环保部门认为不公开可能对公共利益造成重大影响的涉及商业秘密、个人隐私的政府环境信息，可以予以公开。

环保部门对政府环境信息不能确定是否可以公开时，应当依照法律、法规和国家有关规定报有关主管部门或者同级保密工作部门确定。

第二节 公开的方式和程序

第十三条 环保部门应当将主动公开的政府环境信息，通过政府网站、公报、新闻发布会以及报刊、广播、电视等便于公众知晓的方式公开。

第十四条 属于主动公开范围的政府环境信息，环保部门应当自该环境信息形成或者变更之日起 20 个工作日内予以公开。法律、法规对政府环境信息公开的期限另有规定的，从其规定。

第十五条 环保部门应当编制、公布政府环境信息公开指南和政府环境信息公开目录，并及时更新。

政府环境信息公开指南，应当包括信息的分类、编排体系、获取方式，政府环境信息公开工作机构的名称、办公地址、办公时间、联系电话、传真号码、电子邮箱等内容。

政府环境信息公开目录，应当包括索引、信息名称、信息内容的概述、生成日期、公开时间等内容。

第十六条 公民、法人和其他组织依据本办法第五条规定申请环保部门提供政府环境信息的，应当采用信函、传真、电子邮件等书面形式；采取书面形式确有困难的，申请人可以口头提出，由环保部门政府环境信息公开工作机构代为填写政府环境信息公开申请。

政府环境信息公开申请应当包括下列内容：

（一）申请人的姓名或者名称、联系方式；

（二）申请公开的政府环境信息内容的具体描述；

（三）申请公开的政府环境信息的形式要求。

第十七条 对政府环境信息公开申请，环保部门应当根据下列情况分别作出答复：

（一）申请公开的信息属于公开范围的，应当告知申请人获取该政府环境信息的方式和途径；

（二）申请公开的信息属于不予公开范围的，应当告知申请人该政府环境信息不予公开并说明理由；

（三）依法不属于本部门公开或者该政府环境信息不存在的，应当告知申请人；对于能够确定该政府环境信息的公开机关的，应当告知申请人该行政机关的名称和联系方式；

（四）申请内容不明确的，应当告知申请人更改、补充申请。

第十八条 环保部门应当在收到申请之日起 15 个工作日内予以答复；不能在 15 个

工作日内作出答复的，经政府环境信息公开工作机构负责人同意，可以适当延长答复期限，并书面告知申请人，延长答复的期限最长不得超过15个工作日。

第三章 企业环境信息公开

第十九条 国家鼓励企业自愿公开下列企业环境信息：

（一）企业环境保护方针、年度环境保护目标及成效；

（二）企业年度资源消耗总量；

（三）企业环保投资和环境技术开发情况；

（四）企业排放污染物种类、数量、浓度和去向；

（五）企业环保设施的建设和运行情况；

（六）企业在生产过程中产生的废物的处理、处置情况，废弃产品的回收、综合利用情况；

（七）与环保部门签订的改善环境行为的自愿协议；

（八）企业履行社会责任的情况；

（九）企业自愿公开的其他环境信息。

第二十条 列入本办法第十一条第一款第（十三）项名单的企业，应当向社会公开下列信息：

（一）企业名称、地址、法定代表人；

（二）主要污染物的名称、排放方式、排放浓度和总量、超标、超总量情况；

（三）企业环保设施的建设和运行情况；

（四）环境污染事故应急预案。

企业不得以保守商业秘密为借口，拒绝公开前款所列的环境信息。

第二十一条 依照本办法第二十条规定向社会公开环境信息的企业，应当在环保部门公布名单后30日内，在所在地主要媒体上公布其环境信息，并将向社会公开的环境信息报所在地环保部门备案。

环保部门有权对企业公布的环境信息进行核查。

第二十二条 依照本办法第十九条规定自愿公开环境信息的企业，可以将其环境信息通过媒体、互联网等方式，或者通过公布企业年度环境报告的形式向社会公开。

第二十三条 对自愿公开企业环境行为信息、且模范遵守环保法律法规的企业，环保部门可以给予下列奖励：

（一）在当地主要媒体公开表彰；

（二）依照国家有关规定优先安排环保专项资金项目；

（三）依照国家有关规定优先推荐清洁生产示范项目或者其他国家提供资金补助的示范项目；

（四）国家规定的其他奖励措施。

第四章 监督与责任

第二十四条 环保部门应当建立健全政府环境信息公开工作考核制度、社会评议制度和责任追究制度，定期对政府环境信息公开工作进行考核、评议。

第二十五条 环保部门应当在每年 3 月 31 日前公布本部门的政府环境信息公开工作年度报告。

政府环境信息公开工作年度报告应当包括下列内容：

（一）环保部门主动公开政府环境信息的情况；

（二）环保部门依申请公开政府环境信息和不予公开政府环境信息的情况；

（三）因政府环境信息公开申请行政复议、提起行政诉讼的情况；

（四）政府环境信息公开工作存在的主要问题及改进情况；

（五）其他需要报告的事项。

第二十六条 公民、法人和其他组织认为环保部门不依法履行政府环境信息公开义务的，可以向上级环保部门举报。收到举报的环保部门应当督促下级环保部门依法履行政府环境信息公开义务。

公民、法人和其他组织认为环保部门在政府环境信息公开工作中的具体行政行为侵犯其合法权益的，可以依法申请行政复议或者提起行政诉讼。

第二十七条 环保部门违反本办法规定，有下列情形之一的，上一级环保部门应当责令其改正；情节严重的，对负有直接责任的主管人员和其他直接责任人员依法给予行政处分：

（一）不依法履行政府环境信息公开义务的；

（二）不及时更新政府环境信息内容、政府环境信息公开指南和政府环境信息公开目录的；

（三）在公开政府环境信息过程中违反规定收取费用的；

（四）通过其他组织、个人以有偿服务方式提供政府环境信息的；

（五）公开不应当公开的政府环境信息的；

（六）违反本办法规定的其他行为。

第二十八条 违反本办法第二十条规定，污染物排放超过国家或者地方排放标准，或者污染物排放总量超过地方人民政府核定的排放总量控制指标的污染严重的企业，不公布或者未按规定要求公布污染物排放情况的，由县级以上地方人民政府环保部门依据《中华人民共和国清洁生产促进法》的规定，处十万元以下罚款，并代为公布。

第五章 附 则

第二十九条 本办法自 2008 年 5 月 1 日起施行。

关于发布《环境保护部直接审批环境影响评价文件的建设项目目录》及《环境保护部委托省级环境保护部门审批环境影响评价文件的建设项目目录》的公告

（2009年2月20日　中华人民共和国环境保护部公告　2009年第7号）

根据《中华人民共和国环境影响评价法》及《建设项目环境影响评价文件分级审批规定》（环境保护部令第 5 号），现将《环境保护部直接审批环境影响评价文件的建设项目目录（2009 年本）》（见附件一）及《环境保护部委托省级环境保护部门审批环境影响评价文件的建设项目目录（2009 年本）》（见附件二）予以公告。自 2009 年 3 月 1 日起实施。

附件：1. 环境保护部直接审批环境影响评价文件的建设项目目录（2009 年本）

2. 环境保护部委托省级环境保护部门审批环境影响评价文件的建设项目目录（2009 年本）

环境保护部直接审批环境影响评价文件的建设项目目录（2009年本）

项目类别	项目投资规模或建设规模
（一）水利	
水库	国际河流和跨省（区、市）河流上的水库项目。
其他水事工程	需中央政府协调的国际河流、涉及跨省（区、市）水资源配置调整的项目。
（二）能源	
电力	水电站：在主要河流上建设的项目和总装机容量25万千瓦及以上的项目。 火电站：全部 热电站：燃煤项目（背压机组项目除外） 核电站：全部。 电网工程：750千伏及以上交、直流项目和500千伏直流项目；跨境、跨省（区、市）330和500千伏交流项目。
煤炭	国家规划矿区内年产150万吨及以上的煤炭开发项目。
石油	年产 100 万吨及以上新油田开发项目；省（区、市）干线输油管网（不含油田集输管网）。
天然气	年产20亿立方米及以上新气田开发项目；跨省（区、市）或年输气能力5亿立方米及以上的轮船气管网（不含油气田集输管网）。
（三）交通	
铁路	跨省（区、市）或100公里及以上新建（含增建）项目。
公路	国道主干线、国家调整公路网、跨省（区、市）的项目。
水运	新建港区和年吞吐能力 200 万吨及以上的煤炭、矿厂、油气专用泊伴项目；集装箱专用码头。
民航	新建机场；扩建军民合用机场。
（四）冶金有色	
钢铁	已探明工业储量 5 000 万吨以上规模的铁矿开发项目；新建（含搬迁）、扩建（含技术改选增加产能的）炼铁（包括烧结、球团、焦化、直接还原、熔融还原）、炼钢项目。
有色	总投资 5 亿元及以上的矿山开发项目；电解铝、气化铝项目；新建和扩建铜、铅、锌冶炼项目。
稀土	矿山开发、冶炼分离和总投资1亿元及以上稀土深加工项目。
黄金	日采选矿石500吨及以上项目。
（五）化工石化	
石化	新建炼油及扩建一次炼油项目、新建乙烯及改扩建新增生产能力超过年产 20 万吨的乙烯项目。
化工	铬盐、氰化物生产项目；新建精对苯二甲酸（PTA）、对二甲苯（PX）、二苯基甲烷二异氰酸酯（MDI）、甲苯二异氰酸酯（TDI）项目；煤制甲醇、二甲醚、烯烃、油及天然气项目。
（六）机械	
汽车	新建汽车整车项目。
船舶	新建10万吨级以上造船设施（船台、船坞）项目。
（七）轻工	
造纸	年产10万吨及以上纸浆项目。
变性燃料乙醇	全部。
玉米深加工	新建及扩建项目。

项目类别	项目投资规模或建设规模
（八）城建	城市快速轨道交通项目；跨省（区、市）日调水 50 万吨及以上供水项目。
（九）社会事业	
旅游	国家重点风景名胜区、国家自然保护区、国家重点文物保护单位区域内总投资 5 000 万元及以上旅游开发和资源保护设施，世界自然、文化遗产保护区内总投资 3 000 万元以上项目。
娱乐	大型主题公园。
（十）核与辐射	
核设施	全部（包括与核设施有关的科研实验室）。
放射性	铀（钍）矿及由国务院或国务院有关部门审批的伴生放射性矿开发利用项目。
电磁辐射设施	由国务院或国务院有关部门审批的电磁辐射设施及工程
（十一）绝密工程	全部。
（十二）外商投资	除本目录（一）至（十）项以外的《外商投资产业指导目录》中总投资（含增次）5000 万美元及以上限制类项目。
（十三）其他	列入国务院《全国危险废物和医疗废物处置设施建设规划》的危险废物处置设施建设项目。 除《环境保护部委托省级环保部门审批环境影响评价文件的建设项目目录（2009 年本）》外的其他按照《中华人民共和国环境影响评价法》规定应由环境保护部审批环评文件的建设项目。

注：表中未注意新建、扩建或技术改造的，包括新建、扩建和技术改造。

环境保护部委托省级环境保护部门审批环境影响评价文件的建设项目目录（2009 年本）

项目类别	项目投资规模或建设规模
（一）能源	电力：抽水蓄能电站；采用背压机组的燃煤热电站，总装机容量 5 万千瓦及以上的风电站项目。 电网工程：不跨省（区、市）的 330、500 千伏交流项目。 煤炭：国家规划矿区内年产 150 万吨以下的煤炭开发项目。 石油：国家原油存储设施。 天然气：进口液化天然气接收、储运设施。
（二）交通	公路：本部开发公路干线的公路项目；跨境、跨大江大河（能航段）的独立公路桥梁、隧道项目。 水运：千吨级以上通航建筑物内河航运项目。
（三）信息产业	电信：国内干线传输网（含广播电视网）、国际电信传输电路、国际关口站、专用电信网的国际通信设施及其他涉及信息安全的电信基础设施项目。 邮政：国际关口站及其他涉及信息安全的邮政基础设施项目。 电子信息产品制造：卫星电视接收机及关键件等生产项目。
（四）冶金有色	钢铁：轧钢项目。
（五）化工石化	化肥：年产 50 万吨及以上钾矿肥项目。 化工：PTA、PX 改造能力超过年产 10 万吨的项目。
（六）机械	汽车：除新建汽车整车以外的需由国家核准的项目。 船舶：民用船舶中、低速柴油机生产项目。 其他：城市轨道交通车辆、信号系统和牵引传动控制系统制造项目。

项目类别	项目投资规模或建设规模
（七）轻工纺织	纺织：日产 300 吨及以上聚酯项目。 烟草：烟用二醋酸纤维素及比束项目。 制盐：全部（含自备热电的除外）。
（八）城建	跨越大江大河（通航段）的城市桥梁、隧道项目。
（九）社会事业	大学城、医学城及其他园区性建设项目。 涉及三级、四级生物安全实验室的建设项目。 F1 赛车场项目。
（十）金融	印钞、造币、钞票纸项目。
（十一）外商投资	除《环境保护部直接审批环境影响评价文件的建设项目目录（2009 年本）》（一）至（十）项以外的《外商投资产业指导目录》中总投资（含增资）1 亿美元及以上鼓励类、允许类项目。

注：表中未注明新建、扩建或技术改造的，包括新建、扩建和技术改造。

关于建设项目环境保护设施竣工验收监测管理有关问题的通知

（2000 年 2 月 22 日　国家环境保护总局文件　环发[2000]38 号）

各有关部、委，各省、自治区、直辖市环保局：

根据国务院《建设项目环境保护管理条例》的有关规定，现就建设项目环境保护设施竣工验收监测工作制定如下办法：

一、建设项目环境保护设施竣工验收监测（以下简称验收监测）由环境保护行政主管部门所属的环境监测站负责组织实施。

二、在规定的试生产期，承担验收监测任务的环境监测站在接受建设单位的书面委托后，按《建设项目环境保护设施竣工验收监测技术要求》开展监测工作。

三、负责组织实施验收监测的环境监测站受建设单位委托提交验收监测报告（表），并对提供的验收监测数据和验收监测报告（表）结论负责。

四、对应编制建设项目环境保护设施竣工验收监测报告的建设项目，验收监测方案应经负责该建设项目环境保护设施竣工验收的环境保护行政主管部门同意后实施。

五、编制《建设项目环境保护设施竣工验收验收监测报告》的项目，一般应在完成现场监测后 30 个工作日内完成；编制《建设项目环境保护设施竣工验收监测表》的项目，一般应在进行现场监测后 20 个工作日内完成。

六、工业生产型建设项目，建设单位应保证的验收监测工况条件为：工况稳定、生产负荷达 75%以上（国家、地方排放标准对生产负荷有规定的按标准执行）、环境保护设施运行正常。

对规定的试生产期，生产负荷无法调整达到 75%以上时，建设单位应分期委托环境保护行政主管部门所属的监测站对已完工的工程何设备进行验收监测。

七、建设项目环境保护设施竣工验收监测收费按有关规定执行。

附：建设项目环境保护设施竣工验收监测要求（试行）

附件

建设项目环境保护设施竣工验收监测技术要求

为落实《建设项目环境保护管理条例》(国务院令第 253 号)，保证建设项目环境保护设施竣工验收监测质量，在多年试行《建设项目环境保护设施竣工验收监测办法》(试行)(国家环境保护局环监[1995]335 号)的基础上，现就建设项目环境保护设施竣工验收监测工作制定本验收监测技术要求。

本技术要求自发布之日起实施。替代《建设项目环境保护设施竣工验收监测办法》(试行)中的有关技术规定。

本技术要求与未来国家制定的有关标准中对建设项目环境保护设施竣工验收监测规定有不符之处，按国家新颁布的标准执行。

第一部分　总则

1. 范围

本技术要求规定了建设项目的环境保护设施竣工验收监测(以下简称验收监测)的原则、依据、内容、执行标准选择、采样和分析方法等一般要求。

本技术要求适用建设项目的验收监测，从事放射性物质生产或以放射性物质为生产原料及排放具有放射性物质的核工业建设项目环保设施竣工验收监测可参照执行。

2. 引用标准

下列标准所包含的条文，通过在本技术要求中引用而构成本技术要求的条文，与本技术要求同效。

HJ/T 2.1～2.3—93 环境影响评价技术导则

HJ/T2.4—1996 环境影响评价

当上述标准被修订时，应使用其最新版本。

GB16297—1996 大气污染物综合排放标准

GB13271—91 锅炉大气污染物排放标准

GB4915—1996 水泥大气污染物排放标准

GB9078—1996 工业炉窑大气污染物排放标准

GB16171—1996 炼焦炉大气污染物排放标准

GB13223—1996 火电厂大气污染物排放标准

GB14554—1993 恶臭污染物排放标准

HJ/T18—1996 小型焚烧炉

GB8978—1996 污水综合排放标准

GB4286—83 船舶工业污染物排放标准

GB4914—85 海洋石油开发工业含油污水排放标准

GB14374—93 航天推进剂水污染物排放标准

GB14470.1～.3-93 兵器工业水污染物排放标准

GB4287—92 纺织染整工业水污染物排放标准

GB3544—92 造纸工业水污染物排放标准

GB13456—92 钢铁工业水污染物排放标准

GB13457—92 肉类加工工业水污染物排放标准

GB13458—92 合成氨工业水污染物排放标准

GB15580—95 磷肥工业水污染物排放标准

GB15581—95 烧碱、聚氯乙烯工业水污染物排放标准

GB5085—96 危险废物鉴别标准

GB12348—90 工业企业厂界噪声标准

GB12525—90 铁路边界噪声限值及其测量方法

GB3096—93 城市区域环境噪声标准

GB9660—88 机场周围飞机噪声环境标准

GB11339—89 城市港口及及江河两岸区域环境噪声标准

GB10070—88 城市区域环境振动标准

GB8702—88 电磁辐射防护规定

GB3095—1996 环境空气质量标准

GHZB1—1999 地表水环境质量标准

GB3097—97 海水水质标准

GB11607—89 渔业水质标准

GB5084—92 农田灌溉水质标准

GB/T14848—1993 地下水质量标准

GB15618—1996 土壤环境质量标准

GB13015—91 含多氯联苯废物污染控制标准

今后根据国家对环境保护和污染物控制新要求制定的新环境质量标准和污染物排放或污染控制标准，一经批准，相应时间的版本也应在作为引用标准使用。

3. 定义

3.1 环境保护设施：

3.1.1 建设项目为自身污染物达标排放或满足污染物总量控制的要求而必须采取的治理措施。主要包括以下方面的设施、装置、设备：

a. 专用于环境、生态保护和污染防治；

b. 既是生产工艺中的一个环节，同时又具有环境保护功能；

c. 用于污染物回收与综合利用；

d. 为建设项目环境保护监测工作配套；

e. 用于防止潜在突发性污染事故。

3.1.2 建设项目为维护期影响的生态环境而必须采取的环境保护工程措施包括：生态恢复工程、绿化工程、边坡防护工程等。

3.1.3 建设项目为满足环境影响评价中提出对原有污染物一并治理的要求以及为新建项目污染物排放总量控制要求而承担的区域环境污染综合整治和区域污染物排放削减中的污染治理工作而建设的污染治理设施。

3.2 环境保护设施竣工验收监测：对建设项目环境保护设施建设、管理、运行及其效果和污染物排放情况全面的检查与测试。

3.3 验收监测执行标准：指建设项目进行环境影响评价时所依据的标准，作为判定建设项目能否达标排放的标准，是通过环境保护设施竣工验收的依据。

3.4 验收监测参照标准：这里所指参照标准为建设项目投产时的国家和地方现行标准以及参照执行的其他标准，是环境保护行政主管部门进行监督管理及企业污染防治整改提供的判定标准。验收监测参照标准一般不作为竣工验收的依据。

4．验收监测一般工作程序、结果及结果报告形式

4.1 根据建设项目环境管理的分类，编制环境影响报告书的建设项目、因所在地区已进行区域环境影响评价而编写建设项目环境影响报告表或环境影响评价时编写建设项目环境影响报告表但监测内容较多的建设项目，应通过收集有关的技术资料、现场勘察、编制验收监测方案、进行现场监测，以验收监测报告形式报告监测结果。

4.2 根据建设项目环境管理的分类，编写建设项目环境影响报告表或验收监测内容比较简单的建设项目，通过收集有关的技术资料、现场勘察、进行现场监测、以建设项目环境保护设施竣工验收监测表形式报告监测结果。

4.3 填写建设项目环境影响登记表的建设项目，只对有一定污染物排放规模和按要求应设有废水、废气、噪声处理设施的污染源进行监测，以建设项目环境保护设施竣工验收监测表形式报告检查结果。

5．验收监测方案编制的基本要求

验收监测方案应包括以下内容：

5.1 简述内容：任务由来，依据，尤其要阐明环境影响报告书（表）结论意见、环保对策、措施及环境影响报告书审批文件的要求；

5.2 建设项目工程实施概况：工程基本情况，生产过程污染物产生、治理和排放流程，环保设施建设及其试运行情况；

5.3 验收监测执行标准：列出应执行的国家或地方环境质量标准、污染物排放标准的名称、标准编号、标准等级和限值，环境影响报告书（表）批复中的特殊限值要求，《初步设计》(环保篇)中的环保设施设计指标或要求等；

5.4 验收监测的内容：按废水、废气、噪声和固废等分类，全面简要地说明监测因子、频次、断面或点位的布设情况，附示意图；采样、监测分析方法；验收监测的质量控制措施；

5.5 现场监测操作安全注意事项（必要时针对工厂实际情况制定）；

5.6 对企业环境保护管理检查的内容。

6．验收监测报告编制的基本要求

6.1 验收监测报告应充分如实地反映现场检查和现场监测的实际情况。对发现的问题，应进行必要和符合实际的分析。对污染物排放浓度、排放速率和总量控制的达标情况和检查情况等给出明确的结论和进行必要的描述。对企业存在的问题，提出相应的整改建议。

6.2 验收监测报告

验收监测报告除包括 5.1-5.4 的内容外，还应包括以下内容：

6.2.1 验收监测进行情况；

6.2.2 监测期间工况；

6.2.3 质量保证和质量控制结果；

6.2.4 验收监测的结果及与国家标准、地方标准和设计指标分析评价；

6.2.5 出现超标或不符合设计指标要求时的原因分析；

6.2.6 国家规定总量控制污染物的排放情况；

6.2.7 环境管理检查结果；

6.2.8 验收监测结论与建议；

6.2.9 必要的质控数据表，监测数据表和其他有关图表等应作为报告的附录；

6.2.10 建设项目环境保护“三同时”竣工验收登记表，见附录三。

7．验收监测

7.1 验收监测主要工作内容

主要包括内容：

a. 对设施建设、运行及管理情况检查；

b. 设施运行效率测试；

c. 污染物（排放浓度、排放速率和国家总量控制指标的排放总量等）达标排放测试

d. 设施建设后，排放污染物对环境影响的检测*

具体建设项目的监测内容应根据其所涉及的具体因子进行确定。

7.1.1 环境保护检查

a．建设项目执行国家的“环境影响评价制度”的情况；

b．建设项目建设过程中，对“环境影响评价报告书（表）”中污染物防治和生态保护要求及环境保护行政主管部门审批文件中批复内容的实施情况；

c．环保设施运行情况和效果；

d．“三废”处理和综合利用情况

e．环境保护管理和监测工作情况，包括：环保机构设置、人员配置、监测计划和仪器设备、环保管理规章制度等；

f. 事故风险的环保应急计划，包括配备、防范措施，应急处置等*；

g．环境保护档案管理情况；

h．周边区域环境概况*。

i. 生态保护措施实施效果*。

7.1.2 环境保护设施运行效率测试

主要考察原设计或环境影响评价中要求建设的处理设施的整体处理效率。涉及以下领域的环境保护设施或设备均应进行运行效率监测：

a．各种废水处理设施的处理效率；

b．各种废气处理设施的处理效率；

c．工业固（液）体废物处理设施的处理效率等；

d．用于处理其他污染物的处理设施的处理效率；

注：*应根据有关规定和环境影响评价要求确定的工作内容，后同。

7.1.3 污染物达标排放检测

对涉及以下污染物均应进行达标排放监测

a．排放到环境中的废水；

b．排放到环境中的各种废气；

c．排放到环境中的各种有毒有害工业固（液）体废物及其浸出液；

d．厂界噪声（必要时测定噪声源）；

e．建设项目的无组织排放；

f．国家规定总量控制污染物指标的污染物排放总量；

7.1.4 环境影响检测*

建设项目环保设施竣工验收监测对环境影响的检测，主要针对“环境影响评价”及其批复中对环境敏感保护目标的要求。检测以建设项目投运后，环境敏感保护目标能否达到相应环境功能区所要求的环境质量标准，主要考虑以下几方面：

a．环境敏感保护目标的环境地表水、地下水和海水质量；

b．环境敏感保护目标的环境空气质量；

c．环境敏感保护目标的声学环境质量；

d．环境敏感保护目标的环境土壤质量；

e．环境敏感保护目标的环境振动铅垂向Z振级；

f．环境敏感保护目标的电磁辐射公众照射导出限值。

7.2 验收监测污染因子的确定

监测因子确定的原则如下：

7.2.1 “环境影响报告书（表）”和建设项目《初步设计》（环保篇）中确定的需要测定的污染物；

7.2.2 建设项目投产后，在生产中使用的原辅材料、燃料，产生的产品、中间产物、废物（料），以及其他涉及的特征污染物和一般性污染物；

7.2.3 现行国家或地方污染物排放标准中规定的有关污染物；

7.2.4 国家规定总量控制的污染物指标；

7.2.5 厂界噪声；

7.2.6 生活废水中的污染物及生活用锅炉（包括茶炉）废气中的污染物；

7.2.7 影响环境质量的污染物，包括：《环境影响评价报告书（表）》及其批复意见中，有明确规定或要求考虑的影响环境保护敏感目标环境质量的污染物；试生产中已造成环境污染的污染物；地方环境保护行政主管部门提出的，对当地环境质量已产生影响的污染物；负责验收的环境保护行政主管部门根据当前环境保护管理的要求和规定而确定的对环境质量有影响的污染物；

7.2.8 对“环境影响评价”中涉及有电磁辐射和振动内容的，应将电磁辐射和振动列入应监测的污染因子*；

7.2.9 废水、废气和工业固（液）体废物排放总量。

废水水质监测因子确定参见附录一，废气监测因子及参数确定参见附录二。

7.3 环境保护设施竣工验收监测频次

为使验收监测结果全面和真实地反映建设项目污染物排放和环保设施的运行效果，

采样频次应充分反映污染物排放和环保设施的运行情况，因此，监测频次一般按以下原则确定：

7.3.1 对有明显生产周期、污染物排放稳定的建设项目，对污染物的采样和测试频次一般为2～3个周期，每个周期3～5次（不应少于执行标准中规定的次数）；

7.3.2 对无明显生产周期、稳定、连续生产的建设项目，废气采样和测试频次一般不少于2天、每天采3个平行样，废水采样和测试频次一般不少于2天每天4次，厂界噪声测试一般不少于连续2昼夜（无连续监测条件的，需2天，昼夜各2次），固体废物（液）采样和测试一般不少于6次（堆场采样和分析样品数都不应少于6个）；

7.3.3 对污染物确实稳定排放的建设项目，废水和废气的监测频次可适当减少，废气采样和测试频次不得少于3个平行样，废水采样和测试频次不少于2天，每天3次；

7.3.4 对污染物排放不稳定的建设项目，必须适当增加的采样频次，以便能够反映污染物排放的实际情况；

7.3.5 对型号、功能相同的多个小型环境保护设施效率测试和达标排放检测，可采用随机抽测方法进行。抽测的原则为：随机抽测设施数量比例应不小于同样设施总数量的50%；

7.3.6 若需进行环境质量监测时，水环境质量测试一般为1～3天、每天1～2次；空气质量测试一般不少于3天、采样时间按GB 3095—1996数据统计的有效性规定执行；环境噪声测试一般不少于2天，测试频次按相关标准执行；

7.3.7 若需进行环境生态状况调查，工作内容、采样和测试频次按负责审批该建设项目环境影响报告书（表）的环境保护行政主管部门的要求进行。

8．验收监测采用标准

验收监测采用标准包括评价标准和测试方法标准两个部分。评价标准又分为验收监测执行标准和验收监测参照标准。

8.1 验收监测执行标准的确定

执行标准应主要以进行环境影响评价时采用的各种标准和《环境影响评价报告书（表）》及其批复的要求为依据，验收监测执行标准的确定应考虑以下因素：

8.1.1 在环境影响报告书中，由环境保护主管部门行文确认的环境影响评价标准；

8.1.2 进行环境影响评价时，国家或地方执行的各类污染物排放标准及环境质量标准；

8.1.3 有关环境保护行政主管部门在对《环境影响评价报告书（表）》批复时，要求执行的各项环境质量标准、污染物排放标准以及环境保护行政主管部门根据环境保护需要所规定的特殊标准限值；

8.1.4 根据国家和地方对环境保护的新要求，经负责验收的环境保护行政主管部门批准，可采用验收监测时现行的国家或地方标准；

8.1.5 国家和地方对国家规定的污染物排放总量控制指标中的总量控制要求；

8.1.6 对国家和地方标准中尚无规定的污染因子，应以《环境影响评价报告书（表）》和工程《初步设计》（环境保护篇）等的要求或设计指标为依据来进行评价。

8.2 验收监测参照标准的确定

8.2.1 新颁布的国家或地方标准中规定的污染因子排放标准值以及环境量标准值；

8.2.2 环保设施的设计指标；

8.2.3 对国家和地方标准中尚无规定的污染因子，也可参考国内其他行业标准和国外标准，但应附加必要说明。

8.3 验收监测方法标准选取原则

验收监测时，应尽量按国家污染物排放标准和环境质量标准要求，采用列出的标准测试方法。对国家排放标准和环境质量标准未列出的污染物和尚未列出测试方法的污染物，其测试方法按以下次序选择：

8.3.1 国家现行的标准测试方法；

8.3.2 行业现行的标准测试方法；

8.3.3 国际现行的标准测试方法和国外现行的标准测试方法；

8.3.4 对目前尚未建立标准方法的污染物的测试，可参考国内外已成熟但未上升为标准的测试技术，但应附加必要说明。

9. 验收监测的质量保证和质量控制

9.1 验收监测的工况要求

验收监测时，工况要求分下列几种情况：

9.1.1 工业生产型建设项目，验收监测应在工况稳定、生产达到设计生产能力的 75%或负荷达 75%以上（国家、地方排放标准对生产负荷另有规定的按标准规定执行）的情况下进行。

9.1.2 对无法短期调整工况达到设计生产能力的 75%或 75%以上负荷的建设项目中，可以调整工况达到设计生产能力的 75%或 75%以上负荷的部分，验收监测应在满足 75%或 75%以上负荷或国家及地方标准中所要求的生产负荷的条件下进行

9.1.3 对无法短期调整工况达到设计生产能力的 75%或 75%以上负荷的建设项目中，投入运行后确实无法短期调整工况满足设计生产能力的 75%或 75%以上的部分，验收监测应在主体工程运行稳定、应运行的环境保护设施运行正常的条件下进行，对运行的环境保护设施和尚无污染负荷部分的环保设施，验收监测采取注明实际监测工况与检查相结合的方法进行。

9.2 采样和测试及其质量保证和质量控制

9.2.1 环保设施竣工验收现场监测，首先应按 9.1 的规定满足相应的工况条件，否则负责验收监测的单位应停止现场采样和测试。

9.2.2 现场采样和测试应严格按《验收监测方案》进行，并对监测期间发生的各种异常情况进行详细记录，对未能按《验收监测方案》进行现场采样和测试的原因应予详细说明。

9.2.3 环保设施竣工验收监测中使用的布点、采样、分析测试方法，应首先选择目前适用的国家和行业标准分析方法、监测技术规范，其次是国家环保总局推荐的统一分析方法或试行分析方法以及有关规定等。

9.2.4 环保设施竣工验收的质量保证和质量控制，按国家有关规定、监测技术规范和有关质量控制手册进行。

9.2.5 参加环保设施竣工验收监测采样和测试的人员，应按国家有关规定持证上岗。

9.2.6 水质监测分析过程中的质量保证和质量控制：采样过程中应采集不少于 10%的

平行样；实验室分析过程一般应加不少于 10%的平行样；对可以得到标准样品或质量控制样品的项目，应在分析的同时做 10%质控样品分析；对无标准样品或质量控制样品的项目，且可进行加标回收测试的，应在分析的同时做 10%加标回收样品分析。

9.2.7 气体监测分析过程中的质量保证和质量控制：采样器在进现场前应对气体分析、采样器流量计等进行校核。

9.2.8 噪声监测分析过程中的质量保证和质量控制：监测时应使用经计量部门检定、并在有效使用期内的声级计。

9.2.9 固体废弃物监测分析过程中的质量保证和质量控制：采样过程中应采集不少于 10%的平行样；实验室分析过程一般应加不少于 10%的平行样；对可以得到标准样品或质量控制样品的项目，应同时做不少于 10%标准样品或质控样品；对不可得到标准样品或质量控制样品，但可以做加标回收样品的项目，应同时做不少于 10%的加标回收样品。

9.3 采样记录及分析结果

验收监测的采样记录及分析测试结果，按国家标准和监测技术规范有关要求进行数据处理和填报，并按有关规定和要求进行三级审核。

第二部分　验收监测方案

1. 范围

本部分规定了编制建设项目环境保护设施竣工验收监测方案（以下简称验收监测方案）的要求和内容。

2. 章节、封面及编号

2.1 本技术要求中编写章节安排，是根据编写技术要求的需要，在编写验收监测方案时，内容上应尽可能满足技术要求的规定，并可根据情况在内容上进行增减。

2.2 验收监测方案的封面、封二格式见附录四和五。

2.3 验收监测方案的编号应由各环境监测站制定。验收监测方案的目录注明页码。

3. 验收监测方案编制的内容

验收监测方案根据验收监测的需要进行编制。验收监测方案一般应包括以下内容：

3.1 前言部分

主要简述建设项目和验收监测任务由来。一般包括：工程建成并投入试运行时间、环境保护行政主管部门、负责验收监测工作的环境监测站、委托单位、环保设施竣工验收现场勘察时间和参加单位等。

3.2 验收监测的依据

3.2.1 国家有效的建设项目环境保护管理法规、办法和技术规定；

3.2.2 与建设项目有关的环保技术文件 ；

3.2.3 有关建设项目工程环保工作的意见和批复

3.2.4 开展建设项目环保设施竣工验收监测的依据；

3.2.5 工程建设中有关环保设施设计改动的报批手续和批复文件*；

3.2.6 环保设施运行情况自检报告*；

3.2.7 其他有关需要说明问题和情况及其有关资料或文件等*。

3.3 建设项目工程概况

应以简练文字并配图表进行叙述。

3.3.1 工程基本情况

工程所处的位置；工程占地面积；工程总投资；工程环保设施投资；环境影响评价完成单位与时间；初步设计完成单位与时间；环保设施设计单位和施工单位；投入试运行日期；其它需要说明的情况等*(包括工程变化情况)。

3.3.2 生产工艺简介

主要生产工艺原理、流程、关键生产单元，可附生产工艺流程示意图。

3.3.3 环保设施和相应主要污染物及其排放情况

对各生产单元所产生的污染物、环保处理设施、污染物排放方式等列表或简述。

3.3.4 环保设施试运行情况

3.4 环境影响评价意见及环境影响评价批复的要求

建设项目环境影响评价的主要结论、建议及环境影响评价批复的要求，或环保行政部门对本项目的环保要求等(主要应参见环境影响评价批复的要求)。

3.5 验收监测评价标准

应列出环境影响评价报告批复时，有效的国家或地方排放标准和环境质量标准的名称、标准号、工程《初步设计》(环保篇)的设计指标和总量控制指标。这些标准和指标等将被用于作为本建设项目的环保设施验收监测的评价标准。同时，也应列出相应现行的国家或地方排放标准和环境质量标准作为参照标准。

3.6 验收监测的内容

3.6.1. 废水、废气排放源及其相应的环保设施、厂界噪声、工业固（液）废物*和无组织排放源*监测内容的编写

废水、废气、厂界噪声（必要时监测噪声源）、工业固（液）废物*和无组织排放源*监测内容的编写，主要包括以下几个方面：

a. 监测断面或监测点位的布设情况，必要时附示意图；

b. 验收监测因子、频次；

c. 采样、监测分析方法和验收监测（工况要求*）的质量控制措施及依据（国家标准分析方法应写出标准号）。

3.6.2 厂区附近的环境质量监测*

环境质量监测系指：地面水、地下水、环境空气、土壤或海水等，监测内容的编写，主要包括以下几个方面：

a. 环境敏感点环境质量状况和可能受到影响的简要描述；

b. 简述监测断面或监测点位的布设情况，必要时附示意图；

c. 验收监测因子、频次的确定；

d. 采样、监测分析方法和验收监测的质量控制措施及依据（国家标准分析方法应写出标准号）。

3.6.3 环境生态状况调查*

环境生态状况调查部分，编写的主要内容包括：

a. 建设项目环境保护行政主管部门对进行环境生态状况调查的要求；

b. 简述生态状况调查区域及调查内容确定（必要时附示意图）；

c. 验收监测环境生态状况调查方法、验收监测环境生态状况调查的质量控制措施；

d. 环境生态状况评价依据。

3.7 环境管理检查

列出应检查工作的内容，包括

3.7.1 建设项目执行国家建设项目环境管理制度情况；

3.7.2 《初步设计（环保篇）》中要求建设的环保设施实际完成及运行情况（其中包括：按规定或设计的流量计量装置、监测设施、监测孔与监测平台，排水管网，各种堆存场的建设，各种必要的标志设置等）；

3.7.3 环境保护档案管理情况；

3.7.4 环境保护管理规章制度的建立及其执行情况；

3.7.5 环境保护监测机构、人员和仪器设备的配置情况；

3.7.6 存在潜在突发性环境污染事故隐患的建设项目，制定相应的应急制度，配备和建设的应急设备及设施情况；

3.7.7 工业固（液）体废物是否按规定或要求处置和回收利用；

3.7.8 生态恢复、绿化建设及植被恢复、搬迁或移民工程落实情况；

3.7.9 环境敏感保护目标的保护办法或处理办法的落实情况；

3.7.10 区域污染消减工作的调查；

3.7.11 建设期间和试生产阶段是否发生了扰民和污染事故；

3.7.12 对周边公众的环境影响舆论调查。

3.8 经费概算

一般以地方有关部门批准的有效《监测收费标准》编制验收监测经费概算。对《监测收费标准》中未列项目的费用可通过协商的方式确定。

3.9 监测时间安排

3.9.1 监测合同签定时间

3.9.2 现场监测时间（根据监测项目工作量确定，包括数据整理时间）

3.9.3 监测报告编写时间（根据监测项目工作量确定，）

3.9.4 提交监测报告时间

第三部分　验收监测报告

1. 范围

本部分规定了编制建设项目环境保护设施竣工验收监测报告（以下简称验收监测报告）的要求和内容。

2. 章节、封面及编号

2.1 本部分中编写章节安排，是根据编写技术要求的需要，在编写验收监测报告时，内容上应尽可能满足技术要求的规定，并可根据情况在内容上进行增减。

2.2 验收监测报告的封面、封二格式见附录六和附录七。

2.3 验收监测报告的编号应由各环境监测站制定。验收监测报告的目录注明页码。

3. 验收监测报告编制的内容

验收监测报告根据验收监测要求的需要进行编制。前言、验收监测的依据、建设项目工程概况、环境影响评价意见及环境影响评价复的要求、验收监测评价标准部分的编写应在原验收监测方案的基础上，加入需要补充的内容。验收监测报告还应包括以下内容：

3.1 验收监测的结果及分析评价

验收监测结果及分析应充分反映验收监测中检查和现场监测的实际情况，进行必要和符合实际的分析。

3.1.1 监测期间工况分析

应给出监测期间，能反应工程或设备运行情况的数据或参数。对工业生产型建设项目，还应计算出实际运行负荷。

3.1.2 监测分析质量控制和质量保证

介绍监测分析质量控制和质量保证进行情况和结果。

3.1.3 废水、废气排放源及其相应的环保设施、厂界噪声、工业固（液）废物*和无组织排放源*监测部分的编写

分别对废水、废气和厂界噪声（必要时测噪声源）厂、工业固（液）

废物*和无组织排放源*监测内容进行编制，主要内容包括：

a. 进行现场监测的情况；

b. 验收监测方案要求和规定的验收监测项目、频次、监测断面或监测点位、监测采样、分析方法及监测结果；

c. 用相应的国家和地方的新、旧标准值、设施的设计值和总量控制指标，进行分析评价。

d. 出现超标或不符合设计指标要求时的原因分析等。

3.1.4 厂区附近的环境质量监测*

主要内容包括：

a. 环境敏感点环境质量状况和可能受到影响的简要描述；

b. 进行监测环境质量监测的区域情况和监测情况；

c. 验收监测方案要求和规定的验收监测项目、频次、监测断面或监测点位、监测采样、分析方法及监测结果；

d. 用相应的国家和地方的新、旧标准值和设施的设计值，进行分析评价。

e. 出现超标或不符合设计指标要求时的原因分析等

3.1.5 环境生态状况调查*

编写的主要内容包括：

a. 建设项目环境保护行政主管部门对进行环境生态状况调查的要求，详细地介绍环境生态状况调查的评价依据；

b. 进行环境生态状况调查区域的情况；

c. 简述生态状况调查区域及调查项目、频次的确定，监测断面或监测点位的布设情况（必要时附示意图）；

d. 验收监测环境生态状况调查方法、来源和质量控制措施；

e. 验收监测环境生态状况调查的结果及分析评价。

3.1.6 国家规定的总量控制污染物的排放情况

目前国家规定实施总量控制的污染物为：As、Cd、Hg、Pb、CN^-、Cr^{+6}、COD、石油类、SO_2、烟尘、粉尘、固体废弃物排放量，根据各排污口的流量和监测的浓度，计算并以表列出建设项目污染物年产生量和年排放量。对改扩建项目还应根据环境影响评价报告书列出改扩建工程原有排放量和根据监测结果计算改扩建后原有生产设施现在的污染物产生量排放量。

3.2 环境管理检查

根据验收监测方案所列检查内容，逐条目进行说明：

3.3 验收监测结论与建议

3.3.1 结论

根据验收监测的检查和测试结果进行分析评价，按执行制度、废水、废气排放源及其相应的环保设施、厂界噪声、工业固（液）废物*、无组织排放源*、监测厂区附近的环境质量监测*和环境生态状况调查*，给出验收监测的综合结论（主要以污染物达标排放、以新带老、总量控制执行情况、执行国家对建设项目环境管理有关制度和环境保护行政主管部门的有关要求进行说明）。

3.3.2 建议

根据现场监测、检查结果的分析和评价，结论中明确指出存在的问题，提出需要改进的设施或措施建议等，可根据以下几个方面的问题提出合理的整改意见和建议：

a. 环保设备对污染物的处理效率及污染物的排放未达到原设计指标和要求；

b. 环保设备对污染物的处理和污染物的排放未达到设计时的国家或地方标准要求；

c. 环保设备对污染物的处理和污染物的排放未达到现行有效的国家或地方标准；

d. 环保设备及排污设施未按规范完成；

e. 环境保护敏感目标的环境质量未达国家或地方标准要求或存在的扰民现象；

f. 固废处理或综合利用、环境绿化、生态或植被恢复等未达到“环境影响评价”、“环境影响评价”批复或初步设计的要求；

g. 国家规定实施总量控制的污染物排放量超过有关环境管理部门规定或核定的总量等。

3.4 附录

3.4.1 必要的质控数据汇总表；

3.4.2 必要的监测数据汇总表；

3.4.3 其他有关附件和图表，如生产负荷原始数据、厂区位置图、监测点位图、“环境影响评价”批复等；

3.4.4 建设项目环境保护“三同时”竣工验收登记表。

第四部分　验收监测表格式

本部分提出编制验收监测表格式（见附录八），参照第三部分要求填写，供验收监测中参考使用。验收监测表后应附建设项目环境保护“三同时”竣工验收登记表（附录三）。

附录一

各种类型废水中的常见污染因子

表　各种废水污染因子

序号	建设项目类别		污染因子*
1	城市生活污水及生活污水处理场		pH、BOD_5、COD、悬浮物、总磷、氨氮、表面活性剂、磷酸盐、水温、细菌总数、大肠杆菌、动植物油、色度、溶解氧
2	生产区及娱乐设施		pH、BOD_5、COD、悬浮物、氨氮、磷酸盐、表面活性剂、动植物油、水温、溶解氧
3	黑色金属矿山（包括磷铁矿、赤铁矿、锰矿等）		pH、COD、悬浮物、硫化物、铜、铅、锌、镉、镍、铬、锰、砷、汞、六价铬
4	黑色冶金（包括选矿、烧结、炼焦、炼钢、轧钢等）		pH、COD、悬浮物、硫化物、氟化物、挥发酚、石油类、铜、铅、锌、镉、镍、铬、锰、砷、汞、六价铬
5	选矿药剂		pH、COD、悬浮物、硫化物、铜、铅、锌、镉、镍、铬、锰砷、汞、六价铬
6	有色金属矿山及冶炼（（包括选矿、烧结、电解、精练等）		pH、COD、悬浮物、氰化物、硫化物、铜、铅、锌、镉、镍、铬、锰、砷、汞、六价铬、铍
7	火力发电（热电）		pH、COD、悬浮物、硫化物、石油类、水温、氟化物等
8	煤矿（包括洗煤）		pH、COD、悬浮物、硫化物、石油类、砷
9	焦化及煤气制气		pH、COD、BOD_5、悬浮物、硫化物、氰化物、挥发酚、石油类、氨氮、苯系物、多环芳烃、砷、苯并[a]芘、溶解氧
10	石油开采		pH、COD、悬浮物、石油类、硫化物、挥发酚、总铬
11	石油炼制		pH、COD、悬浮物、石油类、硫化物、挥发酚、氰化物、苯系物、多环芳烃、苯并[a]芘
12	化学矿开采	硫铁矿	pH、COD、悬浮物、硫化物、铜、铅、锌、镉、砷、汞、六价铬
		磷矿	pH、COD、悬浮物、氟化物、硫化物、铅、砷、汞、磷
		萤石矿	pH、COD、悬浮物、氟化物
		汞矿	pH、COD、悬浮物、硫化物、铅、砷、汞
		雄黄矿	pH、COD、悬浮物、硫化物、砷
13	无机原料	硫酸	pH、COD、悬浮物、氟化物、硫化物、铜、铅、砷、
		氯碱	pH、COD、悬浮物、汞
		铬盐	pH、COD、悬浮物、六价铬、总铬
14	有机原料		pH、COD、悬浮物、挥发酚、氰化物、苯系物、硝基苯类、有机氯类
15	塑料		pH、COD、悬浮物、石油类、硫化物、氰化物、氟化物、苯系物、苯并[a]芘
16	化纤		pH、COD、悬浮物、石油类、色度
17	橡胶		pH、COD、悬浮物、硫化物、石油类、六价铬、苯系物、苯并[a]芘、铜、铅、锌、镉、镍、铬、砷、汞
18	制药		pH、COD、悬浮物、石油类、挥发酚、苯胺类、硝基苯类
19	染料		pH、COD、悬浮物、挥发酚、色度、硫化物、苯胺类、硝基苯类、TOC

序号	建设项目类别		污染因子*
20	颜料		pH、COD、悬浮物、硫化物、汞、六价铬、色度、铜、铅、锌、镉、镍、铬、砷
21	油漆		pH、COD、悬浮物、挥发酚、石油类、六价铬、铅、苯系物、硝基苯类
22	合成洗涤剂		pH、COD、悬浮物、阴离子合成洗涤剂、石油类、苯系物、动植物油、磷酸盐
23	合成脂肪酸		pH、COD、悬浮物、动植物油
24	感光材料		pH、COD、悬浮物、挥发酚、硫化物、氰化物、银、显影剂及其氧化物
25	其他有机化工		pH、COD、悬浮物、石油类、挥发酚、氰化物、硝基苯类
26	化肥	磷肥	pH、COD、悬浮物、磷酸盐、氟化物、元素磷、砷
		氮肥	pH、COD、悬浮物、氨氮、挥发酚、氰化物、砷、铜
27	农药	有机磷	pH、COD、悬浮物、挥发酚、硫化物、有机磷、元素磷
		有机氮	pH、COD、悬浮物、挥发酚、硫化物、有机氯
28	电镀		pH、COD、悬浮物、氰化物、铜、铅、锌、镉、镍、铬
29	机械制造		pH、COD、悬浮物、石油类、氰化物、铜、铅、锌、镉、镍、铬
30	电子仪器、仪表		pH、COD、悬浮物、石油类、氰化物、铜、铅、锌、镉、镍、铬、汞、氟化物、苯系物
31	造纸		pH、COD、悬浮物、挥发酚、硫化物、色度
32	纺织印染		pH、COD、悬浮物、挥发酚、硫化物、色度
33	皮革		pH、COD、BOD_5、悬浮物、硫化物、氯化物、色度、动植物油、总铬、六价铬
34	水泥		pH、COD、悬浮物、石油类
35	油毡		pH、COD、BOD_5、悬浮物、挥发酚、硫化物、石油类、苯并[a]芘
36	玻璃、玻璃纤维		pH、COD、悬浮物、挥发酚、氰化物、铅、氟化物
37	陶瓷制造		pH、COD、悬浮物、铜、铅、锌、镉、镍、铬、汞、砷
38	石棉（开采与加工）		pH、COD、悬浮物、石棉、挥发酚
39	食品加工、发酵、酿造、味精		pH、COD、BOD_5、悬浮物、氨氮、硝酸盐氮、动植物油、大肠杆菌数、含盐量
40	制糖		pH、COD、BOD_5、悬浮物、硫化物、大肠杆菌数
41	火工		pH、COD、悬浮物、硫化物、硝基苯类、铜、铅、锌、镉、镍、铬
42	电池		pH、COD、悬浮物、铜、铅、锌、镉、镍、铬、汞
43	绝缘材料		pH、COD、悬浮物、挥发酚、甲醛
44	人造板材、木器加工		pH、COD、悬浮物、挥发酚、木质素

注：*：验收监测所选监测因子，可参考表中所列污染因子确定，但还需根据建设项目的实际情况增减，各种废水的排放量均应监测，下同。

附录二

部分类型废气中的常见污染因子

序号	建设项目	污染因子
1	生产和生活用锅炉	二氧化硫、烟尘、黑度
2	化工	二氧化硫、硫化氢、氟化物、氮氧化物、氯、氯化氢、一氧化碳、硫酸雾、恶臭、生产性粉尘
3	水泥工业	烟尘、粉尘、二氧化硫、一氧化碳、游离二氧化硅、黑度
4	火电厂	二氧化硫、烟尘、氮氧化物
5	石油化工	烟尘、二氧化硫、非甲烷总烃、丙烯睛、苯系物、恶臭
6	冶金	二氧化硫、氟化物、氯、氯化氢、一氧化碳、铅、烟尘
7	电子	苯系物、丙酮、甲醇、烷烯烃、氟、
8	工业炉窑	烟尘、二氧化硫、黑度
9	硫酸工业	二氧化硫、硫酸雾、烟尘
10	船舶工业	烟尘、粉尘、苯系物、氧化锌、粉尘、二氧化硫
11	钢铁工业	粉尘、二氧化硫、氯化氢
12	轻金属工业	粉尘、二氧化硫
13	重有色金属	粉尘、二氧化硫、烟尘
14	沥青工业	沥青烟、粉尘、苯并（a）芘
15	普钙工业	氟、粉尘、二氧化硫
16	炼焦	颗粒物、二氧化硫、苯可溶物、恶臭、苯并（a）芘
17	轻工	二硫化碳、硫化氢、汞
18	皮革	恶臭
19	化肥	氨、氟化物、NO_x、H_2S
20	合成洗涤剂	粉尘
21	雷汞工业	汞
22	火工	二氧化硫、硫酸雾、氧化氮
23	焚烧炉	烟尘、CO、SO_2、NO_x、HCl、NH_3、二噁英等

注：*：验收监测所选监测因子，可参考表中所列污染因子确定，但还需根据建设项目的实际情况增减，各种废气的排放量均应监测，下同。

附录三

建设项目环境保护"三同时"竣工验收登记表

编号：　　　　　　　　　　　　　　　　　　　　审批经办人：

建设项目名称		建设地点			
建设单位		邮编		电话	
行业类别		项目性质	新建　改扩建　技术改造　（划√）		
设计生产能力		建设项目开工日期			
实际生产能力		投入试运行日期			
控制区	报告书审批部门	文号		时间	
初步设计审批部门		文号		时间	
环保验收审批部门		文号		时间	
环评报告书编制单位		投资总概算	万元		
环保设施设计单位		环保投资总概算	万元	比例	%
环保设施施工单位		实际总概算	万元		
环保设施监测单位		环保投资	万元	比例	%
新增废水处理设施能力	t/h	新增废气处理设施能力	Nm^3/h	年工作时	h/a

污　染　控　制　指　标

控制项目	原有排放量（1）	新建部分产生量（2）	新建部分处理削减量（3）	以新带老削减量（4）	排放增减量（5）	排放总量（6）	允许排放量（7）	区域削减量（8）	处理前浓度（9）	实际排放浓度（10）	允许排放浓度（11）
废水									—	—	—
汞											

镉											
铅											
砷											
六价铬											
氰化物											
COD_{Cr}											
石油类											
废气								—	—	—	—
SO_2											
粉尘											
烟尘											
固废									—	—	—

单位：废气量：$\times 10^4$标米^3/年；废水、固废量：万吨/年；水中汞、镉、铅、砷、六价铬、氰化物为千克/年，其他项目均为吨/年

废水中污染物浓度：毫克/升；废气中污染物浓度：毫克/立方米

注：此表由监测站填写，附在监测报告最后一页。此表最后一格为该项目的特征污染物。

其中：（5）=（2）－（3）－（4）、（6）=（2）－（3）+（1）－（4）

关于“建设项目环境保护‘三同时’竣工验收登记表”填写说明

建设项目环境保护“三同时”竣工验收登记表——是在建设项目环境保护设施竣工验收时，由监测单位或建设单位填写，作为环境管理的台帐和信息统计的基础表格。编号、审批经办人由环保审批部门填写。

建设项目名称——使用此项目立项时的名称，若名称多于 30 个字，则酌情缩写成 30 字以内（两个英文字母可看成是一个汉字）。

建设地点——必须填写到建设项目所在的县级地名（便于代码识别），若是在一个地区内多个县建设的项目，则填写到地区名，同理，若是在一个省内多个地区建设的项目，则填写省名，不再设立《多地区》选择项。

建设单位——使用建设单位注册时的名称，若名称多于 25 个字，则酌情缩写成 25 个字以内。

行业类别——按原国家环保局监督管理司关于行业类别的规定，详见附表 1。对六大污染重的行业，划分也在附表中可见。

项目性质——可在所选项中划表示。

控制区——指淮河（分为干流、支流）、海河、辽河、太湖、巢湖、滇池、酸雨和二氧化硫控制区。

初步设计审批部门、环保设施施工部门、环保设施设计部门、环保验收监测部门、环保验收审批部门——均使用注册时名称，若名称多于 25 个字，则酌情缩写成 25 个字以内。

投资总概算——采用可研审批或初步设计审批中的工程总投资。

设计生产能力——指原设计的生产能力，或建设规模。

实际生产能力——指验收时，达到的实际生产能力。

新增废水处理能力——是指建设项目新增的废水处理设施处理能力。

新增废气处理能力——是指建设项目新增的废气处理设施处理能力。

原有排放量——是对改扩建、技术改造项目而言，指项目改扩建、技术改造之前的污染物排放量。

新建部分产生量——指新产生的污染源强量。

新建部分处理削减量——是对新产生量而言，经处理后，污染物削减的量。

以新带老削减量——是对原有排放量而言，经“以新带老”上处理设施后，污染物减少的量。

排放增减量——是指新建部分产生量－以新带老削减量－新建部分处理削减量。

排放总量——是指原有排放量－以新带老削减量+新建部分产生量－新建部分处理削减量。

区域削减量——若排放削减量为正值，即排放量增加，为保证区域污染物总量不增加，应从区域削减的量。

对于汞、镉、铅、砷、六价铬、氰化物均保留 3 位小数，其他所有项目保留一位小数。

附录四　验收监测方案封面式样

建设项目环保设施竣工
验收监测方案

字（　　）第　　号

项目名称：

委托单位：

××环境监测（中心）站
年　　月

附录五　验收监测方案封二式样

承　担　单　位：　　××环境监测（中心）站

站　　　　　长：

总　工　程　师：

项 目 负 责 人：

方 案 编 写 人：

审　　　　　核：

审　　　　　定：

××环境监测（中心）站

电话：

传真：

邮编：

地址：

附录六　验收监测报告封面式样

建设项目环保设施竣工
验收监测报告

字（　　）第　号

项目名称：

委托单位：

××环境监测（中心）站

年　月

附录七　验收监测报告封二式样

承　担　单　位：　××环境监测（中心）站
站　　　　　长：
总　工　程　师：
项目负责人：
报　告　编　写：
审　　　　　核：
审　　　　　定：

协作单位：

现场监测负责人：
参　加　单　位：　　××环境监测站
××环境监测站
参　加　人　员：

（××环境监测站）
（监测及分析参加人）
（××环境监测站）
（监测及分析参加人）

××环境监测（中心）站（负责单位）

电话：
传真：
邮编：
地址：

附录八 验收监测表格式

建设项目环保设施竣工
验收监测表

字（ ）第 号

项目名称：

委托单位：

××环境监测（中心）站
年 月

附录八续　验收监测表封二式样

承　担　单　位：　××环境监测（中心）站
站　　　　　长：
总　工　程　师：
项 目 负 责 人：
报　告　编　写：
审　　　　　核：
审　　　　　定：

协 作 单 位：

现场监测负责人：
参　加　单　位：　　××环境监测站
××环境监测站
参　加　人　员：

（××环境监测站）
（监测及分析参加人）
（××环境监测站）
（监测及分析参加人）

××环境监测（中心）站（负责单位）

电话：
传真：
邮编：
地址：

附录八续

表一

建设项目名称					
建设单位名称					
建设项目主管部门					
建设项目性质	新建　改扩建　技改　迁建　（划√）				
主要产品名称 设计生产能力 实际生产能力					
环评时间		开工日期			
投入试生产时间		现场监测时间			
环评报告表 审批部门		环评报告表 编制单位			
环保设施 设计单位		环保设施 施工单位			
投资总概算	万元	环保投资总概算	万元	比例	%
实际总概算	万元	环保投资	万元	比例	%
验收监测依据					
验收监测标准 标号、级别					
验收监测标准 标号、级别					

表二

主要生产工艺及污染物产出流程（附示意图）：

表三

主要污染源、污染物处理和排放流程（附示意图、标出废水、废废气监测点位）：

表四　废气监测结果

设施	监测点位	监测项目	监测日期	监测结果							处理效率	执行标准标准值	参照标准标准值	备注
				1	2	3	4	5	6	均值或范围				
		排气量									/	/	/	
		排气量												
		排气量									/	/	/	

表五　废水监测结果

设施	监测点位	监测项目	监测日期	监测结果							处理效率	执行标准标准值	参照标准标准值	备注
				1	2	3	4	5	6	均值或范围				
		排水量									/	/	/	
		排水量												
		排水量									/	/	/	

表六　噪噪声及工况监测结果

噪声监测点位布设（示意图）监测结果	
监测工况及必要的原材料监测结果	

表七　环保检查结果

固体废弃物综合利用处理：   绿化、生态恢复措施及恢复情况：   环保管理制度及人员责任分工：   监测手段及人员配置：   应急计划：   存在的问题：   其他：

表八　验收监测结论及建议

验收监测结论   建议：

关于印发《建设项目竣工环境保护验收申请》的通知

（2010 年 5 月 7 日　环境保护部办公厅文件　环办[2010]62 号）

各省、自治区、直辖市环境保护厅（局），新疆生产建设兵团环境保护局：

为提高建设项目验收审批效率，兑现环评管理“便民高效”承诺，我部对环发[2001]214 号文件和环发[2002]97 号文件中适用于编制环境影响报告书、表建设项目的环境保护验收申请，统一修订为《建设项目竣工环境保护验收申请》。编制环境影响登记表建设项目的环境保护验收申请仍执行环发[2001]214 号文件和环发[2002]97 号文件。现印发给你们，请遵照执行。

附件：建设项目竣工环境保护验收申请

附件

建设项目竣工环境保护验收申请

项目名称 ____________________

建设单位 ____________________ （盖章）

法定代表人 ____________________

联 系 人 ____________________

联系电话 ____________________

邮政编码 ____________________

邮寄地址 ____________________

中华人民共和国环境保护部制

说　明

1. 本验收申请替代我部环发[2001]214 号文件和环发[2002]97 号文件中适用于编制环境影响报告书、表建设项目的环保验收申请。编制环境影响登记表建设项目的环保验收申请仍执行环发[2001]214 号文件和环发[2002]97 号文件。

2. 本验收申请表一、表二由建设单位在申请环保验收前填写，表三、表四由负责建设项目竣工环保验收的环保行政主管部门在验收现场检查后填写。

3. 表格中填不下或仍需另加说明的内容可以另加附页补充说明。

4. 本验收申请一式两份，由负责建设项目竣工环保验收的环保行政主管部门随验收审批文件一并存档。

表一　基本信息

建设项目名称（验收申请）	
建设项目名称（环评批复）	
建设地点	
行业主管部门或隶属集团	
建设项目性质（新建、改扩建、技术改造）	
环境影响报告书（表）审批机关及批准文号、时间	
审批、核准、备案机关及批准文号、时间	
环境影响报告书（表）编制单位	
项目设计单位	
环境监理单位	
环保验收调查或监测单位	
工程实际总投资（万元）	
环保投资（万元）	
建设项目开工日期	
同意试生产（试运行）的环境保护行政主管部门及审查决定文号、日期	
建设项目投入试生产（试运行）日期	

表二　环境保护执行情况

	环评及其批复情况	实际执行情况	备　注
建设内容（地点、规模、性质等）			
生态保护设施和措施			
污染防治设施和措施			
其他相关环保要求			

注：表二中建设单位对照环评及其批复，就项目设计、施工和试运行期间的环保设施和措施落实情况予以介绍。

表三 验收组意见

        组长：（签字）

表四 验收组名单

	姓 名	单 位	职务/职称	签 名
组 长				
（副组长）				
成 员				

关于进一步加强建设项目环境保护管理工作的通知

（2001年2月21日　国家环境保护总局文件　环发[2001]19号）

各省、自治区、直辖市环境保护局（厅）：

为认真落实《建设项目环境保护管理条例》，进一步严格执行建设项目环境影响评价制度和环境保护设施与主体工程同时设计、同时施工、同时投产使用的“三同时”制度，现就进一步加强建设项目环境保护管理工作的有关意见通知如下，请贯彻执行。

一、严格按照《建设项目环境保护分类管理名录》的规定进行环境影响评价管理。各级环境保护行政主管部门不得以任何理由对负责审批的建设项目降低环境影响评价等级。

二、地方各级环境保护行政主管部门要按照《建设项目环境护管理条例》规定的审批权限开展工作，严禁越权审批。凡越权批复的建设项目环境影响报告书（表）一律无效，并责成建设单位限期到有审批权的环境保护行政主管部门重新办理审批手续。

三、加强对用水量大的建设项目的环境管理，强化废水回用、节水等措施，在缺水地区严格控制耗水量大的建设项目。

四、地方各级环境保护行政主管部门要加强对建设项目施工过程中环境保护设施建设和环境保护措施落实情况的日常监督，开展建设项目环境影响评价和“三同时”实施过程的环境执法监察，督促建设项目业主对建设项目的环境保护负责，并按批准的环境影响报告书（表）中的要求落实环境保护“三同时”制度。

五、严格执行建设项目环保设施竣工验收管理规定。建设项目投入试生产（试运行）后，必须按规定申请环境保护设施竣工验收，对未执行建设项目环境保护设施竣工验收并已投入生产或运行的建设项目，要依法限期补办验收手续。对逾期不办或拒不进行环保设施竣工验收的建设项目，要责令停止生产并予以处罚。在建设项目环境保护竣工验收中，如发现工程性质、规模、地点或采用的生产工艺发生重大变化、与批准的环境影响报告书（表）不一致，由负责其环境保护设施竣工验收的环境保护行政主管部门责令其限期补办变更手续。在补办变更手续未批准前，一律不得验收，超过期限未补办变更手续或变更手续未获批准的建设项目，要依法责令其停止试运行。

六、超业务范围编写的环境影响报告书（表），各级环境保护行政主管部门不予审批。禁止借用或变相借用环境影响评价工作开展评价工作。建设项目环境影响评价工作由两个以上评价单位共同完成的，其评价主要技术负责单位承担的工作量不得少于60%；凡工作量达不到规定要求的主要技术负责单位，按变相借用评价证书处理。对违反《建设项目环境影响评价资格证书管理办法》的，各级环境保护行政主管部门应及时处理。

七、地方各级环境保护行政主管部门要加强对环境影响评价技术报告书评估的管理，充分发挥环境影响评价技术评估机构的作用。省级环境保护行政主管部门要建立环境影响报告书技术审查专家库，进入专家库的专家必须熟练掌握国家及地方有关环境保护法规、政策、标准，并熟悉相关专业的工艺技术。环境影响报告书（表）的技术审查均应由列入国家或省专家库的相关专业的技术人员负责并提供审查结论。

八、在全国范围内逐步实施建设项目环境影响评价审批和环境保护设施竣工验收工作程序公开、办事制度公开、审批和验收结果公开的办事制度，建立举报制度。国家环境保护总局自 2001 年起，将定期公布建设项目环境影响审批和环境保护设施竣工验收结果，各省、市、县环境保护行政主管部门也应定期公布本辖区内负责审批和验收的建设项目名单。

九、地方各级环境保护行政主管部门要建立健全建设项目环境管理档案。要将负责审批的建设项目全部建立环境管理档案，针对项目的不同特点实行全过程管理，实现规范化、制度化。逐步采用数字化技术建立建设项目环境管理档案库，实现资源共享。要加快建设项目环境管理信息化进程，配备计算机，利用网络技术、数字技术逐步实现计算机办理建设项目环境审批手续。

关于加强中小型建设项目环境保护管理工作有关问题的通知

（2002年5月24日　国家环境保护总局、国家工商行政管理总局文件　环发[2002]85号）

各省、自治区、直辖市环境保护局（厅），工商行政管理局：

近年来，各级环保、工商行政管理部门，为贯彻实施国务院发布的《建设项目环境保护管理条例》（以下简称《条例》），互相沟通，密切配合，对防止新的建设项目污染环境、破坏生态发挥了重要作用。随着市场经济的发展，建设项目投资主体和融资渠道正逐步形成多元化格局。因此，依法做好建设项目特别是中小型建设项目的环境保护管理显得更加迫切和重要，为加强这一工作，现就有关问题通知如下：

一、依照《条例》的有关规定，建设单位应当在建设项目可行性研究阶段报批环境影响报告书、环境影响报告表或者环境影响登记表；其中，需要办理营业执照的，应当在办理营业执照前报批建设项目环境影响报告书、环境影响报告表或者环境影响登记表。

二、各级环保行政主管部门要根据国家产业政策和环境保护法规要求，按照《建设项目环境保护分类管理名录》对建设项目实施分类管理，认真做好审批工作，严格把关。

三、各级环保和工商行政管理部门要加强联系，互相沟通，密切配合。环保行政主管部门要及时将建设项目环境保护分类管理的有关规定及审批未通过项目通报工商行政管理部门；工商行政管理部门要将登记信息定期或不定期通报环保行政主管部门。

环保行政主管部门对已办理营业执照，但依照有关规定应办理环保审批手续而未办理的建设单位，应责令其限期补办手续，逾期不办或擅自开工建设的，要依法处理，并将处理结果通报工商行政管理部门；工商行政管理部门对未通过环保审批的项目，要依法予以处理。

四、各地环保、工商行政管理部门可根据本通知精神，结合本地区实际情况，制定具体的实施办法。

关于加强国际金融组织贷款建设项目环境影响评价管理工作的通知

（1993 年 6 月 21 日　国家环保局、国家计委、财政部、中国人民银行文件
环监[1993]324 号）

国务院各部、委、局（办）、总公司，各省、自治区、直辖市、计划单列市环保局、计划委员会、财政厅、中国人民银行分行：

随着我国改革开放的不断深化，引进外资的比例正在逐年增加；利用世界银行、亚洲开发银行等国际金融组织贷款，已成为我国筹集建设资金发展经济的一个重要组成部分。对国际金融组织贷款建设项目（以下简称贷款项目）环境保护工作，世界银行、亚洲开发银行均有明确的要求，并将贷款项目的《环境影响报告书》（以下简称《报告书》）列为办理贷款项目手续不可缺少的文件之一，对贷款项目环境影响评价提出了较完整的程序和要求，这些规定与我国现行的建设项目环境影响评价规定基本一致。为做好贷款项目环境影响评价的管理工作，用好国际金融组织贷款，促进我国经济和环境的协调发展，各级环境保护行政主管部门（以下简称环保部门）要和各级计划、财政、银行部门及行业主管部门密切配合，根据《中华人民共和国环境保护法》和我国建设项目环境保护管理以及国家计委利用国际金融组织贷款项目计划管理的有关规定，进一步加强国际金融组织贷款项目环境影响评价的管理工作。为此，特作如下通知：

一、贷款建设项目必须执行我国的环境保护法律、规章和标准，执行环境影响评价制度。在执行我国环境影响评价有关规定的前提下，也要兼顾国际金融组织的技术要求。

二、贷款项目《报告书》的审批，须按我国建设项目环境保护管理审批权限和程序办理。贷款项目《环境影响评价工作大纲》（以下简称《评价大纲》），由负责审批《报告书》的环保部门审查。其《报告书》由行业主管部门组织预审，报环保部门审批。地方环保部门负责审批的贷款项目《报告书》，应将《报告书》及批复意见报国家环境保护局备案。

三、我国建设项目环境影响评价类别划分是根据拟建项目可能对环境造成的影响程度和范围以及项目所在地区的环境敏感程度所确定的。其类别划分为三类：

A 类：可能对环境造成重大的不利影响的建设项目。这类项目需进行全面的环境影响评价；

B 类：可能对环境产生不利影响的范围和程度是有限的，其影响通过规定采用先进工艺和成熟的防治措施进行防治，可使环境影响大大减缓的建设项目。这类项目一般不要求进行全面的环境影响评价，但需要根据工程和环境要素的特点做专项的环境影响评价或环境影响分析；

C 类：对环境不产生不利影响或影响极小的建设项目。这类项目一般不需要开展环境影响评价或环境影响分析，只需办理环境保护管理备案手续。

贷款项目环境影响评价的类别划分，应在项目建议书阶段或国际金融组织的项目前期准备阶段，在听取国际金融组织意见后，由负责审批该项目《报告书》的环保部门确定。

四、对于一个贷款协议包括若干子项目的贷款项目，环境影响评价分为总体项目环境影响评价和子项目环境影响评价。其《报告书》的审批权限和程序按第二条规定办理。

五、环境影响评价单位在编制贷款项目《评价大纲》、《报告书》和《报告书》简写本时，可参照附件一至附件三。

六、贷款项目环境影响评价要注意国内外程序在时段上的衔接，编制及审批贷款项目的《评价大纲》应在国际金融组织贷款项目准备阶段完成。建设单位在向环保部门报审《评价大纲》时，应同时将《评价大纲》寄送有关国际金融组织征询意见，并及时将反馈意见报送负责审批该项目《报告书》的环保部门。

编制及审批《报告书》应在国家计划部门审批贷款项目《可行性研究报告》或《利用外资方案》和有关国际金融组织派出项目正式评估团前完成，最迟需在有关国际金融组织执董会讨论该贷款项目前四个月完成。《报告书》需在国家计划部门批准项目建议书后并经环境保护部门批准后才可正式提供。

七、公众参与是环境影响评价的重要组成部分，《报告书》中应设专门章节予以表述，使可能受影响的公众或社会团体的利益能得到考虑和补偿。公众参与工作可在《评价大纲》编制和审查、《报告书》审查阶段进行。根据我国目前的实际情况，可采用下述方式：

1．建设单位和环保部门直接听取贷款项目所在地（区、县）人大代表、政协委员、群众团体、学术团体或居委会、村委会代表的意见和建议；

2．项目所在地（区、县）人大、政协或群众团体征询受影响地区公众的意见。

上述工作可以发《公众意见征询表》、召开座谈会和邀请参加《评价大纲》与《报告书》审查会议的形式进行。

环保部门和行业主管部门在《评价大纲》审查和《报告书》审批时应充分考虑公众的意见，并反馈给建设单位。

八、根据国家有关规定，涉及移民安置的建设项目，移民安置在可行性研究报告中要有专题报告。其环境影响评价中应包括移民安置对环境影响的有关内容，在《报告书》中充分反映移民安置的影响。

九、建设单位向国际金融组织提交《评价大纲》、《报告书》及其他环境保护有关文件时，必须遵循以下原则：

1．属中央政府负责支付中方配套资金和偿还外资的贷款项目，其《评价大纲》、《报告书》及其他环境保护文件，需经项目的主管部、委、局（办）、总公司的保密委员会审查后，建设单位方可向贷款组织提供，并报国家环境保护局备案。

2．属地方政府负责支付中方配套资金和偿还外资的贷款项目，其《评价大纲》、《报告书》及其他环境保护文件，需经项目所在地的同级人民政府保密委员会审查后，建设单位方可向贷款组织提供，并报上一级环保部门备案。

十、对于包括许多子项目的行业贷款项目，在项目评估中许多子项目尚未确定，其环境影响评价工作可选定已确定的子项目，提出《报告书》，确定行业贷款的环境原则和该行业贷款项目行业环境影响评价指南，来指导那些未确定的子项目的选择和环境影响评价。

十一、对已完成《报告书》审批程序的内资项目，当转为利用国际金融组织贷款项目时，建设单位应及时向原审批《报告书》的环保部门申报。如果项目内容、厂址、规模和工艺发生重大变化或原《报告书》不能满足贷款项目环境影响评价要求时，建设单位需根据环保部门的意见对原《报告书》进行修改、补充，并按规定的审批权限和程序重新办理《报告书》审批手续，不得擅自将原《报告书》直接寄送国际金融组织。

十二、为确保贷款项目准备工作顺利进行，其环境影响评价工作应由熟悉国际金融组织贷款项目环境影响评价技术要求、具有甲级评价资格的国内持证单位承担。当贷款项目需委托国外咨询机构进行评价时，应征得国家环境保护局同意。

十三、已列入国家计委批准的《利用国际金融组织贷款备选项目规划》（包括列入备选项目规划的后备项目）的项目，在条件允许的情况下应尽早开展环境影响评价工作。项目单位和地方环保部门应及时向负责审批《报告书》的环保部门和行业主管部门通报项目工作情况。未列入国家计委提出《备选项目规划》的贷款项目或临时提出的应急项目，建设单位应及时向负责审批该项目《报告书》的环保部门申报，经同意后，可参照此文办理。

关于核定建设项目主要污染物排放总量控制指标有关问题的通知

（2003年3月25日　国家环境保护总局办公厅文件　环办[2003]25号）

各省、自治区、直辖市环境保护局（厅）、解放军环境保护局、新疆生产建设兵团环境保护局：

为了控制建设项目主要污染物排放总量，规范建设项目主要污染物排放总量控制指标的核定工作，现就有关问题通知如下：

一、编制建设项目环境影响报告书（表），应对建设项目投入生产或使用后可能排放的主要污染物种类、数量及对环境的影响进行预测，提出控制和削减措施，作为核定该项目主要污染物排放总量控制指标的依据。

二、我局负责审批的建设项目环境影响报告书（表），由项目所在省、自治区、直辖市环境保护局（厅）在初审意见中提出该项目主要污染物排放总量控制指标的核定意见。

三、主要污染物排放总量控制指标核定意见应符合本辖区主要污染物排放总量控制计划及实施方案。需要通过区域削减或调剂方式解决总量指标的，应在初审意见中详细说明具体的削减方案、实施时限、指标来源，确保总量指标平衡的可行性与可靠性。

关于加强燃煤电厂二氧化硫污染防治工作的通知

（2003年9月15日　国家环境保护总局、国家发展和改革委员会文件　环发[2003]159号）

各省、自治区、直辖市人民政府，国务院有关部门：

当前，我国二氧化硫年排放总量大大超出了环境自净能力，造成近三分之一的国土酸雨污染严重。按照《国民经济和社会发展第十个五年计划纲要》和《国家环境保护“十五”计划》要求，到“十五”末期，全国二氧化硫排放量要比2000年减少10%。其中，“两控区”（指酸雨控制区和二氧化硫控制区）减少20%，污染防治任务十分艰巨。2002年，燃煤电厂二氧化硫排放量达到666万吨，占全国排放总量的34.6%。严格控制燃煤电厂二氧化硫排放对实现全国二氧化硫总量控制目标至关重要。为了实现“十五”燃煤电厂二氧化硫污染防治目标，进一步加大污染防治力度，经国务院批准，现就加强燃煤电厂二氧化硫污染防治工作通知如下：

一、大中城市建成区和规划区，原则上不得新建、扩建燃煤电厂。对符合国家能源政策和环保要求的热电联产项目，在按程序审批后，同步配套建设脱硫设施，与主体工程同时设计、同时施工、同时投产使用，所需资金纳入主体工程投资概算。

二、东中部地区以及西部“两控区”内新建、改建和扩建燃煤电厂，要严格按照基本建设程序审批，同步配套建设脱硫设施。西部“两控区”以外的燃煤电厂，不符合国家排放标准、总量控制等环保要求以及没有环境容量的，也要同步配套建设脱硫设施；符合环保要求的，可预留脱硫场地，分阶段建设脱硫设施；建设燃用特低硫煤（含硫量小于 0.5%）的坑口电站，有环境容量的，可暂不要求建设脱硫设施，但必须预留脱硫场地。

三、加大现有电厂二氧化硫污染治理力度。对不符合城市规划和环保要求的市区内现有燃煤电厂，要通过建设脱硫设施、机组退役或搬迁等措施，逐步达到环保要求。2000年以前批准建设的燃煤电厂，二氧化硫排放超过标准的，应分批建设脱硫设施，逐步达到国家排放标准要求。2000 年以后批准建设的新建、改建和扩建燃煤电厂（西部燃用特低硫煤的坑口电站除外），在2010年之前建成脱硫设施。

四、抓紧制定鼓励脱硫的经济政策，建立电厂上网电价公平竞争的机制。研究制订燃煤电厂上网电价折价办法；制订燃煤电厂二氧化硫排放在线连续监测和环保优先的发电调度管理办法，修订燃煤电厂二氧化硫排放标准，推动燃煤电厂采取措施，减少二氧化硫排放。

五、地方各级人民政府要切实履行职责，认真落实各项二氧化硫污染防治措施。国务院已经作出的有关规定，各地必须认真执行；严格按照国家有关规定审批燃煤电厂的规划用地；督促落实为二氧化硫排放总量指标平衡而承诺的各类治理项目，并与新建、改建、扩建燃煤电厂主体工程同步验收。“两控区”内地方人民政府应抓好《两控区酸雨和二氧化硫污染防治“十五”计划》确定的 137 个燃煤电厂脱硫项目建设，督促相关企业落实资金和保证进度。

六、国务院有关部门要根据各自的职能分工，切实加强对燃煤电厂二氧化硫污染防治工作的监督、指导和支持。对无正当理由未实施或未按期完成国家确定的燃煤电厂二氧化硫污染防治项目的地区、电力集团和企业，不再审批该地区、电力集团和企业的新建、改建和扩建项目；对现有含硫量大于 1%、“九五”以来批准建设并预留脱硫场地和位于国家 113 个环保重点城市市区的燃煤机组脱硫项目，予以优先安排。加强对燃煤电厂二氧化硫排污费的征收和使用管理，排污费必须纳入财政预算，列入环境保护专项资金进行管理，用于电力企业二氧化硫污染防治，不得挪作他用。进一步加强对燃煤电厂二氧化硫排放监测和污染防治工作的统一监督管理，加强环境执法检查，严肃查处各种环境违法行为。

关于公路、铁路（含轻轨）等建设项目环境影响评价中环境噪声有关问题的通知

（2003年5月27日　国家环境保护总局文件　环发[2003]94号）

各省、自治区、直辖市环境保护局：

随着公路、铁路（含轻轨）建设的迅速发展，交通噪声引发的扰民纠纷日益突出。为了有效地控制交通噪声污染，保证区域环境质量，符合国家声环境质量标准要求，现就公路、铁路（含轻轨）等建设项目环境影响评价中环境噪声有关问题通知如下：

一、在公路、铁路（含轻轨）等建设项目环境影响评价中涉及到环境噪声问题，要严格按照《中华人民共和国环境噪声污染防治法》第十条、十二条、三十六条、三十九条的规定执行。

二、在已划分声环境功能区的城市区域，其评价范围内应按《城市区域环境噪声标准》（GB 3096—93）执行，未划分声环境功能区的城市区域，由县级以上地方人民政府确认其功能区和应执行的标准。

三、公路、铁路（含轻轨）通过的乡村生活区域，其区域声环境功能由县级以上地方人民政府参照《城市区域环境噪声标准》（GB 3096—93）和《城市区域环境噪声适用区划分技术规范》（GB/T 15190—94），确定用地边界外合理的噪声防护距离。评价范围内的学校、医院（疗养院、敬老院）等特殊敏感建筑，其室外昼间按60分贝、夜间按50分贝执行。

四、建设的公路、铁路（含轻轨）通过现有城镇、乡村生活区、学校、医院、疗养院等噪声敏感建筑物的，根据区域声环境质量要求和环境噪声污染状况，可以采取设置声屏障、拆迁或者改变建筑物使用功能等不同的措施控制环境噪声污染。

五、自本通知印发之日起，原《关于公路建设环境影响评价中环境噪声适用标准有关问题的复函》（环函[1999]46号）废止。

关于加强废弃电子电气设备环境管理的公告

（2003 年 8 月 26 日　国家环境保护总局文件　环发[2003]143 号）

各省、自治区、直辖市环境保护局（厅）：

随着我国经济的快速发展，社会消费水平的不断提高，电子电气设备废弃量迅速增长，已经成为不可忽视的环境污染源。近年来，个别地区使用简陋设备和落后工艺回收利用废弃电子电气设备（以下简称电子废物），对当地环境造成了严重污染。

为加强电子废物的环境管理，防止污染环境，促进以环境无害化方式回收利用和处置电子废物，变废为宝，化害为利，根据《固体废物污染环境防治法》有关规定，现公告如下：

一、产生电子废物的单位，包括电子电气设备制造企业、电子电气设备维修服务企业和大量使用电子电气设备的企事业单位等，必须向所在地的县级以上环境保护主管部门提供电子废物的产生量、流向、贮存、处置等有关资料。

二、废弃铅酸蓄电池、镍镉电池、汞开关、阴极射线管和多氯联苯电容器等属于危险废物。含有上述废物或其他危险废物的电子废物属于危险废物（以下简称“电子类危险废物”）。

产生电子类危险废物的单位，必须将产生的电子类危险废物提供或委托给具有危险废物经营许可证的单位收集、贮存、处置；转移电子类危险废物的，必须严格执行《危险废物转移联单管理办法》，填写危险废物转移联单，并向有关环保部门报告。

三、禁止使用污染环境的落后工艺和装置处理电子废物。

禁止以露天或简易冲天炉焚烧、简易酸浸等方式从电子废物中提取金属。

对电子废物加工利用过程中产生的残渣及废水处理过程中产生的污泥，必须按照危险废物鉴别标准（GB 5085.1～3—1996）进行危险特性鉴别。属于危险废物的，应按照危险废物有关规定处置，不得混入生活垃圾填埋或焚烧。

四、省级环境保护部门要按有关规定对从事收集、贮存、处置电子类危险废物经营活动的单位进行资格审查，对符合条件的可发放危险废物经营许可证；对无危险废物经营许可证或者不按照危险废物经营许可证规定从事电子类危险废物的收集、贮存、处置经营活动的，要按照《固体废物污染环境防治法》有关规定进行处罚，并责令停止违法行为。

各地环保部门要向社会发布从事电子废物回收利用和处置企业的信息，以便废物产生者将电子废物送交持有回收利用和处置许可证的企业。

各地环保部门要采取措施，鼓励电子电气设备制造企业推行清洁生产，有计划、分步骤淘汰铅、汞、镉、六价铬、聚溴联苯（PBB）以及聚溴二苯醚（PBDE）等对环境有毒有害物质在电子电气设备中的使用；鼓励有利于回收利用和处置的产品设计和包装。

本公告所称电子电气设备是指依靠电流或电磁场来实现正常工作的设备，以及生产、转换、测量这些电流和电磁场的设备；其设计使用的电压为交流电不超过 1 000 伏特或直流电不超过 1 500 伏特。具体产品包括：冰箱、洗衣机、微波炉、空调等大型家用电器；吸尘器、电动剃须刀等小型家用电器；计算机、打印机、传真机、复印机、电话机等信息技术（IT）和远程通讯设备；收音机、电视机、摄像机、音响等用户设备；钻孔机、电锯等电子和电气工具；电子玩具、休闲和运动设备；放射治疗设备、心脏病治疗仪器、透视仪等医用装置；烟雾探测器、自动调温器等监视和控制工具；各种自动售货机。

本公告所称电子废物是指废弃的电子电气设备及其零部件。包括：生产过程中产生的不合格设备及其零部件；维修过程中产生的报废品及废弃零部件；消费者废弃的设备；根据有关法律法规，被视为电子废物的。

关于加强含铬危险废物污染防治的通知

（2003 年 6 月 18 日　国家环境保护总局文件　环发[2003]106 号）

各省、自治区、直辖市环境保护局（厅）：

含铬固体废物是一类毒性较强、可致癌的危险废物，主要产生于化工（铬化合物生产）、冶金（铬铁合金）、轻工（电镀、鞣革、染料、颜料）等生产过程，其中尤以有钙焙烧生产铬化合物和湿法生产铬铁合金过程中产生的铬渣数量最大，危害最为严重。一些企业将含铬废物长期堆置，对土壤和地下水造成严重污染。为加强危险废物管理，加大危险废物污染治理力度，现就含铬固体废物环境管理的有关问题通知如下：

一、加大含铬危险废物的安全处置和综合利用力度

1．要严格督促产生含铬危险废物的企业采取措施，确保含铬危险废物得到环境无害化处置。企业可以自建设施处置，也可委托其他有处置能力的单位处置。含铬危险废物贮存、处置应当符合《危险废物贮存污染控制标准》、《危险废物填埋污染控制标准》、《危险废物焚烧污染控制标准》等规定。因委托处置需转移的，应当按照《危险废物转移联单管理办法》，办理危险废物转移联单。

2．鼓励含铬废物的综合利用，如制作自熔性烧结矿冶炼含铬生铁、水泥矿化剂、玻璃着色剂等。

3．加强对产生含铬危险废物的企业兼并破产时的监管，其堆存的含铬危险废物的无害化处置和消除厂区及周围环境的铬污染的责任必须作为重要遗留问题在处理兼并破产任务时一并解决。

二、加强铬化合物和铬铁合金生产企业的污染防治，加快铬渣的环境无害化处置

1．产生含铬危险废物的铬化合物和铬铁合金生产企业应对厂区及废物堆存、处置设施的地表水和地下水中铬含量进行定期监测，及时采取措施消除污染。

2．产生含铬危险废物的铬化合物和铬铁合金生产企业要对历年遗留的和新产生的含铬废物制定处置方案，上报当地环境保护主管部门备案。

2004 年底前，要实现当年产生的含铬废物当年处置。

对历年遗留的含铬废物，包括简易堆置和已经填埋，但不符合《危险废物填埋污染控制标准》的，产生单位应采取措施，逐步实现无害化处置，确保遗留的含铬废物逐年减少。

3．环境敏感区内禁止新建铬化合物生产装置；环境敏感区内现有的铬化合物生产企业或生产装置，不得扩大生产规模，并应逐步迁出环境敏感地区。

铬化合物的生产建设项目应优先采用资源利用率高、污染物产生量少的清洁生产技术工艺；淘汰有钙焙烧的生产技术、工艺和设备。

禁止建设年生产规模二万吨以下的铬化合物生产装置。

铬化合物生产建设项目，其自建危险废物处置设施必须与生产设施同时投入运行；委托处置利用的，必须在生产设施运行前落实接受委托的单位。

三、地方各级人民政府环境保护行政主管部门应当加强对产生含铬危险废物企业的监督管理

1．将含铬危险废物的产生、处置单位列为重点监管单位，加强管理，加快污染治理。

2．督促产生含铬危险废物的铬化合物和铬铁合金生产企业落实含铬废物处置方案，监测企业及其周围环境质量变化和污染情况。

3．对于含铬危险废物临时贮存设施不符合环境保护要求的企业和长期贮存含铬危险废物而无处置方案的企业应征收危险废物排污费。

4．对于污染严重的铬化合物和铬铁合金生产企业实行限期治理；逾期不处置或处置不符合规定的，指定有能力单位代为处置，以尽快解决历史遗留的铬污染问题。

5．请各省、自治区、直辖市环保局（厅）将本辖区内产生含铬危险废物的铬化合物和铬铁合金生产企业及其污染物处置情况于每年12月15日前报送国家环境保护总局。

危险废物经营单位编制应急预案指南

（2007年7月4日　国家环境保护总局公告　2007年第48号发布）

1．目的和依据

为贯彻落实《中华人民共和国固体废物污染环境防治法》（以下简称《固体法》）关于"产生、收集、贮存、运输、利用、处置危险废物的单位，应当制定意外事故的防范措施和应急预案"的规定，指导危险废物经营单位制定应急预案，有效应对意外事故，特制定《危险废物经营单位编制应急预案指南》（以下简称《指南》）。

2．适用范围

2.1 《指南》规定了制定应急预案的原则要求、基本框架、保证措施、编制步骤、文本格式等。适用于从事贮存、利用、处置危险废物经营活动的单位（以下简称"危险废物经营单位"）。

2.2 产生、收集、运输危险废物的单位及其他相关单位制定应急预案可参考本《指南》。

3．原则要求

3.1 符合法律法规以及有关标准规范的要求。

3.2 体现应急工作统一领导、分级管理，条块结合、以块为主、责任到人的原则。

3.3 注意与上级主管部门、政府相关部门或其他外部单位的应急预案相衔接，相兼容。

3.4 因地制宜，切合实际。以本《指南》为基础，可适当增减相关内容。充分考虑内部及外界（如自然灾害或邻近单位的危险源）的事故诱因；正常工作时段及节假日和夜间等时段发生事故的可能性；事故或紧急状态对单位内外人员和环境的威胁以及单位自救和社会救援等。

4．基本框架（见附录A）

4.1 应急预案简介

4.1.1 应急预案编制目的

应急预案应当着眼于最大限度地降低因火灾、爆炸或其他意外的突发或非突发事件导致的危险废物或危险废物组分泄漏到空气、土壤或水体中而产生的对人体健康和环境的危害。

4.1.2 应急预案适用范围

明确应急预案的适用范围。一般应针对各个危险废物经营设施所在场所分别制定应急预案；并细化到各个生产班组、生产岗位和人员。

4.1.3 应急预案文本管理及修订

明确应急预案在单位内的发放范围及应当进行修订的情形。

4.2 单位基本情况及周围环境综述

4.2.1 单位基本情况

4.2.2 危险废物及其经营设施基本情况

4.2.3 周边环境状况

4.3 启动应急预案的情形

明确启动应急预案的条件和标准。如即将发生或已经发生危险废物溢出、火灾、爆炸等事故时，应当启动应急预案。

4.4 应急组织机构

4.4.1 应急组织机构、人员与职责

明确事故报警、响应、善后处置等环节的主管部门与协作部门及其职责。要建立应急协调人制度。应急协调人必须常驻单位/厂区内或能够迅速到达单位/厂区应对紧急状态，必须经过专业培训，具备相应的知识和技能，熟悉应急预案。

4.4.2 外部应急/救援力量

明确发生事故时应请求支援的外部应急/救援力量名单及其可保障的支持方式和能力。

4.5 应急响应程序——事故发现及报警（发现紧急状态时）

明确发现事故时，应当采取的措施及有关报警、求援、报告等程序、方式、时限要求、内容等。明确哪些状态下应当报告外部应急/救援力量并请求支援，哪些状态下应当向邻近单位及人员报警和通知。

4.5.1 内部事故信息报警和通知

4.5.2 向外部应急/救援力量报警和通知

4.5.3 向邻近单位及人员报警和通知

4.6 应急响应程序——事故控制（紧急状态控制阶段）

明确发生事故后，各应急机构应当采取的具体行动措施。包括响应分级、警戒治安、应急监测、现场处置等。

4.6.1 响应分级

明确事故的响应级别。可根据事故的影响范围和可控性，分成完全紧急状态、有限的紧急状态和潜在的紧急状态等三级。

4.6.2 警戒与治安

4.6.3 应急监测

明确事故状态下的监测方案，包括监测泄漏、压力集聚情况，气体发生的情况，阀门、管道或其他装置的破裂情况，以及污染物的排放情况等。

4.6.4 现场应急处置措施

明确各事故类型的现场应急处置的工作方案。包括控制污染扩散和消除污染的紧急措施；预防和控制污染事故扩大或恶化的措施；污染事故可能扩大后的应对措施等。

4.6.5 应急响应终止程序

4.7 应急响应程序——后续事项（紧急状态控制后阶段）

明确事故得到控制后的工作内容。如组织进行后期污染监测和治理；确保不在被影响的区域进行任何与泄漏材料性质不相容的废物处理贮存或处置活动，确保所有应急设备进行清洁处理并且恢复原有功能后方可恢复生产等安全措施。

4.8 人员安全救护

明确紧急状态下，对伤员现场急救、安全转送、人员撤离以及危害区域内人员防护等方案。撤离方案应明确什么状态下应当建议撤离。

4.9 应急装备

列明应急装备、设施和器材清单，包括种类、名称、数量、存放位置、规格、性能、用途和用法等信息。

4.10 应急预防和保障措施

4.11 事故报告

规定向政府部门或其他外部门报告事故的时限、程序、方式和内容等。一般应当在发生事故后立即以电话或其他形式报告，在发生事故后 5～15 日以书面方式报告，事故处理完毕后应及时书面报告处理结果。

4.12 事故的新闻发布

4.13 应急预案实施和生效时间

4.14 附件

5. 应急预案保证措施

应急预案是在紧急状态期间的行动方案。危险废物经营单位应当采取措施，确保紧急状态期间应急预案的有效实施。包括：

（1）对全体员工，特别是对应急工作组进行培训和演练。一般应当针对事故易发环节，每年至少开展一次预案演练。应急响应一般程序是：①评估紧急状态；②隔离并防止人员进入受影响的现场，撤离有关人员或进入避难场所；③必要时，提供紧急医疗救助；④通知响应机构和设施响应人员；⑤如果可行，控制事故（如控制泄漏等），但要注意安全，工作人员要受过训练并使用合适的装备；⑥为公共机构响应人员提供支持；⑦清理和处理现场，结束；⑧后续事项：报告，评估。

（2）建立应急队伍。大中型危险废物经营单位应当建立专业的应急队伍（如火灾小组、爆炸小组等）；小型经营单位应当建立兼职的应急队伍。

（3）安排应急专项资金，用于隐患排查整改、危险源监控、应急队伍建设、物资设备购置、应急预案演练、应急知识培训和宣传教育等工作。

（4）与周围社区和临近企业、外部应急/救援力量建立定期沟通机制，促进相互配合。

（5）将应急预案依法报政府相关主管部门备案。

（6）在事故应急期间，按照地方政府的统一要求，做好各项应急措施的衔接和配合。

6. 编制步骤

6.1 准备工作

6.1.1 成立应急预案制定小组

小组应当由熟悉单位自身情况的人员和各方面（如安全、环境保护、工程技术、组织管理、医疗急救等）的专业人员或专家组成。必要时，可邀请危险废物产生单位人员参加或利用专家系统。

6.1.2 制定工作计划

制定详细周密计划，确保应急预案的制定工作有条不紊地进行。

6.1.3 收集资料和信息

包括但不限于：（1）适用的法律、法规和标准；（2）单位安全与环保记录、生产事故及环境污染事故情况；（3）国内外同类单位环境污染事故资料；（4）地理、环境、气象资料；（5）政府相关部门，以及外部相关单位的应急预案等。

6.1.4 分析评估

分析评估内容包括但不限于：（1）可能发生的环境污染事故；（2）环境污染事故后果；（3）环境污染事故的有效预防措施；（4）环境污染事故案例及可借鉴的经验；（5）环境污染事故可能影响区域；（6）应急组织机构的模式、职责、权利和义务、相关工作程序；（7）报警方式、方法；（8）有效通讯方式；（9）自身能力和具备的资源；（10）可用的外部援助资源及联系方式等。

6.2 起草应急预案

组织编写应急预案。要特别考虑分析评估时针对应急工作各方面不足提出的改进建议。

6.3 审定、发布实施并备案

邀请有关机构和专家对应急预案草案的合理性，能否达到预期的目的，在应急过程中是否会产生新的危害等进行科学评价和审核。经审核后，报单位主管领导审定后发布实施，并依法报所在地环境保护行政主管部门备案。

6.4 修订应急预案

7. 文本格式要求

应急预案文本应：（1）便于查询。合理组织各章节，便于每个不同的使用者能够快速地找到所需要的信息。（2）便于兼容。应急预案的内容尽量采用一致的逻辑结构和规范的格式，以便各级应急预案能更好地协调和对应。

7.1 文本格式

7.1.1 封面

标题、单位名称、预案编号、实施日期（修订日期）、签发人（签字）、公章。

7.1.2 目录

7.1.3 引言、概况

7.1.4 术语、符号和代号

7.1.5 预案内容

7.1.6 附录

7.1.7 附加说明

7.2 文本要求

7.2.1 使用 A4 白色胶版纸。

7.2.2 正文采用仿宋 4 号字，1.25 倍行间距，两端对齐。

应急预案基本框架说明

附录 A 根据《指南》第 4 部分“基本框架”，对如何编制应急预案做进一步阐释和说明。

本应急预案基本框架不要求照搬。应急预案也可采用以“应急环节”为单位的模块化编排方式，即将与某一环节相关的内容都编排到一个模块。如将“应急监测”作为一个模块，在该模块中规定所有涉及应急监测的内容，包括指挥管理、执行程序、执行者、联系方法、监测设备、监测方案、技术资料、相关图表等。

1 应急预案简介

应急预案文本管理及修订

明确应急预案在单位内的发放范围。如规定在每个经营场所至少存放一份完整的应急预案副本，在每个相关设施或设备点至少存放一份简洁明确的应急响应程序图或行动表。对外发放的，应列出获得应急预案副本的外单位（如上级主管部门、地方政府主管部门和有关外部应急/救援力量）名单。必要时，应急预案的全部或部分内容应当分发给可能受其事故影响的周边单位，如学校、医院等。

明确应急预案应及时修订，不断充实、完善和提高。一般在以下情况下应当及时进行修订：适用法律法规变化；应急预案在紧急状态下暴露不足和缺陷，甚至完全失效；危险废物经营设施的设计、建设、操作、维护改变；可能导致爆炸、火灾或泄漏风险提高的其他条件改变；应急协调人改变；应急装备改变；应急技术和能力的变化；各个生产班组、生产岗位发生变化等。

2 单位基本情况及周围环境综述

本节的作用是让各方应急力量（包括外部应急/救援力量）事先熟悉和掌握单位的基本情况及周边环境的有关情况，以利于保证应急行动的顺利开展。

2.1 单位基本情况

如：（1）单位基本情况概述。包括本单位及危险废物经营场所（危险废物经营设施所在地）的地址/地理位置、经济性质、经营种类、从业人数、隶属关系、危险废物经营的种类和规模等内容。

（2）单位的空间格局。包括本单位及危险废物经营场所的厂区布置、主要道路、疏散通道、紧急集合区等（可附图）。

（3）单位人员。包括本单位及危险废物经营场所人员的构成、数量和在生产区域的分布情况等。在介绍单位人员情况时，可以按照与危险废物接触的紧密程度来划分单位人员类别，以便于管理和应急沟通。

2.2 危险废物及其经营设施基本情况

如：（1）所经营主要危险废物情况。包括危险废物的种类、数量、形态、特性、主要危害等，可列表。

（2）贮存、利用、处置危险废物的相关设施情况。说明各设施在厂区内的位置，各个生产环节的装置设备及其运行状态，生产工艺和能力等。对危险废物贮存设施，有必要说明其建设标准、配套装置、贮存能力及区域环境等情况。

（3）利用、处置危险废物过程中的中间产物及最终物质。

（4）危险区域。根据（1）、（2）、（3）的情况，说明单位危险区域的分布情况。

2.3 周边环境状况

说明本单位周边一定范围（如 1 千米）内地形地貌、气候气象、工程地质、水文及水文地质、植被土壤等情况；周围的敏感对象情况。

说明周围的主要危险源（即周边可能对本单位产生不利影响或危及本单位安全状态的危险源）情况。

敏感对象包括但不限于具有下列特征的区域：

（1）需特殊保护地区：如饮用水水源保护区、自然保护区、风景名胜区、生态功能保护区、基本农田保护区、森林公园、地质公园、世界遗产地、国家重点文物保护单位、历史文化保护地等。

（2）生态敏感与脆弱区：如沙尘暴源区、荒漠绿洲、珍稀动植物栖息地、热带雨林、红树林、珊瑚礁、鱼虾产卵场、重要湿地和天然渔场等。

（3）社会关注区：人口密集区、文教区、党政机关集中的办公区、医院等。

3 启动应急预案的情形

明确启动应急预案的条件和标准。如即将发生或已经发生以下事故时，应当启动应急预案：

（1）危险废物溢出。如：①危险废物溢出导致易燃液体或气体泄漏，可能造成火灾或气体爆炸；②危险废物溢出导致有毒液体或气体泄漏；③危险废物的溢出不能控制在厂区内，导致厂区外土壤污染或者水体污染。

（2）火灾。如：①火灾导致有毒烟气产生或泄漏；②火灾蔓延，可能导致其他区域材料起火或导致热引发的爆炸；③火灾蔓延至厂区外；④使用水或化学灭火剂可能产生被污染的水流。

（3）爆炸。如：①存在发生爆炸的危险，并可能因产生爆炸碎片或冲击波导致安全风险；②存在发生爆炸的危险，并可能引燃厂区内其他危险废物；③存在发生爆炸的危险，并可能导致有毒材料泄漏；④已经发生爆炸。

各单位应当对本单位贮存、利用、处置危险废物的各个环节可能引发的火灾、爆炸、泄漏等事故进行不利情况下的辨识和分析，识别出发生概率大、危害后果严重的事故和发生环节，作为应急预案关注的重点。致污事故的辨识方法有：①风险分析法；②专家评审法；③风险事故类比分析法等。重大危险源的辨识可参考《重大危险源辨识》（GB 18218—2000）。

引发事故的诱因有人为错误，设备老化，台风、地震等自然灾害，周边事故，社会风险（如停电），以及危险废物自身的理化特性（如爆炸性、反应性等）等。

分析事故危害程度应当考虑：

（1）危险废物的理化特性（如腐蚀性、爆炸性、易燃性、反应性、毒性或感染性等），其危害人体健康或污染环境的机理，以及在环境中累积、迁移和扩散等特性。

（2）敏感区域。判别事故影响的敏感区域应当考虑风向和风速、水流方向和速度、污染物可达的影响距离、在影响范围内的影响时限、敏感对象的响应时间等多个要素。例如，大气风向在 10 到 30 分钟内发生较大变化的概率较低，若污染物持续释放的时间超过 30 分钟，则影响范围可能因风向变化而明显大于单风向条件下的影响范围。

4 应急组织机构

4.1 应急组织机构、人员与职责

以事故应急响应为主线，明确事故报警、响应、结束、善后处置等环节的主管部门与协作部门及其职责；以应急准备及保障机构为支线，明确各应急日常管理部门及其职责；要体现应急联动机制要求。如建立：

（1）应急领导机构：在日常工作中，负责制订和管理应急预案，配置应急人员、应急装备，对外签订相关应急支援协议等；在事故发生时，负责应急指挥、调度、协调等工作，包括就是否需要外部应急/救援力量做出决策。应急领导机构通常由单位的主要负责人和内部主要职能部门领导组成。要建立应急协调人制度。应急预案及其分预案或下级预案均应当指定一人担任首要应急协调人并指定后备应急协调人，赋予首要应急协调人和后备应急协调人调动人员、设备、资金和协调所有应急响应措施等实施应急预案的权力。首要应急协调人负责应急领导机构的全面工作。应急首要协调人可以是单位的主要负责人，或得到单位的充分授权。首要应急协调人和后备应急协调人，在正常运行期间必须有一人常驻单位/厂区内或能够在很短的时间内到达单位/厂区应对紧急状态。应急协调人必须经过专业培训，具备相应的知识和技能，并熟悉如下情况：单位/厂区的应急预案；单位/厂区的所有运行活动；单位/厂区危险废物的位置、特性、应急状态下的处理方法；单位/厂区内所有记录的位置；单位/厂区的平面布置；周边的环境状况和危险源；外部应急/救援力量的联系人和联系方式等。

（2）应急保障机构。在日常工作中，负责应急准备工作，如应急所需物资、设施、装备、器材的准备及其维护等；在事故发生时，负责提供物资、动力、能源、交通运输等事故应急的保障工作。

（3）信息管理和联络机构。在事故发生时，负责对内对外信息报送和传达等任务。

（4）应急响应机构。主要是在发生事故时，负责警戒治安、应急监测、事故处置、人员安全救护等工作。

各应急组织机构应建立 A、B 角制度，即明确第一负责人及其各配角，规定有关负责人缺位时的各配角的补位顺序。重要的应急岗位（如消防岗位）应当有后备人员。

应急预案应列出所有参与应急指挥、协调活动的负责人员的姓名、所处部门、职务和联系电话，并定期更新。各级联系列表均应当将首要联系人列在首位，并按照联系的先后次序排列所有联系人。

4.2 外部应急/救援力量

明确发生事故时应请求支援的外部应急/救援力量名单及其可保障的支持方式和支持能力，装备水平、联系人员及联系方式、抵达时限等，并定期更新。联系列表应当将第一联系单位列在首位，并按照联系的先后次序排列所有联系对象。

外部应急/救援力量主要包括上级主管部门，地方政府公安、消防、环保、医疗卫生等主管部门，专业应急组织及其他应急咨询或支持机构等。

为确保外部应急/救援力量在需要时能够正常发挥作用，在制定应急预案时，危险废物经营单位应同有关外部应急/救援力量进行必要的沟通和说明，了解他们的应急能力和人员装备情况，介绍本单位有关设施、危险物质的特性等情况，并就其职责和支援能力达成共识，必要时签署互助协议。例如，若某医疗机构不具备救治被某种污染物侵害的伤员的能力，则危险废物经营单位应当与其他具备救治能力的医疗机构达成支援协议。

5 应急响应程序——事故发现及报警（发现紧急状态时）

5.1 内部事故信息报警和通知

规定单位内部发现紧急状态时，应当采取的措施及有关报警、求援、报告等程序、方式、时限要求、内容等。

如发现紧急状态即将发生或已经发生时：①第一发现事故的员工应当初步评估并确认事故发生，立即警告暴露于危险的第一人群（如操作人员），立即通知应急协调人，必要时（如事故明显威胁人身安全时），立即启动撤离信号报警装置等应急警报。其次，如果可行，则应控制事故源以防止事故恶化。②应急协调人接到报警后应当立即赶赴现场，做出初始评估（如事故性质，准确的事故源，数量和材料泄漏的程度，事故可能对环境和人体健康造成的危害），确定应急响应级别，启动相应的应急预案，并通知单位可能受事故影响的人员以及应急人员和机构（如应急领导机构成员、应急队伍或外部应急/救援力量）；如果需要外界救援，则应当呼叫有关应急救援部门并立即通知地方政府有关主管部门。必要时，应当向周边社区和临近工厂发出警报。③各有关人员接到报警后，应当按应急预案的要求启动相应的工作。

报警有两个目的，动员应急人员和提醒有关人员采取防范措施和行动。报警方式包括：呼救、电话（包括手机）、报警系统等。通常，可以通过目测或一些检测设备（如液体泄漏监测装置、有毒气体监测装置、压力传感器、温度传感器等）来确认是否发生事故。对事故释放出来的物质，可以通过审查有关货物清单或化学分析进行确认。

5.2 向外部应急/救援力量报告

明确哪些状态下（如泄漏、火灾或爆炸可能威胁单位/厂区外的环境或人体健康时）应当报告外部应急/救援力量并请求支援。

按照有关法律、法规及政府应急预案的要求，一般需要向消防、公安、环保、医疗卫生、安监等政府主管部门报告。

报告内容通常包含：①联系人的姓名和电话号码；②发生事故的单位名称和地址；③事件发生时间或预期持续时间；④事故类型（火灾、爆炸、泄漏等）；⑤主要污染物和数量（如实际泄漏量或估算泄漏量）；⑥当前状况，如污染物的传播介质和传播方式，是否会产生单位外影响及可能的程度（可根据风向和风速等气象条件进行判断）；⑦伤亡情况；⑧需要采取什么应急措施和预防措施；⑨已知或预期的事故的环境风险和人体健康风险以及关于接触人员的医疗建议；⑩其他必要信息。

5.3 向邻近单位及人员发出警报

明确哪些状态下（如在事故可能影响到厂外的情况下）应当自行或协助地方政府向周边邻近单位、社区、受影响区域人群发出警报信息以及警报方式。

用警笛报警系统向周边单位、社区通知事故的效果较差，因为这种系统只有在公众明白警报的含义以及应该采取的行动时才会有效。紧急广播系统与警笛报警系统结合使用效果会更好。紧急广播内容应当尽可能简明，告诉公众该如何采取行动；如果决定疏散，应当通知居民避难所位置和疏散路线。

6 应急响应程序——事故控制（紧急状态控制阶段）

明确接到发生事故后，各应急机构应当采取的具体行动措施。包括响应分级，警戒治安、应急监测、现场处置等。

6.1 响应分级

明确应急预案的启动级别及条件。

事故的实际级别与响应级别密切相关，但可能有所不同。《国家突发环境事件应急预案》关于特别重大环境事件（Ⅰ级）、重大环境事件（Ⅱ级）、较大环境事件（Ⅲ级）和一般环境事件（Ⅳ级）的分级是事件级别，不是响应分级。危险废物经营单位可根据事故的影响范围和可控性，将响应级别分成如下三级：①Ⅰ级：完全紧急状态；②Ⅱ级：有限的紧急状态；③Ⅲ级：潜在的紧急状态。事故的影响范围和可控性取决于所处理危险废物的类型，发生火灾、爆炸或泄漏等事故的可能性，事故对人体健康和安全的即时影响，事故对外界环境的潜在危害，以及事故单位自身应急响应的资源和能力等一系列因素。

①Ⅰ级：完全紧急状态

事故范围大，难以控制，如超出了本单位的范围，使临近的单位受到影响，或者产生连锁反应，影响事故现场之外的周围地区；或危害严重，对生命和财产构成极端威胁，可能需要大范围撤离；或需要外部力量，如政府派专家、资源进行支援的事故。例如：危险废物大量溢出并向下游河流快速扩散。

②Ⅱ级：有限的紧急状态

较大范围的事故，如限制在单位内的现场周边地区或只有有限的扩散范围，影响到相邻的生产单元；或较大威胁的事故，该事故对生命和财产构成潜在威胁，周边区域的人员需要有限撤离。例如：液态污染物在某个危险废物经营单位范围内以面状方式扩散；储罐、管线起火，有较多的危险废物泄漏，但可以安全隔离。

③Ⅲ级：潜在的紧急状态

某个事故或泄漏可以被第一反应人控制，一般不需要外部援助。除所涉及的设施及其邻近设施的人员外，不需要额外撤离其他人员。事故限制在单位内的小区域范围内，不立即对生命财产构成威胁。例如：某个危险废物经营单位的某一生产装置发生固态污染物泄漏；可以很快扑灭的小型火灾；可以很快隔离、控制和清理的危险废物小型泄漏。

在Ⅰ级完全紧急状态下，单位必须在第一时间内向政府有关部门、上级管理部门或其他外部应急/救援力量报警，请求支援；并根据应急预案或外部的有关指示采取先期应急措施。

在Ⅱ级有限的紧急状态下，需要调度专业应急队伍进行应急处置；在第一时间内向单位高层管理人员报警；必要时向外部应急/救援力量请求援助，并视情随时续报情况。外部应急/救援力量到达现场后，同单位一起处置事故。在Ⅲ级潜在的紧急状态下，可完全依靠单位自身应急能力处理。

发生事故时，往往会出现次生事故或衍生事故，甚至带来一系列的连锁反应。如储罐的密封泄漏，可能从很小的泄漏到每分钟泄漏几升，泄漏液体会加速对该区域的污染，这样就会出现事故级别的变化。若应急救援行动采取了不当的措施，同样极有可能导致事故升级，使小事故变成大事故。因此，在实际应对事故时，需要应急协调人随时判断形势的发展，启动相应的应急预案。

6.2 警戒与治安

明确事故应急状态下的现场警戒与治安秩序维护的方案，包括单位内部警戒和治安的人员以及同当地公安机关的协作关系。

事故应急状态下，必要时应当在事故现场周围建立警戒区域，维护现场治安秩序，防止与无关人员进入应急指挥中心或应急现场，保障救援队伍、物资运输和人群疏散等的交通畅通，避免发生不必要的伤亡。

6.3 应急监测

明确事故状态下的监测方案，包括监测泄漏、压力集聚情况，气体发生的情况，阀门、管道或其他装置的破裂情况，以及污染物的排放情况等。有关信息必须提供给应急人员，以确定选择合适的应急装备和个人防护设施。

环境监测方案可包括事故现场和环境敏感区域的监测方案等。监测方案应明确监测范围，采样布点方式，监测标准、方法、频次及程序，采用的仪器和药剂等。

制定环境应急监测方案主要考虑以下因素：①事故可能出现的污染物类型。②监测仪器设备。建议优先采用可现场快速检测的便携式检测仪器设备。③应急监测方法：可选择既定的方法，或从应急监测分析方法库查得的方法等。④监测的布点。可根据由污染物的源规模、扩散速度、发生地的气象和地域特点等参数，模型计算预测污染物可能的扩散范围，并科学地布设相应数量的监测点位。一般建议要尽量多地布点监测。⑤监测报告的格式和内容。

应急环境监测的响应程序一般如下：①接受应急监测任务，启动应急监测响应预案。②了解现场情况，确定应急监测方法，准备监测器材、试剂和防护用品，同时做好实验室分析的准备。③实施现场监测，快速报告结果。④进行初步综合分析，编写监测报告，提出跟踪监测和污染控制建议。⑤实施跟踪监测，及时报告结果。⑥进行深入的综合分析，编写总结报告上报。

在实际发生事故时，若已知污染物类型，则可立即实施应急预案中的应急监测方案。若污染物类型不明，则应当根据事故污染的特征及遭受危害的人群和生物的表象等信息，判断该污染物可能的类型，确定应急监测方案。对于情况不明的污染事故，则可临时制定应急监测技术方案，采取相应的技术手段来判明污染物的类型，进而监测其污染的程度和范围等。监测的布点，可随着污染物扩散情况和监测结果的变化趋势适时调整布点数量和检测频次。在进行数据汇总和信息报告时，要结合专家的咨询意见综合分析污染的变化趋势，预测污染事故的发展情况，以信息快报、通报的方式将所有信息上报给现场应急指挥部门，作为应急决策的主要参考依据。

6.4 现场应急处置措施

明确各事故类型的现场应急处置的工作方案。包括现场危险区、隔离区、安全区的设定方法和每个区域的人员管理规定；切断污染源和处置污染物所采用的技术措施及操作程序；控制污染扩散和消除污染的紧急措施；预防和控制污染事故扩大或恶化（如确保不发生爆炸和泄漏，不重新发生或传播到单位/厂区内其他危险废物）的措施（如停止设施运行）；污染事故可能扩大后的应对措施，有关现场应急过程记录的规定等。

现场应急处置行动方案应当经过充分论证和评估，避免因前期应急行动不当导致事故扩大或引发新的污染事故。例如，灭火方案，应当考虑设置围堰、事故应急池等控制设施，防止被污染的消防水向外流溢，引发更大范围的污染。

现场应急处置工作的重点包括：①迅速控制污染源，防止污染事故继续扩大；必要时停止生产操作等。②采取覆盖、收容、隔离、洗消、稀释、中和、消毒（如医疗废物泄漏时）等措施，及时处置污染物，消除事故危害。

6.5 应急响应终止程序

明确应急活动终止的条件，应急人员撤离与交接程序，发布应急终止命令的责任人和程序要求等。

7 应急响应程序——后续事项（紧急状态控制后阶段）

明确事故得到控制后的工作内容。如应急协调人必须组织进行后期污染监测和治理，包括处理、分类或处置所收集的废物、被污染的土壤或地表水或其他材料；清理事故现场；进行事故总结和责任认定；报告事故；将事故记录生产记录；补充和完善应急装备；在清理程序完成之前，确保不在被影响的区域进行任何与泄漏材料性质不相容的废物处理贮存或处置活动等安全措施；修订和完善应急预案等。

事故总结内容一般包括：①调查污染事故的发生原因和性质，评估出污染事故的危害范围和危险程度，查明人员伤亡情况，影响和损失评估、遗留待解决的问题等。②应急过程的总结及改进建议，如应急预案是否科学合理，应急组织机构是否合理，应急队伍能力是否需要改进，响应程序是否与应急任务相匹配，采用的监测仪器、通讯设备和车辆等是否能够满足应急响应工作的需要，采取的防护措施和方法是否得当，防护设备是否满足要求等。

本章节应当规定恢复生产前，一般应确保：①废弃材料被转移、处理、贮存或以合适方式处置。②应急设备设施器材完成了消除污染、维护、更新等工作，足以应对下次紧急状态。③必要的话，有关生产设备得到维修或更换。④被污染场地得到清理或修复。⑤采取了其他预防事故再次发生的措施。

8 人员安全及救护

事故通常会对人员产生伤害。因此，建议单列一节，明确紧急状态下，对伤员现场急救、安全转送、人员撤离以及危害区域内人员防护等方案。

撤离方案应明确什么状态下应当建议撤离。如以下情况必须部分或全部撤离：①爆炸产生了飞片，如容器的碎片和危险废物。②溢出或化学反应产生了有毒烟气。③火灾不能控制并蔓延到厂区的其他位置，或火灾可能产生有毒烟气。④应急响应人员无法获得必要的防护装备情况下，发生的所有事故。

撤离方案应明确保障单位/厂区人员出口安全的措施、撤离的信号方式（如报警系统的持续警铃声）、撤离前的注意事项（如操作工人应当关闭设备等）、发出撤离信号的权限（如事故明显威胁人身安全时，任何员工都可以启动撤离信号报警装置）、撤离路线及备选撤离路线；撤离后应进行人员清点等。

本章节应规定在单位/厂区内员工集中的办公、休息等重点区域必须张贴位置图，标识本地点在紧急状态下可选择的撤离路线以及最近应急装备的位置。

关于人员的安全防护措施要具体。对于产生有毒有害气态污染物的事故，重点明确呼吸道防护措施；对于产生易燃易爆气体或液体的事故，重点明确阻燃防护服和防爆设备；对于产生易挥发的有毒有害液体的事故，重点明确全身防护措施；对于产生不挥发的有毒有害液体的事故，重点明确隔离服防护措施等。

本章节应明确危险废物经营单位对前来联系工作以及参观等的非本单位员工，必须安排专人在进入本单位危险区域前告知注意事项，以及紧急状态下的撤离路线。

9 应急装备

列明应急装备、设施和器材清单，清单应当包括种类、名称、数量以及存放位置（附各装备的位置图）、规格、性能、用途和用法等信息，以利于在紧急状态下使用。规定应急装备定期检查和维护措施，以保证其有效性。

应急设施、装备和器材包括：

① 内部联络或警报系统（附使用指南）以及请求外部支援的设施。包括应急联络的电话、对讲机、传真等通信设备，进行事故报警、紧急救护或疏散等指令传递的广播、扩音器、警笛等装置等。

对重点单位，一般要求配备24小时有效的报警装置，24小时有效的通讯联络手段。

② 消防系统。消防灭火器具、火灾控制装备、消防用水及其储池和相关设备，事故应急池（如储存消防产生的污水）、围堰等。

③ 切断、控制和消除污染物的设施、设备、药剂。如中和剂、灭火剂、解毒剂、吸收剂等，溢出控制装备等。

④ 预防发生次生火灾、爆炸或泄漏等事故的设施和设备。

⑤ 信息采集和监测设备。包括应急监测的设施、设备、药剂，以及进行事故信息统计、后果模拟的软件工具、气象监测设备（如风向标）等。

⑥ 应急辅助性设施和设备。如应急照明、应急供电系统等。

⑦ 安全防护用具。包括保障一般工作人员、应急救援人员的安全防护设备、器材、服装，安全警戒用围栏、警示牌等。常见的应急人员防护设备有：防护服、呼吸器、防毒面具、防毒口罩、安全帽、防酸碱手套及长统靴等。

⑧ 应急医疗救护设备和药品。

应急设施装备器材的保障是一项非常细致的工作，对其中任何一项信息的忽略都可能导致应急预案的失效。如没有风向标，则在发生大气污染事故时，可能由于风向辨别不清而造成应急措施失效；没有防护服和防毒面具，可能造成人身健康和安全伤害；不了解各应急设施装备器材的存放位置将不能保证其及时投入使用。

10 应急预防和保障方案

明确事故预防和应急保障的方案，包括但不限于：

① 预防事故的方案。如重点区域的巡视检查方案。

② 应急设施设备器材及药剂的配备、保存、更新、养护等方案。

③ 应急培训和演习方案。包括对事故应急人员进行应急行动的培训和演习，对单位一般工作人员（特别是新员工）的事故报警、自我保护和疏散撤离等的培训和演习等。应明确演习的内容和形式，范围和频次，组织与监督。

应急培训与演习应当把典型污染事故的应急作为重点内容；重点演习应急响应程序；要与危险废物经营单位的场景紧密相关。应急培训可采取课堂学习和工作实际操作相结合的形式。演习方案的制定与实施可联合有关外部应急/救援力量共同进行。一般应针对事故易发环节，每年至少开展一次预案演练。

11 事故报告

规定向政府部门或其他外部门报告事故的时限、程序、方式和内容等。

《固体法》规定：因发生事故或者其他突发性事件，造成危险废物严重污染环境的单位，必须并向所在地县级以上地方人民政府环境保护行政主管部门和有关部门报告。

危险废物经营单位应当根据《固体法》、危险废物经营许可证或政府有关部门的要求，在发生事故后，向政府环保部门及其他有关部门报告。一般应当在发生事故后立即（如一小时内）以电话或其他形式报告，在发生事故后 5～15 日以书面方式报告，事故处理完毕后应及时书面报告处理结果。

初报的内容一般包括：单位法定代表人的名称、地址、联系方式（如电话）；设施的名称、地址和联系方式；事故发生的日期和时间，事故类型；所涉及材料的名称和数量；对人体健康和环境的潜在或实际危害的评估；事故产生的污染的处理情况，如被污染土壤的修复，所产生废水和废物或被污染物质处理或准备处理的情况。

书面报告视事件进展情况可一次或多次报告。报告内容除初报的内容外，还应当包括事件有关确切数据、发生的原因、过程、进展情况、危害程度及采取的应急措施、措施效果、处理结果等。

12 事故的新闻发布

明确事故的新闻发布方案，负责处理公共信息的部门，以确保提供准确信息，避免错误报道。

13 应急预案实施和生效时间明确应急预案实施和生效的时间

14 附件

附件是对文本部分的重要补充，为应急活动提供必要的技术性信息。可包括：

（1）组织机构名单

（2）值班联系通讯表

（3）组织应急响应有关人员联系通讯表

（4）危险废物相关方应急咨询服务通讯表

（5）外部应急/救援单位联系通讯表

（6）政府有关部门联系通讯表

（7）本单位平面布置图（特别标注危险及敏感位置）及撤离路线

（8）危险废物相关生产环节流程图

（9）危险物质理化特性及处理措施简表

（10）应急设施配置图

（11）周边区域道路交通示意图和疏散路线、交通管制示意图

（12）周边区域的单位、社区、重要基础设施分布图及有关联系方式，供水、供电单位的联系方式

（13）风险事故评估报告

（14）保障制度

（15）其他

附录 B

其他资源

危险废物经营单位制定应急预案，可咨询或参阅以下资源：

1. 国家环保总局环境应急与事故调查中心

联系电话：（010）66556469　　传真：（010）66556454

地址：北京市西直门内南小街 115 号　　邮政编码：100035

2. 化学事故应急救援中心

序号	单位	序号	单位
1	上海抢救中心	5	天津抢救中心
2	株洲抢救中心	6	吉林抢救中心
3	青岛抢救中心	7	大连抢救中心
4	沈阳抢救中心	8	济南抢救中心

3. 突发性污染事故中危险品档案库（中文）

http：//www.ep.net.cn/msds/

4. 国际化学品安全卡（中文）

http：//www.brici.ac.cn/icsc

5. 化学品安全数据卡（英文）

http：//www.msdsonline.com

6. 北美应急响应手册（英文）

http：//hazmat.dot.gov/pubs/erg/gydebook.htm

7. 英国化学品紧急事件中心（英文）

http：//www.the-ncec.com

8. 国际潜在有毒化学品登记处（IRPTC）（英文）

http：//www.chem.unep.ch/irptc/

9. 欧洲化学工业联合会（CEFIC）编制的 400 多种物质的运输应急卡（英文）

http：//www.cefic.be/

10. 相关法规政策、标准规范和文件

《中华人民共和国环境保护法》

《中华人民共和国固体废物污染环境防治法》

《中华人民共和国水污染防治法》

《中华人民共和国大气污染防治法》

《中华人民共和国安全生产法》

《国务院关于落实科学发展观　加强环境保护的决定》

《危险化学品安全管理条例》

《医疗废物管理条例》
《危险废物经营许可证管理办法》
《危险化学品登记管理办法》
《废弃危险化学品污染环境防治办法》
《污染源自动监控管理办法》
《排放污染物申报登记管理规定》
《环境保护行政主管部门突发环境事件信息报告办法（试行）》
《国家危险废物名录》
《剧毒化学品目录》
《国家突发环境事件应急预案》
《化学品安全技术说明书编写规范》（GB 16483）
《常用化学危险品贮存通则》（GB 15603）
《医疗废物集中处理技术规范（试行）》
《一般工业固体废物贮存、处置场污染控制标准》（GB 18599）
《工业固体废物采样制样技术规范》（HJ/T 20）
《危险废物焚烧污染控制标准》（GB 18484）
《危险废物填埋污染控制标准》（GB 18598）
《危险废物贮存污染控制标准》（GB 18596）
《危险废物鉴别标准》（GB 5085）
《重大危险源辨识》（GB 18218）

关于印发《污染源监测管理办法》的通知

（1999 年 11 月 1 日　国家环境保护总局文件　环发[1999]246 号）

各省、自治区、直辖市环境保护局，国务院各有关部委、直属机构，解放军环境保护局：

为了加强污染源监督管理力度，及时了解和掌握污染物排放情况，更好地为环境管理和决策提供依据，现将《污染源监测管理办法》印发给你们，请遵照执行。

附件

污染源监测管理办法

第一章　总　则

第一条　为加强污染源监测管理，根据《中华人民共和国环境保护法》第十一条的规定制定本办法。

第二条　本办法适用于产生和排放污染物单位的排污状况监测。放射性污染源、流动污染源监测不适用本办法。

第三条　污染源监测是指对污染物排放出口的排污监测，固体废物的产生、贮存、处置、利用排放点监测，防治污染设施运行效果监测，“三同时”项目竣工验收监测，现有污染源治理项目（含限期治理项目）竣工验收监测，排污许可证执行情况监测，污染事故应急监测等。

第四条　凡从事污染源监测的单位，必须通过国家环境保护总局或省级环境保护局组织的资质认证，认证合格后可开展污染源监测工作，资质认证办法另行制订。污染源监测必须统一执行国家环境保护总局颁布的《污染源监测技术规范》。

第二章　任务分工

第五条　省级以下各级环境保护局负责组织对污染源排污状况进行监督性监测，其主要职责是：

（一）组织编制污染源年度监测计划，并监督实施。

（二）组织开展排污单位的排污申报登记，组织对污染源进行不定期监督监测。

（三）组织编制本辖区污染源排污状况报告并发布。

（四）组织对本地区污染源监测机构的日常质量保证考核和管理。

第六条　各级环境保护局所属环境监测站具体负责对污染源排污状况进行监督性监测，其主要职责是：

（一）具体实施对本地区污染源排污状况的监督性监测，建立污染源排污监测档案。

（二）组建污染源监测网络，承担污染源监测网的技术中心、数据中心和网络中心，并负责对监测网的日常管理和技术交流。

（三）对排污单位的申报监测结果进行审核，对有异议的数据进行抽测，对排污单位安装的连续自动监测仪器进行质量控制。

（四）开展污染事故应急监测与污染纠纷仲裁监测，参加本地区重大污染事故调查。

（五）向主管环境保护局报告污染源监督监测结果，提交排污单位经审核合格后的监测数据，供环境保护局作为执法管理的依据。

（六）承担主管环境保护局和上级环境保护局下达的污染源监督监测任务，为环境管理提供技术支持。

第七条 行业主管部门设置的污染源监测机构负责对本部门所属污染源实施监测，行使本部门所赋予的监督权力。其主要职责是：

（一）对本部门所辖排污单位排放污染物状况和防治污染设施运行情况进行监测，建立污染源档案。

（二）参加本部门重大污染事故调查。

（三）对本部门所属企业单位的监测站（化验室）进行技术指导、专业培训和业务考核。

第八条 排污单位的环境监测机构负责对本单位排放污染物状况和防治污染设施运行情况进行定期监测，建立污染源档案，对污染源监测结果负责，并按规定向当地环境保护局报告排污情况。

第三章 污染源监测网络

第九条 各级环境保护局负责组建辖区内的污染源监测网，领导所辖区域的污染源监测工作。

各级环境保护局所属环境监测站是各级污染源监测网的组长单位。负责安排所辖区域污染源监测网成员单位按照职责范围开展监测工作。

第十条 凡通过国家环境保护总局或省、自治区、直辖市环境保护局组织的资质认证、承认网络章程的监测机构，均可向所在地环境保护局申请加入污染源监测网，经审查合格后，由受理申请的环境保护局批准。参加污染源监测网的各监测机构原有名称、隶属关系、人事管理和经费来源均保持不变。

第十一条 污染源监测网的各成员单位在监测网的统一安排下，可承担本部门、本单位以外的污染源排污监测、防治污染设施运行效果监测和根据环境管理需要开展的各种污染源监测，并对监测结果负责。

第十二条 网络主管环境保护局负责监督污染源监测网做好污染源监测的质量保证工作，并建立相应的质量监督机制，网络主管环境保护局所属环境监测站负责对污染源监测网成员单位进行定期质控考核及技术监督。

第四章 污染源监测管理

第十三条 排污单位所在地环境保护局应根据排污单位的行业特点、环境管理的需要、排放污染物的类别和国家污染物排放标准，规定排污单位在对其污染物排污口、污染处理设施进行定期监测时，应监测的项目、点位、频次和数据上报等要求。

不具备监测能力的排污单位可委托当地环境保护局所属环境监测站或经环境保护局考核合格的监测机构进行监测。

第十四条　建设项目在正式投产或使用前和现有污染源治理设施建成投入使用前，建设单位必须向负责项目审批的环境保护局申请“三同时”竣工验收监测或治理设施的竣工验收监测，监测由环境保护监测机构负责实施，其监测结果是验收的依据。

第十五条　各级环境保护局所属环境监测站可接受环境污染纠纷当事人的委托进行监测，并应及时向环境保护局报告。纠纷当事人对监测数据有异议时，可向上一级环境保护局所属环境监测站申请进行复核。

第十六条　环境监测人员到排污单位进行现场监测时，必须出示有效证件。被监测单位应协助环境监测人员开展工作，任何单位和个人不得以任何借口加以阻挠。

进入军队或保密单位进行监测，应预先通知其主管部门。监测人员执行任务时，必须严格遵守保密规定，为被监测单位保守秘密。

第五章　污染源监测设施的管理

第十七条　各级环境保护局应按国家环境保护总局的统一要求，监督所辖地区排污单位规范其污染物排放口，安装统一的标志牌。

第十八条　国家、省、自治区、直辖市和市环境保护局重点控制的排放污染物单位应安装自动连续监测设备，所安装的监测设备必须经国家环境保护总局质量检测机构的考核认可。

污染源监测设施一经安装，任何单位和个人不得擅自改动，确需改动的必须报原批准安装的环境保护局批准。

第十九条　排污单位应将已安装的污染源监测设施的维护管理纳入本单位管理体系，遵守下列要求：

（一）污染源监测设施应与本单位污染治理设施同时运行，同等维护和保养，同时参与考评。

（二）对污染源监测设施应建立健全岗位责任制、操作规程及分析化验制度。

（三）建立污染源监测设施日常运行情况记录和设备台账，接受所在地环境保护局的监督检查。

第二十条　省以下各级环境保护局可委托所属环境监理机构负责对本地区排污单位安装的污染源监测设施进行监督管理和现场监督检查；所属环境监测站对污染源监测设施进行计量监督和稳定运行的监督抽测，对污染源监测设施采集的监测数据进行综合分析。

第六章　污染源监测结果报告

第二十一条　各级环境保护局负责根据环境管理的需要，明确各类污染源监测数据的有效期限，超过有效期的污染源监测数据不得作为环境管理的依据。

第二十二条　承担由污染源监测网统一安排的污染源监测任务的网络成员单位，应定期向网络负责单位报告污染源监测结果。

已安装自动连续监测设施的污染物排放单位应将监测设备与当地环境保护局监测网直接联网，将监测结果直报环境管理部门。

第二十三条 省以下各级环境保护局所属环境监测站负责定期将污染源监测结果和排污申报数据，在做出适当分析后报告同级环境保护局和上级环境监测站。对在实际监测和数据审核中发现的违法、违规情况，应及时报告同级环境保护局或通报环境监理机构。

第二十四条 各级环境保护局对审核合格或未提出异议的监测数据应直接用于各项环境管理工作。

第七章 处 罚

第二十五条 对在污染源监测中不符合国家有关质量保证规定的污染源监测机构，由其上级环境保护局提出限期整改要求，整改期间的污染源监测数据视为无效数据。屡教不改的，由负责其资质认证的环境保护局取消其污染源监测资格。

对在污染源监测过程中弄虚作假、编造数据的污染源监测单位，由负责其资质认证的环境保护局取消其污染源监测资格。

第二十六条 对逾期未安装污染源监测设施或擅自拆除、闲置污染源监测设施的排污单位，由负责对其进行监督管理的环境保护局责令其限期改正。

第二十七条 监测工作人员在履行职责的过程中弄虚作假，发生违法、违规行为的，由其主管环境保护局依照有关规定追究有关人员的责任。

第八章 附 则

第二十八条 本办法中规定的污染源监督性监测不得收取监测费用，所需费用由各级环境保护局负责解决。

建设项目“三同时”竣工验收监测、委托监测、污染纠纷监测等所需经费由排污单位或委托方承担，收费持省级以上物价部门颁发的收费许可证并按国家规定的监测服务收费标准执行。

第二十九条 本办法由国家环境保护总局负责解释。

第三十条 本办法自公布之日起执行，原《工业污染源监测管理办法（暂行）》[（91）环监字第 086 号]同时废止。

矿山生态环境保护与污染防治技术政策

（2005年9月7日　国家环境保护总局、国土资源部、科技部文件　环发[2005]109号）

一、总则

（一）目的和依据

为了实现矿产资源开发与生态环境保护协调发展，提高矿产资源开发利用效率，避免和减少矿区生态环境破坏和污染，根据《中华人民共和国固体废物污染环境防治法》、《中华人民共和国水污染防治法》、《中华人民共和国清洁生产促进法》、《中华人民共和国矿产资源法》、《全国生态环境保护纲要》等有关的法律、法规和政策文件，制定本技术政策。

（二）适用范围

本技术政策适用于从事固体矿产资源开发的企业，不包括从事放射性矿产、海洋矿产开发的企业。

本技术政策适用于矿产资源开发规划与设计、矿山基建、采矿、选矿和废弃地复垦等阶段的生态环境保护与污染防治。

（三）指导方针和技术原则

1. 矿产资源的开发应贯彻“污染防治与生态环境保护并重，生态环境保护与生态环境建设并举；以及预防为主、防治结合、过程控制、综合治理”的指导方针。

2. 矿产资源的开发应推行循环经济的“污染物减量、资源再利用和循环利用”的技术原则，具体包括：

（1）发展绿色开采技术，实现矿区生态环境无损或受损最小；

（2）发展干法或节水的工艺技术，减少水的使用量；

（3）发展无废或少废的工艺技术，最大限度地减少废弃物的产生；

（4）矿山废物按照先提取有价金属、组分或利用能源，再选择用于建材或其他用途，最后进行无害化处理处置的技术原则。

（四）实现目标

1. 2010年应达到的阶段性目标

（1）新、扩、改建选煤和黑色冶金选矿的水重复利用率应达到90%以上；新、扩、改建有色金属系统选矿的水重复利用率应达到75%以上；

（2）大中型煤矿矿井水重复利用率力求达到65%以上；

（3）已建立地面永久瓦斯抽放系统的大中型煤矿，其瓦斯利用率应达到当年抽放量的85%以上；

（4）煤矸石的利用率达到55%以上，尾矿的利用率达到10%以上；

（5）历史遗留矿山开采破坏土地复垦率达到20%以上，新建矿山应做到边开采、边复垦，破坏土地复垦率达到75%以上。

2. 2015年应达到的阶段性目标

（1）选煤厂、冶金选矿厂和有色金属选矿厂的选矿水循环利用率在2010年基础上分别提高3%；

（2）大中型煤矿矿井水重复利用率、大中型煤矿瓦斯利用率、煤矸石的利用率、尾矿的利用率在2010年基础上分别提高5%；

（3）历史遗留矿山开采破坏土地复垦率达到45%以上，新建矿山应做到边开采、边复垦，破坏土地复垦率达到85%以上。

（五）考核指标体系

政府主管部门应建立和完善矿山生态环境保护与污染防治的考核指标体系，将下述指标纳入考核指标体系：

（1）采矿回采率、贫化率、选矿回收率、综合利用率等矿产资源综合开发利用指标；

（2）固体废物综合利用率、煤矿瓦斯抽放利用率、水重复利用率等废物资源化利用指标；

（3）土地复垦率、矿山次生地质灾害治理率等生态环境修复指标。

（六）清洁生产

鼓励矿山企业开展清洁生产审核，优先选用采、选矿清洁生产工艺，杜绝落后工艺与设备向新开发矿区和落后地区转移。

二、矿产资源开发规划与设计

（一）禁止的矿产资源开发活动

1. 禁止在依法划定的自然保护区（核心区、缓冲区）、风景名胜区、森林公园、饮用水水源保护区、重要湖泊周边、文物古迹所在地、地质遗迹保护区、基本农田保护区等区域内采矿。

2. 禁止在铁路、国道、省道两侧的直观可视范围内进行露天开采。

3. 禁止在地质灾害危险区开采矿产资源。

4. 禁止土法采、选冶金矿和土法冶炼汞、砷、铅、锌、焦、硫、钒等矿产资源开发活动。

5. 禁止新建对生态环境产生不可恢复利用的、产生破坏性影响的矿产资源开发项目。

6. 禁止新建煤层含硫量大于3%的煤矿。

（二）限制的矿产资源开发活动

1. 限制在生态功能保护区和自然保护区（过渡区）内开采矿产资源。

生态功能保护区内的开采活动必须符合当地的环境功能区规划，并按规定进行控制性开采，开采活动不得影响本功能区内的主导生态功能。

2. 限制在地质灾害易发区、水土流失严重区域等生态脆弱区内开采矿产资源。

（三）矿产资源开发规划

1. 矿产资源开发应符合国家产业政策要求，选址、布局应符合所在地的区域发展规划。

2. 矿产资源开发企业应制定矿产资源综合开发规划，并应进行环境影响评价，规划内容包括资源开发利用、生态环境保护、地质灾害防治、水土保持、废弃地复垦等。

3. 在矿产资源的开发规划阶段，应对矿区内的生态环境进行充分调查，建立矿区的水文、地质、土壤和动植物等生态环境和人文环境基础状况数据库。

同时，应对矿床开采可能产生的区域地质环境问题进行预测和评价。

4. 矿产资源开发规划阶段还应注重对矿山所在区域生态环境的保护。

（四）矿产资源开发设计

1. 应优先选择废物产生量少、水重复利用率高，对矿区生态环境影响小的采、选矿生产工艺与技术。

2. 应考虑低污染、高附加值的产业链延伸建设，把资源优势转化为经济优势。

提倡煤—电、煤—化工、煤—焦、煤—建材、铁矿石—铁精矿—球团矿等低污染、高附加值的产业链延伸建设。

3. 矿井水、选矿水和矿山其他外排水应统筹规划、分类管理、综合利用。

4. 选矿厂设计时，应考虑最大限度地提高矿产资源的回收利用率，并同时考虑共、伴生资源的综合利用。

5. 地面运输系统设计时，宜考虑采用封闭运输通道运输矿物和固体废物。

三、矿山基建

1. 对矿山勘探性钻孔应采取封闭等措施进行处理，以确保生产安全。

2. 对矿山基建可能影响的具有保护价值的动、植物资源，应优先采取就地、就近保护措施。

3. 对矿山基建产生的表土、底土和岩石等应分类堆放、分类管理和充分利用。

对表土、底土和适于植物生长的地层物质均应进行保护性堆存和利用，可优先用作废弃地复垦时的土壤重构用土。

4. 矿山基建应尽量少占用农田和耕地，矿山基建临时性占地应及时恢复。

四、采矿

（一）鼓励采用的采矿技术

1. 对于露天开采的矿山，宜推广剥离—排土—造地—复垦一体化技术。

2. 对于水力开采的矿山，宜推广水重复利用率高的开采技术。

3. 推广应用充填采矿工艺技术，提倡废石不出井，利用尾砂、废石充填采空区。

4. 推广减轻地表沉陷的开采技术，如条带开采、分层间隙开采等技术。

5. 对于有色、稀土等矿山，宜研究推广溶浸采矿工艺技术，发展集采、选、冶于一体，直接从矿床中获取金属的工艺技术。

6. 加大煤炭地下气化与开采技术的研究力度，推广煤层气开发技术，提高煤层气的开发利用水平。

7. 在不能对基础设施、道路、河流、湖泊、林木等进行拆迁或异地补偿的情况下，在矿山开采中应保留安全矿柱，确保地面塌陷在允许范围内。

（二）矿坑水的综合利用和废水、废气的处理

1. 鼓励将矿坑水优先利用为生产用水，作为辅助水源加以利用。

在干旱缺水地区，鼓励将外排矿坑水用于农林灌溉，其水质应达到相应标准要求。

2. 宜采取修筑排水沟、引流渠，预先截堵水，防渗漏处理等措施，防止或减少各种水源进入露天采场和地下井巷。

3. 宜采取灌浆等工程措施，避免和减少采矿活动破坏地下水均衡系统。

4. 研究推广酸性矿坑废水、高矿化度矿坑废水和含氟、锰等特殊污染物矿坑水的高效处理工艺与技术。

5. 积极推广煤矿瓦斯抽放回收利用技术，将其用于发电、制造炭黑、民用燃料、制造化工产品等。

6. 宜采用安装除尘装置，湿式作业，个体防护等措施，防治凿岩、铲装、运输等采矿作业中的粉尘污染。

（三）固体废物贮存和综合利用

1. 对采矿活动所产生的固体废物，应使用专用场所堆放，并采取有效措施防止二次环境污染及诱发次生地质灾害。

（1）应根据采矿固体废物的性质、贮存场所的工程地质情况，采用完善的防渗、集排水措施，防止淋溶水污染地表水和地下水；

（2）宜采用水覆盖法、湿地法、碱性物料回填等方法，预防和降低废石场的酸性废水污染；

（3）煤矸石堆存时，宜采取分层压实，粘土覆盖，快速建立植被等措施，防止矸石山氧化自燃。

2. 大力推广采矿固体废物的综合利用技术。

（1）推广表外矿和废石中有价元素和矿物的回收技术，如采用生物浸出—溶剂萃取—电积技术回收废石中的铜等；

（2）推广利用采矿固体废物加工生产建筑材料及制品技术，如生产铺路材料、制砖等；

（3）推广煤矸石的综合利用技术，如利用煤矸石发电、生产水泥和肥料、制砖等。

五、选矿

（一）鼓励采用的选矿技术

1. 开发推广高效无（低）毒的浮选新药剂产品。

2. 在干旱缺水地区，宜推广干选工艺或节水型选矿工艺，如煤炭干选、大块干选抛尾等工艺技术。

3. 推广高效脱硫降灰技术，有效去除和降低煤炭中的硫分和灰分。

4. 采用先进的洗选技术和设备，推广洁净煤技术，逐步降低直接销售、使用原煤的比率。

5. 积极研究推广共、伴生矿产资源中有价元素的分离回收技术，为共、伴生矿产资源的深加工创造条件。

（二）选矿废水、废气的处理

1. 选矿废水（含尾矿库溢流水）应循环利用，力求实现闭路循环。未循环利用的部分应进行收集，处理达标后排放。

2. 研究推广含氰、含重金属选矿废水的高效处理工艺与技术。

3. 宜采用尘源密闭、局部抽风、安装除尘装置等措施，防治破碎、筛分等选矿作业中的粉尘污染。

（三）尾矿的贮存和综合利用

1. 应建造专用的尾矿库，并采取措施防止尾矿库的二次环境污染及诱发次生地质灾害。

（1）采用防渗、集排水措施，防止尾矿库溢流水污染地表水和地下水；

（2）尾矿库坝面、坝坡应采取种植植物和覆盖等措施，防止扬尘、滑坡和水土流失。

2. 推广选矿固体废物的综合利用技术。

（1）尾矿再选和共伴生矿物及有价元素的回收技术；

（2）利用尾矿加工生产建筑材料及制品技术，如作水泥添加剂、尾矿制砖等；

（3）推广利用尾矿、废石作充填料，充填采空区或塌陷地的工艺技术；

（4）利用选煤煤泥开发生物有机肥料技术。

六、废弃地复垦

1. 矿山开采企业应将废弃地复垦纳入矿山日常生产与管理，提倡采用采（选）矿—排土（尾）—造地—复垦一体化技术。

2. 矿山废弃地复垦应做可垦性试验，采取最合理的方式进行废弃地复垦。

对于存在污染的矿山废弃地，不宜复垦作为农牧业生产用地；对于可开发为农牧业用地的矿山废弃地，应对其进行全面的监测与评估。

3. 矿山生产过程中应采取种植植物和覆盖等复垦措施，对露天坑、废石场、尾矿库、矸石山等永久性坡面进行稳定化处理，防止水土流失和滑坡。

废石场、尾矿库、矸石山等固废堆场服务期满后，应及时封场和复垦，防止水土流失及风蚀扬尘等。

4. 鼓励推广采用覆岩离层注浆，利用尾矿、废石充填采空区等技术，减轻采空区上覆岩层塌陷。

5. 采用生物工程进行废弃地复垦时，宜对土壤重构、地形、景观进行优化设计，对物种选择、配置及种植方式进行优化。

关于印发《环境保护部建设项目“三同时”监督检查和竣工环保验收管理规程（试行）》的通知

（2009 年 12 月 17 日　环境保护部文件　环发[2009]150 号）

各省、自治区、直辖市环境保护厅（局），新疆生产建设兵团环境保护局，机关各部门，各派出机构、直属单位：

为建立“三同时”监督检查机制，进一步规范竣工环保验收管理，认真兑现“七项承诺”，根据《建设项目环境保护管理条例》、《建设项目竣工环境保护验收管理办法》，我部制定了《环境保护部建设项目“三同时”监督检查和竣工环保验收管理规程（试行）》。现印发给你们，请遵照执行。

附件：环境保护部建设项目“三同时”监督检查和竣工环保验收管理规程（试行）

主题词：环保 项目 验收 规程 通知

附件

环境保护部建设项目“三同时”监督检查和竣工环保验收管理规程（试行）

第一章　总　则

第一条　为进一步强化环境保护部审批的建设项目竣工环保验收管理，建立“三同时”监督检查机制，根据《建设项目环境保护管理条例》、《建设项目竣工环境保护验收管理办法》及《环境保护部机关“三定”实施方案》，制定本规程。

第二条　本规程适用于环境保护部负责审批环境影响评价文件的建设项目（不含核与辐射设施建设项目）“三同时”监督检查和竣工环保验收管理。

第三条　建设项目依据规模、所处环境敏感性和环境风险程度，其竣工环保验收现场检查按Ⅰ、Ⅱ两类实施分类管理。

第四条　环境保护督查中心和省级环境保护行政主管部门参与建设项目竣工环保验收，受委托承担Ⅱ类建设项目竣工环保验收现场检查。

第五条　环境保护督查中心受委托承担建设项目“三同时”监督检查。

地方各级环境保护行政主管部门负责辖区内建设项目“三同时”日常监督管理。

第六条　环境保护行政主管部门及其工作人员，以及承担验收监测或调查工作的单位和个人，应严格执行《建设项目环境影响评价行为准则与廉政规定》。验收监测或调查单位应客观公正反映建设项目环境保护措施落实情况及效果，对验收监测或调查结论负责。

第二章　“三同时”监督检查

第七条　环境影响评价审批文件抄送项目所在区域的环境保护督查中心和省、市、县级环境保护行政主管部门。

环境保护督查中心和省级环境保护行政主管部门受环境保护部委托，分别负责组织开展“三同时”监督检查和日常监督管理。建设单位应当在建设项目开工前向环境保护督查中心和地方各级环境保护行政主管部门书面报告开工建设情况，并定期书面报告“三同时”执行情况。

第八条　环境保护督查中心和地方各级环境保护行政主管部门应跟踪建设项目进展信息。

建设项目开工后，环境保护督查中心及时制定并实施“三同时”监督检查计划；省级环境保护行政主管部门及时制定日常监督管理计划，并组织市、县级环境保护行政主管部门予以实施。

第九条　监督检查和日常监督管理以建设项目环境影响评价文件及其审批文件为依据，主要内容包括：

（一）建设项目的性质、规模、地点、采用的生产工艺以及防治污染、防止生态破坏的措施是否发生重大变动；

（二）环境保护设施和措施与主体工程设计、施工、投产使用是否同步；

（三）施工期污染防治和生态保护情况；

（四）施工期环境监理的实施情况；

（五）施工期环境监测的实施情况；

（六）前次监督检查和日常监督管理的整改要求落实情况；

（七）限期整改和行政处罚决定等落实情况。

监督检查和日常监督管理应当制作现场检查记录和取证询问笔录等书面记录。

第十条 建设项目建成后，环境保护督查中心应当及时编制“三同时”监督检查报告报送环境保护部，作为该建设项目竣工环保验收的依据之一，并同时抄送省级环境保护行政主管部门。

第十一条 环境影响评价审批文件要求开展施工期环境监理的建设项目，建设项目建成后，环境监理单位应当编制施工期环境监理报告，作为该建设项目竣工环保验收的依据之一。

第十二条 环境保护督查中心和地方各级环境保护行政主管部门在“三同时”监督检查和日常监督管理中，发现建设项目存在“三同时”执行不到位、尚未构成环境违法的行为，应督促建设单位及时整改，并书面报告环境保护部。

第十三条 环境保护督查中心和省级环境保护行政主管部门在“三同时”监督检查和日常监督管理中，发现建设项目存在以下环境违法行为，及时调查取证，提出处理建议，书面报告环境保护部：

（一）建设项目的性质、规模、地点、采用的生产工艺或者防治污染、防止生态破坏的措施擅自发生重大变动；

（二）超过法定期限开工建设，环境影响评价文件未经重新审核；

（三）建设项目建设过程中造成严重环境污染和生态破坏；

（四）配套的环境保护设施未与主体工程同时建成并投入试运行；

（五）未按法定期限办理竣工环保验收手续；

（六）环境保护设施未经验收或验收不合格，主体工程即投入正式生产或者使用；

（七）其他环境违法行为。

环境保护部对违法行为依法予以行政处罚。查处情况以及行政处罚决定书等相关法律文书抄送环境保护督查中心和省级环境保护行政主管部门。环境保护督查中心负责监督行政处罚决定书、限期改正通知书等的执行。

第十四条 环境保护督查中心每季度第一个月的前十日之内，向环境保护部报送上一季度建设项目“三同时”监督检查情况；每年一月的前二十日之内，报送上一年度建设项目“三同时”监督检查工作总结。

省级环境保护行政主管部门每季度第一个月的前十日之内，向环境保护部报送上一季度辖区内建设项目“三同时”日常监督管理情况；每年一月的前二十日之内，报送辖区内上一年度建设项目“三同时”日常监督管理工作总结。以上材料同时抄送环境保护督查中心。

第十五条 环境保护督查中心和省级环境保护行政主管部门建立建设项目监管档案。

第三章　竣工环保验收管理

第十六条　建设项目建成后，省级环境保护行政主管部门依据环境影响评价文件及其审批文件、日常监督管理记录、施工期环境监理报告，对环境保护设施和措施落实情况进行现场检查。需要进行试生产的，应在接到试生产申请之日起 30 个工作日内，征求项目所在区域的环境保护督查中心意见后，做出是否允许试生产的决定。试生产审查决定抄送环境保护部及环境保护督查中心。

第十七条　建设项目依法进入试生产后，建设单位应及时委托有相应资质的验收监测或调查单位开展验收监测或调查工作。验收监测或调查单位应在国家规定期限内完成验收监测或调查工作，及时了解验收监测或调查期间发现的重大环境问题和环境违法行为，并书面报告环境保护部。

第十八条　验收监测或调查报告编制完成后，由建设单位向环境保护部提交验收申请。对于验收申请材料完整的建设项目，环境保护部予以受理，并出具受理回执；对于验收申请材料不完整的建设项目，不予受理，并当场一次性告知需要补充的材料。

验收申请材料包括：

（一）建设项目竣工环保验收申请报告，纸件 2 份；

（二）验收监测或调查报告，纸件 2 份，电子件 1 份；

（三）由验收监测或调查单位编制的建设项目竣工环保验收公示材料，纸件 1 份，电子件 1 份；

（四）环境影响评价审批文件要求开展环境监理的建设项目，提交施工期环境监理报告，纸件 1 份。

第十九条　环境保护部对受理的建设项目验收监测或调查结果按月进行公示（涉密建设项目除外）。对公众反映的问题予以调查核实，提出处理意见。

第二十条　环境保护部受理建设项目验收申请后，组织Ⅰ类建设项目验收现场检查；环境保护督查中心或省级环境保护行政主管部门受委托组织Ⅱ类建设项目验收现场检查，并将验收现场检查情况和验收意见报送环境保护部。

第二十一条　环境保护部按月对完成验收现场检查的建设项目进行审查。

第二十二条　经验收审查，对验收合格的建设项目，环境保护部在受理建设项目验收申请材料之日起 30 个工作日内办理验收审批手续（不包括验收现场检查和整改时间）。

建设项目验收审批文件抄送项目所在区域的环境保护督查中心和省、市、县级环境保护行政主管部门。

第二十三条　经验收审查，对验收不合格的建设项目，环境保护部下达限期整改，环境保护督查中心和省级环境保护行政主管部门负责监督限期整改要求的落实。

按期完成限期整改的建设项目应重新向环境保护部提交验收申请。

对逾期未按要求完成限期整改的建设项目，环境保护部依法予以查处。

第二十四条　对完成验收审批的建设项目按季度进行公告（涉密建设项目除外）。

第四章　附　则

第二十五条　地方环境保护行政主管部门可参照本规程制定相应的规范性文件。

第二十六条 本规程自发布之日起实施。

附件：环境保护部审批的建设项目验收现场检查分类目录

附：

环境保护部审批的建设项目验收现场检查分类目录

一、Ⅰ类建设项目

1. 涉及国家级自然保护区、饮用水水源保护区等重大敏感项目。

2. 跨大区项目。

3. 化工石化：炼油及乙烯项目；新建 PTA、PX、MDI、TDI 项目；铬盐、氰化物生产项目；煤制甲醇、二甲醚、烯烃、油及天然气项目。

4. 危险废物集中处置项目。

5. 冶金有色：新、扩建炼铁、炼钢项目；电解铝项目；铜、铅、锌冶炼项目；稀土项目。

6. 能源：单机装机容量 100 万千瓦及以上的燃煤电站项目；煤电一体化项目；总装机容量 100 万千瓦及以上的水电站项目；年产 200 万吨及以上的油田开发项目；年产 100 亿立方米及以上新气田开发项目；国家规划矿区内年产 300 万吨及以上的煤炭开发项目；总投资 50 亿元及以上的跨省（区、市）输油（气）管道干线项目。

7. 轻工：20 万吨及以上制浆项目、林纸一体化项目。

8. 水利：库容 10 亿立方米及以上的国际及跨省（区、市）河流上的水库项目。

9. 交通运输：200 公里及以上的新、改、扩建铁路项目；城市快速轨道交通项目；100 公里以上高速公路项目；新建港区和煤炭、矿石、油气专用泊位；新建机场项目。

10. 总投资 50 亿元及以上的《政府核准的投资项目目录》中的社会事业项目。

二、Ⅱ类建设项目

Ⅰ类建设项目以外的非核与辐射项目。

我部根据管理需要，适时调整分类名录。

关于贯彻落实抑制部分行业产能过剩和重复建设引导产业健康发展的通知

（2009年10月31日 环境保护部文件 环发[2009]127号）

各省、自治区、直辖市环境保护厅（局），计划单列市环境保护局，新疆生产建设兵团环境保护局：

2009年9月26日，国务院印发《国务院批转发展改革委等部门关于抑制部分行业产能过剩和重复建设引导产业健康发展若干意见的通知》（国发[2009]38号，以下简称《通知》）。为认真贯彻落实《通知》精神，强化产能过剩、重复建设行业的环境监管，现通知如下：

一、学习贯彻落实《通知》精神，抓好产能过剩、重复建设行业的环境管理

（一）统一思想，提高认识。为应对国际金融危机的冲击和影响，党中央、国务院审时度势，及时制定了扩大内需、促进经济增长的一揽子计划，出台了钢铁等十个重点产业调整和振兴规划。目前，产业发展总体向好，但产业结构调整总体进展不快，各地区、各行业不平衡，部分行业产能过剩、重复建设问题仍很突出，一些地区违法、违规审批，未批先建、边批边建现象有所抬头。这些问题如不及时加以调控和指导，将错失推动结构调整的历史时机。

各级环保部门必须切实把思想和行动统一到党中央、国务院的决策部署上来，认真贯彻落实科学发展观，积极推动产业结构调整，引导产业健康发展，促进经济、社会与环境的全面协调可持续发展，推进生态文明建设，探索中国特色环保新道路。同时，充分认识产能过剩、重复建设带来的环境问题，牢固树立以环境保护优化经济增长的观念，引导企业贯彻清洁生产、循环经济、低碳经济的发展理念，正确处理好经济建设与环境保护的关系。

（二）分类指导，有保有压。充分发挥环评作为推动产业结构调整和经济发展方式转变“调节器”的作用，切实落实国家宏观调控政策措施。通过提高环保准入门槛、严格环评审批、强化环境监管、加强信息引导等措施，进一步加强对钢铁、水泥、平板玻璃、多晶硅、煤化工等产能过剩、重复建设行业的环境管理工作。对国家鼓励的高技术、高附加值、低消耗、低排放等推动科技进步、优化存量、调整产品结构的项目以及淘汰落后、兼并重组、技术升级改造等有利于结构调整、环境改善的项目，加快环评审批。

（三）统筹安排，明确责任。把落实《通知》精神与环保系统工程建设领域突出问题专项治理工作有机结合，作为今后一段时期的工作重点，围绕产能过剩、重复建设行业的环境管理，切实加强组织领导，抓紧制订工作方案，采取有效措施，落实环境保护监管措施和目标责任制，务求取得实效。

二、提高环保准入门槛，严格建设项目环评管理

（四）提高环保准入门槛。制订和完善环境保护标准体系，严格执行污染物排放标准、清洁生产标准和其他环境保护标准，严格控制物耗能耗高的项目准入。严格产能过剩、重复建设行业企业的上市环保核查，建立并完善上市企业环保后督察制度，提高总量控制要求。进一步细化产能过剩、重复建设行业的环保政策和环评审批要求。

（五）加强区域产业规划环评。认真贯彻执行《规划环境影响评价条例》（国务院第559 号令），做好本区域的产业规划环评工作，以区域资源承载力、环境容量为基础，以节能减排、淘汰落后产能为目标，从源头上优化产能过剩、重复建设行业建设项目的规模、布局以及结构。未开展区域产业规划环评、规划环评未通过审查的、规划发生重大调整或者修编而未经重新或者补充环境影响评价和审查的，一律不予受理和审批区域内上述行业建设项目环评文件。

（六）严格建设项目环评审批。严格遵守环评审批中“四个不批，三个严格”的要求。原则上不得受理和审批扩大产能的钢铁、水泥、平板玻璃、多晶硅、煤化工等产能过剩、重复建设项目的环评文件。在国家投资项目核准目录出台之前，确有必要建设的淘汰落后产能、节能减排的项目环评文件，需报我部审批。未完成主要污染物排放总量减排任务的地区，一律不予受理和审批新增排放总量的上述行业建设项目环评文件。

三、加强环境监管，严格落实环境保护“三同时”制度

（七）清查突出环境问题并责令整改。2009 年年底前，开展“十一五”期间审批的钢铁、水泥、平板玻璃、多晶硅、煤化工、石油化工、有色冶金等行业建设项目环评的清查，重点调查环境影响评价、施工期环境监理、环保“三同时”验收、日常环境监管等方面情况，对突出环境问题责令整改，于 2010 年 1 月 15 日前将整改情况报送我部。

（八）强化项目建设过程环境监管。加强建设项目施工期日常监管和现场执法，督促建设单位落实环评批复的各项环保措施，开展工程环境监理，确保建设项目环境保护“三同时”制度落到实处。

（九）加强建设项目竣工环保验收工作。加强对申请试生产项目环保设施和措施落实情况的现场检查。对环境保护“三同时”制度落实不到位的项目，责令限期整改。

四、严肃查处环境违法行为，落实环保政策措施

（十）严肃查处企业环境违法行为。对达不到排放标准或超过排污总量指标的生产企业实行限期治理，未完成限期治理任务的，依法予以关闭；未通过环评审批的项目，一律不允许开工建设；对建设单位未落实环保“三同时”制度，“久拖不验”、“久试不验”，未经环保验收或验收不合格擅自投入生产的，依法予以查处，责令停止生产，限期补办建设项目竣工环保验收手续；对“双超双有”企业（污染物排放浓度超标、主要污染物排放总量超过控制指标的企业和使用有毒、有害原料进行生产或者在生产中排放有毒、有害物质的企业）实行强制性清洁生产审核，对达不到清洁生产要求和拒不实施清洁生产审核的企业应限期整改。对环境违法严重的区域、行业、企业集团，环保部门继续推行“区域限批”政策，暂停区域、行业、企业集团所有建设项目的环评审批，限期纠正

环境违法行为。

（十一）建立重污染企业退出机制。加快建立重污染企业退出机制，通过实施合理的经济补偿和政策引导等综合配套措施，加快产能过剩、重复建设行业中重污染企业的退出步伐。退出的范围主要包括：因重污染或者高环境风险，严重危害周围人群身体健康的；需要淘汰严重污染或者破坏生态环境的落后生产工艺和设备的；为实现节能减排目标而采取上大压小、关停并转以及其他企业重组方式等需要退出的。

（十二）严禁违规审批。地方各级环保部门要严格按照我部和地方人民政府划定的建设项目环评文件分级审批权限，进一步加强钢铁、水泥、平板玻璃、多晶硅、风电设备、煤化工、石油化工、有色冶金等产能过剩、重复建设行业的项目环评审批管理，不得下放审批权限，严禁化整为零、违规审批。

（十三）认真落实问责制。严格按照《中共中央办公厅　国务院印发〈关于实行党政领导干部问责的暂行规定〉的通知》（中办[2009]25 号）和《环境保护违法违纪行为处分暂行规定》的有关要求，对越权审批、违规审批行为进行问责，除对当事人作出严肃处理外，还要追究有关领导的责任。

（十四）加强环保信息发布工作。各级环保部门应主动与发展改革、国土资源、规划、监察等部门联系，建立信息发布制度。根据国家宏观政策和环境保护政策，充分发挥信息引导作用，适时向社会发布产能过剩、重复建设行业环境保护政策和管理信息，定期公布重点行业污染排放情况和污染物排放不达标企业名单，及时向银行业金融机构提供企业环境违法、环评审批等环保信息。

关于执行《国家建设项目（工业类）竣工环境保护验收监测工作程序（试行）》的通知

（2010 年 4 月 8 日　中国环境监测总站文件　总站验字[2010]65 号）

各省、自治区、直辖市环境监测中心（站）：

根据《环境保护部建设项目“三同时”监督检查和竣工环保验收管理规程（试行）》（环发[2009]150 号），我站制订了《国家建设项目（工业类）竣工环境保护验收监测工作程序（试行）》（见附件），现印发给你们，请在开展国家建设项目竣工环境保护验收监测工作中执行。

附件：国家建设项目（工业类）竣工环境保护验收监测工作程序（试行）

附件

国家建设项目（工业类）竣工环境保护验收监测工作程序（试行）

根据《中华人民共和国环境影响评价法》（中华人民共和国主席令第 77 号）、国务院《建设项目环境保护管理条例》（国务院令第 253 号）、国家环境保护总局《建设项目竣工环境保护验收管理办法》（国家环境保护总局令第 13 号）国务院环境保护行政主管部门审批的建设项目竣工后，建设单位应当向有审批权的环境保护行政主管部门申请该建设项目竣工环境保护验收。按照《环境保护部建设项目“三同时”监督检查和竣工环保验收管理规程（试行）》（环发[2009]150 号）第三章规定，建设项目竣工环境保护验收工作主要包括：申请试生产、开展验收监测和申请验收审批三个部分（参见附件 1）；试生产期间，经环境保护部审批的建设项目，建设单位应按照要求，向有资质开展验收监测工作的中国环境监测总站（以下简称总站）委托开展竣工环保验收监测工作。

总站组织开展验收监测工作的具体程序如下：

1．验收监测受理

国家审批的建设项目依法进入试生产后，建设单位应及时向总站委托开展验收监测工作。建设单位在委托验收监测时，应出具正式委托函，提供建设项目竣工环境保护验收监测资料（附件 2），填写《建设项目竣工环境保护验收监测委托登记表》（附件 3）。

总站对委托资料完整的建设项目，予以受理，并出具受理回执（附件 4）。对资料不全的建设项目，待建设单位将委托资料补充完整后再予受理。

中国环境监测总站验收监测受理联系方式：

通讯地址：北京市朝阳区安外大羊坊 8 号院乙
　　　　　验收监测接待室

邮政编码：100012

接待时间：工作日 8:30～11:30，13:30～16:30

接待电话：010-84943082

传　　真：010-84943074

2．现场勘察

已受理验收监测的建设项目，总站安排项目负责人前往现场勘察，对已经达到开展验收监测条件的建设项目，确认正式进入验收监测方案编写阶段；对未达到开展验收监测条件的建设项目，总站提出正式书面整改建议，待条件符合要求后，再开始方案编写工作。

3．验收监测方案编写

根据建设项目验收监测资料和现场勘察情况，项目负责人组织编写验收监测方案，并经审核后实施。对于有相应行业验收技术规范的建设项目验收监测方案，可按照相关规定进行简化。

4．签订合同

按照《验收监测方案》中的工作内容及相关收费标准，总站（和/或承担现场监测的环境监测站）与建设单位签订技术服务合同。

5．现场监测和检查

签订合同后，总站组织协作监测站赴现场监测。现场监测和检查按验收监测方案和有关环境监测技术规范实施，建设单位应保证现场监测期间的工况要求。

6．验收监测报告编写及技术审查

根据现场监测和检查的结果，总站组织编制《建设项目竣工环境保护验收监测报告》。

总站每月 10 日（遇节假日顺延）组织对验收监测报告进行技术审查。经审查后，向建设单位交付正式的纸质验收监测报告 20 份（如建设单位需要增加，应在签订的合同中注明）；电子文档由总站直接报送环境保护部。

7．验收监测时限

达到开展验收监测条件的建设项目的验收监测时间一般为 70 个工作日。具体时间安排为：

（1）对受理的验收监测的建设项目，一般应在受理后 10 个工作日内完成现场勘察。

（2）对确认正式进入验收监测程序的建设项目，验收监测方案在 10 个工作日内完成；对未达到开展验收监测条件的建设项目，现场勘察后 5 日内，向建设单位提出相应建议，并抄送环境保护部、环境保护部相关督察中心和省级环保部门。

（3）签订合同时间为 7 个工作日。

（4）合同签订后，现场监测的准备时间一般为 5 个工作日；现场监测时间一般为 5～10 个工作日；实验室分析和数据处理一般为 7 个工作日。对现场监测工作量特大的建设项目，根据实际需要确定。

（5）报告编制一般为 15～20 个工作日。

其他时间

因建设单位在合同签订、监测工况调整和现场监测配合等原因造成的延误时间，不包括在总站组织的验收监测工作时间内。

8．验收监测工作的监督

本项工作由中国环境监测总站验收监测管理室负责具体组织实施，中国环境监测总站对该项工作实施管理，环境保护部对中国环境监测总站此项工作进行监督。

9．其他

为保证验收监测工作的顺利开展，建设单位应按照国家的有关规定和企业自身的制度，做好相应的准备和配合工作（参见附件 4、5、6、7、8）。

为更好地开展本项工作和便于查询，中国环境监测总站将定期在网上发布受理建设项目验收监测工作的进展。

本程序从 2010 年 4 月 10 日开始试行。

相关附件：

1．建设项目竣工环境保护验收工作程序框图

2．建设项目竣工环境保护验收监测技术资料清单

3．建设项目竣工环境保护验收监测委托登记表

4．建设单位委托环境保护验收监测工作受理反馈意见表

5．建设单位委托环境保护验收监测工作须知
6．建设项目竣工环境保护验收条件
7．建设竣工环保验收管理规程
8．建设项目竣工环境保护验收相关法律、法规条款

附件 1

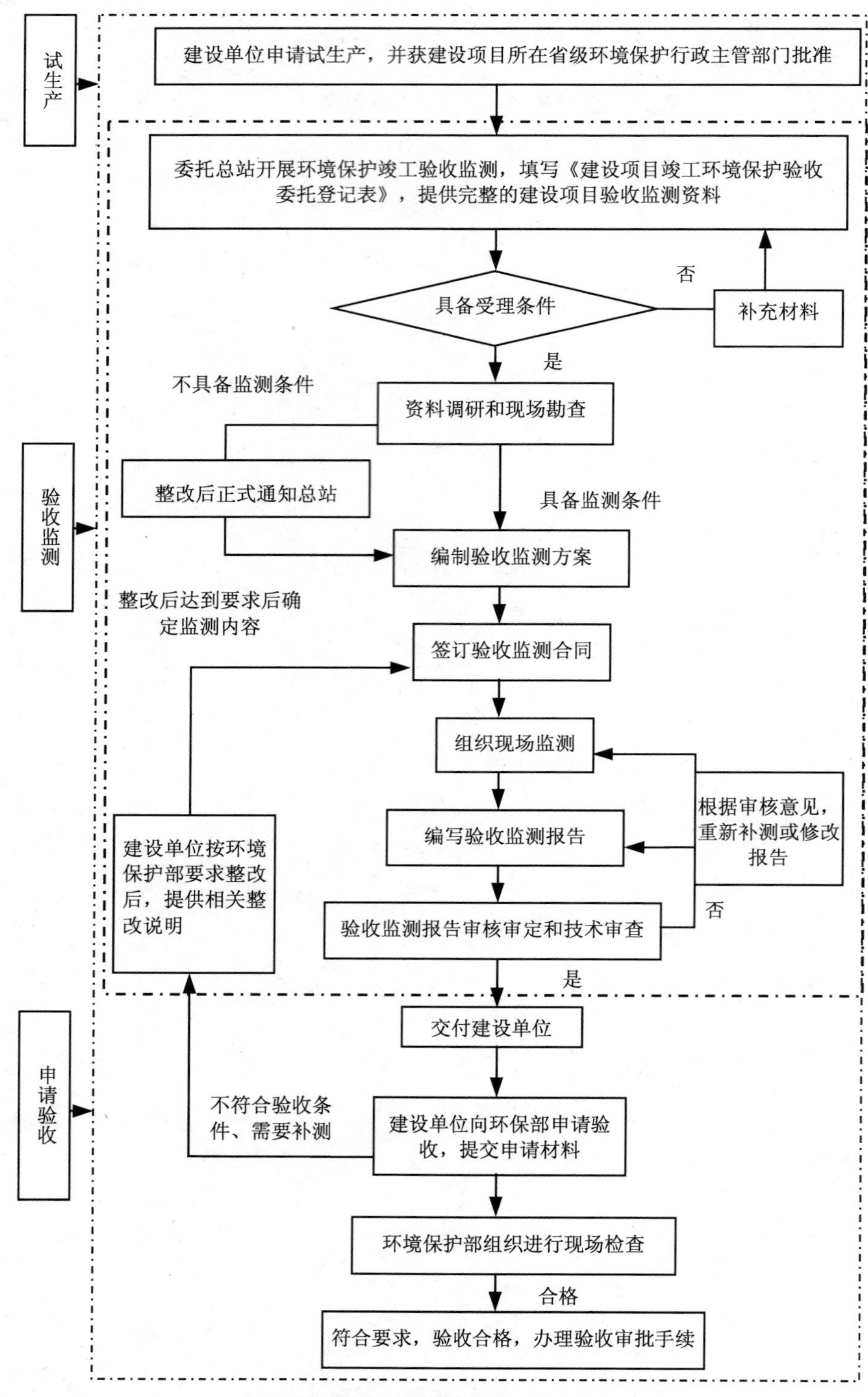

建设项目竣工环境保护验收工作程序框图

附件 2

建设项目竣工环境保护验收监测资料清单

一、相关技术、审批和文件

1. 申请项目竣工环保验收工程的《环境影响评价报告书（表）》。

2. 主管（省、自治区、直辖市）环保厅（局）对工程《环境影响评价报告书（表）》的预审意见。

3. 主管工业部门（公司）对工程《环境影响评价报告书（表）》的预审意见或函（如有）。

4. 地方环境保护局提出的执行环境质量和污染物排放标准的文件或函。

5. 环境保护部对提请验收工程的《环境影响报告书（表）》审查意见的复函。

6. 工程《初步设计》（环保篇）。

7. 工程设计和施工中的变更及相应的报批手续和批文。

8. 国家、省、市环保部门对建设项目检查或督察的报告、通知、整改要求等。

9. 试生产申请、审批文件。

10. 验收监测委托函。

11. 环境影响评价审批文件要求开展环境监理的建设项目，还应提交施工期环境监理报告。

二、各类图件

1. 工程所在地理位置图（彩色）。

2. 建设项目厂区平面位置图。

3. 工程平面布置图（标明建设项目布局、主要污染源位置、排水管网及厂界等）。

4. 生产工艺流程图（标明主要产污环节）。

5. 工程水量平衡图。

6. 废水流向图

以上图件以 A4 纸大小提供两张，并附电子版。

三、主要环境保护设施资料

1. 主要环保设施建成情况表（包括环评要求、初设要求、实际建成运行情况及变更说明）。

2. 环保设施清单

废气：烟囱数量、各烟囱高度、出入口直径、主要污染物及排放量、已设监测点位或监测孔位置图等；

废水：主要污染物及来源、排放量、循环水利用率、污水流向等；

固废（危废）的来源、数量、运输方式、处理及综合利用情况、涉及委托处理或处置固体废物单位的资质证明等。

以上资料均以表格形式提供电子和纸质文件。

四、环境管理检查资料

1. 建设项目从立项到试生产各阶段，环境保护法律、法规、规章制度的执行情况；
2. 环境保护审批手续及环境保护档案资料是否齐全；
3. 环境保护组织机构及规章管理制度是否健全；
4. 环境保护设施建成及运行纪录；
5. 环境保护措施落实情况及实施效果；
6. “以新带老”环境保护要求的落实；
7. 环境风险防范措施、应急监测计划的制定；
8. 排污口规范化、污染源在线监测仪的安装、测试情况检查；
9. 工业固体废物、危险废物的处理处置和回收利用情况及相关协议；
10. 生态恢复、绿化及植被恢复、搬迁或移民工程落实情况；
11. 环境敏感目标保护措施落实情况；
12. 废水循环利用情况；
13. 施工期和试生产期间扰民情况和污染事故调查情况；
14. 环境影响评价文件中提出的环境监测计划落实情况。

附件 3

建设项目竣工环境保护验收监测委托登记表

编号：______________

<table>
<tr><td>项目名称</td><td colspan="3"></td></tr>
<tr><td>建设单位</td><td></td><td>建设地点</td><td></td></tr>
<tr><td>环评审批部门</td><td></td><td>环评审批
文号及时间</td><td></td></tr>
<tr><td>项目核准部门</td><td></td><td>核准
文号及时间</td><td></td></tr>
<tr><td>建设内容及规模</td><td colspan="3"></td></tr>
<tr><td>开工及竣工时间</td><td></td><td>批准
试生产时间</td><td></td></tr>
<tr><td>项目总投资</td><td></td><td>环保投资及环保投资比例</td><td></td></tr>
<tr><td>联系人及联系方式
（电话、传真等）</td><td colspan="3">联系人：　　　　　　联系电话：
E-mail：　　　　　　传真电话：</td></tr>
<tr><td>通讯地址及
邮政编码</td><td colspan="3">通讯地址：
邮政编码：</td></tr>
<tr><td>需说明的问题
（包括保密要求）</td><td colspan="3"></td></tr>
<tr><td>受理与否（若未受理，在备注中注明原因）</td><td colspan="3"></td></tr>
<tr><td>受理日期</td><td colspan="3"></td></tr>
<tr><td>备　注</td><td colspan="3"></td></tr>
</table>

委托办理人签字：　　　　　　　　　　办理日期：

总站接待人签字：

附件 4

建设单位委托环境保护验收监测工作受理反馈意见表

<table>
<tr><td>项目名称</td><td colspan="3"></td></tr>
<tr><td>委托登记表编号</td><td colspan="3"></td></tr>
<tr><td>受理意见（打 √）</td><td colspan="3">（1）材料齐全，受理；（2）补充资料，暂不受理</td></tr>
<tr><td>需要补充的材料清单（表中打 √ 的项目为需要补充的材料）</td><td colspan="3">1. 验收监测委托函；
2. 申请项目竣工环保验收工程的《环境影响评价报告书（表）》；
3. 主管（省、自治区、直辖市）环保厅（局）对工程《环境影响评价报告书（表）》的预审意见；
4. 主管工业部门（公司）对工程《环境影响评价报告书（表）》的预审意见或函；
5. 地方环境保护局提出的执行环境质量和污染物排放标准的文件或函；
6. 环境保护部对提请验收工程的《环境影响报告书（表）》审查意见的复函；
7. 工程《初步设计》（环保篇）；
8. 工程设计和施工中的变更及相应的报批手续和批文；
9. 国家、省、市环保部门对建设项目检查或督察的报告、通知、整改要求等；
10. 试生产申请、审批文件；
11. 环境影响评价审批文件要求开展环境监理的建设项目，还应提交施工期环境监理报告；
12. 工程所在地理位置图（彩色）；
13. 建设项目厂区平面位置图；
14. 工程平面布置图（标明建设项目布局、主要污染源位置、排水管网及厂界等）；
15. 生产工艺流程图（标明主要产污环节）；
16. 工程水量平衡图；
17. 废水流向图；
18. 主要环保设施建成及环保措施落实情况表（包括环评要求、初设要求、实际建成运行情况及变更说明）；
19. 环保设施清单。废气：烟囱数量、各烟囱高度、出入口直径、主要污染物及排放量、已设监测点位或监测孔位置图等；废水：主要污染物及来源、排放量、循环水利用率、污水流向等；固废（危废）的来源、数量、运输方式、处理及综合利用情况、涉及委托处理或处置固体废物单位的资质证明等；
20. 建设项目从立项到试生产各阶段，环境保护法律、法规、规章制度的执行情况；
21. 环境保护审批手续及环境保护档案资料是否齐全；
22. 环境保护组织机构及规章管理制度是否健全；
23. 环境保护设施建成及运行纪录；
24. 环境保护措施落实情况及实施效果；
25. “以新带老”环境保护要求的落实；
26. 环境风险防范措施、应急监测计划的制定；
27. 排污口规范化、污染源在线监测仪的安装、测试情况检查；
28. 工业固体废物、危险废物的处理处置和回收利用情况及相关协议；
29. 生态恢复、绿化及植被恢复、搬迁或移民工程落实情况；
30. 环境敏感目标保护措施落实情况；
31. 废水循环利用情况；
32. 施工期和试生产期间扰民情况和污染事故调查情况；
33. 环境影响评价文件中提出的环境监测计划落实情况。</td></tr>
<tr><td>接待人</td><td></td><td>审核人</td><td></td></tr>
<tr><td>备　注</td><td colspan="3">对补充资料、暂不受理建设项目的建设单位，请按照要求补充上述需要补充的材料后，再来办理受理手续。</td></tr>
</table>

年　月　日

（公章）

附件 5

建设单位委托环境保护验收监测工作须知

一、委托验收监测前的自查工作

按照《建设项目竣工环境保护验收管理办法》（第十六条）的要求（附件 4），做好自查和自检工作。

二、验收监测技术资料准备

按照建设项目竣工环境保护验收监测技术资料清单（附件 2）准备验收技术资料。

三、验收监测期间的工作配合

1．按照监测技术规范，设置永久性的采样平台及规范的采样孔，并提供采样设备使用的电力。

2．在进入现场监测前，应向验收监测人员介绍生产安全管理制度，确保人员安全。

3．验收监测期间，应保证生产工况符合国家验收监测相关规定的要求，并保证主体工程及环保设施正常稳定运行。发现异常情况，及时通知监测人员停止监测。

4．对于涉密项目，应按建设单位保密制度要求验收监测人员按规定执行。

附件 6

建设项目竣工环境保护验收条件

——《建设项目竣工环境保护验收管理办法》第十六条

（一）建设前期环境保护审查、审批手续完备，技术资料与环境保护档案资料齐全；

（二）环境保护设施及其他措施等已按批准的环境影响报告书（表）或者环境影响登记表和设计文件的要求建成或者落实，环境保护设施经负荷试车检测合格，其防治污染能力适应主体工程的需要；

（三）环境保护设施安装质量符合国家和有关部门颁发的专业工程验收规范、规程和检验评定标准；

（四）具备环境保护设施正常运转的条件，包括：经培训合格的操作人员、健全的岗位操作规程及相应的规章制度，原料、动力供应落实，符合交付使用的其他要求；

（五）污染物排放符合环境影响报告书（表）或者环境影响登记表和设计文件中提出的标准及核定的污染物排放总量控制指标的要求；

（六）各项生态保护措施按环境影响报告书（表）规定的要求落实，建设项目建设过程中受到破坏并可恢复的环境已按规定采取了恢复措施；

（七）环境监测项目、点位、机构设置及人员配备，符合环境影响报告书（表）和有关规定的要求；

（八）环境影响报告书（表）提出需对环境保护敏感点进行环境影响验证，对清洁生产进行指标考核，对施工期环境保护措施落实情况进行工程环境监理的，已按规定要求完成；

（九）环境影响报告书（表）要求建设单位采取措施削减其他设施污染物排放，或要求建设项目所在地地方政府或者有关部门采取“区域削减”措施满足污染物排放总量控制要求的，其相应措施得到落实。

附件 7

建设竣工环保验收管理规程

——环境保护部建设项目“三同时”监督检查和竣工环保验收管理规程（试行）第三章

第十六条　建设项目建成后，省级环境保护行政主管部门依据环境影响评价文件及其审批文件、日常监督管理记录、施工期环境监理报告，对环境保护设施和措施落实情况进行现场检查。需要进行试生产的，应在接到试生产申请之日起 30 个工作日内，征求项目所在区域的环境保护督查中心意见后，做出是否允许试生产的决定。试生产审查决定抄送环境保护部及环境保护督查中心。

第十七条　建设项目依法进入试生产后，建设单位应及时委托有相应资质的验收监测或调查单位开展验收监测或调查工作。验收监测或调查单位应在国家规定期限内完成验收监测或调查工作，及时了解验收监测或调查期间发现的重大环境问题和环境违法行为，并书面报告环境保护部。

第十八条　验收监测或调查报告编制完成后，由建设单位向环境保护部提交验收申请。对于验收申请材料完整的建设项目，环境保护部予以受理，并出具受理回执；对于验收申请材料不完整的建设项目，不予受理，并当场一次性告知需要补充的材料。

验收申请材料包括：

（一）建设项目竣工环保验收申请报告，纸件 2 份；

（二）验收监测或调查报告，纸件 2 份，电子件 1 份；

（三）由验收监测或调查单位编制的建设项目竣工环保验收公示材料，纸件 1 份，电子件 1 份；

（四）环境影响评价审批文件要求开展环境监理的建设项目，提交施工期环境监理报告，纸件 1 份。

第十九条　环境保护部对受理的建设项目验收监测或调查结果按月进行公示（涉密建设项目除外）。对公众反映的问题予以调查核实，提出处理意见。

第二十条　环境保护部受理建设项目验收申请后，组织Ⅰ类建设项目验收现场检查；环境保护督查中心或省级环境保护行政主管部门受委托组织Ⅱ类建设项目验收现场检查，并将验收现场检查情况和验收意见报送环境保护部。

第二十一条　环境保护部按月对完成验收现场检查的建设项目进行审查。

第二十二条　经验收审查，对验收合格的建设项目，环境保护部在受理建设项目验收申请材料之日起 30 个工作日内办理验收审批手续（不包括验收现场检查和整改时间）。

建设项目验收审批文件抄送项目所在区域的环境保护督查中心和省、市、县级环境保护行政主管部门。

第二十三条　经验收审查，对验收不合格的建设项目，环境保护部下达限期整改，环境保护督查中心和省级环境保护行政主管部门负责监督限期整改要求的落实。

按期完成限期整改的建设项目应重新向环境保护部提交验收申请。

对逾期未按要求完成限期整改的建设项目，环境保护部依法予以查处。

第二十四条 对完成验收审批的建设项目按季度进行公告（涉密建设项目除外）。

附件：环境保护部审批的建设项目验收现场检查分类目录

附：

环境保护部审批的建设项目验收现场检查分类目录

一、Ⅰ类建设项目

1. 涉及国家级自然保护区、饮用水水源保护区等重大敏感项目。

2. 跨大区项目。

3. 化工石化：炼油及乙烯项目；新建 PTA、PX、MDI、TDI 项目；铬盐、氰化物生产项目；煤制甲醇、二甲醚、烯烃、油及天然气项目。

4. 危险废物集中处置项目。

5. 冶金有色：新、扩建炼铁、炼钢项目；电解铝项目；铜、铅、锌冶炼项目；稀土项目。

6. 能源：单机装机容量 100 万千瓦及以上的燃煤电站项目；煤电一体化项目；总装机容量 100 万千瓦及以上的水电站项目；年产 200 万吨及以上的油田开发项目；年产 100 亿立方米及以上新气田开发项目；国家规划矿区内年产 300 万吨及以上的煤炭开发项目；总投资 50 亿元及以上的跨省（区、市）输油（气）管道干线项目。

7. 轻工：20 万吨及以上制浆项目、林纸一体化项目。

8. 水利：库容 10 亿立方米及以上的国际及跨省（区、市）河流上的水库项目。

9. 交通运输：200 公里及以上的新、改、扩建铁路项目；城市快速轨道交通项目；100 公里以上高速公路项目；新建港区和煤炭、矿石、油气专用泊位；新建机场项目。

10. 总投资 50 亿元及以上的《政府核准的投资项目目录》中的社会事业项目。

二、Ⅱ类建设项目

Ⅰ类建设项目以外的非核与辐射项目。

我部根据管理需要，适时调整分类名录。

附件8

建设项目竣工环境保护验收相关法律、法规条款

1.《中华人民共和国环境保护法》

第二十六条　建设项目中防治污染的措施，必须与主体工程同时设计、同时施工、同时投产使用。防治污染的设施必须经原审批环境影响报告书的环境保护行政主管部门验收合格后，该建设项目方可投入生产或者使用。

防治污染的设施不得擅自拆除或者闲置，确有必要拆除或者闲置的，必须征得所在地的环境保护行政主管部门的同意。

第三十六条　建设项目的防止污染设施没有建成或者没有达到国家规定的要求，投入生产或者使用的，由批准该建设项目的环境影响报告书的环境保护行政主管部门责令停止生产或者使用，可以并处罚款。

2.《中华人民共和国环境影响评价法》

第二十二条　建设项目的环境影响评价文件，由建设单位按照国务院的规定报有审批权的环境保护行政主管部门审批；建设项目有行业主管部门的，其环境影响报告书或者环境影响报告表应当经行业主管部门预审后，报有审批权的环境保护行政主管部门审批。

第二十四条　建设项目的环境影响评价文件经批准后，建设项目的性质、规模、地点、采用的生产工艺或者防治污染、防止生态破坏的措施发生重大变动的，建设单位应当重新报批建设项目的环境影响评价文件。

建设项目的环境影响评价文件自批准之日起超过五年，方决定该项目开工建设的，其环境影响评价文件应当报原审批部门重新审核；原审批部门应当自收到建设项目环境影响评价文件之日起十日内，将审核意见书面通知建设单位。

第二十五条　建设项目的环境影响评价文件未经法律规定的审批部门审查或者审查后未予批准的，该项目审批部门不得批准其建设，建设单位不得开工建设。

第二十六条　建设项目建设过程中，建设单位应当同时实施环境影响报告书、环境影响报告表以及环境影响评价文件审批部门审批意见中提出的环境保护对策措施。

第二十七条　在项目建设、运行过程中产生不符合经审批的环境影响评价文件的情形的，建设单位应当组织环境影响的后评价，采取改进措施，并报原环境影响评价文件审批部门和建设项目审批部门备案；原环境影响评价文件审批部门也可以责成建设单位进行环境影响的后评价，采取改进措施。

第二十八条　环境保护行政主管部门应当对建设项目投入生产或者使用后所产生的环境影响进行跟踪检查，对造成严重环境污染或者生态破坏的，应当查清原因、查明责任。

3.《建设项目环境保护管理条例》

第十六条　建设项目需要配套建设的环境保护设施，必须与主体工程同时设计、同时施工、同时投产使用。

第十七条 建设项目的初步设计，应当按照环境保护设计规范的要求，编制环境保护篇章，并依据经批准的建设项目环境影响报告书或者环境影响报告表，在环境保护篇章中落实防治环境污染和生态破坏的措施以及环境保护设施投资概算。

第十八条 建设项目的主体工程完工后，需要进行试生产的，其配套建设的环境保护设施必须与主体工程同时投入试运行。

第十九条 建设项目试生产期间，建设单位应当对环境保护设施运行情况和建设项目对环境的影响进行监测。

第二十条 建设项目竣工后，建设单位应当向审批该建设项目环境影响报告书、环境影响报告表或者环境影响登记表的环境保护行政主管部门，申请该建设项目需要配套建设的环境保护设施竣工验收。

环境保护设施竣工验收，应当与主体工程竣工验收同时进行。需要进行试生产的建设项目，建设单位应当自建设项目投入试生产之日起 3 个月内，向审批该建设项目环境影响报告书、环境影响报告表或者环境影响登记表的环境保护行政主管部门，申请该建设项目需要配套建设的环境保护设施竣工验收。

第二十一条 分期建设、分期投入生产或者使用的建设项目，其相应的环境保护设施应当分期验收。

第二十三条 建设项目需要配套建设的环境保护设施经验收合格，该建设项目方可正式投入生产或者使用。

4.《建设项目竣工环境保护验收管理办法》

第四条 建设项目竣工环境保护验收范围包括：

（一）与建设项目有关的各项环境保护设施，包括为防治污染和保护环境所建成或配备的工程、设备、装置和监测手段，各项生态保护设施；

（二）环境影响报告书（表）或者环境影响登记表和有关项目设计文件规定应采取的其他各项环境保护措施。

第七条 建设项目试生产前，建设单位应向有审批权的环境保护行政主管部门提出试生产申请。

对国务院环境保护行政主管部门审批环境影响报告书（表）或环境影响登记表的非核设施建设项目，由建设项目所在地省、自治区、直辖市人民政府环境保护行政主管部门负责受理其试生产申请，并将其审查决定报送国务院环境保护行政主管部门备案。

第十一条 根据国家建设项目环境保护分类管理的规定，对建设项目竣工环境保护验收实施分类管理。

建设单位申请建设项目竣工环境保护验收，应当向有审批权的环境保护行政主管部门提交以下验收材料：

（一）对编制环境影响报告书的建设项目，为建设项目竣工环境保护验收申请报告，并附环境保护验收监测报告或调查报告；

（二）对编制环境影响报告表的建设项目，为建设项目竣工环境保护验收申请表，并附环境保护验收监测表或调查表；

（三）对填报环境影响登记表的建设项目，为建设项目竣工环境保护验收登记卡。

第十二条 对主要因排放污染物对环境产生污染和危害的建设项目，建设单位应提交环境保护验收监测报告（表）。

对主要对生态环境产生影响的建设项目，建设单位应提交环境保护验收调查报告（表）。

第十三条　环境保护验收监测报告（表），由建设单位委托经环境保护行政主管部门批准有相应资质的环境监测站或环境放射性监测站编制。

环境保护验收调查报告（表），由建设单位委托经环境保护行政主管部门批准有相应资质的环境监测站或环境放射性监测站，或者具有相应资质的环境影响评价单位编制。承担该建设项目环境影响评价工作的单位不得同时承担该建设项目环境保护验收调查报告（表）的编制工作。

承担环境保护验收监测或者验收调查工作的单位，对验收监测或验收调查结论负责。

第十六条　建设项目竣工环境保护验收条件是：

（一）建设前期环境保护审查、审批手续完备，技术资料与环境保护档案资料齐全；

（二）环境保护设施及其他措施等已按批准的环境影响报告书（表）或者环境影响登记表和设计文件的要求建成或者落实，环境保护设施经负荷试车检测合格，其防治污染能力适应主体工程的需要；

（三）环境保护设施安装质量符合国家和有关部门颁发的专业工程验收规范、规程和检验评定标准；

（四）具备环境保护设施正常运转的条件，包括：经培训合格的操作人员、健全的岗位操作规程及相应的规章制度，原料、动力供应落实，符合交付使用的其他要求；

（五）污染物排放符合环境影响报告书（表）或者环境影响登记表和设计文件中提出的标准及核定的污染物排放总量控制指标的要求；

（六）各项生态保护措施按环境影响报告书（表）规定的要求落实，建设项目建设过程中受到破坏并可恢复的环境已按规定采取了恢复措施；

（七）环境监测项目、点位、机构设置及人员配备，符合环境影响报告书（表）和有关规定的要求；

（八）环境影响报告书（表）提出需对环境保护敏感点进行环境影响验证，对清洁生产进行指标考核，对施工期环境保护措施落实情况进行工程环境监理的，已按规定要求完成；

（九）环境影响报告书（表）要求建设单位采取措施削减其他设施污染物排放，或要求建设项目所在地地方政府或者有关部门采取“区域削减”措施满足污染物排放总量控制要求的，其相应措施得到落实。建设单位在建设项目竣工后，需要环境保护验收监测。

第十八条　分期建设、分期投入生产或者使用的建设项目，按照本办法规定的程序分期进行环境保护验收。

第三章

产业政策

一
综 合

国务院关于落实科学发展观加强环境保护的决定

（2005 年 12 月 3 日　国务院文件　国发[2005]39 号）

各省、自治区、直辖市人民政府，国务院各部委、各直属机构：

为全面落实科学发展观，加快构建社会主义和谐社会，实现全面建设小康社会的奋斗目标，必须把环境保护摆在更加重要的战略位置。现作出如下决定：

一、充分认识做好环境保护工作的重要意义

（一）环境保护工作取得积极进展。党中央、国务院高度重视环境保护，采取了一系列重大政策措施，各地区、各部门不断加大环境保护工作力度，在国民经济快速增长、人民群众消费水平显著提高的情况下，全国环境质量基本稳定，部分城市和地区环境质量有所改善，多数主要污染物排放总量得到控制，工业产品的污染排放强度下降，重点流域、区域环境治理不断推进，生态保护和治理得到加强，核与辐射监管体系进一步完善，全社会的环境意识和人民群众的参与度明显提高，我国认真履行国际环境公约，树立了良好的国际形象。

（二）环境形势依然十分严峻。我国环境保护虽然取得了积极进展，但环境形势严峻的状况仍然没有改变。主要污染物排放量超过环境承载能力，流经城市的河段普遍受到污染，许多城市空气污染严重，酸雨污染加重，持久性有机污染物的危害开始显现，土壤污染面积扩大，近岸海域污染加剧，核与辐射环境安全存在隐患。生态破坏严重，水土流失量大面广，石漠化、草原退化加剧，生物多样性减少，生态系统功能退化。发达国家上百年工业化过程中分阶段出现的环境问题，在我国近 20 多年来集中出现，呈现结构型、复合型、压缩型的特点。环境污染和生态破坏造成了巨大经济损失，危害群众健康，影响社会稳定和环境安全。未来 15 年我国人口将继续增加，经济总量将再翻两番，资源、能源消耗持续增长，环境保护面临的压力越来越大。

（三）环境保护的法规、制度、工作与任务要求不相适应。目前一些地方重 GDP 增长、轻环境保护。环境保护法制不够健全，环境立法未能完全适应形势需要，有法不依、执法不严现象较为突出。环境保护机制不完善，投入不足，历史欠账多，污染治理进程缓慢，市场化程度偏低。环境管理体制未完全理顺，环境管理效率有待提高。监管能力薄弱，国家环境监测、信息、科技、宣教和综合评估能力不足，部分领导干部环境保护意识和公众参与水平有待增强。

（四）把环境保护摆上更加重要的战略位置。加强环境保护是落实科学发展观的重要举措，是全面建设小康社会的内在要求，是坚持执政为民、提高执政能力的实际行动，是构建社会主义和谐社会的有力保障。加强环境保护，有利于促进经济结构调整和增长方式转变，实现更快更好地发展；有利于带动环保和相关产业发展，培育新的经济增长点和增加就业；有利于提高全社会的环境意识和道德素质，促进社会主义精神文明建设；

有利于保障人民群众身体健康，提高生活质量和延长人均寿命；有利于维护中华民族的长远利益，为子孙后代留下良好的生存和发展空间。因此，必须用科学发展观统领环境保护工作，痛下决心解决环境问题。

二、用科学发展观统领环境保护工作

（五）指导思想。以邓小平理论和“三个代表”重要思想为指导，认真贯彻党的十六届五中全会精神，按照全面落实科学发展观、构建社会主义和谐社会的要求，坚持环境保护基本国策，在发展中解决环境问题。积极推进经济结构调整和经济增长方式的根本性转变，切实改变“先污染后治理、边治理边破坏”的状况，依靠科技进步，发展循环经济，倡导生态文明，强化环境法治，完善监管体制，建立长效机制，建设资源节约型和环境友好型社会，努力让人民群众喝上干净的水、呼吸清洁的空气、吃上放心的食物，在良好的环境中生产生活。

（六）基本原则。

——协调发展，互惠共赢。正确处理环境保护与经济发展和社会进步的关系，在发展中落实保护，在保护中促进发展，坚持节约发展、安全发展、清洁发展，实现可持续的科学发展。

——强化法治，综合治理。坚持依法行政，不断完善环境法律法规，严格环境执法；坚持环境保护与发展综合决策，科学规划，突出预防为主的方针，从源头防治污染和生态破坏，综合运用法律、经济、技术和必要的行政手段解决环境问题。

——不欠新账，多还旧账。严格控制污染物排放总量；所有新建、扩建和改建项目必须符合环保要求，做到增产不增污，努力实现增产减污；积极解决历史遗留的环境问题。

——依靠科技，创新机制。大力发展环境科学技术，以技术创新促进环境问题的解决；建立政府、企业、社会多元化投入机制和部分污染治理设施市场化运营机制，完善环保制度，健全统一、协调、高效的环境监管体制。

——分类指导，突出重点。因地制宜，分区规划，统筹城乡发展，分阶段解决制约经济发展和群众反映强烈的环境问题，改善重点流域、区域、海域、城市的环境质量。

（七）环境目标。到 2010 年，重点地区和城市的环境质量得到改善，生态环境恶化趋势基本遏制。主要污染物的排放总量得到有效控制，重点行业污染物排放强度明显下降，重点城市空气质量、城市集中饮用水水源和农村饮水水质、全国地表水水质和近岸海域海水水质有所好转，草原退化趋势有所控制，水土流失治理和生态修复面积有所增加，矿山环境明显改善，地下水超采及污染趋势减缓，重点生态功能保护区、自然保护区等的生态功能基本稳定，村镇环境质量有所改善，确保核与辐射环境安全。

到 2020 年，环境质量和生态状况明显改善。

三、经济社会发展必须与环境保护相协调

（八）促进地区经济与环境协调发展。各地区要根据资源禀赋、环境容量、生态状况、人口数量以及国家发展规划和产业政策，明确不同区域的功能定位和发展方向，将区域经济规划和环境保护目标有机结合起来。在环境容量有限、自然资源供给不足而经

济相对发达的地区实行优化开发，坚持环境优先，大力发展高新技术，优化产业结构，加快产业和产品的升级换代，同时率先完成排污总量削减任务，做到增产减污。在环境仍有一定容量、资源较为丰富、发展潜力较大的地区实行重点开发，加快基础设施建设，科学合理利用环境承载能力，推进工业化和城镇化，同时严格控制污染物排放总量，做到增产不增污。在生态环境脆弱的地区和重要生态功能保护区实行限制开发，在坚持保护优先的前提下，合理选择发展方向，发展特色优势产业，确保生态功能的恢复与保育，逐步恢复生态平衡。在自然保护区和具有特殊保护价值的地区实行禁止开发，依法实施保护，严禁不符合规定的任何开发活动。要认真做好生态功能区划工作，确定不同地区的主导功能，形成各具特色的发展格局。必须依照国家规定对各类开发建设规划进行环境影响评价。对环境有重大影响的决策，应当进行环境影响论证。

（九）大力发展循环经济。各地区、各部门要把发展循环经济作为编制各项发展规划的重要指导原则，制订和实施循环经济推进计划，加快制定促进发展循环经济的政策、相关标准和评价体系，加强技术开发和创新体系建设。要按照“减量化、再利用、资源化”的原则，根据生态环境的要求，进行产品和工业区的设计与改造，促进循环经济的发展。在生产环节，要严格排放强度准入，鼓励节能降耗，实行清洁生产并依法强制审核；在废物产生环节，要强化污染预防和全过程控制，实行生产者责任延伸，合理延长产业链，强化对各类废物的循环利用；在消费环节，要大力倡导环境友好的消费方式，实行环境标识、环境认证和政府绿色采购制度，完善再生资源回收利用体系。大力推行建筑节能，发展绿色建筑。推进污水再生利用和垃圾处理与资源化回收，建设节水型城市。推动生态省（市、县）、环境保护模范城市、环境友好企业和绿色社区、绿色学校等创建活动。

（十）积极发展环保产业。要加快环保产业的国产化、标准化、现代化产业体系建设。加强政策扶持和市场监管，按照市场经济规律，打破地方和行业保护，促进公平竞争，鼓励社会资本参与环保产业的发展。重点发展具有自主知识产权的重要环保技术装备和基础装备，在立足自主研发的基础上，通过引进消化吸收，努力掌握环保核心技术和关键技术。大力提高环保装备制造企业的自主创新能力，推进重大环保技术装备的自主制造。培育一批拥有著名品牌、核心技术能力强、市场占有率高、能够提供较多就业机会的优势环保企业。加快发展环保服务业，推进环境咨询市场化，充分发挥行业协会等中介组织的作用。

四、切实解决突出的环境问题

（十一）以饮水安全和重点流域治理为重点，加强水污染防治。要科学划定和调整饮用水水源保护区，切实加强饮用水水源保护，建设好城市备用水源，解决好农村饮水安全问题。坚决取缔水源保护区内的直接排污口，严防养殖业污染水源，禁止有毒有害物质进入饮用水水源保护区，强化水污染事故的预防和应急处理，确保群众饮水安全。把淮河、海河、辽河、松花江、三峡水库库区及上游，黄河小浪底水库库区及上游，南水北调水源地及沿线，太湖、滇池、巢湖作为流域水污染治理的重点。把渤海等重点海域和河口地区作为海洋环保工作重点。严禁直接向江河湖海排放超标的工业污水。

（十二）以强化污染防治为重点，加强城市环境保护。要加强城市基础设施建设，到2010年，全国设市城市污水处理率不低于70%，生活垃圾无害化处理率不低于60%；着力解决颗粒物、噪声和餐饮业污染，鼓励发展节能环保型汽车。对污染企业搬迁后的原址进行土壤风险评估和修复。城市建设应注重自然和生态条件，尽可能保留天然林草、河湖水系、滩涂湿地、自然地貌及野生动物等自然遗产，努力维护城市生态平衡。

（十三）以降低二氧化硫排放总量为重点，推进大气污染防治。加快原煤洗选步伐，降低商品煤含硫量。加强燃煤电厂二氧化硫治理，新（扩）建燃煤电厂除燃用特低硫煤的坑口电厂外，必须同步建设脱硫设施或者采取其他降低二氧化硫排放量的措施。在大中城市及其近郊，严格控制新（扩）建除热电联产外的燃煤电厂，禁止新（扩）建钢铁、冶炼等高耗能企业。2004年年底前投运的二氧化硫排放超标的燃煤电厂，应在2010年底前安装脱硫设施；要根据环境状况，确定不同区域的脱硫目标，制订并实施酸雨和二氧化硫污染防治规划。对投产20年以上或装机容量10万千瓦以下的电厂，限期改造或者关停。制订燃煤电厂氮氧化物治理规划，开展试点示范。加大烟尘、粉尘治理力度。采取节能措施，提高能源利用效率；大力发展风能、太阳能、地热、生物质能等新能源，积极发展核电，有序开发水能，提高清洁能源比重，减少大气污染物排放。

（十四）以防治土壤污染为重点，加强农村环境保护。结合社会主义新农村建设，实施农村小康环保行动计划。开展全国土壤污染状况调查和超标耕地综合治理，污染严重且难以修复的耕地应依法调整；合理使用农药、化肥，防治农用薄膜对耕地的污染；积极发展节水农业与生态农业，加大规模化养殖业污染治理力度。推进农村改水、改厕工作，搞好作物秸秆等资源化利用，积极发展农村沼气，妥善处理生活垃圾和污水，解决农村环境“脏、乱、差”问题，创建环境优美乡镇、文明生态村。发展县域经济要选择适合本地区资源优势和环境容量的特色产业，防止污染向农村转移。

（十五）以促进人与自然和谐为重点，强化生态保护。坚持生态保护与治理并重，重点控制不合理的资源开发活动。优先保护天然植被，坚持因地制宜，重视自然恢复；继续实施天然林保护、天然草原植被恢复、退耕还林、退牧还草、退田还湖、防沙治沙、水土保持和防治石漠化等生态治理工程；严格控制土地退化和草原沙化。经济社会发展要与水资源条件相适应，统筹生活、生产和生态用水，建设节水型社会；发展适应抗灾要求的避灾经济；水资源开发利用活动，要充分考虑生态用水。加强生态功能保护区和自然保护区的建设与管理。加强矿产资源和旅游开发的环境监管。做好红树林、滨海湿地、珊瑚礁、海岛等海洋、海岸带典型生态系统的保护工作。

（十六）以核设施和放射源监管为重点，确保核与辐射环境安全。全面加强核安全与辐射环境管理，国家对核设施的环境保护实行统一监管。核电发展的规划和建设要充分考虑核安全、环境安全和废物处理处置等问题；加强在建和在役核设施的安全监管，加快核设施退役和放射性废物处理处置步伐；加强电磁辐射和伴生放射性矿产资源开发的环境监督管理；健全放射源安全监管体系。

（十七）以实施国家环保工程为重点，推动解决当前突出的环境问题。国家环保重点工程是解决环境问题的重要举措，从“十一五”开始，要将国家重点环保工程纳入国民经济和社会发展规划及有关专项规划，认真组织落实。国家重点环保工程包括：危险废物处置工程、城市污水处理工程、垃圾无害化处理工程、燃煤电厂脱硫工程、重要生态功能保护区和自然保护区建设工程、农村小康环保行动工程、核与辐射环境安全工程、环境管理能力建设工程。

五、建立和完善环境保护的长效机制

（十八）健全环境法规和标准体系。要抓紧拟订有关土壤污染、化学物质污染、生态保护、遗传资源、生物安全、臭氧层保护、核安全、循环经济、环境损害赔偿和环境监测等方面的法律法规草案，配合做好《中华人民共和国环境保护法》的修改工作。通过认真评估环境立法和各地执法情况，完善环境法律法规，作出加大对违法行为处罚的规定，重点解决“违法成本低、守法成本高”的问题。完善环境技术规范和标准体系，科学确定环境基准，努力使环境标准与环保目标相衔接。

（十九）严格执行环境法律法规。要强化依法行政意识，加大环境执法力度，对不执行环境影响评价、违反建设项目环境保护设施“三同时”制度（同时设计、同时施工、同时投产使用）、不正常运转治理设施、超标排污、不遵守排污许可证规定、造成重大环境污染事故，在自然保护区内违法开发建设和开展旅游或者违规采矿造成生态破坏等违法行为，予以重点查处。加大对各类工业开发区的环境监管力度，对达不到环境质量要求的，要限期整改。加强部门协调，完善联合执法机制。规范环境执法行为，实行执法责任追究制，加强对环境执法活动的行政监察。完善对污染受害者的法律援助机制，研究建立环境民事和行政公诉制度。

（二十）完善环境管理体制。按照区域生态系统管理方式，逐步理顺部门职责分工，增强环境监管的协调性、整体性。建立健全国家监察、地方监管、单位负责的环境监管体制。国家加强对地方环保工作的指导、支持和监督，健全区域环境督查派出机构，协调跨省域环境保护，督促检查突出的环境问题。地方人民政府对本行政区域环境质量负责，监督下一级人民政府的环保工作和重点单位的环境行为，并建立相应的环保监管机制。法人和其他组织负责解决所辖范围有关的环境问题。建立企业环境监督员制度，实行职业资格管理。县级以上地方人民政府要加强环保机构建设，落实职能、编制和经费。进一步总结和探索设区城市环保派出机构监管模式，完善地方环境管理体制。各级环保部门要严格执行各项环境监管制度，责令严重污染单位限期治理和停产整治，负责召集有关部门专家和代表提出开发建设规划环境影响评价的审查意见。完善环境犯罪案件的移送程序，配合司法机关办理各类环境案件。

（二十一）加强环境监管制度。要实施污染物总量控制制度，将总量控制指标逐级分解到地方各级人民政府并落实到排污单位。推行排污许可证制度，禁止无证或超总量排污。严格执行环境影响评价和“三同时”制度，对超过污染物总量控制指标、生态破坏严重或者尚未完成生态恢复任务的地区，暂停审批新增污染物排放总量和对生态有较大影响的建设项目；建设项目未履行环评审批程序即擅自开工建设或者擅自投产的，责令其停建或者停产，补办环评手续，并追究有关人员的责任。对生态治理工程实行充分论证和后评估。要结合经济结构调整，完善强制淘汰制度，根据国家产业政策，及时制订和调整强制淘汰污染严重的企业和落后的生产能力、工艺、设备与产品目录。强化限期治理制度，对不能稳定达标或超总量的排污单位实行限期治理，治理期间应予限产、限排，并不得建设增加污染物排放总量的项目；逾期未完成治理任务的，责令其停产整治。完善环境监察制度，强化现场执法检查。严格执行突发环境事件应急预案，地方各级人民政府要按照有关规定全面负责突发环境事件应急处置工作，环保总局及国务院相关部门根据情况给予协调支援。建立跨省界河流断面水质考核制度，省级人民政府应当确保出境水质达到考核目标。国家加强跨省界环境执法及污染纠纷的协调，上游省份排污对下游省份造成污染事故的，上游省级人民政府应当承担赔付补偿责任，并依法追究相关单位和人员的责任。赔付补偿的具体办法由环保总局会同有关部门拟定。

（二十二）完善环境保护投入机制。创造良好的生态环境是各级人民政府的重要职责，各级人民政府要将环保投入列入本级财政支出的重点内容并逐年增加。要加大对污染防治、生态保护、环保试点示范和环保监管能力建设的资金投入。当前，地方政府投入重点解决污水管网和生活垃圾收运设施的配套和完善，国家继续安排投资予以支持。各级人民政府要严格执行国家定员定额标准，确保环保行政管理、监察、监测、信息、宣教等行政和事业经费支出，切实解决"收支两条线"问题。要引导社会资金参与城乡环境保护基础设施和有关工作的投入，完善政府、企业、社会多元化环保投融资机制。

（二十三）推行有利于环境保护的经济政策。建立健全有利于环境保护的价格、税收、信贷、贸易、土地和政府采购等政策体系。政府定价要充分考虑资源的稀缺性和环境成本，对市场调节的价格也要进行有利于环保的指导和监管。对可再生能源发电厂和垃圾焚烧发电厂实行有利于发展的电价政策，对可再生能源发电项目的上网电量实行全额收购政策。对不符合国家产业政策和环保标准的企业，不得审批用地，并停止信贷，不予办理工商登记或者依法取缔。对通过境内非营利社会团体、国家机关向环保事业的捐赠依法给予税收优惠。要完善生态补偿政策，尽快建立生态补偿机制。中央和地方财政转移支付应考虑生态补偿因素，国家和地方可分别开展生态补偿试点。建立遗传资源惠益共享机制。

（二十四）运用市场机制推进污染治理。全面实施城市污水、生活垃圾处理收费制度，收费标准要达到保本微利水平，凡收费不到位的地方，当地财政要对运营成本给予补助。鼓励社会资本参与污水、垃圾处理等基础设施的建设和运营。推动城市污水和垃圾处理单位加快转制改企，采用公开招标方式，择优选择投资主体和经营单位，实行特许经营，并强化监管。对污染处理设施建设运营的用地、用电、设备折旧等实行扶持政策，并给予税收优惠。生产者要依法负责或委托他人回收和处置废弃产品，并承担费用。推行污染治理工程的设计、施工和运营一体化模式，鼓励排污单位委托专业化公司承担污染治理或设施运营。有条件的地区和单位可实行二氧化硫等排污权交易。

（二十五）推动环境科技进步。强化环保科技基础平台建设，将重大环保科研项目优先列入国家科技计划。开展环保战略、标准、环境与健康等研究，鼓励对水体、大气、土壤、噪声、固体废物、农业面源等污染防治，以及生态保护、资源循环利用、饮水安全、核安全等领域的研究，组织对污水深度处理、燃煤电厂脱硫脱硝、洁净煤、汽车尾气净化等重点难点技术的攻关，加快高新技术在环保领域的应用。积极开展技术示范和成果推广，提高自主创新能力。

（二十六）加强环保队伍和能力建设。健全环境监察、监测和应急体系。规范环保人员管理，强化培训，提高素质，建设一支思想好、作风正、懂业务、会管理的环保队伍。各级人民政府要选派政治觉悟高、业务素质强的领导干部充实环保部门。下级环保部门负责人的任免，应当事先征求上级环保部门的意见。按照政府机构改革与事业单位改革的总体思路和有关要求，研究解决环境执法人员纳入公务员序列问题。要完善环境监测网络，建设“金环工程”，实现“数字环保”，加快环境与核安全信息系统建设，实行信息资源共享机制。建立环境事故应急监控和重大环境突发事件预警体系。

（二十七）健全社会监督机制。实行环境质量公告制度，定期公布各省（区、市）有关环境保护指标，发布城市空气质量、城市噪声、饮用水水源水质、流域水质、近岸海域水质和生态状况评价等环境信息，及时发布污染事故信息，为公众参与创造条件。公布环境质量不达标的城市，并实行投资环境风险预警机制。发挥社会团体的作用，鼓励检举和揭发各种环境违法行为，推动环境公益诉讼。企业要公开环境信息。对涉及公众环境权益的发展规划和建设项目，通过听证会、论证会或社会公示等形式，听取公众意见，强化社会监督。

（二十八）扩大国际环境合作与交流。要积极引进国外资金、先进环保技术与管理经验，提高我国环保的技术、装备和管理水平。积极宣传我国环保工作的成绩和举措，参与气候变化、生物多样性保护、荒漠化防治、湿地保护、臭氧层保护、持久性有机污染物控制、核安全等国际公约和有关贸易与环境的谈判，履行相应的国际义务，维护国家环境与发展权益。努力控制温室气体排放，加快消耗臭氧层物质的淘汰进程。要完善对外贸易产品的环境标准，建立环境风险评估机制和进口货物的有害物质监控体系，既要合理引进可利用再生资源和物种资源，又要严格防范污染转入、废物非法进口、有害外来物种入侵和遗传资源流失。

六、加强对环境保护工作的领导

（二十九）落实环境保护领导责任制。地方各级人民政府要把思想统一到科学发展观上来，充分认识保护环境就是保护生产力，改善环境就是发展生产力，增强环境忧患意识和做好环保工作的责任意识，抓住制约环境保护的难点问题和影响群众健康的重点问题，一抓到底，抓出成效。地方人民政府主要领导和有关部门主要负责人是本行政区域和本系统环境保护的第一责任人，政府和部门都要有一位领导分管环保工作，确保认识到位、责任到位、措施到位、投入到位。地方人民政府要定期听取汇报，研究部署环保工作，制订并组织实施环保规划，检查落实情况，及时解决问题，确保实现环境目标。各级人民政府要向同级人大、政协报告或通报环保工作，并接受监督。

（三十）科学评价发展与环境保护成果。研究绿色国民经济核算方法，将发展过程中的资源消耗、环境损失和环境效益逐步纳入经济发展的评价体系。要把环境保护纳入领导班子和领导干部考核的重要内容，并将考核情况作为干部选拔任用和奖惩的依据之一。坚持和完善地方各级人民政府环境目标责任制，对环境保护主要任务和指标实行年度目标管理，定期进行考核，并公布考核结果。评优创先活动要实行环保一票否决。对环保工作作出突出贡献的单位和个人应给予表彰和奖励。建立问责制，切实解决地方保护主义干预环境执法的问题。对因决策失误造成重大环境事故、严重干扰正常环境执法的领导干部和公职人员，要追究责任。

（三十一）深入开展环境保护宣传教育。保护环境是全民族的事业，环境宣传教育是实现国家环境保护意志的重要方式。要加大环境保护基本国策和环境法制的宣传力度，弘扬环境文化，倡导生态文明，以环境补偿促进社会公平，以生态平衡推进社会和谐，以环境文化丰富精神文明。新闻媒体要大力宣传科学发展观对环境保护的内在要求，把环保公益宣传作为重要任务，及时报道党和国家环保政策措施，宣传环保工作中的新进展新经验，努力营造节约资源和保护环境的舆论氛围。各级干部培训机构要加强对领导干部、重点企业负责人的环保培训。加强环保人才培养，强化青少年环境教育，开展全民环保科普活动，提高全民保护环境的自觉性。

（三十二）健全环境保护协调机制。建立环境保护综合决策机制，完善环保部门统一监督管理、有关部门分工负责的环境保护协调机制，充分发挥全国环境保护部际联席会议的作用。国务院环境保护行政主管部门是环境保护的执法主体，要会同有关部门健全国家环境监测网络，规范环境信息的发布。抓紧编制全国生态功能区划并报国务院批准实施。经济综合和有关主管部门要制定有利于环境保护的财政、税收、金融、价格、贸易、科技等政策。建设、国土、水利、农业、林业、海洋等有关部门要依法做好各自领域的环境保护和资源管理工作。宣传教育部门要积极开展环保宣传教育，普及环保知识。充分发挥人民解放军在环境保护方面的重要作用。

各省、自治区、直辖市人民政府和国务院各有关部门要按照本决定的精神，制订措施，抓好落实。环保总局要会同监察部监督检查本决定的贯彻执行情况，每年向国务院作出报告。

外商投资产业指导目录（2007 年修订）

（2007 年 10 月 31 日 国家发展和改革委员会、商务部令 第 57 号）

《外商投资产业指导目录（2007 年修订）》已经国务院批准，现予以发布，自 2007 年 12 月 1 日起施行。2004 年 11 月 30 日国家发展和改革委员会、商务部发布的《外商投资产业指导目录（2004 年修订）》同时停止执行。

国家发展和改革委员会主任 马凯
商务部部长 薄熙来
二〇〇七年十月三十一日

鼓励外商投资产业目录

一、农、林、牧、渔业

1．中低产农田改造
2．木本食用油料、调料和工业原料的种植及开发、生产
3．蔬菜（含食用菌、西甜瓜）、干鲜果品、茶叶无公害栽培技术及产品系列化开发、生产
4．糖料、果树、牧草等农作物新技术开发、生产
5．花卉生产与苗圃基地的建设、经营
6．橡胶、剑麻、咖啡种植
7．中药材种植、养殖（限于合资、合作）
8．农作物秸秆还田及综合利用、有机肥料资源的开发生产
9．林木（竹）营造及良种培育、多倍体树木新品种和转基因树木新品种培育
10．水产苗种繁育（不含我国特有的珍贵优良品种）
11．防治荒漠化及水土流失的植树种草等生态环境保护工程建设、经营
12．水产品养殖、深水网箱养殖、工厂化水产养殖、生态型海洋种养殖

二、采矿业

1．煤层气勘探、开发和矿井瓦斯利用（限于合资、合作）
2．石油、天然气的风险勘探、开发（限于合资、合作）
3．低渗透油气藏（田）的开发（限于合资、合作）
4．提高原油采收率及相关新技术的开发应用（限于合资、合作）

5．物探、钻井、测井、录井、井下作业等石油勘探开发新技术的开发与应用（限于合作）

6．油页岩、油砂、重油、超重油等非常规石油资源勘探、开发（限于合作）

7．铁矿、锰矿勘探、开采及选矿

8．提高矿山尾矿利用率的新技术开发和应用及矿山生态恢复技术的综合应用

9．海底可燃冰勘探、开发（限于合作）

三、制造业

（一）农副食品加工业

1．生物饲料、秸秆饲料、水产饲料的开发、生产

2．水产品加工、贝类净化及加工、海藻功能食品开发

3．蔬菜、干鲜果品、禽畜产品的储藏及加工

（二）食品制造业

1．婴儿、老年食品及功能食品的开发、生产

2．森林食品的开发、生产和加工

3．天然食品添加剂、食品配料生产（限于合资、合作）

（三）饮料制造业

果蔬饮料、蛋白饮料、茶饮料、咖啡饮料、植物饮料的开发、生产

（四）烟草制品业

1．二醋酸纤维素及丝束加工（限于合资、合作）

2．造纸法烟草薄片生产（限于合资、合作）

3．过滤嘴棒加工生产（限于合资、合作）

（五）纺织业

1．采用高新技术的产业用特种纺织品生产

2．高档织物面料的织染及后整理加工

3．符合生态、资源综合利用与环保要求的特种天然纤维（包括除羊毛以外的其他动物纤维、麻纤维、竹纤维、桑蚕丝、彩色棉花等）产品加工

4．采用计算机集成制造系统的服装生产

5．高档地毯、刺绣、抽纱产品生产

（六）皮革、皮毛、羽毛（绒）及其制品业

1．皮革和毛皮清洁化技术加工

2．皮革后整饰新技术加工

3．高档皮革（沙发革、汽车坐垫革）的加工

（七）木材加工及木、竹、藤、棕、草制品业

林业三剩物，“次、小、薪”材和竹材的综合利用新技术、新产品开发与生产

（八）造纸及纸制品业

按林纸一体化建设的单条生产线年产 30 万吨及以上规模化学木浆和单条生产线年产 10 万吨及以上规模化学机械木浆以及同步建设的高档纸及纸板生产（限于合资、合作）

（九）石油加工及炼焦业

针状焦、煤焦油深加工

（十）化学原料及化学制品制造业

1．年产 80 万吨及以上规模乙烯生产（中方相对控股）

2．乙烯下游产品衍生物的加工制造和乙烯副产品 C4～C9 产品（丁二烯生成合成橡胶除外）的综合利用

3．年产 20 万吨及以上聚氯乙烯树脂生产（乙烯法）

4．钠法漂粉精、聚氯乙烯和有机硅深加工产品生产

5．苯、甲苯、二甲苯、乙二醇等基本有机化工原料及其衍生物生产

6．合成材料的配套原料：双酚 A 生产、过氧化氢氧化丙烯法生产环氧丙烷

7．合成纤维原料：精对苯二甲酸、己内酰胺、尼龙 66 盐、熔纺氨纶树脂生产

8．合成橡胶：溶液丁苯橡胶（不包括热塑性丁苯橡胶）、丁基橡胶、异戊橡胶、聚氨酯橡胶、丙烯酸橡胶、氯醇橡胶、乙丙橡胶、丁腈橡胶，以及氟橡胶、硅橡胶等特种橡胶生产

9．工程塑料及塑料合金：聚苯醚（PPO）、工程塑料尼龙 11 和尼龙 12、聚酰亚胺、聚砜、聚芳酯（PAR）、液晶聚合物等产品生产

10．精细化工：催化剂、助剂、添加剂新产品、新技术，染（颜）料商品化加工技术，电子、造纸用高科技化学品，食品添加剂、饲料添加剂，皮革化学品（N-N 二甲基甲酰胺除外）、油田助剂，表面活性剂，水处理剂，胶粘剂，无机纤维、无机纳米材料生产，颜料包膜处理深加工

11．低滞后高耐磨炭黑生产

12．环保型印刷油墨、环保型芳烃油生产

13．天然香料、合成香料、单离香料生产

14．高性能涂料、水性汽车涂料及配套水性树脂生产

15．氟氯烃替代物生产

16．有机氟系列化工产品生产（氟氯烃或氢氟氯烃、四氟乙烯除外）

17．从磷化工、铝冶炼中回收氟资源生产

18．大型煤化工产品生产（中方控股）

19．林业化学产品新技术、新产品开发与生产

20．烧碱用离子膜、无机分离膜、功能隔膜生产

21．环保用无机、有机和生物膜开发与生产

22．新型肥料开发与生产：生物肥料、高浓度钾肥、复合肥料、缓释可控肥料、复合型微生物接种剂、复合微生物肥料、秸秆及垃圾腐熟剂、特殊功能微生物制剂

23．高效、安全农药新品种和高性能农药新剂型的开发与生产

24．生物农药及生物防治产品开发与生产：微生物杀虫剂、微生物杀菌剂、农用抗生素、昆虫信息素、天敌昆虫、微生物除草剂

25．废气、废液、废渣综合利用和处理、处置

26．有机高分子材料生产：有机硅改性舰船外壳涂料、飞机蒙皮涂料、稀土硫化铈红色染料、无铅化电子封装材料、彩色等离子体显示屏专用系列光刻浆料、小直径大比表面积超细纤维、高精度燃油滤纸、锂离子电池隔膜、塑料加工用多功能复合助剂、柠

檬酸甘油二酸酯、氟咯菌腈、氰霜唑

（十一）医药制造业

1．新型化合物药物或活性成分药物的生产（包括原料药和制剂）

2．氨基酸类：丝氨酸、色氨酸、组氨酸、饲料用蛋氨酸等生产

3．新型抗癌药物、新型心脑血管药及新型神经系统用药生产

4．新型、高效、经济的避孕药具生产

5．采用生物工程技术的新型药物生产

6．杂环氟化物等含氟高生理活性药品及中间体的生产

7．基因工程疫苗生产（艾滋病疫苗、丙肝疫苗、避孕疫苗等）

8．生物疫苗生产

9．卡介苗和脊髓灰质炎疫苗生产

10．海洋药物开发与生产

11．药品制剂：采用缓释、控释、靶向、透皮吸收等新技术的新剂型、新产品生产

12．新型药用辅料的开发及生产

13．生物医学材料及制品（人体尸体及其标本、人体器官组织及其标本加工除外）生产

14．兽用抗菌原料药生产（包括抗生素、化学合成类）

15．兽用抗菌药、驱虫药、杀虫药、抗球虫药新产品及新剂型开发与生产

16．新型诊断试剂的生产

（十二）化学纤维制造业

1．差别化化学纤维及芳纶、碳纤维、高强高模聚乙烯、聚苯硫醚（PPS）等高新技术化纤生产

2．新溶剂法纤维素纤维等环保型化纤的生产

3．纤维及非纤维用新型聚酯生产：聚对苯二甲酸丙二醇酯（PTT）、聚萘二酸乙二醇酯（PEN）、聚对苯二甲酸丁二醇酯（PBT）

4．利用可再生资源、生物质工程技术生产的新型纤维材料生产：聚乳酸纤维 PLA、生物法多元醇 PDO 纤维等

5．单线生产能力日产 100 吨及以上聚酰胺生产

6．子午胎用芳纶纤维及帘线生产

（十三）塑料制品业

1．农膜新技术及新产品（光解膜、多功能膜及原料等）开发与生产

2．废旧塑料的消解和再利用

3．塑料软包装新技术、新产品（高阻隔、多功能膜及原料）开发与生产

（十四）非金属矿物制品业

1．新型节能、环保建筑材料开发生产：轻质高强多功能墙体材料、高档环保型装饰装修材料、优质防水密封材料、高效保温材料

2．以塑代钢、以塑代木、节能高效的化学建材品生产

3．年产 1 000 万平方米及以上弹性体、塑性体改性沥青好防水卷材，宽幅（2 米以上）优质三元乙丙橡胶防水卷材及配套材料，耐久性聚氯乙烯卷材，TPO 防水卷材生产

4．屏蔽电磁波玻璃、微电子用玻璃基板、透红外线无铅玻璃、电子级大规格石英玻璃扩散管、超二代和三代微通道板、光学纤维面板和倒像器及玻璃光锥生产

5．年产 5 万吨及以上玻璃纤维（池窑拉丝工艺生产线）及玻璃钢制品生产

6．连续玻璃纤维原丝毡、玻璃纤维表面毡、微电子用玻璃纤维布及薄毡生产

7．传像束及激光医疗光纤生产

8．年产 100 万件及以上卫生瓷生产

9．陶瓷原料的标准化精制、陶瓷用高档装饰材料生产

10．水泥窑、高档（电子）玻璃、陶瓷、玻璃纤维、微孔炭砖等窑炉用高档耐火材料生产

11．汽车催化装置用陶瓷载体、氮化铝（AlN）陶瓷基片、多孔陶瓷生产

12．无机非金属材料及制品生产：人工晶体、碳/碳复合材料、特种陶瓷、特种密封材料、高速油封材料、特种胶凝材料、特种乳胶材料、水声橡胶制品、常温导热系数 0.025 W/mK 及以下绝热材料等

13．高技术复合材料生产：连续纤维增强热塑性复合材料和预浸料、耐温＞300℃树脂基复合材料成型用工艺辅助材料、树脂基复合材料桨叶、树脂基复合材料高档体育用品、特殊性能玻璃钢管（压力＞1.2MPa）、特种功能复合材料及制品、深水及潜水复合材料制品、医用及康复用复合材料制品、碳/碳复合材料及刹车片、高性能陶瓷基复合材料及制品、金属基复合材料及制品、金属层状复合材料及制品、压力≥320 MPa 超高压复合胶管、大型客机航空轮胎

14．精密高性能陶瓷及功能陶瓷原料生产：碳化硅（SiC）超细粉体（纯度＞99%，平均粒径＜1 μm）、氮化硅（Si_3N_4）超细粉体（纯度＞99%，平均粒径＜1 μm）、高纯超细氧化铝微粉（纯度＞99.9%，平均粒径＜0.5 μm）、低温烧结氧化锆（ZrO_2）粉体（烧结温度＜1 350℃）、高纯氮化铝（AlN）粉体（纯度＞99%，平均粒径＜1 μm）、金红石型 TiO_2 粉体（纯度＞98.5%）、白炭黑（粒径＜100 nm）、钛酸钡（纯度＞99%，粒径＜1 μm）

15．金刚石膜工具、厚度 0.3 mm 及以下超薄人造金刚石锯片生产

16．非金属矿精细加工（超细粉碎、高纯、精制、改性）

17．超高功率石墨电极生产

18．珠光云母生产（粒径 3～150 μm）

19．多维多向整体编制织物及仿形织物生产

20．利用新型干法水泥窑无害化处置可燃工业废弃物和生活垃圾

（十五）有色金属冶炼及压延加工业

1．直径 200 mm 以上硅单晶及抛光片、多晶硅生产

2．高新技术有色金属材料生产：新型高性能储氢材料，锂离子电池电极材料，化合物半导体材料（砷化镓、磷化镓、磷化铟、氮化镓），高温超导材料，记忆合金材料（钛镍、铜基及铁基记忆合金材料），超细（纳米）碳化钙及超细（纳米）晶硬质合金，超硬复合材料，贵金属复合材料，散热器用铝箔，中高压阴极电容铝箔，特种大型铝合金型材，铝合金精密模锻件，电气化铁路架空导线，超薄铜带，耐蚀热交换器铜合金材，高性能铜镍、铜铁合金带，铍铜带、线、管及棒加工材，耐高温抗衰钨丝，镁合金铸件，

无铅焊料，镁合金及其应用产品，泡沫铝，钛合金带材及钛焊接管，原子能级海绵锆，钨及钼深加工产品

（十六）金属制品业

1．汽车、摩托车轻量化及环保型新材料制造（车身铝板、铝镁合金材料、摩托车铝合金车架等）

2．建筑五金件、水暖器材及五金件开发、生产

3．用于包装各类粮油食品、果蔬、饮料、日化产品等内容物的金属包装制品（厚度0.3毫米以下）的制造及加工（包括制品的内外壁印涂加工）

（十七）通用机械制造业

1．高档数控机床及关键零部件制造：五轴联动数控机床、数控坐标镗铣加工中心、数控坐标磨床、五轴联动数控系统及伺服装置、精密数控加工用高速超硬刀具

2．1 000吨及以上多工位墩锻成型机制造

3．报废汽车拆解、破碎处理设备制造

4．FTL柔性生产线制造

5．垂直多关节工业机器人、焊接机器人及其焊接装置设备制造

6．特种加工机械制造：激光切割和拼焊成套设备、激光精密加工设备、数控低速走丝电火花线切割机、亚微米级超细粉碎机

7．300吨及以上轮式、履带式起重机械制造（限于合资、合作）

8．压力（35～42 MPa）通轴高压柱塞泵及马达、压力（35～42 MPa）低速大扭矩马达的设计与制造

9．电液比例伺服元件制造

10．压力（21～31.5 MPa）整体多路阀、功率0.35 W以下气动电磁阀、200 Hz以上高频电控气阀设计与制造

11．静液压驱动装置设计与制造

12．压力10 MPa以上非接触式气膜密封、压力10 MPa以上干气密封（包括实验装置）的开发与制造

13．汽车用高分子材料（摩擦片、改型酚醛活塞、非金属液压总分泵等）设备开发与制造

14．第三、四代轿车轮毂轴承（轴承内、外圈带法兰盘和传感器的轮毂轴承功能部件），高中档数控机床和加工中心轴承（加工中心具有三轴以上联动功能、定位重复精度为3～4 μs），高速线材、板材轧机轴承（单途线材轧机轧速120 m/s及以上、薄板轧机加工板厚度2 mm及以上的支承和工作辊轴承），高速铁路轴承（行驶速度大于200 km/h），振动值Z4以下低噪音轴承（Z4、Z4P、V4、V4P噪音级），各类轴承的P4、P2级轴承制造

15．耐高温绝缘材料（绝缘等级为F、H级）及绝缘成型件制造

16．液压气动用橡塑密封件开发与制造

17．12.9级及以上高强度紧固件制造

18．汽车、摩托车用精铸、精锻毛坯件制造

19．机床、汽车零部件（五大总成除外）、工程机械再制造

（十八）专用设备制造业

1．矿山无轨采、装、运设备制造：100 吨及以上机械传动矿用自卸车，移动式破碎机，3 000 立方米/小时及以上斗轮挖掘机，5 立方米及以上矿用装载机，2 000 千瓦以上电牵引采煤机设备等

2．物探、测井设备制造：MEME 地震检波器，数字遥测地震仪，数字成像、数控测井系统，水平井、定向井、钻机装置及器具，MWD 随钻测井仪

3．石油勘探、钻井、集输设备制造：工作水深大于 500 米的浮式钻井系统和浮式生产系统，工作水深大于 600 米的海底采油、集输设备，绞车功率大于 3 000 千瓦、顶部驱动力大于 850 千瓦、钻井泵功率大于 1 800 千瓦的深海用石油钻机，钻井深度 9 000 米以上的陆地石油钻机和沙漠石油钻机，1 000 万吨/年炼油装置用 80 吨及以上活塞力往复压缩机，数控石油深井测井仪，石油钻井泥浆固孔设备

4．直径 6 米以上盾构机系统集成设计与制造、直径 5 米以上全断面硬岩掘进机（TBM）系统集成设计与制造、口径 1 米以上深度 30 米以上大口径旋挖钻机制造、直径 1.2 米以上顶管机设计与制造、回拖力 200 吨以上大型非开挖铺设地下管线成套设备制造、地下连续墙施工钻机制造、自动垂直钻井系统制造

5．100 吨及以上大型吊管机、320 马力及以上大型挖沟机设计与制造

6．接地压力 0.03 MPa 及以下、功率 220 马力及以上履带推土机，520 马力及以上大型推土机设计与制造

7．100 立方米/小时及以上规格的清淤机、1 000 吨及以上挖泥船的挖泥装置设计与制造

8．防汛堤坝用混凝土防渗墙施工装备设计与制造

9．水下土石方施工机械制造：水深 9 米以下推土机、装载机、挖掘机等

10．公路桥梁养护、自动检测设备制造

11．公路隧道营运监控、通风、防灾和救助系统设备制造

12．铁路大型施工、大型养路机械和运营安全设备的设计与制造

13．（沥青）油毡瓦设备、镀锌钢板等金属屋顶生产设备制造

14．环保节能型现场喷涂聚氨酯防水保温系统设备、聚氨酯密封膏配制技术与设备、改性硅酮密封膏配制技术和生产设备制造

15．薄板坯连铸机、高精度带材轧机（厚度精度 10 微米）设计与制造

16．直接还原铁和熔融还原铁设备制造

17．50 吨以上大功率直流电弧炉制造

18．彩色涂、镀板材设备制造

19．多元素、细颗粒、难选冶金属矿产的选矿装置制造

20．80 万吨/年及以上乙烯成套设备中的关键设备制造：裂解气、乙烯丙烯离心压缩机，年处理能力 10 万吨以上混合造粒机，直径 800 毫米及以上离心机，工作温度 250℃以上、工作压力 15 MPa 以上的高温高压耐腐蚀泵和阀门，－55℃以下的低温及超低温泵等（限于合资、合作）

21．大型煤化工成套设备制造（限于合资、合作）

22．金属制品模具（如铜、铝、钛、锆的管、棒、型材挤压模具）设计、制造、修理

23．汽车车身外覆盖件冲压模具设计与制造，汽车及摩托车夹具、检具设计与制造

24．精度高于 0.02 毫米（含 0.02 毫米）精密冲压模具、精度高于 0.05 毫米（含 0.05 毫米）精密型腔模具、模具标准件设计与制造

25．非金属制品模具设计与制造

26．6 万瓶/时及以上啤酒灌装设备、5 万瓶/时及以上饮料中温及热灌装设备、3.6 万瓶/时及以上无菌灌装设备制造

27．氨基酸、酶制剂、食品添加剂等生产技术及关键设备制造

28．10 吨/小时及以上的饲料加工成套设备及关键部件制造

29．楞高 0.75 毫米及以下的轻型瓦楞纸板及纸箱设备制造

30．对开单张纸多色平版印刷机印刷速度大于 16 000 对开张/时（720×1 020 毫米）、对开双面印单张纸多色平版印刷机印刷速度 13 000 对开张/时（720×1 020 毫米）、全张幅单张纸多色平版印刷机印刷速度 13 000 对开张/时（1 000×1 400 毫米）制造

31．单幅单纸路卷筒纸平版印刷机印刷速度大于 75 000 对开张/时（787×880 毫米）、双幅单纸路卷筒纸平版印刷机印刷速度大于 170 000 对开张/时（787×880 毫米）、商业卷筒纸平版印刷机印刷速度大于 50 000 对开张/时（787×880 毫米）制造

32．速度 300 米/分钟以上、幅宽 1 000 毫米以上多色柔版印刷机制造

33．计算机墨色预调、墨色遥控、水墨速度跟踪、印品质量自动检测和跟踪系统、无轴传动技术、速度在 75 000 张/时的高速自动接纸机、给纸机和可以自动遥控调节的高速折页机、自动套印系统、冷却装置、加硅系统、调偏装置等制造

34．平板玻璃深加工技术及设备制造

35．高技术含量的特种工业缝纫机制造

36．新型造纸机械（含纸浆）等成套设备制造

37．皮革后整饰新技术设备制造

38．农产品加工及储藏新设备开发与制造：粮食、油料、蔬菜、干鲜果品、肉食品、水产品等产品的加工储藏、保鲜、分级、包装、干燥等新设备，农产品品质检测仪器设备，农产品品质无损伤检测仪器设备，流变仪，粉质仪，超微粉碎设备，高效脱水设备，五效以上高效果汁浓缩设备，粉体食品物料杀菌设备，固态及半固态食品无菌包装设备，无菌包装用包装材料、乳制品生产用直投式发酵剂、碟片式分离离心机

39．农业机械制造：农业设施设备（温室自动灌溉设备、营养液自动配置与施肥设备、高效蔬菜育苗设备、土壤养分分析仪器），配套发动机功率 120 千瓦以上拖拉机及配套农具，低油耗低噪音低排放柴油机，大型拖拉机配套的带有残余雾粒回收装置的喷雾机，高性能水稻插秧机，棉花采摘机及棉花采摘台，适应多种行距的自走式玉米联合收割机（液压驱动或机械驱动）

40．林业机具新技术设备制造

41．农作物秸秆还田及综合利用设备制造、稻壳综合利用设备制造

42．农用废物的综合利用及规模化畜禽养殖废物的综合利用设备制造

43．节肥、节（农）药、节水型农业技术设备制造

44．机电井清洗设备及清洗药物生产设备制造

45．电子内窥镜制造

46．眼底摄影机制造

47．医用成像设备

（高场强超导型磁共振 MRI、CT、X 线计算机断层、B 超等）关键部件的制造

48．医用超声换能器（3D）制造

49．硼中子俘获治疗设备制造

50．X 射线立体定向放射治疗系统制造

51．血液透析机、血液过滤机制造

52．全自动酶免系统（含加样、酶标、洗板、孵育、数据后处理等部分功能）设备制造

53．药品质量控制新技术、新设备制造

54．中药有效物质分析的新技术、提取的新工艺、新设备开发与制造

55．新型药品包装材料、容器及先进的制药设备制造

56．新型纺织机械、关键零部件及纺织检测、实验仪器开发与制造

57．电脑提花人造毛皮机制造

58．太阳能电池生产专用设备制造

59．污染防治设备开发与制造

60．城市垃圾处理设备及农村有机垃圾综合利用设备制造

61．废旧塑料、电器、橡胶、电池回收处理再生利用设备制造

62．水生生态系统的环境保护技术、设备制造

63．日产 10 万立方米及以上海水淡化及循环冷却技术和成套设备开发与制造

64．特种气象观测及分析设备制造

65．地震台站、台网和流动地震观测技术系统开发及仪器设备制造

66．三鼓及以上子午线轮胎成型机制造

67．滚动阻力试验机、轮胎噪音试验室制造

68．供热计量、温控装置新技术设备制造

69．氢能制备与储运设备及检查系统制造

70．新型重渣油气化雾化喷嘴、漏汽率 0.5%及以下高效蒸汽疏水阀、1 000℃及以上高温陶瓷换热器制造

71．废旧轮胎综合利用装置制造

（十九）交通运输设备制造业

1．汽车整车制造（外资比例不高于 50%）及汽车研发机构建设

2．汽车发动机制造、发动机再生制造及发动机研发机构建设：升功率不低于 50 千瓦的汽油发动机、升功率不低于 40 千瓦的排量 3 升以下柴油发动机、升功率不低于 30 千瓦的排量 3 升以上柴油发动机、燃料电池和混合燃料等新能源发动机制造

3．汽车关键零部件制造及关键技术研发：盘式制动器总成、驱动桥总成、自动变速箱、柴油机燃油泵、发动机进气增压器、粘性连轴器（四轮驱动用）、液压挺杆、电子组合仪表、车用曲轴及连杆（8 升以上柴油发动机）、防抱死制动系统（ABS、ECU、阀体、传感器）、电子稳定系统（ESP）、电路制动系统（BBW）、电子制动力分配系统（EBD）、牵引力控制系统、汽车安全气囊用气体发生器、柴油电子喷射系统、燃油共

轨喷射技术（最大喷射压力大于 1 600 帕）、可变截面涡轮增压技术（VGT）、可变喷嘴涡轮增压技术（VNT）、达到中国Ⅳ阶段污染物排放标准的发动机排放控制装置、智能扭矩管理系统（ITM）及耦合器总成、线控转向系统、柴油机颗粒捕捉器、智能气缸、汽车用特种橡胶配件

4．汽车电子装置制造与研发：发动机和底盘电子控制系统及关键零部件，车载电子技术（汽车信息系统和导航系统），汽车电子总线网络技术（限于合资），电子控制系统的输入（传感器和采样系统）输出（执行器）部件，电动助力转向系统电子控制器（限于合资），嵌入式电子集成系统（限于合资、合作）、电控式空气弹簧，电子控制式悬挂系统，电子气门系统装置，电子油门，动力电池（镍氢和锂离子）及控制系统（限于合资），一体化电机及控制系统（限于合资），轮毂电机、多功能控制器（限于合资），燃料电池堆及其零部件、车用储氢系统，汽车、摩托车型试验及维修用检测系统

5．摩托车关键零部件制造：摩托车电控燃油喷射技术（限于合资、合作）、达到中国摩托车Ⅲ阶段污染物排放标准的发动机排放控制装置

6．轨道交通运输设备（限于合资、合作）：高速铁路、铁路客运专线、城际铁路、干线铁路及城市轨道交通运输设备的整车和关键零部件（牵引传动系统、控制系统、制动系统）的研发、设计与制造；高速铁路、铁路客运专线、城际铁路及城市轨道交通旅客服务设施和设备的研发、设计与制造，信息化建设中有关信息系统的设计与研发；高速铁路、铁路客运专线、城际铁路的轨道和桥梁设备研发、设计与制造，轨道交通运输通信信号系统的研发、设计与制造，电气化铁路设备和器材制造、铁路噪声和振动控制技术与研发、铁路客车排污设备制造、铁路运输安全监测设备制造

7．民用飞机设计、制造与维修：干线、支线飞机（中方控股），通用飞机（限于合资、合作）

8．民用飞机零部件制造与维修

9．民用直升机设计与制造：3 吨级及以上（中方控股），3 吨级以下（限于合资、合作）

10．民用直升机零部件制造

11．地面、水面效应飞机制造（中方控股）

12．无人机、浮空器设计与制造（中方控股）

13．航空发动机及零部件、航空辅助动力系统设计、制造与维修（限于合资、合作）

14．民用航空机载设备设计与制造（限于合资、合作）

15．民用运载火箭设计与制造（中方控股）

16．航空地面设备制造：民用机场设施、民用机场运行保障设备、飞行试验地面设备、飞行模拟与训练设备、航空测试与计量设备、航空地面试验设备、机载设备综合测试设备、航空制造专用设备、航空材料试制专用设备、民用航空器地面接收及应用设备、运载火箭地面测试设备、运载火箭力学及环境实验设备

17．航天器光机电产品、航天器温控产品、星上产品检测设备、航天器结构与机构产品制造

18．轻型燃气轮机制造

19．高新技术船舶及海洋工程装备的设计（限于合资、合作）

20．船舶（含分段）及海洋工程装备的修理、设计与制造（中方控股）

21．船舶低、中、高速柴油机的设计（限于合资、合作）

22．船舶柴油机零部件的设计与制造（限于合资、合作）

23．船舶低、中速柴油机及曲轴的设计与制造（中方控股）

24．船舶舱室机械、甲板机械的设计与制造（中方相对控股）

25．船舶通讯导航设备的设计与制造：船舶通信系统设备、船舶电子导航设备、船用雷达、电罗经自动舵、船舶内部公共广播系统等

26．远洋捕捞渔船、游艇的设计与制造（限于合资、合作）

（二十）电气机械及器材制造业

1．60万千瓦超临界、100万千瓦超超临界火电站用关键设备制造（限于合资、合作）：锅炉给水泵，循环水泵，工作温度400℃以上、工作压力20 MPa以上的主蒸汽回路高温高压阀门

2．百万千瓦级核电站用关键设备制造（限于合资、合作）：核Ⅰ级、核Ⅱ级泵和阀门

3．火电站脱硫、脱硝、布袋除尘器技术及设备制造

4．核电、火电设备的密封件设计、制造

5．核电设备用大型铸锻件制造

6．输变电设备（限于合资、合作）：非晶态合金变压器、500千伏及以上高压电器用大套管、高压开关用操作机构及自主型整体弧触头、直流输电用干式电抗器、6英寸直流换流阀用大功率晶阀管的设计与制造，符合欧盟RoHS指令的电器触头材料及无Pb、Cd的焊料制造

7．新能源发电成套设备或关键设备制造（限于合资、合作）：光伏发电、地热发电、潮汐发电、波浪发电、垃圾发电、沼气发电、1.5兆瓦及以上风力发电设备

8．斯特林发电机组制造

9．直线和平面电机及其驱动系统开发与制造

10．太阳能空调、采暖系统、太阳能干燥装置制造

11．生物质干燥热解系统、生物质气化装置制造

12．交流调频调压牵引装置制造

13．智能化塑壳断路器（电压380 V、电流1 000 A）、大型工程智能化柜式或抽屉式断路器、带总线式智能化电控配电成套装置制造

（二十一）通信设备、计算机及其他电子设备制造业

1．数字摄录机、数字放声设备和数字影院制作、编辑、播放设备制造

2．TFT-LCD、PDP、OLED、FED（含SED等）平板显示屏、显示屏材料制造

3．大屏幕彩色投影显示器用光学引擎、光源、投影屏、高清晰度投影管和微显投影设备模块等关键件制造

4．数字音、视频编解码设备，数字广播电视演播室设备，数字有线电视系统设备，数字音频广播发射设备，数字电视上下变换器，数字电视地面广播单频网（SFN）设备，卫星数字电视上行站设备，卫星公共接收电视（SMATV）前端设备制造

5．600万像素以上高性能数字单镜头反光照相机制造

6．集成电路设计，线宽0.18微米及以下大规模数字集成电路制造，0.8微米及以下

模拟、数模集成电路制造及 BGA、PGA、CSP、MCM 等先进封装与测试

7．大中型电子计算机、百万亿次高性能计算机、便携式微型计算机、每秒一万亿次及以上高档服务器、大型模拟仿真系统、大型工业控制机及控制器制造

8．计算机数字信号处理系统及板卡制造

9．图形图像识别和处理系统制造

10．大容量光、磁盘驱动器及其部件开发与制造

11．高速、容量 100 TB 及以上存储系统及智能化存储设备制造

12．大幅面（幅宽 900 mm 以上）高分辨率彩色打印设备、精度 2 400dbi 及以上高分辨率彩色打印机机头、大幅面（幅宽 900 mm 以上）高清晰彩色复印设备制造

13．计算机辅助设计（三维 CAD）、辅助测试（CAT）、辅助制造（CAM）、辅助工程（CAE）系统及其他计算机应用系统制造

14．软件产品开发、生产

15．电子专用材料开发与制造（光纤预制棒开发与制造除外）

16．电子专用设备、测试仪器、工模具制造

17．新型电子元器件制造：片式元器件、敏感元器件及传感器、频率控制与选择元件、混合集成电路、电力电子器件、光电子器件、新型机电元件、高密度互连积层板、多层挠性板、刚挠印刷电路板及封装载板

18．高技术绿色电池制造：动力镍氢电池、锌镍蓄电池、锌银蓄电池、锂离子电池、高容量全密封免维护铅酸蓄电池、太阳能电池、燃料电池、圆柱型锌空气电池等

19．发光效率 501 m/W 以上高亮度发光二极管、发光效率 501 m/W 以上发光二极管外延片（蓝光）、发光效率 501 m/W 以上且功率 200 mW 以上白色发光管制造

20．RFID 芯片开发与制造

21．高密度数字光盘机用关键件开发与生产

22．只读类光盘复制和可录类光盘生产

23．民用卫星设计与制造（中方控股）

24．民用卫星有效载荷制造（中方控股）

25．民用卫星零部件制造

26．卫星通信系统设备制造

27．卫星导航定位接收设备及关键部件制造

28．光通信测量仪表、速率 10 Gb/s 及以上光收发器制造

29．超宽带（UWB）通信设备制造

30．无线局域网（广域网）设备制造

31．光交叉连接设备（OXC）、自动光交换网络设备（ASON）、40G/sSDH 以上光纤通信传输设备、光纤传输粗波分复用（CWDM）设备制造

32．异步转移模式（ATM）及 IP 数据通信系统制造

33．第三代及后续移动通信系统手机、基站、核心网设备以及网络检测设备开发制造

34．高端路由器、千兆比以上网络交换机开发、制造

35．空中交通管制系统设备制造（限于合资、合作）

（二十二）仪器仪表及文化、办公用机械制造业

1．现场总线控制系统及关键零部件制造

2．大型精密仪器开发与制造：包括电子显微镜、激光扫描显微镜、扫描隧道显微镜、功率 2 kW 以上激光器、电子探针、光电直读光谱仪、拉曼光谱仪、质谱仪、液相色谱仪、工业色谱仪、色-质联用仪、核磁共振波谱仪、能谱仪、X 射线荧光光谱仪、衍射仪、工业 CT、大型动平衡试验机、在线机械量自动检测系统、转速 100 000 r/min 以上超高速离心机、大型金相显微镜、三坐标测量机、激光比长仪、电法勘探仪、500 m 以上航空电法及伽玛能谱测量仪器、井中重力及三分量磁力仪、高精度微伽重力及航空重力梯度测量仪器、地球化学元素野外现场快速分析仪、便携式地质雷达

3．高精度数字电压表、电流表制造（显示量程七位半以上）

4．无功功率自动补偿装置制造

5．两相流量计、固体流量计制造

6．电子枪自动镀膜机制造

7．管电压 800 千伏及以上工业 X 射线探伤机制造

8．安全生产及环保检测仪器新技术设备制造

9．VXI 总线式自动测试系统（符合 IEEE1155 国际规范）制造

10．煤矿井下监测及灾害预报系统、煤炭安全检测综合管理系统开发与制造

11．工程测量和地球物理观测设备制造：数字三角测量系统、三维地形模型数控成型系统（面积＞1 000 mm×1 000 mm、水平误差＜1 mm、高程误差＜0.5 mm）、超宽频带地震计（φ＜5 cm、频带 0.01～50 Hz、等效地动速度噪声＜10～9 m/s）、地震数据集合处理系统、综合井下地震和前兆观测系统、精密可控震源系统、工程加速度测量系统、高精度 GPS 接收机（精度 1 mm+1 ppm）、INSAR 图像接收及处理系统、INSAR 图像接收及处理系统、精度＜1 微伽的绝对重力仪、卫星重力仪、采用相干或双偏振技术的多普勒天气雷达、能见度测量仪、气象传感器（温、压、湿、风、降水、云、能见度、辐射、冻土、雪深）、防雷击系统、多级飘尘采样计、3-D 超声风速仪、高精度智能全站仪、三维激光扫描仪、钻探用高性能金刚石钻头、无合作目标激光测距仪、风廓线仪（附带 RASS）、GPS 电子探控仪系统、CO_2/H_2O 通量观测系统、边界层多普勒激光雷达、颗粒物颗粒经谱仪器（3 nm～20 μm）、高性能数据采集器、水下滑翔器

12．环保检测仪器的新技术设备制造：空气质量检测、水质检测、烟气在线检测仪器的新技术设备，应急处理所需仪器和成套系统发展新型微分光学多组分析系统，自校准、组合式、低漂移、联网遥测、遥控仪器及系统等

13．大气污染防治设备制造：耐高温及耐腐蚀滤料、燃煤电厂湿式脱硫成套设备、低 NO_x 燃烧装置、烟气脱氮催化剂及脱氮成套装置、工业有机废气净化设备、柴油车排气净化装置

14．水污染防治设备制造：卧式螺旋离心脱水机、膜及膜材料、10 kg/h 以上的臭氧发生器、10 kg/h 以上的二氧化氯发生器、紫外消毒装置、农村小型生活污水处理设备

15．固体废物处理处置设备制造：垃圾填埋厂防渗土工膜、危险废物处理装置、垃圾填埋场沼气发电装置、规模化畜禽养殖废物的综合利用设备

16．环境监测仪器制造：SO_2 自动采样器及测定仪、NO_x 及 NO_2 自动采样器及测定仪、

O_3自动监测仪、CO 自动监测仪、烟气及粉尘自动采样器及测定仪、烟气自动采样器及测定仪、便携式有毒有害气体测定仪、空气中有机污染物自动分析仪、COD 自动在线监测仪、BOD 自动在线监测仪、浊度在线监测仪、DO 在线监测仪、TOC 在线监测仪、氨氮在线监测仪、辐射剂量检测仪、射线分析测试仪

17．水文数据采集、处理与传输和防洪预警仪器及设备制造

18．海洋勘探监测仪器和设备制造：中深海水下摄像机和水下照相机、多波束探测仪、中浅地层剖面探测仪、走航式温盐深探测仪、磁通门罗盘、液压绞车、水下密封电子连接器、效率＞90%的反渗透海水淡化用能量回收装置、效率＞85%的反渗透海水淡化用高压泵、反渗透海水淡化膜（脱盐率＞99.7%）、日产 2 万吨以上低温多效蒸馏海水淡化装置、海洋生态系统监测浮标、剖面探测浮标、一次性使用的电导率温度和深度测量仪器（XCTD）、现场水质测量仪器、智能型海洋水质监测用化学传感器（连续工作 3～6 个月）、电磁海流计、声学多普勒海流剖面仪（自容式、直读式和船用式）、电导率温度深度剖面仪、声学应答释放器、远洋深海潮汐测量系统（布设海底）

（二十三）其他制造业

1．洁净煤技术产品的开发利用及设备制造（煤炭气化、液化、水煤浆、工业型煤）

2．煤炭洗选及粉煤灰（包括脱硫石膏）、煤矸石等综合利用

3．全生物降解材料的生产

四、电力、煤气及水的生产及供应业

1．采用整体煤气化联合循环（IGCC）、30 万千瓦及以上循环流化床、10 万千瓦及以上增压循环流化床（PFBC）洁净燃烧技术电站的建设、经营

2．背压型热电联产电站的建设、经营

3．发电为主水电站的建设、经营

4．核电站的建设、经营（中方控股）

5．新能源电站（包括太阳能、风能、磁能、地热能、潮汐能、波浪能、生物质能等）建设经营

6．海水利用（海水直接利用、海水淡化）、工业废水处理回收利用产业化

7．城市供水厂建设、经营

五、交通运输、仓储和邮政业

1．铁路干线路网的建设、经营（中方控股）

2．支线铁路、地方铁路及其桥梁、隧道、轮渡和站场设施的建设、经营（限于合资、合作）

3．高速铁路、铁路客运专线、城际铁路基础设施综合维修（中方控股）

4．公路、独立桥梁和隧道的建设、经营

5．公路货物运输公司

6．港口公用码头设施的建设、经营

7．民用机场的建设、经营（中方相对控股）

8．航空运输公司（中方控股）

9．农、林、渔业通用航空公司（限于合资、合作）
10．定期、不定期国际海上运输业务（中方控股）
11．国际集装箱多式联运业务
12．输油（气）管道、油（气）库的建设、经营
13．煤炭管道运输设施的建设、经营
14．运输业务相关的仓储设施建设、经营

六、批发和零售业

1．一般商品的配送
2．现代物流

七、租赁和商务服务业

1．会计、审计（限于合作、合伙）
2．国际经济、科技、环保信息咨询服务
3．以承接服务外包方式从事系统应用管理和维护、信息技术支持管理、银行后台服务、财务结算、人力资源服务、软件开发、呼叫中心、数据处理等信息技术和业务流程外包服务

八、科学研究、技术服务和地质勘查业

1．生物工程与生物医学工程技术、生物质能源开发技术
2．同位素、辐射及激光技术
3．海洋开发及海洋能开发技术、海洋化学资源综合利用技术、相关产品开发和精深加工技术、海洋医药与生化制品开发技术
4．海洋监测技术（海洋浪潮、气象、环境监测）、海底探测与大洋资源勘查评价技术
5．综合利用海水淡化后的浓海水制盐、提取钾、溴、镁、锂及其深加工等海水化学资源高附加值利用技术
6．节约能源开发技术
7．资源再生及综合利用技术、企业生产排放物的再利用技术开发及其应用
8．环境污染治理及监测技术
9．化纤生产的节能降耗、“三废”治理新技术
10．防沙漠化及沙漠治理技术
11．草畜平衡综合管理技术
12．民用卫星应用技术
13．研究开发中心
14．高新技术、新产品开发与企业孵化中心

九、水利、环境和公共设施管理业

1．综合水利枢纽的建设、经营（中方控股）
2．城市封闭型道路建设、经营

3．城市地铁、轻轨等轨道交通的建设、经营（中方控股）

4．污水、垃圾处理厂，危险废物处理处置厂（焚烧厂、填埋场）及环境污染治理设施的建设、经营

十、教育

高等教育机构（限于合资、合作）

十一、卫生、社会保障和社会福利业

老年人、残疾人和儿童服务机构

十二、文化、体育和娱乐业

1．演出场所经营（中方控股）

2．体育场馆经营、健身、竞赛表演及体育培训和中介服务

限制外商投资产业目录

一、农、林、牧、渔业

1．农作物新品种选育和种子开发生产（中方控股）

2．珍贵树种原木加工（限于合资、合作）

3．棉花（籽棉）加工

二、采矿业

1．特殊和稀缺煤种勘查、开采（中方控股）

2．重晶石勘查、开采（限于合资、合作）

3．贵金属（金、银、铂族）勘查、开采

4．金刚石等贵重非金属矿的勘查、开采

5．磷矿开采、选矿

6．硼镁石及硼镁铁矿石开采

7．天青石开采

8．大洋锰结核、海砂的开采（中方控股）

三、制造业

（一）农副食品加工业

1．大豆、油菜籽食用油脂加工（中方控股），玉米深加工

2．生物液体燃料（燃料乙醇、生物柴油）生产（中方控股）

（二）饮料制造业

1．黄酒、名优白酒生产（中方控股）

2．碳酸饮料生产

（三）烟草制品业

打叶复烤烟叶加工生产

（四）印刷业和记录媒介的复制

出版物印刷（中方控股，包装装潢印刷除外）

（五）石油加工及炼焦业

年产 800 万吨及以下炼油厂建设、经营

（六）化学原料及化学制品制造业

1．烧碱（氢氧化钠）、钾碱（氢氧化钾）生产

2．感光材料生产

3．联苯胺生产

4．易制毒化学品生产（麻黄素、3,4-亚基二氧苯基-2-丙酮、苯乙酸、1-苯基-2-丙酮、胡椒醛、黄樟脑、异黄樟脑、醋酸酐）

5．氟氯烃或氢氟氯烃、四氟乙烯、氟化铝、氢氟酸生产

6．顺丁橡胶、乳液聚合丁苯橡胶、热塑性丁苯橡胶生产

7．甲烷氯化物（一氯甲烷除外）、电石法聚氯乙烯生产

8．硫酸法钛白粉、平炉法高锰酸钾生产

9．硼镁铁矿石加工

10．钡盐、锶盐生产

（七）医药制造业

1．氯霉素、青霉素 G、洁霉素、庆大霉素、双氢链霉素、丁胺卡那霉素、盐酸四环素、土霉素、麦迪霉素、柱晶白霉素、环丙氟哌酸、氟哌酸、氟嗪酸生产

2．安乃近、扑热息痛、维生素 B_1、维生素 B_2、维生素 C、维生素 E、多种维生素制剂和口服钙剂生产

3．国家计划免疫的疫苗（卡介苗和脊髓灰质炎疫苗除外）、菌苗类及抗毒素、类毒素类（白百破、麻疹、乙脑、流脑疫苗等）生产

4．麻醉药品及一类精神药品原料药生产（中方控股）

5．血液制品的生产

6．非自毁式一次性注射器、输液器、输血器及血袋生产

（八）化学纤维制造业

1．常规切片纺的化纤抽丝生产

2．粘胶短纤维生产

（九）橡胶制品业

旧轮胎翻新（子午线轮胎除外）及低性能工业橡胶配件生产

（十）有色金属冶炼及压延加工业

1．钨、钼、锡（锡化合物除外）、锑（含氧化锑和硫化锑）等稀有金属冶炼

2．电解铝、铜、铅、锌等有色金属冶炼

3．稀土冶炼、分离（限于合资、合作）

（十一）金属制品业

集装箱生产

（十二）通用设备制造业

1．各类普通级（P0）轴承及零件（钢球、保持架）、毛坯制造

2．300 吨以下轮式、履带式起重机械制造（限于合资、合作）

（十三）专用设备制造业

1．中低档 B 型超声显像仪制造

2．一般涤纶长丝、短纤维设备制造

3．320 马力及以下推土机、30 吨级及以下液压挖掘机、6 吨级及以下轮式装载机、220 马力及以下平地机、压路机、叉车、135 吨级及以下非公路自卸翻斗车、路面铣平返修机械设备、园林机械和机具、商品混凝土机械（托泵、搅拌车、搅拌站、泵车）制造

（十四）交通运输设备制造业

普通船舶（含分段）修理、设计与制造（中方控股）

（十五）通信设备、计算机及其他电子设备制造业

1．卫星电视广播地面接收设施及关键件生产

2．税控收款机产品制造

四、电力、煤气及水的生产和供应业

1．西藏、新疆、海南等小电网范围内，单机容量 30 万千瓦及以下燃煤凝汽火电站、单机容量 10 万千瓦及以下燃煤凝汽抽汽两用机组热电联产电站的建设、经营

2．电网的建设、经营（中方控股）

五、交通运输、仓储和邮政业

1．铁路货物运输公司

2．铁路旅客运输公司（中方控股）

3．公路旅客运输公司

4．出入境汽车运输公司

5．水上运输公司（中方控股）

6．摄影、探矿、工业等通用航空公司（中方控股）

7．电信公司：增值电信业务（外资比例不超过 50%），基础电信中的移动话音和数据服务（外资比例不超过 49%），基础电信中的国内业务和国际业务（外资比例不超过 35%，不迟于 2007 年 12 月 11 日允许外资比例达 49%）

六、批发和零售业

1．直销、邮购、网上销售、特许经营、委托经营、商业管理等商业公司

2．粮食、棉花、植物油、食糖、药品、烟草、汽车、原油、农药、农膜、化肥的批发、零售、配送（设立超过 30 家分店、销售来自多个供应商的不同种类和品牌商品的连锁店由中方控股）

3．音像制品（除电影外）的分销（限于合作、中方控股）

4．商品拍卖

5．船舶代理（中方控股）、外轮理货（限于合资、合作）

6．成品油批发及加油站（同一外国投资者设立超过 30 家分店、销售来自多个供应商的不同种类和品牌成品油的连锁加油站，由中方控股）建设、经营

七、金融业

1．银行、金融租赁公司、财务公司、信托投资公司、货币经纪公司
2．保险公司（寿险公司外资比例不超过 50%）
3．证券公司（限于从事 A 股承销、B 股和 H 股以及政府和公司债券的承销和交易，外资比例不超过 1/3）、证券投资基金管理公司（外资比例不超过 49%）
4．保险经纪公司
5．期货公司（中方控股）

八、房地产业

1．土地成片开发（限于合资、合作）
2．高档宾馆、别墅、高档写字楼和国际会展中心的建设、经营
3．房地产二级市场交易及房地产中介或经纪公司

九、租赁和商务服务业

1．法律咨询
2．市场调查（限于合资、合作）
3．资信调查与评级服务公司

十、科学研究、技术服务和地质勘查业

1．测绘公司（中方控股）
2．进出口商品检验、鉴定、认证公司
3．摄影服务（含空中摄影等特技摄影服务，但不包括测绘航空摄影，限于合资）

十一、水利、环境和公共设施管理业

大城市燃气、热力和供排水管网的建设、经营（中方控股）

十二、教育

普通高中教育机构（限于合资、合作）

十三、卫生、社会保障和社会福利业

医疗机构（限于合资、合作）

十四、文化、体育和娱乐业

1．广播电视节目制作项目和电影制作项目（限于合作）
2．电影院的建设、经营（中方控股）
3．大型主题公园的建设、经营

4．演出经纪机构（中方控股）

5．娱乐场所经营（限于合资、合作）

十五、国家和我国缔结或者参加的国际条约规定限制的其他产业

禁止外商投资产业目录

一、农、林、牧、渔业

1．我国稀有和特有的珍贵优良品种的养殖、种植（包括种植业、畜牧业、水产业的优良基因）

2．转基因植物种子、种畜禽、水产苗种的开发、生产

3．我国管辖海域及内陆水域水产品捕捞

二、采矿业

1．钨、钼、锡、锑、萤石勘查、开采

2．稀土勘查、开采、选矿

3．放射性矿产的勘查、开采、选矿

三、制造业

（一）饮料制造业

我国传统工艺的绿茶及特种茶加工（名茶、黑茶等）

（二）医药制造业

1．列入《野生药材资源保护条例》和《中国珍稀、濒危保护植物名录》的中药材加工

2．中药饮片的蒸、炒、炙、煅等炮炙技术的应用及中成药保密处方产品的生产

（三）有色金属冶炼及压延加工业

放射性矿产的冶炼、加工

（四）专用设备制造业

武器弹药制造

（五）电气机械及器材制造业

开口式（即酸雾直接外排式）铅酸电池、含汞扣式氧化银电池、糊式锌锰电池、镉镍电池制造

（六）工业品及其他制造业

1．象牙雕刻

2．虎骨加工

3．脱胎漆器生产

4．珐琅制品生产

5．宣纸、墨锭生产

6．致癌、致畸、致突变产品和持久性有机污染物产品生产

四、电力、煤气及水的生产和供应业

西藏、新疆、海南等小电网外，单机容量 30 万千瓦及以下燃煤凝汽火电站、单机容量10万千瓦及以下燃煤凝汽抽汽两用热电联产电站的建设、经营

五、交通运输、仓储和邮政业

1．空中交通管制公司
2．邮政公司

六、租赁和商务服务业

社会调查

七、科学研究、技术服务和地质勘查业

1．人体干细胞、基因诊断与治疗技术开发和应用
2．大地测量、海洋测绘、测绘航空摄影、行政区域界线测绘、地图编制中的地形图编制、普通地图编制的导航电子地图编制

八、水利、环境和公共设施管理业

1．自然保护区和国际重要湿地的建设、经营
2．国家保护的原产于我国的野生动、植物资源开发

九、教育

义务教育机构，军事、警察、政治和党校等特殊领域教育机构

十、文化、体育和娱乐业

1．新闻机构
2．图书、报纸、期刊的出版、总发行和进口业务
3．音像制品和电子出版物的出版、制作和进口业务
4．各级广播电台（站）、电视台（站）、广播电视频道（率）、广播电视传输覆盖网（发射台、转播台、广播电视卫星、卫星上行站、卫星收转站、微波站、监测台、有线广播电视传输覆盖网）
5．广播电视节目制作经营公司
6．电影制作公司、发行公司、院线公司
7．新闻网站、网络视听节目服务、互联网上网服务营业场所、互联网文化经营
8．录像放映公司
9．高尔夫球场的建设、经营
10．博彩业（含赌博类跑马场）
11．色情业

十一、其他行业

危害军事设施安全和使用效能的项目

十二、国家和我国缔结或者参加的国际条约规定禁止的其他产业

国家发展和改革委员会、商务部
2007 年 10 月 31 日颁布

企业投资项目核准暂行办法

（2004年9月15日　中华人民共和国国家发展和改革委员会令　第19号）

目　录

第一章　总　则

第一条　为适应完善社会主义市场经济体制的需要，进一步推动我国企业投资项目管理制度的改革，根据《中华人民共和国行政许可法》和《国务院关于投资体制改革的决定》，制定本办法。

第二条　国家制订和颁布《政府核准的投资项目目录》（以下简称《目录》），明确实行核准制的投资项目范围，划分各项目核准机关的核准权限，并根据经济运行情况和宏观调控需要适时调整。

前款所称项目核准机关，是指《目录》中规定具有企业投资项目核准权限的行政机关。其中，国务院投资主管部门是指国家发展和改革委员会；地方政府投资主管部门，是指地方政府发展改革委（计委）和地方政府规定具有投资管理职能的经贸委（经委）。

第三条　企业投资建设实行核准制的项目，应按国家有关要求编制项目申请报告，报送项目核准机关。项目核准机关应依法进行核准，并加强监督管理。

第四条　外商投资项目和境外投资项目的核准办法另行制定，其他各类企业在中国境内投资建设的项目按本办法执行。

第二章　项目申请报告的内容及编制

第五条　项目申报单位应向项目核准机关提交项目申请报告一式 5 份。项目申请报告应由具备相应工程咨询资格的机构编制，其中由国务院投资主管部门核准的项目，其项目申请报告应由具备甲级工程咨询资格的机构编制。

第六条　项目申请报告应主要包括以下内容：

（一）项目申报单位情况。

（二）拟建项目情况。

（三）建设用地与相关规划。

（四）资源利用和能源耗用分析。

（五）生态环境影响分析。

（六）经济和社会效果分析。

第七条 国家发展改革委将根据实际需要，编制并颁发主要行业的项目申请报告示范文本，指导企业的项目申报工作。

第八条 项目申报单位在向项目核准机关报送申请报告时，需根据国家法律法规的规定附送以下文件：

（一）城市规划行政主管部门出具的城市规划意见；

（二）国土资源行政主管部门出具的项目用地预审意见；

（三）环境保护行政主管部门出具的环境影响评价文件的审批意见；

（四）根据有关法律法规应提交的其他文件。

第九条 项目申报单位应对所有申报材料内容的真实性负责。

第三章 核准程序

第十条 企业投资建设应由地方政府投资主管部门核准的项目，须按照地方政府的有关规定，向相应的项目核准机关提交项目申请报告。

国务院有关行业主管部门隶属单位投资建设应由国务院有关行业主管部门核准的项目，可直接向国务院有关行业主管部门提交项目申请报告，并附上项目所在地省级政府投资主管部门的意见。

计划单列企业集团和中央管理企业投资建设应由国务院投资主管部门核准的项目，可直接向国务院投资主管部门提交项目申请报告，并附上项目所在地省级政府投资主管部门的意见；其它企业投资建设应由国务院投资主管部门核准的项目，应经项目所在地省级政府投资主管部门初审并提出意见，向国务院投资主管部门报送项目申请报告（省级政府规定具有投资管理职能的经贸委、经委应与发展改革委联合报送）。

企业投资建设应由国务院核准的项目，应经国务院投资主管部门提出审核意见，向国务院报送项目申请报告。

第十一条 项目核准机关如认为申报材料不齐全或者不符合有关要求，应在收到项目申请报告后 5 个工作日内一次告知项目申报单位，要求项目申报单位澄清、补充相关情况和文件，或对相关内容进行调整。

项目申报单位按要求上报材料齐全后，项目核准机关应正式受理，并向项目申报单位出具受理通知书。

第十二条 项目核准机关在受理核准申请后，如有必要，应在 4 个工作日内委托有资格的咨询机构进行评估。

接受委托的咨询机构应在项目核准机关规定的时间内提出评估报告，并对评估结论承担责任。咨询机构在进行评估时，可要求项目申报单位就有关问题进行说明。

第十三条 项目核准机关在进行核准审查时，如涉及其他行业主管部门的职能，应征求相关部门的意见。相关部门应在收到征求意见函（附项目申请报告）后 7 个工作日内，向项目核准机关提出书面审核意见；逾期没有反馈书面审核意见的，视为同意。

第十四条　对于可能会对公众利益造成重大影响的项目，项目核准机关在进行核准审查时应采取适当方式征求公众意见。对于特别重大的项目，可以实行专家评议制度。

第十五条　项目核准机关应在受理项目申请报告后 20 个工作日内，做出对项目申请报告是否核准的决定并向社会公布，或向上级项目核准机关提出审核意见。由于特殊原因确实难以在 20 个工作日内做出核准决定的，经本机关负责人批准，可以延长 10 个工作日，并应及时书面通知项目申报单位，说明延期理由。

项目核准机关委托咨询评估、征求公众意见和进行专家评议的，所需时间不计算在前款规定的期限内。

第十六条　对同意核准的项目，项目核准机关应向项目申报单位出具项目核准文件，同时抄送相关部门和下级项目核准机关；对不同意核准的项目，应向项目申报单位出具不予核准决定书，说明不予核准的理由，并抄送相关部门和下级项目核准机关。经国务院核准同意的项目，由国务院投资主管部门出具项目核准文件。

第十七条　项目申报单位对项目核准机关的核准决定有异议的，可依法提出行政复议或行政诉讼。

第四章　核准内容及效力

第十八条　项目核准机关主要根据以下条件对项目进行审查：

（一）符合国家法律法规；

（二）符合国民经济和社会发展规划、行业规划、产业政策、行业准入标准和土地利用总体规划；

（三）符合国家宏观调控政策；

（四）地区布局合理；

（五）主要产品未对国内市场形成垄断；

（六）未影响我国经济安全；

（七）合理开发并有效利用了资源；

（八）生态环境和自然文化遗产得到有效保护；

（九）未对公众利益，特别是项目建设地的公众利益产生重大不利影响。

第十九条　项目申报单位依据项目核准文件，依法办理土地使用、资源利用、城市规划、安全生产、设备进口和减免税确认等手续。

第二十条　项目核准文件有效期 2 年，自发布之日起计算。项目在核准文件有效期内未开工建设的，项目单位应在核准文件有效期届满 30 日前向原项目核准机关申请延期，原项目核准机关应在核准文件有效期届满前作出是否准予延期的决定。项目在核准文件有效期内未开工建设也未向原项目核准机关申请延期的，原项目核准文件自动失效。

第二十一条　已经核准的项目，如需对项目核准文件所规定的内容进行调整，项目单位应及时以书面形式向原项目核准机关报告。原项目核准机关应根据项目调整的具体情况，出具书面确认意见或要求其重新办理核准手续。

第二十二条　对应报项目核准机关核准而未申报的项目，或者虽然申报但未经核准的项目，国土资源、环境保护、城市规划、质量监督、证券监管、外汇管理、安全生产监管、水资源管理、海关等部门不得办理相关手续，金融机构不得发放贷款。

第五章　法律责任

第二十三条　项目核准机关及其工作人员，应严格执行国家法律法规和本办法的有关规定，不得变相增减核准事项，不得拖延核准时限。

第二十四条　项目核准机关的工作人员，在项目核准过程中滥用职权、玩忽职守、徇私舞弊、索贿受贿的，依法给予行政处分；构成犯罪的，依法追究刑事责任。

第二十五条　咨询评估机构及其人员，在评估过程中违反职业道德、造成重大损失和恶劣影响的，应依法追究相应责任。

第二十六条　项目申请单位以拆分项目、提供虚假材料等不正当手段取得项目核准文件的，项目核准机关应依法撤销对该项目的核准。

第二十七条　项目核准机关要会同城市规划、国土资源、环境保护、银行监管、安全生产等部门，加强对企业投资项目的监管。对于应报政府核准而未申报的项目、虽然申报但未经核准擅自开工建设的项目，以及未按项目核准文件的要求进行建设的项目，一经发现，相应的项目核准机关应立即责令其停止建设，并依法追究有关责任人的法律和行政责任。

第六章　附　则

第二十八条　省级政府投资主管部门和具有核准权限的国务院有关行业主管部门，可按照《中华人民共和国行政许可法》、《国务院关于投资体制改革的决定》以及本办法的精神和要求，制订具体实施办法。

第二十九条　事业单位、社会团体等非企业单位投资建设《政府核准的投资项目目录》内的项目，按照本办法进行核准。

第三十条　本办法由国家发展和改革委员会负责解释。

第三十一条　本办法自发布之日起施行。此前发布的有关企业投资项目审批管理的规定，凡与本办法有抵触的，均按本办法执行。

国家产业技术政策

（2002年6月21日　国家经济贸易委员会、财政部、科学技术部、
国家税务总局文件　国经贸技术[2002]444号）

未来5到10年，是我国经济和社会发展的重要时期，也是我国实现现代化第三步战略目标的关键阶段。面对科技革命与知识经济浪潮的兴起，经济全球化步伐加快，国际竞争日趋激烈的新形势，加快经济结构调整，实现两个根本性转变，提高国际竞争力，已成必然选择。制定和实施适应新形势的产业技术政策，明确在这一时期国家产业技术发展的战略目标和重点，积极推动技术创新能力与产业技术水平的提高，是推进我国产业结构优化升级、培育新的经济增长点的重要举措，对于提高我国经济整体素质，为21世纪前50年奠定持续发展的基础，具有重要的战略意义。

这次制定的国家产业技术政策以“十五”时期为重点，同时兼顾“十五”后5年的发展。

一、制定国家产业技术政策面临的新形势

（一）经济全球化步伐明显加快，技术创新已成为国际竞争的关键因素。

20世纪90年代以来，国际经济格局发生了深刻变化，经济全球化的趋势明显增强，由技术进步引发的产业革命正深刻地改变着人类社会经济和生活面貌，技术创新对经济增长的贡献日益突出，科学技术成为国际竞争的关键因素。发达国家在国际经济新秩序形成过程中，仍处于有利地位，出于市场扩张的要求，在控制核心技术保持领先优势的同时，也以多种方式向发展中国家转移成熟技术和过剩生产能力。发展中国家既面临前所未有的巨大压力，也存在通过参与国际分工加快产业技术升级、发挥后发优势、实现跨越式发展的机遇。世界各国为取得更有利的国际分工地位，竞相调整产业结构与技术结构，对高新技术领域加大投入力度、扩大应用领域，加快科技成果转化为现实生产力的步伐，提升产业技术水平，以增强国际竞争力，占据21世纪经济竞争的制高点。

（二）加入世界贸易组织将使我国产业置身于激烈的国际竞争当中。

以加入世界贸易组织为标志，我国的对外开放将进入一个新的历史阶段，国内经济与国际经济将进一步融合。一方面为我们充分利用两个市场、两种资源，引进先进技术，参与较高层次的国际合作与分工创造了条件；另一方面也使国内企业不得不直接承受来自国际的竞争压力。提高技术创新能力、加快高新技术产业化进程、加大对传统产业的技术改造力度、着力发展有竞争优势的产业技术，增强技术创新能力，是我国提高国际分工地位、全方位参与国际竞争的迫切要求。

（三）技术进步是调整经济结构，实现可持续发展的重要途径。

我国正处在经济结构战略性调整的重要时期，面对结构性、阶段性过剩和人口、资源、环境等因素的制约，“十五”及其以后一段时期，经济结构的调整任务十分艰巨。

结构调整将主要依托技术进步，发展高新技术和新兴产业，改造传统产业；淘汰落后生产能力，推进经济增长方式向集约化方向转变，实现产业结构的优化和升级，全面提高国民经济整体素质；开拓新的发展领域、扩大就业；节约资源，保护环境，实现可持续发展。

（四）市场化进程的加快将对技术进步方式产生深远影响。

21 世纪前 10 年，是我国社会主义市场经济体制确立并逐步完善的重要时期。市场化进程加快，市场在资源配置中的基础性作用将日益增强。技术创新主体、技术进步方式，都将发生根本性的改变。技术进步方式与经济运行方式的变革，将成为新时代的重要特征。制定和实施国家产业技术政策，必须适应这种深刻变化，在经济全球化条件下实现国际与国内两个市场、两种资源的合理配置，处理好市场导向与政府引导的关系，使之相互补充、相互促进，营造出良好的市场环境。"创新是一个民族的灵魂，是国家兴旺发达的不竭动力。"只有在增强技术创新能力上走出符合我国国情特点的发展道路，才可能在未来的国际竞争中立于不败之地。

二、我国产业技术发展存在的主要问题和差距

建国 50 年，特别是改革开放 20 多年，经过长期不懈地建设和技术开发、技术改造以及大规模技术引进，我国已形成了门类比较齐全，规模相当庞大的生产技术体系，一批重大技术装备已基本立足国内生产，重点行业技术水平与国际间的差距明显缩小。但总体上看，我国要赶上国际先进水平，仍需做出更多的努力。

（一）传统产业技术水平偏低。

1．我国农业科技的总体水平与国家发展的巨大需求相比差距仍然较大，科技对农业生产增长的贡献率约为 42%，远低于先进国家 60%～70%的水平。我国主要农业科技领域与世界先进水平相比还有 10～15 年的差距。从事农业劳动力比例高，农业劳动生产率低，每个劳动力年生产粮食、肉类分别是先进国家的 1.5%～7.5%、2%～2.5%；耕作栽培技术体系仍以常规耕作技术和经验为主，作物良种化覆盖率约为 80%，世界先进国家为 100%。农业资源利用率低，灌溉水利用率和化肥当年利用率为 30%～40%，而发达国家为 60%以上；农业机械化程度低，设施农业亟待发展。科技开发能力十分薄弱、科技储备明显不足，推广机制不适应市场经济的发展。

2．我国钢铁、有色金属、电力、机械、石油化工、煤炭、建材等传统工业的技术水平与国际先进水平差距较大，多数大中型企业关键技术的开发与应用能力相对不足，国际先进技术装备仅占十分之一，机械产品达到当代国际水平的不到 5%；产品结构不合理，国际达标优质产品仅占十分之一，不少高技术产品及部分高附加值产品仍需进口，2000 年高新技术产品进出口逆差达 155 亿美元，高技术品种钢材每年尚需进口 700 万～800 余万吨，高档合成树脂自给率不足 50%；我国单位能源每千克油当量的使用所产生的国内生产总值仅为 0.7 美元，而美国为 3.4 美元，德国为 7 美元，日本为 10.5 美元，主要工业产品能耗远高于发达国家，冶金重点企业吨钢可比能耗比发达国家高 20%～40%；我国传统产业劳动生产率只有世界平均水平的三分之一、发达国家的十分之一。

（二）高新技术产业处于起步阶段，产业规模小，技术基础薄弱。

我国高新技术产业增加值占国内生产总值的比重仅为 4%，远低于发达国家和新兴工

业化国家水平。产品设计、关键零部件、工艺装备主要依赖进口。自主知识产权和自行开发的高新技术成果，商品转化率和产业化率低，分别只有 20%和 5%～7%。高新技术的扩散性弱，同其他产业的关联度低，改造传统产业的作用还不显著。

（三）技术创新能力和引进技术的消化吸收能力不足。

目前我国以企业为主体的技术创新体系建设尚处于起步阶段，创新成果产业化迟缓，技术开发与创新经费投入低，大大制约了技术创新能力的提高。1999 年，我国大中型工业企业研究与开发经费支出占销售收入比例为 0.6%，而世界 500 强企业一般为 5%～10%以上，电信、医药等行业甚至达到 20%。我国目前还没有形成自主知识产权的技术体系，多数行业的关键核心技术与装备基本依赖国外。消化吸收能力不强，缺乏对引进技术的系统集成、综合创新。化工、医药产品大部分没有自主知识产权，机械工业主要产品技术中有 57%使用国外技术。我国多数大中型企业技术开发与技术创新能力不足，缺乏参与国际竞争的能力。

三、产业技术发展战略

（一）指导方针。

以结构优化和产业升级为目标，以体制和机制创新为保证，以企业为主体，以信息化带动工业化为主要途径，以提高技术创新能力为核心，以我国加入世界贸易组织为契机，政府引导与市场导向相结合；充分利用两个市场、两种资源，按照有所为、有所不为的原则，有选择地发展一批高新技术产业，力争在关系国家经济命脉和安全的重点领域提高自主创新能力，拥有自主知识产权；加快利用高新技术改造传统产业步伐，实现产业技术水平和创新能力的跨越式发展，为培育新的经济增长点和产业结构优化升级提供技术保证。

（二）战略目标。

2005 年，力争在重点行业、重点企业、重点产品和重点工艺、重大技术装备上，有重大技术突破，部分接近或达到同期国际先进水平。技术进步对工业经济增长的贡献率由目前水平提高 8～10 个百分点。优先发展具备比较优势和对传统产业改造关系密切的高新技术，高新技术产业产值年均增长率由目前的 28%提高到 30%以上，传统产业技术水平有较大提高，基本淘汰高耗能、高污染、落后的生产工艺；大力推进以企业为主体的技术创新体系的建设，全国研究开发的投入有明显增加，全社会研究与开发经费支出占国内生产总值比重提高到 1.5%以上；企业技术创新能力显著增强，培育一批具有自主创新能力和国际竞争力的大型企业和企业集团，带动一大批中小型企业向“专、精、特、新”方向发展。

2010 年，部分高新技术与国际先进水平保持同步，重点生产领域的关键技术基本达到国际先进水平，以企业为主体的技术创新体系得到完善，在主要行业和领域具有自主开发和自主创新能力。

（三）基本原则。

1．以推动产业结构优化升级为宗旨。

发展高新技术及利用高新技术改造传统产业，淘汰落后生产技术与能力，其核心目的都在于推动产业结构的优化与升级。“十五”期间，全面发展技术创新能力，不断提高高新技术产业在国民经济中的比重、加快传统产业更新改造步伐、从整体上提高国民经济素质，是保持国民经济持续健康发展、增强综合国力、融入经济全球化浪潮的基本途径。

2．市场机制与政府组织协调作用相结合。

充分发挥市场对资源优化配置的基础作用，是社会主义市场经济体系建设的重要内容，也是贯彻实施国家产业技术政策的基本原则。要充分发挥市场机制的作用，促使企业成为科技创新的主体，使社会资金成为科技进步的投资主体，用信息化带动工业化。在深入认识市场经济规律基础上，要更充分发挥政府的组织协调作用，运用财政、税收、金融等政策支持高新技术开发与传统产业发展；拟定国家产业技术发展方向，把握住后发优势，加快产业技术水平跨越式发展。

3．自主创新与引进技术相结合。

“十五”及以后相当长一段时间，要加大对战略性高技术产业领域的投入，及时跟踪国际高技术产业发展趋势，保持重要领域中的持续创新能力，确保国家政治、经济、军事的发展需要。军民结合，是推动高新技术发展、提高创新能力的重要途径。同时，要继续采取各种形式技术引进。在技术引进的过程中，要加强技术集成和创新，博采众长，形成有中国特色的自主知识产权体系，不断提高产业技术水平和竞争力。

四、重点产业技术发展方向

“十五”及以后 5 年，要重点推进高新技术与产业化发展；用先进适用技术改造提升传统产业。要重点发展主导经济发展和把握国际竞争走向、关系国家实力以及国家经济和社会安全的战略性技术；关联性强、制约我国产业总体技术水平提高的关键技术；通用性强、应用领域广泛，在经济发展中发挥基础作用的共性技术。

（一）高新技术及产业化。

抓住世界科技革命迅猛发展的机遇，有重点地发展高新技术及产业化，实现局部领域的突破和跨越式发展，逐步形成我国高技术产业群体优势。要重点发展信息技术、生物工程技术、先进制造技术、新材料技术、航空航天技术、新能源技术、海洋技术等。

信息通信：要优先发展高速宽带信息网、深亚微米集成电路、新型元器件、计算机及软件技术、第三代移动通信技术、信息家电技术，大力发展系统集成和信息服务、信息管理、信息安全技术，积极开拓以数字技术、网络技术为基础的新一代信息产品，发展新兴产业，培育新的经济增长点。要大力推进制造业信息化，积极开展计算机辅助设计（CAD）、计算机辅助工程（CAE）、计算机辅助工艺（CAPP）、计算机辅助制造（CAM）、产品数据管理（PDM）、制造资源计划（MRPII）及企业资源管理（ERP）等。有条件的企业可开展“网络制造”，便于合作设计、合作制造，参与国内和国际竞争。开展“数控化”工程和“数字化”工程，对企业现有设备，对机械加工企业生产的设备、零部件实施“数字化”工程，提高大规模机械产品的互换与配套能力。

生物工程：从国际生物工程技术发展的趋势和我国实际出发，我国要大力研究开发基因工程技术、细胞工程技术、酶工程技术、生化工程技术、生物医药技术，密切关注人类基因组计划、基因治疗及转基因动植物等热点领域。广泛开展生物工程在农业、医学、能源及环保等领域的应用。

新材料：根据国际高新技术新材料的发展趋势，要集中力量重点攻关，开发超细粉体材料技术与纳米新材料技术，力争在纳米材料制备与纳米器件制造技术上与国际保持同步。要进一步拓展纳米新材料在农业、微电子、能源、环保、医疗、化工、建材、交通运输等领域的应用。大力发展新型金属结构材料、新型非金属材料、新型高分子材料和新型复合材料技术。重点开发多功能、机敏、智能、仿生等复合材料，形成生产群体。

航空航天：航天技术重点发展新一代大型航天运输系统技术、新一代卫星技术、天空地一体化综合信息应用技术、深空探测技术、空间科学与应用；航空技术重点发展新一代飞机总体与动力基础技术，重点发展支线飞机，大力发展中小型通用飞机和多用途直升机，加快发动机自主设计和技术开发。

新能源：要积极开发利用可再生能源，发展太阳能利用、地热发电、大功率风力发电、潮汐发电、生物质能发电技术。发展核能技术，对先进压水堆、空间核电源、高性能燃料组件等予以重点攻关。

海洋工程：要重点发展海洋油气田开发技术，并使其成为海洋产业的主导产业；积极发展海底矿产资源、能源探测开发技术，海洋可再生能源利用技术，海水资源开发利用技术，海洋生物工程技术，提高海洋经济在国民经济中的地位。

（二）提升传统产业技术水平，用高新技术改造传统产业。

1．农业

确保粮食安全，优化农业结构，全面提高农业质量和效益，改善农村生态环境，促进农民收入增加，提高国际竞争力是今后农业科技发展的主要方向。

种植业：优先发展农作物专用、优质品种选育及种子产业化工程技术；农作物低成本、高产、超高产、高效配套栽培耕作技术与区域化示范；种植业结构调整与优质农产品基地建设关键技术；节水灌溉与旱作农业技术；重大病虫草害预测预报及综合防治技术；农作物，尤其蔬菜花卉等设施栽培技术等。

畜牧与饲料业：优先发展优质畜禽产业化、规模化高效养殖技术及牧草品种选育和人工草地建植技术；新型饲料和饲料添加剂技术及其加工设备研究开发；畜禽重要疾病诊断、监测、控制技术及畜禽废弃物资源化利用技术；畜禽产品优质加工技术开发等。

水产业：优先发展水产养殖品种改良与良种繁育技术；水产业生物工程、信息工程、设施养殖等高新技术开发；集约高产高效浅海养殖、滩涂利用以及内陆水域综合开发技术；远洋捕捞技术；水产渔业重大病虫害防治与预测技术；水产品精深加工与综合利用技术等。

农业机械与农产品加工设备：优先发展小麦、玉米、水稻、棉花等主要农作物机械化关键机具开发以及配套技术体系；机械化旱作农业技术与成套机具设备；机械化节水灌溉技术与成套设备；机械化秸秆还田与青贮技术及设备；工厂化育苗与机械化移栽技术及配套机具；高效低污染植保机具设备；设施种养业技术设备；粮食烘干技术与成套设备；种子加工、农产品加工与检测技术及配套先进设备；与精准农业技术相适应的信息化配套机具研制等。

农业资源环境：要优先发展节水、节地与高效施肥、施药等农业资源节约与高效利用技术；农业废弃物资源化高效技术；生态农业技术；农村可再生能源综合利用技术；无公害农产品开发关键技术；多功能复合型生态工程与配套技术。

2．能源与环保

能源和环保是全球关注的两大领域。要以发展新型、高效、清洁能源技术和石油替代技术为主要发展方向，改造传统能源利用技术，提高能源效率，降低排放污染。利用高新技术开发环保产业，变废弃资源为再生资源，保护资源、保护生态。

煤炭：要大力发展综合机械化开采技术、大型露天煤矿开采技术以及煤矿安全技术；积极推进洁净煤技术，实现煤炭开发、生产、利用的清洁化。近十年的目标是大力提高煤炭生产机械化和综合机械化水平，大力降低原煤直接燃烧比例，提高发电用煤在煤炭消费中的比例，重点发展低污染、高效率的清洁燃烧技术；积极推进煤炭的高技术利用，发展煤炭气化、液化技术，煤层气开发利用技术，水煤浆替代燃料油技术。

电力：要重点发展洁净煤燃烧发电技术、电站锅炉排放控制技术；火电 600 兆瓦及以上的超临界机组关键技术；大容量、远距离、交直流输电技术、大电网互联安全、稳定运行控制技术。重点发展 500 兆瓦以上大型混流式水轮发电机组，加速发展 300 兆瓦级抽水蓄能机组、核电 600～1 000 兆瓦级压水堆核电机组技术和燃气轮机技术。

石油天然气：油气田开发技术，重点开展针对高含水油田的多元化学复合驱、气驱、微生物驱提高石油采收率等技术的攻关；完善、提高稠油和低渗透油田开发新技术；加强大中型气田开发方案优化设计研究。工程技术，加强特殊地质、地表条件下的地震技术攻关，探索四维和全三维地震技术；研制开发适用于复杂地质条件下的复杂结构井、多分支水平井和大位移井钻井技术；开发成像测井的核磁共振测井等重大装备，进一步提高测井技术的国产化水平。

环保产业：大力发展清洁生产技术，节能与资源综合利用技术，节水技术，生态环境保护技术，环境监测技术。重点发展 200 MW 及以上燃煤机组烟气脱硫技术，汽车尾气污染防治技术；城市污水、城市垃圾处理和资源化技术与处置技术；废家电（电脑）回收处理及报废汽车拆解技术等。

3．交通运输业

铁路：重点发展以高速铁路、快速铁路为主的快速客运网系统，以缩短货物送达时间和过程信息监控为主的快捷货运系统，以铁路综合运营管理为核心的现代运输信息体系，以监控为主的铁路行车安全保障体系。并在此基础上逐步朝现代物流产业发展。在百万人以上城市，优先发展以轨道交通为主的公共交通系统。

公路：从材料规格化、设计合理化、工艺现代化和管理科学化着手，结合使用新材料、新结构和新工艺，解决高等级公路路面早期破损现象，提高其行驶质量和保证使用寿命；研究开发高速公路路面养护技术；重点发展超薄沥青面层、改进沥青、合成格栅的应用技术；山区高等级公路设计、修筑和维护技术；大跨径桥梁施工养护技术；以智能公路运输系统为代表的公路网运营管理技术。

水运：发展沿海适应大型船舶发展的建港技术，重点开发深水枢纽港技术，集装箱运输系统关键技术，大型高效港口装卸成套技术装备，港口及船舶运输控制技术，内河主航道建设技术，水上交通安全与控制技术。

民航：重大技术装备国产化，应用高新技术和新材料提高航空运输服务的自动化、数字化、信息化水平。重点发展干线飞机自动飞行系统技术和设备；支线飞机航行适应性和机场适应性技术。

4．原材料

钢铁：应重点发展对钢铁工业长期发展具有影响的熔融还原、近终形连铸、新一代钢铁材料开发等前沿技术；优化钢铁制造流程，发展节能降成本的烧结炼焦新技术、高炉综合节能及环保技术、电炉高效炼钢技术等；提高冶金产品质量，开发纯净钢生产工艺技术、控制轧制与控制冷却技术、智能化技术等；发展降低烧结机废气排放量与废气循环技术、新型炼焦技术、干熄焦技术、高炉节能降低二氧化碳技术、高炉渣和炼钢炉渣的资源化技术、粉尘回收技术等。

有色金属：有色工业的发展方向是高效、低耗、低污染的生产工艺，提高产品质量，增加产品品种，降低环境污染，加强资源综合利用。重点发展地质物探、化探、遥感、地理信息系统新技术；深部及难采矿床强化开采综合技术和高效无轨采矿设备；清洁选矿工艺和高效环保药剂及节能设备；难选冶资源湿法冶金新技术和综合利用技术；选矿—拜尔法生产氧化铝和大容量预熔阳极铝电解槽成套技术和装备；低成本稀土精矿冶炼分离新技术和单一稀土元素分离、高纯化技术；高性能有色金属材料生产的新技术和装备的研制和开发，高精尖铜铝板带箔加工技术。

石化：开发有自主知识产权的成套技术，加大控制技术和信息技术在石化产业的应用。重点发展先进适用的乙烯生产技术、无害原材料生产化工产品的绿色技术、优化生产工序和工艺流程技术；新一代聚烯烃技术，催化剂技术；生产技术路线优化技术；原油深加工技术，含硫原油加工成套技术，天然气化工技术。要大力发展油气高效利用、节能和环保技术，新一代石油替代技术。

化工：重点开发新催化技术、新分离技术、聚合物改性技术、精细化工技术、生物化工技术、先进气化技术、新型复合肥料生产技术；新型合成材料、化工新材料生产技术；新一代无内胎、低断面高等级子午线轮胎工艺及装备技术；新领域精细化工技术；超微细粉体材料技术；高附加值化学品技术。

建材：大力发展可降低环境负荷和有益健康的生态建材技术和产品，以无机非金属新材料和非金属矿深加工为高新技术产业化的重点；发展新型干法水泥生产工艺技术与装备，优质浮法玻璃生产工艺技术与装备，高档卫生陶瓷生产技术，以煤矸石、粉煤灰为主要原料的新型墙体材料生产技术与装备；发展化学建材生产和应用技术，高性能保温隔热材料，建材工业窑炉节能与余热利用技术，玻璃纤维及其增强制品生产与应用技术，纳米级超细粉碎技术与超细粉表面处理技术，处理工业废弃物和生活垃圾的“生态水泥”等建材产品生产技术，高性能内外墙涂料和环保型装饰装修材料技术。

5．加工制造业

机械制造：“十五”期间，将把数字化技术、智能化技术、清洁生产技术、虚拟制造技术、网络制造技术、并行制造技术、模块化技术、快速资源重组技术作为主要目标予以发展和广泛应用。通过实施若干具有较大带动作用的重大技术应用工程，攻克一批制约行业发展的关键技术，开发研制一批重大技术装备所需要的专有技术，推广一批先进适用的制造技术。重点发展以关键产品为龙头，以数字化、智能化技术为代表的数控系统，现场总线控制系统，数控加工技术与装备，激光加工技术与装备，超精密加工及超高速加工技术与装备，以及关键配套基础部件；以高效农业生产为目标的精确农业生产技术系统配套设备及工艺，粮食储藏、保鲜、加工技术与装备；加速开发低能耗、低排放、高性能的内燃发动机。

重大技术装备：重大技术装备是体现综合国力和国有经济控制力的重要方面，也是体现国家产业技术水平的重要标志。重大技术装备继续围绕国民经济发展，以国家重点建设工程和重点技改工程为依托，集中力量，重点研制：三峡水利枢纽工程、大型乙烯、大型化肥、“西气东输”工程、电网互联关键设备及“西电东送”工程、薄板坯连铸连轧和大型冷连轧、石油天然气勘探钻采和三次采油、秦沈准高速客运专线、大型煤化工、大型环保、大型工程施工、大型专用、大型海运船舶和江河疏浚、600 兆瓦超临界火电机组、大型抽水蓄能和高水头机组、500 兆瓦以上混流式水轮发电机组、燃气轮机、先进发电技术等成套设备。加快掌握关键核心技术，增强重大技术装备研制和成套能力，参与国际市场竞争。

汽车：汽车工业是我国新的经济增长点。要研究开发智能、洁净、安全、节能型汽车。重点发展高效发动机技术、轿车车身开发技术、汽车排放控制技术、轿车关键零部件技术，以及多轴重载汽车。

仪器仪表业：自动化仪表的技术发展趋势是测试技术、控制技术与计算机技术、通信技术进一步融合，形成测量、控制、通信与计算机（M3C）结构。要进一步发展分散型控制系统、现场总线控制系统、以工业计算机为基础的开发式控制系统，以及智能化网络化现场仪表、工业在线分析仪器等产品，拓广其应用范围，与大型自动化工业设备配套，提高我国工业的自动化程度。

科学仪器以材料科学仪器、医疗仪器和农业、环境仪器为主，推进自动测试系统的发展，优先发展我国已有一定比较优势的项目。如色谱仪器、光谱仪器、物理观察仪器、大地测量仪器、力学试验机和成像仪器等。

传感器、仪表材料及特殊元器件方面应着重开发用于现场总线及智能化仪表的各种传感器、航天航空领域需求的微传感器以及相关的各种新材料。要解决仪器仪表产业方面的一些共性问题，为行业提供计算机辅助设计（CAD）、电子设计自动化（EDA）、计算机辅助制造（CAM）服务、表面元件（SMT）贴装、可靠性试验及电磁兼容（EMC）检测，提高我国仪器仪表行业的设计和制造水平，以增强加入世界贸易组织后的竞争能力。

轻工：采用电子信息、生物工程、新能源、新材料、环境保护、先进制造等高新技术，优化、提升轻工业生产技术和产品结构是轻工业产业技术的发展方向。要重点发展现代食品工业生产的膜分离、超临界萃取、细胞破壁、微胶囊包埋、微波、无菌加工和包装等关键技术；先进造纸技术；高技术含量、高附加值的新型日用化工、家用电器、照明电器、电池、陶瓷、塑料、日用机械等新产品生产技术；造纸、皮革、发酵和食品行业的清洁生产技术、污染治理技术。

纺织：技术重点是，加快发展新型纤维材料的生产技术；发展差别化、功能化、环保型新纤维的开发生产技术及产业化；中高档服装面料的新型纺纱织造技术；可持续发展的环保型印染加工技术；积极采用计算机自动控制、辅助设计及信息技术；大力发展产业用纺织品、设备及工艺技术。集中力量开发研制一批具有 20 世纪 90 年代末世界先进水平的新一代纺机系列产品。

医药：要重点发展生物医药技术和基因工程药物、疫苗技术及其产业化工程技术和中医药关键技术，发展化学原料药开发技术，新型高效制剂技术，新型高中档医疗、制药装备技术。

烟草：重点研究开发优质烟叶的生产技术，提高烟叶综合品质和工业可用性；加快卷烟新产品开发和老产品改造的步伐，研究、应用卷烟加工新技术，全面提高卷烟产品质量和市场竞争力；加大对烟草和卷烟烟气中有害成分的研究力度，进一步提高国产卷烟的安全性；开展生物技术、信息技术等高新技术研究，积极应用高新技术改造传统产业；继续深化研究；探讨烟草资源综合利用的新途径。

6．建筑业

要大力提高工业化、现代化水平，加强技术攻关，着力发展城市规划、勘测、设计和城市地下空间开发利用技术；隔震、减震和振动控制等抗震防灾技术；住宅结构体系技术、建筑节能技术、建筑智能化技术；高效建筑施工机械与装备技术；先进的施工工法、技术及混凝土新技术、钢结构技术；城市供水、燃气关键技术和装备技术；开发适应环保要求和城市大运量需求的新型城市交通工具及其系统运行的高效能管理技术；开发密封性能好、防腐蚀、防水的化学建材产品。

7．国防科技工业

由国防科学技术工业委员会另行颁布。

8．其他产业

内贸流通业：重点发展流通产业信息化、商贸电子化、流通作业机械化、自动化、智能化技术；商业零售与批发电子网络交易系统；连锁、代理、配送等新型营销方式相关标准规范及技术支撑体系；仓储自动检测、计量、防护技术；流通加工技术。

计量、防伪、安全业，计量业的技术发展趋势是：计量器具的数字化、智能化。应重点发展电子计算机与微电子技术相结合的智能衡器制造技术；新型加油机制造技术；新型三表（电能表、水表、燃气表）制造技术；小批量、非标准计量器具的先进制造系统。

防伪业技术发展的趋势是：电子信息加密技术、计算机密码网络技术、激光全息技术、自动识别技术等的应用。要重点发展集成防伪技术、自动识别防伪技术、计算机网络防伪技术及特种印制和纸张防伪技术，增加传统防伪手段的技术含量和技术门类，加强防伪新材料的开发和应用，加强技术标准的制订和检测手段的建立。

锅炉、压力容器、压力管道等特种设备安全检测技术的发展趋势是：开发检测新技术和电子监控等先进的安全控制技术和产品，实现检测监控设备的数字化、智能化、小型化，积极推进检测监控仪器的国产化。重点发展新材料的研究推广使用，加强设计、制造、安装等环节的监察，提高特种设备本身的安全性能和安全防范能力。

五、政策措施

（一）充分发挥和运用市场对科技资源配置的基础作用。

1．进一步完善市场机制，积极利用国内国际两种科技资源。

建立良好的市场机制，形成有利于技术创新的外部环境。充分利用世界贸易组织保护特定产业的规则，建立保护国内企业进行技术创新产业发展所必须的市场环境。完善知识产权保护制度，加大执法力度，保护专利权人的合法权益。

以市场为导向，加强技术创新，发展高科技，实现产业化。做好技术引进工作，支持鼓励国内企业在境内外建立合资合作技术研发机构，鼓励外商投资企业在国内建立研究开发中心，促进技术扩散。

2．引导社会投资，多渠道增加对技术创新的投入。

转变对传统产业技术改造和技术创新的资金支持方式，改变行政审批项目制度，建立市场准入条件的评价体系，由企业自主决策融资条件与方式。拓宽融资渠道，吸收社会资本，建立和发展以高新技术改造传统产业为宗旨的社会产业投资基金。

建设风险投资机制，发展社会风险投资机构，重视培养风险投资管理营运人才，逐步建成以社会资本为主体的风险投资体系与风险投资基金，形成风险投资的多元投入结构。对国内外风险投资机构向高新技术产业进行风险投资实施鼓励政策。支持高新技术企业在证券市场融资，促进中小型科技企业的发展。

（二）建设以企业为主体的国家技术创新体系。

1．加强企业技术创新体系建设。

建立和完善企业技术开发中心，增强转制进入企业的科研院所的创新能力，制定创新战略、增加研究和开发投入、建立有效的人才激励机制，增强技术创新能力，加快技术创新产业化发展步伐，建设以企业为主体的国家技术创新体系。“十五”期间，国家重点企业技术开发能力和水平要基本适应经济发展和参与国际竞争的基本要求，发挥企业技术创新体系的主体作用。

2．建立以城市为依托，开放式的技术创新服务体系。

深化科技体制改革，引导、鼓励和支持具备条件的公益性科研院所向企业化转制，大幅度提高直接服务于经济建设的科技力量的比例，切实提高社会化服务能力。对其在改制、转化过程中遇到的困难，国家给予必要的财政、金融等政策的支持。优化社会科技资源配置，发挥整合优势，规范和发挥技术中介机构的作用，在完善现有技术推广机构和继续发展生产力促进中心的基础上，在区域性中心城市和技术创新试点城市建立面向社会的技术创新服务中心，逐步形成全国性、网络式、开放式的技术服务体系，为企业，尤其是中小企业的技术创新提供全方位服务。

3．建立以大型企业联合体和骨干转制科研机构为依托的行业技术开发基地。

推动大型企业的经营机制转变，建立规范的法人治理结构，在转制的基础上，以市场为导向，以提高开发和推广本行业共性、关键性、前沿性技术能力为目标，建立以大型企业联合体和骨干转制科研机构为依托，具有国内领先水平和国际先进水平的行业技术开发基地；建设和完善拥有先进设备与设施的大型国家实验室、国家工程中心等科研基础设施，对企业和研究机构开放。同时加强重大成果产业化。适时把握加入世贸组织的契机，在全球范围寻求合作发展机遇，将吸引跨国公司投资作为加快技术创新步伐的重要途径，提高融入国际分工水平。

4．建立新型农业科技创新体系。

建立高效、协调的农业科技管理体系；对现有农业研究开发机构进行分类改革，建立机构布局科学、学科结构合理，高效、精干的研发体系；建立队伍多元化、机制市场化、形式多样化的农业技术服务体系；建立开放、流动、竞争、协作的农业科技创新运行机制。

5．建立以企业为中心，风险共担的产学研结合机制。

建立企业与大学、科研院所的产学研联合体，形成以市场为导向的研究开发体系和开放式的产学研合作机制，根据我国技术比较优势、战略需要，选择独立开发、自主发展领域，通过系统集成，相互融合，探索新的技术路线，开发具有自主知识产权的技术。加快重大技术项目的攻坚开发和成果转化步伐，促进科技与经济的结合。

（三）加强宏观指导，加快技术创新的政策环境建设。

1．组织制定和实施“十五”国家技术创新纲要，明确今后技术创新工作方向和任务。

根据世界技术发展趋势，结合我国实际，由国家选择若干对于提高我国整体创新能力具有关键作用的重大工程，组织攻关，实施重点突破战略。重点选择一批具有战略制高点意义的高新技术项目，国家进行先期投资，并适时组织实施具有全局意义的创新型战略工程，为产业结构升级奠定基础。做好市场预测，加强信息引导，定期发布产业技术开发和引进的鼓励、限制和淘汰目录。组织制定特定区域技术发展规划，加速推进西部地区技术发展。

2．加大财税、金融政策扶持技术创新的力度。

在认真落实现有支持技术创新的各项政策基础上，制定进一步加大财政、税收、金融等支持力度的政策。对提高国民经济整体素质和产业优化升级的关键技术、共性和配套性技术及其产业化项目，国家给予重点支持。对关系到我国经济和社会安全的“战略性、基础性、关键性”的技术领域，特别是外国对我国技术禁运的领域，国家要加大力度支持自主开发。要通过财政政策等手段，支持企业利用先进适用技术改造传统产业和实施高新技术产业化项目；继续扩大国家政策性银行的优惠贷款，加大对国家重点技术创新工程的资金支持力度；通过政府采购，加强对企业开发高新技术产品的引导和鼓励，培育创新产品市场；进一步鼓励企业增加研究开发投入，促使企业提高研究开发投入占销售收入的比重。

3．进一步加强质量、标准、计量和安全监察体系建设。

建立健全与产业技术发展和加入世贸组织相适应的质量、标准、计量和安全监察体系。完善质量管理，强化质量监督，推进质量认证；积极采用国际标准，加速产业技术标准制订与实施；积极推进计量基础设施的建设和计量、安全评估检测技术的研究与开发；制定技术标准，限制落后技术、高污染技术及产品进入中国市场，促进国内企业增强抵御国际产品冲击的能力，支持幼稚产业发展。

4．建立产业技术政策和重大技术项目咨询审议会制度。

咨询审议会制度，是在市场经济形势下推动决策科学化、民主化的重要举措。产业技术政策和重大技术项目咨询审议会，负责对国家产业技术政策和重大技术项目进行论证评估，提出调整建议。咨询审议会成员由政府有关部门、企业界、学术界、中介机构及其他社会团体等代表组成。

5．建立人才激励机制，推进全社会人才资源的优化配置。

制定和实施有利于技术创新的人力资源政策，设立国家级的企业技术创新奖。鼓励归国留学人员创新开发，推进产学研之间科技人员的合理流动，支持科技人员从事成果转化。对技术创新和成果转化实施人给予合理股份体现。灵活运用户籍制度、用人制度、工资分配奖励制度，调动科技人员积极性，努力吸引和培育世界前沿科技人才。

贯彻落实“科教兴国”战略，重视素质教育，加强职业技术教育、继续教育，培养学习型组织，把增强创新意识、提高创新能力的教育提到重要地位。

关于严格项目审批程序制止电解铝、小火电、水泥、平板玻璃盲目建设的通知

（2002年4月15日　国家经贸委文件　国经贸投资[2002]235号）

各省、自治区、直辖市、计划单列市及新疆生产建设兵团经贸委（经委），各商业银行：

近期，电解铝、小火电、水泥、平板玻璃等重复建设现象有所抬头，造成电解铝发展势头过猛，地方自行越权审批火电项目增多，小水泥死灰复燃，平板玻璃重复建设严重。根据国务院领导同志批示精神，为严格控制电解铝、小火电，水泥、平板玻璃生产能力的盲目扩大，保证上述行业的健康发展，加快工业产品结构调整，现就有关事项通知如下：

一、电解铝、火电、水泥、平板玻璃行业重复建设情况

目前全国电解铝年生产能力约400万吨，正在实施和拟建设的项目45项，将新增生产能力400万吨以上，淘汰部分自焙槽后，电解铝年生产能力将达到700万吨左右。预计到2005年。我国电解铝需求量为500万～550万吨，届时将出现供大于求。近期电解铝发展速度过快，重复建设倾向已经显现。

近年来，地方越权审批的发电机组58台，共745万千瓦，多为13.5万千瓦及以下机组，部分企业借热电联产和资源综合利用之名，变相发展国家明令限制的纯凝汽式小火电机组。在建设大型发电机组时，落后小机组的淘汰工作滞后，严重影响电力资源的优化配置和结构调整，并将影响西电东送战略的实施。

当前全国水泥生产能力已经过剩。预计2005年国内水泥需求将维持在6亿吨左右，但目前生产能力已超过7亿吨。我国优质水泥比例偏低、生产企业污染严重、能耗高的问题急需解决。但是，目前在水泥市场需求趋增的情况下，落后的机立窑又在发展，一些已关闭的落后小水泥又死灰复燃，重新开工生产，严重影响了水泥工业结构调整。

平板玻璃行业近年来投产、在建和筹建的浮法玻璃生产线39条，实际将新增年生产能力6 800万重箱，相当于2000年玻璃生产能力（2.16亿重量箱）的32%，重复建设严重。

二、采取有效措施，防止重复建设

（一）坚决关停国家明令淘汰的落后生产能力、工艺、设备和产品。各地区要认真按照国家有关淘汰落后的自焙槽电解铝、小火电、小玻璃、小水泥的有关产业政策和文件精神，对尚未淘汰的设备和生产线，要运用市场化的手段，加强法制化管理，加速淘汰和关闭。同时，要严格控制电解铝、火电、水泥、平板玻璃技术改造项目审批。对于以上行业的技术改造项目审批，要严格按照审批权限执行，禁止化整为零、分项拆项审批。地方有关部门一律停止任何形式的电解铝、单纯扩大平板玻璃生产能力的项目审批。

（二）我国电解铝结构调整要坚持改造大型预焙槽与淘汰落后的自焙槽相结合的原则，立足现有大型骨干企业进行改组改造，近期原则上不再布新点。

（三）电厂技术改造项目中，热电联产项目要坚持以热定电，要与淘汰小机组和分散供热小锅炉相结合，大中城市要尽可能发展大型热电机组；老机组替代改造项目，要继续贯彻等量替代原则，尽可能选用 30 万千瓦以上的亚临界或超临界大型机组；劣质煤综合利用机组，限制选用 2.5 万千瓦以下的机组，鼓励发展 10 万千瓦等级及以上的综合利用机组。

（四）玻璃行业要严格执行《国务院办公厅转发国家经贸委国家计委关于从严控制平板玻璃生产能力切实制止低水平重复建设意见的通知》（国办发[2001]95 号）精神，所有平板玻璃技术改造项目，不论投资大小，一律报国家经贸委审批，对未经国家批准的项目，银行不得给予贷款。

（五）水泥行业要继续坚持总量调控，压缩过剩生产能力，在建设新型干法水泥生产线的同时，要相应等量或超量淘汰落后小水泥生产能力。要认真贯彻执行国家有关产业政策，除新型干法水泥生产线外，不得建设其他落后工艺生产线，防止各种名义的机立窑扩径改造，严禁将应淘汰的落后设备向中西部地区转移。

关于做好淘汰落后造纸、酒精、味精、柠檬酸生产能力工作的通知

（2007年10月22日　国家发展和改革委员会、国家环保总局文件　发改运行[2007]2775号）

有关省、自治区、直辖市发展改革委、经贸委（经委）、环保局：

为贯彻落实《国务院关于印发节能减排综合性工作方案的通知》（国发[2007]15号，以下简称《通知》）精神和工作部署，完成"十一五"淘汰落后造纸、酒精、味精、柠檬酸产能（以下简称"淘汰落后产能"）任务，实现减排化学需氧量（COD）目标，推进行业结构调整，促进产业优化升级，现就做好淘汰落后产能工作有关事项通知如下：

一、工作原则

坚持以邓小平理论和"三个代表"重要思想为指导，全面贯彻科学发展观，按照构建社会主义和谐社会和走新型工业化道路的要求，优化行业存量结构、调整改善产业布局，大力推进节能减排、淘汰落后生产能力，增强持续发展后劲，提高综合竞争能力。工作中遵循如下基本原则：

（一）责任主体原则。

认真落实《通知》明确的"地方各级人民政府对本行政区域节能减排负总责，政府主要领导是第一责任人"。强化企业主体责任，企业法人是本企业淘汰落后产能的第一责任人。

（二）目标任务原则。

围绕实现"十一五"淘汰落后产能目标，统筹安排计划，量化年度目标，明确各地任务，落实企业名单。要加强部门协作，形成工作合力，分步组织实施，确保按时完成淘汰落后产能任务。

（三）科学管理原则。

充分发挥市场机制作用，综合运用法律、经济和必要的行政手段淘汰落后产能。坚持依法行政、依规办事，严格执行政策和标准，不断完善政策和措施。强化各级政府对淘汰落后产能的监督管理。

（四）维护稳定原则。

坚持顾全大局意识，树立服从大局观念，准确理解掌握政策，深入细致开展工作，认真研究并妥善解决问题，积极主动化解矛盾，切实维护社会稳定。

二、依据标准

依法对不符合法律法规、产业政策的规定，环保评审不达标、超标或超排污许可证要求排放的落后造纸、酒精、味精、柠檬酸生产能力实施淘汰（包括：落后企业、落后生产线、落后生产工艺技术和装置）。

（一）主要依据。

1．《中华人民共和国水污染防治法》、《中华人民共和国清洁生产促进法》、《中华人民共和国国民经济和社会发展第十一个五年规划纲要》、《国务院关于发布实施〈促进产业结构调整暂行规定〉的决定》（国发[2005]40 号）、《国务院关于落实科学发展观加强环境保护的决定》（国发[2005]39 号）、《国务院关于印发节能减排综合性工作方案的通知》（国发[2007]15 号）等法律、法规。

2．国家颁布实施的产业政策、行业发展规划，国家环保政策及标准。

3．地方相关法规。

（二）具体标准。

1．造纸行业主要淘汰年产 3.4 万吨以下草浆生产装置、年产 1.7 万吨以下化学制浆生产线［（适用《造纸工业水污染物排放标准》（GB 3554—2001）］、排放不达标的[适用《环保总局关于修订〈造纸工业水污染物排放标准〉的公告》（环发[2003]152 号）]年产 1 万吨以下以废纸为原料的纸厂（东部、中部省份可根据本地实际适当提高淘汰落后制浆造纸产能的标准）。

2．酒精行业主要淘汰高温蒸煮糊化工艺、低浓度发酵工艺等落后生产工艺装置［适用《污水综合排放标准》（GB 8978—1996）］及年产 3 万吨以下企业（废糖蜜制酒精除外）。《产业结构调整指导目录（2005 年版）》禁止新建的酒精生产线（燃料乙醇项目除外）。

3．味精行业主要淘汰年产 3 万吨以下生产企业［适用《味精工业污染物排放标准》（GB 19431—2004）］。《产业结构调整目录（2005 年版）》禁止新建的使用传统工艺、技术的味精生产线。

4．柠檬酸行业主要淘汰环保不达标生产企业［适用《柠檬酸工业污染物排放标准》（GB 19430—2004）］。

三、目标任务

依据国务院《节能减排综合性工作方案》，综合各地提报和行业产能布局情况，《2006—2010 年各地淘汰落后造纸、酒精、味精、柠檬酸产能计划》（见附表）下达如下：

（一）总体目标任务。

"十一五"期间淘汰落后造纸产能 650 万吨，落后酒精产能 160 万吨，落后味精产能 20 万吨，落后柠檬酸产能 8 万吨；实现减排化学需氧量（COD）124.2 万吨。

（二）分年度目标任务。

2006—2010 年：分别淘汰落后造纸产能 210.5 万吨、230 万吨、106.5 万吨、50.7 万吨和 52.3 万吨；减排化学需氧量（COD）47 万吨。

2006—2010 年：分别淘汰落后酒精产能 10.1 万吨、40 万吨、44.4 万吨、35.5 万吨和 30 万吨；减排化学需氧量（COD）64 万吨。

2006—2009 年：分别淘汰落后味精产能 2.8 万吨、5 万吨、8.7 万吨和 3.5 万吨；减排化学需氧量（COD）10 万吨。

2006—2009 年：分别淘汰落后柠檬酸产能 3.3 万吨、2 万吨、1.9 万吨和 0.8 万吨；减排化学需氧量（COD）3.2 万吨。

四、工作要求

淘汰落后产能是落实国务院关于“十一五”节能减排战略部署的重要措施，是加快行业结构调整的重要内容。各地发展改革、经贸、环保部门必须高度重视，加强领导、落实责任，明确分工、精心组织，密切协作、扎实落实。

（一）提高思想认识，树立全局观念。

真正把思想和行动统一到中央关于节能减排的决策和部署上来。落后生产能力是资源浪费、环境污染的源头，影响经济健康发展，对环境的污染严重危害民生，必须坚决予以淘汰。淘汰落后产能工作能否落实直接影响到行业结构调整和全国节能减排目标的实现。要增强责任感，使命感，顾全大局，积极主动地认真做好工作。

（二）加强组织领导，落实工作责任。

各省（自治区、直辖市）发展改革、经贸、环保部门要督促市、县政府有关部门落实淘汰落后产能工作，按照已明确的分工，领导负责，明确任务，落实责任。要充分发挥相关部门和行业协会的作用，建立强有力的组织保障体系，密切协作，相互配合，形成高效工作机制。做到属地淘汰落后产能工作情况清楚，层层有人负责，事事有人落实，即时掌握进展、及时解决问题，切实落实已明确的工作目标和责任。

（三）精心周密安排，扎实抓好落实。

按照国务院《通知》要求，由省（自治区、直辖市）发展改革委、经贸委（经委）会同环保局制定切实可行的淘汰落后产能工作实施方案，扎实抓好工作落实。

1. 依据《通知》及国家发展改革委、环保总局下达的分年度、分行业淘汰落后产能计划，督促地方政府有关部门进一步确定属地淘汰落后产能企业名单，将计划指标分年度、分行业落实到企业。要与落后产能企业所在地市、县政府有关部门签订淘汰落后生产能力责任书，明确落后产能淘汰时间、淘汰方式（停产、拆除、关闭、转产、重组）和要求，限时按期淘汰。

2. 依据《国务院关于发布实施〈促进产业结构调整暂行规定〉的决定》（国发[2005]40号）和《通知》，对按规定应予淘汰的落后造纸、酒精、味精、柠檬酸产能（包括：落后企业、落后生产线、落后生产工艺技术和装置），采取措施促其淘汰。各金融机构应停止各种形式的授信支持，并收回已发放的贷款；价格部门对限期淘汰的落后企业在淘汰期限内，应实行差别电价、水价；环保部门对违法排污企业依法按高额实行经济处罚；质检部门应采取有效措施，切实加强生产许可证管理。

3. 对列入淘汰落后产能名单而不按期淘汰的企业（含国家产业政策明令禁止新建的酒精生产线、味精生产线），由地方政府主管部门依法予以关停。供电部门依法停止供电；质检部门依法吊销生产许可证；环保部门依法吊销排污许可证；工商部门依法吊销营业执照并予以公布或依法办理注销登记。要防止落后产能停而不汰，严禁落后产能异地转移，严把企业重组、转产的准入关，坚决杜绝落后产能死灰复燃。

（四）加强督促检查，落实监督责任。

建立淘汰落后产能工作督查和定期报告制度，落实监督责任。国家发展改革委和环保总局对没有完成淘汰落后产能任务的地区，严格控制国家安排投资的项目，实行项目“区域限批”。省（自治区、直辖市）发展改革、经贸、环保部门要履行对市、县淘汰落后产能工作的督查职责，加大监督执法和处罚力度，公开严肃查处典型违法违规案件，依法追究有关人员责任。地方政府主管部门对属地淘汰落后产能工作实施和计划落实情况要开展经常性检查，对落后企业退出情况进行监督，并按管理渠道每月向上一级报告淘汰落后产能工作情况。国家发展改革委、环保总局将按照国务院部署，对各地淘汰落后产能工作组织专项检查，指导和监督各地落实淘汰落后产能工作，每年向社会公告落后产能的企业名单和各地淘汰落后产能计划执行情况。

（五）联系地方实际，建立长效机制。

行业结构调整，产业优化升级是经济和社会发展的客观要求，淘汰落后产能是一项与时俱进的长期任务。要结合淘汰落后产能的实际，在国家法律法规、方针、政策框架下，完善地方性行政法规和政策体系。有条件的地方要安排资金支持落实淘汰落后产能。要研究规律，积累经验，创新模式，建立有效的淘汰落后激励和约束机制、工作联动机制和管理长效机制。国家发展改革委正在会同财政部研究制定中央和地方财政共同促进淘汰落后产能的政策，对淘汰落后产能给予激励和奖惩，实行“奖先罚后”，加大中央财政对经济欠发达地区淘汰落后产能的支持力度。

（六）坚持依法行政，维护安定团结。

准确理解和执行国家出台的各项政策，坚持依法行政，依规办事。要注意做好关闭企业的法人和下岗职工的政策解释工作，协调解决好合规企业关停后职工安置、债务处理、设备拆除费用及企业下岗人员再就业等问题，避免矛盾激化，消除不稳定因素，切实维护安定团结。要随时把握工作中的新情况，注意总结淘汰落后产能工作的好做法，及时协调解决有关问题，推广成熟经验，指导和促进淘汰落后产能工作有序进展。

请各地发展改革委、经贸委（经委）、环保局按照有关要求，认真做好淘汰落后产能工作。国家发展改革委、环保总局将会同有关部门对各地工作落实情况组织督查，并将情况向国务院报告。

附：《2006—2010年各地淘汰落后造纸、酒精、味精、柠檬酸产能计划》（略）

关于加快推进产业结构调整遏制高耗能行业再度盲目扩张的紧急通知

（2007 年 4 月 29 日　国家发展和改革委员会文件　发改运行[2007]933 号）

各省、自治区、直辖市和计划单列市、新疆生产建设兵团发展改革委、经贸委（经委、工业办），国家电网公司、中国南方电网有限责任公司：

自 2003 年对钢铁、电解铝、水泥行业实施宏观调控以来，国家陆续对一些产能过剩行业提出了加快推进结构调整的一系列政策措施。国务院《关于发布实施〈促进产业结构调整暂行规定〉的决定》（国发[2005]40 号）和《关于加快推进产能过剩行业结构调整的通知》（国发[2006]11 号）下发后，国家发展改革委会同有关部门配套制定了加快产能过剩行业结构调整指导意见、相关行业准入条件。在各方面的共同努力下，这些宏观调控的政策措施逐步得到贯彻落实，产能过剩行业盲目发展的势头一度得到遏制，加之一些高耗能行业受电力和原材料供应紧张局面的制约，投资增幅明显回落。结构调整步伐加快，大量能耗高、污染严重的落后生产能力被淘汰；单位产品能耗水平逐年下降，污染物排放减少；深加工产品的品种、产量、质量明显提高。结构调整及节能减排取得初步成效。但进入 2007 年以来，国内能源供应，特别是电力供需矛盾总体缓解，高耗能行业又开始在一些地区盲目扩张，一些地方政府还违犯产业政策规定，出台了一些鼓励高耗能产业发展的优惠政策，把高耗能产业作为招商引资的重点，致使今年一季度大多数高耗能产品的产量增长幅度都在 20%以上，其中粗钢产量增长 22.3%、铁合金增长 44.4%、电解铝增长 36.6%、焦炭增长 23.7%、电石增长 34.1%；某些高耗能行业投资增长幅度居高不下，给节能减排任务的完成增加困难。为全面贯彻落实科学发展观，加快推进产业结构调整和经济增长方式转变，实现经济社会平稳较快发展和“十一五”节能减排的目标，必须综合采取经济、法律手段，辅助以必要的行政措施，坚决遏制高耗能行业再度盲目扩张。现通知如下：

一、严格按照《国务院关于投资体制改革的决定》规范高耗能项目投资行为。要按照有关规定加强项目投资管理，从严控制新建高耗能项目，禁止违规审批（核准）、备案。按照《国务院办公厅转发发展改革委等部门关于加强固定资产投资调控从严控制新开工项目意见的通知》（国办发[2006]44 号）要求，严把钢铁、电解铝、铜冶炼、铁合金、电石、焦炭、水泥、煤炭、电力等产能过剩行业，特别是新上高耗能项目投资关。严禁投资新建或改扩建违反国家产业政策、行业准入条件和缺乏能源、资源支撑条件及环境容量不允许的高耗能项目。严格执行投资项目的节能评估规定。各地区要针对违规建设的高耗能项目组织一次全面的自查自纠，从严查处违反产业政策规定、违规审批和建设的高耗能项目。

二、坚决取缔违规出台的鼓励高耗能产业发展的各项优惠政策。各地区一律不得违反国家法律、法规和政策规定，自行制定出台鼓励高耗能产业发展的优惠政策，已经出台的要坚决废止。严禁通过减免税收等各种优惠政策招商引资，盲目上项目。在各类招商引资活动中，凡自行制定的不符合有关法律法规和国家产业政策的优惠政策措施，要一律予以废止。要按照国家发展改革委、国家电监会《关于坚决贯彻执行差别电价政策禁止自行出台优惠电价的通知》（发改价格[2007]773 号）规定，自查自纠差别电价政策执行过程中存在的问题。

三、认真贯彻国家产业政策和有关法律法规，积极推进产业结构调整。贯彻落实《国务院关于发布实施〈促进产业结构调整暂行规定〉的决定》（国发[2005]40 号）和经国务院批准的相关产业政策，积极主动推进产业结构调整。各地区一定要针对突出问题，加强组织领导，明确责任分工，制定具体措施，抓好贯彻落实，正确引导投资方向，支持企业的环保、节能改造，推广高效率、低能耗、环保型新技术、新工艺，遏制高耗能行业盲目扩张。

四、进一步提高行业准入门槛，淘汰能耗高、污染严重的落后生产能力。对已经出台行业准入条件的高耗能行业，各地要严格贯彻落实，严格按照准入条件要求加强准入管理，防止投资反弹和盲目投资，并按照规定期限淘汰能耗高、污染严重的落后生产能力。各地可根据实际情况，积极探索，在具备条件的地区尽快建立落后产能退出机制。对于违规盲目扩张和不按期淘汰落后高耗能装备及产品的企业，电力供应企业要依法停止供电。

五、加强产业政策与国土、信贷、环保等政策的协调配合和市场监管。对不符合国家产业政策、市场准入条件以及国家明令淘汰的各类高耗能行业建设项目，不提供授信支持，国土、规划、建设、环保和安全生产监管部门不办理相关手续。严禁通过简化法定审批程序，形成"绿色通道"突击上高耗能项目。发挥各级行业组织的作用，支持骨干企业加强行业自律，防止盲目攀比及在原料采购、产品出口等环节的恶性竞争。

六、加强督促检查，确保政策措施落实到位。遏制高耗能行业再度盲目扩张，是完成"十一五"节能减排目标的重要保证之一，是一项需要长抓不懈的任务。各地区和有关部门要加强督促检查，确保政策措施落实到位。国家发展改革委将会同有关部门，对各地自行清理违规出台的鼓励高耗能产业发展的各项优惠政策、纠正违规建设高耗能项目情况进行跟踪检查，并及时向国务院报告。

产业结构调整指导目录（2005 年本）

（2005 年 12 月 2 日中华人民共和国国家发展和改革委员会第 40 号令发布，
自发布之日起施行）

第一类 鼓励类

一、农林业

1. 粮食中低产田综合治理与稳产高产基本农田建设
2. 国家级农产品基地建设
3. 蔬菜、花卉无土栽培
4. 优质、高产、高效标准化栽培和养殖技术开发及应用
5. 重大病虫害及动物疾病防治
6. 农作物、家畜、家禽及水生动植物、野生动植物遗传工程及基因库建设
7. 动植物优良品种选育、繁育、保种和开发
8. 种（苗）脱毒技术开发及应用
9. 旱作节水农业、保护性耕作、生态农业建设、耕地质量建设以及新开耕地快速培肥技术开发
10. 生态种（养）技术开发与应用
11. 农用薄膜无污染降解技术及农田土壤重金属降解技术开发及应用
12. 绿色无公害饲料及添加剂研究开发
13. 内陆流域性大湖资源增殖保护工程
14. 远洋渔业
15. 奶牛养殖
16. 牛羊胚胎（体内）及精液工厂化生产
17. 农业克隆技术研发
18. 耕地保养管理与土、肥、水速测技术开发
19. 农、林作物种质资源保护地、保护区建设以及种质资源收集、保存、鉴定、开发和应用
20. 农作物秸秆还田与综合利用（包括青贮饲料、秸秆氨化养牛、还田、气化、培育食用菌等）
21. 农村可再生资源综合利用开发工程（沼气工程、生态家园等）
22. 平垸行洪退田还湖恢复工程
23. 食（药）用菌菌种培育
24. 草原、森林灾害综合治理工程

25. 利用非耕地的退耕（牧）还林（草）及天然草原植被恢复工程
26. 动物疫病的新型诊断试剂、疫苗及低毒低残留新药开发
27. 高产牧草人工种植
28. 天然橡胶种植生产
29. 无公害农产品及其产地环境的有害元素监测技术开发及应用
30. 有机废弃物无害化处理及有机肥料产业化技术开发及应用
31. 农牧渔产品的无公害、绿色生产技术开发及应用
32. 农林牧渔产品储运、保鲜、加工及综合利用
33. 天然林等自然资源保护工程
34. 植树种草工程及林木种苗工程
35. 水土保持综合技术开发及应用
36. 生态系统恢复与重建工程
37. 森林、野生动植物、湿地、荒漠、草原等类型自然保护区建设及生态示范工程
38. 防护林工程
39. 石漠化防治及防沙治沙工程
40. 固沙、保水、改土新材料生产
41. 抗盐与耐旱植物的培植
42. 速生丰产林工程、工业原料林工程及名特优新经济林建设
43. 竹藤基地建设及竹藤新产品生产技术开发
44. 中幼林抚育工程
45. 野生经济林树种保护、改良及开发利用
46. 珍稀濒危野生动植物保护工程
47. 林业基因资源保护工程
48. 次小薪材、沙生灌木和三剩物的深度加工及系列产品开发
49. 野生动植物种源繁育、培植基地及疫源疫病监测预警体系建设
50. 地道中药材和优质、丰产、濒危或紧缺动植物药材的种（养）殖
51. 香料、野生花卉等林下资源的人工培育及开发
52. 木基复合材料的技术开发
53. 竹质工程材料、植物纤维工程材料生产及综合利用
54. 林产化学品深加工
55. 人工增雨防雹等人工影响天气技术开发和应用

二、水利

1. 大江、大河、大湖治理及干支流控制性工程
2. 跨流域调水工程
3. 水资源短缺地区水源工程
4. 农村人畜饮水及改水工程
5. 蓄滞洪区安全建设
6. 海堤防维护及建设

7. 江河湖库清淤疏浚工程
8. 病险水库和堤防除险加固工程
9. 堤坝隐患监测与修复技术开发应用
10. 城市积涝预警和防洪工程
11. 出海口门整治工程
12. 综合利用水利枢纽工程
13. 牧区水利工程
14. 淤地坝工程
15. 水利工程用土工合成材料及新型材料开发制造
16. 大中型灌区改造及配套设施建设
17. 防洪抗旱应急设施建设
18. 高效输配水、节水灌溉技术及设备制造
19. 水情水质自动监测及防洪调度自动化系统开发
20. 水文数据采集仪器及设备制造

三、煤炭

1. 煤田地质及地球物理勘探
2. 120 万吨/年及以上的高产高效煤矿（含矿井、露天）、高效选煤厂建设
3. 矿井灾害（瓦斯、煤尘、矿井水、火、围岩等）防治
4. 工业及生活用环保型煤开发及生产
5. 水煤浆技术开发及应用
6. 煤炭气化、液化技术开发及应用
7. 煤层气勘探、开发和矿井瓦斯利用
8. 低热值燃料（含煤矸石）及煤矿伴生资源开发利用及设备制造
9. 管道输煤
10. 煤炭高效洗选脱硫技术开发及应用
11. 节水型选煤工程技术开发及应用
12. 地面沉陷区治理、矿井水资源保护及利用
13. 煤电、煤焦化（焦炉煤气、煤焦油深加工）一体化建设
14. 提高资源回收率的采煤方法、工艺开发应用及装备制造

四、电力

1. 水力发电
2. 单机 60 万千瓦及以上超临界、超超临界机组电站建设
3. 采用 30 万千瓦及以上集中供热机组的热电联产，以及热、电、冷多联产
4. 缺水地区单机 60 万千瓦及以上大型空冷机组电站建设
5. 风力发电及太阳能、地热能、海洋能、生物质能等可再生能源开发利用
6. 燃气蒸汽联合循环发电
7. 30 万千瓦及以上循环流化床、增压流化床、整体煤气化联合循环发电等洁净煤发电

8. 单机 20 万千瓦及以上采用流化床锅炉并利用煤矸石或劣质煤发电
9. 500 千伏及以上交、直流输变电
10. 投运发电机组脱硫改造
11. 城乡电网改造及建设
12. 继电保护技术、电网运行安全监控信息技术开发
13. 大型电站及大电网变电站集约化设计和自动化技术开发
14. 跨区电网互联工程技术开发
15. 输变电新技术推广应用
16. 降低输、变、配电损耗技术开发及应用
17. 分散供电技术开发及应用

五、核能

1. 铀矿地质勘查和铀矿采冶
2. 低温核供热堆、快中子增殖堆、聚变堆、先进研究堆、高温气冷堆
3. 核电站建设
4. 高性能核燃料元件制造
5. 乏燃料后处理
6. 核分析、核探测仪器仪表制造
7. 同位素、加速器及辐照应用技术开发
8. 先进的铀同位素分离技术开发
9. 辐射防护技术开发与监测设备制造
10. 核设施实体保护仪器仪表开发

六、石油、天然气

1. 石油、天然气勘探及开采
2. 天然气水合物勘探开发
3. 原油、天然气、成品油的储运和管道输送设施及网络建设
4. 油气伴生资源综合利用
5. 提高油气田采收率、生产安全保障技术和设施、生态环境恢复与污染防治工程技术开发和应用
6. 放空天然气回收利用

七、钢铁

1. 黑色金属矿山接替资源勘探及关键勘探技术开发
2. 炭化室高度 6 米以上、宽 500 毫米以上配干熄焦、装煤、推焦除尘装置的新一代大容积机械化焦炉建设
3. 煤捣固炼焦、配型煤炼焦工艺技术应用
4. 干法熄焦、导热油换热技术应用
5. 120 万吨/年以上大型链篦机回转窑和带式球团焙烧机等氧化球团生产

6. 15 万吨/年及以上直接还原法炼铁
7. 先进适用的熔融还原技术开发及应用
8. 废钢加工处理（分类、剪切和打包，不含炼钢）
9. 合金钢大方坯、大型板坯、圆坯、异型坯及近终型连铸技术开发及应用
10. 现代化热轧宽带钢轧机关键技术开发应用及关键部件制造
11. 薄板坯连铸连轧关键技术开发应用及关键部件制造
12. 高强度钢生产
13. 高速重载铁路用钢生产
14. 石油开采用油井管、电站用高压锅炉管及油、气等长距离输送用钢管生产
15. H 型钢、400 MPa 及以上螺纹钢筋生产
16. 冷连轧宽带钢关键技术开发应用及关键部件制造
17. 冷轧硅钢片生产
18. 控制轧制、控制冷却工艺技术应用
19. 直径 550 毫米以上超高功率石墨电极生产
20. 大型高炉用微孔、超微孔炭砖生产
21. 优质合成、不定形耐火材料生产
22. 铁合金新工艺、新技术开发应用
23. 全燃煤气热电联产
24. 蓄热式燃烧技术应用
25. 冶金综合自动化技术应用

八、有色金属

1. 有色金属矿山接替资源勘探及关键勘探技术开发
2. 铜、铝、铅、锌、镍大中型矿山建设
3. 紧缺资源的深部及难采矿床开采
4. 硫化矿物无污染强化熔炼工艺开发及应用
5. 高效萃取设备和工艺技术开发
6. 高精铜板、带、箔、管材生产及技术开发
7. 高精铝板、带、箔及高速薄带铸轧生产技术开发与设备制造
8. 轨道交通用高性能金属材料制造
9. 有色金属复合材料技术开发及应用
10. 高性能、高精度硬质合金及深加工产品和陶瓷材料生产
11. 稀有、稀土金属深加工及其应用
12. 锡化合物、锑化合物（不含氧化锑）生产
13. 高性能磁性材料制造
14. 超细粉体材料、电子浆料及其制品生产
15. 非晶合金薄带制造
16. 新型刹车材料制造
17. 高品质镁合金铸造及板、管、型材加工技术开发

18. 有色金属生产过程检测和控制技术开发
19. 焙烧、热压预氧化和细菌氧化提金工艺技术开发及应用

九、化工

1. 化工原料矿产资源勘探及大中型化工原料矿山建设
2. 资源节约和环保型氮肥装置建设以及原料本地化、经济化改造
3. 优质磷复肥、钾肥及各种专用复合肥生产
4. 高效、低毒、安全新品种农药及中间体开发生产
5. 用清洁生产技术建设和改造无机化工生产装置
6. 环保型涂料生产
7. 新型生物化工产品、专用精细化学品和膜材料生产
8. 新型高效、无污染催化剂开发及生产
9. 有机硅、有机氟及高性能无机氟化工产品生产
10. 无机纳米及功能性材料生产
11. 新型染料及其中间体开发及生产
12. 大型芳烃生产装置建设
13. 提高油品质量的炼油及节能降耗装置改造
14. 大型乙烯建设（东部及沿海 80 万吨/年及以上、西部 60 万吨/年及以上）及现有乙烯改扩建
15. 大型合成树脂及合成树脂新工艺、新产品开发
16. 大型己内酰胺、乙二醇、丙烯腈的生产技术开发和成套设备制造
17. 大型合成橡胶、合成胶乳和热塑性弹性体先进工艺开发、新产品制造
18. 新型环保型油剂、助剂等纺织专用化学品生产
19. 复合材料、功能性高分子材料、工程塑料及低成本化、新型塑料合金生产
20. 采用先进工艺技术的大型基本有机化工原料生产
21. 高等级道路沥青、聚合物改性沥青和特种沥青生产
22. 低硫含酸重质原油综合利用
23. 合成树脂加工用新型助剂、新型吸附剂、高性能添加剂和复配技术开发
24. 20 万吨/年及以上氧氯化法制聚氯乙烯
25. 氯化法钛白粉生产
26. 高等级子午线轮胎及配套专用材料、设备生产
27. 醇醚燃料生产

十、建材

1. 日产 4 000 吨及以上（西部地区日产 2 000 吨及以上）熟料新型干法水泥生产及装备和配套材料开发
2. 新型节能环保墙体材料、绝热隔音材料、防水材料和建筑密封材料、建筑涂料开发生产
3. 优质环保型摩擦与密封材料生产

4. 3 万吨/年及以上无碱玻璃纤维池窑拉丝技术和高性能玻璃纤维及制品技术开发与生产

5. 优质节能复合门窗及五金配件生产

6. 新型管材（含管件）技术开发制造

7. 优质浮法玻璃生产技术、装备和节能、安全平板玻璃深加工技术开发

8. 一次冲洗用水量 6 升及以下的坐便器、节水型小便、蹲便器及节水控制设备开发生产

9. 高新技术和环保产业需求的高纯、超细、改性等精细加工矿物材料生产及其技术装备开发制造

10. 新型干法水泥和新型墙体材料等建材产品生产中消纳工业废弃物、城市垃圾和污泥的无害化与资源化关键技术及装备开发

11. 玻璃纤维增强塑料制品（玻璃钢）机械化成型技术开发

12. 散装水泥装备技术开发

13. 高性能混凝土用外加剂技术开发与生产

14. 50 万吨/年及以上人工砂生产线及其技术装备开发生产

15. 100 万吨/年及以上大型水泥粉磨站建设

16. 20 万立方米/年以上大型石材荒料、30 万平方米/年以上超薄复合石材生产

17. 高品质人工晶体材料生产技术开发

十一、医药

1. 具有自主知识产权的新药开发与生产

2. 重大传染病防治疫苗和药物开发与生产

3. 新型诊断试剂及生物芯片技术开发与生产

4. 新型计划生育药物及器具开发与生产（含第三代孕激素的避孕药，第三代宫内节育器等）

5. 天然药物、海洋药物开发与生产

6. 制剂新辅料开发与生产

7. 关键医药中间体开发与生产

8. 医药生物工程新技术、新产品开发

9. 新型药物制剂技术开发与应用

10. 大规模药用多肽和核酸合成、发酵生产、纯化技术开发和应用

11. 药物生产中的膜技术、超临界萃取技术、手性技术及自控技术等开发和应用

12. 原料药清洁生产工艺开发与应用

13. 新型药用包装材料及其技术开发

14. 中药现代化（濒危稀缺药用动植物人工繁育技术开发；先进农业技术在中药材规范化种植、养殖中的应用；中药有效成份的提取、纯化、质量控制新技术开发和应用；中药现代剂型的工艺技术、生产过程控制技术和装备的开发与应用；中药饮片创新技术开发和产业化）

15. 少数民族医药开发生产

16. 数字化医学影像产品及医疗信息技术开发与制造
17. 早期诊断医疗仪器设备开发制造
18. 微创外科和介入治疗装备及器械开发制造
19. 医疗急救及康复工程技术装置开发生产
20. 实验动物养殖
21. 微生物开发利用

十二、机械

1. 数控机床关键零部件及刀具制造
2. 三轴以上联动的高速、精密数控机床，数控系统及交流伺服装置、直线电机制造
3. 新型传感器开发及制造
4. 轿车轴承、铁路轴承、精密轴承、低噪音轴承制造
5. 转轮直径 8.5 米及以上混流、轴流式水电设备及其关键配套辅机制造
6. 大型贯流及抽水蓄能水电机组及其关键配套辅机制造
7. 60 万千瓦及以上超临界及超超临界火电机组成套设备技术开发、设备制造及其关键配套辅机制造
8. 30 万千瓦及以上循环流化床锅炉制造
9. 40 万千瓦级以上燃气、蒸汽联合循环设备制造
10. 大型、精密、专用铸锻件技术开发及设备制造
11. 500 千伏及以上超高压交、直流输变电成套设备制造
12. 清洁能源发电设备制造（核电、风力发电、太阳能、潮汐等）
13. 30 万吨/年及以上合成氨成套设备制造
14. 60 万吨/年及以上乙烯成套设备制造技术开发及应用
15. 集散型（DCS）控制系统及智能化现场仪表开发及制造
16. 精密仪器开发及制造
17. 新型液压、气动、密封元器件及装置制造
18. 自动化焊接设备技术开发及设备制造
19. 大型、精密模具及汽车模具设计与制造
20. 可控气氛及大型真空热处理技术开发及设备制造
21. 安全生产及环保检测仪器设计制造
22. 城市垃圾处理设备制造
23. 粉煤灰储运、利用成套设备制造
24. 废旧电器、塑料、废旧橡胶回收利用设备制造
25. 海水淡化和海水直接利用设备制造
26. 工业机器人及其成套系统开发制造
27. 500 万吨/年及以上矿井综合采掘、装运成套设备及大型煤矿洗选机械设备制造
28. 2 000 万吨级/年及以上大型露天矿成套设备制造
29. 大型油气集输设备制造
30. 自动化高速多色成套印刷设备制造

31. 种、肥、水、药高效施用和保护性耕作等农机具制造
32. 5 吨/时以上种子加工成套设备开发制造
33. 禽、畜类自动化养殖成套设备制造
34. 设施农业设备制造
35. 农、林、渔、畜产品深加工及资源综合利用设备制造
36. 秸秆综合利用关键设备制造
37. 农业（棉花、水稻、小麦、玉米、豆类、薯类、草饲料等）收获机械制造
38. 营林及人工植被工业化生产设备制造技术开发
39. 大型工程施工机械及关键零部件开发及制造
40. 电控内燃机及关键零部件技术开发与制造
41. 蓄冷（热）技术开发及设备制造
42. 大型能量回收装置成套设备设计制造
43. 7 000 米及以上深井钻机成套设备设计制造
44. 高性能清淤设备制造
45. 医疗废物集中处理设备制造
46. 自动气象站系统技术开发及设备制造
47. 特种气象观测及分析设备制造
48. 地震台站、台网和流动地震观测技术系统开发及仪器设备制造
49. 地质灾害监测治理新技术及设备研发
50. 有害气体净化设备制造
51. 食品质量安全检验检测相关技术及设备
52. 报废汽车拆解、破碎处理设备制造

十三、汽车

1. 汽车、摩托车整车及发动机、关键零部件系统设计开发
2. 自动变速箱、重型汽车变速箱等汽车关键零部件及具有自主产权（品牌）的先进、适用汽车、发动机制造
3. 汽车轻量化及环保型新材料制造
4. 汽车重要部件的精密锻压、多工位压力成型及铸造
5. 汽车、摩托车型式试验及维修用检测系统开发制造
6. 压缩天然气、氢燃料、合成燃料、液化石油气、醇醚类燃料汽车和混合动力汽车、电动汽车、燃料电池汽车等新能源汽车整车及关键零部件开发及制造
7. 先进的小排量经济型乘用车、集装箱运输车、多轴大型专用车辆
8. 先进的轿车用柴油发动机开发制造
9. 城市用低底盘公共汽车开发制造

十四、船舶

1. 高技术、高性能、特种船舶和 10 万吨级及以上大型船舶设计及制造
2. 万吨级及以上客船、客滚船、滚装船、客箱船、火车渡船制造

3. 5 000 立方米及以上液化石油气（LPG）、液化天然气（LNG）船制造

4. 3 000 标准箱（TEU）及以上集装箱船制造

5. 船用动力系统、电站、特辅机制造

6. 大型远洋渔船及海上钻井船、钻采平台、海上浮式生产储油轮等海洋工程装备设计制造

7. 船舶控制与自动化、通讯导航、仪器仪表等船用设备制造

十五、航空航天

1. 飞机及零部件开发制造

2. 航空发动机开发制造

3. 机载设备系统开发制造

4. 直升机总体、旋翼系统、传动系统开发制造

5. 航空航天用新型材料开发及生产

6. 航空航天用燃气轮机制造

7. 卫星、运载火箭及零部件制造

8. 航空、航天技术应用及系统软硬件产品、终端产品开发生产

9. 航空器地面模拟训练系统开发制造

10. 航空器地面维修、维护、检测设备开发制造

11. 卫星地面系统建设及设备制造

十六、轻工

1. 符合经济规模的林纸一体化木浆、纸和纸板生产

2. 高新技术制浆造纸机械成套设备开发制造

3. 非金属制品模具设计、加工、制造

4. 生物可降解塑料及其系列产品开发

5. 农用塑料节水器材和农用多层薄膜开发、生产

6. 高技术陶瓷（含工业陶瓷）产品及装备技术开发

7. 陶瓷清洁生产技术开发及应用

8. 光、机、电子一体缝制机械及特种工业缝纫机开发制造

9. 天然香料、合成香料新技术开发和产品制造

10. 新型、生态型（易降解、易回收、可复用）包装材料研发、生产

11. 新型塑料保温板、大口径塑料管材（直径 0.5 米以上）、超低噪音排水塑料管、防渗土工膜、医用塑料等新型塑料产品开发、制造

12. 高新、数字印刷技术及高清晰度制版系统开发及应用

13. 高技术绿色电池产品制造（无汞碱锰电池、氢镍电池、锂离子电池、高容量密封型免维护铅酸蓄电池、燃料电池、锌空气电池、太阳能电池）

14. 少数民族特需用品制造

15. 天然食品添加剂原料及生产技术开发应用

16. 无元素氯（ECF）和全无氯（TCF）化学纸浆漂白工艺开发及应用

十七、纺织

1. 高档纺织品生产、印染和后整理加工
2. 采用化纤高仿真加工技术生产高档化纤面料
3. 各种差别化、功能化化学纤维、高技术纤维生产
4. 纤维及非纤维用新型聚脂（聚对苯二甲酸丙二醇酯、聚葵二酸乙二醇酯、聚对苯二甲酸丁二醇酯等）生产
5. 符合生态、资源综合利用与环保要求的特种天然纤维（包括除羊毛以外的其他动物纤维、麻纤维、竹纤维、桑蚕丝、彩色棉花等）产品加工
6. 采用高新技术的产业用特种纺织品生产
7. 新型高技术纺织机械及关键零部件制造
8. 高档地毯、抽纱、刺绣产品生产
9. 采用计算机集成制造系统的高档服装生产
10. 利用可再生资源的新型纤维（聚乳酸纤维、溶剂法纤维素纤维、动植物蛋白纤维等）生产
11. 纺织、纺机企业生产所需检测、试验仪器开发制造

十八、建筑

1. 节能省地型建筑暨绿色建筑的开发
2. 高层建筑与空间结构技术开发
3. 低噪声建筑施工机具开发与制造
4. 住宅高性能外围护结构材料与部件制造
5. 新型建筑结构系统开发
6. 建筑隔震减震结构体系及产品研发与推广
7. 建筑节水、节能、节地及节材关键技术开发
8. 智能建筑产品与设备的生产制造与集成技术研究
9. 居住及公共建筑集中采暖按热量计量技术应用
10. 商品混凝土、商品砂浆及其施工技术开发

十九、城市基础设施及房地产

1. 城市基础空间信息数据生产及关键技术开发
2. 城市公共交通建设
3. 城市道路及智能交通体系建设
4. 城市交通管制系统技术开发及设备制造
5. 城镇地下管道共同沟建设
6. 城镇供排水管网工程、供水水源及净水厂工程
7. 城镇燃气工程
8. 城镇集中供热建设和改造工程
9. 城市雨水收集利用工程

10. 节能、低污染取暖设备制造
11. 城镇园林绿化及生态小区建设
12. 城市立体停车场建设
13. 先进适用的建筑成套技术、产品和住宅部品研发和推广
14. 燃气汽车加气站工程
15. 城市建设管理信息化技术开发
16. 城市生态系统关键技术开发
17. 城际快速、城市轨道交通（经国家批准）系统开发、建设及车辆制造
18. 城市节水技术开发与应用
19. 城市照明智能化、绿色照明产品及系统技术开发
20. 国家住宅示范工程建设

二十、铁路

1. 铁路新线建设
2. 既有线路提速及扩能
3. 客运专线、高速铁路系统技术开发及建设
4. 机车同步操纵、列车电空制动（ECP）、25 吨及以上轴重货运重载技术开发
5. 铁路行车及客运、货运安全保障系统技术与装备开发
6. 编组站自动化、装卸作业机械化设备制造
7. 铁路运输信息系统开发
8. 铁路集装箱运输系统开发与建设
9. 交流传动机车、动车组、高原机车、机车车辆救援设备制造及技术开发
10. 交流传动核心元器件制造（含 IGCT、IGBT 元器件）
11. 时速 200 公里及以上铁路接触网、道岔、牵引供电技术开发与设备制造
12. 电气化铁路牵引供电功率因数补偿技术开发
13. 铁路线路检测、机车车辆监测技术开发与设备制造
14. 大型养路机械、多用途养路机械、轨道检测设备、工务专用设备开发制造
15. 行车调度指挥自动化技术开发
16. 混凝土结构物修补和提高耐久性技术、材料开发
17. 高速磁悬浮交通系统技术及材料开发与应用
18. 铁路旅客列车集便器及污物地面接收、处理工程

二十一、公路

1. 国道主干线、西部开发公路干线、国家高速公路网项目建设
2. 公路智能运输系统开发与建设
3. 公路快速客货运输系统开发与建设
4. 公路管理信息系统开发与建设
5. 公路工程新材料开发及生产
6. 公路工程及养护新型机械设备设计制造

7. 公路集装箱和厢式运输
8. 特大跨径桥梁修筑和养护技术开发
9. 长大隧道修筑和维护技术开发
10. 农村客货运输网络开发与建设
11. 农村公路建设

二十二、水运

1. 深水泊位（沿海万吨级、内河千吨级）建设
2. 出海深水航道及内河干线航道建设、通航建筑物建设
3. 大型港口装卸自动化工程
4. 海运电子数据交换系统开发
5. 水上安全保障系统和救助打捞装备建设与开发
6. 内河航运及船型标准化
7. 港口、深水航道及航电枢纽建设所需特种工程机械设备设计制造
8. 集装箱多式联运及水上集装箱运输
9. 水上高速客运
10. 原油、成品油、天然气船舶运输
11. 船舶溢油监测及应急消除系统建设开发
12. 水上滚装多式联运及水路大宗散货运输
13. 水运行业信息系统建设
14. 国际邮轮运输

二十三、航空运输

1. 机场建设
2. 公共航空运输
3. 通用航空
4. 空中交通管制和通讯导航系统建设
5. 航空器维修
6. 航空计算机管理及其网络系统开发与建设
7. 航空油料设施建设
8. 航空特种车辆、货场设备、仓储设备、货物集装器、高性能机场安检设备、高性能机场消防设备开发与制造
9. 海上空中监督巡逻和搜救设施建设

二十四、信息产业

1. 2.5GB/S 及以上光同步传输系统建设
2. 155MB/S 及以上数字微波同步传输设备制造及系统建设
3. 卫星通信系统、地球站设备制造及建设
4. 网管监控、七号信令、时钟同步、计费等通信支撑网建设

5. 数据通信网设备制造及建设

6. 智能网等新业务网设备制造及建设

7. 宽带网络设备制造及建设

8. 数字蜂窝移动通信网建设

9. IP 业务网络建设

10. 邮政储蓄网络建设

11. 邮政综合业务网建设

12. 邮件处理自动化工程

13. 卫星数字电视广播系统建设

14. 增值电信业务平台建设

15. 32 波及以上光纤波分复用传输系统设备制造

16. 10 GB/S 及以上数字同步系列光纤通信系统设备制造

17. 支撑通讯网的新技术设备制造

18. 同温层通信系统设备制造

19. 数字移动通信（含 GSM-R）、接入网系统、数字集群通信系统及路由器、网关等网络设备制造

20. 大中型电子计算机及高性能微机、工作站、服务器设备制造

21. 线宽 1.2 微米以下大规模集成电路设计、制造

22. 大规模集成电路装备制造

23. 新型电子元器件（片式元器件、频率元器件、混合集成电路、电力电子器件、光电子器件、敏感元器件及传感器、新型机电元件、高密度印刷电路板和柔性电路板等）制造

24. 电子专用材料制造

25. 软件开发生产

26. 计算机辅助设计（CAD）、辅助测试（CAT）、辅助制造（CAM）、辅助工程（CAE）系统开发生产

27. 电子专用设备、仪器、工模具制造

28. 大容量光、磁盘驱动器及其部件和数字产品用存储卡制造

29. 新型显示器件、中高分辨率彩色显像管/显示管及玻壳制造及技术开发

30. 新型（非色散）单模光纤及光纤预制棒制造

31. 数字音视频广播系统设备制造

32. 高密度数字激光视盘播放机盘片制造

33. 只读光盘和可记录光盘复制生产

34. 数字摄录机、数字录放机、数字电视产品制造

35. 普通纸传真机制造

36. 信息安全产品、网络监察专用设备开发制造

37. 数字多功能电话机制造

38. 6 英寸及以上单晶硅、多晶硅及晶片制造

39. 多普勒雷达技术及设备制造

40. 汽车电子产品制造
41. 医疗电子产品制造
42. 金融电子设备制造及系统建设
43. 无线局域网（Wi-Fi 短距离无线通信技术等）技术开发、设备制造
44. 电子商务和电子政务系统开发
45. 卫星导航系统技术开发及设备制造

二十五、其他服务业

1. 电子商务、现代物流服务体系建设及以连锁经营形式发展的中小超市、便利店、专业店等新型零售业态

2. 粮食、棉花、食糖、食用油、化肥、石油等重要商品的现代化仓储等物流设施建设

3. 现代化的农产品市场流通设施及农产品贸工农一体化设施建设
4. 闲置设备、旧货、旧机动车调剂交易市场建设
5. 中小企业社会化服务体系建设
6. 农、林业社会化服务体系建设
7. 租赁服务
8. 后勤社会化服务
9. 城市社区服务网点建设
10. 房地产中介服务、物业管理服务
11. 社会化养老服务
12. 残疾人服务设施建设
13. 基本医疗、计划生育、预防保健服务设施建设
14. 血站建设
15. 远程医疗服务
16. 文化艺术、新闻出版、广播影视、大众文化、科普、体育设施建设及产业化运营
17. 文物保护及设施建设
18. 幼儿教育、义务教育、高中教育、高等教育、职业技术教育及特殊教育
19. 远程教育系统建设
20. 未成年人活动场所及儿童社会福利设施建设
21. 旅游基础设施建设及旅游信息服务系统开发
22. 工业旅游、农业旅游、森林旅游、生态旅游及其他旅游资源综合开发项目建设
23. 信用卡及其网络服务
24. 旅游商品、纪念品开发
25. 就业创业咨询、辅导、中介及培训服务

26. 国家级工程（技术）研究中心、国家认定的企业技术中心、重点实验室、高新技术创业服务中心、新产品开发设计中心、科研中试基地、实验基地建设

27. 科学普及、技术推广、科技交流、技术咨询、知识产权及气象、环保、测绘、地震、海洋、技术监督等科技服务

28. 经济、规划、工程、管理、会计、审计、法律、环保等咨询服务
29. 科学仪器、实验动物、化学试剂、文献信息等科研支撑条件共建共享服务
30. 商品质量认证和质量检测
31. 防伪技术开发和运用
32. 资信调查与评级服务体系建设
33. 动漫制作

二十六、环境保护与资源节约综合利用

1. 矿山生态环境恢复工程
2. 海洋开发及海洋环境保护
3. 生物多样性保护工程
4. 微咸水、劣质水、海水的开发利用及海水淡化工程
5. 消耗臭氧层物质替代品开发与利用
6. 医疗废物处置中心建设
7. 危险废弃物处理中心建设
8. 区域性废旧汽车处理中心建设
9. 流出物辐射环境监测技术工程
10. 环境监测体系工程和新型环保技术开发应用
11. 放射性废物及其他危险废物安全处置技术及设备开发、制造
12. 流动污染源（火车、船舶、汽车等）防治技术开发及应用
13. 城市交通噪声与振动控制及材料生产
14. 电网、信息系统电磁辐射控制技术开发
15. 削减和控制二噁英排放的技术开发与应用
16. 持久性有机污染物类产品的替代品开发与应用
17. 废弃持久性有机污染物类产品处置技术开发与应用
18. “三废”综合利用及治理工程
19. “三废”处理用生物菌种和添加剂开发及生产
20. 含汞废物的汞回收处理技术开发应用及成套设备制造
21. 重复用水技术开发及设备制造与使用
22. 高效、低能耗污水处理与再生技术开发及设备制造
23. 城镇垃圾及其他固体废弃物减量化、资源化、无害化处理和综合利用工程
24. 废物填埋防渗膜生产
25. 新型水处理药剂开发及生产
26. 煤气、烟气除尘、脱硫、脱硝技术及装置开发、成套设备制造
27. 墙体吸收噪声技术与材料开发
28. 交流变频调速节能技术开发及应用
29. 机动车、内燃机车节油技术开发及应用
30. 新型节能环保家用电器和关键零部件生产及技术开发
31. 节水、节能产品生产

32. 用水监测仪器开发、生产
33. 新型节能照明产品、生产技术开发和配套的材料、设备技术开发
34. 节能、节水、环保及资源综合利用等技术开发、应用及设备制造
35. 日产 2 000 吨及以上熟料新型干法水泥生产余热发电
36. 高炉、转炉、焦炉煤气回收及综合利用
37. 高能耗、污染重的石油、石化、化工行业节能、环保改造
38. 高效、节能采矿、选矿技术（药剂）及设备开发、成套设备制造
39. 多元素共生矿资源综合利用
40. 低品位、复杂、难处理矿开发及综合利用
41. 尾矿、废渣等资源综合利用
42. 再生资源回收利用产业化

第二类　限制类

一、农林业

1. 天然草场超载放牧
2. 单线 5 万立方米/年以下的高中密度纤维板项目
3. 单线 3 万立方米/年以下的木质刨花板项目
4. 1 000 吨/年以下的松香生产项目

二、煤炭

1. 单井井型低于以下规模的煤矿项目：山西、陕西、内蒙古 30 万吨/年；新疆、甘肃、宁夏、青海、北京、河北、东北及华东地区 15 万吨/年；西南和中南地区 9 万吨/年；开采极薄煤层 3 万吨/年
2. 采用非机械化开采工艺的煤矿项目
3. 设计的煤炭资源回收率达不到国家规定要求的煤矿项目
4. 未经国家或省（区、市）煤炭行业管理部门批准矿区总体规划的煤矿项目

三、电力

1. 除西藏、新疆、海南等小电网外，单机容量在 30 万千瓦及以下的常规燃煤火电机组

2. 除西藏、新疆、海南等小电网外，发电煤耗高于 300 克标准煤/千瓦时的发电机组，空冷机组发电煤耗高于 305 克标准煤/千瓦时的发电机组

四、石油、天然气和化工

1. 10 万吨/年以下及 DMT 法聚酯装置
2. 7 万吨/年以下聚丙烯装置（连续法及间歇法）
3. 10 万吨/年以下丙烯腈装置
4. 10 万吨/年以下 ABS 树脂装置（本体连续法除外）

5. 60 万吨/年以下乙烯装置

6. 800 万吨/年以下常减压炼油装置

7. 50 万吨/年以下催化裂化装置、40 万吨/年以下连续重整装置、80 万吨/年以下加氢裂化装置、80 万吨/年以下延迟焦化装置

8. 20 万吨/年以下聚乙烯装置

9. 20 万吨/年以下乙烯氧氯化法聚氯乙烯装置、12 万吨/年以下电石法聚氯乙烯装置

10. 20 万吨/年以下苯乙烯装置（干气制乙苯工艺除外）

11. 10 万吨/年以下聚苯乙烯装置

12. 22.5 万吨/年以下精对苯二甲酸装置

13. 20 万吨/年以下环氧乙烷/乙二醇装置

14. 10 万吨/年以下己内酰胺装置

15. 20 万吨/年以下乙烯法醋酸装置、10 万吨/年以下羰基合成法醋酸装置

16. 100 万吨/年以下氨碱装置

17. 30 万吨/年以下联碱装置

18. 20 万吨/年以下硫磺制酸装置、10 万吨/年以下硫铁矿制酸装置

19. 常压法及综合法硝酸装置

20. 以石油（高硫石油焦除外）为原料的化肥生产项目

21. 硫酸法钛白粉生产线（产品质量达到国际标准，废酸、亚铁能够综合利用，并实现达标排放的除外）

22. 1 000 吨/年以下铅铬黄生产线

23. 5 000 吨/年及以下氧化铁红颜料装置

24. 2.5 万千伏安以下（能力小于 4.5 万吨）及 2.5 万千伏安以上环保、能耗等达不到准入要求的电石矿热炉项目

25. 5 000 吨/年以下的电解二氧化锰生产线

26. 15 万吨/年以下烧碱装置

27. 2 万吨/年以下氢氧化钾装置

28. 单线 2 万吨/年以下或有钙焙烧铬化合物生产装置

29. 氯化汞触媒项目

30. 单套 1 万吨/年以下无水氟化氢（HF）生产装置（配套自用和电子高纯氟化氢除外）

31. 单套反应釜 6 000 吨/年以下、后处理 3 万吨/年以下的 F22 生产装置（作为原料进行深加工除外）

32. 2 万吨/年以下的（甲基）有机硅单体生产装置

33. 8 万吨/年以下的甲烷氯化物生产项目（不包括为有机硅配套的一氯甲烷生产项目）

34. 8 万吨/年及以上、对副产的全部四氯化碳没有配套处置设施的甲烷氯化物生产项目

35. 斜交轮胎项目

36. 力车胎项目（手推车胎）

37. 高毒农药原药（甲胺磷、对硫磷、甲基对硫磷、久效磷、氧化乐果、水胺硫磷、甲基异柳磷、甲拌磷、甲基硫环磷、乙基硫环磷、特丁磷、杀扑磷、溴甲烷、灭多威、

涕灭威、克百威、磷化锌、敌鼠钠、敌鼠酮、杀鼠灵、杀鼠醚、溴敌隆、溴鼠灵）生产项目

38. 以滴滴涕为原料的生产三氯杀螨醇项目

39. 以六氯苯为原料的生产五氯酚钠项目

40. 林丹生产项目

41. 300 吨/年以下皂素（含水解物）生产装置（综合利用除外）

五、信息产业

1. 激光视盘机生产线（VCD 系列整机产品）

2. 模拟 CRT 黑白及彩色电视机项目

六、钢铁

1. 钢铁企业和缺水地区，未同步配套建设干熄焦、装煤、推焦除尘装置的焦炉项目

2. 180 平方米以下烧结机项目

3. 有效容积 1 000 立方米以下或 1 000 立方米及以上、未同步配套煤粉喷吹装置、除尘装置、余压发电装置，能源消耗、新水耗量等达不到标准的炼铁高炉项目

4. 公称容量 120 吨以下或公称容量 120 吨及以上、未同步配套煤气回收、除尘装置，能源消耗、新水耗量等达不到标准的炼钢转炉项目

5. 公称容量 70 吨以下或公称容量 70 吨及以上、未同步配套烟尘回收装置，能源消耗、新水耗量等达不到标准的电炉项目

6. 800 毫米以下热轧带钢（不含特殊钢）项目

7. 25 万吨/年及以下热镀锌板卷项目

8. 10 万吨/年及以下彩色涂层板卷项目

9. 2.5 万千伏安以下、2.5 万千伏安及以上环保、能耗等达不到准入要求的铁合金矿热电炉项目（中西部具有独立运行的小水电及矿产资源优势的国家确定的重点贫困地区，单台矿热电炉容量≥1.25 万千伏安）

10. 含铬质耐火材料生产线

11. 普通功率和高功率石墨电极生产线

12. 直径 550 毫米以下及 2 万吨/年以下的超高功率石墨电极生产线

13. 5 万吨/年以下炭块、4 万吨/年以下炭电极生产线

14. 一段式固定煤气发生炉项目（不含粉煤气气化炉）

七、有色金属

1. 钨、钼、锡、锑及稀土矿开采、冶炼项目以及氧化锑、铅锡焊料生产项目（改造项目除外）

2. 单系列 10 万吨/年规模以下粗铜冶炼项目

3. 电解铝项目（淘汰自焙槽生产能力置换项目及环保改造项目除外）

4. 单系列 5 万吨/年规模及以下铅冶炼项目

5. 单系列 10 万吨/年规模以下锌冶炼项目

6. 镁冶炼项目（综合利用项目除外）

7. 4 吨以下的再生铝反射炉项目

8. 再生有色金属生产中采用直接燃煤的反射炉项目

9. 铝用湿法氟化盐项目

10. 10 万吨/年以下的独立铝用炭素项目

11. 离子型稀土矿原矿池浸工艺项目

12. 1 万吨/年以下的再生铅项目

八、黄金

1. 日处理金精矿 50 吨以下的独立氰化项目

2. 日处理矿石 100 吨以下，无配套采矿系统的独立黄金选矿厂项目

3. 日处理金精矿 50 吨以下的火法冶炼项目

4. 处理矿石 5 万吨/年以下的独立堆浸场项目（青藏高原除外）

5. 日处理岩金矿石 50 吨以下的采选项目

6. 处理砂金矿砂 20 万立方米/年以下的砂金开采项目

7. 在林区、农田、河道中开采黄金项目

九、建材

1. 非浮法及日熔化量 500 吨以下普通浮法平板玻璃生产线

2. 100 万平方米/年及以下的建筑陶瓷砖生产线

3. 50 万件/年以下的隧道窑卫生陶瓷生产线

4. 水泥机立窑、干法中空窑、立波尔窑、湿法窑；新建日产 1 500 吨及以下熟料新型干法水泥生产线

5. 2 000 万平方米/年以下的纸面石膏板生产线

6. 沥青纸胎油毡生产线，500 万平方米/年以下的改性沥青防水卷材生产线，沥青复合胎柔性防水卷材生产线，聚乙烯膜层厚度在 0.5 毫米以下的聚乙烯丙纶复合防水卷材生产线

7. 中碱玻璃球生产线、铂金坩埚球法拉丝玻璃纤维生产线

8. 实心粘土砖生产项目

9. 15 万平方米/年以下的石膏（空心）砌块生产线、单班年生产能力小于 2.5 万立方米混凝土小型空心砌块以及单班年生产能力小于 15 万平方米混凝土铺地砖固定式生产线、5 万立方米/年以下人造轻集料（陶粒）生产线

10. 10 万立方米/年以下的加气混凝土生产线

11. 3 000 万标砖/年以下的煤矸石、页岩烧结实心砖生产线

12. 5 000 吨/年以下岩（矿）棉生产线

十、医药

1. 维生素 C 原料项目

2. 青霉素原料药项目

3. 一次性注射器、输血器、输液器项目

4. 药用丁基橡胶塞项目

5. 无新药、新技术应用的各种剂型扩大加工能力的项目（填充液体的硬胶囊除外）

6. 原料为濒危、紧缺动植物药材，且尚未规模化种植或养殖的产品生产能力扩大项目

7. 使用氯氟烃（CFCs）作为气雾剂推进剂的医药用品生产项目

8. 充汞式玻璃体温计项目

9. 充汞式血压计项目

10. 银汞齐齿科材料项目

十一、机械

1. 2 臂及以下凿岩台车制造项目

2. 装岩机（立爪装岩机除外）制造项目

3. 3 立方米及以下小矿车制造项目

4. 直径 2.5 米及以下绞车制造项目

5. 直径 3.5 米及以下矿井提升机制造项目

6. 40 平方米及以下筛分机制造项目

7. 直径 700 毫米及以下旋流器制造项目

8. 800 千瓦及以下采煤机制造项目

9. 斗容 3.5 立方米及以下矿用挖掘机制造项目

10. 矿用搅拌、浓缩、过滤设备（加压式除外）制造项目

11. 农用运输车项目（三轮汽车、低速载货车）

12. 单缸柴油机制造项目（先进的第二代单缸机除外）

13. 50 马力及以下拖拉机制造项目

14. 30 万千瓦及以下常规燃煤火力发电设备制造项目（综合利用机组除外）

15. 电线、电缆制造项目（特种电缆及 500 千伏及以上超高压电缆除外）

16. 普通金属切削机床制造项目（数控机床除外）

17. 普通电火花加工机床和线切割加工机床制造项目（数控机床除外）

18. 6 300 千牛及以下普通机械压力机制造项目（数控压力机除外）

19. 普通剪板机、折弯机、弯管机制造项目

20. 普通高速钢钻头、铣刀、锯片、丝锥、板牙项目

21. 棕刚玉、绿碳化硅、黑碳化硅等烧结块及磨料制造项目

22. 直径 400 毫米及以下各种结合剂砂轮制造项目

23. 直径 400 毫米及以下人造金刚石切割锯片制造项目

24. 普通微小型球轴承制造项目

25. 10～35 千伏树脂绝缘干式变压器制造项目

26. 220 千伏及以下高、中、低压开关柜制造项目

27. 普通电焊条制造项目

28. 民用普通电度表制造项目

29. 8.8 级以下普通低档标准紧固件制造项目
30. 100 立方米及以下活塞式动力压缩机制造项目
31. 普通运输集装干箱项目
32. 20 立方米以下螺杆压缩机制造项目
33. 56 英寸及以下单级中开泵制造项目
34. 通用类 10 兆帕及以下中低压碳钢阀门制造项目

十二、船舶

1. 未列入国家船舶工业中长期规划的民用大型造船设施项目（指船坞、船台宽度大于或等于 42 米，能够建造单船 10 万载重吨级及以上的船坞、船台及配套造船设施）
2. 未列入国家船舶工业中长期规划的船用柴油机制造项目

十三、轻工

1. 达不到国家《家用电冰箱耗电量限定值及能源效率等级》标准的冷藏箱、冷冻箱、冷藏冷冻箱（电冰箱、冷柜）项目
2. 达不到国家《电动洗衣机耗电量限定值及能源效率等级》标准的洗衣机项目
3. 达不到国家《房间空气调节器能效限定值及能效等级》标准的空调器项目
4. 低档纸及纸板生产项目
5. 聚氯乙烯普通人造革生产线
6. 超薄型（厚度低于 0.015 毫米）塑料袋生产线
7. 年加工皮革 10 万张（折牛皮标张）以下的制革项目
8. 生产速度低于 1 500 只/时的单螺旋灯丝白炽灯生产线
9. 普通中速工业平缝机系列生产线
10. 普通中速工业包缝机系列生产线
11. 电子计价秤项目（准确度低于最大称量的 1/3 000，称量≤15 千克）
12. 电子汽车衡项目（准确度低于最大称量的 1/3 000，称量≤300 吨）
13. 电子静态轨道衡项目（准确度低于最大称量的 1/3 000，称量≤150 吨）
14. 电子动态轨道衡项目（准确度低于最大称量的 1/500，称量≤150 吨）
15. 电子皮带秤项目（准确度低于最大称量的 5/1 000）
16. 电子吊秤项目（准确度低于最大称量的 1/1 000，称量≤50 吨）
17. 弹簧度盘秤项目（准确度低于最大称量的 1/400，称量≤8 千克）
18. 二片铝质易拉罐项目
19. 普通真空保温瓶玻璃瓶胆生产线
20. 2 万吨/年以下的玻璃瓶罐生产线
21. 合成脂肪醇项目（含羰基合成醇、齐格勒醇，不含油脂加氢醇）
22. 3 万吨/年以下三聚磷酸钠生产线
23. 糊式锌锰电池项目
24. 镉镍电池项目
25. 开口式普通铅酸蓄电池项目

26. 2 000 吨/年以下牙膏项目

27. 原糖生产项目

28. 北方海盐 100 万吨/年以下项目；南方海盐新建盐场项目；矿（井）盐 60 万吨/年以下的项目；湖盐 20 万吨/年以下的项目

29. 白酒生产线

30. 酒精生产线（燃料乙醇项目除外）

31. 使用传统工艺、技术的味精生产线

32. 糖精等化学合成甜味剂生产线

十四、纺织

74 型染整生产线

十五、烟草

卷烟加工项目（改造项目除外）

十六、消防

1. 火灾自动报警设备项目
2. 灭火器项目
3. 碳酸氢钠干粉（BC）灭火剂项目
4. 防火门项目
5. 消防水带项目
6. 消防栓（室内、外）项目
7. 普通消防车（罐类、专项类）项目

十七、其他

1. 用地红线宽度（包括绿化带）超过下列标准的城市主干道路项目：小城市和重点镇 40 米，中等城市 55 米，大城市 70 米（200 万人口以上特大城市主干道路确需超过 70 米的，城市总体规划中应有专项说明）

2. 用地面积超过下列标准的城市游憩集会广场项目：小城市和重点镇 1 公顷，中等城市 2 公顷，大城市 3 公顷，200 万人口以上特大城市 5 公顷

3. 别墅类房地产开发项目

4. 高尔夫球场项目

5. 赛马场项目

第三类　淘汰类

注：条目后括号内年份为淘汰期限，淘汰期限为 2006 年是指应于 2006 年底前淘汰，其余类推；有淘汰计划的条目，根据计划进行淘汰；未标淘汰期限或淘汰计划的条目为国家产业政策已明令淘汰或立即淘汰。

一、落后生产工艺装备

（一）农林业

1. 湿法纤维板生产工艺（2006 年）

2. 滴水法松香生产工艺（2006 年）

（二）煤炭

1. 未按批准的矿区规划确定的井田范围和井型而建设的煤矿

2. 没有采矿许可证、安全生产许可证、营业执照、矿长资格证、煤炭生产许可证的煤矿

3. 国有煤矿矿区范围（国有煤矿采矿登记确认的范围）内的各类小煤矿

4. 单井井型低于 3 万吨/年规模的矿井（极薄煤层除外）（2007 年）

5. 既无降硫措施，又无达标排放用户的高硫煤炭（含硫高于 3%）生产矿井

6. 不能就地使用的高灰煤炭（灰分高于 40%）生产矿井

7. 6AM、φM-2.5、PA-3 型煤用浮选机

8. PB2、PB3、PB4 型矿用隔爆高压开关

9. PG-27 型真空过滤机

10. X-1 型箱式压滤机

11. ZYZ、ZY3 型液压支架

12. 木支架

（三）电力

1. 大电网覆盖范围内，服役期满的单机容量在 10 万千瓦以下的常规燃煤凝汽火电机组

2. 单机容量 5 万千瓦及以下的常规小火电机组

3. 以发电为主的燃油锅炉及发电机组（5 万千瓦及以下）

（四）石油、天然气和化工

1. 没有取得采矿许可证的油气田，不符合国家油气资源整体开发规划的油气田

2. 安全环保达不到国家标准的成品油生产装置

3. 100 万吨/年及以下生产汽煤柴油的小炼油生产装置（2005 年）

4. 4 万吨/年以下的硫铁矿制酸生产装置（2005 年）

5. 50 万条/年及以下的斜交轮胎，或以天然棉帘子布为骨架的轮胎生产线

6. 1 万吨/年及以下的干法造粒炭黑生产装置

7. 1 000 吨/年以下黄磷生产线

8. 单线 1 万吨/年以下有钙焙烧铬化合物生产线（2006 年）

9. 土法炼油

10. 汞法烧碱

11. 5 000 千伏安以下（1 万吨/年以下）电石炉及开放式电石炉

12. 排放不达标的电石炉

13. 铁粉还原法工艺

14. 生产氰化钠的氨钠法及氰熔体工艺

15. 高中温钠法百草枯生产工艺

16. 农药产品手工包（灌）装设备

17. 石墨阳极隔膜法烧碱

18. KDON-6000/6600 型蓄冷器流程空分设备

19. 直接火加热涂料用树脂生产工艺

20. 氯氟烃（CFCs）生产装置（根据国家履行国际公约总体计划要求进行淘汰）

21. 主产四氯化碳（CTC）生产工艺（根据国家履行国际公约总体计划要求进行淘汰）

22. 四氯化碳（CTC）为加工助剂的所有产品的生产工艺（根据国家履行国际公约总体计划要求进行淘汰）

23. CFC－113 为加工助剂的含氟聚合物生产工艺（根据国家履行国际公约总体计划要求进行淘汰）

24. 用于清洗的 1,1,1－三氯乙烷（甲基氯仿）生产装置（根据国家履行国际公约总体计划要求进行淘汰）

25. 甲基溴生产装置（根据国家履行国际公约总体计划要求进行淘汰）

26. 100 吨/年以下皂素（含水解物）生产装置（2007 年）

27. 盐酸酸解法皂素生产工艺及污染物排放不能达标的皂素生产装置（2006 年）

28. 含滴滴涕的油漆生产工艺（根据国家履行国际公约总体计划要求进行淘汰）

29. 采用滴滴涕为原料非封闭生产三氯杀螨醇工艺（根据国家履行国际公约总体计划要求进行淘汰）

（五）钢铁

1. 土法炼焦（含改良焦炉）

2. 炭化室高度小于 4.3 米焦炉（3.2 米及以上捣固焦炉除外）（2007 年，西部地区 2009 年）

3. 土烧结矿

4. 热烧结矿

5. 30 平方米以下烧结机（2005 年）

6. 100 立方米及以下高炉

7. 100～200 立方米（含 200 立方米）高炉（不含铁合金高炉）（2005 年）

8. 200～300 立方米（含 300 立方米）高炉（不含专业铸铁管厂高炉）（2007 年）

9. 生产地条钢、钢锭或连铸坯的工频和中频感应炉

10. 15 吨及以下转炉（不含铁合金转炉）

11. 10 吨及以下电炉（不含机械铸造电炉）

12. 化铁炼钢

13. 15～20 吨转炉（不含铁合金转炉）（2005 年）

14. 20 吨转炉（不含铁合金转炉）（2006 年）

15. 10～20 吨电炉（不含高合金钢和机械铸造电炉）（2005 年）

16. 20 吨电炉（不含高合金钢和机械铸造电炉）（2006 年）

17. 复二重线材轧机

18. 横列式线材轧机

19. 横列式小型轧机

20. 叠轧薄板轧机

21. 普钢初轧机及开坯用中型轧机

22. 热轧窄带钢轧机

23. 三辊劳特式中板轧机

24. 直径 76 毫米以下热轧无缝管机组

25. 三辊式型线材轧机（不含特殊钢生产）（2005 年）

26. 环保不达标的冶金炉窑（2005 年）

27. 手工操作的土沥青焦油浸渍装置，矿石原料与固体原料混烧、自然通风、手工操作的土竖窑，以煤为燃料、烟尘净化不能达标的倒焰窑（2005 年）

28. 3 200 千伏安及以下矿热电炉、3 000 千伏安以下半封闭直流还原电炉、3 000 千伏安以下精炼电炉（硅钙合金、电炉金属锰、硅铝合金、硅钙钡铝、钨铁、钒铁等特殊品种的电炉除外）

29. 5 000 千伏安以下的铁合金矿热电炉（2005 年）

30. 蒸汽加热混捏、倒焰式焙烧炉、交流石墨化炉、3 340 千伏安以下石墨化炉及其并联机组、最大输出电流 5 万安以下的石墨化炉（2005 年）

（六）有色金属

1. 未经国务院主管部门批准，无采矿许可证的钨、锡、锑、离子型稀土等国家规定实行保护性开采的特定矿种的矿山采选项目

2. 未经国务院主管部门批准建设的钨、锡、锑、离子型稀土冶炼项目及钨加工（含硬质合金）项目

3. 采用马弗炉、马槽炉、横罐、小竖罐等进行焙烧、简易冷凝设施进行收尘等落后方式炼锌或生产氧化锌制品

4. 采用铁锅和土灶、蒸馏罐、坩埚炉及简易冷凝收尘设施等落后方式炼汞

5. 采用土坑炉或坩埚炉焙烧、简易冷凝设施收尘等落后方式炼制氧化砷或金属砷制品

6. 铝自焙电解槽

7. 炉床面积 1.5 平方米及以下密闭鼓风炉炼铜工艺及设备

8. 炉床面积 1.5～10 平方米密闭鼓风炉炼铜工艺及设备（2006 年）

9. 10 平方米及以上密闭鼓风炉炼铜工艺及设备（2007）

10. 电炉、反射炉炼铜工艺及设备（2006 年）

11. 烟气制酸干法净化和热浓酸洗涤技术

12. “二人转”式有色金属轧机（2006 年）

13. 采用地坑炉、坩埚炉、赫氏炉等落后方式炼锑

14. 采用烧结锅、烧结盘、简易高炉等落后方式炼铅工艺及设备

15. 利用坩埚炉熔炼再生铝合金、再生铅的工艺（2005 年）

（七）黄金

1. 混汞提金工艺

2. 小池浸、小堆浸、小冶炼工艺

3. 未经国务院主管部门批准，无开采黄金矿产批准书、采矿许可证的采选项目

（八）建材

1. 六机及以下垂直引上平板玻璃生产线

2. 平板玻璃普通平拉工艺生产线及日熔化量100吨以下的“格法”平拉生产线

3. 窑径2.2米及以下水泥机械化立窑生产线

4. 无复膜塑编水泥包装袋生产线

5. 70万平方米/年以下的中低档建筑陶瓷砖、20万件/年以下低档卫生陶瓷生产线

6. 400万平方米/年及以下的纸面石膏板生产线

7. 200万平方米/年以下的改性沥青防水卷材生产线（2006年）

8. 窑径2.5米及以下水泥干法中空窑（生产特种水泥除外）

9. 直径1.83米以下水泥粉磨设备

10. 水泥土（蛋）窑、普通立窑

11. 建筑卫生陶瓷土窑、倒焰窑、多孔窑、煤烧明焰隧道窑、隔焰隧道窑、匣钵装卫生陶瓷隧道窑

12. 建筑陶瓷砖成型用的摩擦压砖机

13. 石灰土立窑

14. 陶土坩埚玻璃纤维拉丝生产工艺与装备

15. 砖瓦18门以下轮窑以及立窑、无顶轮窑、马蹄窑等土窑

16. 400型及以下普通挤砖机

17. 450型普通挤砖机（2006年）

18. SJ1580-3000双轴、单轴搅拌机

19. SQP400500-700500双辊破碎机

20. 1 000型普通切条机

21. 100吨以下盘转式压砖机

22. 手工制作墙板生产线

23. 简易移动式砼砌块成型机、附着式振动成型台（2005年）

24. 单班1万立方米/年以下的混凝土砌块固定式成型机、单班10万平方米/年以下的混凝土铺地砖固定式成型机

25. 人工浇筑、非机械成型的石膏（空心）砌块生产工艺

26. 100万卷/年以下沥青纸胎油毡生产线

27. 真空加压法和气炼一步法石英玻璃生产工艺装备

28. 6×600吨六面顶小型压机生产人造金刚石

29. 手工切割、非蒸压养护加气混凝土生产线

30. 无采矿许可证或不符合环保、安全生产要求的非机械化非金属矿开采

（九）医药

1. 手工胶囊填充工艺

2. 软木塞烫蜡包装药品工艺

3. 不符合GMP要求的安瓿拉丝灌封机

4. 塔式重蒸馏水器

5. 无净化设施的热风干燥箱

6. 劳动保护、“三废”治理不能达到国家标准的原料药生产装置（2006 年）

（十）机械

1. 热处理铅浴炉

2. 热处理氯化钡盐浴炉（高温氯化钡盐浴炉，暂缓淘汰）

3. TQ60、TQ80 塔式起重机

4. QT16、QT20、QT25 井架简易塔式起重机

5. KJ1600/1220 单筒提升绞机

6. 3 000 千伏安以下普通棕刚玉冶炼炉

7. 3 000 千伏安以下碳化硅冶炼炉

8. 强制驱动式简易电梯

9. 以氯氟烃（CFCs）作为膨胀剂的烟丝膨胀设备生产线（根据国家履行国际公约总体计划要求进行淘汰）

（十一）轻工

1. 5 万吨/年及以下的真空制盐、湖盐和北方海盐生产装置

2. 利用矿盐卤水、油气田水且采用平锅、滩晒制盐生产装置

3. 1 万吨/年及以下的南方海盐生产装置

4. 年加工皮革 3 万张（折牛皮标张）以下的制革生产装置

5. 300 吨/年以下的油墨生产装置（利用高新技术、无污染的除外）

6. 每分钟生产能力小于 100 瓶（瓶容在 250 毫升及以下）的碳酸饮料生产线

7. 1.7 万吨/年以下的化学制浆生产线

8. 3.4 万吨/年以下的草浆生产装置（2007 年）

9. 以氯氟烃（CFCs）为发泡剂的聚氨酯泡沫塑料产品、聚乙烯、聚苯乙烯挤出泡沫塑料生产工艺（根据国家履行国际公约总体计划要求进行淘汰）

10. 以氯氟烃（CFCs）为发泡剂或制冷剂的冰箱、冰柜、汽车空调器、工业商业用冷藏、制冷设备生产线（根据国家履行国际公约总体计划要求进行淘汰）

11. 四氯化碳（CTC）为清洗剂的生产工艺（根据国家履行国际公约总体计划要求进行淘汰）

12. CFC—113 为清洗剂的生产工艺（根据国家履行国际公约总体计划要求进行淘汰）

13. 甲基氯仿（TCA）为清洗剂的生产工艺（根据国家履行国际公约总体计划要求进行淘汰）

14. 自行车盐浴焊接炉

15. 印铁制罐行业中的锡焊工艺

16. 火柴排梗、卸梗生产工艺

17. 火柴理梗机、排梗机、卸梗机

18. 冲击式制钉机

19. 打击式金属丝网织机

（十二）纺织

1. 新中国成立前生产的细纱机

2. 所有“1”字头细纱机

3. 1979 年及以前生产的 A512、A513 系列细纱机
4. B581、B582 型精纺细纱机
5. BC581、BC582 型粗纺细纱机
6. B591 绒线细纱机
7. 使用期限超过 20 年的各类国产毛纺细纱机
8. B601、B601A 型毛捻线机
9. 辊长 1 000 毫米以下的皮辊轧花机（长绒棉种子加工除外）
10. 锯片在 80 以下的锯齿轧花机
11. 压力吨位在 200 吨以下的皮棉打包机（不含 160 吨短绒棉花打包机）
12. 1332SD 络筒机
13. BC272、BC272B 型分条梳毛机
14. B701A 型绒线摇绞机
15. B311C、B311C（CZ）、B311C（DJ）型精梳机
16. 1511M-105 织机
17. K251、K251A 型丝织机
18. Z114 型小提花机
19. GE186 型提花毛圈机
20. Z261 型人造毛皮机
21. LMH551 型平网印花机
22. LMH571 型圆网印花机
23. LMH303、303B、304、304B-160 型热熔染色机
24. LMH731-160 型热风布铗拉幅机
25. LMH722M-180、LMH722D-180 型短环烘燥定型机
26. ZD647、ZD721 型自动缫丝机
27. D101A 型自动缫丝机
28. ZD681 型立缫机
29. DJ561 型绢精纺机

（十三）印刷

1. 全部铅排工艺
2. 全部铅印工艺
3. ZD201、ZD301 型系列单字铸字机
4. TH1 型自动铸条机
5. ZT102 型系列铸条机
6. ZDK101 型字模雕刻机
7. KMD101 型字模刻刀磨床
8. AZP502 型半自动汉文手选铸排机
9. ZSY101 型半自动汉文铸排机
10. TZP101 型外文条字铸排机
11. ZZP101 型汉文自动铸排机

12. QY401、2QY404 型系列电动铅印打样机
13. QYSH401、2QY401、DY401 型手动式铅印打样机
14. YX01、YX02、YX03 型系列压纸型机
15. HX01、HX02、HX03、HX04 型系列烘纸型机
16. PZB401 型平铅版铸版机
17. JB01 型平铅版浇版机
18. YZB02、YZB03、YZB04、YZB05、YZB06、YZB07 型系列铅版铸版机
19. RQ02、RQ03、RQ04 型系列铅泵熔铅炉
20. BB01 型刨版机
21. YGB02、YGB03、YGB04、YGB05 型圆铅版刮版机
22. YTB01 型圆铅版镗版机
23. YJB02 型圆铅版锯版机
24. YXB04、YXB05、YXB302 型系列圆铅版修版机
25. P401、P402 型系列四开平压印刷机
26. P801、P802、P803、P804 型系列八开平压印刷机
27. PE802 型双合页印刷机
28. TE102、TE105、TE108 型系列全张自动二回转平台印刷机
29. TY201 型对开单色一回转平台印刷机
30. TY401 型四开单色一回转平台印刷机
31. TY4201 型四开一回转双色印刷机
32. TT201、TZ201、DT201 型对开手动续纸停回转平台印刷机
33. TT202 型对开自动停回转平台印刷机
34. TZ202 型对开半自动停回转平台印刷机
35. TZ401、TZS401、DT401 型四开半自动停回转平台印刷机
36. TT402、TT403、TT405、DT402 型四开自动停回转平台印刷机
37. TR801 型系列立式平台印刷机
38. LP1101、LP1103 型系列平板纸全张单面轮转印刷机
39. LP1201 型平板纸全张双面轮转印刷机
40. LP4201 型平板纸四开双色轮转印刷机
41. LSB201（880 mm×1 230 mm）及 LS201、LS204（787 mm×1 092 mm）型系列卷筒纸书刊转轮印刷机
42. LB203、LB205、LB403 型卷筒纸报版轮转印刷机
43. LB2405、LB4405 型卷筒纸双层二组报版轮转印刷机
44. LBS201 型卷筒纸书、报二用轮转印刷机
45. K. M. T 型自动铸字排版机
46. pH-5 型汉字排字机
47. 球震打样制版机（DIAPRESS 清刷机）
48. 1985 年前生产的国产制版照相机
49. 1985 年前生产的手动照排机

50. 离心涂布机
51. J1101 系列全张单色胶印机（印刷速度每小时 4 000 张及以下）
52. J2101、PZ1920 系列对开单色胶印机（印刷速度每小时 4 000 张及以下）
53. PZ1615 系列四开单色胶印机（印刷速度每小时 4 000 张及以下）
54. YPS1920 系列双面单色胶印机（印刷速度每小时 4 000 张及以下）
55. W1101 型全张自动凹版印刷机
56. AJ401 型卷筒纸单面四色凹版印刷机
57. DJ01 型平装胶订联动机
58. PRD-01、PRD-02 型平装胶订联动机
59. DBT-01 型平装有线订、包、烫联动机
60. 溶剂型即涂覆膜机
61. QZ101、QZ201、QZ301、QZ401 型切纸机
62. MD103A 型磨刀机
（十四）消防
火灾探测器手工插焊电子元器件生产工艺
（十五）其他
1. 含氰电镀工艺（电镀金、银、铜基合金及予镀铜打底工艺，暂缓淘汰）
2. 含氰沉锌工艺

二、落后产品

（一）石油、天然气和化工
1. 多氯联苯（农药）
2. 除草醚（农药）
3. 杀虫脒（农药）
4. 氯丹（农药）
5. 七氯（农药）
6. 毒鼠强（农药）
7. 氟乙酰胺（农药）
8. 氟乙酸钠（农药）
9. 二溴氯丙烷（农药）
10. 治螟磷（苏化 203）（农药）
11. 磷胺（农药）
12. 甘氟、毒鼠硅（农药）
13. 107 涂料
14. 改性淀粉涂料
15. 改性纤维涂料
16. 挥发性有机物含量超过 200 克/升或游离甲醛含量超过 0.1 克/千克的室内装修装饰用的水性涂料（含建筑物、木器家具用）
17. 可溶性金属铅含量超过 90 毫克/千克，或镉含量超过 75 毫克/千克，或铬含量超

过 60 毫克/千克，或汞含量超过 60 毫克/千克的室内装修装饰用涂料（含建筑物、木器家具用）

18. 挥发性有机物含量超过 700 克/升或游离异氰酸酯含量超过 0.7%的室内装修装饰用的溶剂型木器家具涂料

19. 聚乙烯醇水玻璃内墙涂料（106 内墙涂料）

20. 多彩内墙涂料（树脂以硝化纤维素为主，溶剂以二甲苯为主的 O/W 型涂料）

21. 氯乙烯-偏氯乙烯共聚乳液外墙涂料

22. 焦油型聚氨酯防水涂料

23. 水性聚氯乙烯焦油防水涂料

24. 聚乙烯醇及其缩醛类内外墙涂料

25. 聚醋酸乙烯乳液类（含 EVA 乳液）外墙涂料

26. 聚氯乙烯建筑防水接缝材料（焦油型）

27. 联苯胺和联苯胺型偶氮染料

28. 软边结构自行车胎

29. 滴滴涕（根据国家履行国际公约总体计划要求进行淘汰）

30. 六氯苯（根据国家履行国际公约总体计划要求进行淘汰）

31. 灭蚁灵（根据国家履行国际公约总体计划要求进行淘汰）

（二）铁路

1. C50 型敞车

2. P50 型棚车

3. N60 型平车

4. G50 型轻油罐车

5. 东风 1、2、3 型内燃机车

（三）钢铁

1. 工频炉和中频炉等生产的地条钢，工频炉和中频炉生产的钢锭或连铸坯及以其为原料生产的钢材产品

2. 热轧硅钢片

3. 25A 空腹钢窗料

4. Ⅰ级螺纹钢筋产品（2005 年）

（四）有色金属

铜线杆（黑杆）

（五）建材

1. 使用非耐碱玻纤或非低碱水泥生产的玻纤增强水泥（GRC）空心条板

2. 陶土坩埚拉丝玻璃纤维增强塑料（玻璃钢）制品

3. 25A 空腹钢窗

4. S-2 型混凝土轨枕

5. 一次冲洗用水量 9 升以上的便器

6. 角闪石石棉（蓝石棉）

7. 普通双层玻璃塑料门窗及单腔结构型的塑料门窗

8. 采用二次加热复合成型工艺生产的聚乙烯丙纶类复合防水卷材、棉涤玻纤网格（高碱）复合胎、聚氯乙烯防水卷材（S 型）

（六）医药

1. 铅锡软膏管

2. 粉针剂包装用安瓿

3. 药用天然胶塞[其中注射剂：注射用青霉素（钠盐、钾盐）、基础输液立即淘汰，其余大容量注射剂淘汰期限为：2005 年年底]

4. 直颈安瓿

（七）机械

1. T100、T100A 推土机

2. ZP-Ⅱ、ZP-Ⅲ干式喷浆机

3. WP-3 挖掘机

4. 0.35 立方米以下的气动抓岩机

5. 矿用钢丝绳冲击式钻机

6. БY-40 石油钻机

7. 直径 1.98 米水煤气发生炉

8. CER 膜盒系列

9. 热电偶（分度号 LL-2、LB-3、EU-2、EA-2、CK）

10. 热电阻（分度号 BA、BA2、G）

11. DDZ-Ⅰ型电动单元组合仪表

12. GGP-01A 型皮带秤

13. BLR-31 型称重传感器

14. WFT-081 辐射感温器

15. WDH-1E、WDH-2E 光电温度计

16. BC 系列单波纹管差压计

17. LCH-511、YCH-211、LCH-311、YCH-311、LCH-211、YCH-511 型环称式差压计

18. EWC-01A 型长图电子电位差计

19. PY5 型数字温度计

20. XQWA 型条形自动平衡指示仪

21. ZL3 型 X-Y 记录仪

22. DBU-521，DBU-521C 型液位变送器

23. JO2、JO3 系列小型异步电动机

24. JDO2、JDO3 系列变极、多速三相异步电动机

25. YB 系列隔爆型三相异步电动机（机座号 63～355 mm，电压 660 伏及以下）

26. DZ10 系列塑壳断路器

27. DW10 系列框架断路器

28. CJ8 系列交流接触器

29. QC10、QC12、QC8 系列启动器

30. JR0、JR9、JR14、JR15、JR16-A、B、C、D 系列热继电器

31. 电动机驱动旋转直流弧焊机全系列

32. GGW 系列中频无心感应熔炼炉

33. B 型、BA 型单级单吸悬臂式离心泵系列

34. F 型单级单吸耐腐蚀泵系列

35. GC 型低压锅炉给水泵

36. JD 型长轴深井泵

37. KDON-3200/3200 型蓄冷器全低压流程空分设备

38. KDON-1500/1500 型蓄冷器（管式）全低压流程空分设备

39. KDON-1500/1500 型管板式全低压流程空分设备

40. 3W-0. 9/7（环状阀）空气压缩机

41. C620、CA630 普通车床

42. X920 键槽铣床

43. B665、B665A、B665-1 牛头刨床

44. D6165 电火花成型机床

45. D6185 电火花成型机床

46. D5540 电脉冲机床

47. J53-400 双盘摩擦压力机

48. J53-630 双盘摩擦压力机

49. J53-1000 双盘摩擦压力机

50. Q11-1.6×1600 剪板机

51. Q51 汽车起重机

52. TD62 型固定带式输送机

53. 3 吨直流架线式井下矿用电机车

54. A571 单梁起重机

55. 4146 柴油机

56. 快速断路器：DS3-10、DS3-30、DS3-50（1 000、3 000、5 000A）、DS10-10、DS10-20、DS10-30（1 000、2 000、3 000A）

57. BX1-135、BX2-500 交流弧焊机

58. AX1-500、AP-1000 直流弧焊电动发电机

59. SX 系列箱式电阻炉

60. 单相电度表：DD1、DD5、DD5-2、DD5-6、DD9、DD10、DD12、DD14、DD15、DD17、DD20、DD28

61. SL7-30/10～SL7-1600/10、S7-30/10～S7-1600/10 配电变压器

62. 刀开关：HD6、HD3-100、HD3-200、HD3-400、HD3-600、HD3-1000、HD3-1500

63. 锅炉给水泵：DG270-140、DG500-140、DG375-185

64. 热动力式疏水阀：S15H-16、S19-16、S19-16C、S49H-16、S49-16C、S19H-40、S49H-40、S19H-64、S49H-64

65. 0.4-0.7 吨/时立式水管固定炉排锅炉（双层固定炉排锅炉除外）

66. 动力用往复式空气压缩机：1-10/8、1-10/7 型

67. 高压离心通风机：8-18 系列、9-27 系列

68. X52、X62W320×150 升降台铣床

69. J31-250 机械压力机

70. TD60、TD72 型固定带式输送机

71. 以未安装燃油量限制器（简称限油器）的单缸柴油机为动力装置的农用运输车（指生产与销售）

72. E135 二冲程中速柴油机（包括 2、4、6 缸三种机型）

73. TY1100 型单缸立式水冷直喷式柴油机

74. 165 单缸卧式蒸发水冷、预燃室柴油机

75. 非法改装车辆和已到报废期限的车辆

（八）轻工

1. 汞电池（氧化汞原电池及电池组、锌汞电池）

2. 一次性发泡塑料餐具

3. 直排式燃气热水器

4. 含重铬酸钾火柴

5. 螺旋升降式（铸铁）水嘴

6. 用于凹版印刷的苯胺油墨

7. 进水口低于溢流口水面、上导向直落式便器水箱配件

8. 铸铁截止阀

（九）纺织

1. H112、H112A 型毛分条整经机

2. B751 型绒线成球机

3. 1332 系列络筒机

（十）消防

1. 二氟一氯一溴甲烷灭火剂（简称 1211 灭火剂）（2005 年）

2. 三氟一溴甲烷灭火剂（简称 1301 灭火剂）（2010 年）

3. 简易式 1211 灭火器

4. 手提式 1211 灭火器（2005 年）

5. 推车式 1211 灭火器（2005 年）

6. 手提式化学泡沫灭火器

7. 手提式酸碱灭火器

（十一）其他

59、69、72、TF-3 型防毒面具

关于发布实施《促进产业结构调整暂行规定》的决定

（2005年12月2日　国务院文件　国发[2005]40号）

各省、自治区、直辖市人民政府，国务院各部委、各直属机构：

《促进产业结构调整暂行规定》（以下简称《暂行规定》）已经2005年11月9日国务院第112次常务会议审议通过，现予发布。

制定和实施《暂行规定》，是贯彻落实党的十六届五中全会精神，实现“十一五”规划目标的一项重要举措，对于全面落实科学发展观，加强和改善宏观调控，进一步转变经济增长方式，推进产业结构调整和优化升级，保持国民经济平稳较快发展具有重要意义。各省、自治区、直辖市人民政府要将推进产业结构调整作为当前和今后一段时期改革发展的重要任务，建立责任制，狠抓落实，按照《暂行规定》的要求，结合本地区产业发展实际，制订具体措施，合理引导投资方向，鼓励和支持发展先进生产能力，限制和淘汰落后生产能力，防止盲目投资和低水平重复建设，切实推进产业结构优化升级。各有关部门要加快制定和修订财税、信贷、土地、进出口等相关政策，切实加强与产业政策的协调配合，进一步完善促进产业结构调整的政策体系。各省、自治区、直辖市人民政府和国家发展改革、财政、税务、国土资源、环保、工商、质检、银监、电监、安全监管以及行业主管等有关部门，要建立健全产业结构调整工作的组织协调和监督检查机制，各司其职，密切配合，形成合力，切实增强产业政策的执行效力。在贯彻实施《暂行规定》时，要正确处理政府引导与市场调节之间的关系，充分发挥市场配置资源的基础性作用，正确处理发展与稳定、局部利益与整体利益、眼前利益与长远利益的关系，保持经济平稳较快发展。

促进产业结构调整暂行规定

第一章　总　则

第一条　为全面落实科学发展观，加强和改善宏观调控，引导社会投资，促进产业结构优化升级，根据国家有关法律、行政法规，制定本规定。

第二条　产业结构调整的目标：

推进产业结构优化升级，促进一、二、三产业健康协调发展，逐步形成农业为基础、高新技术产业为先导、基础产业和制造业为支撑、服务业全面发展的产业格局，坚持节约发展、清洁发展、安全发展，实现可持续发展。

第三条　产业结构调整的原则：

坚持市场调节和政府引导相结合。充分发挥市场配置资源的基础性作用，加强国家产业政策的合理引导，实现资源优化配置。

以自主创新提升产业技术水平。把增强自主创新能力作为调整产业结构的中心环节，建立以企业为主体、市场为导向、产学研相结合的技术创新体系，大力提高原始创新能力、集成创新能力和引进消化吸收再创新能力，提升产业整体技术水平。

坚持走新型工业化道路。以信息化带动工业化，以工业化促进信息化，走科技含量高、经济效益好、资源消耗低、环境污染少、安全有保障、人力资源优势得到充分发挥的发展道路，努力推进经济增长方式的根本转变。

促进产业协调健康发展。发展先进制造业，提高服务业比重和水平，加强基础设施建设，优化城乡区域产业结构和布局，优化对外贸易和利用外资结构，维护群众合法权益，努力扩大就业，推进经济社会协调发展。

第二章　产业结构调整的方向和重点

第四条　巩固和加强农业基础地位，加快传统农业向现代农业转变。加快农业科技进步，加强农业设施建设，调整农业生产结构，转变农业增长方式，提高农业综合生产能力。稳定发展粮食生产，加快实施优质粮食产业工程，建设大型商品粮生产基地，确保粮食安全。优化农业生产布局，推进农业产业化经营，加快农业标准化，促进农产品加工转化增值，发展高产、优质、高效、生态、安全农业。大力发展畜牧业，提高规模化、集约化、标准化水平，保护天然草场，建设饲料草场基地。积极发展水产业，保护和合理利用渔业资源，推广绿色渔业养殖方式，发展高效生态养殖业。因地制宜发展原料林、用材林基地，提高木材综合利用率。加强农田水利建设，改造中低产田，搞好土地整理。提高农业机械化水平，健全农业技术推广、农产品市场、农产品质量安全和动植物病虫害防控体系。积极推行节水灌溉，科学使用肥料、农药，促进农业可持续发展。

第五条　加强能源、交通、水利和信息等基础设施建设，增强对经济社会发展的保障能力。

坚持节约优先、立足国内、煤为基础、多元发展，优化能源结构，构筑稳定、经济、清洁的能源供应体系。以大型高效机组为重点优化发展煤电，在生态保护基础上有序开发水电，积极发展核电，加强电网建设，优化电网结构，扩大西电东送规模。建设大型煤炭基地，调整改造中小煤矿，坚决淘汰不具备安全生产条件和浪费破坏资源的小煤矿，加快实施煤矸石、煤层气、矿井水等资源综合利用，鼓励煤电联营。实行油气并举，加大石油、天然气资源勘探和开发利用力度，扩大境外合作开发，加快油气领域基础设施建设。积极扶持和发展新能源和可再生能源产业，鼓励石油替代资源和清洁能源的开发利用，积极推进洁净煤技术产业化，加快发展风能、太阳能、生物质能等。

以扩大网络为重点，形成便捷、通畅、高效、安全的综合交通运输体系。坚持统筹规划、合理布局，实现铁路、公路、水运、民航、管道等运输方式优势互补，相互衔接，发挥组合效率和整体优势。加快发展铁路、城市轨道交通，重点建设客运专线、运煤通道、区域通道和西部地区铁路。完善国道主干线、西部地区公路干线，建设国家高速公路网，大力推进农村公路建设。优先发展城市公共交通。加强集装箱、能源物资、矿石深水码头建设，发展内河航运。扩充大型机场，完善中型机场，增加小型机场，构建布局合理、规模适当、功能完备、协调发展的机场体系。加强管道运输建设。

加强水利建设，优化水资源配置。统筹上下游、地表地下水资源调配、控制地下水开采，积极开展海水淡化。加强防洪抗旱工程建设，以堤防加固和控制性水利枢纽等防洪体系为重点，强化防洪减灾薄弱环节建设，继续加强大江大河干流堤防、行蓄洪区、病险水库除险加固和城市防洪骨干工程建设，建设南水北调工程。加大人畜饮水工程和灌区配套工程建设改造力度。

加强宽带通信网、数字电视网和下一代互联网等信息基础设施建设，推进“三网融合”，健全信息安全保障体系。

第六条　以振兴装备制造业为重点发展先进制造业，发挥其对经济发展的重要支撑作用。

装备制造业要依托重点建设工程，通过自主创新、引进技术、合作开发、联合制造等方式，提高重大技术装备国产化水平，特别是在高效清洁发电和输变电、大型石油化工、先进适用运输装备、高档数控机床、自动化控制、集成电路设备、先进动力装备、节能降耗装备等领域实现突破，提高研发设计、核心元器件配套、加工制造和系统集成的整体水平。

坚持以信息化带动工业化，鼓励运用高技术和先进适用技术改造提升制造业，提高自主知识产权、自主品牌和高端产品比重。根据能源、资源条件和环境容量，着力调整原材料工业的产品结构、企业组织结构和产业布局，提高产品质量和技术含量。支持发展冷轧薄板、冷轧硅钢片、高浓度磷肥、高效低毒低残留农药、乙烯、精细化工、高性能差别化纤维。促进炼油、乙烯、钢铁、水泥、造纸向基地化和大型化发展。加强铁、铜、铝等重要资源的地质勘查，增加资源地质储量，实行合理开采和综合利用。

第七条　加快发展高技术产业，进一步增强高技术产业对经济增长的带动作用。

增强自主创新能力，努力掌握核心技术和关键技术，大力开发对经济社会发展具有重大带动作用的高新技术，支持开发重大产业技术，制定重要技术标准，构建自主创新的技术基础，加快高技术产业从加工装配为主向自主研发制造延伸。按照产业聚集、规模化发展和扩大国际合作的要求，大力发展信息、生物、新材料、新能源、航空航天等产业，培育更多新的经济增长点。优先发展信息产业，大力发展集成电路、软件等核心产业，重点培育数字化音视频、新一代移动通信、高性能计算机及网络设备等信息产业群，加强信息资源开发和共享，推进信息技术的普及和应用。充分发挥我国特有的资源优势和技术优势，重点发展生物农业、生物医药、生物能源和生物化工等生物产业。加快发展民用航空、航天产业，推进民用飞机、航空发动机及机载系统的开发和产业化，进一步发展民用航天技术和卫星技术。积极发展新材料产业，支持开发具有技术特色以及可发挥我国比较优势的光电子材料、高性能结构和新型特种功能材料等产品。

第八条　提高服务业比重，优化服务业结构，促进服务业全面快速发展。坚持市场化、产业化、社会化的方向，加强分类指导和有效监管，进一步创新、完善服务业发展的体制和机制，建立公开、平等、规范的行业准入制度。发展竞争力较强的大型服务企业集团，大城市要把发展服务业放在优先地位，有条件的要逐步形成服务经济为主的产业结构。增加服务品种，提高服务水平，增强就业能力，提升产业素质。大力发展金融、保险、物流、信息和法律服务、会计、知识产权、技术、设计、咨询服务等现代服务业，积极发展文化、旅游、社区服务等需求潜力大的产业，加快教育培训、养老服务、医疗保健等领域的改革和发展。规范和提升商贸、餐饮、住宿等传统服务业，推进连锁经营、特许经营、代理制、多式联运、电子商务等组织形式和服务方式。

第九条 大力发展循环经济，建设资源节约和环境友好型社会，实现经济增长与人口资源环境相协调。坚持开发与节约并重、节约优先的方针，按照减量化、再利用、资源化原则，大力推进节能节水节地节材，加强资源综合利用，全面推行清洁生产，完善再生资源回收利用体系，形成低投入、低消耗、低排放和高效率的节约型增长方式。积极开发推广资源节约、替代和循环利用技术和产品，重点推进钢铁、有色、电力、石化、建筑、煤炭、建材、造纸等行业节能降耗技术改造，发展节能省地型建筑，对消耗高、污染重、危及安全生产、技术落后的工艺和产品实施强制淘汰制度，依法关闭破坏环境和不具备安全生产条件的企业。调整高耗能、高污染产业规模，降低高耗能、高污染产业比重。鼓励生产和使用节约性能好的各类消费品，形成节约资源的消费模式。大力发展环保产业，以控制不合理的资源开发为重点，强化对水资源、土地、森林、草原、海洋等的生态保护。

第十条 优化产业组织结构，调整区域产业布局。提高企业规模经济水平和产业集中度，加快大型企业发展，形成一批拥有自主知识产权、主业突出、核心竞争力强的大公司和企业集团。充分发挥中小企业的作用，推动中小企业与大企业形成分工协作关系，提高生产专业化水平，促进中小企业技术进步和产业升级。充分发挥比较优势，积极推动生产要素合理流动和配置，引导产业集群化发展。西部地区要加强基础设施建设和生态环境保护，健全公共服务，结合本地资源优势发展特色产业，增强自我发展能力。东北地区要加快产业结构调整和国有企业改革改组改造，发展现代农业，着力振兴装备制造业，促进资源枯竭型城市转型。中部地区要抓好粮食主产区建设，发展有比较优势的能源和制造业，加强基础设施建设，加快建立现代市场体系。东部地区要努力提高自主创新能力，加快实现结构优化升级和增长方式转变，提高外向型经济水平，增强国际竞争力和可持续发展能力。从区域发展的总体战略布局出发，根据资源环境承载能力和发展潜力，实行优化开发、重点开发、限制开发和禁止开发等有区别的区域产业布局。

第十一条 实施互利共赢的开放战略，提高对外开放水平，促进国内产业结构升级。加快转变对外贸易增长方式，扩大具有自主知识产权、自主品牌的商品出口，控制高能耗高污染产品的出口，鼓励进口先进技术设备和国内短缺资源。支持有条件的企业“走出去”，在国际市场竞争中发展壮大，带动国内产业发展。提高加工贸易的产业层次，增强国内配套能力。大力发展服务贸易，继续开放服务市场，有序承接国际现代服务业转移。提高利用外资的质量和水平，着重引进先进技术、管理经验和高素质人才，注重引进技术的消化吸收和创新提高。吸引外资能力较强的地区和开发区，要着重提高生产制造层次，并积极向研究开发、现代物流等领域拓展。

第三章 产业结构调整指导目录

第十二条 《产业结构调整指导目录》是引导投资方向，政府管理投资项目，制定和实施财税、信贷、土地、进出口等政策的重要依据。

《产业结构调整指导目录》由发展改革委会同国务院有关部门依据国家有关法律法

规制订，经国务院批准后公布。根据实际情况，需要对《产业结构调整指导目录》进行部分调整时，由发展改革委会同国务院有关部门适时修订并公布。

《产业结构调整指导目录》原则上适用于我国境内的各类企业。其中外商投资按照《外商投资产业指导目录》执行。《产业结构调整指导目录》是修订《外商投资产业指导目录》的主要依据之一。《产业结构调整指导目录》淘汰类适用于外商投资企业。《产业结构调整指导目录》和《外商投资产业指导目录》执行中的政策衔接问题由发展改革委会同商务部研究协商。

第十三条　《产业结构调整指导目录》由鼓励、限制和淘汰三类目录组成。不属于鼓励类、限制类和淘汰类，且符合国家有关法律、法规和政策规定的，为允许类。允许类不列入《产业结构调整指导目录》。

第十四条　鼓励类主要是对经济社会发展有重要促进作用，有利于节约资源、保护环境、产业结构优化升级，需要采取政策措施予以鼓励和支持的关键技术、装备及产品。按照以下原则确定鼓励类产业指导目录：

（一）国内具备研究开发、产业化的技术基础，有利于技术创新，形成新的经济增长点；

（二）当前和今后一个时期有较大的市场需求，发展前景广阔，有利于提高短缺商品的供给能力，有利于开拓国内外市场；

（三）有较高技术含量，有利于促进产业技术进步，提高产业竞争力；

（四）符合可持续发展战略要求，有利于安全生产，有利于资源节约和综合利用，有利于新能源和可再生能源开发利用、提高能源效率，有利于保护和改善生态环境；

（五）有利于发挥我国比较优势，特别是中西部地区和东北地区等老工业基地的能源、矿产资源与劳动力资源等优势；

（六）有利于扩大就业，增加就业岗位；

（七）法律、行政法规规定的其他情形。

第十五条　限制类主要是工艺技术落后，不符合行业准入条件和有关规定，不利于产业结构优化升级，需要督促改造和禁止新建的生产能力、工艺技术、装备及产品。按照以下原则确定限制类产业指导目录：

（一）不符合行业准入条件，工艺技术落后，对产业结构没有改善；

（二）不利于安全生产；

（三）不利于资源和能源节约；

（四）不利于环境保护和生态系统的恢复；

（五）低水平重复建设比较严重，生产能力明显过剩；

（六）法律、行政法规规定的其他情形。

第十六条　淘汰类主要是不符合有关法律法规规定，严重浪费资源、污染环境、不具备安全生产条件，需要淘汰的落后工艺技术、装备及产品。按照以下原则确定淘汰类产业指导目录：

（一）危及生产和人身安全，不具备安全生产条件；

（二）严重污染环境或严重破坏生态环境；

（三）产品质量低于国家规定或行业规定的最低标准；

（四）严重浪费资源、能源；

（五）法律、行政法规规定的其他情形。

第十七条 对鼓励类投资项目，按照国家有关投资管理规定进行审批、核准或备案；各金融机构应按照信贷原则提供信贷支持；在投资总额内进口的自用设备，除财政部发布的《国内投资项目不予免税的进口商品目录（2000 年修订）》所列商品外，继续免征关税和进口环节增值税，在国家出台不予免税的投资项目目录等新规定后，按新规定执行。对鼓励类产业项目的其他优惠政策，按照国家有关规定执行。

第十八条 对属于限制类的新建项目，禁止投资。投资管理部门不予审批、核准或备案，各金融机构不得发放贷款，土地管理、城市规划和建设、环境保护、质检、消防、海关、工商等部门不得办理有关手续。凡违反规定进行投融资建设的，要追究有关单位和人员的责任。

对属于限制类的现有生产能力，允许企业在一定期限内采取措施改造升级，金融机构按信贷原则继续给予支持。国家有关部门要根据产业结构优化升级的要求，遵循优胜劣汰的原则，实行分类指导。

第十九条 对淘汰类项目，禁止投资。各金融机构应停止各种形式的授信支持，并采取措施收回已发放的贷款；各地区、各部门和有关企业要采取有力措施，按规定限期淘汰。在淘汰期限内国家价格主管部门可提高供电价格。对国家明令淘汰的生产工艺技术、装备和产品，一律不得进口、转移、生产、销售、使用和采用。

对不按期淘汰生产工艺技术、装备和产品的企业，地方各级人民政府及有关部门要依据国家有关法律法规责令其停产或予以关闭，并采取妥善措施安置企业人员、保全金融机构信贷资产安全等；其产品属实行生产许可证管理的，有关部门要依法吊销生产许可证；工商行政管理部门要督促其依法办理变更登记或注销登记；环境保护管理部门要吊销其排污许可证；电力供应企业要依法停止供电。对违反规定者，要依法追究直接责任人和有关领导的责任。

第四章 附 则

第二十条 本规定自发布之日起施行。原国家计委、国家经贸委发布的《当前国家重点鼓励发展的产业、产品和技术目录（2000 年修订）》、原国家经贸委发布的《淘汰落后生产能力、工艺和产品的目录（第一批、第二批、第三批）》和《工商投资领域制止重复建设目录（第一批）》同时废止。

第二十一条 对依据《当前国家重点鼓励发展的产业、产品和技术目录（2000 年修订）》执行的有关优惠政策，调整为依据《产业结构调整指导目录》鼓励类目录执行。外商投资企业的设立及税收政策等执行国家有关外商投资的法律、行政法规规定。

关于公布第一批严重污染环境（大气）的淘汰工艺与设备名录的通知

（1997年6月5日　国家经贸委、国家环境保护局、机械工业部文件
国经贸资[1997] 367号）

各省、自治区、直辖市及计划单列市经贸委（经委、计经委）、环保局、机械厅（局、公司、计划单列机械企业集团）、国务院有关部门：

根据《中华人民共和国大气污染防治法》和全国人大环境与资源保护委员会关于落实修改后的《大气污染防治法》的有关要求，现公布第一批严重污染环境（大气）的淘汰工艺与设备名录共15项，并就有关事项通知如下：

一、所有生产、销售、进口或者使用淘汰名录中所列设备的单位或个人，必须在规定的期限内停止生产、销售、进口或者使用淘汰名录中的设备；淘汰生产工艺的采用者必须在规定期限内停止使用。

任何单位和个人不得以任何形式易地建设或转让给他人使用淘汰工艺和设备。

二、新建、改建、扩建及技术改造工程，一律不得选用国家公布名录中的淘汰工艺和设备。

自本通知印发之日起，建设单位、设计部门在项目规划、设计中仍采用国家已公布的淘汰工艺与设备的，项目审批单位不予立项，设计审查单位不予批准设计方案，有关部门不得批准开工；对采用淘汰工艺与设备的新建项目，有关部门不予竣工验收，违者追究责任。

本通知印发前已经批准的在建项目中使用淘汰工艺和设备的，应积极采取措施，及时修改建设方案。

三、对在规定淘汰期限之后仍继续生产、销售、进口和使用淘汰设备以及继续采用淘汰工艺的企、事业单位和个人，各地经贸委会同环保局及行业主管部门依法责令其停止生产、销售、进口和使用淘汰设备，停止采用淘汰工艺；银行停发其贷款，工商行政管理机关吊销其营业执照，没收其全部非法收入，并视其情节轻重予以罚款；主管部门对企事业单位负责人和直接责任者给予行政处分；对屡令不止的，由司法机关追究其法律责任。

四、自本通知印发之日起，各地经贸委要会同环保局和机械工业管理部门，加强对限期淘汰工作的领导，建立层层目标责任制，责任落实到人。

五、本着“谁污染，谁负担”的原则，各地要组织有关企业积极筹措资金，实施转产改造工作，有关部门在政策、技术和资金上应给予必要的支持。

六、各地要制定年度淘汰计划，并将淘汰计划完成情况及时上报国家经贸委，同时抄报国家环保局、机械工业部及国家有关行业主管部门。

已经制定严于国家公布淘汰目录要求的淘汰计划的地方，可继续执行地方淘汰计划。

七、国家经贸委将会同有关部门不定期组织执法检查团，对各地执行本通知情况进行检查，对不执行本通知规定的将依法予以惩处。

第一批严重污染（大气） 环境的淘汰工艺与设备名录

序号	工艺或设备名称	淘汰期限	可替代工艺及设备	备注
1	75型、89型改良型焦炉	1999年底	炭化室高度不低于2.8米，年产焦20万吨及以上的机焦炉，配套煤气净化系统	
2	土（蛋）窑生产水泥	自本通知公布之日起	不需要进行替代	
3	普通水泥立窑	自本通知公布之日起	不需要进行替代	
4	窑径小于2米(含2米)，即年生产能力3万吨以下的水泥机械化立窑	1997年底	不需要进行替代	老少边穷地区淘汰期限可推迟到2000年底
5	窑径小于2.2米（含2.2米），即年生产能力4.4万吨以下的水泥机械化立窑	2000年底	根据“上大改小”的原则，以700吨/日及以上新型干法水泥生产线进行改造	老少边穷地区淘汰期限可推迟到2005年底
6	20万重量箱以下（含20万重量箱）小平拉玻璃生产线	1997年底	浮法玻璃生产工艺	
7	土窑烧砖	自本通知公布之日	起隧道窑	
8	1 800千伏安以下（不含1 800千伏安）铁合金电炉	2000年底	3 600 千伏安以上的铁合金电炉	老少边穷地区淘汰期限可推迟到2005年底
9	叠轧薄板	2005年底	热连轧薄板	
10	化铁炼钢	2005年底	利用铁水直接炼钢	
11	平炉炼钢	2005年底	转炉或电炉炼钢	
12	铅烧结锅	2000年底	鼓风烧结机	
13	铅吸风烧结机	1997年底	鼓风烧结机	
14	横罐炼锌	1997年底	湿法炼锌、密闭鼓风炉	
15	使用CFCs生产气溶胶产品工艺	1997年底	用液化石油气或二甲醚替代气溶胶产品生产中使用的CFC-11或CFC-12	医用部分及不能用液化石油气或二甲醚替代部分除外

二

电　力

关于加快关停小火电机组若干意见的通知

（2007 年 1 月 20 日　国务院批转发展改革委、能源办文件　国发[2007]2 号）

各省、自治区、直辖市人民政府，国务院各部委、各直属机构：

国务院同意发展改革委、能源办《关于加快关停小火电机组的若干意见》，现转发给你们，请认真贯彻执行。

“十一五”规划纲要明确提出，到 2010 年单位国内生产总值能源消耗和主要污染物排放总量分别比 2005 年降低 20%左右和 10%。这是贯彻落实科学发展观、构建社会主义和谐社会战略思想的重大举措，也是加快建设资源节约型、环境友好型社会的迫切需要。电力工业是节能降耗和污染减排的重点领域。近年来，电力工业快速发展，但电力结构不合理，特别是能耗高、污染重的小火电机组比重过高，成为制约电力工业节能减排和健康发展的重要因素。抓住当前经济社会发展较快、电力供求矛盾缓解的有利时机，加快关停小火电机组，推进电力工业结构调整，对于促进电力工业健康发展，实现“十一五”时期能源消耗降低和主要污染物排放减少的目标至关重要。

各地区、各有关部门和单位要从全局和战略的高度，充分认识关停小火电机组的重要性和紧迫性，把关停小火电机组作为一项重要工作抓紧抓好。要认真贯彻《国务院关于加强节能工作的决定》（国发[2006]28 号）和《国务院关于落实科学发展观加强环境保护的决定》（国发[2005]39 号）精神，按照统筹规划、分类实施、明确标准、落实责任、政策配套、积极稳妥的原则，充分发挥市场机制的作用，综合运用经济、法律和行政手段，严格执行电力工业产业政策，加大结构调整力度，确保如期实现“十一五”小火电机组的关停目标，完成电力工业能源消耗降低和污染减排的各项任务。

国家将继续按照电力工业产业政策和发展规划，加大高效、清洁机组的建设力度，保持电力工业持续健康发展，为加快推进小火电机组关停工作创造宽松的市场环境。要大力推进“上大压小”工作，在新建电源项目安排上，考虑小火电机组关停的因素，对关停工作成效显著的省份和电力企业优先给予支持。要严格控制新建小火电机组，大电网覆盖范围内不得建设小火电机组，各类投资主体建设燃煤电站及煤矸石等综合利用电站，均应报国务院投资主管部门核准后方可建设。

发展改革委牵头负责全国小火电机组关停工作，电力监管、国有资产管理、环境保护、国土、水利、财政和税收等部门及电网企业要积极配合，制定相应的政策措施，共同推进小火电机组关停工作。发展改革委要依照电力工业产业政策，结合电力工业发展规划和各地实际情况，尽快将全国小火电机组关停目标分解到各省（区、市），并与各省级人民政府和国有大型电力集团公司签署小火电机组关停目标责任书。各省级人民政府和有关电力企业负责本地区、本企业小火电机组关停工作，将关停小火电机组纳入工作日程，主管领导亲自抓，建立相应的协调机制，制订具体实施方案，明确相关部门的责任和分工，确保责任到位、措施到位、落实到位。在关停小火电机组过程中，各省级人民政府要妥善解决关停机组涉及的人员安置、债务等问题，协调处理好各种关系，确保社会稳定。

各省级人民政府和有关电力企业要在2007年3月31日前，将本地区、本企业小火电机组关停具体实施方案报发展改革委并抄送有关部门。发展改革委要会同有关部门加强对小火电机组关停工作的指导协调和监督检查，重大情况及时向国务院报告。

附件：

关于加快关停小火电机组的若干意见

发展改革委、能源办

为实现“十一五”规划纲要提出的单位国内生产总值能源消耗降低和主要污染物排放总量减少目标，推进电力工业结构调整，根据《国务院关于加强节能工作的决定》（国发[2006]28号）、《国务院关于落实科学发展观加强环境保护的决定》（国发[2005]39号）、《国务院关于发布实施〈促进产业结构调整暂行规定〉的决定》（国发[2005]40号）和《产业结构调整指导目录（2005年本）》，现就加快关停小火电机组工作提出以下意见：

一、“十一五”期间，在大电网覆盖范围内逐步关停以下燃煤（油）机组（含企业自备电厂机组和趸售电网机组）：单机容量5万千瓦以下的常规火电机组；运行满20年、单机10万千瓦级以下的常规火电机组；按照设计寿命服役期满、单机20万千瓦以下的各类机组；供电标准煤耗高出2005年本省（区、市）平均水平10%或全国平均水平15%的各类燃煤机组；未达到环保排放标准的各类机组；按照有关法律、法规应予关停或国务院有关部门明确要求关停的机组。

二、对在役的热电联产和资源综合利用机组，要实施在线监测，由省级人民政府组织对其开展认定和定期复核工作。不符合国家规定的，责令其限期整改；逾期不改或整改后仍达不到要求的，予以关停。

三、热电联产机组供电标准煤耗高出第一条中煤耗要求的，要结合热电联产规划，以“上大压小”或在役机组供热改造，按“先建设后关停”或“先改造后关停”的原则予以关停。在大中型城市优先安排建设大中型热电联产机组，在中小型城镇鼓励建设背压型热电机组或生物质能热电机组。鼓励运行未满15年的在役大中型发电机组改造为热电联产机组。新建机组或在役机组改造要与原供热机组的关停做好衔接。

热电联产机组原则上要执行“以热定电”，非供热期供电煤耗高出上年本省（区、市）火电机组平均水平10%或全国火电机组平均水平15%的热电联产机组，在非供热期应停止运行或限制发电。

四、属于上述关停范围，但承担当地主要供热任务且其所在地10公里以内没有其他热源点或其性能优于该范围内其他热源点的热电联产机组，处于电网末端或独立电网内、承担当地主要供电任务或对当地电网安全具有支撑作用的机组，以及《国务院办公厅转发国家经贸委关于关停小火电机组有关问题意见的通知》（国办发[1999]44号）下发前依法批准且合同约定中外合作或合资期限未满的机组，企业可提出申请，由省级人民政府有关部门委托发展改革委认可的中介机构进行评估，情况属实的，可暂缓关停，但须每年评估一次。

五、支持按照生物质能开发利用规划和城镇集中供热规划，已落实生物质能来源、同步建设热网并落实热负荷的地区，将运行未满 15 年、具备改造条件的应关停机组改造为符合国家有关规定要求的生物质能发电或热电联产机组。

拟实施改造的应关停机组，由省级人民政府有关部门委托发展改革委认可的中介机构进行评估，符合条件的，按照有关规定办理核准手续。

六、到期应实施关停的机组，电力监管机构要及时撤销其电力业务许可证，电网企业及相关单位应将其解网，不得再收购其发电，电力调度机构不得调度其发电，银行等金融机构要停止对其发放贷款；机组关停后应就地报废，不得转供电或解列运行，不得易地建设。

七、鼓励各地区和企业关停小机组，集中建设大机组，实施“上大压小”。鼓励通过兼并、重组或收购小火电机组，并将其关停后实施“上大压小”建设大型电源项目。

发展改革委根据各省（区、市）关停机组的容量，相应增加该省（区、市）的电源建设规模。跨省（区、市）进行“上大压小”的，关停小机组容量可保留在当地，并相应调减新项目建设地区的电源建设规模。

八、新建电源项目替代的关停机组容量作为衡量其可否纳入规划的重要指标。替代关停机组容量较多并能够妥善安置关停电厂职工的电源建设项目，优先纳入国家电力发展规划。

企业建设单机 30 万千瓦替代关停机组的容量达到自身容量 80%的项目，单机 60 万千瓦替代关停机组的容量达到自身容量 70%的项目，单机 100 万千瓦替代关停机组的容量达到自身容量 60%的项目，可直接纳入国家电力发展规划，优先安排建设。

企业建设单机 20 万千瓦以上的热电联产项目，替代关停机组的容量达到自身容量 50%，并按所替代关停机组和关停拆除的供热锅炉蒸发量计算可减少当地燃煤总量的，可直接纳入国家电力规划，优先安排建设。“上大压小”建设的大中型火电项目，扩建项目可建设单台机组，新建项目原则上按两台机组以上考虑。

实施“上大压小”的新建机组，原则上应在所替代的关停机组拆除后实施建设。

九、加强发电调度监督管理，积极推进发电机组统一调度工作，大电网覆盖范围内的所有火电厂，其调度都要逐步纳入省级以上电力调度机构统一管理。

改进发电调度方式，按照节能、环保、经济的原则，优先调度可再生能源和高效、清洁的机组发电，限制能耗高、污染重的机组发电。节能发电调度办法另行制定。

未实施节能发电调度的地区要实行差别电量计划，鼓励可再生能源和高效、清洁大机组多发电，并逐年减少未关停小火电机组的发电量。

十、电网企业要加快配套电网建设，扩大供电范围，提高供电可靠性和服务水平，并制订科学的供电预案，保证小火电机组关停后的电力供应。地方各级人民政府和有关部门要配合做好相关工作，切实保证电网工程建设的顺利实施。关停机组涉及的输配线路、变电站等资产，可在平等协商的基础上，有偿移交所在地的电网企业。

十一、推进电价和趸售体制改革，逐步实现同网同价。各省（区、市）人民政府要加强小火电机组上网电价管理，尽快将所有燃煤（油）小火电机组上网电价降低到不高于本地区标杆上网电价，并不得实行价外补贴；价格低于本地区标杆上网电价的小火电，仍执行现行电价。

十二、各级环保部门要严格执行国家环保政策，加强对电厂污染物排放的监督检查，对排放不达标的依法予以处理。新建燃煤机组必须同步建设高效脱硫除尘设施，关停范围以外现役单机 13.5 万千瓦以上燃煤机组要尽快完成脱硫设施改造。要提高排污收费标准，促进电厂进行脱硫改造。安装脱硫设施但未达标排放的燃煤机组不得执行脱硫机组电价。

十三、改进并加强对企业自备电厂的管理，对自备电厂自发自用电量征收国家规定的三峡工程建设基金、农网还贷资金、城市公用事业附加费、可再生能源附加、大中型水库移民后期扶持资金等，并按规定收取备用容量费。禁止公用电厂转为企业自备电厂。具体办法由发展改革委另行制定。

十四、纳入各省"十一五"小火电关停规划并按期关停的机组在一定期限内（最多不超过 3 年）可享受发电量指标，并通过转让给大机组代发获得一定经济补偿，发电量指标及享受期限随关停延后的时间而逐年递减。具体办法由各省（区、市）人民政府制定，报发展改革委备案。

十五、自备电厂或趸售电网的机组按期关停后，电网企业可对趸售电网和符合国家产业政策并关停自备电厂的企业给予适当的电价优惠。鼓励关停自备电厂的企业或原趸售电网直接向发电企业购电，电网企业按照有关规定收取合理的过网费。

十六、有条件的地区可开展污染物排放指标、取水指标交易，按期关停的机组可按照国家有关规定，有偿转让其污染物排放指标、取水指标[取水指标限本省（区、市）内]。具体办法由各省（区、市）人民政府制定，报发展改革委、环保总局和水利部备案。

十七、要根据国家有关规定，制订职工安置方案，妥善安置关停机组人员。关停部分机组的企业，要妥善处理职工的劳动关系，原则上应在本企业内部安置；关停全部机组的企业，要按照有关规定妥善处理好经济补偿、社会保险等相关问题。改造项目和新建、扩建电厂应优先招用关停机组分流人员。地方人民政府要切实做好分流人员安置工作。

十八、各省（区、市）人民政府要根据土地利用总体规划、城镇规划和产业政策，因地制宜开发利用关停机组的土地资源。涉及土地使用权转让和改变土地用途的，应按照土地管理法律法规和政策，积极帮助企业办理相关手续。因电厂关停带来的变电站和供电线路改造等征地问题，结合关停电厂现有土地处置一并考虑。

十九、电力监管机构要加强小火电机组监督管理，建立监管信息系统，对不符合设计要求和有关规定的，不予颁发电力业务许可证。

二十、对应关停而拒不关停的小火电机组，省级以上人民政府有关部门和单位可责令其立即关停，并暂停该企业新建电力项目的资格，直至完成关停任务；对弄虚作假逃避关停或关停后易地建设的机组，一经查实，应责令其立即关停并予以拆除，同时追究相关人员的责任。

二十一、各地区和企业要严格按照国家电力工业产业政策和发展规划开展电源项目前期工作，严格执行国家电力项目核准制度，坚决制止违规和无序建设电站的行为。在大电网覆盖范围内，原则上不得建设单机容量 30 万千瓦以下纯凝汽式燃煤机组。电网企业不得为违规建设的发电机组提供并网服务。对违反国家电力项目核准规定、越权核准小火电项目建设的部门领导及当事人，省级以上人民政府部门应追究其责任，并撤回项目核准文件。

二十二、省（区、市）人民政府对本地区小火电机组关停工作负总责，要根据发展改革委确定的关停目标，负责制订本地区小火电机组关停方案和年度关停计划，向社会公布并组织实施。关停方案应包括责任分工和机组关停后的职工安置、资产处置和债务处理等内容，年度关停计划应明确关停机组名单和关停时限。要加强领导，精心组织，明确责任，落实任务，确保按期完成小火电机组关停任务。

二十三、发电企业是小火电机组关停工作的直接责任人，应按照各省（区、市）人民政府制订的小火电机组关停方案和年度关停计划，对本企业所属机组实施关停，并妥善处理善后事宜。

二十四、各省（区、市）人民政府要将本地区小火电机组关停情况定期向发展改革委和电监会报告。

关于发布火电项目环境影响报告书受理条件的公告

（2006年8月1日　国家环保总局公告　2006年第39号）

根据《国务院关于发布实施〈促进产业结构调整暂行规定〉的决定》（国发[2005]40号）、《国务院关于加快推进产能过剩行业结构调整的通知》（国发[2006]11号）和国家发改委、环保总局等八个部门《关于加快电力工业结构调整促进健康有序发展有关工作的通知》（发改能源[2006]661号）等要求，现就常规火电厂、煤矸石综合利用电厂、热电联产新扩改建项目环境影响报告书受理条件公告如下：

一、必须为列入国家《产业结构调整指导目录》中鼓励类或允许类，未列入限制类或淘汰类的建设项目。

二、必须为列入相应规划或国家近期开工备选方案的建设项目：

（一）常规火电厂应为列入国家近年开工备选方案且列入所在省电力发展规划的建设项目；

（二）煤矸石综合利用电厂应为列入经批准的所在省煤矸石资源综合利用规划的建设项目；

（三）热电联产项目应为列入经批准的城市供热总体规划的建设项目；

（四）国家另有规划或安排的火电厂、煤矸石综合利用电厂、热电联产项目。

自本公告发布之日起，建设单位在报送常规火电厂、煤矸石综合利用电厂、热电联产项目环境影响报告书时应提交上述相关材料。

三、项目二氧化硫排放总量必须符合下述要求：

（一）新建、扩建、改造火电项目必须按照“增产不增污”或“增产减污”的要求，通过对现役机组脱硫、关停小机组或排污交易等措施或“区域削减”措施落实项目污染物排放总量指标途径，并明确具体的减排措施。

（二）总局与六家中央管理电力企业集团（以下简称六大集团）或省级人民政府签订二氧化硫削减责任书的脱硫老机组的扩建、改造火电项目，所涉及的老机组脱硫工程的开工、投产进度必须符合责任书有关要求。

（三）热电站、煤矸石电厂、垃圾焚烧发电厂项目的总量指标必须明确总量指标来源。除热电站、煤矸石电厂、垃圾焚烧发电厂外，其他新建、扩建、改建常规火电项目的二氧化硫排放总量指标必须从电力行业取得。

1．属于六大电力集团的新建、扩建、改造项目，二氧化硫排放总量指标必须从六大集团的总量控制指标中获得，并由所在电力集团公司和所在地省级环保部门出具确认意见。

2．不属于六大电力集团的新建、扩建、改造项目，二氧化硫排放总量必须从各省非六大电力集团电力行业总量控制指标中获得，并由省级环保部门出具确认意见。

自本公告发布之日起，建设单位在提交项目的环境影响报告书时，应同时提供省级环保部门对项目污染物排放总量指标来源的确认文件，六大电力集团的新建、扩建和改造项目还应有所属电力集团公司的确认意见。

（四）总量控制政策有调整时，我局将及时下发有关要求。

特此公告。

关于印发《关于发展热电联产的规定》的通知

（2000年8月22日 国家发展计划委员会、国家经济贸易委员会、建设部、国家环保总局文件 计基础[2000]1268号）

各省、自治区、直辖市及计划单列市计委、经贸委、建委（建设厅）、环保局、电力局、国务院有关部门：

为实现两个根本性转变，实施可持续发展战略，促进热电联产事业的健康发展，落实《中华人民共和国节约能源法》中关于“国家鼓励发展热电联产、集中供热，提高热电机组的利用率”的规定，国家计委、国家经贸委、国家环保局、建设部联合对原《关于发展热电联产的若干规定》（计交能[1998]220 号）进行了修订和补充，现印发给你们，请遵照执行。

关于发展热电联产的规定

热电联产具有节约能源、改善环境、提高供热质量、增加电力供应等综合效益。热电厂的建设是城市治理大气污染和提高能源利用率的重要措施，是集中供热的重要组成部分，是提高人民生活质量的公益性基础设施。改革开放以来，我国热电联产事业得到了迅速发展，对促进国民经济和社会发展起了重要作用。为实施可持续发展战略，实现两个根本性转变，推动热电联产事业的发展，特作如下规定：

第一条 各地区在制定实施《中华人民共和国节约能源法》、《中华人民共和国环境保护法》、《中华人民共和国电力法》、《中华人民共和国煤炭法》、《中华人民共和国大气污染防治法》和《中华人民共和国城市规划法》等法律细则和相关地方法规时，应结合当地的实际情况，因地制宜的制定发展和推广热电联产、集中供热的措施。

第二条 各地区在制定发展规划时，应坚持环境保护基本国策，认真贯彻执行“能源节约与能源开发并举，把能源节约放在首位”的方针，按照建设部、国家计委《关于加强城市供热规划管理工作的通知》的规定（建城[1995]126 号），认真编制和审查城市供热规划。依据本地区《城市供热规划》、《环境治理规划》和《电力规划》编制本地区的《热电联产规划》。

在进行热电联产项目规划时，应积极发展城市热水供应和集中制冷，扩大夏季制冷负荷，提高全年运行效率。

第三条 热电联产规划必须按照“统一规划、分步实施、以热定电和适度规模”的原则进行，以供热为主要任务，并符合改善环境、节约能源和提高供热质量的要求。

第四条 各级计委负责热电联产的规划和基本建设项目的审批，各级经贸委负责热电联产的生产管理、热电联产技术改造规划的制定和项目的审批，各级建设部门是城市供热行业管理部门，各级环保部门要依照相关的环保法规对热电联产进行监督。

第五条 根据国家能源与环保政策，各地区应根据能源供应条件和优化能源结构的要求，从改善环境质量、节约能源和提高供热质量出发，优化热电联产的燃料供应方案。

第六条 在国务院新的固定资产投资管理办法出台前，热电联产项目审批暂按以下规定执行：

1．单机容量 25 兆瓦及以上热电联产基本建设项目及总发电容量 25 兆瓦及以上燃气—蒸汽联合循环热电联产机组，报国家计委审批。

2．单机容量 25 兆瓦以下热电联产基本建设项目及总发电容量 25 兆瓦以下的燃气—蒸汽联合循环热电联产机组，由各省、自治区、直辖市及计划单列市计委组织审批，报国家计委备案。

3．现有凝汽发电机组改造为热电联产工程、热电联产技术改造工程和燃料结构变更与综合利用的热电联产技术改造工程，总投资大于 5 000 万元的项目报国家经贸委审批；总投资小于 5 000 万元的项目，由各省、自治区、直辖市经贸委组织审批，报国家经贸委备案。

4．外商投资热电厂工程总造价 3 000 万美元及以上项目，基本建设项目报国家计委审批；技术改造工程由国家经贸委审批。

5．热电厂、热力网、粉煤灰综合利用项目应同时审批、同步建设、同步验收投入使用。热力网建设资金和粉煤灰综合利用项目不落实的，热电厂项目不予审批。

第七条 各类热电联产机组应符合下列指标：

一、供热式汽轮发电机组的蒸汽流既发电又供热的常规热电联产，应符合下列指标：

1．总热效率年平均大于 45%。

$$总热效率=（供热量+供电量\times 3\,600 千焦/千瓦时）/（燃料总消耗量\times 燃料单位低位热值）\times 100\%$$

2．热电联产的热电比：

（1）单机容量在 50 兆瓦以下的热电机组，其热电比年平均应大于 100%；

（2）单机容量在 50 兆瓦至 200 兆瓦以下的热电机组，其热电比年平均应大于 50%；

（3）单机容量 200 兆瓦及以上抽汽凝汽两用供热机组，采暖期热电比应大于 50%。

$$热电比 = 供热量/（供电量\times 3\,600 千焦/千瓦时）\times 100\%$$

二、燃气—蒸汽联合循环热电联产系统包括：燃气轮机+供热余热锅炉、燃气轮机+余热锅炉+供热式汽轮机。燃气—蒸汽联合循环热电联产系统应符合下列指标：

1．总热效率年平均大于 55%；

2．各容量等级燃气—蒸汽联合循环热电联产的热电比年平均应大于 30%。

第八条 符合上述指标的新建热电厂或扩建热电厂的增容部分免交上网配套费，电网管理部门应允许并网。投产第一年按批准可行性研究报告中确定的全年平均热电比和总热效率签定上网电量合同。在保证供热和机组安全运行的前提下供热机组可参加调峰（背压机组不参加调峰）。国家和省、自治区、直辖市批准的开发区建设的热电厂投产三年之后；以及现有热电厂经技术改造后，达不到第七条规定指标的，经报请省级综合经济部门核准，按实际热负荷核减结算电量，对超发部分实行无偿调度。

第九条 热电联产能有效节约能源，改善环境质量，各地区、各部门应给予大力支持。热电厂应根据热负荷的需要，确定最佳运行方案，并以满足热负荷的需要为主要目标。地区电力管理部门在制定热电厂电力调度曲线时，必须充分考虑供热负荷曲线变化和节能因素，不得以电量指标限制热电厂对外供热，更不得迫使热电厂减压减温供汽，否则将依据《中华人民共和国节约能源法》和《中华人民共和国反不正当竞争法》第二十三条追究有关部门领导和当事人的责任，并赔偿相应的经济损失。

第十条 城市热力网是城市基础设施的一部分，各有关部门均应大力支持其建设，使城市热力网与热电厂配套建设，同时投入使用，充分发挥效益。

第十一条 凡利用余热、余气、城市垃圾、煤矸石、煤泥和煤层气等作为燃料的热电厂，按《国务院批转国家经贸委等部门关于进一步开展综合利用意见的通知》文件执行（国发[1996]36号）。

第十二条 在有稳定热负荷的地区，进行中小凝汽机组改造时，应选择预期寿命内的机组安排改造为供热机组，并必须符合本规定第七条的要求。

第十三条 鼓励使用清洁能源，鼓励发展热、电、冷联产技术和热、电、煤气联供，以提高热能综合利用效率。

第十四条 积极支持发展燃气—蒸汽联合循环热电联产。

1．燃气—蒸汽联合循环热电联产污染小、效率高及靠近热、电负荷中心。国家鼓励以天然气、煤层气等气体为燃料的燃气—蒸汽联合循环热电联产。

2．发展燃气—蒸汽联合循环热电联产应坚持适度规模。根据当地热力市场和电力市场的实际情况，以供热为主要目的，尽力提高资源综合利用效率和季节适应性，可采用余热锅炉补燃措施，不宜片面扩大燃机容量和发电容量。

3．根据燃气—蒸汽联合循环热电厂具有大量稳定用气和为天燃气管网提供调峰支持的特点，合理制定天然气价格。

4．以小型燃气发电机组和余热锅炉等设备组成的小型热电联产系统，适用于厂矿企业，写字楼、宾馆、商场、医院、银行、学校等较分散的公用建筑。它具有效率高、占地小、保护环境、减少供电线损和应急突发事件等综合功能，在有条件的地区应逐步推广。

第十五条 供热锅炉单台容量20吨/时及以上者，热负荷年利用大于4 000小时，经技术经济论证具有明显经济效益的，应改造为热电联产。

第十六条 在已建成的热电联产集中供热和规划建设热电联产集中供热项目的供热范围内，不得再建燃煤自备热电厂或永久性燃煤锅炉房。当地环保与技术监督部门不得再审批其扩建小锅炉。在热电联产集中供热工程投产后，在供热范围内经批准保留部分容量较大、设备状态较好的锅炉作为供热系统的调峰和备用外，其余小锅炉应由当地政府在三个月内明令拆除。

在现有热电厂的供热范围内，不应有分散燃煤小锅炉运行。已有的分散燃煤小锅炉应限期停运。

在城市热力网供热范围内，居民住宅小区应使用集中供热，不应再采用小锅炉等分散供热方式。

第十七条 各级政府应积极推动环境保护和节约能源，实施可持续发展战略，在每年市政建设中安排一定比例的资金用于发展热电联产、集中供热。

第十八条 住宅采暖供热应积极推进以用户为单位按用热量计价收费的新体制。从2000年10月1日起，新建居民住宅室内采暖供热系统要按分户安装计量仪表设计和建设，推行按热量收费；原有居民住宅要在开展试点的基础上。逐步进行改造，到2010年基本实现供热计量收费。

第十九条 热电联产项目接入电力系统方案，电力管理部门必须及时提出审查意见。热力管网走向和敷设方式必须由当地城市建设管理部门及时提出审查意见。

第二十条 热电联产项目的建设、安装、调试、验收、投产必须遵照固定资产投资项目的管理程序和有关规定执行。在热电厂和城市热网的建设过程中应分别接受电力及城市建设管理等部门的监督。

第二十一条 热电厂热价、电价应按《中华人民共和国价格法》和《中华人民共和国电力法》的规定制定。热电联产热价、电价的制定应充分考虑热电厂节约能源、保护环境的社会效益，在兼顾用户承受能力的前提下，本着热、电共享的原则合理分摊，由各级价格行政管理部门按价格管理权限制定公平、合理的价格。

第二十二条 本规定自发布之日起施行。本文发布单位的其他文件中有关热电联产的规定，凡与本文不符的应以本文为准。

第二十三条 本规定由国家发展计划委员会商国家经济贸易委员会、建设部、国家环境保护总局进行解释。

关于酸雨控制区和二氧化硫污染控制区有关问题的批复

（1998年1月12日 国务院文件 国函[1998]5号）

国家环保局：

你局《关于呈报审批酸雨控制区和二氧化硫污染控制区划分方案的请示》（环发[1997]634号）收悉，现批复如下：

一、原则同意《酸雨控制区和二氧化硫污染控制区划分方案》，由你局发布。同意酸雨控制区和二氧化硫污染控制区（以下简称两控区）划定范围（具体范围附后）。

二、两控区控制目标为：到2000年，排放二氧化硫的工业污染源达标排放，并实行二氧化硫排放总量控制；有关直辖市、省会城市、经济特区城市、沿海开放城市及重点旅游城市环境空气二氧化硫浓度达到国家环境质量标准，酸雨控制区酸雨恶化的趋势得到缓解。到2010年，二氧化硫排放总量控制在2000年排放水平以内；城市环境空气二氧化硫浓度达到国家环境质量标准，酸雨控制区降水pH值小于4.5的面积比2000年有明显减少。

三、禁止新建煤层含硫分大于3%的矿井，建成的生产煤层含硫分大于3%的矿井，逐步实行限产或关停。新建、改造含硫分大于1.5%的煤矿，应当配套建设相应规模的煤炭洗选设施。现有煤矿应按照规划的要求分期分批补建煤炭洗选设施。城市燃用的煤炭和燃料重油的含硫量，必须符合当地城市人民政府的规定。

四、除以热定电的热电厂外，禁止在大中城市城区及近郊区新建燃煤火电厂。新建、改造燃煤含硫量大于1%的电厂，必须建设脱硫设施。现有燃煤含硫量大于1%的电厂，要在2000年前采取减排二氧化硫的措施，在2010年前分期分批建成脱硫设施或采取其他具有相应效果的减排二氧化硫的措施。化工、冶金、建材、有色金属等污染严重的企业，必须建设工艺废气处理设施或采取其他减排措施。

五、要结合产业和产品结构的调整，大力推行清洁生产，加强技术改造，促进资源节约和综合利用，切实降低二氧化硫排放水平。

六、要按照《国务院关于二氧化硫排污收费扩大试点工作有关问题的批复》（国函[1996]24号）要求，认真做好二氧化硫排污费的征收、管理和使用工作，其中用于重点排污单位专项治理二氧化硫污染的资金比例不得低于90%。

七、有关地方人民政府和电力、煤炭等有关部门要按照本批复的要求，制定有关规划及计划，采取有效措施，确保两控区目标和要求的落实。你局要认真做好两控区污染防治的指导工作，加强环境监测和监督检查。

附件：1. 酸雨控制区范围

2. 二氧化硫污染控制区范围

附件 1

酸雨控制区范围

省、自治区、直辖市	控制区范围（国家重点扶持的贫困县除外）
上海市	上海市
江苏省	南京市、扬州市、南通市、镇江市、常州市、无锡市、苏州市、泰州市
浙江省	杭州市、宁波市、温州市（市区及瑞安市、永嘉县、苍南县）、嘉兴市、湖州市、绍兴市、金华市、衢州市（市区及江山市、衢县、龙游县）、台州市
安徽省	芜湖市、铜陵市、马鞍山市、黄山市、巢湖地区、宣城地区
福建省	福州市、厦门市、三明市、泉州市、漳州市、龙岩市
江西省	南昌市、萍乡市、九江市、鹰潭市、抚州地区、吉安市、赣州市
湖北省	武汉市、黄石市、荆州市、宜昌市、荆门市、鄂州市、潜江市、咸宁地区
湖南省	长沙市、株洲市、湘潭市、衡阳市、岳阳市、常德市、张家界市、郴州市、益阳市、娄底地区、怀化市、吉首市
广东省	广州市、深圳市、珠海市、汕头市、韶关市、惠州市、汕尾市、东莞市、中山市、江门市、佛山市、湛江市、肇庆市、云浮市、清远市、潮州市、揭阳市
广西壮族自治区	南宁市、柳州市、桂林市、梧州市、玉林市、贵港市、南宁地区（上林县、崇左县、宾阳县、横县）、柳州地区（合山市、来宾县、鹿寨县）、桂林地区（灵川县、全州县、兴安县、荔浦县、永福县）、贺州地区（贺州市、钟山县）、河池地区（河池市、宜州市）
重庆市	渝中区、江北区、沙坪坝区、南岸区、九龙坡区、大渡口区、渝北区、北碚区、巴南区及万盛区、双桥区、涪陵区、永川市、合川市、江津市、长寿县、荣昌县、大足县、綦江县、璧山县、铜梁县、潼南县
四川省	成都市、自贡市、攀枝花市、泸州市、德阳市、绵阳市、遂宁市、内江市、乐山市、南充市、宜宾市、广安地区、眉山地区
贵州省	贵阳市、遵义市、安顺地区、兴义市、凯里市、都匀市
云南省	昆明市、曲靖市、玉溪市、昭通市、个旧市、开远市、楚雄市

附件 2

二氧化硫污染控制区范围

省、自治区、直辖市	控制区范围（国家重点扶持的贫困县除外）
北京市	东城区、西城区、宣武区、崇文区、朝阳区、海淀区、丰台区、石景山区、门头沟区、通州区、房山区、昌平县、大兴县
天津市	市区
河北省	石家庄市市区及辛集市、藁城市、晋州市、新乐市、鹿泉市、邯郸市市区及武安市、邢台市市区及南宫市、沙河市、保定市市区及涿州市、定州市、安国市、高碑店市、张家口市市区、承德市市区、唐山市市区及遵化市、丰南市、衡水市市区
山西省	太原市市区及古交市、大同市市区 、阳泉市市区、朔州市市区、忻州市、榆次市、临汾市、运城市

省、自治区、直辖市	控制区范围（国家重点扶持的贫困县除外）
内蒙古自治区	呼和浩特市市区、包头市市区及石拐矿区、土默特右旗、乌海市市区、赤峰市市区
辽宁省	沈阳市市区及新民市、大连市市区、鞍山市市区及海城市、抚顺市市区、本溪市市区、锦州市市区及凌海市、葫芦岛市市区及兴城市、阜新市市区、辽阳市市区
吉林省	吉林市市区及桦甸市、蛟河市、舒兰市、四平市市区及公主岭市、通化市市区及梅河口市、集安市、延吉市
江苏省	徐州市市区及邳州市、新沂市
山东省	济南市市区及章丘市、青岛市市区及胶南市、胶州市、莱西市、淄博市市区、枣庄市市区及滕州市、潍坊市市区及青州市、高密市、昌邑市 、烟台市市区及龙口市、莱阳市、莱州市、招远市、海阳市、济宁市市区及曲阜市、兖州市、邹城市、泰安市市区及新泰市、肥城市、莱芜市市区 、德州市市区及乐陵市、禹城市
河南省	郑州市市区及巩义市、洛阳市市区及偃师市、孟津县、焦作市市区及沁阳市、孟州市、修武县、温县、武陟县、博爱县 、安阳市市区及林州市、三门峡市市区及义马市、灵宝市、济源市市区
陕西省	西安市市区、铜川市市区、渭南市市区及韩城市、华阴市、商州市
甘肃省	兰州市市区、金昌市市区、白银市市区、张掖市
宁夏回族自治区	银川市市区、石嘴山市市区
新疆维吾尔自治区	乌鲁木齐市市区

关于加强燃煤电厂二氧化硫污染防治工作的通知

（2003 年 9 月 29 日　国家环境保护总局、国家发展和改革委员会文件
环发[2003]159 号）

各省、自治区、直辖市人民政府，国务院有关部门：

当前，我国二氧化硫年排放总量大大超出了环境自净能力，造成近三分之一的国土酸雨污染严重。按照《国民经济和社会发展第十个五年计划纲要》和《国家环境保护“十五”计划》要求，到“十五”末期，全国二氧化硫排放量要比 2000 年减少 10%。其中，“两控区”（指酸雨控制区和二氧化硫控制区）减少 20%，污染防治任务十分艰巨。2002 年，燃煤电厂二氧化硫排放量达到 666 万吨，占全国排放总量的 34.6%。严格控制燃煤电厂二氧化硫排放对实现全国二氧化硫总量控制目标至关重要。为了实现“十五”燃煤电厂二氧化硫污染防治目标，进一步加大污染防治力度，经国务院批准，现就加强燃煤电厂二氧化硫污染防治工作通知如下：

一、大中城市建成区和规划区，原则上不得新建、扩建燃煤电厂。对符合国家能源政策和环保要求的热电联产项目，在按程序审批后，同步配套建设脱硫设施，与主体工程同时设计、同时施工、同时投产使用，所需资金纳入主体工程投资概算。

二、东中部地区以及西部“两控区”内新建、改建和扩建燃煤电厂，要严格按照基本建设程序审批，同步配套建设脱硫设施。西部“两控区”以外的燃煤电厂，不符合国家排放标准、总量控制等环保要求以及没有环境容量的，也要同步配套建设脱硫设施；符合环保要求的，可预留脱硫场地，分阶段建设脱硫设施；建设燃用特低硫煤（含硫量小于 0.5%）的坑口电站，有环境容量的，可暂不要求建设脱硫设施，但必须预留脱硫场地。

三、加大现有电厂二氧化硫污染治理力度。对不符合城市规划和环保要求的市区内现有燃煤电厂，要通过建设脱硫设施、机组退役或搬迁等措施，逐步达到环保要求。2000 年以前批准建设的燃煤电厂，二氧化硫排放超过标准的，应分批建设脱硫设施，逐步达到国家排放标准要求。2000 年以后批准建设的新建、改建和扩建燃煤电厂（西部燃用特低硫煤的坑口电站除外），在 2010 年之前建成脱硫设施。

四、抓紧制定鼓励脱硫的经济政策，建立电厂上网电价公平竞争的机制。研究制订燃煤电厂上网电价折价办法；制订燃煤电厂二氧化硫排放在线连续监测和环保优先的发电调度管理办法，修订燃煤电厂二氧化硫排放标准，推动燃煤电厂采取措施，减少二氧化硫排放。

五、地方各级人民政府要切实履行职责，认真落实各项二氧化硫污染防治措施。国务院已经作出的有关规定，各地必须认真执行；严格按照国家有关规定审批燃煤电厂的规划用地；督促落实为二氧化硫排放总量指标平衡而承诺的各类治理项目，并与新建、改建、扩建燃煤电厂主体工程同步验收。“两控区”内地方人民政府应抓好《两控区酸

雨和二氧化硫污染防治“十五”计划》确定的 137 个燃煤电厂脱硫项目建设，督促相关企业落实资金和保证进度。

六、国务院有关部门要根据各自的职能分工，切实加强对燃煤电厂二氧化硫污染防治工作的监督、指导和支持。对无正当理由未实施或未按期完成国家确定的燃煤电厂二氧化硫污染防治项目的地区、电力集团和企业，不再审批该地区、电力集团和企业的新建、改建和扩建项目；对现有含硫量大于 1%，“九五”以来批准建设并预留脱硫场地和位于国家 113 个环保重点城市市区的燃煤机组脱硫项目，予以优先安排。加强对燃煤电厂二氧化硫排污费的征收和使用管理，排污费必须纳入财政预算，列入环境保护专项资金进行管理，用于电力企业二氧化硫污染防治，不得挪作他用。进一步加强对燃煤电厂二氧化硫排放监测和污染防治工作的统一监督管理，加强环境执法检查，严肃查处各种环境违法行为。

关于燃煤电站项目规划和建设的有关要求的通知

（2004 年 6 月 16 日　国家发展和改革委员会文件　发改能源[2004]864 号）

各省、自治区、直辖市发展改革委、经贸委（经委）、国家电网公司、中国南方电网有限责任公司、华能、大唐、国电、华电、中电投集团公司、神华集团、国家开发投资公司、中国国际工程咨询公司、中国电力工程顾问集团公司：

近年来，随着我国经济的快速发展和人民生活质量的不断提高，电力需求增长持续攀升，不少地区出现电力供应紧张的状况。为尽快缓解电力供需矛盾，国家抓紧制定电力规划，增加了电站建设规模，加快了电力建设步伐。但在燃煤电站项目前期工作中，出现了布局不合理、质量下降等问题，有的项目忽视了国家关于技术进步、环境保护、节约用水等方面的规定。

为了贯彻落实党中央关于树立科学发展观的精神，促进国民经济、能源和环境的协调发展，针对我国能源以煤为主的国情，必须高度重视燃煤电站规划及建设的各方面因素，尽快提升燃煤电站技术水平，严格执行国家产业政策和环境排放标准，规范电站项目建设，确保电力工业可持续发展。现将有关要求通知如下：

一、统筹规划，做好电站布局

燃煤电站项目要高度重视规划布局合理性。我国能源资源和电力负荷在地域上分布不均，电站规划布局需要符合我国一次能源总体流向，综合平衡煤源、水源、电力负荷、接入系统、交通运输、环境保护等电站建设必要条件，统筹考虑输煤与输电问题。现阶段，在电站布局上优先考虑以下项目：利用原有厂址扩建项目和“以大代小”老厂改造项目；靠近电力负荷中心，有利于减轻电网建设和输电压力的项目；利用本地煤炭资源建设坑口或矿区电站以及港口、铁道路口等运输条件较好的电站项目；有利于电网运行安全，多方向、分散接入系统的项目。

二、提高机组效率，促进技术升级

从长远看，我国一次能源是紧缺的，环境容量有限，电力建设必须要提高效率，保护环境。除西藏、新疆、海南等地区外，其他地区应规划建设高参数、大容量、高效率、节水环保型燃煤电站项目，所选机组单机容量原则上应为 60 万千瓦及以上，机组发电煤耗要控制在 286 克标准煤/千瓦时以下。需要远距离运输燃煤的电厂，原则上规划建设超临界、超超临界机组。在缺乏煤炭资源的东部沿海地区，优先规划建设发电煤耗不高于 275 克标准煤/千瓦时的燃煤电站。

在煤炭资源丰富的地区，规划建设煤矿坑口或矿区电站项目，机组发电煤耗要控制在 295 克标准煤/千瓦时以下（空冷机组发电煤耗要控制在 305 克标准煤/千瓦时以下）。在生产外运煤炭的坑口和煤矿矿区，结合当地电力需求和资源条件，可采用先进适用发电技术，建设燃用洗中煤、泥煤及其他劣质煤的大中型电厂。鼓励发展煤电一体化投资项目。

三、严格执行国家环保政策

按照国家环保标准，除燃用特低硫煤的发电项目要预留脱硫场地外，其它新建、扩建燃煤电站项目均应同步建设烟气脱硫设施。扩建电站的同时，应对该电站中未加装脱硫设施的已投运燃煤机组同步建设脱硫装置。鼓励发电企业对已运行的煤电机组实施除尘和脱硫改造。所有燃煤电站均要同步建设排放物在线连续监测装置。

四、高度重视节约用水

鼓励新建、扩建燃煤电站项目采用新技术、新工艺，降低用水量。对扩建电厂项目，应对该电厂中已投运机组进行节水改造，尽量做到发电增容不增水。

在北方缺水地区，新建、扩建电厂禁止取用地下水，严格控制使用地表水，鼓励利用城市污水处理厂的中水或其它废水。原则上应建设大型空冷机组，机组耗水指标要控制在 0.18 立方米/秒·百万千瓦以下。这些地区建设的火电厂要与城市污水处理厂统一规划，配套同步建设。坑口电站项目首先考虑使用矿井疏干水。鼓励沿海缺水地区利用火电厂余热进行海水淡化。

水资源匮乏地区的燃煤电站要采用节水的干法、半干法烟气脱硫工艺技术。

五、严格控制土地占用量

所有电站项目要严格控制占地规模，严格执行国家规定的土地使用审批程序，原则不得占用基本农田。现阶段优先考虑占地少和不占耕地的电站项目。

六、落实热负荷，建设热电联产项目

在热负荷比较集中，或热负荷发展潜力较大的大中型城市，应根据电力和城市热力规划，结合交通运输和城市污水处理厂布局等因素，争取采用单机容量 30 万千瓦及以上的环保、高效发电机组，建设大型发电供热两用电站。

在不具备建设大型发电供热机组条件的地区，要根据当地热负荷的情况，区别对待。对于有充足、稳定的工业热负荷和采暖负荷的地区，原则上建设背压式机组，必要时配合建设大型抽汽凝汽式机组，按“抽背”联合运行方式供热；民用采暖负荷为主的中小城市、县城和乡镇，应按统一规划、分步实施的原则，先期建设大型集中供热锅炉房，待热网和热负荷规模发展到一定水平后，再考虑建设大型热电联产电站；对已建成的单机 15 万千瓦等级及以下抽汽供热机组，必须按“以热定电”的原则进行调度，电厂不带热负荷时不得上网发电。

国家鼓励发展大型热电冷多联产电站。

七、坚持技术引进和设备国产化原则

坚持国产化采购原则，新建及扩建燃煤电站均有义务承担技术引进和设备国产化的任务。国家鼓励采用国产发电设备。未经国家批准，不得进口燃煤发电设备。

优先安排采用国产化设备的整体煤气化联合循环、大型循环流化床、增压流化床等洁净煤先进技术发电项目。

八、关于燃用煤矸石发电的项目

对拥有大量煤矸石资源的矿区，在满足国家环保及用水要求等条件下，可建设适当规模的燃用煤矸石的电站项目。煤矸石电厂必须以燃用煤矸石为主，一般应与洗煤厂配套建设，其燃料低位发热量应不大于 12 550 千焦/千克。鼓励建设单机 20 万千瓦及以上机组，鼓励建设国产高效大型循环流化床锅炉的煤矸石电厂。

请按以上要求做好燃煤电站项目的规划和建设工作。

关于降低小火电机组上网电价促进小火电机组关停工作的通知

（2007年4月2日 国家发展和改革委员会文件（特急） 发改价格[2007]703号）

各省、自治区、直辖市发展改革委、物价局、电力公司，国家电网公司、南方电网公司，华能、大唐、华电、国电、中电投集团公司：

为加快关停小火电机组，促进电力行业节能降耗和减少污染物排放，根据《国务院批转发展改革委、能源办关于加快关停小火电机组若干意见的通知》（国发[2007]2号），经商国家电监会，决定降低小火电上网电价。现将有关事项通知如下：

一、降低小火电机组上网电价的范围

根据国发[2007]2号文件规定，单机容量5万千瓦以下的常规火电机组，运行满20年、单机10万千瓦级以下的常规火电机组，按照设计寿命服役期满、单机20万千瓦以下的各类机组，其上网电价高于当地燃煤机组标杆上网电价的，均列入降价范围。

二、降低小火电机组上网电价的具体要求

（一）对列入降价范围的小火电机组，要区别脱硫机组和非脱硫机组，分别将其上网电价降低到本省脱硫燃煤标杆上网电价和非脱硫燃煤标杆上网电价水平。降价后不得实行价外补贴。

（二）2004年及以后投产的小火电机组，其上网电价高于燃煤机组标杆上网电价的，一律降低到标杆上网电价水平。

（三）2004年以前投产的小火电机组，上网电价低于燃煤机组标杆上网电价的，维持现行电价水平不变；高于标杆电价的，分步降低到标杆电价水平。从2007年起，现行上网电价比标杆电价高出5分钱/千瓦时以内的，分两年降低到标杆电价；高出5分～1角钱/千瓦时的，分三年降低到标杆电价；高出1角钱/千瓦时以上的，分四年降低到标杆电价。

（四）热电联产机组要在合理分摊电、热成本的基础上，按照补偿供热成本的原则逐步提高热力价格，相应降低其上网电价。

（五）燃油机组根据其发电利用小时数和调峰情况，按照与燃煤机组保持合理比价的原则降低其上网电价。

（六）国办发[1999]44号文下发前依法批准且合同约定中外合作或合资期限未满的小火电机组，仍执行合同协议的上网电价。

（七）小火电降价后电网企业增加的收入，主要用于解决发电企业因燃料价格提高影响成本增加的矛盾。具体办法另行规定。

三、鼓励小火电机组向高效率机组转让发电量指标

（一）鼓励提前关停或按期关停的小火电机组，在保证机组关停的前提下，按不高于降价前的上网电价向大机组转让发电量指标。已转让发电量指标并确保关停的小火电机组不再降价。

（二）各省（区、市）价格主管部门要会同有关部门制定发电量指标转让办法。发电量指标优先在发电集团内部转让。

四、降低小火电机组上网电价的实施方式

各省（区、市）价格主管部门要立即会同电力监管机构等有关部门对小火电项目进行清理，制定降价方案。省级及以上电网调度的小火电机组，由省级价格主管部门提出具体降价方案，于2007年4月30日前报我委审批；省级以下电网调度的小火电机组降价工作，由省级价格主管部门负责实施，并将降价方案报我委备案。

五、切实保证降价措施落实到位

各省（区、市）价格主管部门要会同发展改革委、经贸部门及电力监管机构拟定小火电机组降价方案，精心组织，保证降价措施落到实处。电网公司要严格执行有关降价规定。有关发电企业要采取措施妥善处理降价后产生的矛盾和问题，确保职工队伍稳定。

六、加强降低小火电机组上网电价的监督检查

我委将会同国家电监会组织降低小火电上网电价专项检查。对不按期降低小火电机组上网电价的，以及不严格执行降价措施的，将依法责令限期改正、没收违法所得、处以罚款。同时，对性质恶劣的地方和单位还将给予通报批评，对直接负责的主管人员和其他责任人员，依法给予纪律处分。

关于印发《国家鼓励的资源综合利用认定管理办法》的通知

（2006 年 9 月 7 日　国家发展和改革委员会、财政部、国家税务总局文件
发改环资[2006]1864 号）

各省、自治区、直辖市及计划单列市、副省级省会城市、新疆生产建设兵团发展改革委、经委（经贸委）、财政厅（局）、国家税务局、地方税务局，国务院有关部门：

根据《国务院办公厅关于保留部分非行政许可审批项目的通知》（国办发[2004]62 号）精神，按照精简效能的原则，将保留的资源综合利用企业认定与资源综合利用电厂认定工作合并。根据《行政许可法》有关精神，结合资源综合利用工作的实际，我们对原国家经贸委等部门发布的《资源综合利用认定管理办法》（国经贸资源[1998]716 号）和《资源综合利用电厂（机组）认定管理办法》（国经贸资源[2000]660 号）进行了修订。在此基础上，特制定《国家鼓励的资源综合利用认定管理办法》，现印发你们，请认真贯彻执行。原国家经贸委等部门发布的《资源综合利用认定管理办法》和《资源综合利用电厂（机组）认定管理办法》同时废止。

资源综合利用是我国经济和社会发展中一项长远的战略方针，也是一项重大的技术经济政策，对提高资源利用效率，发展循环经济，建设节约型社会具有十分重要的意义。各地要加强对资源综合利用认定工作的管理，落实好国家对资源综合利用的鼓励和扶持政策，促进资源综合利用事业健康发展。在执行中有何意见和建议，请及时报告我们。

附件

国家鼓励的资源综合利用认定管理办法

第一章　总　则

第一条　为贯彻落实国家资源综合利用的鼓励和扶持政策，加强资源综合利用管理，鼓励企业开展资源综合利用，促进经济社会可持续发展，根据《国务院办公厅关于保留部分非行政许可审批项目的通知》（国办发[2004]62 号）和国家有关政策法规精神，制定本办法。

第二条　本办法所指国家鼓励的资源综合利用认定，是指对符合国家资源综合利用鼓励和扶持政策的资源综合利用工艺、技术或产品进行认定（以下简称资源综合利用认定）。

第三条　国家发展改革委负责资源综合利用认定的组织协调和监督管理。

各省、自治区、直辖市及计划单列市资源综合利用行政主管部门（以下简称省级资

源综合利用主管部门）负责本辖区内的资源综合利用认定与监督管理工作；财政行政主管机关要加强对认定企业财政方面的监督管理；税务行政主管机关要加强税收监督管理，认真落实国家资源综合利用税收优惠政策。

第四条 经认定的生产资源综合利用产品或采用资源综合利用工艺和技术的企业，按国家有关规定申请享受税收、运行等优惠政策。

第二章 申报条件和认定内容

第五条 申报资源综合利用认定的企业，必须具备以下条件：

（一）生产工艺、技术或产品符合国家产业政策和相关标准；

（二）资源综合利用产品能独立计算盈亏；

（三）所用原（燃）料来源稳定、可靠，数量及品质满足相关要求，以及水、电等配套条件的落实；

（四）符合环保要求，不产生二次污染。

第六条 申报资源综合利用认定的综合利用发电单位，还应具备以下条件：

（一）按照国家审批或核准权限规定，经政府主管部门核准（审批）建设的电站。

（二）利用煤矸石（石煤、油母页岩）、煤泥发电的，必须以燃用煤矸石（石煤、油母页岩）、煤泥为主，其使用量不低于入炉燃料的 60%（重量比）；利用煤矸石（石煤、油母页岩）发电的入炉燃料应用基低位发热量不大于 12 550 千焦/千克；必须配备原煤、煤矸石、煤泥自动给料显示、记录装置。

（三）城市生活垃圾（含污泥）发电应当符合以下条件：垃圾焚烧炉建设及其运行符合国家或行业有关标准或规范；使用的垃圾数量及品质需有地（市）级环卫主管部门出具的证明材料；每月垃圾的实际使用量不低于设计额定值的 90%；垃圾焚烧发电采用流化床锅炉掺烧原煤的，垃圾使用量应不低于入炉燃料的 80%（重量比），必须配备垃圾与原煤自动给料显示、记录装置。

（四）以工业生产过程中产生的可利用的热能及压差发电的企业（分厂、车间），应根据产生余热、余压的品质和余热量或生产工艺耗气量和可利用的工质参数确定工业余热、余压电厂的装机容量。

（五）回收利用煤层气（煤矿瓦斯）、沼气（城市生活垃圾填埋气）、转炉煤气、高炉煤气和生物质能等作为燃料发电的，必须有充足、稳定的资源，并依据资源量合理配置装机容量。

第七条 认定内容：

（一）审定申报综合利用认定的企业或单位是否执行政府审批或核准程序，项目建设是否符合审批或核准要求，资源综合利用产品、工艺是否符合国家产业政策、技术规范和认定申报条件；

（二）审定申报资源综合利用产品是否在《资源综合利用目录》范围之内，以及综合利用资源来源和可靠性；

（三）审定是否符合国家资源综合利用优惠政策所规定的条件。

第三章　申报及认定程序

第八条　资源综合利用认定实行由企业申报，所在地市（地）级人民政府资源综合利用管理部门（以下简称市级资源综合利用主管部门）初审，省级资源综合利用主管部门会同有关部门集中审定的制度。省级资源综合利用主管部门应提前一个月向社会公布每年年度资源综合利用认定的具体时间安排。

第九条　凡申请享受资源综合利用优惠政策的企业，应向市级资源综合利用主管部门提出书面申请，并提供规定的相关材料。市级资源综合利用主管部门在征求同级财政等有关部门意见后，自规定受理之日起在 30 日内完成初审，提出初审意见报省级资源综合利用主管部门。

第十条　市级资源综合利用主管部门对申请单位提出的资源综合利用认定申请，应当根据下列情况分别做出处理：

（一）属于资源综合利用认定范围、申请材料齐全，应当受理并提出初审意见。

（二）不属于资源综合利用认定范围的，应当即时将不予受理的意见告知申请单位，并说明理由。

（三）申请材料不齐全或者不符合规定要求的，应当场或者在五日内一次告知申请单位需要补充的全部内容。

第十一条　省级资源综合利用主管部门会同同级财政等相关管理部门及行业专家，组成资源综合利用认定委员会（以下简称综合利用认定委员会），按照第二章规定的认定条件和内容，在 45 日内完成认定审查。

第十二条　属于以下情况之一的，由省级资源综合利用主管部门提出初审意见，报国家发展改革委审核。

（一）单机容量在 25 MW 以上的资源综合利用发电机组工艺；

（二）煤矸石（煤泥、石煤、油母页岩）综合利用发电工艺；

（三）垃圾（含污泥）发电工艺。

以上情况的审核，每年受理一次，受理时间为每年 7 月底前，审核工作在受理截止之日起 60 日内完成。

第十三条　省级资源综合利用主管部门根据综合利用认定委员会的认定结论或国家发展改革委的审核意见，对审定合格的资源综合利用企业予以公告，自发布公告之日起 10 日内无异议的，由省级资源综合利用主管部门颁发《资源综合利用认定证书》，报国家发展改革委备案，同时将相关信息通报同级财政、税务部门。未通过认定的企业，由省级资源综合利用主管部门书面通知，并说明理由。

第十四条　企业对综合利用认定委员会的认定结论有异议的，可向原作出认定结论的综合利用认定委员会提出重新审议，综合利用认定委员会应予受理。企业对重新审议结论仍有异议的，可直接向上一级资源综合利用主管部门提出申诉；上一级资源综合利用主管部门根据调查核实的情况，会同有关部门组织提出论证意见，并有权变更下一级的认定结论。

第十五条　《资源综合利用认定证书》由国家发展改革委统一制定样式，各省级资源综合利用主管部门印制。认定证书有效期为两年。

第十六条 获得《资源综合利用认定证书》的单位，因故变更企业名称或者产品、工艺等内容的，应向市级资源综合利用主管部门提出申请，并提供相关证明材料。市级资源综合利用主管部门提出意见，报省级资源综合利用主管部门认定审查后，将相关信息及时通报同级财政、税务部门。

第四章 监督管理

第十七条 国家发展改革委、财政部、国家税务总局要加强对资源综合利用认定管理工作和优惠政策实施情况的监督检查，并根据资源综合利用发展状况、国家产业政策调整、技术进步水平等，适时修改资源综合利用认定条件。

第十八条 各级资源综合利用主管部门应采取切实措施加强对认定企业的监督管理，尤其要加强大宗综合利用资源来源的动态监管，对综合利用资源无法稳定供应的，要及时清理。在不妨碍企业正常生产经营活动的情况下，每年应对认定企业和关联单位进行监督检查和了解。

各级财政、税务行政主管部门要加强与同级资源综合利用主管部门的信息沟通，尤其对在监督检查过程中发现的问题要及时交换意见，协调解决。

第十九条 省级资源综合利用主管部门应于每年 5 月底前将上一年度的资源综合利用认定的基本情况报告国家发展改革委、财政部和国家税务总局。主要包括：

（一）认定工作情况[包括资源综合利用企业（电厂）认定数量、认定发电机组的装机容量等情况]。

（二）获认定企业综合利用大宗资源情况及来源情况（包括资源品种、综合利用量、供应等情况）。

（三）资源综合利用认定企业的监管情况（包括年检、抽查及处罚情况等）。

（四）资源综合利用优惠政策落实情况。

第二十条 获得资源综合利用产品或工艺认定的企业（电厂），应当严格按照资源综合利用认定条件的要求，组织生产，健全管理制度，完善统计报表，按期上报统计资料和经审计的财务报表。

第二十一条 获得资源综合利用产品或工艺认定的企业，因综合利用资源原料来源等原因，不能达到认定所要求的资源综合利用条件的，应主动向市级资源综合利用主管部门报告，由省级认定、审批部门终止其认定证书，并予以公告。

第二十二条 《资源综合利用认定证书》是各级主管税务机关审批资源综合利用减免税的必要条件，凡未取得认定证书的企业，一律不得办理税收减免手续。

第二十三条 参与认定的工作人员要严守资源综合利用认定企业的商业和技术秘密。

第二十四条 任何单位和个人，有权检举揭发通过弄虚作假等手段骗取资源综合利用认定资格和优惠政策的行为。

第五章 罚 则

第二十五条 对弄虚作假，骗取资源综合利用优惠政策的企业，或违反本办法第二十一条未及时申报终止认定证书的，一经发现，取消享受优惠政策的资格，省级资源综合利用主管部门收回认定证书，三年内不得再申报认定，对已享受税收优惠政策的企业，主管税务机关应当依照《中华人民共和国税收征收管理法》及有关规定追缴税款并给予处罚。

第二十六条　有下列情形之一的，由省级资源综合利用主管部门撤销资源综合利用认定资格并抄报同级财政和税务部门：

（一）行政机关工作人员滥用职权、玩忽职守做出不合条件的资源综合利用认定的；

（二）超越法定职权或者违反法定程序做出资源综合利用认定的；

（三）对不具备申请资格或者不符合法定条件的申请企业予以资源综合利用认定的；

（四）隐瞒有关情况、提供虚假材料或者拒绝提供反映其活动情况真实材料的；以欺骗、贿赂等不正当手段取得资源综合利用认定的；

（五）年检、抽查达不到资源综合利用认定条件，在规定期限不整改或者整改后仍达不到认定条件的。

第二十七条　行政机关工作人员在办理资源综合利用认定、实施监督检查过程中有滥用职权、玩忽职守、弄虚作假行为的，由其所在部门给予行政处分；构成犯罪的，依法追究刑事责任。

第二十八条　对伪造资源综合利用认定证书者，依据国家有关法律法规追究其责任。

第六章　附　则

第二十九条　本办法所称资源综合利用优惠政策是指：经认定具备资源综合利用产品或工艺、技术的企业按规定可享受的国家资源综合利用优惠政策。

第三十条　申请享受资源综合利用税收优惠政策的企业（单位）须持认定证书向主管税务机关提出减免税申请。主管税务机关根据有关税收政策规定，办理减免税手续。

申请享受其他优惠政策的企业，须持认定证书到有关部门办理相关优惠政策手续。

第三十一条　本办法涉及的有关规定及资源综合利用优惠政策如有修订，按修订后的执行。

第三十二条　各地可根据本办法，结合地方具体情况制定实施细则，并报国家发展和改革委员会、财政部和国家税务总局备案。

第三十三条　本办法由国家发展和改革委员会会同财政部、国家税务总局负责解释。

第三十四条　本办法自 2006 年 10 月 1 日起施行。原国家经贸委、国家税务总局发布的《资源综合利用认定管理办法》（国经贸资源[1998]716 号）和《资源综合利用电厂（机组）认定管理办法》（国经贸资源[2000]660 号）同时废止。

关于印发《国家酸雨和二氧化硫污染防治“十一五”规划》的通知

（2008年1月3日　国家环境保护总局、国家发展和改革委员会文件　环发[2008]1号）

各省、自治区、直辖市人民政府，各有关部门：

《国家酸雨和二氧化硫污染防治“十一五”规划》（以下简称《规划》）已经国务院同意，现印发给你们，请认真组织实施，确保实现《规划》目标。

一、各地区、各有关部门要紧密结合当前节能减排工作的总体部署，严格执行二氧化硫排放总量控制计划，控制氮氧化物排放增长的趋势，确保到2010年全国二氧化硫排放总量比2005年减少10%，有效控制酸雨污染，降低城市空气二氧化硫浓度。

二、《规划》是“十一五”期间全国酸雨和二氧化硫污染防治工作的重要依据。各地区、各有关部门要根据《规划》要求，尽快制定本地区、本部门的具体实施计划，把重点工程项目纳入地方、部门的年度计划，认真组织实施。

三、酸雨和二氧化硫污染防治工作责任主要在地方各级人民政府。有关地方人民政府要将污染防治工作目标纳入省、市、县长目标责任制。各级环境保护部门要依法对排污单位实施监督管理，保证二氧化硫污染治理项目按时投产、运行。

四、各地要严格控制新建项目二氧化硫排放增量，对没有总量指标或违反国家产业政策的建设项目不得审批，强化“三同时”管理，严肃查处污染治理设施不能同步投运的违规建设项目。继续实施现有二氧化硫排放源污染治理工程，加强对火电、冶金、建材、化工等重点行业的二氧化硫排放控制。加大产业结构调整力度，严格按照国家关于淘汰落后产能的政策要求，优化产业结构。

我们将定期对各地落实规划的情况进行监督检查，对规划执行进度滞后、未能完成二氧化硫总量控制任务的地区进行通报，并追究相关人员责任。

附件

国家酸雨和二氧化硫污染防治“十一五”规划

前　言

“十五”期间，我国的酸雨和二氧化硫污染防治工作取得了一定进展，认真实施了国务院批准的《两控区酸雨和二氧化硫污染防治“十五”计划》，修订了《火电厂大气污染物排放标准》，全面开征了二氧化硫、氮氧化物排污费，对重污染的排放源实施了限期治理，新上火电项目大部分建设了脱硫设施并全部采用了低氮燃烧技术，淘汰关闭了一批小火电机组，“十五”规划重点火电脱硫项目基本建成或开工建设，这些措施使城市空气二氧化硫污染状况有所改善，酸雨恶化趋势得到了一定控制。

由于近年来能源消耗超常规增长，煤炭消费量猛增，加之治理项目建设周期长，减排效果滞后，导致二氧化硫、氮氧化物排放量持续增加，酸雨和二氧化硫污染形势仍十分严峻。重酸雨区面积扩大，酸雨发生频率增加；二氧化硫和氮氧化物转化形成的细颗粒物污染加重，许多城市和区域呈现复合型大气污染的严峻态势。因此，依据《中华人民共和国大气污染防治法》、《中华人民共和国国民经济和社会发展第十一个五年规划纲要》、《国务院关于落实科学发展观加强环境保护的决定》及《国家环境保护“十一五”规划》，本着“整体控制、突出重点、分区要求、总量削减”的方针，制定《国家酸雨和二氧化硫污染防治“十一五”规划》（以下简称《规划》）。

《规划》基准年为2005年，规划目标年为2010年，远景目标年为2020年。

一、酸雨和二氧化硫污染控制状况

（一）二氧化硫排放控制工作取得一定进展

“十五”以来，全国酸雨和二氧化硫污染防治工作取得了一定进展。2000 年 4 月，再次修订了《中华人民共和国大气污染防治法》；2002 年 1 月，颁布了《燃煤二氧化硫排放污染防治技术政策》；2002 年 9 月，国务院批准了《两控区酸雨和二氧化硫污染防治“十五”计划》；2003 年 1 月，国务院发布《排污费征收使用管理条例》；2003 年 12 月，颁布了新修订的《火电厂大气污染物排放标准》。全面开征了二氧化硫、氮氧化物排污费。这些法律、法规、政策和标准的实施，对酸雨和二氧化硫污染的控制起到了重要作用。

两控区各省市和电力等重点行业制定了酸雨和二氧化硫污染综合防治规划，“十五”规划重点火电脱硫项目基本建成或开工建设，淘汰了一批小火电机组，对一批重污染的排放源实施了限期治理，新上火电项目大部分建设了脱硫设施并全部采用了低氮燃烧技术，采取了关闭高硫煤矿、在大中城市市区禁烧原煤、推广使用低硫煤和清洁能源等综合防治措施。部分省市颁布了地方二氧化硫和氮氧化物排放标准，开展了采用绩效方法分配火电厂二氧化硫总量控制指标和二氧化硫排污交易试点工作，进行了“清洁能源行动”示范工作。部分省市落实了现役机组脱硫电价。

“十五”期间，全国关闭高硫煤矿，减少高硫煤产量 3 200 万吨；关停小火电机组约 830 万千瓦，减少二氧化硫排放量约 40 万吨；建成火电机组烟气脱硫设施约 4 800 万千瓦，形成二氧化硫年脱除能力约 210 万吨。到 2005 年底，累计建成火电机组烟气脱硫设施 5 300 万千瓦，在建火电机组烟气脱硫设施约 2 亿千瓦，预计 2007 年将全部建成投运。

（二）酸雨和二氧化硫污染形势依然严峻

我国二氧化硫排放总量居高不下，酸雨污染总体上未能得到有效控制，局部地区加重，以细颗粒物为主的区域性大气污染和城市空气氮氧化物污染日益突出，已成为制约我国社会经济发展的重要环境因素。

1．酸雨污染不断加重

酸雨监测结果表明，二十世纪九十年代全国降水酸度总体上保持稳定状态，2000 年以后降水酸度呈现出总体升高的趋势，到 2005 年，降水中的硫酸根和硝酸根的平均浓度分别升高 12%和 40%。

我国酸雨区主要分布在长江以南，青藏高原以东，包括浙江、江西、福建、湖南、贵州、重庆等省市的大部分地区，以及广东、广西、四川、湖北、安徽、江苏和上海等省市的部分地区，北方部分地区也开始出现酸性降水。重酸雨区的面积由 2002 年占国土面积的 4.9%增加到 2005 年的 6.1%。

2．硫沉降量持续增加

监测和研究结果表明，我国存在五个硫沉降强度高值区：以贵州为中心的西南区、以长三角为中心的华东区、以珠三角为中心的华南区、冀鲁豫地区和京津冀地区。硫沉降强度超过临界负荷的区域占全国陆地面积的 20%以上，其中重庆贵州一带、长三角和珠三角地区的硫沉降强度严重超临界负荷。

3．以细颗粒物为主的其他污染问题日益突出

二氧化硫和氮氧化物不仅造成酸雨污染，而且在长距离输送过程中经化学转化形成硫酸盐和硝酸盐粒子，从而引起区域范围的细颗粒物污染。研究表明，目前我国部分地区可吸入颗粒物中硫酸根和硝酸根离子的贡献达到 15 微克/立方米。细颗粒物不仅对人体健康造成危害，也导致了大气能见度降低。在一些大中型城市，大气中的氮氧化物污染还引起了臭氧浓度升高，产生光化学烟雾污染，北京、广州、深圳等城市的大气臭氧浓度时有超标。

4．城市二氧化硫和氮氧化物污染形势严峻

2005 年，341 个城市空气质量监测结果表明，22.6%的城市空气中二氧化硫年均浓度超过国家二级标准，6.5%的城市超过国家三级标准，约 1/3 的城市人口生活在空气二氧化硫浓度超标的环境中。

“十五”以来，113 个大气污染防治重点城市空气中的二氧化氮年均浓度呈现总体升高趋势。北京、广州、上海、杭州、宁波、南京、成都、武汉等大城市空气中二氧化氮浓度相对较高。

（三）酸雨污染控制任务艰巨

1．二氧化硫产生量持续快速增长

“十五”以来，我国能源消费超常规增长，煤炭消费量从 2000 年的 13.2 亿吨猛增到 2005 年的 21.67 亿吨，二氧化硫排放量由 2000 年的 1 995 万吨增加至 2005 年的 2 549 万吨。从现在到 2020 年，我国将全面建设小康社会，经济保持高速增长，能源需求持续增加。根据能源规划预测，我国的煤炭消费总量将持续增长，到 2010 年，燃煤发电机组将增加到 7 亿千瓦，发电用煤将达到 16 亿吨，全国燃煤产生的二氧化硫将达到 3 600 万吨左右，其中火电行业产生量将达到 2 600 万吨左右；从 2010 年到 2020 年，全国煤炭消费总量仍将持续增长，燃煤二氧化硫产生量也将随之持续增加，其中火电行业煤炭消费量及其二氧化硫产生量增幅将高于全国平均增幅。

2．氮氧化物排放尚未得到有效控制

研究结果表明，近年来我国的氮氧化物排放量逐年增加，已达到 2 000 万吨左右，且排放增幅超过二氧化硫。监测结果表明，虽然我国的酸雨污染仍以硫酸型为主，但是氮氧化物对酸雨的贡献率呈逐年上升的趋势。要解决我国的酸雨等区域大气环境问题，亟须采取有效措施控制氮氧化物排放。

3．原有管理方式不适应酸雨控制要求

按照我国原有的管理体制和法规，地方政府对当地的环境质量负责，采取的措施以

改善当地环境质量为目标，控制重点是低矮排放源。相对于城市空气二氧化硫污染，酸雨是区域性的环境问题，控制重点应以削减火电厂等高架源排放的二氧化硫和氮氧化物为主，需要国家统筹考虑、统一规划，建立国家和地方的联动机制。

"十五"期间，我国主要在两控区内实施二氧化硫排放总量控制，取得了一定的成效，但是由于新建火电厂大量分布在两控区外，二氧化硫排放格局发生了很大变化，需要将控制范围扩大到全国。

二、规划指导思想和目标

（一）指导思想

以全面落实科学发展观为指导，以保护人民群众身体健康和促进国民经济又好又快发展为出发点，以改善环境质量和保护生态环境为目标，以总量减排为主线，以控制火电行业排放的二氧化硫和氮氧化物为重点，采取整体控制和分区要求的方法，因地制宜实施酸雨和二氧化硫污染控制。

（二）总体目标

显著削减二氧化硫排放总量，控制氮氧化物排放增长的趋势，到 2010 年，有效降低硫沉降强度，减少重度酸沉降区面积，减轻区域大气细颗粒物污染，降低城市空气二氧化硫浓度。到 2020 年，基本消除重度酸沉降区域，区域大气细颗粒物浓度明显降低，城市空气二氧化硫年均浓度达标，致酸物质硫、氮沉降强度基本达到临界负荷要求，酸雨区受到损害的生态环境逐步恢复。

（三）排放总量控制目标

到 2010 年，全国二氧化硫排放总量比 2005 年减少 10%，控制在 2 294.4 万吨以内；火电行业二氧化硫排放量控制在 1 000 万吨以内，单位发电量二氧化硫排放强度比 2005 年降低 50%。到 2020 年，全国二氧化硫排放总量在 2010 年的基础上明显下降。

到 2010 年，基本控制氮氧化物排放量增长趋势，单位发电量氮氧化物排放强度有所下降。到 2020 年氮氧化物排放得到有效控制。

三、"十一五"二氧化硫排放总量控制指标分配

国家按照"整体控制、总量削减、突出重点、分区要求"的原则，综合考虑区域环境容量、排放基数、排放强度、工程削减能力等因素，确定各省、自治区、直辖市的二氧化硫排放总量指标，同时核定出火电行业的排放指标。各省、自治区、直辖市结合当地的实际情况，将总量指标分解落实，确保完成总量控制任务。具体分配方法按国家环保总局制订的《二氧化硫总量分配指导意见》执行。

分省二氧化硫排放总量控制计划表

单位：万吨

省 份	2005年排放量	2010年		2010年比2005年（%）
		控制量	其中：电力	
北 京	19.1	15.2	5.0	−20.4
天 津	26.5	24.0	13.1	−9.4
河 北	149.6	127.1	48.1	−15.0
山 西	151.6	130.4	59.3	−14.0
内蒙古	145.6	140.0	68.7	−3.8
辽 宁	119.7	105.3	37.2	−12.0
其中大连	11.89	10.11	3.54	−15.0
吉 林	38.2	36.4	18.2	−4.7
黑龙江	50.8	49.8	33.3	−2.0
上 海	51.3	38.0	13.4	−25.9
江 苏	137.3	112.6	55.0	−18.0
浙 江	86.0	73.1	41.9	−15.0
其中宁波	21.33	11.12	7.78	−47.9
安 徽	57.1	54.8	35.7	−4.0
福 建	46.1	42.4	17.3	−8.0
其中厦门	6.77	4.93	2.17	−27.2
江 西	61.3	57.0	19.9	−7.0
山 东	200.3	160.2	75.7	−20.0
其中青岛	15.54	11.45	4.86	−26.3
河 南	162.5	139.7	73.8	−14.0
湖 北	71.7	66.1	31.0	−7.8
湖 南	91.9	83.6	19.6	−9.0
广 东	129.4	110.0	55.4	−15.0
其中深圳	4.35	3.48	2.78	−20.0
广 西	102.3	92.2	21.0	−9.9
海 南	2.2	2.2	1.6	0.0
重 庆	83.7	73.7	17.6	−11.9
四 川	129.9	114.4	39.5	−11.9
贵 州	135.8	115.4	35.8	−15.0
云 南	52.2	50.1	25.3	−4.0
西 藏	0.2	0.2	0.1	0.0
陕 西	92.2	81.1	31.2	−12.0
甘 肃	56.3	56.3	19.0	0.0
青 海	12.4	12.4	6.2	0.0
宁 夏	34.3	31.1	16.2	−9.3
新 疆	51.9	51.9	16.6	0.0
其中建设兵团	1.66	1.66	0.66	0.0
合 计	2 549.4	2 246.7	951.7	−11.9

备注：

1．全国二氧化硫排放量削减 10%的总量控制目标为 2 294.4 万吨，实际分配给各省 2 246.7 万吨，国家预留 47.7 万吨，用于二氧化硫排污权有偿分配和排污权交易试点工作。

2．新疆生产建设兵团二氧化硫排放量不包括兵团所属各地生活来源及农八师（石河子市）的二氧化硫排放量。

四、重点任务

（一）实施工业二氧化硫治理工程

1．实施燃煤电厂脱硫工程

重点控制火电厂的二氧化硫排放，新（扩）建燃煤电厂除国家规定的燃用特低硫煤的坑口电厂外，必须同步建设脱硫设施。超过国家和地方二氧化硫排放标准或总量控制要求的现役燃煤发电机组，必须安装烟气脱硫设施或采取其他减排措施。到 2010 年底，现役燃煤机组 50%以上采取脱硫措施，全国脱硫燃煤机组装机容量达到 4.6 亿千瓦左右，约占当年燃煤机组装机容量的三分之二。

2．实施烧结机烟气脱硫示范工程

“十一五”期间，落实 14 个烧结机烟气脱硫示范工程。在总结示范经验的基础上，制订钢铁行业二氧化硫减排规划，重点推进钢铁行业烧结机烟气脱硫工程。

3．实施其他非火电行业二氧化硫排放控制工程

推进非火电行业二氧化硫排放控制，大力推行清洁生产，发展循环经济，实现工业大气污染源全面、稳定达标排放。加强对有色金属、建材、化工、石化等重点行业的二氧化硫排放控制，减少二氧化硫排放。

淘汰高能耗、重污染的各类工业炉窑，积极发展低能耗、轻污染或无污染的炉窑，推广使用清洁能源，不能达标排放的必须安装脱硫设施。

4．实施锅炉二氧化硫排放控制工程

在重点城市建成区内停止使用小型燃煤锅炉，逐步淘汰高能耗、重污染的燃煤锅炉。因地制宜地发展以热定电的热电联产和集中供热工程，取代分散的中小型燃煤锅炉；在城市市区积极推进燃气、地热和电锅炉。燃煤锅炉优先使用优质低硫煤、洗后动力煤或固硫型煤。对未达到二氧化硫排放标准和总量控制要求的燃煤工业锅炉必须配套建设脱硫设施或采取其他控制措施。

（二）切实加大产业结构调整力度

“十一五”期间，严格按照国家关于淘汰落后产能的相关政策，落实关停小火电、小钢铁和小水泥的要求，优化产业结构。

按照国务院《关于加快关停小火电机组若干意见》（国发[2007]2 号）的要求，到 2010 年底，关停约 5 148 万千瓦小火电，减排 160 万吨二氧化硫。

根据国家八部委《关于钢铁工业控制总量淘汰落后加快结构调整的通知》，严格控制钢铁工业新增产能，加快淘汰落后生产能力。“十一五”期间，淘汰约 1 亿吨落后炼铁能力和 5 500 万吨落后炼钢能力，减排 40 万吨二氧化硫。

依据水泥行业产业政策，2008 年底前淘汰各种规格的干法中空窑、湿法窑等落后工艺技术装备，进一步削减立窑生产能力，有条件的地区要淘汰全部立窑。关停并转年产规模小于 20 万吨和环保或水泥质量不达标的企业。“十一五”期间实现淘汰落后产能 2.5 亿吨的目标，减排 20 万吨二氧化硫。

（三）严格控制燃料含硫量

严格控制新建煤层硫分大于 3%的矿井，对现有煤层硫分大于 3%的矿井实行限产或关停；高硫煤只能供给具有高效脱硫设施的大型燃煤机组或作为煤化工原料使用。

新建、改造煤矿必须配套建设相应规模的煤炭洗选设施，现有煤矿应逐步配套煤炭洗选设施，重点产煤县内的小型煤矿要集中建设群矿型洗煤厂。

限制城市民用燃料含硫量，对集中供热和生活燃煤必须燃用低硫煤、添加固硫剂的配煤或型煤。

限制进口硫分大于1%的煤炭、燃料油和石油焦，限制出口优质低硫煤炭。

（四）开展氮氧化物控制工作

将氮氧化物纳入环境统计范围，摸清氮氧化物排放基数；修订氮氧化物排放标准；开发推广适合国情的氮氧化物减排技术，对烟气脱硝示范工程进行评估总结；制订火电行业氮氧化物排放控制技术政策；启动编制国家火电行业氮氧化物治理规划的相关工作。

强化氮氧化物污染防治，促进企业达标排放。达不到排放标准或所在地区空气二氧化氮、臭氧浓度超标的新建火电机组必须同步配套建设烟气脱硝设施，现役火电机组应限期建设烟气脱硝设施。

严格执行机动车尾气排放标准，提高燃料油品质，加强环保生产一致性检查，确保新生产机动车稳定达标排放；强化在用机动车年度环保检测工作，有条件的城市应采用更加严格的简易工况法的年检方法；加快高污染机动车淘汰进程，有效控制氮氧化物排放。

（五）加强环境监管能力建设

1．完善国家酸雨和区域空气质量监控网络，优化监测布点，增加 15 个区域背景监测点，实施长期跟踪监测，监控酸雨和细颗粒物浓度变化的趋势。

2．所有国控大气重点污染源必须在 2008 年底前安装大气污染物排放连续监测系统，并与环保部门联网。

燃煤电厂必须安装烟气污染物排放连续监测系统，建立脱硫设施运行台账，加强设施日常运行监管。2008 年底前，所有燃煤脱硫机组要与省级环保部门以及省级电网公司完成烟气污染物排放连续监测系统联网。

提高各级环保部门的环境监管能力，加强污染源监测现场采样、测试能力和监控中心建设，提升环保部门监督性监测和连续监测数据传输能力。

五、投资估算与总量控制效果分析

（一）重点治理工程投资估算

重点治理项目中，“十一五”期间新开工建设烟气脱硫设施的现役燃煤发电机组共 467 台，装机容量 1.26 亿千瓦，需建设投资 380 亿元。14 个烧结机脱硫示范项目投资 30 亿元，26 个工业锅炉和窑炉等二氧化硫治理项目投资 60 亿元。

重点治理工程投资共计 470 亿元。

（二）总量控制效果

到 2010 年，全国二氧化硫新增产生量预计将达到 1 140 万吨。

实施本规划后，“十一五”期间共建成投产 611 台现役脱硫机组，装机容量 1.64 亿千瓦，可减排二氧化硫 606 万吨/年（其中包括“十五”结转现役燃煤发电机组烟气脱硫重点项目 0.38 亿千瓦）；新建燃煤机组中，同步安装脱硫设施的机组预计为 2.5 亿千瓦，2010 年实际减排量约为 720 万吨。非火电行业二氧化硫治理重点项目可减排二氧化硫 30 万吨/年。

通过关停小火电机组，淘汰落后炼铁和炼钢能力、水泥行业落后产能，共减排二氧化硫 220 万吨。共形成二氧化硫减排能力 1 576 万吨。

综上所述，到 2010 年可实现将全国二氧化硫排放量在 2005 年基础上削减 10%的目标，控制在 2 294.4 万吨之内。

六、保障措施

（一）创新管理机制，落实总量控制目标

1．落实各级政府目标责任制

各省、自治区、直辖市人民政府按照本规划要求，将国家分配的总量控制指标纳入本地区国民经济和社会发展“十一五”规划和年度计划，分解落实到各市、地、州和火电厂，制定实施方案，落实项目和资金。

建立减排工作责任制，并将其列入领导干部政绩考核体系。国家对各省、自治区、直辖市规划任务和指标实行年度目标管理，定期进行考核，并公布考核结果。

2．依法建立排污企业环境责任追究制度

列入规划的排污企业要按照规划要求，采取有效措施，按时按质按量完成任务；明令关停或淘汰落后设备和工艺的企业，必须按要求严格执行。

对没有完成规划任务的企业，追究企业主要负责人的责任，并向社会公布。

3．加强火电行业二氧化硫排放总量管理

各省、自治区、直辖市环境保护行政主管部门应严格按照国家规定的排放绩效方法分配现役火电机组的排放总量指标；新建、扩建常规火电项目的二氧化硫排放总量指标，必须从火电行业通过调剂或交易取得。

（二）完善相关法规标准和配套政策，激励致酸物质减排

修订《中华人民共和国大气污染防治法》，制订和实施火电行业二氧化硫排污交易管理办法、火电厂脱硫设施建设运行管理办法，修订《火电厂大气污染物排放标准》。

完善二氧化硫排污费征收政策，将二氧化硫排污收费标准提高到治理成本以上。

改进传统的电网发电调度方式，实施节能、环保机组优先的发电调度方式；落实燃煤机组脱硫成本计入电价的政策；在火电行业推行二氧化硫排污交易制度；出台鼓励脱硫副产物综合利用的优惠政策。

鼓励关停、淘汰落后设备、技术和工艺腾出的二氧化硫排放指标优先用于符合国家产业政策、采用先进工艺设备的新建项目。

（三）多方筹措资金，落实规划重点任务

建立政府、企业、社会多元化投资机制，拓宽融资渠道。污染治理项目资金以企业自筹为主，环保补助资金优先支持列入规划的污染治理项目。

（四）提升监管能力，严格环保执法监督

1．强化对脱硫设施建设和运行监督管理，保障脱硫工程建设质量和运行效果。环保部门要加强对治理设施和烟气污染物排放连续监测系统运转情况的监督检查，定期进行监督性监测，开展不定期抽查。

2．足额征收二氧化硫和氮氧化物排污费，促进企业建设和运行污染治理设施。

3．加强宣传，普及酸雨知识，提高公众参与的能力，发挥舆论和公众在规划实施中

的监督作用。

（五）实施规划评估，明确奖惩措施

加大规划实施的监督检查力度，跟踪和评估规划实施效果，并按年度公布。对未按时完成重点二氧化硫治理项目和关停、淘汰小火电、小钢铁和小水泥的地区，向社会公布，实行区域限批制度，暂停增加区域二氧化硫排放项目的环境影响评价报告审批。

2008 年开展规划实施的中期评估，评估内容包括规划重点任务落实情况和项目完成情况，并对规划执行进度滞后的地区进行通报。

2010 年底对规划执行情况进行最终评估与考核，对未能完成二氧化硫总量控制任务的地区进行通报并追究相关人员责任。

（六）深化酸雨研究，提高科学决策能力

国家和地方政府应加大酸雨科学研究投入力度，完善酸雨影响的评价体系，提升致酸物质控制技术水平，优化酸雨控制综合措施，提出有利于酸雨控制的火电布局方案，提高酸雨控制、预警和规避风险的能力。

附表：1. “十一五”现役燃煤发电机组烟气脱硫重点项目表（略）

2. “十五”结转现役燃煤发电机组烟气脱硫重点项目表（略）

3. “十一五”非火电行业二氧化硫治理重点项目表（略）

4. “十一五”关停小火电机组名单（略）

关于印发《热电联产和煤矸石综合利用发电项目建设管理暂行规定》的通知

（2007 年 1 月 17 日　国家发展和改革委员会、建设部文件　发改能源[2007]141 号）

各省、自治区、直辖市发展改革委、经委（经贸委）、建设厅（建委）、物价局，国家电网公司、中国南方电网公司、华能集团、大唐集团、国电集团、华电集团、中电投集团、中国国际工程咨询公司、中国电力工程顾问集团、神华集团、国家开发投资公司、华润集团、中国电力企业联合会：

规范热电联产和煤矸石综合利用发电项目建设工作，对促进我国能源的合理和有效利用、转变增长方式、提高经济效益、推进技术进步、减少环境污染等具有十分重要的作用。根据《国务院关于投资体制改革的决定》以及其他相关规定，国家发展改革委和建设部制定了《热电联产和煤矸石综合利用发电项目建设管理暂行规定》，现印发你们，请按照执行。

特此通知。

附件

热电联产和煤矸石综合利用发电项目建设管理暂行规定

第一章　总　则

第一条　为提高能源利用效率，保护生态环境，促进和谐社会建设，实现热电联产和资源综合利用发电健康有序发展，依据国家产业政策和有关规定，制定本规定。

第二条　本规定适用于全国范围内新（扩）建热电联产和煤矸石综合利用发电项目。

第三条　发展改革部门（经委、经贸委）按照国家有关规定，负责热电联产和煤矸石综合利用发电规划、项目申报与核准，以及相关监管工作。

第二章　规　划

第四条　热电联产和煤矸石综合利用发电专项规划应按照国家电力发展规划和产业政策，依据当地城市总体规划、城市规模、工业发展状况和资源等外部条件，结合现有电厂改造、关停小机组和小锅炉等情况编制。

热电联产专项规划的编制要科学预测热力负荷，具有适度前瞻性，并对不同规划建设方案进行能耗和环境影响论证分析。

地（市）级及以上政府有关部门负责编制专项规划，并应纳入全省（直辖市、自治区）电力工业发展规划。各地热电联产和煤矸石综合利用发电装机总量应纳入国家电力发展规划。

省级发展改革部门会同其他有关部门应在全国电力发展规划装机容量范围内负责专项规划的审定，统一报国家发展改革委。

第五条 热电联产和煤矸石综合利用发电项目专项规划应当实施滚动管理，根据电力规划建设规模确定的周期（一般为三年），统筹确定热电建设规模，必要时可结合地区实际发展情况进行调整。

第六条 煤矸石综合利用发电项目，应优先在大型煤炭矿区内或紧邻大型煤炭洗选设施规划建设，具备集中供热条件的，应考虑热电联产；限制分散建设以煤矸石为燃料的小型资源综合利用发电项目。

第七条 煤矸石综合利用发电项目的设备选型应根据燃料特性确定，按照集约化、规模化和就近消化的原则，优先安排建设大中型循环流化床发电机组，在大型矿区以外的城市近郊区原则上不规划建设燃用煤矸石的热电联产项目。

第八条 热电联产的建设分 5 类地区安排，具体地区划分方式按照《民用建筑热工设计规范》（GB 50176）等国家有关规定执行。

第九条 热电联产应当以集中供热为前提。在不具备集中供热条件的地区，暂不考虑规划建设热电联产项目。

第十条 在严寒、寒冷地区（包括秦岭淮河以北、新疆、青海和西藏）且具备集中供热条件的城市，应优先规划建设以采暖为主的热电联产项目，取代分散供热的锅炉，以改善环境质量，节约能耗。

在夏热冬冷地区（包括长江以南的部分地区）如具备集中供热条件可适当建设供热机组，并可考虑与集中制冷相结合的热电联产项目。

夏热冬暖地区和温和地区除工业区用热需要建设供热机组外，不考虑建设采暖供热机组。

第十一条 以工业热负荷为主的工业区应当尽可能集中规划建设，以实现集中供热。

第十二条 在已有热电厂的供热范围内，原则上不重复规划建设企业自备热电厂。除大型石化、化工、钢铁和造纸等企业外，限制为单一企业服务的热电联产项目建设。

第十三条 热电联产项目中，优先安排背压型热电联产机组。

背压型机组的发电装机容量不计入电力建设控制规模。

背压型机组不能满足供热需要的，鼓励建设单机 20 万千瓦及以上的大型高效供热机组。

第十四条 在电网规模较小的边远地区，结合当地电力电量平衡需要，可以按热负荷需求规划抽凝式供热机组，并优先考虑利用生物质能等可再生能源的热电联产机组；限制新建并逐步淘汰次高压参数及以下燃煤（油）抽凝机组。

第十五条 以热水为供热介质的热电联产项目覆盖的供热半径一般按 20 公里考虑，在 10 公里范围内不重复规划建设此类热电项目；

以蒸汽为供热介质的一般按 8 公里考虑，在 8 公里范围内不重复规划建设此类热电项目。

第三章　核　准

第十六条　除背压型机组外，项目核准机关应当对热电联产建设方案与热电分产建设方案进行审核，热电联产年能源消耗量和在当地排放的污染物总量低于热电分产的，方可核准热电联产项目。

项目申请单位应当在项目申请报告中提供上一款所需资料。

第十七条　热电联产和煤矸石综合利用发电专项规划是项目核准的基本依据。项目核准应当在专项规划指导下进行，拟建项目应当经科学论证和专家评议后予以明确。

第十八条　热电联产项目在申报核准时，除提交与常规燃煤火电项目相同的支持性文件外，还需提供配套热网工程的可行性研究报告及当地整合供热区的方案，已有机组改造和小火电机组（小锅炉房）关停方案，以及相应的承诺文件，地方价格主管部门按照第二十三条规定出具的热力价格批复文件，项目申报单位和当地其他热电联产项目运行以及近三年核验情况。

第十九条　煤矸石综合利用发电项目在申报核准时，除提交与常规燃煤火电项目相同的支持性文件外，还需提供项目配套选用锅炉设备的订货协议，有关部门对当地燃料来源的论证和批复文件，项目申报单位和当地其他煤矸石综合利用发电项目运行以及近三年核验情况。

第四章　支持与保障措施

第二十条　国家支持利用多种方式解决中小城镇季节性采暖供热问题，推广采用生物质能、太阳能和地热能等可再生能源，并鼓励有条件的地区采用天然气、煤气和煤层气等资源实施分布式热电联产。

中小城镇季节性采暖供热应当符合因地制宜、合理布局、先进适用的原则。

第二十一条　国家采取多种措施，大力发展煤炭清洁高效利用技术，积极探索应用高效清洁热电联产技术，重点开发整体煤气化联合循环发电等煤炭气化、供热（制冷）、发电多联产技术。

第二十二条　热电联产和煤矸石综合利用发电项目的上网电价，执行国家发展改革委颁布的《上网电价管理暂行办法》。在实行竞价上网的地区，由市场竞争形成；在未实行竞价上网的地区，新建项目上网电价执行国家公布的新投产燃煤机组标杆上网电价。

第二十三条　热电联产项目的热力出厂价格，由省级价格主管部门或经授权的市、县人民政府根据合理补偿成本、合理确定收益、促进节约用热、坚持公平负担的原则，按照价格主管部门经成本监审核定的当地供热定价成本及规定的成本利润率或净资产收益率统一核定，并按照国家有关规定实行煤热联动。

对热电联产供热和采用其他方式供热的销售价格逐步实行同热同价。

第二十四条　热电联产和煤矸石综合利用发电项目应优先上网发电。热电联产机组在供热运行时，依据实时供热负荷曲线，按“以热定电”方式优先排序上网发电，在非供热运行时或超出供热负荷曲线所发电力电量，应按同类凝汽发电机组能耗水平确定其发电调度序位。

第五章　监督检查

第二十五条　项目核准机关应当综合考虑城市规划、国土资源、环境保护、银行监管、安全生产等国家有关规定，健全完善项目检查和认定核验制度。

热电联产项目必须安装热力负荷实时在线监测装置，并与发电调度机构实现联网。

第二十六条　项目建成投产后，由项目核准机关组织或委托有关单位进行竣工检查，确认项目建设是否符合项目核准文件的各项要求。受托组织竣工检查的单位，应将检查结论报国家发展改革委。

经竣工检查合格的项目，方可申请享受国家规定的税收优惠或补贴等政策。热电联产企业与其他供热企业应同等享受当地供热优惠政策或补贴。

第二十七条　项目生产运行过程中，省级发展改革部门（经委、经贸委）应当会同有关部门进行定期年度核验。对不符合国家有关规定和项目核准要求的，应责令其限期整改，取消其享受的各项优惠政策，并报国家发展改革委。国家发展改革委将视情况组织专项稽查。经查明确有弄虚作假的，责令其停止上网运行，并按照国家有关规定予以处理。

第二十八条　项目核准机关应当会同有关部门，加强对热电联产和煤矸石综合利用发电项目的监管。对于应报政府核准而未申报的项目、虽然申报但未经核准擅自开工建设的项目，以及未按项目核准文件的要求进行建设的项目，一经发现，项目核准机关应责令其停止建设，并依法追究有关责任人的法律和行政责任。

第六章　附　则

第二十九条　本规定所称项目核准机关，是指《政府核准的投资项目目录》中规定具有企业投资项目核准权限的行政机关。

第三十条　燃用煤矸石和低位发热量小于 12 250 千焦/千克的低热值煤的项目审批核准，应按照燃煤项目进行管理，适用本规定以及其他燃煤项目的有关项目管理规定。

第三十一条　本规定由国家发展和改革委员会负责解释。

第三十二条　本规定自发布之日起施行。

关于编制小火电机组关停实施方案有关要求的通知

（2007年3月2日　国家发展和改革委员会办公厅文件（特急）　发改办能源[2007]490号）

各省、自治区、直辖市发展改革委、经贸委（经委），国家电网公司、中国南方电网有限责任公司、中国华能集团公司、中国大唐集团公司、中国华电集团公司、中国国电集团公司、中国电力投资集团公司、神华集团、国家开发投资公司、华润总公司：

根据《国务院批转发展改革委、能源办关于加快关停小火电机组若干意见的通知》（国发[2007]2号，以下简称2号文件）的要求，各省级人民政府和有关电力企业要在2007年3月31日前，将关停小火电机组具体实施方案报送我委及有关部门。经研究，现将编制实施方案的有关要求通知如下：

一、实施方案要认真贯彻落实2号文件和全国“上大压小”节能减排工作会议及曾培炎副总理讲话的精神和我委陈德铭副主任的工作部署，按照2号文件要求和会议明确的有关工作，结合本地区、本企业实际情况，研究提出具体落实意见，制定相应的政策措施。

二、按照签订的关停责任书，细化小火电机组关停方案，明确年度关停计划，并争取尽可能提前、超额完成关停任务。各地区和电力企业也可提出替代建设大机组的方案建议。

三、明确关停小火电机组工作的主管领导及相关部门的责任和分工，建立相应的协调机制，并将关停计划逐级分解，落实责任。制定由拟关停机组企业法人与地市级政府、省级发展改革委（经贸委、经委）、省级电网企业等有关单位共同签署具有法律效力关停协议的工作方案，并在2007年底前组织实施。

四、各地区要细化关停小火电机组的政策措施，做好节能发电调度的准备工作，制定实施差别电量计划、建立在线监测和动态监控体系、加强发电调度监督管理、提出调整小火电机组上网电价的方案、改进企业自备电厂管理、规范电力项目建设程序等工作方案及对小火电机组关停情况实施验收检查与监督管理的办法和措施。差别电量计划作为过渡方案，在全面实行节能发电调度前实施，未关停小火电机组的电量指标应随时间明显递减。

五、研究建立小火电机组的退出保障机制，提出开展关停机组电量指标补偿，污染物排放指标、取水指标交易工作，自备电厂和趸售电网购售电体制改革等工作方案，并尽快制定具体办法，报我委及有关部门。

六、根据关停机组企业的不同情况，并结合新建、扩建大机组项目的实施，拟定关停机组涉及的职工、资产、债务、土地等善后事宜处理方案。发电企业要拟定本企业所属机组关停善后事宜处理的具体方案。电网企业要根据各地区和发电企业小火电机组关停进度，制定保障供电的措施和配套电网建设方案。

七、制定电力工业“上大压小”节能减排的宣传方案，充分发挥新闻媒体的作用，积极宣传 2 号文件和电力产业发展政策，提高全社会及企业对于关停小火电机组重要性和紧迫性的认识，营造有利于节能减排的社会舆论环境，以推动关停小火电机组工作顺利开展。

请各地区、各企业抓紧开展工作，按照 2 号文件规定的期限，将实施方案上报我委及财政部、国土资源部、水利部、劳动保障部、国家环保总局、国家税务总局、银监会、电监会等有关部门。

特此通知。

关于印发《燃煤发电机组脱硫电价及脱硫设施运行管理办法（试行）》的通知

（2007年5月29日　国家发展和改革委员会、国家环保总局文件　发改价格[2007]1176号）

各省、自治区、直辖市发展改革委、物价局、经贸委、环保局（厅），国家电网公司、南方电网公司，中国华能、大唐、华电、国电、中电投集团公司：

为加快燃煤机组烟气脱硫设施建设，提高脱硫效率，减少二氧化硫排放，促进环境保护，国家发展改革委和国家环保总局联合制定了《燃煤发电机组脱硫电价及脱硫设施运行管理办法（试行）》，现印发给你们，请按照执行。

附件

燃煤发电机组脱硫电价及脱硫设施运行管理办法（试行）

第一条　为加快燃煤机组烟气脱硫设施建设，提高脱硫设施投运率，减少二氧化硫排放，促进环境保护，根据《中华人民共和国环境保护法》、《中华人民共和国大气污染防治法》、《中华人民共和国价格法》、《国务院关于落实科学发展观加强环境保护的决定》等法律、法规，特制定本办法。

第二条　本办法适用于符合国家建设管理有关规定建设的燃煤发电机组脱硫设施电价和运行管理。

第三条　新（扩）建燃煤机组必须按照环保规定同步建设脱硫设施，其上网电量执行国家发展改革委公布的燃煤机组脱硫标杆上网电价。

第四条　现有燃煤机组应按照国家发展改革委、国家环保总局印发的《现有燃煤电厂二氧化硫治理“十一五”规划》要求完成脱硫改造。安装脱硫设施后，其上网电量执行在现行上网电价基础上每千瓦时加价1.5分钱的脱硫加价政策。

电厂使用的煤炭平均含硫量大于2%或者低于0.5%的省（区、市），脱硫加价标准可单独制定，具体标准由省级价格主管部门提出方案，报国家发展改革委审批。

第五条　安装脱硫设施的燃煤发电企业，持国家或省级环保部门出具的脱硫设施验收合格文件，报省级价格主管部门审核后，自验收合格之日起执行燃煤机组脱硫标杆上网电价或脱硫加价。

第六条　2004年以前投产的燃煤机组执行脱硫加价后电网企业增加的购电成本，通过调整终端用户销售电价解决。

第七条　国家发展改革委按照补偿治理二氧化硫成本的原则，调整二氧化硫排污费征收标准。具体标准另行公布。

第八条 环保部门应按国家规定的征收标准足额征收二氧化硫排污费，严格按照有关法律法规使用排污费，并做到公开、透明。

第九条 新（扩）建燃煤机组建设脱硫设施时，鼓励不设置烟气旁路通道。不设置烟气旁路通道的，环保部门优先审批新（扩）建燃煤机组的环境影响评价文件。国家发展改革委组织新（扩）建燃煤机组进行不设置烟气旁路通道的试点，取得经验后逐步推广。

第十条 国家或省级环保部门负责电厂脱硫设施的竣工验收，并自收到发电企业竣工验收申请之日起 30 个工作日内完成验收并出具验收文件。投资主管部门负责发电项目的全面监督检查。

第十一条 安装脱硫设施的发电企业要保证脱硫设施的正常运行，不得无故停运。需要改造、更新脱硫设施，因脱硫设备维修需暂停脱硫设施运行的发电企业，需提前报请所在省级环保部门批准并报告省级电网企业；省级环保部门在收到申请后 10 个工作日内作出决定，逾期视为同意。遇事故停运应立即报告。

第十二条 安装的烟气脱硫设施必须达到环保要求的脱硫效率，并确保达到二氧化硫排放标准和总量指标要求。

第十三条 燃煤电厂（机组）应建立脱硫设施运行台账，记录脱硫设施运行和维护、烟气连续监测数据、机组负荷、燃料硫分分析和脱硫剂的用量、厂用电率、脱硫副产物处置、旁路挡板门启停时间、运行事故及处理等情况，并接受省级发展改革（经贸）、价格、环保部门核查。

第十四条 省级环保部门和省级电网企业负责实时监测燃煤机组脱硫设施运行情况，监控脱硫设施投运率和脱硫效率。

第十五条 燃煤电厂建设脱硫设施时，必须安装烟气自动在线监测系统，并与省级环保部门和省级及以上电网企业联网，向省级环保部门和省级电网企业实时传送监测数据。

第十六条 燃煤电厂安装烟气自动在线监控系统应当符合《计量法》和《污染源自动监控管理办法》有关规定。自动在线监控装置及传输系统由计量鉴定机构或其授权的单位执行强制检定、测试任务。

第十七条 烟气自动在线监控系统发生故障不能正常采集、传输数据的，燃煤电厂应在事故发生后立即报告所在省（区、市）环保部门及电网企业。

第十八条 环保部门不得向燃煤电厂收取自动在线监控设备及系统的验收费、管理费等不合理费用。

第十九条 具有下列情形的燃煤机组，从上网电价中扣减脱硫电价：

（一）脱硫设施投运率在 90%以上的，扣减停运时间所发电量的脱硫电价款。

（二）投运率在 80%～90%的，扣减停运时间所发电量的脱硫电价款并处 1 倍罚款。

（三）投运率低于 80%的，扣减停运时间所发电量的脱硫电价款并处 5 倍罚款。

第二十条 省级环保部门会同省级电网企业每月计算辖区内各燃煤机组脱硫设施月投运率，于每月初 5 个工作日内报省级价格主管部门。同时向社会公告所辖地区各燃煤机组上月脱硫设施投运率、脱硫效率及排污费征收情况。

第二十一条 省级价格主管部门根据各月份脱硫设施运行情况计算年度投运率，于次年1月1日起10个工作日内根据年度投运率扣减脱硫电价，并在15个工作日内向社会公告所辖地区各燃煤机组上年度脱硫电价扣减及处罚情况。从发电企业扣减脱硫电价形成的收入，由省级价格主管部门上缴当地省级财政主管部门，同时报国家发展改革委和国家环保总局备案。

第二十二条 国家发展改革委每年1月底前汇总各地脱硫电价执行和扣减情况并向社会公布。

第二十三条 发电企业未按规定安装脱硫设施、自动在线监测装置或者脱硫设施、自动在线监测装置没有达到国家规定要求的，由省级环保部门按照《中华人民共和国环境保护法》第三十六条、《中华人民共和国大气污染防治法》第四十七条、《污染源自动监控管理办法》第十六条依法予以处罚。

第二十四条 发电企业擅自拆除、闲置或者无故停运脱硫设施及自动在线监测系统，以及故意开启烟气旁路通道、未按国家环保规定排放二氧化硫的，按照《中华人民共和国环境保护法》第三十七条、《中华人民共和国大气污染防治法》第四十六条第三款及第四十八条、《污染源自动监控管理办法》第十八条第二款有关规定予以处罚，并根据《环境保护违法违纪行为处分暂行规定》第十一条第三款规定，由省级环保部门、监察部门追究有关责任人的责任。

第二十五条 发电企业拒报或者谎报脱硫设施运行情况、没有建立运行台账、故意修改自动在线监控设备参数获得脱硫电价款的，按照《中华人民共和国环境保护法》第三十五条第二款、《中华人民共和国大气污染防治法》第四十六条第一款、《污染源自动监控管理办法》第十八条、《价格违法行为行政处罚规定》第十二条、第十三条、第十四条有关规定，由省级及以上环保、价格主管部门予以处罚。

第二十六条 电网企业未按规定对电厂脱硫设施运行情况实施自动在线监测、拒报或谎报燃煤机组脱硫设施运行情况，以及拒绝执行或者未能及时执行脱硫电价的，按照《中华人民共和国价格法》、《中华人民共和国环境保护法》、《中华人民共和国大气污染防治法》和《价格违法行为行政处罚规定》有关规定，由省级及以上价格、环保主管部门予以处罚。

第二十七条 省级环保部门拒报或谎报燃煤机组脱硫设施运行情况、未在规定时间内完成脱硫设施验收、未在规定时间向社会公告燃煤机组投运率以及违反规定擅自减免排污费或违规使用排污费的，由国家环保总局通报批评、责令改正，并建议省级人民政府按照《中华人民共和国环境保护法》、《中华人民共和国大气污染防治法》和《环境保护违法违纪行为处分暂行规定》有关规定追究有关责任人责任。

第二十八条 省级价格主管部门未按时审核符合条件的电厂执行脱硫电价、未在规定时间按电厂脱硫设施投运率足额扣减脱硫电价、未在规定时间向社会公告扣减情况的，由国家发展改革委通报批评、责令改正，并建议省级人民政府按照依据《价格法》、《价格违法行为行政处罚规定》追究有关责任人责任。

第二十九条 国家环保总局定期对完成脱硫设施验收的燃煤机组进行公告，并会同国家发展改革委每年对地方和企业排放目标完成情况进行评估，向社会公布评估结果。

第三十条 各省（区、市）价格主管部门、发展改革（经贸）部门、环保部门要会同电力监管部门和行业组织对电厂环保设施的运行情况及脱硫电价执行情况进行经常性检查。鼓励群众向各级环保部门举报电厂非正常停运脱硫设施的行为；群众举报属实的，环保部门给予适当奖励。加强新闻舆论对燃煤电厂脱硫情况的监督。

第三十一条 鼓励燃煤电厂委托具有环保治理设施运营资质的专业化脱硫公司承担污染治理或脱硫设施运营。国家发展改革委会同国家环保总局组织开展烟气脱硫特许经营试点，提高脱硫设施的建设质量和运行质量。

第三十二条 国家发展改革委会同国家环保总局加强对脱硫产业发展的指导，并对脱硫项目进行后评估，提高脱硫设施整体技术水平。

第三十三条 国家发展改革委和国家环保总局制订和完善脱硫设计、施工、运行、维护等技术规范，建立脱硫产业技术规范体系，规范脱硫装置的建设和运行。

第三十四条 电网企业应在同等条件下优先安排安装脱硫设施的燃煤机组上网发电。

第三十五条 本办法由国家发展改革委会同国家环保总局负责解释。

第三十六条 本办法自从 2007 年 7 月 1 日起施行。

附件一：名词解释

附件二：相关法律法规条文

附件一：

名词解释

1．燃煤机组脱硫标杆上网电价：自 2004 年起，国家发展改革委对各省（区、市）电网统一调度范围的新投产燃煤机组不再单独审批电价，而是事先制定并公布统一的上网电价，称为燃煤机组标杆上网电价。其中，安装脱硫设施的燃煤机组上网电价比未安装脱硫设施的机组每千瓦时高出 1.5 分钱。

2．脱硫加价政策：是指 2004 年以前投产的燃煤机组安装脱硫设施的，上网电价每千瓦时加价 1.5 分钱的价格政策。

3．脱硫设施投运率：是指脱硫设施年运行时间与燃煤发电机组年运行时间之比。按照“十一五”规划，“十一五”末脱硫设施投运率目标是达到 90%。目前环境影响评价时批复文件明确投运率需达到 95%。

4．脱硫效率：指烟气通过脱硫设施后脱除的二氧化硫量与未经脱硫前烟气中所含二氧化硫量的百分比。根据环保法规，燃煤机组脱硫效率一般应达到 90%以上才能保证达到二氧化硫排放标准。但西南高硫煤地区脱硫效率需达到 95%，西北和东北低硫煤地区达到 80%即可。

5．烟气旁路通道：是指烟气不通过脱硫装置，直接通往烟囱向大气排放的通道，其作用是脱硫设施发生故障时可以不影响发电主机正常运行。

附件二：

相关法律法规条文

1．《中华人民共和国环境保护法》第三十五条：违反本法规定，有下列行为之一的，环境保护行政主管部门或者其他依照法律规定行使环境监督管理权的部门可以根据不同情节，给予警告或者处以罚款：

（一）拒绝环境保护行政主管部门或者其他依照法律规定行使环境监督管理权的部门现场检查或者在被检查时弄虚作假的。

（二）拒报或者谎报国务院环境保护行政主管部门规定的有关污染物排放申报事项的。

（三）不按国家规定缴纳超标准排污费的。

（四）引进不符合我国环境保护规定要求的技术和设备的。

（五）将产生严重污染的生产设备转移给没有污染防治能力的单位使用的。

2．《中华人民共和国环境保护法》第三十六条：建设项目的防治污染设施没有建成或者没有达到国家规定的要求，投入生产或者使用的，由批准该建设项目的环境影响报告书的环境保护行政主管部门责令停止生产或者使用，可以并处罚款。

3．《中华人民共和国环境保护法》第三十七条：未经环境保护行政主管部门同意，擅自拆除或者闲置防治污染的设施，污染物排放超过规定的排放标准的，由环境保护行政主管部门责令重新安装使用，并处罚款。

4．《中华人民共和国环境保护法》第四十五条：环境保护监督管理人员滥用职权、玩忽职守、徇私舞弊的，由其所在单位或者上级主管机关给予行政处分；构成犯罪的，依法追究刑事责任。

5．《中华人民共和国大气污染防治法》第四十六条：违反本法规定，有下列行为之一的，环境保护行政主管部门或者本法第四条第二款规定的监督管理部门可以根据不同情节，责令停止违法行，限期改正，给予警告或者处以五万元以下罚款：

（一）拒报或者谎报国务院环境保护行政主管部门规定的有关污染物排放申报事项的；

（二）拒绝环境保护行政主管部门或者其他监督管理部门现场检查或者在被检查时弄虚作假的；

（三）排污单位不正常使用大气污染物处理设施，或者未经环境保护行政主管部门批准，擅自拆除、闲置大气污染物处理设施的；

（四）未采取防燃、防尘措施，在人口集中地区存放煤炭、煤矸石、煤渣、煤灰、砂石、灰土等物料的。

6．《中华人民共和国大气污染防治法》第四十七条：违反本法第十一条规定，建设项目的大气污染防治设施没有建成或者没有达到国家有关建设项目环境保护管理的规定的要求，投入生产或者使用的，由审批该建设项目的环境影响报告书的环境保护行政主管部门责令停止生产或者使用，可以并处一万元以上十万元以下罚款。

7．《中华人民共和国大气污染防治法》第四十八条：违反本法规定，向大气排放污染物超过国家和地方规定排放标准的，应当限期治理，并由所在地县级以上地方人民政府环境保护行政主管部门处一万元以上十万元以下罚款。限期治理的决定权限和违反限期治理要求的行政处罚由国务院规定。

8.《中华人民共和国大气污染防治法》第六十四条：环境保护行政主管部门或者其他有关部门违反本法第十四条第三款的规定，将征收的排污费挪作他用的，由审计机关或者监察机关责令退回用款项或者采取其他措施予以追回，对直接负责的主管人员和其他直接责任人员依法给予行政处分。

9.《中华人民共和国大气污染防治法》第六十五条：环境保护监督管理人员滥用职权、玩忽职守的，给予行政处分；构成犯罪的，依法追究刑事责任。

10.《污染源自动监控管理办法》第十六条：违反本办法规定，现有排污单位未按规定的期限完成安装自动监控设备及其配套设施的，由县级以上环境保护部门责令限期改正，并可处1万元以下的罚款。

11.《污染源自动监控管理办法》第十八条：违反本办法规定，有下列行为之一的，由县级以上地方环境保护部门按以下规定处理：（一）故意不正常使用水污染物排放自动监控系统，或者未经环境保护部门批准，擅自拆除、闲置、破坏水污染物排放自动监控系统，排放污染物超过规定标准的；（二）不正常使用大气污染物排放自动监控系统，或者未经环境保护部门批准，擅自拆除、闲置、破坏大气污染物排放自动监控系统的；（三）未经环境保护部门批准，擅自拆除、闲置、破坏环境噪声排放自动监控系统，致使环境噪声排放超过规定标准的。

有前款第（一）项行为的，依据《水污染防治法》第四十八条和《水污染防治法实施细则》第四十一条的规定，责令恢复正常使用或者限期重新安装使用，并处10万元以下的罚款；有前款第（二）项行为的，依据《大气污染防治法》第四十六条的规定，责令停止违法行为，限期改正，给予警告或者处5万元以下罚款；有前款第（三）项行为的，依据《环境噪声污染防治法》第五十条的规定，责令改正，处3万元以下罚款。

12.《环境保护违法违纪行为处分暂行规定》第五条：国家行政机关及其工作人员有下列行为之一的，对直接责任人员，给予警告、记过或者记大过处分；情节较重的，给予降级处分；情节严重的，给予撤职处分：

（一）在组织环境影响评价时弄虚作假或者有失职行为，造成环境影响评价严重失实，或者对未依法编写环境影响篇章、说明或者未依法附送环境影响报告书的规划草案予以批准的；

（二）不按照法定条件或者违反法定程序审核、审批建设项目环境影响评价文件，或者在审批、审核建设项目环境影响评价文件时收取费用，情节严重的；

（三）对依法应当进行环境影响评价而未评价，或者环境影响评价文件未经批准，擅自批准该项目建设或者擅自为其办理征地、施工、注册登记、营业执照、生产（使用）许可证的；

（四）不按照规定核发排污许可证、危险废物经营许可证、医疗废物集中处置单位经营许可证、核与辐射安全许可证以及其他环境保护许可证，或者不按照规定办理环境保护审批文件的；

（五）违法批准减缴、免缴、缓缴排污费的；

（六）有其他违反环境保护的规定进行许可或者审批行为的。

13.《环境保护违法违纪行为处分暂行规定》第十一条：企业有下列行为之一的，

对其直接负责的主管人员和其他直接责任人员中由国家行政机关任命的人员给予降级处分；情节较重的，给予撤职或者留用察看处分；情节严重的，给予开除处分：

（一）未依法履行环境影响评价文件审批程序，擅自开工建设，或者经责令停止建设、限期补办环境影响评价审批手续而逾期不办的；

（二）与建设项目配套建设的环境保护设施未与主体工程同时设计、同时施工、同时投产使用的；

（三）擅自拆除、闲置或者不正常使用环境污染治理设施，或者不正常排污的；

（四）违反环境保护法律、法规，造成环境污染事故，情节较重的；

（五）不按照国家有关规定制定突发事件应急预案，或者在突发事件发生时，不及时采取有效控制措施导致严重后果的；

（六）被依法责令停业、关闭后仍继续生产的；

（七）阻止、妨碍环境执法人员依法执行公务的；

（八）有其他违反环境保护法律、法规进行建设、生产或者经营行为的。

14．《环境保护违法违纪行为处分暂行规定》第十二条：有环境保护违法违纪行为，涉嫌犯罪的，移送司法机关依法处理。

15．《环境保护违法违纪行为处分暂行规定》第十三条：环境保护行政主管部门和监察机关在查处环境保护违法违纪案件中，认为属于对方职责范围内的，应当及时移送。监察机关认为应当给予有关责任人员处分的，应当依法作出监察决定或者提出给予处分的监察建议。

16．《环境保护违法违纪行为处分暂行规定》第十四条：法律、法规授权的具有管理公共事务职能的组织和国家行政机关依法委托的组织及其工作人员，以及其他事业单位中由国家行政机关任命的人员有环境保护违法违纪行为，应当给予处分的，参照本规定执行。

17．《价格违法行为行政处罚规定》第十二条：拒绝提供价格监督检查所需资料或者提供虚假资料的，责令改正，给予警告；逾期不改正的，可以处 5 万元以下的罚款，对直接负责的主管人员和其他直接责任人员给予纪律处分。

18．《价格违法行为行政处罚规定》第十三条：政府价格主管部门进行价格监督检查时，发现经营者的违法行为同时具有下列三种情形的，可以依照价格法第三十四条第（三）项的规定责令其暂停相关营业：

（一）违法行为情节复杂或者情节严重，经查明后可能给予较重处罚的；

（二）不暂停相关营业，违法行为将继续的；

（三）不暂停相关营业，可能影响违法事实的认定，采取其他措施又不足以保证查明的。政府价格主管部门进行价格监督检查时，执法人员不得少于两人，并应当向经营者或者有关人员出示证件。

19．《价格违法行为行政处罚规定》第十四条：本规定第四条至第十一条规定中的违法所得，属于价格法第四十一条规定的消费者或者其他经营者多付价款的，责令经营者限期退还。难以查找多付价款的消费者或者其他经营者的，责令公告查找。经营者拒不按照前款规定退还消费者或者其他经营者多付的价款，以及期限届满没有退还消费者或者其他经营者多付的价款，由政府价格主管部门予以没收，消费者或者其他经营者要求退还时，由经营者依法承担民事责任。

关于印发现有燃煤电厂二氧化硫治理“十一五”规划的通知

（2007 年 3 月 28 日　国家发展和改革委员会、国家环境保护总局文件
发改环资[2007] 592 号）

各省、自治区、直辖市、计划单列市及新疆生产建设兵团发展改革委、经委（经贸委）、环保局（厅），国家电网公司、中国南方电网有限公司、华能、大唐、国电、华电、中电投集团公司及有关地方电力投资公司：

根据《中华人民共和国国民经济和社会发展第十一个五年规划纲要》和《国务院关于“十一五”期间全国主要污染物排放总量控制计划的批复》（国函[2006]70 号）要求，我们组织编写了《现有燃煤电厂二氧化硫治理“十一五”规划》。现印发你们，请结合实际情况贯彻落实，并将落实情况及时反馈国家发展改革委和环保总局。

附件

现有燃煤电厂二氧化硫治理“十一五”规划

国家发展和改革委员会
国家环境保护总局

目　录

前 言

《国民经济和社会发展第十一个五年规划纲要》（以下简称《纲要》）提出，到2010年，二氧化硫排放总量削减 10%。为贯彻落实《纲要》精神，实现“十一五”二氧化硫总量削减目标，推动现有燃煤电厂烟气脱硫工程建设，特制定本规划。

本规划主要针对 2005 年底以前建成投产的现有燃煤电厂，以《中华人民共和国大气污染防治法》、《火电厂大气污染物排放标准》（GB 13223—2003）和《国务院关于“十一五”期间全国主要污染物排放总量控制计划的批复》（国函[2006]70 号）、《电力工业发展“十一五”规划》为依据，提出了现有燃煤电厂“十一五”期间二氧化硫治理的思路、原则、目标、重点项目和保障措施。

本规划既是落实《纲要》的配套性文件，也是国家对现有燃煤电厂实施烟气脱硫改造给予优惠政策的重要依据。

一、燃煤电厂二氧化硫治理状况

二氧化硫排放是造成我国大气污染及酸雨不断加剧的主要原因，燃煤电厂二氧化硫排放量约占全国二氧化硫排放量的 50%。国家一直高度重视燃煤电厂二氧化硫排放控制，十多年来，尤其是“十五”期间”出台了一系列的法律、法规、政策，促进了烟气脱硫产业化的快速发展，使燃煤电厂的二氧化硫排放控制能力得到明显提高，污染治理取得成效，为“十一五”大规模控制二氧化硫排放奠定了坚实基础。

（一）法规标准不断完善

“十五”期间，国家进一步加强了二氧化硫控制的法规建设，修订并实施了《大气污染防治法》和《火电厂大气污染物排放标准》，颁布了《国家环境保护“十五”计划》、《两控区酸雨和二氧化硫污染防治“十五”计划》，出台了《排污费征收使用管理条例》和相关配套规定，对二氧化硫排放控制要求进一步趋严。主要体现在：一是对火电厂二氧化硫排放采取排放浓度、排放速率和年排放总量的三重控制要求。二是严格控制新建燃煤电厂二氧化硫排放，在大中城市及其近郊，严格控制新（扩）建除热电联产外的燃煤电厂，除燃用特低硫煤的坑口电厂外，必须同步建设脱硫设施或者采取其他降低二氧化硫排放量的措施。三是要求现有超标电厂在 2010 年底前安装脱硫设施，其中投产 20

年以上或装机容量 10 万千瓦以下的，限期改造或者关停。

（二）政策逐步得到落实

在法规要求不断趋严的同时，相关二氧化硫排放控制的约束性和激励性政策相继出台。在约束性方面，实施了排污即收费政策，规定每排放 1 公斤二氧化硫收费 0.63 元，同时要求收取的排污费资金纳入财政预算，作为环境保护专项资金管理，用于环境污染防治。在激励性方面，有关促进企业装设烟气脱硫装置的电价政策逐步落实，2004 年出台的标杆电价政策规定，新投产的安装有脱硫设施的机组比未安装脱硫设施的上网电价每千瓦时高 0.015 元人民币。2006 年 6 月出台的电价政策进一步明确新建和现有脱硫机组上网电价每千瓦时均提高 1.5 分人民币。

（三）脱硫产业快速发展

“十五”期间，国家加大了烟气脱硫产业化发展的步伐，出台了火电厂烟气脱硫产业化发展的相关政策，促进了产业化水平的明显提高。目前，我国已有石灰石—石膏湿法、烟气循环流化床法、海水脱硫法、脱硫除尘一体化法、旋转喷雾干燥法、炉内喷钙尾部烟气增湿活化法、活性焦吸附法、电子束法、氯碱法等十多种工艺的脱硫装置投入商业化运行或进行了工业示范；脱硫设备国产化率已达到 90%以上；我国拥有自主知识产权的 30 万千瓦级火电机组的烟气脱硫技术已通过商业化运行的检验；烟气脱硫工程总承包能力已可以满足火电厂工程建设的需要；新建大型燃煤机组的烟气脱硫工程千瓦造价已由“九五”末的 500 元左右，降至 200 元左右。

（四）污染治理取得成效

“十五”期间，通过采取燃用低硫煤、关停小火电机组、节能降耗和推进烟气脱硫等综合措施，二氧化硫排放量控制取得重要进展。关停了原国家电力公司所属 5 万千瓦及以下纯凝汽式小火电机组约 1 300 万千瓦，相应减排约 63 万吨；“以大代小”、节能降耗技术改造，使发电煤耗逐年下降，相应减排约 75 万吨；烟气脱硫装置投运，减排约 82 万吨；10 万千瓦及以上循环流化床锅炉减排约 23 万吨。在各种措施的共同作用下，减排二氧化硫 243 万吨。到 2005 年底，已建成的烟气脱硫机组容量达到 5 300 万千瓦，与 2000 年相比，增长了 10 倍。

（五）存在的主要问题

烟气脱硫技术自主创新能力仍较低。截止目前，我国只有少数脱硫公司拥有 30 万千瓦及以上机组自主知识产权的烟气脱硫技术，大多数脱硫公司仍需采用国外技术，而且消化吸收、再创新能力较弱。

对脱硫市场缺乏有效监管。近几年，脱硫市场急剧扩大，一批从事脱硫的环保公司应运而生，但行业准入及监管相对滞后，对脱硫公司资质、人才、业绩、融资能力等方面无明确规定，脱硫公司良莠不齐，一些脱硫公司承建的烟气脱硫工程质量不过关。另外，对烟气脱硫工程招投标的监管不力，部分工程招标存在走过场现象。

部分脱硫设施难以稳定运行，减排二氧化硫的作用没有完全发挥。一是有些脱硫公司对国外技术和设备依赖度较高，没有完全掌握工艺技术，系统设计先天不足，个别设备出现故障后难以尽快修复；二是资金扶持政策未完全到位，如现有电厂脱硫成本计入电价的机制没有完全落实，二氧化硫排污费不能足额使用；三是对脱硫设施日常运行缺乏严格监管；四是部分电厂为获经济利益，故意停运脱硫设施。

二、燃煤电厂二氧化硫治理面临的形势与任务

《纲要》第一次把全国二氧化硫排放总量减少 10%作为“十一五”规划目标的约束性指标，并对现有燃煤电厂明确提出了加快脱硫设施建设，增加脱硫能力的要求；对新建燃煤电厂提出了必须根据排放标准安装脱硫装置的要求。根据《纲要》精神，国务院已向各省、自治区、直辖市人民政府下达了“十一五”二氧化硫总量控制计划，其中明确了电力二氧化硫控制总量，即到 2010 年，全国二氧化硫排放总量控制目标为 2 294.4 万吨，其中，电力为 951.7 万吨。

2005 年全国火电厂排放二氧化硫远高于国家环境保护“十五”计划提出的电力行业减少 10%～20%的控制目标。造成这种状况的主要原因有四个方面：一是电力发展速度大大超过了“十五”计划速度，装机比原计划的 3.9 亿千瓦增加了 1.27 亿千瓦，且增加的主要是煤电机组；二是由于煤炭供需矛盾加剧，使煤炭发热量降低，硫分增高；三是燃用高硫煤的现有燃煤机组中建成的脱硫装置较少；四是由于各种原因，建成的脱硫装置投运率不高。“十一五”期间，我国新建燃煤电厂的规模仍然较大，即使采取脱硫措施，二氧化硫排放量仍然会继续增长。在此情况下，要完成“十一五”二氧化硫排放削减目标，就必须大幅度削减现有燃煤电厂二氧化硫排放量。

根据《火电厂大气污染物排放标准》和《国务院关于“十一五”期间全国主要污染物排放总控制计划的批复》，以及地方政府下达的电力二氧化硫控制指标进行测算，约有 2.17 亿千瓦现有燃煤机组需进行二氧化硫治理，占 2005 年煤电机组容量的 57.8%。由于现有燃煤机组既有安全生产的压力，也受到实施烟气脱硫的技术和场地等条件的制约，同时还面临资金筹措难、运行成本相比新建机组高等实际困难，因此现有燃煤电厂烟气脱硫是二氧化硫控制的重点和难点。

三、指导思想、原则和治理目标

（一）指导思想。全面落实科学发展观，以完成《纲要》确定的二氧化硫排放总量减少 10%为目标，以烟气脱硫为主要手段，加快技术进步、突出重点项目、完善政策措施、强化监督管理，全面完成火电厂二氧化硫控制任务。

（二）基本原则。坚持采取淘汰纯凝汽式小机组、合理使用低硫煤、节能降耗改造等综合性措施控制二氧化硫排放总量；坚持优先安排位于“两控区”、大中城市、燃用高硫煤且二氧化硫超标排放的燃煤电厂实施烟气脱硫；坚持继续发展烟气脱硫主流工艺技术，积极推进使用符合循环经济发展要求的其他工艺技术；坚持完善经济激励政策，鼓励开展排污交易试点；坚持建立健全监督机制，严格执法管理。

（三）主要目标。到 2010 年底，现有燃煤电厂二氧化硫排放达标率达到 90%；年排放总量下降到 502 万吨；届时，脱硫机组投运及在建容量将达到 2.3 亿千瓦（不包括循环流化床锅炉，下同）。

到 2010 年底，全国燃煤电厂二氧化硫排放绩效指标由 2005 年的 6.4 克/千瓦时下降到 2.7 克/千瓦时，下降 57.8%。

四、重点项目

（一）项目规模。“十一五”期间，安排 221 个重点项目，约 1.37 亿千瓦现有燃煤机组实施烟气脱硫（以下简称重点项目）。重点项目中，包括了国家环保总局与省政府及国家电网公司和五大电力集团公司签定的《“十一五”二氧化硫总量削减目标责任书》中的现有燃煤电厂脱硫技术改造项目 11 303.5 万千瓦。

重点项目分年度实施。为了充分考虑电力安全生产、脱硫工程实施能力以及达标排放、形成明显的减排效果等因素，在“十一五”前三年，安排开工建设脱硫装置 1.24 亿千瓦，约占重点项目容量的 90.6%（见表 1）。

表 1　现有燃煤机组“十一五”烟气脱硫改造年度计划

年份	2006	2007	2008	2009	2010
开工容量（万千瓦）	5 760.5	3 747.4	2 874.6	1 277.9	0
占“十一五”开工比例（%）	42.2	27.4	21.0	9.4	0

在重点项目中，基本涵盖了所有超标排放的单机 10 万千瓦以上的电厂，基本不包括燃煤含硫量小于 0.5%的电厂；30 万千瓦及以上机组约 0.95 亿千瓦，占重点项目的 69.6%（见表 2）。

表 2　现有燃煤机组“十一五”烟气脱硫改造机组分布情况

单机容量（万千瓦）	10 以下	10（含）～20	20（含）～30	30（含）～60	60 及以上
脱硫机组容量（万千瓦）	20	1 685.3	2 444	7 104.1	2 407
占总脱硫机组容量比例（%）	0.2	12.3	17.9	52.0	17.6

在重点项目中，国家电网公司和 5 大发电集团公司脱硫容量约 7 634.15 万千瓦，占 55.9%，地方及其他电力公司占 44.1%（见表 3）。

表 3　现有燃煤机组“十一五”烟气脱硫改造公司分布情况

电力公司	脱硫机组容量（万千瓦）	占总脱硫机组容量比例（%）
国家电网公司	736.85	5.4
华能集团公司	1 762.4	12.9
大唐集团公司	1 811.9	13.3
华电集团公司	934	6.8
国电集团公司	1 355.6	9.9
中电投集团公司	1 033.4	7.6
地方电力公司等	6 026.25	44.1

（二）投资需求分析。“十一五”期间，221 个项目约需建设资金 342 亿元人民币。按开工计划，2006—2010 年每年分别需要建设资金 144、94、72、32、0 亿元。建设资金主要来源于企业自筹、排污费补助等渠道，运行费用通过脱硫电价政策基本可以得到落实。

五、保障措施

（一）完善二氧化硫总量控制制度。依法控制燃煤电厂二氧化硫排放，是实现规划治理目标的根本性措施，也是贯彻落实科学发展观和依法治国要求的具体体现。要依据《大气污染防治法》规定的大气污染物总量控制区划分原则和“公开、公平、公正”核定企事业单位排放总量、核发许可证的原则，进一步依法完善二氧化硫总量控制制度。

（二）强化政策引导。进一步完善电价形成机制。现有燃煤机组脱硫技术改造涉及厂内拆迁、过渡和配套工程改造，工程投资和运行费用一般要高于新建机组，应研究和逐步实施根据现有燃煤机组脱硫改造的实际投资和运行成本核定脱硫电价的方法。要加快电价改革步伐，逐步将二氧化硫治理效果而不是治理措施与电价挂钩。要继续推进污染物排放折价标准的制订和实施。

对火电机组进行优化调度。对于安装了脱硫装置，且脱硫装置达到设计指标要求，并能够连续稳定运行的火电机组优先安排上网，优先保障上网电量。

二氧化硫排污费优先用于现有燃煤电厂二氧化硫治理。各级政府的相关部门要加强对二氧化硫排污费收缴、使用的监督与管理，规范环保专项资金的申请和使用办法，并对重点项目所需建设资金中利用排污费的部分逐年纳入财政预算，以确保二氧化硫排污费优先用于重点项目。

对于重点项目中的有利于推进自主知识产权、有利于国产化、有利于推进循环经济发展的烟气脱硫示范性项目，要给予中央预算内资金（国债）支持。

对脱硫关键设备和脱硫副产品综合利用继续给予免税支持，引导环保产业健康发展。

积极推进燃煤电厂二氧化硫排污权交易。鼓励电力企业间按规定实施跨地区的排污权交易，以实现低成本下的总量控制目标。

（三）加快脱硫产业化发展。大力推进技术创新。燃煤电厂烟气脱硫工艺应选择经济有效、安全可靠、资源节约、综合利用的技术路线。加强脱硫项目可行性研究，有针对性地选择和优化脱硫工艺。积极推动污染控制成本低、能源和资源消耗少、副产品能有效利用、二次污染小的脱硫工艺技术的研发和试点示范，加大对拥有自主知识产权的烟气脱硫技术和设备产业化的扶持力度。根据技术发展状况的变化情况，及时发布鼓励、限制、淘汰的烟气脱硫工艺技术路线和设备的指导性文件，促进技术水平的不断提高。

进一步推动烟气脱硫副产品综合利用工作。组织建材、农林、电力、科研等部门对脱硫副产物，尤其是脱硫石膏的综合利用进行深入研究，提出各种利用途径的指导性意见。组织实施脱硫副产物综合利用示范工程，适时出台脱硫副产物综合利用强制性措施和相关的优惠政策。

继续整顿烟气脱硫市场。根据国家有关法规，不断完善烟气脱硫产业市场准入制度，加强市场监管；规范脱硫工程招投标文件的编制、完善评标方法、加强对招投标全过程的监督，打破地方和行业（企业）保护，维护一个开放、有序、公平竞争的烟气脱硫市场环境，促进公平竞争。

（四）充分发挥政府、行业组织和企业的作用。燃煤电厂二氧化硫控制是一项巨大且具有长期性的系统工程，必须充分发挥政府、企业、行业组织的作用，确保认识到位、责任到位、措施到位、投入到位。

政府部门要坚持依法行政，确保政策落实到位。加强对烟气连续监测系统的管理，对烟气脱硫设施进行有效监测和监督，依法对超标排放企业加大处罚力度。

发挥行业协会等中介组织的作用，建立有效的中介服务体系和行业自律体系。加快制订和完善脱硫技术规范，通过对烟气脱硫设施的先进性、可靠性、经济性、本地化率等的后评估和行业技术协作和交流机制，不断完善技术路线，促进脱硫设施的安全、稳定运行。

电力企业是实施重点脱硫工程的主体。各电力企业要依法并按照规划的要求制订详细的资金、治理方案计划，加快技术改造步伐。对于已经建成的脱硫设施，要提高投运率，确保稳定连续运行。

六、现有燃煤电厂“十一五”烟气脱硫重点项目

单位：万千瓦

序号	电厂名称	合计	2006	2007	2008	2009	2010
总计		13 660.4	5 760.5	3 747.4	2 874.6	1 277.9	0
国家电网公司		736.85	224	184	246.85	82	0
1	马头发电厂	44	0	1×22	1×22	0	0
2	秦皇岛发电公司	70	0	0	2×20	1×30	0
3	天津大港发电厂 3 号	32.85	0	0	1×32.85	0	0
4	天津军粮城发电公司	80	2×20	0	2×20	0	0
5	山西神头第二发电厂	100	1×50	1×50	0	0	0
6	河南焦作电厂	66	0	1×22	1×22	1×22	0
7	元宝山发电公司	60	0	1×60	0	0	0
8	湖北襄樊发电公司	60	0	0	1×30	1×30	0
9	湖南益阳电厂	60	2×30	0	0	0	0
10	宝鸡第二发电厂	60	0	0	2×30	0	0
11	宁夏大坝发电厂	60	1×30	1×30	0	0	0
12	徐州电厂	44	2×22	0	0	0	0
华能集团公司		1 762.4	780	309.4	503	170	0
13	德州电厂	132	0	2×66	0	0	0
14	威海电厂	60	0	0	0	2×30	0
15	辛店电厂	45	2×22.5	0	0	0	0
16	日照电厂	70	2×35	0	0	0	0
17	淮阴电厂	44	2×22	0	0	0	0
18	南京电厂	64	0	0	2×32	0	0
19	南通电厂	140.4	2×35	1×35+ 1×35.4	0	0	0
20	石洞口二厂	120	2×60	0	0	0	0
21	石洞口一厂	122	2×30	1×30 +1×32	0	0	0
22	大连电厂	140	0	0	2×35	2×35	0
23	丹东发电厂	35	0	0	1×35	0	0
24	营口发电厂	64	0	0	2×32	0	0

序号	电厂名称	合计	2006	2007	2008	2009	2010
25	包头第二热电厂	20	0	0	1×20	0	0
26	海渤湾电厂	40	2×20	0	0	0	0
27	达拉特电厂	66	2×33	0	0	0	0
28	丰镇电厂	80	0	0	2×20	2×20	0
29	福州电厂	140	0	0	4×35	0	0
30	上安电厂	130	2×30	0	2×35	0	0
31	沁北电厂	120	2×60	0	0	0	0
32	杨柳青电厂	60	2×30	0	0	0	0
33	海南海口电厂	50	2×12.5	2×12.5	0	0	0
34	榆社电厂	20	0	2×10	0	0	0
	大唐集团公司	1 811.9	977.5	434	247	153.4	0
35	陡河发电厂	115	0	2×12.5 +2×25	2×20	0	0
36	马头电力公司	20	0	1×20	0	0	0
37	张家口发电厂	240	2×30	2×30	2×30	2×30	0
38	河北下花园发电厂	40	0	0	0	2×10+ 1×20	0
39	首阳山电厂	60	0	2×30	0	0	0
40	洛阳双源热电厂	33	2×16.5	0	0	0	0
41	信阳华豫电厂	60	2×30	0	0	0	0
42	三门峡华阳电厂	60	2×30	0	0	0	0
43	许昌龙岗电厂	70	0	2×35	0	0	0
44	大唐安阳发电厂	20	0	0	2×10	0	0
45	华银金竹山电厂	50	0	2×12.5	2×12.5	0	0
46	石门电厂	60	2×30	0	0	0	0
47	株洲华银火力发电公司	62	2×31	0	0	0	0
48	大唐耒阳发电厂	102	0	0	2×21 +2×30	0	0
49	阳城国际发电有限责任公司	70	2×35	0	0	0	0
50	神头发电公司	100	2×50	0	0	0	0
51	淮南洛河电厂	124	2×30	2×32	0	0	0
52	托克托发电公司	120	2×60	0	0	0	0
53	盘山发电公司	120	2×60	0	0	0	0
54	连城电厂	60	2×30	0	0	0	0
55	兰西热电	28.4	0	0	0	2×14.2	0
56	徐塘电厂	60	2×30	0	0	0	0
57	韩城二电厂	60	0	1×60	0	0	0
58	韩城发电厂	12.5	1×12.5	0	0	0	0
59	灞桥热电有限责任公司	25	0	0	0	2×12.5	0
60	高井热电厂	20	2×10	0	0	0	0
61	合山电厂	20	2×10	0	0	0	0
	华电集团公司	934	557	96	182	99	0
62	华电国际邹县发电厂	120	2×60	0	0	0	0

序号	电厂名称	合计	2006	2007	2008	2009	2010
63	华电国际莱城发电厂	60	0	0	2×30	0	0
64	山东潍坊发电厂	66	2×33	0	0	0	0
65	华电国际十里泉电厂	60	2×30	0	0	0	0
66	华电章丘发电有限公司	29	2×14.5	0	0	0	0
67	滕州新源热电有限公司	30	2×15	0	0	0	0
68	华电蒲城发电有限公司	132	0	2×33	0	2×33	0
69	中国华电集团公司内江发电总厂	40	2×20	0	0	0	0
70	华电黄桷庄发电有限公司	40	2×20	0	0	0	0
71	中国华电集团公司宜宾发电总厂	20	2×10	0	0	0	0
72	湖北西塞山发电有限公司	66	0	0	1×33	1×33	0
73	黄石电厂	20	0	0	1×20	0	0
74	华电戚墅堰发电有限公司	44	0	0	2×22	0	0
75	华电扬州发电有限公司	22	1×22	0	0	0	0
76	铁岭发电有限公司	60	2×30	0	0	0	0
77	华电清镇发电有限公司	40	2×20	0	0	0	0
78	上海华电电力发展有限公司望亭发电厂	30	0	1×30	0	0	0
79	华电苇湖梁发电有限责任公司	25	0	0	2×12.5	0	0
80	中国华电集团公司云南昆明发电厂	20	2×10	0	0	0	0
81	石家庄热电有限公司	10	4×2.5	0	0	0	0
	国电集团公司	1 355.6	516.6	312	167	360	0
82	聊城电厂	120	0	0	0	2×60	0
83	菏泽电厂	60	0	0	2×30	0	0
84	外高桥二厂	180	0	0	0	2×90	0
85	邯郸热电厂	40	2×20	0	0	0	0
86	衡丰电厂	60	1×30	1×30	0	0	0
87	滦河发电厂	20	2×10	0	0	0	0
88	北仑第一电厂	120	2×60	0	0	0	0
89	谏壁发电厂	90	1×30	2×30	0	0	0
90	天生港发电厂	27.6	2×13.8	0	0	0	0
91	凯里发电厂	50	2×12.5	2×12.5	0	0	0
92	安顺电厂	60	2×30	0	0	0	0
93	太原第一热电厂	30	0	1×30	0	0	0
94	大同第二发电厂	60	0	3×20	0	0	0
95	石嘴山第二电厂	66	0	2×33	0	0	0
96	大武口发电厂	22	2×11	0	0	0	0
97	荆门热电厂	20	1×20	0	0	0	0
98	湖北汉元发电有限公司	60	0	0	0	2×30	0
99	九江电厂	70	1×35	0	1×35	0	0
100	阳宗海电厂	40	2×20	0	0	0	0
101	小龙潭发电厂	20	0	2×10	0	0	0
102	兰州热电公司	22	0	0	2×11	0	0

序号	电厂名称	合计	2006	2007	2008	2009	2010
103	靖远一电厂	21	0	1×21	0	0	0
104	朝阳发电厂	40	0	0	2×20	0	0
105	川投白马电厂	20	1×20	0	0	0	0
106	华蓥山电厂	10	0	0	1×10	0	0
107	永福发电有限公司	27	2×13.5	0	0	0	0
	中国电力投资集团公司	1 033.4	478	303	152.4	100	0
108	神头第一发电厂	80	2×20	2×20	0	0	0
109	漳泽发电厂	42	0	2×21	0	0	0
110	河津发电厂	70	2×35	0	0	0	0
111	姚孟发电公司	121	0	1×30 +1×31	2×30	0	0
112	东方发电公司	70	0	0	2×35	0	0
113	外高桥发电公司	60	0	2×30	0	0	0
114	吴泾发电有限公司	60	0	0	0	2×30	0
115	杨树浦发电厂	22.4	0	0	2×11.2	0	0
116	安徽淮南平圩发电公司	123	1×60+ 1×63	0	0	0	0
117	常熟发电公司	120	2×30	2×30	0	0	0
118	阜新发电公司	40	2×20	0	0	0	0
119	抚顺发电厂	40	0	2×20	0	0	0
120	清河发电公司	40	0	0	0	2×20	0
121	重庆白鹤电厂	60	2×30	0	0	0	0
122	贵溪发电有限公司	60	2×30	0	0	0	0
123	南昌发电厂	25	2×12.5	0	0	0	0
	神华集团	436	0	276	160	0	0
124	三河电厂	70	0	2×35	0	0	0
125	盘山发电公司	100	0	2×50	0	0	0
126	绥中电厂	160	0	0	2×80	0	0
127	准格尔能源有限公司二期	66	0	2×33	0	0	0
128	国华神木发电有限公司	20	0	2×10	0	0	0
129	准格尔能源有限公司	20	0	2×10	0	0	0
	北京能源投资（集团）有限公司	40	40	0	0	0	0
130	北京京能热电公司	40	2×20	0	0	0	0
	华润能源开发有限公司	180	120	60	0	0	0
131	江苏彭城电厂	60	0	2×30	0	0	0
132	湖北蒲圻电厂	60	2×30	0	0	0	0
133	湖南华润电力鲤鱼江公司	60	2×30	0	0	0	0
	山西国际电力公司	170	170	0	0	0	0
134	阳光发电公司	120	4×30	0	0	0	0
135	河坡发电有限公司	30	2×10 +2×5	0	0	0	0
136	柳林电力有限公司	20	2×10	0	0	0	0

序号	电厂名称	合计	2006	2007	2008	2009	2010
	山东鲁能集团公司	233.5	210.5	23	0	0	0
137	河曲电厂	120	2×60	0	0	0	0
138	聊城热电公司	51	2×14	2×11.5	0	0	0
139	莱芜电厂	37.5	3×12.5	0	0	0	0
140	临沂电厂	25	2×12.5	0	0	0	0
	上海申能集团公司	120	0	120	0	0	0
141	吴泾第二发电公司	120	0	2×60	0	0	0
	江苏国信集团公司	131	44	87	0	0	0
142	盐城发电公司	27	0	2×13.5	0	0	0
143	新海发电公司	44	2×22	0	0	0	0
144	扬州第二发电公司	60	0	1×60	0	0	0
	安徽省能源集团公司	120	0	60	60	0	0
145	皖江发电公司	60	0	0	2×30	0	0
146	淮北国安电力公司	60	0	2×30	0	0	0
	浙江省能源集团公司	665	312	113	240	0	0
147	北仑发电有限公司	180	3×60	0	0	0	0
148	嘉华发电有限公司	240	0	0	4×60	0	0
149	温州发电有限公司	27	0	2×13.5	0	0	0
150	温州特鲁莱发电公司	66	2×33	0	0	0	0
151	镇海发电有限公司	86	0	4×21.5	0	0	0
152	台州发电厂	66	2×33	0	0	0	0
	广东省粤电公司	479	394	85	0	0	0
153	韶关电厂	40	0	2×20	0	0	0
154	湛江电厂	120	4×30	0	0	0	0
155	茂名热电厂	20	0	1×20	0	0	0
156	云浮市火力 B 厂	27	2×13.5	0	0	0	0
157	云浮市火力发电厂	25	2×12.5	0	0	0	0
158	梅县发电厂 B 厂	25	0	2×12.5	0	0	0
159	沙角 A 电厂	90	1×30 +3×20	0	0	0	0
160	沙角 C 电厂	132	2×66	0	0	0	0
	深圳能源集团公司	130	130	0	0	0	0
161	妈湾电厂	60	2×30	0	0	0	0
162	沙角 B 电厂	70	2×35	0	0	0	0
	贵州金元电力集团公司	344	104	120	120	0	0
163	习水电厂	54	4×13.5	0	0	0	0
164	黔北发电总厂	170	4×12.5	2×30	2×30	0	0
165	纳雍发电一厂	120	0	2×30	2×30	0	0
	广西投资公司	25	25	0	0	0	0
166	来宾电厂	25	2×12.5	0	0	0	0
	国投电力公司	180	60	0	60	60	0
167	国投曲靖发电公司	120	0	0	2×30	2×30	0
168	北部湾发电有限公司	60	2×30	0	0	0	0

序号	电厂名称	合计	2006	2007	2008	2009	2010
	其他	2 772.75	617.9	1 165	736.35	253.5	0
169	河南新中益发电有限责任公司	42	0	1×20 +1×22	0	0	0
170	河南省建投鸭河口发电公司	70	0	2×35	0	0	0
171	鹤壁万和发电公司	44	2×22	0	0	0	0
172	焦作爱依斯万方电力有限公司	25	2×12.5	0	0	0	0
173	河南伊川第二电厂	25	0	2×12.5	0	0	0
174	南阳方达发电有限公司	25	0	2×12.5	0	0	0
175	河南禹州电厂	70	0	2×35	0	0	0
176	豫能焦作电厂	44	0	0	0	2×22	0
177	周口隆达电厂	25	0	2×12.5	0	0	0
178	商丘裕东发电有限公司	60	0	0	2×30	0	0
179	鹤壁同力发电有限公司	60	0	2×30	0	0	0
180	登封电厂集团有限公司	42	2×21	0	0	0	0
181	郑州新力电力有限公司	60	0	3×20	0	0	0
182	伊川三电厂(洛阳)	60	0	2×30	0	0	0
183	三门峡远惠电厂	27	0	0	2×13.5	0	0
184	山东百年电力公司	44	0	2×22	0	0	0
185	南山集团有限公司	30	2×15	0	0	0	0
186	黄岛电厂	67	2×12.5+2 ×21	0	0	0	0
187	沾化电厂	27	2×13.5	0	0	0	0
188	茌平铝厂自备电厂*	50	4×12.5	0	0	0	0
189	胜利油田胜利发电厂*	104	0	2×22	2×30	0	0
190	河北兴泰发电公司	88	2×22	2×22	0	0	0
191	西柏坡发电有限责任公司	120	0	2×30	0	2×30	0
192	陕投秦岭发电公司	80	0	2×20	2×20	0	0
193	陕西渭河发电有限公司	120	0	2×30	2×30	0	0
194	江苏射阳港发电公司	27.5	0	0	2×13.75	0	0
195	张家港华宇电力公司	25	2×12.5	0	0	0	0
196	镇江发电公司	27.5	2×13.75	0	0	0	0
197	江苏利港电力公司	70	2×35	0	0	0	0
198	福建太平洋电力湄洲湾电厂	78	0	0	2×39	0	0
199	厦门华夏电力嵩屿电厂	60	0	2×30	0	0	0
200	沈海热电厂一期	40	0	2×20	0	0	0
201	辽宁能港发电有限公司	40	0	0	2×20	0	0
202	锦州东港电力有限公司	40	0	0	0	2×20	0
203	鞍钢第二发电厂*	12.5	0	0	1×12.5	0	0
204	湖北能源集团鄂州发电公司	60	0	2×30	0	0	0
205	湖北汉新发电有限公司	60	0	0	2×30	0	0
206	广州珠江电厂	60	0	2×30	0	0	0
207	南海 A 电厂一期	40	0	0	2×20	0	0
208	坪石 B 电厂	13.5	0	1×13.5	0	0	0

序号	电厂名称	合计	2006	2007	2008	2009	2010
209	贵州黔桂发电公司	100	0	2×20	3×20	0	0
210	巴蜀电力江油电厂	66	2×33	0	0	0	0
211	攀枝花钢铁公司发电厂*	30	0	3×10	0	0	0
212	来宾法资发电有限公司	72	2×36	0	0	0	0
213	中外合资合肥发电厂	70	0	0	0	2×35	0
214	宝钢自备电厂*	70	0	1×35	1×35	0	0
215	宁夏中宁发电厂	66	0	0	2×33	0	0
216	青海桥头电厂	62.5	0	1×12.5	3×12.5	1×12.5	0
217	江西省投丰城发电厂	60	0	2×30	0	0	0
218	天津能源大港发电厂 4 号	32.85	0	0	1×32.85	0	0
219	四川嘉陵电力公司	28.4	2×14.2	0	0	0	0
220	广西水电公司田东电厂	27	0	0	0	2×13.5	0
221	舟山电厂	25	0	2×12.5	0	0	0

注：*为自备电厂。

关于煤矸石综合利用电厂项目核准有关事项的通知

（2008年1月7日 国家发展和改革委员会办公厅文件 发改办能源[2008]101号）

有关省、自治区、直辖市及新疆生产建设兵团发展改革委、经贸委（经委），有关中央管理企业：

为指导企业有序开展煤矸石综合利用电厂项目前期工作，进一步规范项目核准程序，加强项目管理，根据《企业投资项目核准暂行办法》（国家发展改革委令第19号）及有关规定，现将煤矸石综合利用电厂项目核准有关事项通知如下：

一、根据《政府核准的投资项目目录》，企业投资建设的煤矸石综合利用电厂项目（含煤矸石热电联产项目）应报国家发展改革委核准。

二、煤矸石综合利用电厂项目申请报告由具备甲级工程咨询资格的机构编制，内容符合有关规定。煤矸石综合利用电厂项目申请报告编制示范文本发布前，可参照《项目申请报告通用文本》编制。

三、煤矸石综合利用电厂项目申请报告经项目所在地省级政府投资主管部门初审并提出意见，向国家发展改革委报送项目申请报告（省级政府规定具有投资管理职能的经贸委、经委应与发展改革委联合报送）。

计划单列企业集团和中央管理企业可直接向国家发展改革委提交煤矸石综合利用电厂项目申请报告，提交时要附上项目所在地省级政府投资主管部门的意见。

四、项目申报单位报送煤矸石综合利用电厂项目申请报告时，需按照有关规定附送以下文件：

（一）国家环境保护总局出具的环境影响评价文件的审批意见；

（二）国土资源部出具的项目用地预审意见，或土地管理部门核发的土地使用证；

（三）省级以上城乡规划行政主管部门出具的选址意见书；

（四）水利部出具的水土保持意见；

（五）省级水行政主管部门或流域管理机构出具的项目用水意见；

（六）国家电网公司或南方电网公司出具的接入电网意见；

（七）省级矿产资源主管部门对项目压覆矿产资源的意见；

（八）省级文物主管部门出具的项目对当地文物保护的意见（需要时）；

（九）省级军事设施主管部门对项目是否影响军事设施使用和安全的意见（需要时）；

（十）省级民航主管部门对项目是否影响民航运行的意见（需要时）；

（十一）银行出具的贷款承诺函、企业自有资金承诺函（证明材料）、投资协议等；

（十二）燃料供给、运输及灰渣综合利用方案或协议等；

（十三）省级发展改革部门会同其他部门对煤矸石综合利用发电专项规划（热电联产专项规划）的审查批复文件；

（十四）项目配套选用锅炉的订货协议；

（十五）有关部门对项目当地燃料来源的论证和批复文件；

（十六）项目单位和当地其他煤矸石综合利用发电项目运行及近三年校验情况；

（十七）应提交的其他文件。

五、国家发展改革委在受理核准申请后，如有必要，可委托有资格的咨询机构进行评估。

六、国家发展改革委主要从以下方面对煤矸石综合利用电厂项目进行审查：

（一）是否符合国家有关法律法规；

（二）是否符合电力工业发展规划和年度发展计划；

（三）是否符合国家产业政策；

（四）是否符合国家资源开发和综合利用政策；

（五）是否符合国家宏观调控政策；

（六）地区布局是否合理；

（七）项目环保、用地、用水、能耗等方面是否符合有关规定；

（八）是否符合社会公众利益；

（九）是否符合电力体制改革有关规定，防止出现市场垄断；

（十）接入电网系统是否落实；

（十一）项目法人或投资方是否符合市场准入条件并具备投资建设和运营管理的能力；

（十二）项目设计单位是否符合有关资质规定等。

七、项目核准文件有效期为 2 年，自发布之日起计算。项目在核准文件有效期内未开工建设的，应按有关规定申请延期。

八、已经核准的项目，如需对项目核准文件所规定的内容进行调整，项目单位应及时以书面形式向国家发展改革委报告。国家发展改革委将根据项目调整的具体情况，出具书面确认意见或要求其重新办理核准手续。

九、煤矸石综合利用电厂开工情况需报国家发展改革委备案，建设过程中应定期报告工程进展情况。项目建成投产、竣工验收合格并认定后，方可申请享受国家规定的税收优惠或补贴政策。

十、此前有关煤矸石综合利用电厂项目核准规定与本通知不一致的，按本通知规定执行。

关于进一步做好热电联产项目建设管理工作的通知

（2003 年 3 月 11 日 国家计划委员会文件 计基础[2003]369 号）

各省、自治区、直辖市、新疆生产建设兵团计委：

为了促进热电联产的健康发展，使热电联产达到节约能源、保护环境、改善人民生活条件的目的，现将热电联产项目规划与建设管理的有关要求通知如下：

一、高度重视集中供热规划工作。集中供热规划的落实是热电联产项目建设的首要条件。拟建热电联产项目所依据的集中供热规划应符合城市总体规划，反映城市最新发展状况，并通过有权审批部门的批准。没有经过批准的集中供热规划，不予审批热电联产项目。集中供热规划应包含供热区域划分、供热管网主干线布置、供热现状及热负荷调查、发展热负荷预测、热负荷特性分析、多种供热方式比较和热源点布局，规划热源应充分考虑当地资源、交通、工业、城建、环保和气候等条件，通过节能、环保和经济性比较合理选择。拟建热电联产项目应是集中供热规划中的热源点。

二、认真落实热负荷。热负荷的落实是热电联产项目可行性研究的首要内容，也是热电厂建设的重要基础数据。在项目建议书阶段应按《热电联产项目可行性研究技术规定》(计基础[2001]26 号)的要求，认真调查和准确核实供热区域内现有热负荷和近期热负荷，并分析热负荷的特性。热电联产项目的建设规模和机组选择应依据供热区域的热负荷数量及特性、城市建设发展前景和当地气候特点等因素经多方案论证后确定。

三、对于只有采暖热负荷的燃煤热电厂，应选用单机容量 20 万千瓦及以上大容量、高参数供热机组。如果因供热面积、燃料供应、环保要求和建厂条件限制而选用单机容量 20 万千瓦以下的供热机组，则应严格贯彻“以热定电”要求。在大电网覆盖范围内，对供热面积较小的供热区域，应考虑采用大型高效锅炉房集中供热；如技术经济可行，可考虑安装背压式供热机组结合供热锅炉供热，在非采暖期停止运行。对有连续、稳定长年热负荷的热电厂，原则上应选择背压式供热机组承担基本热负荷，由抽汽式供热机组承担变动热负荷。

四、要认真做好热电联产项目的环境保护和水资源保护工作，对燃煤供热机组要同步建设脱硫设施，在缺水地区应采用空冷技术。要协调落实热电联产工程配套热力网的建设工作，保证热力网与热电厂供热机组同步投入使用。

五、在有天然气供应的大城市，鼓励建设天然气燃气—蒸汽联合循环热电厂和以天然气为燃料并采用先进技术的小型热电联产项目。

六、要防止以建设热电联产电站的名义建设以供电为主的小火电。

各省（区、市）计委要按上述要求认真做好热电联产项目的规划工作，加强对项目建设前期工作的管理，确保热电联产项目取得明显的节能、环保和其他社会效益。

关于印发《二氧化硫总量分配指导意见》的通知

（2006 年 11 月 9 日　国家环境保护总局文件　环发[2006]182 号）

各省、自治区、直辖市环境保护局（厅），新疆生产建设兵团环境保护局，六大电力集团公司：

为做好“十一五”期间污染物总量控制工作，加强对二氧化硫总量分配工作的指导，现将《二氧化硫总量分配指导意见》印发给你们，请参照执行，并认真做好二氧化硫总量的分解落实工作，确保按时完成“十一五”二氧化硫削减目标。

附件：

二氧化硫总量分配指导意见

一、基本原则

（一）为控制全国二氧化硫排放总量，防治区域和城市二氧化硫污染，促进经济、社会和环境可持续发展，根据国家有关环保法律法规和标准的规定，按照公开、公平、公正的原则，确保总量分配的科学性和可操作性，制定二氧化硫总量分配指导意见（以下简称意见）。

（二）本意见适用于上级政府对下级政府的二氧化硫总量分配和环保部门对排污企业的二氧化硫总量分配。

（三）各行政区域二氧化硫总量包括电力和非电力两部分。电力二氧化硫总量由省级环境保护行政主管部门严格按照本意见规定的绩效要求直接分配到电力企业；非电力二氧化硫总量由各级环境保护行政主管部门按照本意见的要求逐级进行分配。

（四）省级环保行政主管部门确定的二氧化硫总量指标之和不得突破国家下达的总量指标（见附表），各级环境保护行政主管部门分配的二氧化硫总量指标之和不得突破上一级下达的总量指标，不得保留指标。

（五）按照本意见分配给企业的二氧化硫总量指标为年度允许排污总量。环保部门现场执法时，二氧化硫排放浓度不得超过排放标准。

二、电力二氧化硫总量指标分配

（六）电力二氧化硫总量分配的范围包括 2005 年底前运行的以煤、油和煤矸石等为主要燃料单机装机容量（含）6 MW 以上机组与国家发展和改革委员会核准并在“十一五”期间投产运行的燃煤发电机组（含热电联产、企业自备发电机组）。

2005 年底前批复的环境影响评价文件明确要求关闭的火电机组不予分配二氧化硫总

量指标。

（七）发电机组二氧化硫总量指标，按照所在的区域和时段，采取统一规定的绩效方法进行分配。火电机组二氧化硫总量指标分配绩效值见表 1。

表 1 火电机组二氧化硫总量指标分配绩效值表注

时 段	分 区	2010 年排放绩效值 GPS（克/度电）
第 I 时段机组	东部地区	4.5
	其中北京、天津、上海和江苏	2.0
	中部地区	5.0
	西南地区	7.5
	西北地区	6.0
第 II 时段机组	东部地区	1.6
	中部地区	3.0
	西南地区	5.0
	西北地区	5.0
第 III 时段机组	东部地区	0.7
	中部地区	1.0
	西南地区	2.2
	西北地区	1.5

注：1. 表中所列排放绩效值 G 仅为以煤为主要燃料的发电机组的取值，燃油机组要在表中相应值的基础上乘以 0.85 计算得出。

2. 燃烧煤矸石、褐煤等低热值燃料（入炉燃料收到基低位发热量低于 12 550 千焦/ 千克）的发电机组，排放绩效值为表中规定值的 1.2 倍。

3. 机组时段按照《火电厂大气污染物排放标准 GB 13223—2003》规定的时段划分。

4. 东部地区为北京、天津、辽宁、河北、山东、上海、江苏、浙江、福建、广东和海南；中部地区为黑龙江、吉林、山西、河南、湖北、湖南、安徽、江西；西南地区为重庆、四川、贵州、云南、广西和西藏；西北地区为内蒙古、陕西、甘肃、宁夏、青海、新疆。

（八）I 和 II 时段机组，根据机组的分区选用表 1 中对应的排放绩效值；用机组的装机容量乘以平均发电小时数（5 500 h），再乘以排放绩效值，得到该机组的二氧化硫总量指标，计算公式为：

$$M_i = CAP_i \times 5\,500 \times GPS_i \times 10^{-3} \quad (1)$$

式中：M_i——第 i 个机组的二氧化硫总量指标，吨/年；

CAP_i——第 i 个机组的装机容量，兆瓦（MW）；

GPS_i——第 i 个机组的排放绩效值，克/度电。

热电联产机组的供热部分折算成发电量参与分配，用等效发电量 D 表示。计算公式为：

$$D_i = H_i \times 0.278 \times 0.3 \quad (2)$$

式中：D_i——第 i 个机组供热量折算的等效发电量，千瓦时；

H_i——第 i 个机组供热量，兆焦。

热电联产机组总量指标为设计发电量和等效发电量之和乘以排放绩效值确定，计算公式为：

$$M_i = (CAP_i \times 5\,500 + D_i/1\,000) \times GPS_i \times 10^{-3} \quad (3)$$

式中：符号同上。

（九）“十一五”期间建成投产的Ⅲ时段机组，分配的总量为以采取先进生产工艺或脱硫措施后实际排放量，原则上分配总量对应的绩效值不得超过表 1 中规定的数值。已批复环境影响评价文件的Ⅲ时段机组要求采取脱硫措施的Ⅰ或Ⅱ时段机组，Ⅰ或Ⅱ时段机组总量指标在（八）的基础上等量（Ⅲ时段机组总量指标）扣减。

（十）已获得批复环境影响评价文件但“十一五”期间未建成投产的煤电机组和今后申报批准环境影响评价文件的新、改、扩建常规煤电机组（除热电站供热部分、煤矸石和垃圾焚烧机组外），总量指标为采取先进生产工艺或脱硫措施后预测排放量，但必须从具有总量余额指标（按绩效值核定值与 2010 年实际排放量之差）的Ⅰ或Ⅱ时段机组获取，并明确具体来源。总量余额指标可以跨行政区域调剂或交易。

Ⅰ或Ⅱ时段机组总量余额指标的使用另行规定。

（十一）已经颁布或“十一五”期间实施地方火电厂或锅炉大气污染物排放标准的省（自治区、直辖市），可以制定更加严格的绩效值，绩效值不得超过表 1 规定的数值。

（十二）同一电厂所有机组的总量指标之和为该电厂的二氧化硫排放总量指标。

$$M=\sum_{i=1}^{n}M_i \tag{4}$$

式中：M——电厂的二氧化硫排放总量指标，吨/年；

M_i——该电厂第 i 个机组的二氧化硫排放总量指标，吨/年；

n——该电厂机组个数。

三、非电力二氧化硫总量控制指标

（十三）省级环境保护行政主管部门参考辖区内市（地、州）2005 年空气二氧化硫年均浓度，实行区别对待的原则分配非电力二氧化硫总量指标。

（十四）空气二氧化硫年均浓度等于或低于 0.06 mg/m³ 的市（地、州），非电力二氧化硫总量指标为 2005 年环境统计的实际排放量或省级环保行政主管部门制订的适合本辖区分配方法分配确定的值。

（十五）空气二氧化硫年均浓度高于 0.06 mg/m³ 的城市（地、州），二氧化硫总量指标为下列方法之一确定的值。

（1）省级环保行政主管部门制订的适合本辖区分配方法；

（2）按 2005 年二氧化硫年均浓度达 0.06 mg/m³ 的浓度削减率，削减 2005 年环境统计的实际排放量；

（3）大气二氧化硫环境容量核定值。

（十六）市（地、州）级环境保护行政主管部门在分配辖区内主要非电力排污企业（除常规电厂、热电站和自备电厂外）的二氧化硫总量指标时，依据省（自治区、直辖市）分配的总量指标，制订适合于本市（地、州）的分配方法。

原则上，若空气二氧化硫年均浓度等于或低于 0.06 mg/m³，达到或低于排放标准的重点工业污染源二氧化硫总量指标按 2005 年实际排放量分配，计算公式为：

$$M_i=C_i\times V_i\times h_i\times 10^{-6} \tag{5}$$

式中：M_i——第 i 个排放口的二氧化硫排放量指标，吨/年；

C_i——第 i 个排放口的二氧化硫排放浓度，克/标立方米；

V_i——第 i 个排放口烟气排放量，标立方米/小时；

h_i——第 i 个排放口对应生产设施年运行小时数。

未达到排放标准的按排放标准定额分配或按清洁生产审核值分配，计算公式为：

$$M_j = C_j \times V_j \times h_j \times 10^{-6} \tag{6}$$

式中：M_j——第 j 个排放口的二氧化硫排放量指标，吨/年；

C_j——第 j 个排放口的二氧化硫排放标准，克/标立方米；

V_j——第 j 个排放口烟气排放量，标立方米/小时；

h_j——第 j 个排放口对应生产设施年运行小时数。

重点工业企业二氧化硫总量指标计算公式为：

$$M = \sum_{i=1}^{n} M_i + \sum_{j=1}^{k} M_j \tag{7}$$

式中：M——某重点工业企业二氧化硫总量指标，吨/年；

n 和 k——该重点工业企业达标和不达标污染源个数。

若空气二氧化硫年均浓度高于 0.06 mg/m^3，重点工业污染源二氧化硫总量指标在公式（6）和（7）基础上，按照空气质量达到国家环境空气质量二级标准定额分配。达标排放污染源计算公式为：

$$M_i = C_i \times V_i \times h_i \times 10^{-6} \tag{8}$$

式中：M_i——第 i 个排放口的二氧化硫排放量指标，吨/年；

C_i——第 i 个排放口的二氧化硫排放浓度，克/标立方米；

V_i——第 i 个排放口烟气排放量，标立方米/小时；

h_i——第 i 个排放口对应生产设施年运行小时数。

未达到排放标准计算公式为：

$$M_j = \frac{0.06}{C_{城市}} \times C_j \times V_j \times h_j \times 10^{-6} \tag{9}$$

式中：M_j——第 j 个排放口的二氧化硫排放量指标，吨/年；

$C_{城市}$——城市 2005 年空气中二氧化硫年平均浓度，mg/m^3；

C_j——第 j 个排放口的二氧化硫排放标准，克/标立方米；

V_j——第 j 个排放口烟气排放量，标立方米/小时；

h_j——第 j 个排放口对应生产设施年运行小时数。

重点工业企业二氧化硫总量指标计算公式为：

$$M = \sum_{i=1}^{n} M_i + \sum_{j=1}^{k} M_j \tag{10}$$

式中：M——某重点工业企业二氧化硫总量指标，吨/年；

n 和 k——该重点工业企业达标和不达标污染源个数。

（十七）新建非电力项目二氧化硫总量指标为采取先进生产工艺或治理措施后的预测排放量，但必须依据“增产不增排放量”的原则，通过区域替代或其他污染源治理方式获取总量指标。总量指标可在市（地、州）辖区内调剂或交易。

附表

省（自治区、直辖市）“十一五”期间全国二氧化硫排放总量指标

省 份	2005 年统计值（万吨）	2010 年分配（万吨）		2010 年比 2005 年（%）
		分配总量	其中：电力	
北 京	19.1	15.2	5.0	−20.4
天 津	26.5	24.0	13.1	−9.4
河 北	149.6	127.1	48.1	−15.0
山 西	151.6	130.4	59.3	−14.0
内蒙古	145.6	140.0	68.7	−3.8
辽 宁	119.7	105.3	37.2	−12.0
其中大连	11.89	10.11	6.41	−15.0
吉 林	38.2	36.4	18.2	−4.7
黑龙江	50.8	49.8	33.3	−2.0
上 海	51.3	38.0	13.4	−25.9
江 苏	137.3	112.6	55.0	−18.0
浙 江	86.0	73.1	41.9	−15.0
其中宁波	21.33	11.12	7.78	−47.9
安 徽	57.1	54.8	35.7	−4.0
福 建	46.1	42.4	17.3	−8.0
其中厦门	6.77	4.93	2.17	−27.2
江 西	61.3	57.0	19.9	−7.0
山 东	200.3	160.2	75.7	−20.0
其中青岛	15.54	11.45	4.86	−26.3
河 南	162.5	139.7	73.8	−14.0
湖 北	71.7	66.1	31.0	−7.8
湖 南	91.9	83.6	19.6	−9.0
广 东	129.4	110.0	55.4	−15.0
其中深圳	4.35	3.48	2.78	−20.0
广 西	102.3	92.2	21.0	−9.9
海 南	2.2	2.2	1.6	0.0
重 庆	83.7	73.7	17.6	−11.9
四 川	129.9	114.4	39.5	−11.9
贵 州	135.8	115.4	35.8	−15.0
云 南	52.2	50.1	25.3	−4.0
西 藏	0.2	0.2	0.1	0.0
陕 西	92.2	81.1	31.2	−12.0
甘 肃	56.3	56.3	19.0	0.0
青 海	12.4	12.4	6.2	0.0
宁 夏	34.3	31.1	16.2	−9.3
新 疆	51.9	51.9	16.6	0.0
其中建设兵团	1.66	1.66	0.66	0.0

关于严格禁止违规建设
13.5 万千瓦及以下火电机组的通知

（2002 年 4 月 15 日　国务院办公厅文件　国办发明电[2002]6 号）

各省、自治区、直辖市人民政府，国务院各部委、各直属机构：

改革开放以来，我国电力工业发展迅速，成绩显著。目前全国大部分地区电力供应充足，基本满足了国民经济发展的需要，电力工业进入了以大机组、大电网、超高压和自动化为特征的新阶段。根据电力工业发展的要求，为促进电力工业提高效率、升级换代，国家从“九五”后期相继出台了关停小火电、“老机组替代改造、上大压小”等一系列结构调整的方针和政策，并多次重申项目建设要遵循有关建设程序。但是，最近一段时期，一些地方、部门和企业违反建设程序，擅自审批和开工建设了一批单机容量 13.5 万千瓦及以下的燃煤火电项目。如河南、山东、江苏和广东 4 省未经国家批准，擅自审批和开工建设了相当一批数量的13.5万千瓦及以下燃煤火电项目，建设规模达700万～800多万千瓦。

燃煤火电项目的违规审批的无序发展，严重违反了电力工业的产业政策，造成能源和建设资金的巨大浪费，加重了环境污染，干扰了电力工业的结构调整，影响了“西电东送”战略的实施，必须迅速制止。经国务院同意，现就有关问题通知如下：

一、未经国家批准，各地区、各部门不得违反建设程序，擅自审批和开工建设燃煤火电项目。当前，尤其要严格禁止违规建设 13.5 万千瓦及以下的火电机组。凡未经国家批准在建的 13.5 万千瓦及以下火电项目要立即停止建设，尚未开工的项目一律不得开工建设。对以资源综合利用、热电联产、独立供电区域、工业性试验和新技术示范等名义建设的 13.5 万千瓦及以下火电项目，需报国家批准。

二、所有银行和非银行金融机构不应该继续对违规建设的 13.5 万千瓦及以下火电项目发放贷款或给予任何形式的资金支持；有关机械制造企业不得继续为违规项目生产、供应设备；各级电网企业不得收购违规项目的电力电量，与违规项目单位签定的上网调度协议一律废止。

三、各地区、各部门要尽快对 1998 年以来，以各种名义违规审批和开工建设的 13.5 万千瓦及以下燃煤火电项目进行检查和清理。清理结果于 2002 年 4 月底以前报国家计委和国家经贸委。

四、对 5 万千瓦及以下服役期满小火电的关停工作，各地区要继续按照《国务院办公厅转发国家经贸委关于关停小火电机组有关问题意见的通知》（国办发[1999]44 号）的精神执行。

火电行业清洁生产评价指标体系（试行）

（2007 年 4 月 23 日　中华人民共和国国家发展和改革委员会公告　2007 年第 24 号）

前　言

为了贯彻落实《中华人民共和国清洁生产促进法》，指导和推动火电企业依法实施清洁生产，提高资源利用率，减少和避免污染物的产生，保护和改善环境，制定火电行业清洁生产评价指标体系（试行）（以下简称“指标体系”）。

本指标体系用于评价火电企业的清洁生产水平，作为创建清洁先进生产企业的主要依据，并为企业推行清洁生产提供技术指导。

本指标体系依据综合评价所得分值将企业清洁生产等级划分为两级，即代表国内先进水平的“清洁生产先进企业”和代表国内一般水平的“清洁生产企业”。随着技术的不断进步和发展，本指标体系每 3～5 年修订一次。

本指标体系由中国电力企业联合会起草。

本指标体系由国家发展和改革委员会负责解释。

本指标体系自发布之日起试行。

1 火电行业清洁生产评价指标体系适用范围

本指标体系适用于常规燃煤发电企业清洁生产评价，包括纯凝机组和供热机组两类，其他类型火电企业可参照执行。

2 火电行业清洁生产评价指标体系结构

根据清洁生产的原则要求和指标的可度量性，本评价指标体系分为定量评价和定性评价两大部分。

定量评价指标选取了有代表性的、能反映“节能”、“降耗”、“减污”和“增效”等有关清洁生产最终目标的指标，建立评价模式。通过对各项指标的实际达到值、评价基准值和指标的权重值进行计算和评分，综合考评企业实施清洁生产的状况和企业清洁生产程度。

定性评价指标主要根据国家有关推行清洁生产的产业发展和技术进步政策、资源环境保护政策规定以及行业发展规划选取，用于定性考核企业对有关政策法规的符合性及其清洁生产工作实施情况。

定量评价指标和定性评价指标分为一级指标和二级指标两个层次。一级指标为普遍性、概括性的指标，包括能源消耗指标、资源消耗指标、资源综合利用指标、污染物排放指标。二级指标为反映火电企业清洁生产特点的、具有代表性的技术考核指标。

火电企业清洁生产评价指标体系结构见图 1～图 2。

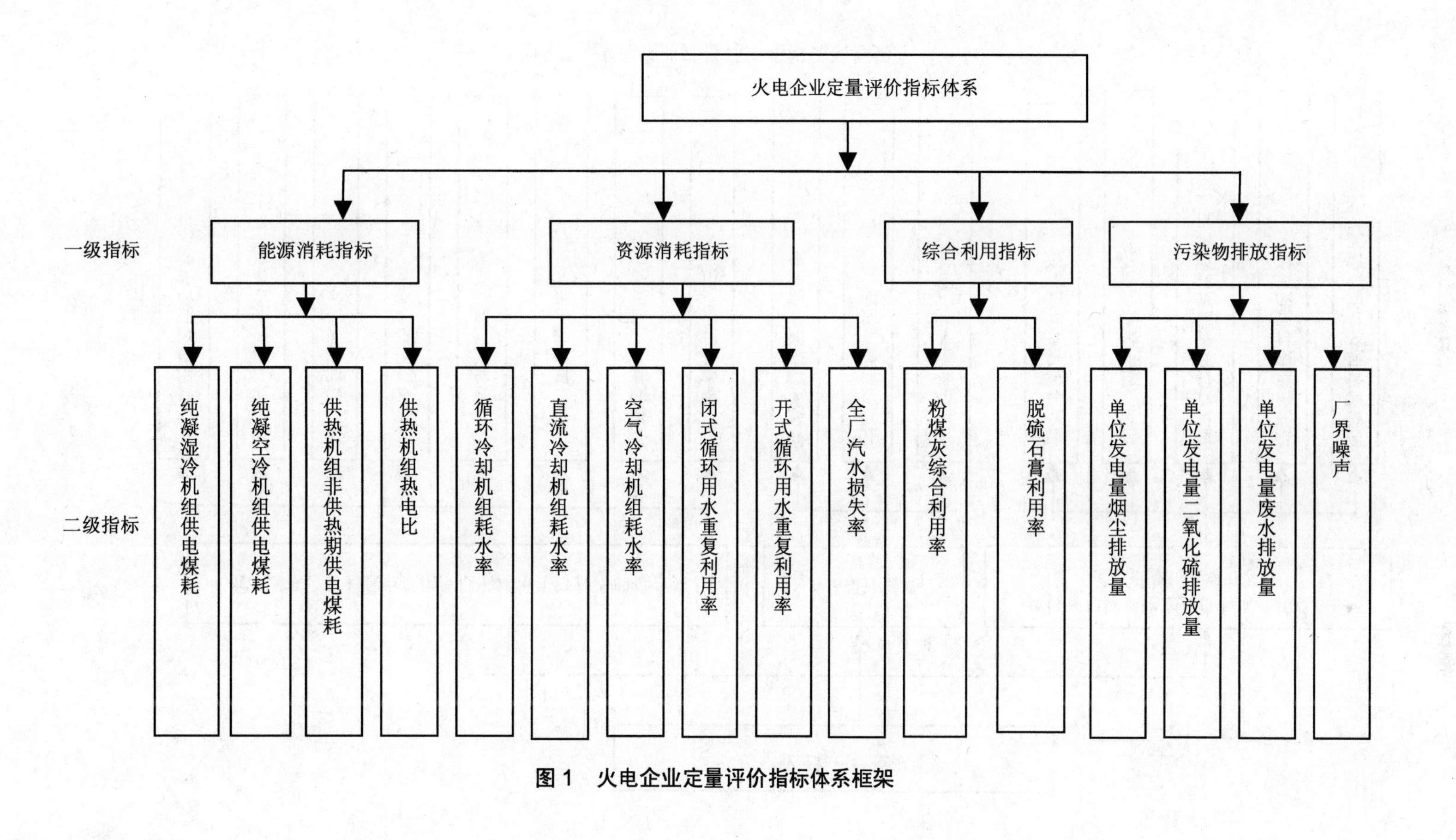

图1　火电企业定量评价指标体系框架

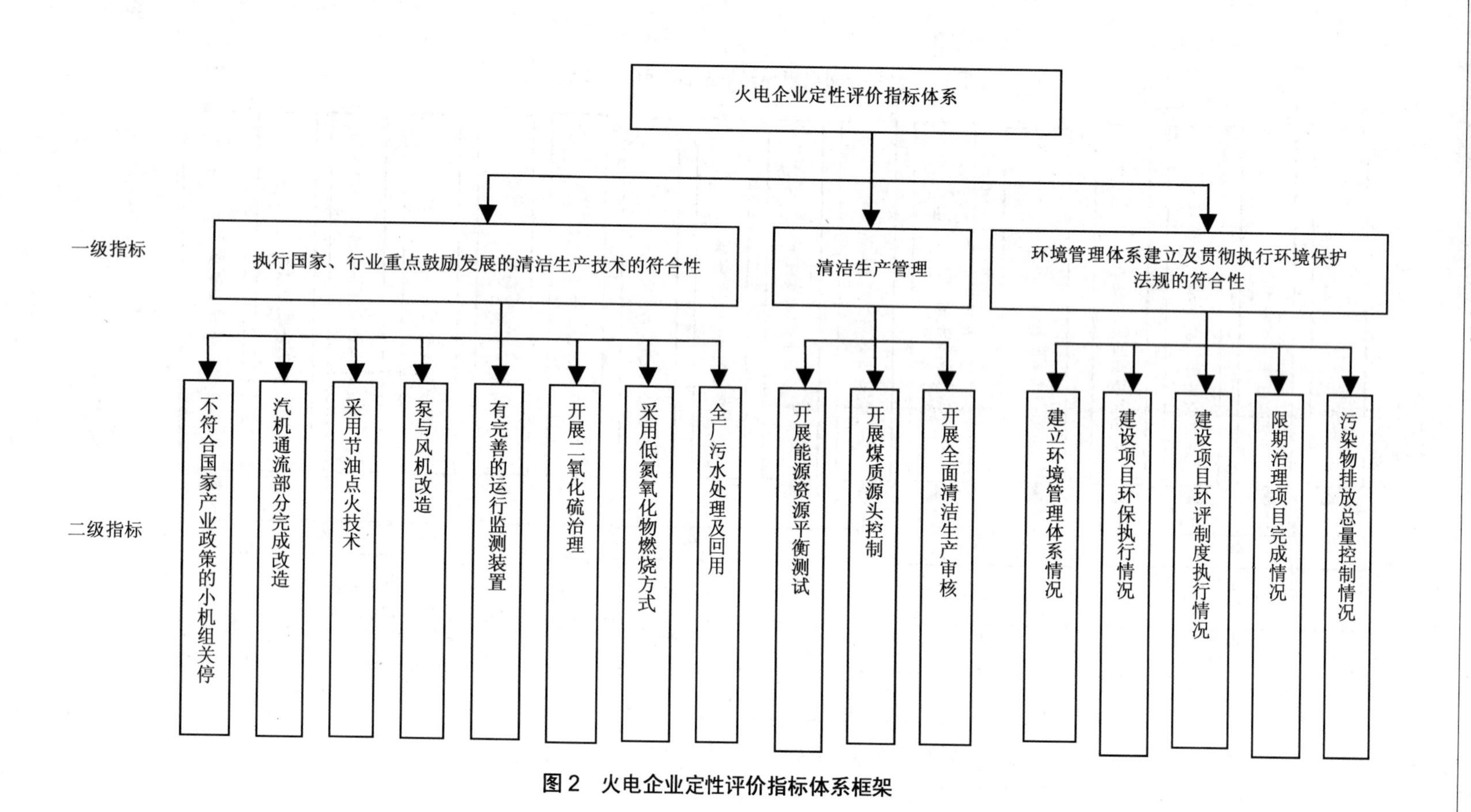

图2 火电企业定性评价指标体系框架

3 火电行业清洁生产评价指标的评价基准值及权重值

在定量评价指标体系中，各指标的评价基准值是衡量该项指标是否符合清洁生产基本要求的评价基准。本评价指标体系确定各定量评价指标的评价基准值的依据是：凡国家或行业在有关政策、规划等文件中对该项指标已有明确要求的就选用国家要求的数值；凡国家或行业对该项指标尚无明确要求值的，则选用国内重点大中型火电企业近年来清洁生产所实际达到的中等以上水平的指标值。本定量评价指标体系的评价基准值代表了行业清洁生产的平均先进水平。

在定性评价指标体系中，衡量该项指标是否贯彻执行国家有关政策、法规的情况，按“是”、“否”或完成程度两种选择来评定。

清洁生产评价指标的权重分值反映了该指标在整个清洁生产评价指标体系中所占的比重，原则上是根据该项指标对火电行业清洁生产实际效益和水平的影响程度大小及其实施的难易程度来确定的。

评价指标分为正向指标和逆向指标。其中，能源消耗、资源消耗、环保排放指标均为逆向指标，数值越小越符合清洁生产的要求；资源综合利用方面的指标均为正向指标，数值越大越符合清洁生产的要求。

火电企业定量评价指标项目、权重及基准值见表1，定性评价指标项目及分值见表2。

表1　火电企业定量评价指标项目、权重及基准值

<table>
<tr><th>一级指标</th><th>权重值</th><th>二级指标</th><th>单位</th><th>权重分值</th><th>评价基准值</th></tr>
<tr><td rowspan="6">能源消耗指标</td><td rowspan="6">35</td><td>纯凝汽机组供电煤耗</td><td></td><td>35</td><td></td></tr>
<tr><td>湿冷机组</td><td>kgce/kWh</td><td></td><td>0.365</td></tr>
<tr><td>空冷机组</td><td>kgce/kWh</td><td></td><td>0.375</td></tr>
<tr><td>供热机组</td><td></td><td></td><td></td></tr>
<tr><td>不供热期间供电煤耗</td><td>kgce/kWh</td><td>15</td><td>0.380</td></tr>
<tr><td>年平均热电比</td><td>%</td><td>20</td><td>50</td></tr>
<tr><td rowspan="8">资源消耗指标</td><td rowspan="8">25</td><td>单位发电量耗水量</td><td></td><td>10</td><td></td></tr>
<tr><td>循环冷却机组</td><td>kg/kWh</td><td></td><td>3.84</td></tr>
<tr><td>直流冷却机组</td><td>kg/kWh</td><td></td><td>0.72</td></tr>
<tr><td>空冷机组</td><td>kg/kWh</td><td></td><td>0.80</td></tr>
<tr><td>工业用水重复利用率</td><td></td><td>10</td><td></td></tr>
<tr><td>闭式循环</td><td>%</td><td></td><td>95</td></tr>
<tr><td>开式循环</td><td>%</td><td></td><td>35</td></tr>
<tr><td>全厂汽水损失率</td><td>%</td><td>5</td><td>1.5</td></tr>
<tr><td rowspan="2">综合利用指标</td><td rowspan="2">15</td><td>粉煤灰综合利用率</td><td>%</td><td>10</td><td>60（中西部地区）
100（东部地区）</td></tr>
<tr><td>脱硫石膏利用率</td><td>%</td><td>5</td><td>100</td></tr>
<tr><td rowspan="4">污染物排放指标</td><td rowspan="4">25</td><td>单位发电量烟尘排放量</td><td>g/kWh</td><td>5</td><td>1.8</td></tr>
<tr><td>单位发电量二氧化硫排量</td><td>g/kWh</td><td>10</td><td>6.5</td></tr>
<tr><td>单位发电量废水排放量</td><td>kg/kWh</td><td>5</td><td>1.0</td></tr>
<tr><td>厂界噪声</td><td>dB（A）</td><td>5</td><td>≤60</td></tr>
</table>

注：1. 评价基准值的单位与其相应指标的单位相同；
2. 企业清洁生产评价指标针对发电企业全厂清洁生产水平进行评定，企业包括不同类型发电机组时，分别确定指标，按全年发电量加权平均；
3. 企业综合利用厂用电不在机组能耗范围计算。

清洁生产是一个相对概念，它将随着经济的发展和技术的更新而不断完善，达到新的更高、更先进水平，因此清洁生产评价指标及指标的基准值，也应视行业技术进步趋势进行不定期调整，其调整周期一般为 3 年，最长不应超过 5 年。

表 2　火电企业定性评价指标项目及分值

一级指标	指标分值	二级指标	指标分值	备注
（1）执行国家、行业重点鼓励发展清洁生产技术的符合性	45	不符合国家产业政策的小机组关停	10	定性评价指标无评价基准值，其考核按对该指标的执行情况给分。 对一级指标（1）所属二级指标，凡达到或本身设计已经优于指标的按其指标分值给分，未采用的不给分。 对一级指标（2）、（3）所属各二级指标，如能按要求执行的，则按其指标分值给分
		20 万机组及早期 30 万机组汽机通流部分完成改造	5	
		采用节油点火技术	5	
		泵与风机容量匹配及变速改造	5	
		有完善的运行监测装置	5	
		开展二氧化硫治理	5	
		采用低氮氧化物燃烧方式	5	
		全厂污水处理及回用	5	
（2）清洁生产管理	30	开展燃料平衡、热平衡、电能平衡、水平衡测试	15	
		开展煤质源头控制	5	
		开展全面清洁生产审核	10	
（3）环境管理体系建立及贯彻执行环境保护法规的符合性	25	建立环境管理体系并通过认证	5	
		建设项目环保 “三同时”执行情况	5	
		建设项目环境影响评价制度执行情况	5	
		老污染源限期治理项目完成情况	5	
		污染物排放总量控制情况	5	

4 火电行业清洁生产评价指标的考核评分计算方法

4.1 定量评价指标的考核评分计算

企业清洁生产定量评价指标的考核评分，以企业在考核年度（一般以一个生产年度为一个考核周期，并与生产年度同步）各项二级指标实际达到的数据为基础进行计算，综合得出该企业定量评价指标的考核总分值。

在计算各项二级指标的评分时，应根据定量评价指标的类别采用不同的计算公式计算。

对正向指标，其单项评价指数按式（1）计算：

$$S_i = \frac{S_{xi}}{S_{oi}} \tag{1}$$

对逆向指标，其单项评价指数按式（2）计算：

$$S_i = \frac{S_{oi}}{S_{xi}} \tag{2}$$

式中：S_i —— 第 i 项评价指标的单项评价指数；

S_{xi} —— 第 i 项评价指标的实际值；

S_{oi}—— 第 i 项评价指标的基准值。

本评价指标体系各项二级评价指标的单项评价指数的正常值一般在 1.0 左右，但当其实际值远小于（或远大于）评价基准值时，计算得出的 S_i 值较大，计算结果会偏离实际，对其他评价指标单项评价指数的作用产生干扰。为了消除这种不合理的影响，需对此进行修正处理。修正的方法是：S_i 值计算结果在 1.2 以下时取计算值，大于或等于 1.2 时 S_i 值取 1.2。

定量评价指标考核总分值按式（3）计算：

$$P_1 = \sum_{i=1}^{n} S_i \cdot K_i \tag{3}$$

式中：P_1—— 定量评价考核总分值；

n—— 参与考核的定量评价的二级指标项目总数；

S_i—— 第 i 项评价指标的单项评价指数；

K_i—— 第 i 项评价指标的权重值。

由于企业因自身统计原因值所造成的缺项，该项考核分值为零。

4.2 定性评价指标的考核评分计算

定性评价指标考核总分值按式（4）计算：

$$P_2 = \sum_{i=1}^{n} F_i \tag{4}$$

式中：P_2—— 定性评价二级指标考核总分值；

F_i—— 定性评价指标体系中的第 i 项二级指标的得分值；

n—— 参与考核的定性评价二级指标的项目总数。

4.3 综合评价指数的考核评分计算

为了综合考核火电企业清洁生产的总体水平，在对该企业进行定量和定性评价考核评分的基础上，将这两类指标的考核得分按权重（定量和定性评价指标各占 70%、30%）予以综合，得出该企业的清洁生产综合评价指数。

综合评价指数是评价被考核企业在考核年度内清洁生产总体水平的一项综合指标。综合评价指数之差可以反映企业之间清洁生产水平的总体差距。综合评价指数按式（5）计算：

$$P = 0.7P_1 + 0.3P_2 \tag{5}$$

式中：P—— 企业清洁生产的综合评价指数；

P_1—— 定量评价指标中各二级评价指标考核总分值；

P_2—— 定性评价指标中各二级评价指标考核总分值。

4.4 火电行业清洁生产企业的评定

对火电行业清洁生产企业水平的评价，是以其清洁生产综合评价指数为依据的。对达到一定综合评价指数的企业，分别评定为清洁生产先进企业和清洁生产企业。

根据我国目前火电行业的实际情况，不同等级清洁生产企业的综合评价指数列于表 3。

表 3　火电行业不同等级的清洁生产企业综合评价指数

清洁生产企业等级	清洁生产综合评价指数
清洁生产先进企业	$P \geqslant 95$
清洁生产企业	$80 \leqslant P < 95$

按照现行环境保护政策法规以及产业政策要求，凡参评企业被地方环保主管部门认定为主要污染物排放未“达标”（指总量未达到控制指标或主要污染物排放超标），生产淘汰类产品或仍继续采用要求淘汰的设备、工艺进行生产的，则该企业不能被评定为“清洁生产先进企业”或“清洁生产企业”。清洁生产综合评价指数低于 80 分的企业，应类比本行业清洁生产先进企业，积极推行清洁生产，加大技术改造力度，强化全面管理，提高清洁生产水平。

5 指标解释

（1）供电煤耗

火电厂向厂外供出 1 千瓦时电能所耗用的标准煤量。

$$\text{供电标准煤耗（kgec / kWh）}=\frac{\text{发电标准煤量（kg）}}{\text{厂供电量（kWh）}}$$

（2）热电比

热电厂供热量占全厂发电、供热总耗用热量的份额，计算公式为：

$$\text{热电比（\%）}=\frac{\text{全厂供热量（GJ）}}{\text{全厂发电、供热所用的总热量（GJ）}}\times 100\%$$

（3）单位发电量耗水量

火电厂每生产 1 kWh 电能所消耗的生产用新鲜水量，计算公式为：

$$\text{单位发电耗水量（kg/kWh）}=\frac{\text{企业年新鲜水消耗量（kg）}}{\text{年发电量（kWh）}}$$

（4）工业用水重复利用率

工业用水重复利用量与外补新鲜水量和重复利用水量之和的比，计算公式为：

$$\text{水重复利用率（\%）}=\frac{\text{重复利用水量（m}^3\text{）}}{\text{补充新鲜水量（m}^3\text{）}+\text{重复利用水量（m}^3\text{）}}\times 100\%$$

（5）粉煤灰综合利用率

火电厂粉煤灰年利用量与年产生总量的百分比，计算公式为：

$$\text{粉煤灰综合利用率（\%）}=\frac{\text{年粉煤灰利用量（t）}}{\text{年粉煤灰产生量（t）}}\times 100\%$$

（6）脱硫石膏综合利用率

火电厂脱硫石膏年利用量与年产生总量的百分比，计算公式为：

$$\text{脱硫石膏综合利用率（\%）}=\frac{\text{年脱硫石膏利用量（t）}}{\text{年脱硫石膏产生量（t）}}\times 100\%$$

（7）单位发电量烟尘排放量

火电厂每生产 1 kWh 电能外排的烟尘量，计算公式为：

$$\text{单位发电量烟尘排放量（g/kWh）}=\frac{\text{年排放烟尘量（g）}}{\text{年发电量（kWh）}}$$

（8）单位发电量二氧化硫排放量

火电厂每生产 1 kWh 电能外排的二氧化硫量，计算公式为：

$$\text{单位发电量二氧化硫排放量（g/kWh）}=\frac{\text{年排放二氧化硫量（g）}}{\text{年发电量（kWh）}}$$

（9）单位发电量废水排放量

火电厂每生产 1 kWh 电能外排废水量，计算公式为：

$$\text{单位发电量废水排放量（kg/kWh）}=\frac{\text{年废水排放量（kg）}}{\text{年发电量（kWh）}}$$

关于发布《燃煤二氧化硫排放污染防治技术政策》的通知

（2002 年 1 月 30 日　国家环境保护总局、国家经贸委、科技部文件　环发[2002]26 号）

各省、自治区、直辖市环境保护局（厅），经贸委（经委），科委（科技厅）：

为贯彻《中华人民共和国大气污染防治法》，控制燃煤造成的二氧化硫污染，保护生态环境，保障人体健康，指导大气污染防治工作，现批准发布《燃煤二氧化硫排放污染防治技术政策》，请遵照执行。

附件：

燃煤二氧化硫排放污染防治技术政策

1. 总则

1.1 我国目前燃煤二氧化硫排放量占二氧化硫排放总量的 90%以上，为推动能源合理利用、经济结构调整和产业升级，控制燃煤造成的二氧化硫大量排放，遏制酸沉降污染恶化趋势，防治城市空气污染，根据《中华人民共和国大气污染防治法》以及《国民经济和社会发展第十个五年计划纲要》的有关要求，并结合相关法规、政策和标准，制定本技术政策。

1.2 本技术政策是为实现 2005 年全国二氧化硫排放量在 2000 年基础上削减 10%，“两控区”二氧化硫排放量减少 20%，改善城市环境空气质量的控制目标提供技术支持和导向。

1.3 本技术政策适用于煤炭开采和加工、煤炭燃烧、烟气脱硫设施建设和相关技术装备的开发应用，并作为企业建设和政府主管部门管理的技术依据。

1.4 本技术政策控制的主要污染源是燃煤电厂锅炉、工业锅炉和窑炉以及对局地环境污染有显著影响的其他燃煤设施。重点区域是“两控区”，及对“两控区”酸雨的产生有较大影响的周边省、市和地区。

1.5 本技术政策的总原则是：推行节约并合理使用能源、提高煤炭质量、高效低污染燃烧以及末端治理相结合的综合防治措施，根据技术的经济可行性，严格二氧化硫排放污染控制要求，减少二氧化硫排放。

1.6 本技术政策的技术路线是：电厂锅炉、大型工业锅炉和窑炉使用中、高硫份燃煤的，应安装烟气脱硫设施；中小型工业锅炉和炉窑，应优先使用优质低硫煤、洗选煤等低污染燃料或其他清洁能源；城市民用炉灶鼓励使用电、燃气等清洁能源或固硫型煤替代原煤散烧。

2. 能源合理利用

2.1 鼓励可再生能源和清洁能源的开发利用，逐步改善和优化能源结构。

2.2 通过产业和产品结构调整，逐步淘汰落后工艺和产品，关闭或改造布局不合理、污染严重的小企业；鼓励工业企业进行节能技术改造，采用先进洁净煤技术，提高能源利用效率。

2.3 逐步提高城市用电、燃气等清洁能源比例，清洁能源应优先供应民用燃烧设施和小型工业燃烧设施。

2.4 城镇应统筹规划，多种方式解决热源，鼓励发展地热、电热膜供暖等采暖方式；城市市区应发展集中供热和以热定电的热电联产，替代热网区内的分散小锅炉；热网区外和未进行集中供热的城市地区，不应新建产热量在 2.8 MW 以下的燃煤锅炉。

2.5 城镇民用炊事炉灶、茶浴炉以及产热量在 0.7 MW 以下采暖炉应禁止燃用原煤，提倡使用电、燃气等清洁能源或固硫型煤等低污染燃料，并应同时配套高效炉具。

2.6 逐步提高煤炭转化为电力的比例，鼓励建设坑口电厂并配套高效脱硫设施，变输煤为输电。

2.7 到 2003 年，基本关停 50 MW 以下（含 50 MW）的常规燃煤机组；到 2010 年，逐步淘汰不能满足环保要求的 100 MW 以下的燃煤发电机组（综合利用电厂除外），提高火力发电的煤炭使用效率。

3. 煤炭生产、加工和供应

3.1 各地不得新建煤层含硫份大于 3%的矿井。对现有硫份大于 3%的高硫小煤矿，应予关闭。对现有硫份大于 3%的高硫大煤矿，近期实行限产，到 2005 年仍未采取有效降硫措施，或无法定点供应安装有脱硫设施并达到污染物排放标准的用户，应予关闭。

3.2 除定点供应安装有脱硫设施并达到国家污染物排放标准的用户外，对新建硫份大于 1.5%的煤矿，应配套建设煤炭洗选设施。对现有硫份大于 2%的煤矿，应补建配套煤炭洗选设施。

3.3 现有选煤厂应充分利用其洗选煤能力，加大动力煤的入洗量。

3.4 鼓励对现有高硫煤选煤厂进行技术改造，提高选煤除硫率。

3.5 鼓励选煤厂根据洗选煤特性采用先进洗选技术和装备，提高选煤除硫率。

3.6 鼓励煤炭气化、液化，鼓励发展先进煤气化技术用于城市民用煤气和工业燃气。

3.7 煤炭供应应符合当地县级以上人民政府对煤炭含硫量的要求。鼓励通过加入固硫剂等措施降低二氧化硫的排放。

3.8 低硫煤和洗后动力煤，应优先供应给中小型燃煤设施。

4. 煤炭燃烧

4.1 国务院划定的大气污染防治重点城市人民政府按照国家环保总局《关于划分高污染燃料的规定》，划定禁止销售、使用高污染燃料区域（简称“禁燃区”），在该区域内停止燃用高污染燃料，改用天然气、液化石油气、电或其他清洁能源。

4.2 在城市及其附近地区电、燃气尚未普及的情况下，小型工业锅炉、民用炉灶和采暖小煤炉应优先采用固硫型煤，禁止原煤散烧。

4.3 民用型煤推广以无烟煤为原料的下点火固硫蜂窝煤技术，在特殊地区可应用以烟煤、褐煤为原料的上点火固硫蜂窝煤技术。

4.4 在城市和其他煤炭调入地区的工业锅炉鼓励采用集中配煤、炉前成型技术或集中配煤集中成型技术，并通过耐高温固硫剂达到固硫目的。

4.5 鼓励研究解决固硫型煤燃烧中出现的着火延迟、燃烧强度降低和高温固硫效率低的技术问题。

4.6 城市市区的工业锅炉更新或改造时应优先采用高效层燃锅炉，产热量≥7 MW 的热效率应在 80%以上，产热量＜7 MW 的热效率应在 75%以上。

4.7 使用流化床锅炉时，应添加石灰石等固硫剂，固硫率应满足排放标准要求。

4.8 鼓励研究开发基于煤气化技术的燃气—蒸气联合循环发电等洁净煤技术。

5. 烟气脱硫

5.1 电厂锅炉

5.1.1 燃用中、高硫煤的电厂锅炉必须配套安装烟气脱硫设施进行脱硫。

5.1.2 电厂锅炉采用烟气脱硫设施的适用范围是：

1）新、扩、改建燃煤电厂，应在建厂同时配套建设烟气脱硫设施，实现达标排放，并满足 SO_2 排放总量控制要求，烟气脱硫设施应在主机投运同时投入使用。

2）已建的火电机组，若 SO_2 排放未达排放标准或未达到排放总量许可要求、剩余寿命（按照设计寿命计算）大于 10 年（包括 10 年）的，应补建烟气脱硫设施，实现达标排放，并满足 SO_2 排放总量控制要求。

3）已建的火电机组，若 SO_2 排放未达排放标准或未达到排放总量许可要求、剩余寿命（按照设计寿命计算）低于 10 年的，可采取低硫煤替代或其他具有同样 SO_2 减排效果的措施，实现达标排放，并满足 SO_2 排放总量控制要求。否则，应提前退役停运。

4）超期服役的火电机组，若 SO_2 排放未达排放标准或未达到排放总量许可要求，应予以淘汰。

5.1.3 电厂锅炉烟气脱硫的技术路线是：

1）燃用含硫量≥2%煤的机组，或大容量机组（≤200 MW）的电厂锅炉建设烟气脱硫设施时，宜优先考虑采用湿式石灰石—石膏法工艺，脱硫率应保证在 90%以上，投运率应保证在电厂正常发电时间的 95%以上。

2）燃用含硫量＜2%煤的中小电厂锅炉（＜200 MW），或是剩余寿命低于 10 年的老机组建设烟气脱硫设施时，在保证达标排放，并满足 SO_2 排放总量控制要求的前提下，宜优先采用半干法、干法或其他费用较低的成熟技术，脱硫率应保证在 75%以上，投运率应保证在电厂正常发电时间的 95%以上。

5.1.4 火电机组烟气排放应配备二氧化硫和烟尘等污染物在线连续监测装置，并与环保行政主管部门的管理信息系统联网。

5.1.5 在引进国外先进烟气脱硫装备的基础上，应同时掌握其设计、制造和运行技术，各地应积极扶持烟气脱硫的示范工程。

5.1.6 应培育和扶持国内有实力的脱硫工程公司和脱硫服务公司，逐步提高其工程总承包能力，规范脱硫工程建设和脱硫设备的生产和供应。

5.2 工业锅炉和窑炉

5.2.1 中小型燃煤工业锅炉（产热量＜14 MW）提倡使用工业型煤、低硫煤和洗选煤。

对配备湿法除尘的，可优先采用如下的湿式除尘脱硫一体化工艺：

1）燃中低硫煤锅炉，可采用利用锅炉自排碱性废水或企业自排碱性废液的除尘脱硫工艺；

2）燃中高硫煤锅炉，可采用双碱法工艺。

5.2.2 大中型燃煤工业锅炉（产热量≥14 MW）可根据具体条件采用低硫煤替代、循环流化床锅炉改造（加固硫剂）或采用烟气脱硫技术。

5.2.3 应逐步淘汰敞开式炉窑，炉窑可采用改变燃料、低硫煤替代、洗选煤或根据具体条件采用烟气脱硫技术。

5.2.4 大中型燃煤工业锅炉和窑炉应逐步安装二氧化硫和烟尘在线监测装置。

5.3 采用烟气脱硫设施时，技术选用应考虑以下主要原则：

5.3.1 脱硫设备的寿命在15年以上；

5.3.2 脱硫设备有主要工艺参数（pH值、液气比和SO_2出口浓度）的自控装置；

5.3.3 脱硫产物应稳定化或经适当处理，没有二次释放二氧化硫的风险；

5.3.4 脱硫产物和外排液无二次污染且能安全处置；

5.3.5 投资和运行费用适中；

5.3.6 脱硫设备可保证连续运行，在北方地区的应保证冬天可正常使用。

5.4 脱硫技术研究开发

5.4.1 鼓励研究开发适合当地资源条件、并能回收硫资源的技术。

5.4.2 鼓励研究开发对烟气进行同时脱硫脱氮的技术。

5.4.3 鼓励研究开发脱硫副产品处理、处置及资源化技术和装备。

6. 二次污染防治

6.1 选煤厂洗煤水应采用闭路循环，煤泥水经二次浓缩，絮凝沉淀处理，循环使用。

6.2 选煤厂的洗矸和尾矸应综合利用，供锅炉集中燃烧并高效脱硫，回收硫铁矿等有用组分，废弃时应用土覆盖，并植被保护。

6.3 型煤加工时，不得使用有毒有害的助燃或固硫添加剂。

6.4 建设烟气脱硫装置时，应同时考虑副产品的回收和综合利用，减少废弃物的产生量和排放量。

6.5 不能回收利用的脱硫副产品禁止直接堆放，应集中进行安全填埋处置，并达到相应的填埋污染控制标准。

6.6 烟气脱硫中的脱硫液应采用闭路循环，减少外排；脱硫副产品过滤、增稠和脱水过程中产生的工艺水应循环使用。

6.7 烟气脱硫外排液排入海水或其他水体时，脱硫液应经无害化处理，并须达到相应污染控制标准要求，应加强对重金属元素的监测和控制，不得对海域或水体生态环境造成有害影响。

6.8 烟气脱硫后的排烟应避免温度过低对周边环境造成不利影响。

6.9 烟气脱硫副产品用作化肥时其成分指标应达到国家、行业相应的肥料等级标准，并不得对农田生态产生有害影响。

三

黑色金属和有色金属

钢铁产业发展政策

（2005年7月8日　中华人民共和国国家发展和改革委员会令第35号发布，
自发布之日起施行）

钢铁产业是国民经济的重要基础产业，是实现工业化的支撑产业，是技术、资金、资源、能源密集型产业，钢铁产业的发展需要综合平衡各种外部条件。我国是一个发展中大国，在经济发展的相当长时期内钢铁需求较大，产量已多年居世界第一，但钢铁产业的技术水平和物耗与国际先进水平相比还有差距，今后发展重点是技术升级和结构调整。为提高钢铁工业整体技术水平，推进结构调整，改善产业布局，发展循环经济，降低物耗能耗，重视环境保护，提高企业综合竞争力，实现产业升级，把钢铁产业发展成在数量、质量、品种上基本满足国民经济和社会发展需求，具有国际竞争力的产业，依据有关法律法规和钢铁行业面临的国内外形势，制定钢铁产业发展政策，以指导钢铁产业的健康发展。

第一章　政策目标

第一条　根据我国经济社会发展需要和资源、能源及环保状况，钢铁生产能力保持合理规模，具体规模可在规划中解决。钢铁综合竞争能力达到国际先进水平，使我国成为世界钢铁生产的大国和具有竞争力的强国。

第二条　通过产品结构调整，到2010年，我国钢铁产品优良品率有大幅度提高，多数产品基本满足建筑、机械、化工、汽车、家电、船舶、交通、铁路、军工以及新兴产业等国民经济大部分行业发展需要。

第三条　通过钢铁产业组织结构调整，实施兼并、重组，扩大具有比较优势的骨干企业集团规模，提高产业集中度。到2010年，钢铁冶炼企业数量较大幅度减少，国内排名前10位的钢铁企业集团钢产量占全国产量的比例达到50%以上；2020年达到70%以上。

第四条　通过钢铁产业布局调整，到2010年，布局不合理的局面得到改善；到2020年，形成与资源和能源供应、交通运输配置、市场供需、环境容量相适应的比较合理的产业布局。

第五条　按照可持续发展和循环经济理念，提高环境保护和资源综合利用水平，节能降耗。最大限度地提高废气、废水、废物的综合利用水平，力争实现“零排放”，建立循环型钢铁工厂。钢铁企业必须发展余热、余能回收发电，500万吨以上规模的钢铁联合企业，要努力做到电力自供有余，实现外供。2005年，全行业吨钢综合能耗降到0.76吨标煤、吨钢可比能耗0.70吨标煤、吨钢耗新水12吨以下；2010年分别降到0.73吨标煤、0.685吨标煤、8吨以下；2020年分别降到0.7吨标煤、0.64吨标煤、6吨以下。即今后10年，钢铁工业在水资源消耗总量减少和能源消耗总量增加不多的前提下实现总量适度发展。

第六条 在2005年底以前，所有钢铁企业排放的污染物符合国家和地方规定的标准，主要污染物排放总量应符合地方环保部门核定的控制指标。

第二章 产业发展规划

第七条 国家通过钢铁产业发展政策和中长期发展规划指导行业健康、持续、协调发展。钢铁产业中长期发展规划由国家发展和改革委员会会同有关部门制定。

第八条 2003 年钢产量超过 500 万吨的企业集团可以根据国家钢铁产业中长期发展规划和所在城市的总体规划，制定本集团规划，经国务院或国家发展和改革委员会进行必要衔接平衡后批准执行。规划内的具体建设项目国家发展和改革委员会不再审批或核准，由企业办理土地、环保、安全、信贷等审批手续后自行组织实施，并按规定报国家发展和改革委员会备案。

第九条 其他钢铁企业的发展也必须符合钢铁产业发展政策和钢铁工业中长期发展规划的要求。

第三章 产业布局调整

第十条 钢铁产业布局调整要综合考虑矿产资源、能源、水资源、交通运输、环境容量、市场分布和利用国外资源等条件。钢铁产业布局调整，原则上不再单独建设新的钢铁联合企业、独立炼铁厂、炼钢厂，不提倡建设独立轧钢厂，必须依托有条件的现有企业，结合兼并、搬迁，在水资源、原料、运输、市场消费等具有比较优势的地区进行改造和扩建。新增生产能力要和淘汰落后生产能力相结合，原则上不再大幅度扩大钢铁生产能力。

重要环境保护区、严重缺水地区、大城市市区，不再扩建钢铁冶炼生产能力，区域内现有企业要结合组织结构、装备结构、产品结构调整，实施压产、搬迁，满足环境保护和资源节约的要求。

第十一条 从矿石、能源、资源、水资源、运输条件和国内外市场考虑，大型钢铁企业应主要分布在沿海地区。内陆地区钢铁企业应结合本地市场和矿石资源状况，以矿定产，不谋求生产规模的扩大，以可持续生产为主要考虑因素。

东北的鞍山—本溪地区有比较丰富的铁矿资源，临近煤炭产地，有一定水资源条件，根据振兴东北老工业基地发展战略，该区域内现有钢铁企业要按照联合重组和建设精品基地的要求，淘汰落后生产能力，建设具有国际竞争力的大型企业集团。

华北地区水资源短缺，产能低水平过剩，应根据环保生态要求，重点搞好结构调整，兼并重组，严格控制生产厂点继续增多和生产能力扩张。对首钢实施搬迁，与河北省钢铁工业进行重组。

华东地区钢材市场潜力大，但钢铁企业布局过于密集，区域内具有比较优势的大型骨干企业可结合组织结构和产品结构调整，提高生产集中度和国际竞争能力。

中南地区水资源丰富，水运便利，东南沿海地区应充分利用深水良港条件，结合产业重组和城市钢厂的搬迁，建设大型钢铁联合企业。

西南地区水资源丰富，攀枝花—西昌地区铁矿和煤炭资源储量大，但交通不便，现有重点骨干企业要提高装备水平，调整品种结构，发展高附加值产品，以矿石可持续供应能力确定产量，不追求数量的增加。

西北地区铁矿石和水资源短缺，现有骨干企业应以满足本地区经济发展需求为主，不追求生产规模扩大，积极利用周边国家矿产资源。

第四章 产业技术政策

第十二条 为确保钢铁工业产业升级和实现可持续发展，防止低水平重复建设，对钢铁工业装备水平和技术经济指标准入条件规定如下，现有企业要通过技术改造努力达标：

建设烧结机使用面积 180 平方米及以上；焦炉炭化室高度 6 米及以上；高炉有效容积 1 000 立方米及以上；转炉公称容量 120 吨及以上；电炉公称容量 70 吨及以上。

沿海深水港地区建设钢铁项目，高炉有效容积要大于 3 000 立方米；转炉公称容量大于 200 吨，钢生产规模 800 万吨及以上。钢铁联合企业技术经济指标达到：吨钢综合能耗高炉流程低于 0.7 吨标煤，电炉流程低于 0.4 吨标煤，吨钢耗新水高炉流程低于 6 吨，电炉流程低于 3 吨，水循环利用率 95%以上。其他钢铁企业工序能耗指标要达到重点大中型钢铁企业平均水平。

钢铁建设项目要节约用地，严格土地管理，有关部门要抓紧完成钢铁厂用地指标和建筑系数标准修订工作。

第十三条 所有生产企业必须达到国家和地方污染物排放标准，建设项目主要污染物排放总量控制指标要严格执行经批准的环境影响评价报告书（表）的规定，对超过核定的污染物排放指标和总量的，不准生产运行。

新上项目高炉必须同步配套高炉余压发电装置和煤粉喷吹装置；焦炉必须同步配套干熄焦装置并匹配收尘装置和焦炉煤气脱硫装置；焦炉、高炉、转炉必须同步配套煤气回收装置；电炉必须配套烟尘回收装置。

企业应根据发展循环经济的要求，建设污水和废渣综合处理系统，采用干熄焦，焦炉、高炉、转炉煤气回收和利用，煤气—蒸汽联合循环发电，高炉余压发电、汽化冷却，烟气、粉尘、废渣等能源、资源回收再利用技术，提高能源利用效率、资源回收利用率和改善环境。

第十四条 加快培育钢铁工业自主创新能力，支持企业建立产品、技术开发和科研机构，提高开发创新能力，发展具有自主知识产权的工艺、装备技术和产品。支持企业跟踪、研究、开发和采用连铸薄带、熔融还原等钢铁生产流程前沿技术。

第十五条 企业应积极采用精料入炉、富氧喷煤、铁水预处理、大型高炉、转炉和超高功率电炉、炉外精炼、连铸、连轧、控轧、控冷等先进工艺技术和装备。

第十六条 支持和组织实施钢铁工业装备本地化，提高我国钢铁工业的重大技术装备研发、设计、制造水平。对于以国产新开发装备为依托建设的钢铁重大项目，国家给予税收、贴息、科研经费等政策支持。

第十七条 加快淘汰并禁止新建土烧结、土焦（含改良焦）、化铁炼钢、热烧结矿、容积 300 立方米及以下高炉（专业铸铁管厂除外）、公称容量 20 吨及以下转炉、公称容量 20 吨及以下电炉（机械铸造和生产高合金钢产品除外）、叠轧薄板轧机、普钢初轧机及开坯用中型轧机、三辊劳特式中板轧机、复二重式线材轧机、横列式小型轧机、热轧窄带钢轧机、直径 76 毫米以下热轧无缝管机组、中频感应炉等落后工艺技术装备。

钢铁产业必须严格遵守国家适时修订的《工商领域制止重复建设目录》、《淘汰落后生产能力、工艺和产品的目录》，或依照环保法规要求，淘汰落后工艺、产品和技术。

第十八条 进口技术和装备政策：鼓励企业采用国产设备和技术，减少进口。对国内不能生产或不能满足需求而必须引进的装备和技术，要先进实用。对今后量大面广的装备要组织实施本地化生产。

禁止企业采用国内外淘汰的落后二手钢铁生产设备。

第十九条 特钢企业要向集团化、专业化方向发展，鼓励采用以废钢为原料的短流程工艺，不支持特钢企业采用电炉配消耗高、污染重的小高炉工艺流程。鼓励特钢企业研发生产国内需求的军工、轴承、齿轮、工模具、耐热、耐冷、耐腐蚀等特种钢材，提高产品质量和技术水平。

第五章 企业组织结构调整

第二十条 支持钢铁企业向集团化方向发展，通过强强联合、兼并重组、互相持股等方式进行战略重组，减少钢铁生产企业数量，实现钢铁工业组织结构调整、优化和产业升级。

支持和鼓励有条件的大型企业集团，进行跨地区的联合重组，到 2010 年，形成两个 3 000 万吨级，若干个千万吨级的具有国际竞争力的特大型企业集团。

大型钢铁企业均要进行股份制改造并支持其公开上市，鼓励包括民营资本在内的各类社会资本通过参股、兼并等方式重组现有钢铁企业，推进资本结构调整和机制创新。

第二十一条 国家支持具备条件的联合重组的大型钢铁联合企业通过结构调整和产业升级适当扩大生产规模，提高集约化生产度，并在主辅分离、人员分流、社会保障等方面给予政策支持。

第六章 投资管理

第二十二条 国家对各类经济类型的投资主体投资国内钢铁行业和国内企业投资境外钢铁领域的经济活动实行必要的管理，投资钢铁项目需按规定报国家发展和改革委员会审批或核准。

第二十三条 建设炼铁、炼钢、轧钢等项目，企业自有资本金比例必须达到 40%及以上。

建设钢铁项目除满足环保生态、安全生产等国家法律法规要求外，企业还必须具备较强的资金实力、先进的技术和管理能力以及健全的市场营销网络，水资源、矿石原料、煤炭和电力能源、运输等外部条件要稳定可靠和基本落实。

钢铁企业跨地区投资建设钢铁联合企业项目，普钢企业上年钢产量必须达到 500 万吨及以上，特钢企业产量达到 50 万吨及以上。非钢铁企业投资钢铁联合企业项目的，必须具有资金实力和较高的公信度，必须对企业注册资本进行验资，银行提供资信证明，会计事务所提供业绩报告，有条件的通过招标方式选择项目业主。

境外钢铁企业投资中国钢铁工业，须具有钢铁自主知识产权技术，其上年普通钢产量必须达到 1 000 万吨以上或高合金特殊钢产量达到 100 万吨。投资中国钢铁工业的境外非钢铁企业，必须具有强大的资金实力和较高的公信度，提供银行、会计事务所出具的验资和企业业绩证明。境外企业投资国内钢铁行业，必须结合国内现有钢铁企业的改造和搬迁实施，不布新点。外商投资我国钢铁行业，原则上不允许外商控股。

第二十四条　对不符合本产业发展政策和未经审批或违规审批的项目，国土资源部门不予办理土地使用手续，工商管理部门不予登记，商务管理部门不批准合同和章程，金融机构不提供贷款和其他形式的授信支持，海关不予办理免税进口设备手续，质检部门不予颁发生产许可证，环保部门不予审批项目环境影响评价文件和不予发放排污许可证。

第二十五条　各金融机构向炼铁、炼钢、轧钢项目发放中长期固定资产投资贷款，要符合钢铁产业发展政策，加强风险管理，向新增能力的炼铁、炼钢、轧钢项目发放固定资产投资贷款需要项目单位提供国家发展和改革委员会出具的相应的项目批复、核准或备案文件。

第二十六条　企业申请首次公开发行股票或在证券市场融资，募集资金投向于钢铁行业，必须符合钢铁产业发展政策，并需向证券监管部门提供由国家发展和改革委员会出具的募集资金投向的文件。

第二十七条　国家鼓励钢铁生产和设备制造企业采用工贸或技贸结合的方式出口国内有优势的技术和冶金成套设备，并在出口信贷等方面给予支持。

第七章　原材料政策

第二十八条　矿产资源属国家所有。国家鼓励大型钢铁企业进行铁矿等资源勘探开发，矿山开采必须依法取得采矿许可证。储量 5 000 万吨及以上铁矿资源的开采建设项目必须经国家发展和改革委员会核准或审批，同时做好矿山规划、安全生产以及土地复垦、水土保持、地下矿井回填等环境保护工作，禁止滥采乱挖行为。未经合法审批手续滥采乱挖的，国土资源部门要收回采矿权，停止非法开采行为。

第二十九条　根据我国富矿少、贫矿多的资源现状，国家鼓励企业发展低品位矿采选技术，充分利用国内贫矿资源。国土资源部门要加大矿产资源勘探力度，保护矿产资源，对滥采乱挖行为，要给予必要处罚和进行整顿。

第三十条　按照优势互补、互利双赢的原则，加强与境外矿产资源国际合作。支持有条件的大型骨干企业集团到境外采用独资、合资、合作、购买矿产资源等方式建立铁矿、铬矿、锰矿、镍矿、废钢及炼焦煤等生产供应基地。沿海地区企业所需的矿石、焦炭等重要原辅材料，国家鼓励依靠海外市场解决。

钢铁协会要搞好行业自律和协调，稳定国内外原料市场。国内多家企业对境外资源造成恶性竞争时，国家可采取行政协调方式，进行联合或确定一家企业进行投资，避免恶性竞争。企业应服从国家行政协调。

限制出口能耗高、污染大的焦炭、铁合金、生铁、废钢、钢坯（锭）等初级加工产品，降低或取消对这些产品的出口退税。

第八章　钢材节约使用

第三十一条　全社会要树立节约使用钢材意识，科学使用，鼓励用可再生材料替代和废钢材回收，减少钢材使用数量。

第三十二条 建设部门要适时组织修订和完善建筑钢材使用设计规范和标准，在确保安全的情况下，降低钢材使用系数。

设计部门要严格按照设计规范和标准进行设计，把研发的经济、节约型产品及时纳入标准设计。

第三十三条 鼓励研究、开发和使用高性能、低成本、低消耗的新型材料，替代钢材。

第三十四条 鼓励钢铁企业生产高强度钢材和耐腐蚀钢材，提高钢材强度和使用寿命，降低钢材使用数量。

通过推广Ⅲ级（400 MPa）及以上级别热轧带肋钢筋、各类用途的高强度钢板、H 型钢等钢材品种，降低钢材消耗。

开发应用抗硫化氢、抗二氧化碳腐蚀的油井管和管线钢板、耐大气腐蚀钢板和型钢、耐火钢等产品，提高钢材的耐腐蚀性和钢材使用寿命。

第三十五条 随着市场保有钢铁产品数量增加和废钢回收量增加，逐渐减少铁矿石比例和增加废钢比重。

第九章 其 他

第三十六条 咨询、设计、施工单位从事钢铁业活动，必须遵守本产业政策。相关行业协会要建立自律机制，互相监督。违反本产业政策规定的，由国家发展和改革委员会、建设部、工商管理总局等有关部门根据规定对责任人、责任单位进行处罚。

本产业发展政策是对钢铁行业的基本要求，各有关部门和行业协会可根据本产业政策制定和修订有关技术规范和相关标准。

第三十七条 规范市场秩序，维护市场稳定。鼓励钢铁企业与用户建立长期战略联盟，稳定供需关系，提高钢材加工配送能力，延伸钢铁企业服务。

第三十八条 发挥行业协会的作用，行业协会要建立和完善钢铁市场供求、生产能力、技术经济指标等方面信息定期发布制度和行业预警制度，向政府行政部门及时反映行业动向和提出政策建议，协调行业发展的重大事项，加强行业自律，引导企业的发展。

第三十九条 本产业政策由国务院授权发布，各政府行政管理部门都应遵守。对违反本产业发展政策的建设单位和行政单位，各级监察、投资、土地、工商、税务、质检、环保、商务、金融、证券监管等部门要追究其责任。

第四十条 钢铁产业发展政策，由国家发展和改革委员会组织有关部门制定、修订报国务院批准，并监督执行。

注：

1．本产业发展政策所称钢铁产业的范围包括铁矿、锰矿、铬矿采选，烧结、焦化、铁合金、炭素制品、耐火材料、炼铁、炼钢、轧钢、金属制品等各工艺及相关配套工艺。

2．跨地区投资指跨国、跨省、自治区、直辖市。

3．境外企业包括国外和在中国香港、澳门、台湾地区注册的企业。

关于制止钢铁行业盲目投资的若干意见

（2003年11月19日　国办发[2003]102号转发　发展改革委、国土资源部、商务部、环保总局、银监会发布）

钢铁工业是国民经济的重要基础产业。改革开放以来，我国钢铁工业取得了长足发展，已成为世界上最大的钢铁生产和消费国，为国民经济持续、稳定、健康发展做出了重要贡献。但是，近几年来，我国钢铁工业出现了盲目投资、低水平扩张的现象。一些地方不顾市场及外部条件，以各种名义大规模新建炼钢炼铁项目，并低价出让、未征先用土地，给企业各种不合理的优惠政策和减免税收，还有一些地方以外商投资鼓励类名义，违规审批炼钢、炼铁项目，造成钢铁工业出现生产能力过剩，铁矿资源不足，布局不合理，结构性矛盾突出等问题。到2003年底，我国钢铁生产能力将达到2.5亿吨，目前在建能力约0.8亿吨，预计到2005年底将形成3.3亿吨钢铁生产能力，已大大超过2005年市场预期需求。此外，据不完全统计，各地拟建能力还约有0.7亿吨。钢铁工业是资金、资源和能源密集型产业，吞吐量大，污染重，耗水多。从资源、能源、环境和可持续发展等各方面条件看，我国钢铁工业低水平扩张、粗放经营的状况已难以为继。对于当前出现的盲目发展现象，如不加以引导和调控，将导致一些品种产量严重过剩和市场过度竞争，造成社会资源极大浪费，并易引发有关经济和社会问题。为迅速遏制钢铁工业盲目发展的势头，促进钢铁工业健康发展，现提出以下意见：

一、加强产业政策和规划导向

面对国际产业结构加速调整的形势和更加开放的市场环境，根据走新型工业化道路的原则，国务院有关部门要抓紧修订钢铁工业产业政策和发展规划，引导产业结构调整和升级，及时调整战略布局，推进企业联合重组，利用好国内外两种资源。要鼓励增加板管等高附加值短缺钢材的供给能力，限制发展能力已经过剩、质量低劣、污染严重的长线材等品种，降低资源消耗，实现清洁化生产，提高我国钢铁工业在国内外市场的整体竞争力。加强对国内外钢铁工业发展形势的研究和分析，建立和完善市场信息发布制度，及时发布钢铁产品、铁矿石、焦煤等重要原燃料市场供需状况、生产能力及价格变化等方面的信息，引导地方和企业的投资方向。

二、严格市场准入管理

为保证技术的先进性和满足环境保护的要求，实现钢铁工业可持续发展，必须严格市场准入条件。钢铁投资建设项目的最低条件暂定为：

（一）烧结机使用面积达到180平方米及以上、焦炉炭化室高度达到4.3米及以上，高炉容积达到1 000立方米及以上、转炉容积达到100吨及以上、电炉达到60吨及以上。

（二）高炉必须同步配套建设煤粉喷吹装置、炉前粉尘捕集装置，大型高炉要配套建设余压发电装置；焦炉必须同步配套建设干熄焦、装煤、推焦除尘装置；转炉必须同步配套建设转炉煤气回收装置；电炉必须配套烟尘回收装置。

（三）新建钢铁联合企业，吨钢综合能耗低于0.7吨标煤，吨钢耗新水低于6吨，符合清洁生产要求，污染物排放指标达到环保标准要求。

（四）矿石、焦炭、供水、交通运输等外部条件要具备并落实。

对达不到上述条件的，一律不得批准建设。对按规定程序批准并已开工建设的项目，要按照上述条件积极进行调整。现有生产企业要通过技术进步、提高装备水平逐步达到上述条件。

当前钢铁生产能力过剩的矛盾日益突出，国家和各地原则上不再批准新建钢铁联合企业和独立炼铁厂、炼钢厂项目，确有必要的，必须经过国家投资主管部门按照规定的准入条件充分论证和综合平衡后报国务院审批。严禁地方各级人民政府将项目化整为零、越权、违规审批钢铁项目，对违反规定的，依法追究有关领导的责任。对生产“地条钢”的，要依法严厉打击。要加强对外商投资方向的指导和引导。

三、强化环境监督和执法

根据《中华人民共和国环境保护法》和《中华人民共和国环境影响评价法》的有关规定，加强对现有钢铁生产企业执行环保标准情况的监督检查。环保总局要定期发布环保不达标钢铁生产企业名单。对达不到排放标准或超过排污总量指标的钢铁生产企业实行限期治理，在限期治理期间，按照达标排放和环境保护行政主管部门下达的污染物排放总量控制的要求限产限排，限期治理不合格的要给予停产处理。对未按法定程序向环境保护行政主管部门报批环境影响报告书擅自开工建设的项目，在建的一律停建，投产的一律停产，并依照有关法律法规进行处理。

四、加强用地管理

各级国土资源行政主管部门要认真履行职责，切实加强对钢铁企业用地管理。新建、扩建（改建）钢铁企业用地必须符合土地利用总体规划，纳入土地利用年度计划，用地规模必须符合国家颁布的《工程项目建设用地指标》的规定；涉及占用农用地和征用农民集体土地的，必须严格按照法定程序和权限，履行农用地转用和土地征用审批手续。省级国土资源行政主管部门要根据本地实际情况，按照国务院关于进一步治理整顿土地市场秩序的统一部署和要求，会同发展改革委（计委）、经贸委（经委）、监察部门，对2000年以来新建、扩建（改建）钢铁企业的用地情况进行一次检查。对未经依法批准擅自占地开工建设的，要停止建设，并依法收回土地，不能收回的，要依法进行处罚；对违背土地利用总体规划以及违法用地、低价出让土地的，要依法严肃处理，情节严重的，要追究有关责任人的法律责任。

五、加强和改进信贷管理

人民银行要按照国家产业政策加强“窗口”指导；银监会要加强监管，督促金融机构控制信贷风险；金融机构要增强风险意识，强化信贷审核。对于符合产业政策和各项市场准入条件的钢铁企业和建设项目，要继续给予积极支持；对于盲目投资、低水平扩张、不符合产业政策和市场准入条件，以及未按规定程序审批的项目，一律不得贷款，已发生贷款的要采取适当方式予以纠正。

六、认真做好项目的清理工作

各地特别是近几年钢产量增长较快的地区，要在近期内对已建、在建、拟建钢铁项目进行一次认真的清理。凡不符合国家产业政策，未经审批或违规审批的项目，以及违法生产“地条钢”的，各级国土资源行政主管部门不得受理用地（含各类开发区已征用土地）申请，环境保护行政主管部门不得审批其环境影响报告书和核发排污许可证，工商行政管理部门不予登记，质检部门不得发放生产许可证，证监会不得核准含有此类项目公司的首次公开发行和再融资申请，海关对未经审批的项目引进设备一律不予免税，经有关部门检查认定为违规或越权审批的项目，应通知海关对其已免税的进口设备补征相应税款。

关于钢铁工业控制总量淘汰落后加快结构调整的通知

（2006年6月14日　国家发展和改革委员会、商务部、国土资源部、环保总局、海关总署、质检总局、银监会、证监会文件　发改工业[2006]1084号）

各省、自治区、直辖市、计划单列市、新疆生产建设兵团发展改革委（计委）、经贸委（经委）、商务厅、国土资源厅（局）、环保局，海关总署广东分署、天津、上海特派办，各直属海关，质监局、人民银行各分行（营业管理部）、各省会（首府）城市中心支行，银监会各监管局，国家政策性银行，国有独资商业银行、股份制商业银行：

根据国务院《关于加快推进产能过剩行业结构调整的通知》（国发[2006]11 号）的有关部署，现将钢铁工业控制总量、淘汰落后、加快结构调整的实施要求通知如下：

一、充分认识钢铁工业产能过剩的严峻形势

钢铁工业是国民经济的重要原材料产业。改革开放以来，我国钢铁工业取得了长足发展，已成为世界上最大的钢铁生产和消费国，为国民经济持续、稳定、健康发展作出了重要贡献。值得注意的是，钢铁工业在快速增长的同时，由于受体制和机制不完善的影响，粗放型特征非常明显，近两年来，盲目投资问题尤其突出。为加强对钢铁等行业的宏观调控，国务院印发了《国务院办公厅转发发展改革委等部门关于制止钢铁电解铝水泥行业盲目投资若干意见的通知》（国办发[2003]103 号），及时召开了电视电话会议，进行研究部署，发改委、国土、金融、环保、质检等各部门密切协作，完善调控措施，控制土地、金融两个闸门效果开始显现；经国务院审议批准，国家发展改革委发布了《钢铁产业发展政策》，具体明确了钢铁工业结构调整任务和方向。总体上看，这一轮宏观调控对抑制钢铁工业盲目发展发挥了重要作用，并取得了积极成效。一是投资增长幅度明显回落。钢铁工业投资由2003年增长到的92.6%回落到2005年的27.5%，与全国固定资产投资增长27.2%的幅度基本持平；二是钢材需求过快增长的势头明显减弱。钢材表观消费量增幅由2003年的28%回落到2005年的22%；三是产品结构不断改善。2005年钢材板带比已达38.56%，比2003年提高4.56个百分点；四是企业兼并重组加快。鞍钢与本钢，武钢与鄂钢，唐钢与宣钢、承钢等企业联合标志着我国钢铁工业重组迈出了重要的一步；五是淘汰落后产能初见端倪。受去年下半年大部分钢材价格跌破成本的市场压力，一些技术、设备落后的钢铁企业已开始停产、半停产；部分地方，如河南省政府已根据环保等法律法规关闭了部分污染严重的落后产能。尽管钢铁工业宏观调控取得了一些成效，但盲目扩张累积的问题已十分突出，一些地方和企业还在继续上新项目，产能过剩的矛盾在进一步加剧，其后果正在显现。具体表现在：

一是产能过剩的矛盾十分突出。2005年底已形成炼钢能力4.7亿吨，还有在建能力0.7亿吨、拟建能力0.8亿吨，如果任其全部建成，届时，我国炼钢产能将突破6亿吨。而2005年钢表观消费量在3.5亿吨左右，即使考虑到未来钢材需求的增长，供求也是严重失衡的。

严重短缺的一些钢材品种，如不锈钢，也出现了产能过剩的问题。在市场已经过剩的情况下，不少企业仍在违规盲目上新项目，2003 年以后新增的炼钢产能中，经国家发展改革委、环保总局、国土资源部核准的项目产能不足全部新增产能的 20%，绝大部分产能未经核准、环评和科学论证。

二是资源供给和环境容量难以支撑。目前，我国钢铁工业所用的铁矿石已有 50%以上来自进口，全球新增铁矿石量的 90%以上用于我国的消费，受此影响，2005 年进口铁矿石价格上涨 71.5%，今年还有进一步上涨的压力；2004 年钢铁工业耗能近 3 亿吨标准煤，占全国能耗总量的 15%，耗新水近 40 亿吨，占工业耗新水总量的 14%，运输量 10 亿吨，占全社会货运量的 6%。而钢铁工业增加值仅占 GDP 的 3.14%；钢铁工业粉尘年排放量约 120 万吨，占工业排放量的 14%，钢铁企业已成为许多地方的主要污染源，引起了人民群众的强烈不满，也是政协和人大代表比较集中关注的问题之一。因此，无论是资源供给还是环境容量，均不允许钢铁工业粗放型发展下去了。

三是低水平产能占相当比重。在 2004 年末形成的 4.2 亿吨钢产能中，落后的 300 立方米及以下的小高炉能力约 1 亿吨，20 吨及以下的小转炉和小电炉能力 5 500 万吨，分别占总能力的 27%和 13.1%。这部分落后产能，规模小、效率低、污染重、无综合利用设施，单位能耗通常要比大型设备高出 10%至 15%，物耗高出 7%至 10%，二氧化硫排放量高 3 倍以上，粉尘、煤气超标排放，对周边生态环境构成严重威胁。

四是行业恶性竞争已经出现。2005 年 9 月下旬以来，在钢材价格出现全面下跌，原材料价格居高不下，95%的钢材产品价格跌破成本，企业产成品资金占用增长 50%，钢铁工业整体走向微利甚至亏损的形势下，相当多的企业仍在继续增产，加剧了市场供大于求的矛盾。

五是产业集中度进一步下降。由于我国钢铁企业数量增长过快，钢铁工业总体规模迅速扩张，产业集中度不升反降。2005 年我国 69 家重点统计企业钢产量占全国的 79.81%，比上年下降了 3.71 个百分点。

上述问题，如不及时加以解决，资源、能源、运输和环境矛盾将进一步加剧，并引发市场恶性竞争、国际贸易摩擦、企业亏损面扩大，一些企业将被迫停产，失业人数增加，银行呆坏账扩大等，我国钢铁工业有可能再次丧失由大到强转变的重要战略机遇。

二、抓住机遇，审时度势，明确目标，稳妥调控

当前，随着科学发展观的深入人心，各地区和钢铁企业已感受和认识到过度投资的危害和后果，提高了转变增长方式和加快结构调整紧迫性的认识。钢材供需形势的变化，为钢铁工业结构调整带来了市场压力，国务院通过的钢铁产业发展政策，对钢铁行业结构调整提出了具体要求。目前，钢铁工业正处于结构调整有压力、发展有动力、宏观调控有政策的有利时机，要抓住和利用好这一机遇，把控制总量、淘汰落后和调整结构作为当前和今后一个时期钢铁工业发展的重要任务，作为转变增长方式、实现单位国内生产总值能耗下降 20%的重要举措加以推进。要清醒地认识到，早调整、主动调整比晚调整、被动调整对钢铁工业造成的损失少，对社会震动小，更有助于钢铁工业增长方式的转变。

（一）结构调整目标

严格控制钢铁工业新增产能，加快淘汰落后生产能力，“十一五”期间，淘汰约 1 亿吨落后炼铁能力，2007 年前淘汰 5 500 万吨落后炼钢能力等，2006 年淘汰落后产能工作要取得实质性进展；钢铁工业布局不合理的局面得到改善，结合城市钢厂搬迁和淘汰落后产能，建成曹妃甸等沿海钢铁基地；产品结构调整取得进展，主要产品满足国民经济发展需要，2010 年板带比达到 50%；加快兼并重组，产业集中度有所提高，形成 2～3 个 3 000 万吨级、若干个千万吨级的具有国际竞争力的大型钢铁企业集团，国内排名前 10 位的钢铁企业集团钢产量占全国的比例达到 50%以上。

（二）结构调整需要把握的原则

1. 坚持市场机制为主，严格执行法律法规。钢铁工业具有市场竞争性强、全球资源配置的特征，在充分发挥市场机制对钢铁工业结构调整的推动和基础性作用的同时，要采取有效的经济手段，严格执行土地、信贷、环保等法律法规。宏观调控是完善和发挥市场机制、顺利实现优胜劣汰的必要措施。

2. 坚持区别对待，分类指导原则。要根据不同地区、不同企业的实际情况，按照钢铁产业政策和规划的要求，有保有压，坚持总量调控和结构调整相结合；扶优与汰劣相结合；兼并重组与关停相结合；现有企业改造与搬迁相结合。

3. 注重平稳发展，防止大起大落。为确保钢铁工业控制总量、淘汰落后、结构调整的顺利进行，需要一个相对稳定的环境，既要抓住当前有利时机，坚决推进，又要把握力度和节奏，以最小的代价，换取明显的成效，特别要避免出现因钢铁工业大的滑坡等不稳定因素，而影响和动摇结构调整正常进行的被动局面。因此，在目前比较脆弱的市场形势下，要审时度势，把握宏观调控的力度，当前首先要不放松现有政策的执行力度。

4. 注意标本兼治，建立长效机制。在着力对钢铁工业控制总量、淘汰落后能力的同时，要研究解决和消除钢铁工业粗放型发展的体制性因素，推动相应的体制改革，建立有助于钢铁工业健康发展的长效机制，避免再度出现反弹。

三、采取有力措施，务求控制总量、淘汰落后和结构调整取得实效

钢铁工业控制总量和淘汰落后，是“十一五”期间结构调整的一项重要任务，为顺利完成上述任务，要继续加强和改善宏观调控，采取以下具体措施：

（一）严格执行法律法规和钢铁产业发展政策

国家制定颁发的一系列保护环境、安全生产法律和国务院常务会议通过的《钢铁产业发展政策》等，对控制总量、淘汰落后能力、加快结构调整都提出了具体要求。贯彻落实法律法规和钢铁产业发展政策，是发改委、金融、土地、环保、质检、商务等行政主管部门的重要职责。对于违反法律法规和钢铁产业政策的企业或项目，金融机构不提供任何形式的信贷支持；国土资源管理部门不予办理用地手续；环保管理部门不受理其环境影响评价文件；商务部门不予批准其合同和章程，不发放外商投资企业证书；质检部门不发放生产许可证或依法收回生产许可证；证监会不允许其在境内外证券市场上募集资金；项目审批部门不予出具项目确认书；海关不予减免进口设备的关税和进口环节增值税；工商、税务部门不予登记；设计部门不提供设计；物价部门及水、电供应单位，要研究制定差别水价、电价政策，对能耗高、污染重、装备水平低的落后钢铁企业，提

高其用水、用电价格，并报国家有关部门备案。各部门要根据产业政策，结合部门职能，制定具体配套办法。

（二）严格控制钢铁工业生产能力

一是依法把违规项目停下来。各地发改委（计委）、经贸委（经委）对未经科学论证、用地手续不合法和缺少环保审批手续，违规建设的钢铁项目，应立即停建，并进行清理整顿和依法予以处理。对符合产业政策的项目要按程序核准；对不符合产业政策的在建能力，尤其是产业政策明令禁止建设和限期淘汰的工艺装备，要采取强有力的果断措施，令其停建。二是对国办发[2003]103 号文件下发后仍继续违规审批和建设的项目，各部门要按照有关规定，从严查处。各地区要认真开展对钢铁企业土地使用情况、金融、环保和项目审批进行一次自查，由各省市发改委（计委）、经贸委（经委）牵头，将自查结果和处理意见于 2006 年 7 月 31 日前上报国家各有关部门。三是严把项目准入关。投资主管部门严格按照钢铁产业政策规定的技术、资金、资源消耗、能耗、水耗、土地和环保等方面的准入标准，严格市场准入。原则上不批准新建钢铁企业，个别结合搬迁、淘汰落后的项目也要从严掌握。

（三）淘汰落后生产能力

按照《大气污染防治法》、《水污染防治法（1996 年修正）》、《固体废物污染环境防治法（2004 年修订）》、《清洁生产促进法》和《安全生产法》以及《钢铁产业发展政策》、《产业结构调整指导目录》（2005 年本）等现行的有关法律法规，关闭一批浪费资源、污染环境和不具备生产条件的落后生产能力。2007 年前重点淘汰 200 立方米及以下高炉、20 吨及以下转炉和电炉的落后能力；2010 年前淘汰 300 立方米及以下高炉等其他落后装备的能力。对列入淘汰目录的装备，不得进行转让、变卖，金融机构要慎贷，环保部门要加强排污监控，质检部门要加强质量检查；在能源、水、电供应、流动资金贷款、铁矿等资源配置方面也要采取相应措施，不支持污染严重、能耗高、属于应淘汰的落后生产企业；地方可根据实际情况，采取差别电价、水价等经济手段，促其尽快淘汰；国家发展改革委核准钢铁项目将与该地区淘汰落后产能进度挂钩。各地、各部门本着谁审批谁负责的原则，妥善处理淘汰落后能力过程中出现的问题。国家发展改革委将会同土地、金融、环保等部门对重点地区进行检查。

（四）支持企业技术改造和技术创新

要按照钢铁产业发展政策的要求，支持增强自主创新能力，着力提升产业技术水平，改善品种，提高质量，降低消耗，加强综合利用、环境保护和安全生产的项目。继续支持符合钢铁产业政策，对调整结构、改善环境、调整布局方面有重大影响和带动作用的项目。鼓励企业加大技术开发力度，促进清洁生产，开发高质量、节约型、有特色的高附加值产品。对于淘汰企业转产其他符合国家产业政策的项目，土地、金融等方面应给予支持。

（五）推进钢铁企业的联合重组

要按照市场优胜劣汰原则，鼓励有实力的大型企业集团，以资产和资源为纽带，实施跨地区、跨所有制的兼并、联合重组，促进钢铁产业集中度的提高。金融、社保、财税部门要制定鼓励兼并重组的政策，提供必要的方便。联合重组要注重实效，实现企业生产要素的优化组合，提高竞争力。既要防止不顾市场规律的“拉郎配”，也要排除体制障碍，顺应市场要求，推动重组。要巩固鞍本联合的成果，推动鞍本资产、人事和管理的实质性重组；要结合首钢搬迁改造，促进与河北省钢铁企业的联合重组；要总结宝钢与上海冶金企业重组的经验，推动其他大型钢铁企业进行区域内及跨地区的联合重组。

（六）加强行业自律

钢铁工业协会要关心行业发展方向和行业的整体利益，及时发布关系行业健康发展的需求预测、产能变化、落后生产能力等信息，及时与政府、企业进行沟通，形成协调互动的机制，确保各项政策措施落到实处。同时，协会和企业要加强行业自律，统一思想认识，规范行业秩序，避免无序竞争和盲目发展。

（七）加强领导，落实责任

钢铁行业控制总量、淘汰落后和结构调整具有涉及面广、市场性强、政策配套和依法行政的特点，要充分认识到这一工作的重要性、紧迫性、艰巨性和复杂性。各地区，特别是淘汰落后产能任务比较重的地区要统一思想认识，加强领导，责任到人，根据不同情况和地区特点，制定出本地区五年规划和实施方案，摸清落后产能情况，明确重点和进度，于2006年三季度前报国家发展改革委，每半年将进展情况上报国务院有关部门。各级政府要高度重视淘汰落后工作，形成地方政府主导，部门配合联动的工作体系。地方经济综合主管部门应当依法向当地政府提出淘汰设备、关停企业的意见，在政府统一组织下，依法实施关闭。与此同时，各地要正确处理改革、发展与稳定的关系，认真解决淘汰落后、结构调整过程中出现的困难和问题，做好人员安置，维护社会稳定。国务院有关部门要密切配合，积极主动，各司其职，及时总结淘汰落后和结构调整的经验，加强对地方的指导。

附件：

淘汰落后产能的法律依据

淘汰落后产能（装备、工艺等）的主要法律法规依据是《中华人民共和国大气污染防治法》、《中华人民共和国水污染防治法（1996年修订）》、《中华人民共和国固体废物污染环境防治法（2004年修订）》、《中华人民共和国清洁生产促进法》和《中华人民共和国安全生产法》等。

一、国家经济综合主管部门提出落后工艺、装备和企业目录的依据

1.《大气污染防治法》第十九条　国务院经济综合主管部门会同国务院有关部门公布限期禁止采用的严重污染大气环境的工艺名录和限期禁止生产、禁止销售、禁止进口、禁止使用的严重污染大气环境的设备名录。

生产者、销售者、进口者或者使用者必须在国务院经济综合主管部门会同国务院有关部门规定的期限内分别停止生产、销售、进口或者使用列入前款规定的名录中的设备。生产工艺的采用者必须在国务院经济综合主管部门会同国务院有关部门规定的期限内停止采用列入前款规定的名录中的工艺。

2.《水污染防治法》第二十二条　国务院经济综合主管部门会同国务院有关部门公布限期禁止采用的严重污染水环境的工艺名录和限期禁止生产、禁止销售、禁止进口、禁止使用的严重污染水环境的设备名录。

生产者、销售者、进口者或者使用者必须在国务院经济综合主管部门会同国务院有关部门规定的期限内分别停止生产、销售、进口或者使用列入前款规定的名录中的设备。生产工艺的采用者必须在国务院经济综合主管部门会同国务院有关部门规定的期限内停止采用列入前款规定的名录中的工艺。

3.《固体废弃物污染防治法》第二十八条　国务院经济综合宏观调控部门应当会同国务院有关部门组织研究、开发和推广减少工业固体废物产生量和危害性的生产工艺和设备，公布限期淘汰产生严重污染环境的工业固体废物的落后生产工艺、落后设备的名录。

生产者、销售者、进口者、使用者必须在国务院经济综合宏观调控部门会同国务院有关部门规定的期限内分别停止生产、销售、进口或者使用列入前款规定的名录中的设备。生产工艺的采用者必须在国务院经济综合宏观调控部门会同国务院有关部门规定的期限内停止采用列入前款规定的名录中的工艺。

4.《清洁生产促进法》第十二条　国家对浪费资源和严重污染环境的落后生产技术、工艺、设备和产品实行限期淘汰制度。国务院经济贸易行政主管部门会同国务院有关行政主管部门制定并发布限期淘汰的生产技术、工艺、设备以及产品的名录。

5.《安全生产法》第三十一条　国家对严重危及生产安全的工艺、设备实行淘汰制度。

生产经营单位不得使用国家明令淘汰、禁止使用的危及生产安全的工艺、设备。

二、淘汰落后能力的主要程序依据

1.《大气污染防治法》第四十九条　生产、销售、进口或者使用禁止生产、销售、进口、使用的设备，或者采用禁止采用的工艺的，由县级以上人民政府经济综合主管部门责令改正；情节严重的，由县级以上人民政府经济综合主管部门提出意见，报请同级人民政府按照国务院规定的权限责令停业、关闭。

将淘汰的设备转让给他人使用的，由转让者所在地县级以上地方人民政府环境保护行政主管部门或者其他依法行使监督管理权的部门没收转让者的违法所得，并处违法所得两倍以下罚款。

2.《水污染防治法》第五十条　生产、销售、进口或者使用禁止生产、销售、进口、使用的设备，或者采用禁止采用的工艺的，由县级以上人民政府经济综合主管部门责令改正；情节严重的，由县级以上人民政府经济综合主管部门提出意见，报请同级人民政府按照国务院规定的权限责令停业、关闭。

3.《固体废弃物污染防治法》第七十二条　违反本法规定，生产、销售、进口或者使用淘汰的设备，或者采用淘汰的生产工艺的，由县级以上人民政府经济综合宏观调控部门责令改正；情节严重的，由县级以上人民政府经济综合宏观调控部门提出意见，报请同级人民政府按照国务院规定的权限决定停业或者关闭。

三、其他

《安全生产法》第五十四条　对安全生产负有监督管理职责的部门依照有关法律、法规的规定，对涉及安全生产的事项需要审查批准（包括批准、核准、许可、注册、认证、颁发证照等，下同）或者验收的，必须严格依照有关法律、法规和国家标准或者行业标准规定的安全生产条件和程序进行审查；不符合有关法律、法规和国家标准或者行业标准规定的安全生产条件的，不得批准或者验收通过。对未依法取得批准或者验收合格的单位擅自从事有关活动的，负责行政审批的部门发现或者接到举报后应当立即予以取缔，并依法予以处理。对已经依法取得批准的单位，负责行政审批的部门发现其不再具备安全生产条件的，应当撤销原批准。

铝行业准入条件

（2007年10月29日　中华人民共和国国家发展和改革委员会公告　2007年第64号）

为加快铝工业结构调整，规范投资行为，促进行业持续协调健康发展和节能减排目标的实现，根据国家有关法律法规和产业政策，制定铝行业准入条件。

一、企业布局及规模和外部条件要求

新建或者改建的铝土矿开采、铝冶炼（电解铝、氧化铝、再生铝）、加工项目必须符合国家产业政策和规划布局要求，符合土地利用总体规划、土地供应政策和土地使用标准的规定，依法做好征地补偿安置、耕地占补平衡和土地复垦工作。必须依法严格执行环境影响评价和环保、安全设施“三同时”验收制度。

各地要根据国家铝冶炼发展的总体规划布局，按照生态功能区划的要求，对优化开发、重点开发的地区研究确定不同区域的铝冶炼生产规模总量，合理选择铝冶炼企业厂址。在国家法律、法规、行政规章及规划确定或县级以上人民政府批准的饮用水水源保护区、基本农田保护区、自然保护区、风景名胜区、生态功能保护区等需要特殊保护的地区，大中城市及其近郊，居民集中区、疗养地、医院和食品、药品、电子等对环境质量要求高的企业周边1公里内，不得新建铝冶炼（电解铝、氧化铝、再生铝）企业及生产装备。

开采铝土矿资源，应依法取得采矿许可证，遵守矿产资源、安全生产法律法规、矿产资源规划及相关政策。采矿权人应严格按照批准的开发利用方案进行开采，严禁无证开采、乱采滥挖和破坏浪费资源。

新建铝土矿开采项目，必须规范设计、正规开采。矿山投资项目，必须按照《国务院关于投资体制改革的决定》中公布的政府核准投资项目目录要求办理，总投资5亿元及以上的矿山开发项目由国务院投资主管部门核准，其他矿山开发项目由省级政府投资主管部门核准。申请核准的矿山投资项目，总生产建设规模不得低于30万吨/年，服务年限为15年以上。

新建氧化铝项目，必须经过国务院投资主管部门核准。利用国内铝土矿资源的氧化铝项目起步规模必须是年生产能力在80万吨及以上，落实铝土矿、交通运输等外部生产条件，自建铝土矿山比例应达到85%以上，配套矿山的总体服务年限必须在30年以上；新建氧化铝企业，必须在矿产资源规划允许的范围内按规定首先申请铝土矿采矿权，按照矿产资源开采登记管理部门批准的开发利用方案，依法开采铝土矿资源，氧化铝生产企业不得收购无证开采的铝土矿。利用进口铝土矿的氧化铝项目起步规模必须是年生产能力在60万吨及以上，必须有长期可靠的境外铝土矿资源作为原料保障，通过合资合作方式取得5年以上铝土矿长期合同的原料达到总需求的60%以上，并落实交通运输等外部生产条件。

新增生产能力的电解铝项目，必须经过国务院投资主管部门核准。近期只核准环保改造项目及国家规划的淘汰落后生产能力置换项目。改造的电解铝项目，必须有氧化铝原料供应保证，并落实电力供应、交通运输等内外部生产条件。对于确需建设的环保改造项目及国家规划的淘汰落后生产能力置换项目，必须经过国家投资主管部门同意开展前期工作后，方可办理项目用地和环评审批手续。

新建再生铝项目，规模必须在 5 万吨/年以上；现有再生铝企业的生产准入规模为大于 2 万吨/年；改造、扩建再生铝项目，规模必须在 3 万吨/年以上。

新建铝加工项目产品结构必须以板、带、箔或者挤压管、工业型材为主。多品种综合铝加工项目生产能力必须达到 10 万吨/年以上。单一品种铝加工项目生产能力必须达到：板带材 5 万吨/年、箔材 3 万吨/年、挤压材 5 万吨/年以上。

铝矿山、冶炼、再生利用项目资本金比例要达到 35%及以上。

二、工艺和装备

新建大中型铝土矿山要采用适合矿床开采技术条件的先进采矿方法，尽量采用大型设备，适当提高自动化水平。

氧化铝项目要根据铝土矿资源情况选择采用拜耳法、联合法等生产效率高、工艺先进、能耗低、环保达标、资源综合利用效果好的生产工艺系统。必须有资源综合利用、节能等设施。设计选用余热回收等工艺及设备必须满足国家《节约能源法》、《清洁生产促进法》、《环境保护法》等法律法规的要求。

报请核准的电解铝淘汰落后生产能力置换项目及环保改造项目，必须采用 200 千安及以上大型预焙槽工艺，且新建生产线阳极效应系数要小于 0.08 个/槽日。严禁将已经淘汰的自焙槽重新改造。

禁止湿法工艺生产铝用氟化盐。铝用炭阳极项目必须采用连续混捏技术，禁止建设 10 万吨/年以下的独立铝用炭素项目。

发展循环经济，提高铝再生回收企业的技术和环保水平，按照规模化、环保型的发展模式回收利用再生资源。禁止利用直接燃煤的反射炉再生铝项目和 4 吨以下的其他反射炉再生铝项目，禁止采用坩埚炉熔炼再生铝合金。

新建铝加工项目，必须采用连续铸轧或者热连轧等生产效率和自动化程度高、技术先进、产品质量好、综合成品率高的连续加工工艺，严禁利用“二人转”式轧机生产铝加工材。

按照《国务院关于印发节能减排综合性工作方案的通知》（国发[2007]15 号）等文件和《产业结构指导目录（2005 年本）》、《关于加快铝工业结构调整指导意见的通知》等产业政策规定，淘汰落后电解铝生产能力，杜绝已经淘汰的自焙槽电解铝生产能力死灰复燃，力争在“十一五”末期电解铝行业全部采用 160 千安以上大型预焙槽冶炼工艺，立即淘汰坩埚炉熔炼再生铝合金工艺及二人转轧机生产铝加工材工艺。

三、能源消耗

按照 1 千瓦时电力折 0.122 9 千克标准煤的新折标系数，对铝行业能源消耗提出如下准入指标。

铝土矿地下开采原矿综合能耗要低于 25 千克标准煤/吨矿，露天开采原矿综合能耗要低于 13 千克标准煤/吨矿。

新建拜耳法氧化铝生产系统综合能耗必须低于 500 千克标准煤/吨氧化铝，其他工艺氧化铝生产系统综合能耗必须低于 800 千克标准煤/吨氧化铝。现有拜耳法氧化铝生产系统综合能耗必须低于 520 千克标准煤/吨氧化铝，其他工艺氧化铝生产系统综合能耗必须低于 900 千克标准煤/吨氧化铝。

新改造的电解铝生产能力综合交流电耗必须低于 14 300 千瓦时/吨铝；电流效率必须高于 94%。现有的电解铝企业综合交流电耗应低于 14 450 千瓦时/吨铝；电流效率必须高于 93%。综合交流电耗高于准入水平的不予准入，符合综合交流电耗准入条件的现有企业要通过技术改造节能降耗，在“十一五”末达到新改造企业能耗水平。

新建及现有再生铝合金项目，必须有节能措施，采用先进的工艺和设备，确保符合国家能耗标准。

新建铝加工项目铝加工材综合能耗要低于 350 千克标准煤/吨；综合电耗低于 1 150 千瓦时/吨。现有企业铝加工材综合能耗要低于 410 千克标准煤/吨；综合电耗低于 1 250 千瓦时/吨。现有企业要通过技术改造节能降耗，在“十一五”末达到新建企业能耗水平。

四、资源消耗及综合利用

铝土矿采矿损失率地下开采不超过 12%、露天开采不超过 8%；采矿贫化率地下开采不超过 10%、露天开采不超过 8%。禁止建设资源利用率低的铝土矿山及选矿厂。矿山企业应按照上述要求编制矿产资源开发利用方案报国土资源主管部门审批。铝土矿的实际采矿损失率和选矿回收率不得低于批准的矿产资源开发利用方案规定的指标及设计标准。

新建拜耳法氧化铝生产系统氧化铝综合回收率达到 81%以上，新水消耗低于 8 吨/吨氧化铝，占地面积小于 1 平方米/吨氧化铝。新建其他工艺氧化铝生产系统氧化铝综合回收率达到 90%以上，新水消耗低于 7 吨/吨氧化铝，占地面积小于 1.2 平方米/吨铝。现有氧化铝企业要通过技术改造降低资源消耗，在“十一五”末达到新建系统标准。

新改造的电解铝生产能力，氧化铝单耗要低于 1 920 千克/吨铝，原铝液消耗氟化盐低于 25 千克/吨铝，阳极炭素净耗低于 410 千克/吨铝，新水消耗低于 7 吨/吨铝，占地面积小于 3 平方米/吨铝。现有的电解铝企业，氧化铝单耗要低于 1 930 千克/吨铝，原铝液消耗氟化盐低于 30 千克/吨铝，阳极炭素净耗低于 430 千克/吨铝，新水消耗低于 7.5 吨/吨铝。现有企业要通过提高技术水平加强管理降低资源消耗，在“十一五”末达到新建企业标准。

新建加工企业铝加工材金属消耗要低于 1 025 千克/吨，其中铝型材金属消耗要低于 1 015 千克/吨；铝加工材综合成品率要高于 75%，其中加工材成品率高于 78%、熔铸成品率高于 91%；铝板材加工成品率高于 70%、带材加工成品率高于 77%、箔材加工成品率高于 79%、型材加工成品率高于 88%。现有加工企业铝加工材金属消耗要低于 1 035 千克/吨，其中铝型材金属消耗要低于 1 020 千克/吨；铝加工材综合成品率要高于 72%，其中加工材成品率高于 78%，熔铸成品率高于 91%；铝板材加工成品率高于 69%、带材加工成品率高于 75%、箔材加工成品率高于 78%、型材加工成品率高于 87%。现有加工企业要通过技术改造降低金属消耗，在“十一五”末达到新建企业水平。

五、环境保护和土地复垦

严禁矿山企业破坏土地及污染环境。要认真履行环境影响评价文件审批和环保设施“三同时”验收程序。必须严格执行土地复垦规定，坚持“谁破坏、谁复垦”原则，履行土地复垦法定义务。按照国土资源部、发展改革委等七部门《关于加强生产建设项目土地复垦管理工作的通知》（国土资发[2006]225 号）要求，编制土地复垦方案，将土地复垦费列入生产成本并足额预算，依法缴纳土地复垦费并专项用于土地复垦，努力做到“边开发、边复垦”。按照财政部、国土资源部、环保总局《关于逐步建立矿山环境治理和生态恢复责任机制的指导意见》要求，逐步建立环境治理恢复保证金制度，专项用于矿山环境治理和生态恢复。矿山投资项目的环保设计，必须按照国家环保总局的有关规定和《国务院关于投资体制改革的决定》中公布的政府核准投资项目目录要求由有权限环保部门组织审查批准。必须按照环保、土地复垦和水土保持要求完成矿区环境恢复和土地复垦利用。铝冶炼、加工企业污染物排放要符合国家《工业炉窑大气污染物排放标准》（GB 9078—1996）、《大气污染物综合排放标准》（GB 16297—1996）、《污水综合排放标准》（GB 8978—1996）、工业固废和危险废物处理处置的有关要求及有关地方标准的规定，必须符合经合法批复的环境影响评价文件规定的控制值和总量指标要求。氧化铝厂要做到废水“零排放”，赤泥的最终处置（包括堆场）应当严格按照环评文件批复的要求执行。防止电解铝冶炼氟化物、粉尘等有害物质污染以及氧化铝赤泥随意堆放造成的污染。电解铝项目吨铝外排氟化物（包括无组织排放量）要低于 1 千克。严禁将电解铝厂的含氟电解渣添加在煤中燃烧。

铝冶炼项目的原料处理、中间物料破碎、冶炼、浇铸、装卸等所有产生粉尘部位，均要配备除尘及回收处理装置进行处理，并安装经环保总局指定的环境监测仪器检测机构适用性检测合格的自动监控系统进行监测。

新建及现有再生铝项目，废杂铝的回收、处理必须采用先进的工艺和设备，禁止采用露天焚烧的方法去除废铝芯电线电缆的塑料、橡胶皮以及废碎料中的杂质；采用火法对废铝芯电线电缆和废铝碎料进行预处理的，其排放的大气污染物应当满足《危险废物焚烧污染控制标准》（GB 18484—2001）中有关要求和有关地方标准的规定。

根据《中华人民共和国环境保护法》等有关法律法规，所有新、改、扩建项目必须严格执行环境影响评价制度，持证排污（尚未实行排污许可证制度的地区除外），达标排放。新建铝土矿山、铝冶炼及加工生产能力，须经过有关部门验收合格后，按照有关规定办理《排污许可证》（尚未实行排污许可证的地区除外）后，企业方可进行生产和销售等经营活动。现有生产企业改扩建的生产能力经省级有关部门验收合格后，也要按照规定办理《排污许可证》等相关手续。环保部门对现有铝冶炼企业执行环保标准情况进行监督检查，定期发布环保不达标生产企业名单，达不到排放标准或超过排污总量的企业，应依法开展强制性清洁生产审核。对达不到排放标准或超过排污总量的企业，由环保部门决定限期治理，治理不合格的，由地方人民政府依法决定给予停产或关闭处理。

六、安全生产与职业危害

矿山、冶炼、加工建设项目必须符合《安全生产法》、《矿山安全法》、《职业病防治法》等法律法规规定，具备相应的安全生产和职业危害防治条件，并建立、健全安全生产责任制和各项规章制度；新、改、扩建项目安全设施和职业危害防治设施必须与主体工程同时设计、同时施工、同时投入生产和使用，铝土矿和氧化铝项目安全设施设计、投入生产和使用前，要依法经过安全生产监督管理部门审查、验收。必须建立职业危害防治设施，配备符合国家有关标准的个人劳动防护用品，配备铝液泄漏、爆炸、火灾、雷击及设备故障、机械伤害、人体坠落、灼烫伤等事故防范设施，以及安全供电、供水装置和消除有毒、有害物质设施，建立健全相关制度，并通过地方行政主管部门组织的专项验收。

矿山企业要依照《安全生产许可证条例》（国务院令第 397 号）等有关规定，依法取得安全生产许可证后方可从事生产活动。氧化铝企业赤泥堆场应符合国家有关尾矿库安全管理规定及技术规程。

七、监督管理

新建和改造铝土矿山、铝冶炼及加工项目必须符合上述准入条件。有关部门办理项目的投资管理、土地供应、环境影响评价和融资等手续必须符合产业政策和准入条件的规定。建设单位必须按照国家环保总局有关分级审批的规定报批环境影响报告书，电解铝和氧化铝项目的环评报告书，必须按照规定向国家环保总局报批。符合产业政策的现有企业要通过技术改造达到新建企业在资源综合利用、能耗、环保等方面的准入条件。

新建或改建铝土矿山、铝冶炼（氧化铝、电解铝、再生铝）及加工项目投产前，要经省级以上投资、国土资源、环保、安全监管、劳动卫生、质检等行政主管部门和有关专家组成的联合检查组监督检查，检查工作要按照准入条件要求进行。经检查认为未达到准入条件的，不允许投产。投资主管部门应责令建设单位根据设计要求限期完善有关建设内容。对未依法取得土地或者未按规定的条件和土地使用合同约定使用土地，未按规定履行土地复垦义务或土地复垦措施不落实的，国土资源管理部门要按照土地管理法规和土地使用合同的约定予以纠正和处罚，责令限期纠正，且不得发放土地使用权证书；依法打击矿山开采中的各种违法行为；对不符合安全、环保要求的，安全监管和环境保护主管部门要根据有关法律、法规进行处罚，并限期整改。

各地区发展改革委、经委（经贸委）、工业办和国土资源、环保、工商、安全监管、劳动卫生等有关管理和执法部门要定期对本地区铝矿山、冶炼和加工企业执行准入条件的情况进行督查。中国有色金属工业协会协助有关部门做好跟踪监督工作。

对不符合产业政策和准入条件的铝土矿山、铝冶炼及加工新建和改造项目，投资管理部门不得核准或者备案，国土资源管理部门不得办理建设用地审批手续，环保部门不得批准环境影响评价报告，金融机构不得提供授信，电力部门依法停止供电。依法撤销或责令关闭的企业，要及时到工商行政管理部门依法办理变更登记或注销登记。

国家发展改革委定期公告符合准入条件的铝土矿山、铝冶炼及铝加工生产企业名单。实行社会监督并进行动态管理。

八、附则

本准入条件适用于中华人民共和国境内（港、澳、台地区除外）所有类型的铝土矿山、铝冶炼和加工行业生产企业。

本准入条件中涉及的国家标准若进行了修订，则按修订后的新标准执行。

本准入条件自发布之日起实施，由国家发展改革委负责解释，并根据行业发展情况和宏观调控要求进行修订。

铜冶炼行业准入条件

（2006年6月30日　中华人民共和国国家发展和改革委员会公告　2006年第40号）

为加快结构调整，规范铜冶炼行业的投资行为，促进我国铜工业的持续协调健康发展，根据国家有关法律法规和产业政策，制定铜冶炼行业准入条件。

一、企业布局及规模和外部条件要求

在国家法律、法规、行政规章及规划确定或县级以上人民政府批准的饮用水水源保护区、自然保护区、风景名胜区、生态功能保护区等需要特殊保护的地区，大中城市及其近郊，居民集中区、疗养地、医院和食品、药品、电子等对环境质量要求高的企业周边1公里内，不得新建铜冶炼企业及生产装备。

新建或者改建的铜冶炼项目必须符合环保、节能、资源管理等方面的法律、法规，符合国家产业政策和规划要求，符合土地利用总体规划、土地供应政策和土地使用标准的规定。

单系统铜熔炼能力在10万吨/年及以上，落实铜精矿、交通运输等外部生产条件，自有矿山原料比例达到25%以上（或者自有矿山原料和通过合资合作方式取得5年以上矿山长期合同的原料达到总需求的40%以上），项目资本金比例达到35%及以上。

二、工艺和装备

采用先进的闪速熔炼、顶吹熔炼、诺兰达熔炼以及具有自主知识产权的白银炉熔炼、合成炉熔炼、底吹熔炼等生产效率高、工艺先进、能耗低、环保达标、资源综合利用效果好的富氧熔池熔炼或者富氧漂浮熔炼工艺。

必须有制酸、资源综合利用、节能等设施。火法熔炼须配置烟气制酸、收尘及余热回收设施；烟气制酸须采用稀酸洗净化、双转双吸（或三转三吸）工艺，严禁采用热浓酸洗工艺。设计选用的冶炼尾气余热回收、收尘工艺及设备必须满足国家《节约能源法》、《清洁生产促进法》、《环境保护法》等法律法规的要求。

禁止利用直接燃煤的反射炉熔炼废杂铜。在矿产粗铜熔炼工艺和装备方面，依法立即淘汰现有的1.5平方米及以下密闭鼓风炉，2006年底前淘汰反射炉、电炉和1.5～10平方米（不含10平方米）熔炼用密闭鼓风炉，2007年底前淘汰所有鼓风炉。

三、能源消耗

新建铜冶炼企业：粗铜冶炼工艺综合能耗550千克标准煤/吨以下。电解精炼（含电解液净化）部分综合能耗在250千克标准煤/吨以下。电铜直流电耗285千瓦时/吨以下。

现有铜冶炼企业：粗铜冶炼综合能耗900千克标准煤/吨以下。电铜直流电耗310千瓦时/吨以下。现有冶炼企业要通过技术改造节能降耗，在准入条件发布两年内达到新建企业能耗标准。

四、资源综合利用

新建企业铜冶炼总回收率达到 97%以上；粗铜冶炼回收率 98%以上；水循环利用率 95%以上，吨铜新水消耗 25 吨以下；占地面积低于 4 平方米/吨铜。铜冶炼硫的总捕集率达 98%以上；硫的回收率达到 96%以上。

现有企业的铜冶炼总回收率达到 96%以上；粗铜冶炼回收率 97%以上；水循环利用率 90%以上，吨铜新水消耗 28 吨以下。铜冶炼硫的总捕集率达 98%以上。硫的回收率达到 95%以上。并通过技术改造降低资源消耗，在准入条件发布两年内达到新建企业标准。

五、环境保护

根据《中华人民共和国环境保护法》等有关法律法规，所有新建、改建项目必须严格执行环境影响评价制度，持证排污（尚未实行排污许可证制度的地区除外），达标排放。环保部门对现有铜冶炼企业执行环保标准情况进行监督检查，定期发布环保不达标生产企业名单，对达不到排放标准或超过排污总量的企业决定限期治理，治理不合格的，应由地方人民政府依法决定给予停产或关闭处理。

铜冶炼污染物排放要符合国家《工业炉窑大气污染物排放标准》（GB 9078—1996）、《污水综合排放标准》（GB 8978—1996）和有关地方标准的规定。

六、安全生产与劳动卫生

必须具备国家安全生产法律、法规和部门规章及标准规定的安全生产条件，并建立、健全安全生产责任制；新建、改建项目安全设施必须与主体工程同时设计、同时施工、同时投入生产和使用，制酸、制氧系统项目及安全设施设计、投入生产和使用前，要依法经过安全生产管理部门审查、验收。必须建立劳动保护与工业卫生的设施，建立健全相关制度，必须通过地方行政主管部门组织的专项验收。

七、监督管理

新建和改造铜冶炼项目必须符合上述准入条件。铜冶炼项目的投资管理、土地供应、融资、环境影响评价等手续必须依据准入条件的规定办理。建设单位必须按照国家环保总局有关分级审批的规定报批环境影响报告书，粗铜冶炼项目的环评报告书，必须按照规定向国家环保总局报批。符合产业政策的现有铜冶炼企业要通过技术改造达到新建企业在资源综合利用、能耗、环保等方面的准入条件。

新建或改建铜冶炼项目投产前，要经省级及以上投资、土地、环保、安全生产、劳动卫生、质检等行政主管部门和有关专家组成的联合检查组监督检查，检查工作要按照准入条件要求进行。经检查认为未达到准入条件的，投资主管部门应责令建设单位根据设计要求限期完善有关建设内容。对不符合环保要求的，环境保护主管部门要根据有关法律、法规进行处罚，并限期整改；对未依法取得土地或者土地利用不符合有关规定的，要按照土地管理法规或土地使用合同的约定予以处罚，限期整改，且不得发放土地使用权证书。

新建铜冶炼生产能力，须经过有关部门验收合格后，按照有关规定办理《排污许可证》（尚未实行排污许可证的地区除外）后，企业方可进行生产和销售等经营活动。涉及制酸、制氧系统的，应按照有关规定办理《危险化学品生产企业安全生产许可证》。现有生产企业改扩建的生产能力经省级有关部门验收合格后，也要按照规定办理《排污许可证》和《危险化学品生产企业安全生产许可证》等相关手续。

各地区发展改革委、经委（经贸委）、工业办和环保、工商、安全生产、劳动卫生等有关管理和执法部门要定期对本地区铜冶炼企业执行准入条件的情况进行督查。中国有色金属工业协会协助有关部门做好跟踪监督工作。

对不符合产业政策和准入条件的铜冶炼新建和改造项目，投资管理部门不得备案，土地行政主管部门不得办理供地手续，环保部门不得批准环境影响评价报告，金融机构不得提供授信，电力部门依法停止供电。依法撤销或责令关闭的企业，要及时到工商行政管理部门依法办理变更登记或注销登记。

国家发展改革委定期公告符合准入条件的铜冶炼生产企业名单。实行社会监督并进行动态管理。

八、附则

本准入条件适用于中华人民共和国境内（港澳台地区除外）所有类型的铜冶炼行业生产企业。

本准入条件也适用于利用其他装备改造成铜冶炼设备后从事的铜冶炼生产行为。

本准入条件中涉及的国家标准若进行了修订，则按修订后的新标准执行。

本准入条件自 2006 年 7 月 1 日起实施，由国家发展和改革委负责解释，并根据行业发展情况和宏观调控要求进行修订。

铅锌行业准入条件

（2007年3月6日　中华人民共和国国家发展和改革委员会公告　2007年第13号）

为加快结构调整，规范铅锌行业的投资行为，促进我国铅锌工业的持续协调健康发展，根据国家有关法律法规和产业政策，制定铅锌行业准入条件。

一、企业布局及规模和外部条件要求

新建或者改、扩建的铅锌矿山、冶炼、再生利用项目必须符合国家产业政策和规划要求，符合土地利用总体规划、土地供应政策和土地使用标准的规定。必须依法严格执行环境影响评价和“三同时”验收制度。

各地要按照生态功能区划的要求，对优化开发、重点开发的地区研究确定不同区域的铅锌冶炼生产规模总量，合理选择铅锌冶炼企业厂址。在国家法律、法规、行政规章及规划确定或县级以上人民政府批准的自然保护区、生态功能保护区、风景名胜区、饮用水水源保护区等需要特殊保护的地区，大中城市及其近郊，居民集中区、疗养地、医院和食品、药品等对环境条件要求高的企业周边1公里内，不得新建铅锌冶炼项目，也不得扩建除环保改造外的铅锌冶炼项目。再生铅锌企业厂址选择还要按《危险废物焚烧污染控制标准》（GB 18484—2001）中焚烧厂选址原则要求进行。

新建铅、锌冶炼项目，单系列铅冶炼能力必须达到5万吨/年（不含5万吨）以上；单系列锌冶炼规模必须达到10万吨/年及以上，落实铅锌精矿、交通运输等外部生产条件，新建铅锌冶炼项目企业自有矿山原料比例达到30%以上。允许符合有关政策规定企业的现有生产能力通过升级改造淘汰落后工艺改建为单系列铅熔炼能力达到5万吨/年（不含5万吨）以上、单系列锌冶炼规模达到10万吨/年及以上。

现有再生铅企业的生产准入规模应大于10 000吨/年；改造、扩建再生铅项目，规模必须在2万吨/年以上；新建再生铅项目，规模必须大于5万吨/年。鼓励大中型优势铅冶炼企业并购小型再生铅厂与铅熔炼炉合并处理或者附带回收处理再生铅。

开采铅锌矿资源，应遵守《矿产资源法》及相关管理规定，依法申请采矿许可证。采矿权人应严格按照批准的开发利用方案进行开采，严禁无证勘查开采、乱采滥挖和破坏浪费资源。国土资源管理部门要严格规范铅锌矿勘查采矿审批制度。按照法律法规和有关规定，严格探矿权、采矿权的出让方式和审批权限，严禁越权审批，严禁将整装矿床分割出让。

新建铅锌矿山最低生产建设规模不得低于单体矿3万吨/年（100吨/日），服务年限必须在15年以上，中型矿山单体矿生产建设规模应大于30万吨/年（1 000吨/日）。

采用浮选法选矿工艺的选矿企业处理矿量必须在1 000吨/日以上。

矿山投资项目，必须按照《国务院关于投资体制改革的决定》中公布的政府核准投资项目目录要求办理，总投资5亿元及以上的矿山开发项目由国务院投资主管部门核准，其他矿山开发项目由省级政府投资主管部门核准。

铅锌矿山、冶炼、再生利用项目资本金比例要达到35%及以上。

二、工艺和装备

新建铅冶炼项目，粗铅冶炼须采用先进的具有自主知识产权的富氧底吹强化熔炼或者富氧顶吹强化熔炼等生产效率高、能耗低、环保达标、资源综合利用效果好的先进炼铅工艺和双转双吸或其他双吸附制酸系统。新建锌冶炼项目，硫化锌精矿焙烧必须采用硫利用率高、尾气达标的沸腾焙烧工艺；单台沸腾焙烧炉炉床面积必须达到 109 平方米及以上，必须配备双转双吸等制酸系统。

必须有资源综合利用、余热回收等节能设施。烟气制酸严禁采用热浓酸洗工艺。冶炼尾气余热回收、收尘或尾气低二氧化硫浓度治理工艺及设备必须满足国家《节约能源法》、《清洁生产促进法》、《环境保护法》等法律法规的要求。利用火法冶金工艺进行冶炼的，必须在密闭条件下进行，防止有害气体和粉尘逸出，实现有组织排放；必须设置尾气净化系统、报警系统和应急处理装置。利用湿法冶金工艺进行冶炼，必须有排放气体除湿净化装置。

发展循环经济，支持铅锌再生资源的回收利用，提高铅再生回收企业的技术和环保水平，走规模化、环境友好型的发展之路。新建及现有再生铅锌项目，废杂铅锌的回收、处理必须采用先进的工艺和设备。再生铅企业必须整只回收废铅酸蓄电池，按照《危险废物贮存污染控制标准》（GB 18597—2001）中的有关要求贮存，并使用机械化破碎分选，将塑料、铅极板、含铅物料、废酸液分别回收、处理，破碎过程中采用水力分选的，必须做到水闭路循环使用不外泄。对分选出的铅膏必须进行脱硫预处理（或送硫化铅精矿冶炼厂合并处理），脱硫母液必须进行处理并回收副产品。不得带壳直接熔炼废铅酸蓄电池。熔炼、精炼必须采用国际先进的短窑设备或等同设备，熔炼过程中加料、放料、精炼铸锭必须采用机械化操作。禁止对废铅酸蓄电池进行人工破碎和露天环境下进行破碎作业。禁止利用直接燃煤的反射炉建设再生铅、再生锌项目。

强化再生锌资源的回收管理工作，集中处理回收的镀锌铁皮及其他镀锌钢材，有效回收其中的锌、铅、锑等二次金属。鼓励针对回收干电池中二次金属的研发、建厂工作，工厂生产规模暂不设限。

新建大中型铅锌矿山要采用适合矿床开采技术条件的先进采矿方法，尽量采用大型设备，适当提高自动化水平。选矿须采用浮选工艺。

按照《产业结构调整指导目录（2005 年本）》等产业政策规定，立即淘汰土烧结盘、简易高炉、烧结锅、烧结盘等落后方式炼铅工艺及设备，以及用坩埚炉熔炼再生铅工艺，用土制马弗炉、马槽炉、横罐、小竖罐等进行还原熔炼再以简易冷凝设施回收锌等落后方式炼锌或氧化锌的工艺。禁止新建烧结机——鼓风炉炼铅企业，在 2008 年底前淘汰经改造后虽然已配备制酸系统但尾气及铅尘污染仍达不到环保标准的烧结机炼铅工艺。

三、能源消耗

新建铅冶炼综合能耗低于 600 千克标准煤/吨；粗铅冶炼综合能耗低于 450 千克标准

煤/吨，粗铅冶炼焦耗低于 350 千克/吨，电铅直流电耗降低到 120 千瓦时/吨。新建锌冶炼电锌工艺综合能耗低于 1 700 千克标准煤/吨，电锌生产析出锌电解直流电耗低于 2 900 千瓦时/吨，锌电解电流效率大于 88%；蒸馏锌标准煤耗低于 1 600 千克/吨。

现有铅冶炼企业：综合能耗低于 650 千克标准煤/吨；粗铅冶炼综合能耗低于 460 千克标准煤/吨，粗铅冶炼焦耗低于 360 千克/吨，电铅直流电耗降低到 121 千瓦时/吨，铅电解电流效率大于 95%。现有锌冶炼企业：精馏锌工艺综合能耗低于 2 200 千克标准煤/吨，电锌工艺综合能耗低于 1 850 千克标准煤/吨，蒸馏锌工艺标准煤耗低于 1 650 千克/吨，电锌直流电耗降低到 3 100 千瓦时/吨以下，电解电流效率大于 87%。现有冶炼企业要通过技术改造节能降耗，在“十一五”末达到新建企业能耗水平。

新建及现有再生铅锌项目，必须有节能措施，采用先进的工艺和设备，确保符合国家能耗标准。再生铅冶炼能耗应低于 130 千克标准煤/吨铅，电耗低于 100 千瓦时/吨铅。

铅锌坑采矿山原矿综合能耗要低于 7.1 千克标准煤/吨矿、露采矿山铅锌矿综合能耗要低于 1.3 千克标准煤/吨矿。铅锌选矿综合能耗要低于 14 千克标准煤/吨矿。矿石耗用电量低于 45 千瓦时/吨。

四、资源综合利用

新建铅冶炼项目：总回收率达到 96.5%，粗铅熔炼回收率大于 97%、铅精炼回收率大于 99%；总硫利用率大于 95%，硫捕集率大于 99%；水循环利用率达到 95%以上。新建锌冶炼项目：冶炼总回收率达到 95%；蒸馏锌冶炼回收率达到 98%，电锌回收率（湿法）达到 95%；总硫利用率大于 96%，硫捕集率大于 99%；水的循环利用率达到 95%以上。

所有铅锌冶炼投资项目必须设计有价金属综合利用建设内容。回收有价伴生金属的覆盖率达到 95%。

现有铅锌冶炼企业：铅冶炼总回收率达到 95%以上，粗铅冶炼回收率 96%以上；总硫利用率达到 94%以上，硫捕集率达 96%以上；水循环利用率 90%以上。锌冶炼蒸馏锌总回收率达到 96%，精馏锌总回收率达到 94%，电锌总回收率达到 93%以上；硫的利用率达到 96%（ISP 法达到 94%）以上，硫的总捕集率达 99%以上；水循环利用率 90%以上。现有铅锌冶炼企业通过技术改造降低资源消耗，在“十一五”末达到新建企业标准。

新建再生铅企业铅的总回收率大于 97%，现有再生铅企业铅的总回收率大于 95%，冶炼弃渣中铅含量小于 2%，废水循环利用率大于 90%。

铅锌采矿损失率坑采（地下矿）不超过 10%、露采（露天矿）不超过 5%，采矿贫化率坑采（地下矿）不超过 10%、露采（露天矿）不超过 4.5%。硫化矿选矿铅金属实际回收率达到 87%、选矿锌金属实际回收率达到 90%以上，混合（难选）矿铅、锌金属回收率均在 85%以上，平均每吨矿石耗用电量低于 35 千瓦时，耗用水量低于 4 吨/吨矿，废水循环利用率大于 75%。禁止建设资源利用率低的铅锌矿山及选矿厂。国土资源管理部门在审批采矿权申请时，应严格审查矿产资源开发利用方案，铅锌矿的实际采矿损失率、贫化率和选矿回收率不得低于批准的设计标准。

五、环境保护

铅锌冶炼及矿山采选污染物排放要符合国家《工业炉窑大气污染物排放标准》

（GB 9078—1996）、《大气污染物综合排放标准》（GB 16297—1996）、《污水综合排放标准》（GB 8978—1996）、固体废物污染防治法律法规、危险废物处理处置的有关要求和有关地方标准的规定。防止铅冶炼二氧化硫及含铅粉尘污染以及锌冶炼热酸浸出锌渣中汞、镉、砷等有害重金属离子随意堆放造成的污染。确保二氧化硫、粉尘达标排放。严禁铅锌冶炼厂废水中重金属离子、苯和酚等有害物质超标排放。待《有色金属工业污染物排放标准——铅锌工业》发布后按新标准执行。

铅锌冶炼项目的原料处理、中间物料破碎、熔炼、装卸等所有产生粉尘部位，均要配备除尘及回收处理装置进行处理，并安装经环保总局指定的环境监测仪器检测机构适用性检测合格的自动监控系统进行监测。

新建及现有再生铅锌项目，废杂铅锌的回收、处理必须采用先进的工艺和设备确保符合国家环保标准和有关地方标准的规定，严禁将蓄电池破碎的废酸液不经处理直接排入环境中。排放废水应符合《污水综合排放标准》（GB 8978—1996）；熔炼、精炼工序产生的废气必须有组织排放，送入除尘系统；废气排放应符合《危险废物焚烧污染控制标准》（GB 18484—2001）。熔炼工序的废弃渣，废水处理系统产生的泥渣，除尘系统净化回收的含铅烟尘（灰），防尘系统中废弃的吸附材料，燃煤炉渣等必须进行无害化处理；含铅量较高的水处理泥渣，铅烟尘（灰）必须返回熔炼炉熔炼；作业环境必须满足《工业企业设计卫生标准》（GBZ 1—2002）和《工作场所有害因素职业接触限值》（GBZ 2—2002）的要求；所有的员工都必须定期进行身体检查，并保存记录。企业必须有完善的突发环境事故的应急预案及相应的应急设施和装备；企业应配置完整的废水、废气净化设施，并安装自动监控设备。再生铅生产企业，以及从事收集、利用、处置含铅危险废物企业，均应依法取得危险废物经营许可证。

根据《中华人民共和国环境保护法》等有关法律法规，所有新、改、扩建项目必须严格执行环境影响评价制度，持证排污（尚未实行排污许可证制度的地区除外），达标排放。现有铅锌采选、冶炼企业必须依法实施强制性清洁生产审核。环保部门对现有铅锌冶炼企业执行环保标准情况进行监督检查，定期发布环保达标生产企业名单，对达不到排放标准或超过排污总量的企业决定限期治理，治理不合格的，应由地方人民政府依法决定给予停产或关闭处理。

严禁矿山企业破坏及污染环境。要认真履行环境影响评价文件审批和环保设施“三同时”验收程序。必须严格执行土地复垦规定，履行土地复垦义务。按照财政部、国土资源部、环保总局《关于逐步建立矿山环境治理和生态恢复责任机制的指导意见》要求，逐步建立环境治理恢复保证金制度，专项用于矿山环境治理和生态恢复。矿山投资项目的环保设计，必须按照国家环保总局的有关规定和《国务院关于投资体制改革的决定》中公布的政府核准投资项目目录要求由有权限环保部门组织审查批准。露采区必须按照环保和水土资源保持要求完成矿区环境恢复。对废渣、废水要进行再利用，弃渣应进行固化、无害化处理，污水全部回收利用。地下开采采用充填采矿法，将采矿废石等固体废弃物、选矿尾砂回填采空区，控制地表塌陷，保护地表环境。采用充填采矿法的矿山不允许有地表位移现象；采用其他采矿法的矿山，地表位移程度不得破坏地表植被、自然景观、建（构）筑物等。

六、安全生产与职业危害

铅锌建设项目必须符合《安全生产法》、《矿山安全法》、《职业病防治法》等法律法规规定，具备相应的安全生产和职业危害防治条件，并建立健全安全生产责任制；新、改、扩建项目安全设施和职业危害防治设施必须与主体工程同时设计、同时施工、同时投入生产和使用，铅锌矿山、铅锌冶炼制酸、制氧系统项目及安全设施设计、投入生产和使用前，要依法经过安全生产管理部门审查、验收。必须建立职业危害防治设施，配备符合国家有关标准的个人劳动防护用品，配备火灾、雷击、设备故障、机械伤害、人体坠落等事故防范设施，以及安全供电、供水装置和消除有毒有害物质设施，建立健全相关制度，必须通过地方行政主管部门组织的专项验收。

铅锌矿山企业要依照《安全生产许可证条例》（国务院令第 397 号）等有关规定，依法取得安全生产许可证后方可从事生产活动。

七、监督管理

新建和改造铅锌矿山、冶炼项目必须符合上述准入条件。铅锌矿山、冶炼项目的投资管理、土地供应、环境影响评价等手续必须按照准入条件的规定办理，融资手续应当符合产业政策和准入条件的规定。建设单位必须按照国家环保总局有关分级审批的规定报批环境影响报告书。符合产业政策的现有铅锌冶炼企业要通过技术改造达到新建企业在资源综合利用、能耗、环保等方面的准入条件。

新建或改建铅锌矿山、冶炼、再生利用项目投产前，要经省级及以上投资、土地、环保、安全生产、劳动卫生、质检等行政主管部门和有关专家组成的联合检查组监督检查，检查工作要按照准入条件相关要求进行。经检查认为未达到准入条件的，投资主管部门应责令建设单位根据设计要求限期完善有关建设内容。对未依法取得土地或者未按规定的条件和土地使用合同约定使用土地，未按规定履行土地复垦义务或土地复垦措施不落实的，国土资源部门要按照土地管理法规和土地使用合同的约定予以纠正和处罚，责令限期纠正，且不得发放土地使用权证书；依法打击矿山开采中的各种违法行为，构成刑事犯罪的移交司法机关追究刑事责任；对不符合环保要求的，环境保护主管部门要根据有关法律法规进行处罚，并限期整改。

新建铅锌矿山、冶炼、再生利用的生产能力，须经过有关部门验收合格后，按照有关规定办理《排污许可证》（尚未实行排污许可证的地区除外）后，企业方可进行生产和销售等经营活动。涉及制酸、制氧系统的，应按照有关规定办理《危险化学品生产企业安全生产许可证》。现有生产企业改扩建的生产能力经省级有关部门验收合格后，也要按照规定办理《排污许可证》和《危险化学品生产企业安全生产许可证》等相关手续。

各地区发展改革委、经委（经贸委）、工业办和环保、工商、安全生产、劳动卫生等有关管理和执法部门要定期对本地区铅锌企业执行准入条件的情况进行督查。中国有色金属工业协会协助有关部门做好跟踪监督工作。

对不符合产业政策和准入条件的铅锌矿山、冶炼、再生回收新建和改造项目，投资管理部门不得备案，国土资源部门不得办理用地手续，环保部门不得批准环境影响评价报告，金融机构不得提供授信，电力部门依法停止供电。被依法撤销有关许可证件或责令关闭的企业，要及时到工商行政管理部门依法办理变更登记或注销登记。

国家发展改革委定期公告符合准入条件的铅锌矿山、冶炼、再生铅锌回收生产企业名单。实行社会监督并进行动态管理。

八、附则

本准入条件适用于中华人民共和国境内（港、澳、台地区除外）所有类型的铅锌矿山、冶炼、再生利用生产企业。

本准入条件也适用于利用其他装备改造成铅锌冶炼设备后从事的冶炼生产行为。

本准入条件中涉及的国家标准若进行了修订，则按修订后的新标准执行。

本准入条件自 2007 年 3 月 10 日起实施，由国家发展改革委负责解释，并根据行业发展情况和宏观调控要求进行修订。

四

建　材

水泥工业产业发展政策

（2006年10月17日　中华人民共和国国家发展和改革委员会令　2006年第50号发布，自发布之日起施行）

水泥是国民经济的基础原材料。经过多年的发展，我国水泥工业发展取得了很大成绩，产量已多年位居世界第一，保障了国民经济发展的需要。但是当前，我国水泥工业结构性矛盾仍十分突出，主要表现是经营粗放，生产集中度和劳动生产率均比较低，资源和能源消耗高，环境污染比较严重，特别是立窑、湿法窑、干法中空窑等落后技术装备还占相当比重，可持续发展面临严峻挑战。按照科学发展观和走新型工业化道路的要求，为加快推进水泥工业结构调整和产业升级，引导水泥工业持续、稳定、健康地发展，实现水泥工业现代化，特制定水泥工业产业发展政策。

第一章　产业政策目标

第一条　推动企业跨部门、跨区域的重组联合，向集团化方向发展，逐步实现集约化经营和资源的合理配置，提高水泥企业的生产集中度和竞争能力。

到2010年，新型干法水泥比重达到70%以上。日产4 000吨以上大型新型干法水泥生产线，技术经济指标达到吨水泥综合电耗小于95 kW·h，熟料热耗小于740千卡[1]/千克。到2020年，企业数量由目前5 000家减少到2 000家，生产规模3 000万吨以上的达到10家，500万吨以上的达到40家。基本实现水泥工业现代化，技术经济指标和环保达到同期国际先进水平。

第二条　2008年底前，各地要淘汰各种规格的干法中空窑、湿法窑等落后工艺技术装备，进一步削减机立窑生产能力，有条件的地区要淘汰全部机立窑。地方各级人民政府要依法关停并转规模小于20万吨环保或水泥质量不达标的企业。

第三条　加快技术进步，鼓励采用先进的工艺和装备提升技术水平，缩小与世界先进水平的差距。污染物排放要符合国家和地方排放标准，满足国家或地方污染物排放总量控制要求。

第二章　产业发展重点

第四条　国家鼓励地方和企业以淘汰落后生产能力方式发展新型干法水泥，重点支持在有资源的地区建设日产4 000吨及以上规模新型干法水泥项目，建设大型熟料基地；在靠近市场的地区建设大型水泥粉磨站。

1 编者注：1千卡=4.186 8千焦（国际蒸汽表卡）。

第三章　产业技术政策

第五条　发展大型新型干法水泥工艺，推动水泥工业结构调整和产业升级，厉行资源节约，保护生态环境，坚持循环经济和可持续发展，走新型工业化发展道路。

第六条　政府要加强对水泥矿产资源的管理，鼓励地方和企业合理、有效地利用矿产资源。新建水泥生产线必须有可开采 30 年以上的资源保证，规范设计，合理开采。禁止采用对资源破坏大的开采方式，加强对民办矿山环境的治理和整顿，对民采民运的供应方式进行有效监管。水泥企业对采后矿山必须进行复垦，保护生态环境。

第七条　鼓励大企业采用先进的技术和设备将小企业改造为水泥粉磨站，新建水泥粉磨站规模至少为年产 60 万吨。鼓励推广矿渣微粉细磨技术。大力发展散装水泥，积极发展预拌混凝土。

第八条　国家鼓励和支持企业发展循环经济，新型干法窑系统废气余热要进行回收利用，鼓励采用纯低温废气余热发电。鼓励和支持利用在大城市或中心城市附近大型水泥厂的新型干法水泥窑处置工业废弃物、污泥和生活垃圾，把水泥工厂同时作为处理固体废物综合利用的企业。

第九条　国家支持企业采取措施，减少大气污染物排放，降低环境污染，节能降耗，综合利用工业废渣，积极利用低品位原燃材料，提高资源利用率，鼓励水泥企业走资源节约道路，达到清洁生产技术规范要求。

第十条　国家鼓励并支持水泥企业建立技术研发中心，支持具备条件的科研设计单位和高等院校建立开发行业共性、关键性技术的研究中心。通过技术创新，加强研发能力，提高我国重大水泥技术装备的设计、制造水平。国家在科研资金方面对重大科研项目予以支持。

第十一条　除一些受市场容量和运输条件限制的特殊地区外，限制新建日产 2 000 吨以下新型干法水泥生产线，建设此类项目，必须经过国家投资主管部门核准。任何地方和企业不得新建立窑及其他落后工艺的水泥生产线。

第十二条　严格禁止水泥企业将已淘汰的落后设备转向其他企业。对违反产业政策未经核准自行建设的水泥项目，由政府投资主管部门责令关闭，各级政府有关部门不予发放土地使用证、营业执照、排污许可证、水泥生产许可证。

第四章　产业组织政策

第十三条　水泥工业产业组织结构调整的重点是，进一步提高企业集中度，促进水泥工业的企业集团化，生产专业化，管理现代化。充分利用我国水泥工业现有基础和企业的积极性，推进改组改制，优化产业组织结构。

第十四条　国家鼓励水泥工业通过资产重组、联合以及股份制等形式发展跨部门、跨地区的企业集团。重组水泥企业要坚持以市场为导向，以资产为纽带，以优势企业为龙头，推进强强联合和兼并重组小企业。

第五章　投资管理政策

第十五条　按照投资体制改革方案，除禁止类项目外，其他水泥类项目由省级投资主管部门核准。为避免水泥工业无序盲目发展，各省级投资主管部门要按照产业政策和发展规划的要求，切实加强项目管理。

第十六条 发展新型干法水泥，要结合产能集中的区域实行等量或超量淘汰落后工艺，要严格控制不具备发展条件的企业盲目扩大生产能力，防止不顾环境影响的低水平重复建设。违规建设或达不到环保要求的水泥企业，一律不得享受税收上减免等优惠政策。

第十七条 新建水泥项目，企业自有资金比例必须达到 35%以上，对符合产业政策和规划的项目，银行根据独立审贷原则，提供信贷支持。对不符合产业政策和发展规划及市场准入条件的项目，银行不得提供信贷支持。

第十八条 严格执行水泥工业的用地标准，对不符合产业政策和规划的新建项目，国土资源管理部门不批准其建设用地。

第十九条 国家鼓励水泥工业利用多渠道筹措发展资金。鼓励私人资本在符合产业政策的前提下向水泥工业投资。鼓励外商投资发展大型新型干法水泥，提高利用外资的质量。总投资（包括增资）1 亿美元及以上水泥建设项目由国家发展和改革委员会核准。国外产业资本、金融资本对国内水泥上市公司的股权收购，超过 1 亿美元（或等值人民币）以上的并购协议，须经国家投资主管部门批准后方可生效。

第二十条 国家鼓励具有技术、管理优势和资金优势的企业或企业集团联合向具备发展水泥工业条件的地区投资，按照国家统一规划，发展新型干法水泥。

第二十一条 国家鼓励企业实施改善品种、提高质量、节能降耗、环境保护等方面的技术改造。

第二十二条 证券监管部门应支持大型水泥企业集团，按有关程序上市募集资金，用于发展符合产业政策的水泥建设项目。对不符合产业政策和发展规划及市场准入条件的企业，证券部门不批准上市或扩股融资。

第六章 发展保障政策

第二十三条 发展和改革委员会制定水泥工业发展规划，确定水泥工业近期和远期目标，规划布局，制定相应政策措施，引导水泥工业结构调整和产业升级。

第二十四条 有关部门根据产业政策的要求，抓紧组织制订和修订水泥行业的耗能、产品质量、混凝土、环保等标准，适当提高供高强混凝土用的水泥强度等级。严格行业准入条件，加强和规范对水泥生产、流通和使用的管理。

第二十五条 根据水泥工业发展规划的要求，国家有关执法部门要严格依法查处违法建设和生产的水泥企业，加大环保执法力度，严格土地管理，对不符合要求的水泥企业要依法查处。质检部门要加大执法力度，加速淘汰落后工艺水泥，把加大对水泥产品的执法打假力度作为建材市场专项整治的重点，严防假冒伪劣产品进入建材市场。

第二十六条 发挥行业协会的咨询参谋和行业自律作用，支持建立和完善有关水泥行业信息的定期发布制度和行业预警制度，引导投资方向。

第二十七条 本产业政策自 2006 年 10 月 17 日公布之日起实施，并由国家发展和改革委员会负责解释。

关于印发水泥工业发展专项规划的通知

（2006年10月17日　国家发展和改革委员会文件　发改工业[2006]2222号）

各省、自治区、直辖市及计划单列市、副省级省会城市、新疆生产建设兵团发展改革委、经贸委（经委）：

为了贯彻落实科学发展观，按照循环经济理念，走新型工业化道路，加快水泥产业结构调整和促进产业升级，指导我国水泥工业健康持续发展，改变水泥工业产业结构不合理，整体竞争力不强的状况，实现水泥工业经济增长方式的转变。我委制定了《水泥工业发展专项规划》，经报请国务院批准同意，现印发给你们，请参照执行。

附件：

水泥工业发展专项规划

国家发展和改革委员会

前　言

水泥是国民经济的基础原材料，水泥工业与经济建设密切相关，在未来相当长的时期内，水泥仍将是人类社会的主要建筑材料。改革开放以来，我国水泥工业得到较快的发展，整体素质明显提高，产量已多年居世界第一位。党的十六大提出了全面建设小康社会的宏伟目标，随着我国工业化和城镇化进程的加快，水泥消费将继续保持较高的水平，水泥工业也将进入新的发展时期。

当前我国水泥工业还存在以下问题：一是整体发展水平粗放，不符合新型工业化的要求，资源、能源消耗高，污染严重，生态和环境压力越来越大；二是结构性矛盾突出，落后立窑水泥比重仍比较大，生产企业数量多，产业集中度低。

我国水泥工业发展的主要任务是贯彻落实科学发展观和走新型工业化道路原则，加快结构调整。为指导水泥工业未来10～20年结构调整和产业升级，加强和改进投资管理，建立企业自我约束机制，完善有利于发展的市场环境，进一步加强和改善宏观调控，避免投资盲目扩张，促进水泥工业健康发展，特制定本规划。

本专项规划是当前和今后一个时期我国水泥工业发展的指导性文件。各部门在制定相关的发展规划和有关政策时要体现本规划精神，各地区制定水泥工业发展规划也要遵循本规划的要求。

一、水泥工业基本情况

（一）产量持续增长

改革开放以来，随着经济建设规模扩大，我国水泥工业发展很快。1978 年全国水泥产量 6 524 万吨，2005 年水泥产量 10.60 亿吨，水泥年产量净增 9.95 亿吨（见表 1）。从 1985 年起我国水泥产量已连续 21 年居世界第一位，目前占世界总产量的 48%左右。水泥产量的快速增长，从数量上基本满足了国民经济持续快速发展和大规模经济建设的需要。

（二）布局趋于合理

目前，我国 31 个省、自治区、直辖市都建有水泥厂。从布局上看，水泥的生产和消费主要集中在东部地区，供需基本保持平衡，没有大量的调入调出，布局已基本趋于合理。

（三）结构调整加快

从 20 世纪 70 年代初开始研制新型干法水泥技术装备开始，在国家的推动下，我国水泥产业结构调整步伐不断加快。1995 年新型干法水泥 2 853 万吨，仅占总产量的 6%。2000 年上升到 7 188 万吨，占总产量的 12%。2004 年上升到 3.2 亿吨，占总产量的 33%。到 2005 年底新型干法水泥产量达到 4.73 亿吨，新型干法水泥占水泥总产量的比重为 45%。一年间增长 12 个百分点。目前，新型干法水泥发展已经形成了由政府导向、市场拉动、企业自主发展的良好局面，对促进水泥工业结构调整将起到重要的推动作用。

表 1　1978 年以来我国历年水泥产量

年份	全国产量/万吨	增长量/万吨	增长率/%	年份	全国产量/万吨	增长量/万吨	增长率/%
1978	6 524	959	17.2	1992	30 822	5 561	22.0
1979	7 390	866	13.3	1993	36 788	5 966	19.4
1980	7 986	596	8.1	1994	42 118	5 330	14.5
1981	8 290	304	3.8	1995	47 561	5 443	12.9
1982	9 520	1 230	14.8	1996	49 118	1 557	3.3
1983	10 825	1 305	13.7	1997	51 174	2 056	4.2
1984	12 302	1 477	13.6	1998	53 600	2 426	4.7
1985	14 595	2 293	18.6	1999	57 300	3 700	6.9
1986	16 606	2 011	13.8	2000	59 700	2 400	4.2
1987	18 625	2 019	12.2	2001	66 104	6 404	10.7
1988	21 014	2 389	12.8	2002	72 500	6 396	9.7
1989	21 029	15	0.1	2003	86 200	13 700	18.9
1990	20 971	−58	−0.3	2004	97 000	10 800	12.5
1991	25 261	4 290	20.5	2005	106 000	9 000	9.3

（四）规模生产扩大

经过 20 多年发展，水泥生产规模不断扩大，一批大企业集团发展壮大，对提高我国水泥工业的竞争力，加快结构调整和产业升级，起到了重要促进作用。2000 年，国家重点支持的十大水泥企业集团产量合计 2 640 万吨，仅占全国水泥总产量的 4.4%。到 2005

年底，这一比例已提高到15%，其中安徽海螺集团产量已超过6 200万吨。

（五）装备水平提高

水泥行业科研创新与技术开发能力不断提高，装备制造水平有了很大进步。目前日产2 000吨新型干法水泥生产技术装备已全部国产化，日产4 000吨、5 000吨新型干法水泥生产技术装备国产化率达到90%以上，日产8 000吨水泥熟料生产线和日产10 000吨水泥熟料生产线已经投产。工艺先进、技术成熟的大型国产化装备为我国新型干法水泥加快发展提供了技术保证，同时也为我国大型水泥技术装备出口奠定了基础。

（六）效益同步增长

水泥行业实现了产量和效益的同步增长。2005年全行业实现利润80.5亿元。按统计口径计算，60万吨规模以上企业效益显著，占全行业的73%，小型企业只占27%。大型新型干法水泥企业的规模经济优势和技术经济优势得到了充分体现，不具备经济规模和落后工艺的水泥项目已普遍不被认同。

二、发展中存在的主要问题

尽管我国水泥工业发展取得了很大成绩，但结构性矛盾仍比较突出，主要表现为企业规模小、产品档次偏低、落后生产能力仍占相当比重、能耗大、资源消耗高、环境污染严重等。这些问题的产生，既有长期低水平发展积累的原因，也有近两年在市场需求拉动下，一些企业不顾产业政策，低水平盲目扩张所带来的后果。

（一）厂点分散规模小，质量不稳标号低

全国共有规模以上（年销售收入500万元以上）水泥企业5 000多家，企业数量超过世界其他国家的总和，平均规模仅为22万吨，远低于世界平均水平。

目前，水泥生产能力中55%左右仍为落后的立窑和小型干法中空窑，32.5级水泥等低端产品约占总产量的85%，42.5级及以上的约占12%，其余为特种水泥。我国混凝土标号大部分为C20、C30，而国外多为C50、C60。由于混凝土标号标准低，特别是立窑水泥产品质量不稳定，给工程质量带来隐患，直接影响建筑工程的寿命。

（二）工艺落后能耗高，环境破坏污染大

与新型干法水泥相比，小立窑、湿法窑等落后工艺能耗高。由于目前采用立窑等落后生产工艺的能力还占相当比重，造成我国水泥工业整体能耗还比较高（见表2）。

表2 我国各类水泥窑平均热耗对比

窑型	新型干法窑	机立窑	湿法窑	干法中空窑
吨熟料千克标准煤	115	160	208	243
热耗指数	100	139	181	211

水泥工业对环境影响主要是粉尘污染，其粉尘排放量占全国工业行业粉尘排放总量的40%左右。虽然国家对水泥行业的环保问题日益重视，水泥生产中的粉尘排放总量逐年降低，但污染问题仍很严重。目前多数立窑和干法中空窑企业粉尘排放浓度严重超标。

（三）人均产出效率低，国际比较差距大

2005年我国水泥企业全员人均实物劳动生产率约800吨/人·年，其中小型企业仅200吨/人·年，中型企业为400～600吨/人·年，日产2 000吨以上新型干法生产线，已提高到 2 500～4 000 吨/人·年。但与发达国家相比仍存在很大差距，如德国为 3 015 吨/人·年，法国为 3 273 吨/人·年，日本已达到 15 000 吨/人·年。

（四）盲目扩张结构差，矿产资源浪费大

在市场需求快速增长的拉动下，新增水泥产量中有相当一部分是国家明令禁止新建的立窑水泥，当前落后生产能力的重复建设仍未得到完全有效的遏制。主要原因：一是闲置立窑生产能力在市场的刺激下恢复了产能，并扩径改造提高产量；二是相当一部分已淘汰关闭的小水泥企业又投入生产，形成虚关实开的现象；三是在水泥市场形势较好的西部地区，不但一些应淘汰的立窑没有关闭，而且还有新建立窑的现象，东部地区一些水泥企业将拆除的立窑转移到西部地区恢复生产。盲目扩张进一步加大了结构调整的难度，严重影响了水泥工业的可持续发展。特别是一些水泥企业不建矿山，采用民采民运方式，不重视环境保护和资源的合理开采利用，资源和生态环境的破坏也较严重。

三、发展环境及需求预测

（一）发展环境

当前我国正处于全面建设小康社会的关键发展阶段，国内国际环境总体上都有利于我国加快发展。水泥工业作为基础性原材料行业，与国民经济关联度比较高，随着推进工业化和城镇化进程，基础设施建设步伐加快，城乡居民住房水平升级，都将拉动水泥工业的快速发展。此外，在国家鼓励新型干法水泥技术推广和实施装备国产化政策的引导下，已经解决了制约新型干法水泥设备依赖进口的问题，降低了投资成本，为大力发展新型干法水泥创造了有利条件。

（二）需求预测

综合考虑国情及水泥生产和消费现状，借鉴国际工业化国家水泥消费变化经验，在今后较长一段时间内，水泥消费都将保持在较高的水平。

根据对美国、德国、法国、日本等发达国家水泥消费量的分析，当人均累积水泥消费量达到 12～14 吨，年人均水泥消费量为 600～700 公斤的时候，水泥消费量达到饱和，消费总量和人均消费量开始呈缓慢下滑的趋势。2005 年我国人均水泥消费量 806 公斤，人均累积消费量 8.69 吨。与发达国家相比，人均累积消费量还比较低，随着城镇化进程的加快，水泥消费还有较大增长空间。据测算，2011—2015 年间，人均水泥累积消费量将达到 14 吨，人均水泥消费量为 900 公斤，水泥年需求总量约为 12.5 亿吨。

党的十六大提出到 2020 年实现国民经济总量翻两番的目标，综合考虑水泥与国民经济各领域的关联因素，预测 2010 年需求量为 12 亿吨。随着科学发展观的深入贯彻和落实，考虑到技术进步和厉行节约等因素，水泥实物消耗量将逐步减少，预测到 2020 年，水泥需求量也将基本维持在 13 亿吨左右。

四、指导思想、基本原则和发展目标

（一）指导思想

贯彻落实科学发展观和走新型工业化道路的原则，控制总量，以优化地区布局和结构调整为重点，以市场为导向，以效益为中心，大力发展循环经济，保护生态环境，依靠技术进步，推动企业联合重组，实现水泥工业可持续发展，满足国民经济发展需要。

（二）基本原则

水泥工业的发展，要坚持以下基本原则：

1．坚持资源保护和综合利用，走循环经济道路

建设大中型水泥项目必须有可靠的资源保障。禁止采用破坏资源的开采方式，加强对民办矿山环境污染的治理和整顿，对民采民运方式要进行有效监督。要重视资源综合利用，鼓励企业利用低品位原、燃材料以及砂岩、固体废弃物等替代粘土配料，支持采用工业废渣做原料和混合材。推广节能粉磨、余热发电、利用水泥窑处理工业废弃物及分类好的生活垃圾等技术，发展循环经济。

2．坚持技术进步和保护环境，树立科学发展观

水泥工业发展要坚持技术进步，广泛推广使用成熟、可靠的先进技术装备，严格禁止低水平建设。要依法保护环境和生态，对矿区采后要进行复垦，恢复景观地貌。对文化、旅游、高新技术和第三产业为发展重点的大城市市区及风景名胜区，今后一律不再建设水泥项目。现有水泥厂也要逐渐向远郊或周边地区转移。要按照科学发展观的要求，切实转变增长方式，努力降低消耗，提高产品质量和资源开发利用水平，实现可持续发展。

3．坚持结构调整和淘汰落后，培育优势大集团

国家鼓励建设日产 4 000 吨及以上规模的大型新型干法水泥生产线，西部地区建设规模也应达到日产 2 000 吨及以上，除一些受市场容量和运输条件限制的特殊地区外，原则上不再建设日产 2 000 吨以下规模的水泥项目。禁止建设任何落后工艺的水泥生产能力，对环境污染大、资源破坏严重的小水泥厂，要依法淘汰。通过兼并重组，实行产业整合，积极培育优势企业，提高竞争能力。鼓励大企业在消费市场兼并小企业，将具备条件的小企业改建为粉磨站、中转库或预拌混凝土等接替产业。努力提高散装水泥比例。

4．坚持合理布局和发展西部，统筹地区发展

各地区要从我国区域经济发展不平衡、水泥消费水平相差较大的实际情况出发，根据水泥产品附加值较低、保质期有限、不宜远距离运输的特点，综合考虑资源、能源、环境容量等配套条件，合理布局，协调发展。东部地区经济相对发达，水泥工业已形成较大规模，随着土地、环保压力不断加大，应严格控制产能的扩张，以重点改造现有企业为主，不再铺新摊子；中部地区石灰石资源比较丰富，交通运输便利，水泥工业正处于快速发展时期，在满足本地区水泥需求的同时也可兼顾周边地区的需要，应依托老企业扩建日产 4 000 吨以上生产线，尽快形成合理的经济规模；西部地区新型干法水泥发展薄弱，应重点支持，要以减少运输压力和满足本地区需求为原则，发展建设日产 2 000 吨以上的新型干法水泥，加快淘汰落后，促进西部地区水泥工业结构升级。

（三）发展目标

到 2010 年，新型干法水泥比例达到 70%以上，新型干法水泥技术装备、能耗、环保和资源利用效率等达到中等发达国家水平。到 2020 年，基本实现水泥工业现代化，并具有较强的国际竞争能力；新型干法水泥熟料控制在 7 亿吨左右；企业数量由目前 5 000 家减少到 2 000 家左右，生产规模 3 000 万吨以上的达到 10 家，500 万吨以上的达到 40 家。

五、地区布局

各地区水泥工业的发展要按上述原则，科学规划、合理布局。

（一）华北地区

该区域石灰石资源主要分布在河北省和山西省，能源条件好，靠近经济中心，是水泥工业发展和调整的重点地区；北京和天津是重要的中心城市，环保要求高，原则上不再发展水泥，需求由周边地区供给；内蒙古自治区应结合地域特点和经济发展的需要，进一步完善生产力布局。

（二）东北地区

该地区是我国的老工业基地，大型石灰石矿区主要分布在辽宁大连、本溪、辽阳、凌原、朝阳以及吉林双阳、磐石、辉南等地。考虑到目前东北地区新型干法水泥比重偏低，应结合淘汰落后工艺、装备，加快发展大型新型干法水泥。

（三）华东地区

该地区是我国经济发展水平较高的区域，市场容量大，石灰石资源丰富，大型石灰石矿区广泛分布在安徽怀宁、枞阳、贵池、铜陵、含山、繁昌、芜湖等沿长江两岸地区以及山东济宁、枣庄、潍坊等地区。山东、江苏、浙江、安徽已成为我国水泥的主要产地。这些地区应在严格控制总量，进行等量淘汰的前提下，加快结构调整，发展大型新型干法水泥。上海是重要的中心城市，没有石灰石资源，生态和环保要求严格，应限制发展水泥工业。

（四）中南地区

该地区石灰石资源丰富，大型石灰石矿区主要分布在广西沿西江流域及西部地区、广东英德、广州及东部地区、河南南阳、洛阳、焦作等地区以及湖北沿长江流域。广东省经济发展水平高，但水泥工业结构不合理，是结构调整的重点地区，鼓励省内外大集团在广东通过兼并重组发展新型干法水泥；广西、湖北、湖南、河南水泥工业发展条件好，可适度发展大型熟料基地。

（五）西南地区

该地区经济基础相对薄弱，大型石灰石矿区主要分布在四川中南部的峨眉山、攀枝花一带以及重庆的涪陵、丰都、忠县等沿长江流域。目前新型干法水泥比重仍很小，需加快结构调整，努力提高新型干法水泥比重。

（六）西北地区

该地区经济发展相对落后，水泥消费水平低。甘肃、陕西石灰石资源丰富，可根据市场需求，建设大中型新型干法水泥生产线，加快淘汰落后工艺。

六、保障措施

颁布实施《水泥工业产业发展政策》是政府对水泥工业发展进行宏观调控和引导的重要措施。产业政策包括水泥工业发展目标、产业发展重点、产业技术政策、产业组织政策、投资管理政策、发展保障政策等，是指导行业发展的政策性文件。各部门、各地区、各类经济组织均要严格遵守，以保证我国水泥工业持续健康协调发展。

按照投资体制改革方案，除禁止类项目外，其他水泥类项目由省级投资主管部门核准。各省级投资主管部门要按照发展规划和产业政策的要求，切实加强项目管理。未经核准的水泥项目一律不得建设，凡自行建设的，政府投资主管部门要责令关闭。

质检部门要加大对无生产许可证违法生产的水泥企业的查处力度，工商行政管理部门要加大对无照生产水泥的查处力度，禁止生产、销售不符合质量标准和假冒伪劣的水泥，质检部门和工商行政管理部门要按照职责分工依法予以查处。

环保部门要把小水泥企业粉尘排放和治理作为各地区环境整治的重点。根据国家制定的水泥工业环保排放标准，对企业进行动态监督。对环保不达标的，要依法查处。

建设管理部门要提高混凝土使用标准，大力推广预拌混凝土，修订建筑工程设计规范和标准，全面提高水泥制品、构件及混凝土的性能和质量，逐步建立起建筑工程质量保证与监督机制，有效地提高建筑物的寿命，从而实现在满足社会发展需要的条件下，减少全社会对水泥的实物消耗，达到有效节约石灰石等自然资源与能源的消耗，减轻环境污染。

关于做好淘汰落后水泥生产能力有关工作的通知

（2007年2月18日 国家发展和改革委员会办公厅文件 发改办工业[2007]447号）

各省、自治区、直辖市及计划单列市、副省级省会城市、新疆生产建设兵团发展改革委：

为了贯彻落实科学发展观，全面建设小康社会，实现“十一五”规划《纲要》提出的能源消耗和主要污染物排放总量约束性指标，切实做好淘汰落后水泥生产能力工作，现将有关事项通知如下：

一、根据国务院批准的水泥工业产业发展政策要求，2008年底前各地要淘汰各种规格的干法中空窑、湿法窑等落后工艺技术装备，进一步削减立窑生产能力，有条件的地区要淘汰全部立窑。地方各级人民政府要依法关停并转年产规模小于20万吨和环保或水泥质量不达标企业的生产能力。

二、各省、自治区、直辖市发展改革委按照《水泥工业产业发展政策》（国家发展改革委第50号令）、《水泥工业发展专项规划》（发改工业[2006]2222号）、《关于加快水泥工业结构调整的若干意见》（发改运行[2006]609号）的要求，加快制订淘汰落后水泥产能量化指标，提出切实可行符合本省、自治区、直辖市实际的淘汰落后水泥产能工作实施方案，与落后小水泥企业所在县市政府签订淘汰落后生产能力责任书，明确拆除时间、目标、要求，落实相关责任。

三、到2010年末，全国完成淘汰小水泥产能2.5亿吨，各省、自治区、直辖市淘汰落后水泥产能量化指标见附表。

四、鉴于此项工作政策性强、时间紧、任务重，我委将按照国务院领导要求，与各省、自治区、直辖市人民政府于今年择时在北京签订“十一五”期间淘汰落后水泥生产能力责任书。

五、请各省、自治区、直辖市接此通知后，抓紧和各县市落实，签订当地“十一五”淘汰落后水泥生产能力责任书，并将签订的淘汰落后水泥生产能力责任书送我委备案。

六、各省、自治区、直辖市投资主管部门在核准新建新型干法水泥项目时，要坚持上大压小、等量淘汰落后水泥原则，否则不得核准新建水泥项目。

七、各级人民政府应采取切实有效措施，加强对淘汰落后水泥生产能力的指导和监督，涉及关停和淘汰落后水泥生产能力企业的职工要妥善安置，优先安排被关停水泥厂作为新建水泥厂的业主或股东，有条件的被淘汰的小水泥厂可作为粉磨站，采取各种措施安排好被关停、淘汰水泥厂的善后处理。有财力的省份可适当进行补贴，确保关停落后水泥企业工作顺利进行。

八、我委将会同有关部门适时对各地关停落后水泥企业和淘汰落后水泥产能工作进行督察，并将督察结果向国务院报告。

附件一

2007—2010 年全国分省淘汰落后水泥生产能力计划表

地 区	水泥产量（万吨）	2006 年新型干法水泥比重/%	2007—2008 年淘汰落后能力	2009—2010 年淘汰落后能力
总 计	124 000			
北 京	1 190			
天 津	607	47	100	
河 北	8 619	37	1 500	1 200
山 西	2 171	54	300	400
内蒙古	2 116	46	200	300
辽 宁	3 193	40	300	400
吉 林	2 525	62	300	400
黑龙江	1 456	72	100	200
上 海	818			
江 苏	10 881	55	1 000	1 000
浙 江	9 947	85	500	
安 徽	4 405	71	600	600
福 建	3 344	28	500	500
江 西	4 206	62	400	500
山 东	16 586	36	2 000	2 500
河 南	7 334	45	1 000	1 000
湖 北	5 109	55	600	800
湖 南	4 375	24	600	600
广 东	8 851	35	1 500	1 500
广 西	3 545	47	300	500
海 南	578	71	50	50
重 庆	2 534	42	200	400
四 川	4 895	21	400	600
贵 州	1 799	25	200	300
云 南	3 179	50	300	400
西 藏	167	78	30	20
陕 西	2 375	70	200	200
甘 肃	1 333	68	200	200
青 海	371	58	50	50
宁 夏	699	53	60	40
新疆（含）兵团	1 202	51	150	150

附件二

淘汰落后水泥生产能力责任书

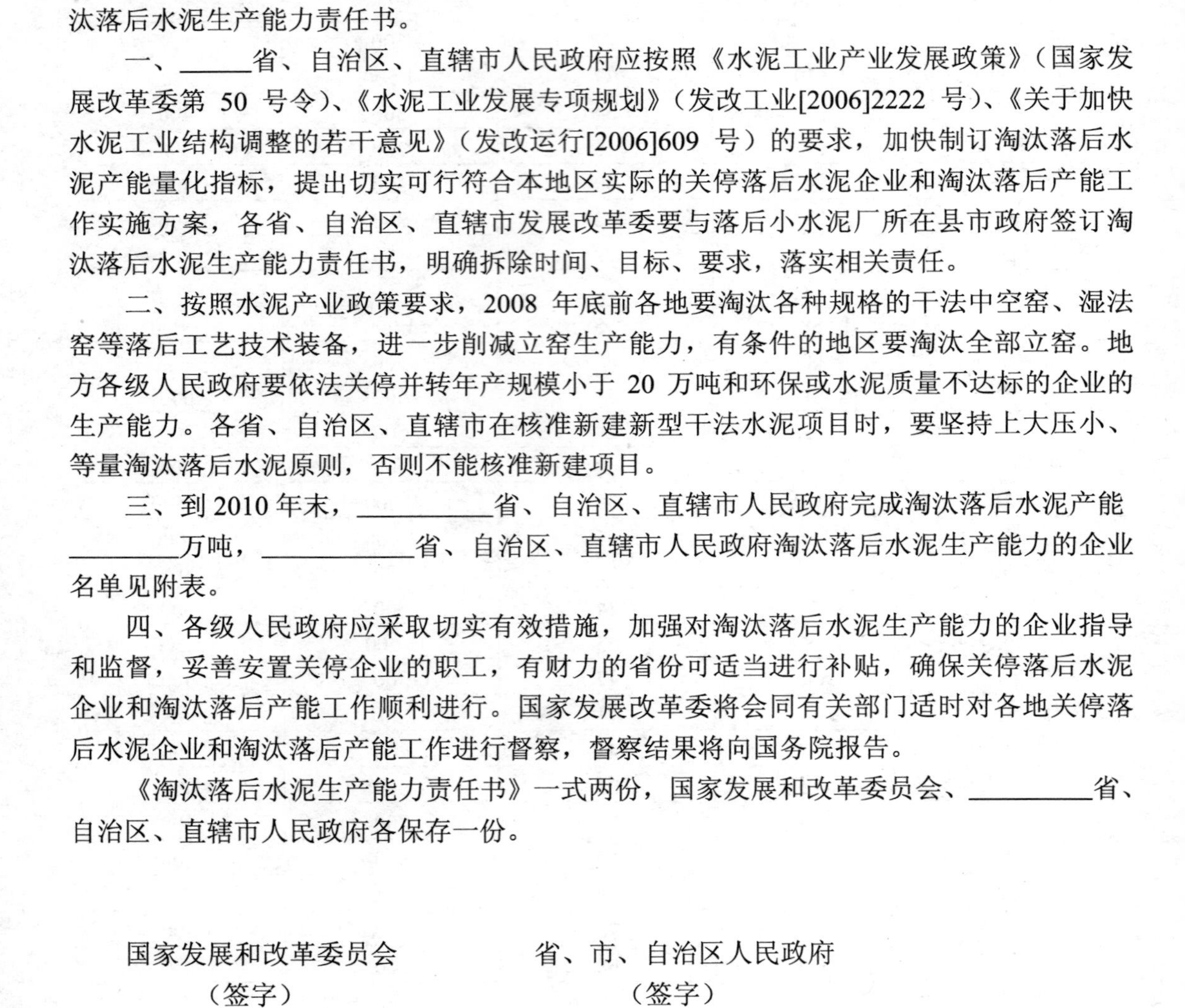

为了贯彻落实科学发展观，全面建设小康社会，实现“十一五”规划《纲要》提出的能源消耗和主要污染物排放总量约束性指标，切实做好淘汰落后水泥生产能力工作，按照国务院的要求，国家发展和改革委员会与__________人民政府签订“十一五”期间淘汰落后水泥生产能力责任书。

一、______省、自治区、直辖市人民政府应按照《水泥工业产业发展政策》（国家发展改革委第 50 号令）、《水泥工业发展专项规划》（发改工业[2006]2222 号）、《关于加快水泥工业结构调整的若干意见》（发改运行[2006]609 号）的要求，加快制订淘汰落后水泥产能量化指标，提出切实可行符合本地区实际的关停落后水泥企业和淘汰落后产能工作实施方案，各省、自治区、直辖市发展改革委要与落后小水泥厂所在县市政府签订淘汰落后水泥生产能力责任书，明确拆除时间、目标、要求，落实相关责任。

二、按照水泥产业政策要求，2008 年底前各地要淘汰各种规格的干法中空窑、湿法窑等落后工艺技术装备，进一步削减立窑生产能力，有条件的地区要淘汰全部立窑。地方各级人民政府要依法关停并转年产规模小于 20 万吨和环保或水泥质量不达标的企业的生产能力。各省、自治区、直辖市在核准新建新型干法水泥项目时，要坚持上大压小、等量淘汰落后水泥原则，否则不能核准新建项目。

三、到 2010 年末，___________省、自治区、直辖市人民政府完成淘汰落后水泥产能________万吨，____________省、自治区、直辖市人民政府淘汰落后水泥生产能力的企业名单见附表。

四、各级人民政府应采取切实有效措施，加强对淘汰落后水泥生产能力的企业指导和监督，妥善安置关停企业的职工，有财力的省份可适当进行补贴，确保关停落后水泥企业和淘汰落后产能工作顺利进行。国家发展改革委将会同有关部门适时对各地关停落后水泥企业和淘汰落后产能工作进行督察，督察结果将向国务院报告。

《淘汰落后水泥生产能力责任书》一式两份，国家发展和改革委员会、__________省、自治区、直辖市人民政府各保存一份。

国家发展和改革委员会　　　　省、市、自治区人民政府

（签字）　　　　（签字）

二〇〇七年　　月　　日

省（自治区、直辖市）淘汰落后水泥生产能力表

序号	水泥厂简称	落后生产能力	拆除生产线台数	投产年份	拆除时间	备注
1						
2						
3						
4						
5						
6						
7						
8						
9						
10						
11						
12						
13						
14						
15						
16						

平板玻璃行业准入条件

（2007 年 9 月 3 日　中华人民共和国国家发展和改革委员会公告　2007 年第 52 号）

为规范平板玻璃行业投资行为，防止盲目投资和重复建设，促进结构调整，降低能耗，保护环境，实现协调和可持续发展，根据国家有关法律和产业政策，制定平板玻璃行业准入条件。

一、生产企业布局

（一）新建或改建升级（以下简称“改建”）平板玻璃生产项目，必须符合国家产业政策和产业规划，符合土地利用总体规划、土地供应政策和土地使用标准的规定。新建或改建平板玻璃生产企业用房，必须符合城乡规划的要求。

（二）在国家法律、法规、行政规章及规划确定或县级以上人民政府批准的风景名胜、生态保护、自然和文化遗产以及饮用水源保护区，不得建设平板玻璃生产企业。

上述区域内已经投产的平板玻璃生产企业要根据该区域规划通过“搬迁、转产”等方式逐步退出。

（三）为促进生产力合理布局和东中西部协调发展，对平板玻璃实施分地区指导和区别对待的政策。

1．对产能较为集中的东部沿海和中部地区严格限制新上平板玻璃项目。重点进行现有生产线的技术改造和升级，新建仅限于发展特殊品种的优质浮法玻璃生产线。

2．为提高建线档次和规模效益，提高产业集中度，新建浮法线应主要依托现有国家重点支持的大型企业集团，其他新建项目原则上不予批准。

二、工艺与装备

（一）新建或改建平板玻璃项目整体技术和装备水平应接近国际先进水平。鼓励使用天然气作为燃料，严格限制发生炉煤气为燃料。

现有生产线应结合“熔窑大修”按照准入条件要求，进行技术改造升级。在大修时，应淘汰煤气发生炉装置，采用其他清洁能源。

（二）建线规模：新建或改建平板玻璃生产线熔窑规模应在 500 t/d 以上（超薄线除外）。

（三）新建或改建平板玻璃项目技术装备要求。

1．原料配料与称量系统：所用硅质原料采用粉料进厂和建有大型硅质原料均化库；采用高精度电子称量系统（静态精度 1/2 000，动态精度 1/1 000）；采用优质配合料混合设备和加水、加汽过程的自动检测与控制；生产控制系统应配备快速分析仪表（含在线水分测量、离线成分分析和原料及碎玻璃中 COD 值的测定）。

2．熔窑：应结合消化吸收引进技术及自行攻关成果优化设计，采用先进熔窑结构和优质耐火材料；优化和改善燃烧控制系统，温度控制精度应达到±1℃。采用节能新技术，并实施熔窑全保温，确保合理燃烧，节能降耗，提高热效率。

3．锡槽：采用玻璃液流量控制技术（控制精度达 1/1 000 以上）；采用新型石墨档坎及配置方案，控制锡液横向温差<2℃；优化锡槽进出口整体密封技术，槽压达 30 Pa 以上；保护气体应确保纯度（5 ppm 以下）、数量（500 t/d 规模，1 700 m^3/h 以上）和氢气含率（5%以上）以及保护气流量、氢含率在锡槽不同部位的合理分配；采用高精度、高稳定性全自动拉边器；采用直线电机、扒碴机等锡液净化装置。

4．退火窑：改善保温材料铺设结构和电加热器布置方式；建立上、下独立的冷却风系统；确保冷却风和电加热的可控手段，前区边部电加热需可调，温度控制精度为±1℃；采用 Ret 区整体化设计，提高玻璃退火质量。

5．冷端机组达到行业先进水平，采用在线玻璃缺陷自动检测设备、优选切割系统及先进的堆垛设备。

6．熔窑、锡槽、退火窑“三大热工设备”采用国际先进的自控系统，实现计算机网络一体化管理，对生产和管理数据进行自动采集。

7．设置原板厚度、应力等在线检测设备及断面均匀性测试、露点分析设备，实现对生产过程的有效控制。

（四）新建或改建玻璃熔窑设计窑龄在 8 年以上。

（五）严格限制新建普通浮法玻璃项目，淘汰落后的平拉生产工艺。

三、品种、质量

（一）特殊品种优质浮法玻璃生产线是指：能生产电子工业用超薄（1.3 mm 以下）、太阳能产业用超白（折合 5 mm 厚度可见光透射率>90%）、节能建筑用在线 Low-E 等三种优质浮法玻璃生产线。

（二）新建或改建生产线除满足 GB 11614—1999《浮法玻璃》标准外，并应具备生产汽车级以上优质品比例>70%的水平（考核设计指标及投产后的实物质量）。待新的《平板玻璃标准》发布后，按新标准执行。

四、能源消耗

（一）新建或改建优质浮法玻璃生产线单位产品能耗限额应符合表 1 的规定。

表 1　新建或改建优质浮法玻璃生产线单位产品能耗限额

分类	综合能耗（kg 标煤/重量箱）	熔窑热耗（kJ/kg 玻璃液）
≥500 t/d	≤16.5	≤6 500

（二）现有平板玻璃生产线单位产品能耗限额应符合表 2 的规定。

表 2　现有平板玻璃生产线单位产品能耗限额

分 类	综合能耗（kg 标煤/重量箱）	熔窑热耗（kJ/kg 玻璃液）
≤300 t/d	≤20.5	≤8 200
>300 t/d、≤500 t/d	≤19.5	≤7 500
>500 t/d	≤18.5	≤7 100

（三）在玻璃企业中采用节能审计等方法，提出企业节能规划，促进企业节能，并推进玻璃熔窑低温余热发电技术等节能技术。

五、环境保护

（一）玻璃熔窑应采用烟气脱硫除尘、富氧燃烧等技术，安装烟气自动在线监测系统，并与环保部门联网，经处理后排放的烟气达到国家标准《工业窑炉大气污染物排放标准》（GB 9078—1996）中二级标准的要求；待《平板玻璃工业污染物排放标准》发布实施后，各项污染物按新标准达标排放。新建或改（扩）建平板玻璃生产线除采用除尘、脱硫设施外，还应预留脱硝污染治理设施场地。

（二）生产用水应采用封闭循环系统。废水达到《污水综合排放标准》（GB 8978—1996）的要求，待《平板玻璃工业污染物排放标准》发布实施后，各项污染物按新标准达标排放。废水排入城市排水设施，还应符合《污水排入城市下水道水质标准》（GJ 3082）和城市排水许可相关规定。

（三）通过采用清洁生产审核等手段对生产全过程进行控制，减少各种污染物的产生和排放，降低生产过程和末端治理的成本，使生产过程的各项污染物排放能符合当地环境容量及总量的要求。

（四）平板玻璃企业在原料储存、称量、输送、混合、投料等阶段应密闭操作，防止无组织排放。在平板玻璃深加工（如制镜涂膜）等使用溶剂的环节中，应对该过程产生的有机废气进行通风净化处理。

六、安全、卫生和社会责任

（一）必须具备国家安全生产法律、法规和部门规章及标准规定的安全生产条件并建立、健全安全生产责任制。新建或改建项目安全设施必须与主体工程同时设计、施工和投入使用。

（二）必须配备劳动保护和工业卫生设施，执行《玻璃工厂工业卫生与安全技术规程》（GB 15081—1994）。工作现场的粉尘浓度、噪声、有毒有害气体浓度等指标必须达标。鼓励企业积极采用环境体系认证和职业健康安全管理体系认证。

（三）不得发生拖欠国家税收及职工工资、医疗费和不如期足额缴纳养老、医疗、工伤和失业保险金等损害国家和职工利益的情况。

七、监督管理

（一）新建或改建平板玻璃项目必须符合上述相关准入条件。对不符合准入条件的平板玻璃新建或改建项目，投资管理部门不得核准；土地行政主管部门不得办理供地手续；环保部门不得批准环境影响评价报告；金融机构不得提供任何形式的新增授信支持；电力部门依法停止供电。依法撤销或责令关闭的企业，要及时到工商行政管理部门办理变更和注销登记。

（二）新建或改建平板玻璃项目投产前，要经省级及以上投资、建设、土地、环保、安全生产、劳动卫生、质检等行政主管部门组成联合检查组按照准入条件及相关规定进行检查验收（检查组应有中国建筑玻璃与工业玻璃协会的相关专家参加）。经验收合格，企业方可进行正常生产和销售。

经检查认为未达到准入条件的项目，投资主管部门应责令建设单位限期完善有关建设内容。对不符合环保要求的，环境保护主管部门要根据有关法律、法规进行处罚，并限期整改；对未依法取得土地或者未按规定的条件和土地使用合同约定使用土地的，要按照城市规划法、土地管理法规或土地使用合同的约定予以处罚，并限期纠正，且不得发放土地使用权证书。

（三）国家发展改革委定期公告符合准入条件的平板玻璃生产企业名单，实行社会监督、动态管理。中国建筑材料工业协会、中国建筑玻璃与工业玻璃协会及有关技术、认证和检验机构按照相关规定和要求协助、配合政府有关部门做好行业准入管理。

八、附则

本准入条件适用于中华人民共和国境内（除港、澳、台地区以外）的平板玻璃生产企业。

本准入条件涉及的国家标准若进行了修订，则按修订后的新标准执行。

本准入条件自 2007 年 9 月 10 日起实施，由国家发展和改革委员会负责解释。

水泥行业清洁生产评价指标体系（试行）

（2007 年 7 月 14 日　中华人民共和国国家发展和改革委员会公告　2007 年第 41 号）

前　言

为贯彻落实《中华人民共和国清洁生产促进法》，指导和推动水泥企业依法实施清洁生产，提高资源利用率，减少和避免污染物的产生，保护和改善环境，制定《水泥行业清洁生产评价指标体系（试行）》（以下简称“指标体系”）。

本指标体系用于评价水泥企业的清洁生产水平，作为创建清洁先进生产企业的主要依据，并为企业推行清洁生产提供技术指导。

本指标体系依据综合评价所得分值将企业清洁生产等级划分为两级，即代表国内先进水平的“清洁生产先进企业”和代表国内一般水平的“清洁生产企业”。随着技术的不断进步和发展，本指标体系每 3～5 年修订一次。

本指标体系由中国建筑材料工业协会负责起草。

本指标体系由国家发展和改革委员会发布并负责解释。

本指标体系自公布之日起试行。

1 水泥行业清洁生产评价指标体系适用范围

本指标体系适用于我国所有通用水泥生产企业（含水泥熟料生产厂和水泥粉磨站），包括从水泥原料到产品出厂的所有工序。特种水泥生产企业可参照本评价体系执行。

2 水泥行业清洁生产评价指标体系结构

根据清洁生产的原则要求和指标的可度量性，本评价指标体系分为定量评价和定性要求两大部分。

定量评价指标选取了有代表性的，能反映“节能”、“降耗”、“减污”和“增效”等有关清洁生产最终目标的指标，建立评价模式。通过对各项指标的实际达到值、评价基准值和指标的权重值进行计算和评分，综合考评企业实施清洁生产的状况和企业清洁生产程度。

定性评价指标主要根据国家有关推行清洁生产的产业发展和技术进步政策、资源环境保护政策规定以及行业发展规划选取，用于定性考核企业对有关政策法规的符合性及其清洁生产工作实施情况。

定量评价指标和定性评价指标分为一级指标和二级指标。一级指标为普遍性、概括性的指标，分为污染物排放、能源消耗、资源综合利用、产品品质、清洁生产管理五大类。二级指标为反映水泥生产企业清洁生产各方面的考核指标。

水泥行业定量和定性评价指标体系框架分别见图 1～图 3。

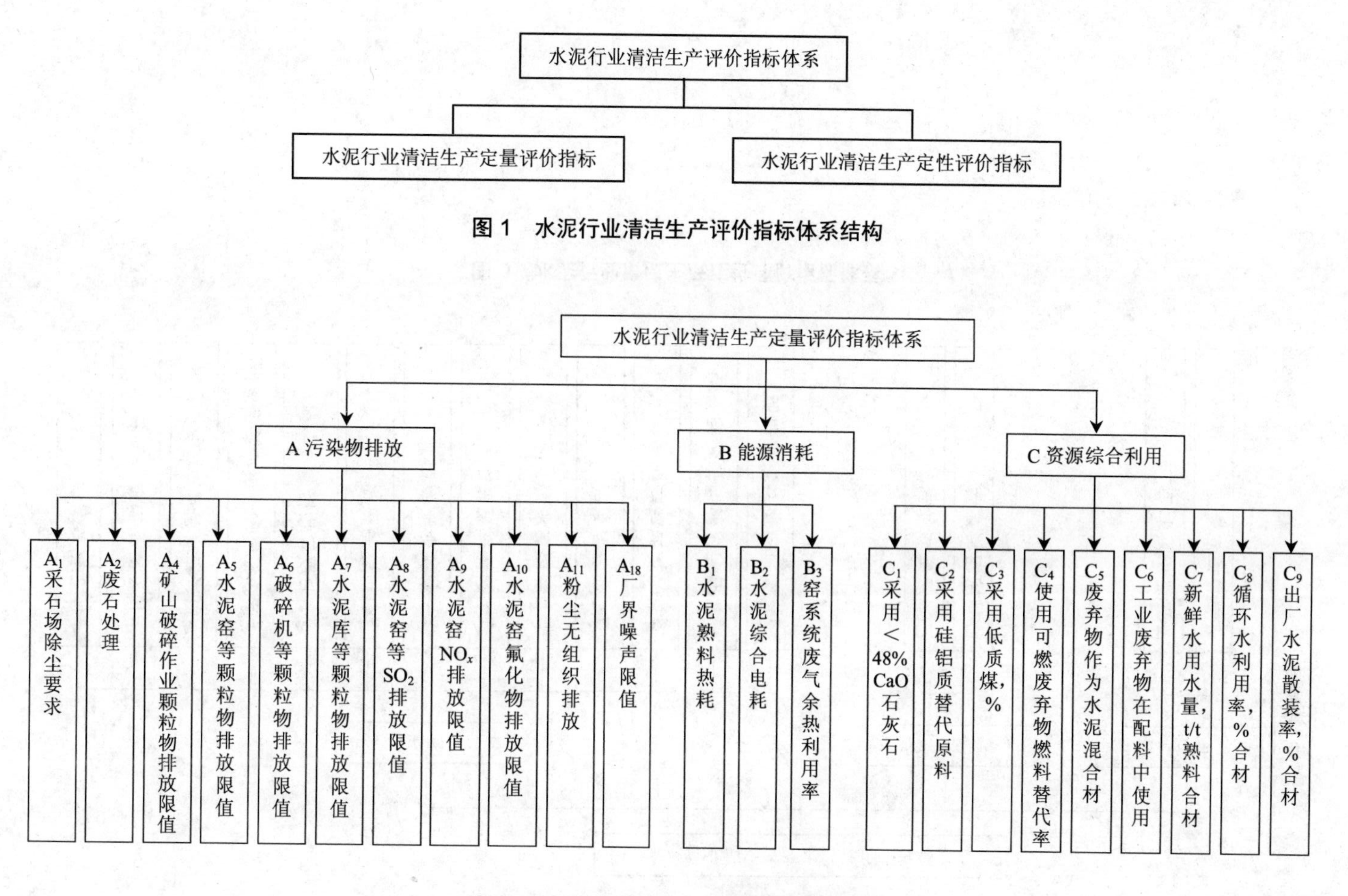

图1 水泥行业清洁生产评价指标体系结构

图2 水泥行业清洁生产定量评价指标体系

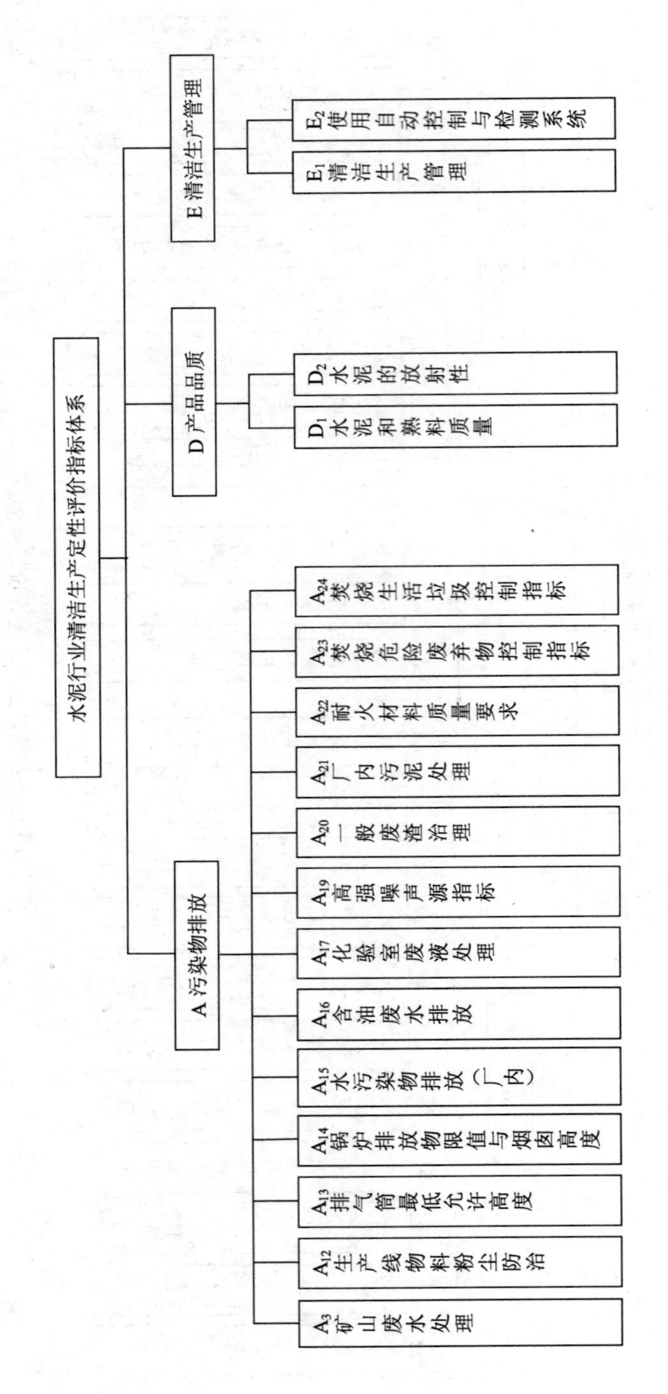

图 3 水泥行业清洁生产定性评价指标体系

3 水泥行业清洁生产评价指标的基准值和权重值

在定量评价指标体系中，各指标的评价基准值是衡量该项指标是否符合清洁生产基本要求的评价基准。本评价指标体系确定各定量评价指标的评价基准值的依据是：凡国家或行业在有关政策、规划等文件中对该项指标已有明确要求的就选用国家要求的数值；凡国家或行业对该项指标尚无明确要求值的，则选用国内重点水泥企业近年来清洁生产所实际达到的中等以上水平的指标值。本指标体系将各定量评价指标划分为 A、B、C 三个级别，分别对应该项指标所相应的能达到的清洁生产水平。

在定性评价指标体系中，衡量该项指标是否贯彻执行国家有关政策、法规的情况，按“是、否”或“A、B、C”三个级别完成程度两种选择来评定。

清洁生产评价指标的权重分值反映了该指标在整个清洁生产评价指标体系中所占的比重，原则上是根据该项指标对水泥行业清洁生产实际效益和水平的影响程度大小及其实施的难易程度来确定的。

评价指标分为正向指标和逆向指标。其中，能源消耗、资源消耗、环保排放指标均为逆向指标，数值越小越符合清洁生产的要求；资源综合利用方面的指标均为正向指标，数值越大越符合清洁生产的要求。

一级评价指标、权重系数及权重值见表 1，水泥企业清洁生产评价指标项目、权重及基准值见表 2，定性评价指标项目基准值见表 3。

清洁生产是一个相对概念，它将随着经济的发展和技术的更新而不断完善，达到新的更高、更先进水平，因此清洁生产评价指标及指标的基准值，也应视行业技术进步趋势进行不定期调整，其调整周期一般为 3 年，最长不应超过 5 年。

表 1　一级评价指标、权重系数及权重值

序号	一级评价指标	权重系数	权重值
A	污染物排放	0.440 002	44
B	能源消耗	0.259 600	25.96
C	资源综合利用	0.160 002	16
D	产品品质	0.095 300	9.53
E	清洁生产管理	0.045 100	4.51

表2　水泥企业清洁生产评价指标项目、权重及基准值

一级指标	二级指标		评价指标基准值			二级指标权重系数	最终权重值 K_i [①]
			A	B	C		
污染物排放	A_1	采石场除尘要求：露天采矿场有洒水除尘设置，对曝堆、采矿工作面、运输道路和其他扬尘点喷水尘	100%	>50%～<100%	30%～50%	0.015 66	0.689 0
	A_2	废石处理：矿山剥离物、废石、表土及尾矿等，必须采用废石场无害堆置并采取综合利用措施（如绿化），不得向江河、湖泊、水库和废石场以外的沟渠倾倒	100%	>70%～<100%	50%～70%	0.026 46	1.164 2
	A_3	矿山废水处理	参考表3：定性要求的二级指标			0.026 46	1.164 2
	A_4	矿山破碎作业颗粒物排放限值，mg/m^3	<20	20～30	>30～50	0.046 48	2.045 1
	A_5	水泥窑等颗粒物排放限值，mg/m^3	<30	30～40	>40～80	0.111 41	4.902 0
	A_6	破碎机等颗粒物排放限值，mg/m^3	<20	20～30	>30～50	0.046 48	2.045 1
	A_7	水泥库等颗粒物排放限值，mg/m^3	<20	20～30	>30～50	0.026 46	1.164 2
	A_8	水泥窑等SO_2排放限值，mg/m^3	<200	200～300	>300～400	0.111 41	4.902 0
	A_9	水泥窑NO_x排放限值，mg/m^3	<400	400～600	>600～800	0.026 46	1.164 2
	A_{10}	水泥窑氟化物排放限值，mg/m^3	<3	3～5	>5～10	0.015 66	0.689 0
	A_{11}	粉尘无组织排放，mg/m^3	<0.8	0.8～0.9	>0.9～1.0	0.046 48	2.045 1
	A_{12}	生产线物料粉尘防治	参考表3：定性要求的二级指标			0.076 32	3.358 1
	A_{13}	排气筒最低允许高度	参考表3：定性要求的二级指标			0.015 66	0.689 0
	A_{14}	锅炉排放物限值与烟囱高度	参考表3：定性要求的二级指标			0.015 66	0.689 0
	A_{15}	水污染物排放（厂内）	参考表3：定性要求的二级指标			0.076 32	3.358 1
	A_{16}	含油废水排放	参考表3：定性要求的二级指标			0.046 48	2.045 1
	A_{17}	化验室废液处理	参考表3：二级指标的定性要求			0.026 46	1.164 2
	A_{18}	厂界噪声限值，dB	<45	45～55	>55～60	0.046 48	2.045 1
	A_{19}	高强噪声源指标	参考表3：定性要求的二级指标			0.046 48	2.045 1
	A_{20}	一般废渣治理	参考表3：定性要求的二级指标			0.026 46	1.164 2
	A_{21}	厂内污泥处理	参考表3：定性要求的二级指标			0.015 66	0.689 0
	A_{22}	耐火材料质量要求	参考表3：定性要求的二级指标			0.015 66	0.689 0
	A_{23}	焚烧危险废弃物控制指标	参考表3：定性要求的二级指标			0.046 48	2.045 1
	A_{24}	焚烧生活垃圾控制指标	参考表3：定性要求的二级指标			0.046 48	2.045 1
能源消耗	B_1	水泥熟料热耗，标煤kg/t熟料	<106	106～114	>114～121	0.454 55	11.800 0
	B_2	水泥综合电耗，kW·h/t水泥	<98	98～105	>105～115	0.454 55	11.800 0
	B_3	窑系统废气余热利用率，%	>80	50～80	30～<50	0.090 91	2.360 0
资源综合利用	C_1	采用<48% CaO石灰石，%	>10	5～10	<5	0.247 20	3.955 2
	C_2	采用硅铝质替代原料，%	>50	30～50	<30	0.080 86	1.293 8
	C_3	采用低质煤，%	>30	20～30	<20	0.080 86	1.293 8
	C_4	使用可燃废弃物燃料替代率，%	>25	10～25	<10	0.080 86	1.293 8
	C_5	废弃物作为水泥混合材[②]/% 矿渣水泥 火山灰水泥 粉煤灰水泥	 >40～70 >40～50 >30～40	 >30～40 >30～40 >25～30	 ≥20～30 ≥20～30 ≥20～25	0.080 86	1.293 8
	C_6	工业废弃物在配料中使用，%	>15	10～15	<10	0.045 09	0.721 4
	C_7	新鲜水用水量，t/t熟料	<0.3	0.3～0.6	>0.6～1	0.151 71	2.427 3
	C_8	循环水利用率，%	>95	85～95	65～<85	0.080 86	1.293 8
	C_9	出厂水泥散装率，%	>60	40～60	30～<40	0.151 71	2.427 3

一级指标	二级指标		评价指标基准值			二级指标权重系数	最终权重值 K_i ①
			A	B	C		
产品品质	D_1	水泥和熟料质量	参考表 3：定性要求的二级指标			0.75	7.147 5
	D_2	水泥的放射性	参考表 3：定性要求的二级指标			0.25	2.382 5
清洁生产管理	E_1	清洁生产管理	参考表 3：定性要求的二级指标			0.8	3.608 0
	E_2	使用自动控制与检测系统	污染物排放实现自动控制与检测			0.2	0.902 0

注：① K_i=一级评价指标权重值×二级评价指标权重系数；

② 硅酸盐水泥（P.Ⅰ、P.Ⅱ）和普通硅酸盐水泥（P.O）的混合材掺入量符合 GB 175 的规定（A、B、C 三个等级指标一样），分别为 0～5%和 6%～15%。

表 3　定性评价指标项目基准值

编号	项目名称	限值		
		A	B	C
A_3	矿山废水处理： 采矿场排放的废水作无害化处理，必须达到《污水综合排放标准》（GB 8978—1996）并要满足本指标要求	悬浮物（SS）≤70 mg/L 化学需氧量（COD）≤100 mg/L 石油类≤5 mg/L	悬浮物（SS）≤150 mg/L 化学需氧量（COD）≤150 mg/L 石油类≤10 mg/L	悬浮物（SS）≤400 mg/L 化学需氧量（COD）≤500 mg/L 石油类≤20 mg/L
A_{12}	生产线物料粉尘防治： 按照 GB/T 16911 标准采取防尘措施	100%符合规定要求	有 3 处（含）以下扬尘点不符合标准要求	有 4 处（含）以下扬尘点不符合标准要求
A_{13}	排气筒最低允许高度： 除提升输送、储库下小仓的除尘设施外，生产设备排气筒（含车间排气筒）不得低于 15 m 各生产设备的排气筒最低允许高度应按《水泥工业大气污染物排放标准》（GB 4915—2004）执行	生产设备排气筒高度100%符合左侧要求	有 1 点生产设备排气筒高度不符合要求	有 2 点生产设备排气筒高度不符合要求
A_{14}	锅炉排放物限值与烟囱高度：按《锅炉大气污染物排放标准》（GB 13271—2001）执行	必须 100%达标排放		
A_{15}	水污染物排放（厂内）： 生产排水（含水收尘污水）、生活污水采用清污分流，水污染物排放控制执行《污水综合排放标准》（GB 8978—1996）	必须 100%达标排放		

<table>
<tr><th rowspan="2">编号</th><th rowspan="2">项目名称</th><th colspan="3">限值</th></tr>
<tr><th>A</th><th>B</th><th>C</th></tr>
<tr><td>A_{16}</td><td>含油废水排放：
回转窑、烘干机等托轮浸水槽的含油废水，必须经除油处理后排放</td><td colspan="3">必须100%达标排放</td></tr>
<tr><td>A_{17}</td><td>化验室废液处理：
化验室排出的含有微量酸、碱废水和蓄电池室排出的少量酸、碱废水必须进行中和处理
（pH=6～8）后方可排放</td><td colspan="3">必须100%达标排放</td></tr>
<tr><td>A_{19}</td><td>高强噪声源控制指标：
生产车间噪声控制要符合《工业企业噪声控制设计规范》（GBJ 87—1985）的要求和《水泥工业劳动安全卫生设计规定》（JCJ 10—97）的要求，8 h 有人值守的岗位，噪声不得超过 85 dB，符合《工业企业设计卫生规范》要求</td><td colspan="3">必须100%达标排放</td></tr>
<tr><td>A_{20}</td><td>一般废渣治理：
除尘设备收下的粉尘，纳入生产流程中使用。窑尾放风系统回收的窑灰，必须再利用</td><td>完全符合回收利用要求。回收的粉尘与窑灰100%得到再利用，实现零排放</td><td>粉尘与窑灰的回收利用符合要求。大部分窑灰通过水泥生产回收利用，剩余部分通过其他产业得到回收利用</td><td>粉尘与窑灰的回收利用符合要求
通过各种合理的方式使窑灰得到处理</td></tr>
<tr><td>A_{21}</td><td>厂内污泥处理：
水除尘及污水处理设施等排出的各种废渣，经过相应的生物或化学检测后，可以回收利用的纳入生产流程中，不得排放或抛弃</td><td>完全符合回收利用要求。可利用的废渣和污泥作为水泥原材料得到100%利用，实现零排放</td><td>符合回收利用要求，可利用的废渣和污泥大部分作为水泥原材料利用</td><td>符合回收利用要求，可利用的废渣和污泥只有少部分得到利用</td></tr>
<tr><td>A_{22}</td><td>耐火材料质量要求</td><td>（1）使用无铬耐火材料
（2）耐火材料符合相应工业标准
（3）耐火材料消耗量≤0.4 kg/t 熟料</td><td>（1）烧成带采用镁铬材料时，含铬量≤4%
（2）废弃镁铬材料的堆放有专门的围护堆场，并有防雨屋棚
（3）废弃镁铬材料得到无害化处理或回收
（4）耐火砖和浇注料质量符合相应工业标准
（5）耐火材料消耗量≤0.6 kg/t 熟料</td><td>（1）烧成带采用镁铬材料时，含铬量≤6%
（2）废弃镁铬材料的堆放要有专门围护堆场，并有防雨屋棚，同时要有无害化处理措施
（3）耐火砖和浇注料质量符合相应工业标准
（4）耐火材料消耗量≤0.8 kg/t 熟料</td></tr>
</table>

编号	项目名称	限值		
		A	B	C
A_{23}	焚烧危险废弃物控制指标： 水泥窑焚烧危险废物（医疗垃圾除外）时，排气中颗粒物、二氧化硫、氮氧化物、氟化物执行表7～表10的规定，二噁英类排放浓度≤0.1ngTEQ/m^3，其他污染物控制执行《危险废弃物焚烧污染控制标准》（GB 18484）规定的排放限值	完全符合控制要求，并且污染物排放量显著低于控制指标 特别检验二噁英类排放浓度≤0.1 ngTEQ/m^3	完全符合控制要求，但二噁英类排放浓度 ≤0.3 ngTEQ/m^3	基本符合控制要求，但二噁英类排放浓度 ≤0.5 ngTEQ/m^3
A_{24}	焚烧生活垃圾控制指标： 水泥窑焚烧生活垃圾时，排气中颗粒物、SO_2、NO_x、氟化物执行表7～表10的规定，汞、镉、铅、二噁英类、厂界恶臭及其他污染执行《生活垃圾焚烧污染控制规范》（GB 18485）的规定	100%符合规定要求	不符合要求指标的项数≤2。但二噁英类排放必须<1.0 ngTEQ/m^3	不符合要求指标的项数≤3。但二噁英类排放必须<1.0 ngTEQ/m^3
D_1	水泥与熟料质量： 出厂水泥或熟料质量必须按相关的水泥标准进行检验	出厂水泥合格率100%		
D_2	水泥的放射性： 水泥产品（不管有无掺加矿渣）中天然放射性核素的比活度要满足《建筑材料放射性核素限量》（GB 6566—2001）的要求	镭-226、钍-232、钾-40的放射性比活度同时满足内照射指数 I_{Ra}≤1.0和外照射指数 I_Y≤1.0	镭-226、钍-232、钾-40的放射性比活度同时满足内照射指数 I_{Ra}≤1.0和外照射指数 I_Y≤1.0	镭-226、钍-232、钾-40的放射性比活度同时满足内照射指数 I_{Ra}≤1.0和外照射指数 I_Y≤1.0
E_1	清洁生产管理： 通过ISO 14001认证，建立了环境管理体系或制定了具有操作性、有阶段性目标和可监督检查的中长期、远期环境管理目标 矿山开采完成之后，进行复垦等量绿化植树	100%达到要求	（1）正在准备ISO 14001认证，已经提交认证申请或签订合同 （2）有日常管理措施和中长期、远期环境管理目标 （3）受破坏植被绿化植树率≥70%	（1）还没有进行ISO认证，没有提交认证申请 （2）有日常管理措施，有长远环境管理目标 （3）受破坏植被绿化植树率≥50%

4 水泥企业清洁生产评价指标的考核评分计算方法

企业清洁生产定量评价指标的考核评分，以企业在考核年度（一般以一个生产年度为一个考核周期，并与生产年度同步）各项二级指标实际达到的数值为基础进行计算，综合得出该企业定量评价指标考核的总分值。

4.1 定量评价指标的考核评分计算

企业清洁生产定量评价指标的考核评分，以企业在考核年度各项二级指标实际达到的数值为依据，计算公式如下：

$$P_i = S_{ij} \cdot K_i/100$$

式中：P_i——第 i 项二级评价指标考核分值；

K_i——第 i 项二级评价指标的最终权重值；

S_{ij}——第 i 项二级评价指标中不同等级所对应的分值（j 对应 A、B、C 不同等级）。

A 级指标对应的分值 S_{iA}=100；B 级指标对应的分值 $80 \leqslant S_{iB} < 100$，C 级指标对应的分值 $60 \leqslant S_{iC} < 80$，二级指标 B 或二级指标 C 对应的分值 S_{ij} 按实际达到的水平用差值法取值；不能满足 C 级指标要求的，该项指标对应的分值视为 0。

从其数值情况来看，定量评价的二级指标可分为正向指标与逆向指标：正向指标是指该指标的数值越高（大）越符合清洁生产要求（如循环水利用率、窑系统废气余热利用率等）；逆向指标是指该指标的数值越低（小）越符合清洁生产要求（如资源与能源消耗、污染物产生等指标）。因此，对二级指标的考核评分，根据其类别采用不同的计算方法。

对应 B 等级正向指标：$S_{iB}=80+20(X_i-X_{\min(i)})/(X_{\max(i)}-X_{\min(i)})$

对应 C 等级正向指标：$S_{iC}=60+20(X_i-X_{\min(i)})/(X_{\max(i)}-X_{\min(i)})$

对应 B 等级逆向指标：$S_{iB}=80+20(X_{\max(i)}-X_i)/(X_{\max(i)}-X_{\min(i)})$

对应 C 等级逆向指标：$S_{iC}=60+20(X_{\max(i)}-X_i)/(X_{\max(i)}-X_{\min(i)})$

式中：X——第 i 项评价指标的实际数值；

$X_{\max(i)}$——第 i 项指标的最大值；

$X_{\min(i)}$——第 i 项指标的最小值。

4.2 定性评价指标的考核评分计算

各项定性指标的二级评价指标考核分值的计算公式如下：

$$P_i = S_{ij} \cdot K_i/100$$

式中：P_i——第 i 项二级评价指标考核分值；

K_i——第 i 项二级评价指标的最终权重值；

S_{ij}——第 i 项二级评价指标中不同等级所对应的分值（j 对应 A、B、C 不同等级）。

对没有 A、B、C 等级区别的定性考核指标，不符合考核要求的则该项指标没有分值，即 S_{iA}=0，符合考核要求时最高分值为 100 分，即 S_{iA}=100。

当定性考核指标有 A、B、C 等级区别时，符合 A 级指标要求时对应的分值 S_{iA}=100，符合 B 级指标要求时对应的分值 $80 \leqslant S_{iB} < 100$，C 级指标对应的分值 $60 \leqslant S_{iC} < 80$，不能满足 C 级指标要求的，该项指标的对应的分值视为 0。二级指标 B 或二级指标 C 对应的分值 S_{ij} 由专家打分取值。

4.3 综合评价指标的考核评分计算

综合评价指数是描述和评价被考核企业在考核年度内清洁生产总体水平的一项综合指标。水泥企业之间清洁生产综合评价指数之差可以反映企业之间清洁生产水平的总体差距。综合评价指数的计算公式为：

$$P = \sum_{i=1}^{n} P_i$$

式中：P——企业清洁生产的综合评价指数，其值一般在 0～100；

P_i——第 i 项二级指标考核分值；

n——参与考核的二级指标的总数，n=40。

4.4 水泥行业清洁生产企业的评定

对于水泥企业，企业的清洁生产评价通过其评价指数 P 即可全面反映，企业清洁生产评价指数值 P 介于 0～100。

本评价指标体系将水泥企业清洁生产水平划分为两级，即国内清洁生产先进水平和国内清洁生产一般水平。对达到一定综合评价指数值的企业，分别评定为清洁生产先进企业或清洁生产企业。

根据我国目前水泥行业的实际情况，不同等级清洁生产企业的综合评价指数列于表 4。

表 4　水泥行业清洁生产企业水平评定

清洁生产企业等级	清洁生产综合评价指数
清洁生产先进企业	$P \geqslant 90$
清洁生产企业	$70 \leqslant P \leqslant 90$

按照现行环境保护政策法规以及产业政策要求，凡参评企业被地方环保主管部门认定为主要污染物排放未“达标”（指总量未达到控制指标或主要污染物排放超标），生产淘汰类产品或仍继续采用要求淘汰的设备、工艺进行生产的，则该企业不能被评定为“清洁生产先进企业”或“清洁生产企业”。清洁生产综合评价指数低于 70 分的企业，应类比本行业清洁生产先进企业，积极推行清洁生产，加大技术改造力度，强化全面管理，提高清洁生产水平。

5 指标解释

（1）水泥熟料烧成煤耗

在考核期内（年度平均，以下相同）用于水泥窑烧成每吨熟料的入窑实物煤，折算成标准煤，称为水泥熟料烧成煤耗，以 m_r 表示。

$$m_r = \frac{1\,000\,G_r Q_{net,ar}}{29\,300\,G_{sh}} - m_{yd} - m_{yr}$$

式中：m_r——熟料烧成煤耗，kg/t；

1 000——换算系数，kg/t；

G_r——考核期内用于烧成熟料的实物煤总量，t；

$Q_{net,ar}$——考核期内燃料应用基的加权平均低位发热量，kJ/kg；

29 300——每千克标煤发热量，kJ/kg；

G_{sh}——考核期内的熟料总产量，t；

m_{yd}——考核期内余热发电折算的标煤量，kg/t 熟料；

m_{yr}——考核期内余热利用的热量折算成标煤量，kg/t 熟料。

（2）水泥综合电耗

$$E_z = \frac{E_{sn} + E_{sh}G_{sh} + E_hG_h + E_{sg}G_{sg} + E_{fz}}{G_{sn}}$$

式中：E_z——水泥综合电耗，kW·h/t 水泥；

E_{sn}——考核期内水泥粉磨工序耗电量，kW·h/t 水泥；

E_{sh}——考核期内每吨熟料平均耗电量，kW·h/t 熟料；

G_{sh}——考核期内熟料消耗量，t；

E_h——考核期内每吨混合材平均耗电量，kW·h/t；

G_h——考核期内混合材消耗量，t；

E_{sg}——考核期内每吨石膏平均耗电量，kW·h/t 石膏；

G_{sg}——考核期内石膏消耗量，t；

E_{fz}——考核期内应分摊的辅助用电量，kW·h；

G_{sn}——考核期内水泥总产量，t。

（3）新鲜水用水量

水泥生产装置每加工 1 t 水泥熟料所消耗的新鲜水量及机器冷却用新鲜水量（含自来水、地下水、地表水，但不包括重复使用的和循环利用的水量）。

（4）水循环利用率

循环水量占用水量总量的百分比。

（5）低品位原料利用率

采用<48% CaO 石灰石、采用代用硅铝质替代原料（如砂岩、页岩、粉煤灰等）在水泥原料配料中所占的比率，用百分数表示。

（6）低品位燃料利用率

采用低质煤（发热量 $Q_{net,\ ar}$≤21.00 MJ/kg，硫分 St，d≥2.00%，挥发分 Vad≤25.00，灰分 Aad≥27.00 的煤炭）在全厂煤炭燃料消耗中所占的比例，用百分数表示。

（7）可燃废物的燃料替代率

考核期内回转窑煅烧水泥熟料时，所利用的可燃废物热量占烧成热耗的比例，用百分数表示。

（8）固体废弃物替代率

固体废弃物作为原料配料或作为水泥混合材的比例。

（9）窑系统废气余热利用率

当前水泥生产企业的窑系统废气余热利用，主要考虑立磨的物料烘干、余热发电与供暖等，可以通过计算水泥烧成系统的废气被利用的热量与废气热焓之比来求出余热利用率，若用 m_{yr} 表示余热利用率则有：

$$m_{yr} = \frac{Q_{yj} - Q_{yc} - Q_{ys}}{29\,300\,G_{yr}} \times 100\%$$

式中：Q_{yj}——统计期内余热利用进口总热量，kJ；

Q_{yc}——统计期内余热利用出口总热量，kJ；

Q_{ys}——统计期内余热利用系统的散热损失总量，kJ；

G_{yr}——统计期内窑系统熟料烧成的实物煤耗，kg。

（10）考核期内出厂水泥散装率

考核期内工厂全厂产品（不考虑产品品种和标号的差异）的散装出厂量与工厂全部水泥出厂量之比为出厂水泥散装率，用 $B_{水泥}$ 表示：

$$B_{水泥}=\frac{散装水泥出厂量}{全厂全年水泥出厂量}\times 100\%$$

（11）颗粒和气体排放物限值

有关颗粒物和 SO_2、NO_x 和氟化物等七项排放指标限值（表 2 中二级指标 A17～A23 项）是以《水泥工业大气污染物排放标准》（GB 4915—2004）为依据制定的限值。

（12）无组织排放限值

无组织排放监控点的粉尘排放浓度，根据 GB 4915—2004 制定。

（13）厂界噪声限值

厂界噪声限值参照《工业企业厂界噪声标准》（GB 12348—90）制定。

（14）耐火材料中的铬含量

严格来说不应生产和使用含铬耐火材料，但目前国内还很难做到这点。A 级指标要求不得使用含铬耐火材料，在 B 级和 C 级指标中，虽可使用镁铬耐火材料，但已对含铬量作了规定。

（15）焚烧危险废弃物的排放限值

根据 GB 18484《危险废弃物焚烧污染控制标准》制定。

（16）焚烧生活垃圾的排放限值

根据 GB 18485《生活垃圾焚烧污染控制规范》制定。

玻璃纤维行业准入条件

（2007 年 1 月 18 日　中华人民共和国国家发展和改革委员会公告　2007 年第 3 号）

为有效遏制玻璃纤维行业低水平重复建设和盲目扩张，规范市场竞争秩序，促进产业结构升级，根据国家的有关法律法规和产业政策，按照调整结构、有效竞争、降低消耗、保护环境和安全生产的原则，对玻璃纤维行业提出如下准入条件。

一、生产企业布局

新建玻璃纤维生产企业选址必须符合土地利用总体规划、城镇规划和产业布局规划。在国务院、国家有关部门和省（自治区、直辖市）人民政府规定的风景名胜区、生态保护区、自然和文化遗产保护区以及饮用水源保护区等法律、法规规定禁止建设工业企业的区域，不得建设玻璃纤维生产企业。禁止在城市建成区和城市非工业规划区新建玻璃纤维生产企业。

上述区域内已经投产的玻璃纤维生产企业要根据该区域规划通过“搬迁、转产”等方式逐步退出。

二、工艺与装备

（1）新建玻璃纤维池窑法拉丝生产线规模必须达到 30 000 吨/年及以上。新建玻璃纤维代铂坩埚法拉丝生产线必须是特种成分的玻璃纤维，或单丝直径小于 7 微米的细纱，且产品质量和规格达到国际标准，生产规模不小于 2 000 吨/年。

（2）禁止新建无碱、中碱玻璃球生产线。资源、能源具有优势地区的玻纤企业在改扩建无碱、中碱球窑时，单窑生产线规模应达到 20 000 吨/年及以上，玻璃融制工艺中禁止使用白砒作为澄清剂，玻璃成分必须符合行业强制性标准的规定，改扩建特种成分的玻璃球窑，单窑生产线规模不小于 3 000 吨/年。

（3）新建玻纤制品加工企业规模为年销售收入 2 000 万元/年以上，禁止使用国家淘汰的纺织设备织造玻纤制品，禁止使用陶土坩埚玻璃纤维拉丝产品生产玻纤制品。

（4）依法立即淘汰陶土坩埚玻璃纤维拉丝生产工艺与装备，禁止生产和销售高碱玻璃纤维制品。

三、能源消耗

（1）新建玻璃纤维池窑法拉丝生产线单位能耗≤1 吨标煤/吨原丝。

（2）改扩建无碱玻璃球窑必须采用先进的窑炉融制工艺和保温节能技术，单位能耗≤580 千克标煤/吨球。

（3）改扩建中碱玻璃球窑必须采用先进的窑炉融制工艺和保温节能技术，单位能耗≤300 千克标煤/吨球。

四、环境保护

（1）大气污染物排放必须达到《国家工业炉窑大气污染物排放标准》（GB 9078—1996）、《大气污染物综合排放标准》（GB 16297—1996）、外排污水必须达到《污水综合排放标准》（GB 8978—1996）和其所在地相关环境标准的要求。

（2）玻璃纤维和玻璃球生产中浸润剂废液、冷却水须经回收处理后综合利用。

（3）待国家颁布有关玻璃纤维工业污染物排放标准后，玻璃纤维工业污染物排放应按新标准的要求执行。

（4）玻璃纤维拉丝、整经、织造工艺产生的废丝均应采取回收利用，不得采用填埋方式进行消纳。

（5）玻璃纤维成分中有毒有害物质、重金属和三氧化二砷的含量必须达到相关标准的要求。

（6）新、改、扩建玻璃纤维生产线应预留除尘、脱硫以及脱硝污染治理设施场地。

五、监督与管理

（1）新建玻璃纤维和改扩建玻璃球生产线必须符合上述准入条件。玻璃纤维生产建设项目的投资管理、土地供应、环境影响评价、信贷融资等手续必须依据上述准入条件的规定办理。建设单位必须按照国家环保总局有关分级审批的规定报批环境影响评价文件。现有玻璃纤维和玻璃球生产企业要通过技术改造，两年内达到环境保护、能源消耗等方面的准入条件。

（2）新建玻璃纤维或改扩建玻璃球生产线投产前，要经省级及以上投资、土地、环保、安全生产、劳动卫生、质检等行政管理部门按照此准入条件及相关规定进行检查验收。经检查未达到准入条件要求的，投资主管部门应责令建设单位限期完成符合准入条件的有关建设内容。对不符合环保要求的，环境保护行政管理部门依照有关法律法规加大处罚力度，同时限期整改。

（3）各级玻璃纤维行业主管部门要加强对玻璃纤维生产企业执行准入条件情况进行督促检查和管理。国家发展和改革委员会定期公告符合准入条件的玻璃纤维和玻璃球生产企业名单。各级地方投资主管部门从源头上把关，依照准入条件对玻璃纤维及制品项目进行备案管理。中国玻璃纤维工业协会及各级行业协会、有关技术、认证和检验机构应协助和配合政府有关部门做好行业的准入管理工作。

（4）对不符合准入条件的新建或改扩建玻璃纤维和玻璃球生产线项目，投资管理部门不得备案，土地行政主管部门不得办理土地使用手续，环保部门不得办理环评审批手续，金融机构不予提供信贷支持，电力供应机构依法停止供电。地方人民政府或相关主管部门依法决定撤销或责令关闭的企业，工商行政管理部门依法责令其办理变更登记或注销登记。

六、附则

（1）本准入条件适用于中华人民共和国境内（台湾、香港、澳门特殊地区除外）所有类型的玻璃纤维行业生产企业。

（2）本准入条件中涉及的国家和行业标准若进行了修订，则按修订后的新标准执行。

（3）本准入条件自 2007 年 2 月 1 日起实施，由国家发展和改革委员会负责解释，并根据行业发展情况和宏观调控要求进行修订。

五

机械电子

船舶工业中长期发展规划（2006—2015年）

船舶工业是为水上交通、海洋开发和国防建设等行业提供技术装备的现代综合性产业，也是劳动、资金、技术密集型产业，对机电、钢铁、化工、航运、海洋资源勘采等上、下游产业发展具有较强带动作用，对促进劳动力就业、发展出口贸易和保障海防安全意义重大。我国劳动力资源丰富，工业和科研体系健全，产业发展基础稳固，拥有适宜造船的漫长海岸线，发展船舶工业具有较强的比较优势。同时，我国对外贸易的迅速增长，也为船舶工业提供了较好的发展机遇，我国船舶工业有望成为最具国际竞争力的产业之一。当前，世界船舶工业正在加速向劳动力、资本丰富和工业基础雄厚的区域转移。2006—2015 年间，是我国船舶工业发展的关键时期，需要抓住机遇，充分调动各方面积极因素，及时承接国外产业转移，提高市场竞争力，促进船舶工业快速发展，力争到 2015 年使我国成为世界最主要的造船大国和强国。

第一章　产业规划

一、指导方针和发展目标

（一）2006—2015 年间船舶工业发展的指导方针。

1. 深化改革，加快发展，坚持走新型工业化道路。遵循社会主义市场经济发展方向，加快船舶工业体制改革、技术创新和管理升级，提高效率，增长效益。要在发展和改革中，走出一条科技含量高、经济效益好、资源消耗低、环境污染少、人力资源优势得到充分发挥的新型工业化道路。

2. 调整存量资产和新建产能相结合，优化船舶工业组织结构。通过兼并、重组、联合和搬迁、扩建等方式，整合产业资源，提高运行效益。集中力量在环渤海湾、长江口和珠江口区域新建、扩建一批大型造船设施，扩大造船能力，形成三个现代化大型造船基地。培育具有较强产品开发、制造、营销能力和较高管理水平的大型企业集团，带动全行业发展。

3. 提高自主研发能力和船用设备配套能力，增强船舶工业核心竞争力。统筹利用产业内外技术资源，增强常规产品优化、创新能力，培育高技术、高附加值产品开发能力。高度重视船用设备制造本土化，集中力量解决配套能力弱的问题，为船舶工业发展夯实基础。

4. “引进来”和“走出去”并举，拓宽船舶工业发展空间。重点引进境外设计制造技术、经营管理技术和专业人才，有针对性地消除船舶工业的薄弱环节，充实产业发展力量。鼓励企业大力开拓国际市场，改善出口产品结构。有条件的企业可到境外投资船用设备业，进一步融入国际化分工合作体系。

（二）船舶工业发展目标。

2010 年，自主开发、建造的主力船舶达到国际先进水平，年造船能力达到 2 300 万载重吨，年产量 1 700 万载重吨，造船年销售收入 1 500 亿元（其中出口 1 200 万载重吨，出口值 120 亿美元）。船用低、中速柴油机年生产能力分别达到 450 万千瓦和 1 100 台，基本满足同期国内造船需求。形成一批具有较强国际竞争力的船用设备专业化生产企业，本土生产的船用设备平均装船率（按价值计算）达到 60%以上。船舶工业组织结构趋于合理，大型船舶企业集团具备较强的国际竞争力，三大造船基地初具规模，造船业与配套业协调发展。船舶工业全面实行现代企业制度、现代化总装造船模式和企业管理信息化。船舶修理（包括改装）技术水平大幅度提高，能够承担大型、多品种船舶修理任务，使我国成为世界主要造修船国。

2015 年，形成开发、建造高技术、高附加值船舶的能力，年造船能力达到 2 800 万载重吨，年产量 2 200 万载重吨，年销售收入 1 800 亿元（其中出口 1 500 万载重吨，出口值 160 亿美元），使我国成为世界造船强国。船用低、中速柴油机年生产能力分别达到 600 万千瓦和 1 200 台，本土生产的船用设备的平均装船率（按价值计算）达到 80%以上，大型企业集团建成船用设备国际营销服务网络。骨干造船企业的生产效率达到 15 工时/修正总吨，3 万载重吨以上常规船舶平均建造周期达到 9 个月，人均年销售收入力争达到 200 万元。

二、技术发展

（三）要适应市场对船舶安全、环保、节能、舒适等性能要求不断提高的形势，按照船舶大型化、高速化、智能化的技术发展方向，遵循“巩固优势、突出重点、循序渐进、全面提升”的技术发展方针，提高产品优化设计、开发创新和制造水平。

（四）密切跟踪研究国际技术发展动态，采取自主研发、中外联合设计、技术引进等多种方式，全面掌握市场需求量大面广的主力船舶和海洋工程装备的优化和设计技术，培育高技术、高附加值船舶和海洋工程装备设计、制造能力。提高船用设备设计、制造水平，逐步掌握核心技术，增加品种规格。

（五）加强基础技术、关键共性技术研究，增加技术储备。建立船舶性能和结构数据库，开发船舶线型和综合性能快速优化设计系统，加强推进、操纵、减震、降噪和结构设计计算等技术研究，构筑产品开发平台。

（六）建立健全我国船舶工业技术标准体系。适应国内外船舶工业发展需要，及时制定、修订我国的技术标准。积极参与国际技术标准的谈判、制定工作，推动我国技术标准与国际标准全面接轨。近期要在国际船级社协会（IACS）组织推出的散货船、油船共同结构规范（CRS）框架下，抓紧研究建立我国同类产品的标准体系，推出我国的基本船型。

（七）注重应用现代化管理技术，借鉴国外成功经验，加速推广现代造船模式。充分利用信息技术改革产品设计、生产和经营管理方式，提高信息化水平和快速反应能力，努力缩短造船周期，降低造船成本。

三、产品发展

（八）以满足国内外船舶市场的主流需求为目标，重点提高大型散货船、油船、集装箱船等主力船舶的市场份额，逐步实现标准化、系列化、品牌化，使之成为我国船舶工业的主导产品。

（九）依托国内重点需求，瞄准国内外两个市场，采取引进技术、联合建造等方式，发展液化天然气（LNG）船、高速大型集装箱船、滚装船以及豪华旅游船等高技术、高附加值船舶，逐步填补国内空白。

（十）配合海洋资源开发，提高资源勘探、开采、加工、储运和后勤服务等方面的海洋工程装备研制水平，向深水化、大型化和系统化方向发展。努力满足我国海洋管理需要，增强海洋调查监测和海洋执法管理等装备的研制能力。

（十一）适应我国水上安全、渔业、疏浚、防洪抢险和旅游休闲需要，大力发展救助打捞装备、远洋渔船、大型工程船和个性化游艇等产品。

（十二）有规划、有重点地支持船用设备发展，提高船用设备生产本土化水平。优先发展船用动力装置、甲板机械等已具备一定基础和优势的产品，打造国际品牌；大力发展低速柴油机曲轴、船用大型铸锻件、锅炉、发电机组等对产业发展具有较大影响的产品；加强对外合作，促进机舱、装卸和观通导航等自动化系统产品的本土化生产。

（十三）协同相关行业发展船用钢材、焊材、涂料、电缆等相关产品，保障船舶工业发展需要。钢铁工业要结合自身发展，有针对性地实施技术改造，增加产品品种规格，提高船用钢材国内自给率。大型船舶企业集团可与钢铁、航运等相关产业的企业集团结成联盟，提高抵御市场风险的能力。

四、生产组织现代化

（十四）造船企业要积极运用现代管理技术，调整生产组织结构，合理配置生产要素，推行工种复合化和中间产品生产专业化。

（十五）三大造船基地内的骨干船厂要率先推行现代总装造船模式。按照专业化生产要求，建立板材、管材、电缆等大宗材料配送中心，努力实现船用材料定规格入厂；建立铸造、锻造、热处理和电化学处理工艺专业化加工中心，实现部件成品化入厂。

（十六）船舶企业集团和生产企业要尽快建立本级局域网络，普及信息化管理，对设计、采购、生产、销售、库存、财务等生产经营环节实时监控，加强信息交流，提高管理效率。企业集团公司要充分利用网络管理平台，集中采购生产资料，统一调配集团内部资源。

（十七）建立开放的协作配套体系。船舶工业要充分利用机械、电子、化工、轻工等行业的技术优势和生产能力，培育一批专业化生产企业。

五、对外合作

（十八）多层次开展国际合作与交流活动。做好经济合作与发展组织（OECD）新造船协定的谈判工作，为我国船舶工业发展营造良好的外部环境。中国船级社要积极参与国际船级社协会（IACS）组织的技术谈判和交流，维护我国船舶工业的合法权益，做好散货船、油船的共同结构规范（CSR）的协调、推广工作。

（十九）船舶研发机构要通过联合设计、技术咨询等方式研发新产品，掌握世界船舶工业技术、法规和标准的发展方向。

（二十）造船企业要重点引进消化吸收模块化舾装、高效焊接、切割等船舶建造关键技术和现代化造船生产管理技术，转换生产方式，提高建造技术水平和生产效率，尽快达到国际先进水平。

（二十一）积极引进境外先进船用设备制造技术，鼓励国际上有实力的船用设备制造企业前来投资。船用设备骨干企业要加大开拓国际市场，扩大优势产品的国际市场占有率。大型船舶企业集团要统筹规划，建立船用设备国际销售和维修服务网络。

（二十二）鼓励境外公司在境内建立船舶、海洋工程装备、船用柴油机及配套产品的专业研发机构。

（二十三）支持大型船舶企业集团到境外投资，收购、参股具有技术优势、产品优势和发展潜力的专业设计公司、船用设备生产企业和营销服务网点，开展跨国经营。

（二十四）重视引进境外智力。有条件的企业可聘请境外技术人才和职业经理人来华指导或参与企业管理，有实力的企业可在境外建立研发机构，吸纳当地科技人才。

六、重大项目规划

（二十五）2006—2015 年间，重大项目规划的重点是：

1．新建、扩建以 30 万吨级以上船坞为代表的大型造船设施和船用低、中速柴油机生产项目。重点建设以大连、葫芦岛、青岛为主的环渤海湾地区，以上海、南通为主的长江口地区和以广州为主的珠江口地区的大型造船基地。2010 年和 2015 年前，规划新增造船生产能力分别为 1 300 万载重吨和 500 万载重吨。

2．重点依托沪东重机股份公司、大连船用柴油机厂和宜昌船舶柴油机厂三个低速柴油机生产企业，镇江中船设备公司、安庆船用柴油机厂、陕西柴油机厂和新中动力机厂四个中速柴油机生产企业，进行改造和易地扩建，提高低、中速柴油机生产能力。2010 年和 2015 年前，规划新增船用低速柴油机生产能力分别为 290 万千瓦和 200 万千瓦，新增船用中速柴油机生产能力分别为 700 台和 100 台。

（二十六）环渤海湾地区。结合大连、葫芦岛、青岛等地区船舶工业结构调整和部分企业搬迁，重点扩建大连造船重工、大连新船重工和渤海船舶重工项目，建设青岛海西湾造船基地和中远旅顺造船基地。2010 年和 2015 年，环渤海湾地区的船舶建造能力分别达到 900 万载重吨和 1 100 万载重吨。

（二十七）长江口地区。结合上海地区船舶工业结构调整和黄浦江内部分船厂搬迁，重点建设长兴岛造船基地，扩建中远南通川崎船厂。2010 年和 2015 年，长江口地区的船舶建造能力分别达到 900 万载重吨和 1 000 万载重吨。

（二十八）珠江口地区。结合广州地区船舶工业结构调整，重点建设龙穴岛造船基地。2010 年和 2015 年，珠江口地区的船舶建造能力分别达到 200 万载重吨和 300 万载重吨。毗邻地区重点规划建设福建泉州造船项目。

（二十九）通过改扩建或异地建立分厂，适度扩大现有船用低、中速柴油机厂产能，使船用低、中速柴油机生产能力基本满足我国造船配机需要。

（三十）依托大型企业集团，集聚各方面人才资源，采取多元投资、跨行业联合等方式，建设 2～3 个民用船舶研究开发中心、1～2 个海洋工程装备研究开发中心。

（三十一）在渤海湾、长江下游、闽浙沿海、珠江口、北部湾地区，配合大型港口码头建设，改扩建或新建大型修船坞，扩大船舶修理和改装能力，提高技术水平。

（三十二）凡规划内建设项目涉及新增建设用地的，需与当地土地利用总体规划相衔接，依法办理征地手续。

第二章　发展政策

七、投资管理

（三十三）按照建立和完善社会主义市场经济体制的要求，全面贯彻落实《行政许可法》和国家投资体制改革等各项法律法规和政策。地方各级政府部门不得擅自扩大投资项目的管理权限，地方核准的项目须报国家发展改革委备案。

（三十四）新建大型造船设施项目须符合以下条件：

1．项目总投资一般不低于20亿元，项目资本金占固定资产投资的比例不低于40%。

2．按照现代总装造船模式要求进行工厂设计和工艺布局。

（三十五）以下类型的固定资产投资项目国家将优先予以支持：

1．规划内改扩建和新建大型造船设施；现有造船厂按照现代总装造船方式的要求建立船用材料配送中心、工艺专业化加工中心和中间产品生产中心。

2．大型船舶企业集团组建民用船舶和海洋工程装备研发机构，高等院校、科研机构建立船舶工程研究中心。

3．企业信息化改造。

（三十六）重点支持现有船用低、中速柴油机生产企业的改扩建，原则上不再规划新建船用低、中速柴油机生产企业项目。

（三十七）新建造船（含分段）和船用低、中速柴油机及曲轴外商投资生产企业，中方股比不得低于 51%。外商投资建立产品研发机构和船用设备生产企业等不受股比限制。（境外企业、境内外商独资企业、外资控股的合资企业重组兼并境内造船企业和船用低、中速柴油机生产企业，视同新建合资企业）

（三十八）引导采取多元化筹资方式建设项目。规划内新建项目，项目单位要积极吸收其他投资主体共同建设，新建企业要按照现代企业制度运作。

（三十九）未获得国家核准或备案的造船设施建设项目和船用低、中速柴油机生产项目，土地管理部门不批准建设用地，金融机构不发放贷款，证券管理部门不核准发行股票并上市，工商行政管理部门不办理新建企业登记注册手续。

八、政策措施

（四十）进一步建立和完善支持船舶工业发展的政策体系。有关部门要参考世界主要造船国的政策措施，实行财政、金融、税收、租赁、保险等方面的宏观调控政策措施，支持船舶工业结构调整、技术创新和重要产品制造本土化等，全面提高我国船舶工业的市场竞争力。

（四十一）支持大型船舶企业集团在条件成熟时通过股票上市、定向募股、发行企业债券等形式筹措资金，投资大型造船设施建设。

（四十二）鼓励采取股份制或合伙制的方式，组建专业化的船舶、船用柴油机设计公司，为船舶工业提供技术支持。设计公司适用现行鼓励技术创新的财税政策。

（四十三）加大对船舶工业自主创新的支持力度，重点扶持生产企业和科研机构自主开发和优化设计新型船舶和船用设备，引进消化吸收高技术、高附加值船舶和关键船用设备技术，开展基础技术和共性技术研究。

（四十四）提高对国内造船企业建造内销远洋船舶和海洋工程装备所需流动资金贷款的支持力度，满足符合条件企业的信贷需求。国内金融机构要不断提高服务水平。

（四十五）进一步完善船舶出口融资体制。研究调整出口信贷结构，积极扩大出口买方信贷比例。按照国际惯例，制定科学的卖方信贷利率。

（四十六）加强出口信用保险体系建设。发挥出口信用保险公司和其他商业保险公司的作用，创新保险业务品种。鼓励船舶出口企业积极利用出口信用保险。

（四十七）国家支持金融机构进一步探索以在建船舶作抵押，对造船企业发放流动资金贷款的做法。交通主管部门要完善在建船舶抵押登记的实施办法。

（四十八）支持造船、航运和国内相关行业的大型企业集团投资参股现有租赁公司，开展船舶租赁业务。

（四十九）加强船舶工业人才队伍建设。教育机构、科研院所、生产企业要注重培养具有专业知识技能的科技人才、管理人才和一线生产操作人才，建立培训和激励机制，促进优秀人才脱颖而出。

（五十）充分发挥中国船级社、船舶工业行业协会、造船工程学会、进出口商会等行业组织的作用。行业组织要加强自身建设，提高协调组织能力，加强行业自律，维护出口有序竞争；增强服务意识，向政府部门研究提出解决行业重大技术经济问题的对策建议。

附注：

一、船舶产量及建造能力的统计口径是100总吨及以上钢质机动船。

二、大型造船设施是指宽度为 40 米及以上，以及能够建造单船 10 万载重吨级以上的船坞、船台及配备单机200吨以上龙门式起重设备等。

三、海洋工程装备指用于海洋资源勘探、开采、加工、储运、管理及后勤服务等方面的大型工程装备和辅助性装备，包括各类钻井平台、生产平台、浮式生产储油船、卸油船、起重船、铺管船、海底挖沟埋管船、海洋监管船、潜水作业船及浮标体等。

四、水上安全救助打捞装备指用于水上人员、财产、环境救助和应急抢险打捞的大型工程设备和辅助性装备，包括各类救助船、深潜水工作母船、大型起重抢险打捞工程船、专用清污船等。

五、总投资指项目的固定资产投资与铺底流动资金（约为流动资金的30%）之和。

船舶配套业发展“十一五”规划纲要

（2007 年 11 月 7 日）

前　言

船舶配套业是船舶工业的重要组成部分和基础，船舶配套业发展水平是影响船舶工业综合实力的重要因素。我国船舶配套业的落后，严重制约着海军武器装备的升级换代和产业国际竞争力的提高。特别是进入新世纪以来，随着造船业的快速发展，船舶配套业发展滞后问题变得日益严峻和突出。党中央、国务院领导对此高度关注。胡锦涛总书记明确指示，要组织企业一起来攻关，争取在短时间内改变船舶配套业落后的状况。温家宝总理对提高船用设备配套能力也提出了明确的要求。

“十五”期间，在造船业快速发展的拉动下，我国船舶配套业生产能力和技术水平有了一定的提高，重点产品研制取得一定突破，实现了大功率低速柴油机及其曲轴、大型锚绞机及螺旋桨等关键设备的自主生产。上海、湖北、重庆、江苏、辽宁等地船舶配套生产基地呈现出良好发展势头。部分船型本土化装船率明显提高，其中散货船已超过 65%。但总体看来，我国船用配套产品的本土化装船率与日韩 90%以上的水平相比仍有较大差距。三大主流船型平均仅为 46%，计入高技术船舶，本土化装船率平均只有 40%左右。优势产品产能不足，二级配套能力弱，高端产品基本空白，自主品牌缺乏，大型铸锻件、船舶分段难以满足造船总装化和大型化要求等问题比较突出。

“十一五”期间是我国船舶配套业发展的关键时期，机遇难得，形势紧迫。一方面，宏观政策环境持续向好，党中央、国务院对我国船舶配套业的发展给予高度重视和大力支持；国际船舶市场旺盛，特别是我国造船业的持续快速发展将为船舶配套业提供难得的市场空间。另一方面，我国造船业的“做大”“做强”迫切需要船舶配套业加快发展予以支撑。竞争形势日益严峻，国外配套企业发展步伐加快，压缩我国船用配套业发展空间。逆水行舟，不进则退。抢抓机遇，集中解决船舶配套瓶颈，努力提高本土化率，已经成为“十一五”船舶工业落实科学发展观，提升我国船舶工业综合竞争力的战略任务之一。

为全面贯彻落实《船舶工业发展“十一五”规划纲要》，提高本土化船舶配套产品装船率，推动配套与造船协调发展，特制定本规划。

一、指导方针、发展原则和发展目标

（一）指导方针

“十一五”时期，船舶配套业要紧紧抓住并切实利用好加快发展的最佳时机，以邓小平理论和“三个代表”重要思想为指导，全面贯彻落实科学发展观，统筹军民两方面资源，在开放中求发展，围绕提高主流船型本土化装船率，加快提升关键配套设备的供

应能力和技术水平，培育一批品牌产品和企业，初步具备产业自主发展能力，基本形成配套与造船协调发展的良好局面。

（二）发展原则

1．坚持开放发展。立足于国内外两个市场、两种资源，发挥市场配置资源的基础性作用，支持两大船舶集团和骨干企业加快发展，积极引导和鼓励多种形式的外资和民资进入，形成国有企业、民营企业、合资企业、外资企业共同推动船舶配套业发展的繁荣局面。

2．坚持军民统筹。大力发展军民品共线生产、技术通用、工艺相近以及军民两用的配套产品和技术，寓军于民。军品发展中兼顾民品，促进资源共用，成果共享。

3．坚持有所为有所不为。围绕三大主流船型，抓住价值高、市场容量大、有良好基础的主机、辅机等关键配套产品，迅速提高生产规模和技术水平。加强骨干企业的技术改造，集中力量建设一批船用配套设备生产基地，在重点企业中造就一批具有较强国际竞争力的优势企业。

4．坚持引进技术与自主研发相结合。密切跟踪国际技术发展动态，根据国内配套业发展的实际水平，采取技术引进、中外联合设计、自主研发等多种方式，提高船用设备研发、设计、制造水平，逐步掌握核心技术，增加品种规格，形成一批具有自主知识产权的品牌产品。

（三）发展目标

到 2010 年，优势产品生产能力大幅提升，基本掌握重点产品关键制造技术，自主研发取得一定突破，初步形成能够有效支撑产业快速发展和军船配套需求的军民良性互动、协调发展的船用配套设备产业供应体系。

——产业规模快速扩大。本土生产的船用设备平均装船率达到 60%以上，实现船用设备年销售收入 500 亿元。形成一批具有较强国际竞争力的船用设备专业化生产企业。

——本土生产能力显著提升。本土生产的中低速柴油机及其关键零部件、甲板机械、舱室机械基本满足国内需要，我国成为世界船用柴油机和甲板机械的主要生产国。船舶通信、导航、自动化系统部分产品实现装船突破。内河船舶配套完全立足国内。

——自主发展能力明显增强。优势产品技术水平保持与国际先进技术水平同步发展，并逐步形成自主设计开发能力；综合船桥系统、装卸自动化系统等船用配套产品国产化研制取得突破；打造中速柴油机等一批自主品牌。

——船舶中间产品和海洋工程装备配套取得进展。船舶中间产品基本满足三大造船基地骨干船厂总装造船的需要，在海洋平台吊机等部分海洋工程装备配套产品上形成较强的生产能力。

二、加快生产能力建设

依托骨干企业推进优势产品生产能力建设，支持和引导地方政府配套园区建设，结合我国船舶配套业已有基础和优势，打造船用配套生产基地，快速提升船舶配套生产能力。

将上海、江苏地区建设成我国船用大型中低速柴油机、船用辅机、大型铸锻件和大型曲轴生产基地；将大连地区建设成低速柴油机、大型螺旋桨、船用阀门生产基地；将武汉地区建设成船用辅机、大型铸锻件、大型曲轴生产基地；将重庆、宜昌地区建设成柴油机关键零部件、传动部件生产基地；将青岛海西湾地区建设成大型中低速柴油机、曲轴生产基地。

（一）提升优势产品生产能力

重点依托现有骨干生产企业，通过新建或技术改造，提高船用柴油机及其关键零部件、甲板机械、舱室机械、大型铸锻件、船舶分段等优势产品生产能力。

——依托现有低速机企业，重点新建两个船用低速柴油机总装厂，同时对现有两大企业进行技术改造。到2010年新增船用低速柴油机年生产能力500万千瓦。

——重点对五家中速柴油机企业进行更新改造。到2010年新增船用中速柴油机年生产能力1 000台。

——主要以重庆、宜昌地区为依托，重点对增压器、燃油喷射装置、缸套、中间体、薄壁轴瓦等柴油机关键零部件生产线进行改扩建，使柴油机零部件国产化率达到80%以上。

——在发挥现有船用曲轴加工能力的基础上，开展重点项目的二期工程建设，并再新增一、二个大型曲轴冷加工生产线。

——主要依托两大骨干企业建设船用大型铸锻件生产基地，满足船舶及船用低速柴油机的需要。

——对两家重点企业进行技术改造，提高大型螺旋桨制造能力。

——主要依托现有骨干企业，重点对船用起重机、舵机、锚绞机、船用焚烧炉、船用环保设备、海水淡化装置、海洋平台吊机等重点船用甲板机械、舱室机械和海洋工程配套设备生产线进行改造扩能。

——依托三大造船基地，建设专业化分段制造中心，满足造船总装化要求。

（二）建设特色配套园区

加强对全国范围内配套园区发展的规划和指导。鼓励和支持有条件的省市，如江苏、湖北、辽宁、上海、重庆、山东、浙江等地区根据自身基础和条件，按照专业化、规模化、社会化协作的方式建设各具特色的船舶配套园区，形成产业集聚效应。对于已具有一定规模和能力的船舶配套工业园区，经过认证审核，可以授予国家级船舶配套工业园区。重点支持地方配套工业园联合骨干船厂建设船舶中间产品配套加工中心、大宗材料配送中心和工艺专业化加工中心。

三、推进船用设备国产化

重点开展船舶动力及其关键零部件和船用辅机两大领域重点产品国产化研制，突破一批关键技术，提高国产化能力和水平。

——加快燃汽轮机、中高速柴油机、后传动装置的研制。

——推进超大功率低速柴油机、智能型柴油机的技术引进和国产化。重点开展800 mm缸径以上低速柴油机国产化的关键技术研究；船用大功率低速柴油机智能化系统国产化关键技术研究以及智能型大功率低速柴油机国产化研制工作；加强对新型中（高）速柴油机、发电机引进技术的消化和吸收，加大柴电机组的国产化研制力度。

——加快柴油机关键零部件国产化研制。在组织开展船用中低速柴油机关键零部件国产化研制（一期）的基础上，继续开展二期的研制工作，加快突破和掌握关键零部件核心技术，基本完成80%～90%的柴油机关键零部件的国产化研制。

——推进新型锚铰机、船用起重机、焚烧炉、舵机等甲板机械、舱室机械产品的技术引进，加快消化吸收和国产化，提高本土生产船用辅机产品的性能和质量。

——突破双燃料柴油机、新型推进系统、观通导航等产品的关键技术，增强技术储备。开展船用柴油机信息化集成制造技术与应用研究，船舶推进装置及系统集成关键技术研究以及加强研究开发新型船用甲板机械、新型船用舱室机械设计和制造关键技术。开展近海平台起重机的设计与制造技术研究，海洋石油平台提升系统研究。

四、建设船用设备研发平台

按照军民结合、重点突出、统筹规划的原则，组织和整合现有科技力量与资源，加大政策支持和引导力度，逐步健全以骨干企业和科研院所为主体、产学研合作、军民结合的研发体系。

加强重点配套企业技术中心建设，依托重点企业和科研院所，高起点、高水平建设船舶动力、船舶辅机、机舱自动化系统等重点产品研发和工程化条件平台。

——以骨干院所和船用柴油机生产企业为依托，建立船舶动力研发平台。建设计算机网络系统、基础机试验台、关键部件试验台、试制、试验、检测及工艺研究设施，以及配套公用设施等，形成一体化的船舶动力系统研发体系。

——以骨干企业为主要依托单位，构建船舶辅机研发平台。开展计算机网络系统、试制、试验及工艺研究设施等科研基础条件建设，形成船舶辅机技术消化吸收和自主创新体系。

——依托骨干院所，构建机舱自动化系统公共体系结构，建立一体化研发平台。开展计算机网络系统、试制、试验及工艺研究设施等科研基础条件建设。

五、实施重大科技项目

集中力量组织实施重大科技项目，以局部跨越带动整体发展。依托项目，整合企业、科研院所资源，通过联合攻关，在重点配套产品上实现突破，提高自主创新能力，打造自主品牌产品。

（一）实施船舶动力基础科研发展计划（略）

（二）实施重大自主研制项目

实施船用中速柴油机和船舶机舱自动化系统自主研制两项重大科技项目，对中速柴油机、机舱自动化系统进行自主研发，形成自主品牌，带动船用柴油机技术和船舶控制与自动化技术整体跃升。

1．船用中速柴油机

与国外先进研发机构合作，以基本机型为突破口，重点开发出需求范围广、具有自主知识产权、性能指标高于目前世界先进水平的6CS21/32首制机。到2010年，形成自主设计、制造船用中速柴油机的能力，初步形成产业化，打造船用中速柴油机中国品牌。

2．机舱自动化系统

自主研发具有自主知识产权的监测报警装置、主机遥控装置和电站监控装置三大产品，通过船级社认证，并争取实船应用。

六、政策措施

1．促进配套企业调整、重组，培育具有国际竞争力的专业公司

引导和鼓励一些专业相关、产品类同的中、小配套企业重组为大型专业公司，进行规模化、专业化生产和经营，提高产业集中度。以优势企业为核心组建中速柴油机、柴油机关键零部件以及船用辅机等专业化公司。同时整合研发力量，建立基于专业化公司的研发机构。

2．积极鼓励船舶配套企业引进来、走出去

充分利用机械、电子等行业的生产技术和能力，发挥地方积极性，吸引社会上“小、特、精”的专业化厂和社会资本进入船舶配套供应体系。除低、中速柴油机及曲轴要求中方股比不得低于 51%外，鼓励国外船用设备知名厂商与国内设备企业合资、合作生产、联合开发设计，允许外商以兼并和收购等方式参与国有企业改组改造，允许外资在有选择领域内控股，以及在某些领域独资设立船用设备企业。支持大型船舶企业集团到境外投资，收购、参股具有技术优势、产品优势和发展潜力的船用设备生产企业和营销服务网点，快速提升我国船舶配套企业实力，推动我国船舶配套企业融入全球采购、研发、制造、销售、服务体系。

3．鼓励企业积极开展技术引进消化吸收再创新

鼓励企业以资本合作与技术合作相结合方式、许可证方式、联合设计开发等途径引进一批重点技术，迅速解决一批关键产品技术瓶颈，加快优势配套产品技术更新换代，保持与世界同步。以三大研发平台为主要依托，开展引进技术消化、吸收和二次创新，以及关键零部件的国产化研制。

汽车产业发展政策

（2004年5月21日中华人民共和国国家发展和改革委员会令第8号发布，自发布之日起实施，1994年颁布的《汽车工业产业政策》从即日起停止执行）

为适应不断完善社会主义市场经济体制的要求以及加入世贸组织后国内外汽车产业发展的新形势，推进汽车产业结构调整和升级，全面提高汽车产业国际竞争力，满足消费者对汽车产品日益增长的需求，促进汽车产业健康发展，特制定汽车产业发展政策。通过本政策的实施，使我国汽车产业在2010年前发展成为国民经济的支柱产业，为实现全面建设小康社会的目标做出更大的贡献。

第一章　政策目标

第一条　坚持发挥市场配置资源的基础性作用与政府宏观调控相结合的原则，创造公平竞争和统一的市场环境，健全汽车产业的法制化管理体系。政府职能部门依据行政法规和技术规范的强制性要求，对汽车、农用运输车（低速载货车及三轮汽车，下同）、摩托车和零部件生产企业及其产品实施管理，规范各类经济主体在汽车产业领域的市场行为。

第二条　促进汽车产业与关联产业、城市交通基础设施和环境保护协调发展。创造良好的汽车使用环境，培育健康的汽车消费市场，保护消费者权益，推动汽车私人消费。在2010年前使我国成为世界主要汽车制造国，汽车产品满足国内市场大部分需求并批量进入国际市场。

第三条　激励汽车生产企业提高研发能力和技术创新能力，积极开发具有自主知识产权的产品，实施品牌经营战略。2010年汽车生产企业要形成若干驰名的汽车、摩托车和零部件产品品牌。

第四条　推动汽车产业结构调整和重组，扩大企业规模效益，提高产业集中度，避免散、乱、低水平重复建设。

通过市场竞争形成几家具有国际竞争力的大型汽车企业集团，力争到2010年跨入世界500强企业之列。

鼓励汽车生产企业按照市场规律组成企业联盟，实现优势互补和资源共享，扩大经营规模。

培育一批有比较优势的零部件企业实现规模生产并进入国际汽车零部件采购体系，积极参与国际竞争。

第二章　发展规划

第五条　国家依据汽车产业发展政策指导行业发展规划的编制。发展规划包括行业中长期发展规划和大型汽车企业集团发展规划。行业中长期发展规划由国家发展改革委会同有关部门在广泛征求意见的基础上制定，报国务院批准施行。大型汽车企业集团应根据行业中长期发展规划编制本集团发展规划。

第六条 凡具有统一规划、自主开发产品、独立的产品商标和品牌、销售服务体系管理一体化等特征的汽车企业集团，且其核心企业及所属全资子企业、控股企业和中外合资企业所生产的汽车产品国内市场占有率在 15%以上的，或汽车整车年销售收入达到全行业整车销售收入 15%以上的，可作为大型汽车企业集团单独编报集团发展规划，经国家发展改革委组织论证核准后实施。

第三章 技术政策

第七条 坚持引进技术和自主开发相结合的原则。跟踪研究国际前沿技术，积极开展国际合作，发展具有自主知识产权的先进适用技术。引进技术的产品要具有国际竞争力，并适应国际汽车技术规范的强制性要求发展的需要；自主开发的产品力争与国际技术水平接轨，参与国际竞争。国家在税收政策上对符合技术政策的研发活动给予支持。

第八条 国家引导和鼓励发展节能环保型小排量汽车。汽车产业要结合国家能源结构调整战略和排放标准的要求，积极开展电动汽车、车用动力电池等新型动力的研究和产业化，重点发展混合动力汽车技术和轿车柴油发动机技术。国家在科技研究、技术改造、新技术产业化、政策环境等方面采取措施，促进混合动力汽车的生产和使用。

第九条 国家支持研究开发醇燃料、天然气、混合燃料、氢燃料等新型车用燃料，鼓励汽车生产企业开发生产新型燃料汽车。

第十条 汽车产业及相关产业要注重发展和应用新技术，提高汽车的燃油经济性。2010年前，乘用车新车平均油耗比 2003 年降低 15%以上。要依据有关节能方面技术规范的强制性要求，建立汽车产品油耗公示制度。

第十一条 积极开展轻型材料、可回收材料、环保材料等车用新材料的研究。国家适时制定最低再生材料利用率要求。

第十二条 国家支持汽车电子产品的研发和生产，积极发展汽车电子产业，加速在汽车产品、销售物流和生产企业中运用电子信息技术，推动汽车产业发展。

第四章 结构调整

第十三条 国家鼓励汽车企业集团化发展，形成新的竞争格局。在市场竞争和宏观调控相结合的基础上，通过企业间的战略重组，实现汽车产业结构优化和升级。

战略重组的目标是支持汽车生产企业以资产重组方式发展大型汽车企业集团，鼓励以优势互补、资源共享合作方式结成企业联盟，形成大型汽车企业集团、企业联盟、专用汽车生产企业协调发展的产业格局。

第十四条 汽车整车生产企业要在结构调整中提高专业化生产水平，将内部配套的零部件生产单位逐步调整为面向社会的、独立的专业化零部件生产企业。

第十五条 企业联盟要在产品研究开发、生产配套协作和销售服务等领域广泛开展合作，体现调整产品结构，优化资源配置，降低经营成本，实现规模效益和集约化发展。参与某一企业联盟的企业不应再与其他企业结成联盟，以巩固企业联盟的稳定和市场地位。国家鼓励企业联盟尽快形成以资产为纽带的经济实体。企业联盟的合作发展方案中涉及新建汽车生产企业和跨类别生产汽车的项目，按本政策有关规定执行。

第十六条　国家鼓励汽车、摩托车生产企业开展国际合作，发挥比较优势，参与国际产业分工；支持大型汽车企业集团与国外汽车集团联合兼并重组国内外汽车生产企业，扩大市场经营范围，适应汽车生产全球化趋势。

第十七条　建立汽车整车和摩托车生产企业退出机制，对不能维持正常生产经营的汽车生产企业（含现有改装车生产企业）实行特别公示。该类企业不得向非汽车、摩托车生产企业及个人转让汽车、摩托车生产资格。国家鼓励该类企业转产专用汽车、汽车零部件或与其他汽车整车生产企业进行资产重组。汽车生产企业不得买卖生产资格，破产汽车生产企业同时取消公告名录。

第五章　准入管理

第十八条　制定《道路机动车辆管理条例》（以下简称《条例》）。政府职能部门依据《条例》对道路机动车辆的设计、制造、认证、注册、检验、缺陷管理、维修保养、报废回收等环节进行管理。管理要做到责权分明、程序公开、操作方便、易于社会监督。

第十九条　制定道路机动车辆安全、环保、节能、防盗方面的技术规范的强制性要求。所有道路机动车辆执行统一制定的技术规范的强制性要求。要符合我国国情并积极与国际车辆技术规范的强制性要求衔接，以促进汽车产业的技术进步。不符合相应技术规范的强制性要求的道路机动车辆产品，不得生产和销售。农用运输车仅限于在3级以下（含3级）公路行驶，执行相应制定的技术规范的强制性要求。

第二十条　依据本政策和国家认证认可条例建立统一的道路机动车辆生产企业和产品的准入管理制度。符合准入管理制度规定和相关法规、技术规范的强制性要求并通过强制性产品认证的道路机动车辆产品，登录《道路机动车辆生产企业及产品公告》，由国家发展改革委和国家质检总局联合发布。公告内产品必须标识中国强制性认证（3C）标志。不得用进口汽车和进口车身组装汽车替代自产产品进行认证，禁止非法拼装和侵犯知识产权的产品流入市场。

第二十一条　公安交通管理部门依据《道路机动车辆生产企业及产品公告》和中国强制性认证（3C）标志办理车辆注册登记。

第二十二条　政府有关职能部门要按照准入管理制度对汽车、农用运输车和摩托车等产品分类设定企业生产准入条件，对生产企业及产品实行动态管理，凡不符合规定的企业或产品，撤销其在《道路机动车辆生产企业及产品公告》中的名录。企业生产准入条件中应包括产品设计开发能力、产品生产设施能力、产品生产一致性和质量控制能力、产品销售和售后服务能力等要求。

第二十三条　道路机动车辆产品认证机构和检测机构由国家质检总局商国家发展改革委后指定，并按照市场准入管理制度的具体规定开展认证和检测工作。认证机构和检测机构要具备第三方公正地位，不得与汽车生产企业存在资产、管理方面的利益关系，不得对同一产品进行重复检测和收费。国家支持具备第三方公正地位的汽车、摩托车和重点零部件检测机构规范发展。

第六章　商标品牌

第二十四条　汽车、摩托车、发动机和零部件生产企业均要增强企业和产品品牌意识，积极开发具有自主知识产权的产品，重视知识产权保护，在生产经营活动中努力提高企业品牌知名度，维护企业品牌形象。

第二十五条　汽车、摩托车、发动机和零部件生产企业均应依据《商标法》注册本企业自有的商品商标和服务商标。国家鼓励企业制定品牌发展和保护规划，努力实施品牌经营战略。

第二十六条　2005 年起，所有国产汽车和总成部件要标示生产企业的注册商品商标，在国内市场销售的整车产品要在车身外部显著位置标明生产企业商品商标和本企业名称或商品产地，如商品商标中已含有生产企业地理标志的，可不再标明商品产地。所有品牌经销商要在其销售服务场所醒目位置标示生产企业服务商标。

第七章　产品开发

第二十七条　国家支持汽车、摩托车和零部件生产企业建立产品研发机构，形成产品创新能力和自主开发能力。自主开发可采取自行开发、联合开发、委托开发等多种形式。企业自主开发产品的科研设施建设投资凡符合国家促进企业技术进步有关税收规定的，可在所得税前列支。国家将尽快出台鼓励企业自主开发的政策。

第二十八条　汽车生产企业要努力掌握汽车车身开发技术，注重产品工艺技术的开发，并尽快形成底盘和发动机开发能力。国家在产业化改造上支持大型汽车企业集团、企业联盟或汽车零部件生产企业开发具有当代先进水平和自主知识产权的整车或部件总成。

第二十九条　汽车、摩托车和零部件生产企业要积极参加国家组织的重大科技攻关项目，加强与科研机构、高等院校之间的合作研究，注重科研成果的应用和转化。

第八章　零部件及相关产业

第三十条　汽车零部件企业要适应国际产业发展趋势，积极参与主机厂的产品开发工作。在关键汽车零部件领域要逐步形成系统开发能力，在一般汽车零部件领域要形成先进的产品开发和制造能力，满足国内外市场的需要，努力进入国际汽车零部件采购体系。

第三十一条　制定零部件专项发展规划，对汽车零部件产品进行分类指导和支持，引导社会资金投向汽车零部件生产领域，促使有比较优势的零部件企业形成专业化、大批量生产和模块化供货能力。对能为多个独立的汽车整车生产企业配套和进入国际汽车零部件采购体系的零部件生产企业，国家在技术引进、技术改造、融资以及兼并重组等方面予以优先扶持。汽车整车生产企业应逐步采用电子商务、网上采购方式面向社会采购零部件。

第三十二条　根据汽车行业发展规划要求，冶金、石化化工、机械、电子、轻工、纺织、建材等汽车工业相关领域的生产企业应注重在金属材料、机械设备、工装模具、汽车电子、橡胶、工程塑料、纺织品、玻璃、车用油品等方面，提高产品水平和市场竞争能力，与汽车工业同步发展。

重点支持钢铁生产企业实现轿车用板材的供应能力；支持设立专业化的模具设计制造中心，提高汽车模具设计制造能力；支持石化企业技术进步和产品升级，使成品油、润滑油等油品质量达到国际先进水平，满足汽车产业发展的需要。

第九章 营销网络

第三十三条 国家鼓励汽车、摩托车、零部件生产企业和金融、服务贸易企业借鉴国际上成熟的汽车营销方式、管理经验和服务贸易理念，积极发展汽车服务贸易。

第三十四条 为保护汽车消费者的合法权益，使其在汽车购买和使用过程中得到良好的服务，国内外汽车生产企业凡在境内市场销售自产汽车产品的，必须尽快建立起自产汽车品牌销售和服务体系。该体系可由国内外汽车生产企业以自行投资或授权汽车经销商投资方式建立。境内外投资者在得到汽车生产企业授权并按照有关规定办理必要的手续后，均可在境内从事国产汽车或进口汽车的品牌销售和售后服务活动。

第三十五条 2005 年起，汽车生产企业自产乘用车均要实现品牌销售和服务；2006 年起，所有自产汽车产品均要实现品牌销售和服务。

第三十六条 取消现行有关小轿车销售权核准管理办法，由商务部会同国家工商总局、国家发展改革委等有关部门制定汽车品牌销售管理实施办法。汽车销售商应在工商行政管理部门核准的经营范围内开展汽车经营活动。其中不超过九座的乘用车（含二手车）品牌经销商的经营范围，经国家工商行政管理部门依照有关规定核准、公布。品牌经销商营业执照统一核准为品牌汽车销售。

第三十七条 汽车、摩托车生产企业要加强营销网络的销售管理，规范维修服务；有责任向社会公告停产车型，并采取积极措施保证在合理期限内提供可靠的配件供应用于售后服务和维修；要定期向社会公布其授权和取消授权的品牌销售或维修企业名单；对未经品牌授权和不具备经营条件的经销商，不得提供产品。

第三十八条 汽车、摩托车和零部件销售商在经营活动中应遵守国家有关法律法规。对销售国家禁止或公告停止销售的车辆的，伪造或冒用他人厂名、厂址、合格证销售车辆的，未经汽车生产企业授权或已取消授权仍使用原品牌进行汽车、配件销售和维修服务的，以及经销假冒伪劣汽车配件并为客户提供修理服务的，有关部门要依法予以处罚。

第三十九条 汽车生产企业要兼顾制造和销售服务环节的整体利益，提高综合经济效益。转让销售环节的权益给其他法人机构的，应视为原投资项目可行性研究报告重大变更，除按规定报商务部批准外，需报请原项目审批单位核准。

第十章 投资管理

第四十条 按照有利于企业自主发展和政府实施宏观调控的原则，改革政府对汽车生产企业投资项目的审批管理制度，实行备案和核准两种方式。

第四十一条 实行备案的投资项目：

1．现有汽车、农用运输车和车用发动机生产企业自筹资金扩大同类别产品生产能力和增加品种，包括异地新建同类别产品的非独立法人生产单位。

2．投资生产摩托车及其发动机。

3．投资生产汽车、农用运输车和摩托车的零部件。

第四十二条 实行备案的投资项目中第 1 款由省级政府投资管理部门或计划单列企业集团报送国家发展改革委备案；第 2、第 3 款由企业直接报送省级政府投资管理部门备案。备案内容见附件二。

第四十三条 实行核准的投资项目：

1．新建汽车、农用运输车、车用发动机生产企业，包括现有汽车生产企业异地建设新的独立法人生产企业。

2．现有汽车生产企业跨产品类别生产其他类别汽车整车产品。

第四十四条 实行核准的投资项目由省级政府投资管理部门或计划单列企业集团报国家发展改革委审查，其中投资生产专用汽车的项目由省级政府投资管理部门核准后报国家发展改革委备案，新建中外合资轿车项目由国家发展改革委报国务院核准。

第四十五条 经核准的大型汽车企业集团发展规划，其所包含的项目由企业自行实施。

第四十六条 2006 年 1 月 1 日前，暂停核准新建农用运输车生产企业。

第四十七条 新的投资项目应具备以下条件：

1．新建摩托车及其发动机生产企业要具备技术开发的能力和条件，项目总投资不得低于 2 亿元人民币。

2．专用汽车生产企业注册资本不得低于 2 000 万元人民币，要具备产品开发的能力和条件。

3．跨产品类别生产其他类汽车整车产品的投资项目，项目投资总额（含利用原有固定资产和无形资产等）不得低于 15 亿元人民币，企业资产负债率在 50%之内，银行信用等级 AAA。

4．跨产品类别生产轿车类、其他乘用车类产品的汽车生产企业应具备批量生产汽车产品的业绩，近三年税后利润累计在 10 亿元以上（具有税务证明）；企业资产负债率在 50%之内，银行信用等级 AAA。

5．新建汽车生产企业的投资项目，项目投资总额不得低于 20 亿元人民币，其中自有资金不得低于 8 亿元人民币，要建立产品研究开发机构，且投资不得低于 5 亿元人民币。新建乘用车、重型载货车生产企业投资项目应包括为整车配套的发动机生产。

新建车用发动机生产企业的投资项目，项目投资总额不得低于 15 亿元人民币，其中自有资金不得低于 5 亿元人民币，要建立研究开发机构，产品水平要满足不断提高的国家技术规范的强制性要求的要求。

6．新建下列投资项目的生产规模不得低于：

重型载货车 10 000 辆；

乘用车：装载 4 缸发动机 50 000 辆；装载 6 缸发动机 30 000 辆。

第四十八条 汽车整车、专用汽车、农用运输车和摩托车中外合资生产企业的中方股份比例不得低于 50%。股票上市的汽车整车、专用汽车、农用运输车和摩托车股份公司对外出售法人股份时，中方法人之一必须相对控股且大于外资法人股之和。同一家外商可在国内建立两家（含两家）以下生产同类（乘用车类、商用车类、摩托车类）整车产品的合资企业，如与中方合资伙伴联合兼并国内其他汽车生产企业可不受两家的限制。境外具有法人资格的企业相对控股另一家企业，则视为同一家外商。

第四十九条 国内外汽车生产企业在出口加工区内投资生产出口汽车和车用发动机的

项目，可不受本政策有关条款的约束，需报国务院专项审批。

第五十条　中外合资汽车生产企业合营各方延长合营期限、改变合资股比或外方股东的，需按有关规定报原审批部门办理。

第五十一条　实行核准的项目未获得核准通知的，土地管理部门不得办理土地征用，国有银行不得发放贷款，海关不办理免税，证监会不核准发行股票与上市，工商行政管理部门不办理新建企业登记注册手续。国家有关部门不受理生产企业和产品准入申请。

第十一章　进口管理

第五十二条　国家支持汽车生产企业努力提高汽车产品本地化生产能力，带动汽车零部件企业技术进步，发展汽车制造业。

第五十三条　汽车生产企业凡用进口零部件生产汽车构成整车特征的，应如实向商务部、海关总署、国家发展改革委报告，其所涉及车型的进口件必须全部在属地海关报关纳税，以便有关部门实施有效管理。

第五十四条　严格按照进口整车和零部件税率征收关税，防止关税流失。国家有关职能部门要在申领配额、进口报关、产品准入等环节进行核查。

第五十五条　汽车整车特征的认定范围为车身（含驾驶室）总成、发动机总成、变速器总成、驱动桥总成、非驱动桥总成、车架总成、转向系统、制动系统等。

第五十六条　汽车总成（系统）特征的认定范围包括整套总成散件进口，或将总成或系统逐一分解成若干关键件进口。凡进口关键件达到或超过规定数量的，即视为构成总成特征。

第五十七条　按照汽车整车特征的认定范围达到下述状态的，视为构成整车特征：

1．进口车身（含驾驶室）、发动机两大总成装车的；

2．进口车身（含驾驶室）和发动机两大总成之一及其余三个总成（含）以上装车的；

3．进口除车身（含驾驶室）和发动机两大总成以外其余五个总成（含）以上装车的。

第五十八条　国家指定大连新港、天津新港、上海港、黄埔港四个沿海港口和满洲里、深圳（皇岗）两个陆地口岸，以及新疆阿拉山口口岸（进口新疆自治区自用、原产地为独联体国家的汽车整车）为整车进口口岸。进口汽车整车必须通过以上口岸进口。2005年起，所有进口口岸保税区不得存放以进入国内市场为目的的汽车。

第五十九条　国家禁止以贸易方式和接受捐赠方式进口旧汽车和旧摩托车及其零部件，以及以废钢铁、废金属的名义进口旧汽车总成和零件进行拆解和翻新。对维修境外并复出境的上述产品可在出口加工区内进行，但不得进行旧汽车、旧摩托车的拆解和翻新业务。

第六十条　对进口整车、零部件的具体管理办法由海关总署会同有关部门制订，报国务院批准后实施。对国外送检样车、进境参展等临时进口的汽车，按照海关对暂时进出口货物的管理规定实施管理。

第十二章　汽车消费

第六十一条　培育以私人消费为主体的汽车市场，改善汽车使用环境，维护汽车消费者权益。引导汽车消费者购买和使用低能耗、低污染、小排量、新能源、新动力的汽车，加强环境保护。实现汽车工业与城市交通设施、环境保护、能源节约和相关产业协调发展。

第六十二条 建立全国统一、开放的汽车市场和管理制度，各地政府要鼓励不同地区生产的汽车在本地区市场实现公平竞争，不得对非本地生产的汽车产品实施歧视性政策或可能导致歧视性结果的措施。凡在汽车购置、使用和产权处置方面不符合国家法规和本政策要求的各种限制和附加条件，应一律予以修订或取消。

第六十三条 国家统一制定和公布针对汽车的所有行政事业性收费和政府性基金的收费项目和标准，规范汽车注册登记环节和使用过程中的政府各项收费。各地在汽车购买、登记和使用环节，不得新增行政事业性收费和政府性基金项目和金额，如确需新增，应依据法律、法规或国务院批准的文件按程序报批。除国家规定的收费项目外，任何单位不得对汽车消费者强制收取任何非经营服务性费用。对违反规定强制收取的，汽车消费者有权举报并拒绝交纳。

第六十四条 加强经营服务性收费管理。汽车使用过程中所涉及的维修保养、非法定保险、机动车停放费等经营服务性收费，应以汽车消费者自愿接受服务为原则，由经营服务单位收取。维修保养等竞争性行业的收费及标准，由经营服务者按市场原则自行确定。机动车停放等使用垄断资源进行经营服务的，其收费标准和管理办法由国务院价格主管部门或授权省级价格主管部门制定、公布并监督实施。经营服务者要在收费场所设立收费情况动态告示牌，接受公众监督。

公路收费站点的设立必须符合国家有关规定。所有收费站点均应在收费站醒目位置公布收费依据和收费标准。

第六十五条 积极发展汽车服务贸易，推动汽车消费。国家支持发展汽车信用消费。从事汽车消费信贷业务的金融机构要改进服务，完善汽车信贷抵押办法。在确保信贷安全的前提下，允许消费者以所购汽车作为抵押获取汽车消费贷款。经核准，符合条件的企业可设立专业服务于汽车销售的非银行金融机构，外资可开展汽车消费信贷、租赁等业务。努力拓展汽车租赁、驾驶员培训、储运、救援等各项业务，健全汽车行业信息统计体系，发展汽车网络信息服务和电子商务。支持有条件的单位建立消费者信用信息体系，并实现信息共享。

第六十六条 国家鼓励二手车流通。有关部门要积极创造条件，统一规范二手车交易税费征管办法，方便汽车经销企业进行二手车交易，培育和发展二手车市场。

建立二手车自愿申请评估制度。除涉及国有资产的车辆外，二手车的交易价格由买卖双方商定；当事人可以自愿委托具有资质证书的中介机构进行评估，供交易时参考；任何单位和部门不得强制或变相强制对交易车辆进行评估。

第六十七条 开展二手车经营的企业，应具备相应的资金、场地和专业技术人员，经工商行政管理部门核准登记后开展经营活动。汽车销售商在销售二手车时，应向购车者提供车辆真实情况，不得隐瞒和欺诈。所销售的车辆必须具有《机动车登记证书》和《机动车行驶证》，同时具备公安交通管理部门和环境保护管理部门的有效年检证明。购车者购买的二手车如不能办理机动车转出登记和转入登记时，销售商应无条件接受退车，并承担相应的责任。

第六十八条 完善汽车保险制度。保险制度要根据消费者和投保汽车风险程度的高低来收取保险费。鼓励保险业推进汽车保险产品多元化和保险费率市场化。

第六十九条　各城市人民政府要综合研究本市的交通需求和交通方式与城市道路和停车设施等交通资源平衡发展的政策和方法。制定非临时性限制行驶区域交通管制方案要实行听证制度。

第七十条　各城市人民政府应根据本市经济发展状况，以保障交通通畅、方便停车和促进汽车消费为原则，积极搞好停车场所及设施的规划和建设。制定停车场所用地政策和投资鼓励政策，鼓励个人、集体、外资投资建设停车设施。为规范城市停车设施的建设，建设部应制定相应标准，对居住区、商业区、公共场所及娱乐场所等建立停车设施提出明确要求。

第七十一条　国家有关部门统一制定和颁布汽车排放标准，并根据国情分为现行标准和预期标准。各省、自治区、直辖市人民政府根据本地实际情况，选择实行现行标准或预期标准。如选择预期标准为现行标准的，至少提前一年公布实施日期。

第七十二条　实行全国统一的机动车登记、检验管理制度，各地不得自行制定管理办法。在申请办理机动车注册登记和年度检验时，除按国家有关法律法规和国务院规定或授权规定应当提供的凭证（机动车所有人的身份证明、机动车来历证明、国产机动车整车出厂合格证或进口机动车进口证明、有关税收凭证、法定保险的保险费缴费凭证、年度检验合格凭证等）外，公安交通管理部门不得额外要求提交其他凭证。各级人民政府和有关部门也不得要求公安交通管理部门在注册登记和年度检验时增加查验其他凭证。汽车消费者提供的手续符合国家规定的，公安交通管理部门不得拒绝办理注册登记和年度检验。

第七十三条　公安交通和环境保护管理部门要根据汽车产品类别、用途和新旧状况商有关部门制定差别化管理办法。对新车、非营运用车适当延长检验间隔时间，对老旧汽车可适当增加检验频次和检验项目。

第七十四条　公安交通管理部门核发的《机动车登记证书》在汽车租赁、汽车消费信贷、二手车交易时可作为机动车所有人的产权凭证使用，在汽车交易时必须同时将《机动车登记证书》转户。

第十三章　其　他

第七十五条　汽车行业组织、中介机构等社会团体要加强自身建设，增强服务意识，努力发挥中介组织的作用；要积极参与国际间相关业界的交流活动，在政府与企业间充分发挥桥梁和纽带作用，促进汽车产业发展。

第七十六条　中国香港特别行政区、澳门特别行政区和台湾地区的投资者在中国内地投资汽车工业的，从本政策的有关规定执行。

第七十七条　在道路机动车辆产品技术规范的强制性要求出台之前，暂行执行国家强制性标准。

第七十八条　本政策自发布之日起实施，由国家发展改革委负责解释。

附件一：名词解释

一、道路机动车辆——在道路上行驶的，至少有两个车轮，且最大设计车速超过每小时 6 公里的各类机动车及其挂车。主要包括汽车、农用运输车、摩托车和其他道路运输机械及挂车。不包括利用轨道行驶的车辆，以及农业、林业、工程等非道路用各种机动机械和拖拉机。

二、汽车、专用汽车、农用运输车、摩托车——《汽车产业发展政策》所称汽车是指国家标准（GB/T 3730.1—2001）2.1 款定义的车辆，包括汽车整车和专用汽车；所称专用汽车是指国家标准（GB/T 3730.1—2001）2.1.1.11，2.1.2.3.5，2.1.2.3.6 款定义的车辆；所称农用运输车是指国家标准（GB 18320—2001）中定义的车辆；所称摩托车是指国家标准（GB/T 5359.1—1996）中定义的车辆。

三、产品类别——按照国家标准定义的乘用车、商用车和摩托车及其细分类，其中：

（一）乘用车细分类为：

轿车类：国家标准 GB/T 3730.1—2001 中 2.1.1.1—2.1.1.6

其他乘用车类（包括多用途车和运动用车）：国家标准 GB/T 3730.1—2001 中 2.1.1.7—2.1.1.11

（二）商用车细分类为：

客车类：国家标准 GB/T 3730.1—2001 中 2.1.2.1

半挂牵引车及货车类：国家标准 GB/T 3730.1—2001 中 2.1.2.2，2.1.2.3

四、新建汽车、农用运输车、车用发动机投资项目——新建汽车整车、专用汽车、农用运输车、车用发动机生产企业（含中外合资企业），现有汽车整车、专用汽车、农用运输车、车用发动机生产企业（含中外合资企业）变更法人股东以及异地建设新的独立法人生产企业。异地是指企业所在市、县之外。

五、项目投资总额——投资项目所需的全部固定资产（含原有固定资产和新增固定资产）投资、无形资产和流动资金的总和。

六、自主产权（自主知识产权）——通过自主开发、联合开发或委托开发获得的产品，企业拥有产品工业产权、产品改进及认可权以及产品技术转让权。

七、汽车生产企业——按照国家规定的审批程序在中国关境内合法注册的汽车整车、专用汽车生产企业（包括中外合资、合作企业）。

八、国内市场占有率——某一集团（企业）全年在国内市场整车销售量占全部国产汽车销售量的比例。

附件二：汽车投资项目备案内容

备案内容应包括：

一、汽车生产企业或项目投资者的基本情况、法定地址，法定代表姓名。近三年企业经营业绩和银行资信。

二、投资项目建设的必要性和国内外市场分析；产品技术水平分析和技术来源（产品知识产权说明）；项目投资总额、注册资本和资金来源；生产（营业）规模、项目建设内容；建设方式、建设进度安排。

三、中外合资、合作企业外方合资、合作者基本情况，包括外商名称，注册国家、法定地址和法定代表、国籍。外方在华投资情况及经营业绩。本投资项目中外各方股份比例，投资方式和资金来源，合资期限。

四、外方技术转让、技术合作合同。

五、投资项目的经济效益分析。

六、环保、土地、银行承诺文件及所在地政府核准建设文件。

七、地方政府配套条件及优惠政策。

关于促进运输类专用汽车结构调整有关问题的通知

（2007年6月29日　国家发展和改革委员会办公厅文件　发改办产业[2007]1536号）

各省、自治区、直辖市发展改革委、经贸委（经委），有关中央企业：

为促进产品结构调整，推进车辆产品技术进步，加强车辆生产企业及产品准入管理，贯彻落实《国家发展改革委关于汽车工业结构调整意见的通知》（发改工业[2006]2882号）精神，抑制专用汽车产能过剩，现将普通运输类专用汽车《车辆生产企业及产品公告》（以下简称《公告》）管理有关规定通知如下：

一、运输类专用汽车产品品种划分

运输类专用汽车产品主要是指普通半挂车和采用二类底盘改装的自卸汽车、罐式汽车、厢式汽车和仓栅式汽车，按照其制造工艺和使用功能，划分为6类：

第一类：普通半挂车、厢式半挂车和仓栅式半挂车，包括：栏板式半挂车、普通平板式半挂车、低平板半挂车；厢式运输半挂车、翼开启厢式运输半挂车、保温半挂车、冷藏半挂车、邮政半挂车、软顶厢式半挂车、蓬式半挂车；普通仓栅半挂车、畜禽运输半挂车、散装粮食运输半挂车、散装饲料运输半挂车、养蜂半挂车、散装种子运输半挂车。

第二类：自卸半挂车，指普通自卸半挂车（包括后卸、侧卸和三面自卸）。

第三类：罐式半挂车，包括：低温液体运输半挂车、粉粒物料运输半挂车、粉粒食品运输半挂车、化工液体运输半挂车、沥青运输半挂车、散装水泥运输半挂车、液化气体运输半挂车、运油半挂车。

第四类：厢式汽车和仓栅式汽车，包括：厢式运输车、翼开启厢式车、保温车、冷藏车、邮政车、软顶厢式车、蓬式车，不包括具有单一车室的厢式运输汽车（即客厢式运输车）；普通仓栅车、畜禽运输车、散装粮食运输车、散装饲料运输车、养蜂车、散装种子运输车。

第五类：自卸汽车，指普通自卸汽车（包括后卸、侧卸和三面自卸）。

第六类：罐式汽车，包括：低温液体运输车、粉粒物料运输车、粉粒食品运输车、化工液体运输车、混凝土搅拌运输车、沥青运输车、散装水泥车、液化气体运输车、运油车。

二、运输类专用汽车产品生产管理规定

为了有效控制运输类专用汽车新增生产能力，在2008年12月31日之前，运输类专用汽车产品的生产，按上述6个类别进行管理，具体规定如下：

（一）关于专用汽车生产企业产品生产范围

新建的运输类专用汽车生产企业，按照国家发展改革委备案的产品品种确定生产范围。

采用新技术、新材料、新工艺，填补国家空白的先进适用产品可以扩大生产范围，但在申报《公告》时，应当对产品的技术状况等情况进行说明。

（二）关于同类品种专用汽车的生产

生产企业已具备上述某类专用汽车中任何一种产品的生产资格，即可生产该类所有其他产品。

（三）关于制造工艺和使用功能基本相同的专用汽车生产

1. 同时具有普通半挂车（厢式半挂车、仓栅式半挂车）和自卸车生产资格的企业可以生产自卸半挂车；

2. 同时具有普通半挂车（厢式半挂车、仓栅式半挂车）和罐式汽车生产资格的企业可以生产罐式半挂车；

3. 具有普通半挂车（厢式半挂车、仓栅式半挂车）生产资格的企业可以生产厢式汽车或仓栅式汽车；

4. 具有自卸半挂车生产资格的企业可以生产自卸汽车；

5. 具有罐式半挂车生产资格的企业可以生产罐式汽车。

（四）关于专用汽车企业跨品种的生产

除上述规定外，不允许专用汽车企业跨品种生产，国家发展改革委不受理专用汽车企业跨品种的产品申报。

各省级主管部门（省、自治区、直辖市发展改革委、经委或经贸委车辆生产企业及产品管理部门）要加强专用汽车管理，及时将本通知的精神传达到各有关企业，指导企业贯彻执行国家产业政策及有关规定，加快产品结构调整步伐，增强自主创新能力，不断提高产品的技术水平，加大对于在安全、环保、节能方面性能差，技术落后产品的淘汰力度。

关于汽车工业结构调整意见的通知

（2006年12月20日　国家发展和改革委员会文件　发改工业[2006]2882号）

各省、自治区、直辖市及计划单列市、副省级省会城市、新疆生产建设兵团发展改革委、经委（经贸委）：

根据《国务院关于加快推进产能过剩行业结构调整的通知》（国发[2006]11号）的有关部署，现将汽车工业应对产能过剩、加快结构调整的实施意见通知如下：

一、加快汽车工业结构调整的紧迫性

“十五”以来，我国汽车工业发展跨越了300万辆、400万辆和500万辆的规模，2005年产销突破570万辆，已成为世界上主要汽车生产和消费大国，为国民经济发展做出了重要贡献。2004年6月国家发展改革委颁布了《汽车产业发展政策》，明确了汽车产业结构调整的任务和方向，规范了企业的投资行为，汽车工业投资过热状况得到了改善，结构调整取得了一定进展。汽车出口逐年增长，企业国际化经营开始起步。2003年汽车工业投资增长76.1%（498.6亿元），2004年增长28.6%（641.3亿元），2005年增长25.2%（802.8亿元），投资增幅逐年回落，国内汽车市场过快增长势头也明显减弱。但值得警惕的是，由于汽车市场需求还在不断增长，部分汽车生产企业市场预期仍然较高，不断投资扩大产能，导致产能增长超过市场需求增长。这不仅会使产能利用率进一步下降，还掩盖了产业组织结构、产品结构、技术结构等方面的矛盾，影响了汽车工业持续、健康发展。具体表现为：

（一）产能过剩的苗头已经显现，并有可能进一步加剧。

截止到2005年7月1日，我国汽车行业已形成冲压、焊装、涂装、总装的整车生产能力约800万辆，在建产能约220万辆，陆续在今明两年建成后整车总产能将突破1 000万辆。2005年全行业的产能利用率仅为71.5%，其中轿车行业72.5%。而从市场需求看，2004年下半年以来，我国汽车消费增长趋于平稳，预计今后几年，消费需求增长将会保持相对稳定。按照主要汽车生产企业的“十一五”投资计划，2010年规划产能将大大超过预期的市场需求，如不加以引导，潜在的产能过剩将会变成现实。在汽车产能出现总量过剩苗头的同时，也存在着部分车型供不应求、生产能力不足的现象，因此，结构性过剩是当前汽车工业产能过剩的基本特点，也是当前汽车工业发展存在的主要问题。

（二）产业组织结构不合理，企业集团竞争优势不明显。我国汽车整车生产企业数量超过100家，按企业集团统计约80家。从2003年到2005年，前三家企业集团的生产集中度由49.3%下降为46.1%，跨地区、跨部门兼并重组的阻力依然很大。已无力有效组织生产的企业未能退出市场。主要企业集团自主品牌产品市场竞争乏力，尚未形成规模优势，轿车市场的竞争主要依靠合资企业产品。

（三）产品结构调整相对滞后，技术进步和产品结构升级缓慢。高油耗车型产销比例过大，技术先进、节能环保产品产销比例相对较小。乘用车单车平均油耗远高于工业发达国家的水平，与我国资源条件和经济发展水平明显不符，对能源供给形成较大压力，也对环境造成较大的负面影响。

（四）自主开发能力较弱，过分依靠引进技术发展产品。部分汽车生产企业自主发展能力不强，不得不被动地、高成本地引进技术和产品。在汽车工业整体走向微利的大背景下，许多企业仍在继续沿用技术引进和组装生产的模式。这将导致企业效益进一步下降甚至亏损，影响企业的长远发展。

（五）零部件与整车未能同步发展。汽车工业通过对外开放、合资合作，整车产品的制造工艺及质量已经接近国际水平，但零部件生产却滞后于整车的发展。国内零部件企业整体配套能力不强，专业化生产水平较低，自主开发和系统集成能力薄弱，跟不上整车开发的步伐。

上述问题如不能及时解决，产能过剩将更加严峻，结构不合理问题也将更加突出，进而阻碍汽车工业发展，丧失由大变强的重要战略机遇。

二、结构调整的任务和原则

当前，汽车产能利用率下降的问题已经引起了有关方面的高度关注，过度投资可能带来的危害也已得到了各汽车生产企业的重视，一些企业已经主动调整扩大产能的投资方案，撤销或推迟了新建分厂的项目。这种形势为汽车产业结构调整带来了机遇。各地政府和汽车行业生产企业要针对汽车工业中出现的新情况、新问题，抓住主要矛盾和关键环节，采取有效措施，抑制汽车产业发展过程中不健康、不稳定的因素，保持发展的良好势头。

（一）任务

汽车工业应对产能过剩及推进结构调整的总体要求是区别对待、分类指导，控制总量、优化结构，扶优汰劣、标本兼治，保持汽车工业平稳发展。

各地政府和汽车生产企业要把产业组织结构优化升级作为当前发展和调整的主线，注重依靠市场机制，推动联合和兼并重组。各级政府要重点支持具有自主发展能力、自主品牌产品和具有规模优势的汽车及零部件企业集团加快发展；要在实施国家更加严格的强制性标准时，加大产品结构调整的力度，加快技术进步的进程，引导企业改变低水平竞争的发展模式；要合理控制新增汽车产能，使之与市场需求的增长相适应；要研究充分利用国际国内两个市场资源，开拓和发展新市场；要解决被淘汰企业的市场退出问题。

汽车生产企业要把产品结构优化升级作为当前工作的重点，促进节能、环保和新能源汽车的研发和生产；要注重自主开发产品，推动自主创新，改善产品结构，加强自主品牌建设。

（二）原则

1．保持平稳发展，防止大起大落。为保证汽车工业总量控制、结构调整的顺利实施，需要保持相对稳定的政策环境，把握调控力度和节奏，以最小的代价，取得结构调整的成效，避免出现大的滑坡等不稳定因素。

2．区别对待，实行分类指导。汽车工业结构调整要做到有保有压。对产能利用率高、产品供不应求的企业继续给予支持，对产能利用率不足、产品供过于求的企业严格控制新增产能。

3．依法管理，发挥市场作用。要严格执行汽车产品的节能、环保和安全等技术法规，新增产能要符合国家技术法规发展的要求；要制定相关政策，引导市场消费，发挥市场作用，鼓励先进，淘汰落后。

4．标本兼治，建立长效机制。要把解决总量过剩和结构不合理问题结合起来，建立汽车产能数据采集、分析和监测系统，定期向社会发布产能利用率信息，为各级政府和企业科学合理的投资决策服务。

三、采取措施，务求结构调整和产能调控取得实效

（一）控制新建整车项目，适当提高投资准入条件

在《汽车产业发展政策》规定的准入标准基础上，补充完善其中有关投资管理的规定：

1．国家鼓励内资汽车生产企业新建独立法人汽车生产企业时，除满足产业政策要求外，在新建企业中保留自有的产品商标，并在所生产的自有商标产品的车身前部显著位置予以标注。

2．现有汽车生产企业（不含与境外汽车生产企业合资的中外合资企业及其再投资企业）应努力实施品牌经营战略，在新开发和引进的产品车身前部显著位置标注本企业或本企业投资股东独家拥有的汽车产品商标。

3．现有汽车整车生产企业异地建设分厂，除满足产业政策要求外，上一年汽车销售量必须达到批准产能的 80%以上；原建产能未经国家批准或备案的，上一年汽车销售量应不低于：轿车 10 万辆，运动型多用途乘用车（SUV）5 万辆，多用途乘用车（MPV）5 万辆，其他乘用车 8 万辆；重型载货车 1 万辆，中型载货车 5 万辆，轻型货车 10 万辆，微型货车 10 万辆；大中型客车 5 000 辆，轻型客车 5 万辆。

4．专用汽车生产企业应注重研发生产国内空白的先进适用的专用汽车产品，采用新材料、新工艺，提高产品的功能性。

鉴于普通半挂车、自卸车、罐式车、厢式车和仓栅式汽车的产能已经过剩，对申请新建生产上述产品的企业，两年之内暂不办理核准和备案手续；对现有专用汽车生产企业申请生产上述产品的，两年之内暂不受理。

5．中外合资汽车生产企业应当按照合资各方签署的并经有关部门审查同意的合资经营合同等文件的有关内容开展相应的活动。未能实现合同内容要求的应抓紧进行完善。未能完善的，应暂停建设分厂并暂停进行新产品公告申请。

6．企业生产新产品必须按照本企业编报的可行性研究报告或备案报告所提出的建设内容进行产能建设和生产准备，在具备相应的生产条件后，方可进行新产品认证和生产。

7．鉴于国内机动车辆检测机构的能力和分布已基本满足汽车产业发展的需要，国家发改委在两年之内对涉及国家行政许可事项业务的新建机动车检测机构不予授权。已授权的机构要加强自身能力建设和人员培训工作。

对有关部门和地方政府违反国家汽车产业政策和有关宏观调控文件，继续支持不符合准入条件的汽车项目建设的，要追究有关负责人的责任。造成经济损失的，要从严查处。

（二）鼓励发展节能、环保型汽车和自主品牌产品

国家有关部门将制定具体配套政策和相关标准，鼓励节能、环保型汽车发展，推动技术进步，加快汽车产品结构升级。

对不能达到国家安全、环保和节能强制性标准的产品，取消其相应的产品目录；对不能达到《乘用车燃料消耗量限值》国家强制性标准要求的乘用车额外增加税收，并要尽快出台轻型商用车和大型商用车的燃料消耗量限值标准。

各级政府部门应率先采购节能环保和采用新能源的汽车，特别是自主品牌的产品，为普通消费者作出表率。

（三）推进汽车生产企业联合重组

各级政府部门应该大力推进汽车生产企业之间的跨地区、跨部门联合重组，培育具有国际竞争力的大型企业集团；支持骨干企业以产权为纽带，以产品为主线，以规模经济为目的，实现强强联合；汽车生产企业兼并其他汽车整车生产企业为分厂的不受建设分厂有关条件的限制。国家发改委将按照汽车企业集团的资产隶属关系整理产品公告，推进企业集团化发展；同时建立汽车生产企业产能和产销量公示制度，定期公布年产销量达不到一定数量的乘用车和商用车生产企业的产能和产销量信息；对长期不能达到要求的企业暂停产品公告；推动国有企业体制改革、机制创新和资本多元化改造，促进民营企业发展，推进中外合资企业建立相互信任、互利共赢的长期合作机制，形成国有、民营及中外合资企业协调发展的产业格局。

（四）支持零部件工业加快发展

打破不利于汽车零部件配套的地区之间或企业集团之间的封锁，逐步建立起开放的、有竞争性的、不同技术层次的零部件配套体系。国家支持有条件的地区发展汽车零部件产业集群；鼓励汽车生产企业与零部件企业联合开发整车产品；引导零部件排头兵企业上规模上水平，进行跨地区兼并、联合、重组，形成大型零部件企业集团，面向国内外两个市场。各地政府和有关部门要制定切实有力的措施支持国内骨干零部件企业提高产品研发能力。

（五）建立产能信息监测制度，指导企业开拓新兴市场

建立汽车产能信息定期发布制度。省级发改委要建立或委托专门的机构收集行政管辖范围内的汽车工业投资情况和相关数据。汽车整车生产企业要按照有关规定上报本企业现有产能、在建产能及规划产能情况。经国家发改委分析、汇总，定期向社会发布有关汽车产能利用率的信息，并相应发布国内汽车市场预测情况以及汽车行业盈利情况和价格变化情况。各地政府要认真分析企业产能利用率情况，协助企业开拓新兴市场，引导资源合理配置，规范企业出口行为。

（六）完善对国有汽车企业集团的业绩考核内容

国有汽车企业集团要坚持对外开放和自主发展相结合的原则，统筹兼顾中资企业和中外合资企业的发展。各地政府主管部门要把企业研发能力建设和自主品牌培育列为重要考核指标，努力提高自主研发能力，培育自主品牌产品。

关于印发《国家汽车及零部件出口基地管理办法（试行）》的通知

（2008年9月5日　商务部、国家发展和改革委员会文件　商产发[2008]330号）

各有关省、自治区、直辖市及计划单列市商务主管部门、发展改革委，各国家汽车及零部件出口基地：

为加快国家汽车及零部件出口基地的建设，提高产业聚集度，促进对外合作与交流，加强知识产权保护，增强自主创新能力，提升国际竞争力，商务部、发展改革委联合制定了《国家汽车及零部件出口基地管理办法（试行）》。现印发给你们，请按此进一步加强国家汽车及零部件出口基地的管理，并结合当地实际情况，制定本地区促进出口的政策措施，创造良好外部环境，促进汽车产业健康快速发展。

附件：

国家汽车及零部件出口基地管理办法（试行）

第一章　总　则

第一条　为加快国家汽车及零部件出口基地的建设，提高产业聚集度，促进对外合作与交流，加强知识产权保护，增强自主创新能力，提升国际竞争力，根据国务院办公厅《关于“十一五”期间加快转变机电产品出口增长方式意见》、《汽车产业发展政策》及《汽车贸易政策》，制定本办法。

第二条　本办法所称的出口基地是指由商务部和发展改革委根据《国家汽车及零部件出口基地认定办法》认定并授牌的地区。

第三条　商务部和发展改革委联合成立“国家汽车及零部件出口基地建设领导小组”（以下简称“领导小组”），负责对出口基地进行考核、指导。各有关省、自治区、直辖市商务主管部门和发展改革部门配合商务部和发展改革委对出口基地进行协调、管理。

第四条　出口基地考核应当遵循公平、公正、公开的原则，依照透明、规范的程序进行。

第二章　管理机构

第五条　出口基地所在地（直辖市、计划单列市、地级市）人民政府应当设立出口基地管理机构（以下简称“管理机构”），代表所在地人民政府对出口基地实行统一规划、管理和协调。管理机构原则上应由主管副市长担任负责人，市商务、发展改革等相关部门参加。管理机构应设立办公室，负责出口基地的日常管理工作。

第六条　管理机构按照“统筹规划、合理配置资源”的原则，编制和落实本地区的出口发展规划。加强与本地人民政府有关部门沟通和协调，因地制宜地研究、制定本地区促进出口的政策措施，并组织实施。

第七条 管理机构定期向领导小组上报有关数据和信息。

每季度报送出口基地运行情况、出口情况及相关统计数据、重点企业的数据及相关信息。重要信息应及时报送。

每年2月上旬报送出口基地上年度工作报告和本年度工作思路。

第三章 管理方式

第八条 商务部和发展改革委对出口基地实行动态管理。出口基地有效期为3年。

第九条 授牌3年期满后对出口基地进行考核，考核不合格的予以通报批评，并限期半年内进行整改，整改后仍不合格的出口基地予以摘牌。

第十条 对已经授牌的出口基地，如弄虚作假造成严重负面影响的予以摘牌，并在3年内取消所在省、自治区和直辖市的申报资格。

第四章 考核内容

第十一条 考核出口基地发展规划落实情况，重点是汽车及零部件产业发展、出口增长、出口产品结构调整、自主创新能力建设等情况。

第十二条 考核专项资金落实和支持方向情况。

出口基地位于东部地区的，其所在地政府专项用于支持公共服务平台建设等方面资金每年度不低于1亿元，东北老工业基地、中西部地区则每年度不低于5 000万元。

上述专项资金主要用于：

（一）在原有支持措施的基础上，加大资金支持力度；

（二）研究提出符合当地情况的支持方式并组织实施（如建立公用研发平台建设、支持第三方检测和试验机构建设、开展国外市场研究、资助企业产品开发、开展出口国法律法规及准入标准等培训、资助出口企业开拓国际市场、资助企业在境外申请知识产权、鼓励企业开展汽车零部件再制造等）。

第十三条 考核国家支持资金的使用和落实情况。

第十四条 考核出口基地建设是否扩占新土地。

第十五条 考核出口服务体系建设情况。主要是管理机构对本地汽车及零部件出口工作的组织领导，建立出口协调机制，建立国际市场准入服务体系，开展国际市场专项调研，提供国际市场需求信息服务等情况。

第十六条 考核引导出口企业诚信经营情况。主要是管理机构打击假冒和伪劣产品、保护和发展知识产权、维护出口秩序等情况。

第五章 附 则

第十七条 本办法由商务部和国家发展和改革委员会负责解释。

第十八条 各出口基地所在地政府应根据当地实际情况，制定具体实施办法并报领导小组备案。

第十九条 本办法自发布之日起施行。

机械行业清洁生产评价指标体系（试行）

（2007 年 7 月 14 日　中华人民共和国国家发展和改革委员会公告　2007 年第 41 号）

前　言

为了贯彻落实《中华人民共和国清洁生产促进法》，指导和推动机械行业企业依法实施清洁生产，提高资源利用率，减少或避免污染物的产生，保护和改善环境，制定《机械行业清洁生产评价指标体系（试行）》（以下简称“指标体系”）。

本指标体系适用于评价机械企业的清洁生产水平，作为创建清洁生产先进企业的主要依据，并为企业推行清洁生产提供技术指导。

本指标体系依据综合评价所得分值将企业清洁生产等级划分为两级，即代表国内先进水平的“清洁生产先进企业”和代表国内一般水平的“清洁生产企业”。随着技术的不断进步和发展，本指标体系每 3～5 年修订一次。

本指标体系起草单位：机械工业环保产业发展中心、无锡柴油机厂。

本指标体系由国家发展和改革委员会负责解释。

本指标体系自发布之日起试行。

1 机械行业清洁生产评价指标体系适用范围

本指标体系适用于以金属切削加工、冲压、切割、焊接、表面涂覆、铸造、锻造、热处理工艺为主的机械行业企业。不适用铸造、锻造和热处理等热加工专业化生产企业。

2 机械行业清洁生产评价指标体系结构

根据清洁生产的原则要求和指标的可度量性，本评价指标体系分为定量评价和定性要求两大部分，凡能量化的指标尽可能采用定量评价，以减少人为的评价差异。

定量评价指标选取了有代表性的、能反映“节能”、“降耗”、“减污”和“增效”等有关清洁生产最终目标的指标，建立评价模式。通过对各项指标的实际达到值、评价基准值和指标的权重值进行计算和评分，综合考评企业实施清洁生产的状况和企业清洁生产程度。

定性评价指标主要根据国家有关推行清洁生产的产业发展和技术进步政策、资源环境保护政策规定以及行业发展规划选取，用于定性考核企业对有关政策法规的符合性及其清洁生产工作实施情况。

定量指标和定性指标分为一级评价指标和二级评价指标两个层次。一级评价指标是具有普适性、概括性的指标，它们是资源与能源消耗指标、污染物产生指标、产品特征指标、资源综合利用指标、环境管理与劳动安全卫生指标、生产技术特征指标。本指标体系的二级指标参数形式包括定量评价指标、定性评价指标（图 1）。二级评价指标是一级评价指标之下，代表机械行业清洁生产特点的、具体的、可操作的、可验证的指标（图2、图3）。

机械行业清洁生产评价指标体系结构见图1～图3。

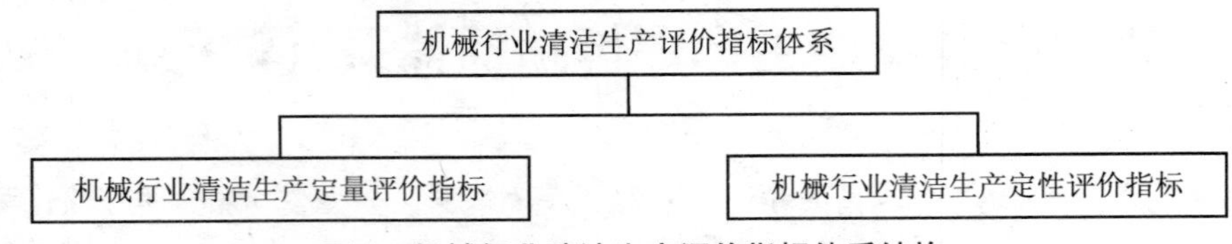

图1　机械行业清洁生产评价指标体系结构

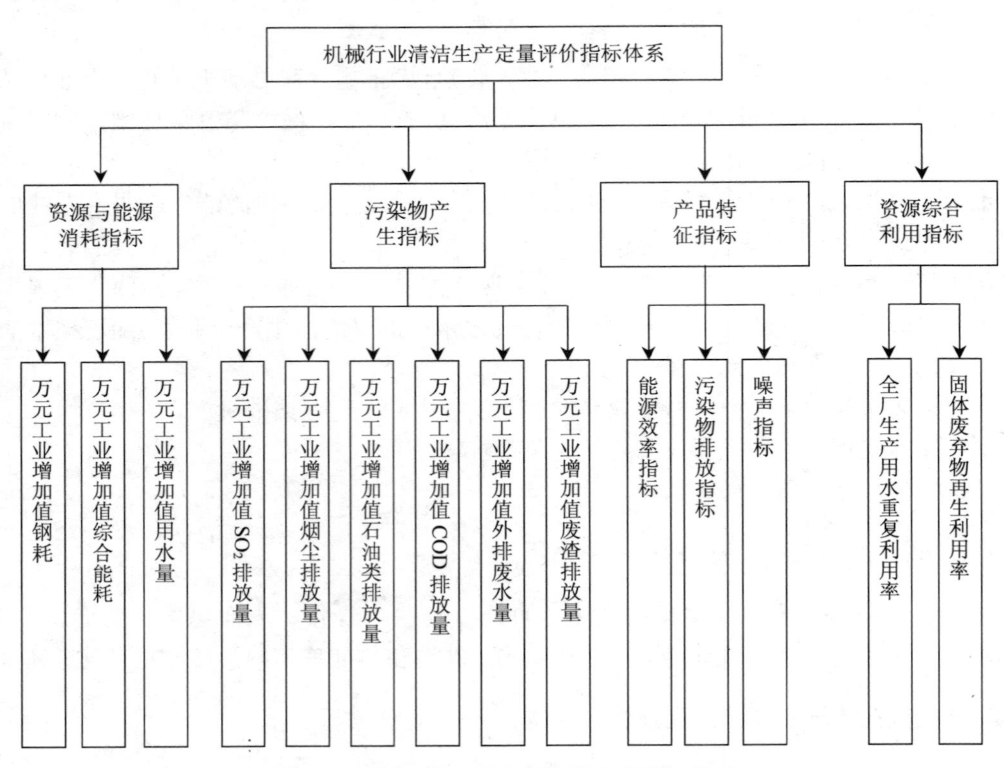

图2　机械行业清洁生产定量评价指标体系

3 机械行业清洁生产评价指标的评价基准值及权重值

在定量评价指标体系中，各指标的评价基准值是衡量该项指标是否符合清洁生产基本要求的评价基准。确定各定量评价指标评价基准值的依据是：凡在国家或行业有关政策、标准、技术规章等文件中对该项指标已有明确要求值的，选用国家或行业要求的数值；凡国家或行业对该项指标尚无明确要求值的，则选用国内机械行业近年来清洁生产实际达到的中上等以上水平的指标值。本评价指标体系的定量评价基准值代表行业清洁生产的平均先进水平。

在定性评价指标体系中，定性指标用于评价企业对有关政策法规的符合性及其清洁生产工作实施情况，按“是”或“否”两种选择来评定。

清洁生产评价指标的权重值是衡量各评价指标在整个清洁生产指标体系中所占的比

重。它在原则上是根据该项指标对机械企业清洁生产实际效益和水平的影响程度大小及其实施的难易程度来确定的。

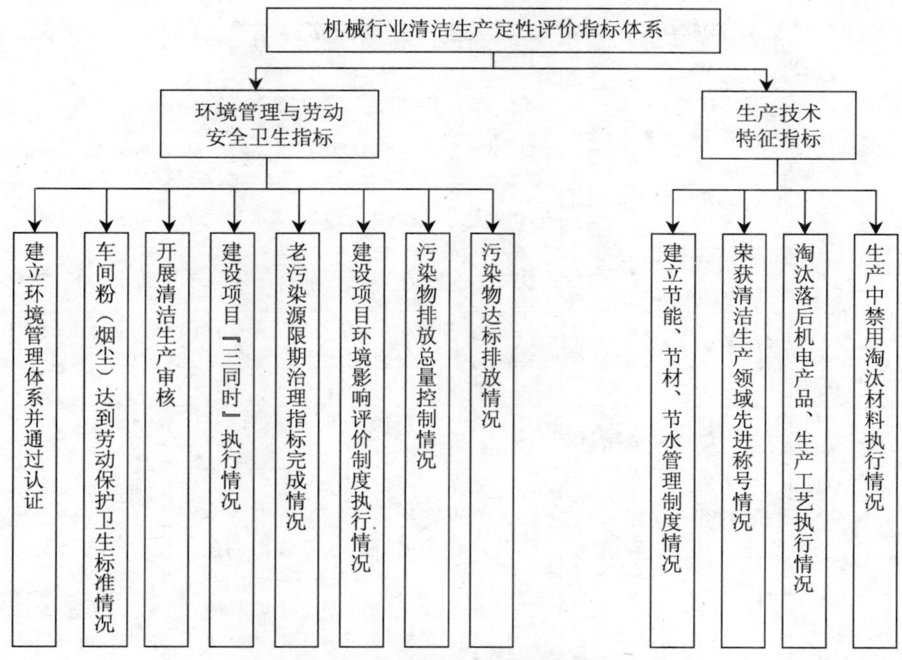

图 3 机械行业清洁生产定性评价指标体系

本指标体系的各项定量评价指标基准值和权重值见表 1。本指标体系的各项定性评价指标及指标分值见表 2。

表 1 机械行业清洁生产定量评价指标项目、权重及基准值

一级指标	权重值	二级指标	单位	权重分值	评价基准值
（一）资源与能源消耗指标	20	万元工业增加值钢耗	t/万元	8	0.56
		万元工业增加值综合能耗	kgce/万元	8	0.42
		万元工业增加值新鲜水耗量	t/万元	4	18.48
（二）污染物产生指标	30	万元工业增加值 SO_2 排放量	kg/万元	4	1.48
		万元工业增加值烟尘排放量	kg/万元	6	0.99
		万元工业增加值外排废水量	t/万元	8	14.45
		万元工业增加值石油类排放量	kg/万元	3	0.03
		万元工业增加值 COD 排放量	kg/万元	3	1.77
		万元工业增加值废渣排放量	t/万元	6	0.12
（三）产品特征指标①	30	能源效率指标	%	12	国家/行业产品标准②
		污染物排放指标	%	12	国家/行业产品标准②
		噪声指标	%	6	国家/行业产品标准②
（四）资源综合利用指标	20	全厂生产用水重复利用率	%	10	80%
		固体废弃物再生利用率	%	10	85%

注：① 本项指标采用国家或行业标准中相应的限值指标作为评价基准值，进行计算后得出的权重值需根据该产品标准颁布年限进行再次修正：标准颁布年限在 1990 年以前的修正系数为 0.8，标准颁布年限在 1991—2000 年内的修正系数为 0.9，2001 年以后颁布的产品标准修正系数为 1。选择企业三种主导产品作为评价对象。

② 若企业生产的产品不具备本项特征指标，按照本指标体系 4.4 缺项考核调整权重分值计算办法进行定量评价分值修正。

表 2 机械行业清洁生产定性评价指标项目及指标分值

一级指标	指标分值	二级指标	指标分值	备 注
（一）环境管理与劳动安全卫生	78	建立环境管理体系并通过认证	10	只建立环境管理体系但尚未通过认证的则给 5 分，未建立环境管理体系的不给分
		开展清洁生产审核	8	未进行清洁生产审核的不给分
		建设项目“三同时”执行情况	10	对建设项目环保“三同时”未能按要求完成的则不给分
		老污染源限期治理指标完成情况	10	老污染源限期治理指标未能按要求完成的则不给分
		建设项目环境影响评价制度执行情况	10	有任一违反建设项目环境影响评价制度的项目则不给分
		污染物排放总量控制情况	10	对水污染物和气污染物均有超总量控制要求的则不给分；凡仅有水污染物或气污染物中任一单项超总量控制要求的，则给 4 分
		污染物达标排放情况	10	凡水污染物和气污染物以及厂界噪声中任何一项不能达标的不给分
		车间粉尘（烟尘）达到劳动卫生标准情况	5	若车间内仅有单项粉尘（烟尘）排放，则按照单项达标情况评价，达标则得 5 分，不达标不给分；若车间有多项粉尘（烟尘）排放，则在所有单项均分别达标时，得 5 分，若有任意单项未达标，则不得分
（二）生产技术特征指标	22	建立节能、节材、节水管理制度情况	10	凡企业已制定颁布专项节能、节材、节水管理制度的，并已实施时间一年以上，有良好的执行效果的可得 10 分；已制定颁布专项节能、节材、节水管理制度的，实施时间一年以内，无明显良好的执行效果的可得 6 分；没有专项节能、节材、节水管理制度的不得分；缺少节能节水节材中任 N 项管理制度的，其得分值为相应分值乘以（$1-N/10$）
		荣获清洁生产领域先进称号情况	5	凡获得县及以上节能、节水、环境保护、清洁生产等表彰的，获得花园工厂、环境友好企业称号的，按其获得表彰或称号的项目数，每一项得 1 分；获得省级表彰或称号的，每一项得 2 分；获得国家部委表彰或称号的，每一项得 3 分；各项得分累计不超过 5 分
		淘汰落后机电产品、生产工艺执行情况	6	凡企业生产产品中有属于国家已经明令淘汰的机电产品的，不予评价为清洁生产企业和清洁生产先进企业； 凡企业在生产中仍在使用国家已经明令淘汰的机电产品、生产工艺的，不得分； 凡企业在既不生产，也未在生产中仍在使用国家已经明令淘汰的机电产品的，得 6 分
		生产中禁用淘汰材料执行情况	6	产品生产中未使用国家明令限期淘汰的材料并未使用我国参加的国际议定书规定淘汰的材料的，得 6 分，否则不得分

清洁生产是一个相对概念，它将随着经济的发展和技术的更新而不断完善，达到新的更高、更先进水平，因此清洁生产评价指标及指标的基准值，也应视行业技术进步趋势进行不定期调整，其调整周期一般为 3 年，最长不应超过 5 年。

4 机械企业清洁生产评价指标的考核评分计算方法

4.1 定量化评价指标的考核评分计算

企业清洁生产定量评价指标的考核评分，以企业在考核年度（一般以一个生产年度为一个考核周期，并与生产年度同步）各项二级指标实际达到的数值为基础进行计算，综合得出该企业定量评价指标考核的总分值。定量评价的二级指标从其数值情况来看，可分为两类情况：一类是该指标的数值越低（小）越符合清洁生产要求（如资源与能源消耗、污染物等指标）；另一类是该指标的数值越高（大）越符合清洁生产要求（如水重复利用率等指标）。因此，对二级指标的考核评分，根据其类别采用不同的计算模式。

4.1.1 定量化评价的二级评价指标的单项评价指数的计算方法

对指标数值越高（大）越符合清洁生产要求的指标，其计算公式为：

$$S_i = \frac{S_{xi}}{S_{0i}}$$

对指标数值越低（小）越符合清洁生产要求的指标，其计算公式为：

$$S_i = \frac{S_{0i}}{S_{xi}}$$

式中：S_i —— 第 i 项评价指标的单项评价指数，取值范围是 $S_i \leqslant 1.2$；

S_{xi} —— 第 i 项评价指标的实际值；

S_{0i} —— 第 i 项评价指标的评价基准值。

4.1.2 定量评价的二级评价指标考核总分值计算

定量评价的二级评价指标考核总分值的计算公式为：

$$P_1 = \sum_{i=1}^{n} S_i \cdot K_i$$

式中：P_1 —— 定量化评价的二级指标考核总分值；

n —— 定量化评价的二级指标的项目总数；

S_i —— 第 i 项评价指标的单项评价指数；

K_i —— 第 i 项评价指标的权重值。

因企业没有该项目所造成的缺项，该项考核分值为零。

4.2 定性化评价指标的考核评分计算

对定性指标的考核仅考核“有”与“无”及其效果。

定性化评价指标的考核总分值的计算公式为：

$$P_2 = \sum_{i=1}^{n} F_i$$

式中：P_2 —— 定性化评价的二级指标考核总分值；

F_i —— 定性化评价指标体系中的第 i 项二级指标的得分值；

n —— 参与考核的定性化评价二级指标的项目总数。

4.3 缺项考核调整权重值的计算

如企业实际参与考核的定量或定性评价指标中的二级评价指标项目数少于定量或定性包括的全部二级评价指标的项目数，则应将定量或定性评价指标的权重值乘以修正系数 A_i，调整其权重值：

定量指标 P_1 修正为：

$$P_1 = A_i \cdot \sum_{i=1}^{m_i} S_i \cdot K_i$$

式中：A_i—— 定量评价指标得分值的修正系数，$A_i=A_{i1}/A_{i2}$；

A_{i1}—— 为定量指标体系的权重值；

A_{i2}—— 为实际参与考核的属于定量评价指标中各二级评价指标的权重值之和；

m_i—— 定量评价指标中实际参与考核的二级评价指标项目数。

定性指标 P_2 修正为：

$$P_i = A_j \cdot \sum_{i=1}^{m_j} F_i$$

式中：A_j—— 定性评价指标得分值的修正系数，$A_j=A_{j1}/A_{j2}$；

A_{j1}—— 为定性指标体系的权重值；

A_{j2}—— 为实际参与考核的属于定性评价指标中各二级评价指标的权重值之和；

m_j—— 定性评价指标中实际参与考核的二级评价指标项目数。

4.4 综合评价指数的考核评分计算

为了综合考核机械企业清洁生产的总体水平，在该企业进行定量化评价指标和定性化评价指标考核评分的基础上，将这两类指标的考核得分按不同权重（机械行业暂以定性化评价指标为主，以定量化评价指标为辅）予以综合，得出该企业的清洁生产综合评价指数（P）。

综合评价指数是考核衡量企业在考核年度的清洁生产的总体水平的一项综合指标。综合评价指数之差异直接反映了企业之间清洁生产水平的总体差距。综合评价指数的计算公式为：

$$P = \alpha \cdot P_1 + \beta \cdot P_2$$

式中：P—— 企业清洁生产的综合评价指数；

α—— 定量类指标在综合评价时整体采用的权重值，取值 0.4；

P_1—— 定量评价指标中各二级指标考核总分值；

β—— 定性类指标在综合评价时整体采用的权重值，取值 0.6；

P_2—— 定性评价指标中各二级指标考核总分值。

4.5 机械行业清洁生产企业的评定

本评价指标体系将机械行业企业清洁生产水平划分为两级，即国内清洁生产先进水平和国内清洁生产一般水平。对达到一定综合评价指数值的企业，分别评定为清洁生产先进企业或清洁生产企业。

根据目前我国机械行业的实际情况，不同等级的清洁生产企业的综合评价指数列于表 3。

表 3 机械行业不同等级的清洁生产企业综合评价指数

清洁生产企业等级	清洁生产综合评价指数
清洁生产先进企业	$P \geq 92$
清洁生产企业	$85 \leq P < 92$

按照现行环境保护政策法规以及产业政策要求，凡参评企业被地方环保主管部门认

定为主要污染物排放未“达标”（指总量未达到控制指标或主要污染物排放超标），生产淘汰类产品或仍继续采用要求淘汰的设备、工艺进行生产的，则该企业不能被评定为“清洁生产先进企业”或“清洁生产企业”。清洁生产综合评价指数低于 85 分的企业，应类比本行业清洁生产先进企业，积极推行清洁生产，加大技术改造力度，强化全面管理，提高清洁生产水平。

5 名词解释

（1）工业增加值

指工业企业在报告期内以货币形式表现的工业生产活动的最终成果，是企业全部生产活动的总成果扣除了在生产过程中消耗或转移的物质产品和劳务价值后的余额，是企业生产过程中新增加的价值。

工业增加值＝现价工业总产值－工业中间投入+本期应交增值税

单位为：万元。

（2）万元增加值钢材消耗量

指报告期内企业各种产品的钢材消耗量总和与企业工业增加值的比值。

计算钢材消耗量时应注意：① 如有跨报告期完成的产品，应将期初、期末在制品、半成品消耗钢材的差额计算在内；② 外购配套产品和部件（如电动机、轴承等）消耗的钢材不得计入。

（3）万元增加值综合能源消耗量

指报告期内企业的一次能源和二次能源消费量的总和与企业工业增加值的比值。

（4）万元增加值新鲜用水量

指报告期企业厂区内用于生产和生活用新鲜水水量与企业工业增加值的比值。

（5）万元增加值 SO_2 排放量

指报告期内企业在燃料燃烧和生产工艺过程中排入大气的 SO_2 量与企业工业增加值的比值。

（6）万元增加值烟尘排放量

指报告期内企业厂区内的燃料燃烧产生的烟气中夹带颗粒物的量与企业工业增加值的比值。

（7）万元增加值外排废水量

指报告期内经过厂区所有排放口排到外部的工业废水量和企业工业增加值的比值。

外排废水包括生产废水、外排的直接冷却水、超标排放的矿井地下水和与工业废水混排的厂区生活污水，不包括外排的间接冷却水（清污不分流的间接冷却水应计算在内）。

（8）万元增加值石油类排放量

指单位工业增加值排放的工业废水中所含石油类污染物的纯重量。它可以通过下面的计算公式求得。

万元增加值石油类排放量＝（石油类污染物的平均浓度×报告期工业废水排放量）/报告期企业工业增加值

石油类污染物的浓度，均以在企业排放口所测的数字为准（含有一类污染物的废水一律在车间或车间处理设施排出口取样测定）。

（9）万元增加值 COD 排放量

指单位工业增加值排放的工业废水中所含化学需氧量的纯重量。它可以通过下面的计算公式求得。

万元增加值化学需氧量排放量＝（化学需氧量的平均浓度×报告期工业废水排放量）/报告期企业工业增加值

化学需氧量的浓度，均以在企业排放口所测的数字为准（含有一类污染物的废水一律在车间或车间处理设施排出口取样测定）。

（10）万元增加值工业固体废物产生量

指报告期内企业在生产过程中产生的固体状、半固体状和高浓度液体状废弃物的总量（包括危险废物、冶炼废渣、粉煤灰、炉渣、煤矸石、尾矿、放射性废物和其他废物等）与企业工业增加值的比值。

（11）全厂生产用水重复利用率

指工业企业内部生活及生产用水中，循环利用的水量和直接经过处理后回收再利用的水量之和与全厂生产总用水量的比值。

（12）固体废弃物综合利用率

指报告期内，企业工业固体废物综合利用量占工业固体废物产生量的百分率。计算公式是：

工业固体废物综合利用率＝工业固体废物综合利用量÷（工业固体废物产生量+综合利用往年贮存量）×100%。

电子信息产品污染控制管理办法

（2006年2月28日信息产业部、国家发展和改革委员会、商务部、海关总署、国家工商行政管理总局、国家质量监督检验检疫总局、国家环境保护总局令第39号，2007年3月1日起开始实施）

第一章　总　则

第一条　为控制和减少电子信息产品废弃后对环境造成的污染，促进生产和销售低污染电子信息产品，保护环境和人体健康，根据《中华人民共和国清洁生产促进法》、《中华人民共和国固体废物污染环境防治法》等法律、行政法规，制定本办法。

第二条　在中华人民共和国境内生产、销售和进口电子信息产品过程中控制和减少电子信息产品对环境造成污染及产生其他公害，适用本办法。但是，出口产品的生产除外。

第三条　本办法下列术语的含义是：

（一）电子信息产品，是指采用电子信息技术制造的电子雷达产品、电子通信产品、广播电视产品、计算机产品、家用电子产品、电子测量仪器产品、电子专用产品、电子元器件产品、电子应用产品、电子材料产品等产品及其配件。

（二）电子信息产品污染，是指电子信息产品中含有有毒、有害物质或元素，或者电子信息产品中含有的有毒、有害物质或元素超过国家标准或行业标准，对环境、资源以及人类身体生命健康以及财产安全造成破坏、损害、浪费或其他不良影响。

（三）电子信息产品污染控制，是指为减少或消除电子信息产品中含有的有毒、有害物质或元素而采取的下列措施：

1．设计、生产过程中，改变研究设计方案、调整工艺流程、更换使用材料、革新制造方式等技术措施；

2．设计、生产、销售以及进口过程中，标注有毒、有害物质或元素名称及其含量，标注电子信息产品环保使用期限等措施；

3．销售过程中，严格进货渠道，拒绝销售不符合电子信息产品有毒、有害物质或元素控制国家标准或行业标准的电子信息产品等；

4．禁止进口不符合电子信息产品有毒、有害物质或元素控制国家标准或行业标准的电子信息产品；

5．本办法规定的其他污染控制措施。

（四）有毒、有害物质或元素，是指电子信息产品中含有的下列物质或元素：

1．铅；

2．汞；

3．镉；

4．六价铬；

5．多溴联苯（PBB）；

6．多溴二苯醚（PBDE）；

7．国家规定的其他有毒、有害物质或元素。

（五）电子信息产品环保使用期限，是指电子信息产品中含有的有毒、有害物质或元素不会发生外泄或突变，电子信息产品用户使用该电子信息产品不会对环境造成严重污染或对其人身、财产造成严重损害的期限。

第四条 中华人民共和国信息产业部（以下简称“信息产业部”）、中华人民共和国国家发展和改革委员会（以下简称“发展改革委”）、中华人民共和国商务部（以下简称“商务部”）、中华人民共和国海关总署（以下简称“海关总署”）、国家工商行政管理总局（以下简称“工商总局”）、国家质量监督检验检疫总局（以下简称“质检总局”）、国家环境保护总局（以下简称“环保总局”），在各自的职责范围内对电子信息产品的污染控制进行管理和监督。必要时上述有关主管部门建立工作协调机制，解决电子信息产品污染控制工作重大事项及问题。

第五条 信息产业部商国务院有关主管部门制定有利于电子信息产品污染控制的措施。

信息产业部和国务院有关主管部门在各自的职责范围内推广电子信息产品污染控制和资源综合利用等技术，鼓励、支持电子信息产品污染控制的科学研究、技术开发和国际合作，落实电子信息产品污染控制的有关规定。

第六条 信息产业部对积极开发、研制新型环保电子信息产品的组织和个人，可以给予一定的支持。

第七条 省、自治区、直辖市信息产业，发展改革，商务，海关，工商，质检，环保等主管部门在各自的职责范围内，对电子信息产品的生产、销售、进口的污染控制实施监督管理。必要时上述有关部门建立地区电子信息产品污染控制工作协调机制，统一协调，分工负责。

第八条 省、自治区、直辖市信息产业主管部门对在电子信息产品污染控制工作以及相关活动中做出显著成绩的组织和个人，可以给予表彰和奖励。

第二章 电子信息产品污染控制

第九条 电子信息产品设计者在设计电子信息产品时，应当符合电子信息产品有毒、有害物质或元素控制国家标准或行业标准，在满足工艺要求的前提下，采用无毒、无害或低毒、低害、易于降解、便于回收利用的方案。

第十条 电子信息产品生产者在生产或制造电子信息产品时，应当符合电子信息产品有毒、有害物质或元素控制国家标准或行业标准，采用资源利用率高、易回收处理、有利于环保的材料、技术和工艺。

第十一条 电子信息产品的环保使用期限由电子信息产品的生产者或进口者自行确定。电子信息产品生产者或进口者应当在其生产或进口的电子信息产品上标注环保使用期限，由于产品体积或功能的限制不能在产品上标注的，应当在产品说明书中注明。

前款规定的标注样式和方式由信息产业部商国务院有关主管部门统一规定，标注的样式和方式应当符合电子信息产品有毒、有害物质或元素控制国家标准或行业标准。

相关行业组织可根据技术发展水平，制定相关电子信息产品环保使用期限的指导意见。

第十二条 信息产业部鼓励相关行业组织将制定的电子信息产品环保使用期限的指导意见报送信息产业部。

第十三条 电子信息产品生产者、进口者应当对其投放市场的电子信息产品中含有的有毒、有害物质或元素进行标注，标明有毒、有害物质或元素的名称、含量、所在部件及其可否回收利用等；由于产品体积或功能的限制不能在产品上标注的，应当在产品说明书中注明。

前款规定的标注样式和方式由信息产业部商国务院有关主管部门统一规定，标注的样式和方式应当符合电子信息产品有毒、有害物质或元素控制国家标准或行业标准。

第十四条 电子信息产品生产者、进口者制作并使用电子信息产品包装物时，应当依据电子信息产品有毒、有害物质或元素控制国家标准或行业标准，采用无毒、无害、易降解和便于回收利用的材料。

电子信息产品生产者、进口者应当在其生产或进口的电子信息产品包装物上，标注包装物材料名称；由于体积和外表面的限制不能标注的，应当在产品说明书中注明。

前款规定的标注样式和方式由信息产业部商国务院有关主管部门统一规定，标注的样式和方式应当符合电子信息产品有毒、有害物质或元素控制国家标准或行业标准。

第十五条 电子信息产品销售者应当严格进货渠道，不得销售不符合电子信息产品有毒、有害物质或元素控制国家标准或行业标准的电子信息产品。

第十六条 进口的电子信息产品，应当符合电子信息产品有毒、有害物质或元素控制国家标准或行业标准。

第十七条 信息产业部商环保总局制定电子信息产品有毒、有害物质或元素控制行业标准。

信息产业部商国家标准化管理委员会起草电子信息产品有毒、有害物质或元素控制国家标准。

第十八条 信息产业部商发展改革委、商务部、海关总署、工商总局、质检总局、环保总局编制、调整电子信息产品污染控制重点管理目录。

电子信息产品污染控制重点管理目录由电子信息产品类目、限制使用的有毒、有害物质或元素种类及其限制使用期限组成，并根据实际情况和科学技术发展水平的要求进行逐年调整。

第十九条 国家认证认可监督管理委员会依法对纳入电子信息产品污染控制重点管理目录的电子信息产品实施强制性产品认证管理。

出入境检验检疫机构依法对进口的电子信息产品实施口岸验证和到货检验。海关凭出入境检验检疫机构签发的《入境货物通关单》办理验放手续。

第二十条 纳入电子信息产品污染控制重点管理目录的电子信息产品，除应当符合本办法有关电子信息产品污染控制的规定以外，还应当符合电子信息产品污染控制重点管理目录中规定的重点污染控制要求。

未列入电子信息产品污染控制重点管理目录中的电子信息产品，应当符合本办法有关电子信息产品污染控制的其他规定。

第二十一条 信息产业部商发展改革委、商务部、海关总署、工商总局、质检总局、环保总局，根据产业发展的实际状况，发布被列入电子信息产品污染控制重点管理目录的电子信息产品中不得含有有毒、有害物质或元素的实施期限。

第三章 罚则

第二十二条 违反本办法，有下列情形之一的，由海关、工商、质检、环保等部门在各自的职责范围内依法予以处罚：

（一）电子信息产品生产者违反本办法第十条的规定，所采用的材料、技术和工艺不符合电子信息产品有毒、有害物质或元素控制国家标准或行业标准的；

（二）电子信息产品生产者和进口者违反本办法第十四条第一款的规定，制作或使用的电子信息产品包装物不符合电子信息产品有毒、有害物质或元素控制国家标准或行业标准的；

（三）电子信息产品销售者违反本办法第十五条的规定，销售不符合电子信息产品有毒、有害物质或元素控制国家标准或行业标准的电子信息产品的；

（四）电子信息产品进口者违反本办法第十六条的规定，进口的电子信息产品不符合电子信息产品有毒、有害物质或元素控制国家标准或行业标准的；

（五）电子信息产品生产者、销售者以及进口者违反本办法第二十一条的规定，自列入电子信息产品污染控制重点管理目录的电子信息产品不得含有有毒、有害物质或元素的实施期限之日起，生产、销售或进口有毒、有害物质或元素含量值超过电子信息产品有毒、有害物质或元素控制国家标准或行业标准的电子信息产品的；

（六）电子信息产品进口者违反本办法进口管理规定进口电子信息产品的。

第二十三条 违反本办法的规定，有下列情形之一的，由工商、质检、环保等部门在各自的职责范围内依法予以处罚：

（一）电子信息产品生产者或进口者违反本办法第十一条的规定，未以明示的方式标注电子信息产品环保使用期限的；

（二）电子信息产品生产者或进口者违反本办法第十三条的规定，未以明示的方式标注电子信息产品有毒、有害物质或元素的名称、含量、所在部件及其可否回收利用的；

（三）电子信息产品生产者或进口者违反本办法第十四条第二款的规定，未以明示的方式标注电子信息产品包装物材料成分的。

第二十四条 政府工作人员滥用职权，徇私舞弊，纵容、包庇违反本办法规定的行为的，或者帮助违反本办法规定的当事人逃避查处的，依法给予行政处分。

第四章 附则

第二十五条 任何组织和个人可以向信息产业部或者省、自治区、直辖市信息产业主管部门对造成电子信息产品污染的设计者、生产者、进口者以及销售者进行举报。

第二十六条 本办法由信息产业部商发展改革委、商务部、海关总署、工商总局、质检总局、环保总局解释。

第二十七条 本办法自2007年3月1日起施行。

六

化工石化

危险化学品登记管理办法

（2002年10月8日中华人民共和国国家经济贸易委员会令第35号公布，
自2002年11月15日起施行）

第一章 总 则

第一条 为加强对危险化学品的安全管理，防范化学事故和为应急救援提供技术、信息支持，根据《危险化学品安全管理条例》，制定本办法。

第二条 本办法适用于中华人民共和国境内生产、储存危险化学品的单位以及使用剧毒化学品和使用其他危险化学品数量构成重大危险源的单位（以下简称登记单位）。

第三条 危险化学品的登记范围：

（一）列入国家标准《危险货物品名表》（GB 12268）中的危险化学品；

（二）由国家安全生产监督管理局会同国务院公安、环境保护、卫生、质检、交通部门确定并公布的未列入《危险货物品名表》的其他危险化学品。

国家安全生产监督管理局根据（一）、（二）确定的危险化学品，汇总公布《危险化学品名录》。

危险化学品的登记单位为：生产和储存危险化学品的单位（以下分别简称生产单位、储存单位）、使用剧毒化学品和使用其他危险化学品数量构成重大危险源的单位（以下简称使用单位）。

生产单位、储存单位、使用单位是指在工商行政管理机关进行了登记的法人或非法人单位。

第四条 国家安全生产监督管理局负责全国危险化学品登记的监督管理工作。

各省、自治区、直辖市安全生产监督管理机构负责本行政区内危险化学品登记的监督管理工作。

第二章 登记机构

第五条 国家设立国家化学品登记注册中心（以下简称登记中心），承办全国危险化学品登记的具体工作和技术管理工作。

省、自治区、直辖市设立化学品登记注册办公室（以下简称登记办公室），承办所在地区危险化学品登记的具体工作和技术管理工作。

第六条 国家安全生产监督管理局对登记中心实施监督管理；省、自治区、直辖市安全生产监督管理机构对本辖区登记办公室实施监督管理。

第七条 登记中心履行下列职责：

（一）组织、协调和指导全国危险化学品登记工作；

（二）负责全国危险化学品登记证书颁发与登记编号的管理工作；

（三）建立并维护全国危险化学品登记管理数据库和动态统计分析信息系统；

（四）设立国家化学事故应急咨询电话，与各地登记办公室共同建立全国化学事故应急救援信息网络，提供化学事故应急咨询服务；

（五）组织对新化学品进行危险性评估；对未分类的化学品统一进行危险性分类；

（六）负责全国危险化学品登记人员的培训工作。

第八条　登记办公室履行下列职责：

（一）组织本地区危险化学品登记工作；

（二）核查登记单位申报登记的内容；

（三）对生产单位编制的化学品安全技术说明书和化学品安全标签的规范性、内容一致性进行审查；

（四）建立本地区危险化学品登记管理数据库和动态统计分析信息系统；

（五）提供化学事故应急咨询服务。

第九条　登记中心和登记办公室从事危险化学品登记的工作人员（以下简称登记人员）应经统一培训，由国家安全生产监督管理局考核合格后，发给《危险化学品登记人员上岗证》（以下简称登记上岗证），持证上岗。

第十条　登记中心应有 10 名以上有登记上岗证的登记人员；登记办公室应有 3 名以上有登记上岗证的登记人员。

第十一条　登记中心和登记办公室应当制定严格的工作制度和程序，为登记单位提供良好的服务，保守登记单位的商业秘密。

第十二条　登记中心每年应向国家安全生产监督管理局书面报告全国危险化学品登记工作情况；登记办公室每年应向所在省、自治区、直辖市安全生产监督管理机构书面报告本地区危险化学品登记工作情况。各地登记办公室的报告应同时抄送登记中心。

第三章　登记的时间、内容和程序

第十三条　登记单位应在《危险化学品名录》公布之日起 6 个月内办理危险化学品登记手续。

对危险性不明的化学品，生产单位应在本办法实施之日起 1 年内，委托国家安全生产监督管理局认可的专业技术机构对其危险性进行鉴别和评估，持鉴别和评估报告办理登记手续。

对新化学品，生产单位应在新化学品投产前 1 年内，委托国家安全生产监督管理局认可的专业技术机构对其危险性进行鉴别和评估，持鉴别和评估报告办理登记手续。

新建的生产单位应在投产前办理危险化学品登记手续。

已登记的登记单位在生产规模或产品品种及其理化特性发生重大变化时，应当在 3 个月内对发生重大变化的内容办理重新登记手续。

第十四条　生产单位应登记的内容：

（一）生产单位的基本情况；

（二）危险化学品的生产能力、年需要量、最大储量；

（三）危险化学品的产品标准；

（四）新化学品和危险性不明化学品的危险性鉴别和评估报告；

（五）化学品安全技术说明书和化学品安全标签；

（六）应急咨询服务电话。

第十五条 储存单位、使用单位应登记的内容：

（一）储存单位、使用单位的基本情况；

（二）储存或使用的危险化学品品种及数量；

（三）储存或使用的危险化学品安全技术说明书和安全标签。

第十六条 办理登记的程序：

（一）登记单位向所在省、自治区、直辖市登记办公室领取《危险化学品登记表》，并按要求如实填写。

（二）登记单位用书面文件和电子文件向登记办公室提供登记材料。

（三）登记办公室对登记单位提交的危险化学品登记材料在后的 20 个工作日内对其进行审查，必要时可进行现场核查，对符合要求的危险化学品和登记单位进行登记，将相关数据录入本地区危险化学品管理数据库，向登记中心报送登记材料。

（四）登记中心在接到登记办公室报送的登记材料之日起 10 个工作日内，进行必要的审查并将相关数据录入国家危险化学品管理数据库后，通过登记办公室向登记单位发放危险化学品登记证和登记编号。

（五）登记办公室在接到登记证和登记编号之日起 5 个工作日内，将危险化学品登记证和登记编号送达登记单位或通知登记单位领取。

第十七条 生产单位办理登记时，应向所在省、自治区、直辖市登记办公室报送以下主要材料：

（一）《危险化学品登记表》一式 3 份和电子版 1 份；

（二）营业执照复印件 2 份；

（三）危险性不明或新化学品的危险性鉴别、分类和评估报告各 3 份；

（四）危险化学品安全技术说明书和安全标签各 3 份和电子版 1 份；

（五）应急咨询服务电话号码。委托有关机构设立应急咨询服务电话的，需提供应急服务委托书；

（六）办理登记的危险化学品产品标准（采用国家标准或行业标准的，提供所采用的标准编号）。

储存单位、使用单位应报送上述第（一）、（二）、（四）项规定的材料。

第十八条 危险化学品登记证书有效期为 3 年。登记单位应在有效期满前 3 个月，到所在省、自治区、直辖市登记办公室进行复核。复核的主要内容为：生产、储存、使用单位基本情况的变更情况，安全技术说明书和安全标签的更新情况等。

第十九条 登记单位履行下列义务：

（一）对本单位的危险化学品进行普查，建立危险化学品管理档案；

（二）如实填报危险化学品登记材料；

（三）对本单位生产的危险性不明的化学品或新化学品进行危险性鉴别、分类和评估；

（四）生产单位应按照国家标准正确编制并向用户提供化学品安全技术说明书，在产品包装上拴挂或粘贴化学品安全标签，所提供的数据应保证准确可靠，并对其数据的真实性负责；

（五）危险化学品储存单位、使用单位应当向供货单位索取安全技术说明书；

（六）生产单位必须向用户提供化学事故应急咨询服务，为化学事故应急救援提供技术指导和必要的协助；

（七）配合登记人员在必要时对本单位危险化学品登记内容进行核查。

第二十条　生产单位终止生产危险化学品时，应当在终止生产后的 3 个月内办理注销登记手续。

使用单位终止使用危险化学品时，应当在终止使用后的3个月内办理注销登记手续。

第四章　罚　则

第二十一条　生产单位、储存单位、使用单位有下列情形之一的，由县级以上安全生产监督管理部门责令其改正，并视情节轻重处3万元以下罚款：

（一）未按规定进行危险化学品登记或在接到登记通知之日起6个月内仍未登记的；

（二）未向用户提供应急咨询服务的；

（三）转让、出租或伪造登记证书的；

（四）已登记的登记单位在生产规模或产品品种及其理化特性发生重大变化时，未按规定按时办理重新登记手续的；

（五）危险化学品登记证书有效期满后，未按规定申请复核的；

（六）生产单位、使用单位终止生产或使用危险化学品时，未按规定及时办理注销登记手续的。

第二十二条　登记中心或登记办公室的工作人员违规操作、弄虚作假、滥发证书，或在规定限期内无故不予登记且无明确答复，或泄露登记单位商业秘密的，由省级以上安全生产监督管理机构责令其改正，对有关责任者给予行政处分，并追究登记中心或登记办公室负责人的责任。

第五章　附　则

第二十三条　危险化学品登记表、危险化学品登记证、危险化学品登记人员上岗证由国家安全生产监督管理局统一印制。

第二十四条　本办法授权国家安全生产监督管理局负责解释。

第二十五条　本办法自 2002 年 11 月 15 日起施行。2000 年 9 月 11 日国家经贸委公布的《危险化学品登记注册管理规定》同时废止。

化学危险物品安全管理条例实施细则

（1992年9月28日化学工业部、国务院经济贸易办公室发布，自发布之日起施行）

第一条 根据《化学危险物品安全管理条例》第四十一条规定，制定本实施细则（以下简称《细则》）。

第二条 本《细则》适用于中华人民共和国境内生产化学危险物品和在工业生产中使用化学危险物品或以其为原料的企业，包括中外合资企业、外资企业、中外合作经营企业；各级行政主管部门和监督部门；有关的科研、设计部门和事业单位。

第三条 本《细则》所指化学危险物品，系国家标准（GB 12268—）危险货物品名表中所列的压缩气体和液化气体；易燃液体；易燃固体、自燃物品和遇湿易燃物品；氧化剂和有机过氧化物；毒害品和腐蚀品六大类中的化学危险物品。

放射性物品、民用爆炸物品、兵器工业的火药、炸药、弹药、火工产品和核能物资按国家有关规定执行。

第四条 生产、使用（包括生产厂的储存、运输）化学危险物品的单位，必须建立健全相应的安全管理制度。

第五条 严禁乡、镇、街道企业生产剧毒化学危险物品。

第六条 新建、扩建、改建（以下简称“三建”）生产化学危险物品的企业，按照不同投资规模的审批权限，经所在地省辖市以上（含省辖市）人民政府同意，按本《细则》和国家规定的基本建设程序履行审批手续。

第七条 新建的化学危险物品生产企业必须遵守《中华人民共和国城市规划法》。已确定的生产化学危险物品的厂点在其安全卫生防护距离内不得建其他公共建筑或建居民点。

第八条 凡申请生产化学危险物品的“三建”企业，一律由当地计（经）委，会同化工、公安、环保、卫生、劳动及工商行政管理部门进行审查，符合规定的企业才能准予立项建设。对省级以上政府批准的项目，由批准单位报化学工业部备案，同时抄送当地铁路、交通、环保、卫生等部门。

第九条 申请生产剧毒化学危险物品的“三建”企业，必须经所在省、自治区、直辖市人民政府审批，并在选址时报化学工业部，化学工业部根据国家的有关规定认为不符合安全要求时，可以否决在该地区布点建设或扩建、改建。

第十条 凡距离下列地区 1 000 米范围内不得规划和兴建剧毒化学危险物品生产厂（即厂点围墙到上述区域边界不少于 1 000 米）。

（一）居民区；

（二）供水水源及水源保护区；

（三）交通干线（公路、铁路、水路）；

（四）自然保护区；

（五）畜牧区；

（六）风景名胜旅游区；

（七）军事设施。

具有甲、乙类火灾危险性的生产厂点的规划和兴建，要执行炼油化工企业设计防火规定（YHS01—）。

第十一条　申请生产化学危险物品的“三建”企业，必须经过有化工设计资格证书的单位进行设计。

申请报告中必须附有关生产化学危险物品的技术资料，包括产品、中间体、副产品的燃点、自燃点、闪点、熔点、沸点、爆炸极限、爆炸威力、相对密度、比重、蒸汽压力、粘度、腐蚀性、氧化性以及遇湿释放易燃或有毒气体的速度、车间空气中毒物的最高允许浓度、毒理学资料及对人体危害资料等各项重要的化学、物理性能和安全、卫生数据；以及对产品贮存、运输、包装的技术要求。上述各项数据必须经省级或省级以上化工、卫生研究（检验）部门测定并提出报告。如属于《毒物登记档案》或手册可查得数据的常用资料，可按查得的数据申报，并列出数据来源的文献资料名称。

第十二条　凡申请生产化学危险物品的“三建”企业，在设计文件中要有以下内容：

（一）设计任务书

（1）水文、地质状况对安全生产的影响。

（2）总图部分：总图比例应为1/1000或1/2000，内容要有厂区布置与周围建筑、构筑物图和厂区周围半径为1 000米内的居民情况。

（3）设计任务书报请批准时必须附有城市规划行政主管部门的选址意见书。

（二）工艺部分

工艺流程中安全可靠性的说明及生产过程中安全防护装置配备的说明。工艺设备选型要遵循《生产设备安全卫生设计总则》（GB5083—）中的有关规定。

（三）工业卫生专篇、安全（评价）专篇和环保（评价）专篇要符合国发[1984]97号文件《国务院关于加强防尘防毒工作的决定》的要求。

（四）消防专篇

厂房及仓库等建筑要符合国家颁发的《建筑设计防火规范》等有关规范的要求。

（五）运输专篇

（1）生产达到设计规模时产品、原料、副产品的运量、流向及运输方式。

（2）到厂和发出的化学危险物品品种、数量、需使用的车、船类型、装卸地点和作业方式，本厂自有车状况和数量。

（3）化学危险物品运输安全性评价。运输中发生意外事故的应急措施。

第十三条　对中外合资企业及外资企业的安全要求首先要符合我国的安全规范。国外设计的工程必须将工程设计依据一并交我国审批单位审核，如不符合要求应立即通知外方进行调整。

引进的工程项目必须同时引进与其配套的先进的安全、工业卫生及环保设施。否则，国内必须完成相应部分的配套设计方允许施工、投产。审批单位必须会同当地化工、公安、卫生、环保、铁路、交通、劳动、工会等部门进行审查。

第十四条　化学危险物品的“三建”工程项目必须严格执行中央关于“三同时”的

规定。

第十五条 新研制化学危险物品过程中，必须同时研究其燃烧、爆炸性能和毒性机理。毒性实验项目应包括：急性毒性、亚急性毒性、慢性毒性、三致（致畸、致突变、致癌）、中毒机理实验。通过实验对其危害性做出科学评价。该化学危险物品已建立《毒物登记档案》，有可靠数据，投产前可不做毒性实验。

第十六条 新研制的化学危险物品的安全、工业卫生防护技术必须可靠，并通过鉴定才能组织批量生产。生产现场应达到国家颁布的《工业企业设计卫生标准》和国家有关标准的要求。转让化学危险物品生产技术必须符合国家产业政策和有关化学危险物品生产的安全卫生要求。转让时必须连同安全防护、工业卫生、环保技术一并转让，否则造成事故损害或社会危害要追究转让者的责任。

新建、扩建、改建生产或大量使用、贮存化学危险物品的工程项目，建成后必须进行竣工验收和投料试生产，达到设计要求后才能交付生产。

第十七条 生产（包括生产领域的贮存、运输等）和使用化学危险物品的单位必须严格执行《化工企业安全管理制度》及国家的有关法规、制度和标准。并按《化工产品生产许可证管理办法》的规定，向化学工业部申请领取《生产许可证》。

化工生产企业凡是为本企业生产需要而进行的采购、调拨和销售（指化学危险物品）等经营活动，相应的运输活动，以及在化工生产中使用和贮存化学物品（包括原料和产品）均纳入生产许可证的核发范围，不再另行领取“经营许可证”。

化学工业部将分期分批对化工产品颁发《生产许可证》，凡已发证的化学危险物品，无证企业不得生产经营该产品。

第十八条 对生产和使用化学危险物品的企业实行安全登记制度。

（一）安全登记的必备条件

（1）产品生产工艺路线成熟，是由有设计资格的单位设计的。

（2）产品有质量标准（企业标准、行业标准、国家标准）。

（3）设备、容器符合《生产设备安全卫生设计总则》（GB 5083）。

（4）有相应的产品贮存设施。

（5）有可靠的安全、卫生防护措施和符合要求的个人防护用品。

（6）有可靠的“三废”处理措施。

（7）有事故应急处理方案和措施，不存在重大事故隐患。

（二）安全登记的考核条件

（1）企业应建立健全安全管理制度（按[1991]化劳字第 247 号文检查）。

（2）产品应有工艺技术规程；岗位应有操作法，在岗人员必须人手一册。

（3）操作工人应具备初中以上文化水平（或相当水平），并经过岗位培训考核合格，取得安全作业证。

（4）有《毒物登记档案》。

（三）安全登记的组织工作

（1）企业的安全登记工作，由各省、自治区、直辖市化工厅局的主管厅长领导，由厅（局）安全管理部门会同有关部门组成办公室，必要时可请地方公安、环保部门参加。

（2）需要时可组织人员到现场考核。

（3）一个企业的所有化学危险物品。可以分期分批进行安全登记。（安全登记的有关表格见附表）

（4）对必备条件的检查，有一项达不到的，不予登记，并限期一年内整改；对考核条件的检查，有一项达不到的，不予登记，并限期半年内整改。逾期仍达不到的不予登记，限令停产。

（5）安全登记每隔五年按安全登记条件进行一次复核换证。根据复核情况，确定是否准予换证。

（6）各省、自治区、直辖市化工厅局每年向化学工业部书面报告一次化工企业安全登记情况。

第十九条　在已建成的化学危险物品生产企业周围（在国家正式规定颁发前暂按1 000米执行）不得建居民点、公共设施、供水水源、水源保护区和交通干线。

第二十条　生产和使用化学危险物品的企业要根据化学危险物品的种类性能、生产工艺及规模，设置相应的通风、防火、防爆、防毒、监测、报警、降温、防潮、避雷、防静电、隔离操作等安全设施，定期监测，使生产现场符合有关要求，确保安全生产。

凡属易燃易爆化学品生产场所的防火监测、报警系统、防护装置及其他防火防爆要求应按照《中华人民共和国消防条例实施细则》和有关国家防火设计规范或规定执行。凡生产极毒、高毒化学品的车间除遵守上款要求外，还应设有自动联锁、泄漏消除等设施，并应配备急救箱和救护器具。

远离城区的生产易燃易爆化学品的企业，应设专职消防队。

第二十一条　生产化学危险物品的企业必须严格执行产品质量标准及国家有关规定。对可能造成人身伤害或危及社会安全的不合格产品严禁销售，否则造成后果由生产企业负责。同时，追究销售单位的责任。

第二十二条　生产、贮存、运输化学危险物品所用的气瓶、压力容器、液化气体铁路罐车或汽车槽车、散装运输化学危险物品和液化气体的船舶等，必须符合《气瓶安全监察规程》、《压力容器安全技术监察规程》、液化石油气汽车槽车和铁路液化气体罐车以及散装运输化学危险物品和液化气体船舶的安全管理规定。企业对压力容器管理要执行国家有关锅炉、压力容器的规定。

第二十三条　化学危险物品的包装必须符合《危险货物运输包装通用技术条件》（GB 12463—）的要求，能经受运输过程中的碰撞、颠簸和温度、湿度变化等外界干扰而不发生危险事故。所使用的包装材料，必须是不与化学危险物品发生反应的材料。对一些具有特殊性能的物品（如易燃、易爆品、腐蚀性物品等）应根据其不同的理化性能进行包装，并要符合包装标准和运输安全要求（如包装方法、包装重量限制等）。

对有毒物品包装的外皮上要有毒物标签，注明产品名称、毒性级别、侵入人体途径、中毒的急救办法、防护措施等。

化学危险物品的包装必须有明显的包装标志，其图形应遵守《危险货物包装标志》（GB190—）的规定。

外装监督、检验机构应加强对包装质量和包装材料质量的监督检查和定期测试，产品包装不合格不准出厂。

外贸化学危险物品的包装和标志必须符合我国接受的国际公约及规则中的有关规定

的要求。

第二十四条 生产和使用化学危险物品的企业，应严格执行《化工企业急性中毒抢救应急措施规定》。生产和使用化学危险物品的操作人员，应根据安全需要配备必要的劳动防护用品和用具，如工作服、鞋、帽、手套；防护眼镜及防毒面具；氧气呼吸器；或供冲洗的清洁水源；医疗急救用品等。

生产使用剧毒化学危险物品和生产批量大的化学危险物品的企业，应根据其生产规模和接触毒物人数设立气体防护站，配备工业卫生医生、急救药品和专用救护车。

第二十五条 凡生产有毒化学物品的车间都应设固定监测点，定期进行监测。监测结果应及时登记，定期上报主管部门，并应在生产岗位挂牌公布。

第二十六条 化学危险物品生产企业的新工人，必须做就业前体检，发现职业禁忌症者不得安排在禁忌岗位作业。

对作业工人要定期体检，发现职业病、职业健康损害、职业禁忌症者，要根据《化学工业职业病防治工作管理办法》的规定进行处理。

第二十七条 对盛装剧毒物品的大型容器包括汽车槽车和铁路罐车、槽船等不得用来盛装它物，特殊情况需要改装它物时必须进行清洗，清洗干净并经化验合格，办理审核后，方可改装。

使用后的包装剧毒品的小型容器，只能盛装原物或同类产品，一律不允许盛装它物。

其他化学危险物品的包装物用完后也要进行清理和清洗，否则不允许挪作他用。

盛装化学危险物品的容器在长期停用前必须进行安全处理。

第二十八条 生产和使用化学危险物品的企业，必须严格执行《中华人民共和国环境保护法》的有关规定，防止环境污染与生态破坏。

销毁、处理有燃烧、爆炸、中毒和其他危险的废弃化学危险物品，应采取可靠的安全措施，并征得当地公安、环保部门同意方可进行、严禁随便堆放和排入地面、地下及任何水系。

第二十九条 企业因生产需要而贮存化学危险物品时，其安全要求除执行本《细则》外，还必须符合《仓库防火安全管理规则》等有关规定。

第三十条 化工生产所需要的化学危险物品必须贮存在专用的仓库内。

第三十一条 贮存有毒气体大型仓库，密封性能要良好，要配备通风装置，配备毒气中和破坏装置（设施）或备用贮存装置，一旦毒气泄漏必须及时处理，避免毒气逸散造成社会危害。

化学危险物品仓库应根据物品性质，按规范要求设置相应的防爆、泄压、防火、防雷、报警、防晒、调温、消除静电、防火围堤等安全装置和设施。防火围堤的设置应按《炼油化工企业设计防火规定》执行。

第三十二条 化学危险物品库宜采用单层结构建筑，要有足够数量的独立安全出口，使用不燃材质的地面。

第三十三条 贮存易燃易爆物品的库房、车船和贮罐，必须采用合格的防爆灯具和防爆电器设备，并有经防爆电器主管检验部门核发的防爆合格证。无电源仓库、车船和贮罐，应采用带有自给式蓄电池的本质安全型、增安型、隔爆型的可携式灯具。不准使用电缆供电的可携式照明灯具。

第三十四条　化学危险物品的贮存应符合下列要求：

（一）化学危险物品库内只能贮存同一类化学危险物品，不同品种分堆存放。不能超量贮存，并应有一定的安全距离并保证道路通畅。

（二）对于化学试剂危险物品库要安排好货位，避免混存。化学性质、防护或灭火方法相互抵触或相互有影响的化学危险物品，绝对不允许在同一库内贮存：

（1）放射性物品不得与其他化学危险物品同存一库。

（2）氧化剂不得与易燃易爆物品同存一库。

（3）炸药不得与易爆物品同存一库。

（4）能自燃或遇水燃烧的物品不得与易燃易爆物品同存一库。

（三）对于遇水易爆，遇高温、低温、暴晒会发生分解的化学危险物品，以及液化气体分别不得在潮湿、易积水、高温处或低温处贮存，不能在露天场地贮存。若少量必须在露天临时存放时，一定要根据该物品的特性采取有针对性的安全措施。

（四）化学危险物品的贮量确定原则：

（1）凡规范中有数量规定的化学危险物品按规范执行。

（2）无具体规定的可根据其危险程度按库容周转量（不超过 1—3 个月的生产或销售量）计算。

第三十五条　化学危险物品仓库的管理人员（包括库工）必须进行三级安全教育，经考试合格后才能进入仓库进行培训实习。实习完毕再经考试合格后，由本单位主管部门发给安全作业证才能上岗操作。仓库工作人员要做好以下工作：

（一）必须认真贯彻安全、防火的各级岗位责任制。

（二）严格执行危险品库房操作规程。化学危险物品入库前必须进行检查，发现问题及时处理。

（三）严格执行危险品入库前记账、登记制度，入库后应当定期检查并作详细的文字记录。

（四）为防止发料差错，对爆炸物品、剧毒物品和放射性物品应采取双人收发、双人记账、双人双销、双人运输和双人使用的“五双”制度。公安及企业保卫等部门对此必须定期进行监督和检查。

第三十六条　严禁在化学危险物品仓库内吸烟和使用明火。如必须动火时，化学危险物品必须全部移到安全地点，同时对仓库内进行必要的通风或清洗。经本单位主管部门审查和签发动火证后方能实施。库内搬运应一律采用防爆型电瓶车或防爆电动叉车。凡需进入仓库内的机动车其排气管必须装阻火器。若用蒸汽机车时，机车距仓库不得少于 50 米。

第三十七条　在化学危险物品仓库担任保管、搬运工作的人员必须配备相应的防护器材及劳动保护用品。仓库应设立专职或兼职的消防安全人员并配备必要的器材。

仓库内工作结束后应进行检查，切断电源后方可离开。库内不准有人居住。

搬运装卸化学危险物品时，应使用防爆工具、设备，轻拿轻放，不准拖拉，防止撞击和倾倒。不得中途中断装卸作业。

第三十八条　贮存化学危险物品的仓库要向当地公安及消防部门备案，并保证与其有畅通的通讯和报警联络。

第三十九条 企业因生产需要运输或装卸化学危险物品时，必须按照铁道部、交通部和民航总局关于铁路、公路、水路和空运化学危险物品的各项规定办理。

第四十条 装运易燃易爆、有毒化学危险物品的车辆通过市区和城镇时，事前要向当地公安交通管理部门输准运证，申请行车路线和时间，运输途中不得随便停车。

第四十一条 企业、事业单位对试剂或科研用少量急需的化学危险物品，可按铁路和交通部门的有关规定运输。

第四十二条 企业、事业单位运输装卸化学危险物品时除执行铁路、交通部门的有关规定外，还应遵守下列规定：

（一）装载化学危险物品的车、船必须是专用车、船或经有关部门批准使用符合安全规定的运载工具，并符合有关规定要求。

（二）禁止没有安全设施或不符合要求的车、船装运化学危险物品。

（三）遇水易燃的化学危险物品及有毒化学危险物品禁止用小型机帆船和小木船承运。

（四）根据工作需要配备足够的押运人员。押运工作必须由工作责任心强，经过省级化工主管部门培训、考核合格，领取押运证的人担任。

（五）销售部门对来厂拉运危险货物的客户要检查：采购证；准运证；押运人员的押运证；槽（罐）车准用证并外观检查运载工具合乎安全要求，发现问题应责成用户处理后方可发货，否则发生问题，亦应承担一定的责任。

第四十三条 企业要对化学危险物品的厂内运输加强安全管理和检查，以防止事故的发生。

第四十四条 为保证本《细则》的贯彻执行，对化学危险物品生产安全管理实行行业安全卫生监察，由化学工业部和各省化工主管部门组织专（兼）职队伍负责实施。

第四十五条 对违反《化学危险物品安全管理条例》和本《细则》的单位和个人，除按法律、法规及《化工劳动安全卫生监察试行办法》执行外，有下列情况者，由省级化工主管部门依法会同公安及其他有关部门给予处罚。

（一）未按本《细则》规定进行安全登记的企业或未经审批生产化学危险物品的新建、改建、扩建企业，责令其立即停产或停建。

（二）乡、镇、街道企业私自生产剧毒化学危险物品的，责令其立即停产。

（三）由于未认真贯彻《化学危险物品安全管理条例》和本《细则》发生事故造成严重后果的单位，责令限期改进或停产整顿，直至吊销安全登记证书或生产许可证。

（四）对于违反《化学危险物品安全管理条例》和本《细则》规定的有关人员视情节轻重给予行政处罚，构成犯罪的由属地机关依法追究刑事责任。

第四十六条 本《细则》自发布之日起施行，由化学工业部负责解释。

磷肥行业清洁生产评价指标体系（试行）

（2007年4月23日　中华人民共和国国家发展和改革委员会公告　2007年第24号）

前　言

为贯彻落实《中华人民共和国清洁生产促进法》，指导和推动磷肥行业依法实施清洁生产，提高资源利用率，减少和避免污染物的产生，保护和改善环境，制定磷肥行业清洁生产评价指标体系（试行）（以下简称“指标体系”）。

本指标体系适用于评价磷肥企业的清洁生产水平，作为创建清洁生产先进企业的主要依据，并为企业推行清洁生产提供技术指导。

本指标体系依据综合评价所得分值将企业清洁生产等级划分为两级，即代表国内先进水平的“清洁生产先进企业”和代表国内一般水平的“清洁生产企业”。随着技术的不断进步和发展，本指标体系每3～5年修订一次。

本指标体系由中国石油和化学工业协会、中国磷肥工业协会起草。

本指标体系由国家发展和改革委员会负责解释。

本指标体系自发布之日起试行。

1 磷肥行业清洁生产评价指标体系的适用范围

本评价指标体系适用于高浓度磷肥（重过磷酸钙、磷酸一铵、磷肥二铵等）、低浓度磷肥（钙镁磷肥、过磷酸钙等）等系列产品的企业。

2 磷肥行业清洁生产评价指标体系的结构

根据清洁生产的原则要求和指标的可度量性，本评价指标体系分为定量评价和定性要求两大部分。

定量评价指标选取了有代表性的、能反映“节能”、“降耗”、“减污”和“增效”等有关清洁生产最终目标的指标，建立评价模式。通过对各项指标的实际达到值、评价基准值和指标的权重值进行计算和评分，综合考评企业实施清洁生产的状况和企业清洁生产程度。

定性评价指标主要根据国家有关推行清洁生产的产业发展和技术进步政策、资源环境保护政策规定以及行业发展规划选取，用于定性考核企业对有关政策法规的符合性及其清洁生产工作实施情况。

定量指标和定性指标分为一级指标和二级指标。一级指标为普遍性、概括性的指标；二级指标为反映磷肥企业清洁生产各方面具有代表性的、易于评价考核的指标。

本指标体系选用资源与能源消耗指标、产品特征指标、污染物指标、资源综合利用指标及健康安全指标5个方面（高浓度磷肥共27项指标，低浓度磷肥共21项指标）作为磷肥行业的清洁生产定量评价指标。选用生产技术特征指标、环境管理体系建立及清洁生产审核和贯彻执行环境保护法规的符合性作为磷肥行业的清洁生产定性评价指标。评价指标体系分为正向指标和逆向指标。其中，资源与能源消耗指标、污染物指标、健康安全指标（除劳保投入外）均为逆向指标，数值越小越符合清洁生产的要求；资源综合利用指标均为正向指标，数值越大越符合清洁生产的要求；产品特征指标中既有正向指标，也有逆向指标。

磷肥行业清洁生产定量和定性评价指标体系框架分别见图 1 和图 2。

3 磷肥行业清洁生产评价指标的基准值和权重分值

在定量评价指标体系中，各指标的评价基准值是衡量该项指标是否符合清洁生产基本要求的评价基准。本评价指标体系确定各定量评价指标的评价基准值的依据是：凡国家或行业在有关政策、规划等文件中对该项指标已有明确要求值的就选用国家要求的数值；凡国家或行业对该项指标尚无明确要求值的，则选用国内磷肥行业近年来清洁生产所实际达到的中上等以上水平的指标值。本定量评价指标体系的评价基准值代表了行业清洁生产的平均先进水平。

在定性评价指标体系中，衡量该项指标是否贯彻执行国家有关政策、法规，以及企业的生产状况，按“是”或“否”两种选择来评定。

清洁生产评价指标的权重值反映了该指标在整个清洁生产评价指标体系中所占的比重。它在原则上是根据该项指标对磷肥企业清洁生产实际效益和水平的影响程度大小及其实施的难易程度来确定的。

高浓度磷肥企业和低浓度磷肥企业清洁生产的定量评价指标项目、各项指标权重及评价基准值分别见表 1 和表 2。

高浓度磷肥企业和低浓度磷肥企业清洁生产的定性评价指标项目、各项指标权重及评价基准值见表 3。

4 磷肥行业清洁生产评价指标的考核评分计算方法

4.1 定量评价指标的考核评分计算

企业清洁生产定量评价指标的考核评分，以企业在考核年度（一般以一个生产年度为一个考核周期，并与生产年度同步）各项二级指标实际达到的数值为基础进行计算，综合得出该企业定量评价指标考核的总分值。定量评价的二级指标从其数值情况来看，可分为两类情况：一类是该指标的数值越低（小）越符合清洁生产要求（如资源与能源消耗、污染物产生等指标）；另一类是该指标的数值越高（大）越符合清洁生产要求（如产品有效 P_2O_5 含量、水循环利用率、磷利用率等指标）。因此，对二级指标的考核评分，根据其类别采用不同的计算模式。

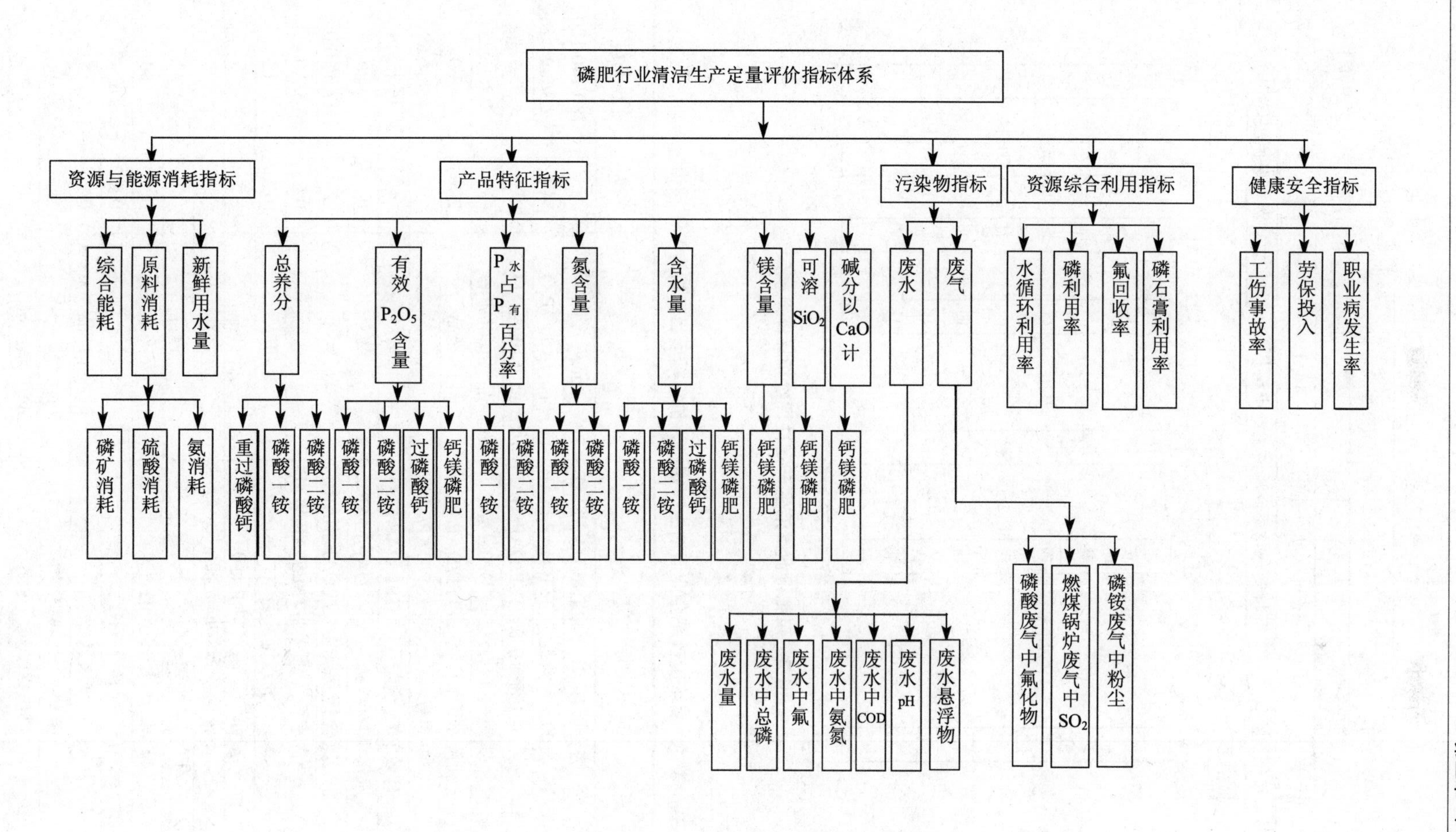

图1 磷肥行业清洁生产定量评价指标体系框架

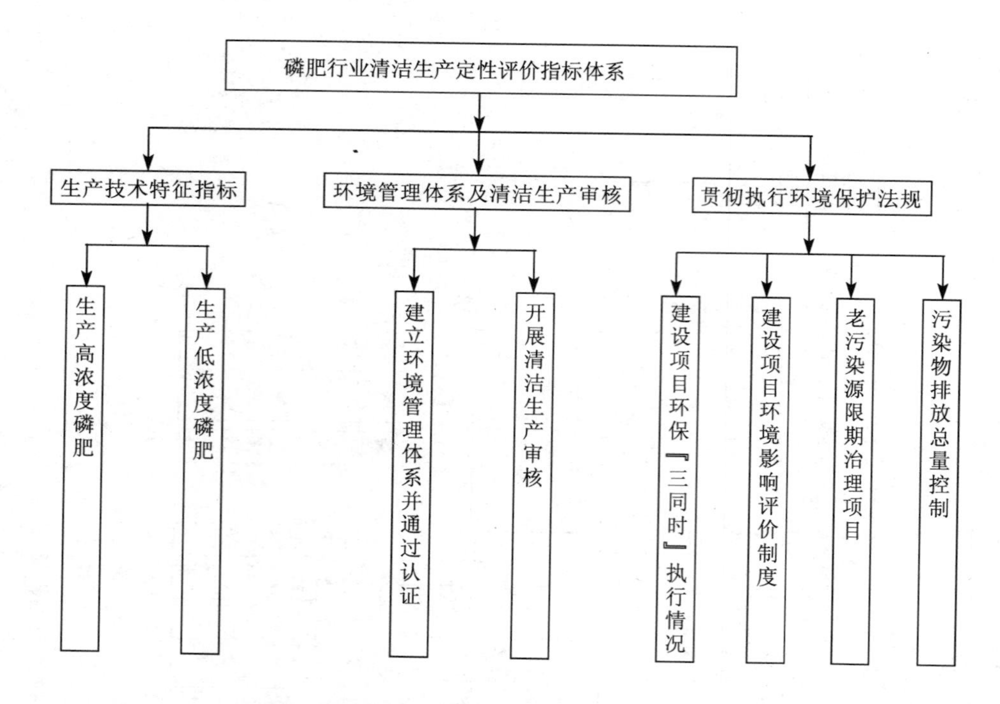

图 2 磷肥行业清洁生产定性评价指标体系框架

表 1 高浓度磷肥企业清洁生产定量评价指标项目、权重及基准值

序号	评价指标			单位	权重	评价基准值
1	资源与能源消耗指标	综合能耗	TSP/DAP/MAP	kgce/t 产品	8	180/140/120
2		硫酸（100%）消耗	TSP/DAP/MAP	t/t 产品（100%P_2O_5）	4	2.3/2.9/2.8
3		磷矿消耗（30%标矿）	TSP/DAP/MAP	t/t 产品（100%P_2O_5）	19.5	3.7/3.5/3.5
4		氨消耗	DAP/MAP	t/t 产品（100%P_2O_5）	3	1.26/1.25
5		新鲜水消耗	TSP/DAP/MAP	t/t 产品	2.5	3.0
6	产品特征指标	总养分	TSP/DAP/MAP	%	1	46/64/58
7		有效 P_2O_5 含量	TSP/DAP/MAP	%	4	46/45/46
8		水溶磷/有效磷	DAP/MAP	%	0.5	80
9		氮含量	DAP/MAP	%	2	17.0/10.0
10		含水量	TSP/DAP/MAP	%	0.5	3.5/2.0/4.0
11	污染物指标	废水排放量		t/t 产品	10.5	0.5
12		废水中总磷（以 P 计）		g/t 产品	8.5	10
13		废水氟化物（以 F 计）		g/t 产品	4	5
14		废水中氨氮		g/t 产品	1	7.5
15		废水中 COD		g/t 产品	0.5	50
16		废水 pH			0.5	6～9
17		废水悬浮物		g/t 产品	0.5	15
18		磷酸废气中氟化物		mg/（N・m^3）	5	11
19		燃煤锅炉废气 SO_2		mg/（N・m^3）	4	960
20		磷铵废气粉尘		mg/（N・m^3）	1.5	150

序号	评价指标		单位	权重	评价基准值
21	资源综合利用指标	水循环利用率	%	2	90
22		磷利用率	%	8	95
23		氟回收率	%	4	85
24		磷石膏渣综合利用率	%	1	60
25	健康安全指标	劳保投入	元/（人·年）	1.5	1 000
26		职业病发病率	%	1	0.01
27		工伤事故率	%	1.5	0.1

注：TSP：重过磷酸钙；DAP：磷酸二铵；MAP：磷酸一铵

表 2 低浓度磷肥企业清洁生产定量评价指标项目、权重及基准值

评价指标			单位	权重	评价基准值
（一）资源能源消耗	综合能耗	SSP/FCMP	kgce/t 产品	8	15/290
	磷矿（30%标矿）	SSP/FCMP	t/t 产品（100%P_2O_5）	20	3.72/4.0
	硫酸（100%）消耗	SSP	t/t 产品（100%P_2O_5）	6.5	2.50
	新鲜水消耗	SSP/FCMP	t/t 产品	2.5	5.0
（二）产品特征指标	有效 P_2O_5 含量	SSP/FCMP	%	4	16/15
	镁含量	FCMP	%	1	12.0
	可溶 SiO_2	FCMP	%	0.5	20.0
	碱分（CaO 计）	FCMP	%	0.5	45.0
	含水量	SSP/FCMP	%	2	12.0/0.5
（三）污染物指标	废水排放量		t/t 产品	11.5	0.3
	废水中总磷（以 P 计）		g/t 产品	10	6
	废水氟化物（以 F 计）		g/t 产品	4.5	4.5
	废水 pH			1	6～9
	废水悬浮物		g/t 产品	1	24
	废气氟化物		mg/（N·m^3）	5	100
	废气中粉尘		mg/（N·m^3）	4	120
（四）资源综合利用	水循环利用率		%	2	90
	磷利用率		%	12	90
（五）健康安全指标	劳保投入		元/（人·年）	1.5	600
	职业病发生率		%	1	0.01
	工伤事故率		%	1.5	0.1

注：SSP：过磷酸钙；FCMP：钙镁磷肥

表 3 磷肥企业清洁生产定性评价指标项目及指标分值

一级指标	指标分值	二级指标	指标分值	备注
（1）生产技术特征指标	40	生产高浓度磷肥	40	定性评价指标无评价基准值，其考核按对该指标的执行情况给分。对于既生产高浓度磷肥又生产低浓度磷肥的企业，可根据产量计算其生产技术特征指标分值。分值＝$\frac{高浓度磷肥产量}{磷肥总产量}\times40+\frac{低浓度磷肥产量}{磷肥总产量}\times30$
		生产低浓度磷肥	30	
（2）环境管理体系建立及清洁生产审核	30	建立环境管理体系并通过认证	10	
		开展清洁生产审核	20	

一级指标	指标分值	二级指标	指标分值	备注
（3）贯彻执行环境保护法规的符合性	30	建设项目环保“三同时”执行情况	6	
		建设项目环境影响评价制度执行情况	6	
		老污染源限期治理项目完成情况	8	
		污染物排放总量控制情况	10	

4.1.1 定量评价二级指标的单项评价指数计算

对正向指标，按式（1）计算：

$$S_i=\frac{S_{xi}}{S_{0i}} \tag{1}$$

对逆向指标，按式（2）计算：

$$S_i=\frac{S_{0i}}{S_{xi}} \tag{2}$$

式中：S_i——第 i 项评价指标的单项评价指数；

S_{xi}——第 i 项评价指标的实际值；

S_{0i}——第 i 项评价指标的评价基准值。

本评价体系单项评价指数在 0～1.0。

对于 pH 指标，若企业排放废水中 pH 在 6～9，标准化值 S_i 取 1，否则取为 0。

4.1.2 定量评价考核总分值计算

磷肥企业清洁生产定量评价考核总分值的计算按式（3）计算：

$$P_1=\sum_{i=1}^{n}S_i\cdot K_i \tag{3}$$

式中：P_1—— 定量评价指标考核总分值；

n—— 参与考核的定量化评价的二级指标的项目总数；

S_i—— 第 i 项评价指标的单项评价指数；

K_i—— 第 i 项评价指标的权重分值。$\sum_{i=1}^{n}K_i=100$。

单项指标优于基准值，单项得分等于权重值，企业清洁生产综合评价指数 P 介于 0～100。

若某项一级指标中实际参与定量评价考核的二级指标项目数少于该一级指标所含全部二级指标项目数（由于该企业没有与某二级指标相关的生产设施所造成的缺项）时，在计算中应将这类一级指标所属各二级指标的权重值均予以相应修正，修正后各相应二级指标的权重值以 K_i'表示：

$$K_i'=K_i\cdot A_j \tag{4}$$

式中：A_j——第j项一级指标中，各二级指标权重值的修正系数。$A_j=A_1/A_2$；

A_1——第j项一级指标的权重值；

A_2——实际参与考核的属于该一级指标的各二级指标权重值之和。如由于企业未统计该项指标值而造成缺项，则该项考核分值为零。

4.2 定性评价指标的考核评分计算

定性评价指标的考核总分值的计算公式为：

$$P_2=\sum_{i=1}^{n'} F_i \tag{5}$$

式中：P_2——定性评价指标考核总分值；

F_i——定性评价指标体系中第 i 项二级指标的得分值；

n'——参与考核的定性评价二级指标的项目总数，$n'=7$。

4.3 综合评价指数的考核评分计算

为了综合考核磷肥企业清洁生产的总体水平，在对该企业进行定量和定性评价考核评分的基础上，将这两类指标的考核得分按不同权重（以定量评价指标为主，以定性评价指标为辅）予以综合，得出该企业的清洁生产综合评价指数。

综合评价指数是描述和评价被考核企业在考核年度内清洁生产总体水平的一项综合指标。国内大中型磷肥企业清洁生产综合评价指数的高低体现了企业不同的清洁生产水平。综合评价指数的计算公式为：

$$P=0.7P_1+0.3P_2$$

式中：P——企业清洁生产的综合评价指数，其值在 0～100；

P_1，P_2——分别为定量评价指标考核总分值和定性评价指标中各考核总分值。

4.4 磷肥行业清洁生产企业的评定

本评价指标体系将磷肥行业企业清洁生产水平划分为两级，即国内清洁生产先进水平和国内清洁生产一般水平。对达到一定综合评价指标的企业，分别评定为清洁生产先进企业或清洁生产企业。

根据目前我国磷肥行业的实际情况，不同等级的清洁生产企业的综合评价指数列于表 4。

表 4　磷肥行业不同等级的清洁生产企业综合评价指数

清洁生产企业等级	清洁生产综合评价指数
国内清洁生产先进企业	$P\geqslant 90$
国内清洁生产企业	$80\leqslant P<90$

按现行环境保护政策法规要求，企业被地方环保主管部门认定为企业废水排放总量未达到控制指标或污染物排放未达标的；企业含有合成氨、硫酸等装置的，被相应行业清洁生产指标体系（如：氮肥行业清洁生产评价指标体系、硫酸行业清洁生产评价指标体系）审核评定为“未达到清洁生产企业”的；企业生产淘汰类产品或仍继续采用要求淘汰的设备、工艺进行生产的；企业当年发生死亡事故的；低浓度产品生产企业对产生的氟化物未进行回收的；均不能被评定为“清洁生产先进企业”或“清洁生产企业”。

清洁生产综合评价指数（分值）低于清洁生产企业综合评价指数（80 分）的企业，应类比本行业清洁生产先进企业，积极推行清洁生产，加大技术改造力度，强化全面管理，提高清洁生产水平。

5 指标解释

《磷肥行业清洁生产评价指标体系》部分指标的指标解释与《中国化学工业统计》和《化工企业环境保护统计》中指标概念一致，其他指标解释如下：

（1）综合能耗

是指生产中各种能源[电耗、煤（焦）耗、油耗等]转换为 kg 标煤之和与报告期的终产品产量之比。其计算公式为：

$$综合能耗（kgce/t）=\frac{企业年耗能总和（kgce）}{报告期产品产量（t）}$$

（2）新鲜水消耗量

生产每吨终产品所消耗的生产用新鲜水量。其计算公式为：

$$新鲜水消耗量（t/t产品）=\frac{磷铵装置新鲜水年用量（t）}{磷铵产品年产量（t）}$$

（3）水循环利用率

指工业企业循环冷却水的循环利用量和废水利用量之和与外补新鲜水量、循环水利用量和废水利用量之和的比值。其计算公式为：

$$水循环利用率（\%）=\frac{循环水利用量+废水利用量}{补充水量+循环水利用量+废水利用量}\times 100\%$$

（4）污染物产生指标

包括水污染物产生指标和气污染物产生指标。水污染物产生指标是总排口污水量和污染物单排量或浓度；气污染物产生指标是指烟囱排出口污染物单排量或浓度。其计算公式为：

$$废水排放量（t/t产品）=\frac{废水年排放量（t）}{磷铵产品年产量（t）}$$

$$废气污染物排放量（mg/N\cdot m^3）=\frac{污染物排放量（mg）}{废气量（N\cdot m^3）}$$

（5）磷利用率

磷肥产品中总磷占磷酸中总磷的百分率来计算磷的利用率。其计算公式为：

$$磷利用率（\%）=\frac{磷肥中P_2O_5总量}{磷酸中P_2O_5总量}\times 100\%$$

（6）氟回收率

氟硅酸产品中氟的量占磷酸中溢出氟总量的百分率或氟化物产品（如氟硅酸铝、氟化铝、氟化氢）中氟的总量占氟硅酸中氟的总量的百分率。其计算公式为：

$$氟回收率（\%）=\frac{氟硅酸中氟的总量}{稀磷酸中氟的总量-浓磷酸中氟的总量}\times 100\%或$$

$$氟回收率（\%）=\frac{氟化物产品（如氟硅酸钠、氟化铝、氟化氢等）中氟的总量}{氟硅酸中氟的总量}\times 100\%$$

轮胎行业清洁生产评价指标体系（试行）

前　言

为贯彻落实《中华人民共和国清洁生产促进法》，指导和推动轮胎行业依法实施清洁生产，提高资源利用率，减少和避免污染物的产生，保护和改善环境，制定轮胎行业清洁生产评价指标体系（试行）（以下简称“指标体系”）。

本指标体系适用于评价轮胎企业的清洁生产水平，作为创建清洁生产先进企业的主要依据，并为企业推行清洁生产提供技术指导。

本指标体系依据综合评价所得分值将企业清洁生产等级划分为两级，即代表国内先进水平的“清洁生产先进企业”和代表国内一般水平的“清洁生产企业”。随着技术的不断进步和发展，本指标体系每3～5年修订一次。

本指标体系由中国石油和化学工业协会、中国橡胶工业协会起草。

本指标体系由国家发展和改革委员会负责解释。

本指标体系自发布之日起试行。

1 轮胎行业清洁生产评价指标体系适用范围

本评价指标体系适用于以天然及合成橡胶为主要原料生产轮胎的企业。

2 轮胎行业清洁生产评价指标体系结构

根据清洁生产的原则要求和指标的可度量性，本评价指标体系分为定量评价和定性要求两大部分。

定量评价指标选取了有代表性的、能反映“节能”“降耗”“减污”和“增效”等有关清洁生产最终目标的指标，建立评价模式。通过对各项指标的实际达到值、评价基准值和指标的权重值进行计算和评分，综合考评企业实施清洁生产的状况和企业清洁生产程度。

定性评价指标主要根据国家有关推行清洁生产的产业发展和技术进步政策、资源环境保护政策规定以及行业发展规划选取，用于定性考核企业对有关政策法规的符合性及其清洁生产工作实施情况。

定量指标和定性指标分为一级指标和二级指标。一级指标为普遍性、概括性的指标；二级指标为反映轮胎企业清洁生产各方面具有代表性的、易于评价考核的指标。

本指标体系选用资源与能源消耗指标、产品特征指标、污染物指标、资源综合利用指标及健康安全指标 5 个方面作为轮胎行业的清洁生产定量评价指标。选用生产技术特征指标、环境管理体系建立及清洁生产审核、贯彻执行环境保护法规的符合性以及资源综合利用指标作为轮胎行业的清洁生产定性评价指标。

轮胎行业清洁生产定量和定性指标评价体系框架分别见图 1 和图 2。

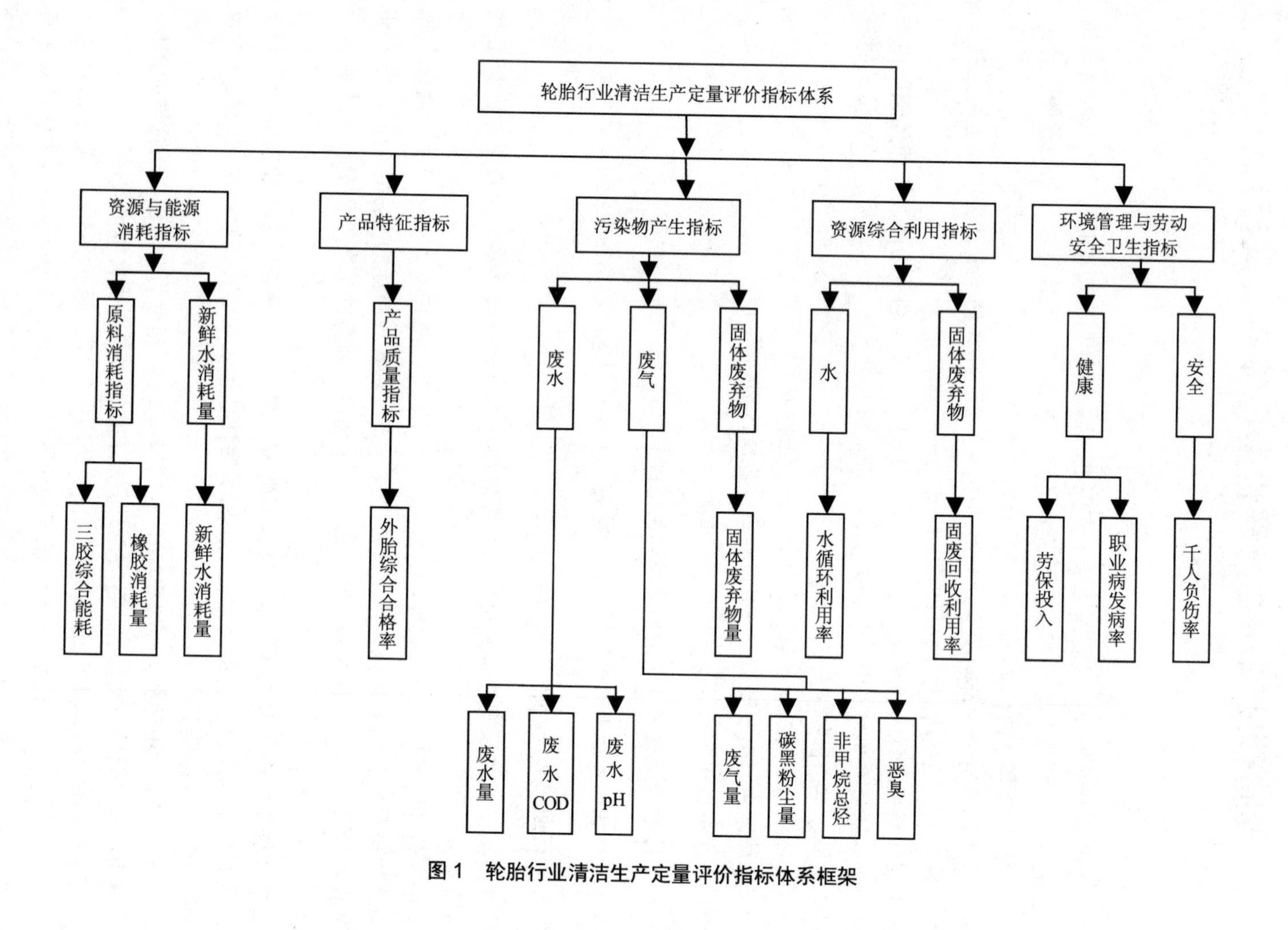

图1 轮胎行业清洁生产定量评价指标体系框架

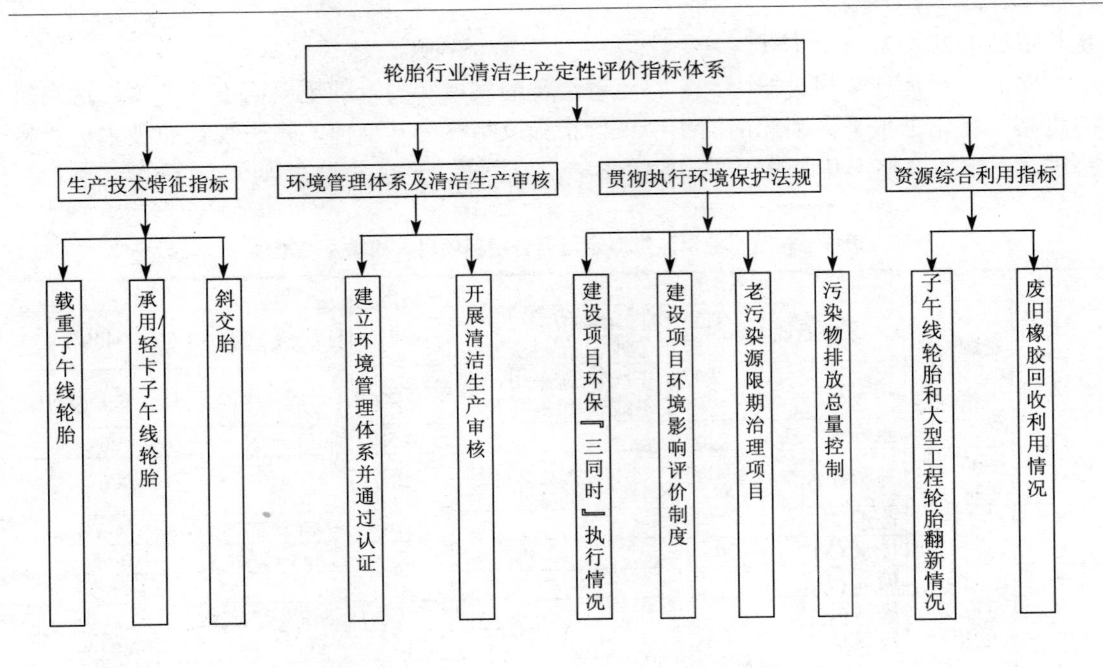

图 2 轮胎行业清洁生产定性评价指标体系框架

3 轮胎行业清洁生产评价指标的基准值和权重分值

在定量评价指标体系中，各指标的评价基准值是衡量该项指标是否符合清洁生产基本要求的评价基准。本指标体系的定量评价基准值确定遵循以下原则：参照已有的国际标准、采用国家标准或行业标准的指标值；对于国家或行业等目前尚无具体要求的，则采用代表行业清洁生产先进水平的实际最优值作为评价基准值，对于正向指标，评价基准值采用轮胎生产能达到的最大值（即行业最优值）。对于逆向指标，评价基准值采用轮胎生产能达到的最小值（即行业最优值）。

定量评价指标分为正向指标和逆向指标。其中，资源与能源消耗指标、污染物指标、环境管理与劳动安全卫生指标均为逆向指标，数值越小越符合清洁生产的要求；资源综合利用指标均为正向指标，数值越大越符合清洁生产的要求。产品特征指标中既有正向指标，也有逆向指标。其中：正向指标（4 个）：水循环利用率、固废回收利用率、外胎综合合格率、劳保投入；逆向指标（13 个）：综合能耗、橡胶消耗量、新鲜水消耗量、废水量、废水 COD、废水 pH、废气量、炭黑粉尘量、废气中非甲烷总烃、恶臭、固体废物产生量、职业病发病率、千人负伤率。

在定性评价指标体系中，衡量该项指标是否贯彻执行国家有关政策、法规，以及企业的生产状况，按“是”或“否”两种选择来评定。

清洁生产评价指标的权重值反映了该指标在整个清洁生产评价指标体系中所占的比重。它在原则上是根据该项指标对轮胎企业清洁生产实际效益和水平的影响程度大小及其实施的难易程度来确定的。

轮胎企业清洁生产定量评价的各项指标权重与基准值见表 1，定性评价的各项指标权重与基准值见表 2。

清洁生产是一个相对概念，它将随着经济的发展和技术的更新而不断完善，达到新的更高、更先进水平，因此清洁生产评价指标及指标的基准值，也应视行业技术进步趋势进行不定期调整，其调整周期一般为 3 年，最长不应超过 5 年。

表 1　轮胎行业清洁生产定量评价指标项目、权重及基准值

序号	评价指标			权重	单位	评价基准值
1	资源与能源消耗指标	综合能耗	载重子午线轮胎/承用、轻卡子午线轮胎/斜交胎	27	kgce/t 三胶	1 500/1 400/1 450
2		橡胶消耗量	载重子午线轮胎/乘用、轻卡子午线轮胎/斜交胎	5.5	t 三胶/t 产品	0.55/0.45/0.50
3		新鲜水消耗量		4.5	t/t 三胶	26
4	产品特征指标	外胎综合合格率		4	%	99
5	污染物产生指标	废水量		6	t/t 产品	4.5
6		废水 COD		2	kg/t 产品	0.65
7		废水 pH		1		6～9
8		废气量		7	Nm^3/t 产品	1 300
9		炭黑粉尘量		13	kg/t 产品	0.016
10		废气中非甲烷总烃		2	kg/t 产品	0.4
11		恶臭		2		20
12		固体废物产生量		4	t/t 产品	0.05
13	资源综合利用指标	水循环利用率		7	%	95
14		固废回收利用率		7	%	97
15	健康安全指标	劳保投入		2	元/人·年	1 000
16		职业病发病率		2	%	0.01
17		千人负伤率		4	%	0.1

注：1．三胶指天然胶、合成胶和再生胶。

2．产品是指最终成品轮胎，包括载重子午线轮胎、斜交胎和乘用、轻卡子午线轮胎。

表 2　轮胎行业清洁生产定性评价指标项目及分值

一级指标	指标分值	二级指标	指标分值	备注
（1）生产技术特征指标	40	载重子午线轮胎	40	定性评价指标无评价基准值，其考核按对该指标的执行情况给分。技术特征指标中对于生产载重子午线轮胎或乘用/轻卡子午线轮胎的企业指标分值直接选用 40 分；对于既生产载重子午线轮胎、乘用/轻卡子午线轮胎又生产斜交胎的企业，可根据产量计算其生产技术特征指标分值。分值＝ $\frac{载重子午线轮胎年产量（万条）}{轮胎年总产量（万条）}\times 40+\frac{乘用/轻卡子午线轮胎年产量（万条）}{轮胎年总产量（万条）}\times 40+\frac{斜交胎年产量（万条）}{轮胎年总产量（万条）}\times 20$
		乘用/轻卡子午线轮胎	40	
		斜交胎	20	
（2）环境管理体系建立及清洁生产审核	25	建立环境管理体系并通过认证	15	
		开展清洁生产审核	10	
（3）贯彻执行环境保护法规的符合性	25	建设项目环保“三同时”执行情况	5	
		建设项目环境影响评价制度执行情况	5	
		老污染源限期治理项目完成情况	5	
		污染物排放总量控制情况	10	
（4）资源综合利用指标	10	子午线轮胎和大型工程轮胎翻新情况	5	
		废旧橡胶综合利用情况	5	

4 轮胎行业清洁生产评价指标的考核评分计算方法

4.1 定量评价指标的考核评分计算

企业清洁生产定量评价指标的考核评分，以企业在考核年度（一般以一个生产年度为一个考核周期，并与生产年度同步）各项二级指标实际达到的数值为基础进行计算，综合得出该企业定量评价指标考核的总分值。定量评价的二级指标从其数值情况来看，可分为两类情况：一类是该指标的数值越低（小）越符合清洁生产要求（如资源与能源消耗、污染物等指标）；另一类是该指标的数值越高（大）越符合清洁生产要求（如外胎综合合格率、水循环利用率、固废回收利用率等指标）。因此，对二级指标的考核评分，根据其类别采用不同的计算模式。

4.1.1 定量评价二级指标的单项评价指数计算

对正向指标，按式（1）计算：

$$S_i=\frac{S_{xi}}{S_{0i}} \tag{1}$$

对逆向指标，按式（2）计算：

$$S_i=\frac{S_{0i}}{S_{xi}} \tag{2}$$

式中：S_i——第 i 项评价指标的单项评价指数；

S_{xi}——第 i 项评价指标的实际值；

S_{0i}——第 i 项评价指标的评价基准值。

本评价体系单项评价指数在 0～1.0。

对于 pH 指标，若企业排放废水中 pH 在 6～9，标准化值 S_i 取 1，否则取为 0。

4.1.2 定量评价考核总分值计算

轮胎企业清洁生产定量评价考核总分值 P_1 按式（3）计算：

$$P_1=\sum_{i=1}^{n} S_i \cdot K_i \tag{3}$$

式中：P_1——定量评价指标考核总分值；

n——参与考核的定量化评价的二级指标的项目总数；

S_i——第 i 项评价指标的单项评价指数；

K_i——第 i 项评价指标的权重分值。$\sum_{i=1}^{n} K_i=100$。

单项指标优于基准值，单项得分等于权重值，企业清洁生产综合评价指数 P 介于 0～100。

若某项一级指标中实际参与定量评价考核的二级指标项目数少于该一级指标所含全部二级指标项目数（由于该企业没有与某二级指标相关的生产设施所造成的缺项）时，在计算中应将这类一级指标所属各二级指标的权重值均予以相应修正，修正后各相应二级指标的权重值 K_i' 按式（4）计算：

$$K_i'=K_i \cdot A_j \tag{4}$$

式中：A_j——第j项一级指标中，各二级指标权重值的修正系数。$A_j=A_1/A_2$；

A_1——第j项一级指标的权重值；

A_2——实际参与考核的属于该一级指标的各二级指标权重值之和。如由于企业未统计该项指标值而造成缺项，则该项考核分值为零。

4.2 定性评价指标的考核评分计算

定性评价指标的考核总分值 P_2 按式（5）计算：

$$P_2=\sum_{i=1}^{n'} F_i \quad (5)$$

式中：P_2——定性评价指标考核总分值；

F_i——定性评价指标体系中第 i 项二级指标的得分值；

n'——参与考核的定性评价二级指标的项目总数，$n'=7$。

4.3 综合评价指数的考核评分计算

为了综合考核轮胎企业清洁生产的总体水平，在对该企业进行定量和定性评价考核评分的基础上，将这两类指标的考核得分按不同权重（以定量评价指标为主，以定性评价指标为辅）予以综合，得出该企业的清洁生产综合评价指数。

综合评价指数是描述和评价被考核企业在考核年度内清洁生产总体水平的一项综合指标。国内大中型轮胎企业清洁生产综合评价指数的高低体现了企业不同的清洁生产水平。综合评价指数的计算公式为：

$$P=0.7P_1+0.3P_2$$

式中：P——企业清洁生产的综合评价指数，其值在 0～100；

P_1，P_2——分别为定量评价指标考核总分值和定性评价指标中各考核总分值。

4.4 轮胎行业清洁生产企业的评定

本评价指标体系将轮胎行业企业清洁生产水平划分为两级，即国内清洁生产先进水平和国内清洁生产一般水平。对达到一定综合评价指数的企业，分别评定为清洁生产先进企业或清洁生产企业。

根据目前我国轮胎行业的实际情况，不同等级的清洁生产企业的综合评价指数列于表 3。

表 3　轮胎行业不同等级的清洁生产企业综合评价指数

清洁生产企业等级	清洁生产综合评价指数
清洁生产先进企业	$P\geq 90$
清洁生产企业	$80\leq P<90$

按照现行环境保护政策法规以及产业政策要求，凡参评企业被地方环保主管部门认定为主要污染物排放未“达标”（指总量未达到控制指标或主要污染物排放超标），生产淘汰类产品或仍继续采用要求淘汰的设备、工艺进行生产的，或在申报两年内（包括申报当年度和上一年度）发生重大安全事故和环境污染事故的，则该企业不能被评定为“清

洁生产先进企业”或“清洁生产企业”。清洁生产综合评价指数低于 80 分的企业，应类比本行业清洁生产先进企业，积极推行清洁生产，加大技术改造力度，强化全面管理，提高清洁生产水平。

5 指标解释

《轮胎行业清洁生产评价指标体系》部分指标的指标解释与《中国化学工业统计》和《化工企业环境保护统计》中指标概念一致，其他指标解释如下：

（1）综合能耗

本指标体系综合能耗指标系指消耗单位三胶所消耗的能源量。

综合能耗＝三胶总综合能耗/合格产品三胶总耗量

三胶总综合能耗系指报告期内用三胶加工橡胶产品所消耗的能源总量。它包括生产系统、辅助生产系统、附属生产系统的能源消耗量和损失量。不包括基本建设用和生活用能源以及向外输出的能源。

三胶量以加工成合格产品所用的天然胶、合成胶和再生胶之和计算。

（2）橡胶消耗量

系指生产单位产品所需的三胶量。

（3）新鲜水消耗量

系指生产单位产品所消耗的生产用新鲜水量。

（4）外胎综合合格率

外胎综合合格率＝符合合格标准的外胎/（符合合格标准的外胎+不符合合格标准的外胎）

（5）污染物产生指标

包括水污染物产生指标和大气污染物产生指标。水污染物产生指标是生产单位产品企业污水总排放口（或所有排放口）所排放的污水量和污染物种类、单排量或浓度；大气污染物产生指标是指生产单位产品所排放到大气中的废气量和污染物种类、单排量或浓度。

（6）固废量

系指生产单位产品所产生的固体废弃物的量，包括废原材料包装物、废塑料垫布、下角料和废轮胎等。

（7）水循环利用率

指企业循环冷却水的循环利用量与外补新鲜水量和循环水利用量之和比，以百分比计。其计算公式为：

$$\text{水循环利用率（\%）}=\frac{\text{循环水利用量}}{\text{补充水量}+\text{循环水利用量}}$$

（8）工业固废回收利用率

系指企业固体废弃物回收利用的量占企业固体废弃物产生总量的百分比。

（9）劳保投入

系指企业每年人均劳动保护用品的投入。

劳动保护用品就是劳动者在劳动过程中为防御物理、化学、生物等有害因素伤害人体而穿戴和配备的各种物品的总称。

（10）职业病发病率

系指企业年职业病发病人数占企业职工总数的百分比。

（11）千人负伤率

系指企业年负伤职工数占企业职工总数的百分比。

关于印发化纤工业“十一五”发展指导意见的通知

（2007 年 3 月 17 日　国家发展和改革委员会文件　发改工业[2007]595 号）

各省、自治区、直辖市及计划单列市、新疆生产建设兵团发展改革委、经贸委（经委），国务院有关部门，有关银行，中国纺织工业协会：

为贯彻落实《国民经济和社会发展第十一个五年规划纲要》精神和《纺织工业“十一五”发展纲要》的具体要求，积极推动化纤工业科技进步和自主创新，转变增长方式，促进产业升级和结构调整，实现由“数量型”向“技术效益型”的转变，我委会同有关部门、协会编制了《化纤工业“十一五”发展指导意见》，现印发给你们，请结合本地区、本部门实际情况，贯彻执行，促进我国化纤工业健康发展。

附件：

化纤工业“十一五”发展指导意见

前　言

我国是世界最大的化纤生产国，作为纺织工业的重要组成部分，化学纤维已占纺织纤维加工总量近 2/3，化纤工业的发展直接影响到我国纺织工业发展的整体水平和竞争能力。“十五”期间，我国化纤工业发展迅速，有力地推动了纺织工业和相关产业的发展。2005 年我国化纤产量已达 1 629 万吨，约占世界化纤产量的 40%。面对经济全球化深入发展，科技进步日新月异，世界化纤工业结构调整不断加快，市场竞争加剧的形势，加快转变经济增长方式，促进产业结构调整和升级，解决长期积累的结构性矛盾和资源、环保约束问题，实现由世界化纤生产大国向强国的转变，是化纤工业“十一五”发展面临的迫切任务。

《化纤工业“十一五”发展指导意见》分析了我国化纤工业的发展情况、主要问题和产业发展趋势，确立了“十一五”期间化纤工业发展由“数量型”向“技术效益型”战略转变的指导思想，明确了化纤工业的发展目标和发展重点，提出了发展高新技术纤维、生物质纤维以及差别化纤维的技术方向，对贯彻落实《国民经济和社会发展第十一个五年规划纲要》精神和《纺织工业“十一五”发展纲要》的具体要求，推动化纤工业科技进步和自主创新，实现全面、协调和可持续发展具有重要的指导作用。

一、“十五”化纤工业发展情况

“十五”期间，在市场需求拉动、技术进步推动和机制转变带动下，我国化纤工业产能产量快速增长，技术装备国产化成效显著，产业集中度明显提高，行业投资主体进一步多元化，市场化程度不断提高，确立了在世界化纤产业中的重要地位。但同时，化纤工业发展中还存在着自主创新能力不强，资源约束矛盾日益凸显，行业同构性产能增速过快，可持续发展能力较弱等问题，亟待“十一五”期间予以解决。

二、“十五”发展取得的成就

1．行业持续快速增长

“十五”期间，化纤工业继续保持快速增长，有效地保证了纺织工业快速发展对原料的需求，促进了纺织工业的结构调整和产业升级，对国民经济的发展做出了积极贡献。“十五”期间，化纤工业累计完成固定资产投资 626 亿元，比“九五”增加了 1.7 倍。2005 年，全国规模以上化纤工业企业实现总产值 2 559.6 亿元，比 2000 年增长 107%，年均增长 10.2%；销售收入 2 504 亿元，是 2000 年的 2.1 倍，年均增长 16.1%；实现工业增加值 439.2 亿元，比 2000 年增长 48.4%，年均增长 8.2%；全行业总资产 2 353.4 亿元，比 2000 年增长 30.5%；全员劳动生产率由 2000 年的 66 762 元/（人•年）提高到 107 739 元/（人•年），增长 61.4%，年均增长 10%；化纤产量达到 1 629 万吨，比 2000 年增长 134%，年均增长 18.5%，占世界化纤产量的比重由 2000 年的 20.5%提高到 40%；2005 年我国化纤进口量 152 万吨，比 2000 年减少 7.7%，化纤出口量 71 万吨，比 2000 年增长 6 倍，化纤主要产品基本实现了质量和数量上的替代进口。

专栏 1：

“十五”期间我国化纤产量增长情况

单位：万吨

品种	2000 年	2005 年	增长率	年均增长率
总量	694	1 629	134%	18.5%
其中：粘胶纤维	56	111.8	98.1%	14.7%
涤纶	510	1 283	151.6%	20.3%
锦纶	36	72	100%	14.9%
腈纶	47.5	77	60.4%	9.9%
丙纶	28	27.5	–3.5%	
氨纶	0.6	12	1 900%	82.1%
维纶	2.5	4.2	68%	10.9%

2．技术进步成效显著

“十五”期间，通过加大科技投入，在消化吸收国外先进设备和技术基础上进行自主研发和创新，我国化纤工业在技术装备、产品开发及工程技术等方面取得重大进展。以聚酯、涤纶和粘胶短纤维为代表的大型成套设备的国产化技术研发及工程技术取得突破，从根本上改变了化纤生产设备主要依赖进口的局面。到 2005 年，我国化纤新增生产能力的主要技术、设备及工程建设国产化率达到 87%，整体技术装备达到 20 世纪 90 年代国际先进水平，部分达到 21 世纪初的国际先进水平，比“九五”期间的技术装备水平前进了 10～20 年。先进实用、大型化、系列化、价格低廉的国产化装备为“十五”期间我国化纤工业发展和竞争力提升提供了有力的支持。以聚酯涤纶行业为例，大型国产化聚酯成套装置及配套直纺长丝设备，在技术上达到了当前国际先进水平，建设周期缩短了一半，单位生产能力投资仅为“八五”期间投资的 1/10 左右，运行成本降低 20%左右，产品竞争力明显增强。

“十五”期间，通过产学研联合，一批由政府推动和支持的化纤技术改造及高新技术产业化专项取得重大成果，有力地推动了我国化纤工业的产业升级。2005 年，我国化纤产品结构中的差别化率比 2000 年提高 11 个百分点，达到了 31%；纺织化纤面料的档次和水平有了较大提高，2005 年我国化纤面料出口量比 2000 年增长 99.4%，出口额增长 154.3%，出口单价平均提高 27.5%；高强高模聚乙烯、芳纶 1313、芳砜纶、聚苯硫醚等高技术纤维及材料的产业化取得了初步成果，高技术纤维及非纤维合成新材料的研发和产业化，拓宽了化纤在产业领域的用途。新型溶剂法纤维素纤维、聚乳酸纤维、生物法多元醇、多类蛋白纤维等生物质纤维原料的研发以及可再生速生林材的产业化应用方面取得进展，为生物质纤维原料的发展奠定了基础。

专栏 2：

“十五”期间，大型国产化聚酯成套装置及配套直纺长丝设备研制成功，在技术上达到了国际先进水平，单位生产能力投资和运行成本大幅下降，工程建设周期缩短了一半。

我国聚酯装备发展情况

		“八五～九五”时期	“十五”时期
建厂规模		6 万吨	15 万～20 万吨
投资	总投资	4 亿～9 亿元	1.8 亿～2.3 亿元
	单位投资	0.74 万～1.5 万元/吨	0.1 万～0.15 万元/吨
建设周期		24～36 个月	14 个月
运行成本		7 200 元/吨	5 600～6 000 元/吨
技术来源工艺特点及水平		引进设备，间接纺工艺、高投入、工艺只适合生产 dpf>1 常规纤维	大容量国产化装备、直接纺工艺为主、低投入、精密化（直纺、可生产 dpf 0.3～0.5 超细纤维）

我国涤纶长丝装备发展情况

		“八五～九五”时期	“十五”时期
建厂规模		0.5 万～2 万吨	6 万～20 万吨
投资	总投资	3 亿～13 亿元	0.9 亿～3 亿元
	单位投资	6 万～6.5 万元/吨	0.15 万元/吨
建设周期		24～36 个月	12 个月
运行成本		单位成本高	直纺长丝成本约低 2 000 元/吨
装置技术来源、工艺特点及水平		引进设备、单机产能小、工艺控制差、半自动卷绕为主，主要产品为 UDY、DTY	大容量、多头纺、国产化工艺装备为主、自控水平高、生产效能好，主要产品为 POY、FDY

3．产业集中度不断提高

“十五”期间，大容量、低投入、先进实用的化纤生产装备及技术的应用为化纤企业实现规模经济创造了条件，企业的规模化、大型化进程加快，产能逐渐向大企业集中。2005 年，5 万吨以上的化纤生产企业由 2000 年的 24 家增加到 93 家，产能占全国化纤产能的比重由 2000 年的 38.4%提高到 86.8%；其中，20 万吨以上的企业由 2000 年的 4 家增加到 22 家，产能占全国比重由 2000 年的 14.9%提高到 47.2%，企业平均规模由 28.8 万吨/年增加到 41.3 万吨/年。2005 年，化纤行业中产能超过 40 万吨的大企业 8 家，占行业总产能的比重达 23%。随着化纤企业规模化和大型化，企业的研发能力、技术水平及管理水平有了很大提高，市场竞争能力明显提升。

4．资本结构呈现多元化

“十五”期间，特别是入世以来，我国化纤工业改革开放力度进一步加大，国有企业改革步伐加快，民营企业发展迅速，引进外资的质量和水平不断提高。化纤工业资本结构发生了明显变化，改变了以往国有经济为主体的结构，民营经济成为行业主体。到 2005 年底，化纤工业国有及国有控股企业的数量和产能占全行业的比重分别由 2000 年的 56.8%和 49.3%下降到 21.2%和 27.4%，而同期民营企业的数量和产能占全行业的比重则由 2000 年的 35.2%和 40.8%提高到 76.0%和 66.8%，化纤工业资本结构进一步呈现多元化，形成了民营企业占主导，国有及“三资”企业共同竞争的态势。同时，企业的产权主体也呈现多元化，出现了一批混合所有制的化纤企业，大大增强了产业发展的活力。

专栏 3：

2000 年与 2005 年我国化纤企业生产能力情况表

	2000 年			2005 年		
	企业数/（家）	产能/（万吨）	产能占全国比重	企业数/（家）	产能/（万吨）	产能占全国比重
20 万吨以上	4	115.2	14.9%	22	908	47.2%
10 万～20 万吨	5	81.3	10.5%	37	544	28.3%
5 万～10 万吨	15	100.1	13.0%	34	217	11.3%
合计	24	296.6	38.4%	93	1 669	86.8%

5．产业集群优势显现

“十五”期间，随着化纤工业市场化进程的进一步加快，市场成为行业资源配置的主导力量。在市场需求的拉动下，我国化纤产业集群在东部沿海地区已经形成，资源得到有效整合，专业分工进一步深化，信息资源利用效率大大提高，交易成本降低，集群地区化纤产业的竞争力明显提升，大大推动了地方经济的发展。到 2005 年底，浙江、江苏、山东、广东、福建、上海五省一市化纤产量已占全国的 85%，其中，浙江和江苏两省就占到全国的 68.7%。目前，全国已形成 40 余个集化纤原料、面料、服装生产及产品交易市场为一体、科工贸结合的产业集群，其中 39 个集中在江苏、浙江地区。如浙江省杭州萧山区衙前镇为中国化纤名镇，其轻纺化纤产值占全镇经济总量的 85%，除了化纤、纺织生产企业外，周边还拥有中国纺织采购博览城及全国最大的化纤交易市场——钱清市场；浙江绍兴县拥有各类化纤、纺织企业近 4 000 家，拥有全国最大的纺织品专业市场——中国轻纺城，年交易额超过 600 亿元。这些各具特色的化纤产业集群已成为当地经济发展的主要支柱。

三、当前存在的主要问题

1．自主创新能力亟待提高

“十五”期间，我国纺织工业快速发展，但由于市场对化纤数量增长的要求远远大于对产品品种的要求，化纤企业缺乏产品开发的动力，大部分企业只注重扩张常规化纤产能，产品研发投入严重不足，科研人才的匮乏已成为化纤企业提升自主创新能力的薄弱环节。2005 年，化纤企业的研发资金投入占总销售收入的比例仅为 0.47%，远远低于发达国家平均 5%的水平。特别是高新技术纤维及差别化纤维的自主研发和创新能力与发达国家存在很大差距，亟待提高。

一是高新技术纤维研发和产业化进程滞后。随着科学技术的发展，各种高新技术纤维的开发和应用正迅速扩大，在国民经济和社会发展中发挥着越来越重要的作用。发达国家高新技术纤维材料研发和产业化处于全球领先地位，发展进程不断加快，而我国虽然在高强高模聚乙烯、芳纶 1313、芳砜纶、聚苯硫醚等高技术纤维的研发和产业化方面取得了初步成果，但在核心技术的掌握、产业化规模以及产品应用开发上远远落后于发达国家。

二是差别化纤维创新不足，产品功能单一，附加效益低。目前我国化纤工业的新产品一体化技术研发和应用开拓体系尚不健全，化纤产品技术结构不合理。在各类差别化纤维的新技术、新品种开发中，工程化、市场化研究重视不够，化纤原料开发与纺织后加工配套技术开发脱节，发达国家化纤品种的差别化率达到 50%以上，而我国仅为 31%。

2．资源约束矛盾日益凸显

化纤工业 90%以上的产品是石油产业链产品，在目前国际原油价格持续高位运行的情况下，原料成本已占生产成本的 80%以上。由于我国化纤原料工业发展严重滞后，使化纤产业链结构性矛盾日益突出，化纤原料缺口加大，进口依存度大幅提高。2005 年，我国进口化纤原料 1 221.6 万吨，进口量约占化纤原料总需求量的 2/3。其中涤纶纤维原料精对苯二甲酸（PTA）和乙二醇（EG）的进口量分别达到 650 万吨和 400 万吨，进口依存度分别高达 54%和 78%；锦纶纤维原料己内酰胺（CPL）进口量 49 万吨，进口依存度达 70.2%。同时，我国化纤企业的采购过于分散，加上中间商对化纤原料的炒作和投机，导致原料价格频繁大幅波动，给化纤企业的生产经营带来困难和风险。

3．同构性产能发展过快

“十五”期间，聚酯及涤纶、氨纶等行业出现的阶段性投资过热造成化纤新增产能中常规化、同构化产品过度发展问题突出，加剧了市场的无序竞争，企业开工率下降，行业整体效益下滑。到 2005 年，在化纤行业产能比 2000 年增加 1.57 倍的情况下，化纤长丝和短纤产能的开工率只有 60%～70%，聚酯产能的开工率不足 70%。全行业利税总额 100.93 亿元，比 2000 年下降 9.9%；利润总额 48.5 亿元，比 2000 年下降了 22.4%；销售利润率仅为 2%，比 2000 年的 5%下降了 3 个百分点。

4．可持续发展能力尚待提升

受发展理念、重视程度及投入力度等因素制约，我国化纤工业在节约能源、清洁生产、环境保护及可再生原料的开发和利用等方面与发达国家存在较大差距。主要表现在：化纤行业总体能耗比国外先进水平高 10%～30%，粘胶、腈纶、维纶行业等以湿法纺丝工艺为主的企业仍有一些技术较为落后的老工艺、老装备；在“三废”治理方面，对过程监控重视不够，仍主要停留在终端治理阶段；可再生原料资源的开发利用步伐缓慢，生物质工程技术发展滞后，产业化优势尚未发挥；废旧聚酯、纤维资源的回收再利用尚未在产业政策、产品标准以及管理制度上建立规范的管理体制和有效的激励机制。

四、“十一五”化纤工业面临的国内外形势

（一）化纤工业发展面临的国际形势

1．世界化纤产业格局调整继续深入

随着全球经济一体化进程加快，化纤产业在全球范围内的布局调整和重组继续深入，总体增长势头放缓，化纤产能逐步向以中国、印度为主的亚洲地区转移，呈现出四种态势：一是欧、美、日等化纤产业发达国家正逐步退出或减少常规化纤品种的生产，强化高新技术纤维的研发与生产应用，同时，通过兼并重组，实施战略结构调整，进一步深化产业分工，形成拥有核心技术的专业化企业集团，已成为全球高新技术纤维及生物质工程技术的领先者和垄断者。二是韩国、我国台湾省等新兴工业国家和地区通过调整化纤常规品种发展战略，不断提高其市场竞争力。包括加大研发力度，更新陈旧生产设备，开发差别化纤维，重视品牌建设，建立企业间的垂直合作关系，强化产业链整体竞争优势。三是以我国为代表的发展中国家，充分利用国内市场的强劲需求及产业后发优势，常规产能快速发展，产业的竞争力明显提高。四是印度、巴基斯坦、土耳其等国家，凭借低廉的劳动力成本和欧美对其宽松的贸易环境，发挥后发优势，在化纤工业的中低端市场迅速发展，已成为我国在国际市场上的有力竞争者。

2．全球化纤高新技术发展迅速

进入 21 世纪后，世界信息技术和生物技术发展迅速，纳米科学和技术不断取得突破，带动化纤工业发展的高新技术不再是单一学科技术，而是多种学科技术的交叉和融合，对化纤工业的发展产生了深远影响。各类纤维材料高新技术的突破及推广应用不断加速，成为新时期化纤工业发展的主要趋势，呈现以下特点：一是科学发展和新技术的不断突破正改变着化学纤维的性能及形态，使化纤行业跳出传统的纺织、服装领域，耐高温、耐腐蚀、高强度等高性能合成材料迅速发展，正在生命科学、航空航天、电子、医疗卫生等更广泛的产业领域得到应用。二是全球石油资源的紧缺使能够替代石油的可再生、可降解的新型化纤原料的经济性日益显现，以生物质工程技术为核心的绿色生态纤维及材料的发展速度加快，成为引领 21 世纪化纤工业发展的新潮流。在生物工程技术产业化研发方面，美国居于领先地位，其在聚乳酸纤维（PLA）聚合技术、丙二醇（PDO）产业化生产技术上已取得重大突破。三是化纤新品种由高仿真（高度模仿天然纤维，达到与天然纤维同样的性能）纤维向超仿真（不仅具有天然纤维的性能，且具有天然纤维不具备的其他良好性能）纤维发展，新世纪化纤工业将进入“超天然”的新纤维时代。目前日本正加大差别化纤维的研发力度，大幅度提高化纤的差别化和功能化水平，走出化纤仿真（仿天然纤维）的旧模式。

3．国际贸易环境中的不利因素增加

“十一五”期间，我国正处于加入WTO的后过渡期，各种过渡性保护措施的逐步取消和贸易保护主义的抬头，对我国化纤工业发展的深层次影响将逐步显现。一方面，入世后进口关税税率逐年降低，国外化纤产品将更多地进入我国市场，对国内市场造成一定冲击；另一方面，国际贸易保护主义抬头，我国纺织产品在出口中将遭遇越来越多的贸易摩擦，除了反倾销、反补贴及保障措施等贸易保护手段之外，绿色壁垒、技术壁垒、社会责任标准等贸易壁垒也将迅速增加，国际贸易环境日趋复杂，将对我国纺织、化纤工业在全球化发展中构成严峻挑战。

（二）化纤工业发展面临的国内形势

1．国民经济稳定发展为化纤工业提供了广阔的市场需求

近年来，世界经济正进入新一轮的增长周期，世界经济的稳步增长和经济全球化的进一步深化，为中国经济的健康发展提供了一个良好的外部环境。一是随着我国经济的持续快速发展，人民的生活水平逐步改善，对服装及家纺用品的需求将不断上升。同时，由于城市化进程加快，土地资源的稀缺、粮棉争地的矛盾，决定了化纤仍将长期作为最主要的纺织原料在纺织加工链中占有较大比重，国内需求的持续增长仍是化纤工业发展的主要动力；二是随着我国常规化纤产品竞争力的不断提高，未来5年，化纤产品出口仍将保持一定的增长；三是全球高新科技发展日新月异，高技术纤维、合成新材料等化纤新品种的应用已扩展至航空航天、农业、建筑业、交通、水利、包装、环境保护、医药卫生等各个领域，为这些应用领域的技术进步提供重要前提和物质基础，这将是我国化纤工业发展的一个新的强有力的增长点。根据《纺织工业“十一五”发展纲要》，到2010年我国纺织纤维加工总量将达到3 600万吨，其中化纤加工量为2 400万吨，比2005年增长690万吨，年均增长7%。

2．化纤行业处于重要战略转型期

“十五”期间，我国化纤工业经历了持续快速增长，但主要是常规品种的同质性增长。随之而来的是行业的结构性矛盾日益突出。化纤行业在技术结构与产品结构上已不适应纺织工业发展的需要，如差别化纤维比重较低，缺乏自主品牌，严重影响了产品附加值提高，也无法满足下游纺织行业对高档化纤原料的需求；高新技术纤维发展缓慢，无法满足相关行业对高技术纤维及其新材料的需要；行业整体利润水平下降，竞争的压力及能源、原材料紧缺及环境问题等都迫使行业必须转变增长方式，实现结构调整，由目前的“数量型”向“技术效益型”转变。因此，“十一五”将成为我国化纤工业发展的重要转型期，化纤行业必须依靠技术进步，自主创新，逐步构建集约型、效益型的产业结构，立足纺织，跳出纺织，抓住高新技术纤维、生物质技术纤维及材料、差别化纤维等新的增长点，实现产业升级。

3．实现循环经济对化纤工业发展提出更高要求

《国民经济和社会发展第十一个五年规划纲要》中明确提出发展循环经济，建设资源节约型、环境友好型社会的要求。当前化纤工业的发展越来越受到资源、能源和环境容量的制约，部分能耗较高、污染治理不力的企业将面临更大的压力。随着国际原油资源日趋紧缺和油价居高不下，而我国化纤原料进口依存度较高的局面在短时期内难以缓解，化纤工业的发展将越来越受到原料“瓶颈”的制约。实施可持续发展战略，已成为

"十一五"化纤工业发展的方向，加快生物质可再生、可降解原料的研发，积极推进清洁生产，加强资源综合利用，将是建立化纤工业循环经济发展模式的重要任务。

五、"十一五"化纤工业发展指导思想和主要目标

（一）指导思想

贯彻落实科学发展观，按照走新型工业化道路的要求，着力增强自主创新能力，加快行业结构调整和产业升级，推进产业由"数量型"向"技术效益型"的战略转变，大力发展高新技术纤维、生物质纤维以及高性能差别化、功能化纤维，积极引导生产向大公司、大企业集团集中，加快企业信息化建设，加大节能降耗、环境保护力度，加强各类法规和标准化工作，落实企业社会责任，全面提升行业核心竞争能力，为实现化纤强国的战略目标奠定良好基础。

（二）发展目标

"十一五"期间，以实现我国由化纤生产大国向技术强国转变为方向性目标，重视自主创新能力的提高，重视结构调整和产业升级，建立循环经济发展模式，努力实现：

——行业健康平稳运行。到 2010 年，化纤产量预期达到 2 350 万吨，年均增长 7.6%；化学纤维加工量预期达到 2 400 万吨，年均增长 7%。

——产业结构优化升级。产业、产品结构更趋合理，2010 年差别化纤维比例提高到 40%；高性能面料及制品用化纤自给率达到 70%；产业用纺织品中化纤比重达到 90%。自主创新能力增强，行业研发资金投入占销售收入的比重达到 1%以上，形成一批拥有自主知识产权和知名品牌、国际竞争力的优势企业。

——资源利用效率显著提高。与"十五"末相比，万元产值耗电降低 20%，耗水降低 10%；吨纤维废水排放量降低 10%，废气排放量降低 10%。

——东中西部协调发展。东中西部发挥各自的优势，扬长避短，良性互动、实现区域布局优化。

争取到 2010 年，初步把我国建成世界化纤生产和研发基地，化纤各主要常规品种具备国内外市场的竞争能力，在一些重要高新技术纤维品种上，取得产业化成果。

主要发展目标：

指标	2005 年	2010 年	增长率	年均增长率	属性
化纤产能	1 900 万吨	2 500 万吨	31.6%	5.6%	预期性
化纤产量	1 629 万吨	2 350 万吨	44.3%	7.6%	预期性
化纤加工总量	1 710 万吨	2 400 万吨	40.4%	7.0%	预期性
化纤差别化率	31%	40%			预期性
化纤原料自给率	42%	65%			预期性
高性能面料及制品用纤维自给率	50%	70%			预期性
产业用纺织品中化纤比重	86%	90%			预期性
劳动生产率	107 739 元/人	190 000 元/人	76.4%	12.2%	预期性
化纤应用比例（服装：家纺：产业用）	55：29：16	50：30：20			预期性
节能降耗指标		万元增加值耗电比 2005 年降低 20%；万元增加值耗水比 2005 年降低 10%			约束性
环保指标		吨纤维废水排放量降低 10%；废气排放量降低 10%			约束性

专栏 4：

化纤主要品种表观消费量预测

单位：万吨

品种		2005 年表观消费量	2010 年表观消费量	年均增长率
化纤		112	150	3.4%
涤纶		1 300	1 850	7.8%
其中：	长丝	795	1 100	7.2%
	短纤	505	750	8.8%
锦纶		90	130	10.8%
腈纶		122	150	11.4%
丙纶		27.2	40	8.2%
氨纶		13.5	25	15.8%
维纶		4	5	8.4%
聚酯		1 361	2 050	7.8%
其中：纤维用		1 151	1 640	7.3%
非纤维用		210	410	14.3%

六、“十一五”化纤工业发展的主要任务

（一）全面提升自主创新能力

自主创新能力是一个行业竞争力的决定性因素。“十一五”期间，要把增强行业自主创新能力放在突出位置，激发全行业的创新精神，形成有利于自主创新的体制机制。支持鼓励企业成为技术创新主体，扩大国际和地区科技合作与交流；加强科技基础平台建设，推进产学研相结合；加强科技人才队伍建设，支持企业培养和吸引科技人才。加大科研投入和支持力度，建立多元化、多渠道的科技投入体系，大力发展高新技术纤维及新材料、生物质工程技术及各类差别化功能化纤维技术，提高在这些领域的自主创新能力，从根本上改变核心技术依赖进口、受制于人的局面。

1．大力发展高新技术纤维

结合市场需求，研发有自主知识产权的高新技术纤维，特别是要把高性能纤维及材料作为发展的重中之重，加快原创技术研发，采取多种方式推进技术发展。“十一五”期间，力争在高性能碳纤维、芳纶、聚苯硫醚、高强高模聚乙烯等高技术纤维品种上实现产业化生产的技术突破。

“十一五”期间化纤高新技术纤维发展重点：

序号	技术名称	主要内容
1	碳纤维，简称 CF	进行原丝、预氧化丝、碳纤、预浸布及复合材料等产业链一体化研发，实现千吨级产业化突破。其中：T-300 型为主的碳纤维产业链力争突破 3 000 吨/年的产业化规模；T-700 等高性能碳纤维产业链在中试研发基础上，实现 500 吨级产业化
2	高强高模芳纶 1414（聚对苯二甲酰对苯二铵），简称 PPTA	高强高模芳纶 1414 是“十一五”攻关重点，急需在中试研发基础上，采用多种形式，实现 500 吨级产业化突破
3	耐高温芳纶 1313（聚间苯二甲酰间苯二胺），简称 PMIA	在已实现产业化初步成果基础上，进一步优化工艺技术，提高水平，稳定生产，扩大应用，力争总产能突破 6 000 吨/年

序号	技术名称	主要内容
4	耐高温芳砜纶；简称PSA，商品名特安纶（TANLON）	耐高温芳砜纶属我国自主研发的科技成果，“十一五”期间要进一步稳定生产，提高水平，扩大应用领域，力争突破千吨级规模
5	难燃耐蚀聚苯硫醚，简称 PPS	进一步加强纤维级聚苯硫醚一体化产业研发，加强在耐高温材料、环保焚烧袋等领域的应用研究，突破千吨级规模
6	超高强高模聚乙烯纤维，简称 UHMWPE	UHMWPE 纤维产业化是我国自主研发高性能纤维最为成功的品种，要积极稳妥地巩固研发成果，进一步提高水平，开拓应用领域，争取实现 3 000 吨/年的产业化突破
7	超高强耐高温聚对苯基并双噁唑纤维，简称 PBO	PBO 纤维是目前综合性能最为优异的有机高性能纤维（强度模量比芳纶 1414 的高 1 倍，耐高温分解温度比芳纶 1313 高 100℃），“十一五”期间要在项目攻关的基础上，力争实现百吨级中试及产业化突破
8	各类高功能特种纤维材料	追踪世界高新技术纤维发展趋势，结合市场需求，积极推进其他种类的高功能纤维（如光导活性炭、离子交换、维纶 K-Ⅱ类纤维、有机和无机纳米纤维、中空纤维分离膜、医用生物特品材料等）产业化突破

专栏 5

高性能纤维

高性能纤维又称特种纤维，其类别品种繁多，按性能可划分为高强高模纤维、耐高温纤维、抗燃纤维、耐强腐蚀纤维、特种功能纤维。其技术要点可原则界定为：

（1）高强高模类纤维模量：模量强度≥17 CN/dtex。如模量＞350 CN/dtex 的有机纤维（芳纶 1414、PBO）、强度≥3 GPa，模量＞200 GPa 的无机类纤维（如碳纤维等）；

（2）耐高温或抗燃纤维，泛指长期使用温度≥180℃（如芳纶 1313）或极限氧指数（LOI）＞32（如碳纤维、聚苯硫醚、PBO 纤维等）的纤维；

（3）耐强腐蚀及特种功能纤维，泛指在≤200℃下，耐各种介质腐蚀溶解（如聚四氟乙烯纤维、聚苯硫醚纤维等）或用于人造器官、海水淡化、军工特品等高科技领域的特种功能纤维等。

2．大力发展生物质工程技术

为替代日趋紧缺的石油、煤、天然气等化石资源，实现化纤工业的可持续发展，“十一五”期间，要积极推进可再生、可降解的生物质资源和生物化工新材料的发展。在聚乳酸纤维产业化和生物法生产丙二醇、乙二醇、丁二醇等多元醇的技术开发和产业化方面进行重点突破；进一步开发竹浆纤维、麻浆纤维系列品种，扩大应用，提高附加值；重视利用兰桉等多种类速生林材资源利用，拓展人纤原料的供应，加强技术研究，建立产业化基地。

“十一五”期间化纤生物质工程技术发展重点：

序号	技术名称	主要内容
1	聚乳酸纤维材料（PLA）	借鉴国内外最新聚合、纺丝及多领域应用技术，实现产业化突破

序号	技术名称	主要内容
2	溶剂法纤维素纤维（Lyocell）	加快 Lyocell 纤维国产化技术研发进程（包括纤维生产及控制工艺、溶剂制备及回收等技术及装备），尽快实现万吨级产业化突破，加快产品应用研发
3	生物法多元醇技术研发	以生物法丙二醇（PDO）、乙二醇（EG）、丁二醇（BG）等为重点，实现产业化突破
4	可再生多类速生林材应用技术产业化研发	进一步研发竹浆、麻浆纤维系列品种扩大应用；加强对兰胺、玉米秸秆等速生林材产业化技术研究
5	多类蛋白纤维系列技术研发	加强对植物蛋白、牛奶蛋白、角蛋白等多类蛋白纤维的技术研发，提高水平，开拓应用

3．大力发展差别化纤维

高度重视全球化纤工业技术发展、市场需求的最新动向，在不断提高常规化纤产品的竞争能力和盈利水平的同时，重点抓好高性能、多功能、复合型差别化纤维的研发和纺织产品一条龙应用开发，特别是在差别化腈纶、功能性锦纶及聚酯涤纶新技术品种中，要强化产业化研发力度，提高产品附加值，进一步扩大其在产业用、家纺以及合成新材料等新兴领域的应用。

专栏 6

差别化纤维

差别化纤维泛指通过化学改性或物理变形，以改进服用性能为主，在技术或性能上有很大创新或具有某种特性、与常规品种有差别的纤维新品种。它与用于产业用纺织品的功能性纤维和用于特种合成新材料的高性能纤维一起构成了化纤新型纤维的研究、生产、开发体系。其发展程度体现一个国家和地区的化纤新品种、新技术的科技发展水平。

（二）加快产品结构调整

聚酯行业：要高度关注迅速发展的国内外聚酯最新技术的发展动向，不断提升产品竞争能力和应变能力。大力发展差别化、功能化、非纤及新型聚酯等系列品种。一是要在严格控制常规品种发展过速的同时，进一步开发市场急需的各类改性聚酯，研发抗静电、低熔点、水溶性、吸湿性、阳离子常压可染、分散染料常压可染聚酯等差别化纤维需求品种，提高下游产品附加值。二是加强固相增粘技术和高强高模、低缩等功能性聚酯纤维的一体化研发，进一步提高产品性能水平，开发系列品种，扩大其在汽车、交通、农业、土工材料等产业领域的应用。三是积极发展高效、短流程等非纤聚酯新技术，进一步提高瓶级、膜级聚酯专用料产品性能并不断拓展新的应用领域。四是大力加强和鼓励新型聚酯产品[如聚对苯二甲酸丙二醇酯（PTT）、聚萘二甲酸乙二醇酯（PEN）等]生产技术的研发和产业化，扩大其应用领域。五是开发利用可再生资源的新型合成聚酯材料，重视聚酯节能、降耗、环保技术的研究，进一步加强聚酯废料再生回收技术的研发和升级，为聚酯工业可持续发展奠定基础。

涤纶行业：作为化纤产能最大的重点品种，要在抓好量大面广常规品种的优质化、系列化，不断提升国内外市场竞争能力的同时，深化差别化、功能化纤维的开发。提高仿真水平，扩大应用领域。一是涤纶短纤产品要加强舒适性、保健性、仿真性能研究，改善染色及纺织加工性能，进一步提高服用性能，要加强对阻燃、抗静电、吸湿排汗、复合超细、易染、异形、抗菌防臭、高强高模、抗起毛球等差别化、功能化纤维的生产和应用开发。二是涤纶长丝产品要紧密结合市场需求，加强多功能复合和混纤技术的研究，根据仿毛、仿棉、仿麻、仿真丝等不同织品的应用要求，进行功能组合和一体化开发。要结合服装面料多样化、高档化、多功能化的流行趋势，研发高仿真、超仿真长丝系列产品和市场急需的优质面料，并高度重视品牌建设。

纤维素纤维（人造纤维）行业：我国作为全球最大的粘胶纤维生产国，在石油资源日趋紧缺的形势下，采用可再生、可循环的农林资源生产纤维素纤维，有着积极意义。一是加快环保型新型溶剂法纤维素纤维如 Lyocell 纤维等产业化进程，加强技术装备国产化攻关；二是加快粘胶纤维新产品开发和应用开发力度，如高湿模量纤维、细旦粘胶纤维（短纤单纤细度≤1 旦、长丝单纤细度≤2.5 旦）、异形纤维（含中空）、阻燃纤维、医用纤维、导电纤维、抗辐射纤维、水刺非织造布用粘胶纤维、粘胶活性碳纤维等差别化功能化纤维，提高产品附加值、提升国际竞争力；三是发展以竹浆、麻浆、兰桉等速生林材为原料的新型粘胶纤维即浆粕原料；四是加强对新型纤维素纤维的发展和产业应用研究，结合市场情况，支持鼓励醋酯纤维等其他人造纤维品种，丰富人造纤维的产品种类。积极鼓励走出去发展战略，充分利用国内技术、人才优势，利用国外资源与市场优势，拓展海外人纤浆粕及纤维产品基地。

锦纶行业：结合市场，适度提高锦纶行业发展比重，加快锦纶行业结构优化调整和产业升级。一是开发共聚或共混改性锦纶，如耐高温锦纶、改性医用锦纶、耐高温阻燃锦纶等。二是提高差别化、功能化服用锦纶纤维比重，如复合超细、细旦、异型、高弹性、大有光、增白、远红外、抗紫外、抗菌防臭、阻燃、抗静电锦纶纤维等。三是进一步提升锦纶产业用丝的技术水平，进一步开发轮胎骨架材料、建筑骨架材料、传送带、安全绳网、体育材料、水产养殖材料及汽车安全气囊用丝等领域的应用。四是大力发展锦纶装饰用丝，积极开拓锦纶地毯用膨体长丝（BCF）市场，使其成为锦纶工业新的增长点。五是研究和开发多品种锦纶工程塑料及双向拉伸锦纶薄膜，以适应我国交通运输业、机械工业、电子电气工业以及食品工业、医疗卫生业快速发展的需求。六是研究和开发高强、阻燃、耐高温等军工特品锦纶。

腈纶行业：腈纶作为纤维进口比例和加工产品出口比例最高的化纤重要品种，要在追踪国外技术发展和并购重组动向情况下，适度加快发展力度，推动结构优化调整。一是加大差别化、功能化腈纶研发的投入力度，结合市场需求，加强阻燃、高吸湿、高吸水、高收缩、耐高温及有色腈纶等新产品的研发和产业化，进一步提升抗起球、抗菌、抗静电等高附加值产品的产业化水平。二是进一步提高常规纤维及丝束、毛条的质量水平，加强优质化、系列化、应用开发一体化研究，提高替代进口水平。三是积极开发并扩大聚丙烯腈类产品在工程材料等领域的应用。四是大力加强聚丙烯腈基碳纤维原丝技术的产业化研发，推进我国高技术纤维的发展。五是重视腈纶生产过程中环保、节能、安全生产等技术的发展，提高管理水平，推进行业升级。

氨纶行业：进一步提高氨纶产品优质化、系列化、一体化水平，强化品牌战略，重视与后纺技术工艺配合，加快差别化、功能化产品技术开发和应用市场开拓。进一步提高产品的光泽度、透明度、弹性指标的稳定性、耐热性、耐氯性、染色性、抗紫外线及防老化等性能，更好地适应下游高档纺织品及服装（体操服、针织内衣、泳衣、弹性时装面料等）的应用需求，提高产品附加值，拓展更大的市场空间。

维纶行业：追踪、借鉴发达国家在维纶产品链上的技术发展动向，进一步提高维纶纤维的性能水平，扩大产业应用，发展差别化维纶产品，如高强高模、低温水溶性维纶等，加快新型维纶 K-Ⅱ类高性能纤维的产业化技术研发，加大醋酸乙烯（VAC）、聚醋酸乙烯（PVAC）、聚乙烯醇（PVA）及其衍生物乙烯—醋酸乙烯共聚（VAE）树脂等有机系列产品的研究开发，重视节能降耗及环保技术的提高。

丙纶行业：结合国外聚烯烃纤维的发展动向和市场需求，进一步扩大产业应用。加强丙纶产品系列品种的开发力度，提高产品质量和技术性能，扩大其在医药卫生、土工制品、地毯（包括车用）、服用功能性纤维及非纤等领域的应用。加强纤维级聚丙烯树脂的研发力度。

（三）优化产业区域布局

“十一五”期间，纺织工业将实行产业梯度转移，构筑东中西部纺织产业链新体系。化纤行业要根据不同地区化纤发展的基础、技术、资源、市场等条件，扬长避短、发挥优势，结合纺织产业转移趋势，合理规划化纤产业的发展，促进区域布局的优化。

东部沿海地区具有发达的纺织工业体系，也是我国主要的化纤生产基地。“十一五”期间，东部沿海地区仍将是我国纺织集群地和化纤主要生产地区，应继续发挥其技术、人才、市场优势，率先把化纤产业做大做强，组建一批具有国际竞争力的、科工贸结合的大企业集团。一是实现聚酯涤纶、锦纶、腈纶等大宗常规品种的优质化、系列化，提高差别化纤维的比重，更好地适应纺织工业在产品开发、附加值提高和产业链延长等方面的需求；二是要积极发展芳纶、碳纤维、高强高模聚乙烯、溶剂法纤维素纤维、聚乳酸纤维等高性能纤维和生物质纤维，加大高新技术纤维的生产和应用的一体化开发力度，推动行业产业升级。

中部和东北地区具有丰富的玉米、速生林材、竹、麻等农林资源及油气资源，生物化工和化纤工业发展也有一定的基础。“十一五”期间，中部和东北地区要根据纺织工业区域布局规划，抓住中部崛起、振兴东北老工业基地的战略机遇，适时适度推进化纤工业的发展。一是在加速粘胶、腈纶、涤纶、锦纶等现有产品技术升级的基础上，进一步发挥东北地区在腈纶生产方面国内先进的优势地位，结合其原料配套供应，建设产业链配套腈纶基地；二是充分发挥农林、油气资源及人才、地域优势，推进生物能源、生物化工产品的研发，积极稳妥地研发降解聚乳酸、可降解薄膜、多元醇等生物质纤维、材料及人纤原料等，建设大型玉米、大豆等农林生物产品综合加工项目，切实发挥工业反哺农业的作用，带动区域经济发展。

我国西部地区幅员辽阔，有较为丰富的纤维资源和油气资源，具有与中亚、西亚、南亚、欧洲地区发展贸易的区位优势，随着国家西部大开发战略的实施，基础设施已有了明显的改善。但是，西部地区的化纤工业发展相对薄弱，基础较差。“十一五”期间，应发挥其资源优势，结合国家炼油、乙烯等上游原料产业中长期发展规划，抓住周边国家纺织工业成长期的时机，适度加快化纤工业的发展。

（四）加快重点技术装备国产化进程

充分发挥化纤骨干企业在重点技术装备国产化中的重要作用，坚持自主创新与消化吸收相结合，强化集成创新和工程化，加强产学研联合，发展拥有自主知识产权的先进实用技术，注重节能、高效和环保型化纤及化纤原料装备的开发与应用，进一步提高重点化纤品种的国产化装备技术水平和工程化水平并积极鼓励化纤生产企业采用国产化先进技术进行改造。一是加快年产60万吨及以上PTA成套国产化装备、日产200吨及以上的涤纶短纤维成套装备、新型粘胶连续纺及锦纶大聚合（日产 100 吨及以上）等重点技术装备的国产化进程；二是积极推进差别化纤维生产工艺及关键零部件的研发和产业化，如氨纶原料辅料及配套油剂、添加剂、催化剂等生产助剂的国产化研发；直纺涤纶超细长丝成套工艺技术、喷丝板及高效新型卷绕头（速度大于 6 000 米/分钟，定轴长大于 1.5 米）等关键部件的开发；三是集中力量，加快碳纤维、芳纶等高新技术纤维配套装备和关键部件的产业化攻关开发，强化工艺软件和装备的一体化研究，力争实现产业化突破。

（五）推进行业循环经济发展

提高企业对资源及能源节约、环境保护问题的重视，鼓励企业节约资源，推动资源替代技术、综合利用及再利用技术的发展，加强生物质工程技术研发；加大企业的环保投入、清洁生产投入以及再生资源利用的研发投入；加快粘胶行业废气回收技术的推广应用；突出重点、扶优扶强、以点带面、有效开展循环经济试点工作，将有条件化纤企业纳入国家及地方循环经济试点单位；鼓励聚酯回料纺生产企业技术水平的提升，推动行业良性有序发展。

化纤工业循环经济发展重点：

利用环节	主要任务	主要内容
资源使用	使用可再生、可降解的生物质资源	生物法多元醇等化工产品（如生物法丙二醇、乙二醇、四氢呋喃等）；聚乳酸纤维（包括 L-乳酸、聚合、纺丝及非纤生产技术的研发）；蛋白纤维及制品（如大豆、玉米等植物蛋白及废毛绒、角蛋白、牛奶、蚕蛹等动物蛋白纤维）；再生多糖纤维：甲壳素纤维；竹纤维、麻纤维、兰桉、玉米秸秆等速生农林资材再利用
节能降耗	提高资源利用效率	降低水、电、汽、风的消耗，减少跑、冒、滴、漏，做好公用公程的管网平衡
清洁生产	使用环保助剂	各类环保型催化剂、改性剂、新溶剂、添加剂等的研发和使用。
	环保回收技术	“废水、废气、废渣”治理新技术、由终端治理向过程监控技术转变；加强粘胶行业废气回收治理、粘胶用浆粕的黑液治理；干法及湿法纺丝溶剂循环使用
资源回收	回收资源再利用	应用废聚酯、废丝生产聚酯短纤再生纺
	包装物回收	提高托盘、筒管等包装物使用次数、使用可回收包装物、减少过度包装

（六）积极推进企业重组

发挥市场在资源配置中的基础作用，以资产为纽带，鼓励化纤企业通过横向联合和垂直整合实施跨行业、跨地区、跨所有制、跨国界的重组，加强与国际大公司的技术合作，有效整合和利用全球资源，提高产业集约化发展水平，增强企业参与国际竞争能力。一是通过实施“大公司、大集团”战略，形成一批大型企业和企业集团，一方面促进企业获取规模效益，另一方面以大企业为核心，实现产品结构调整，以提高行业的整体竞争能力。同时，结合我国最终消费市场层次较多、需求面较广的特点，通过产业重组，形成一批具有核心竞争力、“小而强”的专业化企业；二是通过产业整合与企业重组，淘汰污染治理差、工艺技术落后、单位能耗和原材料消耗较高的企业，缓解生产中低档产品的企业过度竞争问题，从整体上提高化纤行业资源使用效率和环境治理能力；三是通过专业化企业的形成，增强我国化纤行业的快速反应能力，更好地适应市场个性化、多样化的需要。

（七）政策措施

（八）加强对化纤工业的产业政策指导

严格执行国务院《促进产业结构调整暂行规定》和《指导外商投资方向规定》，鼓励和支持发展先进生产能力，限制和淘汰落后生产能力，防止盲目投资和低水平重复建设。进一步调整现行的产业政策、税收政策、投资政策，解决行业长期存在的部分产品关税倒挂问题；建立行业发展的激励机制，实现外资企业、民营企业、国有企业发展的同等待遇；在鼓励产业升级所需先进技术装备进口的同时，鼓励国内先进、成熟的技术装备的应用推广；结合国内外化纤工业节能、环保和清洁生产技术的发展，引导行业实现循环经济和可持续发展。

（九）加大对化纤工业自主创新的支持力度

支持企业成为技术创新的主体，加大研发资金投入、建立人才激励机制，促进建立更加开放的自主创新体系；鼓励和加快重点技术装备的国产化进程；进一步加强企业技术研发中心的建设，推进产学研科技成果的研发与转化；鼓励和吸收国外企业，特别是跨国公司，通过组建合资企业、合作生产等方式，向我国转移先进技术；对国外技术封锁的、事关产业安全、经济安全的重点高新技术纤维项目，要设立专项，联合攻关，加大投资力度和政策支持，务求取得产业化成果。行业协会要充分发挥行业的组织者、协调者和服务者的作用，在提供信息交流平台、培训人才、推动行业技术交流和合作、促进产学研结合等方面积极发挥作用。

（十）促进化纤原料工业协调发展

积极推进化纤原料工业的快速有效发展，加快原料工业的配套建设，有效解决 PTA、EG、CPL 等合纤原料进口依存度过高的问题；支持和鼓励有条件的企业“走出去”，在国外建立化纤原料基地，实现化纤原料供应的多元化；大力发展可再生原料生产技术，开发可再生原料资源；推动化纤原料工业生产装备及技术的国产化进程；要工贸结合，积极探索利用期货市场等手段，稳定化纤原料价格，降低企业经营风险。

（十一）营造化纤工业发展的良好市场环境

进一步加大打击走私、规范加工贸易的力度，对产品进口中存在的倾销、补贴等不正当竞争手段及时采取有力措施；积极应对贸易摩擦，维护产业发展的根本利益，创造产业发展公平环境；建设保护知识产权的法治环境，重视自主知识产权的应用和保护；行业协会要积极开展行业自律工作，规范竞争秩序，防止过度竞争和恶性竞争；健全和完善产业预警体系，加强行业信息指导体系建设，多渠道、多形式为行业提供相关生产、技术、市场、贸易等信息，形成行业的快速反应机制，引导行业健康发展。

（十二）推动行业法规、标准化建设和认证工作健全和完善化纤行业标准化体系和认证体系，加大现有标准的修订力度，包括各类纤维及相关原料品种的产品标准、测试方法标准、基础标准等。加快研究和制定高技术、差别化、功能化纤维产品标准、检测方法标准等制定工作；加快对新型纤维配套方法及产品标准的制定和研究；积极研究和制订有关节约资源与能源、建立和完善化纤生产的节电、节水等标准、清洁生产标准、回收再利用产品的相关标准等，以推动循环经济科学有效发展。加快涉及安全、环保、健康的强制性标准的制定，推进纺织企业社会责任体系（CSC 9000T）在化纤企业的实施。进一步加快标准化工作与国际接轨并积极推进化纤产品品牌建设及化纤产品“中国名牌”的创建工作，提高产业的国际竞争力。

关于加强煤化工项目建设管理促进产业健康发展的通知

（2006 年 7 月 7 日　国家发展和改革委员会文件　发改工业[2006]1350 号）

国土资源部、环保总局、中国人民银行、各省、自治区、直辖市，计划单列市发展改革委、经贸委（经委）：

我国石油、天然气资源短缺，煤炭资源相对丰富。发展煤化工产业，有利于推动石油替代战略的实施，满足经济社会发展的需要。为统筹规划、合理布局、科学引导和规范煤化工产业的发展，现将有关事项通知如下：

一、当前煤化工产业发展需要认真把握的几个问题

煤化工产业包括煤焦化、煤气化、煤液化和电石等产品。经过几十年的努力，我国煤化工产业取得长足的发展。2005 年我国生产焦炭 23 282 万吨，电石 895 万吨，煤制化肥约 2 500 万吨（折纯），煤制甲醇约 350 万吨，均位居世界前列。煤化工产业的发展对于缓解我国石油、天然气等优质能源供求矛盾，促进钢铁、化工、轻工和农业的发展，发挥了重要的作用。因此，加快煤化工产业发展是必要的。

煤化工产业的发展对煤炭资源、水资源、生态、环境、技术、资金和社会配套条件要求较高。近一段时期，煤化工产业在快速发展的同时，也出现了令人担忧的问题。一些地方不顾资源、生态、环境等方面的承载能力，出现了盲目规划、竞相建设煤化工项目的苗头，对经济社会持续、健康、稳步发展将产生潜在的负面影响。

（一）电石和焦炭等传统煤化工产品产能严重过剩。2004 年以来，通过加大宏观调控力度，电石和焦炭等高能耗行业盲目发展的势头得到初步抑制，但产能增长的势头并未得到完全遏制。2005 年底我国电石生产能力是当年产量的 2 倍。焦炭生产能力高出国内市场需求 7 000 多万吨。今年 1—5 月电石和焦炭产量同比仍分别增长 33.9%和 24.2%。焦炭价格已较大幅度下跌。根据各地在建和拟建项目情况及未来市场需求预测，2010 年电石和焦炭产能仍将大大高于市场需求。同时现有电石和焦炭生产能力中，很多属于不符合环保要求，无副产品回收装置，污染严重的小电石、小焦炭。

（二）受石油价格不断上涨、高位运行的拉动，煤制甲醇、二甲醚等石油替代产品盲目发展的势头逐渐显现。2005 年我国甲醇产量 536 万吨。据不完全统计，目前在建甲醇规模已接近 900 万吨，拟建和规划产能还有千万吨以上。这些项目若全部付诸实施，一旦甲醇后加工生产技术和应用市场开发滞后，势必造成产能大量过剩。煤制油品和烯烃尚处在工业化试验和示范阶段，还存在技术和工程放大风险。一些地方不顾客观条件，纷纷规划建设煤制油品和烯烃项目，目前开工建设的十几万吨规模的煤制油、煤制烯烃装置多数不够经济规模，技术不够成熟。建成后将类似小炼油、小乙烯属于淘汰之列，且这类装置投资巨大，动辄几十亿元，具有较大投资风险。

（三）以牺牲资源为代价，片面追求产业发展速度。一些地区为加快地方经济发展，以资源为手段，大举招商引资，资源配置和开发利用不合理。个别企业以建设煤化工项目之名，行圈占和攫取资源之实，大肆套取煤炭资源。有些地区煤化工产业刚刚起步，现有煤炭资源就被瓜分殆尽。

上述问题对煤化工产业，对经济社会持续、稳定、健康发展均产生了不利的影响。具体是：

（一）持续增加的电石和焦炭过剩产能，不仅造成社会资本大量闲置，产业发展大起大落，而且引发企业间恶性竞争，导致产品价格大幅下滑，经营风险显著上升。今年年初我国焦炭出口价格仅相当于2004年的一半，造成较大经济损失。

（二）水资源是煤化工产业发展的重要制约因素，也是我国经济社会发展的制约因素之一。我国水资源远低于世界平均水平。主要煤炭产地人均水资源占有量和单位国土面积水资源保有量仅为全国水平的 1/10。大型煤化工项目年用水量通常高达几千万立方米，吨产品耗水在十吨以上，相当于一些地区十几万人口的水资源占有量或 100 多平方公里国土面积的水资源保有量。一些地区大规模超前规划煤化工项目，一方面有可能形成产能过剩的局面，另一方面会打破本地区脆弱的水资源平衡，直接影响当地经济社会平稳发展和生态环境保护。同时仓促上马尚未实现大规模工业化的煤制油品和烯烃项目，不仅投资风险较大，也给产业健康发展埋下了隐患。

（三）我国煤炭资源比较丰富，但优质、清洁和炼焦煤资源相对较少。煤炭工业承担着支撑经济社会发展的重任。短时间、高强度、大规模占用煤炭资源发展煤化工产业，既影响电力等行业的平稳发展，也加速了煤炭资源消耗，不利于煤炭工业可持续发展。

鉴于上述情况，各地区、各部门特别是主要煤炭生产省要高度重视煤化工产业发展工作，深刻认识盲目发展的危害性，认清形势、准确把握产业发展方向。用科学发展观统领产业发展全局，综合平衡各方面因素，深入开展科学论证，广泛听取各方面意见，正确处理产业发展速度、规模与资源、生态环境承受能力的关系，谨慎决策煤化工项目的建设，努力实现经济社会和谐发展。国土资源、环境保护、银行也要严把准入关，防范贷款风险。

二、“十一五”煤化工产业发展方向

煤化工产业是技术、资金密集型产业，涉及面广，工程建设复杂，实施难度大。煤化工产业又是新兴产业，产业发展中还存在诸多不确定因素和风险。“十一五”期间，煤化工产业要以贯彻落实科学发展观，建立和谐社会为宗旨；以保障国家石油供应安全，满足国内市场需求为出发点，科学规划，合理布局；统筹兼顾资源产地经济发展，环境容量。在有条件的地区适当加快以石油替代产品为重点的煤化工产业的发展；按照上下游一体化发展思路，建设规模化煤化工产业基地；树立循环经济的理念，优化配置生产要素，努力实现经济社会、生态环境和资源的协调发展。

坚持控制产能总量，淘汰落后工艺，合理利用资源，减少环境污染，促进联合重组的原则，加快焦炭和电石行业结构调整。积极采用先进煤气化技术改造以间歇气化技术为主的化肥行业，减少环境污染，推动产业发展和技术升级。以民用燃料和油品市场为导向，支持有条件的地区，采用先进煤气化技术和二步法二甲醚合成技术，建设大型甲醇和二甲醚生产基地，认真做好新型民用燃料和车用燃料使用试验和示范工作。稳步推进工业化试验和示范工程的建设，加快煤制油品和烯烃产业化步伐，适时启动大型煤制油品和烯烃工程的建设。

三、进一步加强产业发展管理

发展煤化工产业对于实施石油替代战略具有十分重要的意义。各地区、各部门要从全局的高度、长远的角度，加强产业发展管理，努力营造和谐发展环境，着力做好以下工作：

（一）产业规划。煤化工产业涉及国民经济众多部门。国家将制定煤化工产业发展规划。各地区要结合当地实际，按照科学发展观的要求，认真做好煤化工产业区域发展规划的编制工作，加强产业发展引导。在规划编制完成并得到国家发展改革部门确认之前，暂停核准或备案煤化工项目。对于煤炭液化项目，在国家煤炭液化发展规划编制完成前，各级投资主管部门应暂停煤炭液化项目核准。

（二）产业布局。我国煤炭资源分布相对集中，消费市场分布较广。为促进煤炭产销区域平衡，鼓励煤炭资源接续区煤化工产业发展，适度安排供煤区煤化工项目的建设，限制调入区煤化工产业的发展（以本地高硫煤或劣质煤为原料的项目，以及二次加工项目除外）。

（三）发展重点。根据国民经济发展和市场供求情况，为满足农业生产需要，缓解石油供求矛盾，扭转相关高耗能产品供过于求的局面，鼓励发展煤制化肥等产品；稳步发展煤制油品、甲醇、二甲醚、烯烃等石油替代产品，其中煤炭液化尚处于示范阶段，应在取得成功后再推广；规范发展电石、焦炭等高耗能产品。按照国发[2006]11号文的要求，没有完成焦炭和电石行业清理整顿工作的省、自治区、直辖市，停止核准或备案焦炭和电石项目。

（四）煤炭使用。煤化工产业是煤炭深加工产业。煤化工产业的发展必须统筹兼顾煤炭工业可持续发展和相关产业对煤炭的需要。国家实行煤炭资源分类使用和优化配置政策。炼焦煤（包括气煤、肥煤、焦煤、瘦煤）优先用于煤焦化工业，褐煤和煤化程度较低的烟煤优先用于煤液化工业，优质和清洁煤炭资源优先用作发电、民用和工业炉窑的燃料，高硫煤等劣质煤主要用于煤气化工业。无烟块煤优先用于化肥工业。

（五）水资源平衡。除云南、贵州等地外，我国煤炭资源与水资源呈逆向分布。大部分煤化工产品耗水量较大。煤化工产业发展应“量水而行”，严禁挤占生活用水和农业用水发展煤化工产业。严格控制缺水地区煤气化和煤液化项目的建设。限制高耗水工艺和装备的应用，鼓励采用节水型工艺，大力提倡废水、中水、矿井水回用等煤化工技术。

（六）运输安全。我国煤炭资源主要分布在中西部地区，煤化工产品主要消费在东部沿海地区，产销区域分割。大部分液态或气态煤化工产品具有毒性或易燃易爆的性质。煤化工项目必须具有较高的产品安全运输保障。对不具备运输条件的煤化工项目应不予核准或备案。

（七）环境保护。我国煤炭资源主要分布在生态环境比较脆弱的地区。煤化工产业对生态环境影响较大，生产过程要排出相当数量的废渣、废水和废气。按照发展循环经济，建立和谐社会的要求，煤化工项目必须达到废弃物减量化、资源化和无害化标准。对不能实现废弃物综合利用和无害化处理的煤化工项目应不予核准或备案。

（八）技术政策。各地区要加大结构调整力度，促进产业优化升级。严格执行焦炭和电石行业准入条件等产业政策。禁止核准或备案不符合行业准入条件的焦炭项目和电石项目，以及采用固定床间歇气化和直流冷却技术的煤气化项目。煤化工项目各项消耗指标必须达到国家（行业）标准或强制性规范要求。鼓励企业采用拥有自主知识产权的先进技术。一般不应批准年产规模在 300 万吨以下的煤制油项目，100 万吨以下的甲醇和二甲醚项目，60 万吨以下的煤制烯烃项目。

（九）项目管理。加强项目建设管理，从严审核煤化工项目。按照《国务院投资体制改革决定》的精神，对煤制油、煤制烯烃和外商投资煤化工项目，按照有关规定严格实行核准制；严禁化整为零，违规审批，或将核准权限逐级下放。对实行备案的煤化工项目，各地区要按照省级人民政府制定的实施办法严把项目审核关。

（十）风险防范。煤化工产业具有规模化、大型化、一体化、基地化的特征；技术含量高，投资强度大；对项目业主实力和社会依托条件要求较高。我国煤炭资源主要分布在经济社会发展水平相对较低的中西部地区，依托条件相对较差。发展煤化工产业不仅要树立牢固的风险防范意识，更要有较强的风险防范能力。对于业主实力较弱的煤化工项目应慎重核准和备案。

各级发展改革部门要按照通知精神，认真做好煤化工产业发展和项目审核工作，同时对拟建和在建项目进行清理，抓紧整改。国土资源、环境保护、金融信贷等部门可依此开展项目审核工作。

电石行业准入条件（2007 年修订）

（2007 年 10 月 20 日　中华人民共和国国家发展和改革委员会公告　2007 年第 70 号）

为进一步遏制当前电石行业盲目投资，制止低水平重复建设，规范电石行业健康发展，促进产业结构升级，根据国家有关法律法规和产业政策，按照调整结构、有效竞争、降低消耗、保护环境和安全生产的原则，对电石行业提出如下准入条件。

一、生产企业布局

根据资源、能源、环境容量状况和市场供需情况，各有关省（自治区、直辖市）要按照国家有关产业政策、行业发展规划等要求编制电石行业结构调整规划，并报国家有关行业主管部门备案，科学合理布局，引导本地区电石行业健康发展，遏制盲目扩张。

（一）在国务院、国家有关部门和省（自治区、直辖市）人民政府规定的风景名胜区、自然保护区、饮用水源保护区和其他需要特别保护的区域内，城市规划区边界外 2 公里以内，主要河流两岸、公路、铁路、水路干线两侧，居民聚集区，以及学校、医院和其它严防污染的食品、药品、精密制造产品等企业周边 1 公里以内，不得新建电石生产装置。

（二）新建或改扩建电石生产装置必须符合本地区电石行业发展规划。鼓励新建电石生产装置与大型工业企业配套建设，以便做到资源、能源综合利用。在电石生产能力较大的地区，地方政府要按照确保安全的原则，科学规划、合理布局，按照循环经济的理念，建设区域性电石等高耗能、高污染工业生产区，做到集中生产，“三废”集中治理。

二、规模、工艺与装备

为满足节能环保、资源综合利用和安全生产的要求，实现合理规模经济。规模、工艺与装备应达到以下要求。

（一）新建电石企业电石炉初始总容量必须达到 100 000 千伏安及以上，其单台电石炉容量≥25 000 千伏安。新建电石生产装置必须采用密闭式电石炉，电石炉气必须综合利用。鼓励新建电石生产装置与大型乙炔深加工企业配套建设。

（二）现有生产能力 1 万吨（单台炉容量 5 000 千伏安）以下电石炉和敞开式电石炉必须依法淘汰。2010 年底以前，依法淘汰现有单台炉容量 5 000 千伏安以上至 12 500 千伏安以下的内燃式电石炉。

（三）鼓励现有单台炉容量 5 000 千伏安以上至 12 500 千伏安以下的内燃式电石炉改造为密闭式电石炉，也可以改造为 16 500 千伏安以上的内燃式电石炉。

（四）现有单台炉容量 12 500 千伏安及以上的内燃式电石炉，2010 年底以前必须改造为合格的内燃式电石炉，鼓励改造为密闭式电石炉。改造的电石炉要求采用先进成熟技术，保证电石炉的安全、稳定和长周期运转。合格的内燃式电石炉具体要求如下：

1．内燃式电石炉炉盖四周仅留有操作孔和观察孔，开孔面积占炉盖表面积的 10%以下。

2．采用原料破碎、筛分、烘干设备，确保原料粒度、水分达到工艺要求。

3．采用自动配料、加料系统。

4．电极升降、压放、把持系统必须采用先进的液压自动调节系统，使电极操作平稳，安全稳定可靠。

5．采用微机等先进的控制系统。

三、能源消耗和资源综合利用

（一）新建和扩容改造的电石生产装置执行吨电石（标准）电炉电耗应≤3 250 千瓦时；现有电石生产装置未实施扩容改造的吨电石（标准）电炉电耗应≤3 400 千瓦时。《电石单位产品能源消耗限额》国家标准实施后，按照新的国家标准执行。

（二）密闭式电石装置的炉气（指 CO 气体）必须综合利用，正常生产时不允许炉气直排或点火炬。

（三）粉状炉料必须回收利用。

四、环境保护

（一）所有电石生产必须达到国家环保要求。电石炉大气污染物排放必须符合《工业炉窑大气污染物排放标准》（国标 GB 9078—1996）中“其它炉窑”的排放标准（国家新的环保标准出台后，按新标准执行），固体废物的处理处置应符合有关法律和国家环境保护标准的规定。

（二）含尘炉气或利用后的再生气必须经除尘处理，达标排放。捕集后的粉尘不能造成二次污染。

（三）原料和产品破碎、储运等过程产生的无组织排放含尘气体，必须集中收集除尘后达标排放。

五、安全生产

电石属危险化学品，应严格执行国家有关危险化学品安全管理条例的各项规定。

（一）电石生产企业应当具备有关安全生产的法律、行政法规、国家标准和行业标准规定的安全生产条件，并遵守危险化学品安全生产监督管理的规定和要求。

（二）电石生产企业的生产装置和构成重大危险源的储存设施与《危险化学品安全管理条例》规定的重要场所、区域的距离，工厂、仓库的周边防护距离，应符合国家标准或者国家有关规定。

（三）新建或改扩建的电石生产装置投产前，必须有重大危险源检测、评估、监控措施和生产安全事故应急救援预案、应急救援组织或者应急救援人员，配备必要的应急救援器材、设备。

六、监督与管理

（一）新建和现有电石生产装置进行改扩建，必须符合上述准入条件，电石生产建设项目的投资管理、土地供应、环境影响评价、安全评价、信贷融资等必须依据本准入条件。新建或改扩建电石项目必须到省级投资主管部门核准或备案。环境影响评价报告必须经省级及以上环境保护行政主管部门审批。项目开工必须获得备案、土地、环保、安全、信贷等有效认可或批复后方可建设。项目建设要由有资质的设计部门和施工单位进行设计和施工。

（二）新建或改扩建电石生产装置建成投产前，要经省级及以上投资、土地、环保、质检、安全监管等部门及有关专家组成的联合检查组，按照本准入条件要求进行监督检查。经检查未达到准入条件的，投资主管部门应责令限期完成符合准入条件（企业备案材料提供）的有关建设内容。环境保护行政执法部门要根据国家有关法律、法规加大处罚力度，同时限期整改。

（三）新建电石生产装置，须经过有关部门验收合格后，按照有关规定办理《安全生产许可证》和《排污许可证》，企业方可进行生产与销售。现有符合条件及改造后经省级有关部门验收合格的电石生产企业，也要按国家有关规定办理《安全生产许可证》和《排污许可证》。

（四）各级电石行业主管部门要加强对电石生产企业执行准入条件情况进行督促检查。中国石油和化学工业协会、各级电石工业协会要宣传国家产业政策，加强行业自律，协助政府有关部门做好行业监督、管理工作。

（五）对不符合准入条件的新建或改扩建电石生产项目，国土资源管理部门不得提供土地，环保部门不得办理环保审批手续，安全监管部门不得实施安全许可，金融机构不得提供信贷支持，电力供应部门依法停止供电。地方人民政府或相关主管部门依法决定撤销或责令关闭的企业，工商行政管理部门依法责令其办理变更登记或注销登记。

七、附则

（一）铁合金矿热炉等矿冶炉改造为电石炉，视同新建电石生产装置。

（二）本准入条件适用于中华人民共和国境内（台湾、香港、澳门特殊地区除外）所有类型的电石生产企业。

（三）本准入条件自 2007 年 10 月 12 日起实施，原《电石行业准入条件》（中华人民共和国国家发展和改革委员会公告 2004 年第 76 号）同时废止。《电石行业准入条件》由国家发展和改革委员会负责解释。国家发展和改革委员会将根据电石行业发展和国家宏观调控要求进行修订。

铁合金行业准入条件（2008年修订）

（2008年2月4日　中华人民共和国国家发展和改革委员会公告　2008年第13号）

为遏制铁合金行业低水平重复建设和盲目发展，促进产业结构升级，根据国家有关法律法规和产业政策，按照调整结构、有效竞争、降低消耗、保护环境和安全生产的原则，对铁合金生产企业提出如下准入条件。

一、工艺与装备

（一）硅铁、工业硅、电炉锰铁、硅锰合金、高碳铬铁、硅铬合金等铁合金矿热电炉采用矮烟罩半封闭型或全封闭型，容量为25 000 KVA及以上（中西部具有独立运行的小水电及矿产资源优势的国家和省定扶贫开发工作重点县，单台矿热电炉容量≥12 500 KVA），变压器选用有载电动多级调压的三相或三个单相节能型设备，生产工艺操作机械化和控制自动化。中低碳锰铁、电炉金属锰和中低微碳铬铁等精炼电炉，必须采用热装热兑工艺，容量为3 000 KVA及以上。锰铁高炉容积为300立方米及以上。硅钙合金和硅钙钡铝合金电炉容量为12 500 KVA及以上。硅铝铁合金电炉容量为16 500 KVA及以上。钛铁熔炼炉产能为5吨/炉以上。钼铁生产线不得采用反射炉焙烧钼精矿工艺，並配备SO_2回收装置。金属铬生产线不得采用反射炉还原、煅烧红矾纳、铬酐生产工艺。其他特种铁合金生产装备要大型化，达到国际先进水平。

（二）原料处理、熔炼、装卸运输等所有产生粉尘部位，均配备除尘及回收处理装置，并安装省级环保部门认可的烟气和废水等在线监测装置。主管环保部门已建成在线监测监控平台的，要与主管环保部门联网。各类铁合金电炉、高炉配备干法袋式或其它先进适用的烟气净化收尘装置。湿法净化除尘过程产生的污水经处理后进入闭路循环利用或达标后排放。采用低噪音设备和设置隔声屏障等进行噪声治理。所有防治污染设施必须与铁合金建设项目主体工程同时设计、同时施工、同时投产使用。

（三）配备火灾、雷击、设备故障、机械伤害、人体坠落等事故防范设施，以及安全供电、供水装置和消除有毒有害物质设施。所有安全生产和安全检查设施必须与铁合金建设项目主体工程同时设计、同时施工、同时投产使用。

二、能源消耗

主要铁合金产品单位冶炼电耗：硅铁（FeSi75）不高于8 500千瓦时/吨，工业硅不高于12 000千瓦时/吨，电炉锰铁不高于2600千瓦时/吨（入炉品位38%），硅锰合金不高于4200千瓦时/吨（入炉品位34%），高碳铬铁不高于3200千瓦时/吨（入炉品位40%），硅铬合金不高于4 800千瓦时/吨，中低碳锰铁不高于580千瓦时/吨（冷装不高于1 800千瓦时/吨），电炉金属锰1 750千瓦时/吨，中低微碳铬铁不高于1 800千瓦时/吨，高炉锰铁焦比不高于1320千克/吨，硅钙合金（Ca28Si60）不高于11 000

千瓦时/吨，硅铝铁合金不高于 9 000 千瓦时/吨，其他特种铁合金能耗指标达国内先进水平。

三、资源消耗

（一）主元素回收率：硅铁（FeSi75）Si≥92%，工业硅 Si≥85%，电炉锰铁 Mn≥78%，硅锰合金 Mn≥82%，高碳铬铁 Cr≥92%，硅铬合金 Cr≥94%，中低碳锰铁 Mn≥80%，电炉金属锰 Mn≥83%，中低微碳铬铁 Cr≥80%，高炉锰铁 Mn≥82%，硅钙合金（Ca28Si60）Si≥65%、Ca≥35%，其他特种铁合金资源消耗达到国内先进水平。

（二）水循环利用率 95%以上。

（三）硅铁和硅系铁合金电炉烟气回收利用微硅粉纯度 SiO_2＞92%。

四、环境保护

（一）在国家法律、法规、行政规章及规划确定或经县级以上人民政府批准的饮用水源保护区、自然保护区、风景名胜区、生态功能保护区等需要特殊保护的地区，大中城市及其近郊，居民集中区、疗养地等周边 1 公里内不得新建、扩建铁合金生产企业。

（二）铁合金熔炼炉大气污染物排放应符合现行国家《工业炉窑大气污染物排放标准》（GB 9078—1996）（新的国家标准颁布后按新标准执行）。凡是向已有地方排放标准的区域排放大气污染物的，应当执行地方排放标准。

（三）水污染物排放应符合国家《钢铁工业水污染排放标准》（GB 13456—92）（铁合金）（新的国家标准颁布后按新标准执行）。凡是向已有地方污染物排放标准的水体排放污染物的，应当执行地方污染物排放标准。

对产生的工业固体废物要依法贮存、处置或综合利用。

五、监督与管理

（一）新建和改扩建铁合金项目必须符合上述准入条件，铁合金项目的投资管理、土地使用、贷款融资等也必须依据上述准入条件。现有铁合金生产企业也要通过技术改造达到环保、能耗、资源消耗、安全生产等方面的准入条件。

（二）各级铁合金行业主管部门和有关执法部门负责对当地生产企业执行铁合金行业准入条件的情况进行监督检查。中国铁合金工业协会协助国家有关部门，做好监督和管理工作。

（三）对不符合准入条件的新建和改扩建铁合金项目，金融机构不得提供信贷支持，电力监管机构监督电力企业依法停止供电，环保部门不得办理环保审批手续。地方人民政府或相关主管部门依法决定撤消或者责令关闭的企业，工商行政管理部门依法责令其办理变更登记或者注销登记。

（四）国家发展和改革委员会定期公告符合准入条件的铁合金生产企业名单。

六、附则

（一）本准入条件适用于中华人民共和国境内（台湾、香港、澳门特殊地区除外）

所有类型的铁合金行业生产企业。

（二）电石炉、黄磷炉等设备如需转炼铁合金及不同铁合金品种相互转炼，也适用本准入条件。

（三）本准入条件自 2008 年 3 月 1 日起实施，由国家发展和改革委员会负责解释，并根据行业发展情况和宏观调控要求进行修订。

焦化行业准入条件（2008年修订）

（2008年12月19日 工业和信息化部公告 产业[2008]第15号）

总 则

为促进焦化行业产业结构优化升级，规范市场竞争秩序，依据国家有关法律法规和产业政策要求，按照“总量控制、调整结构、节约能（资）源、保护环境、合理布局”的可持续发展原则，特制定本准入条件。

本准入条件适用于常规机焦炉、半焦（兰炭）焦炉和现有热回收焦炉生产企业及炼焦煤化工副产品加工生产企业。

常规机焦炉系指炭化室、燃烧室分设，炼焦煤隔绝空气间接加热干馏成焦炭，并设有煤气净化、化学产品回收利用的生产装置。装煤方式分顶装和捣固侧装。

半焦（兰炭）炭化炉是以不粘煤、弱粘煤、长焰煤等为原料，在炭化温度750℃以下进行中低温干馏，以生产半焦（兰炭）为主的生产装置。加热方式分内热式和外热式。

热回收焦炉系指焦炉炭化室微负压操作、机械化捣固、装煤、出焦、回收利用炼焦燃烧废气余热的焦炭生产装置。以生产铸造焦为主。

一、生产企业布局

新建和改扩建焦化生产企业厂址应靠近用户或炼焦煤原料基地。必须符合各省（自治区、直辖市）地区焦化行业发展规划、城市建设发展规划、土地利用规划、环境保护和污染防治规划、矿产资源规划和国家焦化行业结构调整规划要求。

在城市规划区边界外2公里（城市居民供气项目、现有钢铁生产企业厂区内配套项目除外）以内，主要河流两岸、公路干道两旁和其他严防污染的食品、药品等企业周边1公里以内，居民聚集区《焦化厂卫生防护距离标准》（GB 11661—89）范围内，依法设立的自然保护区、风景名胜区、文化遗产保护区、世界文化自然遗产和森林公园、地质公园、湿地公园等保护地以及饮用水水源保护区内，不得建设焦化生产企业。已在上述区域内投产运营的焦化生产企业要根据该区域规划要求，在一定期限内，通过“搬迁、转产”等方式逐步退出。

二、工艺与装备

新建和改扩建焦化生产企业应满足节能、环保和资源综合利用的要求，实现合理规模经济。

1. 焦炉

常规机焦炉：新建顶装焦炉炭化室高度必须≥6.0 米、容积≥38.5 m^3；新建捣固焦炉炭化室高度必须≥5.5 米、捣固煤饼体积≥35 m^3，企业生产能力 100 万吨/年及以上。

半焦（兰炭）炭化炉：新建直立炭化炉单炉生产能力≥7.5 万吨/年，每组生产能力≥30 万吨/年，企业生产能力 60 万吨/年及以上。

热回收焦炉：企业生产能力 40 万吨/年及以上。应继续提升热回收炼焦技术。禁止新建热回收焦炉项目。

钢铁企业新建焦炉要同步配套建设干熄焦装置并配套建设相应除尘装置。

2. 煤气净化和化学产品回收

焦化生产企业应同步配套建设煤气净化（含脱硫、脱氰、脱氨工艺）、化学产品回收装置与煤气利用设施。

热回收焦炉应同步配套建设热能回收和烟气脱硫、除尘装置。

3. 化学产品加工与生产

新建煤焦油单套加工装置应达到处理无水煤焦油 15 万吨/年及以上；新建的粗(轻)苯精制装置应采用苯加氢等先进生产工艺，单套装置要达到 5 万吨/年及以上；已有的单套加工规模 10 万吨/年以下的煤焦油加工装置、酸洗法粗(轻)苯精制装置应逐步淘汰。

新建焦炉煤气制甲醇单套装置应达到 10 万吨/年及以上。

4. 环境保护、事故防范与安全

焦化企业应严格执行国家环境保护、节能减排、劳动安全、职业卫生、消防等相关法律法规。应同步建设煤场、粉碎、装煤、推焦、熄焦、筛运焦等抑尘、除尘设施，以及熄焦水闭路循环、废气脱硫除尘及污水处理装置，并正常运行。具体有：

（1）常规机焦炉企业应按照设计规范配套建设含酚氰生产污水二级生化处理设施、回用系统及生产污水事故储槽（池）。

（2）半焦（兰炭）生产的企业氨水循环水池、焦油分离池应建在地面以上。生产污水应配套建设污水焚烧处理或蒸氨、脱酚、脱氰生化等有效处理设施，并按照设计规范配套建设生产污水事故储槽（池），生产废水严禁外排。

（3）热回收焦炉企业应配置烟气脱硫、除尘设施和二氧化硫在线监测、监控装置。

（4）焦化生产企业应采用可靠的双回路供电；焦炉煤气事故放散应设有自动点火装置。

（5）焦化生产企业的化学产品生产装置区及储存罐区和生产污水槽池等应做规范的防渗漏处理，油库区四周设置围堰，杜绝外溢和渗漏。

（6）规范排污口的建设，焦炉烟囱、地面除尘站排气烟囱和废水总排口安装连续自动监测和自动监控系统，并与环保部门联网。

（7）焦化生产企业应建设足够容积事故水池、消防事故水池。

三、主要产品质量

1. 焦炭

冶金焦应达到 GB/T 1996—2003 标准；

铸造焦应达到 GB/T 8729—1988 标准；

半焦（兰炭）应参照 YB/T 034—92 标准。

2. 焦炉煤气

城市民用煤气应达到 GB 13612—92 标准；

工业或其它用煤气 H_2S 含量应≤250 mg/m^3。

3. 化学工业产品

硫酸铵符合 GB 535—1995 标准（一级品）；

粗焦油符合 YB/T 5075—1993 标准（半焦所产焦油应参照执行）；

粗苯符合 YB/T 5022—1993 标准；

甲醇、焦油和苯加工等及其他化工产品应达到国标或相关行业产品标准。

四、资（能）源消耗和副产品综合利用

1. 资（能）源消耗

焦化生产企业应达到《焦炭单位产品能耗》标准（GB 21342—2008）和以下指标：

项目	常规焦炉	热回收焦炉	半焦（兰炭）炉
综合能耗（kgce/t 焦）	≤165*1	≤165*1	≤260*1（内热） ≤230*1（外热）
煤耗（干基）t/t 焦	1.33*2	1.33	1.65
吨焦耗新水 m^3/t 焦	2.5	1.2	2.5
焦炉煤气利用率	≥98	-	≥98
水循环利用率/%	≥95	≥95	≥95
炼焦煤烧损率/%		≤1.5	

注：* 1 综合能耗引用《焦炭单位产品能耗》标准（GB 21342—2008）当电力折标系数为 0.404 kgce/KWH 等价值时的现值标准，如采用电力折标系数为 0.1229 kgce/KWH 的当量值时，应为 155 kgce/t 焦；半焦（兰炭）炉的综合能耗标准相应调整，≤250（内热）、≤220（外热）。

*2 适于装炉煤挥发份 Vd=24～27%。若装炉煤挥发份超出此范围时，当予以折算。

热回收焦炉吨焦余热发电量：入炉煤干基挥发分为 17%时，吨焦发电量≥350kWh；入炉煤干基挥发分为 23%时，吨焦发电量≥430 kWh。

2. 焦化副产品综合利用

焦化生产企业生产的焦炉煤气应全部回收利用，不得放散；煤焦油及苯类化学工业产品必须回收，并鼓励集中深加工。

五、环境保护

1. 污染物排放量

焦化生产企业主要污染物排放量不得突破环保部门分配给其排污总量指标。

2. 气、水污染物排放标准

焦炉无组织污染物排放执行《炼焦炉大气污染物排放标准》（GB 16171—1996），其它有组织废气执行《大气污染物综合排放标准》（GB 16297—1996），NH_3、H_2S 执行《恶臭污染物排放标准》（GB 14554—1996）。

酚氰废水处理合格后要循环使用，不得外排。外排废水应执行《污水综合排放标准》（GB 8978—1996）。排入污水处理厂的达到二级，排入环境的达到一级标准。

3. 固（液）体废弃物

备配煤、推焦、装煤、熄焦及筛焦工段除尘器回收的煤（焦）尘、焦油渣、粗苯蒸馏再生器残渣、苯精制酸焦油渣、脱硫废渣（液）以及生化剩余污泥等一切焦化生产的固（液）体废弃物，应按照相关法规要求处理和利用，不得对外排放。

六、技术进步

鼓励焦化生产企业采用煤调湿、风选调湿、捣固炼焦、配型煤炼焦、粉煤制半焦、干法熄焦、低水分熄焦、热管换热、导热油换热、焦炉烟尘治理、焦化废水深度处理回用、焦炉煤气制甲醇、焦炉煤气制合成氨、苯加氢精制、煤沥青制针状焦、焦油加氢处理、煤焦油产品深加工等先进适用技术。

七、监督与管理

1. 焦化生产企业建设项目的投资管理、土地供应、环评审批、能源评价、信贷融资等必须依据本准入条件。环境影响评价报告应由省级行业主管部门提出预审意见后，报省级及以上环境保护行政主管部门审批。

2. 焦化生产企业生产装置建成投产前，应经省级及以上焦化行业、环境保护等行政主管部门组织联合检查组，按照本准入条件中第一、二款要求进行监督检查。经检查未达到准入条件要求的，环境保护行政主管部门不颁发其排污许可证，行业主管部门应责令限期完成符合准入条件的有关建设内容。仍达不到要求的，环境保护行政主管部门依照有关法律法规要求吊销其排污许可证，水电供应部门报请同级行政主管部门批准后，将依法停止供电、供水。

3. 焦化建设项目应在投产 6 个月内达到本准入条件第四、五款中规定的资（能）源消耗、副产品综合利用和环境保护指标。逾期者除按正常规定缴纳相关费用外，环境保护行政主管部门要根据国家有关法律、法规的要求责令限期整改或停产。

4. 各省级焦化行业主管部门会同环境保护行政主管部门应对本地区执行焦化行业准入条件情况进行监督检查，工业和信息化部应组织国家有关部门进行不定期抽查和检查。

5. 中国炼焦行业协会要加强对国内外焦炭市场、焦化工艺技术发展等情况进行分析研究，推广焦化行业环保、节能和资源综合利用新技术；建立符合准入条件的评估体系，科学公正提出评估意见；研究建立清洁生产评价指标体系，在行业内积极推广清洁生产；协助政府有关部门做好监督和管理工作。

6. 工业和信息化部定期公告符合准入条件的焦化生产企业名单。符合准入条件的焦化生产企业可享受政府的相关扶持政策，可按有关程序规定取得焦炭产品出口资格。

7. 对不符合准入条件的新建或改扩建焦化建设项目，环境保护行政管理部门不得办理环保审批手续，金融机构不得提供信贷，电力供应部门依法停止供电。地方人民政府或相关主管部门依法决定撤销或责令关闭的企业，有关管理部门应依法撤销相关许可证件，工商行政管理部门依法责令其办理变更登记或注销登记。

附 则

本准入条件适用于中华人民共和国境内（台湾、香港、澳门特殊地区除外）焦化行业生产企业。

本准入条件中涉及的国家和行业标准若进行了修订，则按修订后的新标准执行。

本准入条件自 2009 年 1 月 1 日起实施，国家发展改革委 2004 年第 76 号公告《焦化行业准入条件》同时废止。

本准入条件由工业和信息化部负责解释，并根据行业发展情况和宏观调控要求进行修订。

氯碱（烧碱、聚氯乙烯）行业准入条件

（2007 年 1 月 2 日　中华人民共和国国家发展和改革委员会公告　2007 年第 74 号）

为促进氯碱行业稳定健康发展，防止低水平重复建设，提高行业综合竞争力，依据国家有关法律法规和产业政策，按照“优化布局、有序发展、调整结构、节约能源、保护环境、安全生产、技术进步”的可持续发展原则，对氯碱（烧碱、聚氯乙烯）行业提出以下准入条件。

一、产业布局

（一）新建氯碱生产企业应靠近资源、能源产地，有较好的环保、运输条件，并符合本地区氯碱行业发展和土地利用总体规划。除搬迁企业外，东部地区原则上不再新建电石法聚氯乙烯项目和与其相配套的烧碱项目。

（二）在国务院、国家有关部门和省（自治区、直辖市）人民政府规定的风景名胜区、自然保护区、饮用水源保护区和其他需要特别保护的区域内，城市规划区边界外 2 公里以内，主要河流两岸、公路、铁路、水路干线两侧，及居民聚集区和其他严防污染的食品、药品、卫生产品、精密制造产品等企业周边 1 公里以内，国家及地方所规定的环保、安全防护距离内，禁止新建电石法聚氯乙烯和烧碱生产装置。

二、规模、工艺与装备

（一）为满足国家节能、环保和资源综合利用要求，实现合理规模经济，新建烧碱装置起始规模必须达到 30 万吨/年及以上（老企业搬迁项目除外），新建、改扩建聚氯乙烯装置起始规模必须达到 30 万吨/年及以上。

（二）新建、改扩建电石法聚氯乙烯项目必须同时配套建设电石渣制水泥等电石渣综合利用装置，其电石渣制水泥装置单套生产规模必须达到 2 000 吨/日及以上。现有电石法聚氯乙烯生产装置配套建设的电石渣制水泥生产装置规模必须达到 1 000 吨/日及以上。鼓励新建电石法聚氯乙烯配套建设大型、密闭式电石炉生产装置，实现资源综合利用。

（三）新建、改扩建烧碱生产装置禁止采用普通金属阳极、石墨阳极和水银法电解槽，鼓励采用 30 平方米以上节能型金属阳极隔膜电解槽（扩张阳极、改性隔膜、活性阴极、小极距等技术）及离子膜电解槽。鼓励采用乙烯氧氯化法聚氯乙烯生产技术替代电石法聚氯乙烯生产技术，鼓励干法制乙炔、大型转化器、变压吸附、无汞触媒等电石法聚氯乙烯工艺技术的开发和技术改造。鼓励新建电石渣制水泥生产装置采用新型干法水泥生产工艺。

三、能源消耗

（一）新建、改扩建烧碱装置单位产品能耗标准新建、改扩建烧碱装置单位产品能耗限额准入值指标包括综合能耗和电解单元交流电耗，其准入值应符合以下要求。

新建、改扩建烧碱装置产品单位能耗限额准入值

<table>
<tr><th rowspan="2">产品规格
质量分数（%）</th><th colspan="3">综合能耗准入值
（千克标煤/吨）</th><th colspan="3">电解单元交流电耗准入值
（千瓦时/吨）</th></tr>
<tr><th>≤12 个月</th><th>≤24 个月</th><th>≤36 个月</th><th>≤12 个月</th><th>≤24 个月</th><th>≤36 个月</th></tr>
<tr><td>离子膜法液碱≥30.0</td><td>≤350</td><td>≤360</td><td>≤370</td><td rowspan="3">≤2 340</td><td rowspan="3">≤2 390</td><td rowspan="3">≤2 450</td></tr>
<tr><td>离子膜法液碱≥45.0</td><td>≤490</td><td>≤510</td><td>≤530</td></tr>
<tr><td>离子膜法固碱≥98.0</td><td>≤750</td><td>≤780</td><td>≤810</td></tr>
<tr><td>隔膜法液碱≥30.0</td><td colspan="3">≤800</td><td colspan="3" rowspan="3">≤2 450</td></tr>
<tr><td>隔膜法液碱≥42.0</td><td colspan="3">≤950</td></tr>
<tr><td>隔膜法固碱≥95.0</td><td colspan="3">≤1 100</td></tr>
</table>

注 1：表中离子膜法烧碱综合能耗和电解单元交流电耗准入值按表中数值分阶段考核，新装置投产超过 36 个月后，继续执行 36 个月的准入值。

注 2：表中隔膜法烧碱电解单元交流电耗准入值，是指金属阳极隔膜电解槽电流密度为 1 700 安/平方米的执行标准。并规定电流密度每增减 100 安/平方米，烧碱电解单元单位产品交流电耗减增 44 千瓦时/吨。

（二）现有烧碱装置单位产品能耗标准

现有烧碱生产装置单位产品能耗限额指标包括综合能耗和电解单元交流电耗，其限额值应符合以下要求。

现有烧碱装置单位产品能耗限额

<table>
<tr><th>产品规格质量分数（%）</th><th>综合能耗限额（千克标煤/吨）</th><th>电解单元交流电耗限额（千瓦时/吨）</th></tr>
<tr><td>离子膜法液碱≥30.0</td><td>≤500</td><td rowspan="3">≤2 490</td></tr>
<tr><td>离子膜法液碱≥45.0</td><td>≤600</td></tr>
<tr><td>离子膜法固碱≥98.0</td><td>≤900</td></tr>
<tr><td>隔膜法液碱≥30.0</td><td>≤980</td><td rowspan="3">≤2 570</td></tr>
<tr><td>隔膜法液碱≥42.0</td><td>≤1 200</td></tr>
<tr><td>隔膜法固碱≥95.0</td><td>≤1 350</td></tr>
</table>

注：表中隔膜法烧碱电解单元交流电耗限额值，是指金属阳极隔膜电解槽电流密度为 1 700 安/平方米的执行标准。并规定电流密度每增减 100 安/平方米，烧碱电解单元单位产品交流电耗减增 44 千瓦时/吨。

（三）新建、改扩建电石法聚氯乙烯装置，电石消耗应小于 1 420 千克/吨（按折标 300 升/千克计算）。新建乙烯氧氯化法聚氯乙烯装置乙烯消耗应低于 480 千克/吨。

（四）推广循环经济理念，提高氯碱行业能源利用率。按照国家有关规定和管理办法，建设热电联产、开展直购电工作，提高能源利用效率。

四、安全、健康、环境保护

新建、改扩建烧碱、聚氯乙烯装置必须由国家认可的有资质的设计单位进行设计和有资质单位组织的环境、健康、安全评价，严格执行国家、行业、地方各项管理规范和标准，并健全自身的管理制度。电石法聚氯乙烯生产装置产生的废汞触煤、废汞活性炭、含汞废酸、含汞废水等必须严格执行国家危险废弃物的管理规定，严格监控。

新建、改扩建烧碱、聚氯乙烯生产企业必须达到国家发展和改革委员会发布的《烧碱/聚氯乙烯清洁生产评价指标体系》所规定的各项指标要求。电石法聚氯乙烯生产企业必须要有电石渣回收及综合利用措施，禁止电石渣堆存、填埋。

五、监督与管理

（一）按照国家投资管理有关规定，严格新建、改扩建烧碱、聚氯乙烯项目的审批、核准或备案程序管理，新建、改扩建烧碱、聚氯乙烯项目必须严格按照国家有关规定实行安全许可、环境影响评价、土地使用、项目备案或核准管理。

（二）新建、改扩建烧碱、聚氯乙烯生产装置建成投产前，要经省级及以上投资、土地、环保、安全、质检等管理部门及有关专家组成的联合检查组，按照本准入条件要求进行检查，在达到准入条件之前，不得进行试生产。经检查未达到准入条件的，应责令限期整改。

（三）对不符合本准入条件的新建、改扩建烧碱、聚氯乙烯生产项目，国土资源管理部门不得提供土地，安全监管部门不得办理安全许可，环境保护管理部门不得办理环保审批手续，金融机构不得提供信贷支持，电力供应单位依法停止供电。地方人民政府或相关主管部门依法决定撤销或责令暂停项目的建设。

（四）各省（区、市）氯碱行业主管部门要加强对氯碱生产企业执行本准入条件情况进行督促检查。中国石油和化学工业协会和中国氯碱工业协会要积极宣传贯彻国家产业政策，加强行业自律，协助政府有关部门做好行业监督、管理工作。

六、附则

（一）本准入条件适用于中华人民共和国境内（台湾、香港、澳门地区除外）所有类型的氯碱生产企业。

（二）本准入条件自 2007 年 12 月 1 日起实施，由国家发展和改革委员会负责解释。国家发展和改革委员会将根据氯碱行业发展情况和国家宏观调控要求进行修订。

关于进一步巩固电石、铁合金、焦炭行业清理整顿成果规范其健康发展的有关意见的通知

（2004 年 12 月 20 日 国家发展和改革委员会文件 发改产业[2004]2930 号）

各省、自治区、直辖市及计划单列市、副省级省会城市、新疆生产建设兵团发展改革委（计委）、经贸委（经委）：

根据《国务院办公厅转发发展改革委等部门关于对电石和铁合金行业进行清理整顿若干意见的通知》（国办发明电[2004]22 号）和国家发展改革委会同财政部等九个部门联合下发的《关于清理规范焦炭行业的若干意见的紧急通知》（发改产业[2004]941 号）要求，今年 5 月份以来，各地政府组织有关部门对本地区电石、铁合金、焦炭行业的生产企业和在建、拟建项目进行了认真清理整顿。国家发展改革委商有关部门提出了进一步巩固清理整顿成果，规范电石、铁合金、焦炭行业健康发展的政策措施，已报经国务院批准。现将有关情况和意见通知如下：

一、各地要高度重视三个行业发展和清理整顿中存在的突出矛盾和问题

近几年电石、铁合金和焦炭行业在总量迅速增长的同时，出现了严重的低水平盲目扩张、生产能力过剩、浪费资源、污染加剧的突出矛盾和问题。主要情况是：

（一）行业生产能力严重过剩

到 2003 年底，全国共有电石生产企业 441 个，生产能力 1 262 万吨；在建项目 162 个，生产能力 484 万吨；拟建项目 41 个，生产能力 189 万吨。铁合金生产企业 1 303 个，生产能力 1 600 万吨；在建矿热炉 311 台，生产能力 300 万吨；拟建矿热炉 97 台，生产能力 200 万吨。焦炭生产企业 1 304 个，焦炉 2 710 座，生产能力 2.4 亿吨；在建项目 245 个，生产能力 1.2 亿吨；拟建项目 53 个，生产能力 3 540 万吨。

目前电石和铁合金已建和在建的生产能力已分别达到 1 700 万吨和 1 900 万吨，焦炭生产能力达到了 3.6 亿吨，均为 2003 年实际产量的 2～3 倍，三个行业的生产能力已远远超出当前和行业预测的近期市场需求，呈现严重过剩局面，不仅造成社会资源的浪费，企业也面临巨大的经营风险。

（二）低水平的重复建设，加剧了资源浪费和环境污染

在电石、铁合金行业中，工艺技术先进、能够有效控制排放、资源综合利用充分的大型全密闭式矿热炉只占总能力的 10%左右，大多数企业均为半密闭式和敞开式炉型。敞开式炉工艺装备简陋，能源利用效率低下，粉尘排放失控，属于应予淘汰的设备，约占总生产能力的 30%。独立焦炭生产企业中只有部分大型机焦炉和城市供气机焦炉的煤气得到合理利用，大多数低于 2.5 米的简易机焦炉环保措施不健全，煤气放空，特别是少数非法经营的小土焦炉消耗优质煤炭，生产劣质产品，大量烟尘废气废水造成周边环境的严重污染。这些高能耗、高排放的落后工艺和装备对能源供给和地方环境治理带来巨大压力。

（三）很大一部分企业属于违规建设，违规生产

1999 年经国务院批准原国家经贸委发布的产业政策，明确要求淘汰工艺落后、不符合环保和节能要求的小型电石、铁合金生产设备及土焦炉，禁止新建任何电石、铁合金生产装置和炭化室高度 4 米以下的机焦炉。通过清理汇总统计，三个行业中近半数企业是 1999 年后违规建设的，许多企业仍采用了国家明令淘汰的落后工艺设备。部分企业虽然办理了工商注册登记，但是没有经过规范的环境评价和环境保护部门的排放达标确认，少数企业未经任何审批程序，完全属于非法建设和经营。

（四）对三个行业发展缺乏统筹规划

目前大部分地方缺乏结合本地区资源、交通、环境承载力的全面分析，对高能耗行业发展研究制订科学的总体规划，更缺乏有效的引导和规范措施，一些县市政府部门对来自各方面的投资采取鼓励、支持的态度，致使出现重复建设严重，企业数量多，生产规模小，布局分散，总体水平落后，生产和资源利用效率不高的低水平扩张状况，对地方资源合理可持续利用、环境保护和生态平衡都带来严重影响。

（五）部分地区的清理整顿工作有待进一步深入

各地贯彻执行国务院有关清理整顿措施过程中，少数地区行动迟缓，治理不到位，一些应关闭、淘汰的企业只是列入整改范围，一些应予废毁的设备未能有效拆毁，存在复燃可能；部分在建项目没有按要求停建；一些企业虽然配套了环保除尘设施，但是缺乏持续有效的监督管理；部分地区企业规模小，布局分散，余热、煤气和废渣尚未得到有效利用。

各地政府和有关主管部门要高度重视这些矛盾和问题，进一步统一和提高认识，把规范高能耗行业的发展作为树立和落实科学发展观的一项重要内容，作为确保国民经济实现可持续发展的重要举措，结合本地区实际进行深入研究，贯彻国家宏观调控措施，继续强化电石、铁合金和焦炭三个行业的清理整顿工作，巩固清理整顿成果，把优化结构、节约资源、保护环境作为地方经济发展过程中的一项长期任务，不折不扣地执行国家各项政策措施，务求取得实效，防止反弹。

二、对清理的建设项目区别对待，妥善处理

（一）5 000 kVA 以下的电石炉、3 200 kVA 及以下的铁合金矿热炉（特种铁合金电炉除外）和 100 立方米以下的铁合金高炉，敞开式电石炉、土焦炉（含各种改良焦炉）要坚决依法淘汰并进行废毁处理，绝不允许以任何理由保留和恢复。

（二）对 1999 年后建成的项目，各地清理整顿领导小组要进一步组织清查。符合国家产业政策，但审核手续不健全或有违规审核行为的项目，要按照国家有关规定重新进行审核，补办相关手续，并追究相关人员的责任；项目手续齐全，并配套了有效环保和综合利用设施，经省级主管部门验收合格后可继续运营；未能配套有效的环保和综合利用设备的项目，主管部门和环保执法部门要加强监督检查，限期整改，合格后方可运营，逾期不能达标的，应予关闭；对违反国家产业政策的建设项目，一律依法关停。

（三）对在建的项目，符合产业政策和项目管理程序的，可在严格执行环保、节能标准条件下，继续完成建设；符合产业政策但违反项目管理程序的建设项目，要由省级清理整顿领导小组逐项进行审核，达到相关管理要求后方可继续建设；国家产业政策明令淘汰的项目一律停止建设。

（四）对拟建项目，要严格按照国家产业政策、项目管理程序和国家发展改革委发布的三个行业准入条件进行审核，符合要求后方可进行投资建设。

在处理淘汰、关闭企业的过程中，各地要采取有效措施，妥善安排富余人员，避免激化矛盾，影响社会稳定。

三、进一步规范电石、铁合金、焦炭行业的健康发展

（一）认真贯彻执行行业准入条件

为了有效遏制三个行业的低水平盲目扩张，促进产业结构升级，规范市场竞争秩序，国家发展改革委组织行业协会、科研、设计和企业人员制定了三个行业的准入条件，已经以国家发展改革委公告第 76 号发布执行。各地要认真宣传和严格贯彻这些行业准入条件，有关部门在对相关建设项目进行投资管理、环境评价、土地供应、信贷融资、电力供给等行政审核时，要以行业准入条件为依据，严把市场准入关。

（二）加强对三个行业的统筹规划和总量控制

各地政府和行业主管部门要切实树立和落实科学发展观，组织人员对本地资源、电力、交通、环境，以及国内外市场发展趋势进行深入研究分析，统筹制定包括发展总量、地区布局、企业规模、装备水平、综合利用、污染治理等内容的行业规划，把现有资源和长远发展纳入统一规划中，综合运用行业规划、技术改造、环境监督等措施严格控制总量，合理调整布局，发展优势企业，减少企业数量，优化产业结构。引导和促进高能耗企业集中建设和经营，统筹建设排放处理和资源综合利用设施，延长产业链，发展循环经济，确保社会与经济、人与自然的和谐发展。

（三）建立必要的督察、监控长效机制

各地要在清理整顿工作的基础上，进一步加强日常监管。行业主管部门要及时了解和掌握本地区三个行业的发展状况，组织环保、质监、工商、安全等有关部门建立定期核查企业设备运转和排放控制状况的督察制度，形成长效机制。综合利用环保、安全、土地、供电、运输、信贷等手段进行监管和调控，对恢复或在新建项目中采用国家产业政策明令淘汰的设备，要立即取缔；对不能规范运行设备，相关指标不能达到规定标准的企业，要停产整改；认真执行国家差别电价政策，提高生产高耗能产品企业的电价，强化市场竞争，抑制盲目发展；建立和完善行政执法监督机制与行政过错责任追究制度，提高行政执法的效率。

（四）加强信息引导和行业自律

充分发挥行业协会对行业的指导、协调和自律作用。三个行业协会作为政府和企业间的桥梁和纽带，应积极协助政府推进行业结构调整，在行业中积极宣传国家产业政策，贯彻行业准入条件，汇集和发布行业生产、技术和市场信息，引导企业合理经营，推广新技术，指导企业进行整改，达到规定的标准和条件，约束企业行为，实现行业自律，促进行业健康、稳定和可持续发展。

关于严格控制新、扩建或改建1，1，1-三氯乙烷和甲基溴生产项目的通知

（2003年7月1日　国家环境保护总局办公厅文件　环办[2003]60号）

各省、自治区、直辖市环境保护局（厅），解放军环境保护局，新疆生产建设兵团环境保护局：

为保护臭氧层，国际社会制定了《关于消耗臭氧层物质的蒙特利尔议定书》（以下简称《议定书》）。我国于1991年6月加入了《议定书》伦敦修正案，2003年4月加入《议定书》哥本哈根修正案。1，1，1-三氯乙烷和甲基溴分别为《议定书》伦敦修正案和哥本哈根修正案所列受控消耗臭氧层物质，《议定书》规定缔约方必须自2003年1月1日起将1，1，1-三氯乙烷的年生产和消费量冻结在1998年到2000年三年的平均水平上，并逐年削减其生产量和消费量，最终至2015年1月1日完全停止1，1，1-三氯乙烷的生产和消费；自2005年1月1日起将甲基溴的生产和消费在冻结水平（1995年至1998年生产和消费的平均值）基础上削减20%，并到2015年1月1日完全停止甲基溴的生产和消费。为实现上述目标，我国必须严格控制1，1，1-三氯乙烷和甲基溴生产建设项目，现将有关要求通知如下：

一、自本通知印发之日起，各地不得新建、扩建或改建1，1，1-三氯乙烷和甲基溴生产装置。

二、自接到本通知之日起，各级环保部门不得批准1，1，1-三氯乙烷和甲基溴生产（线）建设项目环境影响报告书（表）。

三、违反上述规定建设的生产线，由地方环保部门报请同级人民政府责令其拆除。

四、各级环保部门应加强监督检查。对违反上述规定批准建设（扩建、改建）1，1，1-三氯乙烷和甲基溴生产建设项目的，发现违法行为不予查处，或者支持、包庇、纵容的，应依相关规定追究相关责任人的行政责任。

关于严格控制新（扩）建四氯化碳生产项目的通知

（2003 年 4 月 7 日 国家环境保护总局办公厅文件 环办[2003]28 号）

各省、自治区、直辖市环境保护局（厅），解放军环境保护局、新疆生产建设兵团环境保护局：

为保护臭氧层，国际社会制定了《关于消耗臭氧层物质的蒙特利尔议定书》（以下简称《议定书》）。我国于 1991 年 6 月加入了《议定书》（伦敦修正案）。四氯化碳是《议定书》所列受控消耗臭氧层物质，缔约方必须在规定的时间内控制并淘汰其生产和消费。为切实履行国际公约，我国制定了《中国逐步淘汰消耗臭氧层物质国家方案》，并与保护臭氧层多边基金执委会签订了《关于四氯化碳和化工助剂淘汰协定》。承诺通过实施生产配额许可证制度，逐步削减并淘汰作为生产氯氟烃类物质（CFCs）主要原料及作为助剂、清洗剂的四氯化碳。为实现该目标，必须严格控制四氯化碳生产建设项目，现将有关要求通知如下：

一、自本通知发布之日起，各地不得新建、扩建或改建四氯化碳单产装置。

二、已有的副产四氯化碳生产建设项目，必须由项目所属单位向国家环境保护总局书面承诺，自行采取措施对四氯化碳进行无害化处置（包括销毁），确保四氯化碳产量为零。附件列出了生产过程中产生四氯化碳的产品。

三、自接到本通知之日起，各级环保部门不得批准四氯化碳单产装置（线）建设项目环境影响报告书（表）。副产四氯化碳装置（线）建设项目需由项目所属单位向国家环境保护总局书面承诺其处置方式后，方可由各级环保部门批准。

四、违反上述规定建设的生产装置（线），由地方环保部门报请同级人民政府责令其拆除。

五、各级环保部门应加强监督检查，违反上述规定批准建设（扩建、改建）四氯化碳生产建设项目的，发现违法行为不予查处，或者支持、包庇、纵容的，按照相关规定给予责任人行政处分。

附件：生产过程中产生四氯化碳的产品

1．甲烷氯化物：包括采用甲醇法和天然气热氯化法，生产一氯甲烷、二氯甲烷和三氯甲烷，副产四氯化碳；二硫化碳氯化法单产四氯化碳等；

2．四氯乙烯（四氯乙烯和四氯化碳联产）：包括 C1～C3 烃的全氯化法和烃及含氯化物高压氯解法等。

七

其 他

造纸产业发展政策

（2007年10月15日　中华人民共和国国家发展和改革委员会公告　2007年第71号）

前　言

造纸产业是与国民经济和社会事业发展关系密切的重要基础原材料产业，纸及纸板的消费水平是衡量一个国家现代化水平和文明程度的标志。造纸产业具有资金技术密集、规模效益显著的特点，其产业关联度强，市场容量大，是拉动林业、农业、印刷、包装、机械制造等产业发展的重要力量，已成为我国国民经济发展的新的增长点。造纸产业以木材、竹、芦苇等原生植物纤维和废纸等再生纤维为原料，可部分替代塑料、钢铁、有色金属等不可再生资源，是我国国民经济中具有可持续发展特点的重要产业。

目前，我国造纸工业企业3 600家，能力约7 000万吨，纸及纸板产量达5 600万吨，消费量达5 930万吨，生产量和消费量均居世界第二位，已成为世界造纸工业生产、消费和贸易大国。“十五”期间我国造纸工业进入快速发展期，其主要特点：一是政策环境基本建立，林纸一体化发展形成共识；二是生产消费快速增加，行业运行质量显著提高；三是原料结构有所改善，产品结构进一步优化；四是企业重组力度加大，产业集中度有所提高；五是污染防治初见成效，资源消耗进一步降低。但同时我国造纸产业也面临资源约束、环境压力等问题，主要表现在：一是规模不合理，规模效益水平低；二是优质原料缺口大，对外依存度高；三是资源消耗较高，污染防治任务艰巨；四是装备研发能力差，先进装备依靠进口；五是外商投资结构有待优化，统筹协调发展任务紧迫。

近年来，世界造纸产业技术进步发展迅速，由于受到资源、环境等方面的约束，造纸企业在节能降耗、保护环境、提高产品质量、提高经济效益等方面加大工作力度，正朝着高效率、高质量、高效益、低消耗、低排放的现代化大工业方向持续发展，呈现出企业规模化、技术集成化、产品多样化、生产清洁化、资源节约化、林纸一体化和产业全球化发展的趋势。

发展我国造纸产业，必须坚持循环发展、环境保护、技术创新、结构调整和对外开放的基本原则，坚决贯彻落实科学发展观和走新型工业化道路的要求；进一步完善市场环境，加大自主创新，转变发展模式，加快企业重组，加大环境整治力度；促进林纸一体化建设，继续推进《全国林纸一体化工程建设“十五”及2010年专项规划》的实施；以企业为核心，以市场为导向，促进产、学、研、用相结合，提高制浆造纸装备国产化水平；更好体现造纸产业循环经济的特点，推进清洁生产，节约资源，关闭落后草浆生产线，减少污染，贯彻可持续发展方针；全面构建装备先进、生产清洁、发展协调、增长持续、循环节约、竞争有序的现代造纸产业，进一步适应国民经济发展的要求和世界经济一体化的形势。

根据完善社会主义市场经济体制改革的要求，结合相关法律法规，制定本产业发展政策，以建立公平的市场秩序和良好的发展环境，解决造纸产业发展中存在的问题，指导产业健康发展。

第一章　政策目标

第一条　通过政策的制定，建立充分发挥市场配置资源，辅之以政府宏观调控的产业发展新机制。

第二条　坚持改革开放，贯彻落实科学发展观，走新型工业化道路，发挥造纸产业自身具有循环经济特点的优势，实施可持续发展战略，建设中国特色的现代造纸产业。适度控制纸及纸板项目的建设，到 2010 年，纸及纸板新增产能 2 650 万吨，淘汰现有落后产能 650 万吨，有效产能达到 9 000 万吨。

第三条　通过产业布局、原料结构、产品结构、企业结构的调整，逐步形成布局合理、原料适合国情、产品满足国内需求、产业集中度高的新格局，实现产业结构优化升级。

第四条　加大技术创新力度，形成以企业为主体、市场为导向、产学研用相结合的技术创新体系，培育高素质人才队伍，研发具有自主知识产权的先进工艺、技术、装备及产品，培育一批制浆造纸装备制造龙头企业，提高我国制浆造纸装备研发能力和设计制造水平。

第五条　转变增长方式，增强行业和企业社会责任意识，严格执行国家有关环境保护、资源节约、劳动保障、安全生产等法律法规。到 2010 年实现造纸产业吨产品平均取水量由 2005 年 103 立方米降至 80 立方米、综合平均能耗（标煤）由 2005 年 1.38 吨降至 1.10 吨、污染物（COD）排放总量由 2005 年 160 万吨减到 140 万吨，逐步建立资源节约、环境友好、发展和谐的造纸产业发展新模式。

第六条　明确产业准入条件，规范投融资行为和市场秩序，建立公平的竞争环境。

第二章　产业布局

第七条　造纸产业布局要充分考虑纤维资源、水资源、环境容量、市场需求、交通运输等条件，发挥比较优势，力求资源配置合理，与环境协调发展。

第八条　造纸产业发展总体布局应“由北向南”调整，形成合理的产业新布局。

第九条　长江以南是造纸产业发展的重点地区，要以林纸一体化工程建设为主，加快发展制浆造纸产业。

东南沿海地区是我国林纸一体化工程建设的重点地区；

长江中下游地区在充分发挥现有骨干企业积极性的同时，要加快培育或引进大型林纸一体化项目的建设主体，逐步发展成为我国林纸一体化工程建设的重点地区；

西南地区要合理利用木、竹资源，变资源优势为经济优势，坚持木浆、竹浆并举；

长江三角洲和珠江三角洲地区，特别要重视利用国内外木浆和废纸等造纸，原则上不再布局利用本地木材的木浆项目。

第十条　长江以北是造纸产业优化调整地区，重点调整原料结构、减少企业数量、提高生产集中度。

黄淮海地区要淘汰落后草浆产能，增加商品木浆和废纸的利用，适度发展林纸一体化，控制大量耗水的纸浆项目，加快区域产业升级，确保在发展造纸产业的同时不增加或减少水资源消耗和污染物排放；

东北地区加快造纸林基地建设，加大现有企业改造力度，提高其竞争力，原则上不再布局新的制浆造纸企业；

西北地区要通过龙头企业的兼并与重组，加快造纸产业的整合，严格控制扩大产能。

第十一条 重点环境保护地区、严重缺水地区、大城市市区，不再布局制浆造纸项目，禁止严重缺水地区建设灌溉型造纸林基地。

第三章 纤维原料

第十二条 充分利用国内外两种资源，提高木浆比重、扩大废纸回收利用、合理利用非木浆，逐步形成以木纤维、废纸为主，非木纤维为辅的造纸原料结构。到 2010 年，木浆、废纸浆、非木浆结构达到 26%、56%、18%。

第十三条 加快推进林纸一体化工程建设，大力发展木浆，鼓励利用木材采伐剩余物、木材加工剩余物、进口木材和木片等生产木浆，合理进口国外木浆。到 2010 年，力争实现建设造纸林基地 500 万公顷、新增木浆生产能力 645 万吨的目标。

第十四条 鼓励现有林场及林业公司与国内制浆造纸企业共同建设造纸原料林基地。企业建设造纸林基地要符合国家林业分类经营、速生丰产林建设规划和全国林纸一体化专项规划的总体要求，并且必须符合土地、生态、水土保持和环境保护等相关规定。

第十五条 鼓励发展商品木浆项目。依靠国内市场供应木材原料的制浆项目必须同时规划建设造纸林基地或者先行核准其中的造纸原料林基地建设项目。不得以未经核准的林纸一体化项目的名义单独建设或圈占造纸林基地。承诺依靠国外市场供应木材原料的制浆项目要严格履行承诺。

第十六条 支持国内有条件的企业到国外建设造纸林基地和制浆造纸项目。

第十七条 加大国内废纸回收，提高国内废纸回收率和废纸利用率，合理利用进口废纸。尽快制定废纸回收分类标准，鼓励地方制定废纸回收管理办法，培育大型废纸经营企业，建立废纸回收交易市场，规范废纸回收行为。到 2010 年，使我国国内废纸回收率由目前的 31%提高至 34%，国内废纸利用率由 32%提高至 38%。

第十八条 坚持因地制宜，合理利用非木纤维资源。充分利用竹类、甘蔗渣和芦苇等资源制浆造纸，严格控制禾草浆生产总量，加快对现有禾草浆生产企业的整合，原则上不再新建禾草化学浆生产项目。

第十九条 限制木片、木浆和非木浆出口，在取消出口退税的基础上加征出口关税。

第四章 技术与装备

第二十条 坚持引进技术和自主研发相结合的原则。跟踪研究国际前沿技术，发展具有自主知识产权的先进适用技术和装备。鼓励原始创新、集成创新、引进消化吸收再创新。建立国家造纸工程研究中心和国家认定造纸企业技术中心，支持重点科研机构、设计单位、造纸企业、装备制造企业联合开展技术开发和研制，支持行业关键、共性技术成果服务平台与信息网络建设。组织实施重大装备本地化项目，提高技术与装备制造水平。

第二十一条 制浆造纸装备研发的重点为：年产 30 万吨及以上的纸板机成套技术和设备；幅宽 6 米左右、车速每分钟 1 200 米、年产 10 万吨及以上文化纸机；幅宽 2.5 米、车速每分钟 600 米以上的卫生纸机成套技术和设备；年产 10 万吨高得率、低能耗的化学机械木浆成套技术及设备；年产 10 万吨及以上废纸浆成套技术和设备；非木材原料制浆造纸新工艺、新技术和新设备的开发与研究，特别是草浆碱回收技术和设备的开发；以及节水、节能技术和设备。要在现有基础上，加大自主创新力度，尽快形成自主知识产权，实现成套装备国产化。

第二十二条 造纸产业技术应向高水平、低消耗、少污染的方向发展。鼓励发展应用高得率制浆技术，生物技术，低污染制浆技术，中浓技术，无元素氯或全无氯漂白技术，低能耗机械制浆技术，高效废纸脱墨技术等以及相应的装备。优先发展应用低定量、高填料造纸技术，涂布加工技术，中性造纸技术，水封闭循环技术，化学品应用技术以及宽幅、高速造纸技术，高效废水处理和固体废物回收处理技术。

第二十三条 淘汰年产 3.4 万吨及以下化学草浆生产装置、蒸球等制浆生产技术与装备，以及窄幅宽、低车速的高消耗、低水平造纸机。禁止采用石灰法制浆，禁止新上项目采用元素氯漂白工艺（现有企业应逐步淘汰）。禁止进口淘汰落后的二手制浆造纸设备。

第二十四条 调整制浆造纸装备制造企业结构，培育大型制浆造纸装备制造集团或联合体，建立研究、开发、设计、制造、集成平台，提高成套装备研发和集成能力，鼓励国外设备制造商采用先进技术与国内制浆造纸装备制造企业合资合作，促进装备国产化。

第五章 产品结构

第二十五条 适应市场需求，形成多样化的纸及纸板产品结构。整合现有资源，对消耗高、质量差的低档产品，加快升级换代步伐。

第二十六条 研究开发低定量、功能化纸及纸板新产品，重点开发低定量纸及纸板、含机械浆的印刷书写纸、液体包装纸板、食品包装专用纸、低克重高强度的瓦楞原纸及纸板等产品，积极研发信息用纸、国防及通信特种用纸、农业及医疗特种用纸等，增加造纸品种。

第二十七条 适时修订《环境标志产品技术要求——再生纸制品》，鼓励造纸企业扩大利用废纸生产新闻纸、印刷书写用纸、办公用纸，包装纸板等再生纸产品。

第二十八条 鼓励企业加大品牌创新力度，实施名牌战略。

第六章 组织结构

第二十九条 建立现代企业制度，完善产业组织形式，改变制浆造纸企业数量多、规模小、布局分散的局面，形成大型企业突出、中小企业比例合理的产业组织结构。

第三十条 支持国内企业通过兼并、联合、重组和扩建等形式，发展 10 家左右 100 万吨至 300 万吨具有先进水平的制浆造纸企业，发展若干家年产 300 万吨以上跨地区、跨部门、跨所有制的、具有国际竞争力的大型制浆造纸企业集团。

第三十一条 在新建大型木浆生产企业的同时，加快整合现有木浆生产企业，关停规模小、技术落后的木浆生产企业。鼓励发展若干大中型商品木浆生产企业或企业集团；充分利用竹子资源，支持发展一批年产 10 万吨以上的竹浆生产企业；改变小型废纸浆造纸企业数量过多的现状，促进中小型废纸浆造纸企业扩大规模，提高集中度；原则上不再兴建化学草浆生产企业。

第三十二条 中小型造纸企业要向“专、精、特、新”方向发展，淘汰产品质量差、资源消耗高、环境污染重的小企业，减少小企业数量。

第三十三条 企业组织结构调整，坚持股权多元化，防止恶意并购，避免行业垄断。

第三十四条 努力提高产业集中度水平，到 2010 年，排名前 30 名的制浆造纸企业纸及纸板产量之和占总产量的比重由目前的 32%提高至 40%。

第七章 资源节约

第三十五条 贯彻执行国务院《关于加快发展循环经济的若干意见》，按照减量化、再利用、资源化的原则，提高水资源、能源、土地和木材等使用效率，转变增长方式，建设资源节约型造纸产业。

第三十六条 增强全行业节水意识，大力开发和推广应用节水新技术、新工艺、新设备，提高水的重复利用率。在严格执行《造纸产品取水定额》的基础上，逐步减少单位产品水资源消耗。新建项目单位产品取水量在执行取水定额“A”级的基础上减少 20%以上，目前执行“B”级取水定额的企业 2010 年底按“A”级执行。

第三十七条 严格执行《水法》、《取水许可和资源费征收管理条例》和《取水许可制度实施办法》等有关法律法规的规定，实行取水许可制度和水资源有偿使用制度，全面推行总量控制和定额管理，加强水资源的合理开发、节约和保护。

第三十八条 鼓励企业采用先进节能技术，改造、淘汰能耗高的技术与装备，充分发挥制浆造纸适宜热电联产的有利条件，提高能源综合利用效率。

第三十九条 执行最严格的土地管理制度，节约、集约使用土地。严格执行《水土保持法》有关规定，防止水土流失。

第八章 环境保护

第四十条 严格执行《环境保护法》、《水污染防治法》、《环境影响评价法》、《清洁生产促进法》等法律法规，坚持预防为主、综合治理的方针，增强造纸行业的环境保护意识和造纸企业的社会责任感，健全环境监管机制，加大环境保护执法力度，完善污染治理措施，适时修订《造纸产业水污染物排放标准》，严格控制污染物排放，建设环境友好型造纸产业。

第四十一条 大力推进清洁生产工艺技术，实行清洁生产审核制度。新建制浆造纸项目必须从源头防止和减少污染物产生，消除或减少厂外治理。现有企业要通过技术改造逐步实现清洁生产。要以水污染治理为重点，采用封闭循环用水、白水回用，中段废水处理及回收、废气焚烧回收热能、废渣燃料化处理等“厂内”环境保护技术与手段，加大废水、废气和废渣的综合治理力度。要采用先进成熟废水多级生化处理技术、烟气多电场静电除尘技术、废渣资源化处理技术，减少“三废”的排放。

第四十二条 制浆造纸废水排放要实行许可证管理，严格执行国家和地方排放标准及污染物总量控制指标。全面建设废水排放在线监测体系，定期公布企业废水排放情况。制定激励政策，鼓励达标企业加大技术改造和工艺改进力度，进一步减少水污染物排放。依法责令未达标企业停产整治，整改后仍不达标或超总量指标的企业要依法关停。

第四十三条 实行环境指标公告和企业环保信息公开制度，鼓励公众参与并监督企业环境保护行为，积极推行环境认证、环境标识和环境保护绩效考核制度，严格实行环境执法责任制度和责任追究制度。

第四十四条 造纸林基地建设要注重生态保护，加强环境影响评价工作，遵循林业分类经营原则，应用高新技术手段，科学造林，保护生物多样性，严禁毁林造林，防止水土流失。

第九章 行业准入

第四十五条 进入造纸产业的国内外投资主体必须具备技术水平高、资金实力强、管理经验丰富、信誉度高的条件。企业资产负债率在 70%以内，银行信用等级 AA 级以上。

第四十六条 制浆造纸重点发展和调整省区应编制造纸产业中长期发展规划，其内容必须符合国家造纸产业发展政策的总体要求，并报国家投资主管部门备案。大型制浆造纸企业集团应根据国家造纸产业发展政策编制企业中长期发展规划，并报国家投资主管部门备案。

第四十七条 造纸产业发展要实现规模经济，突出起始规模。新建、扩建制浆项目单条生产线起始规模要求达到：化学木浆年产 30 万吨、化学机械木浆年产 10 万吨、化学竹浆年产 10 万吨、非木浆年产 5 万吨；新建、扩建造纸项目单条生产线起始规模要求达到：新闻纸年产 30 万吨、文化用纸年产 10 万吨、箱纸板和白纸板年产 30 万吨、其他纸板项目年产 10 万吨。薄页纸、特种纸及纸板项目以及现有生产线的改造不受规模准入条件限制。

第四十八条 单一企业（集团）单一纸种国内市场占有率超过 35%，不得再申请核准或备案该纸种建设项目；单一企业（集团）纸及纸板总生产能力超过当年国内市场消费总量的 20%，不得再申请核准或备案制浆造纸项目。

第四十九条 新建项目吨产品在 COD 排放量、取水量和综合能耗（标煤）等方面要达到先进水平。其中漂白化学木浆为 10 千克、45 立方米和 500 千克；漂白化学竹浆为 15 千克、60 立方米和 600 千克；化学机械木浆为 9 千克、30 立方米和 1 100 千克；新闻纸为 4 千克、20 立方米和 630 千克；印刷书写纸为 4 千克、30 立方米和 680 千克。

第十章　投资融资

第五十条　严格执行国务院《关于投资体制改革的决定》及相关的管理办法、《促进产业结构调整暂行规定》及指导目录、《指导外商投资方向规定》及指导目录。

第五十一条　严格执行项目法人制度、资本金制度和招投标制度。内资项目资本金依照《国务院关于固定资产投资项目试行资本金制度的通知》执行；外资项目注册资金依照《国家工商行政管理局关于中外合资经营企业注册资本与投资总额比例的暂行规定》执行。

第五十二条　鼓励国内企业兼并、收购和重组国内制浆造纸企业和装备制造企业。外商投资企业发生上述行为应按照国家有关外商投资的法律法规及规章的规定办理。

第五十三条　加大投资监管，对违规审批、自行审批、拆分审批、擅自更改批复或备案内容等行为，撤销项目法人投资项目的资格，并追究相关当事人的行政责任。

第五十四条　支持具备条件的制浆造纸企业通过公开发行股票和发行企业债券等方式筹集资金。国内金融机构特别是政策性银行应优先给予国内大型骨干制浆造纸企业建设项目融资支持。对违规项目，金融机构不得提供贷款。

第十一章　纸品消费

第五十五条　按照建设节约型社会的要求，造纸产业在发展的同时，应积极倡导纸及纸板产品的合理消费，在全社会建立节约用纸的意识。

第五十六条　适时修订造纸产品标准，改变目前社会过度追求高白度等指标的纸产品消费倾向，以节约资源，减少污染，引导理性、绿色消费。

第五十七条　政府采购根据实际用途，在满足基本需求的前提下，要优先采购使用掺有一定比例废纸生产的纸产品；积极推进办公自动化，减少办公环节纸制品的消耗。

第五十八条　新闻出版业在保证健康发展的同时，要合理控制报刊、期刊的发行规模；积极发展以数字化内容、数字化生产和网络化为主要特征的新媒体；严格执行国家技术标准，控制课本用纸克重；鼓励一般图书和期刊的出版降低用纸克重。

第五十九条　倡导节约型模式，实现包装材料和制品的轻量化和减量化生产。在包装制品的设计和生产过程中，鼓励利用掺有废纸的纸及纸板生产包装制品；对于运输包装用纸箱，要发展“低克重、高强度”的瓦楞原纸和纸板；对于销售包装用纸箱和纸盒，降低包装成本，倡导适度包装，避免过度包装。

第六十条　适度加大国内市场需求的纸及纸板进口量，缓解国内造纸原料过度依赖国际市场的局面。

第十二章　其　他

第六十一条　维护国内公平市场秩序，建立造纸产品进出口预警机制，避免贸易纠纷。

第六十二条　加强人才队伍建设，支持企业培养和吸引科技创新人才以及高级管理人才，全面提高企业职工素质。

第六十三条 充分发挥行业协会等中介机构作为政府与企业的桥梁作用，加强产业发展问题的分析与研究，反映产业发展情况，提出产业发展建议。

第六十四条 本产业政策涉及相关的法律、法规、政策、标准等如有修订，按修订后的规定执行。

第六十五条 本产业政策自发布之日起实施，由国家发展改革委负责解释。

附件 1：

我国造纸工业现状及主要问题

一、基本情况

我国已成为世界造纸产品的主要生产国和消费国，同时也是世界造纸产品主要进口国，产品自给率达 88.7%，基本上满足国内新闻出版、印刷、商品包装等相关行业的消费需求。我国纸及纸板生产企业有 3 600 家左右，生产能力约 7 000 万吨。2005 年我国规模以上纸及纸板企业工业总产值 2 622 亿元，较 2000 年增长 146.7%，年均增长 19.8%；资产总计 3 228 亿元，较 2000 年增长 61.9%，年均增长 10.1%；销售收入 2 546 亿元，较 2000 年增长 152.1%，年均增长 20.0%。“十五”期间，我国造纸工业进入快速发展期，主要呈现以下特点。

（一）政策环境基本建立，林纸一体化发展形成共识

“十五”期间，国家有关部委将纸浆、纸及纸板列入国家《产业结构调整指导目录》和《外商投资产业指导目录》中的鼓励类；为调整不合理的造纸原料结构，解决造纸业可持续发展的瓶颈问题，国务院批准了《关于加快造纸工业原料林基地建设的若干意见》和《全国林纸一体化工程建设“十五”及 2010 年专项规划》。通过规划的宣传和贯彻落实，全社会逐步形成了林纸一体化发展的共识。随着一批林纸一体化工程项目的有序实施，造纸工业发展进入了一个新的发展期。

（二）生产消费快速增加，行业运行质量显著提高

“十五”期间我国纸及纸板消费和生产快速增长，生产量增长速度高于消费量增速，有效地满足了需求。2005 年我国纸及纸板消费量为 5 930 万吨，比 2000 年增长 65.9%，年均增长 10.7%，人均年消费量从 27.8 千克增长为 45.0 千克，超出亚洲人均消费量约 10 千克，但与世界人均消费量的 56.3 千克相比仍有相当大的差距；生产量达 5 600 万吨，比 2000 年增长 83.6%，年均增长 12.9%。“十五”期间造纸工业运行质量显著提高。纸及纸板总产值为 2 622 亿元，比 2000 年增长 146.7%，年均增长 19.8%；增加值由 358 亿元增至 727 亿元，增长 103.1%，年均增长 15.2%；利税总额由 95.7 亿元增至 225.2 亿元，增长 135.4%，年均增长 18.7%；利润总额由 43.9 亿元增至 123.2 亿元，增长 180.6%，年均增长 22.9%；实物劳动生产率由 29.6 吨/（人·年）提高至 73.4 吨/（人·年），年均增长 19.9%。

（三）原料结构有所改善，产品结构进一步优化

“十五”期间，我国造纸工业充分利用国内外两种资源，原料结构进一步优化。木浆比重有所提高，由 19%提高至 22%；废纸浆比重快速增长，由 41%提高至 54%，非木浆比重下降幅度较大，由 40%降至 24%。“十五”期间通过调整，纸及纸板产品开始向适应消费需求，由数量型向质量型转变。新闻纸、高档文化办公用纸、涂布纸及涂布包装纸板、牛皮箱纸板、中高档生活用纸等市场急需或短缺的产品得到较快发展，缓解了供需矛盾。中高档产品比重由“九五”时期的 45%提高到 60%以上。

（四）企业重组力度加大，产业集中度有所提高

“十五”期间我国造纸企业重组力度加大，多个有实力的企业在全国范围内进行跨省跨地区收购兼并，向集团化、特色化、多元化方向发展，一批生产技术装备先进、产品信誉好、具有资源整合能力和较强竞争力的现代化造纸企业脱颖而出。目前在深、沪两地上市的造纸企业有 26 家，一批龙头企业通过股市融资得到快速发展。与此同时，民营、外资企业的市场占有率和行业影响力不断提高，已成为我国造纸业稳定发展的生力军，形成多元化竞争格局。2005 年，年产 10 万吨以上造纸企业 90 余家，其中年产能 30 万吨以上造纸企业 25 家，年产能 100 万吨以上的造纸企业 7 家，行业前二十名企业的产量、销售收入、利税总额占规模以上全部企业上述指标的比重分别为 29.2%、32.6%和 41.9%。“十五”期间，前二十名企业产量增加量占总产量增加量的 44.1%，并呈逐步扩大趋势。

（五）污染防治初见成效，资源消耗进一步降低

“十五”期间，我国造纸企业积极实施清洁生产，加大环境治理力度，环保部门加大了环境监测和对污染问题的查处力度，关停了 1 500 多家能耗高、污染大的制浆造纸企业。在产量增长高达 83.6%的情况下，行业废水排放总量仅由 2000 年的 35.3 亿吨略增至 2005 年的 36.7 亿吨，占全国重点统计企业废水排放总量的比例则由 18.6%降至 17.0%，其中达标率由 53.7%增至 91.3%；化学需氧量（COD）排放量由 287.7 万吨降至 159.7 万吨，占全国重点统计企业化学需氧量排放总量的比例由 44.0%降至 32.4%。造纸行业的环境污染问题得到了较大程度的缓解，发展势头良好。“十五”期间，我国造纸工业的资源消耗有所降低，吨浆、纸及纸板平均综合能耗由 1.55 吨标煤降至 1.38 吨标煤，吨浆、纸及纸板取水量平均由 139 吨降至约 103 吨。由于加大了废纸回收利用，吨纸及纸板消耗原生纸浆由平均 541 千克降至 427 千克。

二、存在的主要问题

（一）规模不合理，规模效益水平低

2005 年世界木浆厂（不含中国）平均规模为 20 万吨，我国拥有木浆制浆能力的企业 50 余家，平均规模仅为年产 10 万吨，达到世界平均规模的企业只有 4 家。世界造纸企业（不含中国）平均规模为年产 8 万吨，我国造纸企业平均规模仅为 1.9 万吨，达到世界平均规模的企业只有 80 余家。与世界前十位的纸业公司比较，我国前十名的造纸企业产量总计仅为其 1/10，销售额总计仅为其 4%。总体而言，目前我国制浆造纸工业大型集团少、强势企业少，大部分制浆造纸企业规模过小。这种状况使得企业的规模效益无法实现，限制了企业技术水平、装备水平、产品档次的提高和污染的有效防治。

（二）优质原料缺口大，对外依存度高

随着纸及纸板消费的增长和现代造纸工业产能的迅猛增加，国内纤维原料供需矛盾突出，缺口逐年增大。2005 年我国纸浆消费总量 5 200 万吨，其中木浆 1 130 万吨，非木浆 1 260 万吨，废纸浆 2 810 万吨，分别占纸浆消费总量的 22%、24%和 54%。国际造纸工业纸浆消费总量中原生木浆比重平均为 63%，而我国木浆消耗中国产木浆比例一直仅为 7%左右。从进口依存度看，2005 年我国进口木浆 759 万吨，进口废纸 1 703 万吨，进口木浆和进口废纸占原料总消耗量的比例由 2000 年的 22.6%提高到 40.8%。若将进口商品木浆、废纸折合成纸和纸板再加上直接进口的纸和纸板，我国 2005 年 5 930 万吨的

总消费中约 47%要依靠进口，影响造纸工业健康持续发展。林纸一体化发展虽已形成共识，但仍属于起步阶段。

（三）资源消耗较高，污染防治任务艰巨

造纸工业不合理的原料结构和规模结构以及较低的技术装备水平，决定了我国造纸工业的水、能源、物料的消耗较高并成为主要的污染源。就吨浆纸综合能耗和综合水耗来看，国际上先进水平为吨浆纸综合能耗 0.9～1.2 吨标煤，综合取水量 35～50 立方米，我国除少数企业或部分生产线达到国际先进水平外，大部分企业吨浆纸综合能耗平均为 1.38 吨标煤，综合取水量平均仍处于 103 立方米高位。

2005 年造纸工业废水排放量 36.7 亿吨，约占全国重点统计企业废水排放总量的 17.0%，COD 排放量 159.7 万吨，占全国重点统计企业 COD 排放总量的 32.4%。其中草浆生产线有碱回收装置的产量仅占草浆总产量的 30.0%，草类制浆 COD 排放量占整个造纸工业排放量的 60%以上，仍然是主要的污染源。我国造纸工业面临的环保压力依然很大、污染防治任务十分艰巨。

（四）装备研发能力差，先进装备依靠进口

“十五”期间，除了部分适合我国国情的非木纤维制浆技术及装备已达到国际先进水平外，我国制浆造纸技术装备的研究、开发、制造总体水平仍然较低。国内造纸企业与制浆造纸装备制造企业未能成为研发的主体，产、学、研、用未能形成合力，自主创新、集成创新和引进消化吸收再创新的能力很弱。制浆造纸技术装备研究主要以非木浆为主，装备制造业目前仅能提供年产 10 万吨漂白化学木（竹）浆及碱回收成套设备，年产 10 万吨以下文化纸机以及年产 20 万吨箱纸板机等中小型设备。技术水平与国外相比差距很大，大型先进制浆造纸技术装备几乎完全依靠进口。

（五）外资利用结构有待优化，统筹协调发展任务紧迫

“十五”期间，外资企业进入我国造纸产业，促进了结构调整、产品优化、管理水平提高，并缓解了资金压力。在当前我国木浆等造纸原料主要依靠进口，而国内企业在资金实力、管理经验、技术水平与国外大型造纸企业仍有较大差距的情况下，仍应合理利用外资，鼓励外资与中国企业共同在国内建设大型林浆纸一体化项目，鼓励外资企业从国外进口木片原料在国内制浆，加快淘汰小的落后的生产能力，同时防止出现垄断现象。

附件 2：

我国造纸工业面临的形势

一、世界造纸工业基本情况与发展趋势

（一）世界造纸产品和纸浆生产情况

2005 年世界造纸工业的纸及纸板产量为 3.67 亿吨，比 2000 年增长 13.3%，年均增长 2.5%。2005 年纸和纸板产量位居前 10 位的国家是美国、中国、日本、德国、加拿大、芬兰、瑞典、韩国、法国和意大利，产量合计占世界总产量的 72.4%。2005 年世界纸浆产量为 1.89 亿吨，比 2000 年增长 1.0%，年均递增 0.2%。其中化学浆占纸浆产量的 67.1%，机械浆占 18.9%。2005 年纸浆产量位居前 10 位的国家有美国、加拿大、中国、瑞典、芬兰、日本、巴西、俄罗斯、印尼和印度，产量合计占世界总产量的 82.3%。

（二）世界造纸产品和纸浆消费情况

2005 年世界纸和纸板消费量为 3.66 亿吨，比 2000 年增长 12.9%，年均递增 2.5%。人均纸及纸板年消费量为 56.3 千克，其中以北美人均消费水平最高，为 293.0 千克，亚洲和非洲最低，分别为 35.3 千克和 6.8 千克。2005 年世界纸浆消费量为 1.88 亿吨，比 2000 年下降 0.2 个百分点。纸浆消费格局：北美洲占 35.6%；欧洲占 29.1%；亚洲占 28.1%；拉丁美洲占 4.7%；大洋洲占 1.3%；非洲占 1.2%。亚洲已成为世界最大的商品纸浆输入地区。

（三）世界造纸工业贸易趋势

商品纸浆出口量较大的国家有加拿大、巴西、瑞典、智利、芬兰，2005 年上述五国纸浆净出口量约占世界商品纸浆总产量的 51.0%。2005 年纸浆进口较多的国家有中国、德国、意大利、韩国和日本，净进口量约占世界商品纸浆总产量的 42.0%。中国属净进口国，2005 年纸浆进口量约占世界商品纸浆总产量的 16%。在废纸贸易中，世界废纸进口量 4 156 万吨，出口量 3 990 万吨，净出口量 2 796 万吨。美国是世界最大的废纸供应国，2005 年美国净出口量 1 411 万吨。2005 年中国进口废纸 1 703 万吨，为世界第 1 位，占世界废纸出口量的 42.7%，占净出口量的 61%。

（四）世界造纸产品和纸浆需求趋势

根据世界经济发展趋势，“十一五”期间世界纸浆、纸及纸板需求总体仍呈增长趋势，预计纸浆年均递增 2%～2.5%，纸及纸板年均递增 2.5%～3.0%，到 2010 年世界纸浆需求量将由 2005 年的 1.88 亿吨增至 2.08 亿～2.13 亿吨。世界纸及纸板需求量将由 2005 年的 3.66 亿吨增至 4.15 亿～4.25 亿吨。从长期看，商品纸浆供应趋势在国际贸易中将是短线产品。从纸及纸板供应趋势来看，在国际贸易中需求增长较快的主要品种将是未涂布的化浆纸、涂布与未涂布的含机浆纸以及特种纸。

（五）世界造纸工业的发展特点

近年来，世界造纸工业技术进步发展迅速，由于受到资源、环境、效益等方面的约束，造纸企业立足在节能降耗、保护环境、提高产品质量、提高经济效益等方面加大力

度，正朝着高效率、高质量、高效益、低消耗、低排放的现代化大工业方向持续发展，呈现出企业规模化、技术集成化、产品多样化、功能化、生产清洁化、资源节约化、林纸一体化和产业全球化发展的突出特点。

二、我国造纸工业面临的形势

（一）我国造纸工业仍将保持较快增长

我国造纸工业发展与国民经济及社会发展密切相关，经济的发展将为我国造纸工业的发展提供有力支撑，根据纸及纸板消费量指数与GDP指数的相关性分析，并综合考虑影响国民经济发展的有关不确定因素和相关产业的发展前景，“十一五”期间，我国造纸工业仍将处于发展增长期，预计2005—2010年纸及纸板消费量的年均增长速度为7.5%，2010年纸及纸板的消费量将从2005年的5 930万吨增长到8 500万吨左右，国内自给率保持在90.0%左右，人均消费量由45千克增至62千克，超过目前世界人均消费水平。

（二）我国造纸工业资源短缺和环保约束压力增强

造纸工业的产业链条长、涉及面广，涉及水资源、水环境、林业、农业、能源、土地资源等诸多方面。面对我国资源短缺、环境问题日益突出的形势，造纸工业将按照科学发展观和循环经济的原则，创新发展模式，提高发展质量，在坚持发展的前提下，把“节水、节能、降耗、减污、增效”作为主攻目标，通过实施清洁生产、技术进步，使资源高效利用和循环利用，促进造纸工业实现可持续发展。

（三）造纸纤维原料供应矛盾日益突出

我国是世界最大的原生纸浆和废纸进口国，2005年纸浆进口量约占世界商品纸浆总产量的16%，废纸进口量占全球废纸净出口总量的61.0%。我国造纸工业未来的发展仍将很大程度依赖进口纤维原料，世界纤维原料的供应量和供应价格必将在相当程度上影响我国造纸工业的发展，切实保障纤维原料供应是我国造纸工业持续高速发展的关键。因此，积极推进林纸一体化，提高国内废纸回收率和科学合理利用非木材纤维，力争大幅度提高纤维原料的自给水平，是我国造纸工业发展面临的迫切任务。

附件 3：

名词解释

1．纸浆：经过制备的可供进一步加工的纤维物料（一般指来源于天然的植物）。

2．纸浆分类：按浆的原料来源可分为木浆、非木浆和废纸浆；按生产工艺，纸浆可分为化学浆、机械浆和化学机械浆等。

3．木浆：指以针叶木或阔叶木为原料，以化学的或机械的或两者兼有的方法所制得的纸浆。包括化学木浆、机械木浆和化学机械木浆等。

4．非木浆：指以禾本科茎秆纤维类（稻草、麦草、芦苇、甘蔗渣、竹子等）、韧皮纤维类（麻类和棉干皮、桑皮、构皮等皮层纤维类）、叶部纤维类（龙须草、剑麻等）和种毛纤维类（棉纤维）为原料，以化学的或机械的或两者兼有的方法所制得的纸浆。包括化学非木浆、化学机械非木浆等。

5．废纸浆：指以回收的废纸及废纸板为原料制得的纸浆。

6．化学浆：用化学方法处理植物纤维原料，从植物纤维原料中除去相当大一部分非纤维素成分而制得的纸浆，不需要为了达到纤维分离而进行随后的机械处理。

7．机械浆：完全用机械的方法从不同的植物纤维原料（主要为木材原料）制得的供制造纸及纸板用的纸浆。如压力磨石磨木浆（PGW），木片热磨机械浆（TMP），爆破法纸浆。

8．化学机械浆：采用化学预处理结合机械的方法，从不同的植物纤维原料（主要为木材原料）制得的供制造纸及纸板用的纸浆。如化学机械浆（CMP）、化学预处理木片磨木浆（CTMP）、漂白化学热磨机械浆（BCTMP）、碱性过氧化物机械浆（APMP）。

9．商品纸浆：指在商品市场上经销出售的纸浆（一般加工成纸浆板），不包括企业自用的纸浆。

10．无元素氯漂白（简称 ECF 漂白）是指以二氧化氯替代元素氯作为漂白剂的漂白技术。

11．全无氯漂白（简称 TCF 漂白）是指整个漂白过程不采用任何含氯化合物的漂白技术，漂白剂主要是过氧化氢及臭氧等。

12．国内废纸回收率：是指用于制浆造纸工业的国内废纸回收量与纸及纸板消费量的百分比。

13．国内废纸利用率：是指用于制浆造纸工业的国内废纸回收量与纸及纸板生产量的百分比。

14．纸及纸板分类：通常是按用途将纸分为文化用纸（新闻纸、印刷书写用纸、复印纸、办公用纸等）；包装用纸（商用包装纸、纸袋纸、食品糖果包装用纸等）；生活用纸（卫生纸、卫生巾、面巾纸、餐巾纸、尿布纸等）和特种用纸（金融、建材、电气电力、微电子、国防、通讯、食品、医疗等所需要的功能性用纸）。将纸板分为包装用纸板（箱纸板、瓦楞原纸、白纸板等）；建筑用纸板（石膏纸板、隔音纸板、防火纸板、防水纸板等）；印刷用纸板（字型纸板、封面纸板、封套纸板、票证纸板等）和特种纸板（提花纸板、钢纸纸板、纺筒纸板、制鞋纸板、滤芯纸板、绝缘纸板、高温绝热纸板等）。

15．定量：纸或纸板每平方米的质量以 g/m^2 表示。通常定量小于 225 g/m^2 的被认为是纸，定量为 225 g/m^2 或以上的被认为是纸板。随着纸及纸板向低定量方向发展，区分纸及纸板主要是根据其特征及用途而定义。例如定量大于 225 g/m^2 的吸墨纸和图画纸通常被称做纸。低定量纸一般指定量低于 40 g/m^2。

16．市场份额：是指无论是内资还是外资、合资还是独资企业或集团，计算市场份额时，应包括其所有子公司的总生产能力，并非是该企业或集团单一子公司的生产能力。

关于进一步加强农药行业管理工作的通知

（2008 年 2 月 2 日　国家发展和改革委员会办公厅文件　发改办工业[2008]485 号）

各省、自治区、直辖市及计划单列市、新疆生产建设兵团发展改革委、经贸委（经委）、石化行业管理办公室：

为贯彻落实科学发展观和构建社会主义和谐社会的要求，保护生态环境、保障食品安全和人民身体健康，进一步加强农药行业管理工作。经研究，现将有关事项通知如下：

一、进一步提高新核准农药企业门槛。自 2008 年 3 月 1 日起，新开办的农药企业核准资金最低要求为：原药企业注册资金不低于 5 000 万元，投资规模不低于 5 000 万元（不含土地使用费），其中环保投资不低于投资规模的 15%；制剂（加工、复配）（包括鼠药、卫生用药）企业注册资金不低于 3 000 万元，投资规模不低于 2 000 万元（不含土地使用费），环保投资应不低于投资规模的 8%。不再受理分装企业、乳油和微乳剂制剂加工企业核准。制剂（加工、复配）企业新增原药生产，须重新核准。

二、严格核准考核。对《农药企业核准、延续核准考核要点（试行）》（发改办 20051191 号）进行修订，发布《农药企业核准、延续核准考核要点（修订）》。农药企业更名、搬迁参照延续核准考核要求执行。

三、进一步做好农药企业延续核准工作。调动和发挥地方农药行业管理部门的积极性和责任感，决定将制剂企业的延续核准工作由各省农药行业管理部门负责，报我委备案。企业更名由各省农药行业管理部门负责，报我委备案。我委主要抓好制剂企业的延续核准、企业更名工作的监督、抽查和指导工作。各省农药行业管理部门要严格按照《农药生产管理办法》和《农药企业核准、延续核准考核要点》等有关规定的要求，做好制剂企业的延续核准、企业更名工作。

四、加强农药企业日常管理。从 2008 年开始，我委将定期或不定期地在国家发展改革委网上公布已通过核准、延续核准、更名的农药生产企业名单，接受社会监督。

特此通知。

附件：

农药企业核准、延续核准考核要点（修订）

按照科学发展观和构建和谐社会的要求，为进一步促进农药产业结构调整和优化升级，推动农药行业健康有序地发展，更好地保护环境，保障从业人员的安全和身体健康，提高行业准入条件，特对《农药企业核准、延续核准考核要点》进行修订。

一、对农药生产企业的人员要求

（一）企业主要管理人员

农药原药生产企业应至少有二名，制剂（含加工、复配、鼠药制剂及卫生用药，下同）企业应至少有一名具有农化、化学、化工、药学或相关专业本科以上毕业，并具有二年以上实际工作经验的管理人员。生物农药生产企业，应至少具有二名微生物、农化、植物病虫害、药学、生化等相关专业本科以上毕业并具有二年以上实际工作经验的管理人员。

（二）工程技术人员

农药原药生产企业应至少有五名具有农化、化学、化工、药学或相关专业大专以上毕业，并具有二年以上实际工作经验的工程技术人员。

农药制剂生产企业应至少有二名具有农化、化学、化工、药学或相关专业大专以上毕业，并具有二年以上实际工作经验的工程技术人员。

（三）操作人员

从事原药合成及生物发酵的工人，应是化工、生化等相关技校以上毕业，或至少经过一年上岗前培训并获得相应的职业技能鉴定资格。

（四）检验人员

农药生产企业应至少有二名大专（含）以上农化、化学、化工等相关专业毕业，或高职农化、化工、化验专业毕业，经过专业培训并获得相应的职业技能鉴定资格的检验人员。

（五）专职安全及环境保护人员

原药生产企业应具有经大专以上相关专业培训学习并通过相关部门的资格认证，从事环境保护、安全生产的专职人员。

（六）特殊岗位人员

某些特殊岗位，如高压、电气等岗位操作人员应经过相应培训，并通过相关部门的资格认证。

以上各类人员应有相关培训、考核记录，并具有相应资格证件（证书）。

二、对农药生产企业的生产条件的要求

原药和制剂生产企业的选址应当充分考虑生产、仓储、运输过程的安全、职业健康、环境和预防交叉污染的要求。新设立企业原则上应鼓励建设在专业工业园区内。

（一）生产场地

1．总体布局

（1）工厂的总体布局应确保生产区和办公区、生活区分开；仓储区与生产区及配套设施（如配电站、供热、供冷装置）区分开；高噪音区与低噪音区分开；高风险区域与低风险区域分开。

（2）道路的设计应该做到人流通道和物流通道分开，外来运输工具不得穿行生产区域。

（3）仓储区应该做到不同危险类别的物品分开、成品和原料分开、不同类别和制剂的成品分开存放。

（4）除草剂生产装置，特别是制剂加工应该在独立区域进行生产，与其他类别的生产厂房之间除满足相关的设计规范之外，还应采取有效措施防止交叉污染。

2．农药生产企业必须拥有自己的生产场地，若是租赁厂房及生产用地，租赁期限不得少于五年，租赁合同必须明确环境保护责任。

3．农药生产企业必须符合化工企业安全生产及卫生规范要求。如同时生产其他化工产品，其原料及半成品仓库可以共用。生产加工及分装设备和成品仓库必须专用，并应有明显的隔离区及标识。

4．制剂企业要有单独的农药加工车间，建筑面积不少于300平方米。

5．各类仓库的总建筑面积不小于400平方米。

（二）厂房建筑设施

1．生产厂房及仓库建筑必须符合生产工艺、物料特性的相关要求，充分考虑生产过程的安全、通风，废物的收集、排放与处理，有利于设施的维护和保养。农药原药合成车间或具有易燃、易爆、剧毒原料或成品的制造场所、贮存场所，应符合《建筑设计防火规范》及其他相关设计规范的要求。

2．厂房和设施之间应有足够的空间，设置安全通道，以便有秩序地放置设备和物料，防止混淆和交叉污染。

3．生产厂房排水系统要做到清污分流。生产污水的排水管道要进行防腐、防渗处理。对一些特殊工段或工艺过程产生的含有特殊因子的污水必须事先进行必要的有效预处理。

（三）生产装置与设备

1．原药生产企业应具备与其所生产的产品相适应的设备，包括各类反应器及附属设备、溶剂回收装置、产品后处理装置、污染物预处理装置等。

2．制剂企业必须具有可满足其剂型所要求的主要设备；液体药剂加工至少有一台不小于2 000升带搅拌反应釜；至少有两台300升以上的计量罐及生产配套的真空系统；至少有两台以上、容积不小于3立方米的设备清洗液贮罐。

3．除草剂制剂生产必须具有单独的生产设备，不能同其他农药生产共用一套设备。粉剂加工要有符合产品质量要求的粉碎设备及有效的除尘设备。

4．农药原药、制剂生产应采用密闭式设备，其加料口、出料口、分装作业未采用密闭设备的，要设局部排气装置，排放气体应采用吸收或除尘等设施加以处理，以防扩散。

5．产品包装必须采用自动包装生产线，包括灌（包）装、封口、加盖、贴签、喷码等操作。

6. 生物农药生产企业，要具备菌种培养、发酵、过滤或配制设备，包装与贮藏设备，灭菌消毒设备。生产有扩散污染可能的生物农药车间，必须有独立的排风系统。

7. 生产气雾剂、盘式蚊香、电热蚊香、诱饵等卫生用药的企业，要具有成型或混合、灌装、滴加或喷药、泄漏检测等生产设备，并具有局部负压装置。

三、对农药生产企业的劳动安全卫生条件要求

（一）生产区与行政区、厂内各生产现场及建筑设施必须具有必要的安全措施，符合安全生产要求。作业场所应间隔划分，要求有充分的工作空间。

（二）农药生产车间或具有易燃、易爆、有毒原料或成品的制造场所、贮存场所，间距应符合相关设计规范并具有符合消防要求的有关设施。

（三）生产、仓储、运输等过程中接触有毒、有害、易燃、易爆化学品的人员，必须配备安全防护装备；要配备至少一名受过处理农药中毒事故培训的人员。

（四）生产厂房内应设置个人防护用品、急救箱、紧急喷淋和洗眼器等防护设施。

（五）生产厂房、仓库用电设备，要符合防爆、防触电等安全操作规范，车间内部要求有充分采光、照明与通风设备。

（六）在有低沸点危险化学品生产区域或库存区域，所有照明设备必须要安装防火、防爆、防静电、防雷设备。

四、对农药生产企业的环境保护的要求

（一）新开办的农药原药企业、制剂企业增加原药生产，环评报告须经国家环保总局批复；新开办农药制剂企业，环评报告须经地市级（含）以上环保部门批复；现有农药原药生产企业新增原药品种生产，环评报告须经地市级（含）以上环保部门批复；现有制剂企业新增加工剂型，环评报告须经地市级（含）以上环保部门批复。

（二）农药生产企业应具有符合规范的“三废”治理设施，污染物排放不超过国家和地方规定的排放标准，并通过地市级以上环保部门的环境评价。废水、废气排放设施必须安装环保部门认可的在线监测装置，并保证其正常运行。企业自己不能处理的固体废物和废液，应集中送具备资质的处理单位处理并签订协议书。

（三）有害废弃物、农药废容器等，应设专用储存场所收集，其贮存、清除处理方法及设施应符合《固体废弃物污染环境防治法》及《水污染防治法》的有关规定。

（四）对所产生的空气污染物，要设密闭设备、局部排气装置或采用负压操作，其排放必须符合《大气污染防治法》的有关规定。

（五）农药加工、分装作业场所的洗涤、尾气粉尘洗涤、化验分析等废（污）水，必须纳入废水收集系统，该系统应进行封闭、防渗漏处理，如需送出处理，应与处理单位签订协议。

五、对农药生产企业的产品质量标准及质保体系的要求

（一）农药生产企业要具有按申报产品质量标准进行检测的仪器设备和检测手段（如 pH 计、光电比色计、气相色谱仪、液相色谱仪、紫外吸收光谱仪、水分测定仪等），以及专用检验方法所需的仪器等。仪器分析室要安装空调设备。

（二）质监机构必须独立设置，仪器分析室、化学分析室、天平室、样品室、加温室等要适当分开。

（三）农药原药合成及加工、分装，要按有关控制指标对原料、中间体、半成品及产品进行检验，以保证产品质量。

（四）生产尚未制定国家标准、行业标准的产品，必须制定该产品的企业质量标准，并经有关部门备案。

六、对农药生产企业的管理要求

（一）管理人员

企业应设置生产、技术、质量、安全、环保等专职管理人员，这些人员应具备大专以上学历及相关岗位任职资格。

（二）管理制度

企业应设置必要的管理体系，包括：生产管理、技术管理、设备管理、安全卫生管理、质量保障、环境保护体系等，上述体系均应制定相应的管理制度及规程。

（三）职工培训

企业应对所有从业人员进行相关岗位的操作技能、安全、环境保护、职业健康等方面的专业培训，对现场操作人员应定期进行重新培训及考核，所有培训及考核应有记录存档。

七、相关许可

生产企业必须取得农药生产资格核准及延续核准后方可申请获得农药生产的相关许可，如企业营业执照的申办或修改、农药产品登记证、农药生产许可证或农药生产批准证书。

八、附则

（一）农药生产应当符合国家农药工业的产业政策。

（二）制剂企业应提供明确的原药来源证明材料。

（三）《农药企业核准、延续核准考核要点（修订）》适用于中华人民共和国境内所有类型的农药生产企业。

（四）《农药企业核准、延续核准考核要点（修订）》自 2008 年 3 月 1 日起实施，原《农药企业核准、延续核准考核要点（试行）》同时作废，由国家发展和改革委员会负责解释。国家发展和改革委员会将根据国家宏观调控和农药行业发展要求进行修订。

农药生产管理办法

（2004年10月11日　中华人民共和国国家发展和改革委员会令　第23号）

第一章　总则

第一条　为加强农药生产管理，促进农药行业健康发展，根据《农药管理条例》，制定本办法。

第二条　在中华人民共和国境内生产农药，应当遵守本办法。

第三条　国家发展和改革委员会（以下简称国家发展改革委）对全国农药生产实施监督管理，负责开办农药生产企业的核准和农药产品生产的审批。

第四条　省、自治区、直辖市发展改革部门（或经济贸易管理部门等农药生产行政管理部门，以下简称省级主管部门）对本行政区域内的农药生产实施监督管理。

第五条　农药生产应当符合国家农药工业的产业政策。

第二章　农药生产企业核准

第六条　开办农药生产企业（包括联营、设立分厂和非农药生产企业设立农药生产车间），应当经省级主管部门初审后，向国家发展改革委申报核准，核准后方可依法向工商行政管理机关申请领取营业执照或变更工商营业执照的营业范围。

第七条　申报核准，应当具备下列条件：

（一）有与其生产的农药相适应的技术人员和技术工人；

（二）有与其生产的农药相适应的厂房、生产设施和卫生环境；

（三）有符合国家劳动安全、卫生标准的设施和相应的劳动安全、卫生管理制度；

（四）有产品质量标准和产品质量保证体系；

（五）所生产的农药是依法取得过农药登记的农药；

（六）有符合国家环境保护要求的污染防治设施和措施，并且污染物排放不超过国家和地方规定的排放标准；

（七）国家发展改革委规定的其他条件。

第八条　申报核准，应当提交以下材料：

（一）农药企业核准申请表（见附件一）；

（二）工商营业执照（现有企业）或者工商行政管理机关核发的《企业名称预先核准通知书》（新办企业）复印件；

（三）项目可行性研究报告（原药项目需乙级以上资质的单位编制）；

（四）企业所在地（地市级以上）环境保护部门的审核意见（原药项目需提供项目的环境影响评价报告和环评批复意见）；

（五）国家发展改革委规定的其他材料。

第九条 申请企业应当按照本办法第八条规定将所需材料报送省级主管部门。省级主管部门负责对企业申报材料进行初审，将经过初审的企业申报材料报送国家发展改革委。

第十条 国家发展改革委应当自受理企业申报材料之日起二十个工作日内（不含现场审查和专家审核时间）完成审核并作出决定。二十日内不能作出决定的，经国家发展改革委主要领导批准，可以延长十日。

对通过审核的企业，国家发展改革委确认其农药生产资格，并予以公示。

未通过审核的申报材料，不再作为下一次核准申请的依据。

第十一条 农药生产企业核准有效期限为五年。五年后要求延续保留农药生产企业资格的企业，应当在有效期届满三个月前向国家发展改革委提出申请。

第十二条 申请农药生产企业资格延续的企业，应当提交以下材料：

（一）农药企业生产资格延续申请表（见附件二）；

（二）工商营业执照复印件；

（三）五年来企业生产、销售和财务状况；

（四）企业所在地（地市级以上）环境保护部门的审核意见；

（五）国家发展改革委规定的其他材料。

第十三条 申请企业应当按照本办法第十二条规定将所需材料报送省级主管部门。省级主管部门负责对企业申请材料进行初审，将经过初审的企业申请材料报送国家发展改革委。

第十四条 国家发展改革委根据企业是否满足核准时的条件，自受理企业申请材料之日起二十个工作日内（不含现场审查和专家评审时间）做出是否准予延续的决定，并公示。二十日内不能作出决定的，经国家发展改革委主要领导批准，可以延长十日。

逾期不申请延续的企业，将被认为自动取消其已获得的农药企业资格，国家发展改革委将注销其农药生产资格，并予以公示。未通过延续的申请材料，不再作为下一次申请延续的依据。

第十五条 生产农药企业的省外迁址须经国家发展改革委核准；省内迁址由省级主管部门审核同意后报国家发展改革委备案。

第十六条 农药企业更名由工商登记部门审核同意后报国家发展改革委备案，并予以公示。

第三章 农药产品生产审批

第十七条 生产尚未制定国家标准和行业标准的农药产品的，应当经省级主管部门初审后，报国家发展改革委批准，发给农药生产批准证书。企业获得生产批准证书后，方可生产所批准的产品。

第十八条 申请批准证书，应当具备以下条件：

（一）具有已核准的农药生产企业资格；

（二）产品有效成份确切，依法取得过农药登记；

（三）具有一支足以保证该产品质量和进行正常生产的专业技术人员、熟练技术工人及计量、检验人员队伍；

（四）具备保证该产品质量的相应工艺技术、生产设备、厂房、辅助设施及计量和质量检测手段；

（五）具有与该产品相适应的安全生产、劳动卫生设施和相应的管理制度；

（六）具有与该产品相适应的“三废”治理设施和措施，污染物处理后达到国家和地方规定的排放标准；

（七）国家发展改革委规定的其他条件。

第十九条 申请批准证书应当提交以下材料：

（一）农药生产批准证书申请表（见附件三）；

（二）工商营业执照复印件；

（三）产品标准及编制说明；

（四）具备相应资质的省级质量检测机构出具的距申请日一年以内的产品质量检测报告；

（五）新增原药生产装置由具有乙级以上资质的单位编制的建设项目可行性研究报告及有关部门的审批意见；

（六）生产装置所在地环境保护部门同意项目建设的审批意见（申请证书的产品与企业现有剂型相同的可不提供）；

（七）加工、复配产品的原药距申请日两年以内的来源证明（格式见附件八）；

（八）分装产品距申请日两年以内的分装授权协议书；

（九）农药登记证；

（十）国家发展改革委规定的其他材料。

申请新增原药产品的，应当提交前款（一）、（二）、（三）、（四）、（五）、（六）项规定的材料。

申请新增加工、复配产品的，应当提交第一款（一）、（二）、（三）、（四）、（六）、（七）项规定的材料。

申请新增分装产品的，应当提交第一款（一）、（二）、（三）、（四）、（八）项规定的材料。

申请换发农药生产批准证书的，应当提交第一款（一）、（二）、（三）、（四）、（七）、（九）项规定的材料。

分装产品申请换发农药生产批准证书的，应当提交第一款（一）、（二）、（三）、（四）、（五）、（八）、（九）项规定的材料。

第二十条 企业生产国内首次投产的农药产品的，应当先办理农药登记，生产其他企业已经取得过登记的产品的，应在申请表上注明登记企业名称和登记证号、本企业该产品的登记状况，并可在办理农药登记的同时办理生产批准证书。

第二十一条 申请批准程序：

（一）申请企业应当按照本办法第十九条的规定，备齐所需材料向省级主管部门提出申请；

（二）省级主管部门负责组织现场审查和产品质量抽样检测工作，并如实填写农药生产批准证书生产条件审查表（见附件四）；

（三）省级主管部门负责对企业申报材料进行初审，并将经过初审的企业申报材料及农药生产批准证书生产条件审查表报送国家发展改革委；

（四）国家发展改革委自受理申报材料之日起，应在二十个工作日内完成审查并作出决定，二十日内不能作出决定的，经国家发展改革委主要领导批准，可以延长十日。对通过审查决定的，发给农药生产批准证书并公示。

第二十二条 申请本企业现有相同剂型产品的，两年内可以不再进行现场审查。但出现以下情况的可以进行现场审查：

（一）企业生产条件发生重大变化的；

（二）省级主管部门认为有必要进行现场审查的。

第二十三条 省级主管部门在受理企业申请时，应当书面告知申请人是否需要现场审查和产品质量抽样检测及其所需要的时间。现场审查和产品质量检测所需的时间不在法定的工作期限内。

第二十四条 现场审查应当由两名以上工作人员及具有生产、质量、安全等方面经验的行业内专家进行。现场审查分合格、基本合格、不合格三类。对现场审查结果为基本合格、不合格的，审查小组应当场告知原因及整顿、改造的措施建议并如实记录于农药生产批准证书生产条件审查表中。

第二十五条 申请颁发农药生产批准证书的，可由企业提供有资质单位出具的产品质量检测报告；申请换发农药生产批准证书的，应当进行产品质量抽检或提供一年内有效的抽检报告。产品质量抽检由省级主管部门现场考核时抽样封样，企业自主选择具备相应资质的省级质量检测机构检测并出具检测报告。

第四章　监督管理

第二十六条 农药产品出厂必须标明农药生产批准证书的编号。

第二十七条 首次颁发的农药生产批准证书的有效期为两年（试产期）；换发的农药生产批准证书的有效期原药产品为五年，复配加工及分装产品为三年。

第二十八条 申请变更农药生产批准证书的企业名称，应当向省级主管部门提出申请，省级主管部门对申报材料进行初审后，报国家发展改革委核发新证书。企业需提交以下材料：

（一）农药生产批准证书更改企业名称申请表（见附件五）；

（二）新、旧营业执照或者工商行政管理机关核发的《企业名称预先核准通知书》复印件；

（三）原农药生产批准证书。

第二十九条 企业农药生产批准证书遗失或者因毁坏等原因造成无法辨认的，可向省级主管部门申请补办。

省级主管部门对申报材料进行初审后，上报国家发展改革委补发农药生产批准证书。

申请补办农药生产批准证书应当提交以下材料：

（一）农药生产批准证书遗失补办申请表（见附件六）；

（二）工商营业执照复印件。

第三十条　变更农药生产批准证书的企业名称和补办农药生产批准证书，省级主管部门应当在二十个工作日内完成对申报材料的初审及上报工作。对申报材料符合要求的，国家发展改革委应当在五个工作日内办理完成相关工作。

第三十一条　农药生产企业应当按照农药产品质量标准、技术规程进行生产，生产记录必须完整、准确。每年的二月十五日前，企业应当将其上年农药生产经营情况如实填报农药生产年报表（见附件七），报送省级主管部门，省级主管部门汇总后上报国家发展改革委。

第三十二条　申请企业应当如实向行政机关提交有关材料和反映真实情况，并对其申请材料实质内容的真实性负责。

第五章　罚　则

第三十三条　有下列情形之一的，由国家发展改革委撤销其农药生产资格：

（一）已核准企业的实际情况与上报材料严重不符的；

（二）擅自变更核准内容的。

第三十四条　有下列情形之一的，由国家发展改革委撤销或注销其农药生产批准证书：

（一）经复查不符合发证条件的；

（二）连续两次经省级以上监督管理部门抽查，产品质量不合格的；

（三）将农药生产批准证书转让其他企业使用或者用于其他产品的；

（四）在农药生产批准证书有效期内，国家决定停止生产该产品的；

（五）制售假冒伪劣农药的。

第三十五条　承担农药产品质量检测工作的机构违反有关规定弄虚作假的，由省级主管部门或者国家发展改革委提请有关部门取消其承担农药产品质量检测工作的资格。

第三十六条　农药管理工作人员滥用职权、玩忽职守、徇私舞弊、索贿受贿的，依照刑法关于滥用职权罪、玩忽职守罪或者受贿罪的规定，依法追究刑事责任；尚不够刑事处罚的，依法给予行政处分。

第六章　附　则

第三十七条　本办法第七条、第八条、第十二条、第十八条、第十九条规定的其他材料，国家发展改革委应当至少提前半年向社会公告后，方能要求申请人提供相关材料。

第三十八条　农药生产企业核准和农药生产批准证书的审批结果及农药生产管理方面的相关公告、产业政策在国家发展改革委互联网上公示。

第三十九条　本办法由国家发展改革委负责解释。

第四十条　本办法自 2005 年 1 月 1 日起施行。原国家经济贸易委员会颁布的《农药生产管理办法》同时废止。

附件：一、农药企业核准申请表；（略）

二、农药企业生产资格延续申请表；（略）

三、农药生产批准证书申请表；（略）

四、农药生产批准证书生产条件审查表；（略）

五、农药生产批准证书更改企业名称申请表；（略）

六、农药生产批准证书遗失补办申请表；（略）

七、农药生产年报表；（略）

八、农药原药来源证明文件格式。（略）

关于加强生物燃料乙醇项目建设管理，促进产业健康发展的通知

（2006年12月14日 国家发展和改革委员会、财政部文件 发改工业[2006]2842号）

各省、自治区、直辖市，计划单列市发展改革委、经贸委（经委），财政厅（局）：

我国以生物燃料乙醇为代表的生物能源发展已开展5年，作为“十五”十大重点工程之一，生物燃料乙醇产业发展取得了阶段性成果。截止今年一季度，在有关方面的共同努力下，黑龙江、吉林、辽宁、河南、安徽5省及湖北、河北、山东、江苏部分地区已基本实现车用乙醇汽油替代普通无铅汽油，圆满实现了“十五”期间推广生物乙醇汽油的既定目标。我国已成为世界上继巴西、美国之后第三大生物燃料乙醇生产国和应用国。

近年来，随着国际原油价格的持续攀升和资源的日渐趋紧，石油供给压力空前增大，生物质产业的经济性和环保意义日渐显现，产业发展的内在动力不断增强，积极稳步全面推进和发展生物能源产业的条件和时机日趋成熟。同时，由于全球燃料乙醇需求不断扩大，造成我国乙醇供应趋紧，价格上涨。今年以来，各地积极要求发展生物燃料乙醇产业，建设燃料乙醇项目的热情空前高涨，一些地区存在着产业过热倾向和盲目发展势头。目前，以生物燃料乙醇或非粮生物液体燃料等名目提出的意向建设生产能力已超过千万吨，生物燃料乙醇产业正处在一个关键的发展时期。为加强生物燃料乙醇项目建设管理，促进产业健康发展，现将有关事项通知如下：

一、按照系统工程的要求统筹规划

发展生物燃料乙醇作为国家的一项战略性举措，政策性强，难度大，与市场发育关系紧密，涉及原料供应、乙醇生产、乙醇与组分油混配、储运和流通及相关配套政策、标准、法规的制定等各个方面，业务跨多个部门，是一项复杂的系统工程。因此，必须按照系统工程的思路，制定总体规划与实施方案。

从国家战略意义出发，根据可持续发展的内在要求，认真分析本地区的基础和优势，找准产业定位。结合土地资源状况，研究分析原料供需总量和区域分布，围绕产业经济性和目标市场，因地制宜确定产业发展的指导思想、发展目标、项目布局原则和乙醇汽油的混配、储运、销售和使用实施方案，以及配套政策、法规工作等。从战略上统一筹划并正确引导生物燃料乙醇产业发展，特别应注意市场是否落实，避免盲目发展。

二、严格市场准入标准与政策

“十一五”总体思路是积极培育石油替代市场，促进产业发展；根据市场发育情况，

扩大发展规模；确定合理布局，严格市场准入；依托主导力量，提高发展质量；稳定政策支持，加强市场监管。其基本原则：

（一）因地制宜，非粮为主。重点支持以薯类、甜高粱及纤维资源等非粮原料产业发展；

（二）能源替代，能化并举。生物能源与生物化工相结合，长产业链，高附加值，提高资源开发利用水平，加快石油基向生物基产业的转型；

（三）自主创新，节能降耗。努力提高产业经济性和竞争力，促进纤维素乙醇产业化；

（四）清洁生产，循环经济。通过“吃干榨尽”综合利用，减少废物排放；

（五）合理布局，留有余地。燃料乙醇生产规模要留有一定富余能力，保障市场供应。已有部分地市推广的省份率先改为全省封闭；

（六）统一规划，业主招标。通过公平竞争，择优选拔投资主体，防止一哄而上；

（七）政策支持，市场推动。强化地方政府立法，依法行政。同时，积极发挥市场优化资源配置的基础作用，促进产业健康发展。

三、严格项目建设管理与核准

“十一五”期间，国家继续实行生物燃料乙醇“定点生产，定向流通，市场开放，公平竞争”相关政策。生物燃料乙醇项目实行核准制，其建设项目必须经国家投资主管部门商财政部门核准。在国务院批准实施《生物燃料乙醇及车用乙醇汽油“十一五”发展专项规划》前，除按规定程序核准启动广西木薯乙醇一期工程试点外，任何地区无论是以非粮原料还是其他原料的燃料乙醇项目核准和建设一律要报国家审定。非粮示范也要按照有关规定执行。凡违规审批和擅自开工建设的，不得享受燃料乙醇财政税收优惠政策，造成的经济损失将依据相关规定追究有关单位的责任。非定点企业生产和供应燃料乙醇的，以及燃料乙醇定点企业未经国家批准，擅自扩大生产规模，擅自购买定点外企业乙醇的行为，一律不给予财政补贴，有关职能部门将依据相关规定予以处罚。银行部门审批贷款要充分考虑市场是否落实的风险。

四、强化组织领导和完善工作体系

为保证燃料乙醇试点推广工作的顺利实施，根据国务院领导批示精神和要求，“十五”期间，中央和试点地区均成立了组织领导机构，确保了试点工作稳步推进。这是集中力量办大事的成功经验，也是今后生物燃料乙醇产业发展应积极借鉴的。国家发展改革委将会同财政部继续发挥体制优势，进一步调整和完善现有组织领导机构，增加相关部门为领导小组成员单位。各地区可根据本省实际与条件，建立相应的组织机构，以加强产业发展的领导与协调。

请各级发展改革部门和财政厅局按照通知精神，结合本地区实际，认真做好生物能源产业发展工作。目前，试点评估业已完成，生物燃料乙醇“十一五”发展专项规划正在抓紧编制，国家发展改革委、财政部将适时召开工作会议，加快推进。

煤炭产业政策

（2007年11月23日　中华人民共和国国家发展和改革委员会公告　2007年第80号）

煤炭是我国的主要能源和重要工业原料。煤炭产业是我国重要的基础产业，煤炭产业的可持续发展关系国民经济健康发展和国家能源安全。为全面贯彻落实科学发展观，合理、有序开发煤炭资源，提高资源利用率和生产力水平，促进煤炭工业健康发展，根据《中华人民共和国煤炭法》、《中华人民共和国矿产资源法》和《国务院关于促进煤炭工业健康发展的若干意见》（国发[2005]18号）等法律和规范性文件，制定本政策。

第一章　发展目标

第一条　坚持依靠科技进步，走资源利用率高、安全有保障、经济效益好、环境污染少的煤炭工业可持续发展道路，为全面建设小康社会提供能源保障。

第二条　深化煤炭资源有偿使用制度改革，加快煤炭资源整合，形成以合理开发、强化节约、循环利用为重点，生产安全、环境友好、协调发展的煤炭资源开发利用体系。

第三条　严格产业准入，规范开发秩序，完善退出机制，形成以大型煤炭基地为主体、与环境和运输等外部条件相适应、与区域经济发展相协调的产业布局。

第四条　深化煤炭企业改革，推进煤炭企业的股份制改造、兼并和重组，提高产业集中度，形成以大型煤炭企业集团为主体、中小型煤矿协调发展的产业组织结构。

第五条　推进煤炭技术创新体系建设，建立健全以市场为导向、企业为主体、产学研相结合的煤炭技术创新机制，形成一批具有自主知识产权的行业重大关键技术。培育科技市场，发展服务机构，形成完善的技术创新服务体系。

第六条　强化政府监管，落实企业主体责任，依靠科技进步，以防治瓦斯、水、火、煤尘、顶板、矿压等灾害为重点，健全煤矿安全生产投入及管理的长效机制。

第七条　加强煤炭资源综合利用，推进清洁生产，发展循环经济，建立矿区生态环境恢复补偿机制，建设资源节约型和环境友好型矿区，促进人与矿区和谐发展。

第八条　推进市场化改革，完善煤炭市场价格形成机制，加强煤炭生产、运输、需求的衔接，促进总量平衡，形成机制健全、统一开放、竞争有序的现代煤炭市场体系。

第二章　产业布局

第九条　根据国民经济和社会发展规划总体部署，按照煤炭工业发展规划、矿产资源规划、煤炭生产开发规划、煤矿安全生产规划、矿区总体规划，合理、有序开发和利用煤炭资源。

第十条 稳定东部地区煤炭生产规模，加强中部煤炭资源富集地区大型煤炭基地建设，加快西部地区煤炭资源勘查和适度开发。建设神东、晋北、晋中、晋东、陕北、黄陇（华亭）、鲁西、两淮、河南、云贵、蒙东（东北）、宁东等大型煤炭基地，提高煤炭的持续、稳定供给能力。

第十一条 大力推进煤炭、煤层气等资源的协调开发和基础设施的高效利用。在大型煤炭基地内，一个矿区原则上由一个主体开发，一个主体可以开发多个矿区。按照资源禀赋、运输、水资源等条件和环境承载能力确定区域煤炭开发规模和开发强度，在大型整装煤田和资源富集地区优先建设大型和特大型现代化煤矿。

第十二条 鼓励建设坑口电站，优先发展煤、电一体化项目，优先发展循环经济和资源综合利用项目。新建大中型煤矿应当配套建设相应规模的选煤厂，鼓励在中小型煤矿集中矿区建设群矿选煤厂。

第十三条 在水资源充足、煤炭资源富集地区适度发展煤化工，限制在煤炭调入区和水资源匮乏地区发展煤化工，禁止在环境容量不足地区发展煤化工。国家对特殊和稀缺煤种实行保护性开发，限制高硫、高灰煤炭资源开发。

第三章 产业准入

第十四条 开办煤矿或者从事煤炭和煤层气资源勘查，从事煤矿建设项目设计、施工、监理、安全评价等，应当具备相应资质，并符合法律、法规规定的其他条件。煤矿资源回收率必须达到国家规定标准，安全、生产装备及环境保护措施必须符合法律法规的规定。

第十五条 山西、内蒙古、陕西等省（区）新建、改扩建矿井规模不低于 120 万吨/年。重庆、四川、贵州、云南等省（市）新建、改扩建矿井规模不低于 15 万吨/年。福建、江西、湖北、湖南、广西等省（区）新建、改扩建矿井规模不低于 9 万吨/年。其他地区新建、改扩建矿井规模不低于 30 万吨/年。鉴于当前小煤矿数量多、布局不合理、破坏资源和环境的状况尚未根本改善，煤矿安全生产形势依然严峻，“十一五”期间一律停止核准（审批）30 万吨/年以下的新建煤矿项目。

第十六条 煤矿企业应当按照国家规定，配置地矿类主体专业人员，特种作业人员必须按照国家有关规定取得相应资质。鼓励煤矿企业从技术学校招收工人。

第四章 产业组织

第十七条 取缔非法煤矿，关闭布局不合理、不符合产业政策、不具备安全生产条件、乱采滥挖破坏资源、污染环境和造成严重水土流失的煤矿。

第十八条 鼓励以现有大型煤炭企业为核心，打破地域、行业和所有制界限，以资源、资产为纽带，通过强强联合和兼并、重组中小型煤矿，发展大型煤炭企业集团。鼓励发展煤炭、电力、铁路、港口等一体化经营的具有国际竞争力的大型企业集团。鼓励大型煤炭企业参与冶金、化工、建材、交通运输企业联营。鼓励中小型煤矿整合资源、联合改造，实行集约化经营。

第十九条 鼓励煤炭企业进一步完善法人治理结构，按照现代企业制度要求积极推进股份制改造，转换经营机制，提高管理水平。

第二十条　积极引导资源枯竭矿区经济转型，支持资源枯竭、亏损严重的国有煤矿转产发展。建立中小型煤炭生产企业退出机制。鼓励和支持资源枯竭煤矿发挥人才、技术和管理等优势，异地开发煤炭资源。

第五章　产业技术

第二十一条　鼓励发展地球物理勘探、高精度三维地震勘探技术。鼓励发展厚冲积层钻井法、冻结法和深井快速建井技术。

第二十二条　鼓励采用高新技术和先进适用技术，建设高产高效矿井。鼓励发展露天矿开采技术。鼓励发展综合机械化采煤技术，推行壁式采煤。发展小型煤矿成套技术以及薄煤层采煤机械化、井下充填、“三下”采煤、边角煤回收等提高资源回收率的采煤技术。鼓励开展急倾斜特厚煤层水平分段综采放顶煤技术的研究。鼓励低品位、难采矿的地下气化等示范工程建设。

第二十三条　加快推进小型煤矿采煤工艺和支护方式改革，推广锚杆支护和采煤工作面金属支护，淘汰木支护。加快发展安全、高效的井下辅助运输技术、综采设备搬迁技术和装备。

第二十四条　发展自动控制、集中控制选煤技术和装备。研制和发展高效干法选煤技术、节水型选煤技术、大型筛选设备及脱硫技术，回收硫资源。鼓励水煤浆技术的开发及应用。

第二十五条　鼓励煤炭企业实施以产业升级为目的的技术改造。鼓励通过多种方式进行煤炭勘探、开采、洗选加工、转化等关键技术和重大装备的研发、集成和自主化生产。

第二十六条　推进煤炭企业信息化建设，利用现代控制技术、矿井通信技术，实现生产过程自动化、数字化。推进建设煤矿安全生产监测监控系统、煤炭产量监测系统和井下人员定位管理系统。

第六章　安全生产

第二十七条　坚持安全第一、预防为主、综合治理的安全生产方针，落实企业安全生产的主体责任和法定代表人的安全生产第一责任人责任。煤炭企业应当严格遵守法律、法规，以及有关国家标准或者行业标准，强化现场管理，严禁超能力、超强度、超定员组织生产，遏制事故发生。煤炭生产企业未取得安全生产许可证的，不得从事煤炭生产活动。

第二十八条　建立健全矿井通风、防瓦斯、防突、防火、防尘、防水、防洪等系统。坚持先抽后采、监测监控、以风定产的煤矿瓦斯治理方针，落实优先开采保护层和预抽煤层瓦斯等区域性防突措施，提高瓦斯抽采率。坚持预测预报、有疑必探、先探后掘、先治后采的煤矿水害防治原则，落实防、堵、疏、排、截等综合治理措施。加强煤矿冲击地压监测控制和顶板事故防范。

第二十九条　建立健全煤矿重大事故隐患排查、治理和报告制度。建立和完善灾害预防和应急救援体系。坚持煤矿负责人和生产经营管理人员下井带班制度。

第三十条　严格执行煤矿建设项目安全设施与主体工程“三同时”制度。煤炭生产各环节必须配备必要的安全卫生防护设施，有较大危险因素的生产经营场所和有关设施、设备上必须设置明显的安全警示标志，禁止使用不符合安全标准的工艺、设备。对煤矿井下和有关设备、器材实行安全标志管理制度。

第七章　贸易与运输

第三十一条　严格煤炭经营企业资格审查，促进煤炭经营企业结构优化，形成以煤炭生产企业和大型煤炭经营企业为主体、中小型煤炭经营企业为补充的协调发展格局。

第三十二条　积极推进煤炭贸易市场化改革，建立健全煤炭交易市场体系，完善煤炭价格市场形成机制，制定公平交易规则。建立全国和区域性煤炭交易中心及信息发布平台，鼓励煤炭供、运、需三方建立中长期合作关系，引导合理生产、有序运输和均衡消费。稳步发展国际煤炭贸易，优化煤炭进出口结构，鼓励企业到国外投资办矿。

第三十三条　积极发展铁路、水路煤炭运输，加快建设和改造山西、陕西、内蒙古西部出煤通道和北方煤炭下水港口，提高煤炭运输能力。限制低热值煤、高灰分煤长距离运输。煤炭运输应当采取防尘、防洒漏措施。

第八章　节约利用与环境保护

第三十四条　实施节约优先的发展战略，加快资源综合利用，减少煤炭加工利用过程中的能源消耗，提高煤炭资源回采率和利用效率。

第三十五条　加强节能和能效管理，建立和完善煤炭行业节能管理、评价考核、节能减排和清洁生产奖惩制度。鼓励煤炭企业开发先进适用节能技术，煤炭企业新建、改扩建项目必须按照节能设计规范和用能标准建设，必须淘汰落后耗能工艺、设备和产品，推广使用符合国家能效标准、经过认证的节能产品。

第三十六条　按照减量化、再利用、资源化的原则，综合开发利用与煤共伴生资源和煤矿废弃物。鼓励企业利用煤矸石、低热值煤发电、供热，利用煤矸石生产建材产品、井下充填、复垦造田和筑路等，综合利用矿井水，发展循环经济。支持煤层气（煤矿瓦斯）长输管线建设，鼓励煤层气（煤矿瓦斯）民用、发电、生产化工产品等。

第三十七条　煤炭资源的开发利用必须依法开展环境影响评价，环保设施与主体工程要严格实行项目建设“三同时”制度。按照“谁开发、谁保护，谁损坏、谁恢复，谁污染、谁治理，谁治理、谁受益”的原则，推进矿区环境综合治理，形成与生产同步的水土保持、矿山土地复垦和矿区生态环境恢复补偿机制。

第三十八条　煤炭采选、贮存、装卸过程中产生的污染物必须达标排放，防止二次污染。加强煤矿瓦斯抽采利用和减少排放。洗煤水应当实现闭路循环。优化巷道布置，减少井下矸石产出量。

第三十九条　建立矿区开发环境承载能力评估制度和评价指标体系。严格执行煤矿环境影响评价、水土保持、土地复垦和排污收费制度。限制在地质灾害高易发区、重要地下水资源补给区和生态环境脆弱区开采煤炭，禁止在自然保护区、重要水源保护区和地质灾害危险区等禁采区内开采煤炭。加强废弃矿井的综合治理。

第四十条　加强对在矿山开发过程中可能诱发灾害的调查、监测及预报预警，及时采取有效的防治措施。建立信息网络系统，制定防灾减灾预案。

第九章　劳动保护

第四十一条　煤炭生产企业应当参加工伤保险社会统筹，建立和完善工伤预防、补偿、康复相结合的工伤保险制度体系。落实煤矿井下艰苦岗位津贴制度，逐步提高煤矿职工收入水平。

第四十二条　加强劳动用工和定员管理，推广井下四班六小时工作制。推进矿井质量标准化建设，改善井下作业环境。为井下工人配备符合国家标准或者行业标准的劳动保护用品。

第四十三条　鼓励煤炭生产企业加大安全和尘肺病等职业病防治投入。发展和推广职业病防治、职业安全和劳动保护技术的研究和应用。建立健全职业健康管理和职业病危害控制体系。

第十章　保障措施

第四十四条　完善有利于提高煤矿安全生产水平和煤炭资源利用率、促进煤炭工业健康发展的税费政策，完善资源勘查、开发和综合利用的税收优惠政策。实行严格的煤炭资源利用监管制度，对煤炭资源回采率实行年度核查、动态监管，对达不到国家规定标准的，依照有关法律法规予以处罚。

第四十五条　煤炭资源开发坚持先规划、后开发的原则。国家统一管理煤炭资源一级探矿权市场，由国家投资完成煤炭资源的找煤、普查和必要详查，编制矿区总体开发规划和矿业权设置方案，有计划地将二级探矿权和采矿权转让给企业，形成煤炭资源勘查投入良性循环机制。中央地质勘查基金（周转金）重点支持国家确定的重点成矿区（带）内煤炭资源勘查。

第四十六条　支持煤炭企业建立技术开发中心，增强自主创新能力。煤矿企业可以从煤炭产品销售收入中提取一定比例资金，用于技术创新和技术改造。推进煤炭生产完全成本化改革，严格煤矿维简费、煤炭生产安全费用提取使用和安全风险抵押金制度。按照企业所有、专款专用、专户储存、政府监督的原则，煤矿企业应按规定提取环境治理恢复保证金。鼓励社会资金投入矿区环境治理。

第四十七条　实施煤炭行业专业技术人才知识更新工程，加强国家煤矿专业人才继续教育、培养基地建设和专业人才培养，实施煤炭行业技能型紧缺人才培养培训工程，完善对口单招和订单式培养。规范煤矿从业人员职业资格管理，鼓励企业开展全方位、多层次的职工安全、技术教育培训。

第四十八条　支持煤炭企业分离办社会职能，加快企业主辅分离。支持煤矿企业提取煤矿转产发展资金，专项用于发展接续产业和替代产业。

第四十九条　对不符合规划和产业发展方向的建设项目，国土资源部门不予办理矿业权登记和土地使用手续，环保部门不予审批环境影响评价文件和发放排污许可证，水利部门不予审批水土保持方案文件，工商管理部门不予办理工商登记，金融机构不予提供贷款和其他形式的授信支持，投资主管部门不予办理核准手续。

第五十条 发挥中介组织作用。煤炭行业协会应当建立和完善煤炭市场供求、技术经济指标等方面的信息定期发布制度和行业预警制度，及时反映行业动态和提出政策建议，加强行业自律，引导企业发展。

本政策由国家发展和改革委员会负责解释。煤炭工业有关管理部门可以依据本政策制订相关技术标准和规范。

本政策自发布之日起实施。

关于印发煤炭工业节能减排工作意见的通知

（2007年7月3日 国家发展和改革委员会、国家环境保护总局文件
发改能源[2007]1456号）

教育部、科技部、人事部、劳动保障部、国土资源部、建设部、铁道部、交通部、水利部、商务部、卫生部、人民银行、国资委、税务总局、质检总局、安全监管总局、煤矿安监局，各省（区、市）发展改革委、经（贸）委、环保局、煤炭管理部门，神华集团公司、中国中煤能源集团公司：

为深入贯彻落实《中华人民共和国节约能源法》、《国务院关于加强节能工作的决定》（国发[2006]28号）和《国务院关于印发节能减排综合性工作方案的通知》（国发[2007]15号）精神，以及“十一五”规划纲要确定的节能减排目标，促进煤炭工业节约、清洁、安全和可持续发展，我们研究制定了《煤炭工业节能减排工作意见》。现印发给你们，请结合实际贯彻落实。

附件：

煤炭工业节能减排工作意见

为深入贯彻《中华人民共和国节约能源法》、《国务院关于加强节能工作的决定》（国发[2006]28号）和《国务院关于印发节能减排综合性工作方案的通知》（国发[2007]15号），切实转变发展观念，创新发展模式，提高发展质量，落实“十一五”规划纲要确定的节能减排目标，促进煤炭工业节约、清洁、安全和可持续发展，制定本意见。

一、指导思想、基本原则和节能减排目标

第一条 以科学发展观和构建社会主义和谐社会重大战略思想为指导，依靠科技进步，发展循环经济，转变增长方式，健全规章制度，加强监督管理，努力构建资源节约型、环境友好型煤炭工业，促进煤炭工业可持续发展。

第二条 坚持优化设计与强化管理相结合，坚持应用先进技术与淘汰落后工艺相结合，坚持清洁生产与资源综合利用相结合，坚持突出重点与全面推进相结合。

第三条 到“十一五”末，煤炭企业单位生产总值能耗比2005年下降20%，二氧化硫排放量控制在规定范围内。原煤入洗率由2005年的32%提高到50%，煤矸石、煤泥等固体废弃物综合利用率由2005年的43%提高到70%，矿井水利用率由2005年的44%提高到70%，矿井瓦斯抽采利用率达到60%。

二、煤矿设计

第四条 煤矿设计要符合清洁生产的要求，优先采用资源回收率高、污染排放少的清洁生产技术、工艺和设备，要有对固、液、气体废弃物、共伴生资源和余热等进行综合利用的措施，要有污染治理措施，并做到达标排放。

第五条 严格按照核准（审批）的煤矿建设规模进行初步设计。新建、改扩建项目设计要有节能减排专题篇章。要把能耗作为项目审批、核准和开工建设的前置条件，把排污总量指标作为建设项目设计和环评审批的前置条件。所有系统、装备、设施选型，必须严格执行设计规范及有关规定，并选用经过能效认证的安全、高效、节能和环保设备。

第六条 优化开拓布置，减少井巷工程量。除服务年限较长的水平主要大巷和硐室外，一般不采用岩石巷道。合理确定掘进断面，推广岩巷光爆锚喷、煤巷锚网、锚梁等主动支护工艺。选择合适采煤方法，严格作业规程，减少矸石混入量。

第七条 高瓦斯及煤与瓦斯突出矿井的瓦斯抽采利用系统必须与矿井同时设计、同时施工、同时投入生产和使用。合理安排瓦斯抽采与井下采场布局，避免瓦斯抽采与采煤之间的相互影响，提高瓦斯抽采和利用率，减少矿井瓦斯排空量。

第八条 加强矿井水文地质研究工作，提高对矿井水文地质规律的认识，充分做好矿井涌水的前期探测。矿井设计要考虑减少煤炭开采对地下水的破坏，积极采用保水开采的设计方案，要有切实可行的矿井水净化处理和利用方案。

第九条 优化矿井（露天矿）生产系统，尽量实现集中生产，简化生产运输环节。条件具备时，一个矿井布置一个采区、一个工作面，减少运输系统转载、折返和机电设备占用数量。露天矿应优先开采剥采比小的地段，具备条件的应采用内排土场，并制定以植被绿化为主的固土防尘防沙措施。

第十条 采用较高等级的井上下供配电电压，减少降压次数。新建大中型矿井原则上采用 1 万伏下井，中央排水泵房、井下压风硐室、采区变电所、上下山绞车房、综采综掘工作面等主要耗电场所，以及单机功率 200 千瓦及以上的设备，宜采用 6 千伏及以上高压供电。大中型选煤厂采用 660 伏配电。

第十一条 合理选择矿井变电所的主变压器容量，采用分列运行方式，要保持电力变压器三相负载平衡和合理分配负载。合理布局配电系统，尽量缩短配电半径，减少线网电能损失。

第十二条 负荷变化大的机电设备，宜采用变频等调速技术，并应用电源污染治理技术，消除高次谐波，抑制瞬流浪涌，调节无功功率，提高功率因数。条件具备时，宜采用动态无功补偿和就地无功补偿，矿井平均功率因数不得低于 0.9。

第十三条 简化矿井提升机传动系统，推广采用直联传动和电力电子调速技术。主通风机和排水泵工况点要维持在最佳效率点附近，淘汰机械式闸阀调压调量。选用绝热和容积效率高、比功率低的空气压缩设备，合理选择管径，采用可靠连接，减少管网泄漏。低瓦斯矿井应采用电动和液压钻进设备取代压风供能系统。优先选用具有内驱动和电力电子调速、集中控制系统的胶带输送机，下运胶带输送机宜利用位能启动。露天矿优先选择电动设备，宜采用连续、半连续开采工艺，减少燃油消耗。

第十四条　推广电能监控信息系统技术，建立计算机远程监控信息系统，实时监测企业的电能消耗等运行参数，严格控制高峰期用电负荷，实现企业电能管理信息化和自动化。

第十五条　统筹规划工业广场内建筑的供热供暖，优先利用煤矸石、煤泥等综合利用电厂余热，推行集中供热替代小锅炉分散供热，有条件的地区可采用太阳能、地热等供热供暖。矿区民用建筑必须按照节能型民用建筑标准进行设计。推广采用高效照明节电技术。

三、煤炭生产

第十六条　煤矿（含洗选加工）建设项目必须按国家有关规定进行节能减排评估和审查，严格执行环保“三同时”制度。建设项目审核须满足环保要求，实行环保“一票否决制”。加强小煤矿生产管理，合理布置采掘工作面，采用正规采煤方法，提高采掘机械化程度，淘汰落后生产工艺。

第十七条　生产矿井必须按照节能减排要求，采用高新技术装备，有计划地更新改造现有生产环节和装备。定期测试提升、运输、压风和排水系统能耗，达不到有关规定要求的，必须限期对包括矿井电压等级、调速调压系统等进行改造或更新。合理增加提升机的提升负载，避免轻载运行，减少提升机工作时间。

第十八条　统筹调度用电负荷，努力做到“避峰填谷”、经济运行。矿区月平均负荷率不低于75%，矿井变电所不低于70%。有条件的矿区、矿井应对电力网采用微机监控，提高系统负荷率。50千瓦以上的井上下设备原则上应装设电能表，分别计量考核。

第十九条　定期维护矿井主通风机和主要通风设施。强化矿井主通风机节能改造，推广应用电力电子调节和液压风叶调节技术。主通风机电耗，轴流式应低于0.44千瓦时/百万立方米帕，离心式应低于0.41千瓦时/百万立方米帕。合理选配高效节能局部通风机，尽量采用对旋风机，风筒百米漏风率应低于10%。

第二十条　矿井中央泵房排水要采用集中自动控制技术，主排水设施及相关系统运行尽量实现“避峰填谷”、分时用电。多水平矿井要避免矿井水倒流反排。定期维护和更新改造主排水设备，主排水管道必须定期除垢清洗，吨水百米排水电耗应低于0.5千瓦时。主副水仓每年至少清挖两次，始终保持原设计容积的3/4以上。

第二十一条　空气压缩机应根据用风需要，有计划地实施定时、集中供风，减少开机时间和管网漏风，比功率应低于5.9千瓦/立方米/分。空气压缩机站尽量靠近主要耗风地点，降低绝热损失，压风损失不超过1.47×10^5帕，风动工具不应低于额定压力工作。

第二十二条　逐步淘汰落后的技术装备。矿井主提升设备、风机、水泵、空气压缩机的技术性能，每年至少测定一次，并调整在最佳工况点运行。电动机应与主机合理匹配，负荷经常低于40%的应予更换。对能耗高、效率低以及国家公布淘汰的机电设备，必须有计划地进行改造或更新。更换下来的旧设备应予报废，严禁转让和再次使用。

四、煤炭洗选加工

第二十三条　煤矿应就近配套建设选煤厂或集中选煤厂，采用大中型高效节能设备，减少物流中转环节。新建选煤厂规模原则上不小于 30 万吨/年。加强对现有选煤厂技术改造，淘汰落后工艺，减少电耗、水耗和介质消耗。积极发展动力煤入洗，高硫、高灰动力煤必须全部入洗。灰分大于 25%的商品煤，应就近使用，尽量减少长途运输。

第二十四条 强化选煤能耗管理，新建全部入洗的大中型洗煤厂入洗原煤单位能耗不高于 8 千瓦时/吨，部分入洗的不高于 5 千瓦时/吨。现有大型选煤厂应进行 660 伏升压改造，200 千瓦及以上的单机设备，宜采用 6 千伏及以上高压供电。加快全厂集中控制、单机电力电子调速和动态无功补偿技术改造，淘汰负压脱水设备，大力采用合成药剂用于浮选，减少燃油消耗。

第二十五条 选煤厂补充用水必须首先采用处理后的矿井水或中水。洗煤用水应净化处理后循环复用，大中型选煤厂必须实现洗水一级闭路循环，洗选原煤清水耗应控制在 0.15 立方米/吨以内。

第二十六条 积极发展动力配煤，在煤矿、港口等煤炭集散地建设动力煤配煤厂，适应不同类型用户需要，以提高燃烧效率，减少污染物排放。煤矿、港口等煤炭集散地要有防止煤炭扬尘措施，煤炭运输要逐步实现封闭运输。

五、资源保护和综合利用

第二十七条 煤炭企业必须按照清洁生产和发展循环经济的要求，制定资源综合利用规划。煤矸石、洗矸、煤泥必须进行综合利用，不得长期排放堆存，临时堆存要有防止自燃措施。对已经自燃的矸石山，必须尽快采取灭火措施，确保熄灭并防止复燃。要加强对自燃煤田灭火工作的组织领导，加大投入，力争提前完成灭火计划。

第二十八条 纯岩矸石和半煤岩矸石必须分运分堆，纯岩矸石尽量不出井。以煤矸石发电、生产建材、回填复垦及无害化处理为重点，努力发展科技含量高、附加值高的煤矸石综合利用技术和产品。

第二十九条 煤矸石、煤泥等综合利用电厂建设应符合电力工业相关设计规范，并纳入电力发展规划，优先选用单机容量 13.5 万千瓦及以上的高效循环流化床锅炉机组。积极推进现有煤矸石、煤泥等综合利用电厂的升级换代和“以大代小”，提高燃烧效率，降低消耗，减少排放。

第三十条 建设煤矸石、煤泥等综合利用电厂，必须靠近低热值燃料排放地，避免长途运输煤矸石、煤泥等低热值燃料。凡有稳定热负荷的地方，应考虑热电联产联供。

第三十一条 加强煤矸石、煤泥综合利用电厂运行管理，积极采用高新技术和装备，降低发、供电标煤耗和厂用电率，年运行小时数应不低于 5 500 小时，污染物排放浓度必须符合国家或地方排放标准，排污总量必须控制在规定的总量指标范围内。

第三十二条 燃用煤矸石、煤泥的综合利用电厂，必须采取炉内固硫和高效除尘设备，炉内固硫达不到排放要求的，必须进行烟气脱硫。综合利用电厂必须安装烟气排放在线自动监控装置，并与省级环保部门和省级电网公司联网，灰渣必须进行综合利用，不得造成二次污染。

第三十三条 矿区自备电厂和燃煤工业锅炉必须做到污染物达标排放，凡被列入国家淘汰名录或限期安装脱硫设施的，必须按时完成。

第三十四条 鼓励发展煤矸石烧结空心砖、轻骨料等新型建材，替代黏土制砖。鼓励煤矸石建材及制品向多功能、多品种、高档次方向发展。积极利用煤矸石充填采空区、采煤沉陷区和露天矿坑，开展复垦造地。

第三十五条　高瓦斯及煤与瓦斯突出矿井必须按规程规定建设瓦斯抽采利用系统，严格执行“先抽后采”。条件具备的矿区，要尽可能采用地面抽采方式，应用先进技术和装备，提高煤层气（煤矿瓦斯）抽采量和利用率。

第三十六条　采用保水、节水开采措施，合理保护矿区水资源。矿井水必须进行净化处理和综合利用，矿区生产、生活必须优先采用处理后的矿井水；有外供条件的，当地行政管理部门应积极协调，支持矿井水的有效利用。

六、保障措施

第三十七条　各地煤炭行业管理部门和环境保护部门按照职能分工负责本辖区煤炭行业节能减排的监督管理工作。煤炭企业是煤炭工业节能减排的实施主体。相关行业协会受政府有关部门的委托，负责煤炭行业节能减排统计汇总，协助政府有关部门开展节能减排的监督、检查和技术指导。

第三十八条　各地煤炭行业管理部门和环境保护部门要按照职能分工加强节能减排工作的领导。煤炭企业必须建立和完善节能减排专职管理、节能计量、环境监测机构，配齐专职工作人员，明确责任和任务，健全节能减排管理制度。要将节能减排指标完成情况作为政府有关部门和企业负责人业绩考核内容。

第三十九条　严格行业准入，严把能耗、环保审核关。坚决淘汰不具备安全生产条件、浪费资源和污染环境的小煤矿、小选煤厂、小焦化厂。积极推进煤矿整顿关闭和资源整合。有关部门要制定鼓励政策措施，支持煤矸石、煤泥等低热值资源和煤层气（煤矿瓦斯）、油母页岩、矿井水等煤炭共伴生资源综合利用。对利用煤矸石、煤泥、油母页岩等低热值资源和煤层气（煤矿瓦斯）发电实行优先上网和优惠电价。

第四十条　煤炭企业要保证节能减排技改资金的投入，并积极采用合同能源管理、自愿节能协议等模式，拓宽融资渠道。节能减排技改资金必须专款专用，大力推进企业节能技术改造。

第四十一条　建立健全煤炭行业节能减排计量、统计制度。煤炭企业要按照有关规定，配备计量器具和仪表，建立健全原始记录和统计台账，并按期报送节能减排统计报表。健全和完善行业节能减排标准、设计规范、主要耗能设备能效标准和煤矿主要生产工序能耗评价体系。

第四十二条　按照《企业能源审计技术通则》等规定要求，开展煤炭企业能源审计，提出切实可行的节能减排措施并加以实施。充分发挥社会中介机构的作用，协助企业搞好节能减排工作。

第四十三条　煤炭企业要建立和完善节能减排奖惩制度，根据节能减排目标完成情况，把奖惩落实到车间、班组、机台。对虚报、瞒报、拒报、迟报、伪造篡改节能减排统计资料的单位要依法予以处罚。

第四十四条　加强节能减排宣传教育，普及节能减排知识，提高节约和环保意识，增强社会责任感。有计划地组织节能减排业务学习和培训，主要耗能设备操作人员须经考试合格，方可上岗。行业协会、学会要在节能减排标准制定和实施、新技术（产品）

推广、信息咨询、宣传培训方面发挥作用，促进煤炭工业的节能减排工作。

第四十五条 加快以企业为主体的节能减排创新体系建设。鼓励企业自主创新，围绕行业节能减排科技发展重点，建立产学研自主创新战略联盟，选择行业节能减排重大关键技术，开展联合研究与开发。注重引进、吸收和再创新国外先进的节能减排技术和管理经验。组织实施行业重大节能减排示范工程，着重开展共性、关键和前沿技术的研发，促进节能减排技术产业化。

关于印发《推进城市污水、垃圾处理产业化发展意见》的通知

（2002 年 9 月 10 日　国家计委、建设部、国家环保总局文件　计投资[2002]1591 号）

各省、自治区、直辖市人民政府、国务院有关部门：

为加快城市环境保护基础设施建设，促进环境保护与经济建设协调发展，国家计委、建设部、国家环境保护总局等部门共同研究制定了《关于推进城市污水、垃圾处理产业化发展的意见》，经报请国务院同意，现印发你们。请根据本地区、本部门的情况，制定和实施符合实际的具体政策措施，努力做好城市污水、垃圾处理产业化的推进工作。

附：

国家计委、建设部、国家环保总局关于推进城市污水、垃圾处理产业化发展的意见

为贯彻落实《国民经济和社会发展第十个五年计划纲要》，提高我国城市污水、垃圾处理水平，改善城市环境质量，实现可持续发展，现就推进城市污水、垃圾处理产业化发展提出如下意见：

一、提高认识，明确目标，推进城市污水、垃圾处理产业化发展

（一）坚持可持续发展战略，充分认识城市污水、垃圾处理工作的重要性。长期以来，在我国城市建设快速发展的过程中，由于对环境保护基础设施建设重视不够、投入不足，大量垃圾在城市边缘露天堆放或简易填埋，污水直接排入城市水系及相关流域，造成江河湖泊水质恶化和地下水污染，城市环境污染问题日益突出。如不尽快解决，将严重威胁城乡居民的生存环境和社会经济的可持续发展。

为解决城市环境保护问题，“十五”期间，要将环境保护作为经济结构调整的重要方面，使其成为扩大内需的投资重点。各级政府要统一认识、明确任务，加强以污水、垃圾处理为重点的城市环境综合治理工作，坚决纠正以牺牲环境为代价发展经济的行为，坚持经济建设和环境保护设施同步规划、同步建设、同步发展，着力保护和改善生态环境。力争“十五”期间，城市环境污染恶化的趋势总体上得到控制，使部分城市和区域的环境质量有较大改善。

（二）建立城市污水、垃圾处理产业化新机制。根据“十五”计划纲要和《“十五”城镇化发展重点专项规划》，“十五”期间要新增城市污水日处理能力 2 600 万立方米，垃圾无害化日处理能力 15 万吨，2005 年城市污水集中处理率达到 45%，50 万人口以上

的城市达到 60%以上。实现上述目标，需要巨大的资金投入，仅靠各级政府财力远远不够。各地区要转变污水、垃圾处理设施只能由政府投资、国有单位负责运营管理的观念，解放思想，采取有利于加快建设、加快发展的措施，切实推进城市污水、垃圾处理项目建设、运营的市场化改革。推进城市污水、垃圾处理产业化的方向是，改革价格机制和管理体制，鼓励各类所有制经济积极参与投资和经营，逐步建立与社会主义市场经济体制相适应的投融资及运营管理体制，实现投资主体多元化、运营主体企业化、运行管理市场化，形成开放式、竞争性的建设运营格局。

二、改革体制，创新机制，为城市污水、垃圾处理产业化创造基础条件

（一）已建有污水、垃圾处理设施的城市都要立即开征污水和垃圾处理费，其他城市应在 2003 年底以前开征。要加快推进价格改革，逐步建立符合市场经济规律的污水、垃圾处理收费制度，为城市污水、垃圾处理的产业化发展创造必要的条件。征收的污水处理费要能够补偿城市污水处理厂运营成本和合理的投资回报，有条件的城市，可适当考虑污水管网的建设费用。全面实行城市垃圾处理收费制度，保证垃圾处理企业的运营费用和建设投资的回收，实现垃圾收运、处理和再生利用的市场化运作。

（二）污水和垃圾处理费的征收标准可按保本微利、逐步到位的原则核定。在城市范围内排放污水、产生垃圾的单位和个人（包括使用自备水源的），均应缴纳污水处理费和垃圾处理费。

（三）征收的城市污水和垃圾处理费应专项用于城市污水、垃圾集中处理设施的运营、维护和项目建设。尚未建设污水、垃圾集中处理设施的城市所征收的污水、垃圾处理费，可用于城市污水、垃圾处理工程的前期工作和相关配套项目的投入，但在三年内必须建成污水、垃圾集中处理设施，并投入运行。

（四）改革管理体制，逐步实行城市污水、垃圾处理设施的特许经营。现有从事城市污水、垃圾处理运营的事业单位，要在清产核资、明晰产权的基础上，按《公司法》改制成独立的企业法人。暂不具备改制条件的，可采取目标管理的方式，与政府部门签订委托经营合同，提供污水、垃圾处理的经营服务。鼓励企业通过招投标方式独资、合资或租赁承包现有城市污水、垃圾处理设施的运营管理。鼓励将现有污水、垃圾处理设施在资产评估的基础上，通过招标实现经营权转让、盘活存量资产。盘活的资金要用于城市污水管网和垃圾收运系统的建设。

各级政府要认真做好组织领导工作，研究制定相关配套政策，积极推进转企改制工作稳妥有序地进行。

（五）各级政府要继续加大投入力度，加快污水收集系统建设，扩展污水收集管网服务范围，确保管网配套。鼓励实行城市供水和排水一体化管理。

（六）在统筹规划的基础上，鼓励建设污水再生利用和垃圾资源化设施。要建立有利于鼓励使用再生水替代自然水源以及垃圾资源化的成本补偿与价格激励机制，推动城市污水的再生利用和垃圾的资源化。

（七）新建城市污水、垃圾处理设施应创造条件，积极推向市场，引入竞争机制，通过招标选择投资者。鼓励社会投资主体采用 BOT 等特许经营方式投资或与政府授权的企业合资建设城市污水、垃圾处理设施。

（八）要将城市垃圾处理经营权（包括垃圾的收集、分拣、储运、处理、利用和经营等）进行公开招标。鼓励符合条件的各类企业参与垃圾处理权的公平竞争。进一步推进垃圾分类收集，提高垃圾收集转运系统的配套程度。支持人口密集、相邻中小城市（城镇）联合建设污水、垃圾处理设施。

三、市场引导，政策扶持，加快城市污水、垃圾处理产业化进程

（一）对社会资本投资的城市污水、垃圾处理项目，当地政府或所委托的机构可参照同期银行长期贷款利率的标准，设定投资回报参考标准，并根据其他具体条件计算项目的运行成本，合理确定城市污水、垃圾处理的价格，以此作为对投资者招标的标底上限，通过招标选择最优化的方案及项目的投资、运营企业。政府或其指定代理人收取的污水、垃圾处理费，须按合同约定支付给通过招标取得投资和运营资格的企业。政府或其指定代理人与投资者之间的协议应体现“利益共享，风险共担”的原则，不得为投资者提供无风险的投资回报保证或者担保。

（二）投资城市污水、垃圾处理设施，项目资本金应不低于总投资的 20%，经营期限不超过 30 年。

（三）承担城市污水、垃圾处理设施特许经营的企业，必须具有相应的从业资质，拥有相应的管理和技术人员，其注册资本不低于承包设施年运行总成本的 50%，特许承包经营期限一般不超过 8 年，特许经营期或承包运营期满后重新进行招标。

（四）政府对城市污水、垃圾处理企业以及项目建设给予必要的配套政策扶持，包括：

城市污水、垃圾处理生产用电按优惠用电价格执行；

对新建城市污水、垃圾处理设施可采取行政划拨方式提供项目建设用地。投资、运营企业在合同期限内拥有划拨土地规定用途的使用权。

（五）鼓励城市政府用污水、垃圾处理费收费质押贷款，筹集部分城市污水管网和垃圾收运设施的建设、改造资金。积极尝试以各种方式拓宽污水、垃圾处理设施建设的融资渠道。

（六）各级政府要从征收的城市维护建设税、城市基础设施配套费、国有土地出让收益中安排一定比例的资金，用于城市污水收集系统、垃圾收运设施的建设，或用于污水、垃圾处理收费不到位时的运营成本补偿。

（七）实行产业化方式新建污水、垃圾处理设施时，各级政府应在明确政府投资权益的前提下，适当安排财政性建设资金用于支持其产业化发展。国家支持城市污水、垃圾处理工程的项目法人利用外资包括申请国外优惠贷款，并对产业化项目给予适当补助。今后，凡是未按产业化要求进行建设和经营的污水、垃圾处理设施，国家不再予以政策、资金上的扶持。

四、加强监管，保障城市污水、垃圾处理产业化健康有序地发展

（一）各级政府要切实加强对城市污水、垃圾处理产业化工作的领导，把城市污水、垃圾处理纳入国民经济和社会发展计划的重点发展领域，统筹安排，采取有力措施，协调解决实施产业化过程中的有关问题。要加快制定污水和垃圾处理设施建设、运营、拍

卖、抵押、资产重组、资金补助、收费管理、市场准入制度等方面的配套政策，积极推进城市污水和垃圾处理产业化规范有序地发展。

（二）地方政府要切实抓紧进行城市污水、垃圾处理行业的事业单位转企业以及相关的改制工作，在社会保障、转岗再就业等方面提供必要的政策扶持。

（三）要按照国家城市污水、垃圾处理产业化发展的要求，积极开展项目前期工作，做好项目储备。要根据城市总体规划，制订城市污水和垃圾处理设施专项规划和建设计划，处理设施布局要合理，规模要切合实际。清理行政性壁垒和地区分割障碍，为国内外投资者投资、经营污水和垃圾处理设施创造公开、公平、公正的市场竞争环境。

（四）要加强污水、垃圾处理费征收、使用的管理和监督，确保污水、垃圾处理费全额用于规定事项。减免污水、垃圾处理费，应由减免决策单位等额补偿。鼓励采取供水、污水和垃圾处理统一收费和代扣代缴等方式，确保污水和垃圾处理费的足额征收。

（五）城市污水、垃圾处理实行产业化后，各级政府要转变传统的管理模式，加强对市场秩序的监督和管理，依法行政；要制定明确的污水、垃圾处理操作规程和质量标准，明确运营企业的责任和权益。要加强对污水处理设施的出水水质和垃圾处理设施的处置质量的监督，确保达标排放，避免二次污染。

对城市污水和垃圾处理企业，当地政府应委派监督员，依法对企业运行过程进行监督。

五、其他

（一）本意见所指城市为经国务院批准的设市城市。

（二）经济发达、人口稠密的建制镇以及与重大江河、流域水环境关系密切的城镇应参照本意见实行污水、垃圾处理产业化。

关于发布《印染行业废水污染防治技术政策》的通知

（2001 年 8 月 8 日　国家环境保护总局、国家经贸委文件　环发[2001]118 号）

各省、自治区、直辖市环境保护局（厅），经贸委（经委）：

为贯彻《中华人民共和国水污染防治法》，保护水环境，指导印染行业废水污染防治工作，现批准发布《印染行业废水污染防治技术政策》，请遵照执行。

附件：

印染行业废水污染防治技术政策

1．总则

1.1 为防治印染废水对环境的污染，引导和规范印染行业水污染防治，根据《中华人民共和国水污染防治法》、《国务院关于环境保护若干问题的决定》、纺织行业总体规划及产业发展政策，按照分类指导的原则，制定本技术政策。

1.2 本技术政策适用于以天然纤维（如棉、毛、丝、麻等）、化学纤维（如涤纶、锦纶、腈纶、胶粘等）以及天然纤维和化学纤维按不同比例混纺为原料的各类纺织品生产过程中产生的印染废水。

1.3 印染工艺指在生产过程中对各类纺织材料（纤维、纱线、织物）进行物理和化学处理的总称，包括对纺织材料的前处理、染色、印花和后整理过程，统称为印染工艺。

1.4 鼓励印染企业采用清洁生产工艺和技术，严格控制其生产过程中的用水量、排水量和产污量。积极推行 ISO 14000（环境管理）系列标准，采用现代管理方法，提高环境管理水平。

1.5 鼓励印染废水治理的技术进步，印染企业应积极采用先进工艺和成熟的废水治理技术，实现稳定达标排放。

2．清洁生产工艺

2.1 节约用水工艺

2.1.1 转移印花（适宜涤纶织物的无水印花工艺）；

2.1.2 涂料印花（适宜棉、化纤及其混纺织物的印花与染色）；

2.1.3 棉布前处理冷轧堆工艺（适宜棉及其混纺织物的少污染工艺）；

2.2 减少污染物排放工艺

2.2.1 纤维素酶法水洗牛仔织物（适宜棉织物的少污染工艺）；

2.2.2 高效活性染料代替普通活性染料（适宜棉织物的少污染工艺）；

2.2.3 淀粉酶法退浆（适宜棉织物的少污染工艺）；

2.3 回收、回用工艺

2.3.1 超滤法回收染料（适宜棉织物染色使用的还原性染料等）；

2.3.2 丝光淡碱回收（适宜棉织物的资源回收及少污染工艺）；

2.3.3 洗毛废水中提取羊毛脂（适宜毛织物的资源回收及少污染工艺）；

2.3.4 涤纶仿真丝绸印染工艺碱减量工段废碱液回用（适宜涤纶织物的生产资源回收及少污染工艺）；

2.4 禁用染化料的替代技术

2.4.1 逐步淘汰和禁用织物染色后在还原剂作用下，产生22类对人体有害芳香胺的118种偶氮型染料。

2.4.2 严格限制内衣类织物上甲醛和五氯酚的含量，保障人体健康。

2.4.3 提倡采用易降解的浆料，限制或不用聚乙烯醇等难降解浆料。

3. 废水治理及污染防治

3.1 印染废水应根据棉纺、毛纺、丝绸、麻纺等印染产品的生产工艺和水质特点，采用不同的治理技术路线，实现达标排放。

3.2 取缔和淘汰技术设备落后、污染严重及无法实现稳定达标排放的小型印染企业。

3.3 印染废水治理工程的经济规模为废水处理量 $Q \geqslant 1\,000$ 吨/日。

鼓励印染企业集中地区实行专业化集中治理。在有正常运行的城镇污水处理厂的地区，印染企业废水可经适度预处理，符合城镇污水处理入厂水质要求后，排入城镇污水处理厂统一处理，实现达标排放。

印染企业集中地区宜采用水、电、气集中供应形式。

3.4 印染废水治理宜采用生物处理技术和物理化学处理技术相结合的综合治理路线，不宜采用单一的物理化学处理单元作为稳定达标排放治理流程。

3.5 棉机织、毛粗纺、化纤仿真丝绸等印染产品加工过程中产生的废水，宜采用厌氧水解酸化、常规活性污泥法或生物接触氧化法等生物处理方法和化学投药（混凝沉淀、混凝气浮）、光化学氧化法或生物炭法等物化处理方法相结合的治理技术路线。

3.6 棉纺针织、毛精纺、绒线、真丝绸等印染产品加工过程中产生的废水，宜采用常规活性污泥法或生物接触氧化法等生物处理方法和化学投药（混凝沉淀、混凝气浮）、光化学氧化法或生物炭法等物化处理方法相结合的治理技术路线。也可根据实际情况选择3.5所列的治理技术路线。

3.7 洗毛回收羊毛脂后废水，宜采用预处理、厌氧生物处理法、好氧生物处理法和化学投药法相结合的治理技术路线，或在厌氧生物处理后，与其他浓度较低的废水混合后再进行好氧生物处理和化学投药处理相结合的治理技术路线。

3.8 麻纺脱胶宜采用生物酶脱胶方法，麻纺脱胶废水宜采用厌氧生物处理法、好氧生物处理法和物理化学方法相结合的治理技术路线。

3.9 生物处理或化学处理过程中产生的剩余活性污泥或化学污泥，需经浓缩、脱水（如机械脱水、自然干化等），并进行最终处置。最终处置宜采用焚烧或填埋。

3.10 印染产品生产和废水治理的机械设备，应采取有效的噪声防治措施，并符合有关噪声控制要求。在环境卫生条件有特殊要求地区，还应采取防治恶臭污染的措施。

3.11 印染废水治理流程的选择应稳定达到国家或地方污染物排放标准要求。

4．鼓励的生产工艺和技术

4.1 鼓励印染企业开发应用生物酶处理技术；激光喷蜡、喷墨制网、无制版印花技术；数码印花技术；高效前处理机、智能化小浴比和封闭式染色等低污染生产工艺和设备。

4.2 鼓励中西部地区和少数民族地区发展具有民族特色的纺织品生产，但须满足相应的环境保护要求。

4.3 鼓励生产过程中采用低水位逆流水洗技术和设备。

4.4 水资源短缺地区，可在生产工艺过程或部分生产单元，选用吸附、过滤或化学治理等深度处理技术，提高废水再利用率，实现废水资源化。

关于印发《城市污水处理及污染防治技术政策》的通知

（2000 年 5 月 29 日　建设部、国家环境保护总局、科学技术部文件　建城[2000]124 号）

各省、自治区、直辖市建委（建设厅）、环保局、科委，北京市市政管委：

为了引导城市污水处理及污染防治技术的发展，加快城市污水处理设施的建设，防治城市水环境的污染，现将《城市污水处理及污染防治技术政策》印发给你们，请遵照执行。

附件：

城市污水处理及污染防治技术政策

1. 总则

1.1 为控制城市水污染，促进城市污水处理设施建设及相关产业的发展，根据《中华人民共和国水污染防治法》、《中华人民共和国城市规划法》和《国务院关于环境保护若干问题的决定》，制定本技术政策。

1.2 本技术政策所称“城市污水”，系指纳入和尚未纳入城市污水收集系统的生活污水和工业废水之混合污水。

1.3 本技术政策适用于城市污水处理设施工程建设，指导污水处理工艺及相关技术的选择和发展，并作为水环境管理的技术依据。

1.4 城市污水处理设施建设，应依据城市总体规划和水环境规划、水资源综合利用规划以及城市排水专业规划的要求，做到规划先行，合理确定污水处理设施的布局和设计规模，并优先安排城市污水收集系统的建设。

1.5 城市污水处理，应根据地区差别实行分类指导。根据本地区的经济发展水平和自然环境条件及地理位置等因素，合理选择处理方式。

1.6 城市污水处理应考虑与污水资源化目标相结合。积极发展污水再生利用和污泥综合利用技术。

1.7 鼓励城市污水处理的科学技术进步，积极开发应用新工艺、新材料和新设备。

2. 目标与原则

2.1 2010 年全国设市城市和建制镇的污水平均处理率不低于 50%，设市城市的污水处理率不低于 60%，重点城市的污水处理率不低于 70%。

2.2 全国设市城市和建制镇均应规划建设城市污水集中处理设施。达标排放的工业废水应纳入城市污水收集系统并与生活污水合并处理。

对排入城市污水收集系统的工业废水应严格控制重金属、有毒有害物质，并在厂内进行预处理，使其达到国家和行业规定的排放标准。

对不能纳入城市污水收集系统的居民区、旅游风景点、度假村、疗养院、机场、铁路车站、经济开发小区等分散的人群聚居地排放的污水和独立工矿区的工业废水，应进行就地处理达标排放。

2.3 设市城市和重点流域及水资源保护区的建制镇，必须建设二级污水处理设施，可分期分批实施。受纳水体为封闭或半封闭水体时，为防治富营养化，城市污水应进行二级强化处理，增强除磷脱氮的效果。非重点流域和非水源保护区的建制镇，根据当地经济条件和水污染控制要求，可先行一级强化处理，分期实现二级处理。

2.4 城市污水处理设施建设，应采用成熟可靠的技术。根据污水处理设施的建设规模和对污染物排放控制的特殊要求，可积极稳妥地选用污水处理新技术。城市污水处理设施出水应达到国家或地方规定的水污染物排放控制的要求。对城市污水处理设施出水水质有特殊要求的，须进行深度处理。

2.5 城市污水处理设施建设，应按照远期规划确定最终规模，以现状水量为主要依据确定近期规模。

3. 城市污水的收集系统

3.1 在城市排水专业规划中应明确排水体制和退水出路。

3.2 对于新城区，应优先考虑采用完全分流制；对于改造难度很大的旧城区合流制排水系统，可维持合流制排水系统，合理确定截留倍数。在降雨量很少的城市，可根据实际情况采用合流制。

3.3 在经济发达的城市或受纳水体环境要求较高时，可考虑将初期雨水纳入城市污水收集系统。

3.4 实行城市排水许可制度，严格按照有关标准监督检测排入城市污水收集系统的污水水质和水量，确保城市污水处理设施安全有效运行。

4. 污水处理

4.1 工艺选择准则

4.1.1 城市污水处理工艺应根据处理规模、水质特性、受纳水体的环境功能及当地的实际情况和要求，经全面技术经济比较后优选确定。

4.1.2 工艺选择的主要技术经济指标包括：处理单位水量投资、削减单位污染物投资、处理单位水量电耗和成本、削减单位污染物电耗和成本、占地面积、运行性能可靠性、管理维护难易程度、总体环境效益等。

4.1.3 应切合实际地确定污水进水水质，优化工艺设计参数。必须对污水的现状水质特性、污染物构成进行详细调查或测定，作出合理的分析预测。在水质构成复杂或特殊时，应进行污水处理工艺的动态试验，必要时应开展中试研究。

4.1.4 积极审慎地采用高效经济的新工艺。对在国内首次应用的新工艺，必须经过中试和生产性试验，提供可靠设计参数后再进行应用。

4.2 处理工艺

4.2.1 一级强化处理工艺

一级强化处理，应根据城市污水处理设施建设的规划要求和建设规模，选用物化强化处理法、AB 法前段工艺、水解好氧法前段工艺、高负荷活性污泥法等技术。

4.2.2 二级处理工艺

日处理能力在 20 万立方米以上（不包括 20 万立方米/日）的污水处理设施，一般采用常规活性污泥法。也可采用其他成熟技术。

日处理能力在 10 万～20 万立方米的污水处理设施，可选用常规活性污泥法、氧化沟法、SBR 法和 AB 法等成熟工艺。

日处理能力在 10 万立方米以下的污水处理设施，可选用氧化沟法、SBR 法、水解好氧法、AB 法和生物滤池法等技术，也可选用常规活性污泥法。

4.2.3 二级强化处理

二级强化处理工艺是指除有效去除碳源污染物外，且具备较强的除磷脱氮功能的处理工艺。在对氮、磷污染物有控制要求的地区，日处理能力在 10 万立方米以上的污水处理设施，一般选用 A/O 法、A/A/O 法等技术。也可审慎选用其他的同效技术。

日处理能力在 10 万立方米以下的污水处理设施，除采用 A/O 法、A/A/O 法外，也可选用具有除磷脱氮效果的氧化沟法、SBR 法、水解好氧法和生物滤池法等。

必要时也可选用物化方法强化除磷效果。

4.3 自然净化处理工艺

4.3.1 在严格进行环境影响评价、满足国家有关标准要求和水体自净能力要求的条件下，可审慎采用城市污水排入大江或深海的处置方法。

4.3.2 在有条件的地区，可利用荒地、闲地等可利用的条件，采用各种类型的土地处理和稳定塘等自然净化技术。

4.3.3 城市污水二级处理出水不能满足水环境要求时，在条件许可的情况下，可采用土地处理系统和稳定塘等自然净化技术进一步处理。

4.3.4 采用土地处理技术，应严格防止地下水污染。

5. 污泥处理

5.1 城市污水处理产生的污泥，应采用厌氧、好氧和堆肥等方法进行稳定化处理。也可采用卫生填埋方法予以妥善处置。

5.2 日处理能力在 10 万立方米以上的污水二级处理设施产生的污泥，宜采取厌氧消化工艺进行处理，产生的沼气应综合利用。

日处理能力在 10 万立方米以下的污水处理设施产生的污泥，可进行堆肥处理和综合利用。

采用延时曝气的氧化沟法、SBR 法等技术的污水处理设施，污泥需达到稳定化。采用物化一级强化处理的污水处理设施，产生的污泥须进行妥善的处理和处置。

5.3 经过处理后的污泥，达到稳定化和无害化要求的，可农田利用；不能农田利用的污泥，应按有关标准和要求进行卫生填埋处置。

6. 污水再生利用

6.1 污水再生利用，可选用混凝、过滤、消毒或自然净化等深度处理技术。

6.2 提倡各类规模的污水处理设施按照经济合理和卫生安全的原则，实行污水再生利用。发展再生水在农业灌溉、绿地浇灌、城市杂用、生态恢复和工业冷却等方面的利用。

6.3 城市污水再生利用，应根据用户需求和用途，合理确定用水的水量和水质。

7. 二次污染防治

7.1 城市污水处理设施建设，必须充分重视防治二次污染，妥善采用各种有效防治措施。在污水处理设施的前期建设阶段的环境影响评价工作中，应进行充分论证。

7.2 为保证公共卫生安全，防治传染性疾病传播，城市污水处理设施应设置消毒设施。

7.3 在环境卫生条件有特殊要求的地区，应防治恶臭污染。

7.4 城市污水处理设施的机械设备应采用有效的噪声防治措施，并符合有关噪声控制要求。

7.5 城市污水处理厂经过稳定化处理后的污泥，用于农田时不得含有超标的重金属和其他有毒有害物质。卫生填埋处置时严格防治污染地下水。

关于发布《草浆造纸工业废水污染防治技术政策》的通知

（1999 年 11 月 29 日　国家环境保护总局、国家轻工业局文件　环发[1999]273 号）

各省、自治区、直辖市环境保护局、轻工业厅（局）：

为贯彻《中华人民共和国水污染防治法》，保护水环境，防治草浆造纸工业废水对水环境的污染，特发布《草浆造纸工业废水污染防治技术政策》，请各地遵照执行。

附件：

草浆造纸工业废水污染防治技术政策

一、总则

1．制浆造纸工业是当前严重污染水环境的行业之一。为严格控制造纸行业的水污染，引导造纸行业水污染防治，逐步实现清洁生产和可持续发展，根据《中华人民共和国水污染防治法》，特制定此技术政策。

2．本技术政策适用于以芦苇、蔗渣、麦草等非木材纤维为原料的制浆造纸企业。

3．各级政府有关部门需加强对造纸行业的宏观管理，依靠政策措施，调整和优化企业、原料和产品的结构，鼓励采用清洁生产技术。逐步淘汰规模小、技术落后、污染严重的企业，做到合理布局和规模经营，实现协调发展。

4．大力发展造纸用材林的生产，逐步提高木浆比例；扩大使用二次纤维比重；科学合理利用草浆资源原料。

二、控制目标

1．所有造纸企业到 2000 年底要实现达标排放，造纸行业环境污染发展趋势得到基本控制，并逐步走上良性发展轨道。

2．根据发展和环保相统一的原则，结合非木纤维制浆废水治理特点，非木纤维制浆造纸企业污染治理应具备一定规模，新建麦草制浆造纸企业 3.4 万吨浆/年以上，其他非木浆厂 5 万吨浆/年以上；1.7 万吨/年碱法化学草浆厂是建碱回收的最小规模。

3．坚决取缔 5 千吨/年以下的化学制浆厂（车间）；对现有 1.7 万吨/年以下的小型化学浆企业，2000 年底前采取治、关、停、并、转等方式完成环境治理任务。

三、技术措施

1．造纸企业在技术改造及污染治理过程中，应采用能耗小污染负荷排放量小的清洁生产工艺；提高技术起点，如采用硅量较低、纤维含量较高的草浆原料。

2．造纸企业在技术改造及污染治理过程中，应采用能耗小污染负荷排放量少的清洁生产工艺。采用含硅量较低、纤维含量较高的草浆原料及自动打包技术和少氯、无氯漂白工艺。

3．加强原料高度净化，采用两级干法备料或干、湿法组合备料等技术，去除原料中的泥沙和杂质。

4．碱法化学浆黑液推荐采用常规燃烧法碱回收技术为核心的废水治理成套技术：

（1）高效黑液提取技术，黑液提取率85%以上；

（2）新型全板式降膜蒸发器或管—板结合草浆黑液蒸发技术；

（3）高效草浆黑液燃烧技术；

（4）连续苛化工艺技术；

（5）保持游离碱技术：采用加碱保护或高碱蒸煮，以保持进入蒸发工段黑液的游离碱浓度，达到降粘的目的。

5．半化学浆、石灰浆、化机浆废水处理推荐采用厌氧—好氧处理技术做到达标排放；亚硫酸盐法制浆不宜扩大发展，现有企业制浆废水应采用综合利用技术做到达标排放。

6．洗、选、漂中段废水采用二级生化处理技术。

7．造纸机白水采用分离纤维封闭循环利用技术。

8．生产用水循环利用技术：

（1）漂后洗浆水用于洗涤未漂浆；

（2）纸机剩余水、冷凝水用于洗浆或漂白。

9．鼓励开展的废水治理技术研究领域：

（1）蒸煮同步除硅技术，以改善黑液物化性能；

（2）开发草浆黑液高效提取设备，使黑液提取率达90%以上；

（3）深度脱木素技术，最大限度降低污染物排放量。

10．目前不宜推广的技术：

（1）单独利用絮凝剂处理制浆黑液；

（2）未经生产运行检验的污染治理技术（其他类型的碱回收技术和一些综合利用技术）。

附：草浆造纸工业废水污染防治技术说明

附：

草浆造纸工业废水污染防治技术说明

一、传统燃烧法碱回收技术

传统燃烧法碱回收技术的核心是资源的充分利用，立足于企业内部的良性循环。它将黑液中的有机物转化为二氧化碳和水的同时回收部分热能，又能将黑液中无机物转化为碱再利用。碱和热能又回收生产中去，不存在市场销售问题，并可降低生产工艺过程中产生的 80%的污染负荷。所以说传统燃烧法碱回收是目前国内对碱法制浆黑液处理的一种较为成熟的方法。

1．工艺流程图

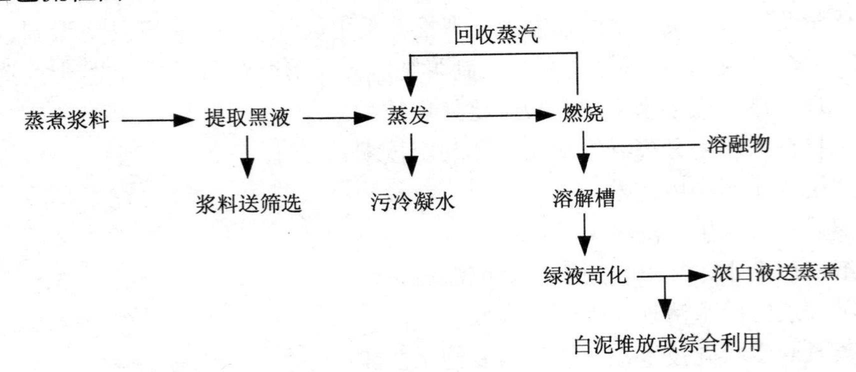

（1）备料工段

A. 干—湿法备料

未经切断的麦草经过切草机、除尘器处理成草片进入料仓贮存备用。

由料仓下来的草片由皮带机运送到湿法备料机中洗涤，草片在机械作用下得到充分洗涤，去除附带泥沙等杂物，洗涤后湿草片经脱水机脱水，脱水后草片送入蒸煮系统。

主要设备：

辊式切草机

辊式除尘器

草片洗涤机

螺旋脱水机

B. 二级干法备料

一般经过一道辊式除尘机后，再经过一道圆锥形除尘器，增强除尘效果。

（2）提取工段

草浆黑液的提取效果是提高碱回收率降低中段水处理负荷的关键。研制和开发适合于草浆的高效提取设备是当务之急。目前国内适合于草浆提取的设备主要有二种。

- 新型鼓式真空洗浆机

这是引进国外提取木浆黑液技术，结合我国草浆（过滤性差）特点改进型的第二代、第三代新型设备，该设备提取率可达 80%～85%，运行稳定性较好，是当前麦草浆黑液提取的首推设备。

- 螺旋网带洗浆机

该设备是在水平带式洗浆机的基础上改进而成。它保留了水平带式洗浆机上浆容易、操作简便、可靠；设备及工段建设投资低等优点，同时又针对胶带式洗浆机开孔率低，跑液严重，更换胶带费工、费时的缺点。新近开发出的一种新型洗浆及黑液提取设备，黑液提取率平均可达 80%以上。

（3）蒸发工段新型板式降膜蒸发器或板—管结合草浆蒸发技术

由于麦草浆黑液含硅高、粘度大，在蒸发过程中易结垢，这给草浆黑液的蒸发带来很大的困难。目前，企业凡是草浆采用长管或短管升膜蒸发器的，往往 15～20 天就需要清洗管垢一次（最长也要一个月清洗一次）。由于易结垢，使蒸发效率迅速下降，致使蒸发能力不足，严重影响碱回收率的提高，而目前新开发的板式降膜蒸发器（是引进消化吸收国际先进的板式降膜蒸发器技术）能适用于高粘度、高浓度易结垢的介质，用于蒸发草浆黑液效果较好，蒸发效率和蒸发强度均比传统蒸发器（升膜管式）提高 20%以上。

（4）燃烧工段

国内已开发生产的系列草浆黑液碱回收考虑了麦草浆黑液入炉浓度低、热值低及燃烧性能比木浆黑液差的特点而专门设计的。它改善了麦草浆黑液干燥和着火条件，提高炉子工艺热负荷和热效率，其热效率可达 68%以上。

（5）苛化工段采用连续苛化工艺

2．主体设备

（1）鼓式真空洗浆机、螺旋网带洗浆机

（2）外循环短管蒸发器、长管液膜蒸发器、自由降膜板式蒸发器

（3）黑液喷射炉（也称碱炉）

（4）连续苛化器、单层白（绿）液澄清器、白泥过滤可以选用真空洗渣机或白泥预挂式过滤机

3．工艺参数

（1）主要工艺设计参数

序号	指　标	单　位	数　量	备　注
一、提取工段				
1	提取稀黑液浓度	%	10	
2	提取稀黑液温度	℃	65～70	
3	提取稀黑液量	m^3/t 浆	11	以风干粗浆计
二、蒸发工段				
4	出蒸发站黑液浓度	%	44	平均浓度
5	蒸发热效率	kg 水/kg 气	3.3	
6	平均蒸发强度	kg/（m^2·h）	9.5	
7	蒸发水量	t/h	36（47）	75 t 浆/d（100 t 浆/d）

序号	指　标	单　位	数　量	备　注
三、燃烧工段				
8	碱炉黑液浓度	%	48	
9	碱炉黑液温度	℃	110	
10	碱炉日处理固体形物量（额定值）	t/d	98（130）	75 t 浆/d（100 t 浆/d）
11	碱炉产汽量（额定值）	t/d	12（15）	75 t 浆/d（100 t 浆/d）
12	碱炉产汽压力	MPa	1.27	饱和蒸汽
13	进除尘器烟气温度	℃	＞140	
14	静电除尘器除尘效率	%	＞96	
15	绿液浓度	g/L	100	总碱以 Na_2O 计
四、苛化工段				
16	苛化温度	℃	95～100	最后一台苛化器
17	苛化时间	min	＞120	
18	白液浓度	g/L	70	以 Na_2O 计
19	白泥残碱	%	＜1	
20	白泥干度	%	50	

（2）主要技术经济指标

序　号	指　标	单　位	数　量	备　注
1	年工作日	d/a	340	
2	日工作时数	h/d	24	
3	平均有效作业时间	h/d		
	提取	h/d	24	
	蒸发	h/d	22	
	燃烧	h/d	22	
	苛化	h/d	20	
4	日处理黑液固形物	t/d	98（130）	75 t 浆/d（100 t 浆/d）
5	回收碱量日（以 100%NaOH 计）	t/d	17.25（23）	75 t 浆/d（100 t 浆/d）
6	黑液提取率	%	85	
7	碱回收率	%	＞70	
8	苛化率	%	85	
9	用水量	m^3/t 碱	100	不包括二次蒸汽冷却水
10	用汽量	t/t 碱	6.0	
11	用电量	度/t 碱	650	不包括提取工段
12	石灰消耗量	t/t 碱	1.15	含 CaO＞75%
13	重油	t/t 碱	0.06	200#

二、厂外综合废水（中段废水）二级生化处理技术

1．工艺流程

2．主要设备

（1）曝气装置

（2）污泥脱水机

三、亚铵法废液（综合利用）生产粘合剂技术

1．工艺流程

麦草→蒸煮→提取→蒸发→产品（粘合剂）

2．主要设备

（1）提取设备（水平带式洗浆机、螺旋网带式洗浆机等）

（2）蒸发设备器（四效板式蒸发）或板管结合

（3）各种泵类

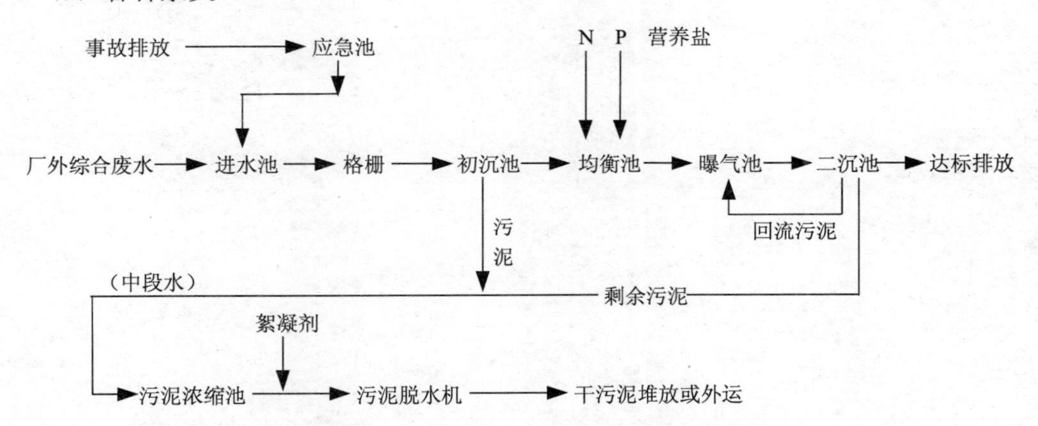

四、石灰法稻草浆（半化学浆）厌氧发酵生产沼气技术

1．工艺流程

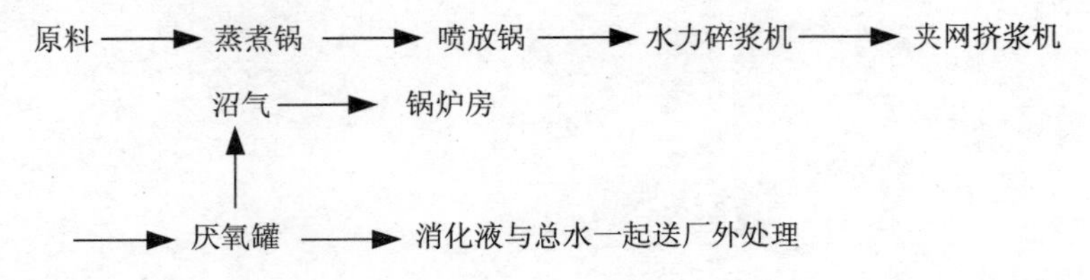

2．主要设备

（1）水力碎浆机

（2）夹网挤浆机

（3）厌氧发酵罐

五、造纸机白水回收技术

白水回收的主要方法：气浮法、沉淀法、机械过滤机过滤纤维。下面仅举气浮法回

收纤维的方法为例。

1．工艺流程

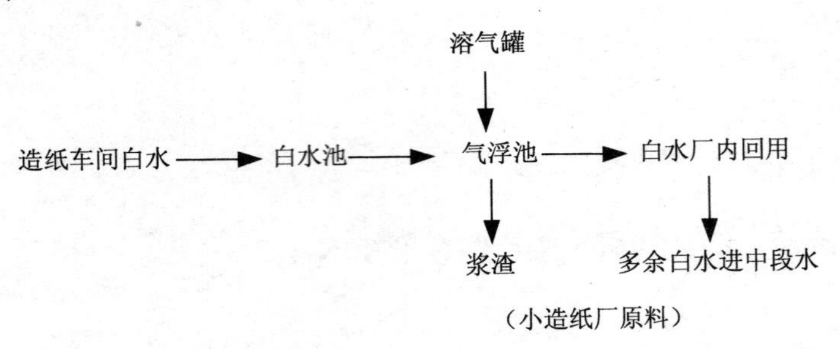

2．主要设备

（1）压缩机溶气罐

（2）各种泵类

关于发布《废电池污染防治技术政策》的通知

（2003年10月9日　国家环保总局、国家发展和改革委员会、建设部、科技部、
商务部文件　环发[2003]163号）

各省、自治区、直辖市环境保护局（厅），计委，经贸委（经委），建设厅，科技厅，外经贸委（厅）：

为贯彻《中华人民共和国固体废物污染环境防治法》，保护环境，保障人体健康，指导废电池污染防治工作，现批准发布《废电池污染防治技术政策》，请遵照执行。

附件：

废电池污染防治技术政策

1．总则

1.1 为引导废电池环境管理和处理处置、资源再生技术的发展，规范废电池处理处置和资源再生行为，防止环境污染，促进社会和经济的可持续发展，根据《中华人民共和国固体废物污染环境防治法》等有关法律、法规、政策和标准，制定本技术政策。本技术政策随社会经济、技术水平的发展适时修订。

1.2 本技术政策所称废电池包括下述废物：

已经失去使用价值而被废弃的各种一次电池（包括扣式电池）、可充电电池等；

已经失去使用价值而被废弃的铅酸蓄电池以及其他蓄电池等；

已经失去使用价值而被废弃的各种用电器具的专用电池组及其中的单体电池；

上述各种电池在生产、运输、销售过程中产生的不合格产品、报废产品、过期产品等；

上述各种电池在生产过程中产生的混合下脚料等混合废料；

其他废弃的化学电源。

1.3 本技术政策适用于废电池的分类、收集、运输、综合利用、贮存和处理处置等全过程污染防治的技术选择，并指导相应设施的规划、立项、选址、设计、施工、运营和管理，引导相关产业的发展。

1.4 废电池污染控制应该遵循电池产品生命周期分析的基本原理，积极推行清洁生产，实行全过程管理和污染物质总量控制的原则。

1.5 废电池污染控制的重点是废含汞电池、废镉镍电池、废铅酸蓄电池。逐渐减少以至最终在一次电池生产中不使用汞，安全、高效、低成本收集、回收或安全处置废镉镍电池、废铅酸蓄电池以及其他对环境有害的废电池。

1.6 废氧化汞电池、废镉镍电池、废铅酸蓄电池属于危险废物，应该按照有关危险废

物的管理法规、标准进行管理。

1.7 鼓励开展废电池污染途径、污染规律和对环境影响小的新型电池开发的科学研究，确定相应的污染防治对策。

1.8 通过宣传和普及废电池污染防治知识，提高公众环境意识，促进公众对废电池管理及其可能造成的环境危害有正确了解，实现对废电池科学、合理、有效的管理。

1.9 各级人民政府应制定鼓励性经济政策等措施，加快符合环境保护要求的废电池分类收集、贮存、资源再生及处理处置体系和设施建设，推动废电池污染防治工作。

1.10 本技术政策遵循《危险废物污染防治技术政策》的总体原则。

2．电池的生产与使用

2.1 制定有关电池分类标识的技术标准，以利于废电池的分类收集、资源利用和处理处置。电池分类标识应包括下述内容：

需要回收电池的回收标识；

需要回收电池的种类标识；

电池中有害成分的含量标识。

2.2 电池制造商和委托其他制造商生产使用自己所拥有商标电池的商家，应当在其生产的电池上按照国家标准标注标识。

使用专用内置电池的器具生产商应该在其生产的产品上按照国家标准标注电池分类标识。

2.3 电池进口商应该要求国外制造商（或经销商）在出口到我国的电池上按照中国国家标准标注标识，或由进口商在其进口的电池上粘贴按照中国国家标准标注的标识。

2.4 使用电池的器具在设计时应该采用易于拆卸电池（或电池组）的结构，并且在其使用说明书中明确电池的使用和安装拆卸方法，以及提示电池废弃后的处置方式。

2.5 根据国家有关规定禁止生产和销售氧化汞电池。根据国家有关规定禁止生产和销售汞含量大于电池质量 0.025%的锌锰及碱性锌锰电池；以 2005 年 1 月 1 日起停止生产含汞量大于 0.000 1%的碱性锌锰电池。逐步提高含汞量小于 0.000 1%的碱性锌锰电池在一次电池中的比例；逐步减少糊式电池的生产和销售量，最终实现淘汰糊式电池。

2.6 依托技术进步，通过制定有关电池中镉、铅的最高含量的标准，限制镉、铅等有害元素在有关电池中的使用。鼓励发展锂离子和金属氢化物镍电池（简称氢镍电池）等可充电电池的生产，替代镉镍可充电电池，减少镉镍电池的生产和使用，最终在民用市场淘汰镉镍电池。

2.7 鼓励开发低耗、高能、低污染的电池产品和生产工艺、使用技术。鼓励电池生产使用再生材料。

2.8 加强宣传和教育，鼓励和支持消费者使用汞含量小于 0.000 1%的高能碱性锌锰电池；鼓励和支持消费者使用氢镍电池和锂离子电池等可充电电池以替代镉镍电池；鼓励和支持消费者拒绝购买、使用劣质和冒牌的电池产品以及没有正确标注有关标识的电池产品。

3．收集

3.1 废电池的收集重点是镉镍电池、氢镍电池、锂离子电池、铅酸电池等废弃的可充电电池（以下简称为废充电电池）和氧化银等废弃的扣式一次电池（以下简称为废扣式电池）。

3.2 废一次电池的回收，应由回收责任单位审慎地开展。目前，在缺乏有效回收的技术经济条件下，不鼓励集中收集已达到国家低汞或无汞要求的废一次电池。

3.3 下列单位应当承担回收废充电电池和废扣式电池的责任：

充电电池和扣式电池的制造商；

充电电池和扣式电池的进口商；

使用充电电池或扣式电池产品的制造商；

委托其他电池制造商生产使用自己所拥有商标的充电电池和扣式电池的商家。

3.4 上述承担废充电电池和废扣式电池回收责任的单位，应当按照自己商品的销售渠道指导、组织建立废电池的回收系统，或者委托有关的回收系统有效回收。充电电池、扣式电池和使用这些电池的电器商品的销售商应当在其销售处设立废电池的分类回收设施予以回收，并按照有关标准设立明显的标识。

3.5 鼓励消费者将废充电电池和废扣式电池送到电池或电器销售商店相应的废电池回收设施中，方便销售商回收。

3.6 回收后的批量废电池应当分类送到具有相应资质的工厂（设施），进行资源再生或无害化处理处置。

3.7 废电池的收集包装应当使用专用的具有相应分类标识的收集装置。

4．运输

4.1 废电池要根据其种类，用符合国家标准的专门容器分类收集运输。

4.2 贮存、装运废电池的容器应根据废电池的特性而设计，不易破损、变形，其所用材料能有效地防止渗漏、扩散。装有废电池的容器必须贴有国家标准所要求的分类标识。

4.3 在废电池的包装运输前和运输过程中应保证废电池的结构完整，不得将废电池破碎、粉碎，以防止电池中有害成分的泄漏污染。

4.4 属于危险废物的废电池越境转移应遵从《控制危险废物越境转移及其处置的巴塞尔公约》的要求；批量废电池的国内转移应遵从《危险废物转移联单管理办法》及其他有关规定。

4.5 各级环境保护行政主管部门应按照国家和地方制定的危险废物转移管理办法对批量废电池的流向进行有效控制，禁止在转移过程中将废电池丢弃至环境中，禁止将3.1中规定需要重点收集的废电池混入生活垃圾中。

5．贮存

5.1 本政策所称废电池贮存是指批量废电池收集、运输、资源再生过程中和处理处置前的存放行为，包括在确定废电池处理处置方式前的临时堆放。

5.2 批量废电池的贮存设施应参照《危险废物贮存污染控制标准》（GB 18597—2001）的有关要求进行建设和管理。

5.3 禁止将废电池堆放在露天场地，避免废电池遭受雨淋水浸。

6．资源再生

6.1 废电池的资源再生工厂应当以废充电电池和废扣式电池的回收处理为主，审慎建设废一次电池的资源再生工厂。

6.2 废电池资源再生设施建设应当经过充分的技术经济论证，保证设施运行对环境不会造成二次污染以及经济有效地回收资源。

6.3 废充电电池、废扣式电池的资源再生工厂，应按照危险废物综合利用设施要求进行管理，取得危险废物经营许可证后方可运行。废一次电池和混合废电池的资源再生工厂，应参照危险废物综合利用设施要求进行管理，在取得危险废物经营许可证后运行。

6.4 废电池再生资源工厂场址选择应参照《危险废物焚烧污染控制标准》（GB 18484—2001）中的选址要求进行。

6.5 任何废电池资源再生工厂在生产过程中，汞、镉、铅、锌、镍等有害成分的回收量与安全处理处置量之和，不应小于在所处理废电池中这一有害成分总量的95%。

6.6 在资源再生工艺之前的任何废电池拆解、破碎、分选工艺过程都应当在封闭式构筑物中进行，排出气体须进行净化处理，达标后排放。不得对废电池进行人工破碎和在露天环境下进行破碎作业，防止废电池中有害物质无组织排放或逸出，造成二次污染。

6.7 利用火法冶金工艺进行废电池资源再生，其冶炼过程应当在密闭负压条件下进行，以免有害气体和粉尘逸出，收集的气体应进行处理，达标后排放。

6.8 利用湿法冶金工艺进行废电池资源再生，其工艺过程应当在封闭式构筑物内进行，排出气体须进行除湿净化，达标后排放。

6.9 废电池的资源再生装置应设置尾气净化系统、报警系统和应急处理装置。

6.10 废电池资源再生工厂的废气排放应当参照执行《危险废物焚烧污染控制标准》（GB 18484—2001）中大气污染物排放限值。

6.11 废电池资源再生工厂应该设置污水净化设施。工厂排放废水应当满足《污水综合排放标准》（GB 8978—1996）和其他相应标准的要求。

6.12 废电池资源再生工厂产生的工业固体废物（包括冶炼残渣、废气净化灰渣、废水处理污泥、分选残余物等）应当按危险废物进行管理和处置。

6.13 废电池资源再生工厂的人员作业环境应当满足《工业企业设计卫生标准》（GBZ 1—2002）和《工作场所有害因素职业接触限值》（GBZ 2—2002）等有关国家标准的要求。

6.14 鼓励开展废电池资源再生的科学技术研究，开发经济、高效的废电池资源再生工艺，提高废电池的资源再生率。

7. 处理处置

7.1 在对生活垃圾进行焚烧和堆肥处理的城市和地区，宜进行垃圾分类收集，避免各种废电池随其他生活垃圾进入垃圾焚烧装置和垃圾堆肥发酵装置。

7.2 禁止对收集的各种废电池进行焚烧处理。

7.3 对于已经收集的、目前还没有经济有效手段进行再生回收的一次或混合废电池，可以参照危险废物的安全处置、贮存要求对其进行安全填埋处置或贮存。在没有建设危险废物安全填埋场的地区，可按照危险废物安全填埋的要求建设专用填埋单元，或者按照《危险废物贮存污染控制标准》（GB 18597—2001）的要求建设专用废电池贮存设施，将废电池装入塑料容器中在专用设施中填埋处置或贮存。使用的塑料容器应该具有耐腐蚀、耐压、密封的特性，必须完好无损，填埋处置的还应满足填埋作业所需要的强度要求。

7.4 为便于将来废电池再生利用，宜将已收集的废电池进行分区分类填埋处置或贮存。

7.5 在对废电池进行填埋处置前和处置过程中以及在贮存作业过程中，不应将废电池进行拆解、碾压及其他破碎操作，保证废电池的外壳完整，减少并防止有害物质的渗出。

8．废铅酸蓄电池污染防治

8.1 废铅酸蓄电池的收集、运输、拆解、再生冶炼等活动除满足前列各章要求外，还应当遵从本章的要求。

8.2 废铅酸蓄电池应当进行回收利用，禁止用其他办法进行处置。

8.3 废铅酸蓄电池应当按照危险废物进行管理。废铅酸蓄电池的收集、运输、拆解、再生铅企业应当取得危险废物经营许可证后方可进行经营或运行。

8.4 鼓励集中回收处理废铅酸蓄电池。

8.5 在废铅酸蓄电池的收集、运输过程中应当保持外壳的完整，并且采取必要措施防止酸液外泄。废铅酸蓄电池收集、运输单位应当制定必要的事故应急措施，以保证在收集、运输过程中发生事故时能有效地减少以至防止对环境的污染。

8.6 废铅酸蓄电池回收拆解应当在专门设施内进行。在回收拆解过程中应该将塑料、铅极板、含铅物料、废酸液分别回收、处理。

8.7 废铅酸蓄电池中的废酸液应收集处理，不得将其排入下水道或排入环境中。不能带壳、酸液直接熔炼废铅酸蓄电池。

8.8 废铅酸蓄电池的回收冶炼企业应满足下列要求：

铅回收率大于 95%；

再生铅的生产规模大于 5 000 吨/年。本技术政策发布后，新建企业生产规模应大于 1 万吨/年；

再生铅工艺过程采用密闭熔炼设备，并在负压条件下生产，防止废气逸出；

具有完整废水、废气的净化设施，废水、废气排放达到国家有关标准；

再生铅冶炼过程中产生的粉尘和污泥得到妥善、安全处置。

逐步淘汰不能满足上述基本条件的土法冶炼工艺和小型再生铅企业。

8.9 废铅酸蓄电池铅冶炼再生过程中收集的粉尘和污泥应当按照危险废物管理要求进行处理处置。

关于发布《危险废物污染防治技术政策》的通知

（2001 年 12 月 17 日　国家环境保护总局、国家经济贸易委员会、科学技术部文件
环发[2001]199 号）

各省、自治区、直辖市环境保护局（厅），经贸委（经委），科委（科技厅）：

为贯彻《中华人民共和国固体废物污染环境防治法》，保护生态环境，保障人体健康，指导危险废物污染防治工作，现批准发布《危险废物污染防治技术政策》，请遵照执行。

附件：

危险废物污染防治技术政策

1．总则

1.1 为引导危险废物管理和处理处置技术的发展，促进社会和经济的可持续发展，根据《中华人民共和国固体废物污染环境防治法》等有关法律、法规、政策和标准，制定本技术政策。本技术政策将随社会经济、技术水平的发展适时修订。

1.2 本技术政策所称危险废物是指列入国家危险废物名录或根据国家规定的危险废物鉴别标准和鉴别方法认定的具有危险特性的废物。

本技术政策所称特殊危险废物是指毒性大，或环境风险大，或难于管理，或不宜用危险废物的通用方法进行管理和处理处置，而需特别注意的危险废物，如医院临床废物、多氯联苯类废物、生活垃圾焚烧飞灰、单独收集的含汞、镉废电池、废矿物油、含汞废日光灯管等。

1.3 我国危险废物管理的阶段性目标是：

到 2005 年，重点区域和重点城市产生的危险废物得到妥善贮存，有条件的实现安全处置；实现医院临床废物的环境无害化处理处置；将全国危险废物产生量控制在 2000 年末的水平；在全国实施危险废物申报登记制度、转移联单制度和许可证制度。

到 2010 年，重点区域和重点城市的危险废物基本实现环境无害化处理处置。

到 2015 年，所有城市的危险废物基本实现环境无害化处理处置。

1.4 本技术政策适用于危险废物的产生、收集、运输、分类、检测、包装、综合利用、贮存和处理处置等全过程污染防治的技术选择，并指导相应设施的规划、立项、选址、设计、施工、运营和管理，引导相关产业的发展。

1.5 本技术政策的总原则是危险废物的减量化、资源化和无害化。

1.6 鼓励并支持跨行政区域的综合性危险废物集中处理处置设施的建设和运营。

1.7 危险废物的收集运输单位、处理处置设施的设计、施工和运营单位应具有相应的

技术资质。

1.8 各级政府应通过制定鼓励性经济政策等措施加快建立符合环境保护要求的危险废物收集、贮存、处理处置体系，积极推动危险废物的污染防治工作。

2. 危险废物的减量化

2.1 危险废物减量化适用于任何产生危险废物的工艺过程。各级政府应通过经济和其他政策措施促进企业清洁生产，防止和减少危险废物的产生。企业应积极采用低废、少废、无废工艺，禁止采用《淘汰落后生产能力、工艺和产品的目录》中明令淘汰的技术工艺和设备。

2.2 对已经产生的危险废物，必须按照国家有关规定申报登记，建设符合标准的专门设施和场所妥善保存并设立危险废物标示牌，按有关规定自行处理处置或交由持有危险废物经营许可证的单位收集、运输、贮存和处理处置。在处理处置过程中，应采取措施减少危险废物的体积、重量和危险程度。

3. 危险废物的收集和运输

3.1 危险废物要根据其成分，用符合国家标准的专门容器分类收集。

3.2 装运危险废物的容器应根据危险废物的不同特性而设计，不易破损、变形、老化，能有效地防止渗漏、扩散。装有危险废物的容器必须贴有标签，在标签上详细标明危险废物的名称、重量、成分、特性以及发生泄漏、扩散污染事故时的应急措施和补救方法。

3.3 居民生活、办公和第三产业产生的危险废物（如部分废电池、废日光灯管等）应与生活垃圾分类收集，通过分类收集提高其回收利用和无害化处理处置，逐步建立和完善社会源危险废物的回收网络。

3.4 鼓励发展安全高效的危险废物运输系统，鼓励发展各种形式的专用车辆，对危险废物的运输要求安全可靠，要严格按照危险货物运输的管理规定进行危险废物的运输，减少运输过程中的二次污染和可能造成的环境风险。

3.5 鼓励成立专业化的危险废物运输公司对危险废物实行专业化运输，运输车辆需有特殊标志。

4. 危险废物的转移

4.1 危险废物的越境转移应遵从《控制危险废物越境转移及其处置的巴塞尔公约》的要求，危险废物的国内转移应遵从《危险废物转移联单管理办法》及其他有关规定的要求。

4.2 各级环境保护行政主管部门应按照国家和地方制定的危险废物转移管理办法对危险废物的流向进行有效控制，禁止在转移过程中将危险废物排放至环境中。

5. 危险废物的资源化

5.1 已产生的危险废物应首先考虑回收利用，减少后续处理处置的负荷。回收利用过程应达到国家和地方有关规定的要求，避免二次污染。

5.2 生产过程中产生的危险废物，应积极推行生产系统内的回收利用。生产系统内无法回收利用的危险废物，通过系统外的危险废物交换、物质转化、再加工、能量转化等措施实现回收利用。

5.3 各级政府应通过设立专项基金、政府补贴等经济政策和其他政策措施鼓励企业对已经产生的危险废物进行回收利用，实现危险废物的资源化。

5.4 国家鼓励危险废物回收利用技术的研究与开发，逐步提高危险废物回收利用技术和装备水平，积极推广技术成熟、经济可行的危险废物回收利用技术。

6. 危险废物的贮存

6.1 对已产生的危险废物，若暂时不能回收利用或进行处理处置的，其产生单位须建设专门的危险废物贮存设施进行贮存，并设立危险废物标志，或委托具有专门危险废物贮存设施的单位进行贮存，贮存期限不得超过国家规定。贮存危险废物的单位需拥有相应的许可证。禁止将危险废物以任何形式转移给无许可证的单位，或转移到非危险废物贮存设施中。危险废物贮存设施应有相应的配套设施并按有关规定进行管理。

6.2 危险废物的贮存设施应满足以下要求：

6.2.1 应建有堵截泄漏的裙脚，地面与裙脚要用坚固防渗的材料建造。应有隔离设施、报警装置和防风、防晒、防雨设施；

6.2.2 基础防渗层为粘土层的，其厚度应在 1 米以上，渗透系数应小于 1.0×10^{-7} 厘米/秒；基础防渗层也可用厚度在 2 毫米以上的高密度聚乙烯或其他人工防渗材料组成，渗透系数应小于 1.0×10^{-10} 厘米/秒；

6.2.3 须有泄漏液体收集装置及气体导出口和气体净化装置；

6.2.4 用于存放液体、半固体危险废物的地方，还须有耐腐蚀的硬化地面，地面无裂隙；

6.2.5 不相容的危险废物堆放区必须有隔离间隔断；

6.2.6 衬层上需建有渗滤液收集清除系统、径流疏导系统、雨水收集池；

6.2.7 贮存易燃易爆的危险废物的场所应配备消防设备，贮存剧毒危险废物的场所必须有专人 24 小时看管。

6.3 危险废物的贮存设施的选址与设计、运行与管理、安全防护、环境监测及应急措施以及关闭等须遵循《危险废物贮存污染控制标准》的规定。

7. 危险废物的焚烧处置

7.1 危险废物焚烧可实现危险废物的减量化和无害化，并可回收利用其余热。焚烧处置适用于不宜回收利用其有用组分、具有一定热值的危险废物。易爆废物不宜进行焚烧处置。焚烧设施的建设、运营和污染控制管理应遵循《危险废物焚烧污染控制标准》及其他有关规定。

7.2 危险废物焚烧处置应满足以下要求：

7.2.1 危险废物焚烧处置前必须进行前处理或特殊处理，达到进炉的要求，危险废物在炉内燃烧均匀、完全；

7.2.2 焚烧炉温度应达到 1 100℃以上，烟气停留时间应在 2.0 秒以上，燃烧效率大于 99.9%，焚毁去除率大于 99.99%，焚烧残渣的热灼减率小于 5%（医院临床废物和含多氯联苯废物除外）；

7.2.3 焚烧设施必须有前处理系统、尾气净化系统、报警系统和应急处理装置；

7.2.4 危险废物焚烧产生的残渣、烟气处理过程中产生的飞灰，须按危险废物进行安全填埋处置。

7.3 危险废物的焚烧宜采用以旋转窑炉为基础的焚烧技术，可根据危险废物种类和特征选用其他不同炉型，鼓励改造并采用生产水泥的旋转窑炉附烧或专烧危险废物。

7.4 鼓励危险废物焚烧余热利用。对规模较大的危险废物焚烧设施，可实施热电联产。

7.5 医院临床废物、含多氯联苯废物等一些传染性的，或毒性大，或含持久性有机污染成分的特殊危险废物宜在专门焚烧设施中焚烧。

8．危险废物的安全填埋处置

8.1 危险废物安全填埋处置适用于不能回收利用其组分和能量的危险废物。

8.2 未经处理的危险废物不得混入生活垃圾填埋场，安全填埋为危险废物的最终处置手段。

8.3 危险废物安全填埋场必须按入场要求和经营许可证规定的范围接收危险废物，达不到入场要求的，须进行预处理并达到填埋场入场要求。

8.4 危险废物安全填埋场须满足以下要求：

8.4.1 有满足要求的防渗层，不得产生二次污染。

天然基础层饱和渗透系数小于 1.0×10^{-7} 厘米/秒，且厚度大于 5 米时，可直接采用天然基础层作为防渗层；天然基础层饱和渗透系数为 1.0×10^{-7}～1.0×10^{-6} 厘米/秒时，可选用复合衬层作为防渗层，高密度聚乙烯的厚度不得低于 1.5 毫米；天然基础层饱和渗透系数大于 1.0×10^{-6} 厘米/秒时，须采用双人工合成衬层（高密度聚乙烯）作为防渗层，上层厚度在 2.0 毫米以上，下层厚度在 1.0 毫米以上。

8.4.2 要严格按照作业规程进行单元式作业，做好压实和覆盖。

8.4.3 要做好清污水分流，减少渗沥水产生量，设置渗沥水导排设施和处理设施。对易产生气体的危险废物填埋场，应设置一定数量的排气孔、气体收集系统、净化系统和报警系统。

8.4.4 填埋场运行管理单位应自行或委托其他单位对填埋场地下水、地表水、大气要进行定期监测。

8.4.5 填埋场终场后，要进行封场处理，进行有效的覆盖和生态环境恢复。

8.4.6 填埋场封场后，经监测、论证和有关部门审定，才可以对土地进行适宜的非农业开发和利用。

8.5 危险废物填埋须满足《危险废物填埋污染控制标准》的规定。

9．特殊危险废物污染防治

9.1 医院临床废物（不含放射性废物）

9.1.1 鼓励医院临床废物的分类收集，分别进行处理处置。人体组织器官、血液制品、沾染血液、体液的织物、传染病医院的临床废物、病人生活垃圾以及混合收集的医院临床废物宜建设专用焚烧设施进行处置，专用焚烧设施应符合《危险废物焚烧污染控制标准》的要求。

9.1.2 城市应建设集中处置设施，收集处置城市和城市所在区域的医院临床废物。

9.1.3 禁止一次性医疗器具和敷料的回收利用。

9.2 含多氯联苯废物

9.2.1 含多氯联苯废物应尽快集中到专用的焚烧设施中进行处置，不宜采用其他途径进行处置，其专用焚烧设施应符合国家《危险废物焚烧污染控制标准》的要求。

9.2.2 含多氯联苯废物的管理、贮存和处置还需遵循《防止含多氯联苯电力装置及其废物污染环境的规定》的规定。

9.2.3 对集中封存年限超过二十年的或未超过二十年但已造成环境污染的含多氯联苯废物，应限期进行焚烧处置。

9.2.4 对于新退出使用的含多氯联苯电力装置原则上必须进行焚烧处置，确有困难的可进行暂时性封存，但封存年限不应超过三年，暂存库和集中封存库的选址和设计必须符合《含多氯联苯（PCBs）废物的暂存库和集中封存库设计规范》的要求，集中封存库的建设必须进行环境影响评价。

9.2.5 应加强含多氯联苯危险废物的清查及其贮存设施的管理，并对含多氯联苯危险废物的处置过程进行跟踪管理。

9.3 生活垃圾焚烧飞灰

9.3.1 生活垃圾焚烧产生的飞灰必须单独收集，不得与生活垃圾、焚烧残渣等其他废物混合，也不得与其他危险废物混合。

9.3.2 生活垃圾焚烧飞灰不得在产生地长期贮存，不得进行简易处置，不得排放，生活垃圾焚烧飞灰在产生地必须进行必要的固化和稳定化处理之后方可运输，运输需使用专用运输工具，运输工具必须密闭。

9.3.3 生活垃圾焚烧飞灰须进行安全填埋处置。

9.4 废电池

9.4.1 国家和地方各级政府应制定技术、经济政策淘汰含汞、镉的电池。生产企业应按照国家法律和产业政策，调整产品结构，按期淘汰含汞、镉电池。

9.4.2 在含汞、镉的电池被淘汰之前，城市生活垃圾处理单位应建立分类收集、贮存、处理设施，对废电池进行有效的管理。

9.4.3 提倡废电池的分类收集，避免含汞、镉废电池混入生活垃圾焚烧设施。

9.4.4 废铅酸电池必须进行回收利用，不得用其他办法进行处置，其收集、运输环节必须纳入危险废物管理。鼓励发展年处理规模在 2 万吨以上的废铅酸电池回收利用，淘汰小型的再生铅企业，鼓励采用湿法再生铅生产工艺。

9.5 废矿物油

9.5.1 鼓励建立废矿物油收集体系，禁止将废矿物油任意抛洒、掩埋或倒入下水道以及用作建筑脱模油，禁止继续使用硫酸/白土法再生废矿物油。

9.5.2 废矿物油的管理应遵循《废润滑油回收与再生利用技术导则》等有关规定，鼓励采用无酸废油再生技术，采用新的油水分离设施或活性酶对废油进行回收利用，鼓励重点城市建设区域性的废矿物油回收设施，为所在区域的废矿物油产生者提供服务。

9.6 废日光灯管

9.6.1 各级政府应制定技术、经济政策调整产品结构，淘汰高污染日光灯管，鼓励建立废日光灯管的收集体系和资金机制。

9.6.2 加强废日光灯管产生、收集和处理处置的管理，鼓励重点城市建设区域性的废日光灯管回收处理设施，为该区域的废日光灯管的回收处理提供服务。

10. 危险废物处理处置相关的技术和设备

10.1 鼓励研究开发和引进高效危险废物收集运输技术和设备。

10.2 鼓励研究开发和引进高效、实用的危险废物资源化利用技术和设备，包括危险废物分选和破碎设备、热处理设备、大件危险废物处理和利用设备、社会源危险废物处理和利用设备。

10.3 加快危险废物处理专用监测仪器设备的开发和国产化，包括焚烧设施在线烟气测试仪器等。

10.4 鼓励研究开发高效、实用的危险废物焚烧成套技术和设备，包括危险废物焚烧炉技术、危险废物焚烧污染控制技术和危险废物焚烧余热回收利用技术等。

10.5 鼓励研究和开发高效、实用的安全填埋处理关键技术和设备，包括新型填埋防渗衬层和覆盖材料、填埋专用机具、危险废物填埋场渗沥水处理技术以及危险废物填埋场封场技术。

10.6 鼓励研究与开发危险废物鉴别技术及仪器设备，鼓励危险废物管理技术和方法的研究。

10.7 鼓励研究开发废旧电池和废日光灯管的处理处置和回收利用技术。

关于发布《城市生活垃圾处理及污染防治技术政策》的通知

（2000 年 5 月 29 日　建设部、国家环境保护总局、科学技术部文件　建城[2000]120 号）

各省、自治区、直辖市建委（建设厅）、环保局、科委，北京市市政管理委员会：

《城市生活垃圾处理及污染防治技术政策》已经审核批准，现印发给你们，请遵照执行。

城市生活垃圾处理及污染防治技术政策

1．总则

1.1 为了引导城市生活垃圾处理及污染防治技术发展，提高城市生活垃圾处理水平，促进社会、经济和环境的可持续发展，根据《中华人民共和国固体废物污染环境防治法》和国家相关法律、法规，制定本技术政策。

1.2 城市生活垃圾（以下简称垃圾），是指在城市日常生活中或者为城市日常生活提供服务的活动中产生的固体废物以及法律、行政法规规定视为城市生活垃圾的固体废物。

1.3 本技术政策适用于垃圾从收集、运输，到处置全过程的管理和技术选择应用，指导垃圾处理设施的规划、立项、设计、建设、运行和管理，引导相关产业的发展。

1.4 应在城市总体规划和环境保护规划指导下，制订与垃圾处理相关的专业规划，合理确定垃圾处理设施布局和规模。有条件的地区，鼓励进行区域性设施规划和垃圾集中处理。

1.5 应按照减量化、资源化、无害化的原则，加强对垃圾产生的全过程管理，从源头减少垃圾的产生。对已经产生的垃圾，要积极进行无害化处理和回收利用，防止污染环境。

1.6 卫生填埋、焚烧、堆肥、回收利用等垃圾处理技术及设备都有相应的适用条件，在坚持因地制宜、技术可行、设备可靠、适度规模、综合治理和利用的原则下，可以合理选择其中之一或适当组合。在具备卫生填埋场地资源和自然条件适宜的城市，以卫生填埋作为垃圾处理的基本方案；在具备经济条件、垃圾热值条件和缺乏卫生填埋场地资源的城市，可发展焚烧处理技术；积极发展适宜的生物处理技术，鼓励采用综合处理方式。禁止垃圾随意倾倒和无控制堆放。

1.7 垃圾处理设施的建设应严格按照基本建设程序和环境影响评价的要求执行，加强垃圾处理设施的验收和垃圾处理设施运行过程中污染排放的监督。

1.8 鼓励垃圾处理设施建设投资多元化、运营市场化、设备标准化和监控自动化。鼓励社会各界积极参与垃圾减量、分类收集和回收利用。

1.9 垃圾处理技术的发展必须依靠科学技术进步，要积极研究新技术、应用新工艺、选用新设备和新材料，加强技术集成，逐步提高垃圾处理技术装备水平。

2. 垃圾减量

2.1 限制过度包装，建立消费品包装物回收体系，减少一次性消费品产生的垃圾。

2.2 通过改变城市燃料结构，提高燃气普及率和集中供热率，减少煤灰垃圾产生量。

2.3 鼓励净菜上市，减少厨房残余垃圾产生量。

3. 垃圾综合利用

3.1 积极发展综合利用技术，鼓励开展对废纸、废金属、废玻璃、废塑料等的回收利用，逐步建立和完善废旧物资回收网络。

3.2 鼓励垃圾焚烧余热利用和填埋气体回收利用，以及有机垃圾的高温堆肥和厌氧消化制沼气利用等。

3.3 在垃圾回收与综合利用过程中，要避免和控制二次污染。

4. 垃圾收集和运输

4.1 积极开展垃圾分类收集。垃圾分类收集应与分类处理相结合，并根据处理方式进行分类。

4.2 垃圾收集和运输应密闭化，防止暴露、散落和滴漏。鼓励采用压缩式收集和运输方式。尽快淘汰敞开式收集和运输方式。

4.3 结合资源回收和利用，加强对大件垃圾的收集、运输和处理。

4.4 禁止危险废物进入生活垃圾。逐步建立独立系统，收集、运输和处理废电池、日光灯管、杀虫剂容器等。

5. 卫生填埋处理

5.1 卫生填埋是垃圾处理必不可少的最终处理手段，也是现阶段我国垃圾处理的主要方式。

5.2 卫生填埋场的规划、设计、建设、运行和管理应严格按照《城市生活垃圾卫生填埋技术标准》、《生活垃圾填埋污染控制标准》和《生活垃圾填埋场环境监测技术标准》等要求执行。

5.3 科学合理地选择卫生填埋场场址，以利于减少卫生填埋对环境的影响。

5.4 场址的自然条件符合标准要求的，可采用天然防渗方式；不具备天然防渗条件的，应采用人工防渗技术措施。

5.5 场内应实行雨水与污水分流，减少运行过程中的渗沥水（渗滤液）产生量。

5.6 设置渗沥水收集系统，鼓励将经过适当处理的垃圾渗沥水排入城市污水处理系统。不具备上述条件的，应单独建设处理设施，达到排放标准后方可排入水体。渗沥水也可以进行回流处理，以减少处理量，降低处理负荷，加快卫生填埋场稳定化。

5.7 应设置填埋气体导排系统，采取工程措施，防止填埋气体侧向迁移引发的安全事故。尽可能对填埋气体进行回收和利用；对难以回收和无利用价值的，可将其导出处理后排放。

5.8 填埋时应实行单元分层作业，做好压实和每日覆盖。

5.9 填埋终止后，要进行封场处理和生态环境恢复，继续引导和处理渗沥水、填埋气体。在卫生填埋场稳定以前，应对地下水、地表水、大气进行定期监测。

5.10 卫生填埋场稳定后，经监测、论证和有关部门审定后，可以对土地进行适宜的开发利用，但不宜用作建筑用地。

6．焚烧处理

6.1 焚烧适用于进炉垃圾平均低位热值高于 5 000 kJ/kg、卫生填埋场地缺乏和经济发达的地区。

6.2 垃圾焚烧目前宜采用以炉排炉为基础的成熟技术，审慎采用其他炉型的焚烧炉。禁止使用不能达到控制标准的焚烧炉。

6.3 垃圾应在焚烧炉内充分燃烧，烟气在后燃室应在不低于 850℃的条件下停留不少于 2 秒。

6.4 垃圾焚烧产生的热能应尽量回收利用，以减少热污染。

6.5 垃圾焚烧应严格按照《生活垃圾焚烧污染控制标准》等有关标准要求，对烟气、污水、炉渣、飞灰、臭气和噪声等进行控制和处理，防止对环境的污染。

6.6 应采用先进和可靠的技术及设备，严格控制垃圾焚烧的烟气排放。烟气处理宜采用半干法加布袋除尘工艺。

6.7 应对垃圾贮坑内的渗沥水和生产过程的废水进行预处理和单独处理，达到排放标准后排放。

6.8 垃圾焚烧产生的炉渣经鉴别不属于危险废物的，可回收利用或直接填埋。属于危险废物的炉渣和飞灰必须作为危险废物处理。

7．堆肥处理

7.1 垃圾堆肥适用于可生物降解的有机物含量大于 40%的垃圾。鼓励在垃圾分类收集的基础上进行高温堆肥处理。

7.2 高温堆肥过程要保证堆体内物料温度在 55℃以上保持 5～7 天。

7.3 垃圾堆肥厂的运行和维护应遵循《城市生活垃圾堆肥处理厂运行、维护及其安全技术规程》的规定。

7.4 垃圾堆肥过程中产生的渗沥水可用于堆肥物料水分调节。向外排放的，经处理应达到《污水综合排放标准》和《城市生活垃圾堆肥处理厂技术评价指标》要求。

7.5 应采取措施对堆肥过程中产生的臭气进行处理，达到《恶臭污染物排放标准》要求。

7.6 堆肥产品应符合《城镇垃圾农用控制标准》、《城市生活垃圾堆肥处理厂技术评价指标》及《粪便无害化卫生标准》有关规定，加强堆肥产品中重金属的检测和控制。

7.7 堆肥过程中产生的残余物可进行焚烧处理或卫生填埋处理。

煤矸石综合利用技术政策要点

（1999年10月20日 国家经贸委、科学技术部文件 国经贸资源[1999]1005号）

一、矸石综合利用是一项长期的技术经济政策

煤矸石是煤炭生产和加工过程中产生的固体废弃物，每年的排放量相当于当年煤炭产量的10%左右，目前已累计堆存30多亿吨，占地约1.2万公顷，是目前我国排放量最大的工业固体废弃物之一。煤矸石长期堆存，占用大量土地，同时造成自燃，污染大气和地下水质。煤矸石又是可利用的资源，其综合利用是资源综合利用的重要组成部分。“八五”以来煤矸石综合利用有了较大的发展，利用途径不断扩大，技术水平不断提高。但我国煤矸石综合利用技术装备水平还比较落后，产品的技术含量不高，综合利用发展也不平衡。大力开展煤矸石综合利用可以增加企业的经济效益，改善煤矿生产结构，分流煤矿富余人员，同时又可以减少土地压占，改善环境质量。因此，煤矸石综合利用是一项长期的技术政策。

煤矸石综合利用要坚持“因地制宜，积极利用”的指导思想，实行“谁排放、谁治理”、“谁利用、谁受益”的原则，将资源化利用与企业发展相结合，资源化利用与污染治理相结合，实现经济效益、环境效益、社会效益的统一。

煤矸石综合利用技术以巩固、推广为主，完善、开发并举。巩固已有的技术成果，推广技术成熟、经济合理、有市场前景的技术，逐步完善比较成熟的技术，研究开发新技术，积极引进国外先进技术和装备，在消化吸收的基础上努力创新，不断提高煤矸石综合利用的技术装备水平，促进煤矸石的扩大利用。

二、矸石综合利用的主要技术原则

煤矸石综合利用以大宗量利用为重点，将煤矸石发电、煤矸石建材及制品、复垦回填以及煤矸石山无害化处理等大宗量利用煤矸石技术作为主攻方向，发展高科技含量、高附加值的煤矸石综合利用技术和产品。

加强煤矸石资源化利用的评价工作，对煤矸石的分布、积存量、矸石类型、特性等进行系统研究和分析，逐步建立煤矸石资料数据库，为合理有效利用煤矸石提供详实可靠的基础资料。根据煤矸石的矿物特性和理化性能确定综合利用途径。

煤矸石发电应向大型循环流化床燃烧技术方向发展，逐步改造现有的煤矸石电厂，提高燃烧效率，提高废弃物的综合利用率和利用水平，实现污染物达标排放。

煤矸石建材及制品，以发展高掺量煤矸石烧结制品为主，积极发展煤矸石承重、非承重烧结空心砖、轻骨料等新型建材，逐步替代粘土；鼓励煤矸石建材及制品向多功能、多品种、高档次方向发展。

含有用元素的煤矸石，在技术经济合理的前提下，按照先加工提取、后处置的原则，

分采分选；对暂时不能利用的要单独存放，不应随废渣一起弃置。

鼓励利用煤矸石复垦塌陷区，发展种植业，改善生态环境。

新建煤矿（厂）应在矿井建设的同时，制订煤矸石利用和处置方案，不宜设立永久性矸石山。老矿井的矸石山，应因地制宜有计划地治理和利用，让出或减少所压占土地。

三、煤矸石做燃料发电

推广利用煤矸石、煤矸石与煤泥、煤矸石与焦炉煤气、矿井瓦斯等低热值燃料发电。低热值燃料综合利用电厂的建设要靠近燃料产地，避免燃料长途运输；凡有稳定热负荷的地方，经技术经济论证，应实行热电联产联供。

推广适合燃烧煤矸石的（其应用基低位发热量不大于 12 550 千焦/千克）75 吨/小时及以上循环流化床锅炉。在有条件的地方积极推广热、电、冷联产技术和热、电、煤气联供技术。

推广炉内石灰脱硫和静电除尘技术。对燃用高硫煤矸石的电厂，必须采取脱硫措施实现二氧化硫、烟尘等污染物的达标排放。对灰渣要进行综合利用，不应造成二次污染。

推广煤矸石沸腾炉床下风室点火技术和红渣直接点火技术，推广利用发热量较高的煤矸石生产成型燃料技术。

研究开发煤矸石等低热值燃料电厂锅炉高效除尘、脱硫设备，灰渣干法输送、存储及利用技术和设备；燃煤泥锅炉煤泥输送、给料、成型技术和设备。

研究开发煤矸石电厂锅炉的耐磨材料及制造工艺，解决磨损问题，提高锅炉连续运行时间和可靠性；研究开发高效、可靠的冷渣设备和大容量循环流化床锅炉制造技术。

四、煤矸石生产建筑材料及制品

利用煤矸石生产建筑材料及制品前，应对所用煤矸石的化学成分、矿物成分、发热量、物理性能等指标进行综合评价，并做小试；原料成分复杂、波动大时，应进行半工业性试验。

利用煤矸石为原料生产的建材产品，产品质量应符合国家或行业标准；对用于生产建材产品的煤矸石应进行放射性测量，原料符合 GB 9196—88 标准，制品中放射性元素含量符合 GB 6763—86 标准。

1. 煤矸石制砖

积极推广使用新型建筑材料，大力发展煤矸石空心砖等新型建筑材料，在煤矸石贮存、排放的周边地区，鼓励现有粘土（页岩）烧结砖生产企业，通过改进生产工艺与装备提高煤矸石的掺加量，限制和逐步淘汰实心粘土砖。

煤矸石砖生产以烧结砖为主，重点推广全煤矸石承重多孔砖和非承重空心砖，要向高技术方向发展，主要是发展高掺量、多孔洞率、高保温性能、高强度的承重多孔砖，或带有外饰面的清水墙砖。为此要加强原料的均化处理，逐步改造软塑成型、自然干燥工艺，利用砖窑余热干燥砖坯，推广有余热利用系统的节能型轮窑和隧道窑；积极发展硬塑、半硬塑成型和隧道窑干燥与焙烧连续作业的全内燃一次码烧工艺，提高机械化和半自动化水平。

鼓励消化吸收国外先进制砖技术和设备，提高利废建材的技术装备水平。改进原料的中、细碎设备，发展高挤出力、高真空度挤出机，配套完善 3 000 万～6 000 万块/年承重多孔砖和非承重空心砖全套设备和工艺；完善开发高质量的外承重装饰砖和广场、道路砖。

煤矸石烧结多孔砖执行 GB 13544—92 标准。煤矸石烧结空心砖和空心砌块执行 GB 13545—92 标准。

2．煤矸石制水泥

推广利用煤矸石为原料，部分或全部代替粘土配制水泥生料，烧制硅酸盐水泥熟料。

推广过火矸等作水泥混合材技术，生产硅酸盐水泥、普通硅酸盐水泥等。用于做水泥混合材的煤矸石应符合有关水泥混合材的标准，水泥应符合有关水泥产品的国家标准。

3．煤矸石制其他建材产品

根据煤矸石的矿物组成，可作为硅质原料或铝质原料，应用于许多烧结陶（瓷）类建材产品的生产，并充分利用其所含的发热量。

在建筑陶瓷、建筑卫生陶瓷等陶瓷制品生产中，推广以煤矸石为部分原料替代材料的生产技术。煤矸石排放、贮存地附近的建筑卫生瓷生产企业，在产品质量有保证的前提下，鼓励其通过必要的技术改造利用煤矸石。

推广以煤矸石为主要原料，生产规模大于 3 万立方米/年的烧结陶粒生产技术，以煤矸石烧结陶粒为骨料的混凝土空心砌块生产技术。

推广以过火矸、岩巷矸等低热值煤矸石为骨料的混凝土空心砌块等混凝土制品生产技术，煤矸石物化性能应满足砼用骨料标准或《自燃煤矸石轻骨料标准》（JC/T 541—94）。

推广以石灰岩为主要矿物的煤矸石生产石灰技术。

研究开发掺加煤矸石陶（瓷）质建材制品的新技术、新装备。

研究开发掺加煤矸石的新型建材产品的新技术装备。

五、积极推广煤矸石复垦及回填矿井采空区技术

推广利用煤矸石充填采煤塌陷区和露天矿坑复垦造地造田，复垦种植技术。对处于开发早期，尚未形成大面积沉陷区或未终止沉降形成塌陷稳定区的矿区，可采用预排矸复垦。推广利用煤矸石充填沟谷等低洼地作建筑工程用地、筑路等工程填筑技术。矸石复垦土地作为建筑用地时，应采用分层回填，分层镇压方法充填矸石，以获得较高的地基承载能力和稳定性。

推广煤矸石矿井充填技术，采用煤矸石不出井的采煤生产工艺，充填采空区，减少矸石排放量和地表下沉量。

推广在道路等工程建设中，以煤矸石代替粘土作基材技术，凡有条件利用的，必须掺用一定量的煤矸石。

完善利用煤矸石弃填废弃矿井技术。

研究开发煤矸石回填塌陷区生物复垦、微生物复垦技术；矸石不出井和地面无矸石山综合处置利用技术和工艺。

研究完善煤矸石充填建筑复垦技术、矸石堆（山）防治污染处理及植被绿化技术。

六、回收有益组分及制取化工产品

推广利用煤矸石制取聚合氯化铝、硫酸铝、合成系列分子筛等化工产品技术，生产岩棉及制品技术。

推广以高岭石质煤矸石（煤系高岭土）为原料的煅烧高岭土深加工技术。

开发利用煤矸石制特种硅铝铁合金、铝合金技术，研究开发利用煤矸石生产铝系列、铁系列超细粉体的生产工艺。

完善利用煤矸石提取五氧化二钡及其他稀有元素技术。

七、煤矸石生产复合肥料

鼓励利用煤矸石改良土壤，提高土壤的酸性和疏松度，增加土壤的肥效。使用煤矸石改良土壤，在未制定污染控制标准前，应参照 GB 8193—89 标准执行。

积极推广煤矸石生产生物肥料和有机复合肥料技术，完善利用煤矸石生产农用肥料活化处理技术，生产质量稳定的合格产品。

综合利用煤矸石生产的生物肥料、复合肥料产品，必须符合国家或行业标准。

附件：煤矸石综合利用技术要求

附件：

煤矸石综合利用技术要求

一、煤矸石资源化利用的评价

煤矸石的性质决定着煤矸石资源化的途径，因此对煤矸石的组分及性质进行分析和评价，将有利于选择最佳的资源化利用途径，更好、更有效地利用煤矸石资源。

按照煤矸石的岩石特征分类，可以分成高岭石泥岩（高岭石含量>60%）、伊利石泥岩（伊利石含量>50%）、砂质泥岩、砂岩及石灰岩。主要利用途径为：高岭石泥岩、伊利石泥岩——生产多孔烧结料、煤矸石砖、建筑陶瓷、含铝精矿、硅铝合金、道路建筑材料；砂质泥岩、砂岩——生产建筑工程用的碎石、混凝土密实骨料；石灰岩——生产胶凝材料、建筑工程用的碎石、改良土壤用的石灰。

煤矸石中的铝硅比（三氧化二铝/二氧化硅）也是确定一般煤矸石综合利用途径的因素。铝硅比大于 0.5 的煤矸石，铝含量高，硅含量较低，其矿物成分以高岭石为主，有少量伊利石、石英，质点粒径小，可塑性好，有膨胀现象，可作为制造高级陶瓷、煅烧高岭土及分子筛的原料。

煤矸石中的碳含量是选择其工业利用方向的依据。按煤矸石中碳的含量多少可分为四类：一类<4%，二类 4%～6%，三类 6%～20%，四类>20%。四类煤矸石发热量较高（6 270～12 550 千焦/千克），一般宜用作燃料，三类煤矸石（2 090～6 270 千焦/千克）可用作生产水泥、砖等建材制品，一类、二类煤矸石（2 090 千焦/千克以下）可作为水泥的混合材、混凝土骨料和其他建材制品的原料，也可用于复垦采煤塌陷区和回填矿井采空区。

在煤矸石的化学成分中，全硫含量一是决定了矸石中的硫是否具有回收价值，二是决定了煤矸石的工业利用范围。按硫含量的多少也可将煤矸石分为四类：一类<0.5%，二类 0.5%～3%，三类 3%～6%，四类>6%。全硫量达 6%的煤矸石即可回收其中的硫精矿，对于用煤碎石作燃料的要根据环保要求，采取相应的除尘、脱硫措施，减少烟尘和二氧化硫的污染。

二、煤矸石发电

1. 煤矸石发电的技术要求

含碳量较高（发热量大于 4 180 千焦/千克）的煤矸石，一般为煤巷掘进矸和洗矸，通过简易洗选，利用跳汰或旋流器等设备可回收低热值煤，供作锅炉燃料。

发热量大于 6 270 千焦/千克的煤矸石可不经洗选就近用作流化床锅炉的燃料。煤矸石发电，其常用燃料热值应在 12 550 千焦/千克以下，可采用循环流化床锅炉，产生的热量既可以发电，也可以用作采暖供热。这部分煤矸石以选煤厂排出的洗矸为主。

煤矸石发电以循环流化床锅炉为主要炉型。加入石灰石或白云石等脱硫剂，可降低烟气中硫氧化物和氮氧化物的产生量。燃烧后的灰渣具有较高的活性，是生产建材的良好原料。今后发展以循环流化床锅炉为主，重点推广 75 吨/小时及以上循环流化床锅炉，并完善、开发大型化的循环流化床锅炉。

2．煤矸石、煤泥混烧发电的技术要求

煤矸石发热量 4 500～12 550 千焦/千克，煤泥发热量 8 360～16 720 千焦/千克，煤泥的水分 25%～70%。混烧方式有煤矸石和煤泥浆、煤矸石和煤泥饼混烧，煤泥加入可以采用机械方式输送、挤压泵与管道混合输送及泵送方式，锅炉采用流化床和循环流化床。

三、煤矸石生产建筑材料及制品

1．煤矸石制砖的技术要求

（1）煤矸石制烧结砖

利用煤矸石全部或部分代替粘土，采用适当烧制工艺生产烧结砖的技术在我国已经成熟，这是大宗利用煤矸石的主要途径。生产烧结砖对煤矸石原料的化学组成要求：二氧化硅为 55%～70%，三氧化二铝为 15%～25%，三氧化二铁为 2%～8%，氧化钙≤2%，氧化镁≤3%，二氧化硫≤1%。可塑性指数 7～15，热值为 2 090～4 180 千焦/千克，煤矸石的放射性符合 GB 9196—88 标准。

煤矸石制烧结砖的工艺比粘土制砖工艺增加了一道粉碎工序。根据煤矸石的硬度和粒径，可选用颚式或锤式破碎机、球磨机等分别进行粗、中、细碎，并对原料进行陈化，以增加塑性。

煤矸石烧结砖采用内燃型，尽量避免超内燃。煤矸石烧结砖多采用一次码烧隧道窑，也可以采用轮窑等窑炉，并利用窑炉的余热设立干燥室。其产品符合 GB 5101—93、GB 6763—96 标准。

（2）煤矸石制烧结空心砖

以煤矸石为主要原料，煤矸石化学成分同煤矸石制烧结砖，但对粉碎要求较高，水分一般在 13%～17%，利用高压挤出机成型，隧道窑一次码烧即成，产品质量参照 GB 13544—92、GB 13545—92 和 GB 6763—96 标准。

2．煤矸石生产水泥的技术要求

（1）煤矸石代粘土烧制硅酸盐水泥熟料

在烧制硅酸盐水泥熟料时，掺入一定比例的煤矸石，部分或全部代替粘土配制生料。煤矸石主要选用洗矸，岩石类型以泥质岩石为主，砂岩含量尽量少。所配生料的化学成分要满足生产高质量水泥熟料的要求，一些有害成分的含量必须控制在一定范围内，产品应符合 GB 175—92 标准。

（2）以煤矸石作混合材磨制各种水泥

我国大多数过火矸以及经中温活性区煅烧后的煤矸石均属于优质火山灰活性混合材，可掺入 5%～50%的作混合材，以生产不同种类的水泥制品。用作水泥混合材的煤矸石要求是炭质泥岩和泥岩、砂岩、石灰岩（氧化钙含量＞70%），通常选用过火或燃烧过的煤矸石。煤矸石的活性应符合 GB 12957—92 标准，放射性应符合 GB 9196—88 标准，火山灰质硅酸盐水泥应符合 GB 1344—92 标准。

3．煤矸石制轻集料的技术要求

我国积存的煤矸石中有 40%左右适合于烧制轻集料（称为煅烧煤矸石轻集料），有 10%

左右的过火煤矸石经破碎筛分即可制得轻集料（称为自燃煤矸石轻集料）。

（1）煅烧煤矸石轻集料：由炭质泥岩或泥岩类煤矸石经破碎、粉磨、成球、烧胀、筛分而成。在烧制轻集料时，煤矸石中的二氧化硅在含量 55%～65%、三氧化二铝含量在 13%～23%为佳。对于易熔组分，氧化钙加上氧化镁的含量宜在 1%～8%，氧化钠加上氧化钾宜在 2.5%～5%，三氧化二铁和碳是煤矸石中的主要膨胀剂，前者含量宜在 4%～9%，后者含量宜在 2%左右。合碳量过高时，可采用洗选的方法脱碳，或采用配入不含或少含碳的矸石降低碳含量，也可采用在颗粒膨胀前进行脱碳，烧掉多余的碳。

（2）自燃煤矸石轻集料

过火的煤矸石经筛分得到轻集料。自燃煤矸石轻集料的生产可按 JC/T 541—94 标准的技术要求进行。自燃煤矸石轻集料的放射性要符合 GB 6763—86 标准的规定。

4．煤矸石轻集料混凝土小型空心砌块的技术要求

以煤矸石轻集料（粗料 25%～30%，细料 40%～45%）为骨料，水泥（8%～16%）为胶结料，加水（10%～15%），并可加入少量外加剂，搅拌均匀后，经振动成型、自然养护后即可制成煤矸石轻集料混凝土小型空心砌块。这种砌块的密度、强度、相对含水率、抗冻性、碳化系数、软化系数等技术要求应符合 GB 15229—24 标准的要求；其放射性应符合 GB 6763—86 标准的规定。

5．煤矸石加气混凝土的技术要求

煤矸石加气混凝土主要是以过火煤矸石等为硅铝质材料、水泥和石灰等钙质材料以及石膏为原料，按一定配比后，加水研磨搅拌成糊状物，再加入铝粉发泡剂，然后注入坯模，待坯体硬化后切割加工成型，再用饱和蒸汽蒸养而成。其产品主要有砌块或板材两种。对过火煤矸石的化学成分要求：二氧化硅≥50%；三氧化二铝≥20%；三氧化二铁≤15%；三氧化硫≤2%；烧失率小于 10%。煤矸石加气混凝土砌块及板材的规格、质量和技术要求要分别符合 GB 11968—89 标准和 JC 351—62 标准的规定。

四、煤矸石复垦及回填矿井采空区

利用煤矸石作为复垦采煤塌陷区的充填材料，既可使采煤破坏的土地得到恢复，又可减少煤矸石占地，减少煤矸石对环境的污染。一般用于复垦的煤矸石以砂岩、石灰岩为主，采用推土机回填、压实，根据不同的用途进行处理，如作为耕种则进行表面覆土，作为建筑用地则要采取分层碾压。

1．复垦种植的技术要求

对停用多年并已逐渐风化的煤矸石，进行复垦后，可针对具体情况进行绿化种植。先以草灌植物为主，然后再种乔木树种，一般选择抗旱、耐盐碱、耐瘠薄的树种。对表层已风化成土的煤矸石复垦后，不需覆土，可直接进行植树造林或开垦为农田。但在种植农作物前必须查明矸石中的有害元素含量。

2．煤矸石作工程填筑材料的技术要求

煤矸石作填筑材料主要是指充填沟谷、采煤塌陷区等低洼区的建筑工程用地，或用于填筑铁路、公路路基等，或用于回填煤矿采空区及废弃矿井。

煤矸石工程填筑是以获得高的充填密实度，使煤矸石地基有较高的承载力，并有足够的稳定性。要求煤矸石是砂岩、石灰岩或未经风化的新矸石，施工通常采用分层填筑法，边回填、边压实，并按照《工业与民用建筑地基基础施工规范》对填筑工程进行质量评价。

煤矸石用于矿井回填，通常采用水力和风力充填两种方法。水力充填（也称水沙充填）是利用煤矸石进行矿井回填的常用方法。如果煤矸石的岩石组成以砂岩和石灰岩为主，在进行回填时，需加入适量的粘土、粉煤灰或水泥等胶结材料，以增加充填料的粘结性和惰性；当煤矸石的岩石组成以泥岩和炭质泥岩为主时，则需加入适量的砂子，以增加充填料的骨架结构和惰性。水力充填所需用的水，可采用废矿井中或采煤过程中排出的废水。填充后固液分离渗出的水还可以复用。

在“三下采煤”、煤柱回采时均可采用煤矸石回填技术。

五、回收有益矿产及制取化工产品

1. 从煤矸石中回收硫铁矿的技术要求

对于含硫量大于 6%的煤矸石（尤其是洗矸），如果其中的硫是以黄铁矿的形式存在，且呈结核状或团块状，则可采用洗选的方法回收其中的硫精矿。粗选设备主要是淘汰机、旋流器等，精选设备有淘汰盘、摇床等。选出硫精矿后的尾矿可用作制砖和水泥的原料。对于煤矸石中的大块硫铁矿石，也可采用手拣回收。对于煤矸石中含硫量较高的矿区，在开采煤炭时，应在可能的条件下，将高硫煤矸石与煤及其他矸石进行分采、分运、分贮。

2. 制取铝盐的技术要求

利用煤矸石中含有的大量煤系高岭岩，可制取氯化铝、聚合氯化铝、氢氧化铝及硫酸铝。对煤矸石原料的一般要求是：高岭石含量在 80%以上，二氧化硅在 30%～50%，三氧化二铝在 25%以上，铝硅比大于 0.68，三氧化二铝浸出率大于 75%，三氧化二铁小于 1.5%、氧化钙及氧化镁的含量均小于 0.5%。应创造条件对这类煤系高岭岩与煤层进行分采、分运，或从煤矸石中分选出来。

生产铝盐的工艺有酸溶-盐基度调整法、酸溶-结晶氯化铝法，可制得聚合氯化铝、氯化铝、氢氧化铝以及副产品白炭黑、水玻璃等。

利用上述工艺中的酸渣（其主要成分是二氧化硅）与氢氧化钠反应即可生产水玻璃。以水玻璃和盐酸等无机酸为原料，采用沉淀法，在一定温度下完全反应即可制得白炭黑。白炭黑主要用作工业填料。

六、煤矸石生产农肥或改良土壤

1. 煤矸石制微生物肥料的技术要求

以煤矸石和廉价的磷矿粉为原料基质，外加添加剂等，可制成煤矸石微生物肥料，这种肥料可作为主施肥应用于种植业。作为微生物肥料载体的煤矸石，其要求是：灰分≤85%，水分＜2%，全汞≤3 毫克/千克，全砷≤30 毫克/千克，全铅≤100 毫克/千克，全镉≤3 毫克/千克，全铬≤150 毫克/千克；煤矸石中的有机质含量越高越好，磷矿粉的全磷含量应＞25%。

2. 煤矸石制备有机复合肥料的技术要求

有机质含量在 20%以上、pH 值在 6 左右（微酸性）的碳质泥岩或粉砂岩，经粉碎并磨细后，按一定比例与过磷酸钙混合，同时加入适量添加剂，搅拌均匀并加入适量水，经充分反应活化并堆沤后，即成为一种新型实用肥料。这种肥料中氮、磷、钾元素含量不高，但有机质和微量元素硼、锌、钴、锰等含量丰富，大量的磷酸盐、铵盐被煤矸石保持在分子吸附状态，营养元素更易被农作物吸收，在2～3年内均有一定的肥效。

3．利用煤矸石改良土壤的技术要求

利用煤矸石的酸碱性及其中含有的多种微量元素和营养成分，可将其用于改良土壤，调节土壤的酸碱度和疏松度，并可增加土壤的肥效。具体实施时，要查明土壤的化学成分和性质，并在其中掺入一些有机肥料。在未制定污染控制标准前，应参照GB 8193—89标准执行。

七、其他利用途径

1．生产铸造型砂的技术要求

高岭石含量在40%以上的泥质岩石类煤矸石可作为生产铸造型砂的原料。煅烧是生产铸造型砂的技术关键。煅烧窑炉常采用立窑或倒焰窑。泥岩类煤矸石主要从泥岩含量相对较多的洗煤矸石、煤巷矸石和手选矸石中采用人工手拣的方法获得。

2．冶炼硅铝铁合金的技术要求

对于三氧化二铁含量较高的煤矸石，可采用直流矿热炉冶炼硅铝铁合金。所用煤矸石的化学成分：二氧化硅在20%～35%，三氧化二铝在35%～55%，三氧化二铁在15%～30%。入炉粒度在20～60毫米。为降低电耗，提高经济效益，煤矸石和铝矾土应以熟料的粉料与烟煤粉制成球团后再入炉冶炼。硅铝铁合金在炼钢生产中主要用作脱氧剂。